TRAITÉ

DE

PHYSIOLOGIE VÉGÉTALE

ET

AGRICOLE

PAR

LECLERC DU SABLON

PROFESSEUR A L'UNIVERSITÉ DE TOULOUSE

PARIS

LIBRAIRIE J.-B. BAILLIÈRE ET FILS

19, RUE HAUTEFEUILLE, 19

1911

TRAITÉ

DE

PHYSIOLOGIE VÉGÉTALE

ET

AGRICOLE

TRAITÉ

DE

PHYSIOLOGIE VÉGÉTALE

ET

AGRICOLE

PAR

LECLERC DU SABLON

PROFESSEUR À L'UNIVERSITÉ DE TOULOUSE

PARIS

LIBRAIRIE J.-B. BAILLIÈRE ET FILS

19, RUE HAUTEFEUILLE, 19

—

1911

PRÉFACE.

On ne peut définir la Physiologie végétale d'une façon précise. Toutes les sciences se pénètrent de telle sorte qu'il est impossible de dire où commence l'une et où finit l'autre. Aussi, est-il utile de donner quelques explications sur les limites que j'ai cru devoir adopter pour cet ouvrage.

La Physiologie comprenant essentiellement l'étude des fonctions des êtres vivants, tout ce qui n'a qu'un intérêt purement morphologique ou systématique doit en être exclu.

Néanmoins, il m'a paru indispensable de montrer comment, sous l'influence du milieu extérieur, les plantes peuvent modifier leurs caractères morphologiques et s'adapter à des conditions nouvelles (chap. xi).

D'autre part, le problème de la transformation des espèces et de la production des variétés nouvelles n'est que l'extension, à l'ensemble des plantes, des questions que le Physiologiste se pose à propos des individus ; j'ai cru utile d'en donner un exposé élémentaire (chap. xii), en me plaçant surtout au point de vue des applications agricoles et horticoles.

Du côté de la Physique et surtout de la Chimie, les limites de la Physiologie sont particulièrement difficiles à tracer. La plupart des manifestations de la vie nous apparaissent comme des réactions chimiques ou des phénomènes physiques. Souvent même, ces réactions et ces phénomènes ont un intérêt considérable indépendamment de leur rôle dans l'organisme. Où devra-t-on s'arrêter de ce côté-là?

Le Physiologiste retiendra tous les faits, et rien que les faits, qui concourent au fonctionnement des organes; et cela, même s'il est obligé de recourir à des notions qui sortent du cadre ordinaire de ses travaux. La Physique et la Chimie peuvent donc intervenir, mais seulement comme moyen de recherche, et non comme objet d'étude.

Les rapports de la Physiologie végétale avec l'Agriculture sont d'un autre ordre. L'Agriculture est une application de la Physiologie des plantes, comme la Médecine est une application de la Physiologie de l'homme. Sous peine de perdre son aspect le plus intéressant et sa principale raison d'être, la Physiologie végétale doit donc être en même temps agricole. Aussi, n'ai-je pas manqué de signaler, chaque fois que l'occasion s'en est présentée, les liens qui rattachent les expériences de laboratoire aux pratiques de la culture.

Je ne me dissimule pas que l'ordre adopté dans ce livre est arbitraire; je ne crois pas qu'il puisse en être autrement. Les diverses questions étudiées sont tellement liées entre elles, qu'il est impossible de traiter complètement l'une sans faire plus ou moins appel à la connaissance des autres. J'ai fait tous mes efforts pour réduire au minimum ces sortes de pétitions de principes.

Autant que possible, j'ai groupé dans un même chapitre les sujets qui forment un tout correspondant à une fonction déterminée; j'ai surtout insisté sur ce qui peut donner lieu à un exposé clair et précis, en laissant de côté les questions dont la solution actuelle renferme encore trop d'incertitude.

Une liste d'ouvrages à consulter se trouve à la fin de chaque chapitre. Je n'ai pas la prétention de donner une bibliographie complète, ni même de citer tous les travaux qu'un spécialiste doit connaître; ce livre étant essentiellement un livre d'enseignement, j'ai seulement voulu indiquer les principales sources auxquelles j'ai puisé et les mémoires que l'étudiant lira le plus utilement pour élargir ses connaissances.

L. du S.

TRAITÉ DE PHYSIOLOGIE VÉGÉTALE
ET AGRICOLE

CHAPITRE I.

RÉSERVES NUTRITIVES*.

Sommaire. — 1º Diastases. — § 1-9. Rôle ; préparation ; propriétés.

2º Réserves hydrocarbonées. — § 10-28. Monosaccharides : dextrose, lévulose, galactose, mannose. Disaccharides : saccharose, maltose, lactose. Polysaccharides : amidon, dextrine, inuline, lévuline, mannane, galactane, cellulose, mucilages, substances pectiques. Xylane, arabane. Tanin.

3º Localisation des réserves hydrocarbonées. — § 29-31. — Réserves des graines, des bulbes, des tubercules, des tiges et des racines.

4º Digestion et formation des réserves hydrocarbonées. — § 33-42. Transformation des hydrates de carbone dans les graines, les bulbes et les tubercules pendant la formation et la germination. Variations et migrations des réserves dans les tiges et les racines.

5º Réserves grasses. — § 43-49. Propriétés. Localisation. Digestion pendant la germination de la graine. Formation dans les jeunes graines.

6º Réserves albuminoïdes. — § 50-56. Grains d'aleurone. Digestion des albuminoïdes pendant la germination de la graine.

7º Applications. — § 57-61. Composition des grains de céréales, des graines de Légumineuses, des graines oléagineuses, des fruits, des bulbes et des tubercules comestibles.

1º DIASTASES.

1. Rôle des diastases. — Toute cellule vivante est le siège de nombreuses réactions chimiques ; certains composés y prennent naissance, d'autres y sont détruits. Le mécanisme de toutes ces transformations est resté longtemps inconnu ; on les considérait, non point comme de simples réactions obéissant aux lois de la physique et de la chimie, mais comme une manifes-

---

* Les numéros entre parenthèses (1) renvoient à l'index bibliographique qui est à la fin du chapitre courant ou à la fin d'un autre chapitre dont le numéro est indiqué (1, VI).

tation de la vie même du protoplasma liée à la matière vivante
et ne pouvant se produire en dehors d'elle. Cette manière de
voir tend peu à peu à disparaître, à mesure qu'on connaît mieux
les composés que l'on réunit sous le nom de *diastases* (2).

Ce sont des composés *azotés*, de nature *colloïde*, qui sont
sécrétés par le protoplasma et qui, suivant les cas, peuvent
rester à l'intérieur de la cellule qui les a produits ou bien être
rejetés à l'extérieur. Leur propriété principale est de pouvoir
provoquer certaines réactions dont l'importance quantitative est
hors de proportion avec leur propre poids. Ainsi l'*amylase* qui,
comme nous le verrons, liquéfie l'amidon et le transforme en
dextrine, peut agir sur 2,000 fois son poids de matière. Dans
les conditions ordinaires de la vie, cette réaction se passe à
l'intérieur des tissus vivants, dans la graine de l'Orge qui germe,
par exemple. Mais si, par des procédés que nous étudierons
tout à l'heure, on arrive à extraire l'amylase et qu'on la mette
en présence d'amidon, on voit se produire, dans un simple
verre et loin de toute matière vivante, la même série de transformations qui n'ont lieu, en général, que dans l'organisme vivant.

Dans d'autres cas, les diastases sont rejetées et leur action
normale ne se manifeste qu'en dehors de l'organisme qui les a
produites. C'est ce qui se passe dans un grand nombre de fermentations; ainsi la *sucrase*, dont le rôle est de transformer
le saccharose en sucre interverti, est sécrétée par la Levure
de bière, se répand dans le liquide de culture et y détermine
l'intervention du saccharose. On conçoit que l'étude des diastases soit alors beaucoup plus facile.

On ne connaît pas la diastase correspondant à chacune des
réactions qui ont lieu dans la cellule, mais on en a étudié un
grand nombre et on en découvre chaque jour d'autres ; chaque nouvelle diastase connue fait entrer dans le domaine de
la chimie une des propriétés vitales du protoplasma.

2. Préparation. — Il est très difficile, sinon impossible,
d'obtenir les diastases à l'état pur ; ce sont des corps colloïdes qui forment dans l'eau de fausses dissolutions où leurs
molécules, au lieu d'être libres comme dans les vraies dissolutions, sont réunies entre elles en groupes trop petits pour

être vus au microscope, mais suffisants pour rendre le liquide légèrement trouble.

Ces fausses dissolutions, que nous appellerons, pour abréger, des dissolutions, sont facilement obtenues lorsque la diastase sort normalement de l'organisme qui l'a produite. Il suffit, par exemple, de laisser macérer la Levûre de bière dans l'eau pour obtenir une solution de *sucrase* pouvant intervertir la saccharose. Lorsque les diastases ne sortent pas naturellement, on peut provoquer leur exosmose en ajoutant à l'eau de macération certaines substances, telles que du sel marin ou de la glycérine.

Ces moyens ne sont pas toujours suffisants, et il est quelquefois nécessaire de briser les cellules et d'exercer sur elles une pression très forte pour en faire sortir les diastases. Ainsi, pour obtenir la *zymase*, à l'aide de laquelle la Levûre de bière dédouble le glucose en alcool et en gaz carbonique, on commence par triturer la Levûre avec du sable très fin, puis on la soumet, sous une presse hydraulique, à une pression de 5oo atmosphères; le liquide extrait renferme la zymase.

La dissolution aqueuse une fois préparée, il reste à obtenir la diastase à l'état pur en la séparant à la fois du dissolvant et des autres substances, souvent nombreuses, qui sont dissoutes en même temps qu'elle. Le moyen le plus ordinaire consiste à traiter par l'alcool qui précipite la diastase, mais précipite en même temps d'autres substances. Le précipité n'est donc pas de la diastase pure. On la purifie dans une certaine mesure en la redissolvant dans l'eau et en la reprécipitant par l'alcool. Mais on n'arrive jamais à une pureté complète; car la précipitation de la diastase est déterminée par la formation du précipité de matières étrangères, de telle sorte que, sans la présence des impuretés, la diastase resterait en dissolution. Il se passe quelque chose d'analogue au collage des vins, où la matière qui rend le vin trouble est entraînée au fond par la précipitation d'autres substances.

On peut aussi entraîner la diastase par la formation d'un précipité de phosphate tribasique de calcium. Pour cela, on ajoute à la solution d'abord de l'acide phosphorique, puis de l'eau de chaux. Le précipité produit renferme les diastases

que l'on peut ensuite purifier par des redissolutions et des
reprécipitations.

3. Composition; propriétés générales. — L'état d'impureté où se trouvent presque toujours les diastases rend très difficile l'étude de leur composition chimique. On sait néanmoins que ce sont des composés quaternaires renfermant des proportions variables d'azote. Celles qui en contiennent le plus ont à peu près la composition des matières albuminoïdes; telle est la *pepsine*; d'autres, telles que la *laccase*, dont nous parlerons plus loin, en contiennent à peine.

Nous avons vu que la propriété essentielle des diastases était de transformer une quantité relativement très grande de matière. De plus, la diastase n'est pas usée par son activité. Après la réaction, on la retrouve inaltérée et en même quantité qu'avant. C'est, en quelque sorte, une action de présence, mais dont le mécanisme nous est inconnu.

Il semblerait donc que l'action de la diastase puisse être indéfinie; cependant, il n'en est rien et l'expérience montre que les réactions diastasiques, d'abord très actives, se ralentissent progressivement et peuvent même cesser tout à fait. Cela tient à ce que les produits de la réaction ont une action retardatrice sur la réaction elle-même. Ainsi, dans la fermentation alcoolique, la présence de l'alcool retarde la décomposition du glucose; plus il y a d'alcool formé, plus la fermentation se ralentit. La concentration limite, pour laquelle la fermentation cesse, est difficile à déterminer, à cause de la faiblesse de la réaction dans le voisinage de cette limite.

Toutes choses égales d'ailleurs, l'action produite est proportionnelle à la quantité de diastase employée. On peut donc, en général, évaluer la quantité de la diastase par l'intensité des effets produits.

En général, les diastases agissent en milieu acide et il existe une acidité optima pour laquelle la diastase est la plus active; au-dessus de ce degré d'acidité, l'action se ralentit et finit par cesser si la dose d'acide est trop forte; au-dessous, l'action se ralentit également, mais peut se continuer encore, quoique très faible, en milieu neutre ou même alcalin.

4. Influence de la température. — L'activité d'une diastase varie beaucoup avec la température. La sucrase, par exemple, commence à intervertir le sucre vers 6°, son action augmente jusque vers 52°, puis se ralentit et cesse dans le voisinage de 70°. Pour la présure, qui coagule la caséine, les limites de température sont plus étroites ; l'action commence à 15°, passe par un maximum à 42° et cesse à 50°.

Si l'on continue à chauffer la diastase au delà de la température qui met fin à la réaction et si l'on revient ensuite à une température favorable, on constate que la diastase reste inerte et ne provoque plus aucune réaction. Les choses se passent comme si elle avait été tuée par la chaleur.

Cette influence mortelle d'une température élevée sur les diastases est un fait très général. Mais la température qui tue une diastase varie, non seulement avec la nature de la diastase, mais encore avec les circonstances. Ainsi, la sucrase est tuée seulement à 75° dans un liquide sucré, tandis qu'elle ne résiste pas à 55° en l'absence de sucre. Les diastases desséchées progressivement peuvent supporter des températures élevées ; la pepsine et la trypsine peuvent ainsi être portées à 160° sans perdre leurs propriétés. Dans les conditions ordinaires, c'est-à-dire lorsqu'elles sont en dissolution dans l'eau, les diastases sont toujours tuées au-dessous de 100° ; il suffit donc de porter le liquide à l'ébullition pour supprimer leur action.

5. Réversibilité. — La réversibilité est une propriété très curieuse des diastases et qui jusqu'à présent n'a été constatée que sur la maltase, par Hill. On dit qu'une diastase est réversible lorsqu'elle peut déterminer deux réactions inverses l'une de l'autre. Ainsi le rôle ordinaire de la maltase est de transformer le maltose en glucose ; on dit qu'elle est réversible parce qu'elle peut aussi transformer le glucose en maltose ; voyons dans quelles circonstances.

Lorsque le maltose est en solution étendue à 2 ou 3 p. 100, par exemple, la maltase opère la transformation à peu près complète en dextrose ; mais si la solution devient de plus en plus concentrée, il reste une proportion de plus en plus grande

de maltose non transformé. Prenons, par exemple, une solution renfermant 30 p. 100 de dextrose et 10 p. 100 de maltose (il n'est pas possible de partir d'une solution à 40 p. 100 de maltose car, dans ces conditions, la maltase est précipitée). On ajoute un peu de toluène pour empêcher le développement des Bactéries, et on dose de temps en temps le maltose et le dextrose. On constate ainsi une transformation de plus en plus lente du maltose en dextrose. La limite de la réaction paraît atteinte lorsque la proportion de maltose, qui était d'abord de 25 p. 100 du sucre total, s'est abaissée à 15 p. 100. Il y a alors un état d'équilibre où la diastase est sans action, pas plus sur le maltose que sur le dextrose.

Mettons maintenant la maltase dans une solution de dextrose à 40 p. 100, nous constaterons la production de maltose aux dépens du dextrose et la production sera d'autant plus lente que la proportion de maltose se rapprochera de 15 p. 100 du sucre total. Ici encore l'état d'équilibre est atteint lorsque 15 p. 100 du sucre est du maltose et le reste du dextrose.

Les propriétés réversibles de la maltase sont donc essentiellement liées à la composition de la solution sucrée où elle se trouve. Il est probable que les conditions qui rendent possible la transformation du dextrose en maltose sont rarement réalisées dans la nature, car le dextrose est en général utilisé au fur et à mesure de sa production et ne s'accumule pas en quantité suffisante pour permettre à la maltase d'exercer sa propriété réversible.

6. Classification des diastases. — Les diastases connues sont très nombreuses et on en découvre toujours de nouvelles. On peut presque dire qu'à chacune des innombrables réactions qui se passent dans la cellule vivante correspond une diastase, ou peut-être même plusieurs. On les classe en général d'après la nature des réactions qu'elles déterminent. C'est ainsi que l'on distingue :

1° Les diastases *hydrolisantes* qui produisent des transformations avec hydratation ; ce sont peut-être les mieux connues et les plus importantes, au moins chez les végétaux. Citons parmi les principales :

L'*amylase*, qui dissout l'amidon et le transforme en dextrine puis en maltose :

$$2 C^6H^{10}O^5 + H^2O = C^{12}H^{22}O^{11}.$$
amidon — maltose

La *maltase*, la *sucrase*, la *tréhalase*, la *lactase* qui transforment respectivement : le maltose en dextrose, le saccharose en dextrose et lévulose, le tréhalose en glucose, le lactose en dextrose et galactose :

$$C^{12}H^{22}O^{11} + H^2O = 2 C^6H^{12}O^6.$$
maltose — dextrose

L'*inulase* qui transforme l'inuline en lévulose :

$$C^6H^{10}O^5 + H^2O = C^6H^{12}O^6.$$
inuline — lévulose

L'*uréase* qui transforme l'urée en carbonate d'ammoniaque :

$$CO (AzH^2)^2 + 2 H^2O = CO^3 (AzH^4)^2.$$
urée — carbonate d'amm.

L'*émulsine* qui se trouve dans les amandes amères et qui transforme l'amygdaline en glucose, aldéhyde benzoïque et acide cyanhydrique :

$$C^{20}H^{27}AzO^{11} + 2 H^2O = 2 C^6H^{12}O^6 + C^7H^6O + HCAz.$$
amygdaline — glucose — aldéhyde — ac. cyan.

On peut rattacher aux diastases hydrolysantes les diastases *suponifiantes*, telles que la *lipase* extraite de la graine du Ricin et qui dédouble les corps gras en glycérine et acide gras, avec hydratation.

2° Les diastases de *coagulation* qui, sans changer la composition chimique du milieu, modifient son état physique et déterminent la transformation d'une substance dissoute en une masse gélatineuse plus ou moins compacte. C'est ainsi que la *présure* coagule la caséine du lait et que la *plasmase* coagule la fibrine du sang. La *pectase* coagule les matières pectiques de certains fruits et détermine ainsi la formation des gelées.

3° Les diastases de *décoagulation*, dont l'action est inverse des précédentes et qui dissolvent les matières coagulées. La

caséase redissout la caséine coagulée par la présure. La *pepsine* dissout les matières albuminoïdes coagulées.

4° Les diastases *oxydantes* qui ont la propriété de fixer l'oxygène sur d'autres corps qui se trouvent ainsi oxydés. La mieux connue est la *laccase* extraite du latex de l'arbre à laque (*Rhus succedanea*). Le latex frais est jaune clair, mais au contact de l'air il se transforme rapidement en une matière noire qui est la laque. C'est que l'oxygène de l'air est fixé par la laccase sur le laccol, phénol polyatomique qui se trouve dans le latex et qui est ainsi transformé en laque. A l'abri de l'air, la transformation n'a pas lieu et le latex ne noircit pas.

Les *oxydases*, encore mal connues, paraissent jouer un rôle très important dans la respiration; c'est grâce à elles que l'oxygène de l'air est fixé par la cellule vivante.

7. Localisation des diastases. — Toutes les cellules à l'état de vie active renferment des diastases et peuvent même en renfermer un grand nombre; le mycelium du *Penicillium glaucum*, par exemple, cultivé sur du liquide Raulin renferme à la fois de la sucrase, de la maltase, de la tréhalase, de l'amylase, de l'inulase, de la présure, de la lipase.

La proportion de diastase renfermée dans une cellule dépend des circonstances extérieures et de l'état du développement. Les cellules vertes où l'amidon se forme pendant le jour renferment de l'amylase qui dissout l'amidon et permet la migration des hydrates de carbone vers la tige et la racine; on a constaté que pendant la nuit l'amylase est plus abondante que pendant le jour. On s'explique ainsi la disparition rapide de l'amidon pendant la nuit. Les diastases qui servent à la digestion des réserves des graines sont très peu abondantes dans les graines non germées; mais dès que la germination commence, elles sont sécrétées par certaines cellules et deviennent de plus en plus abondantes.

Dans les graines, les cellules sécrétrices des diastases sont plus ou moins spécialisées. La lipase qui saponifie l'huile dans la graine du Ricin se trouve dans les cellules de l'albumen qui contiennent en même temps l'huile; et c'est pour cette raison que l'albumen du Ricin peut être digéré indépendam-

ment de la plantule. Dans le grain d'Orge, au contraire, l'amylase, qui doit digérer l'amidon de l'albumen, est produit, surtout, sinon uniquement, par les cellules du cotylédon. Dans ce cas, l'albumen reçoit donc de l'extérieur la diastase digestive et ne pourrait se digérer lui-même.

Dans les amandes amères, l'émulsine est localisée dans certaines cellules qui forment une gaine autour des nervures des cotylédons, tandis que l'amygdaline se trouve dans les cellules du parenchyme. La réaction de l'émulsine sur l'amygdaline qui donne lieu à l'acide cyanhydrique ne peut donc se produire que lorsque l'eau, arrivant dans la graine pendant la germination, permet aux matières solubles de passer d'une cellule dans les voisines. On s'explique aussi, par cette localisation, comment l'acide cyanhydrique, qui n'existe pas dans une graine non germée, fait son apparition dès qu'on écrase cette graine au contact de l'eau.

Les Crucifères présentent un autre exemple remarquable de la localisation d'une diastase dans des cellules spéciales où ne se trouve pas la substance sur laquelle cette diastase doit agir. Certaines cellules des cotylédons de la Moutarde, par exemple, renferment de l'émulsine à l'exclusion du myronate de potassium, tandis que les cellules voisines renferment le myronate à l'exclusion de l'émulsine; c'est seulement lorsque l'émulsine peut passer dans les cellules à myronate que la réaction a lieu et produit de l'essence de Moutarde. Guignard (3) a montré que les cellules à émulsine existent non seulement dans les graines mais encore dans les racines, les tiges et les feuilles de nombreuses Crucifères.

8. Comparaison des diastases et des acides. — Beaucoup de réactions produites par les diastases peuvent également être obtenues par l'action des acides à chaud. Ainsi la transformation de l'amidon en dextrine et en maltose, puis en dextrose, le dédoublement du saccharose en dextrose et lévulose peuvent être effectués indifféremment par des diastases ou des acides. Dans quelle mesure y a-t-il lieu d'assimiler ces deux séries de réactions semblables par leurs résultats mais si différentes par leur cause?

Dans les deux cas, l'agent actif de la réaction ne s'use pas par l'exercice même de ses propriétés. Nous avons vu que la sucrase qui a interverti une certaine quantité de saccharose se retrouve intacte après l'interversion; il en serait de même pour l'acide sulfurique par exemple, si on l'avait employé. Il y a donc simplement une action de présence qui désagrège le saccharose par un mécanisme qu'on ne connaît pas bien.

Mais l'assimilation ne peut être complète. Mettons, en effet, des proportions croissantes de sucre dans une solution renfermant une quantité fixe de sucrase; nous constatons que, au moins au début de l'action, lorsqu'aucune cause perturbatrice n'est encore intervenue, la quantité de sucre interverti ne change pas. Le travail accompli par la diastase est donc indépendant de la quantité de sucre présent et se trouve lié à la quantité de sucrase agissant. Il n'en est pas de même dans le cas des acides. Le travail est alors proportionnel à la concentration du sucre pour une même quantité d'acide. Une même quantité d'acide, agissant pendant le même temps, intervertira deux fois autant de saccharose dans une solution à 20 p. 100 que dans une solution à 10 p. 100.

Pour reproduire certaines réactions en dehors de l'organisme, on remplace très souvent les diastases par les acides dont l'emploi est beaucoup plus facile. Pour transformer l'amidon en dextrose par exemple, il suffit de faire agir un acide une seule fois. Si, au contraire, on veut opérer avec des diastases, il faut d'abord employer l'amylase qui fait passer l'amidon à l'état de maltose, puis la maltase qui réduit le maltose à l'état de dextrose.

9. Comparaison des diastases et des ferments figurés. — On a souvent comparé les diastases avec les ferments figurés, c'est-à-dire avec les organismes tels que les Bactéries ou les Champignons qui peuvent déterminer des fermentations. On a même longtemps désigné les diastases sous le nom de ferments solubles. Il y a cependant, entre les deux cas, une différence essentielle; une diastase est une substance chimique produite par la cellule vivante et pouvant agir en dehors d'elle. Le ferment figuré, au contraire, est une cellule vivante

ou un agrégat de cellules vivantes; si le ferment figuré peut déterminer une fermentation, c'est parce qu'il produit des diastases qui sont les agents immédiats de la fermentation.

Les diastases peuvent être produites par des êtres quelconques : animaux, végétaux supérieurs ou ferments figurés. Nous verrons qu'un ferment figuré ne diffère d'un végétal ordinaire que par l'abondance des diastases qu'il produit; c'est ce qui explique une comparaison qui est quelquefois allée jusqu'à la confusion.

2° RÉSERVES HYDROCARBONÉES (11).

10. Diverses substances de réserve. — Parmi les composés chimiques qui se trouvent dans une cellule, les plus importants par leur rôle physiologique et leurs applications sont les substances de réserve, c'est-à-dire celles qui sont destinées à servir à la nutrition de la plante. On peut les classer d'après leur composition.

Les plus abondantes sont constituées par des substances *hydrocarbonées*, c'est-à-dire formées de carbone, d'hydrogène et d'oxygène; l'hydrogène et l'oxygène étant dans le même rapport que dans l'eau. La formule générale des hydrocarbones est donc $C^m (H^2O)^n$. L'amidon et les sucres sont les hydrocarbones les plus répandus.

On trouve encore, surtout dans les graines, des réserves de composition ternaire, mais constituées par des matières *grasses*. Enfin, d'autres réserves renferment de l'azote et ont les propriétés des matières albuminoïdes; ce sont les réserves *azotées*.

Nous diviserons donc les réserves en trois groupes :

    Les réserves hydrocarbonées;
    Les réserves grasses;
    Les réserves azotées.

Nous les étudierons successivement et, dans chaque groupe, nous considérerons :

1° La forme sous laquelle se présentent les réserves et les principales propriétés des substances qui les constituent;

2° La localisation des réserves dans les divers organes de la plante ;

3° La formation et la digestion des réserves et le rôle qu'elles jouent dans le développement de la plante.

Nous examinerons en dernier lieu les principales applications auxquelles ont donné lieu les réserves indépendamment de leur utilité pour la plante.

11. Classifications des réserves hydrocarbonées. — Nous savons que la formule générale des hydrocarbones est $C^m(H^2O)^p$. Pour les hydrocarbones renfermés dans les plantes, le coefficient m est presque toujours égal à 6 ou à un multiple de 6. Lorsque $m = 6$, nous avons affaire aux *monosaccharides* dont le type est le glucose ; lorsque $m = 12$, nous avons des *disaccharides* dont le type est le saccharose ou sucre de canne ; enfin, lorsque m est égal à un multiple de 6 supérieur à 2, nous avons les *polysaccharides* dont le type est l'amidon. Dans quelques cas peu nombreux, m est égal à 5 ou à un multiple de 5.

Nous étudierons successivement les monosaccharides, les disaccharides et les polysaccharides, et nous verrons que cette classification des réserves hydrocarbonées d'après leur composition chimique correspond à une classification de ces mêmes substances d'après leur rôle physiologique.

12. Monosaccharides ; glucoses. — Nous savons que le *glucose* peut être pris comme type des monosaccharides. Sa formule est $C^6H^{12}O^6$. C'est un sucre extrêmement répandu dans les végétaux. On le trouve en abondance dans les fruits doux et en quantité plus ou moins grande dans les feuilles, les tiges et les racines. On utilise, pour le doser, sa propriété de réduire la liqueur de Fehling en donnant un précipité rouge d'oxidule de cuivre ; 100^{cm^3} de liqueur de Fehling sont réduits par environ $0^{gr},5$ de glucose : le glucose cristallise difficilement.

On confond généralement sous le nom de glucoses des composés qui ont même formule chimique, le plus souvent même rôle physiologique, mais qui diffèrent les uns des autres par

certaines de leurs propriétés chimiques et physiques. Les différents glucoses existent en général dans la nature à l'état de mélange; il est difficile de les séparer les uns des autres. Les glucoses sont très solubles dans l'eau, surtout à chaud.

Le plus répandu des glucoses est le *dextrose*, que l'on peut trouver dans toutes les parties de la plante et plus particulièrement dans les organes qui renferment de l'amidon. Le nom de dextrose vient de ce que ce glucose dévie vers la droite le plan de polarisation de la lumière; la déviation est d'environ 5o°.

Le *lévulose* diffère surtout du dextrose par son action sur la lumière polarisée; il dévie le plan de polarisation vers la gauche d'environ 100°; il cristallise plus difficilement que le dextrose. Si on laisse évaporer une solution renfermant les deux sucres, le dextrose cristallise d'abord et peut ainsi être séparé du lévulose. Le pouvoir réducteur du lévulose, par rapport à la liqueur de Fehling, est un peu plus grand que celui du dextrose; mais dans la pratique des dosages, on ne tient pas compte de la différence.

En général, le lévulose se trouve mélangé au dextrose. Mais dans les organes qui renferment de l'inuline, on trouve surtout du lévulose, de même qu'on trouve surtout du dextrose dans les organes qui renferment de l'amidon. Cela tient à ce que l'hydrolyse de l'inuline, c'est-à-dire la décomposition de l'inuline par un acide étendu, produit du lévulose pur, tandis que l'hydrolyse de l'amidon produit du dextrose pur.

Très souvent, surtout dans les organes qui renferment beaucoup de saccharose, le dextrose et le lévulose se trouvent en quantités égales; on donne à ce mélange le nom de *sucre interverti*. On s'explique cette égalité de proportions par ce fait que le saccharose décomposé par hydrolyse donne du dextrose et du lévulose en quantités égales. L'expression de sucre interverti vient de ce que, tandis que le saccharose dévie le plan de polarisation à droite, le sucre interverti qui provient de sa décomposition le dévie à gauche.

Le *galactose* est un glucose beaucoup moins répandu dans les végétaux que les précédents. On l'a signalé seulement dans quelques cas particuliers, tels que les graines de Lupin ou de

Luzerne, où il provient de la décomposition d'un polysaccharide, la galactane; le galactose dévie vers la droite le plan de polarisation de la lumière d'environ 83°, plus fortement, par conséquent, que le dextrose. Beaucoup de gommes, et notamment l'agar-agar et la gomme arabique, donnent du galactose par hydrolyse. Le galactose a plus d'importance chez les animaux que chez les végétaux; le sucre de lait traité par les acides donne du galactose en même temps que du dextrose.

Le *mannose* est très voisin du dextrose; on l'en distingue parce qu'il ne cristallise pas et a un pouvoir rotatoire plus faible. On obtient du mannose en attaquant par les acides certains albumens cornés, tels que celui du Dattier ou du Caroubier; le mannose accompagne très souvent le galactose.

Le *sorbose* est un glucose qui a été extrait des fruits de Sorbier fermentés; il dévie le plan de polarisation vers la gauche d'environ 43°; son importance physiologique est faible.

La distinction des divers glucoses a un intérêt plutôt chimique que physiologique; ils jouent, en effet, tous le même rôle dans la plante; ils représentent la forme directement assimilable des hydrates de carbone.

13. Disaccharides; saccharose. — Le *saccharose* ou sucre de canne est le type des disaccharides ayant pour formule $C^{12}H^{22}O^{11}$; c'est la matière extraite de la Canne à sucre ou de la Betterave et qui est connue communément sous le nom de sucre.

Le saccharose cristallise facilement, dévie le plan de polarisation vers la droite d'un angle de 66° et ne réduit pas la liqueur de Fehling; ces diverses propriétés suffisent pour le distinguer nettement du glucose.

Chauffé en présence d'un acide étendu, tel que l'acide sulfurique ou l'acide chlorhydrique, le saccharose se décompose par hydrolyse; une molécule de saccharose fixe une molécule d'eau et donne une molécule de dextrose et une molécule de lévulose :

$$\underset{\text{saccharose}}{C^{12}H^{22}O^{11}} + H^2O = \underset{\text{dextrose}}{C^6H^{12}O^6} + \underset{\text{lévulose}}{C^6H^{12}O^6}$$

C'est là une réaction générale pour les disaccharides; sous

l'influence des acides, leur molécule se désagrège et donne deux molécules de monosaccharides. Dans la plante vivante, cette réaction se produit fréquemment, non plus sous l'action des acides, mais sous l'influence d'un ferment soluble appelé *invertine* ou *sucrase*. Le saccharose, qui est essentiellement une substance de réserve non directement assimilable, est ainsi transformé en glucose directement assimilable.

Le saccharose constitue des réserves abondantes dans la moelle de la Canne à sucre, dans le tubercule de la Betterave, dans le bulbe de l'Oignon ; on en trouve aussi de petites quantités dans la plupart des graines et dans un grand nombre de tiges et de feuilles.

Le saccharose est de beaucoup le disaccharide le plus important qui se trouve dans les végétaux ; mais il y en a quelques autres. Tel est le *maltose*, qui diffère du saccharose par son pouvoir rotatoire plus élevé (140°) et par sa propriété de réduire la liqueur de Fehling ; le pouvoir réducteur du maltose étant seulement les deux tiers de celui du dextrose.

Le maltose existe dans tous les organes où l'amidon est en voie de décomposition ; nous verrons, en effet, que c'est un produit normal de la désagrégation de la molécule d'amidon sous l'influence des acides étendus ou d'un ferment soluble spécial. Traité par les acides étendus, le maltose se décompose à son tour, mais ne donne que du dextrose, ce qui le distingue encore du saccharose :

$$C^{12}H^{22}O^{11} + H^2O = 2\,C^6H^{12}O^6$$
$$\text{maltose} \qquad\qquad \text{dextrose}$$

Le maltose existe également dans certaines feuilles vertes, telles que celles de la Capucine, et paraît ainsi être un des premiers produits de l'assimilation du carbone.

Le *lactose* ou sucre de lait est un disaccharide ayant la même formule que les précédents, mais très rare chez les végétaux ; on l'a signalé dans les fruits du Sapotillier (*Achras Sapota*). Le lactose réduit la liqueur de Fehling comme le dextrose ; sous l'action des acides, il se décompose en galactose et dextrose avec fixation d'une molécule d'eau.

Parmi les autres dissaccharides qui ont été extraits des vé-

gétaux, on peut encore citer le *tréhalose*, trouvé dans divers
Champignons et notamment l'*Agaricus muscarius*, et le *mélé-
zitose*, qui existe dans l'exsudation du Mélèze connue sous le
nom de manne de Briançon ; ces deux sucres ne réduisent pas
la liqueur de Fehling et se transforment en dextrose sous l'influence des acides.

14. Stachyose ; raffinose. — La matière de réserve des
tubercules de *Stachys tubérifera* est constituée par un hydrate
de carbone dextrogyre et facilement cristallisable comme le
saccharose ; mais il a une saveur beaucoup moins sucrée et
donne, sous l'action des acides étendus, du galactose mélangé
à un peu de lévulose et de dextrose. C'est un sucre qu'on a
appelé le *stachyose* et auquel on a attribué la formule
$C^{18}H^{32}O^{16}$. C'est donc un sucre à molécule plus condensée que
le saccharose ordinaire et faisant la transition entre les sucres
proprement dits et les polysaccharides qui sont généralement
colloïdes.

Il en est de même du *raffinose*, que l'on a trouvé dans le
jus de Betterave mêlé en proportion plus ou moins grande au
saccharose. Le raffinose est dextrogyre, à saveur moins sucrée
que le saccharose et donne, sous l'action des acides, parties
égales de galactose, de dextrose et de lévulose.

15. Polysaccharides ; amidon. — Les polysaccharides sont
très nombreux dans les plantes, et il est souvent difficile de
les isoler et de les définir exactement. Ils sont le plus souvent
colloïdes. Dans les cas où leur composition élémentaire et
leurs propriétés sont connues, il règne encore, en général,
quelque incertitude sur leur formule et le degré de condensation de leur molécule. On sait, par exemple, que la formule
qui exprime la composition centésimale de l'amidon est
$C^6H^{10}O^5$; mais, pour avoir le poids de la molécule, il faut
multiplier cette formule par un coefficient qui n'est pas déterminé avec exactitude ; on admet, en général, que c'est 15 ; la
formule serait donc $15\,C^6H^{10}O^5$ ou $C^{90}H^{150}O^{75}$.

L'amidon présente un intérêt particulier à cause de sa très
grande diffusion dans le règne végétal ; c'est non seulement la

matière de réserve la plus répandue, mais aussi un des premiers produits de l'assimilation chlorophyllienne.

De plus, l'amidon se trouve dans les plantes à l'état solide, et c'est là une circonstance qui a, de très bonne heure, attiré l'attention des observateurs et multiplié le nombre des travaux sur cette substance de réserve. Dans l'étude que nous allons faire, nous commencerons par l'examen morphologique de l'amidon; nous passerons ensuite aux propriétés physiques, chimiques et physiologiques.

16. Formes des grains d'amidon. — Les cellules parenchymateuses d'un tubercule de Pomme de terre sont bourrées de petits grains ovales ayant au plus $0^{mm},09$ de longueur; ce sont des grains d'amidon. En les examinant à un assez fort grossissement (*fig. 1*) on y reconnaît des stries concentriques alternativement claires et obscures dues à des différences de réfringences. La strie la plus externe, celle qui est sur le pourtour du grain, est toujours claire; la plus interne, qui constitue le centre de toutes les couches, est toujours obscure. On donne à ce centre commun *h* des stries le nom de *hile*. Dans l'amidon de la pomme de terre, le hile ne coïncide pas avec le centre géométrique du grain, il est excentrique; il en résulte que les couches sont plus épaisses d'un côté que de l'autre.

Fig. 1. — Grain d'amidon de la Pomme de terre; *h*, hile.

Dans l'albumen du Blé (*fig. 2*), nous voyons aussi de très nombreux grains d'amidon, mais différents de ceux de la pomme de terre; ils ont la forme de disques arrondis biconvexes, avec le hile central et les stries d'égale épaisseur sur tout leur pourtour; la plupart ont environ $0^{mm},05$ de diamètre; quelques-uns sont beaucoup plus petits. Dans l'albumen du Maïs, les grains d'amidon, très serrés les uns contre les autres, sont devenus polyédriques par suite de la pression mutuelle qu'ils subissent. Dans ces différents exemples, chaque grain ne présente qu'un seul système de stries et qu'un seul hile. Ce sont des grains d'amidon *simples*.

Il n'en est pas de même dans l'albumen de l'Avoine (*fig. 3*); là, chaque grain semble formé par la réunion de plusieurs grains

soudés les uns aux autres et présentant chacun un hile et un système de stries spécial; on donne à un pareil grain d'amidon le nom de *grain composé*.

Le nombre des grains que peut comprendre un grain composé est très variable; dans l'Avoine, il peut y en avoir depuis deux jusqu'à plusieurs centaines. Dans les cotylédons de l'Epinard, on peut compter plusieurs milliers de grains simples dans un grain composé.

En multipliant les exemples, on constaterait que les grains

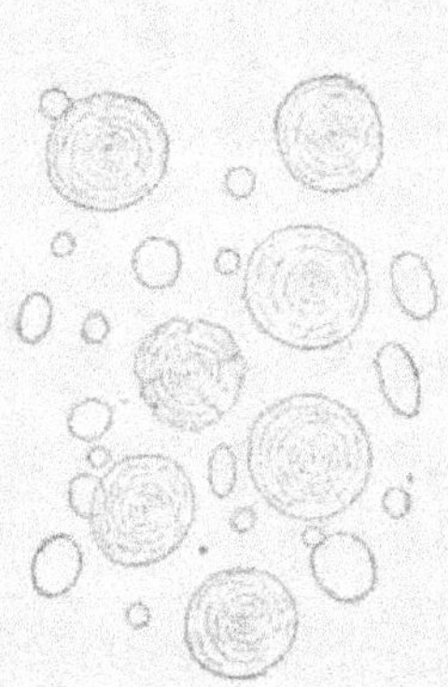

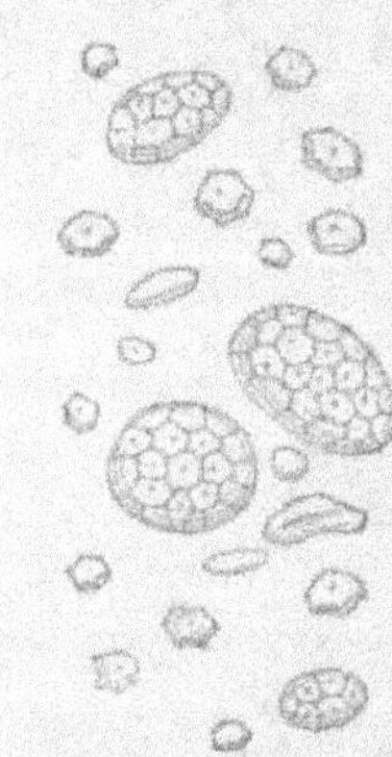

Fig. 2. — Grains d'amidon du Blé.   Fig. 3. — Grains d'amidon de l'Avoine.

d'amidon peuvent différer beaucoup par leurs formes et leurs dimensions. Dans des espèces différentes, les grains d'amidon sont en général différents; et dans une même plante, les grains ont la même forme ou des formes qui ne varient que dans des limites qu'on peut déterminer; chaque espèce peut donc, dans une certaine mesure, être caractérisée par la forme et la dimension des grains d'amidon.

17. Propriétés physiques. — Si l'on laisse les grains se dessécher, ou mieux, si on les deshydrate avec de l'alcool absolu, on voit les couches sombres s'éclaircir peu à peu et devenir semblables aux couches claires, de façon à rendre le grain complétement homogène. Inversement, si l'on favorise

l'absorption d'eau par le grain en le plongeant dans une dissolution étendue d'un acide ou d'un alcali, les couches claires deviennent sombres et tout le grain est uniformément sombre. Quand le grain est complètement desséché, il est donc complètement clair, quand il est saturé d'eau, il est complètement sombre. On en conclue que la différence d'aspect des couches claires et obscures est due à une différence d'hydratation, les couches sombres étant les plus hydratées et les couches claires les moins hydratés.

L'amidon est biréfringent; dans la lumière polarisée (*fig. 4*), chaque grain se comporte comme un groupe de petits cristaux à un axe disposés perpendiculairement aux stries à partir du hile et présente une croix blanche dont les deux branches se croisent au hile. Dans certains cas même, cette croix blanche, facilement visible sur le fond noir du microscope, peut servir à indiquer la présence des grains d'amidon.

Fig. 4. — Grain d'amidon vu à la lumière polarisée.

18. Propriétés chimiques. — Ordinairement, on se sert, pour reconnaître l'amidon, de la propriété qu'il a de se colorer en bleu sous l'action de l'iode. Il suffit de faire passer une goutte de dissolution aqueuse d'iode sur une coupe examinée au microscope pour voir chaque grain se colorer rapidement en bleu. Il est curieux de remarquer que les grains d'amidon chauffés perdent cette coloration et puis la reprennent lorsqu'ils se refroidissent.

Chauffés dans l'eau au-dessus de 50°, les grains d'amidon se gonflent rapidement et peuvent acquérir un volume cent fois plus grand que leur volume primitif; les grains éclatent alors, prennent une forme irrégulière et constituent une masse gélatineuse connue sous le nom d'*empois d'amidon*. Si l'on continue à chauffer et si on maintient la température un cer-

tain temps à 100°, une partie de l'amidon devient soluble.

Nous avons vu qu'on pouvait admettre comme formule de l'amidon à l'état solide $15\,C^6H^{10}O^5$; l'amidon soluble serait moins condensé et répondrait à la formule $10\,C^6H^{10}O^5$. En faisant agir les acides étendus, l'amidon se décompose en une série de corps solubles dans l'eau ayant la même composition centésimale, mais avec des molécules de moins en moins condensées. Le premier produit de la décomposition est l'amidon soluble qui bleuit encore par l'iode; puis l'amidon soluble se transforme en une série de composés de moins en moins condensés et que nous confondrons sous le nom de *dextrines*. Les dextrines ne se colorent pas en bleu par l'iode; les plus condensées se colorent en brun, les autres ne se colorent pas. Enfin la dextrine se transforme en maltose :

$$2\,C^6H^{10}O^5 + H^2O = C^{12}H^{22}O^{11}$$
dextrine   maltose

et le maltose en dextrose.

Dans la cellule vivante, la même série de transformations se produit sous l'influence de diastases; *l'amylase* transforme l'amidon en maltose et la *maltase* fait passer le maltose à l'état de dextrose directement assimilable. Nous reviendrons plus tard sur ces transformations et leur rôle dans la physiologie de la plante.

Dans les Algues rouges, on trouve des grains d'amidon qui ont la plupart des propriétés de l'amidon ordinaire, mais qui en diffèrent parce qu'ils se colorent par l'iode en brun et non en bleu. (Cet amidon peut être rapproché du glycogène des animaux.)

19. Dextrine. — La *dextrine* est, comme nous venons de le voir, un polysaccharide soluble dans l'eau et ayant une molécule moins condensée que celle de l'amidon; le degré de condensation n'est pas déterminé avec certitude et paraît variable suivant les cas. La dextrine dévie à droite le plan de polarisation de la lumière; elle est insoluble dans l'alcool à 90°.

La dextrine est fréquente dans les plantes, où elle accompagne en général l'amidon, surtout lorsque ce dernier corps

est en voie de décomposition; c'est, alors, un produit intermédiaire entre l'amidon substance de réserve et le dextrose directement assimilable. Dans certains organes, tels que les bulbes de Tulipe ou de Jacinthe, la dextrine est très abondante et joue le rôle de matière de réserve au même titre que l'amidon.

20. **Inuline.** — L'*inuline* est un polysaccharide moins condensé que l'amidon; la formule est $6\,C^6H^{10}O^5$. On la trouve

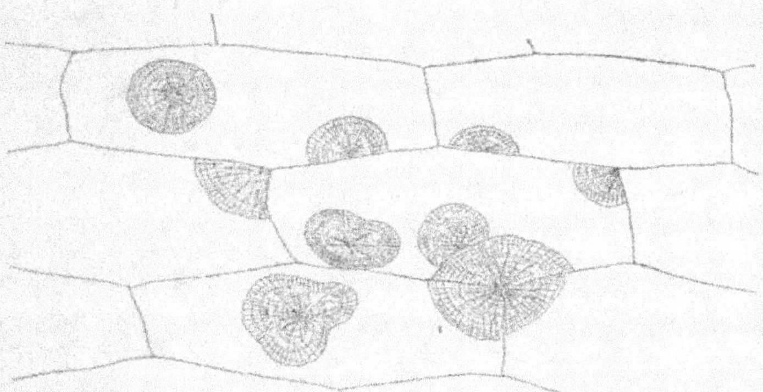

Fig. 5. — Sphéro-cristaux d'inuline (Heraill).

surtout dans la famille des Composées, où elle joue le rôle de matière de réserve. Les tubercules de Dahlia et de Topinambour en renferment beaucoup. Dans les cellules vivantes, l'inuline se trouve à l'état dissout. Mais si on examine une coupe faite dans un tubercule de Dahlia qui est resté plongé pendant quelques jours dans l'alcool à 90°, on voit que l'inuline s'est précipitée sous forme de masses cristallines appelées *sphéro-cristaux* et constituées par de petits cristaux rayonnant autour d'un centre (*fig. 5*).

L'inuline est très peu soluble dans l'eau froide, mais se dissout plus facilement dans l'eau acidulée ou alcalinisée et surtout dans l'eau chaude; elle est insoluble dans l'alcool et l'éther et dévie à gauche le plan de polarisation de la lumière.

Chauffée en présence d'acides étendus, l'inuline se transforme beaucoup plus vite que l'amidon et donne d'abord de

la *lévuline*, puis du *lévulose*, qui est directement assimilable.
Dans les cellules vivantes, cette réaction se produit sous l'influence de diastases.

21. Levuline. — La *lévuline* se trouve presque toujours
associée à l'inuline dont elle est un produit de décomposition;
les tubercules de Topinambour en renferment en abondance.

La lévuline est insoluble dans l'alcool, soluble dans l'eau
froide, ce qui la distingue de l'inuline, et dévie à gauche le
plan de polarisation, ce qui la distingue de la dextrine; sous
l'influence des acides ou d'une diastase spéciale, elle se transforme en lévulose; sa composition centésimale est la même
que celle de l'inuline, mais la molécule est moins condensée.

L'inuline, la lévuline et le lévulose forment une série d'hydrates de carbone de moins en moins condensés qui jouent
respectivement le même rôle que l'amidon, la dextrine et le
dextrose; mais tandis que les termes de la première série dévient le plan de polarisation à gauche, ceux de la seconde le
dévient à droite. Il est à remarquer d'ailleurs que l'amidon et
l'inuline se remplacent et ne se trouvent point dans les mêmes
organes des réserves.

22. Mannane; galactane. — La *mannane* est un hydrate
de carbone qui se trouve en abondance dans les parois cellulaires épaissies de beaucoup d'albumens cornés, tels par exemple que ceux du Dattier; l'albumen du Caroubier et du Févier en contient aussi; sa formule est $n\,C^6H^{10}O^5$; le degré de
condensation de la molécule est inconnu.

Le caractère essentiel de la mannane est de donner du mannose sous l'action des acides. Dans les plantes vivantes, cette
transformation est opérée par une diastase; mais il est probable que le mannose est assimilé immédiatement, car on ne l'a
pas trouvé à l'état libre dans les organes où la mannane est
en voie de digestion.

La *galactane* est un polysaccharide voisin de la mannane
et qui en diffère parce qu'elle donne par hydrolyse du galactose et non du mannose. On distingue plusieurs variétés
de galactane différant les unes des autres par leurs pro-

priétés physiques et les plantes d'où on les extrait, mais ayant toutes ce caractère commun de donner du galactose sous l'influence d'une diastase spéciale ou des acides. Certaines galactanes sont insolubles dans l'eau, d'autres plus ou moins solubles.

On trouve de la galactane dans les graines de Lupin, de Luzerne, de Soja. L'albumen gélatineux des Légumineuses, telles que le Févier et le Caroubier, renferme comme principale matière de réserve un mélange de galactane et de mannane. L'agar ou gélose, matière mucilagineuse extraite de certaines Algues rouges, renferme aussi de la galactane.

23. Cellulose. — On désigne d'une façon générale sous le nom de cellulose la matière qui constitue la paroi de la plupart des cellules végétales. Ainsi définie, la cellulose ne peut être considérée comme une espèce chimique, mais correspond à un nombre peut être considérable d'hydrates de carbone plus ou moins condensés et mélangés intimement dans des proportions diverses. Nous avons déjà vu que certaines membranes renferment de la mannane ou de la galactane; la plupart sont plus ou moins imprégnées de matières pectiques; nous verrons que beaucoup contiennent de la xylane et de l'arabane.

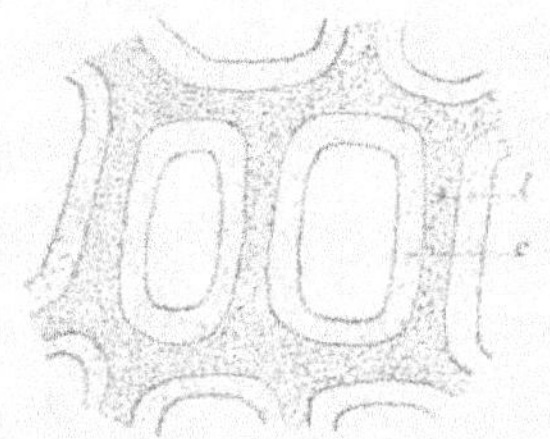

Fig. 6. — Coupe dans des fibres ligneuses de Santé en automne; c, cellulose de réserve; l, cellulose de soutien.

Le rôle principal de la cellulose est un rôle de soutien: c'est elle qui donne à la plante sa forme caractéristique. Dans certains cas cependant, il est incontestable que le rôle essentiel de la cellulose est un rôle de réserve. Nous venons de voir en effet que, dans l'albumen du Dattier ou du Févier, la membrane cellulaire renferme de la mannane et de la galactane que l'on peut considérer comme des variétés de cellulose et qui donnent par décomposition des sucres assimilables.

Dans ces différents cas, la cellulose qui joue le rôle de réserve est localisée dans un organe de réserve (albumen ou

colylédons). Mais ailleurs, il semble bien que la cellulose des
éléments de soutien, tels que les fibres, peut, dans une certaine mesure, jouer le rôle de réserve. Ainsi, dans la tige du
Saule (*fig. 6*) ou de la Vigne, les fibres du bois deviennent
très épaisses en automne; puis, au printemps, la partie
interne c de la paroi se dissout et sert d'aliment à la plante
qui s'accroît. Même lorsque l'épaisseur des fibres reste constante, la cellulose qui les constitue peut jouer partiellement le rôle de réserve. Nous verrons, en effet, que dans un
grand nombre d'arbres une partie de la cellulose est transformée en glucose par l'ébullition en présence des acides
étendus.

Il faudrait donc distinguer, dans la substance des parois,
ce qui est cellulose de réserve et ce qui est cellulose de soutien.
C'est là une distinction qu'il est à peu près impossible de faire
d'une façon absolue, car on n'a pu donner, soit de la cellulose de réserve, soit de la cellulose en général, une définition
qui ne soit pas purement arbitraire. Les réactifs colorants,
très importants pour les études histologiques, ne donnent que
des indications tout à fait insuffisantes au sujet de la composition chimique et du rôle physiologique. Les définitions chimiques de la cellulose sont plus précises mais encore arbi-
traires; on considère généralement comme formé de cellulose
le résidu obtenu en traitant un tissu par l'acide sulfurique
à 1.25 p. 100, puis par la potasse à 1.25 p. 100, puis en lavant avec de l'alcool et de l'éther. Mais si on change la concentration de l'acide sulfurique ou de la potasse, on extrait
plus ou moins de cellulose d'un même tissu. De même si on
admet que la cellulose de réserve est celle qui est transformée en glucose par l'acide sulfurique étendu, on trouvera
plus ou moins de cellulose de réserve dans un organe suivant le degré de concentration de l'acide employé et suivant
la durée de l'ébullition.

Ces difficultés viennent de ce que la membrane cellulaire
n'est pas formée par une espèce chimique unique, mais par
un nombre indéterminé de substances ayant la composition
des hydrates de carbone, mais à des degrés de condensation
différents. Il y a donc, non pas une cellulose, mais un grand

nombre de celluloses. Si on traite par l'acide sulfurique très faible, on dissout les celluloses les moins condensées, et si on emploie des réactifs plus concentrés, on extrait des celluloses de plus en plus condensées.

24. Mucilages. — On confond sous le nom de mucilages un certain nombre de substances mal définies qui ont comme caractère commun de se gonfler en présence de l'eau en formant une masse gélatineuse; leur composition centésimale est

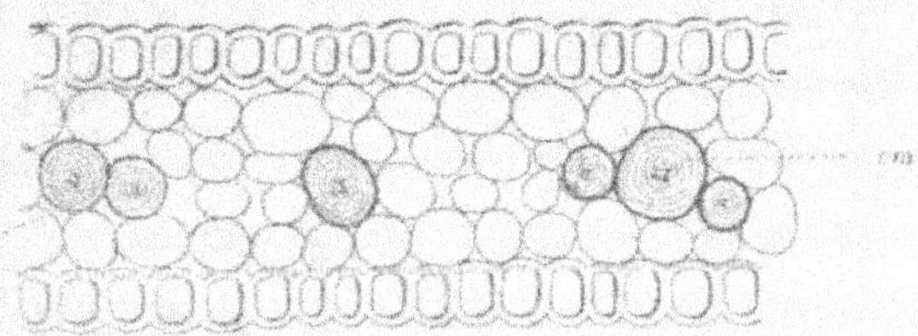

Fig. 7. — Coupe dans un pétale de Guimauve; *cm*, cellules à mucilage (Hérail).

la même que celle de la cellulose. Sous l'action des acides étendus, les mucilages donnent des glucoses et notamment du dextrose, du mannose ou du galactose, quelquefois un mélange de plusieurs de ces sucres. La plupart des mucilages sont vraisemblablement un mélange de plusieurs composés, tels par exemple que les galactanes.

Les tubercules des Orchidées renferment en abondance un mucilage qui, avec l'amidon, constitue la réserve hydrocarbonée de ces plantes. On trouve également des mucilages dans les cellules épidermiques des graines de Lin et de Plantain, dans les cellules périphériques des graines de Coings, dans les membranes épaissies de certaines cellules de Malvacées (*fig. 7*).

25. Substances pectiques. — On doit rapprocher de la cellulose et des mucilages divers composés désignés sous le nom de *substances pectiques*, qui ont en général la même composition centésimale que la cellulose et donnent du glucose sous l'action des acides étendus.

La *pectose* est une variété de cellulose peu condensée, soluble dans les acides et les alcalis étendus; en général, la pectose imprègne les membranes de cellulose dont il est difficile de la distinguer au point de vue chimique. La solubilité dans les acides étendus paraît la désigner comme pouvant jouer un rôle de réserve; en histologie, on reconnaît la présence de la pectose dans une membrane par l'action de réactifs colorants (safranine, rouge de ruthénium).

La *pectine* se trouve en abondance dans la plupart des fruits sucrés mûrs, ainsi que dans la Betterave, la canne à sucre; c'est une substance soluble dans l'eau et insoluble dans l'alcool; le sous-acétate de plomb la précipite de sa solution aqueuse, ce qui la rapproche des mucilages. La pectine est sans action sur la liqueur de Fehling, mais se transforme en glucose réducteur sous l'influence des acides.

Les matières pectiques paraissent jouer le rôle de substances de réserve, comme les sucres auxquels elles sont en général associées; mais leur signification physiologique n'est guère mieux connue que leur composition chimique. Beaucoup d'auteurs les éloignent des hydrates de carbone; mais de nouveaux travaux, et notamment ceux de Tollens, tendent à les faire entrer dans cette catégorie de corps; c'est cette manière de voir que nous adopterons.

26. Xylane; arabane. — Les hydrates de carbone que nous avons considérés jusqu'ici renferment dans leurs molécules 6 ou $n6$ atomes de carbone. Mais si on soumet une tige de Hêtre, par exemple, à l'action des acides étendus et chauffés, on obtient, en même temps que du glucose, un sucre qui a des propriétés voisines de celles du glucose, notamment pour ce qui concerne l'action sur la liqueur de Fehling, mais dont la formule est $C^5H^{10}O^5$. On a appelé *xylose* ce sucre. On admet qu'il provient de la transformation d'une substance appelée *xylane* renfermée dans les parois des cellules et à laquelle on attribue la formule $nC^5H^8O^4$.

La xylane se trouve dans presque tous les végétaux, notamment dans le bois de Hêtre, de Sapin, dans la paille des Graminées; elle est plus facilement attaquée par les acides que

la cellulose proprement dite et peut être considérée comme jouant dans une certaine mesure le rôle de réserve. On trouve cependant rarement le xylose à l'état libre dans les plantes.

En traitant par les acides la gomme arabique ou bien encore la gomme qui exsude de certains arbres, tels que les Cerisiers, les Pêchers ou les Pruniers, on obtient un sucre appelé *arabinose* qui a la même formule que le xylose, mais des propriétés un peu différentes; on admet qu'il provient de la transformation de l'*arabane*, qui aurait la même formule que la xylane.

Les végétaux renferment donc une série d'hydrates de carbone très condensés comparables à la cellulose et à l'amidon, mais renfermant seulement $n5$ atomes de carbone. A ces composés correspondent des sucres comparables aux glucoses, mais ne renfermant que $n5$ atomes de carbone.

27. Mannite. — On trouve quelquefois dans les végétaux des matières de réserve voisines des hydrates de carbone, mais ayant une composition un peu différente. Nous citerons seulement la *mannite* $C^6H^{14}O^6$, qu'on a d'abord extraite de la manne du Frêne et qu'on a retrouvée ensuite dans un grand nombre de plantes, surtout parmi les Algues et les Champignons. La Laminaire (*Laminaria saccharina*) en renferme beaucoup et lui doit sa saveur sucrée; on l'a trouvée aussi dans plusieurs Agarics.

La mannite paraît jouer le même rôle que le glucose, mais ne réduit pas la liqueur de Fehling.

28. Tanin. — On confond sous le nom de *tanin* un très grand nombre de composés ternaires qui se forment dans les végétaux et qui ont certaines propriétés communes. Les tanins ont une saveur astringente, sont solubles dans l'eau en donnant une solution colloïdale; ils donnent un précipité d'un noir bleuâtre avec les sels ferriques, et c'est là, en général, le réactif qui sert à déceler leur présence dans un tissu; ils précipitent l'albumine, la gélatine et la plupart des alcaloïdes, donnent un précipité brun avec le bichromate de potassium.

On trouve du tanin dans beaucoup de plantes. Les noix de

galle du Chêne en renferment quelquefois plus de 50 p. 100 du poids de leur matière sèche. Le tanin des noix de galle peut être pris comme type des tanins. C'est surtout dans les écorces des tiges que le tanin est abondant; l'écorce de l'Arbousier en renferme jusqu'à 36 p. 100 de son poids sec; l'écorce du Grenadier, 20 p. 100; l'écorce de Chêne, 10 p. 100; l'écorce du Châtaignier, 7 p. 100. Les feuilles du Thé contiennent de 10 à 12 p. 100 de tanin.

Chez certaines plantes, le tanin est localisé dans des cellules spéciales qui sont de véritables cellules sécrétrices. L'écorce ou la moelle de beaucoup de Légumineuses et de Rosacées renferment aussi des cellules à tanin disposées en files ou en réseau.

Le rôle physiologique du tanin est aussi mal défini que sa composition chimique. Le tanin augmente dans les feuilles éclairées et diminue dans les feuilles étiolées, ce qui tendrait à montrer que c'est un produit de l'assimilation; d'autre part, le tanin s'accumule dans le bois vieux de certains arbres tels que le Mûrier, ce qui tendrait à prouver que c'est un produit de désassimilation.

Nous verrons que, sous l'action d'un ferment, le tanin de la noix de galle se dédouble en glucose et acide gallique; le glucose étant assimilable, il semble que, dans cette circonstance, le tanin se conduit comme une matière de réserve.

Les écorces qui renferment beaucoup de tanin, telles que celles du Chêne, sont employées en tannerie. On les réduit en une poudre appelée *tan* qui a la propriété de rendre les peaux imputrescibles à la suite de la précipitation des matières albuminoïdes par le tanin.

3° LOCALISATION DES RÉSERVES HYDROCARBONÉES.

29. Graine. — La graine est la partie de la plante la plus nettement différenciée en vue de l'accumulation des réserves. Dans les graines à albumen, c'est surtout, souvent même exclusivement, dans l'albumen que se trouvent les réserves;

dans les graines sans albumen, c'est dans les cotylédons qui sont alors très épais.

D'une façon générale, les graines ne renferment jamais de glucose. Les graines mûres sont, en effet, à l'état de vie très ralentie, et le glucose, qui est la forme assimilable des hydrates de carbone, existe surtout là où la vie est active.

Le saccharose existe dans presque toutes les graines, mais en petites quantités, 2 à 3 p. 100 au plus en général, et cela aussi bien dans les graines qui renferment d'autres hydrates de carbone en abondance que dans celles où la réserve non azotée est surtout formée de matières oléagineuses.

L'amidon est de beaucoup la réserve hydrocarbonée la plus abondante dans les graines. Les albumens dits amylacés, comme celui des Graminées, peuvent en renfermer plus de 70 p. 100. Les cotylédons de certaines Légumineuses, telles que le Haricot ou le Pois, en contiennent près de 50 p. 100, mais on y trouve en même temps d'autres hydrates de carbone voisins de la dextrine, ou encore de la cellulose de réserve qui imprègne les parois des cellules. En général, on dose l'ensemble des hydrates de carbone transformables en glucose par l'action des acides, sans distinguer les diverses espèces chimiques.

Dans les graines de Lupin, où les réserves hydrocarbonées constituent 25 p. 100 du poids total, il n'y a pas d'amidon du tout ; outre un peu de saccharose et de la cellulose de réserve, on y trouve une proportion assez grande de galactane, matière voisine de la dextrine, mais donnant du galactose sous l'action des acides.

Dans les albumens cornés, tels que celui du Dattier ou du Caroubier, la réserve hydrocarbonée est formée presque exclusivement par les parois épaissies des cellules où nous avons constaté la présence de la mannane et de la galactane. Dans les albumens dits charnus, comme celui des Rubiacées et de beaucoup de Monocotylédones, la cellulose de réserve joue aussi un rôle important.

A part les glucoses, la plupart des composés hydrocarbonés qui existent dans les plantes peuvent donc se trouver dans les graines.

30. Bulbes, tubercules, rhizômes. — Un grand nombre de plantes vivaces ou bisannuelles ont dans leurs parties souterraines des organes de réserve différenciés; ce sont tantôt des feuilles, comme dans les bulbes de Liliacées; tantôt des racines, comme chez les Orchidées, la Betterave, la Carotte, le Navet; tantôt des tiges, comme dans la Pomme de terre ou le Topinambour. Les réserves qui s'y accumulent sont surtout hydrocarbonées; il y a peu de matières azotées et encore moins de réserves grasses.

La vie étant moins ralentie dans les bulbes et les tubercules que dans les graines, on y trouve souvent une certaine proportion de glucose, quelquefois très peu comme dans le tubercule du Colchique, 10 p. 100 environ dans les racines d'Asphodèle, un peu plus dans les bulbes d'Ognon.

Le saccharose est assez fréquent dans les bulbes et les tubercules; quelquefois il est associé au glucose comme dans l'Ognon qui, pendant la période de vie ralentie, renferme environ 20 p. 100 de saccharose et 10 à 12 p. 100 de glucose; les racines d'Asphodèle renferment également un mélange de glucose et de saccharose. Dans le tubercule de Betterave, la réserve hydrocarbonée est à peu près exclusivement formée de saccharose. La réserve des tubercules de *Stachys tuberifera* est surtout formée par un sucre, le stachyose, dont la molécule renferme 18 atomes de carbone.

L'amidon constitue presque exclusivement la réserve hydrocarbonée des tubercules de Pommes de terre, de Colchique, de Renoncule bulbeuse et d'un grand nombre d'autres plantes. Dans les bulbes de Tulipe, de Jacinthe, de Lis, l'amidon est associé à de la dextrine et à des matières mucilagineuses; dans les tubercules d'Orchidées, il y a aussi de l'amidon et des matières mucilagineuses.

Les tubercules de Dahlia et de Topinambour ne renferment pas d'amidon mais de l'inuline et de la lévuline mélangées en proportions diverses.

En somme, on voit que la plupart des substances hydrocarbonées connues dans les plantes peuvent figurer parmi les réserves des bulbes et des tubercules; la cellulose de réserve ne paraît pas cependant y jouer un rôle important.

31. Tiges, racines, feuilles. — Bien que n'étant pas spécialement différenciées à cet effet, la plupart des tiges et des racines et même certaines feuilles peuvent jouer le rôle d'organes de réserves, comme nous le verrons un peu plus loin. On y trouve toujours un peu de glucose, mais ce sucre ne doit pas y être considéré comme une matière de réserve; c'est la forme ordinaire sous laquelle les hydrates de carbone se déplacent dans la plante. Le glucose qu'on trouve dans les tiges et les racines provient de l'assimilation par les feuilles et va se mettre en réserve sous une forme plus condensée, ou bien provient de la digestion d'autres réserves et va être assimilé.

Le saccharose se trouve en abondance dans certaines tiges. Citons la Canne à sucre et le Sorgho à sucre dont la moelle est très riche en saccharose. La sève qui circule dans le bois de l'Érable à sucre est également très sucrée.

C'est l'amidon qui joue le rôle le plus important comme matière de réserve des tiges et des racines; on en trouve à peu près partout. Mais ici le rôle de l'amidon est plus complexe que dans les organes de réserve proprement dits. L'amidon est une des formes que présentent les réserves hydrocarbonées pendant le cours de leur évolution annuelle, et cette forme ne correspond pas toujours aux périodes où la vie est la plus ralentie. Avant d'être utilisée, la réserve hydrocarbonée peut passer plusieurs fois par la forme d'amidon; nous reviendrons plus loin sur ce sujet (§ 39).

La cellulose des tiges et des racines peut aussi jouer le rôle de réserve; mais nous avons vu la difficulté qu'il y a à déterminer dans quelle mesure la cellulose est ou n'est pas de réserve. L'inuline, le lévuline, la dextrine ou les mucilages peuvent aussi exister en plus ou moins grande proportion dans les tiges et les racines de certaines plantes et y jouer le rôle de réserves.

4° DIGESTION ET FORMATION DES RÉSERVES HYDROCARBONÉES.

32. Digestion de l'amidon des graines. — On peut prendre le grain d'Orge comme type des graines à réserves amylacées (*fig*. 8). On sait que le grain comprend à l'intérieur des téguments *t* : 1° Un albumen volumineux dont l'assise périphérique *p* ne renferme que des matières protéiques, tandis que les autres cellules *am* contiennent surtout de l'amidon avec quelques réserves azotées; 2° un embryon dont le cotylédon *c*, en forme de bouclier, est appliqué latéralement contre l'albumen.

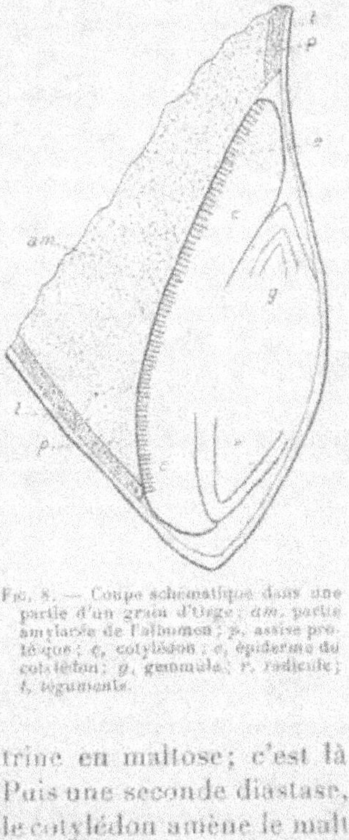

La graine non germée renferme très peu de diastases; mais pendant la germination l'*amylase* sécrétée en abondance, surtout par l'épiderme *e* du cotylédon, pénètre dans la partie amylacée de l'albumen et digère l'amidon. Les grains d'amidon sont d'abord dissous, l'amidon soluble est ensuite transformé en dextrine et la dextrine en maltose; c'est là que s'arrête l'action de l'amylase. Puis une seconde diastase, la *maltase*, sécrétée également par le cotylédon amène le maltose à l'état de dextrose directement assimilable qui sert d'aliment à l'embryon.

La digestion de l'amidon et son absorption par le cotylédon est facilitée par l'action d'une autre diastase, la *cytase*, produite aussi par le cotylédon et qui dissout les parois cellulosiques de l'albumen. Celui-ci, au lieu de former un tissu com-

Fig. 8. — Coupe schématique dans une partie d'un grain d'Orge; *am*, partie amylacée de l'albumen; *p*, assise protéique; *c*, cotylédon; *e*, épiderme du cotylédon; *g*, gemmule; *r*, radicule; *t*, téguments.

pact, n'est donc plus qu'une sorte de sac renfermant un suc laiteux dans lequel le cotylédon puise la nourriture de l'embryon.

On voit par cet exemple que, pendant la germination, les réserves amylacées subissent par l'action des diastases une série de transformations que les amène à l'état de glucose assimilable. Cette série de transformations est la même que celle qu'on observe en traitant l'amidon par les acides. Nous allons voir qu'il en est de même pour les autres réserves hydrocarbonnées de la graine.

33. Digestion de la cellulose de réserve. — Un des cas les mieux connus est celui de l'albumen corné du Caroubier et du Févier, étudié par Herissey (4). On sait que la graine de ces Légumineuses comprend un embryon assez volumineux entouré par un albumen dont les parois cellulaires, très épaisses, sont dures à l'état sec et se gonflent sous l'influence de l'eau.

Pendant la germination, les cotylédons sécrètent une diastase appelée *séminase* qui pénètre dans l'albumen, dissout les parois des cellules en donnant du mannose et du galactose qui servent de nourriture à l'embryon. Le mannose et le galactose proviennent respectivement de la mannane et de la galactane qui paraissent constituer la totalité des membranes cellulaires de l'albumen. La séminase comprend probablement deux diastases, l'une agissant sur la mannane et l'autre sur la galactane.

On peut montrer que les cotylédons sécrètent la séminase en faisant germer isolement l'albumen et les cotylédons. L'albumen, même dans les conditions les plus favorables, ne peut se digérer lui-même; il ne produit donc pas de séminase. Mais si l'on mêle à l'albumen gonflé par l'eau la matière obtenue en broyant les cotylédons, la digestion commence, la mannane et la galactane sont transformées en mannose et en galactose. Les cotylédons jouent donc ici, comme dans l'Orge, le rôle d'organe de digestion en sécrétant la séminase et le rôle d'organe d'absorption en absorbant le produit de la digestion de l'albumen par la séminase.

Les choses se passent d'une façon analogue dans les autres graines qui renferment beaucoup de cellulose de réserve. Le cotylédon du Dattier sécrète une diastase qui dissout l'albumen corné dans la région de contact entre l'albumen et le cotylédon et absorbe le produit de la digestion. Dans les graines de Lupin ou de Soja la galactane des cotylédons est transformée en galactose par une diastase produite par les cotylédons mêmes.

Le saccharose qui se trouve en faible proportion dans presque toutes les graines disparaît pendant la germination, transformé en glucose assimilable par la sucrase sécrétée dans les mêmes conditions que les diastases dont nous venons de parler.

34. Formation des réserves hydrocarbonées dans les graines — Les matières hydrocarbonées assimilées par les feuilles arrivent dans la graine à l'état de sucre, saccharose ou glucose, et là s'enmagasinent sous une forme plus ou moins condensée : amidon, galactane, cellulose. Les recherches quantitatives faites sur ce sujet sont peu nombreuses. Les chiffres suivants cités par André et relatifs à la composition des grains de Maïs aux divers stades de leur formation donneront une idée de la marche des transformations d'une graine amylacée; les nombres donnés se rapportent à 100 parties de matière sèche :

	Amidon.	Saccharose.	Glucose.
Immédiatement après la floraison.	37,9	12,2	13,6
Grains farineux	48,8	8,6	6,1
Grains jaunissant	54,2	5,8	2,7
— —	54,8	2,4	1,4
Grains mûrs.	64,2	0,03	0

La graine mûre renferme toujours un peu de saccharose et en général plus que dans le cas du Maïs, mais le glucose fait toujours défaut.

35. Bulbe sucré; Ognon. — Les réserves hydrocarbonées du bulbe de l'Ognon (*Allium Cepa*), sont formées surtout de sucres. On sait que le bulbe de l'Ognon est bisannuel en général, se forme pendant le printemps et le commencement de

l'été, passe à l'état de vie ralentie vers le mois de septembre ;
puis, plus ou moins tôt suivant les circonstances, le bourgeon central commence à pousser et les feuilles vertes se développent ; au printemps suivant, lorsque la plante fleurit, toutes
les écailles des bulbes primitifs sont digérées. Nous allons
doser, aux diverses phases du développement de ce bulbe,
les sucres réducteurs ou glucoses et les sucres non réducteurs
ou saccharoses :

	Sucres réducteurs.	Sucres non réducteurs.	Total.
6 juin	8	2	10
16 août	24	8	32
10 septembre	10	21	31
26 janvier	27	5	32
13 avril	5	5	10

Les nombres qui figurent sur ce tableau sont rapportés à
100 parties de matière sèche du bulbe. On voit que pendant la
période de formation du
bulbe le glucose est plus
abondant que le saccha-
rose ; c'est donc sous
forme de glucose que les
hydrocarbones arrivent
des feuilles. Puis, le glucose se transforme par-
tiellement en saccharose
qui, pendant la période
de vie ralentie, passe par
un maximum alors que le
glucose passe par un mi-
nimum. Pendant la diges-
tion du bulbe, on observe
le phénomène inverse de
celui qui s'était produit

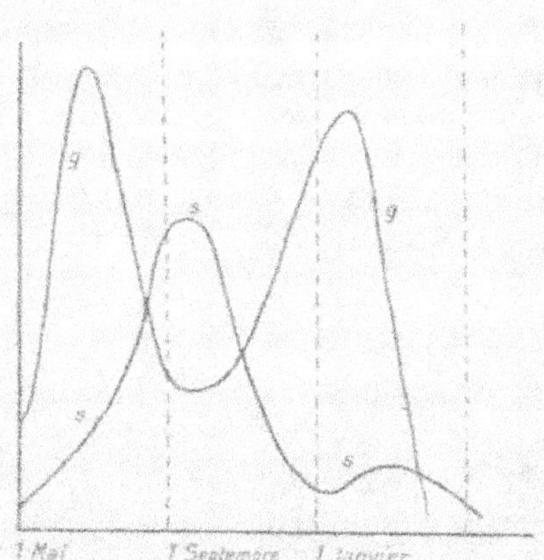

Fig. 9. — Courbes représentant les variations du saccharose s et du glucose g dans une bulbe d'Ognon.

pendant la formation : le saccharose se transforme en glucose qui est utilisé pour le développement des parties aériennes. Ces résultats peuvent être représentés par la courbe de la
figure 9, où les temps sont portés en abscisses et les quantités
de réserves en ordonnées.

Le saccharose joue donc ici le rôle de matière de réserve qui passe par un maximum pendant la période de vie ralentie; le glucose, qui est la forme directement assimilable des hydrocarbones, est en proportion d'autant plus grande que la vie est plus active.

36. Tubercule amylacé; Colchique (7). — Le tubercule de Colchique peut être pris comme type des réserves formées à peu près exclusivement d'amidon. Pendant la période de vie ralentie, qui correspond à l'été, on y trouve en effet près de 70 p. 100 d'amidon, tandis qu'il y a seulement 3 à 4 p. 100 d'autres hydrates de carbone. On sait que ce tubercule bisannuel est formé par la base de la tige florifère. Il commence à se développer en automne, après la floraison, grossit pendant l'hiver et le printemps alors qu'il y a des feuilles vertes, passe à l'état de vie ralentie pendant l'été lorsque tout le reste de la plante est flétri. La période de digestion commence à l'automne suivant lorsqu'un bourgeon latéral issu de la base donne les fleurs; elle se poursuit ensuite jusqu'au printemps; à ce moment, le jeune tubercule produit par la nouvelle tige florifère a remplacé l'ancien.

On doit donc encore ici distinguer dans l'évolution du tubercule bisannuel :

1° Une période de formation : hiver et printemps de la première année;

2° Une période de vie ralentie : été;

3° Une période de digestion : automne, hiver et printemps de la seconde année.

Pour suivre l'évolution des réserves, nous doserons aux diverses époques du développement :

1° Les *sucres réducteurs* ou glucoses;

2° Les *sucres non réducteurs* ou saccharoses;

3° Les *matières amylacées solubles* dans l'eau et transformables en glucose par l'action des acides; ces matières correspondent à peu près à la dextrine;

4° Les *matières amylacées insolubles* dans l'eau et trans-

formables en glucose par les acides; ces matières correspondent à peu près à l'amidon :

	Glucose.	Saccharose.	Dextrine.	Amidon.
14 mars	2	24	7	15
31 mai	1	2	5	57
5 juillet	0,3	1	2	68
11 novembre	0,3	1	11	63
15 janvier	3	7	11	42
14 février	5	13	7	28
12 avril	11	13	6	14

Dans ce cas, les hydrocarbones arrivent des feuilles sous forme de saccharose qui, on le sait, est un des produits

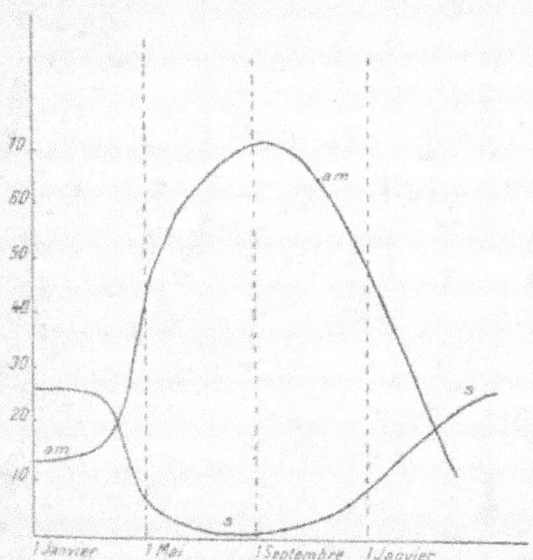

Fig. 19. — Courbes représentant les variations des matières amylacées am et du sucre s dans le tubercule de Colchique.

directs de l'assimilation du carbone, et se transforment en amidon, qui existe presque seul en juillet au moment de la vie ralentie. Lorsque la digestion commence, l'amidon diminue, se transformant d'abord en dextrine, puis en saccharose, puis en glucose qui est utilisé directement. On peut suivre ces transformations successives sur le tableau précédent.

L'amidon se désagrège, sous l'influence des diastases, en hydrates de carbone de moins en moins condensés, de la même façon que si on le traitait à chaud par les acides étendus. Le dernier terme de la transformation est toujours le glucose, directement assimilable. Les courbes de la figure 10 montrent les variations des sucres et des matières amylacées.

Dans les tubercules d'Orchidés, les choses se passent à peu près comme dans le Colchique; seulement, pendant la période de vie ralentie, les réserves comprennent, en même temps que l'amidon, une proportion assez considérable de mucilages qui, par leur composition chimique et leurs propriétés physiologiques, se rapprochent beaucoup de l'amidon.

Les bulbes de Jacinthe, de Tulipe, de Lis, bisannuels comme le tubercule de Colchique, se comportent à peu près de la même façon au point de vue de l'évolution des réserves hydrocarbonées. Mais, à côté de l'amidon, se trouve une proportion importante de dextrines qui ne sont pas seulement un produit de transition, comme dans le Colchique, mais qui jouent aussi un rôle de réserve. On peut s'en rendre compte par l'examen du tableau suivant, qui donne la composition d'un bulbe de Jacinthe aux diverses périodes de son développement :

	Glucose.	Saccharose.	Dextrine.	Amidon.
18 janvier	4	11	18	5
27 mars	3	10	22	16
27 mai	0,5	1	26	29
11 novembre	2	3	21	26
18 décembre	3	5	25	8
10 février	8	5	15	4

Pendant la période de formation (janvier, mars), les hydrocarbones arrivent sous forme de sucre et se transforment en dextrine et en amidon. Au moment de la vie ralentie (mai), les réserves sont formées de dextrine et d'amidon. Puis, pendant la période de digestion (novembre, février), les diastases décomposent les réserves amylacées pour les amener à la forme de glucose assimilable.

On observe des transformations analogues dans les tubercules où l'amidon est remplacé par l'inuline, comme dans le Dahlia ou le Topinambour. La lévuline joue le rôle de la

dextrine et le dernier terme de la digestion est le lévulose directement assimilable.

37. Évaluation des matières de réserve des arbres. — Nous avons vu que les tiges et les racines des arbres pouvaient renfermer des réserves hydrocarbonées. On y observe, en effet, de l'amidon et des sucres sur le rôle desquels il ne saurait y avoir de doute. Il est plus difficile de préciser dans quelle mesure la cellulose des parois cellulaires peut servir d'aliment. Si l'on traite un tissu ligneux par un acide, une partie de la cellulose est transformée en glucose; mais la quantité de cellulose transformée dépend de la concentration de l'acide employé et de la durée de l'ébullition; d'autre part, pour obtenir des résultats comparables, il est indispensable d'opérer toujours de la même façon. Des tâtonnements assez nombreux ont montré qu'une ébullition d'une heure en présence de l'acide chlorhydrique à 10 p. 100 transformait en glucose toute la cellulose facilement attaquable. Nous admettrons donc qu'on peut évaluer de cette façon la cellulose de réserve.

On peut distinguer les réserves sucrées et les réserves amylacées, comme dans tout ce qui précède, leur poids sera rapporté au poids de la matière sèche analysée. Les réserves sucrées sont constituées par tous les sucres qu'on peut extraire par l'alcool à 90°; les réserves amylacées correspondent à tous les hydrates de carbone autres que les sucres et qu'une ébullition d'une heure en présence de l'acide chlorhydrique à 10 p. 100 transforme en glucose; les réserves amylacées ainsi définies comprennent principalement l'amidon, les dextrines et la cellulose. C'est surtout dans le bois jeune que ces matières sont abondantes; le bois vieux en contient moins que le bois jeune et le liber moins que le bois vieux. Les réserves sucrées ayant très peu d'importance, nous nous contenterons en général d'indiquer la somme des réserves hydrocarbonées qui présente les mêmes variations que les réserves amylacées considérées isolément.

38. Tiges et racines du Châtaignier (8). — Nous prendrons le Châtaignier comme exemple pour étudier les réserves hydrocarbonées des tiges et des racines des arbres à feuilles caduques. Des dosages effectués aux diverses époques de l'année ont donné les résultats suivants :

	Racine.	Tige.
11 janvier	27,2	24,7
26 février	25,7	24,7
28 mars	24,7	21,5
20 mai	19,8	19,9
22 juin	21,8	20,4
27 juillet	24,3	21,1
12 septembre	30,3	25,9
19 octobre	29,1	26,4
22 novembre	28,9	24,7
12 décembre	27,3	25,0

Ce tableau peut être traduit par deux courbes où les temps sont portés en abscisess et la proportion des réserves en ordon-

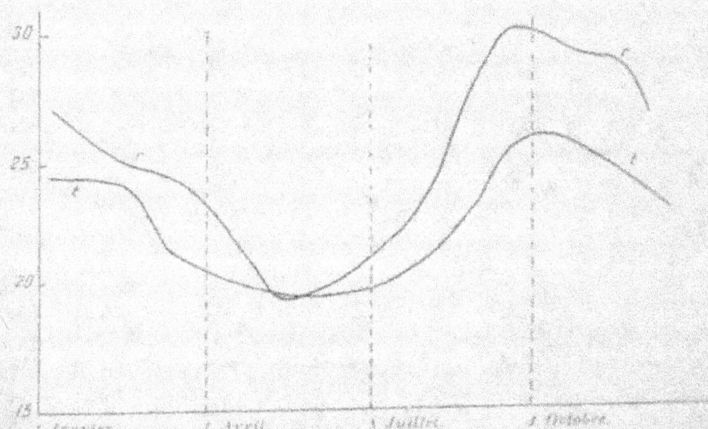

Fig. 11. — Courbes représentant les variations des réserves hydrocarbonées dans la racine *r* et dans la tige *t* du Châtaignier.

nées (*fig.* 11). Pour ce qui concerne la racine, on voit que les réserves diminuent lentement pendant l'hiver, puis rapidement au printemps au moment du départ de la végétation, passent par un minimum, puis augmentent dans le courant

de l'été et passent par un maximum en automne un peu avant la chute des feuilles.

Ces résultats peuvent être facilement interprétés. Pendant l'hiver, l'assimilation est à peu près nulle et la consommation des réserves est très faible, la croissance étant nulle et la respiration peu intense. On conçoit donc que les réserves diminuent, mais diminuent lentement. Au printemps, la diminution rapide est due à ce qu'une grande partie des réserves est employée à la formation de nouvelles tiges et de nouvelles racines. Puis, pendant l'été, les feuilles vertes assimilent le carbone et amènent ainsi la reconstitution des réserves. Les pousses du printemps se font donc aux dépens des hydrates de carbone accumulés l'année précédente.

On pourrait faire les mêmes remarques au sujet de la tige, en observant toutefois que la proportion des réserves y est moins considérable que dans la racine et surtout que la différence entre le maximum et le minimum y est moindre. La tige joue donc moins que la racine le rôle d'organe de réserve.

39. Nature des réserves des arbres. — L'ensemble des réserves hydrocarbonées dosées comprend les sucres, les matières amylacées solubles ou insolubles dans l'eau et une certaine quantité de cellulose. Les sucres sont peu abondants ; en les dosant à part, on en trouve une proportion qui varie entre 1 et 5 p. 100 du poids sec. C'est en automne qu'il y en a le moins, lorsque l'activité de la plante est faible, et c'est au printemps qu'il y en a le plus, lorsque les réserves sont employées à la formation de nouveaux tissus ; ici encore les sucres nous apparaissent comme la forme immédiatement assimilable des hydrocarbones.

La plus grande partie des réserves est formée par des composés insolubles dans l'eau et transformables en glucose sous l'action des acides. Quelles sont ces substances ? On a l'habitude de considérer l'amidon comme la réserve type. Les variations de l'amidon peuvent, dans une certaine mesure, être suivies au microscope ; voyons si les variations de l'amidon coïncident avec celles de l'ensemble des réserves.

Il résulte des travaux de Mer (9) et de d'Arbaumont (1) que,

dans la plupart des arbres, l'amidon augmente pendant l'été, passe par un maximum en automne, puis diminue ou même disparaît en hiver, pour reparaître, mais en moindre proportion qu'en automne, au moment du départ de la végétation; l'amidon disparaît de nouveau à la fin du printemps, se reforme en été et ainsi de suite. Il y a donc deux maxima pour l'amidon : l'un en automne et l'autre au printemps.

Pendant l'été, l'augmentation de l'amidon coïncide avec l'augmentation de l'ensemble des réserves. Mais pendant l'hiver, la disparition de l'amidon ne correspond qu'à une légère diminution des réserves. On doit en conclure qu'à ce moment l'amidon se transforme en une autre substance hydrocarbonée non visible au microscope, probablement en cellulose assimilable qui imprègne les parois des cellules. Au printemps, la réapparition de l'amidon coïncide avec une diminution des réserves ; c'est qu'alors la cellulose de réserve, devant être utilisée, revient à l'état d'amidon qui sera à son tour transformé en hydrocarbone moins condensé et finalement assimilé.

L'amidon n'est donc dans les arbres qu'une forme transitoire de la réserve hydrocarbonée. Le produit de l'assimilation de l'été s'accumule d'abord sous forme d'amidon, puis passe en hiver à l'état de cellulose et revient au printemps à la forme d'amidon avant d'être assimilé.

Des observations faites sur divers arbres à feuilles caduques, tels que le Poirier, le Coignassier, le Saule, montrent que les choses s'y passent à peu près comme chez le Châtaignier.

Les courbes de variations des réserves ont toujours à peu près la même forme.

40. Migration des réserves dans les arbres. — Les variations des réserves dans les racines et dans les tiges pourront nous faire prévoir qu'il se produit dans les arbres certaines migrations des matières hydrocarbonées. Le liber étant la voie principale de transport de la sève élaborée, on peut se rendre compte avec plus de précision du transport des réserves en pratiquant à diverses époques des décortications annu-

laires au bas de la tige, de façon à empêcher le passage des réserves de la tige vers la racine et vice versa.

Le 9 février, un certain nombre de jeunes Poiriers sont décortiqués suivant un anneau au bas de leur tige; le 8 mai, la même opération est faite à d'autres Poiriers. Puis, aux différentes époques de l'année, les réserves sont dosées dans les uns et dans les autres en même temps que dans des arbres semblables mais non décortiqués. Les tableaux suivants

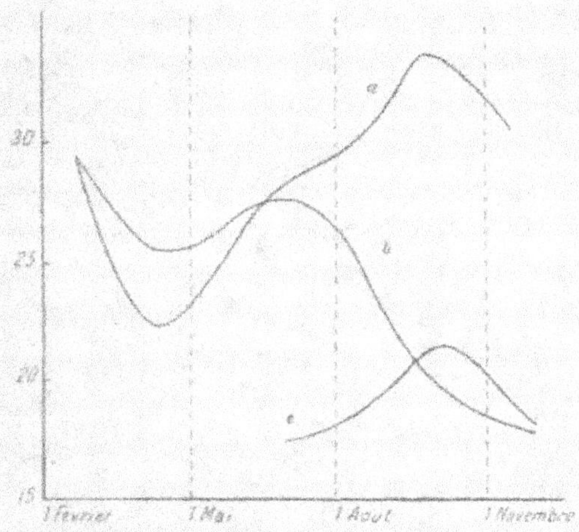

Fig. 12. — Courbes représentant les variations des réserves hydrocarbonées dans les racines du Poirier; a, sans décortication annulaire; b, avec décortication en février; c, avec décortication en mai.

et les courbes des figures 12 et 13 représentent le résultat des dosages :

RACINE.

	Non décortiqué.	Décortiqué le 9 février.	Décortiqué le 8 mai.
18 février	30,3	»	»
15 avril	22,4	25,6	»
16 juin	27,9	27,9	17,5
4 août	29,2	26,5	18,3
24 septembre	33,8	19,3	21,4
1 décembre	29,3	17,4	17,5

TIGE.

	Non décortiqué.	Décortiqué le 9 février.	Décortiqué le 8 mai.
18 février........................	23,0	»	»
13 avril..........................	21,3	18,3	»
16 juin..........................	23,7	29,5	29,0
4 août..........................	24,7	33,2	27,0
24 septembre.....................	25,7	29,1	29,5
1 décembre.......................	25,4	25,9	25,8

Dans les arbres décortiqués le 9 février, les racines sont d'abord plus riches en réserves que dans les arbres témoins ;

Fig. 13. — Courbes représentant les variations des réserves hydrocarbonées dans les tiges du Poirier ; a, sans décortication annulaire ; b, avec décortication en février ; c, avec décortication en mai.

c'est que la décortication a empêché pendant le printemps le transport des réserves de la racine où elles sont accumulées vers la tige où elles seront employées. A partir du mois de juin, les racines des arbres décortiqués sont au contraire beaucoup plus pauvres que les autres. C'est qu'en effet pendant l'été les hydrates de carbone, élaborés dans les feuilles, vont normalement s'emmagasiner dans la racine. La décortication empêche encore ce transport et détermine un appauvrissement progressif des racines.

Dans les arbres décortiqués le 8 mai, les choses se passent

tout autrement; l'opération est, en effet, faite après que les réserves élaborées l'année précédente sont passées de la racine dans la tige et avant que celles de l'année actuelle soient passées de la tige dans la racine; la racine de ces arbres est donc toujours plus pauvre en réserves que celle des arbres témoins.

On conçoit aisément que pour la tige le résultat doit être inverse. Dans les arbres décortiqués le 9 février, les tiges sont d'abord plus pauvres que les tiges témoins parce qu'elles ne reçoivent pas les réserves de la racine; au contraire, quand les feuilles sont complètement développées, elles deviennent plus riches parce que les hydrates de carbone produits par les feuilles ne peuvent s'en aller dans la racine. Pour une raison analogue, les tiges décortiquées en mai sont toujours plus riches en réserves que les tiges témoins.

On voit donc, en somme, que les réserves élaborées en été par les feuilles vont, au fur et à mesure de leur production, s'accumuler dans la racine. Puis, et bien avant l'ouverture des bourgeons, ces mêmes réserves remontent vers la tige pour être utilisées à la formation des nouvelles pousses.

41. Arbres à feuilles persistantes; Chêne vert (8). — Nous allons étudier le Chêne vert pris comme exemple d'arbre à feuilles persistantes, comme nous avons étudié le Châtaignier pris comme exemple d'arbre à feuilles caduques. Les tableaux suivants et les courbes de la figure 14 indiquent les variations des réserves hydrocarbonées de la racine et de la tige du Chêne vert dans le cours d'une année :

	Racine.	Tige.
21 janvier	31,4	21,6
15 mars	33,4	22,4
5 mai	39,9	23,3
24 juin	29,8	19,2
16 août	15,5	18,1
4 octobre	22,6	18,4
25 novembre	23,0	18,9
16 janvier	29,9	18,7

On voit, plus clairement encore que pour le Châtaignier, que c'est surtout la racine qui joue le rôle d'organe de réserve;

dans les tiges, les variations sont très faibles. Contrairement
à ce qui se passe dans le Châtaignier, les réserves de la racine
augmentent pendant l'hiver. C'est qu'en effet, pendant cette
saison, l'assimilation par les feuilles vertes continue, tandis

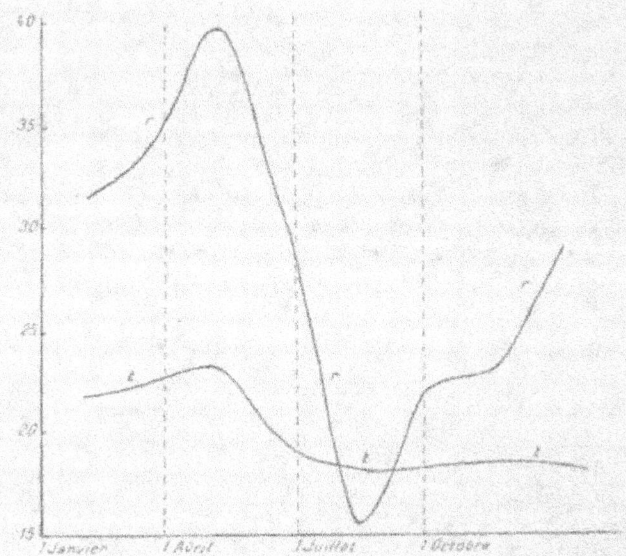

Fig. 14. — Courbes représentant les variations des réserves hydrocarbonées dans la tige t
et les racines r du Chêne vert.

que la croissance arrêtée réduit la dépense au minimum. Il
est donc naturel que les réserves augmentent et atteignent
leur maximum au moment de l'éclosion des bourgeons.

Pendant la formation des nouvelles pousses en mai, juin,
juillet, les réserves sont consommées et diminuent par conséquent dans la racine. A partir du mois d'août, la croissance
étant arrêtée, l'élaboration des hydrates de carbone devient
supérieure à la consommation et les réserves se reforment.
Les variations sont dans le même sens dans la tige que dans
la racine, mais beaucoup plus faibles.

C'est donc surtout pendant l'hiver que les réserves hydrocarbonées sont élaborées par le Chêne vert et, d'une façon

générale, chez les arbres à feuilles persistantes ; et c'est la principale différence qui existe entre ces arbres et ceux qui perdent leurs feuilles pendant l'hiver. Dans les deux cas, la période de végétation active, au printemps, correspond à une consommation rapide des réserves.

42. Conditions qui favorisent la mise en réserve des hydrates de carbone. — Pour que les hydrates de carbone s'accumulent dans les plantes sous forme de réserves, il est d'abord indispensable que l'assimilation du carbone par les parties vertes ait lieu avec une certaine activité. Il faut ensuite que la dépense par la plante soit relativement faible. Or, la principale cause de dépense est la croissance. D'une façon générale, les périodes de croissance seront donc des périodes de digestion et non de formation de réserves. D'autre part, une respiration intense, en augmentant la combustion des hydrates de carbone et le dégagement du gaz carbonique, est une fonction antagoniste de l'assimilation et par conséquent diminue la mise en réserve.

Une croissance active et une respiration intense, également défavorables à la mise en réserve des hydrates de carbone, sont deux circonstances qui, dans les conditions ordinaires de la végétation, se produisent souvent en même temps. La température, qui est le principal régulateur des fonctions de la plante, agit en effet dans le même sens sur la croissance et sur la respiration, activant à la fois l'une et l'autre. On sait, au contraire, qu'une élévation de température, tout en augmentant en général l'assimilation du carbone, n'a cependant que peu d'influence sur cette fonction. Voyons dans quelle mesure les observations faites sur les arbres, les bulbes et les tubercules viennent confirmer cette manière de voir.

Chez les arbres à feuilles caduques, l'élévation de température du printemps détermine la formation de nouvelles pousses ; nous avons vu que, pendant toute la période de croissance active, la consommation de réserve l'emporte sur la formation. Pendant l'été, au contraire, alors que les parties vertes sont très abondantes et que la croissance est ralentie ou suspendue, la formation l'emporte sur la consommation.

L'automne et l'hiver sont, pour les arbres à feuilles persistantes, la période de formation de réserves. Pendant ce temps, en effet, la croissance est suspendue et la respiration est réduite à son minimum par la basse température, tandis que l'assimilation du carbone est active grâce à la persistance des feuilles.

On pourrait faire des remarques analogues sur les bulbes et les tubercules; dans la plupart des cas, l'accumulation des réserves se fait pendant l'hiver, alors que l'appareil assimilateur est déjà développé et que la croissance est ralentie ; c'est le cas des Orchidées, du Colchique, de la Tulipe, de la Jacinthe, etc. Pour les plantes bisannuelles : Choux, Navets, Carottes, c'est en général en automne et en hiver que les réserves se forment; puis l'élévation de température du printemps entraîne une croissance rapide et la consommation des réserves.

5° RÉSERVES GRASSES.

43. — **Caractère des matières grasses.** — Les matières grasses, solides ou liquides à la température ordinaire, se reconnaissent à ce qu'elles tachent le papier, brûlent avec une flamme épaisse et ne se volatilisent pas sous l'influence de la chaleur; chauffées à une température élevée, elles se décomposent et donnent de l'acroléine.

Dans les cellules vivantes, les matières grasses se trouvent à l'état de gouttelettes en général incolores, qu'on peut mettre en évidence au moyen de certains réactifs colorants. La teinture d'Orcanette les colore en rouge brun, le rouge Sudan les colore en rouge, l'acide osmique les colore en noir.

44. Propriétés physiques. — Les matières grasses ont une densité comprise entre 0,91 et 0,98; comme elles ne se mêlent pas à l'eau, elles surnagent donc toujours quand on les plonge dans ce liquide. Elles sont solubles dans l'éther, le chloroforme, la benzine, le sulfure de carbone, insolubles dans l'eau et, en général, dans l'alcool.

Le point de congélation est très variable. La plupart des

matières grasses extraites des végétaux sont liquides à la température ordinaire; ce sont les huiles proprement dites. L'huile de Lin se solidifie à — 27°; celle d'Œillette à — 18°; celle d'Arachide à — 7°; celle de Colza à — 6°; celle de Sésame à — 5°; celle de Coton à — 2°; celle d'Olive vers + 5°. La composition de l'huile extraite d'une plante donnée n'étant pas invariable et se modifiant d'ailleurs avec le temps, on conçoit que le point de congélation d'une huile donnée ne soit pas toujours le même; pour l'huile d'Olive, par exemple, on peut observer des différences de plusieurs degrés. Quelques huiles sont solides à la température ordinaire; l'huile de Coco se solidifie entre + 21° et + 31°; l'huile de Palme, entre 27° et 40°; l'huile de Cacao, vers 32°. On désigne quelquefois sous le nom de beurres les matières grasses solides à la température ordinaire.

45. Propriétés chimiques. — Au contact de l'air, les matières grasses absorbent de l'oxygène; les unes restent à l'état liquide, en s'oxydant on dit qu'elles *rancissent*; les autres s'épaississent et se solidifient peu à peu, ce sont les huiles *siccatives*, telles que l'huile de Lin par exemple. En même temps qu'elles absorbent l'oxygène, les huiles peuvent, à la suite de réactions mal connues, dégager du gaz carbonique, ce qui produit l'apparence extérieure de la respiration.

Au point de vue de leur composition chimique, les corps gras, formés de carbone, d'hydrogène et d'oxygène, résultent de la combinaison de la glycérine avec un ou plusieurs acides gras. Ce sont des éthers de glycérine. Une molécule de glycérine est saturée par trois molécules d'acide gras. Ainsi, la glycérine et l'acide oléique donnent l'oléine d'après la formule :

$$C^3H^8O^3 + 3C^{18}H^{34}O^2 = C^3H^5(C^{18}H^{33}O^2)^3 + 3H^2O$$

Glycérine.　　　　Acide oléique.　　　　Oléine.

Les acides gras les plus répandus sont : l'acide oléique, l'acide stéarique, l'acide palmitique, l'acide margarique, qui donnent, avec la glycérine, l'oléine, la stéarine, la palmitine, la margarine. On appelle saponification le dédoublement d'un

corps gras en glycérine et acide gras. Au contact de l'eau, la saponification s'effectue vers 220°; au contact des acides et des alcalis, à 100°. Dans les cellules vivantes, certaines diastases déterminent une décomposition des corps gras analogue à la saponification.

46. Localisation des réserves grasses. — Les réserves grasses se trouvent surtout dans les graines, soit dans l'albumen, soit dans l'embryon. L'albumen du Ricin peut être pris comme type des albumens oléagineux et renferme environ 66 p. 100 de son poids d'huile qui constitue la presque totalité de la réserve non azotée; il n'y a point d'amidon et les parois des cellules sont minces. Dans les albumens charnus, comme celui des Renonculacées, la proportion d'huile est moindre, mais les parois des cellules sont épaisses et constituent une portion plus ou moins grande de la réserve non azotée; si l'huile diminue encore et si les parois deviennent plus épaisses, on arrive aux albumens cornés où il y a à peine 10 p. 100 d'huile, la plus grande partie de la réserve étant de la cellulose. Dans un grand nombre d'albumens, l'huile est donc associée, comme réserve non azotée, à la cellulose; en général, les albumens amylacés ne renferment que très peu de matières grasses.

Beaucoup de graines sans albumen renferment d'abondantes réserves oléagineuses localisées surtout dans les cotylédons. La graine du Noyer renferme, par exemple, 60 p. 100 de son poids d'huile. Les Crucifères et les Rosacées renferment également beaucoup d'huile dans leur graine.

Dans certains cas, l'huile s'accumule dans le péricarpe; c'est ce qui arrive dans l'Olive qui est un drupe et dans le fruit d'un Palmier, l'*Elæis gnineensis*, qui fournit l'huile de Palme.

Les tiges et les racines des plantes adultes renferment peu de matières oléagineuses qui, d'ailleurs, n'y jouent pas d'une façon nette le rôle de réserve. Le tubercule du *Cyperus esculentus* est un des rares exemples de tiges renfermant d'abondantes réserves oléagineuses.

47. Germination du Ricin (6). — Nous étudierons la digestion des réserves grasses dans la germination des graines de Ricin. Cet exemple est particulièrement favorable parce que l'huile y forme à peu près la totalité de la réserve non azotée et parce que, pendant la germination, la plantule peut être facilement séparée de l'albumen.

Les graines non germées, telles qu'on les trouve ordinairement, ont en moyenne la composition suivante :

Eau	6,46 p. 100.
Matières azotées	19,24 —
Matières grasses	66,03 —
Hydrates de carbone	5,48 —
Cendres	2,89 —

Les hydrates de carbone de la graine non germée sont surtout formés par de la cellulose; il y a un peu de saccharose, de 1 à 2 p. 100, et pas de glucose. Pour nous rendre compte de la façon dont les matières grasses sont digérées, nous doserons, aux diverses phases de la germination : l'ensemble des matières grasses solubles dans l'éther, les acides gras libres, le saccharose et le glucose; les acides gras seront évalués non en poids, mais d'après la quantité de baryte nécessaire pour neutraliser les matières grasses; les quantités de matières grasses, de saccharose et de glucose sont rapportées à 100 parties de matières sèches; l'état d'avancement de la germination est évalué d'après la longueur de la radicule.

ALBUMEN.

Longueur de la radicule.	Matière grasse.	Baryte, p. 100 de matière grasse.	Saccharose.	Glucose.
0	71,4	0,4	1,1	0
2 cent.	51,5	1,0	10,7	1,6
4 —	32,5	2,9	18,5	6,4
9 —	18,3	6,0	20,0	11,9
10 —	5,9	24,7	11,8	20,3

PLANTULE.

Longueur de la radicule.	Matière grasse.	Baryte, p. 100 de matière grasse.	Saccharose.	Glucose.
2 cent.	24,8		0,5	12,9
4 —	9,1		0,5	12,3
9 —	7,0		1,1	16,4
10 —	4,9		2,6	16,1

On constate d'abord que l'ensemble des matières grasses diminue dans l'albumen, pendant que la proportion d'acides gras libres augmente. Une partie des acides qui étaient combinés à la glycérine est donc mise en liberté pendant la digestion de l'albumen; mais il n'y a pas simplement saponification, car on ne trouve jamais de glycérine libre. On ne connaît pas

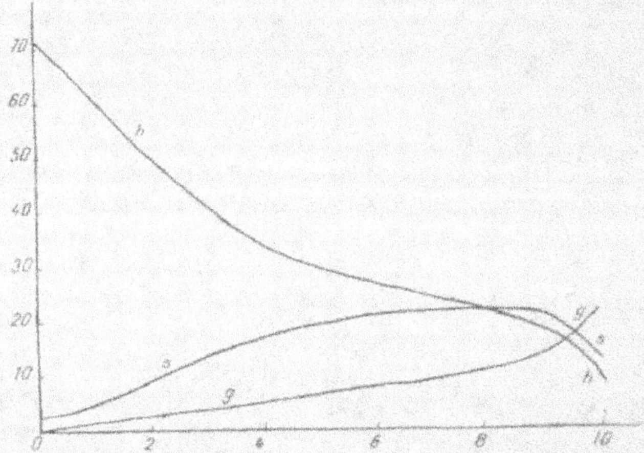

Fig. 15. — Courbes représentant les variations des matières grasses *h*, du saccharose *s* et du glucose *g* dans l'albumen du Ricin pendant la germination.

d'une façon précise les réactions qui se produisent, mais nous voyons qu'un des produits de la digestion de la matière grasse est le saccharose et puis le glucose. Étant donné la composition de la graine non germée, il est, en effet, impossible d'expliquer autrement les proportions considérables de sucres qui apparaissent dans les graines germées. D'ailleurs, nous verrons (§ 90), dans l'étude de la respiration des graines oléagineuses, qu'il y a fixation d'oxygène, ce qui correspond bien à la formation du sucre aux dépens de l'huile. Les courbes de la figure 15 représentent les variations des matières grasses et des sucres dans l'albumen du Ricin germant.

Pendant la germination de la graine du Ricin, il y a donc, dans l'albumen, décomposition de l'huile avec mise en liberté partielle de l'acide gras; l'un des produits de la digestion de

l'huile est du saccharose qui se transforme ensuite en glucose.

L'étude de la plantule montre que la quantité de matières grasses y est à peu près constante pendant la germinati n; si la proportion diminue, c'est que le poids total de la plantule augmente; la quantité de saccharose est toujours faible; celle de glucose, au contraire, augmente. On doit en conclure que les cotylédons empruntent à l'albumen les produits de la digestion sous forme de glucose et non de saccharose.

Si l'on fait germer les albumens après les avoir séparés de la plantule, on constate que la digestion de l'huile s'effectue comme dans les germinations normales. Les sucres s'accumulent d'abord dans l'albumen, puis sont peu à peu décomposés par la respiration. Les diastases qui déterminent la digestion de l'huile et sa transformation en sucre se trouvent donc dans l'albumen. La présence de la plantule est inutile à la digestion de l'albumen.

48 Digestion des matières grasses. — D'autres graines oléagineuses : Colza, Pavot, Noix, Chanvre, ont été étudiées au point de vue de la digestion des matières grasses et ont donné à peu près les mêmes résultats que le Ricin. Pendant que l'huile est décomposée, il y a toujours mise en liberté partielle des acides gras et formation de saccharose, puis de glucose directement assimilable.

La digestion de l'huile, bien que plus complexe que celle de l'amidon, aboutit donc au même résultat : formation de saccharose qui se transforme en glucose assimilable. On comprend donc que, en tant que matières de réserve, les corps gras jouent le même rôle que les hydrates de carbone et que ces deux catégories de composés peuvent se remplacer en proportions diverses pour constituer l'ensemble de la réserve non azotée des graines. La forme assimilable est toujours le glucose.

49. Formation des réserves grasses. — Nous allons suivre la formation des réserves grasses dans les graines de Ricin qui nous ont déjà servi pour l'étude de la digestion; nous doserons l'huile, le saccharose et le glucose dans la graine en

voie de formation, l'état du développement de la graine étant indiqué par le poids d'une graine desséchée :

Poids d'une graine sèche.	Matière grasse p. 100.	Saccharose p. 100.	Glucose p. 100.
0 gr. 040	5,6	7,4	16,2
0 — 048	17,3	4,0	6,7
0 — 073	34,4	3,8	2,2
0 — 160	53,7	1,5	0,7
0 — 201	59,2	1,1	0,0

Les dernières graines étudiées n'étaient pas complètement mûres, ce qui se reconnaît à la proportion relativement faible de matière grasse et à la présence d'une petite quantité de glucose. On voit qu'une graine qui mûrit passe par une série de phases inverses de celles que traverse une graine qui germe. Les substances élaborées par les feuilles arrivent dans la graine sous forme de sucre et là passent à l'état de matières grasses.

La transformation d'hydrate de carbone en huile suppose une perte d'oxygène, de même que la transformation inverse suppose un gain. Ceci est confirmé par l'étude de la respiration. Les graines oléagineuses en voie de formation ont un quotient respiratoire plus grand que un (§ 90), de même que pendant la germination le quotient respiratoire est plus petit que un.

Les graines de Colza étudiées par Muntz (10) ont donné les mêmes résultats que celles du Ricin. Mais, dans ce cas, l'importance de la réserve oléagineuse est relativement moindre et l'amidon existe en assez grande abondance dans les jeunes graines à côté des sucres. L'état du développement est encore ici indiqué par le poids d'une graine sèche.

Poids d'une graine sèche.	Matière grasse p. 100.	Amidon.	Saccharose.	Glucose.
1 milligr. 21	14,2	19,9	10,7	8,3
1 — 55	21,0	18,3	7,7	7,4
1 — 91	31,5	13,4	5,1	5,0
3 — 79	44,4	6,8	3,1	3,1
4 — 94	43,6	2,6	4,6	2,5
4 — 98	41,7	1,3	4,0	»

Le saccharose existe dans la graine mûre en proportion assez grande et joue le rôle de réserve ; la proportion de matière grasse diminue légèrement au moment de la maturité par suite de réactions secondaires.

Dans leur formation comme dans leur digestion, les réserves oléagineuses des graines doivent donc être rapprochées des réserves amylacées. Dans les deux cas, la substance qui doit être mise en réserve arrive, sous forme de sucre, des feuilles où elle a été élaborée, puis se transforme dans la graine par des réactions endothermiques qui aboutissent dans un cas à des matières amylacées ou à de la cellulose et dans l'autre cas à des matières grasses.

6° RÉSERVES ALBUMINOÏDES.

50 Caractères des réserves albuminoïdes. — Les matières albuminoïdes sont des composés azotés colloïdes très complexes ; elles sont coagulées par la chaleur ; on les reconnaît dans les cellules à ce qu'elles se colorent en jaune par l'iode, donnent un précipité jaune avec l'acide azotique chaud et un précipité rouge avec le nitrate acide de mercure. On sait que le protoplasma, dont la présence caractérise toutes les cellules vivantes, est surtout formé de matières albuminoïdes. Dans les cellules à l'état de vie active, les albuminoïdes du protoplasma ne jouent pas le rôle de réserve ; ils sont en quelque sorte le laboratoire où se forment les diastases utiles à la plante et où s'effectuent les réactions qui caractérisent la vie.

Dans certains cas cependant, tels que celui des graines, le rôle de réserve des albuminoïdes est évident puisque ce sont ces matières, accumulées dans l'albumen ou l'embryon, qui fournissent l'aliment azoté nécessaire à la constitution du protoplasma dans les jeunes plants. Pour distinguer les albuminoïdes de réserve des albuminoïdes jouant un rôle actif dans le protoplasma, Palladine a proposé le critérium suivant : on admet que le suc gastrique dissout les albumi-

noïdes de réserve et non les autres. On a ainsi un moyen relativement simple de se rendre compte de l'importance relative des réserves azotées dans un organe.

51. Grains d'aleurone du Ricin. — Dans la plupart des graines, les albuminoïdes de réserve affectent la forme de petits grains faciles à distinguer au microscope; ce sont les grains d'*aleurone*. Nous les décrirons dans l'albumen du Ricin, où leur forme est particulièrement nette.

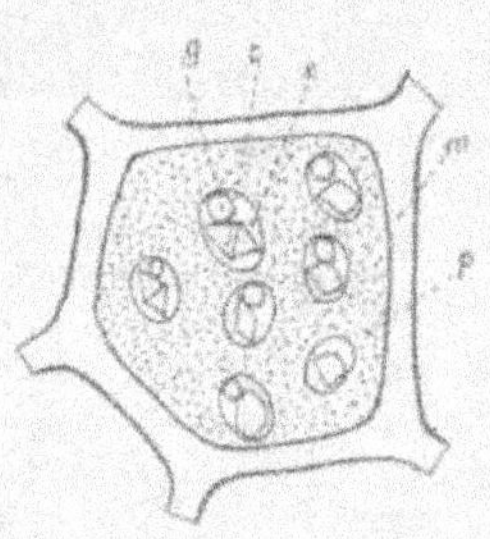
Fig. 16. — Cellule de l'albumen du Ricin : *m*, membrane; *p*, protoplasma; *e*, grain d'aleurone; *g*, globoïde; *c*, cristalloïde.

En examinant une coupe de l'albumen dans l'huile ou dans la glycérine, on y distingue un grand nombre de petits grains, longs à peine de $0^{mm},005$, ce sont les grains d'aleurone *e* (*fig.* 16). Chacun d'eux se compose d'une enveloppe extérieure qui renferme deux petits corps qui sont les enclaves du grain ; l'un est arrondi, c'est le *globoïde g* ; l'autre a des formes géométriques analogues à celles d'un cristal, c'est le *cristalloïde c*.

Les grains d'aleurone présentent toutes les propriétés essentielles des matières albuminoïdes ; ils se colorent en jaune par l'iode et en rouge par le nitrate acide de mercure. Aussi doit-on les considérer comme formés, au moins en grande partie, de matières albuminoïdes. Si on met dans l'eau un grain d'aleurone du Ricin, on voit l'enveloppe extérieure se dissoudre et les enclaves sont mises en liberté ; c'est pour cette raison qu'on doit les observer dans la glycérine ou l'huile et non pas dans l'eau.

Les globoïdes sont donc insolubles dans l'eau, comme d'ailleurs dans les alcalis; mais ils se dissolvent facilement dans les acides. Leur composition chimique, très complexe, n'est pas connue d'une façon précise ; on y a démontré néanmoins la présence d'acide phosphorique, de magnésie et de chaux.

Les cristalloïdes sont formés par une matière albuminoïde cristallisée dans une forme dérivée du système cubique; ils

sont monoréfringents comme certains vrais cristaux ; mais ils diffèrent des cristaux formés de matières minérales parce que leurs arêtes sont quelquefois légèrement émoussées et surtout parce qu'ils se gonflent en absorbant de l'eau. Les cristalloïdes sont insolubles dans l'eau froide, solubles dans l'eau chaude, les acides et les alcalis.

52. Autres exemples de grains d'aleurone. — Presque toutes les graines renferment, soit dans leur albumen, soit dans leurs cotylédons, des grains d'aleurone ayant les mêmes propriétés essentielles que ceux du Ricin. Ces divers grains d'aleurone peuvent néanmoins être distingués les uns des autres soit par leurs dimensions, soit surtout par le nombre et la nature de leurs enclaves.

Les grains les plus simples sont ceux qui ne renferment pas d'enclaves du tout et sont complètement homogènes ; on en trouve ainsi dans les graines de Haricot, de Pois, de Capucine. Un premier degré de complication se rencontre dans les grains qui n'ont qu'une seule sorte d'enclave. Dans les graines du Pois, on voit des grains d'aleurone renfermant un seul globoïde ; dans les graines de Lupin, de Moutarde ou de Figuier, un même grain renferme un grand nombre de globoïdes semblables ; enfin, les grains d'aleurone du Lin contiennent un cristalloïde et pas de globoïde. Nous avons observé d'autre part dans la graine du Ricin un globoïde et un cristalloïde renfermés dans un même grain d'aleurone.

Mais les grains d'aleurone peuvent présenter des enclaves autres que les globoïdes et les cristalloïdes. Ainsi, observons une coupe faite dans une graine de Fenouil : nous y voyons des grains d'aleurone renfermant chacun un cristal d'oxalate de chaux formé d'octaèdres maclés ; dans les graines de Vigne, nous voyons un pareil cristal associé à un globoïde dans le même grain d'aleurone ; d'autres fois, un cristal peut être associé à un cristalloïde.

Dans une même graine, les grains d'aleurone sont d'ailleurs loin d'avoir les mêmes dimensions et la même structure. Ainsi, dans une cellule des cotylédons de la petite Ciguë, on trouve des grains d'aleurone renfermant soit un cristal seul,

soit un cristalloïde associé à un globoïde, soit un cristalloïde
associé à un cristal.

Quelle que soit leur structure, les grains d'aleurone conservent toujours, dans chacune de leurs parties, les propriétés
essentielles que nous avons étudiées dans le Ricin. Remarquons cependant que les cristalloïdes n'appartiennent pas
tous au même système cristallin. Les cristalloïdes du Ricin
appartiennent au système cubique et sont monoréfringents;
dans la plupart des autres plantes, ils appartiennent au système hexagonal et sont biréfringents.

53. Formation et destruction des grains d'aleurone. — Les
grains d'aleurone n'apparaissent dans les graines qu'au moment où celles-ci, près d'atteindre leur maturité, perdent
beaucoup d'eau. Si on examine l'albumen du Ricin, par
exemple, on voit qu'un peu avant la maturité le protoplasma
présente un grand nombre de petites vacuoles renfermant un
suc épais. A mesure que la graine se dessèche, les vacuoles
se contractent et finalement prennent l'aspect de grains
d'aleurone, dont l'enveloppe est constituée par la paroi
même de la vacuole. Puis, la dessication de la graine continuant, le contenu de la vacuole se dessèche à son tour et les
substances qui étaient en dissolution dans le suc cellulaire se
précipitent. C'est alors qu'on voit apparaître les enclaves du
grain d'aleurone : globoïde cristalloïde et, s'il y a lieu, cristal
d'oxalate de chaux.

Cette origine des grains d'aleurone nous explique pourquoi
on ne constate leur présence que dans les graines desséchées,
et pourquoi aussi ils disparaissent lorsqu'on veut les observer
dans l'eau. Au début de la germination, dès que la graine est
humectée d'eau, les grains d'aleurone disparaissent; l'enveloppe se dissout d'abord, puis les enclaves, globoïde et cristalloïde.

Les grains d'aleurone ne sont donc autre chose que des
vacuoles desséchées. L'enveloppe des grains d'aleurone correspond à la paroi de la vacuole et les enclaves sont les substances qui étaient dissoutes dans le suc cellulaire et qui se
sont précipitées au moment de la dessication.

54. Localisation des réserves azotées. — Nous venons de voir que les grains d'aleurone qui sont la forme la plus nette des réserves albuminoïdes, ne se trouvent que dans les graines et même que dans les graines desséchées. On les trouve à peu près dans toutes les graines, mais ils sont de dimensions variables et quelquefois difficiles à distinguer. Les matières albuminoïdes non différenciées en grains d'aleurone et qui se trouvent dans les graines peuvent également jouer le rôle de réserves.

Dans les organes de réserves bien caractérisés et autres que les graines, il y a des réserves albuminoïdes bien qu'il n'y ait pas de grains d'aleurone. Une partie des albuminoïdes qui s'y trouvent est attaquable par le suc gastrique et peut au moment de la germination fournir les matériaux azotés nécessaires à la formation de nouveaux tissus, en attendant que l'absorption par les racines et l'assimilation par les feuilles puissent donner lieu à la formation de nouveaux composés albuminoïdes.

55. Digestion des réserves albuminoïdes. — Nous allons maintenant suivre les transformations des réserves albuminoïdes pendant la germination d'une graine. Un premier fait très important à constater, c'est que pendant la germination ou tout au moins aussi longtemps que les racines n'ont pas emprunté de composés azotés au sol, la quantité d'azote renfermée dans la jeune plante (y compris l'albumen) reste constante. La matière azotée peut donc se transformer, mais il n'y a ni gain ni perte d'azote.

Nous savons, au contraire, qu'il n'en est pas de même des réserves ternaires, hydrocarbones et matières grasses, qui diminuent dès le début de la germination par suite de la respiration. Le poids sec de la plantule diminue donc pendant un certain temps jusqu'à ce que l'assimilation soit venue réparer les pertes de la respiration. Si donc pendant cette période on rapporte la quantité d'azote dosée à 100 parties de matière sèche de la plante, on trouve une augmentation d'azote ; mais c'est là simplement une augmentation relative. Pour mettre en évidence la constance absolue de l'azote, il faut considérer

la quantité d'azote qui se trouve dans une plante donnée.

Prianischnikow a étudié, au point de vue des réserves azotées, la germination des graines de Vesce (*Vicia sativa*) maintenues à l'obscurité de façon à éliminer l'influence de l'assimilation chlorophyllienne. Il a dosé les matières albuminoïdes, l'asparagine et les autres amides successivement dans les graines non germées et dans les plantules âgées de 10, 20, 30 et 40 jours. Les quantités de matières dosées sont rapportées à 100 parties de graines sèches non germées, de façon à éliminer l'influence de la diminution du poids sec total ; on a obtenu les résultats suivants :

	Graines non germées.	Après 10 jours.	Après 20 jours.	Après 30 jours.	Après 40 jours.
Albuminoïdes..	28,50	15,28	10,60	8,84	8,86
Asparagine....		5,54	7,86	8,77	9,92
Amides........		7,63	10,19	10,90	10,57
	28,50	28,45	28,65	28,51	29,35

Le fait essentiel et que l'on retrouve d'ailleurs dans les autres graines, c'est que les albuminoïdes diminuent pendant que l'asparagine et les amides augmentent. L'asparagine est donc un produit de la digestion des albuminoïdes comme le sucre est un produit de la digestion de l'amidon. A l'obscurité, l'asparagine s'accumule dans les tissus des plantules, comme un produit qui ne peut être employé.

56. Régénération des Albuminoïdes. — Mais si l'on expose les plantules à la lumière, on constate que les albuminoïdes augmentent pendant que l'asparagine et les amides diminuent. L'asparagine est donc simplement une forme de passage de la matière azotée. Les albuminoïdes des graines se transforment en asparagine qui circule dans la plante et va redonner des albuminoïdes dans les différents organes. L'asparagine étant cristalloïde est beaucoup plus favorable au transport de l'azote que les albuminoïdes qui sont tous colloïdes.

A l'obscurité, l'asparagine ne pouvant revenir à l'état d'albuminoïde s'accumule dans les tissus. Dans les plantules qui sont à la lumière, on trouve au contraire très peu d'aspara-

gine parce que les circonstances sont favorables à la régénération des albuminoïdes. On trouve de l'asparagine non seulement dans les graines en germination, mais encore dans la plupart des plantes qui se développent à l'obscurité aux dépens des réserves ; les jeunes pousses d'asperges, par exemple, renferment de l'asparagine.

La transformation de l'asparagine en albuminoïdes est-elle due seulement à l'influence de la lumière, ou bien les hydrates de carbone produits par l'assimilation jouent-ils un rôle dans cette transformation ? Il semble que cette dernière hypothèse soit la vraie, car on constate que l'asparagine s'accumule dans une plante exposée à la lumière mais qui ne peut assimiler le carbone faute de gaz carbonique ; dans ce cas, la formation d'albuminoïde aux dépens de l'asparagine est donc liée à l'assimilation du carbone.

D'autre part, on a constaté que l'asparagine pouvait revenir à l'état d'albuminoïdes même à l'obscurité, à condition qu'il y ait une quantité suffisante d'hydrates de carbone. C'est ce qui se produit normalement dans la germination des bulbes d'Ognon qui renferment une abondante provision de sucre ; c'est ce qui arrive également dans les jeunes plantules de Vesce si on leur fournit du glucose, comme l'a fait Mazé.

La transformation de l'asparagine en albuminoïdes paraît donc liée à l'assimilation du carbone, comme la transformation inverse est liée à la respiration. L'examen de la composition élémentaire de l'asparagine et d'une matière albuminoïde telle que la légumine vient corroborer cette manière de voir. Comme il n'y a ni gain ni perte d'azote, nous comparerons des quantités d'asparagine et de légumine qui renferment exactement le même poids d'azote.

	C	H	Az	O
Légumine..........	64,0	8,8	21,2	36,6
Asparagine........	36,3	6,0	21,2	36,3

La transformation de la légumine en asparagine exige donc une certaine quantité d'oxygène qui est fournie par la respiration ; d'autre part, il y a mise en liberté de carbone et d'hydro-

gène, ce qui rend possible la formation d'hydrates de carbone comme produit de la décomposition des albuminoïdes. Inversement, la transformation d'asparagine en légumine exige du carbone qui peut être fourni soit par l'assimilation chlorophyllienne, soit par les hydrates de carbone qui se trouvent dans la plante.

En dehors de la période germinative, il y a, pendant le cours normal du développement, formation d'albuminoïdes dans les plantes. Nous verrons (§ 194) que cette synthèse s'effectue alors normalement dans les feuilles vertes, les matériaux étant fournis par les racines qui absorbent les nitrates et par l'assimilation chlorophyllienne.

7° APPLICATIONS.

57. Grains des céréales. — On désigne sous le nom de céréales un certain nombre de plantes, presque toutes des Graminées, cultivées à cause de leurs graines alimentaires pour l'homme ou les animaux. Le tableau suivant donne la composition chimique du grain des principales céréales; les chiffres sont ceux donnés par König (3) comme moyenne d'un grand nombre d'analyses.

	Eau.	Matières azotées.	Matières grasses.	Matières hydroc.	Cellulose.	Cendres.
Blé français....	13	12	1	70	2	2
Blé russe......	13	16	1	66	2	2
Blé anglais.....	13	11	2	69	3	2
Seigle.........	13	11	2	70	3	2
Orge	14	9	2	66	7	2
Avoine.........	12	11	5	58	11	3
Maïs..........	13	10	4	70	2	1
Riz...........	12	7	1	78	1	1
Sorgho à balai .	11	9	4	70	4	2
Sarrasin.......	14	11	3	55	14	3

La matière nutritive est surtout fournie par l'albumen dont la réserve hydrocarbonée est formée presque exclusivement

par de l'amidon ; les matières grasses y sont très peu abondantes. Les matières albuminoïdes et les matières ternaires se trouvent, notamment dans le Blé, à peu près exactement dans le rapport qui convient à l'alimentation de l'homme. Le Blé peut donc être considéré comme un aliment complet pouvant suffire à lui seul à notre nourriture.

Au point de vue de leur composition chimique, les autres céréales diffèrent peu du Blé. Si l'Orge et l'Avoine ont plus de cellulose, cela tient à ce que les grains ont été analysés tels qu'on les trouve dans le commerce, c'est-à-dire entourés des glumelles. Le riz est particulièrement pauvre en matières azotées.

Le Blé étant de beaucoup la céréale la plus importante puisqu'il constitue, sous forme de pain, l'aliment principal d'un grand nombre d'hommes, nous en ferons une étude un peu plus détaillée. On broie les grains de Blé de façon à séparer la *farine* qui comprend la majeure partie de l'albumen et le *son* qui comprend les téguments des grains et l'embryon emportant avec eux des lambeaux plus ou moins importants d'albumen. La proportion relative de farine et de son dépend de la manière dont l'opération a été effectuée. La farine ayant plus de valeur que le son, on a intérêt à extraire le plus de farine possible ; mais, d'un autre côté, plus la proportion de farine est grande, plus il s'y trouve de débris des téguments qui lui enlèvent sa blancheur et sa pureté. Pour avoir de la farine de première qualité, on fait en général 70 p. 100 de farine et 30 p. 100 de son. La composition chimique est alors la suivante dans un cas moyen :

	Farine.	Son.
Eau	15,58	14,89
Matières azotées	9,80	13,36
Amidon	70,20	27,30
Hydrocarbones solubles	1,90	6,57
Cellulose	0,90	31,84
Matières grasses	1,02	2,68
Matières minérales	0,90	3,36

La partie azotée de la farine est surtout formée par le *gluten* ; on désigne ainsi la matière albuminoïde qui se trouve en

64 — RÉSERVES NUTRITIVES.

même temps que l'amidon dans les cellules de l'albumen. La richesse en gluten augmente la valeur de la farine. Les Blés qui donnent le plus de gluten sont les *Blés durs*, c'est-à-dire ceux dont l'albumen a une cassure d'aspect corné, et en particulier les Blés durs récoltés en Russie. Les *Blés tendres*, dont la cassure est farineuse, sont plus riche en amidon.

Le son est plus riche en azote que la farine, mais les matières azotées qu'il renferme sont moins facilement assimilables. Le son est néanmoins pour les animaux un aliment nourrissant à cause de l'amidon qu'il contient et aussi de la cellulose qui est en grande partie digestible.

58. Graines des Légumineuses. — Après la famille des Graminées, celle des Légumineuses est la plus importante par les graines comestibles qu'elle fournit. Le tableau suivant indique, d'après Kœnig, la composition moyenne des principales graines de Légumineuses.

	Eau	Matières azotées.	Matières grasses.	Matières hydroc.	Cellulose.	Cendres.
Pois	14	23	2	53	5	3
Fèves	14	25	2	48	8	3
Haricots	11	24	2	55	4	4
Lentilles	12	26	»	53	4	3
Lupin	16	29	7	33	12	3
Pois chiches	14	18	5	49	10	4
Soja	10	33	18	29	5	5
Arachide	7	27	45	16	2	5

Les matières azotées y sont beaucoup plus abondantes que dans les grains des Graminées. Les graines des Légumineuses sont donc un aliment très azoté. La réserve hydrocarbonée est dans la plupart des cas, comme dans le Pois, la Fève, le Haricot, la Lentille, formée surtout d'amidon ; mais on y trouve également, outre une petite quantité de saccharose, une proportion assez forte de dextrine ou de galactane ; le Haricot, par exemple, renferme environ 15 p. 100 de dextrine. Le Lupin ne contient pas d'amidon ; la réserve hydrocarbonée est surtout formée de dextrine et de galactane. Le Soja et l'Arachide ne renferment pas non plus d'amidon. Les

matières grasses sont en général peu abondantes; mais dans le Soja et surtout dans l'Arachide, elles augmentent et tendent à remplacer les hydrocarbones comme réserve ternaire. L'Arachide est même exploitée comme graine oléagineuse.

59. Graines oléagineuses. — Les plantes qui fournissent des graines oléagineuses appartiennent à des familles variées. Le tableau suivant donne, d'après Kœnig, la composition des principales de ces graines.

	Eau.	Matières azotées.	Matières grasses.	Matières hydroc.	Cellulose.	Cendres.
Lin	9	23	34	23	7	4
Colza	7	20	42	21	6	4
Œillette	8	19	41	19	6	7
Chanvre	9	18	33	21	15	4
Noix	7	16	57	13	5	2
Amande	6	24	53	8	6	3
Sésame	6	20	46	15	7	6
Ricin	7	19	51	2	18	3
Id. décortiqué	7	19	66	3	2	3
Coton	10	20	20	22	24	4
Elæis guineensis	8	8	49	27	6	2
Cocos nucifera	6	9	67	12	4	2

On vérifie sur ce tableau qu'en général la proportion de matières grasses est en raison inverse de celle des réserves hydrocarbonées. On doit remarquer également que les graines oléagineuses sont toujours très pauvres en eau. Quelques-unes de ces graines, telles que la noix et l'amande, sont surtout employées comme aliment; leur valeur nutritive est très élevée, autant à cause de la grande proportion d'azote qu'elles renferment qu'à cause du pouvoir calorifique considérable que possèdent les matières grasses.

On extrait également l'huile de certains fruits, notamment de l'olive, qui est une drupe dont la partie externe charnue contient environ 20 p. 100 d'huile. Le péricarpe de l'*Elæis guineensis* fournit une huile (huile de palme) différente de celle de la graine et plus abondante.

La matière grasse extraite de l'albumen de la noix de coco est dépourvue de saveur quand elle est fraîche; on la con-

somme quelquefois à la place de beurre sous des noms divers (*cocose, végétaline*).

60. Fruits. — Dans la graine, les substances que nous venons d'étudier jouent incontestablement le rôle de réserve et sont destinées à être utilisées par la plante même qui les a élaborées. Il n'en est pas de même dans les péricarpes charnus, qui sont presque toujours décomposés lorsque la graine germe et par conséquent ne peuvent lui servir à rien. Le rôle physiologique des péricarpes charnus n'est donc pas clair, mais leurs applications sont nombreuses. Le tableau suivant donne la composition des principaux fruits charnus qui servent d'aliments. Le péricarpe seul a été analysé, y compris les parties lignifiées des noyaux et à l'exclusion des graines.

	Eau.	Matières azotées.	Sucre.	Matières pectiques.	Autres substr.	Cendres.
Pomme	85	0,4	7	3	1,5	1,0
Poire	84	0,4	8	3	4,3	0,3
Prune	80	0,4	3	12	4,2	0,4
Pêche	80	0,6	5	7	0,9	0,5
Abricot	81	0,3	5	6	6,8	0,7
Cerise	80	0,8	10	2	6,5	0,7
Raisin	78	0,6	14	2	4,9	0,5
Fraise	88	0,5	6	1	3,7	0,8
Groseille	85	0,5	6	1	6,8	0,7

Il faut remarquer l'énorme proportion d'eau qui se trouve dans tous ces fruits. Il n'y a, d'ailleurs, aucune relation entre l'apparence plus ou moins aqueuse d'un fruit et la proportion d'eau qu'il renferme; ainsi, les raisins, dont la plus grande partie est presque liquide, renferment moins d'eau que les pommes qui sont très dures. Il y a très peu de matière azotée. La partie nutritive est surtout formée par le sucre et les matières pectiques.

61. Tubercules et bulbes. — Certains tubercules peuvent servir d'aliment à cause des réserves qu'ils renferment. On les récolte, en général, au moment où leur vie est la plus ralentie, alors que la proportion de réserves passe par un maxi-

mum et la proportion d'eau par un minimum. Malgré cela, la
quantité d'eau qui s'y trouve est toujours considérable, comme
le montre le tableau suivant qui donne la composition des
principaux tubercules et bulbes comestibles :

	Eau.	Matières azotées.	Matières hydrocarb.	Cellulose.	Cendres.
Pomme de terre...	75	2,0	21	1,0	1,0
Topinambour	79	1,8	16	1,5	1,0
Betterave..........	87	1,3	9	1,0	1,1
Betterave à sucre.	82	1,2	14	1,1	0,8
Carotte	87	1,2	9	1,5	1,0
Rave	91	1,2	6	1,1	0,8
Radis.............	93	1,2	4	0,7	0,7
Ognon	86	1,7	11	0,7	0,7

La proportion d'azote est assez faible; les matières grasses, encore moins abondantes, ont été négligées. Les matières hydrocarbonées, qui constituent l'élément nutritif principal, ont pour caractère commun de donner, par hydrolyse, un
glucose assimilable; mais leur nature exacte n'est pas toujours bien connue. Dans la pomme de terre, il n'y a presque
que de l'amidon; dans le Topinambour, de l'inuline et de la
lévuline; dans la Betterave, du saccharose. Mais la Carotte,
la Rave, le Radis renferment, outre une certaine quantité de
sucre, des hydrates de carbone comparables à la dextrine et à
la galactane, qui n'ont pas été déterminés avec précision;
l'Ognon contient surtout du sucre.

BIBLIOGRAPHIE.

1. D'ARBAUMONT. *Sur l'évolution de la chlorophylle et de l'amidon* (Ann. Sc. nat. Bot., 8ᵉ série, t. XIII et XIV, 1901).

2. DUCLAUX. *Traité de microbiologie*, t. III, Paris, 1899.

3. GUIGNARD. *Sur la localisation des principes qui fournissent l'acide cyanhydrique* (Journ. de Bot., 1890).

4. HÉRISSEY. *Recherches chimiques et physiologiques sur la digestion des mannanes et des galactanes* (Rev. gén. de Bot., t. XV, 1903).

5. KŒNIG. *Die menschlichen Nahrungs und Genüssmittel*, Berlin, 1893.

6. LECLERC DU SABLON. *Recherches sur la germination des graines oléagineuses* (Rev. gén. de Bot., t. VII, 1895).

7. — *Recherches sur les réserves hydrocarbonées des bulbes et des tubercules* (Rev. gén. de Bot., t. X, 1898).

8. — *Recherches physiologiques sur les matières de réserve des arbres* (Rev. gén. de Bot., t. XVI, 1904, et t. XVIII, 1906).

9. MER. *Des variations qu'éprouve la réserve amylacée des arbres* (Bull. Soc. Bot., t. LV, 1898).

10. MUNTZ. *Sur la germination des graines oléagineuses* (Boussingault, agronomie, t. V).

11. TOLLENS. *Les hydrates de carbone* (traduction Bourgeois), Paris, 1896.

CHAPITRE II.

RESPIRATION.

1° PHÉNOMÈNE RESPIRATOIRE; APPAREILS.

62. Constatation de la respiration. — La respiration des végétaux, comme celle des animaux, consiste en un dégagement de gaz carbonique et une absorption d'oxygène. Des expériences très simples peuvent mettre cet échange de gaz en évidence. Prenons, par exemple, des graines germées, telles que des graines de Pois ou de Haricot, et mettons-les dans un flacon bouché. Au bout de quelques heures, si nous plongeons une allumette enflammée dans le flacon, elle s'éteint brusquement : l'oxygène a donc disparu, au moins en partie;

d'autre part, si on y verse de l'eau de baryte, elle se trouble immédiatement par la formation d'un précipité de carbonate de baryum : il y a donc eu un dégagement de gaz carbonique. Les graines germées ont donc absorbé de l'oxygène et dégagé du gaz carbonique; elles ont respiré.

Cette expérience réussirait avec un fragment quelconque de végétal; on choisit les graines germées parce que l'échange gazeux y est particulièrement intense et parce qu'il n'y a pas encore de chlorophylle. Nous verrons, en effet, qu'à la lumière, la présence de chlorophylle détermine un échange gazeux inverse de celui de la respiration et qui masque le phénomène respiratoire. Si on se servait de plantes vertes, il faudrait les maintenir à l'obscurité, afin que la respiration subsistât seule.

63. Appareils à air confiné. — Pour faire une étude précise de la respiration, on se sert d'appareils très variés dont il nous suffira de connaître le principe. Dans une première série d'appareils, les plantes à étudier sont renfermées, pendant toute la durée de l'expérience, dans un vase clos renfermant une atmosphère dont on peut connaître la composition. Ce sont les *appareils à air confiné*. En comparant la composition de l'atmosphère confinée au commencement et à la fin de l'expérience, on peut déduire les échanges gazeux dont la plante a été le siège.

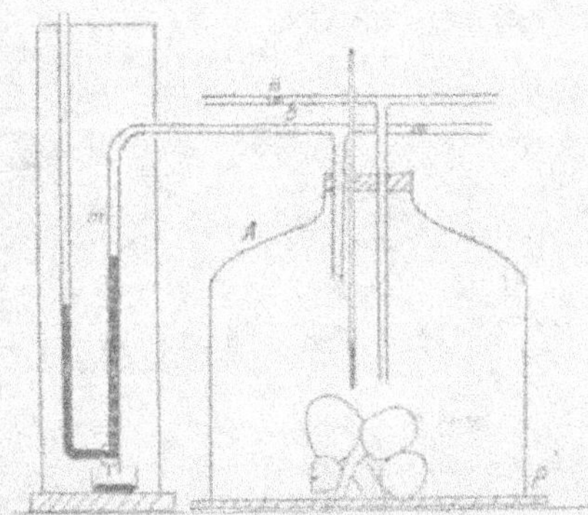

Fig. 17. — Schéma de l'appareil à air confiné de Bonnier et Mangin; A, cloche reposant sur un plateau p; a et b, tubes; m, manomètre.

Généralement, on emploie une cloche à douille A (*fig. 17*) dont les bords sont mastiqués sur un plateau p de verre rodé. Comme il est nécessaire de connaître la température où se fait l'expérience, un thermomètre pénètre ordinairement dans la

cloche par l'ouverture supérieure. Il est également utile qu'un manomètre à air libre *m* soit adapté à l'appareil pour faire connaître à chaque instant la pression de l'air confiné. Enfin, on met, en *a*, la cloche en rapport avec une pompe à mercure simplifiée qui permet de puiser dans l'atmosphère confinée une certaine quantité de gaz destinée à être analysée, et cela sans être obligé de démonter l'appareil.

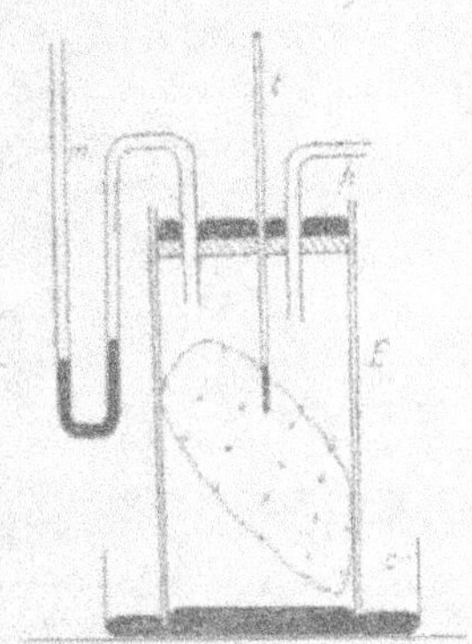

Fig. 18. — Schéma de l'appareil d'Aubert; *E*, éprouvette; *c*, cuve à mercure; *h*, mercure; *t*, thermomètre; *m*, manomètre.

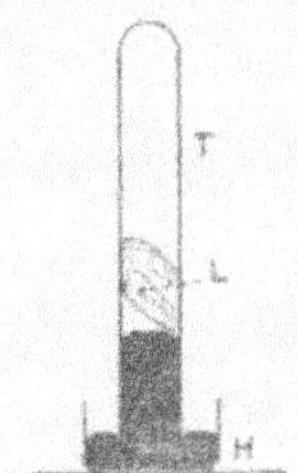

Fig. 19. — *T*, tube à essai renfermant des plantes *L* et renversé sur le mercure *H*.

Un appareil de ce genre, très complet, a servi à Bonnier et Mangin (5); mais on peut employer des dispositifs beaucoup plus simples, suivant les études que l'on veut faire. Ainsi, Aubert (1), dans ses recherches sur les plantes grasses, s'est servi d'une éprouvette en verre *E* (*fig.* 18) renversée sur le mercure, ce qui constitue une excellente fermeture. L'appareil tout entier peut être même réduit à un simple tube à essai (*fig.* 19) renversé sur le mercure, comme l'a fait Gauchery (8) dans ses études sur la respiration des Bactéries ou Jumelle dans son travail sur les Lichens.

Les gaz peuvent être analysés par les méthodes ordinaires de la chimie; mais il est préférable de se servir de l'appareil de Bonnier et Mangin, qui permet de faire en peu de temps une analyse précise, même si on n'a à sa disposition qu'une

quantité très faible de gaz, 1 centimètre cube, par exemple,
ou même moins.

64 Appareil à air renouvelé.

— Dans une autre catégorie d'appareils, l'air où respirent les plantes est renouvelé
d'une façon continue. Bonnier et Mangin (*fig.* 20) emploient
une longue éprouvette à pied E, où le courant d'air arrive
par une tubulure inférieure a et sort par une tubulure supérieure. L'air qui arrive a été débarrassé de toute trace de gaz

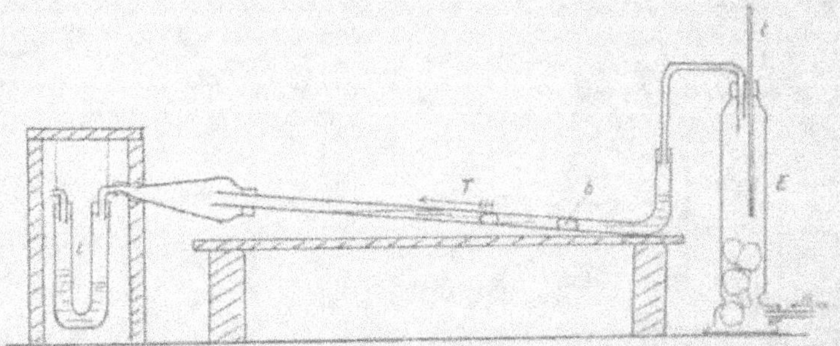

FIG. 20. — Schéma de l'appareil à air renouvelé de Bonnier et Mangin; a, arrivée de l'air;
E, éprouvette renfermant les plantes; t, thermomètre; T, tube renfermant de l'eau de baryte
traversée par des bulles d'air b; l, tube à baryte.

carbonique en passant dans un flacon à potasse; en traversant l'éprouvette où se trouvent les plantes, l'air se charge du
gaz carbonique qu'elles dégagent, puis, après la sortie, arrive
dans un tube T renfermant de la baryte qui arrête, sous forme
de carbonate de baryum, tout le gaz carbonique cédé par les
plantes. En dosant le carbonate de baryum ainsi formé, on
peut mesurer le gaz carbonique dégagé. Un tube en U, l, renfermant également de la baryte, arrête les dernières traces de
gaz carbonique.

Cette méthode ne donne donc que le gaz carbonique dégagé, sans fournir aucun renseignement sur l'oxygène absorbé; il est donc impossible d'obtenir ainsi le rapport CO_2/O
des volumes des gaz échangés.

Parmi les modifications apportées à l'appareil à air renouvelé, il convient de citer celle qui a permis à Blackman d'étudier comparativement la respiration des deux faces d'une

feuille. Deux petites capsules égales c, c' (*fig.* 21), de 30 mill. environ de diamètre et de 5 mill. de profondeur, sont fermées, d'un côté, par une plaque de verre v, v'; leur bord, formé par un anneau de cuivre, s'applique étroitement, à l'aide d'un mastic, sur une des faces de la feuille f à étudier. L'air de la capsule est renouvelé à l'aide de deux petits tubes en cuivre, dont l'un a, a' amène de l'air dépourvu de gaz carbonique et dont l'autre s, s' entraîne l'air chargé du gaz carbonique dégagé par la feuille. On procède ensuite au dosage du précipité de carbonate de baryum formé par ce gaz carbonique.

En appliquant les deux capsules l'une vis-à-vis de l'autre sur les deux faces d'une même feuille, on peut comparer les intensités de la respiration de ces deux faces. Pour les feuilles de forme allongée, telles que celles du Laurier-rose, on peut avoir des capsules de forme correspondante.

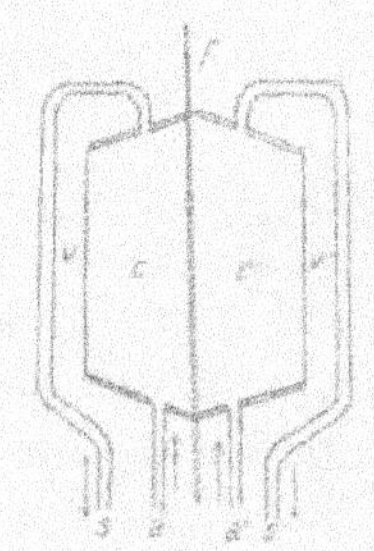

Fig. 21. — Schéma de la partie essentielle de l'appareil à air renouvelé de Blakman f, feuille; c, c', capsules fermées par des plaques de verre v, v'; a, a', entrée, et s, s', sortie de l'air.

65. Absence de dégagement d'azote. — En se servant de l'appareil à air confiné muni d'un manomètre et d'un appareil à prise, on peut résoudre la question controversée du dégagement d'azote par les plantes. Pour savoir si oui ou non une plante dégage de l'azote, on l'introduit sous la cloche, puis on mesure le volume V de l'air renfermé dans l'appareil à la pression H donnée par le manomètre. On fait une prise de gaz dans l'appareil et on l'analyse. Soit $\frac{n}{100}$ la proportion centésimale d'azote trouvé dans l'air puisé. La masse d'azote renfermée dans l'appareil occupe donc au commencement de l'expérience le vol $V\dfrac{n}{100}$ à la pression H.

On laisse la plante respirer pendant quelques heures, puis, quand on veut mettre fin à l'expérience, on mesure la pression H' de l'atmosphère confinée, on fait une prise de gaz et on

l'analyse; soit $\dfrac{n'}{100}$ la proportion centésimale d'azote. La masse d'azote renfermée dans l'appareil à la fin de l'expérience sera donc $V\,\dfrac{n'}{100}$ a la pression H'. Or, on constate que toujours $V\,\dfrac{n'}{100}\times H' = V\,\dfrac{n}{100}\times H$. La masse d'azote est donc restée invariable, le produit du volume par la pression étant constant. Il n'y a donc eu ni absorption ni dégagement d'azote.

Si on a cru quelquefois qu'il y avait dégagement d'azote, c'est parce qu'on n'avait pas tenu compte du changement de pression survenu pendant l'expérience. Si, en effet, on admet implicitement que $H = H'$ et si on trouve que la proportion centésimale d'azote est plus grande à la fin de l'expérience qu'au commencement, on en conclut qu'il y a eu dégagement d'azote. Or, le rapport CO_2/O étant presque toujours plus petit que 1, la pression diminue dans l'appareil par le fait même de la respiration, on a $H' < H$. C'est pour cela que la proportion centésimale d'azote augmente dans l'appareil, la masse de ce gaz restant la même.

66. Mécanisme de l'échange gazeux; rôle des stomates. — Nous savons que la respiration consiste en un dégagement de gaz carbonique et une absorption d'oxygène. Le gaz carbonique est produit dans le protoplasma de la cellule vivante et de là se répand dans l'atmosphère; ce gaz doit donc traverser au moins une paroi cellulosique; nous étudierons plus loin dans quelles conditions ces membranes deviennent perméables aux gaz. Quoiqu'il en soit à ce sujet, la membrane à travers laquelle le gaz carbonique sort de la plante peut être : soit la membrane d'une cellule superficielle telle qu'une cellule épidermique, et alors le gaz carbonique passe directement de la cellule dans l'atmosphère; soit la membrane d'une cellule qui limite un méat tel que les méats de la feuille, et alors le gaz carbonique passe de la cellule vivante dans le système des méats de la feuille et de là dans l'atmosphère par les stomates. Pour l'oxygène le trajet est inverse.

Si l'on considère plus spécialement les feuilles, l'échange gazeux de la respiration peut donc se produire soit à travers

la cuticule, soit par l'intermédiaire des stomates. Les expériences de Blackman (3) permettent d'apprécier la part relative qui revient à chacune de ces deux voies. L'appareil décrit plus haut (*fig.* 21) est appliqué à une feuille de façon à donner l'intensité de la respiration sur les deux faces. En comparant l'intensité de la respiration sur une face au nombre des stomates qui s'y trouve, on peut se faire une idée de l'importance du rôle des stomates. Le tableau suivant donne le résultat de trois expériences portant l'une sur le Laurier-rose (*Nerium Oleander*) dont les feuilles sont persistantes et n'ont de stomates qu'à leur face inférieure, l'autre sur la Vigne-Vierge (*Ampelopsis hederacea*) dont les feuilles ne sont pas persistantes et n'ont aussi de stomates qu'à leur face inférieure, et la troisième sur la Capucine (*Tropæolum majus*) dont les feuilles ont des stomates sur les deux faces dans le rapport de 100 à la face supérieure pour 200 à la face inférieure ; les nombres donnés expriment en centimètres cubes le gaz carbonique dégagé en une heure :

Nerium............	face supérieure	0^{cm3},002	$\dfrac{3}{100}$
	— inférieure	0, 065	
Ampelopsis	face supérieure	0, 003	$\dfrac{3}{100}$
	— inférieure	0, 096	
Tropæolum....	face supérieure	0, 014	$\dfrac{100}{260}$
	— inférieure	0, 036	

La dernière colonne donne le rapport des gaz échangés par les deux faces. On voit que, là où il n'y a pas de stomates, le dégagement du gaz est presque nul, et que dans les feuilles où il y a des stomates sur les deux faces le dégagement du gaz est à peu près proportionnel au nombre de stomates. Blackman a de plus constaté que les feuilles jeunes à cuticule mince donnaient le même résultat que les feuilles vieilles à cuticule épaisse. On peut donc conclure que chez les feuilles le dégagement du gaz carbonique se fait principalement, sinon uniquement, par les stomates. Dans les organes dépourvus de stomates, les lenticelles ou les crevasses accidentelles facilitent les échanges gazeux.

2° RESPIRATION DES PLANTES VERTES A LA LUMIÈRE.

67. Respiration à la lumière et à l'obscurité. — Au moyen des appareils décrits précédemment, on constate toujours que les plantes sans chlorophylle dégagent du gaz carbonique et absorbent de l'oxygène, que l'expérience soit faite à la lumière ou à l'obscurité. Il n'en est pas de même pour les plantes qui renferment de la chlorophylle ; on ne constate le dégagement de gaz carbonique et l'absortion d'oxygène qu'à l'obscurité. A la lumière l'échange gazeux est inverse, il y a absorption de gaz carbonique et dégagement d'oxygène. Nous étudierons plus loin cette nouvelle fonction, inverse de la respiration, sous le nom d'assimilation chlorophyllienne du carbone.

Pour le moment, nous nous demanderons seulement si, dans une plante verte exposée à la lumière, la respiration a complètement disparu pour faire place à l'assimilation, ou si la respiration continue même à la lumière, masquée seulement par l'assimilation dont l'échange gazeux, inverse de celui de la respiration, est en même temps beaucoup plus intense. S'il en était ainsi, l'échange gazeux observé sur une plante verte à la lumière ne correspondrait pas à l'assimilation seule, mais à la résultante des deux fonctions ; le gaz carbonique absorbé serait la différence entre le gaz carbonique absorbé par l'assimilation et celui dégagé par la respiration.

68. Emploi des anesthésiques. — Claude Bernard a indiqué le principe d'une méthode qui permet de montrer que les plantes vertes respirent même à la lumière. Des plantes aquatiques, telles que des Potamots exposés à la lumière solaire d'une façon convenable, laissent dégager des bulles d'un gaz formé presque uniquement d'oxygène ; c'est l'indice de l'assimilation du carbone. Mais si l'on ajoute un peu de chloroforme à l'eau, le dégagement des bulles cesse ou du moins devient très lent et les quelques bulles qui se forment renferment surtout du gaz carbonique. Le chloroforme suspend donc l'assimilation du carbone en laissant subsister la respira-

tion. On peut en conclure que les plantes vertes respirent
même à la lumière.

Bonnier et Mangin (3) ont repris cette expérience en lui
donnant plus de précision. Ils opèrent sur des plantes aériennes et comme anesthésique ajoutent quelques gouttes d'éther
qui, en se volatisant dans l'atmosphère confiné de l'appareil,
suffisent pour suspendre l'assimilation sans troubler la respiration. L'analyse de l'atmosphère, dans laquelle a séjourné
pendant plusieurs heures à la lumière une plante verte exposée
aux vapeurs d'éther, montre que la respiration a dans ces conditions les mêmes caractères qu'à l'obscurité et en l'absence
des vapeurs d'éther. L'action des anesthésiques, en suspendant
l'assimilation, met donc en évidence l'existence de la respiration des plantes vertes, même à la lumière.

69. Cas des plantes grasses. — La respiration des plantes
grasses présente des caractères spéciaux que nous étudierons
plus tard avec plus de détails. Pour le moment, retenons seulement le fait mis en évidence par Aubert (1) que, dans certaines conditions de température et d'éclairement, les plantes
grasses peuvent manifester à la fois l'assimilation en dégageant de l'oxygène et la respiration en dégageant du gaz carbonique. Ainsi le *Phyllocactus grandiflorus*, exposé à la lumière solaire, à 20°, dégage à la fois de l'oxygène et du gaz
carbonique. Dans ce cas, la respiration de la plante verte à la
lumière n'est plus masquée complètement par l'assimilation,
mais seulement à moitié ; l'absorption d'oxygène est supprimée,
mais le dégagement du gaz carbonique subsiste. C'est un nouveau fait montrant que les plantes vertes respirent même à
la lumière.

70. Expériences de Garreau et de Blackman. — Pour
montrer que les plantes vertes respirent à la lumière, Garreau (7) fit l'expérience suivante. Au fond d'un large flacon F (*fig. 22*), il mit de l'eau de baryte limpide Ba et introduit par le goulot une branche Br couverte de feuilles vertes
et qui reste adhérente à l'arbre à travers le bouchon qui ferme
le flacon. L'atmosphère du flacon est dépourvue de gaz car-

bonique au commencement de l'expérience, mais au bout de quelques heures, dix heures ordinairement, l'eau de baryte est troublée; il y a donc eu dégagement de gaz carbonique par la plante verte exposée à la lumière. Garreau admet que, dans les conditions de l'expérience, les feuilles vertes assimilent et respirent en même temps; mais l'assimilation ne peut s'exercer que sur le gaz carbonique dégagé par la respiration. Le précipité de carbonate de baryum montre qu'une partie du gaz carbonique de la respiration est soustraite à l'assimilation par la baryte. Garreau conclut donc que les plantes vertes respirent à la lumière.

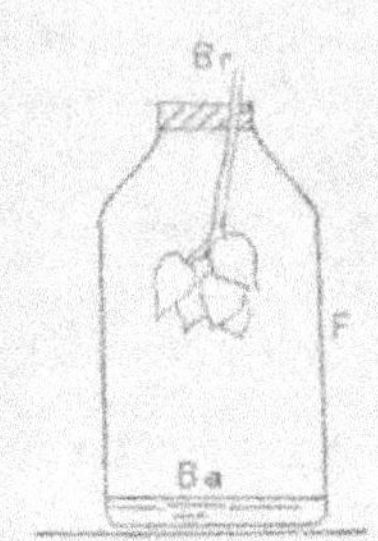

Fig. 22. — Expérience de Garreau; *Br*, branche feuillée dans un flacon *F* renfermant de la baryte *Ba*.

Mais il faut remarquer que cette expérience donne des résultats variables. Le précipité de carbonate de baryum ne se forme nettement que si l'éclairement est faible et la température élevée, c'est-à-dire dans les conditions qui affaiblissent l'assimilation et développent la respiration, comme nous le verrons bientôt.

Blackman (3) a refait l'expérience de Garreau en lui donnant une autre forme; il opère sur les feuilles d'*Acer platanoides* et d'*Alisma Plantago* exposées à la lumière solaire; il fait arriver à la surface des feuilles, au moyen de l'appareil décrit plus haut (*fig. 21*), de l'air dépourvu de gaz carbonique et constate que cet air est également dépourvu de gaz carbonique après avoir séjourné quelque temps au contact de la feuille; donc, tout le gaz carbonique produit par la respiration a été repris par l'assimilation.

On doit conclure de ces expériences que, lorsque les conditions sont particulièrement favorables à l'assimilation comme dans l'expérience de Blackman, tout le gaz carbonique de la respiration est repris par l'assimilation.

Mais si les conditions sont peu favorables à l'assimilation, il peut se faire, comme nous le verrons plus loin, que la respiration soit plus intense que l'assimilation, et c'est alors seulement que l'expérience de Garreau réussit et qu'on obtient

un précipité de carbonate de baryum. L'expérience de Garreau démontre donc qu'à une lumière faible la respiration des organes verts peut se manifester mais ne prouve pas que l'assimilation a lieu en même temps.

3° INFLUENCE DES CONDITIONS EXTÉRIEURES SUR LA RESPIRATION.

71. Intensité de la respiration et quotient respiratoire. — On peut considérer la respiration à deux points de vue différents. Si l'on se préoccupe de la quantité de gaz carbonique dégagé ou de la quantité d'oxygène absorbé par une plante pendant un temps donné, on étudie *l'intensité* de la respiration. Ordinairement, on prend pour mesure de l'intensité respiratoire le gaz carbonique dégagé plutôt que l'oxygène absorbé. Il est alors possible d'étudier l'intensité aussi bien avec les appareils à air renouvelé qu'avec les appareils à air confiné. Pour rendre les résultats comparables, il est préférable de les rapporter à l'unité de temps et à l'unité de poids, de calculer par exemple le gaz carbonique dégagé en une heure par 100 grammes de plantes.

Si au lieu de considérer en valeur absolue les volumes de gaz dégagés ou absorbés on s'attache au rapport de ces volumes, c'est-à-dire au rapport du volume de gaz carbonique dégagé au volume d'oxygène absorbé, on a affaire au *quotient respiratoire*. On verra que le quotient respiratoire dépend des réactions très complexes et d'ailleurs peu connues qui accompagnent la respiration. Si l'oxygène absorbé se combinait simplement au carbone des tissus de la plante pour donner du gaz carbonique, le quotient respiratoire serait toujours égal à 1. Or, il en est rarement ainsi et le quotient respiratoire est en général inférieur à 1. L'absorption d'oxygène et le dégagement de gaz carbonique ne constituent pas toute la respiration mais sont simplement le premier et le dernier terme des réactions dont l'ensemble correspond à la fonction respiratoire.

72. Influence de la température sur l'intensité de la respiration. — Pour se rendre compte de l'influence de la température, il faut placer l'appareil où les plantes respirent dans une étuve (*fig. 23*) dont la température peut être amenée au degré voulu et maintenue constante. Lorsqu'on fait varier la température, il est nécessaire d'opérer soit sur les mêmes plantes, soit sur des plantes absolument comparables. Il est indispensable également que toutes les autres conditions : éclairement, état hygrométrique, etc., soient les mêmes dans toutes les expériences. En opérant ainsi sur le *Polyporus versicolor*, Bonnier et Mangin (5) ont obtenu les nombres suivants, qui indiquent le volume de gaz carbonique dégagé en une heure, le volume des plantes en expériences étant pris pour unité :

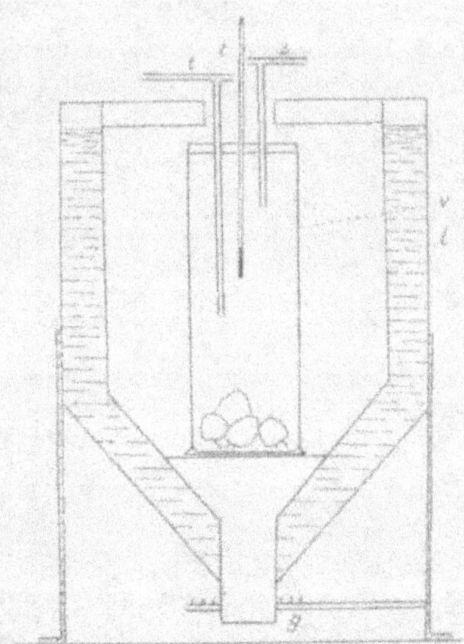

FIG. 23. — Coupe schématique dans une étuve à eau *I*, chauffée par le gaz en *g* et contenant la case *V* qui renferme les plantes; *t*, thermomètre.

10°	1,81	25°	6,22
15°	3,75	35°	9,58

Kreusler (13), étudiant les feuilles de Ronce, a obtenu les résultats suivants :

2°	1	29°	8,8
7°	1,8	33°	12,1
11°	3,9	37°	14,4
15°	4,6	41°	19,1
20°	4,8	46°	26,4
25°	7,8		

Dans ce cas, on prend pour unité le volume de gaz carbonique dégagé par les plantes en expériences à 2°.

On voit par ces résultats que l'intensité de la respiration s'accroît à mesure que la température s'élève et s'accroît même plus vite que la température. Il faut remarquer aussi, et c'est là un fait essentiel, que l'intensité respiratoire s'accroît constamment avec la température aussi longtemps que les plantes peuvent supporter sans souffrir la température croissante à laquelle on les expose. Il n'y a pas de température au-dessus de laquelle le dégagement de gaz carbonique diminue tout en restant normal. C'est ce qu'on exprime en disant qu'il n'y a *a pas de température optima* pour la respiration. C'est là un fait important, car, d'une façon générale, il y a une température optima pour toutes les fonctions physiologiques.

Il est essentiel de s'assurer qu'on n'a pas opéré à une température trop élevée et que la respiration est restée normale. Pour cela, après avoir fait une expérience à une température relativement haute, telle que 40°, on revient à une température moyenne, 15° par exemple, et on observe si la respiration y a conservé les mêmes caractères qu'avant l'exposition à une température élevée ; si la respiration se trouve troublée, on en conclut que la temperature de 40° était trop élevée et a fait souffrir la plante.

73. Températures extrêmes. — Aux températures basses, la respiration devient extrêmement faible ; néanmoins, à 0°, on peut encore l'apprécier pour la plupart des plantes. Jumelle (12) a observé un dégagement de gaz carbonique à — 10° chez l'Epicea et plusieurs espèces de Lichens. Ce sont là les températures les plus basses auxquelles la respiration ait été étudiée ; nous verrons plus tard que les échanges de gaz de l'assimilation se continuent à des températures encore plus basses.

L'appréciation de la température la plus élevée où la respiration d'une plante reste normale présente certaines difficultés, car, comme nous le verrons tout à l'heure, lorsqu'une plante est soumise à une température élevée qui non seulement la fait

souffrir mais encore la tue, elle continue encore pendant un
certain temps à dégager du gaz carbonique et même à absorber de l'oxygène. Il faut donc, après avoir porté une plante à
une température élevée, s'assurer qu'elle est restée dans son
état normal. En opérant sur un Palmier, un Bégonia et un
Épicea, Jumelle a constaté que ces plantes pouvaient sans souffrir supporter une température de 40° pendant vingt-quatre
heures ; après un temps plus long, elles dépérissent ; la température de 45° ne peut être supportée que pendant moins
longtemps encore.

Il va sans dire qu'à ce point de vue les plantes diffèrent
beaucoup les unes des autres et qu'une même espèce résiste
plus ou moins suivant l'état de développement où elle se
trouve. Ainsi les plantes en voie de croissance sont particulièrement sensibles et celles qui sont à l'état de vie ralentie
particulièrement résistantes. Les graines mûres peuvent supporter des températures relativement très élevées.

74. Expériences de Berthelot et André. — Ces expériences
ont pour but de rechercher les échanges gazeux dont les feuilles peuvent être le siège lorsqu'elles sont portées à une température élevée qui non seulement les fait souffrir mais encore
les tue. Berthelot et André (2) mettent des feuilles de Blé
dans un ballon, qui est lui-même maintenu dans un bain
d'huile à 110°, de sorte que les feuilles sont portées à une
température d'au moins 100°, qui tue certainement le protoplasma. Le ballon est traversé par un courant d'air privé de
gaz carbonique, comme dans l'appareil à air renouvelé employé
pour étudier la respiration ; on peut ainsi doser le gaz carbonique dont le courant d'air s'est chargé en passant au contact
de la plante.

Dans ces conditions, 25 grammes de feuilles de Blé ont
dégagé pendant seize heures 0 gr. 0911 de gaz carbonique,
ce qui est à peu près autant qu'auraient dégagé les mêmes
feuilles respirant normalement à une température moyenne.
Une autre expérience a montré l'absorption d'un volume
d'oxygène supérieur au volume de gaz carbonique dégagé.

Ces expériences montrent donc que, même après leur mort,

les plantes sont encore, pendant un certain temps, le siège
d'un échange gazeux comparable à celui de la respiration. On
n'a pas le droit d'en conclure que les réactions qui se passent
dans ces conditions sont les mêmes que celles qui ont lieu
pendant la respiration normale, et cela d'autant plus qu'on ne
connaît ni les unes ni les autres. Le phénomène étudié par
Berthelot et André est un phénomène chimique et non un
phénomène physiologique.

75 Influence des changements de température. — Quand
on étudie l'influence de la température sur la respiration, il
est nécessaire de ne soumettre les plantes qu'à des changements de température lents et progressifs, de façon qu'au
moment de l'expérience elles soient acclimatées à la température où elles se trouvent. L'expérience suivante de Palladine (16) montre l'importance de cette précaution.

Des feuilles de Fève étiolées sont réparties en trois lots
comparables qui sont conservés pendant trois jours dans un
cristallisoir renfermant de l'eau sucrée à 10 p. 100 (nous verrons plus loin [§ 96] la raison d'être du sucre), l'un à une
température basse variant de 7° à 11°, l'autre à une température moyenne d'environ 20°, et le troisième à une température élevée, 36°. Au bout de ces trois jours, on porte les trois
lots dans la pièce dont la température est 20° et l'on mesure l'intensité de leur respiration. Palladine a trouvé que la
quantité de gaz carbonique dégagée en une heure par
100 grammes de feuilles pour chacun de ces lots était de :

78 milligrammes pour le premier lot.
55   —   — deuxième lot.
85   —   — troisième lot.

Ainsi, des plantes comparables, placées dans des conditions
identiques, ont des intensités respiratoires différentes suivant
leur état antérieur; il est remarquable que la température
froide produise le même effet que la température élevée. Un
changement brusque, quel que soit sa nature, produit chez
les plantes un certain trouble passager qui se traduit par une
élévation de l'intensité respiratoire. Nous retrouverons d'au-

tres exemples de cette élévation accidentelle de la respiration. Dans tous les cas, on doit conclure des expériences de Palladine que, pour que deux plantes soient comparables au point de vue de la respiration, il ne suffit pas qu'elles se trouvent dans les mêmes conditions, il faut encore que leur état antérieur immédiat ne soit pas trop différent.

76. Influence de la température sur le quotient respiratoire. — Nous venons de voir qu'une élévation de température entraîne toujours une augmentation de l'intensité respiratoire; ajoutons que l'action de la température se fait sentir immédiatement; une exposition d'une heure à une température plus élevée suffit pour amener une augmentation considérable dans le dégagement de gaz carbonique. En procédant de la même façon, voyons quelle sera l'influence du changement de température sur le quotient respiratoire.

Le tableau suivant donne le résultat d'une expérience faite par Bonnier et Mangin sur l'*Agaricus campestris* :

Durée.	Tempér.	CO² dégagé.	O absorbé.	CO²/O
1 h.	14°	0,42(¹)	0,76	0,55
1 h.	28°	4,16	7,35	0,55
1 h.	35°	5,60	9,88	0,56

On voit que, pendant la durée de l'expérience, la température, qui a fait fortement varier l'intensité de la respiration, est restée sans influence sur le quotient respiratoire. Il en est de même toutes les fois qu'on a affaire à des organes adultes et que l'expérience dure peu de temps. On peut dire que, dans ces conditions, le quotient respiratoire est indépendant de la température.

Prenons, au contraire, comme sujet d'étude, ainsi que l'a fait Pouriewich (17), de jeunes plantules de Haricot qui ont commencé de germer depuis deux jours seulement et laissons-

---

1. Le volume des plantes en expérience est pris comme unité de volume, comme dans toutes les autres expériences de Bonnier et Mangin, pour lesquelles il n'est pas fait d'observation spéciale.

les respirer pendant vingt heures dans l'appareil à air confiné;
nous obtiendrons :

Durée.	Tempér.	CO_2/O
20 h.	6°	0,53
20 h.	18°	0,72
20 h.	35°	0,99

Le quotient respiratoire augmente donc d'une façon sensible avec la température. En opérant avec des plantules plus
âgées, germées depuis vingt-deux jours par exemple, Pouriewich a obtenu des variations bien moindres, comme l'indique le tableau suivant :

Durée.	Tempér.	CO_2/O
20 h.	8°	0,47
20 h.	16°	0,51
20 h.	35°	0,75

En comparant entre elles ces diverses expériences, on peut
en tirer les conclusions suivantes. Une élévation de température détermine immédiatement une augmentation de l'intensité respiratoire mais ne modifie pas immédiatement la nature
des réactions intérieures, de sorte que le quotient respiratoire
reste constant ; mais, à la longue, l'influence de la température
devient plus profonde et change, non seulement l'intensité,
mais encore la nature des réactions dont l'ensemble constitue
la respiration.

La plante a en quelque sorte changé d'état; on peut supposer que l'élévation de température la fait passer à un état
plus avancé de son développement. Ce changement d'état est
d'ailleurs d'autant plus facile que la plante se trouve à une
phase de son développement où les variations normales sont
plus rapides. Ainsi des plantules de Haricot âgés de deux jours
se modifient normalement plus vite que des plantules âgées de
vingt-deux jours; aussi le quotient respiratoire est-il plus
affecté par le changement de température chez les premières
que chez les secondes.

Nous concluerons donc que le quotient respiratoire est indépendant de la température lorsque les variations de tempéra-

ture sont de courte durée; mais, sous l'influence d'une élévation de température prolongée, le quotient respiratoire peut varier en même temps que la température, et cela d'autant plus que la plante se trouve dans une phase de son développement où les changements sont les plus rapides.

77. Influence de la lumière. — L'influence de la lumière sur la respiration ne peut être étudiée que sur les plantes dépourvues de chlorophylle; nous savons, en effet, que, chez les autres, la respiration est plus ou moins complètement masquée par l'assimilation du carbone. On considérera donc l'intensité respiratoire d'une plante sans chlorophylle, successivement maintenue à l'obscurité ou exposée à la lumière, toutes les autres conditions étant égales d'ailleurs. Il faut surtout veiller à ce que la température soit la même dans les deux cas, car nous venons de voir qu'un changement de température peut avoir une grande influence sur l'intensité respiratoire. Il est par conséquent très difficile d'opérer avec la lumière solaire directe, qui entraîne toujours une certaine élévation de température. Aussi s'est-on, en général, contenté d'étudier l'action de la lumière diffuse. Avec l'*Agaricus campestris* et les graines de Lin germées, Bonnier et Mangin ont obtenu les résultats suivants :

	Lum. diffuse.	Obscurité.	Tempér.	Durée.
Agaricus campestris.	3,0	4,3	16°	3 h.
Lin germé	0,97	1,13	16°	1 h. 30'

La lumière diminue donc l'intensité de la respiration; ce résultat a été vérifié sur un assez grand nombre de plantes ou de parties de plantes dépourvues de chlorophylle.

Le rapport CO_2/O des volumes des gaz échangés reste le même à la lumière qu'à l'obscurité; c'est donc seulement sur l'intensité du phénomène respiratoire et non sur sa nature que l'éclairement a de l'influence.

78. Influence de la nature des radiations. — **Méthode des écrans.** — Nous venons de voir que la lumière blanche a une

action retardatrice sur la respiration ; mais on peut se demander si toutes les radiations qui composent la lumière blanche ont la même influence. Pour répondre à cette question, Bonnier et Mangin, ont fait subir à l'appareil à air confiné la modification suivante (*fig.* 24).

Les plantes étudiées sont dans un vase cylindrique en verre V' fermé et contenu dans un autre vase V. Dans l'espace annulaire compris entre les deux vases se trouve un liquide coloré *l* qui ne laisse arriver sur les plantes en expérience que certaines radiations. En se servant d'une solution de bichromate de potassium et d'une dissolution d'azotate de cuivre dans l'ammoniaque, on peut comparer l'influence de la lumière rouge à celle de la lumière bleue. En opérant sur l'*Agaricus campestris* pendant une heure et à 17°, Bonnier et Mangin ont obtenu les dégagements de gaz carbonique suivants :

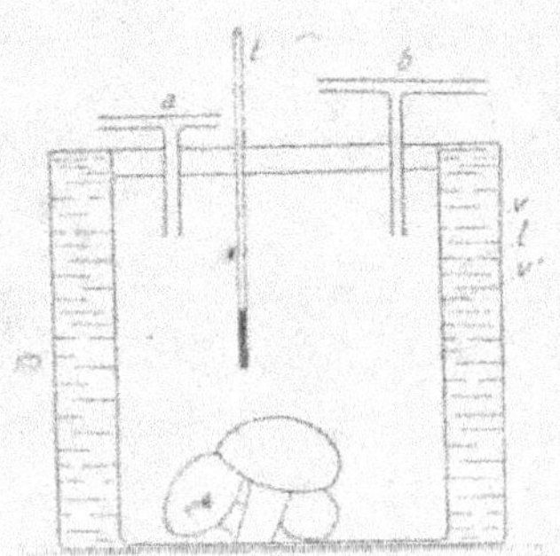

Fig. 24. — Vases concentriques : l'intérieur V' renferme les plantes et l'extérieur V contient un liquide coloré *l*, *t*, thermomètre ; *a* et *b*, tubes.

    Bichromate de potassium.   6,7
    Azotate de cuivre.   8,7

    Les deux nombres obtenus sont d'ailleurs compris entre les deux nombres qu'auraient fourni d'une part l'obscurité, d'autre part la lumière blanche. La lumière rouge et la lumière bleue diminuent donc l'une et l'autre l'intensité de la respiration, et la lumière rouge a une influence retardatrice plus grande que la lumière bleue.

79. Méthode du spectre. — Bonnier et Mangin ont corroboré les résultats de l'expérience précédente en séparant les radiations, non plus par des liquides colorés, mais à l'aide d'un prisme. Le tube *t* renfermant les plantes en expérience (*fig.* 25) se trouve dans une caisse *c* qui ne laisse pénétrer

la lumière que par une ouverture très étroite, sur laquelle on fait arriver la partie rouge ou bleue d'un spectre obtenu avec un prisme *p*. On peut ainsi comparer l'influence des radiations rouges et des radiations bleues. Le tube *t* renfermant les plantes est plongé dans une éprouvette *e* contenant de l'eau destinée à empêcher les changements de température.

En opérant avec l'*Agaricus campestris* pendant une heure et à 14°, on a obtenu les résultats suivants, les volumes de gaz

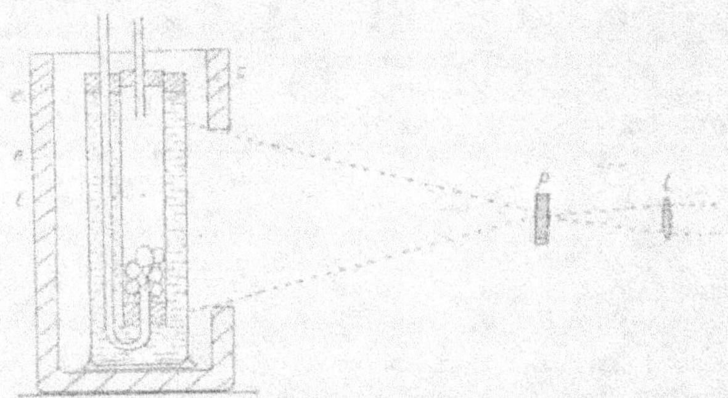

Fig. 25. — Coupe schématique dans l'appareil servant à appliquer la méthode du spectre; *t*, lentille; *p*, prisme; *e*, parois de la caisse à l'intérieur de laquelle est une éprouvette contenant de l'eau *e* et un tube *t* où sont les plantes à étudier.

carbonique étant mesurés en prenant le volume des plantes en expériences pour unité :

Lumière rouge-jaune	0,88
Lumière verte-bleue	1,66
Obscurité	1,72

La lumière rouge a donc encore une influence retardatrice plus grande que la lumière bleue, et cela d'une façon plus nette que ne le montrait l'emploi des liquides colorés.

80. Influence de l'état hygrométrique. — La quantité de vapeur d'eau qui se trouve dans l'atmosphère où respirent les plantes a-t-elle une influence sur l'intensité de la respiration? Pour faire des expériences comparatives, il faudrait maintenir un état hygrométrique constant autour des plantes; cela est

difficile parce que les plantes, en dégageant de la vapeur d'eau, modifient continuellement l'état hygrométrique de l'atmosphère limitée où elles se trouvent.

Bonnier et Mangin ont tourné cette difficulté de la façon suivante. Le vase de l'appareil à air confiné renferme un hygromètre et du chlorure de chaux qui dessèche l'atmosphère jusqu'à ce que l'hygromètre marque seulement 17° ; on introduit alors des Champignons dans l'appareil. La vapeur d'eau dégagée par les Champignons est plus abondante que celle qui est absorbée par le chlorure de chaux, et l'hygromètre marque des degrés d'humidité de plus en plus élevés ; au bout de deux heures, il marque 70° ; on fait alors une prise de gaz et on constate que le volume de gaz carbonique dégagé a été de 2,7 (le volume de la plante étant pris pour unité). On laisse l'expérience continuer et deux heures plus tard l'hygromètre marque 75° ; une seconde prise de gaz montre que, pendant la seconde partie de l'expérience, le dégagement de gaz carbonique a été de 3,5.

Le dégagement de gaz carbonique est donc d'autant plus considérable que l'état de l'atmosphère se rapproche plus de la saturation. Dans les expériences sur la respiration, il est donc essentiel de tenir compte du degré d'humidité. Le plus simple est d'opérer toujours dans une atmosphère saturée, comme l'ont fait presque tous les auteurs.

81. Influence de la pression ; pressions inférieures à une atmosphère. — Toutes les expériences précédentes ont été faites à la pression atmosphérique ou à une pression peu inférieure à la pression atmosphérique, la diminution de pression résultant seulement de l'absorption de gaz survenue pendant l'expérience. Friedel (6) a vérifié que, même à des pressions notablement inférieures à la pression atmosphérique, la respiration n'était pas troublée ; il met les plantes à étudier dans un tube renversé sur le mercure, de façon à ce que la pression soit égale suivant les cas à 1/2, 1/3, 1/4, 1/5 d'atmosphère et puisse être facilement mesurée. En faisant des expériences comparatives avec des plantes semblables dans un tube renfermant de l'air à la pression atmosphérique, on constate que, tant que

la pression n'est pas inférieure à 1/5 d'atmosphère, la respiration n'est modifiée ni dans son intensité, ni dans son quotient respiratoire.

Il n'en est pas de même au-dessous de 1/5 d'atmosphère; pour 1/12 d'atmosphère par exemple, la quantité de gaz carbonique dégagé reste toujours à peu près la même, mais la quantité d'oxygène absorbé diminue énormément. La respiration change complètement de caractère; c'est plutôt une fermentation qu'une respiration.

82. Pressions supérieures à une atmosphère. — Johannsen (11) a étudié l'influence des pressions supérieures à une atmosphère en plaçant les plantes à étudier dans un récipient muni d'un manomètre et où les gaz étaient comprimés. Il a opéré avec des pressions de 1, 2, 3, 4 et 5 atmosphères, soit avec l'air ordinaire, soit avec l'oxygène pur. On observe ainsi qu'une augmentation de pression détermine une augmentation de l'intensité respiratoire variable suivant les plantes et d'autant plus grande que la pression est plus élevée; l'oxygène pur étant d'ailleurs plus efficace que l'air ordinaire.

Johannsen a de plus constaté que l'accélération respiratoire due à la pression n'était que temporaire. Si l'action est prolongée, l'intensité de la respiration diminue et la plante peut même dépérir. Il semble donc que l'augmentation des échanges gazeux est dû à une excitation momentanée de l'activité de la plante plutôt qu'à une modification normale de son état en rapport avec la pression. Cela est d'autant plus vraisemblable que Johannsen a remarqué qu'une plante exposée quelque temps à une pression de 3 atmosphères, puis ramenée à la pression atmosphérique, présentait temporairement une augmentation notable de son intensité respiratoire.

83. Influence des anesthésiques et des alcaloïdes. — Voyons maintenant comment certaines circonstances purement accidentelles, telles que l'action des substances toxiques ou les blessures, peuvent influer sur la respiration. La plupart des anesthésiques, tels que l'éther ou le chloroforme sont toxiques pour les plantes, mais peuvent néanmoins être sup-

portés à des doses assez faibles ; on sait, en effet, qu'une petite quantité d'éther suspend l'assimilation sans troubler la
respiration, et c'est là le principe d'une méthode de séparation
de ces deux fonctions. Mais pour que la respiration ne soit
pas modifiée, il faut que l'action de l'anesthésique soit de
courte durée. Morkowine a montré qu'en la prolongeant il
pourrait en résulter des troubles importants dans l'intensité
respiratoire ; voici comment il a opéré :

Des feuilles de Fève étiolées étaient divisées en deux lots
équivalents ; l'un était placé dans de l'eau renfermant 10
p. 100 de saccharose destiné à fournir aux feuilles des hydrates de carbone, l'autre dans de l'eau renfermant, outre 10
p. 100 de saccharose, 2 p. 100 d'éther. Au bout de trois
jours, on mesure l'intensité respiratoire de chaque lot. Si on
prend pour unité le poids de gaz carbonique dégagé en une
heure par les feuilles mises dans l'eau sucrée, le poids de gaz
carbonique dégagé dans le même temps par le même poids de
feuilles soumises à l'action de l'éther sera 1,99. L'éther a donc
augmenté l'intensité respiratoire, et cette augmentation se
maintient et même devient plus grande les jours suivants. Sur
les feuilles vertes de Phyllodendron, l'éther a la même influence, mais dans ce cas la surexcitation du dégagement de
gaz carbonique est de courte durée ; au bout de cinq ou six
jours, l'intensité respiratoire des feuilles soumises à l'action
de l'éther est redevenue normale. L'alcool à 5 p. 100 agit à
peu près de la même façon que l'éther à 2 p. 100.

Il résulte de l'expérience de Morkowine que les anesthésiques, employés à une dose assez faible mais pendant un
temps assez long, augmentent l'intensité respiratoire, au
moins d'une façon momentanée. Comme de plus les anesthésiques arrêtent la croissance et déterminent la diminution
rapide des réserves d'amidon, on doit penser que cette élévation du dégagement de gaz carbonique est un phénomène
pathologique correspondant à une dépense excessive et inutile
de carbone.

Morkowine a étudié de la même façon l'influence des alcaloïdes tels que la strychnine, la cocaïne, l'atropine, l'antipyrine.
Les feuilles de Fève étiolées, après avoir séjourné pendant

dix-huit heures dans le chlorhydrate de strychnine à 0,05 p. 100, dégagent 2,28 de gaz carbonique, alors que le même poids de feuilles maintenues simplement dans l'eau sucrée en dégagent pendant le même temps seulement 1. L'intensité respiratoire est donc notablement augmentée. A la dose de 0,1 p. 100 le chlorhydrate de strychnine agit à peine. Les autres alcaloïdes donnent des résultats analogues, d'une façon plus ou moins nette.

Les alcaloïdes, qui, à des doses suffisantes, sont toxiques pour les plantes, peuvent être supportés lorsque la dose est assez faible et déterminent alors une accélération du phénomène respiratoire qu'on peut interpréter de la même façon que pour les anesthésiques.

84. Influence des blessures. — Citons à ce sujet une expérience faite par Richards (18); 200 grammes de petits tubercules de pommes de terre dégagent pendant une heure lorsqu'ils sont intacts, 2 millig. au plus de gaz carbonique. Si on coupe chaque tubercule en quatre, on constate que le dégagement du gaz carbonique par heure est modifié de la façon suivante, les temps étant comptés à partir du sectionnement.

Avant................	2 mgr.	28 heures après	18 mgr. 6
2 heures après	9	51 —	13, 6
5 —	14, 64	4 jours après......	3, 3
9 —	16, 09	6 —	1, 6

Les blessures entraînent donc une augmentation considérable de l'intensité respiratoire et cette augmentation passe par un maximum le second jour pour s'atténuer ensuite peu à peu et disparaître à peu près complètement vers le sixième jour. Des expériences faites sur des bulbes d'Oignon, des pommes, des feuilles, ont donné des résultats analogues. Dans tous les cas, le dégagement du gaz carbonique augmente, passe par un maximum, puis redevient normal. Cette accélération des combustions est même accompagnée d'une élévation de température qui peut aller jusqu'à 1°.

La plante réagit donc vis-à-vis des blessures comme vis-à-

vis des substances toxiques par une élévation de l'intensité respiratoire qui entraîne une dépense inutile de réserves. Il se produit une crise dont la plante peut sortir pour revenir à son état normal, mais où elle peut succomber si les blessures ont été trop profondes.

La présence des parasites élève aussi l'intensité de la respiration. Stich a observé que les pommes de terre envahies par le *Phytophtora* dégageaient plus de gaz carbonique que les pommes de terre saines ; et c'est là sans doute une des causes du dépérissement des plantes envahies par un parasite.

85. Respiration normale et état de fièvre. — L'intensité de la respiration a souvent été prise comme mesure de l'activité physiologique d'une plante. Cela est vrai tant que la végétation suit un cours normal. Ainsi les périodes de croissance et le moment de la floraison correspondent aux maxima de l'intensité respiratoire. Une élévation de température augmente en même temps la valeur des échanges gazeux et l'activité de la végétation. Dans ce cas, les réserves de la plante sont consommées plus vite par la respiration qui est essentiellement une combustion ; mais cette dépense est utile à la plante et correspond à un développement des tissus.

Il n'en est pas de même dans les divers cas que nous venons de passer en revue et où nous avons vu le dégagement du gaz carbonique s'élever sous l'influence de causes telles que des blessures, un changement brusque de pression ou de température, la présence de corps toxiques. L'augmentation des combustions ne correspond plus alors à une activité plus grande de la végétation, mais à un état pathologique qui, en se prolongeant, peut entraîner la mort de la plante.

On peut comparer cette augmentation de l'intensité respiratoire sous des influences accidentelles à la fièvre des animaux supérieurs qui correspond aussi à une élévation des combustions respiratoires. Dans les deux cas, l'accélération des combustions crée un état pathologique qui se résout soit par un retour à l'état normal, soit par la mort.

4° INFLUENCE DE L'ÉTAT DU DÉVELOPPEMENT.

86. Respiration aux différentes phases du développement.
— Jusqu'à présent nous avons étudié la respiration d'une
plante considérée à un état donné de son développement, en
faisant varier seulement les conditions extérieures. Nous
allons maintenant opérer d'une façon en quelque sorte com-
plémentaire, en laissant les conditions extérieures constantes
et en faisant varier seulement l'état du développement ou les
conditions intérieures de la plante. Nous étudierons successivement les plantes annuelles et les plantes vivaces, en nous
plaçant au point de vue de l'intensité respiratoire, puis au
point de vue du quotient respiratoire.

Dans l'étude de l'influence du développement, nous sui-
vrons surtout les travaux de Bonnier et Mangin (5), qui admettent comme comparables des volumes égaux de plantes
considérées à des phases différentes de leur évolution. L'intensité respiratoire est donc mesurée par le volume du gaz carbonique dégagé, le volume de la plante qui a servi à l'expérience étant pris pour unité de volume.

87. Plantes annuelles. — Prenons le Tabac (*Nicotiana
Tabacum*) comme type des plantes annuelles. Pour étudier
comment varie la respiration suivant l'état du développement,
nous placerons dans l'appareil à air confiné d'abord des graines
aux divers stades de la germination, puis des feuilles de plantes adultes, puis des tiges fleuries, des tiges portant de jeunes
fruits, et enfin des feuilles d'une plante dont les graines ont
mûri.

L'intensité de la respiration nous sera donnée à chaque
période par le volume de gaz carbonique dégagé en une
heure, le volume de la plante étant pris pour unité. Le ta-

bleau suivant donne les résultats obtenus, avec l'indication de la température :

Octobre....	graines germées......	0,260	26°
Juin.......	feuilles.............	0,170	26°
Juin.......	fleurs..............	0,330	22°
Septembre.	fruits	0,228	24°
Novembre .	feuilles.............	0,080	23°

On voit que l'intensité de la respiration passe par deux maxima : l'un pendant la période germinative, l'autre au moment de la floraison. Il faut remarquer que ces maxima correspondent aux périodes de consommation des réserves. Pendant la germination, les réserves de la graine sont employées à l'édification de la plantule; plus tard, l'inflorescence, qui renferme relativement peu de chlorophylle, utilise les réserves élaborées dans d'autres parties de la plante.

Le tableau suivant donne les différentes valeurs du quotient respiratoire depuis le commencement de la germination jusqu'au moment où la plante commence à dépérir :

Graines germées....................	0,58
Plantules de 1 centimètre...............	0,54
— 4 centimètres	0,62
Feuilles développées	0,80
Tiges fleuries.....................	0,87
Tiges avec jeunes fruits...............	0,92
Feuilles âgées....................	0,77

Il y a donc pour le quotient respiratoire une valeur minima, 0,54, pendant la période germinative, et une valeur maxima, 0,92, un peu après la floraison; mais le quotient reste toujours inférieur à 1. Ces variations importantes montrent que les réactions intérieures à la plante et dont l'ensemble constitue la respiration sont variables suivant l'état du développement. Au point de vue de la respiration, on ne doit donc considérer comme comparables que les plantes ou les parties de plantes qui sont au même état de développement.

88. Plantes vivaces. — Le Genêt à balai (*Sarothamnus scoparius*) nous servira à étudier les variations de la respira-

tion chez les plantes vivaces. On sait que c'est un arbuste dont les feuilles, relativement peu développées, sont caduques, mais dont les tiges renferment beaucoup de chlorophylle, ce qui donne à l'ensemble de la plante l'aspect et jusqu'à un certain point les propriétés d'un arbuste à feuilles persistantes.

Le tableau suivant montre la variation de l'intensité respiratoire et donne le volume de gaz carbonique dégagé aux différentes époques de l'année et pendant une heure, le volume de la plante étant pris pour unité, avec l'indication de la température où l'expérience a été faite :

Décembre.	branches sans feuilles	0,068	15°
Février...	branches avec bourgeons	0,137	16°
Mars....	branches avec bourgeons éclos	0,163	15°
Avril....	branches avec feuilles	0,121	19°
Mai......	branches avec fleurs	0,143	14°

L'intensité respiratoire présente donc encore ici deux maxima : l'un au moment de l'éclosion des bourgeons, l'autre au moment de la floraison, et ces maxima correspondent toujours aux époques de consommation des réserves. On sait, en effet, que les bourgeons se forment au printemps aux dépens des réserves accumulées dans les tiges et les racines, et que le développement des fleurs correspond toujours, pour la plante, à une dépense de réserves. Toutes les expériences n'ont pas été faites à la même température, mais comme la température la plus élevée, 19°, correspond à un minimum de l'intensité respiratoire et la température la plus basse à un maximum, il en résulte que ces variations de température atténuent les maxima, loin de les avoir créés.

Le tableau suivant donne les variations du quotient respiratoire du Genet à balai pendant les diverses périodes de l'année :

Décembre.	branches sans feuilles	0,64
Février...	branches avec bourgeons	0,82
Mars	branches avec bourgeons éclos	0,88
Avril	branches avec feuilles	0,84
Mai	branches avec fleurs	0,80
Juillet....	branches avec fruits	0,77

Le quotient respiratoire est donc toujours inférieur à 1, comme pour le Tabac, et présente un minimum, 0,64 pendant l'hiver, et un maximum, 0,88 au moment de l'éclosion des bourgeons. Les variations sont moins étendues que chez le Tabac, ce qui confirme ce fait que les phénomènes intimes de la nutrition ont des variations moins étendues pendant une année de la vie d'une plante vivace que pendant la vie entière d'une plante annuelle.

89. Feuilles persistantes. — On sait que les feuilles du Fusain du Japon (*Evonymus Japonicus*) restent deux ans sur l'arbre. Les bourgeons s'ouvrent vers le mois de février et les feuilles persistent non seulement pendant toute l'année qui suit leur formation mais encore pendant le printemps, l'été et même l'automne de l'année suivante. Il y a donc sur l'arbre, en même temps, des feuilles ayant un an de différence. Voyons comment varie la respiration aux différentes périodes de cette évolution.

Le tableau suivant donne les variations de l'intensité respiratoire mesurée par le volume de gaz carbonique dégagé en une heure, le volume des feuilles étudiées étant pris comme unité de volume :

Février	bourgeons	0,660	26°
Mai	feuilles	0,317	15°
Août	—	0,179	22°
Décembre	—	0,111	23°
Mai	—	0,068	15°

Bien que les expériences n'aient pas été faites toutes à la même température, on peut conclure de ce tableau que la respiration est la plus intense lorsque les feuilles sont encore en bourgeons; puis l'intensité décroît d'une façon générale jusqu'à la chute de la feuille. Il faut remarquer surtout qu'au mois de mai, les feuilles des deux générations qui se trouvent en même temps sur l'arbre et qui diffèrent peu d'aspect ont des intensités respiratoires très différentes : 0,317 et 0,068.

Le tableau suivant donne la valeur du quotient respira-

toire aux diverses époques de la vie d'une feuille de Fusain
du Japon :

Février	bourgeons	0,85
Mai	feuilles	0,84
Août	—	0,75
Décembre	—	0,76
Février	—	0,79
Mars	—	0,97
Avril	—	1,00
Mai	—	0,98
Octobre	—	0,76

Le minimum du quotient respiratoire, 0,75, est pendant
l'été de la première année, et le maximum, 1,00, en avril de
la seconde année. Il faut remarquer qu'il n'y a aucun rapport
entre les variations de l'intensité respiratoire et celles du quotient ; ainsi le maximum du quotient se trouve pendant la
seconde année, alors que l'intensité est déjà très faible. Il y a
donc, en somme, une très grande différence entre les feuilles
de première et de deuxième année, aussi bien au point de vue
de la nature que de l'intensité du phénomène respiratoire.

90. Tissus renfermant des matières grasses. — Lorsque
certains tissus sont le siège de réactions spéciales nécessitant
soit beaucoup plus, soit beaucoup moins d'oxygène que celles
qui ont lieu généralement, on devra s'attendre à trouver des
variations plus grandes du quotient respiratoire. Voyons, par
exemple, ce qui se passe pendant la germination d'une graine
oléagineuse, le *Lepidium sativum* par exemple. On sait, et
nous avons vu plus plus haut (§ 47), que l'huile est décomposée et transformée au moins partiellement en sucre; cette
réaction, dont le mécanisme est d'ailleurs inconnu, pourrait
être représentée par la formule :

$$C^{57}H^{104}O^6 + 110\,O = 4\,C^6H^{12}O^6 + 33\,CO^2 + 28\,H^2O$$
$$\text{huile} \qquad\qquad\qquad \text{glucose}$$

Il faut donc qu'il y ait fixation d'une quantité considérable
d'oxygène qui ne peut être emprunté qu'à l'atmosphère ; nous
devons donc nous attendre à trouver un quotient respiratoire

beaucoup plus petit que 1; on a trouvé la valeur 0,35 telle qu'on n'en trouve d'aussi faible que dans des cas exceptionnels.

Inversement, dans une graine oléagineuse en voie de formation, les hydrates de carbone se transforment en huile; il en résulte qu'une certaine quantité d'oxygène devient disponible; la plante n'aura donc pas besoin d'en emprunter autant à l'atmosphère, le quotient respiratoire devra être élevé; dans les très jeunes amandes, on a trouvé 1,21.

De même dans le péricarpe des olives en voie de maturation, la mannite se transforme en huile d'après une réaction que l'on peut représenter par la formule :

$$11 C^6 H^{14} O^6 = C^{51} H^{94} O^6 + 30 H^2 O + 15 CO^2$$
$$\text{mannite} \qquad\qquad \text{huile}$$

Il y a mise en liberté de gaz carbonique; le quotient respiratoire doit en être augmenté; on lui a trouvé la valeur de 1,51 au mois d'octobre, pendant la période de transformation de mannite en huile. Mais au mois de juillet, lorsque l'huile n'a pas encore commencé de se former, le quotient est de 0,79; en novembre, quand l'huile est complètement formée, il n'est plus que de 0,68. On voit par cet exemple l'influence très nette qu'exercent certaines réactions spéciales sur la valeur du quotient respiratoire.

91. Maturation des fruits acides. — Un autre exemple de l'influence du contenu des cellules sur le quotient respiratoire nous est fourni par la maturation des fruits charnus particulièrement étudiée par Gerber (9). Prenons comme exemple la pomme, qui renferme, lorsqu'elle est verte, une notable proportion d'acide malique; puis, pendant la maturation, l'acide malique disparaît peu à peu pour faire place à du sucre; on suppose qu'une partie au moins a été transformée en sucre. Supposons une pomme cueillie verte le 2 juillet; on la conserve dans une atmosphère portée à 30° et l'on suit l'absorption d'oxygène et le dégagement de gaz carbonique jusqu'à ce que la plus grande partie de l'acide malique ait disparu et

que la pomme détachée de l'arbre ait mûri. Le tableau suivant donne les échanges gazeux d'une pareille pomme pendant le mois de juillet; les volumes de gaz sont rapportés à 1 kilog. de pommes respirant pendant une heure :

	CO_2	O	CO_2/O
3 juillet...	117 cm³	106 cm³	1,11
6 —	81	68	1,20
11 —	48	46	1,05
18 —	28	30	0,93
20 —	23	26	0,86

Constatons d'abord que l'intensité respiratoire diminue rapidement à partir de la récolte. Nous voyons ensuite que, pendant une première période qui correspond à la transformation de l'acide malique en sucre, le quotient respiratoire est plus grand que 1. On peut en effet admettre, pour fixer les idées, que la réaction qui se passe à l'intérieur de la pomme est la suivante :

$$2C^4H^6O^5 = C^6H^{12}O^6 + 2CO^2$$
$$\text{acide malique} \qquad \text{glucose}$$

C'est le gaz carbonique ainsi mis en liberté qui augmente le quotient respiratoire ; lorsque la quantité d'acide a cessé de diminuer, le quotient redevient inférieur à 1. Dans une pomme très jeune où l'acide malique ne se transforme pas encore en sucre, et dans une pomme mûre où cette transformation est terminée, le quotient respiratoire est toujours inférieur à 1.

En faisant des expériences analogues sur des raisins, Gerber a trouvé un quotient respiratoire inférieur à 1, bien qu'il y ait pendant la maturation transformation de l'acide tartrique en sucre. C'est que, dans le grain de raisin, les pépins, qui ne renferment pas d'acide, occupent une place considérable et peuvent bien contribuer à abaisser le quotient respiratoire. Gerber a vérifié l'exactitude de cette hypothèse en étudiant une variété dépourvue de pépins; il a trouvé pendant la période de maturation un quotient respiratoire égal à 1,35. D'autre part, il a étudié à part la respiration des pépins et du

péricarpe de grains de raisins qui, à l'état entier, avaient un quotient égal à 0,94; il a trouvé pour les pépins 0,57 et pour le péricarpe renfermant de l'acide 1,86. On voit donc que, à 30°, le péricarpe du raisin donne un quotient respiratoire supérieur à 1, pendant que l'acide tartrique se transforme en sucre.

Il en est de même pour les mandarines, dont la partie comestible renferme de l'acide citrique. Le quotient respiratoire du fruit entier en voie de maturation est encore inférieur à 1. Mais cela tient à ce que l'écorce de la mandarine, dépourvue d'acides, a un quotient très faible qui compense le quotient supérieur à l'unité pour la partie comestible.

On peut donc conclure de ces expériences que, d'une façon générale, les tissus où un acide organique se transforme en hydrate de carbone ont un quotient respiratoire supérieur à l'unité.

92. Influence de la température sur la maturation et la respiration des fruits. — Toutes les expériences que nous venons de citer sur la respiration des fruits charnus ont été faites à 30°. Les choses se passent-elles de même si la température est inférieure? Le tableau suivant indique, avec les mêmes notations que précédemment, la marche de la respiration d'une pomme exposée à des températures variables :

	Température.	CO_2	O	CO_2/O_2
3 juillet.....	30°	128cm³	98cm³	1,30
4 —	6°	6	7	0,86
9 —	30°	155	108	1,43
10 —	18°	47	48	0,99
11 —	30°	100	85	1,17

Comme on devait le prévoir, un abaissement de température diminue beaucoup l'intensité des échanges respiratoires. Il est surtout remarquable qu'au-dessous de 18° le quotient respiratoire devienne inférieur à l'unité. Mais on constate en même temps qu'aux températures basses la quantité d'acide malique ne diminue pas et que la pomme cesse de mûrir. Les réactions qui entraînent la maturation de la pomme et l'élévation du

quotient respiratoire ne sont donc possibles qu'à une température relativement élevée, 18° degrés environ.

La température agit de la même façon sur les transformations de l'acide tartrique dans les raisins et de l'acide citrique dans les mandarines ; mais la température qui est nécessaire pour que la réaction s'effectue et que le quotient respiratoire devienne supérieur à l'unité est plus élevée que pour l'acide malique et doit être d'environ 30°. Cela explique comment les raisins et les mandarines exigent pour mûrir une température plus élevée que les pommes. Les pommes peuvent mûrir en Bretagne ou en Normandie où la température de l'été est assez basse, tandis que les raisins n'arrivent à complète maturité que sous les climats à été chaud.

93. Respiration du *Sterigmatocystis* nourri avec des acides. — Gerber a vérifié l'influence des acides sur le quotient respiratoire en cultivant le *Sterigmatocystis nigra* dans un milieu nutritif ne renfermant comme aliment organique que de l'acide tartrique à la dose de 2 p. 100 ; les aliments minéraux étaient fournis suivant la formule de Raulin dont nous parlerons plus loin (§ 246). La culture était faite dans un ballon dont on pouvait analyser l'atmosphère avant et après l'expérience ; on évaluait ainsi les échanges gazeux résultant de la respiration du Champignon. D'autre part, on vérifiait la quantité d'acide consommée et on pouvait ainsi établir une relation entre la décomposition de l'acide et la valeur du quotient respiratoire. On trouve ainsi que, à 30°, pendant que l'acide tartrique est consommé, le quotient respiratoire est de 2,49. Dès que l'acide est épuisé, le quotient diminue et devient inférieur à l'unité. L'acide malique et l'acide citrique donnent des résultats analogues.

On peut constater également que les acides organiques ne peuvent servir d'aliment au *Sterigmatocystis* que si la température est assez élevée. Ainsi, la culture dans l'acide tartrique, qui tout à l'heure nous donnait à 30° un quotient égal à 2,49, ne nous donne plus à 5° qu'un quotient égal à 0,89. Mais on constate qu'alors l'acide tartrique n'est plus consommé.

Bien que les réactions qui se passent dans un Champignon

nourri avec de l'acide tartrique soient différentes de celles qui ont lieu dans un fruit qui mûrit, on voit néanmoins que, dans les deux cas, la destruction de l'acide organique entraîne un quotient respiratoire supérieur à l'unité.

94. Respiration des plantes grasses. — Les plantes grasses, qui se reconnaissent à leurs tiges ou à leurs feuilles épaisses et charnues, ont aussi quelques caractères physiologiques spéciaux ; elles transpirent peu, leurs tissus sont très riches en eau et renferment en quantité plus ou moins grande un acide organique qui est le plus souvent de l'acide malique. Pendant le jour, la proportion d'acide diminue et augmente ensuite pendant la nuit.

Aubert (1), qui a fait une étude spéciale de la respiration des plantes grasses, a constaté que l'intensité était en général plus faible que pour les autres plantes. De plus, le quotient respiratoire, pour une même plante, est bien moins élevé la nuit que le jour ; les échanges gazeux étant bien entendu mesurés sur des plantes maintenues à l'obscurité pendant l'expérience, aussi bien le jour que la nuit. En opérant sur le *Phyllocactus grandiflorus*, Aubert a obtenu pour le quotient respiratoire les valeurs suivantes variables suivant l'âge du rameau et suivant que l'expérience, faite toujours à l'obscurité, a eu lieu pendant le jour ou pendant la nuit.

	Jour.	Nuit.
Rameau jeune................	0,96	0,63
— adulte...............	0,92	0,33
— âgé................	0,78	0,09

Pendant le jour, le quotient respiratoire a sensiblement la même valeur que chez la plupart des plantes ; mais dans la nuit il est beaucoup plus faible, et cela d'autant plus que les rameaux étudiés sont plus âgés. Il est naturel d'admettre une relation entre l'abaissement du quotient respiratoire et la formation de l'acide malique aux dépens des hydrates de carbone élaborés pendant la journée. Cette réaction, qui peut être représentée par la formule :

$$2C^6H^{12}O^6 + 6O = 3C^4H^6O^5 + 3H^2O,$$
$$\text{glucose} \qquad\qquad \text{acide malique}$$

est à peu près inverse de celle qui se passe dans les pommes
en voie de maturation et suppose une absorption considérable
d'oxygène à laquelle ne correspond aucun dégagement de
gaz carbonique; de là l'abaissement du quotient respiratoire.
On constate, en effet, que l'absorption d'oxygène est à peu près
la même pendant la nuit que pendant le jour, mais le dégagement de gaz carbonique est beaucoup plus faible pendant
la nuit. Pendant le jour, la destruction de l'acide n'entraîne
ordinairement pas l'élévation du quotient respiratoire au-dessus de l'unité; on a cependant pu, dans certains cas et en
élevant la température, obtenir des quotients plus grands
que 1.

Pendant la nuit, l'oxygène s'accumule donc dans les plantes
grasses sous forme d'acide organique. C'est la cause d'un
phénomène remarquable qu'on n'observe guère que chez ces
plantes; pendant le jour, une plante grasse placée à la lumière
dans une atmosphère dépourvue de gaz carbonique dégage
de l'oxygène sans absorber du gaz carbonique. La source
d'oxygène est ici l'acide organique formé dans les tissus pendant la nuit, et non plus le gaz carbonique de l'air.

On peut admettre que, chez les plantes grasses, la respiration est normale pendant le jour; la combustion des hydrates
de carbone est complète et aboutit à un dégagement de gaz
carbonique. Pendant la nuit, au contraire, la combustion est
incomplète et s'arrête à la transformation des hydrates de
carbone en acide malique, d'après la formule :

$$3C^6H^{12}O^6 + 6O = 3C^4H^6O^5 + 3H^2O.$$
glucose   acide malique

L'absorption d'oxygène persiste, mais la production d'acide
malique remplace dans une certaine mesure le dégagement de
gaz carbonique. Pendant la journée, la combustion s'achève
et l'acide malique disparaît, d'après la formule :

$$C^4H^6O^5 + 4O = 4CO^2\ CO^4 + 3H^2O,$$

**95. Périodicité diurne dans la respiration des plantes
grasses.** — La respiration des plantes grasses est donc très

différente suivant qu'elle est observée pendant le jour ou pendant la nuit, les expériences étant faites par ailleurs dans les mêmes conditions d'obscurité, de température, etc. Il existe donc une sorte de périodicité diurne acquise grâce à l'alternance régulière des jours et des nuits, et cette périodicité persiste après la suppression momentanée de la cause qui l'a produite.

Qu'arrivera-t-il si on maintient une plante grasse à l'obscurité d'une façon continue? Pendant la première période de vingt-quatre heures, le quotient respiratoire est encore nettement plus faible pendant la nuit que pendant le jour; mais peu à peu la différence s'affaiblit, le quotient de la nuit devient à peu près égal à celui du jour. En même temps, la formation d'acide malique se ralentit et finit par s'arrêter. On peut attribuer ce résultat à la suspension de l'assimilation chlorophyllienne qui, dans les conditions normales, fournit les hydrates de carbone, matériaux nécessaires à la formation des acides organiques.

96. Rôle des hydrates de carbone dans la respiration. — Lorsqu'un tissu respire, il s'appauvrit en hydrates de carbone; les choses se passent comme si les composés hydrocarbonés étaient brûlés grâce à l'oxygène emprunté à l'air, leur carbone étant rejeté sous forme de gaz carbonique. Les corps gras, ou même encore d'autres composés organiques, peuvent, dans certains cas, remplacer les hydrates de carbone dans ce rôle de combustible.

Palladine (15) a montré cette importance des hydrates de carbone dans la respiration. Il prend comme sujet d'études des feuilles étiolées de Fève, qui sont très pauvres en hydrates de carbone. Il trouve que 100 grammes de feuilles fraîches, renfermant 21 grammes de matière sèche, dégagent en une heure 89 milligrammes de gaz carbonique. Mais si on met ces mêmes feuilles pendant deux jours à l'obscurité dans un cristallisoir renfermant de l'eau avec 10 p. 100 de saccharose, on obtient un résultat différent; le dégagement de gaz carbonique est de 147 milligrammes par heure. D'autre part, les 100 grammes de feuilles mises dans la solution sucrée ont

assimilé du saccharose et renferment au bout de deux jours
29 grammes de matière sèche au lieu de 23 grammes. Par
conséquent, le séjour des feuilles dans l'eau sucrée leur a
permis d'augmenter leurs provisions d'hydrates de carbone et
il en est résulté une augmentation de l'intensité respiratoire.

Palladine compare les hydrates de carbone à la provision
de charbon qui se trouve dans une usine. Le travail de l'usine
n'est intense qu'à la condition qu'il y ait une provision de
charbon suffisante pour faire marcher la machine. Mais la
provision de charbon n'est pas suffisante, il faut encore qu'il
y ait une machine fonctionnant bien. Nous allons voir ce qui,
dans la fonction respiratoire, joue, d'après Palladine, le rôle
de la machine.

97. Rôle des matières protéiques dans la respiration. —
L'intensité de la respiration n'est pas toujours proportionnelle à la quantité d'hydrates de carbone qui se trouve dans
les tissus. Ainsi les feuilles vertes de Fève ont à poids égal
une respiration moins intense que les feuilles étiolées, bien
qu'elles renferment plus d'hydrates de carbone que ces dernières. Palladine (15) attribue cette différence à la quantité
plus grande de matière protéique qui se trouve dans les
feuilles étiolées et qui leur permet de mieux utiliser les hydrates de carbone.

Parmi les matières protéiques, il faut encore faire, d'après
Palladine, une distinction essentielle entre les matières protéiques de réserve solubles dans le suc gastrique et qui ne
jouent pas de rôle important dans la respiration et les matières protéiques actives insolubles dans le suc gastrique et
qui jouent dans la respiration le rôle actif que joue la machine dans une usine. Les matières protéiques actives correspondent au protoplasma vivant ; leur insolubilité dans le suc
gastrique permet de les séparer des matières protéiques de
réserve et de les doser.

L'expérience suivante montre le rôle que jouent les substances protéiques actives dans la respiration. On considère
deux lots de cent plantules de Blé développées à l'obscurité et
issues de grains comparables mais dont la gemmule mesure

3 centimètres en moyenne dans le premier lot et 17 centimètres dans le second. On mesure, pour chacun des lots, la quantité de gaz carbonique dégagée en une heure, la quantité d'azote des matières protéiques actives et la quantité d'azote des matières protéiques de réserve; puis on calcule le rapport R du poids du gaz carbonique dégagé en une heure au poids de l'azote des matières protéiques actives. Les résultats obtenus sont les suivants :

	CO²	Az. actif	Az. de réserve	R
Gemmule de 3^{cm}9	6^{mgr}8	6^{mgr}4	48^{mgr}8	1,05
— 17^{cm}	10^{mgr}8	10^{mgr}1	44^{mgr}8	1,06

On voit qu'à mesure que la germination avance, les matières protéiques de réserve diminuent pendant que les matières protéiques actives augmentent et que cette augmentation est à peu près proportionnelle à la quantité de gaz carbonique dégagée; le rapport du gaz carbonique dégagé à l'azote des matières protéiques actives est d'environ 1,05. Il semble donc que lorsque les hydrates de carbone sont en quantité suffisante, ce qui est le cas pour les plantules du Blé, l'intensité de la respiration est proportionnelle aux matières protéiques actives. Ce résultat a d'ailleurs été confirmé par des recherches faites sur la Fève et le Lupin.

5° RESPIRATION DES BACTÉRIES.

98. Bactéries à respiration normale. — Beaucoup de Bactéries respirent de la même façon que les plantes supérieures, en absorbant l'oxygène de l'air et dégageant du gaz carbonique. Pour certaines espèces, telles que le Bacille de Kiel, le *Bacillus prodigiosus*, le *Bacillus Megaterium*, Gauchery (8) a étudié directement les échanges gazeux. Des cultures étaient faites sur de la gélose dans un tube à essai; lorsque le développement est assez avancé, on renverse le tube sur du mercure et, au bout d'un certain nombre d'heures, on analyse l'atmos-

phère du tube; on peut ainsi se rendre compte des gaz absorbés ou dégagés par les Bactéries.

On constate ainsi que, pour les espèces étudiées, la respiration suit les mêmes lois que chez les plantes supérieures ; il y a absorption d'oxygène et dégagement de gaz carbonique. L'intensité augmente avec la température, est moindre à la lumière qu'à l'obscurité et diminue à mesure que la culture avance en âge. Le quotient respiratoire, variable d'ailleurs d'une culture à l'autre, est inférieur à 1.

Chez ces Bactéries, comme chez les plantes supérieures, l'énergie nécessaire à la plante est due à la combustion de matières organiques par l'oxygène de l'air et à la formation de gaz carbonique qui est rejeté.

99. Bactéries sulfureuses. — Un nouveau type de respiration nous est fourni par des Bactéries du genre Beggiatoa, que l'on trouve normalement dans les eaux sulfureuses, c'est-à-dire dans les eaux qui renferment de l'hydrogène sulfuré. Il est facile d'ailleurs de se procurer des Beggiatoas en laissant dans un aquarium des débris de plantes se décomposer en présence de sulfate de calcium. Au bout d'un certain temps, il y a réduction du sulfate de calcium et production d'hydrogène sulfuré; puis les Beggiatoas apparaissent. En les examinant au microscope on voit, distribués irrégulièrement dans le protoplasma, de petits granules opaques, solubles dans le sulfure de carbone, et qui ne sont autre chose que du soufre. On avait d'abord supposé que ce soufre provenait de la réduction du sulfate de calcium par les Beggiatoas et était ensuite amené à l'état d'hydrogène sulfuré par une continuation de la réduction. Les Beggiatoas auraient été ainsi les agents de la transformation du sulfate en hydrogène sulfuré.

Winogradsky (21) a montré que les choses se passaient tout autrement. D'abord, l'apparition des Beggiatoas dans les eaux suit la formation d'hydrogène sulfuré et ne la précède jamais. De plus, si l'on cultive un filament de Beggiatoa dépourvu de granules de soufre dans une goutte d'eau renfermant de l'hydrogène sulfuré et pas de sulfate, on voit apparaître des granules. Dans une goutte d'eau renfermant du sulfate et pas

d'hydrogène sulfuré, non seulement les granules n'apparaissent pas, mais ils disparaissent s'ils existaient déjà. On doit en conclure que le soufre des Beggiatoas provient de l'hydrogène sulfuré et non des sulfates.

Winogradsky explique dès lors de la façon suivante le mode de nutrition tout spécial des Beggiatoas. Ces plantes ont la propriété de décomposer l'hydrogène sulfuré en l'oxydant au moyen de l'oxygène qu'elles empruntent au milieu extérieur :

$$H^2S + O = H^2O + S.$$

Le soufre ainsi formé se dépose dans le protoplasma ; puis, par un nouveau degré d'oxydation, le soufre est transformé en acide sulfurique, qui est rejeté et se dépose en général sous la forme de sulfate de calcium, après avoir décomposé le carbonate de calcium qui est dans l'eau. L'excrétion d'acide sulfurique par les Beggiatoas peut être démontrée de la façon suivante : on transporte dans une goutte d'eau renfermant un peu de chlorure de baryum des cellules présentant des granules de soufre et on voit bientôt se former un précipité de sulfate de baryum ; il y a donc eu formation et sécrétion d'acide sulfurique.

La réduction des sulfates et la production d'hydrogène sulfuré dans les eaux croupissantes s'opère par un mécanisme indépendant des Beggiatoas et d'ailleurs mal connu. L'hydrogène sulfuré n'est point produit par les Beggiatoas, au contraire, c'est pour ces Bactéries un aliment indispensable ; les Beggiatoas ont également besoin d'oxygène, mais en petite quantité ; on a constaté de plus qu'elles peuvent se développer dans un milieu très pauvre en matières organiques ; aucune plante dépourvue de chlorophylle n'a un besoin aussi restreint de carbone.

Les oxydations successives qui font passer l'hydrogène sulfuré à l'état de soufre et le soufre à l'état d'acide sulfurique sont, comme la formation de gaz carbonique, des réactions exothermiques, c'est-à-dire qui dégagent de la chaleur, et c'est là la principale, sinon la seule source où les Beggiatoas puisent l'énergie nécessaire pour l'entretien de leur vie. Dans

la respiration ordinaire, le combustible est constitué par les matières organiques et en particulier par les hydrates de carbone et le résultat de la combustion est du gaz carbonique. Chez les Beggiatoas, le combustible est l'hydrogène sulfuré et le résultat final de la combustion est l'acide sulfurique. On s'explique dès lors pourquoi ces plantes ont des besoins si restreints en aliments organiques; il leur suffit d'avoir le carbone nécessaire à la constitution de leurs tissus; elles n'en ont pas besoin comme combustible.

100. Bactéries ferrugineuses. — Le fond de certaines eaux est quelquefois tapissé d'une couche de matière couleur rouille. On y trouve en abondance certaines Bactéries et notamment le *Leptothrix ochracea*, formées de minces filaments entourés d'une gaine gélatineuse, et c'est dans la gaine gélatineuse qu'est localisée la matière colorée formée par sesquioxyde de fer. Winogradsky (20) a montré que le *Leptothrix ochracea* ne peut vivre que dans de l'eau renfermant du protoxyde de fer à l'état de carbonate, de même que les Beggiatoas ne peuvent vivre que dans l'eau renfermant de l'hydrogène sulfuré. Le *Leptothrix* fixe l'oxygène de l'air sur le protoxyde de fer et le transforme en sesquioxyde qui est rejeté et s'accumule dans la gaine. La chaleur produite par cette oxydation fournirait à la Bactérie l'énergie nécessaire à l'entretien de sa vie. Dans ce cas, le combustible serait le protoxyde de fer et le résultat de la combustion le sesquioxyde.

101. Bactéries nitrifiantes. — Winogradsky (22) a extrait du sol des Bactéries qui peuvent être cultivées dans un milieu dépourvu de matières organiques et renfermant seulement, pour un litre d'eau : 1 gramme de sulfate d'ammoniaque, 1 gramme de phosphate de potassium et 5 grammes de carbonate de magnésium. Dans ces conditions, la matière carbonée organique qui est le combustible ordinaire nécessaire à la respiration fait défaut. Les Bactéries ne s'en développent pas moins, elles absorbent l'oxygène libre et le fixent sur l'ammoniaque, qui est successivement transformé en acide nitreux et en acide nitrique; le produit final de la combustion

est de l'eau et de l'acide nitrique que l'on retrouve à l'état de nitrate de chaux.

On démontre que, pour produire cette transformation, plusieurs Bactéries sont nécessaires : les unes transforment l'ammoniaque en acide nitreux et les autres l'acide nitreux en acide nitrique. On leur donne le nom de Bactéries nitrifiantes parce qu'elles sont dans le sol l'agent de la nitrification, c'est-à-dire de la transformation de l'ammoniaque en acide nitrique.

Dans ce cas, l'oxydation de l'ammoniaque et la formation d'eau sont la source de chaleur qui permet aux Bactéries nitrifiantes de se développer dans un milieu dépourvu de matières organiques. Le combustible est ici l'ammoniaque et le produit final de la combustion est l'eau et l'acide nitrique. Nous reviendrons d'ailleurs un peu plus loin sur l'étude de la nitrification.

Il faut remarquer que, de ces deux produits de la combustion, l'eau seule se forme avec dégagement de chaleur, tandis que l'acide nitrique absorbe de la chaleur en se formant. La chaleur produite par l'ensemble des réactions qui transforment l'ammoniaque en eau et en acide nitrique est donc la différence entre la chaleur produite par la formation de l'eau et la chaleur absorbée par la formation d'acide nitrique.

Dans la respiration ordinaire, il y a combustion des matières organiques et formation de gaz carbonique. Dans les cas particuliers que nous venons d'examiner, il y a toujours production de chaleur par combustion ; mais les Beggiatoas brûlent l'hydrogène sulfuré et donnent de l'acide sulfurique ; les *Leptothrix* brûlent le protoxyde de fer et donnent du sexquioxyde, les Bactéries nitrifiantes brûlent l'ammoniaque et donnent de l'eau et de l'acide nitrique.

402. Bactéries réductrices. — Nous venons de voir que certaines Bactéries respirent et produisent de la chaleur en portant l'oxygène de l'air non plus sur le carbone des matières organiques, mais sur le soufre de l'hydrogène sulfuré ou sur l'hydrogène de l'ammoniaque. Nous étudierons maintenant un cas inverse, celui du *Bacillus denitrificans*, observé par Giltay

et Aberson (10); c'est une Bactérie qui a été extraite du sol ; si on la cultive dans un milieu nutritif renfermant du nitrate de potassium et une matière organique telle que l'asparagine ou le glucose, on n'observe aucun phénomène particulier tant que l'air est en abondance; la respiration paraît normale avec absorption d'oxygène et dégagement de gaz carbonique.

Mais si l'air devient rare, on observe concurremment un dégagement d'azote et de gaz carbonique; en même temps le nitrate est décomposé et la quantité d'azote dégagée correspond à peu près à la quantité de nitrate décomposé : il y a eu réduction du nitrate. On peut admettre que la Bactérie, manquant d'oxygène, a emprunté celui du nitrate et s'en est servi pour brûler le carbone de la matière organique. C'est quelque chose d'analogue à ce qui se passe pendant l'explosion de la poudre où l'oxygène du nitrate sert à brûler le soufre et le carbone dans une réaction fortement exothermique.

La respiration de ces Bactéries réductrices est en quelque sorte inverse de celle des Bactéries de la nitrification. Ces dernières, n'ayant pas de carbone à brûler dégagent de la chaleur en brûlant les éléments de l'ammoniaque et en donnant de l'eau et de l'acide nitrique; les Bactéries réductrices, au contraire, n'ayant pas d'oxygène pour brûler le carbone, prennent l'oxygène des nitrates et dégagent de l'azote en même temps que du gaz carbonique.

D'autres Bactéries, étudiées par Gayon et Depetit, réduisent également les nitrates, mais moins complètement et forment des nitrites et du protoxyde d'azote.

Dans le cas des Bactéries réductrices, la source de chaleur est non seulement la combustion du carbone, mais la décomposition de l'acide nitrique, composé endothermique.

6ᵉ RESPIRATION ANAÉROBIE.

103. Expérience de Lechartier et Bellamy. — Nous avons vu que les fruits tels que les pommes ou les poires respirent normalement, c'est-à-dire absorbent de l'oxygène et déga-

gent du gaz carbonique. Voyons maintenant ce qui se passe dans les expériences de Lechartier et Bellamy (14). Une poire, à peu près au moment de sa maturité, est placée dans une éprouvette fermée, mais munie d'un tube de dégagement permettant de recueillir les gaz si la pression augmente dans l'éprouvette. Pendant les premiers jours, la respiration est normale, l'oxygène absorbé par la poire est remplacé par du gaz carbonique; mais bientôt, l'oxygène étant épuisé et le gaz carbonique continuant à être produit, la pression augmente dans l'éprouvette, le dégagement commence, se continue pendant un certain temps, quelquefois pendant plusieurs mois, puis cesse.

En analysant le gaz dégagé, on voit que c'est bien du gaz carbonique. La poire a conservé son aspect et sa coloration ordinaire, mais si on la retire de l'éprouvette on voit qu'elle est molle et se colore rapidement en brun au contact de l'air. Si on la soumet à la distillation, on recueille une certaine quantité d'alcool ; et on peut constater d'ailleurs qu'une partie du sucre de la poire a disparu. Parmi les expériences très nombreuses réalisées, on peut citer les suivantes qui indiquent, pour trois poires de variétés différentes, la durée du dégagement et les quantités de gaz carbonique et d'alcool produites.

	Mise en flacon.	Arrêt du dégagem.	CO²	Alcool.
Duchesse...........	13 nov. 72	24 janv. 73	1.400cm³	2gr671
Martin sec..........	12 nov. 72	24 mai 73	1.488	1 828
Doyenné d'hiver....	22 nov. 72	18 juin 73	1.840	3 473

Chez les poires qui mûrissent rapidement, comme les Duchesses, le dégagement de gaz carbonique est relativement court et intense; chez celles, au contraire, qui mûrissent lentement, la durée du dégagement est beaucoup plus longue sans que la quantité de gaz produite soit très différente.

Cette expérience peut être interprétée de la façon suivante : tant qu'il y a de l'oxygène dans l'éprouvette, la poire respire normalement ; puis, lorsque l'oxygène est épuisé, la respiration est remplacée par une décomposition du glucose en gaz carbonique qui se dégage et en alcool qui demeure dans les tissus. C'est un phénomène comparable à celui que nous appren-

drons bientôt à connaître sous le nom de fermentation alcoolique. La décomposition du glucose s'effectue suivant la formule

$$C^6H^{12}O^6 = 2C^2H^6O + 2CO^2.$$
$$\text{glucose} \qquad \text{alcool}$$

On sait que d'une façon générale les plantes ont besoin d'oxygène pour vivre; si on les en prive d'une manière permanente, elles meurent asphyxiées. Nous venons de voir qu'il existe une période plus ou moins longue pendant laquelle les poires résistent à l'asphyxie en continuant à dégager du gaz carbonique et en formant de l'alcool; ce n'est pas l'asphyxie puisque les tissus vivent encore, ce n'est plus la respiration normale, c'est ce qu'on peut appeler la *respiration anaérobie*.

104. Généralité de la respiration anaérobie. — Les expériences précédentes ont été étendues à un très grand nombre de plantes : des cerises, des groseilles et même des feuilles de Cerisier ou de Betterave. Dans tous les cas, les parties des plantes étudiées ont continué, dans une atmosphère privée d'oxygène, à dégager du gaz carbonique pendant un certain temps en produisant de l'alcool.

Muntz a même expérimenté sur des plantes entières cultivées en pot. Deux plants de Betterave ont été placés dans une atmosphère d'azote pendant vingt-quatre heures; l'un d'eux a été ensuite remis à l'air et a continué à se développer, ce qui prouve que les tissus n'avaient pas été profondément altérés; les feuilles de l'autre ont fourni à la distillation o^r1 d'alcool. La vie avait donc continué dans l'atmosphère d'azote, la respiration normale étant remplacée par la respiration anaérobie.

Un cas particulièrement intéressant est présenté par l'Agaric champêtre qui, au lieu de glucose, contient de la mannite, dont la formule est $C^6H^{14}O^6$ avec deux atomes d'hydrogène de plus que dans le glucose ; Muntz a observé que, pendant la respiration anaérobie, ces deux atomes se dégagent en même temps que le gaz carbonique, la formule de la réaction étant

$$C^6H^{14}O^6 = 2C^2H^6O + 2CO^2 + 2H.$$
$$\text{mannite} \qquad \text{alcool}$$

Les graines qui germent, les fruits, les tubercules, toutes les parties des plantes phanérogames et les cryptogames les plus variées peuvent présenter le phénomène de la respiration anaérobie. Mais la durée de cette période de respiration anaérobie est très variable. La circonstance qui a la plus grande influence est la quantité plus ou moins grande de glucose qui se trouve dans les tissus privés d'oxygène. Toutes choses égales d'ailleurs, plus il y a de glucose, plus la respiration anaérobie se prolonge, et ceci est facile à expliquer. La respiration anaérobie, consistant essentiellement en une décomposition du glucose, aura une durée en rapport avec la quantité de glucose existant. C'est pour cela que les organes renfermant d'abondantes réserves sucrées, comme les fruits ou certains tubercules, peuvent résister très longtemps à l'asphyxie.

105. Intensité de la respiration anaérobie. — L'intensité de la respiration anaérobie par rapport à la respiration normale a été étudiée par divers auteurs et notamment par Junitzky. On prend par exemple deux lots équivalents de 100 plantules de Blé, on met l'un dans l'air et l'autre dans l'hydrogène ; le premier donne le gaz carbonique correspondant à la respiration normale et l'autre le gaz carbonique correspondant à la respiration anaérobie. Pour le Blé, la respiration normale est toujours, toutes choses égales d'ailleurs, plus intense que la respiration anaérobie. Par exemple, 100 plantules très jeunes dégagent en une heure $3^{cc}3$ de gaz carbonique dans l'hydrogène et $8^{cc}3$ dans l'air. Ces nombres, ainsi que leur rapport, varient d'ailleurs dans le cours du développement. Pour les plantules de Pois la respiration normale est d'abord plus faible que la respiration anaérobie et devient ensuite plus intense. En général, la respiration anaérobie n'est plus intense que la respiration normale que dans les cas où il y a des réserves abondantes de glucose.

D'ailleurs, une élévation de température augmente la respiration anaérobie comme la respiration normale, mais en même temps en raccourcit la durée. Ainsi, des plantules de Maïs, à l'abri de l'air, dégagent du gaz carbonique pendant vingt-quatre heures à 18°, et seulement pendant douze heures

à 40°. Les choses se passent comme si la respiration anaérobie ne pouvait s'exercer que sur une quantité limitée de glucose ; plus la décomposition du glucose est intense, moins elle
dure.

**106. Relation entre la respiration anaérobie et la respira-
tion normale.** — L'alcool qui accompagne la respiration anaérobie fait normalement défaut dans les plantes exposées à l'air.
Cependant Devaux a trouvé des traces d'alcool dans le bois
secondaire des arbres ; cela s'explique par la difficulté que
peut avoir l'oxygène de l'air de pénétrer dans les couches profondes ; certaines cellules pourraient ainsi se trouver dans les
conditions de la respiration anaérobie. Mais Berthelot a trouvé
également des traces d'alcool dans des feuilles de Blé et de
Noisetier, dont les tissus ne sont pas cependant très épais. On
peut en conclure que l'alcool, en très petite quantité il est
vrai, peut être un produit de la respiration normale.

D'autre part, l'alcool peut, dans certains cas et à dose faible,
servir d'aliment aux plantes. Si, par exemple, dans le liquide
nutritif employé par Raulin (§ 246) pour cultiver les Champignons, on remplace le sucre par l'alcool, on constate que le
Sterigmatocystis se développe très bien en consommant l'alcool ; il est vrai que les spores germent mal dans un pareil
liquide, le Champignon n'y prospère qu'à condition d'y avoir
été porté à l'état de mycelium. D'autres exemples choisis
parmi les Cryptogames montrent qu'à dose convenable, l'alcool, loin d'être toxique, peut être considéré comme un aliment.

Ces diverses considérations nous permettent d'établir un
lien entre la respiration normale et la respiration anaérobie.
Dans la respiration normale, on peut admettre que la combustion du glucose est complète et s'effectue suivant la formule

$$C^6H^{12}O^6 + 12O = 6CO^2 + 6H^2O.$$

Il va sans dire que la réaction est plus complexe et qu'entre
le glucose et l'oxygène d'une part et l'eau et le gaz carbonique d'autre part il y a de nombreux produits intermédiaires.

Supposons par exemple que la réaction s'effectue en deux temps d'après les deux formules

$$C^6H^{12}O^6 = 2C^2H^6O + 2CO^2$$
$$2C^2H^6O + 6O = 4CO^2 + 6H^2O.$$

La première réaction est celle de la fermentation alcoolique, qui a seule lieu dans la respiration anaérobie et qui n'a pas besoin d'oxygène; la seconde, pour laquelle l'oxygène est nécessaire, détermine la combustion de l'alcool et vient compléter la respiration normale.

On peut donc considérer que la respiration anaérobie est une respiration normale arrêtée à moitié chemin faute d'oxygène. L'alcool serait dans tous les cas un produit de la décomposition du glucose; dans la respiration anaérobie ce produit s'accumulerait faute d'oxygène pour le brûler; dans la respiration normale, au contraire, l'oxygène viendrait achever la combustion, et cela assez vite pour que, en général, on ne puisse pas reconnaître la présence de l'alcool. On connaît d'ailleurs de nombreux exemples de produits intermédiaires qui prennent normalement naissance dans certaines réactions, mais disparaissent aussitôt formés. On peut ainsi, d'une façon toute naturelle, rattacher la respiration anaérobie à la respiration normale.

107. Mécanisme de la respiration. — Nous pouvons maintenant, en nous fondant surtout sur les travaux de Palladine, nous représenter le mécanisme de la respiration. Les cellules vivantes renferment un ferment soluble, l'*oxydase*, qui a la propriété de s'emparer de l'oxygène de l'air pour le fixer sur certains composés azotés qui sont ainsi transformés en pigments bruns, lesquels sont immédiatement décomposés par un ferment réducteur, la *réductase*, qui leur enlève l'oxygène fixé par l'oxydase. Pendant ce temps un autre ferment, la *zymase*, agissant à l'abri de l'oxygène, décompose le glucose en gaz carbonique qui se dégage et en alcool, et c'est précisément sur cet alcool que la réductase transporte l'oxygène pris

aux pigments; l'alcool est ainsi brûlé en donnant du gaz carbonique et de l'eau.

Le pigment brun, formé par oxydation, est un produit intermédiaire qui passe en général inaperçu, parce qu'il est aussitôt décomposé que formé; mais il peut être mis en évidence
par certaines circonstances qui arrêtent l'action de la réductase sans supprimer celle de l'oxydase. C'est ce qui arrive,
par exemple, lorsqu'on rape une Pomme de terre ou une Betterave blanche; la pulpe obtenue se colore en brun au contact de l'air et resterait incolore dans un gaz inerte. C'est
encore le pigment respiratoire qui colore en brun les fruits
blets; l'oxydation est produite, mais les cellules mortes ne
donnent plus la réductase qui décolorerait le pigment. Dans
les expériences de Lechartier et Bellamy (§ 103), les fruits
conservaient indéfiniment leur couleur naturelle dans le gaz
carbonique; mais, amenés au contact de l'air, ils devenaient
immédiatement bruns par suite de l'oxydation du pigment.
Au moyen de certains artifices, Palladine a mis en évidence
le pigment respiratoire dans un grand nombre de plantes.

On voit que, d'après cette manière de voir, il y aurait une
certaine analogie entre la respiration des plantes et celle des
animaux, au point de vue du mécanisme. Le pigment brun
joue un rôle comparable à celui de l'hémoglobine des globules
qui fixe l'oxygène de l'air pour le reporter sur les substances qui doivent être décomposées par les combustions respiratoires.

108. Rôle de la respiration. — De tout ce qui précède, il
résulte que la respiration est essentiellement une combustion
destinée à fournir à l'organisme l'énergie calorifique qui lui
est nécessaire. Dans le cas ordinaire, l'oxygène de l'air joue
le rôle de comburant; les matières organiques, et en particulier les hydrates de carbone renfermées dans les cellules,
fournissent le combustible. Le gaz carbonique produit par la
combustion se dégage. La respiration se traduit donc, en
somme, par une décomposition d'une partie des substances
organiques de la plante. Plus la respiration sera intense, plus
cette décomposition sera active.

L'accélération de la respiration amènera donc une diminution des réserves et un appauvrissement de la plante, si cette accélération n'est pas accompagnée d'une augmentation des synthèses. C'est d'ailleurs ce qui arrive le plus souvent. Lorsque la température s'élève, par exemple, la respiration devient plus active; mais, en même temps, la plante s'accroît plus vite et forme de nouvelles feuilles qui augmentent l'assimilation et accélèrent la formation des réserves.

Mais nous avons vu que, dans certains cas, l'élévation de la respiration, due à des causes accidentelles telle qu'une blessure ou l'action d'une substance toxique, n'est pas accompagnée d'une accélération de croissance. L'intensité de la respiration est alors préjudiciable à la plante et la met dans un état pathologique comparable à la fièvre des animaux supérieurs. On sait, en effet, que la fièvre est essentiellement caractérisée par une élévation anormale des combustions.

Chez certaines Bactéries, la respiration, tout en conservant son rôle de producteur de chaleur, prend des caractères un peu différents. Le combustible destiné à donner de la chaleur par sa décomposition, au lieu d'être fourni par la matière organique, est représenté par l'hydrogène sulfuré chez les Beggiatoas, par le protoxyde de fer chez certains Leptothrix, par l'ammoniaque chez les Bactéries nitrifiantes. Le produit de la combustion est alors, non plus du gaz carbonique, mais de l'acide sulfurique, du sexquioxyde de fer et de l'eau et de l'acide azotique.

Enfin, lorsque l'oxygène fait défaut, la décomposition exothermique des matières organiques peut encore se produire dans une certaine mesure, sous le nom de respiration anaérobie. Nous verrons la relation qui existe entre ce phénomène et les diverses fermentations que nous étudierons plus loin.

7° CHALEUR VÉGÉTALE.

109. Température et quantités de chaleur. — On sait que, d'une façon générale, la température d'un végétal suit les fluc-

tuations de la température extérieure. Mais ordinairement la température du végétal est légèrement supérieure à la température ambiante; la différence, qui n'est en général que d'une fraction de degré, peut s'élever, dans quelques cas particuliers, à plusieurs degrés, comme nous le verrons tout à l'heure. Les tissus d'une plante vivante peuvent donc être considérés comme une source de chaleur qui élèverait la température. Dans l'étude des phénomènes de ce genre, il y a lieu de distinguer d'une façon très nette la *température* et les *quantités de chaleur*. La température se mesure avec un thermomètre d'après la dilatation du mercure qui s'y trouve. Les quantités de chaleur, au contraire, se mesurent en *calories*, la calorie étant la quantité de chaleur nécessaire pour élever 1 gramme d'eau de $0°$ à $1°$.

Nous savons que les tissus vivants sont le siège d'un grand nombre de réactions. Les unes sont *exothermiques*, c'est-à-dire se font avec dégagement de chaleur; telles sont, par exemple, la décomposition des réserves et la formation de gaz carbonique dont l'ensemble constitue la respiration; d'autres, au contraire, sont *endothermiques*, c'est-à-dire se font avec absorption de chaleur; telles sont, par exemple, les synthèses des matières organiques, surtout nombreuses dans les tissus verts et dans les organes en voie de croissance. D'autre part, le végétal peut emprunter de la chaleur au milieu extérieur ou lui en céder. Si les réactions exothermiques l'emportent sur les réactions endothermiques, la résultante sera une production de chaleur, la plante pourra alors céder de la chaleur au milieu extérieur et élever sa température au-dessus de la température ambiante. Dans le cas contraire, c'est l'inverse qui tendrait à se produire. Si les deux sortes de réactions s'équilibrent exactement, la plante prendra exactement la température extérieure.

Nous allons étudier successivement la température d'une plante par rapport à celle du milieu extérieur et les quantités de chaleur qui peuvent être dégagées pendant les diverses phases du développement.

110 Mesure des températures. — Le moyen le plus simple de mesurer la température d'un végétal consiste à mettre la cuvette d'un thermomètre au contact aussi intime que possible du végétal. Mais on n'obtient pas toujours ainsi les différences de température, souvent très faibles, qui existent entre le végétal et le milieu extérieur.

Il est préférable de se servir d'un thermomètre différentiel (*fig.* 26), qui se compose essentiellement de deux boules en verre renfermant de l'air et réunies par un tube gradué où se trouve du mercure. Si les deux boules sont à la même température, le niveau du mercure est au zéro; si la température de l'une des boules s'élève, la dilatation de l'air repousse le mercure et le déplacement de l'extrémité de la colonne donne la différence de température èntre les deux boules. Si, par exemple, on entoure l'une des boules avec des graines germant *a* et l'autre avec des graines *b* également humides mais tuées, on constate que la température est plus élevée du côté des graines qui germent; ces dernières sont donc le siège d'une production de chaleur.

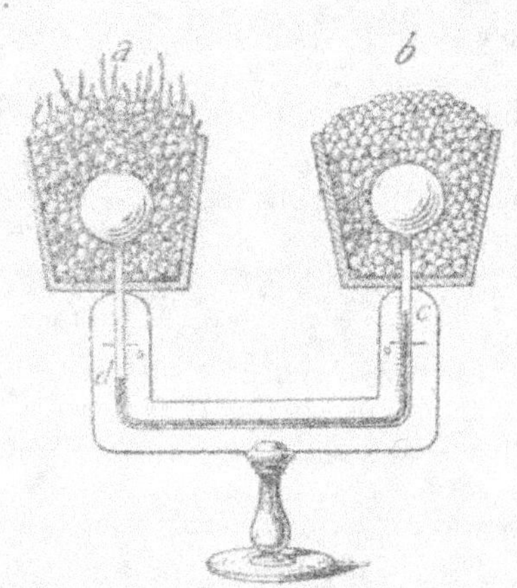

Fig. 26. — Thermomètre différentiel; les graduations, en *c* et *d*, indiquent que la température des graines *a* qui germent est supérieure à celle des graines *b* qui ne germent pas.

Une méthode plus sensible, mais d'un emploi plus délicat, consiste à se servir d'aiguilles thermo-électriques reliées par un galvanomètre. On enfonce une des aiguilles dans le végétal dont on veut connaître la température, l'autre restant dans le milieu ambiant dont la température, d'ailleurs voisine de celle du végétal, est connue. Si l'aiguille du galvanomètre n'est pas déviée, c'est que les deux aiguilles sont à la même température. Si l'aiguille est déviée, le sens et l'amplitude de la déviation indique le sens et la valeur de la différence de température.

111. Température des fleurs. — C'est surtout dans les fleurs qu'on a constaté des températures supérieures à la température ambiante. Ordinairement, les différences sont faibles; mais, chez certaines Aroïdées, diverses circonstances, et notamment la présence d'une grande bractée qui entoure l'inflorescence et empêche la déperdition de la chaleur, ont déterminé une élévation de température qui a depuis longtemps attiré l'attention. Garreau cite des températures peut-être excessives observées par divers auteurs : la température de l'inflorescence serait supérieure à la température ambiante de 17° pour l'*Arum Dracunculus* et de 25° pour le *Colocasia odora*.

En étudiant à ce point de vue l'*Arum italicum*, Garreau a constaté des variations diverses dans l'excès de température, qui peut être de 3° à un moment donné et de 8° trois heures après, ces variations étant liées à l'intensité de la respiration. Il y a une certaine proportionnalité entre l'élévation de température et la quantité d'oxygène absorbé. Cela montre que les combustions respiratoires sont la principale source de chaleur qui détermine l'élévation de température de l'inflorescence. Nous avons vu d'ailleurs (§ 87) que la floraison correspond toujours à un maximum d'intensité de la respiration, et cela chez les plantes les plus diverses.

112. Température des bulbes et des tubercules. — Seignette a étudié au moyen des aiguilles thermo-électriques la température d'un certain nombre de bulbes. Voyons d'abord ce qui se passe dans un bulbe de Tulipe à l'état de vie ralentie. On constate que la température du bulbe, tout en suivant les fluctuations de la température extérieure, lui reste toujours supérieure, comme l'indique le tableau suivant :

Température extérieure	$+ 11°$	$+ 3°$	$— 6°$
— du bulbe	$+ 11°63$	$+ 4°01$	$— 4°46$
Différence	$0°63$	$1°01$	$1°54$

On voit que plus la température extérieure est basse, plus l'excès de température du bulbe est grand. On peut attribuer cette élévation de température à la chaleur dégagée par la

digestion lente des réserves du bulbe. La plupart des bulbes et des tubercules se conduisent d'ailleurs à ce point de vue comme le bulbe de Tulipe.

Prenons comme second exemple le tubercule du *Stachys tuberifera* et mesurons sa température non seulement pendant la vie ralentie, mais aux divers états du développement, pendant la formation et pendant la digestion des réserves, la température extérieure étant de 10°5. Les tubercules très jeunes en voie de formation ont une température intérieure

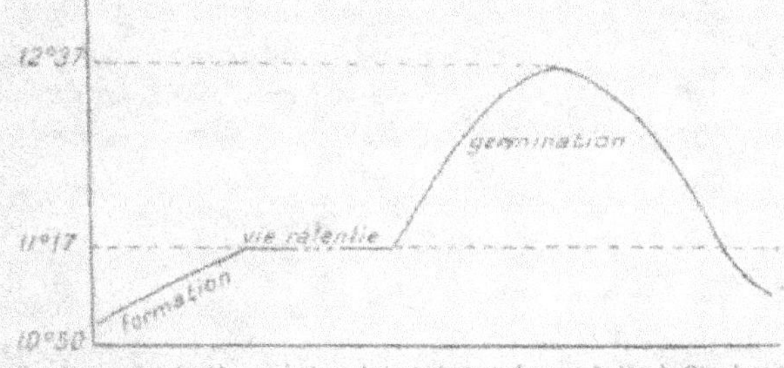

Fig. 27. — Courbe représentant les variations de température dans un bulbe de *Stachys tuberifera*.

de 10°65, qui augmente peu à peu à mesure que le tubercule grossit, atteint 11°17 lorsque le développement est complet et se maintient constante pendant toute la période de vie ralentie. Lorsque la germination, et par conséquent la digestion des réserves, commence, la température s'élève et atteint un maximum de 12°37 au moment où les tiges formées sur le tubercule atteignent le niveau du sol. Puis la température s'abaisse et retombe à 10°5 lorsque, la digestion étant complètement terminée, le tubercule se détruit.

Ces résultats peuvent être représentés par une courbe (*fig. 27*) où les ordonnées sont proportionnelles aux excès de température et les abscisses aux temps. On peut se rendre compte des causes des variations observées. Dans les tubercules jeunes, les synthèses des matières de réserve absorbent presque toute la chaleur produite par la respiration ; aussi l'excès de température est-il très faible. Pendant la vie ralentie, il s'établit un régime constant, comme dans la Tulipe.

Pendant la germination, les réactions exothermiques qui accompagnent la digestion des réserves déterminent une augmentation considérable de température.

113. Mesure des quantités de chaleur. — L'appareil dont on se sert pour mesurer les quantités de chaleur est le calorimètre de Berthelot (*fig.* 35).

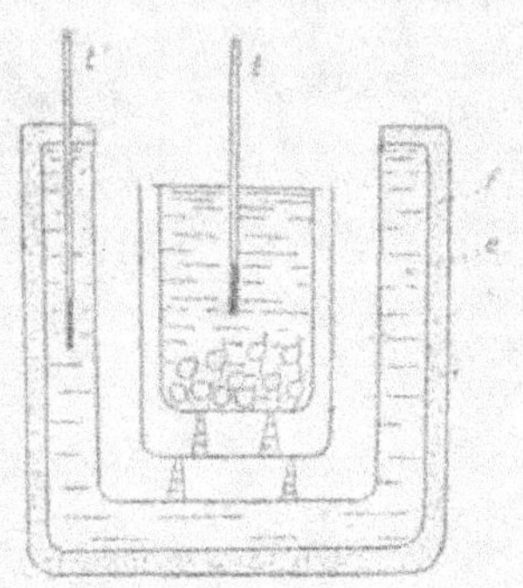

C'est essentiellement un vase en métal entouré d'enveloppes mauvaises conductrices. Tout a été disposé pour prévenir les déperditions de chaleur vers l'extérieur, et, d'autre part, pour empêcher la chaleur du milieu ambiant d'arriver jusqu'au calorimètre.

Ceci posé, supposons qu'on veuille mesurer la quantité de chaleur dégagée par des graines germant dans l'eau. On pèse ces graines, on pèse également l'eau dans laquelle elles germent et qui est placée dans le vase intérieur du calorimètre.

Fig. 35. — Calorimètre de Berthelot; t, thermomètre plongé dans l'eau du calorimètre; t', thermomètre plongé dans l'eau d'un vase extérieur entouré d'un feutre isolant f.

On mesure avec exactitude la température de cette eau en s'assurant que c'est bien la même que celle des graines. On laisse ensuite l'expérience se poursuivre. A la fin, on mesure de nouveau la température de l'eau. Supposons que l'élévation constatée soit de $t°$ et que le poids de l'eau soit p grammes. La chaleur dégagée a élevé de $t°$ la température de p grammes d'eau; une simple règle de trois nous indiquera combien cette même quantité de chaleur aurait élevé de fois 1 gramme d'eau de o à 1°, c'est-à-dire nous donnera le nombre de calories dégagées. Il faut encore tenir compte de la chaleur spécifique du calorimètre et du thermomètre qui ont aussi absorbé une certaine quantité de chaleur. Lorsqu'on opère avec des plantes croissant dans l'air et non dans l'eau, on les met dans un vase métallique placé lui-même dans le calorimètre rempli d'eau, et c'est l'élévation de température de l'eau

du calorimètre qui permet de calculer le nombre de calories dégagées.

114. Chaleur dégagée par une plante. — Nous prendrons comme exemple le Pois, qui a été étudié par G. Bonnier (4) avec la méthode que nous venons d'indiquer; nous calculerons le nombre de calories dégagées en une minute par un kilogramme de plantes prises à divers états du développement. La quantité de chaleur dégagée dépendant de la température initiale, il est essentiel que cette température soit la même dans toutes les expériences, $10°$ par exemple. Les résultats obtenus sont les suivants :

Graines immergées depuis 24 heures	9	calories.
Plantules avec radicule de 5^{mm}	125	—
— — de 6^{mm}	75	—
— avec tige de 20^{mm}	60	—
— avec cotylédons flétris	22	—
— un peu plus âgées	6	—
Plante adulte	0	—
Fleurs	8	—

Le dégagement de chaleur passe donc par un maximum pendant la germination, lorsque la digestion des réserves est la plus active, puis diminue peu à peu, devient nulle lorsque la plante est complètement développée et augmente de nouveau, mais peu, pendant la floraison. Pour comprendre ces résultats, il faut se rappeler que le dégagement de chaleur qui se produit pendant la germination tient à la décomposition des réserves qui correspond à des réactions fortement exothermiques. A l'état adulte, il y a équilibre entre les réactions endothermiques et les réactions exothermiques. Enfin, l'augmentation de l'intensité respiratoire qui a lieu pendant la floraison explique le dégagement de chaleur qui se produit à ce moment.

1.5. Chaleur dégagée par la respiration. — La formation de gaz carbonique étant une réaction exothermique constante dans la plante vivante, on peut se demander si c'est la source principale de la chaleur dégagée. Pour résoudre cette question,

on mesure les quantités de chaleur dégagée, comme nous l'avons fait pour le Pois ; mais, de plus, on adapte au calorimètre fermé avec soin un appareil à prise qui permet de puiser du gaz au commencement et à la fin de l'expérience et de mesurer par conséquent l'oxygène absorbé et le gaz carbonique dégagé. Le calorimètre est alors transformé en un appareil à air confiné, comme celui que nous avons décrit dans l'étude de la respiration.

On peut ainsi mesurer : 1° la quantité de chaleur Qm dégagée par la plante et que l'on déduit de l'élévation de température du calorimètre ; 2° la quantité de chaleur Qe correspondant à la formation de tout le gaz carbonique dégagé ; 3° la quantité de chaleur Qo qui serait dégagée si tout l'oxygène absorbé passait à l'état de gaz carbonique. Il est évident que Qe n'est égal à Qo que si le quotient respiratoire est égal à 1. En opérant avec de l'Orge à divers états de développement, Bonnier a obtenu les résultats suivants :

	Qm	Qe	Qo	CO^2/O
Graines dans l'eau depuis 24ʰ.	5 cal.	3 cal.	3 cal.	1,00
La radicule apparaît	62 —	29 —	45 —	0,65
La radicule à 3mm	40 —	25 —	31 —	0,80
La gemmule à 8cmm	15 —	12 —	12 —	0,95
Plante adulte	3 —	3 —	3 —	1,00
Fleurs	2 —	3 —	3 —	1,00

Comme pour le Pois, les nombres donnés correspondent aux quantités de chaleur dégagée en une minute par 1 kilogramme de plante. On voit que pendant la période germinative la quantité de chaleur dégagée est bien supérieure à celle qui correspond à la combustion respiratoire, bien qu'à ce moment l'intensité de la respiration soit maxima. Remarquons aussi que c'est pendant la digestion des réserves que le quotient respiratoire est le plus faible et par conséquent la différence entre Qo et Qe la plus grande. C'est qu'alors une notable partie de l'oxygène absorbé, au lieu de donner du gaz carbonique, contribue à la digestion des réserves qui se transforment généralement en composés plus oxygénés par des réactions exothermiques, et c'est là une des sources principales de la chaleur dont on observe le dégagement.

En somme, une plante adulte ne dégage en général point
de chaleur ; les réactions endothermiques équilibrent les réactions exothermiques. Il n'y a dégagement de chaleur que pendant les périodes de digestion des réserves et la floraison.

BIBLIOGRAPHIE.

1. AUBERT. *Recherches sur l'assimilation et la respiration des
    plantes grasses* (Ann. Sc. nat. Bot., 7ᵉ série. t. XVI. 1892).

2. BERTHELOT et ANDRÉ. *Sur la formation d'acide carbonique et
    l'absorption d'oxygène par les feuilles* (Ann. de Ch. et
    Phys., 7ᵉ série, t. II).

3. BLACKMAN. *Experimental Researches on vegetable Assimilation and Respiration* (Phil. Trans. of the roy. Soc. of
    London B., vol. CLXXXVI).

4. BONNIER. *Chaleur végétale* (Ann. Sc. nat. Bot., 7ᵉ série,
    t. XVIII, 1894).

5. BONNIER et MANGIN. *Recherches sur la respiration* (Ann. Sc.
    nat., 6ᵉ série, t. XVII, 1884 ; t. XVIII. 1884 ; t. XIX, 1884 ;
    7ᵉ série, t. II, 1885 ; t. III, 1886).

6. FRIEDEL. *L'assimilation chlorophyllienne aux pressions inférieures à la pression atmosphérique* (Rev. gén. de Bot.,
    t. XIV, 1902).

7. GARREAU. *De la respiration des plantes* (Ann. Sc. nat. Bot.,
    3ᵉ série, t. XV, 1850. et t. XVI, 1851).

8. GAUCHERY. *Contribution à l'étude de la respiration des Bactériacées* (Rev. gén. de Bot., t. XVIII, 1906).

9. GERBER. *Recherches sur la maturation des fruits charnus*
    (Ann. Sc. nat. Bot., 8ᵉ série, t. IV, 1896).

10. GILTAY et OBERSON. *Sur un mode de dénitrification* (Arch.
    néerland., 1893).

11. JOHANNSEN. *Ueber den Einfluss hoher Sauerstoffspannung*
    (Unters. Bot. Inst. Tubingen, t. I, 1885).

12. JUMELLE. *Recherches physiologiques sur les Lichens* (Rev.
    gén. de Bot., t. IV, 1892).

13. Kreusler. *Beobachtungen über die Kohlensäure Aufnahme und Aufgabe der Pflanzen* (Landwirth. Jahrb., 1887).

14. Lechartier et Bellamy. *Études sur les gaz produits par les fruits* (C. R., t. LXIX, 1869).

15. Palladine. *Recherches sur la respiration des feuilles vertes et des feuilles étiolées* (Rev. gén. de Bot., t. V, 1893; t. VIII, 1896 ; t. XI, 1899).

16. — *Influence des changements de température sur la respiration des plantes* (Rev. gén. de Bot., t. XI, 1899).

17. Pouriewitch. *Influence de la température sur la respiration des plantes* (Ann. Sc. nat., 9ᵉ série, t. I, 1905).

18. Richards. *The Respiration of wounded Plants* (Ann. of Botany, vol. X, 1896).

19. Seignette. *Recherches sur les tubercules* (Rev. gén. de Bot., t. I, 1889).

20. Winogradsky. *Ueber Eisenbacterien* (Bot. Zeit., 1888).

21. — *Ueber Schwefelbacterien* (Bot. Zeit., 1887).

22. — *Recherches sur les organismes de la nitrification* (Ann. Inst. Pasteur, t. IV, 1890).

CHAPITRE III.

FERMENTATIONS.

1° FERMENTATION ALCOOLIQUE.

116. Nature de la fermentation alcoolique. — La fermentation alcoolique consiste essentiellement dans le dédoublement du sucre en alcool et en gaz carbonique; on la connaît depuis la plus haute antiquité, tout au moins par ses applications; mais c'est seulement depuis les travaux de Pasteur (5) qu'on en sait exactement le mécanisme. Sans faire l'historique complet de cette question, voyons seulement quelle était l'opinion la plus répandue vers le milieu du dix-neuvième siècle. On savait que la fermentation alcoolique du moût de bière était due à la matière jaunâtre appelée *Levure de bière* qu'on y ajoutait; mais on pensait généralement, sur l'autorité de Liebig, que pendant la fermentation la Levure se décomposait et communiquait son état de décomposition au sucre qui se trouvait ainsi dédoublé en alcool et en gaz carbonique.

On voit que cette explication, purement chimique, ne tenait pas compte de ce que la Levure de brasserie est essentielle-

ment constituée par un Champignon vivant. On sait, en effet,
que le thalle des Levures se compose de cellules ovales indé-
pendantes ou faiblement réunies entre elles (*fig. 29*). Voyons
maintenant comment les expériences de Pasteur ont élucidé

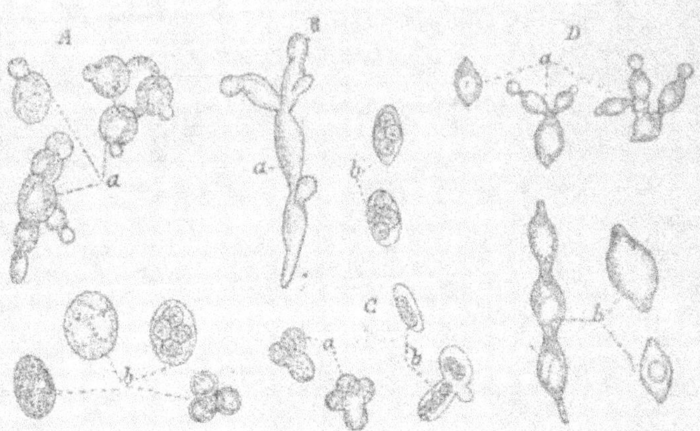

Fig. 29. — *A, B, C, D,* diverses formes des cellules de Levure de bière.

cette question jusque-là si obscure et montré que la fermentation alcoolique est une véritable fonction des Levures.

117. Expérience de Pasteur. — On met dans un ballon
100 grammes d'eau, 10 grammes de sucre candi, 0^{gr}1 de
tartrate d'ammoniaque, une très petite quantité de cendres de
Levure et on ensemence avec des traces de Levure fraîche.
Le ballon est ensuite fermé et muni d'un tube abducteur qui
permet de recueillir sur le mercure les gaz qui se dégagent.
Au bout de peu de temps, la fermentation commence, le dégagement de gaz augmente peu à peu, puis se ralentit et cesse
en général au bout de trois jours environ. Les gaz qui se dégagent sont analysés ainsi que le contenu du ballon.

Pasteur constata d'abord que le sucre avait complètement
disparu dans le liquide du ballon et avait été remplacé par de
l'alcool; le tartrate d'ammoniaque et les cendres avaient également disparu. Mais il s'était formé une quantité appréciable

de Levure qui, une fois desséchée, pesait $0^{gr}4$. Cette première constatation montrait déjà que la fermentation alcoolique n'était pas le résultat de la décomposition de la Levure, mais que tout au contraire la Levure se développait pendant la fermentation. La fermentation avait donc pour cause non la décomposition, mais le développement de la Levure.

118. Produits de la fermentation alcoolique. — On savait qu'avant de subir la fermentation alcoolique le saccharose se transforme en glucose d'après la formule :

$$C^{12}H^{22}O^{11} + H^2O = 2C^6H^{12}O^6$$
saccharose   glucose

Pasteur avait néanmoins choisi le sucre candi de préférence au glucose parce qu'on peut l'obtenir plus facilement à l'état pur et par conséquent savoir exactement le poids employé.

La formule de la fermentation du glucose est :

$$C^6H^{12}O^6 = 2C^2H^6O + 2CO^2$$
glucose   alcool

En tenant compte des poids moléculaires, 10 grammes de saccharose donnent $10^{gr}525$ de glucose qui, en fermentant, doivent produire $5^{gr}38o$ d'alcool et $5^{gr}145$ de gaz carbonique. Tel est le produit théorique de la fermentation alcoolique de 10 grammes de saccharose. En analysant les produits réels de la fermentation, Pasteur obtint les résultats suivants :

Alcool	$5^{gr}110$
Gaz carbonique	4 920
Glycérine	0 340
Acide succinique	0 065
Cellulose etc.	0 130
Total	$10^{gr}565$

Le rendement réel en alcool et en gaz carbonique était donc un peu inférieur au rendement théorique. Mais en revanche, il y avait des produits secondaires, glycérine et acide succinique, qui jusque-là étaient passé inaperçus; enfin, il y avait

de la cellulose, des matières grasses, des matières albuminoïdes constitutives des cellules de Levures formées. Le tout donnait une somme un peu supérieure au poids de glucose fermenté et cet excès s'explique par l'assimilation du tartrate d'ammoniaque et des cendres de Levure.

119. Mécanisme chimique de la fermentation alcoolique. — A l'époque où Pasteur faisait ses expériences sur la fermentation alcoolique, on était porté à attribuer à l'action directe du protoplasme vivant toutes les réactions chimiques provoquées par des êtres vivants. Mais on sait maintenant qu'il en est autrement (§ 1 et suiv.). Filtrons en effet le milieu nutritif dans lequel la Levure s'est développée, nous obtiendrons un liquide complètement dépourvu de cellules de Levure, mais qui aura néanmoins la propriété d'intervertir le saccharose, c'est-à-dire de le transformer en glucose ou plus exactement en un mélange de dextrose et de lévulose. C'est qu'en effet le liquide filtré renferme une diastase appelée *sucrase* sécrétée par la Levure et qui a la propriété d'intervertir le saccharose.

Le liquide dans lequel la Levure s'est développée ne renferme point de diastase capable de décomposer le glucose en alcool et en gaz carbonique. C'est que, comme l'a montré Buchner, cette diastase, au lieu d'être rejetée au dehors, reste à l'intérieur même des cellules. Pour l'extraire, Buchner broie de la Levure après l'avoir mélangée à du sable très fin, puis la comprime à une pression d'environ 500 atmosphères. Il obtient un jus renfermant une diastase qu'il a appelée *zymase* et qui a la propriété de dédoubler le glucose en alcool et en gaz carbonique. Mis en présence de 26 grammes de glucose, 180^{cm3} de ce jus ont produit 8^{gr}9 d'alcool et 8^{gr}9 de gaz carbonique.

La zymase est un composé très instable qu'on ne peut conserver qu'à une température très basse et à l'abri du contact de l'air. Les cellules de Levure ne produisent cette diastase que lorsqu'elles sont privées d'oxygène, c'est-à-dire dans les conditions où a lieu la fermentation alcoolique. La quantité qu'on peut en extraire par le procédé de Buchner est assez faible. Ainsi un kilogramme de Levure donne tout au plus la

zymase suffisante pour déterminer le dégagement de 70 grammes de gaz carbonique en quarante heures et à 12°, alors que cette quantité de Levure, agissant directement dans les mêmes conditions, aurait une action à peu près trois cents fois plus forte.

120. Mécanisme physiologique. — La levure produit donc la fermentation alcoolique non point directement, mais par l'intermédiaire de diastases qu'elle sécrète. Lorsqu'elle est cultivée à l'air, elle ne sécrète que de la sucrase et intervertit le saccharose sans faire fermenter le glucose. Elle respire alors comme un végétal ordinaire, dégageant du gaz carbonique et absorbant de l'oxygène, et ne consomme que la quantité relativement faible de glucose qui lui est nécessaire pour se nourrir, comme ferait un Champignon quelconque qui ne serait pas un ferment alcoolique.

Mais, dès que la Levure est privée d'air, la respiration cesse, la sécrétion de zymase commence et a pour conséquence la fermentation alcoolique. La fermentation succède donc à la respiration comme nous avons vu (§ 104) que, dans les plantes supérieures, la respiration anaérobie succédait à la respiration normale. Mais bien que la Levure continue à se développer pendant la fermentation alcoolique, l'état de fermentation ne peut se continuer indéfiniment; il arrive un moment où la Levure épuisée ne produit plus de zymase et où toute fermentation cesse.

Cet épuisement de la Levure peut être mis en évidence par une expérience due à Cochin. Dans une série de ballons A, B, C, D (*fig.* 30), reliés entre eux par des tubes en verre, on met du moût

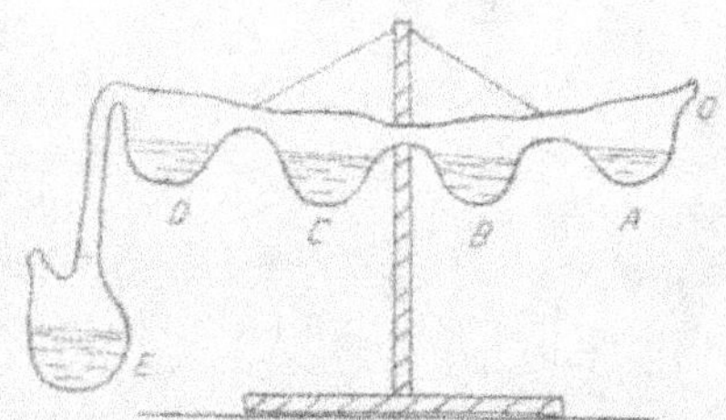

Fig. 30. — *A, B, C, D,* ballons renfermant du moût de bière; *E,* ballon renfermant de la potasse.

de bière. Le ballon D communique avec un vase E renfermant de la potasse destinée à absorber le gaz carbonique dégagé. On ensemence le ballon A avec un peu de Levure; on

fait bouillir le moût des ballons B, C, D de façon à chasser
l'air et on ferme le tube en O. La fermentation alcoolique ne
tarde pas à se produire en A et cesse lorsque le sucre est complètement décomposé. En inclinant l'appareil, on fait alors
passer un peu de liquide de A en B de façon à ensemencer B.
La fermentation qui s'y produit est très faible. En inclinant de
nouveau l'appareil on ensemence C et il ne s'y produit pas de
fermentation du tout. C'est que la Levure est épuisée par une
fermentation trop longue à l'abri de l'oxygène et ne donne
plus de zymase.

Pasteur a montré qu'une très faible quantité d'oxygène peut
rendre sa vigueur à la Levure et lui permettre de recommencer
à fermenter. Ce fait paraît en contradiction avec la propriété
qu'a la Levure de fermenter à l'abri de l'air. C'est que la fermentation se produit, non pas en l'absence complète d'air,
mais en présence d'une quantité extrêmement faible, absolument insuffisante pour entretenir la respiration.

121. Autophagie de la Levure. — Dans les expériences que
nous venons de citer, la quantité de Levure était relativement
faible par rapport à la quantité de sucre qui lui était fournie.
Dans ces conditions, lorsque la fermentation cesse, soit parce
que la Levure ne produit plus de zymase, soit parce que tout
le sucre est décomposé, l'alcool et le gaz carbonique produits
correspondent à peu près exactement au sucre disparu. Il
n'en est pas de même si on emploie une quantité de Levure
considérable, égale, par exemple, à au moins 40 p. 100 du
poids du sucre. Dans ce cas, lorsque tout le sucre est décomposé, le dégagement de gaz carbonique et la production
d'alcool continuent. Lorsque l'on met fin à l'expérience, la
somme des poids d'alcool et de gaz carbonique est notablement supérieure au poids du sucre décomposé.

Il s'est produit un phénomène absolument comparable à la
respiration anaérobie des plantes supérieures; la Levure,
après avoir épuisé le sucre qu'on lui fournissait, a décomposé
les réserves qui se trouvaient à l'intérieur même de ses cellules. On constate, en effet, que les cellules de Levure fraîche
renferment en abondance du glycogène, qui disparaît après

une période prolongée de fermentation. La Levure peut donc décomposer ses propres réserves, se manger elle-même; de là le nom d'*autophagie*, qui a été donné à ce phénomène; mais on voit qu'il n'y a là rien de particulier et que la Levure se conduit exactement comme une plante quelconque qui renferme des réserves hydrocarbonées.

Lorsque la levure est épuisée par une longue fermentation, comme dans l'expérience de Cochin, il n'y a jamais autophagie, parce que les réserves de glycogène ont disparu pendant la période de fermentation qui a eu lieu. L'autophagie, absolument comparable à la respiration anaérobie des plantes supérieures, diffère donc de la fermentation alcoolique proprement dite en ce que les hydrates de carbone décomposés appartiennent, dans le premier cas, à la Levure elle-même, et, dans le second cas, au milieu extérieur.

122. Pouvoir ferment de la Levure. — Lorsque la Levure est cultivée en présence de l'air et ne détermine pas de fermentation alcoolique, elle se développe rapidement en consommant peu de sucre; par exemple, 1 gramme de Levure formée correspond à peu près à 4 grammes de sucre disparu. Dans un ballon fermé, où une courte période de respiration est bientôt suivie par la fermentation, 1 gramme de Levure formée correspond à 25 grammes environ de sucre consommé. Si on supprime la période de respiration en remplissant complètement le ballon de liquide, il y a jusqu'à 150 grammes de sucre décomposé pour 1 gramme de Levure formée. On voit combien la consommation de sucre est plus grande pendant la fermentation que pendant la respiration.

On appelle *pouvoir ferment* de la Levure le rapport qui existe entre le poids de sucre décomposé et le poids de Levure formé. D'une façon générale, les fermentations sont d'autant mieux caractérisées que le pouvoir ferment est plus élevé. Si le pouvoir ferment devient très faible, on n'a plus affaire à une fermentation proprement dite, mais plutôt à la respiration et à la nutrition normales. Nous verrons d'ailleurs tout à l'heure qu'une fermentation bien caractérisée est reliée à la nutrition normale par une série continue d'intermédiaires.

123. Chaleur dégagée par la fermentation et par la respiration. — Voyons d'abord comment on peut s'expliquer une consommation aussi considérable de sucre pendant la fermentation. Pendant la période de respiration, la combustion du glucose est complète et peut être exprimée par la formule :

$$C^6H^{12}O^6 + 12O = 6H^2O + 6CO^2 + 673 \text{ calories.}$$

Chaque molécule décomposée fournit 673 calories que la Levure peut employer à l'édification de ses tissus. Pendant la fermentation, au contraire, le dédoublement d'une molécule de glucose en alcool et en gaz carbonique ne produit que 33 calories; 20 grammes de glucose qui fermentent ne produisent donc pas plus de chaleur qu'un seul gramme brûlé complètement par la respiration. On s'explique donc la consommation très grande de sucre faite par la fermentation.

La fermentation alcoolique n'est donc qu'une combustion du sucre restée incomplète faute d'oxygène. Ceci vient à l'appui de ce que nous avons dit, à propos de la respiration anaérobie, du mécanisme de la respiration. La décomposition du sucre en alcool et en gaz carbonique peut être considéré comme un stade de la combustion complète du sucre; ce stade, transitoire dans le cas de la respiration, devient définitif dans le cas de la fermentation (§ 106).

124. Généralité de la fermentation alcoolique. — Nous venons de voir que la fermentation alcoolique ne diffère de la respiration anaérobie que parce que le sucre décomposé se trouve à l'extérieur de l'organisme au lieu de provenir des réserves renfermées dans les cellules. Dans les deux cas, c'est la privation d'oxygène qui met fin à la respiration et provoque la formation d'alcool avec dégagement de gaz carbonique. La respiration anaérobie étant un phénomène général chez les plantes supérieures qui renferment des réserves hydrocarbonées, nous devons donc nous attendre à voir des organismes autres que la Levure jouer le rôle de ferment alcoolique en vivant dans un milieu sucré.

Cultivons en effet du *Penicillium glaucum* dans un liquide

sucré; si la culture est aérée, le Champignon se développera rapidement en respirant et en effectuant la combustion complète du sucre. Si l'air vient à manquer, la respiration est suspendue, mais le dégagement de gaz carbonique continue encore pendant quelques instants, et on trouve dans le liquide une petite quantité d'alcool. Il y a donc eu une période de fermentation alcoolique, mais très courte. Le *Penicillium* ne s'accommode que pendant très peu de temps de la privation d'oxygène; c'est un ferment alcoolique, mais un ferment très faible.

Si on opère avec l'*Aspergillus glaucus*, on observe la même succession de phénomènes, mais la quantité d'alcool produite est plus grande. L'*Aspergillus* supporte pendant plus longtemps la privation d'oxygène et produit une plus grande quantité de zymase. Le *Mucor racemosus*, le *Mucor Mucedo*, et un grand nombre d'autres Champignons peuvent aussi, et pendant plus ou moins longtemps, jouer le rôle de ferment alcoolique. Pour le *Mucor racemosus*, l'adaptation est même très complète; cultivé à l'air, ce Champignon a, comme les autres Mucorinées, un mycélium ramifié et continu; pendant sa vie de ferment, au contraire, le mycélium se divise en cellules ovales, qui se séparent facilement les unes des autres, et ont l'aspect de cellules de Levure.

La propriété de provoquer la fermentation alcoolique du sucre n'est donc pas propre aux Levures, mais est, au contraire, très répandue chez les Champignons, à des degrés très différents suivant les cas; les Levures sont parmi les organismes qui paraissent les mieux adaptés à la vie de ferment.

125. Applications; fabrication de la Bière. — La bière est essentiellement fabriquée avec l'Orge; le Houblon ne sert qu'à la parfumer. Nous savons qu'un grain d'Orge (*fig. 8*) renferme dans son albumen d'abondantes réserves d'amidon, et que le cotylédon sécrète pendant la germination une diastase, l'*amylase*, qui transforme l'amidon en dextrine, puis en maltose.

Pour fabriquer la bière, on fait d'abord germer l'Orge dans des salles spéciales appelées germoirs; puis, lorsque la gem-

mule a un peu plus d'un centimètre, on arrête la germination, on dessèche le grain, on le broie et on obtient ainsi une farine appelée *malt*. Pendant la germination, le cotylédon a sécrété l'amylase qui se trouve ainsi dans le malt en même temps que l'amidon. On traite ensuite le malt par l'eau chaude qui dissout l'amylase et lui permet de transformer plus ou moins complètement l'amidon en maltose. On a ainsi un liquide sucré qui est le *moût*.

On fait ensuite bouillir le moût en présence du houblon pour le parfumer et tuer les ferments qui pourraient s'y trouver; on laisse refroidir et on ajoute de la Levure qui détermine la fermentation alcoolique et transforme le moût en *bière*.

Les Levures employées dans les brasseries sont des Levures cultivées appartenant à l'espèce *Saccharomyces Cerevisiae*; après une fermentation, elles se déposent au fond de cuves où on les récolte pour les faire servir de nouveau; comme elles se multiplient pendant la fermentation, on peut en avoir des quantités considérables. On en connaît deux races principales : la *Levure haute*, qui reste vers la partie supérieure de la cuve et fermente vers 15 ou 18°; la *Levure basse*, qui reste à la partie inférieure de la cuve et ne détermine la fermentation dans de bonnes conditions que vers 6 ou 8°, et beaucoup plus lentement que la Levure haute. Dans chaque race, on distingue encore des variétés, et certaines brasseries ont des variétés spéciales auxquelles elles attribuent les qualités de la bière qu'elles produisent.

126. Fabrication du vin. — Le vin est, comme la bière, un produit de la fermentation alcoolique; mais la fabrication est beaucoup plus simple. Le sucre fermentescible se trouve dans le raisin et il est inutile d'ajouter de la Levure. On écrase le raisin et on l'abandonne dans une cuve. Au bout d'un jour ou deux, la fermentation commence et reste à l'état tumultueux pendant quatre ou cinq jours; à ce moment, le sucre du raisin est presque entièrement décomposé.

La présence de Levures dans le moût de raisin en fermentation est facile à constater. Mais ce n'est pas le *Saccharomy-*

ces cerevisiæ, seul employé dans la fabrication de la bière ; ce sont des espèces voisines, le *Saccharomyces apiculatus*, le *S. pastorianus*, etc. On s'est demandé d'où viennent ces Levures, car dans la nature on en trouve peu. Il est naturel de les rechercher sur le raisin même. L'eau qui a servi à laver une grappe de raisin mûr détermine presque toujours la fermentation du moût stérilisé ; les Levures se trouvent donc à la surface des grains ou des rafles de raisins mûrs. Sur les raisins verts, il n'y en a point, pas plus que sur les raisins même mûrs qui se sont développés en serre.

D'autre part, le jus directement extrait des grains avec une pipette, à l'abri du contact de la pellicule, ne fermente pas ; il n'y a donc pas de Levure. On a été ainsi amené à supposer que les Levures vivaient soit sur la terre, soit sur les tiges de la vigne et étaient transportées par le vent ou autrement sur les raisins au moment de leur maturité. Quoi qu'il en soit, si la présence de la Levure sur les raisins nous paraît certaine et générale, l'évolution de ces mêmes Levures dans la nature est encore mal connue.

La fabrication du cidre ne diffère de celle du vin que parce que le raisin est remplacé par la pomme. La matière fermentescible est le sucre renfermé dans la pomme ; la fermentation se fait spontanément, à l'aide des Levures qui sont à la surface des pommes mûres.

127. Fermentation panaire. — On peut encore rattacher la fabrication du pain à la fermentation alcoolique. On sait que pour faire le pain on pétrit la farine avec de l'eau chaude après y avoir ajouté un morceau de pâte vieille appelée *levain*. Puis on abandonne la pâte à elle-même pendant quelques heures dans un local assez chaud. Pendant ce temps la pâte *lève*, c'est-à-dire se gonfle par suite de la production de bulles d'un gaz qui n'est autre que du gaz carbonique. Ce sont ces bulles qui forment les petites cavités que l'on remarque dans le pain cuit. Lorsque la pâte est suffisamment levée on la fait cuire.

Que se passe-t-il dans la pâte qui lève ? Les bulles de gaz carbonique qui s'y forment sont-elles dues à la fermentation

alcoolique? Les éléments essentiels de la fermentation alcoolique sont le sucre et la Levure, ses produits principaux l'alcool et le gaz carbonique. S'il y a eu fermentation alcoolique, nous devrons donc trouver dans la pâte non encore levée du sucre et de la Levure, et dans la pâte levée de l'alcool et du gaz carbonique.

La farine ne renferme pas de sucre ou des quantités très faibles; mais pendant le pétrissage, sous l'action de l'eau chaude, il s'en forme des quantités notables; huit heures après le pétrissage, on a trouvé jusqu'à 3 p. 100 de sucre dans la pâte. La Levure n'existe pas dans la pâte, mais on l'y met; le levain est de la pâte ayant déjà fermenté et qui renferme toujours des Levures; d'ailleurs, on remplace souvent le levain par un peu de Levure de bière qui produit un effet plus rapide que le levain ordinaire. La pâte non levée renferme donc normalement les éléments nécessaires à la fermentation alcoolique. Lorsqu'elle est levée, nous savons qu'on y trouve du gaz carbonique qui prend naissance sous forme de grosses bulles qui restent emprisonnées. La présence de l'alcool est moins évidente; on peut cependant la démontrer en soumettant la pâte à la distillation; on constate ainsi que 1 kilogramme de pâte levée renferme en moyenne 2 gr. 5 d'alcool.

On peut donc admettre que c'est sous l'action de la fermentation alcoolique que la pâte se lève; mais cette fermentation n'est pas la seule qui se produit. La farine renferme, en effet, diverses Bactéries et on trouve dans la pâte levée diverses substances, telles que l'acide acétique, l'acide lactique, l'acide butyrique, qui sont les produits ordinaires de fermentation. Il se produit donc dans la panification des fermentations secondaires, mais on connaît mal leur rôle et leur importance.

2° FERMENTATIONS DIVERSES.

128. Fermentation acétique. — Un liquide alcoolique exposé à l'air aigrit par suite de la production d'acide acétique; c'est

là un fait très anciennement connu, mais qui n'a été expliqué
que par les travaux de Pasteur (6). A la surface du liquide qui
aigrit, on voit toujours une sorte de voile opaque dans lequel
Pasteur a montré la présence constante d'une Bactérie, le
Micrococcus aceti.

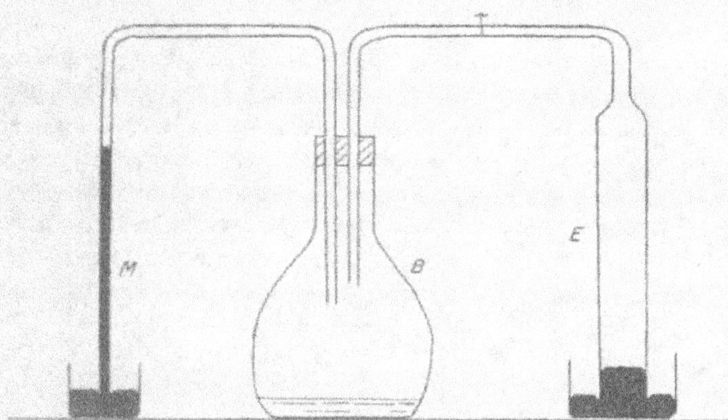

Fig. 31. — Expérience de Pasteur : *B*, ballon où se fait la fermentation ; *M*, manomètre ;
E, eudiomètre à mercure.

Pour démontrer que ce *Micrococcus* est l'agent de la transformation de l'alcool en acide acétique, Pasteur fait l'expérience suivante. Il met dans un ballon B (*fig. 31*) 100 grammes
d'eau renfermant 4 p. 100 d'alcool, 2 p. 100 de vinaigre et
une petite quantité de décoction de Levure, puis il ensemence
avec quelques cellules de *Micrococcus*. Le ballon est ensuite
fermé par un bouchon traversé par un tube M qui s'ouvre
dans le mercure et sert de manomètre, et par un second
tube qui communique avec un eudiomètre à mercure E pouvant servir à faire une prise de gaz.

Bientôt un voile se forme à la surface du liquide par suite
de la multiplication du Microcoque et une diminution de
pression est accusée par l'élévation du mercure dans le tube
manométrique. Lorsque le mercure cesse de s'élever, Pasteur
met fin à l'expérience et analyse le contenu du ballon. L'atmosphère ne renferme plus d'oxygène et se compose de 98,8

p. 100 d'azote et 1,1 p. 100 de gaz carbonique; le liquide renferme de l'acide acétique et on n'y trouve plus d'alcool. Le Micrococque a donc transformé l'alcool en acide acétique avec absorption d'oxygène. La formule de la réaction est la suivante :

$$C^2H^6O + 2O = C^2H^4O^2 + H^2O$$
alcool   ac. acétique

Cette fermentation diffère de la fermentation alcoolique parce qu'elle s'effectue au contact de l'air et que l'oxygène lui est même nécessaire. Pendant la fermentation, le Micrococque respire comme l'indique le gaz carbonique dégagé. Une petite partie de l'oxygène absorbé sert à la respiration; le reste est employé à transformer l'alcool en acide acétique.

Si on laisse l'expérience se poursuivre après la disparition complète de l'alcool, le Micrococque, continuant son action, décompose l'acide acétique en gaz carbonique et en eau avec fixation d'oxygène :

$$C^2H^4O^2 + 4O = 2CO^2 + 2H^2O$$

C'est là l'exemple d'une Bactérie qui produit des fermentations différentes suivant la composition du milieu extérieur. On s'explique ainsi comment le vinaigre abandonné au contact de l'air peut, comme on dit, s'éventer, c'est-à-dire perdre le goût acide. Aussi, dans la fabrication du vinaigre, faut-il avoir soin d'arrêter la fermentation avant la disparition complète de l'alcool, sans cela on risquerait de perdre une partie de l'acide acétique.

Le *Micrococcus aceti*, agent de la fermentation acétique, est très commun; dans les caves, il est disséminé par un moucheron sur les pattes duquel on le trouve presque toujours. Un milieu très nettement acide est nécessaire à son développement : c'est pour cela que dans tous les procédés de fabrication du vinaigre on commence par ajouter de l'acide acétique au liquide alcoolique que l'on veut transformer. Le milieu acide a de plus l'avantage d'empêcher le développement de certains autres organismes qui nuiraient au ferment du vinaigre. D'autres Bactéries jouissent des mêmes propriétés que le *Micro-*

coccus aceti et peuvent aussi transformer l'alcool en acide acétique avec fixation d'oxygène.

129. Fermentation du tanin. — La fermentation du tanin, étudiée par Van Tieghem (7), a été une des premières connues ; elle a pour agents l'*Aspergillus glaucus* ou même le *Penicillium glaucum*. Cultivons un de ces Champignons dans un liquide renfermant du tanin, par exemple dans de l'eau où l'on a écrasé des noix de galle. Si le mycélium reste à la surface, les spores se forment en abondance et le tanin se conduit comme un aliment ordinaire ; il est peu à peu absorbé et complètement décomposé par le Champignon. Mais il en est tout autrement lorsque le mycélium est maintenu immergé ; le tanin est alors simplement dédoublé en glucose et acide gallique, d'après la formule :

$$C^{27}H^{22}O^{17} + 6H^2O = 4C^7H^6O^5 + 2C^6H^{12}O^6$$

$$\text{tanin} \qquad\qquad \text{ac. gallique} \qquad \text{glucose}$$

Il n'y a point de dégagement de gaz ; une partie seulement du tanin est ainsi dédoublée ; l'autre est entièrement consommée comme dans le cas où le mycélium reste superficiel.

Cette fermentation s'opère par l'intermédiaire d'une diastase sécrétée par le Champignon, la *tanase*, qu'on a isolée. Lorsqu'on fait agir la tanase sur le tanin en l'absence de tout Champignon, la totalité de tanin se retrouve à l'état de glucose et d'acide gallique ; il n'y a pas, comme dans le cas de la fermentation en présence de l'*Aspergillus*, une certaine perte provenant de la nutrition de ce Champignon.

Si on laisse la fermentation continuer lorsque tout le tanin a complètement disparu, on constate que le glucose est peu à peu consommé par le Champignon ; lorsque le glucose est achevé, l'acide gallique est attaqué et consommé à son tour. Le ferment se nourrit donc des produits de la fermentation ; c'est un peu comme dans le cas de la fermentation acétique où le ferment décompose l'acide acétique lorsqu'il n'y a plus d'alcool. Le tanin est donc, dans tous les cas, un aliment pour l'*Aspergillus* ; il est décomposé directement lorsque le

mycélium est superficiel ; il est d'abord dédoublé en glucose et acide gallique si le mycélium est immergé.

On peut comparer les ferments galliques aux Levures qui consomment directement le sucre au contact de l'air et le décomposent en alcool et gaz carbonique si l'oxygène manque ; mais il y a entre les deux cas des différences importantes. Pendant la période de fermentation, le mycélium immergé de l'*Aspergillus* a besoin d'air et respire, tandis que la Levure fermente à l'abri de l'air ; de plus, la Levure peut se nourrir de glucose, mais non des produits de la fermentation alcoolique du glucose.

On sait que la fermentation du tanin est utilisée pour la fabrication de l'acide gallique. On broie des noix de galle et on les laisse pendant un mois dans de l'eau à 30°. Les ferments se développent spontanément et on a soin de maintenir leur mycélium immergé en remuant de temps en temps. Au bout d'un mois environ, la décomposition du tanin est achevée. A ce moment, les Levures qui se trouvaient dans le liquide provoquent la fermentation alcoolique du glucose et déterminent un dégagement de gaz carbonique. La fin du dégagement indique la disparition complète du glucose ; on arrête alors l'opération, il n'y a plus qu'à extraire l'acide gallique. Dans la pratique, la fermentation alcoolique qui succède à la fermentation gallique débarrasse du glucose bien plus vite que ne le ferait l'*Aspergillus*. La fin du dégagement gazeux a de plus l'avantage d'indiquer le moment où il n'y a plus de glucose.

130. Fermentation lactique. — C'est un fait bien connu que le lait abandonné à lui-même ne tarde pas devenir aigre. Le sucre de lait ou lactose qu'il renferme est à peu près remplacé par de l'acide lactique, et la caséine se coagule. La cause et le mécanisme de cette transformation ont été étudiés par Pasteur. Le lait aigri renferme toujours une Bactérie formée de petites cellules arrondies, le *Micrococcus lacticus*, ou ferment lactique, qui a la propriété de transformer le lactose en acide lactique d'après la formule :

$$C^{12}H^{12}O^{12} + HO = 4C^3H^3O^3$$
$$\text{lactose} \qquad\qquad \text{ac. lactique}$$

Il n'y a pas de dégagement de gaz. Le ferment lactique ne se développe que s'il a à sa disposition une certaine quantité d'oxygène; c'est donc un ferment aérobie.

La fermentation lactique entraîne rapidement la coagulation de la caséine du lait. A la température ordinaire, la coagulation s'effectue lorsque le lait renferme 5 grammes d'acide lactique par litre; 2 grammes suffisent si on porte à l'ébullition. De plus, dès que la caséine est coagulée, la fermentation lactique cesse. On s'explique ce résultat en supposant que le ferment n'a plus à sa disposition assez de matières albuminoïdes solubles, toute la caséine étant coagulée, et se trouve de plus gêné par cette coagulation. On a là un exemple très net d'une fermentation qui est limitée par les effets mêmes qu'elle produit.

Pour que tout le lactose du lait soit transformé en acide lactique, il faut donc retarder la coagulation; pour cela, il suffit d'empêcher l'acide lactique de s'accumuler. On y arrive en mettant de la craie dans le lait; au fur et à mesure de sa formation, l'acide lactique décompose le carbonate de calcium et forme du lactate de calcium en dégageant du gaz carbonique :

$$2C^3H^6O^3 + CO^3Ca = Ca(C^3H^5O^3)^2 + CO^2 + H^2O$$

Il ne faut pas confondre ce dégagement de gaz carbonique, provenant de la décomposition de la craie, avec celui qu'on observe dans beaucoup de fermentations et qui provient de la décomposition même de la matière fermentescible.

Le rendement de la fermentation lactique, c'est-à-dire la quantité d'acide lactique produit par rapport au lactose disparu, peut être voisin de 100 p. 100, c'est-à-dire que presque tout le lactose se retrouve à l'état d'acide lactique; il n'y a alors que des quantités insignifiantes de lactose consommé par le ferment. Cependant, le lactose n'est jamais complètement transformé en acide lactique. De plus, il y a toujours production d'une petite quantité d'acide acétique.

Mais toutes les fermentations lactiques ne se ressemblent pas; le rendement en acide lactique est quelquefois seulement de 80 p. 100, ou de 40 p. 100, ou même de 20 p. 100. De

plus, le ferment qui, dans le cas le plus ordinaire, a besoin d'une certaine quantité d'air, peut quelquefois s'en passer ou même ne peut se développer qu'à l'abri de l'air. C'est qu'en effet il n'y a pas qu'un seul ferment lactique, mais un grand nombre ; on en a étudié plus de cent, qui ont tous cette propriété commune de transformer le lactose en acide lactique, mais ils diffèrent les uns des autres par les circonstances qui accompagnent cette transformation.

Les ferments lactiques agissent sur les autres sucres tels que le glucose ou le saccharose comme sur le lactose, mais plus difficilement. En général, les sucres qui sont le plus facilement décomposés par les ferments alcooliques sont ceux qui résistent le mieux aux ferments lactiques. C'est pour cette raison que la fermentation spontanée est presque toujours lactique pour le lactose et alcoolique pour le glucose.

La relation qui existe entre la fermentation lactique et la coagulation du lait nous permet de comprendre la raison d'être des moyens ordinairement employés pour empêcher cette coagulation très préjudiciable aux marchands de lait. On ajoute quelquefois du bicarbonate de soude, qui neutralise l'acide lactique au fur et à mesure de sa production ; mais cette pratique a l'inconvénient de modifier l'aspect et même le goût du lait, et on ne peut d'ailleurs ajouter assez de bicarbonate pour neutraliser tout l'acide qui peut se former, de sorte que la coagulation est seulement retardée.

On peut encore se servir d'antiseptiques, tels que l'acide salycilique, qui paralysent le ferment, mais c'est là un moyen dangereux et prohibé, car l'acide salycilique est toxique dans une certaine mesure. Le meilleur moyen d'empêcher le lait de se coaguler est encore de le faire bouillir ; on tue ainsi les ferments qui s'y trouvent ; mais à moins de prendre de grandes précautions, l'ensemencement se produit de nouveau spontanément ; il faut donc faire bouillir le lait plusieurs fois si on veut le conserver assez longtemps.

131. Fermentation mannitique. — Cette fermentation, étudiée par Gayon et Dubourg (4), va nous montrer le cas d'un ferment qui produit des fermentations très différentes suivant

la substance qu'il attaque. C'est une Bactérie en forme de petits bâtonnets, qui a été découverte dans un vin d'Algérie, où elle déterminait une fermentation spéciale avec production de mannite. Pour étudier ses propriétés, cultivons-la successivement dans divers milieux.

Employons d'abord un liquide de culture qui ne renferme que du lévulose comme matière fermentescible; le ferment s'y développe aussi bien au contact qu'à l'abri de l'air. La fermentation est très rapide et produit de la mannite, $C^{12}H^{14}O^6$; de l'acide acétique, $C^2H^4O^2$; de l'acide lactique, $C^3H^6O^3$; de l'acide carbonique et un peu de glycérine et d'acide succinique. La proportion de mannite peut varier de 58 p. 100 à 72 p. 100 du poids de lévulose décomposé; la proportion d'acide lactique est un peu supérieure à 10 p. 100 du sucre employé; il en est de même de l'acide acétique. Le gaz carbonique n'est pas assez abondant pour amener une effervescence; il se dissout au fur et à mesure de sa production; on peut mettre le dégagement en évidence en faisant le vide. On admet que les formules des réactions qui donnent la mannite, l'acide lactique et l'acide acétique sont les suivantes :

$$13C^6H^{12}O^6 + 6H^2O = 12C^{12}H^{14}O^6 + 6CO^2$$
lévulose   mannite

$$C^6H^{12}O^6 = 2C^3H^6O^3$$
lévulose   ac. lactique

$$C^6H^{12}O^6 = 3C^2H^4O^2$$
lévulose   ac. acétique

La formation de gaz carbonique est donc liée à celle de la mannite. On voit de plus que le lévulose est en partie transformé en mannite qui est un composé plus complexe; la formation de la mannite aux dépens du lévulose est une réaction endothermique. La chaleur nécessaire est fournie par les autres réactions qui sont exothermiques. C'est là un exemple d'une fermentation qui est synthétique par l'un de ses produits.

Remplaçons maintenant le lévulose par le dextrose, qui est, comme on sait, un glucose ne différant du lévulose que par

ses propriétés par rapport à la lumière polarisée; la fermentation sera moins rapide, mais il y aura dégagement apparent de gaz carbonique. Les produits de la fermentation sont : alcool (22 p. 100 environ), gaz carbonique (21 p. 100), acide lactique (31 p. 100), acide acétique (8 p. 100), glycérine (9 p. 100), et un peu d'acide succinique. Il n'y a pas de mannite, ce qui est une différence importante par rapport à la fermentation du lévulose; de plus, il y a de l'alcool qui n'existait pas dans le cas du lévulose, l'alcool et le gaz carbonique se trouvant dans le rapport qui caractérise la fermentation alcoolique. Nous sommes donc encore en présence d'une fermentation complexe qui comprend entre autres éléments la fermentation alcoolique et la fermentation lactique.

Le ferment mannitique fait encore fermenter d'autres sucres en donnant des produits qui se rapprochent soit de ceux fournis par le lévulose, soit de ceux fournis par le déxtrose. Cet exemple est un de ceux qui montrent le mieux combien l'action d'un ferment peut être complexe et variable suivant les conditions.

132. Fermentation butyrique. — Si on abandonne une tranche de pomme de terre dans un verre d'eau non renouvelée, il se dégage au bout de quelques jours une odeur putride provenant de l'acide butyrique qui s'est formé. On constate dans l'eau la présence de très nombreuses Bactéries qu'on peut rapporter au *Bacillus Amylobacter*. La tranche de pomme de terre a conservé à peu près sa forme; mais elle est réduite aux grains d'amidon qui se désagrègent facilement; les membranes de cellulose ont disparu. Le *Bacillus Amylobacter* a décomposé la cellulose en acide butyrique avec dégagement de gaz carbonique et d'hydrogène. Cette fermentation peut être représentée par la formule :

$$C^6H^{10}O^5 + H^2O = C^4H^8O^2 + 2CO^2 + 4H$$

cellulose   ac. butyrique

Lorsque toute la cellulose est détruite, le *Bacillus Amylobacter* s'attaque à l'amidon qui est décomposé de la même façon; si le liquide avait renfermé du glucose, le glucose au-

rait été attaqué avant la cellulose. Le *Bacillus Amylobacter* peut donc provoquer la fermentation butyrique de divers hydrates de carbone, mais il n'a pas pour tous la même affinité, il préfère le glucose à la cellulose et la cellulose à l'amidon.

Le *Bacillus Amylobacter* ne se développe bien qu'à l'abri du contact de l'air; on dit que c'est une Bactérie *anaérobie* par opposition aux Bactéries *aérobies* qui ont besoin d'oxygène. Dans l'expérience précédente, il ne se multiplie et ne provoque la fermentation que s'il y a très peu d'oxygène dissout dans l'eau.

Les membranes lignifiées ou cutinisées résistent à l'action du *Bacillus Amylobacter*. C'est ainsi que les feuilles qui s'accumulent au fond des eaux croupissantes sont bientôt réduites à leurs nervures et à la cuticule; la cellulose a subi la fermentation butyrique, la cuticule et le bois sont seuls restés. C'est par la fermentation butyrique qu'on s'explique la destruction rapide des feuilles mortes et de tous les débris végétaux.

L'action du *Bacillus Amylobacter* permet d'isoler les fibres textiles de certaines plantes telles que le Chanvre. Les tiges sont abandonnées dans l'eau, les cellules parenchymateuses qui entourent les fibres sont détruites pendant que celles-ci résistent et se trouvent ainsi séparées du reste de la tige. On sait que les ruisseaux où s'opère ce *rouissage* du Chanvre dégagent une odeur désagréable d'acide butyrique.

Les membranes des cellules laticifères des Euphorbes, qui ne sont cependant ni lignifiées ni cutinisées, résistent néanmoins à l'action destructive du *Bacillus Amylobacter*; on utilise cette propriété pour isoler les laticifères; il suffit de laisser macérer une tige d'Euphorbe dans de l'eau renfermant le ferment pour que le parenchyme se détruise et que les laticifères soient obtenus isolés sur une très grande longueur.

Nous avons pris le *Bacillus Amylobacter* comme exemple de ferment butyrique parce qu'il est un des plus répandus et un des mieux connus; mais il y en a un grand nombre d'autres. La plupart sont plus ou moins anaérobies, c'est-à-dire ne se développent que dans les milieux où il y a peu d'oxygène. Il peuvent différer entre eux par leur forme, mais surtout par

leurs propriétés physiologiques et notamment par la nature
des hydrates de carbone dont ils provoquent la fermentation.
Les uns ne s'attaquent qu'au sucre, les autres seulement à la
cellulose, les autres, comme le *Bacillus Amylobacter*, à la fois
au sucre, à la cellulose et à d'autres composés encore.

133. Bacille amylozyme. — Parmi les ferments butyriques,
citons plus spécialement le Bacille amylozyme que Perdrix
a extrait des eaux de la Seine et étudié. C'est un ferment complètement anaérobie; il est tué par le contact de l'oxygène
libre. On peut le cultiver dans l'azote, l'hydrogène, le gaz
carbonique, ou même en faisant le vide au-dessus des bouillons
de culture. Il fait fermenter les divers sucres et même l'amidon, mais il est sans action sur la cellulose, ce qui le distingue
nettement du *Bacillus Amylobacter*.

Pendant la fermentation du glucose sous l'action du Bacille
amylozyme, il y a dégagement de gaz carbonique et d'hydrogène et formation d'acide butyrique; mais, au moins dans la
première période de la fermentation, il y a en même temps
production d'acide acétique et on observe que le volume
d'hydrogène dégagé est plus grand que le volume de gaz carbonique.

La production d'acide butyrique peut s'expliquer par la formule de la fermentation butyrique normale :

$$C^6H^{12}O^6 = C^4H^8O^2 + 2CO^2 + 4H$$
$$\text{glucose} \qquad \text{ac. butyrique}$$

qui suppose un dégagement de volumes égaux de gaz carbonique et d'hydrogène. Pour se rendre compte de la formation
d'acide acétique et de l'excès d'hydrogène observé au commencement de la fermentation, on peut avoir recours à la formule
suivante :

$$6C^6H^{12}O^6 + 10H^2O = 13C^2H^4O^2 + 10CO^2 + 40H$$
$$\text{glucose} \qquad\qquad \text{ac. acétique}$$

L'excès d'hydrogène proviendrait donc de la décomposition
de l'eau dont l'oxygène se fixerait sur les éléments du sucre
pour donner du gaz carbonique et de l'acide acétique.

Le Bacille amylozyme est donc intéressant à plusieurs points de vue; d'abord, c'est un exemple de Bactérie complètement anaérobie pour qui l'oxygène, même à faible dose, est toxique; nous voyons ensuite l'acide acétique se former dans une fermentation anaérobie, alors qu'en général l'acide acétique résulte de l'oxydation directe par l'oxygène de l'air; enfin, nous voyons que la fermentation butyrique n'est pas toujours isolée comme dans le cas du *Bacillus Amylobacter* et peut être accompagnée d'autres fermentations, même lorsqu'un seul ferment agit sur une seule matière fermentescible.

134. Fermentation forménique. — La fermentation butyrique de la cellulose par le *Bacillus Amylobacter* ou d'autres Bactéries est une des causes principales de la destruction de la cellulose, mais ce n'est pas la seule. Nous dirons quelques mots d'une autre fermentation de la cellulose, la fermentation forménique, encore mal connue puisqu'on en ignore l'agent. On sait que lorsque des débris végétaux se décomposent à l'abri de l'air, comme dans les marais ou les tas de fumiers, il y a souvent dégagement de gaz des marais ou formène CH^4.

Voyons en particulier ce qui a lieu dans un tas de fumier et étudions, comme l'a fait Dehérain (2), la composition des gaz qu'on en extrait en faisant des prises à différentes profondeurs. Les gaz extraits de la partie supérieure comprennent à peu près 78 p. 100 d'azote et 22 p. 100 de gaz carbonique; il s'est donc produit une combustion dont on ignore le mécanisme et qui a remplacé l'oxygène par du gaz carbonique; c'est là ce qui explique la température élevée qu'on observe dans le fumier et qui peut aller jusqu'à 70°. Dans les parties moyennes et inférieures du tas, la proportion de gaz carbonique augmente et on voit apparaître le formène; on en trouve quelquefois plus de 50 p. 100. La combustion a été remplacée par une fermentation anaérobie, ce qui explique la température moins élevée de la partie inférieure des tas de fumier. On admet généralement que la formule de la fermentation forménique de la cellulose est la suivante :

$$C^6H^{10}O^5 + H^2O = 3CH^4 + 3CO^2$$
$$\text{cellulose} \qquad\qquad \text{formène}$$

On n'a pu isoler la Bactérie qui en est l'agent ; on sait seulement qu'elle est anaérobie et se développe en milieu alcalin. Il est probable d'ailleurs que plusieurs Bactéries peuvent déterminer la décomposition de la cellulose avec formation de formène. Quoi qu'il en soit, la fermentation forménique est une des plus importantes par le rôle qu'elle joue dans la nature ; c'est par elle qu'une grande partie de la cellulose des végétaux retourne à l'état gazeux.

135 Fermentation synthétique ; gomme de sucrerie — On a remarqué depuis longtemps que dans certaines sucreries la mélasse se transforme quelquefois en une matière gélatineuse appelée gomme de sucrerie, et cela peut être la cause de pertes considérables. Van Tieghem a montré que l'agent de cette transformation est un Protophyte voisin des Nostocs, mais dépourvu de Chlorophylle, le *Leuconostoc mesenteroïdes*. La masse gélatineuse que l'on observe n'est autre que la gaine qui, comme on sait, entoure les chapelets de cellules de certaines Nostocacées.

La gomme de sucrerie est insoluble dans l'eau alcaline, soluble dans l'eau acidulée qui la transforme en dextrine, puis en glucose ; elle est transformée en acide oxalique par l'action de l'acide azotique. Ces caractères la rapprochent de la cellulose, mais elle est insoluble dans le liquide de Schweitzer ; ce n'est donc pas de la cellulose proprement dite, mais un hydrate de carbone ayant la même formule que la cellulose et à un état plus condensé que la dextrine ; on lui a donné le nom de *dextrane*. Le rendement du sucre en dextrane, sous l'action du *Leuconostoc*, est d'environ 50 p. 100.

Dans les cas que nous avons étudiés précédemment, la fermentation consistait en une désagrégation d'un composé en composés plus simples avec dégagement de chaleur ; c'était une analyse, poussée plus ou moins loin, de la substance fermentescible.

Ici, au contraire, nous voyons que le sucre est remplacé par un composé plus condensé, la dextrane, la transformation ayant le caractère d'une synthèse et ne pouvant s'accomplir qu'avec absorption de chaleur ; c'est là un exemple assez

rare de fermentation synthétique. On peut s'expliquer la possibilité de cette synthèse par ce fait que le rendement du sucre en dextrane est faible ; la plus grande partie du sucre est employée à former d'autres composés qui n'ont pas été étudiés et qui très probablement correspondent à une décomposition du sucre avec dégagement de chaleur. Dans l'ensemble de la fermentation, il y aurait des réactions exothermiques et des réactions endothermiques, et la chaleur dégagée par les premières rendrait les secondes possibles.

Remarquons même que, dans une fermentation quelconque, il y a toujours quelques produits synthétiques. Dans la fermentation alcoolique, par exemple, tout le sucre n'est pas décomposé en alcool et en gaz carbonique, une partie sert à édifier les tissus de la Levure, à former la cellulose par exemple ; c'est bien là une synthèse, mais elle n'attire l'attention ni par son importance quantitative ni par ses applications. La formation de la mannite dans la fermentation mannitique est aussi une synthèse.

136. Association de ferments ; Kéfir. — Les fermentations que nous avons étudiées jusqu'à présent peuvent être attribuées à l'action d'un ferment déterminé, Bactérie ou Champignon. Nous allons maintenant voir un cas où une association de plusieurs ferments paraît nécessaire. Il s'agit du Kéfir, boisson fermentée qui est fabriquée dans la région du Caucase avec du lait. Le ferment employé consiste en grains blanchâtres pouvant atteindre la grosseur d'une noix. Pour fabriquer la boisson, on met les grains de Kéfir dans quinze ou vingt fois leur volume de lait et on laisse le tout à la température ordinaire pendant vingt-quatre heures, puis on décante le lait et on le met en bouteilles. Au bout de deux ou trois jours, on a une boisson mousseuse qui diffère du lait parce que le sucre a été remplacé par un mélange d'acide lactique et d'alcool. Les choses se passent comme s'il y avait eu deux fermentations : la fermentation alcoolique qui a donné l'alcool et le gaz carbonique et la fermentation lactique.

On a cherché dans les grains de Kéfir les agents de cette fermentation. Freudenreich a extrait des grains de Kéfir et

étudié à part une Levure et trois Bactéries. On serait tenté d'attribuer la fermentation alcoolique à la Levure et la fermentation lactique aux Bactéries. Mais il ne semble pas qu'il en soit ainsi. La Levure isolée ne détermine dans le lait aucune fermentation, pas même la fermentation alcoolique; à peine en modifie-t-elle un peu le goût. Les Bactéries isolées peuvent jouer plus ou moins le rôle de ferment lactique. Le Kéfir, avec alcool, gaz carbonique et acide lactique, ne peut être obtenu que par l'emploi des grains qui renferment les quatre ferments. Il semble donc qu'il y ait là une association d'organismes donnant un résultat différent de ce que donnerait la somme des actions séparées de chaque organisme.

137. Fermentation ammoniacale. — Les fermentations des matières azotées sont beaucoup moins connues que celles des corps hydrocarbonés. Nous parlerons seulement de la fermentation ammoniacale de l'urée. On savait depuis longtemps que, dans l'urine exposée à l'air, l'urée se transforme en carbonate d'ammoniaque, d'après la formule :

$$CO(Az\,H^2)^2 + 2H^2O = CO^3(Az\,H^4)^2$$
$$\text{urée} \qquad\qquad\qquad \text{carb. d'ammon.}$$

Mais on a ignoré la cause de cette transformation jusqu'à ce que les recherches de Pasteur et de Van Tieghem aient montré qu'elle était due à une Bactérie, le *Micrococcus ureæ*, dont la présence est constante dans les urines ammoniacales. Une des propriétés les plus curieuses de cette Bactérie est de résister à des doses considérables de carbonate d'ammoniaque; elle peut continuer à vivre dans un liquide qui en renferme 13 p. 100 et qui est toxique pour les autres cellules vivantes.

La fermentation ammoniacale se fait par l'intermédiaire d'une diastase, l'*uréase*, qui est sécrétée par le *Micrococcus ureæ*.

138. Ferments aérobies et anaérobies. — On a quelquefois divisé les ferments en *aérobies* et *anaérobies*; les pre-

miers étant ceux qui déterminent une fermentation au contact
de l'air et les seconds à l'abri de l'air. Le ferment acétique
peut être pris comme type des ferments aérobies, car non
seulement il a besoin d'air pour entretenir sa respiration qui
persiste pendant la fermentation, mais encore la réaction
même qui constitue la fermentation acétique ne peut s'effectuer qu'avec fixation d'oxygène. Le ferment amylozyme, qui
provoque la fermentation butyrique du sucre, est un ferment
nettement anaérobie; l'oxygène est pour lui un poison.

Mais les cas aussi nets que ceux que nous venons de citer
sont rares, et bien souvent on ne sait si un ferment doit être
considéré comme aérobie ou anaérobie. Le ferment mannitique, par exemple, peut décomposer le sucre indifféramment
au contact ou à l'abri de l'air; c'est un ferment indifférent.
La Levure de bière présente une incertitude d'un autre ordre.
Si on la cultive au contact de l'air, elle se développe normalement sans fermenter, c'est alors un végétal aérobie, mais ce
n'est pas un ferment; la fermentation ne se produit qu'à
l'abri de l'air; en tant que ferment, la Levure est donc anaérobie. Mais nous avons vu que, même lorsqu'elle joue le rôle
de ferment, la Levure ne peut se passer indéfiniment du contact de l'air; elle finit par s'épuiser. Pour entretenir son pouvoir de ferment, la Levure a besoin d'une quantité d'oxygène, très faible il est vrai, mais qui cependant n'est pas
nulle.

L'exemple de la Levure de bière nous permet de modifier
d'une façon plus conforme à la réalité la division des ferments
en aérobies et anaérobies. Les végétaux qui ne sont pas ferments ont besoin d'oxygène, la proportion minima d'oxygène
au-dessous de laquelle ils ne peuvent vivre est toujours relativement élevée. Pour les ferments, il existe quelque chose
d'analogue. Dans chaque cas, il y a une proportion minima
d'oxygène au-dessous de laquelle la fermentation n'a pas lieu,
une proportion maxima au-dessus de laquelle elle n'a pas
lieu non plus, et entre ces deux extrêmes une dose optima
qui est la plus favorable.

Pour les ferments nettement aérobies, comme le ferment
acétique, ces proportions limites sont à peu près les mêmes

que pour les végétaux ordinaires; dans le cas des ferments indifférents, comme le ferment mannitique, la tolérance en oxygène est beaucoup plus étendue. La proportion maxima est aussi élevée que pour les aérobies; mais la proportion minima est très faible, si faible qu'on la considère quelquefois comme nulle. Il n'en est pas de même pour la Levure de bière jouant le rôle de ferment; ici, la limite inférieure est voisine de zéro, et la limite supérieure voisine de la limite inférieure; de sorte que pour que la fermentation ait lieu, il faut que la proportion d'oxygène soit très faible et comprise entre des limites très étroites. Chez le ferment amylozyme, type des anaérobies, les deux limites sont encore plus rapprochées et plus voisines de zéro; peut-être même se confondent-elles avec zéro : dans ce cas, tout l'oxygène nécessaire au développement du ferment serait absorbé à l'état de composé et non à l'état libre.

On ne peut donc pas établir une distinction nette entre les ferments aérobies et les ferments anaérobies. Les ferments vraiment aérobies ou vraiment anaérobies sont rares, et entre ces extrêmes s'échelonnent une série à peu près continue d'intermédiaires.

139. Rôle physiologique des fermentations. — Nous pouvons maintenant rechercher le rapport qui existe entre les fermentations et les principales fonctions de la plante telles que la respiration et la nutrition; la respiration consistant essentiellement dans l'absorption d'oxygène et le dégagement de gaz carbonique et la nutrition dans la digestion et l'assimilation des aliments autres que l'oxygène.

Certaines fermentations, comme la fermentation lactique ou la fermentation gallique, se font sans absorption ni dégagement de gaz; la fermentation n'a donc pas ici le caractère de la respiration qui, d'ailleurs, au moins dans certains cas, coexiste avec elle. Ces deux fonctions ont cependant ce caractère commun d'être l'une et l'autre des sources de chaleur pour la plante, et à ce point de vue on conçoit que la fermentation puisse suppléer plus ou moins complètement la respiration.

Les deux fermentations que nous venons de prendre comme exemples doivent surtout être rapprochées de la nutrition, mais pas de la même façon. Le dédoublement du tanin en glucose et acide gallique est un commencement de la digestion du tanin dont une partie est d'ailleurs assimilée pendant la fermentation; mais lorsque la fermentation est terminée, les produits en sont successivement assimilés par le ferment. Pendant la fermentation lactique, une partie du glucose est aussi assimilée et une autre partie est transformée en acide lactique, et c'est là le fait saillant de cette fermentation; mais l'acide lactique n'est pas destiné à servir d'aliment au ferment lactique; c'est plutôt un résidu de la digestion qu'un produit transitoire.

Les fermentations qui sont accompagnées d'une absorption de gaz sont rares; nous connaissons la fermentation acétique qui se fait avec absorption d'oxygène. Nous savons que le ferment respire pendant qu'il transforme l'alcool en acide acétique; la fermentation est donc ici encore une fonction distincte de la respiration; on peut, comme dans les cas précédents, la rattacher à la nutrition, l'acide acétique produit étant destiné à être brûlé à son tour par le ferment quand tout l'alcool a été transformé.

La plupart des fermentations se font avec dégagement de gaz et surtout de gaz carbonique et, à ce point de vue, elles se rattachent à la respiration. Dans le cas des ferments alcooliques, la fermentation remplace la respiration lorsque l'oxygène vient à faire défaut. Comme, de plus, nous savons que chez les plantes supérieures la respiration anaérobie qui remplace la respiration normale quand l'oxygène manque n'est autre chose qu'une fermentation alcoolique, nous pouvons en conclure que, d'une façon générale, la fermentation alcoolique est la forme de la respiration adaptée à un milieu sans oxygène; c'est une résistance à l'asphyxie.

Chez les ferments anaérobies comme, par exemple, certains ferments butyriques où la respiration proprement dite n'existe pas et où l'état de fermentation peut se continuer indéfiniment, on peut admettre que la fermentation remplace normalement la respiration. Elle dégage du gaz carbonique, mais au lieu

d'emprunter l'oxygène à l'air, elle l'extrait de la substance
fermentescible. De plus, le ferment tire la plus grosse partie
de ses aliments de la matière fermentescible décomposée; la
fermentation se rattache par là à la nutrition. Les produits les
plus apparents de la fermentation, tels que l'acide butyrique
ou l'acide acétique, ne paraissent pas destinés à être consom-
més; ce sont donc des déchets inutiles ou même nuisibles, des
matières d'excrétion. Dans ce cas, la fermentation représente
donc pour le ferment à la fois la respiration et la nutrition.

Certains phénomènes, tels que la nitrification, l'oxydation
de l'hydrogène sulfuré, la réduction des nitrates que nous
avons étudiés avec la respiration pourraient être rattachés aux
fermentations, car ils constituent une modification importante
du milieu sous l'action d'un organisme; si nous les avons rattachés à la respiration c'est qu'ils remplacent effectivement la
respiration et que l'importance quantitative de la modification
du milieu n'est guère plus grande que celle qui proviendrait
de la respiration et de la nutrition normales.

On voit donc, en somme, que l'on confond sous le nom de
fermentations des phénomènes très différents et qui ont un
rapport plus ou moins étroit avec les fonctions de respiration
et de nutrition. Un caractère général de toutes les fermentations est qu'elles se font toujours avec un dégagement de chaleur, même si, parmi les réactions dont l'ensemble constitue la
fermentation, il y en a une ou plusieurs qui sont endothermiques, ce qui d'ailleurs est assez rare. Mais ce qui caractérise
surtout les fermentations et les distingue de la respiration et
de la nutrition proprement dites, c'est l'importance quantitative des modifications produites dans le milieu. Le pouvoir
ferment d'un organisme est le rapport qui existe entre le poids
de la matière fermentescible décomposée et le poids de la
matière vivante formée; plus ce pouvoir est grand, mieux
l'organisme est caractérisé en tant que ferment.

BIBLIOGRAPHIE.

1. BOUTROUX. *Le pain et la panification*. Paris, 1897.

2. DÉHÉRAIN. *La fermentation forménique* (Ann. agronom., t. XI).

3. DUCLAUX. *Traité de microbiologie*. Paris, 1900.

4. GAYON et DUBOURG. *La fermentation mannitique* (Ann. de l'Inst. Pasteur, t. VIII, 1894).

5. PASTEUR. *Mémoire sur la fermentation alcoolique* (Ann. de Ch. et de Phys., 1859).

6. — *Mémoire sur la fermentation acétique* (Ann. scient. de l'Ec. norm. sup., t. I, 1864).

7. Van TIEGHEM. *Fermentation gallique* (Ann. scient. de l'Ec. norm. sup., 1868).

CHAPITRE IV.

ASSIMILATION DU CARBONE.

Sommaire. — 1º CHLOROPHYLLE : PROPRIÉTÉS ET RÔLE. — § 140-150. Préparation de la chlorophylle; xanthophylle; carotine. Spectre d'absorption. Formation et destruction de la chlorophylle. Influence de la lumière, de la température, du fer, du sucre.

2º MESURES DE L'ASSIMILATION DU CARBONE. — § 151-159. Appareils employés. Plantes aquatiques. Séparation de l'assimilation du carbone et de la respiration. Expérience de Schlœsing. Rapport des gaz échangés.

3º INFLUENCE DES CONDITIONS EXTÉRIEURES. — § 160-168. Influence de l'intensité lumineuse et des radiations colorées. Méthode des Bactéries. Influence de la température et de la pression.

4º INFLUENCE DES CONDITIONS INTÉRIEURES. — § 169-171. Influence de la structure et de la coloration des feuilles; érythrophylle.

5º PRODUITS DE L'ASSIMILATION DU CARBONE. — § 172-175. Amidon; sucre; aldéhyde formique.

6º MÉCANISME DES ÉCHANGES GAZEUX. — § 176-180. Imperméabilité des membranes végétales pour les gaz. Rôle des stomates; plantes aquatiques.

7º NUTRITION CARBONÉE DES PLANTES PARASITES OU SAPROPHYTES. — § 181-183. Parasites avec ou sans chlorophylle. Assimilation du gaz carbonique par les Bactéries sans chlorophylle.

8º ASSIMILATION DU CARBONE ORGANIQUE PAR LES PLANTES VERTES. — Expériences de J. Laurent, de Molliard, de Lefèvre.

1º CHLOROPHYLLE : PROPRIÉTÉS ET RÔLE.

140. Assimilation du carbone atmosphérique par les plantes vertes. — Prenons une graine de Maïs dont nous connaissons exactement la composition en carbone, oxygène,

hydrogène et azote ; faisons-là germer en l'humectant avec de l'eau à une température convenable ; puis, lorsque la radicule est apparue, disposons la jeune plante sur une éprouvette telle que celle représentée par la figure 32, de façon à ce que la racine plonge dans le liquide de l'éprouvette et que les feuilles soient dans l'air. L'éprouvette contient de l'eau distillée renfermant par litre :

1gr de nitrate de calcium,
0,25 de chlorure de potassium,
0,25 de sulfate de magnésium,
0,25 de phosphate de potassium.

Ce liquide nutritif ne contient aucun composé renfermant du carbone. On constate, néanmoins, que la plante de Maïs se développe, et, au bout de quelque temps, le carbone qu'elle renferme à l'état de matière organique a plus que doublé ; il y a donc eu absorption et assimilation de carbone. Maïs d'où vient ce carbone absorbé ? Ce n'est pas du liquide nutritif qui n'en renferme pas ; ce ne peut être que de l'atmosphère qui, on le sait, renferme une faible proportion de gaz carbonique, 0,05 p. 100 environ.

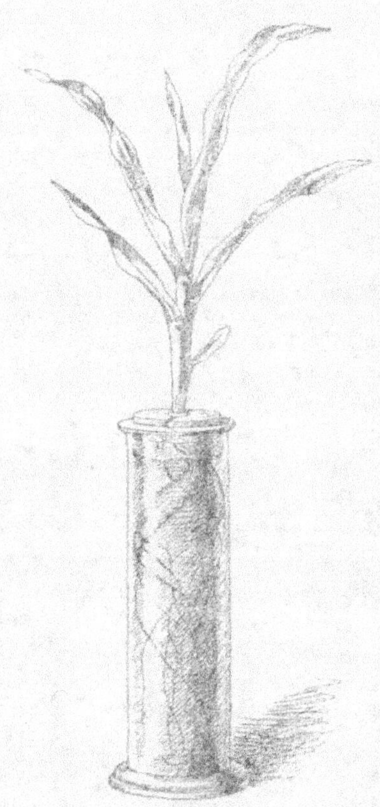

Fig. 32. — Éprouvette renfermant un liquide nutritif où est cultivé un pied de Maïs.

Cette expérience très simple montre donc qu'une plante verte, exposée à la lumière dans l'air ordinaire, peut se développer normalement et faire la synthèse des matières orga-

niques à condition qu'on lui fournisse de l'eau et certains sels minéraux; tout le carbone nécessaire peut être fourni par l'atmosphère.

141. Echange gazeux qui accompagne l'assimilation du carbone. — Il est d'ailleurs facile de corroborer ce résultat par l'étude des changements qu'une plante verte exposée à la lumière fait subir à l'atmosphère qui l'entoure. Supposons que le plant de Maïs que nous venons d'observer soit placé sous la cloche de l'appareil à air confiné dont nous nous sommes servi pour la respiration. Nous mesurons la quantité d'oxygène et de gaz carbonique qui se trouve dans l'atmosphère confinée au commencement de l'expérience, puis nous exposons l'appareil à la lumière du soleil, pendant deux heures par exemple. En analysant de nouveau l'atmosphère confinée, on constate qu'il y a moins de gaz carbonique et plus d'oxygène qu'au commencement. Pendant l'exposition à la lumière, la plante verte absorbe donc du gaz carbonique et rejette de l'oxygène, ce qui, on le voit, est un échange gazeux inverse de celui qui caractérise la respiration.

L'absorption de gaz carbonique par la plante verte exposée à la lumière montre que c'est bien à l'atmosphère que cette plante a emprunté le carbone qui lui est nécessaire pour la synthèse des matières organiques. On peut admettre que le gaz carbonique est absorbé par la plante, puis décomposé en oxygène qui est rejeté et en carbone qui est assimilé. Si les choses se passaient rigoureusement ainsi, le volume d'oxygène dégagé serait égal au volume de gaz carbonique absorbé. Nous verrons qu'en réalité il n'en est pas tout à fait ainsi; il y a, en général, un peu plus d'oxygène dégagé que de gaz carbonique absorbé; les choses sont donc un peu plus complexes que ne le serait une simple décomposition du gaz carbonique.

Il est facile de vérifier que les deux expériences fondamentales que nous venons de citer ne sont possibles qu'avec des plantes vertes et exposées à la lumière. Si on emploie des plantes sans chlorophylle, comme des Champignons par exemple, on constate que, même à la lumière, le gaz carbonique de l'atmosphère n'est pas absorbé et que la matière organique renfer-

mée dans les tissus n'augmente de poids que si on a fourni à la plante des aliments organiques pouvant céder leur carbone. Il en est de même pour les plantes vertes si on les maintient à l'obscurité. La chlorophylle joue donc un rôle essentiel dans l'assimilation du carbone de l'atmosphère ; nous allons en faire d'abord une étude spéciale.

142. Grains de chlorophylle. — Nous savons que la couleur verte des plantes est due à des grains de chlorophylle, c'est-à-dire à des sortes de granulations de forme déterminée qui sont plongées dans le protoplasma dont elles ont à peu près la composition. Si on traite un grain de chlorophylle par l'alcool, le grain se décolore et l'alcool devient vert. Le grain de chlorophylle est donc essentiellement un leucite albuminoïde coloré en vert par la chlorophylle ; la matière albuminoïde du leucite sert simplement de substratum à la chlorophylle.

La forme et les dimensions des grains de chlorophylle peuvent varier beaucoup suivant les plantes ; en général, ce sont de petits corps ovales ou arrondis, nombreux dans une même cellule. Comme les leucites incolores, les grains de chlorophylle ou leucites verts se multiplient toujours par bipartition. Un grain de chlorophylle provient toujours d'un grain de chlorophylle semblable à lui ; jamais il ne se différencie directement aux dépens du protoplasma. Il peut se faire cependant qu'un leucite vert provienne d'un leucite incolore qui a verdi.

Une pomme de terre maintenue à l'obscurité renferme des leucites qui sont tous incolores ; si on l'expose à la lumière, certains de ces leucites verdissent par suite de la production de chlorophylle dans le leucite même. Inversement, un leucite vert peut, sans cesser d'être vivant, devenir incolore par suite de la destruction de la chlorophylle ; c'est ce qui arrive notamment dans les feuilles vertes qui s'étiolent à l'obscurité. Dans les deux cas, le leucite a changé de couleur par suite de la production ou de la destruction de la chlorophylle, mais sa forme, et, dans une très large mesure sa composition, sont restées invariables.

143. Chlorophylle. — On peut obtenir une dissolution de chlorophylle en traitant par l'alcool un tissu vert quelconque. Mais, en même temps que la chlorophylle, l'alcool dissout d'autres substances. On n'a donc pas ainsi de la chlorophylle pure, mais ce qu'on appelle quelquefois la chlorophylle brute.

Pour avoir la chlorophylle à l'état de pureté, il faut employer le procédé indiqué par Monteverde. On prend des feuilles vertes de certaines plantes, telles que le Dahlia, par exemple, on les hache sans les avoir chauffées, puis on les traite par l'alcool à 95°. On a ainsi une dissolution de chlorophylle brute. On filtre, on laisse évaporer l'alcool, et l'on voit se déposer de petits cristaux verts formés par la chlorophylle mêlée à diverses impuretés et notamment à des pigments jaunes sur lesquels nous reviendrons tout à l'heure. En lavant avec de l'eau et de la benzine, on enlève les matières étrangères, et il ne reste que la chlorophylle pure sous forme de cristaux verts à reflets bleuâtres.

La chlorophylle est insoluble dans l'eau, soluble dans l'alcool, l'éther, le chloroforme, la benzine, l'éther de pétrole, le sulfure de carbone. La solution est dichroïque, verte par transmission, rouge par réflexion, et s'altère rapidement surtout à la lumière.

La chlorophylle a une composition chimique qui peut être représentée à peu près par la formule $C^{56}H^{36}AzO^{6}$; il n'y a pas de fer bien que ce métal soit indispensable à sa formation dans la plante. Récemment, Willstätter a trouvé du magnésium dans la chlorophylle et attribue à ce métal un rôle essentiel dans l'absorption du gaz carbonique et la synthèse des matières organiques.

Xanthophylle et Caroline. — Si on ajoute de la benzine à une solution alcoolique de chlorophylle brute renfermée dans un tube à essai (*fig. 33*) et qu'on laisse reposer le liquide après avoir agité, on voit se former deux couches dans le liquide. La couche supérieure verte BC est de la benzine renfermant en dissolution la chlorophylle, et la couche inférieure jaune AX est de l'alcool renfermant en dissolution un pigment jaune qui est toujours associé à la chlorophylle et qu'on nomme la *Xanthophylle*.

On peut encore séparer la xanthophylle par la méthode de Timiriazeff, qui permet en même temps d'isoler un autre pigment de couleur orangée appelé *carotine* et qui se trouve toujours associé à la chlorophylle. On fait une dissolution alcoolique de chlorophylle brute, on la traite par de l'eau de baryte, qui détermine la for-mation d'un précipité de matière verte ; on recueille ce précipité sur un filtre et on le traite par l'alcool de façon à enlever la xan-thophylle et la carotine sans dissoudre la chlorophylle qui est moins soluble. On ajoute de la benzine à cette solution alcoolique de xanthophylle et de carotine, on agite, puis on laisse reposer. La benzine vient à la par-tie supérieure colorée en rouge orangé par la carotine, et l'alcool reste en bas coloré en jaune par la xanthophylle. On peut encore

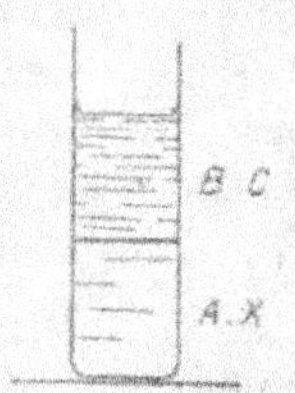

Fig. 33. — *B C*, ben-zine colorée en vert par la chlorophylle ; *A X*, alcool coloré en jaune par la xan-thophylle.

extraire directement la carotine des feuilles vertes en les trai-tant par l'éther de pétrole qui dissout plus facilement la caro-tine que la xanthophylle et la chlorophylle.

La xanthophylle ne renferme pas d'azote ; sa formule est à peu près $C^{40}H^{56}O^{2}$; elle existe seule dans les feuilles étiolées dépourvues de chlorophylle. La carotine est un carbure d'hydrogène, $C^{26}H^{38}$, très facilement oxydable ; ses meilleurs dissolvants sont l'éther de pétrole et le sulfure de carbone.

144. Complexité de la matière verte des plantes. — Nous avons admis jusqu'à présent que la chlorophylle était une espèce chimique bien déterminée. Mais en faisant de nom-breuses analyses de chlorophylle, on a trouvé que sa compo-sition variait suivant les plantes. Il y aurait donc plusieurs chlorophylles. A. Gautier a conclu de ses analyses qu'il y avait au moins trois sortes de chlorophylles, l'une chez les Dicotylédones, l'autre chez les Monocotylédones et la troi-sième chez les Cryptogames. Etard a même trouvé plusieurs sortes de chlorophylles dans une même plante, quatre dans la Luzerne, trois dans la Fougère femelle.

Par une méthode toute spéciale, Tsvett a décomposé la

chlorophylle d'une même plante en plusieurs pigments distincts. Il fait une dissolution de chlorophylle brute dans la benzine ou le sulfure de carbone et la fait passer à travers du bicarbonate de calcium finement pulvérisé et tassé. Les matières colorantes sont retenues par le carbonate pulvérisé, mais plus ou moins vite, de telle sorte qu'en examinant les couches successives de carbonate à partir du haut, par exemple, on y trouve des substances différentes. Tsvett a pu ainsi décomposer la chlorophylle brute en sept pigments différents : deux sont verts et fluorescents et correspondent à la chlorophylle proprement dite, les autres correspondent aux pigments jaunes.

Si les propriétés chimiques ou physiques de la matière verte extraite des plantes sous le nom de chlorophylle sont variables, sa propriété physiologique essentielle relative à l'assimilation du carbone semble être constante. Comme c'est surtout cette propriété qui nous intéresse, nous ne nous préoccuperons pas, dans ce qui suit, des différences qui peuvent exister entre les diverses matières vertes des plantes, et nous désignerons simplement sous le nom de chlorophylle la ou les substances renfermées dans les parties vertes des plantes et qui permettent l'assimilation du carbone de l'atmosphère sous l'influence de la lumière.

145. Spectre d'absorption de la chlorophylle. — La propriété essentielle de la chlorophylle ne se manifeste que sous l'influence de la lumière ; il semble probable, *a priori*, que son rôle est surtout d'arrêter les rayons lumineux et de transformer leur énergie. Il est donc important de savoir dans quelle mesure la lumière est absorbée par la chlorophylle. Nous allons par suite étudier le spectre d'absorption de la chlorophylle.

Pour cela, on peut se servir d'une dissolution alcoolique de chlorophylle dont on fait varier la concentration ou l'épaisseur, ce qui revient au même. Au moyen d'un spectroscope, on examine le spectre de la lumière blanche qui a traversé cette dissolution. On constate que certaines parties du spectre sont occupées par des bandes noires ; ces bandes corres-

pondent aux radiations absorbées par la chlorophylle et constituent le spectre d'absorption de la chlorophylle (*fig. 34*).

Pour une dissolution de chlorophylle d'épaisseur moyenne, le spectre d'absorption comprend sept bandes : une première I, située dans le rouge orangé entre les raies B et C; elle est très obscure et ses bords sont très nets; puis, en

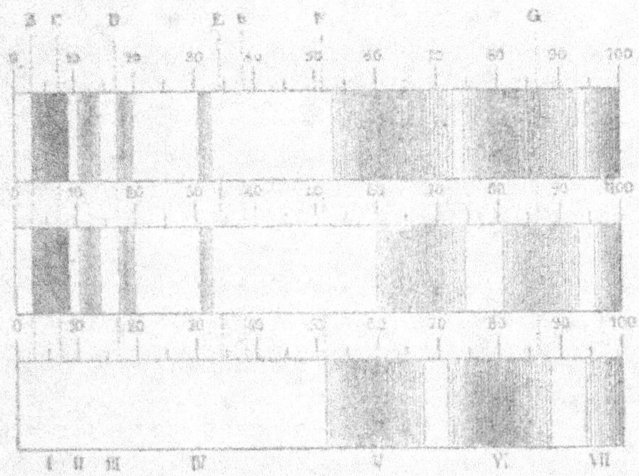

Fig. 34. — Spectres d'absorption de la chlorophylle brute (en haut); de la chlorophylle pure (au milieu), et de la xanthophylle (en bas); I, II, III, IV, V, VI, VII, emplacement des bandes d'absorption.

allant vers la droite dans la partie jaune et jaune-verte du spectre, on trouve trois autres bandes noires II, III et IV, moins larges et surtout moins obscures et à contours moins nets que la première; puis, dans la partie bleue du spectre, à droite de la raie *b*, se trouvent trois larges bandes IV, V et VI, à bords peu nets, et qui arrivent presque au contact l'une de l'autre.

Si on augmente l'épaisseur de la dissolution de chlorophylle étudiée, les trois bandes de la partie bleue confluent complètement, puis les quatre bandes de la partie rouge-jaune se réunissent également. Les seules parties du spectre non absorbées sont alors les radiations rouges à gauche de la raie B et une partie des radiations vertes. Si l'épaisseur de la dissolution de chlorophylle diminue, les raies deviennent

de plus en plus minces et, sauf la raie I qui reste toujours très noire, de moins en moins obscures. Les raies II, III et IV disparaissent d'abord, puis les raies V, VI et VII; la raie I persiste très nette, même pour les solutions très étendues; c'est la raie la plus caractéristique du spectre d'absorption.

Le spectre d'absorption que nous venons d'observer est celui de la chlorophylle brute; celui de la chlorophylle pure (*fig. 34*) est le même, sauf que les bandes V, VI et VII sont un peu moins larges et moins obscures. Avec la xanthophylle pure, on a seulement trois bandes dans le bleu, correspondant aux bandes V, VI et VII. La superposition du spectre d'absorption de la chlorophylle et de celui de la xanthophylle donne celui de la chlorophylle brute. La carotine a sensiblement le même spectre d'absorption que la chlorophylle.

Une feuille verte examinée directement au spectroscope donne le même spectre d'absorption qu'une dissolution de chlorophylle, mais toutes les bandes sont repoussées un peu vers la gauche, du côté rouge.

146. Destruction de la chlorophylle. — Nous savons qu'une dissolution alcoolique de chlorophylle se décolore rapidement par suite de la décomposition de la chlorophylle. La décomposition est d'autant plus rapide que la dissolution est exposée à une lumière plus intense. De plus, en faisant agir, non plus la lumière blanche, mais seulement les radiations jaunes ou les radiations bleues, on constate que la destruction de la chlorophylle est plus rapide dans la lumière jaune que dans la lumière bleue. On réalise l'expérience en plaçant le tube qui contient la dissolution de chlorophylle à l'intérieur d'un autre tube dont les parois colorées en rouge ou en bleu ne laissent passer que certaines radiations.

Il est facile de montrer que cette destruction de la chlorophylle s'effectue non seulement sur la matière extraite par un dissolvant, mais encore dans la cellule vivante même. Une feuille verte, maintenue à l'obscurité, se décolore plus ou moins vite; la chlorophylle se décompose, et il ne reste plus que la xanthophylle qui donne à la feuille une couleur jaune

pâle. Il semble qu'il y ait contradiction entre ce fait que les
feuilles se décolorent seulement à l'obscurité, et la décomposition, plus rapide à la lumière qu'à l'obscurité, de la chlorophylle dissoute. C'est que dans la dissolution alcoolique il
y a seulement destruction de la chlorophylle, tandis que
dans la feuille vivante il y a à la fois destruction et formation de matière verte. Or, nous allons voir que la chlorophylle ne se produit que sous l'influence de la lumière. Dans
une feuille exposée à la lumière, la formation de chlorophylle compense en général la destruction, et la coloration
reste stationnaire. A l'obscurité, au contraire, la feuille se décolore, bien que la destruction de chlorophylle y soit moindre
qu'à la lumière, parce que la destruction n'est compensée par
aucune formation.

Cette explication due à Wiesner est d'ailleurs corroborée
par certaines observations faciles à faire. Dans beaucoup de
plantes, les feuilles qui sont à l'ombre sont d'un vert plus
foncé que celles qui sont exposées au soleil ; c'est parce que la
décomposition de la chlorophylle y est plus faible. D'autre
part, on peut constater qu'en automne ce sont en général les
feuilles exposées au soleil qui se décolorent les premières,
parce que ce sont celles où la destruction de chlorophylle est
la plus rapide.

147. Production de la chlorophylle. — Il est facile de montrer que d'une façon générale la lumière est indispensable à
la production de la chlorophylle. Les graines qui germent à
l'obscurité donnent des plantules dépourvues de chlorophylle
et qui ne verdissent que lorsqu'on les expose à la lumière.
Nous avons vu de plus que les plantes vertes maintenues à
l'obscurité se décolorent parce que la destruction de chlorophylle n'y est plus compensée par une nouvelle formation.

On constate cependant qu'il y a de la chlorophylle dans la
plantule de certaines graines, telles que celles de Chanvre, bien
que la plantule y soit entourée par une enveloppe opaque qui
arrête les rayons lumineux. Mais cette exception n'est qu'apparente, car la chlorophylle de la plantule se forme lorsque les
téguments de la graine et le péricarpe sont encore transluci-

des et laissent arriver la lumière jusqu'à l'embryon. On peut faire des remarques analogues sur les tiges d'un grand nombre de plantes ligneuses telles que le Pin ou l'Orme; on y voit de la chlorophylle au-dessous du liège, dans le liber secondaire et jusque dans le bois. Goldfus a montré que dans ce cas le liège est toujours plus ou moins translucide et laisse arriver une lumière affaiblie jusqu'aux cellules vertes; lorsque le liège est assez épais pour être tout à fait opaque, il ne se forme jamais de chlorophylle par dessous.

Les Fougères et quelques Gymnospermes font cependant exception à la règle générale et peuvent former de la chlorophylle même à l'obscurité complète.

148. Influence de la lumière. — Les observations de Goldfus montrent qu'il suffit de très peu de lumière pour permettre à la chlorophylle de se former. Des recherches plus complètes sur ce sujet sont dues à Wiesner (14); cet auteur expose de jeunes plantes, développées à l'obscurité et par conséquent dépourvues de chlorophylle, à une lumière plus ou moins intense. Il observe qu'il suffit d'une intensité lumineuse très faible pour amener le verdissement des plantules; puis, lorsque l'intensité lumineuse augmente, le verdissement se fait de plus en plus vite jusqu'à une certaine intensité moyenne au-dessus de laquelle le verdissement devient de plus en plus faible. Wiesner explique le faible verdissement à la lumière solaire directe plutôt par une destruction plus grande que par une formation moindre de chlorophylle.

En mettant les plantes étiolées sous des cloches à double paroi (voir *fig. 74*) renfermant soit du bichromate de potassium, qui ne laisse passer que la lumière jaune, soit du liquide cupro-ammoniacal, qui ne laisse passer que la lumière bleue, on peut comparer l'influence de ces deux lumières sur le verdissement. Wiesner a constaté que, lorsque l'intensité lumineuse est faible, les plantes étiolées verdissent plutôt sous la cloche jaune; au contraire, elles verdissent plutôt sous la cloche bleue lorsque la lumière est intense.

Ce résultat complexe peut s'expliquer de la façon suivante. A la lumière faible, il y a surtout formation de chlorophylle

et très peu de décomposition ; si les plantes verdissent plus tôt dans la lumière jaune, c'est que la lumière jaune est plus favorable à la formation de la chlorophylle. A la lumière intense, au contraire, il y a décomposition énergique de chlorophylle ; or, nous savons que la lumière jaune détruit plus la chlorophylle que la lumière bleue. La destruction de chlorophylle est donc plus intense sous la cloche jaune, et c'est pour cela que les plantes étiolées y verdissent moins vite, bien qu'il y ait production de plus de chlorophylle que sous la cloche bleue.

449. Influence de la température. — Pour étudier l'influence de la température sur la production de la chlorophylle, Wiesner soumet à des températures croissantes des plantules d'Orge étiolées. Pour éliminer l'influence de la lumière, ces plantules sont toutes exposées à l'éclairement qui est le plus favorable. Dans ces conditions, on observe qu'au-dessous de 4°, il n'y a pas de verdissement ; puis, pour les températures plus élevées, le verdissement se produit, et de plus en plus tôt à mesure que la température est plus haute, jusqu'à 30° qui est la température la plus favorable, la température optima ; au-dessus, le verdissement devient de plus en plus lent jusqu'à 40° ; au delà de 40°, il n'y a plus de verdissement. Le tableau suivant résume l'influence de la température sur le verdissement des plantules étiolées d'Orge.

4°	pas de verdissement.	
5°	verdissement après	7^h
16°	— —	3^h 30
18°	— —	1^h 40
30°	— —	1^h 35
38°	— —	4^h
40°	pas de verdissement.	

Il y a donc trois températures critiques : une température minima, 4°, au-dessous de laquelle il n'y a pas de verdissement ; une température optima, 30°, pour laquelle le verdissement est le plus rapide, et une température maxima, 40°, au-dessus de laquelle il n'y a plus de verdissement. Pour les

plantes autres que l'Orge, ces températures critiques peuvent avoir d'autres valeurs.

150. Influence de l'oxygène, du fer, du sucre. — Toutes les expériences sur le verdissement ont été faites dans une atmosphère normale, c'est-à-dire renfermant une certaine proportion d'oxygène. Si l'atmosphère ne renferme pas d'oxygène du tout, il n'y a pas de verdissement. L'oxygène est donc indispensable, et il semble qu'il y ait une certaine relation nécessaire entre la production de la chlorophylle et la respiration dont une phase essentielle est constituée par l'absorption d'oxygène.

Nous avons vu que la chlorophylle ne renfermait pas de fer ; cependant, il n'y a jamais de verdissement dans un milieu qui ne contient pas de fer. Nous verrons plus loin, en étudiant les corps simples indispensables à la plante, que sans fer les plantes se développent mal et surtout ne forment pas de chlorophylle. On en a conclu pendant longtemps que la chlorophylle renfermait du fer ; nous savons qu'il n'en est rien ; en l'absence de fer, la plante se trouve simplement dans un état pathologique qui la met dans l'impossibilité d'effectuer la synthèse de la chlorophylle.

Il résulte des recherches de Palladine que le sucre est également indispensable à la production de la chlorophylle. Les feuilles étiolées qui, comme celles du Blé, renferment une certaine quantité de sucre, verdissent facilement si on les place dans l'eau distillée. Les feuilles de Haricot ou de Lupin, au contraire, qui ne renferment pas de sucre, ne verdissent pas dans les mêmes conditions, mais elles verdissent si on ajoute du sucre à l'eau dans laquelle elles plongent. Dans la plante entière, ces feuilles dépourvues de sucre verdissent néanmoins parce qu'elles reçoivent le sucre qui leur est nécessaire de la tige qui en renferme.

2° MESURE DE L'ASSIMILATION DU CARBONE.

151. Appareils employés. — Nous avons vu que, dans les conditions ordinaires de la végétation des plantes vertes, le

carbone assimilé est emprunté au gaz carbonique de l'atmosphère. Le moyen le plus simple d'étudier l'assimilation du carbone sera donc de mesurer le gaz carbonique absorbé par la plante. C'est ainsi que l'on procède en général et, en même temps, on évalue le dégagement d'oxygène qui accompagne l'absorption de gaz carbonique. L'étude de l'assimilation du carbone revient donc à la mesure de l'échange gazeux, inverse de la respiration, qui se produit chez les plantes vertes exposées à la lumière.

Les appareils qui nous ont servi à étudier la respiration nous serviront pour l'assimilation du carbone. On aura soin seulement d'introduire dans l'appareil, avant de commencer l'expérience, une certaine quantité de gaz carbonique, de façon à ce que l'assimilation du carbone puisse s'exercer ; on s'arrange d'ordinaire pour que l'atmosphère de la cloche renferme de 5 à 10 °/₀ de gaz carbonique. Bien entendu, au commencement de l'expérience, on mesure exactement la composition de cette atmosphère ; une autre analyse faite à la fin permet d'évaluer exactement la quantité de gaz carbonique absorbé et d'oxygène dégagé.

L'appareil à renouvellement d'air continu ne peut être employé tel qu'il a été décrit (*fig. 20*), puisqu'il permet de mesurer seulement le gaz carbonique de l'air qui a traversé l'appareil, et que d'ailleurs l'air qui entre dans l'appareil ne renferme pas de gaz carbonique.

La modification apportée par Blackman à l'appareil à renouvellement d'air (*fig. 21*) a permis d'étudier aussi bien l'assimilation du carbone que la respiration. Un dispositif spécial permet, en effet, d'ajouter à l'air qui arrive au contact des feuilles étudiées une proportion connue de gaz carbonique. Comme on peut mesurer la quantité totale de l'air qui a traversé l'appareil et le gaz carbonique qui reste dans cet air à la sortie de l'appareil, on peut en déduire la quantité de gaz carbonique absorbé par les feuilles.

152. Cas des plantes aquatiques. — L'assimilation du carbone chez les plantes aquatiques peut être étudiée par une méthode différente des précédentes. Prenons, en effet, des

tiges d'*Elodea canadensis* et mettons-les dans l'eau sous un entonnoir E renversé surmonté d'un tube à essai *e* rempli d'eau (*fig. 35*). Si on expose le tout à la lumière solaire, on voit se dégager de la tige d'*Elodea* des bulles de gaz qui vont se réunir dans le tube à essai, en *o*. Si on analyse le gaz dégagé, on voit qu'il y a beaucoup plus d'oxygène que dans l'air atmosphérique.

Ce résultat peut s'expliquer simplement : l'*Elodea*, exposé à la lumière, absorbe du gaz carbonique et dégage de l'oxygène, comme toutes les plantes vertes. Le gaz carbonique absorbé est celui qui se trouve en dissolution dans l'eau. Mais l'oxygène étant beaucoup moins soluble dans l'eau que le gaz carbonique, on conçoit que le gaz dégagé par la plante ne

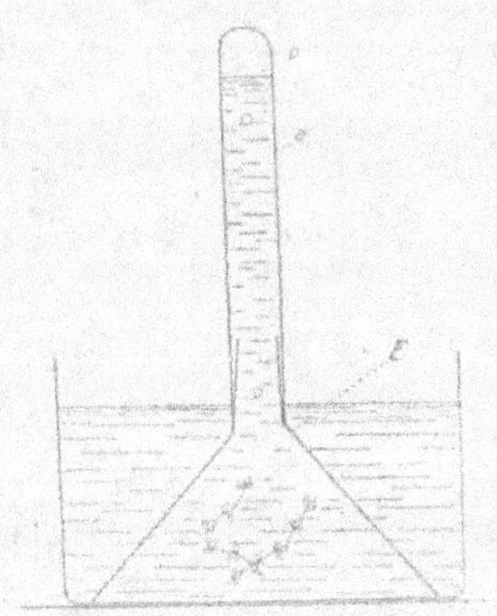

Fig. 35. — Plante aquatique sous un entonnoir E et dégageant des bulles d'oxygène qui se réunissent en O dans une éprouvette *e*.

reste pas dissout dans l'eau et se dégage à l'état de bulles. On peut donc admettre que le gaz recueilli dans le tube correspond à l'oxygène dégagé. En général, quand on emploie cette méthode, on se contente de compter le nombre de bulles produites et on admet que l'oxygène dégagé est proportionnel au nombre des bulles.

On peut faire quelques objections à cette méthode. D'abord, on n'y connaît que l'oxygène dégagé et on n'a aucune donnée sur le gaz carbonique absorbé. Puis, l'oxygène dégagé n'est pas connu avec précision, car les bulles de gaz sorties de la plante renferment aussi de l'azote et pas toujours dans la même proportion. Enfin, le dégagement de bulles ne se produit pas toujours d'une façon régulière ; on peut reconnaître que les bulles sortent toujours par une blessure qui met en communication le système de lacunes de la plante avec l'extérieur. Si la plante étudiée est intacte, il n'y a pas dégagement

de bulles, l'oxygène résultant de la décomposition du gaz carbonique diffuse à travers les membranes épidermiques et se dissout dans l'eau.

153. Assimilation et respiration. — Nous avons vu que les plantes vertes exposées à la lumière sont le siège simultané de deux échanges gazeux inverses, l'un correspondant à l'assimilation du carbone et l'autre à la respiration. Dans les conditions ordinaires de l'éclairement, l'assimilation est beaucoup plus intense que la respiration, de sorte qu'on observe, en somme, une absorption de gaz carbonique et un dégagement d'oxygène. Mais cet échange gazeux qu'on observe alors ne représente pas l'assimilation du carbone, mais la différence entre l'assimilation et la respiration. Le gaz carbonique, dont on constate l'absorption, est la différence entre le gaz carbonique absorbé par l'assimilation et celui dégagé par la respiration ; de même l'oxygène, dont on constate le dégagement, représente l'oxygène dégagé par l'assimilation diminué de l'oxygène absorbé par la respiration.

En mesurant l'échange gazeux produit par une plante verte à la lumière, on ne mesure donc point l'assimilation seule, mais la résultante de deux fonctions : l'assimilation et la respiration. On conçoit, d'ailleurs, que le sens de cette résultante puisse être variable. Si les conditions sont favorables à la respiration et peu favorables à l'assimilation, par exemple si la température est élevée et la lumière faible, la respiration l'emporte sur l'assimilation, et on observe un dégagement de gaz carbonique et une absorption d'oxygène ; et, dans ce cas, ce n'est point la respiration seule que l'on observe, c'est la résultante des deux fonctions qui est dans le sens de la respiration.

Dans presque toutes les recherches relatives à l'assimilation, on se contente de mesurer la résultante des deux fonctions, et c'est ce qu'on appelle, par abréviation, l'assimilation.

Mais, aussi bien au point de vue de la respiration qu'au point de vue de l'assimilation, il est utile de savoir ce qui, dans la résultante, revient à chacune des deux fonctions.

Nous allons donc examiner les méthodes qui ont été employées pour séparer l'assimilation du carbone de la respiration.

154. Séparation de l'assimilation du carbone et de la respiration. — Supposons qu'une plante verte exposée à la lumière absorbe un volume C de gaz carbonique et dégage un volume O d'oxygène.

Le volume C du gaz carbonique, dont on constate l'absorption, est égal au volume C_1 du gaz carbonique absorbé par l'assimilation considérée isolément diminué du volume C' du gaz carbonique dégagé par la respiration à la lumière; on a donc : $C = C_1 — C'$; de même en appelant O, O_1, O' les volumes d'oxygène correspondants, on a : $O = O_1 — O'$. L'expérience directe faite sur les plantes vertes, à la lumière, nous donne C et O.

Nous allons examiner les différentes méthodes qui permettent d'obtenir directement C' et O'; on pourra, dès lors, obtenir C_1 et O_1 par le calcul : $C_1 = C + C'$, $O_1 = O + O'$.

155. Méthode de l'obscurité. — Cette méthode, employée par Bonnier et Mangin (V, ch. II), consiste à remplacer C' et O', exprimant les volumes des gaz dégagés et absorbés par la respiration à la lumière, par C'' et O'', représentant les volumes des gaz dégagés et absorbés par la respiration de la même plante à l'obscurité; or, C'' et O'' ont l'avantage de pouvoir être mesurés directement. On met la plante à étudier sous la cloche de l'appareil à air confiné maintenu à l'obscurité, on mesure C'' et O'', puis on porte l'appareil à la lumière en tâchant de ne pas changer la température et on mesure C et O. On peut alors calculer C_1 et O_1, $C_1 = C + C''$, $O_1 = O + O''$.

Cette méthode n'est rigoureuse que si $O' = O''$ et $C' = C''$, ce qui est peu probable. Nous savons, en effet, que pour les plantes sans chlorophylle, où l'action de la lumière sur la respiration a pu être étudiée, la lumière retarde la respiration. Si les choses se passent de la même façon pour les plantes vertes, on aura $C'' > C'$, $O'' > O'$. Mais on sait de plus entre

quelles limites, pour les plantes sans chlorophylle, C'' et O'' peuvent différer de C' et O'; on sait, par exemple que

$$\frac{19}{20}\,C'' > C' > \frac{2}{3}\,C'',$$

par conséquent, en prenant pour C_1 les deux valeurs

$$C_1 = C + \frac{19}{20}\,C'' \text{ et } C_1 = C + \frac{2}{3}\,C''.$$

on aura deux limites entre lesquelles sera comprise la vraie valeur de C_1, en admettant, bien entendu, que l'action retardatrice de la lumière sur la respiration soit la même pour les plantes vertes que pour les plantes sans chlorophylle.

On peut, par cette méthode, calculer l'intensité de l'assimilation chlorophyllienne isolée et le rapport des gaz échangés. Bonnier et Mangin ont trouvé que ce rapport O/CO^2 oscillait entre 1,12 et 1,26 pour le Genêt à balai, entre 1,10 et 1,30 pour le Pin sylvestre et entre 1,10 et 1,25 pour le Fusain du Japon.

156. Méthode des anesthésiques. — Bonnier et Mangin ont également appliqué à la séparation de l'assimilation et de la respiration la propriété qu'ont les anesthésiques de suspendre l'assimilation en laissant subsister la respiration. Il suffit, pour cela, d'avoir deux plantes semblables; on les met chacune dans un appareil à air confiné; l'un des appareils renferme de l'air ordinaire, l'autre de l'air contenant des vapeurs d'éther. On expose en même temps les deux appareils à la lumière, le premier donne C et O correspondant à la résultante de l'assimilation et de la respiration, le second C' et O' correspondant à la respiration.

Pour que cette méthode soit à l'abri de tout reproche, il faut être sûr que l'anesthésique employé arrête l'assimilation sans troubler la respiration. Pour s'en assurer, Bonnier et Mangin ont fait une expérience préliminaire dans laquelle les deux appareils, celui qui renferme de l'air pur et celui qui

renferme de l'air mêlé à des vapeurs d'éther, sont maintenus à l'obscurité; ils ont constaté que la respiration était la même dans les deux cas; donc l'anesthésique, à la dose employée, n'altère pas la respiration. Il faut veiller aussi à ce que la dose d'anesthésique employée soit convenable : trop faible, elle ne suspend pas l'assimilation; trop forte, elle trouble la respiration; on arrive par tâtonnements à déterminer le volume d'éther liquide qu'il faut mettre sous une cloche donnée.

La méthode des anesthésiques, comme celle de l'obscurité, permet de calculer à la fois l'intensité de l'assimilation seule et le rapport $O.CO^2$ des gaz échangés; ce rapport a été trouvé égal à 1,14 pour le Genêt à balai et à 1,10 pour le Fusain du Japon, nombres comparables à ceux fournis par la méthode de l'obscurité.

157. Assimilation du carbone par une plante entière. — Schlœsing (12) a étudié l'assimilation du carbone en opérant sur une plante entière et pendant toute la durée de la vie de cette plante; les conditions de l'expérience étaient telles que l'on pouvait mesurer non seulement les échanges gazeux, mais encore tous les aliments liquides ou solides absorbés, ainsi que les changements de composition de la plante. L'appareil employé (*fig. 36*) était un récipient en verre V, de 4 à 5 litres de capacité, de forme ovale et terminé à une extrémité par une douille fermée par un bouchon traversé par deux tubes : l'un G sert à introduire l'oxygène, l'azote et

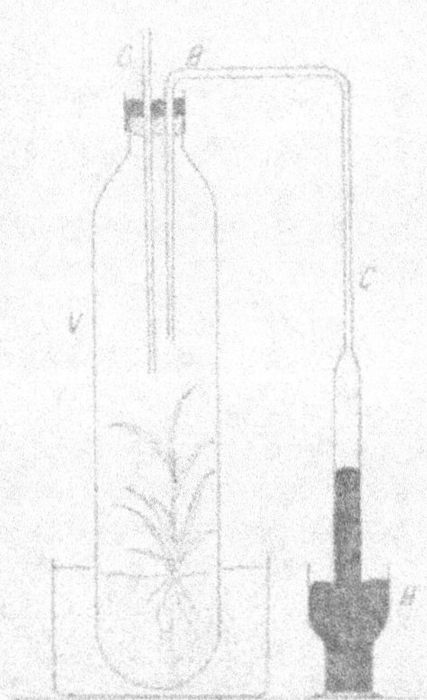

Fig. 36. — Schéma de l'appareil de Schlœsing pour étudier l'assimilation du carbone par une plante renfermée dans un vase V; H, cuve à mercure.

l'eau d'arrosage; l'autre BC, terminé dans une cuve à mer-

cure H, sert à introduire le gaz carbonique et à faire des
prises de gaz dans l'appareil.

Le sol dans lequel la plante est cultivée se trouve au fond de
l'appareil et se compose de 2.500 grammes de sable quartzeux
calciné arrosé avec une solution nutritive contenant pour
1 litre d'eau distillée :

$$
\begin{array}{ll}
0^{gr}3 & \text{de sulfate de calcium,} \\
1\ \ 5 & \text{d'azotate de potassium,} \\
0\ \ 5 & \text{de phosphate bicalcique,} \\
0\ \ 3 & \text{de sulfate de magnésium,} \\
0\ \ 03 & \text{de sesquioxyde de fer.}
\end{array}
$$

Une expérience a été faite avec la Houque laineuse, qui a
été cultivée dans l'appareil du 7 juillet au 6 septembre, depuis
la germination de la graine jusqu'au complet développement de l'appareil végétatif. L'oxygène, l'azote et le gaz
carbonique introduits dans le récipient étaient mesurés avec
précision; on dosait ensuite ce qui restait à la fin de l'expérience.

Le volume de l'azote, qui était de 3.925^{cm3} au commencement, n'a pas varié pendant toute la durée de l'expérience; il
n'y a donc eu ni absorption ni dégagement d'azote, ce qui
confirme ce que nous savions déjà. Le volume de gaz carbonique absorbé a été de 1.527^{cm3}, et le volume d'oxygène dégagé
de 1.734^{cm3}; le rapport $CO^2/O = 0,87$; ceci nous montre
que la résultante des échanges gazeux pendant toute la durée
de la plante est une réduction; l'oxygène dégagé à l'état de
corps simple est plus abondant que celui qui est absorbé à
l'état de gaz carbonique.

On peut vérifier ces résultats par l'étude de la composition
chimique des plantes. Les graines semées pesaient, après dessication, $0^{gr}020$, et renfermaient :

$$
\begin{array}{ll}
0^{gr}008 & \text{de carbone,} \\
0\ \ 001 & \text{d'hydrogène,} \\
0\ \ 007 & \text{d'oxygène,} \\
0\ \ 0005 & \text{d'azote.}
\end{array}
$$

Les plantes récoltées pesaient, après dessication, $2^{gr}118$, et renfermaient :

$$0^{gr}827 \text{ de carbone.}$$
$$0.106 \text{ d'hydrogène.}$$
$$0.060 \text{ d'azote.}$$
$$0.421 \text{ de cendres.}$$
$$0.704 \text{ d'oxygène, dosé par différence.}$$

Voyons d'où proviennent les éléments assimilés par les plantes pendant l'expérience. Au point de vue du carbone, les plantes ont gagné $0^{gr}827 - 0^{gr}008 = 0^{gr}819$; or, les 1.527^{cm3} de gaz carbonique absorbé renfermaient $0^{gr}820$ de carbone. Les deux nombres se correspondent aussi exactement que possible; on peut donc admettre que la totalité du carbone assimilé par les plantes provient du gaz carbonique de l'atmosphère. L'azote assimilé provient des nitrates de la solution nutritive puisqu'il n'y a pas eu absorption d'azote gazeux. L'hydrogène assimilé provient de l'eau.

158. Origine de l'oxygène assimilé. — La quantité d'oxygène assimilé est de

$$0^{gr}704 - 0^{gr}007 = 0^{gr}697.$$

Par suite des échanges gazeux la plante a perdu

$$1.734^{cm3} \text{ (ox. dégagé)} - 1.527^{cm3} \text{ (CO}^2 \text{ absorbé)} = 207^{cm3}$$

d'oxygène, soit $0^{gr}297$.

D'autre part, en assimilant $0^{gr}105$ d'hydrogène, la plante a assimilé en même temps la quantité d'oxygène qui se trouvait combiné à cet hydrogène pour constituer l'eau, soit

$$0^{gr}105 \times 8 = 0^{gr}840$$

Du fait de l'eau et de l'atmosphère, il y a donc eu assimilation de

$$0^{gr}840 - 0^{gr}297 = 0^{gr}543 \text{ d'oxygène.}$$

Mais l'assimilation totale d'oxygène est de 0^{gr}697. Il y a donc une certaine quantité d'oxygène assimilée égale à

$$0^{gr}697 - 0^{gr}543 = 0^{gr}154$$

qui ne provient ni de l'atmosphère, ni de l'eau, et qui, par conséquent, ne peut provenir que des sels contenus dans le liquide nutritif. C'est là un résultat accessoire de l'expérience de Schlœsing qui a un grand intérêt.

459. Rapport des gaz échangés par l'assimilation — Nous avons vu que dans l'expérience de Schlœsing le rapport O/CO^2 des gaz échangés pendant la vie de la plante était en moyenne de 1,12, la valeur de ce rapport correspondant non pas à l'assimilation seule, mais à la résultante de l'assimilation et de la respiration. On a trouvé des valeurs analogues pour un grand nombre de plantes : 1,10 pour le Lupin, 1,13 pour le Lierre, 1,15 pour le Blé.

Les plantes grasses donnent, en général un rapport beaucoup plus fort : 1,55 pour le *Sedum*, 3,55 pour le *Crassula*. Cela tient à ce que, comme nous l'avons vu (§ 94), l'oxygène s'accumule pendant la nuit dans les plantes grasses sous forme d'acide malique. Le quotient respiratoire est alors très faible, l'oxygène absorbé par la respiration étant employé à faire de l'acide malique et non du gaz carbonique. Pendant le jour, l'acide malique se décompose, une partie de l'oxygène est remis en liberté et vient s'ajouter à celui qui provient de la décomposition du gaz carbonique. On a même observé un cas extrême où les plantes grasses exposées à la lumière dégagent de l'oxygène sans absorber du gaz carbonique ou même dégagent du gaz carbonique en même temps que de l'oxygène (§ 69).

Lorsqu'on calcule le rapport O/CO^2 correspondant à l'assimilation séparée de la respiration, on trouve des valeurs très voisines de celles trouvées pour la résultante de l'assimilation et de la respiration. Cela tient, au moins en partie, à ce que l'échange gazeux de la respiration étant beaucoup moins

intense que celui de l'assimilation, n'influe pas beaucoup sur
la valeur de la résultante.

3° INFLUENCE DES CONDITIONS EXTÉRIEURES.

160. Influence de l'intensité lumineuse. — La lumière étant
a cause déterminante de l'assimilation du carbone, il y a lieu
de rechercher d'abord com-
ment les variations de l'intensité lumineuse peuvent faire
varier cette assimilation. Un
des travaux les plus précis sur
ce sujet est celui de Timiriazeff
(13). La source lumineuse employée est un faisceau de rayons
solaires renvoyés par un héliostat sur une lentille convergente.
En plaçant les plantes étudiées
de plus en plus loin de la lentille, on les expose à des inten-

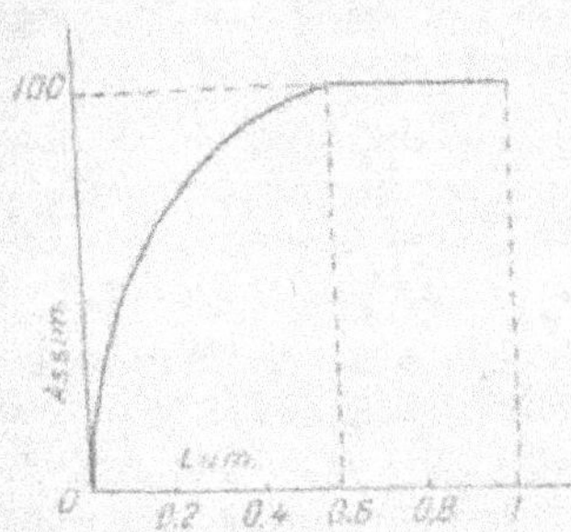

Fig. 37. — Courbe représentant l'influence
de l'intensité lumineuse sur l'assimilation
du carbone.

sités lumineuses décroissantes. L'intensité des rayons solaires
directs est prise pour unité d'intensité lumineuse. Pour chaque intensité employée, Timiriazeff mesure la quantité de gaz
carbonique décomposé et construit une courbe (*fig. 37*) où les
absisses sont les intensités lumineuses et les ordonnées les
volumes correspondants de gaz carbonique décomposé.

Bien que la courbe commence à l'intensité lumineuse zéro,
l'intensité la plus faible à laquelle Timiriazeff ait mesuré une
décomposition du gaz carbonique est l'intensité $\frac{1}{36}$. A partir de
cette valeur faible de l'éclairement, le volume du gaz carbonique décomposé augmente avec l'intensité lumineuse jusqu'à
l'intensité 0,6. Au-dessus, l'assimilation du carbone reste stationnaire jusqu'à l'intensité 1 correspondant aux rayons solaires directs et que Timiriazeff n'a pas dépassée. Parmi les plantes étudiées se trouve le *Potamogeton lucens*.

Dans les expériences de Timiriazeff, la décomposition du gaz carbonique atteint donc sa valeur maxima pour une intensité lumineuse bien inférieure à la lumière solaire directe et reste ensuite constante. Mais on conçoit que les résultats puissent varier beaucoup suivant les plantes étudiées. Ainsi Famintzin a trouvé que la décomposition du gaz carbonique est plus forte dans un tube de verre qui reçoit les rayons solaires tamisés par du papier à cigarette très mince que sous l'influence des rayons solaires directs. Il y a donc, dans ce cas, une intensité lumineuse optima inférieure à l'intensité de la lumière solaire.

Reinke a étudié la même question avec la méthode des bulles de gaz dégagées dans l'eau en prenant comme sujet d'expériences l'*Elodea canadensis*. Il expose les plantes dans un faisceau de rayons lumineux divergents issu d'une lentille biconvexe et qui, par conséquent, sont d'autant moins intenses qu'ils s'éloignent plus de la lentille. Les intensités lumineuses expérimentées variaient depuis $\frac{1}{16}$ jusqu'à 16 et même au-dessus, en prenant pour unité la lumière solaire directe. Reinke a trouvé ainsi que le dégagement des bulles augmentait avec l'intensité lumineuse jusqu'à une intensité optima correspondant à peu près à la lumière solaire directe et diminuait ensuite pour les intensités plus grandes.

Lubimenko (10) a fait de nouvelles expériences pour rechercher si l'intensité lumineuse la plus favorable à l'assimilation était la lumière solaire directe ou une intensité moindre. Il a opéré avec trois intensités lumineuses : la lumière solaire diffuse, la lumière solaire arrivant sur les feuilles dans une direction inclinée et enfin la lumière solaire arrivant sur les feuilles dans une direction perpendiculaire. Les plantes mises en expérience étaient le Mélèze et le Robinier qui aiment le soleil, puis le Hêtre et l'If qui aiment l'ombre. Le tableau suivant donne en centimètres cubes le volume de gaz carbonique décomposé en 1 heure par 1 gramme de feuilles :

	Robinier.	Mélèze.	Hêtre.	If.
Lumière diffuse	7,9	4,8	5,0	3,7
Rayons inclinés	11,6	8,3	6,9	7,2
Rayons perpendiculaires	14,5	10,2	5,0	5,2

Pour les plantes qui aiment le soleil, comme le Robinier et le Mélèze, la décomposition du gaz carbonique est maxima pour les rayons perpendiculaires ; au contraire, pour les plantes qui aiment l'ombre, comme le Hêtre et l'If, la décomposition du gaz carbonique est moindre sous les rayons perpendiculaires que sous les rayons inclinés. C'est donc seulement pour les plantes qui aiment l'ombre qu'il existe une intensité lumineuse optima inférieure à la lumière solaire directe. Ces différences physiologiques importantes, existant entre des plantes voisines comme l'If et le Mélèze, montrent combien il est imprudent de généraliser les résultats obtenus avec un nombre restreint d'espèces.

161. Minimum de lumière nécessaire — La plupart des auteurs, tels que Timiriazeff par exemple, qui ont étudié l'assimilation à des éclairements faibles n'ont pas tenu compte de la respiration. Ils ont recherché seulement à quel degré d'éclairement il y a absorption de gaz carbonique, c'est-à-dire à quel degré d'éclairement l'assimilation l'emporte sur la respiration. Mais nous savons qu'il peut y avoir réellement assimilation de carbone bien que l'atmosphère où se trouve la plante s'enrichisse en gaz carbonique, c'est lorsque la respiration est plus intense que l'assimilation.

Tenant compte de ces remarques, Lubimenko a recherché quel était le minimum de lumière nécessaire pour que l'assimilation du carbone commence à se produire tout en étant moins intense que la respiration.

La source de lumière employée était un bec Auer brûlant dans une caisse en bois derrière une ouverture fermée par un verre dépoli ; la plante était devant le verre dépoli à une place fixe. On pouvait faire varier l'intensité lumineuse de la source en rétrécissant la surface du verre dépoli qui transmettait la lumière ; cette surface est mesurée en centimètres carrés. Les plantes étudiées étaient le Robinier, le Hêtre, le Mélèze et l'If.

Pour chaque expérience, on se servait de deux tubes en verre renfermant des feuilles semblables ; l'un était exposé à la source lumineuse, l'autre maintenu à l'obscurité à la même température que le premier ; l'atmosphère des tubes renfer-

mait, au commencement de l'expérience, 8 p. 100 de gaz carbonique. L'un des tubes donnait les échanges gazeux relatifs à la résultante de l'assimilation et de la respiration, l'autre ceux de la respiration seule ; par comparaison (§ 155), on pouvait connaître les gaz absorbés et dégagés par l'assimilation seule. Les résultats des expériences sont consignés dans le tableau suivant où les volumes de gaz carbonique dégagés par l'assimilation séparée de la respiration sont exprimés en centimètres cubes ; ces volumes sont rapportés à 1 gramme de feuilles assimilant pendant une heure :

Surface du verre dépoli.	If.	Hêtre.	Mélèze.	Robinier.
100 cm²	0,072	0,115	0,159	0,099
81	»	»	0	0
49	0,061	0,093	0	0
25	0,047	0,089	0	0
9	0,044	0,066	0	0
6	0	»	0	0
4	0	0,051	0	0
2	0	0	0	0

On voit donc que, dans ce cas encore, toutes les plantes ne se conduisent pas de la même façon ; les plantes d'ombre comme l'If et le Hêtre commencent à assimiler à une intensité lumineuse très faible ; les plantes de soleil, au contraire, comme le Mélèze et le Robinier, ont besoin de beaucoup plus de lumière pour commencer à assimiler. Les plantes d'ombre, qui utilisent les intensités lumineuses faibles, sont gênées par une lumière intense. Les plantes de soleil, au contraire, ne peuvent tirer parti d'un éclairement faible, mais utilisent complètement la lumière solaire intense. C'est là l'explication physiologique de l'adaptation des premières plantes aux milieux peu éclairés et des secondes aux stations ensoleillées.

162. Influence de la nature des radiations. — Nous allons rechercher maintenant si toutes les radiations qui composent la lumière blanche agissent de la même façon sur l'assimilation du carbone. Sachs avait constaté depuis longtemps que des plantes vertes placées sous une cloche à double paroi

(voir *fig. 74*) renfermant du bichromate de potassium décomposent le gaz carbonique d'une façon active, tandis que sous une cloche renfermant du liquide cupro-ammoniacal la décomposition est presque nulle. La lumière rouge est donc plus efficace que la lumière bleue.

Timiriazeff (13) a fait sur ce sujet des expériences plus précises en opérant par la méthode du spectre. Il fait arriver dans une chambre noire un faisceau de rayons solaires décomposés par un prisme à sulfure de carbone. Pour que le prisme ainsi obtenu soit pur, c'est-à-dire pour que les radiations diversement colorées empiètent le moins possible les unes sur les autres, il est nécessaire que la fente par où entrent les rayons solaires soit très étroite. On a donc un éclairement d'intensité faible; les quantités de gaz décomposés seront donc aussi très faibles, et les analyses devront être faites avec une grande précision.

Les expériences ont porté sur des feuilles de Bambou contenues dans des éprouvettes renversées sur le mercure et renfermant de l'air avec 5 p. 100 de gaz carbonique environ. Une première éprouvette était placée dans la lumière rouge à gauche de la première bande d'absorption du spectre de la chlorophylle, une seconde dans cette bande, une troisième dans la seconde bande située dans l'orangé, une quatrième dans la troisième bande située dans le jaune, une cinquième dans le vert, près de la quatrième bande, enfin, d'autres éprouvettes étaient dans la lumière bleue. L'expérience durait six heures.

La courbe de la figure 38 représente le résultat moyen d'un grand nombre d'expériences. Les ordonnées sont proportionnelles aux quantités de gaz carbonique décomposé par les radiations portées en absisses. La ligne horizontale correspond à une décomposition nulle, c'est-à-dire à un état tel qu'il y a autant de gaz carbonique décomposé par l'assimilation que dégagé par la respiration. Pour la première éprouvette située dans le rouge, l'ordonnée a est négative, c'est-à-dire qu'il y a eu dégagement de gaz carbonique, la respiration était plus intense que l'assimilation. Il y a, néanmoins, eu une certaine décomposition de gaz carbonique, car Timiriazeff a vérifié que le gaz carbonique dégagé à l'obscurité

était plus abondant que celui dégagé dans l'éprouvette *a*. La décomposition de gaz carbonique est très intense dans l'éprouvette *b*, moins en *c*, moins encore en *d* et beaucoup moins en *e*. Les éprouvettes situées dans la lumière bleue, n'ont laissé constater aucune décomposition de gaz carbonique.

Dans la moitié la moins réfrangible du spectre, la courbe de décomposition du gaz carbonique correspond donc à peu près à la courbe d'absorption des radiations par la chlorophylle ; le maximum de décomposition coïncide exactement avec la bande d'absorption la plus épaisse. Dans l'éprouvette *d*, qui est exposée à l'intensité lumineuse la

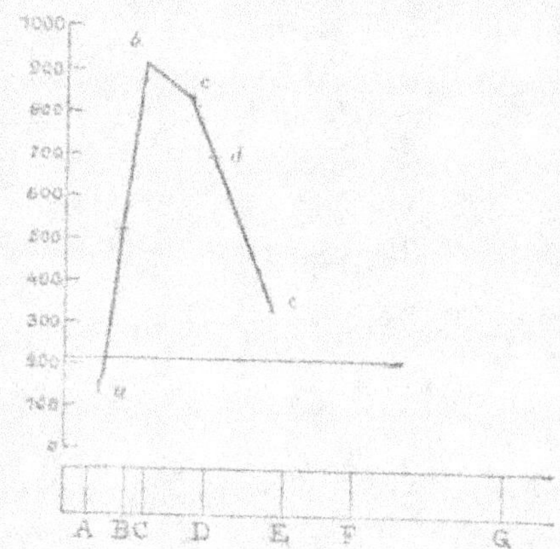

Fig. 38. — Représentation graphique de l'influence des diverses radiations du spectre solaire sur l'assimilation du carbone (Timiriazeff) ; A, B, C, etc., raies du spectre solaire.

plus grande, la décomposition est moindre qu'en *b*. Il n'en est pas de même dans la moitié la plus réfrangible du spectre, dans la moitié bleue : on n'y constate pas de décomposition de gaz carbonique, bien qu'il y ait trois bandes d'absorption très larges. Ce fait doit être surtout attribué à la grande dispersion et à la faible intensité des radiations bleues. De plus, les radiations bleues sont celles qui favorisent le plus la respiration ; le gaz carbonique ainsi dégagé peut donc masquer une assimilation très faible.

Dans de nouvelles expériences, Timiriazeff, au lieu d'isoler les radiations, partage simplement le spectre en deux moitiés au moyen d'une lentille prismatique : il peut ainsi comparer l'ensemble des radiations rouges à l'ensemble des radiations bleues. Il constate que si les radiations rouges donnent une décomposition de gaz carbonique égale à 100, la

décomposition correspondant aux radiations bleues est égale
à 54. La lumière bleue peut donc, bien qu'à un degré moindre que la lumière rouge, amener l'assimilation du carbone.

Timiriazeff a de plus constaté que la lumière blanche, qui
a traversé une dissolution de chlorophylle suffisamment concentrée, ne détermine plus aucune décomposition de gaz
carbonique, quelle que soit son intensité. Cela montre bien que
les radiations absorbées par la chlorophylle sont seules actives
dans l'assimilation.

Cette conclusion a été encore vérifiée par les expériences
de Griffon (7) sur l'assimilation derrière les feuilles vertes.
Le passage de la lumière à travers une feuille verte a en
effet pour résultat d'affaiblir son énergie assimilatrice dans
des proportions notables, de 7 à 1 pour une feuille de Hêtre,
de 10 à 1 pour une feuille de Haricot, de 48 à 1 pour une
feuille d'Erable. D'ailleurs, Griffon a vérifié que cette réduction de l'assimilation est due non seulement à l'absorption des
radiations par la chlorophylle, mais encore à l'absorption par
les membranes cellulaires et le protoplasma, une certaine
réduction de l'assimilation ayant encore lieu derrière une
feuille décolorée. Ces expériences font prévoir la très faible
énergie assimilatrice des feuilles situées sous le couvert des
forêts, et qui, par conséquent, ne reçoivent les rayons solaires
qu'à travers une ou plusieurs épaisseurs de feuilles vertes. De
même les grains de chlorophylle situés dans les parties profondes ou à la face inférieure des feuilles jouent un rôle moindre que ceux qui sont près de la surface supérieure et reçoivent directement les rayons solaires.

**163. Influence des radiations colorées sur le dégage-
ment des bulles.** — On peut appliquer la méthode de la
numération des bulles dégagées (§ 152) à l'étude de l'influence
des radiations colorées sur l'assimilation du carbone. Pour
cela, Kohl s'est servi d'une tige d'*Elodea canadensis*, sur
laquelle il fait tomber successivement les radiations diversement colorées du spectre ; il a compté le nombre de bulles dégagées pendant un temps donné sous l'influence de chacune des

radiations employées et de la lumière blanche; il a obtenu le
résultat suivant :

Lumière blanche.	74 bulles.
— rouge	32 —
— jaune.	9 —
— verte.	14 —
— bleue.	18 —
— violette.	17 —

Bien que ce résultat soit entaché de toutes les causes d'im-
précision inhérentes à la méthode des bulles, il faut remarquer qu'il concorde assez exactement avec les conclusions
données par la méthode beaucoup plus précise de Timiriazeff. Les maxima de dégagement qu'on observe dans la
lumière rouge et dans la lumière bleue montrent que les
radiations absorbées par la chlorophylle sont les plus actives.

Cette méthode a été reprise par Kniep et Minder (8) qui lui
ont donné plus de précision. Les radiations colorées étaient
obtenues à l'aide d'écrans; un verre rouge laissait passer
presque uniquement les radiations comprises entre l'infra-
rouge et la longueur d'onde $\lambda = 620$; un verre bleu ne laissait passer que les radiations comprises entre la longueur
d'onde $\lambda = 523$ et l'ultra-violet. La source lumineuse était un
faisceau de rayons solaires donné par un héliostat. L'épaisseur
des verres était telle que dans les deux cas l'intensité lumineuse était la même. On comptait le nombre de bulles dégagées en quinze secondes par une tige d'*Elodea*. Les résultats
obtenus ont été les suivants :

Rouge.	Bleu.
33 bulles.	32 bulles.
36 —	35 —
28 —	28 —
26 —	25 —
27 —	28 —
26 —	32 —
14 —	15 —
26 —	24 —

On voit que le dégagement est à peu près le même dans la
lumière bleue que dans la lumière rouge. Si les autres expéri-

mentateurs ont trouvé un dégagement plus intense dans la
lumière rouge, cela tient à ce que la lumière rouge employée
avait une intensité plus grande que la lumière bleue. A égalité
d'intensité lumineuse, les radiations bleues ont donc la même
influence que les rouges.

164. Méthode des Bactéries. — Engelman (4) a étudié
l'influence des radiations colorées sur l'assimilation du car-

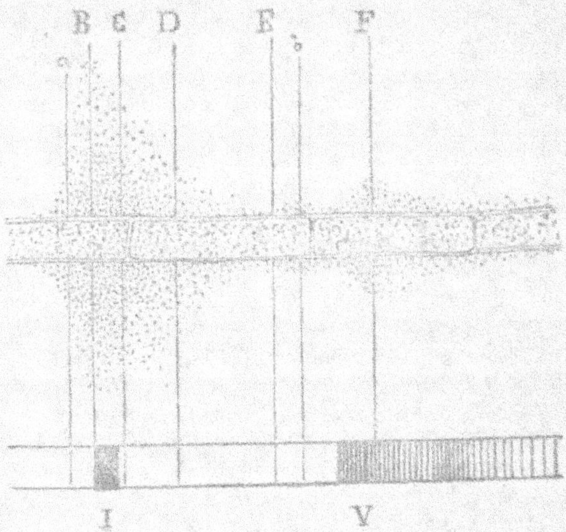

Fig. 92. — Bactéries groupées autour d'un filament de *Cladophora* éclairé par un spectre
solaire; I, V, bandes d'absorption de la chlorophylle; B, C..., raies du spectre.

bone par une méthode entièrement différente des précédentes.
On sait que certaines Bactéries, et notamment le *Bacterium
Termo*, sont très avides d'oxygène. Lorsqu'on les examine
dans une goutte d'eau écrasée par une lamelle, on les voit se
porter sur les bords de la goutte, partout où il y a de l'oxygène. Ces Bactéries se dirigent en nombre d'autant plus
grand vers un point de la préparation que l'oxygène y est
plus abondant.

Cela posé, pour refaire l'expérience d'Engelman, on met
sur le porte-objet du microscope un filament d'Algue verte;

mais au lieu de l'éclairer avec de la lumière blanche, on adapte au microscope un prisme qui décompose la lumière et fait arriver sur l'Algue un spectre complet. Certaines parties de l'Algue reçoivent ainsi de la lumière rouge, d'autres de la lumière jaune et ainsi de suite. Sous l'influence de ces radiations, l'Algue décompose le gaz carbonique et rejette de l'oxygène. Les Bactéries sont ainsi attirées et se groupent autour du filament, d'autant plus nombreuses en une région que l'oxygène dégagé dans cette région est plus abondant. La figure 39 montre un filament de *Cladophora* autour duquel les Bactéries se sont ainsi groupées. Il y a un premier maximum dans les radiations rouges et un second maximum beaucoup plus faible dans les radiations bleues.

La méthode des Bactéries confirme donc ce fait essentiel, que ce sont les radiations absorbées par la chlorophylle qui sont les plus actives, peut-être même les seules actives dans l'assimilation du carbone. On remarquera de plus que le maximum correspondant aux bandes d'absorption situées dans les radiations bleues est mis plus nettement en évidence par cette méthode que par les autres.

165. Influence de la température. — L'assimilation du carbone commence à s'effectuer à des températures très basses. Jumelle a constaté que l'Épicéa et le Genévrier décomposaient le gaz carbonique d'une façon appréciable à — 40°, alors qu'à cette même température la respiration ne se manifeste pas encore. La température la plus basse à laquelle l'assimilation du carbone commence est variable suivant les espèces; mais, d'une façon générale, l'assimilation commence plus tôt que la respiration.

Kreusler a étudié d'une façon précise l'influence de la température dans des limites assez étendues. Pour avoir une intensité lumineuse invariable, il emploie la lumière de l'arc électrique. On peut ainsi placer les plantes à des températures différentes, toutes les autres conditions étant égales d'ailleurs. De plus, Kreusler mesure le gaz carbonique décomposé par l'assimilation seule, et non le gaz carbonique correspondant à la résultante de l'assimilation et de la respiration. Pour

cela, la plante est placée dans une éprouvette renfermant une quantité connue de gaz carbonique; on l'expose à la lumière pendant une heure, par exemple; on mesure le gaz carbonique correspondant à la résultante de l'assimilation et de la respiration; puis, sans changer les conditions de température, on laisse la plante à l'obscurité pendant le même temps et on mesure le gaz carbonique dégagé par la respiration. En admettant que la plante ait respiré de la même façon pendant les deux parties de l'expérience, on obtient le gaz carbonique décomposé par l'assimilation seule en ajoutant au gaz carbonique correspondant à la résultante des deux fonctions le gaz carbonique correspondant à la respiration.

Kreusler a opéré de cette façon avec un rameau de *Rubus fruticosus*; le tableau suivant donne le volume du gaz carbonique correspondant à diverses températures, en prenant comme unité de volume le volume de gaz décomposé à 2°3:

Température.	Gaz carbonique.
2°3	1
7°5	1,7
11°3	2,4
15°8	2,8
20°6	2,6
25°0	**2,9**
29°3	2,4
33°6	2,4
37°3	2,3
41°7	2,0
46°6	1,3

La courbe supérieure de la figure 40 donne la représentation graphique de ce tableau; la courbe inférieure représente l'intensité de la respiration du même rameau aux mêmes températures. On constate d'abord que l'intensité de l'assimilation augmente, mais augmente lentement jusqu'à 25°, puis diminue si la température continue à s'élever. Il y a donc une température optima voisine de 25°. Si l'on compare la courbe de l'assimilation à celle de la respiration, on voit d'abord que l'assimilation, même la lumière électrique, est

toujours beaucoup plus intense que la respiration ; on voit
ensuite, ce que nous savions déjà, que l'intensité de la respiration augmente constamment avec la température. On peut

concevoir que, pour cer-
taines plantes et à une
température élevée, la résultante de la respiration
et de l'assimilation soit
nulle. En étudiant sur
d'autres plantes l'influence
de la température sur
l'assimilation, on a trouvé
encore une température
optima voisine de 25°
ou 3o°.

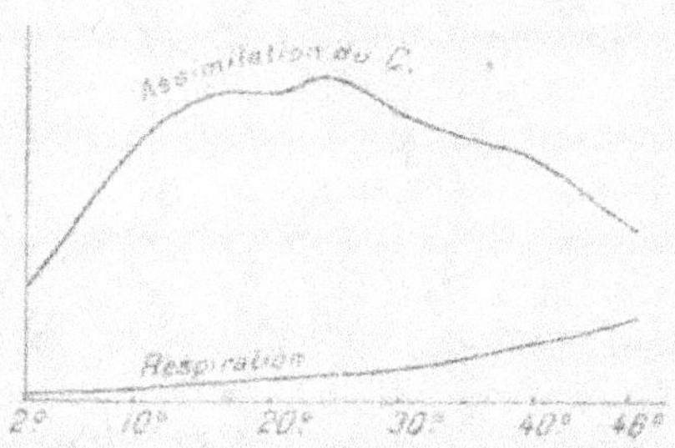

Fig. 40 — Courbes montrant l'influence de la température sur l'assimilation du carbone et la respiration.

**166. Influence combinée de la lumière et de la tempéra-
ture.** — Dans les expériences servant à rechercher l'influence
de la température sur l'assimilation, on adopte pour les
plantes un éclairement que l'on juge favorable et qui reste le
même pendant que la température varie. Les températures
optima trouvées sont donc des températures optima correspondant à un certain éclairement, et aussi, d'ailleurs, à un
certain état de la plante. Mais rien ne permet de supposer
que cette température optima pour l'assimilation resterait la
même pour des intensités lumineuses différentes.

Lubimenko (10) a demandé à l'expérience la solution de
cette question ; il a étudié l'influence de la température sur
l'assimilation du carbone par les feuilles de Bouleau en les
soumettant successivement à des intensités lumineuses différentes. Lorsque les rayons lumineux arrivent parallèlement
à la surface des feuilles, la température où l'assimilation est la
plus forte est 35° ; au contraire, si les rayons lumineux arrivent
perpendiculairement à la surface des feuilles, la température
optima est 25°. De plus, l'assimilation maxima obtenue avec
les rayons perpendiculaires est plus forte qu'avec les rayons
parallèles.

L'assimilation maxima obtenue en faisant varier seule-

ment la température n'est donc pas un maximum absolu, mais simplement un maximum correspondant aux conditions autres que la température et qui restent fixes. Si ces autres conditions changent de valeur, l'assimilation maxima varie aussi et correspond à une autre température. On conçoit donc que l'assimilation du carbone la plus intense correspond à une certaine combinaison des conditions extérieures. Nous verrons d'ailleurs tout à l'heure que les conditions intérieures interviennent aussi pour modifier la valeur de cette assimilation maxima.

167. Influence de la pression du gaz carbonique. — Il est facile de vérifier que la quantité de gaz carbonique décomposé par une plante renfermée dans une atmosphère confinée dépend de la pression du gaz carbonique contenu dans cette atmosphère, en supposant que la pression totale reste à peu près égale à la pression atmosphérique.

Godlewski (5) a étudié cette question. Il place des feuilles vertes dans une éprouvette d'une contenance d'environ 70^{cm3}, dose le gaz carbonique renfermé dans l'éprouvette, expose à la lumière pendant trois heures environ, puis dose de nouveau le gaz carbonique. Il en conclut la quantité de gaz carbonique décomposé correspondant à une certaine proportion de gaz carbonique dans l'atmosphère de l'éprouvette. Pendant une expérience donnée, la proportion de gaz carbonique varie constamment dans l'éprouvette; on prend comme proportion de gaz carbonique correspondant à cette expérience la moyenne entre la proportion qui existe au commencement et celle qui existe à la fin de l'expérience.

En opérant de cette façon, à une température voisine de 20°, avec des feuilles de *Glyceria spectabilis*, Godlewski a trouvé que la décomposition de gaz carbonique augmente en même temps que la pression propre de ce gaz jusqu'à ce que cette pression soit d'environ 8-10 p. 100 de la pression totale; au-dessus de cette proportion, la décomposition du gaz carbonique diminue à mesure que la proportion de ce gaz dans l'atmosphère augmente. Dans les conditions de l'expérience, la proportion de 8-10 p. 100 de gaz carbonique est donc la plus

favorable à l'assimilation, c'est la proportion optima. Pour le *Typha latifolia*, la proportion de gaz carbonique est seulement de 5-7 p. 100,

Friedel (6, ch. 11) a vérifié les expériences de Godlewski en opérant avec des feuilles d'*Evonymus japonicus* (Fusain) et de *Ruscus aculeatus*. Le tableau suivant montre comment, pour ces deux plantes, l'intensité de l'assimilatisn varie avec la proportion de gaz carbonique.

Evonymus.		*Ruscus.*	
Proportion de CO².	Assimilation.	Proportion de CO².	Assimilation.
18,73	1,59	23,00	2,02
13,58	2,80	13,89	2,41
12,73	**3,04**	**10,04**	**2,55**
10,35	2,79	6,97	2,11
4,16	1,20	3,40	0,73
1,43	0,23		

La proportion de gaz carbonique optima, 12,73 p. 100 pour l'*Evonymus* et 10,04 p. 100 pour le *Ruscus*, est un peu plus forte que pour les plantes étudiées par Godlewski. L'importance des variations de l'assimilation montre combien il est essentiel de tenir compte de la pression du gaz carbonique dans les études sur l'assimilation du carbone.

On remarquera que la proportion de gaz carbonique qui est la plus favorable à l'assimilation est de beaucoup supérieure à celle qui se trouve dans l'atmosphère, qui en renferme au plus 0,05 p. 100. Il semblerait donc que, dans la nature, l'assimilation du carbone doive être relativement faible. Mais Friedel a montré que, dans une atmosphère confinée, l'intensité de l'assimilation du carbone dépend non seulement de la pression propre du gaz carbonique, mais encore du volume de l'atmosphère confinée.

Pour les pressions faibles du gaz carbonique, l'assimilation est d'autant plus intense que le volume est plus grand. On conçoit donc que, dans la nature, la faiblesse de la proportion de gaz carbonique soit compensée par le volume indéfini de l'atmosphère. Boussingault a d'ailleurs constaté qu'en faisant passer sur des feuilles vertes un courant d'air continu, la

totalité du gaz carbonique renfermé dans cet air est absorbée par les feuilles.

168. Influence de la pression totale de l'atmosphère. — La plupart des expériences sur l'assimilation du carbone sont faites à une pression égale à la pression atmosphérique ou très voisine de cette pression. Voyons maintenant comment varie l'assimilation du carbone lorsqu'on fait varier la pression de l'air où se trouvent les plantes. Friedel a étudié le cas des pressions inférieures à la pression atmosphérique. L'appareil dont il s'est servi est représenté par la figure 41. Les feuilles en expérience sont dans un tube à essai e, renversé sur une cuve à mercure a, renfermée elle-même dans une éprouvette cylindrique v, fermée par un bouchon traversé par deux tubes, dont l'un, b, communique avec une machine pneumatique et dont l'autre, m, plongeant dans une cuve à mercure, peut servir de manomètre.

Fig. 41. — Schéma de l'appareil de Friedel pour l'étude des basses pressions ; e, tube renfermant la plante ; a, cuve à mercure ; v, éprouvette ; m, manomètre ; b, tube communiquant avec la machine pneumatique.

Pour faire une expérience, on met dans le tube à essai, en même temps que la feuille à étudier, de l'air renfermant une proportion déterminée de gaz carbonique, 10 p. 100 par exemple ; on met le tube à essai e dans l'éprouvette v que l'on ferme, et on fait le vide partiel dans cette éprouvette avec la machine pneumatique, puis on ferme le robinet en b. Le manomètre m donne la pression dans l'éprouvette v ; on en conclut la pression dans le tube e en tenant compte de l'élévation du mercure dans ce tube. On expose ensuite l'appareil à la lumière et une analyse du gaz à la fin de l'expérience donne la quantité de gaz carbonique décomposé. Un appareil semblable, avec une feuille semblable dans une atmosphère renfermant la même proportion de gaz carbonique, mais à la pression

atmosphérique, sert de témoin. Soit A la valeur de l'assimilation dans l'appareil témoin et B la valeur de l'assimilation dans l'appareil où on fait varier la pression ; le rapport B/A exprimera l'influence des variations de pression sur l'assimilation.

Des expériences de contrôle ont montré qu'il était inutile de

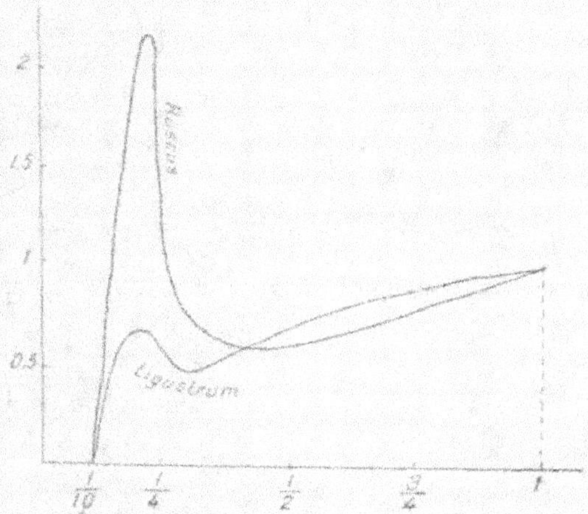

Fig. 42. — Courbes représentant l'influence des basses pressions sur l'assimilation du carbone par le *Ruscus* et le *Ligustrum*, d'après Friedel.

tenir compte de la respiration qui, dans les conditions de l'expérience, reste invariable si la pression change ; les expériences ont été faites à une température voisine de 22°. Le tableau suivant donne le résultat des expériences de Friedel pour le Fusain (*Evonymus japonicus*), le Troène (*Ligustrum japonicum*) et le petit Houx (*Ruscus aculeatus*). La première colonne indique les pressions en atmosphère et les trois autres les valeurs du rapport B/A pour les trois espèces étudiées. Les courbes de la figure 42 sont la traduction graphique de ce tableau pour le *Ruscus* et le *Ligustrum* ; les pressions sont portées en abcisses et les valeurs du rapport B/A en ordonnées.

Pressions.	Évonymus.	Ligustrum.	Ruscus.
1	1	1	1
3/4	1	0,97	—
2/3	0,85	0,84	—
1/2	0,75	0,74	0,67 m
1/2,4	0,45 m	—	—
1/3	0,64	0,48	0,73
1/3,8	0,71	0,45 m	—
1/4	0,84	0,47	0,76
1/5	1,3	0,70 M	2,24 M
1/6	—	—	1,10
1/7	1,77 M	—	—
1/8	0,59	0,55	0,53
1/9	0,18	0,24	—
1/10	—	—	0,15

Pour le *Ruscus*, par exemple, on voit que l'assimilation diminue, assez lentement d'ailleurs, en même temps que la pression diminue et passe par un minimum correspondant à une pression égale à 1/2. Puis, si la pression continue à diminuer, l'assimilation augmente rapidement, passe par un maximum correspondant à une pression égale à 1/5, diminue ensuite très vite et tend vers zéro pour une pression voisine de 1/10.

La forme compliquée de ces courbes peut s'expliquer par les considérations suivantes. Lorsqu'on fait diminuer la pression dans un tube qui renferme une proportion constante de gaz carbonique, il y a en réalité deux choses qui diminuent : 1° la pression propre du gaz carbonique ; 2° la pression totale de l'atmosphère. Or, ces deux causes agissent en sens inverse.

Nous savons que, dans les conditions où l'expérience a été faite, la diminution de la pression propre du gaz carbonique entraîne un affaiblissement de l'assimilation. Au contraire, comme cela résulte d'expériences spéciales faites par Friedel, la diminution de la pression totale amène, au moins en premier lieu une augmentation de l'assimilation. Lorsque la pression diminue à partir d'une atmosphère, l'action de la première cause l'emporte et il y a diminution de l'assimilation ; puis, c'est l'action de la seconde cause qui est plus forte et il y a augmentation de l'assimilation. Dans le voisinage de 1/10

d'atmosphère, les deux causes agissent dans le même sens et concourent à diminuer l'assimilation.

4° INFLUENCE DES CONDITIONS INTÉRIEURES.

169. Influence de la structure des feuilles. — Les cellules vertes et notamment les cellules du tissu en palissade peuvent être considérées comme les organes de l'assimilation du carbone, et il paraît vraisemblable *a priori* qu'il existe un certain rapport entre le développement de l'organe et l'intensité de la fonction. Geneau de Lamarlière a constaté, en effet, que l'assimilation du carbone augmente avec l'épaisseur du tissu en palissade. Mais il ne semble pas que ce soit là une règle absolument générale; Griffon (6) a montré que, dans le cas du Canna, des feuilles d'épaisseur très inégale assimilaient le carbone avec la même intensité.

On peut objecter, il est vrai, que c'est sous l'influence de la chlorophylle seule que se fait l'assimilation et que les feuilles les plus épaisses ne sont pas forcément celles qui renferment le plus de clorophylle.

Si l'on compare l'assimilation dans deux feuilles de Laitue, semblables d'ailleurs mais appartenant à deux variétés différentes, l'une ayant des feuilles d'un vert foncé et l'autre d'un vert clair, on constate que l'assimilation dans la feuille foncée est à peine plus forte que dans l'autre.

Des feuilles de Pêcher inégalement vertes, mais de même épaisseur, assimilent le carbone avec la même intensité. Les feuilles de Canna, citées tout à l'heure et qui assimilent le carbone de la même façon, sont non seulement d'épaisseurs différentes, mais de coloration inégale, et ce sont les plus épaisses qui sont du vert le plus foncé.

L'étude de plantes parasites faite par Bonnier (1) montre également qu'il n'existe pas de relation nette entre la coloration des plantes et leur faculté d'assimilation du carbone. Rien, d'après l'examen morphologique, ne permettait de prévoir la différence, très grande, qui existe à ce point de vue entre l'*Euphrasia* et le *Melampyrum* (§ 182).

On ne peut donc pas, de la structure et de la coloration

d'une feuille, conclure l'énergie plus ou moins grande avec
laquelle cette feuille pourra décomposer le gaz carbonique.

170. Concentration de la chlorophylle. — Il est vrai que
l'examen d'une feuille au microscope ne renseigne que sur le
nombre et les dimensions des grains de chlorophylle, et ne
donne que très peu de notions sur la quantité même de chloro-
phyle qui peut être plus ou moins concentrée dans des grains
de même apparence.

Lubimenko (10) a cherché à évaluer la concentration de
la chlorophylle en procédant de la façon suivante. Il admet
que deux dissolutions alcooliques de chlorophylle de même
épaisseur renferment la même quantité de chlorophylle lorsqu'elles donnent au spectroscope des bandes d'absorption de
même épaisseur, la première bande d'absorption dans la
lumière rouge étant spécialement prise comme terme de
comparaison. L'unité adoptée est la chlorophylle renfermée
dans 1 gramme de feuilles fraîches de Hêtre ; on la dissout
dans une quantité fixe d'alcool et on examine la solution au
spectroscope sous une épaisseur de 5 millimètres.

Pour savoir quelle est la concentration de la chlorophylle
du Tilleul, par exemple, comparée à celle du Hêtre, on traite
1 gramme de feuilles de Tilleul comme on a traité celles de
Hêtre et on examine la solution de chlorophylle au spectroscope.
On trouve que, pour une épaisseur de 5 millimètres, cette
solution donne des bandes d'absorption moins larges que
celles du Hêtre ; la chlorophylle est donc moins concentrée
dans le Tilleul que dans le Hêtre. On augmente alors, à l'aide
d'un dispositif spécial, l'épaisseur de la solution de chlorophylle du Tilleul, jusqu'à ce qu'on observe des bandes d'absorption semblables à celles du Hêtre. L'épaisseur de la solution est alors de $6^{mm}o5$, on en conclut que les quantités de
chlorophylle du Hêtre et du Tilleul sont inversement proportionnelles aux nombres 5 et 6,o5. Si on représente par 100
la quantité de chlorophylle renfermée dans 1 gramme de feuilles de Hêtre, la quantité de chlorophylle renfermée dans
1 gramme de Tilleul sera 82,4.

Après avoir ainsi comparé les quantités de chlorophylle

renfermées dans diverses feuilles, Lubimenko a comparé l'assimilation du carbone par ces mêmes feuilles. Il a trouvé que, dans une même espèce telle que l'*Abies nobilis* où la quantité de chlorophylle croît avec l'âge de la feuille, l'assimilation du carbone varie en général dans le même sens que la chlorophylle; mais il n'y a point proportionnalité. La chlorophylle augmente plus vite que le carbone assimilé.

En comparant des espèces différentes, on ne trouve aucun rapport entre la quantité de chlorophylle et l'assimilation du carbone. Ainsi, par exemple, les feuilles du Hêtre qui renferment 100 de chlorophylle assimilent 5,86 de carbone, pendant que les feuilles de Tilleul qui renferment 82,4 de chlorophylle assimilent 12,88 de carbone.

Il n'y a donc aucune proportionnalité entre la quantité de chlorophylle renfermée dans une feuille et le carbone assimilé par cette feuille. Peut-être la chlorophylle n'a-t-elle pas les mêmes propriétés dans toutes les plantes? peut-être aussi, la chlorophylle restant la même, le protoplasme de toutes les plantes ne peut-il l'utiliser de la même manière?

171. Influence de la coloration rouge des feuilles. — Griffon (6) a étudié de quelle façon la coloration rouge que présentent certaines feuilles pouvait modifier l'assimilation du carbone. En général, cette coloration est due à une substance rouge dissoute dans le suc cellulaire et appelée *érythrophylle* ou anthocyanine[1]. Le spectre d'absorption de l'*érythrophylle* est distinct de celui de la chlorophylle et ne comprend que des radiations jaunes et vertes. On peut donc prévoir que la présence de l'érythrophylle n'aura pas une grande influence sur l'assimilation du carbone.

Dans les variétés pourpres du Hêtre et de l'*Atriplex hortensis* l'érythrophylle est localisée dans l'épiderme et forme ainsi un écran que la lumière doit traverser avant d'arriver au tissu vert qui a la même structure que dans les variétés vertes. On

---

1. Ces deux mots sont synonymes, bien que l'un rappelle la couleur rouge et l'autre la couleur bleue, parce que la matière colorante, rouge en milieu acide, bleuit plus ou moins en milieu alcalin.

constate que l'assimilation a la même intensité dans les deux cas. L'érythrophylle n'a donc pas d'influence sur l'assimilation du carbone.

Chez les Betteraves rouges où l'érythrophylle est disséminée dans l'épiderme et dans le parenchyme de la feuille, l'assimilation est bien moins intense que dans les variétés vertes. Mais il semble que la principale cause de cette différence soit que les grains de chlorophylle sont moins nombreux et moins colorés dans les variétés rouges.

Les feuilles de certaines plantes telles que le Mahonia prennent une teinte rougeâtre en hiver par suite de la production d'érythrophylle, puis redeviennent vertes au printemps. L'assimilation est moindre chez les feuilles rouges, et cela semble provenir d'une diminution de la chlorophylle. Le cas des feuilles de Vigne-vierge, qui rougissent en automne avant de tomber, est encore plus net ; dans les feuilles rouges, la chlorophylle disparaît en même temps que l'érythrophylle se forme ; aussi l'assimilation y devient-elle nulle.

5° PRODUITS DE L'ASSIMILATION DU CARBONE.

172. Production d'amidon. — Nous venons de voir que le carbone entre dans les plantes vertes sous la forme de gaz carbonique et qu'il est ensuite employé à la synthèse des matières organiques telles que l'amidon, la cellulose, les matières albuminoïdes. Mais on peut se demander quelles sont les premières combinaisons dans lesquelles entre le carbone après la décomposition du gaz carbonique ; en un mot, quels sont les premiers produits de l'assimilation du carbone.

Sachs a montré par des expériences très simples le rapport qui existe entre l'assimilation du carbone et la formation d'amidon dans les feuilles. La présence de l'amidon dans la plupart des feuilles est facile à mettre en évidence de la façon suivante. On décolore la feuille par l'alcool, on traite par la potasse pour gonfler les grains d'amidon, puis on traite par l'iode qui colore les grains ; toutes les parties de la feuille qui renferment de l'amidon présentent alors une teinte géné-

rale bleue. Cela posé, appliquons sur une feuille de Haricot une lame d'étain mince et opaque et exposons le tout au soleil pendant une journée; puis traitons la feuille comme il vient d'être dit pour faire apparaître l'amidon. On verra alors que toute la feuille est colorée en bleu, sauf les parties qui étaient mises à l'abri de la lumière par la lame d'étain (*fig. 43*). On peut en conclure que l'amidon est un des premiers produits de l'assimilation du carbone.

On peut compléter cette expérience de la façon suivante, comme l'a fait Timiriazeff. Au lieu d'éclairer la feuille en expérience par la lumière blanche naturelle, on fait arriver sur elle la lumière décomposée par un prisme; on constate que l'amidon se forme précisément dans la région où arrivent les radiations absorbées par la chlorophylle, et principalement à l'endroit correspondant à la

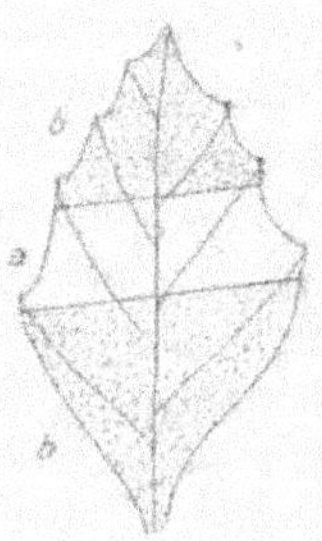

Fig. 43. — Feuille renfermant de l'amidon en *b* et pas en *a*.

première bande d'absorption dans le rouge. C'est là une nouvelle manière de montrer que les radiations actives dans l'assimilation du carbone sont celles qui sont absorbées par la chlorophylle.

173. Mesure de l'assimilation du carbone par la production de l'amidon. — Sachs, considérant que l'amidon était le principal produit de l'assimilation du carbone, a voulu mesurer l'intensité de l'assimilation par la quantité d'amidon formé. Il opérait de la façon suivante. Sur une feuille d'*Helianthus annuus*, il découpe un cercle à l'emporte-pièce, il le fait dessécher, puis le pèse. La feuille ainsi opérée ou une feuille semblable est ensuite exposée au soleil pendant un certain temps, puis on découpe un rond semblable au premier, on le dessèche et on le pèse. Sachs admet que l'excès de poids du second rond par rapport au premier représente le poids de l'amidon formé pendant l'insolation. Il résulte des mesures faites que l'augmentation de poids, pour la feuille d'*Helianthus*, est de 0^{gr}9 par heure et par mètre carré. La feuille exposée au soleil était laissée adhérente à la tige.

Pendant la nuit, on constate, au contraire, une diminution de poids de $0^{gr}9$ par heure et par mètre carré; pendant la nuit, en effet, l'amidon disparaît et émigre vers la tige et les racines. Mais comme cette migration s'effectue vraisemblablement aussi pendant le jour, Sachs admet que l'augmentation de poids trouvée correspond à la différence entre l'amidon formé et l'amidon passé dans la tige; la quantité d'amidon formé serait donc de $1^{gr}8$ par heure et par mètre carré. Comme vérification, on peut opérer sur les feuilles isolées; on trouve alors une augmentation de poids de $1^{gr}6$ par heure et par mètre carré.

Cette méthode peut donner une idée de l'intensité de l'assimilation, mais seulement une idée approximative; on peut, en effet, faire quelques objections. Il est inexact de considérer l'amidon comme le seul produit de l'assimilation du carbone; nous allons voir que souvent même ce n'est pas le produit principal. D'autre part, les réactions qui se passent dans une feuille vivante sont très complexes, et, en mesurant l'augmentation de poids, on n'est pas sûr de mesurer seulement l'amidon et les autres produits de l'assimilation. Il se produit peut-être, dans les substances albuminoïdes ou les membranes, des changements qui entraînent des variations de poids. Il peut y avoir aussi entre la feuille et la tige des échanges dont on ne tient pas compte.

174. Production de sucre. — On ne trouve pas d'amidon dans toutes les feuilles; dans les feuilles d'Ail, par exemple, il n'y en a pas; mais, en revanche, il y a du sucre. Il existe donc des plantes chez lesquelles l'amidon n'est pas un des premiers produits de l'assimilation. Dans ce cas, l'amidon est remplacé par le sucre.

D'ailleurs, l'existence du sucre dans les feuilles vertes est bien plus générale que celle de l'amidon; on en trouve toujours en quantité plus ou moins grande. Si le sucre a été constaté plus tard que l'amidon, cela tient à ce qu'on ne le voit pas au microscope et qu'il faut faire un dosage assez long pour le mettre en évidence.

Brown et Morris ont fait une étude très complète des pro-

duits de l'assimilation et en particulier des sucres qui se trouvent dans la feuille de la Capucine. Les feuilles *a* sont récoltées à cinq heures du matin et desséchées immédiatement,
avant, par conséquent, d'avoir subi l'influence de la lumière.
Les feuilles *c* sont récoltées le soir à cinq heures, après une
journée d'insolation et desséchées également pour être analysées; les feuilles *b* sont récoltées à cinq heures du matin, inso-
lées pendant douze heures, le pétiole dans l'eau, puis desséchées.
Le tableau suivant donne la composition de ces trois catégories
de feuilles; les nombres expriment la quantité de matière renfermée dans 100 parties de feuilles sèches,

	a	*b*	*c*
Sucre de canne.	4,65	8,85	3,86
Dextrose.	0,97	1,20	0,00
Lévulose.	2,99	6,44	0,39
Maltose.	1,18	0,69	5,33
Sucres.	9,79	17,18	9,58
Amidon.	1,23	3,91	4,59
Total.	11,02	21,09	14,17

La comparaison de *a* et de *c* nous montre la différence de
composition des feuilles placées dans les conditions normales
et examinées, soit le matin, soit le soir; comme l'expérience de
Sachs nous l'avait appris, il y a plus d'amidon le soir que le
matin; nous voyons, de plus, que si la nature du sucre a
changé, la quantité totale est restée à peu près la même; pendant la journée, les produits de l'assimilation s'accumulent
donc sous forme d'amidon et non de sucre.

Mais dans les feuilles *c* on ne retrouve pas tous les composés
élaborés pendant la journée, une partie est passée dans la
tige; la comparaison des feuilles *b* et *c* nous donnera une
idée de cette migration. Ce sont surtout les sucres qui se sont
accumulés dans la feuille *b*, la proportion d'amidon ayant
peu varié. Dans les conditions normales, les sucres élaborés
passent dans la tige pendant la journée, et l'amidon s'accumule dans la feuille; pendant la nuit, c'est l'amidon qui
émigre, après s'être vraisemblablement transformé en sucre.

L'amidon est la forme sous laquelle les hydrates de carbone assimilés se mettent en dépôt provisoire dans les feuilles.

Il est à remarquer que le dextrose disparaît pendant la journée ; il ne semble donc pas que ce sucre soit un des produits directs de l'assimilation. Pour s'en assurer, on peut faire l'expérience suivante : des feuilles récoltées le soir, et par conséquent dépourvues de dextrose, sont maintenues vingt-quatre heures à l'obscurité ; on les dessèche ensuite et l'on y trouve une certaine quantité de dextrose ; on constate en même temps que la proportion de lévulose a augmenté pendant que celle d'amidon, de sucre de canne et de maltose a diminué. On peut en conclure que le dextrose et au moins une partie du lévulose des feuilles proviennent, non directement de l'assimilation du carbone, mais de la décomposition de l'amidon ou des saccharoses.

175. Mécanisme chimique de l'assimilation du carbone. — Nous venons de voir que certains hydrates de carbone tels que l'amidon ou les sucres sont des produits de l'assimilation chlorophyllienne du carbone. Mais on peut se demander si ce sont les premiers produits et par quel mécanisme le carbone du gaz carbonique se combine aux éléments de l'eau. Le gaz carbonique absorbé est certainement décomposé, mais nous avons vu que le volume d'oxygène dégagé était toujours plus grand que le volume de gaz absorbé. L'oxygène dégagé ne provient donc pas entièrement du gaz carbonique absorbé ; l'assimilation est accompagnée d'une réduction de certains composés qui fournissent de l'oxygène ; la réaction est donc plus complexe qu'une simple décomposition du gaz carbonique accompagnée d'une combinaison du carbone avec éléments de l'eau. Nous verrons d'ailleurs (§ 194) que, dans une feuille verte exposée à la lumière, il y a également formation de matière albuminoïde aux dépens des nitrates, et peut-être faut-il chercher là la source de l'excès d'oxygène dégagé. La formation des hydrates de carbone seuls ne permet pas, en effet, d'expliquer cet excès d'oxygène.

On sait que la synthèse des sucres a été faite à partir de l'aldéhyde formique CH^2O qui, en se condensant, peut repro-

duire divers hydrates de carbone. L'hypothèse a été émise
que, dans les plantes, les choses se passaient de même et que
l'aldéhyde formique était le premier produit de l'assimilation
du carbone. On a trouvé, en effet, l'aldéhyde dans un grand
nombre de feuilles vertes qui ont été exposées à la lumière ;
on ne la trouve pas, au contraire, dans les feuilles vertes
maintenues à l'obscurité, pas plus que dans les feuilles dépourvues de chlorophylle.

6° MÉCANISME DES ÉCHANGES GAZEUX.

176. Entrée et sortie des gaz. — La question du mécanisme des échanges gazeux de l'assimilation est la même que
dans le cas de la respiration. Dans les deux fonctions, les gaz
doivent passer de l'atmosphère à l'intérieur des cellules vivantes ou inversement. Il faut donc toujours que les gaz absorbés
ou rejetés traversent au moins une membrane cellulaire.

Mais deux cas peuvent se présenter : 1° le passage se fait à
travers une membrane épidermique ; l'échange gazeux a lieu
alors directement entre la cellule vivante et l'atmosphère ;
2° le passage se fait à travers une des membranes qui limitent
le système de lacunes existant dans les feuilles ; dans ce cas,
les gaz rejetés passent de la cellule dans les lacunes, puis
des lacunes dans l'atmosphère par l'intermédiaire des stomates ; on dit que l'échange gazeux se fait par les stomates.

Nous avons vu dans l'étude de la respiration le rôle
prépondérant joué par les stomates ; la quantité de gaz qui
traverse les membranes cutinisées est insignifiante. La question est plus importante dans le cas de l'assimilation, car les
échanges gazeux sont quantitativement beaucoup plus considérables ; nous allons donc en faire un examen plus complet en
recherchant dans quelles conditions une membrane végétale
peut être traversée par un gaz.

**177. Imperméabilité des membranes végétales pour les
gaz.** — Wiesner et Molisch (15) ont recherché dans quelle

mesure les membranes végétales pouvaient être traversées par
un gaz lorsque ce gaz se trouve à des pressions différentes des
deux côtés de la membrane. Pour les pressions inférieures à
une atmosphère, ils ont employé un tube ouvert aux deux bouts,
large de 6^{mm} et long de 56^{cm} à 100^{cm} (*fig. 44*). L'une des

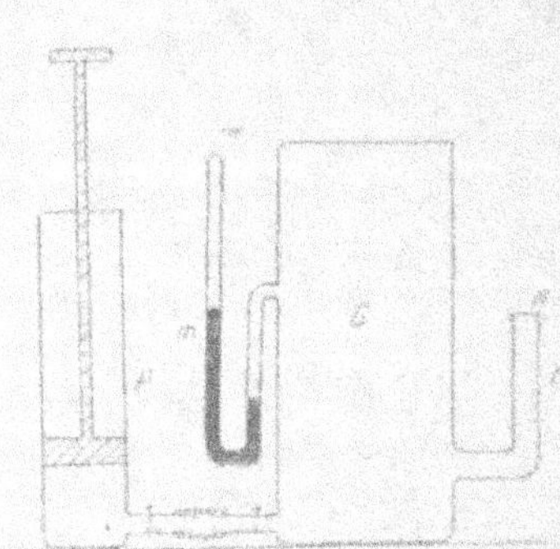

SCHÉMAS DES APPAREILS SERVANT A ÉTUDIER L'IMPERMÉABILITÉ
DES MEMBRANES VÉGÉTALES.

Fig. 44. — Appareil pour
les basses pressions; t,
tube fermé par la mem-
brane a; c, cuve à mer-
cure.

Fig. 45. — Appareil pour les hautes pressions; t, tube
fermé par la membrane a; G, gazomètre; m, manomètre; p, pompe.

extrémités du tube est fermée avec une membrane végétale a
solidement mastiquée sur les bords; puis le tube, incomplètement rempli de mercure, est renversé sur le mercure en c.

L'air qui se trouve à la partie supérieure du tube au contact
de la membrane végétale est à une pression inférieure à la
pression atmosphérique; la différence de pression des deux
côtés de la membrane est mesurée par la hauteur de la colonne
de mercure dans le tube. Dans ces conditions, si la hauteur
de la colonne reste constante, c'est que l'air n'aura pas traversé la membrane; si, au contraire, la hauteur diminue, c'est
que l'air sera entré dans le tube en traversant la membrane
sous l'influence de la différence de pression.

Dans une première expérience, le tube était bouché avec un
lambeau de périderme de Bouleau épais de $0^{mm}2$; la hauteur

de la colonne de mercure était de 610^mm et s'est maintenue absolument constante pendant cinquante et un jours. Cette membrane est donc imperméable pour les gaz. L'expérience a été refaite avec les membranes les plus diverses : périderme de Cerisier, pellicule de raisin, feuille de Potamot ; le résultat a été le même, les membranes se sont toujours montrées imperméables.

L'appareil employé pour les pressions supérieures à une atmosphère est un peu plus complexe (*fig. 45*) ; il se compose d'une pompe *p* qui comprime l'air dans un gazomètre G muni, d'une part, d'un manomètre *m* et, d'autre part, d'un tube *t* ouvert que l'on peut fermer avec les membranes *a* que l'on veut étudier. Pour faire une expérience, on commence par fixer solidement la membrane à l'extrémité du tube, puis on comprime l'air dans le gazomètre jusqu'à une pression déterminée. Si alors la pression indiquée par le manomètre reste constante, c'est que l'air ne passe pas à travers la membrane qui est par conséquent imperméable ; si la pression diminue, c'est, au contraire, que la membrane est perméable.

Dans une expérience faite avec une feuille de Lierre qui, on le sait, est dépourvue de stomates à la face supérieure, la pression du gazomètre, portée à 3 atmosphères, est restée invariable pendant vingt-quatre heures. Des feuilles de *Stratiotes* et des pétales de *Philadelphus* ont donné le même résultat. Ces membranes sont donc imperméables pour les gaz, dans le cas des hautes comme dans le cas des basses pressions.

178. Osmose des gaz — Wiesner et Molisch ont recherché également dans quelles conditions une membrane végétale pouvait être traversée par les gaz lorsque des gaz de nature différente se trouvent des deux côtés de cette membrane ; en d'autres termes, comment peut s'effectuer l'osmose ou la diffusion des gaz. Un tube semblable à celui employé tout à l'heure pour montrer l'imperméabilité des membranes dans le cas de basses pressions est fermé avec la membrane à étudier, puis rempli de gaz carbonique et renversé sur le mercure. Si le niveau du mercure s'élève, c'est que le gaz carbonique sort à

travers la membrane ; si le niveau reste stationnaire, c'est que
le gaz carbonique ne traverse pas.

Dans une expérience, le tube rempli de gaz carbonique est
fermé avec une pellicule sèche de raisin ; pendant trente jours,
le niveau du mercure dans le tube est resté constant ; dans
ces conditions, l'osmose de gaz ne se produit donc pas. Mais
si l'on vient à mouiller la pellicule, on voit bientôt le niveau
du mercure s'élever de 15^{mm} après un jour, de 26^{mm} après
deux jours, de 145^{mm} après neuf jours. Donc l'osmose, qui
ne se produit pas à travers la membrane sèche, se produit,
au contraire, à travers la membrane humide. Des feuilles
de Potamot, des thalles d'Ulve ont donné des résultats analogues.

Avec les membranes subérifiées, les choses se passent d'une
façon un peu différente. En employant, par exemple, un
morceau de périderme sec de Bouleau, le colonne de mercure
s'élève de 12^{mm} en trente-sept jours, tandis qu'elle s'élève de
62^{mm} en dix-neuf jours si le périderme est mouillé. Donc
l'osmose de gaz a lieu à travers les membranes cutinisées
sèches, mais bien plus faiblement qu'à travers les mêmes
membranes mouillées.

Ces expériences peuvent s'expliquer de la façon suivante.
Les gaz ne traversent une membrane végétale que s'ils sont
dissous dans l'eau qui imprègne la membrane, et, dans ces
conditions, la vitesse de l'osmose est proportionnelle à la
solubilité du gaz dans l'eau ; l'on sait, d'ailleurs, que la solubilité d'un gaz est proportionnelle à un coefficient propre à
chaque gaz et à la pression exercée par ce gaz.

Faisons l'application de cette règle aux gaz de l'air. On sait
qu'un litre d'eau dissout, à $15°$, 14^{cm3} d'azote, 29^{cm3} d'oxygène
et 1002^{cm3} de gaz carbonique, en supposant chacun de ces
gaz à la pression de 760^{mm} ; le gaz carbonique traversera
donc les membranes mouillées beaucoup plus vite que l'oxygène et l'azote ; c'est ce qui explique pourquoi, dans les expériences de Wiesner et Molisch, le gaz carbonique sortait du tube
bien plus vite que l'air n'y entrait. Si le tube avait été plein
d'air et placé dans une atmosphère de gaz carbonique, le gaz
carbonique serait entré et le niveau du mercure aurait baissé

dans le tube. On peut expliquer également pourquoi le gaz
carbonique passe à travers le périderme sec : c'est que le liège
renferme toujours une certaine proportion de matières grasses
et que le gaz carbonique est soluble dans les matières grasses.

179. **Rôle des stomates dans les échanges gazeux de
l'assimilation**. — Blackman (3, ch. ii) a étudié le rôle des
stomates dans l'assimilation de la même manière que pour la
respiration. Les deux parties de l'appareil (voir *fig. 21*) sont
appliquées chacune sur une face d'une feuille et traversées
par un courant d'air renfermant une proportion connue de
gaz carbonique (1 p. 100 environ). En dosant le gaz carbonique dans l'air employé, on peut apprécier la quantité de ce
gaz absorbé par chacune des faces de la feuille.

Le tableau suivant donne le résultat des expériences faites
avec les feuilles d'*Ampelopsis hederacea* et de *Polygonum
Sakalinense*, qui n'ont de stomate qu'à la face inférieure,
et avec les feuilles d'*Alisma Plantago* et de *Tropæolum
majus*, qui en ont sur les deux faces. La première et la
seconde colonne donnent en centimètres cubes le gaz carbonique absorbé en quinze minutes respectivement par 10^{cm^2} de
la face supérieure et de la face inférieure des feuilles ; la troisième colonne donne le rapport du gaz carbonique absorbé par
les deux faces, et la quatrième colonne le rapport des stomates des deux mêmes faces :

	Gaz carbonique absorbé		Rapport	
	Face sup.	Face inf.	du gaz carbonique	des stomates.
Ampelopsis.....	0	0,14	$\dfrac{0}{n}$	$\dfrac{0}{n}$
Polygonum.....	0	0,16	$\dfrac{0}{n}$	$\dfrac{0}{n}$
Alisma.....	0,15	0,11	$\dfrac{136}{100}$	$\dfrac{135}{100}$
Tropæolum.....	0,07	0,10	$\dfrac{70}{100}$	$\dfrac{50}{100}$

On peut conclure de ce tableau que les feuilles n'absorbent
sensiblement du gaz carbonique que par les faces où elles ont
des stomates, et que, lorsqu'il y a des stomates sur les deux

faces, l'absorption d'oxygène varie dans le même sens que le nombre des stomates. C'est donc surtout, sinon uniquement, par les stomates que le gaz carbonique entre dans les feuilles. Le rôle des stomates est donc prépondérant dans les échanges gazeux de l'assimilation comme dans ceux de la respiration.

Ces résultats sont faciles à expliquer par les expériences de Wiesner et Molisch. La membrane externe des cellules épidermiques n'est pas mouillée, sa partie externe cutinisée renferme très peu d'eau; elle s'opposera donc à l'osmose des gaz. Les membranes qui limitent les lacunes à l'intérieur de la feuille sont en général très minces et rendues humides par le contact direct du protoplasma; elles peuvent donc permettre l'osmose des gaz.

Dans des expériences anciennes de Boussingault, la face supérieure sans stomate d'une feuille absorbait autant et plus de gaz carbonique que la face inférieure pourvue de stomates.

Ce résultat, contradictoire de celui de Blackman, tient à ce que Boussingault opérait dans une atmosphère renfermant 3o p. 100 de gaz carbonique, ce qui est une proportion bien supérieure à l'optimum. Dans ces conditions, l'assimilation par la face inférieure est ralentie par la trop grande quantité de gaz carbonique qui arrive au contact des cellules; l'assimilation est, au contraire, activée du côté de la face supérieure, parce que les cellules y reçoivent, à travers la cuticule, une quantité de gaz carbonique relativement faible à cause du peu de perméabilité de la membrane, mais plus grande cependant qu'à l'ordinaire à cause de la pression considérable du gaz carbonique. D'ailleurs, Blackman a refait avec son appareil les expériences de Boussingault et a vérifié que, pour des pressions de gaz carbonique considérables, la face inférieure des feuilles de Laurier-rose assimilait moins que la face supérieure.

180. Cas des plantes aquatiques. — Nous avons vu que dans certains cas les plantes aquatiques exposées au soleil dégagent des bulles d'un gaz formé surtout d'oxygène; mais c'est toujours par une blessure de la tige ou des feuilles que

ces bulles sortent. Lorsque la plante est absolument intacte,
on n'observe pas de dégagement de bulles. Il est alors bien
évident que les échanges gazeux de l'assimilation, comme ceux
de la respiration, se font par l'intermédiaire des gaz dissous
dans l'eau. Voyons comment la chose est possible.

Constatons d'abord que, dans les conditions ordinaires, les
gaz dissous dans l'eau ont la composition centésimale suivante :

$$
\begin{array}{ll}
\text{Gaz carbonique} \dots\dots\dots\dots\dots & 2,19 \text{ °/}_0 \\
\text{Oxygène} \dots\dots\dots\dots\dots\dots & 33,90 - \\
\text{Azote} \dots\dots\dots\dots\dots\dots & 63,82 -
\end{array}
$$

La proportion relative des trois gaz, très différente on le
voit de celle de l'air, est déterminée par la solubilité de chaque gaz dans l'eau et sa pression propre dans l'atmosphère.
L'abondance relative du gaz carbonique est de nature à faciliter l'assimilation du carbone.

D'autre part, on sait que les plantes aquatiques comprennent un système de lacunes remplies par une atmosphère
ayant à peu près la composition centésimale suivante :

$$
\begin{array}{ll}
\text{Gaz carbonique} \dots\dots\dots\dots\dots & 0,69 \text{ °/}_0 \\
\text{Oxygène} \dots\dots\dots\dots\dots\dots & 18,41 - \\
\text{Azote} \dots\dots\dots\dots\dots\dots & 80,89 -
\end{array}
$$

Devaux (3) a montré, par l'expérience suivante, que les
échanges gazeux pouvaient se produire, entre la plante et le
gaz dissous dans l'eau, à travers les parois des cellules épidermiques. Un rameau d'*Elodea* (*fig. 46*) est plongé partiellement dans un bouchon de gélatine *g*, fusible à 30°, renfermé
dans un entonnoir renversé *e*; et cela de façon à ce que la
base *a* du rameau soit en dehors de la gélatine dans le tube
de l'entonnoir et que la plus grande partie du rameau soit
également en dehors de la gélatine dans la partie élargie de
l'entonnoir. On plonge dans l'eau tout l'appareil, sauf l'extrémité supérieure où on adapte un tube *t* par lequel on peut
faire le vide. Sous l'influence du vide, les gaz renfermés dans
le rameau d'*Elodea* sortent par la partie supérieure de la
tige et peuvent être recueillis.

En opérant sur un rameau d'*Elodea* pesant 1^{gr}5 et en maintenant le vide pendant seize heures, Devaux a extrait de la tige d'*Elodea* 6^{cm3} de gaz. Ce volume est bien supérieur à celui que pouvaient renfermer les lacunes d'*Elodea*. Il faut donc admettre que, sous l'influence du vide, les gaz dissous dans l'eau ont pénétré dans la plante à travers l'épiderme, sont passés dans les lacunes et de là se sont dégagés par le sommet de la tige.

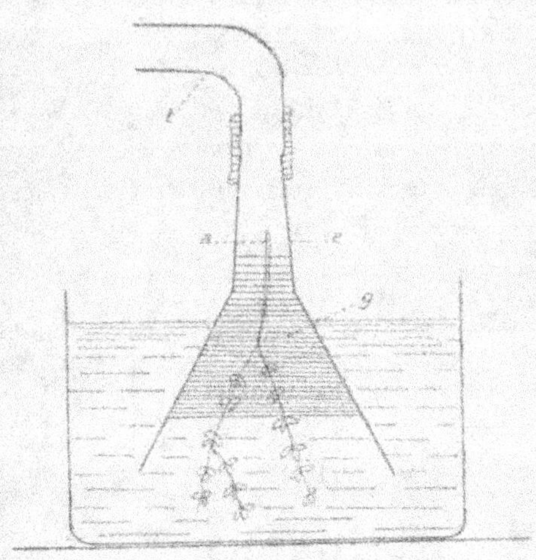

Fig. 45. — Expérience de Devaux : *a*, tige d'*Elodea* ; *g*, gélatine ; *e*, entonnoir ; *t*, tube communiquant avec la machine pneumatique.

Les parois des cellules épidermiques des plantes aquatiques peuvent donc permettre une osmose des gaz suffisante pour assurer les échanges gazeux de l'assimilation. L'absence de cuticule et l'humidité constante des parois cellulaires rendent facile l'osmose des gaz. L'expérience de Devaux est donc une confirmation des propriétés des membranes végétales étudiées par Wiesner et Molisch.

Chez les plantes aériennes, qui ont besoin de se préserver de la dessiccation, un revêtement imperméable est nécessaire, mais a l'inconvénient de rendre les échanges gazeux difficiles. L'utilité des stomates est de permettre l'entrée et la sortie des gaz qui ont été échangés à travers les parois perméables qui limitent les lacunes. Chez les plantes aquatiques, la cuticule est inutile, les parois épidermiques deviennent perméables et permettent les échanges gazeux ; les stomates n'ont plus de raison d'être.

7° NUTRITION CARBONÉE DES PLANTES PARASITES OU SAPROPHYTES.

181. Plantes parasites ou saprophytes. — On sait que les plantes parasites sont celles qui vivent plus ou moins complètement aux dépens d'un autre être vivant, tandis que les plantes saprophytes sont celles qui vivent aux dépens de débris d'animaux ou de végétaux morts. Nous nous bornerons à étudier le cas des Phanérogames.

Parmi les Phanérogames parasites, il y en a qui sont complètement dépourvues de chlorophylle, telle est l'Orobanche qui est fixée par la base de sa tige sur les racines de certaines plantes, ou la Cuscute qui s'attache aux tiges de la plante hospitalière. Dans ce cas, la chlorophylle étant absente, l'assimilation du carbone de l'atmosphère par la plante parasite est impossible ; la nutrition carbonée s'effectue donc entièrement aux dépens de la plante hospitalière ; celle-ci assimile le carbone de l'atmosphère et fait la synthèse des matières organiques qu'elle transmet ensuite à la plante parasite.

Parmi les Phanérogames saprophytes, certaines, telles que le *Neottia nidus avis*, de la famille des Orchidées, sont également dépourvues de chlorophylle ; elles n'assimilent donc pas le carbone et tirent du milieu organique où elles vivent toutes les substances carbonées qui leur sont nécessaires ; leur nutrition est donc semblable à celle des parasites sans chlorophylle.

Certaines plantes parasites, au contraire, ont de la chlorophylle ; telle est le Gui, qui est fixé par la base de sa tige sur les branches de certains arbres ; le Mélampyre, dont les racines possèdent des suçoirs qui s'attachent aux racines d'autres plantes. Dans ce cas, la nutrition carbonée des parasites est plus complexe. Ces plantes, renfermant de la chlorophylle, peuvent, en effet, assimiler le carbone de l'atmosphère ; d'autre part, il est naturel de supposer qu'elles peuvent, grâce à leurs suçoirs, emprunter certaines matières organiques à la plante

hospitalière ; leur carbone peut donc provenir soit de l'atmosphère, soit de la plante nourricière.

182 Échanges gazeux chez les parasites à chlorophylle — L'étude des échanges gazeux entre les parasites à chlorophylle et l'atmosphère peut renseigner dans une certaine mesure sur le degré de parasitisme de ces plantes. Bonnier (1) a montré qu'à ce point de vue les parasites à chlorophylle ne se ressemblaient pas. L'*Euphrasia officinalis*, même soumis à l'insolation directe, n'absorbe jamais de gaz carbonique. Cependant, le rapport et la quantité des gaz échangés ne sont pas les mêmes à la lumière et à l'obscurité ; il y a donc une certaine assimilation du carbone, mais qui reste toujours inférieure à la respiration. Par le fait des échanges gazeux, l'*Euphrasia* perd donc du carbone ; sa nutrition carbonée s'effectue surtout aux dépens de la plante nourricière ; c'est presque comme si c'était une plante sans chlorophylle.

Chez le *Bartsia alpina* et le *Rhinanthus crista-galli*, le rôle de la chlorophylle est un peu plus important, bien qu'encore assez faible. Les feuilles de ces plantes exposées au soleil décomposent assez de gaz carbonique pour que l'assimilation du carbone l'emporte sur la respiration, d'une quantité très faible il est vrai. La proportion de matière organique empruntée à la plante nourricière est donc ici moindre que chez l'*Euphrasia* ; le parasitisme est moins avancé.

L'assimilation du carbone atmosphérique est encore un peu plus forte dans les genres *Melampyrum*, *Pedicularis Thesium* ; c'est ce qui explique comment chez certains individus les suçoirs sont rares et peuvent même manquer complètement.

Parmi les plantes parasites vertes étudiées, c'est le Gui qui absorbe le gaz carbonique avec le plus d'énergie. Pendant qu'un certain nombre de feuilles de Gui absorbent 1,65 de gaz carbonique, des feuilles de Pommier, mesurant dans leur ensemble la même surface que les feuilles de Gui, en absorbent 5,1. A surface égale, l'assimilation du Gui est donc seulement trois fois moindre que celle du Pommier qui lui sert souvent de plante nourricière. Si on se représente que chez le Gui l'assimilation s'effectue pendant toute l'année et non plus seu-

lement pendant le printemps et l'été, on est amené à penser que la quantité de carbone empruntée ainsi à l'atmosphère est peut-être suffisante pour la nutrition de la plante. Le Gui n'emprunterait ainsi à la plante nourricière que l'eau et les sels minéraux. Cependant, le fait que les branches de la plante nourricière sont souvent mortes au-dessus de l'insertion du Gui prouve que la présence du parasite est nuisible à l'arbre qui le porte.

L'étude des échanges gazeux montre donc que, malgré des apparences à peu près semblables, le degré de parasitisme des plantes vertes est variable. Certaines, comme l'*Euphrasia*, empruntent la plus grande partie de leur carbone à la plante nourricière; d'autres, comme le Gui, en empruntent peu, peut-être même pas du tout.

183. Assimilation du gaz carbonique par des Bactéries sans chlorophylle.

— D'une façon générale, les végétaux sans chlorophylle doivent, comme les animaux, absorber, à l'état de matière organique, le carbone qui leur est nécessaire. Les végétaux verts ont seuls la propriété de capter l'énergie solaire au moyen de leur chlorophylle et de s'en servir pour décomposer le gaz carbonique et faire la synthèse des matières organiques. Une exception du plus grand intérêt est offerte par les Bactéries nitrifiantes étudiées par Winogradsky (22, ch. ii). Nous avons vu (§ 101) que ces Bactéries sont cultivées dans un milieu complètement dépourvu de matières organiques et renfermant pour un litre d'eau

$0^{gr},0025$ de sulfate d'ammoniaque.
0^{gr} 5 de sulfate de magnésium.
5^{gr} de carbonate de magnésium.
Des traces de chlorure de calcium.

Dans un pareil milieu, les Bactéries se développent et font de la matière organique; donc elles assimilent du carbone; mais où le prennent-elles? Puisqu'elles n'ont à leur disposition aucune matière organique, elles ne peuvent assimiler que le carbone de l'atmosphère ou celui du carbonate de magnésium. Dans les deux cas, elles doivent décomposer le gaz carbonique

et faire passer son carbone dans des combinaisons organiques. Ce sont là des réactions endothermiques qui exigent une grande quantité de chaleur. Nous avons vu que la chaleur nécessaire était fournie par l'oxydation des éléments de l'ammoniaque qui donne de l'acide nitrique et de l'eau. La formation de l'eau dégage une grande quantité de chaleur qui remplace l'énergie solaire captée par la chlorophylle et permet aux Bactéries de faire la synthèse des matières organiques.

Il faut remarquer que les Bactéries nitrifiantes n'ont recours à ce mode d'assimilation du carbone que si les moyens qu'elles emploient d'ordinaire leur sont interdits. Si on avait mis des aliments organiques dans le milieu nutritif, c'est à ces aliments et non au gaz carbonique que les Bactéries auraient emprunté leur carbone.

8° ASSIMILATION DU CARBONE ORGANIQUE PAR LES PLANTES VERTES.

184. Aliments carbonés des plantes vertes. — Nous savons que les plantes vertes empruntent normalement le carbone qui leur est nécessaire au gaz carbonique de l'atmosphère. Dans le cas étudié dans l'expérience de Schlœsing (§ 157), il est même démontré que la totalité du carbone de la plante provient du gaz carbonique. D'autre part, nous savons que les plantes saprophytes sans chlorophylle, incapables de décomposer le gaz carbonique de l'atmosphère, se nourrissent des composés organiques renfermés dans le sol. Ne serait-il pas possible que les plantes vertes, ou tout au moins certaines d'entre elles, aient également la propriété d'absorber les composés organiques du sol? Leur nutrition serait alors mixte; une partie de leur carbone serait prise à l'air et l'autre au sol.

On a longtemps pensé qu'il en était ainsi et que les plantes vertes pouvaient, partiellement au moins, se nourrir de l'humus, cette matière organique brunâtre de composition mal définie qui se trouve dans le sol. Liebig et Boussingault, en montrant l'importance des aliments minéraux et du gaz carbonique de l'air, ont amené un changement d'opinion, et

pendant la seconde moitié du dix-neuvième siècle on a généralement admis que les plantes vertes étaient incapables d'assimiler les matières organiques et cela, malgré certains faits qui semblaient démontrer le contraire. On sait, par exemple, que l'abondance de l'humus dans un sol contribue beaucoup à en augmenter la fertilité.

D'autre part, le *Limodorum abortivum*, de la famille des Orchidées, qui renferme très peu de chlorophylle et végète sur des débris organiques comme les saprophytes, a vraisemblablement une alimentation carbonée mixte. Ayant de la chlorophylle, cette plante doit pouvoir décomposer le gaz carbonique ; mais d'autre part, Griffon a trouvé qu'au point de vue des échanges gazeux la respiration l'emportait toujours sur l'assimilation ; il y a donc certainement absorption des composés organiques du sol. Nous allons voir que des expériences récentes ont montré que les plantes vertes ordinaires ont aussi la propriété d'absorber et d'assimiler le carbone des matières organiques.

185. Assimilation des matières organiques par les plantes vertes. — Les expériences de J. Laurent (9) ont porté sur diverses plantes et notamment sur le Maïs, le Pois, la Lentille. Les graines étaient soigneusement stérilisées avec du sublimé, de façon à enlever tous les germes de Bactéries ou de Champignons qui auraient pu assimiler les matières organiques ; on les faisait ensuite germer dans de l'eau stérilisée et on cultivait les jeunes plantes dans un milieu également dépourvu de tout autre germe vivant (*fig. 47*). Les racines se développaient

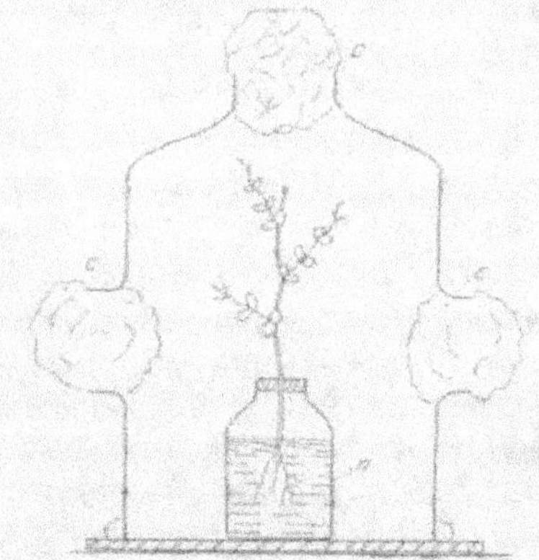

Fig. 47. — Schéma de l'appareil de J. Laurent ; *a*, flacon renfermant le liquide nutritif ; *c, c, c,* tampons de coton.

dans un flacon *a* renfermant un liquide nutritif ; l'ensem-

ble était entouré d'une grande cloche dont les trois tubulures *c*, bouchées seulement avec du coton, permettaient le renouvellement de l'air sans laisser entrer les germes vivants.

Le liquide nutritif où plongeaient les racines renfermait les aliments minéraux nécessaires à une plante verte, plus une certaine quantité de glucose; pour un litre d'eau il y avait :

Azotate de calcium	1gr. »
Chlorure de potassium	0 25
Phosphate monopotassique	0 25
Sulfate de magnésium	0 25
Perchlorure de fer	traces.
Glucose	14gr.

Deux grains de Maïs pesant ensemble 0gr325 ont été semés dans ce milieu; l'expérience a duré trente-et-un jours, pendant lesquels les deux plantes se sont bien développées. Au bout de ce temps, le poids sec des deux plantes était 0gr632. Un dosage du glucose dans le liquide nutritif a montré que les racines avaient absorbé 0gr656 de glucose. Cette expérience montre que non seulement les racines peuvent absorber le glucose, mais que la plante peut l'utiliser. Le poids du glucose absorbé est en effet supérieur à l'augmentation du poids des plantes; une partie au moins du glucose absorbé a donc été décomposé et rejeté sous forme de gaz carbonique. Des expériences comparatives faites dans les mêmes conditions, mais sans glucose dans le liquide nutritif, ont donné des plantes moins vigoureuses et pesant moins.

Cette première expérience a été faite à la lumière; la plante pouvait donc assimiler en même temps le carbone de l'air et celui du milieu nutritif. Mais Laurent a opéré également à l'obscurité, de façon à supprimer l'assimilation chlorophyllienne. Les plants de Maïs ainsi cultivés dans une solution nutritive avec glucose ont éprouvé une augmentation de 0gr13g dans leur poids sec; la lumière et la chlorophylle ne sont donc pas nécessaires pour que le glucose soit absorbé et assimilé.

Dans une autre expérience, les plants de Maïs étaient cultivés à la lumière, mais dans une atmosphère privée de gaz carbonique, de façon à ce que la seule source de carbone pos-

sible soit le glucose de la liqueur nutritive. Deux graines pesant ensemble 0gr294 ont donné des plantes dont le poids sec était 0gr860. Les matières organiques peuvent donc suffire, au moins pendant un certain temps, à l'alimentation carbonée des plantes vertes.

Laurent a également montré que le saccharose, la dextrine, la glycérine pouvaient être assimilés par des plantes vertes: le saccharose est interverti avant d'être absorbé. Des expériences de Mazé et Périer sur le Maïs ont confirmé les résultats obtenus par Laurent. Nous verrons un peu plus loin que, d'après les travaux de J. Lefèvre, les plantes vertes peuvent également absorber des amides qui leur fournissent en même temps de l'azote et du carbone.

On comprend le très grand intérêt de ces expériences au point de vue de la physiologie végétale et de l'agriculture. L'humus et les matières organiques du sol peuvent donc, concurremment avec les éléments minéraux, contribuer à la fertilité du sol. D'autre part, on voit qu'entre une plante complètement saprophyte comme le *Neottia* et une plante qui emprunte à l'air tout son carbone, il peut exister une série d'intermédiaires chez lesquels les aliments organiques sont, soit nécessaires comme chez certaines Orchidées, soit facultatifs comme il semble que ce soit le cas pour la plupart des plantes vertes.

Molliard (11) a montré également que les plantes Phanérogames, telles que les Radis, cultivées dans des milieux artificiels stérilisés, pouvaient absorber et assimiler des matières organiques, et notamment du glucose. En fermant les tubes à essai où étaient cultivés les plants de Radis, de façon à supprimer ou tout au moins à ralentir l'assimilation du carbone de l'atmosphère, Molliard a constaté que l'absorption du glucose était augmentée. Inversement, si on augmente l'assimilation du carbone de l'air en mettant la plante dans une atmosphère contenant 10 p. 100 de gaz carbonique, l'assimilation du glucose est diminuée.

Il y a donc un certain antagonisme entre l'assimilation chlorophyllienne et l'absorption de matières organiques par les racines. C'est une raison de plus pour que, dans les con

ditions ordinaires de la végétation, les matières organiques du sol ne jouent qu'un rôle infime.

186. Expériences de Lefèvre. — Dans les expériences précédentes, les plantes assimilaient à la fois le carbone de l'atmosphère et celui des matières organiques, ce dernier ne jouant dans l'alimentation qu'un rôle secondaire. Lefèvre (5, ch. v) a essayé la culture de plusieurs plantes vertes,

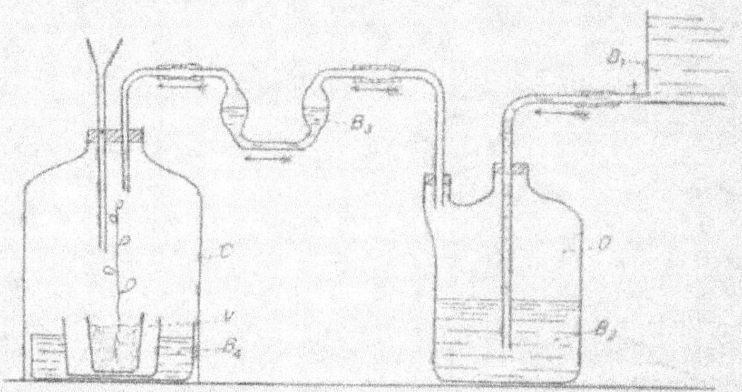

Fig. 48. — Schéma de l'appareil de Lefèvre ; C, cloche sous laquelle la plante est cultivée ; O, flacon à oxygène ; B₁, B₂, B₃, B₄, baryte.

telles que la Capucine (*Tropæolum nanum*), le Cresson alénois (*Lepidium sativum*) et le Basilic (*Ocimum minimum*), en ne leur fournissant que du carbone organique, à l'exclusion du gaz carbonique. Le carbone organique était fourni sous forme d'amides, à dose assez faible pour n'être pas toxique.

Les racines des jeunes plantes en expériences se développaient dans un pot rempli d'un mélange de sable de Fontainebleau et de Mousse (*fig. 48*), le tout étant soigneusement stérilisé, puis arrosé avec une solution nutritive minérale renfermant par litre :

$$AzO^3K\ \dots\ 0^{gr},35o$$
$$NaCl\ \dots\ »\ 175$$
$$SO^4Ca\ \dots\ »\ 175$$
$$SO^4Mg\ \dots\ 0\ 065$$
$$PO^4K^?\ \dots\ 0\ 15o$$

Traces de sel de fer.

L'aliment carboné se composait d'un mélange d'amides dans les proportions suivantes, correspondant à 500 grammes de terre détrempée :

Tyrosine.	$0^{gr}1$
Glycocolle.	0 4
Alanine.	0 4
Oxamide.	0 1
Leucine	0 1
	$1^{gr}1$

L'ensemble était mis sous une cloche C, bien fermée et dont l'atmosphère était dépourvue de gaz carbonique. A cet effet, le fond de la cloche était occupé par une large cuvette renfermant de l'eau de baryte B_4. L'oxygène nécessaire arrivait d'un flacon voisin O, poussé par de l'eau de baryte B_2 venant d'un réservoir supérieur B_1 et traversait encore un tube à baryte B_3. Le pot renfermant les plantes reposait dans un vase V enfoncé lui-même dans la cuvette à baryte B_4. Dans ces conditions, les plantes, n'ayant d'autre source de carbone que les amides, prospéraient et augmentaient de poids sec, à condition toutefois d'être exposées à la lumière. Ainsi, par exemple, vingt plantules de Cresson alénois avaient, au commencement de l'expérience, un poids sec de $0^{gr}044$; après dix jours de culture dans un sol amidé, à l'abri du gaz carbonique, le poids sec était de $0^{gr}130$; il y avait donc eu synthèse de matière organique. D'autre part, vingt plantules comparables, cultivées de la même façon, à l'abri du gaz carbonique, mais sans amides, avaient gardé à peu près le même poids sec, $0^{gr}048$. C'est donc bien à l'assimilation des amides qu'est due, dans le premier cas, l'augmentation du poids sec.

Ces expériences sont faites à la lumière. A l'obscurité, les amides ne sont point assimilées, et le poids sec n'augmente pas. Ainsi, dix plantules de Cresson alénois, ayant, au commencement de l'expérience, un poids sec de $0^{gr}03$, sont laissées sept jours dans le sol amidé, à l'abri du gaz carbonique, mais à l'obscurité; après l'expérience, le poids sec n'est plus que de $0^{gr}026$. A la lumière, au contraire, un lot comparable avait acquis un poids sec de $0^{gr}055$. La lumière est

donc nécessaire pour que les amides soient assimilées par les plantes vertes.

On peut conclure des expériences de Lefèvre que les amides peuvent être, pour les plantes vertes, une source de carbone. Mais la synthèse des matières organiques, à partir de ce carbone, ne peut être faite qu'à la lumière. L'énergie solaire captée par la chlorophylle, et qui normalement est utilisée pour la synthèse des hydrates de carbone à partir du carbone de l'atmosphère, peut donc, dans certains cas, effectuer les mêmes synthèses à partir du carbone des amides.

On voit les conséquences que l'on peut tirer de ces expériences. Les amides sont un produit normal de la décomposition des matières albuminoïdes, et se trouvent toujours dans l'humus du sol. Les plantes vertes peuvent donc y puiser une partie de leur alimentation. On comprend alors que les sols riches en humus soient favorables, non seulement aux plantes sans chlorophylle, telles que les Champignons, mais encore aux plantes vertes.

Il ne faudrait cependant pas, au point de vue pratique, attacher trop d'importance à l'assimilation du carbone organique par les plantes vertes. Les expériences qui viennent d'être résumées montrent que cette assimilation est à la rigueur possible et ont par là un grand intérêt théorique ; mais, dans les conditions naturelles de la végétation, l'alimentation organique des plantes vertes n'a probablement qu'un rôle très faible.

BIBLIOGRAPHIE.

1. BONNIER. *Recherches physiologiques sur les plantes parasites* (Bull. scient. de la France et de la Belgique, t. XXVIII, 1893).

2. BROWN et MORRIS. *A contribution of the Chimistry and Physiology of Foliages Leaves* (Journal of the Ch. Soc., Trans., Vol. LXXXIII, 1893).

3. DEVAUX. *Du mécanisme des échanges gazeux chez les plantes aquatiques submergées* (Ann. sc. nat. Bot., 7ᵉ série, t. IX, 1889).

4. ENGELMAN. *Ueber Sauerstoffausscheidung von Pflanzenzellen im Microspectrum* (Bot. Zeit., 1882).

5. GODLEWSKI. *Abhänggigkeit der Sauerstoffausscheidung der Blätter von den Kohlensauregehalt der Luft* (Arb. Bot. Inst. in Wurzburg, t. I, 1874).

6. GRIFFON. *L'assimilation chlorophylienne et la coloration des plantes* (Ann. sc. nat. Bot., 8ᵉ série, t. II, 1899).

7. — *L'assimilation chlorophylienne dans la lumière solaire qui a traversé les feuilles* (Rev. gén. de Bot., t. XII, 1901).

8. KNIEP UND MINDER. *Ueber den Einfluss verschieden farbigen Lichtes auf die Kohlensaureassimilation* (Zeits. für Bot., t. I, 1909).

9. LAURENT. *Recherches sur la nutrition carbonée des plantes vertes à l'aide des matières organiques* (Rev. gén. de Bot., t. XVI, 1904).

10. LUBIMENKO. *Sur la sensibilité de l'appareil chlorophyllien* (Rev. gén. de Bot., t. XVII, 1905; voir aussi t. XX, 1908).

11. MOLLIARD. *Action morphogénique de quelques substances organiques sur les végétaux supérieurs* (Rev. gén. de Bot., t. XIX, 1907).

12. SCHLŒSING. *Sur les échanges d'acide carbonique et d'oxygène entre les plantes et l'atmosphère* (Ann. Inst. Pasteur. t. VIII, 1893).

13. Timiriazeff. *Recherches sur la décomposition de l'acide car-
    bonique* (Ann. de Ch. et de Phys., 5ᵉ série, t. XII, 1877).

14. Wiesner. *Die Entstehung des Chlorophylls.* Wien, 1877.

15. Wiesner und Molisch. *Untersuchungen über die Gasbewe-
    gung in der Pflanze* (Sitz. Math. natur. class. Akad. Wien,
    Bd 98, 1, 1889).

CHAPITRE V.

ASSIMILATION DE L'AZOTE.

1° AZOTE DU SOL ; NITRIFICATION.

187. Composés azotés du sol. — Dans une plante en voie de développement normal, le poids des composés azotés s'accroît continuellement; il y a donc absorption d'azote. C'est seulement dans l'air ou dans le sol que la plante peut puiser l'azote qui lui est nécessaire. Examinons d'abord sous quelle forme l'azote peut se trouver dans le sol; nous verrons ensuite dans quelle mesure l'azote atmosphérique peut être utilisé.

Dans tous les sols où la végétation est possible, l'analyse décèle la présence de composés azotés ; on trouve en général

des composés organiques, des composés ammoniacaux et des nitrates ; c'est ce qu'on exprime en disant que le sol renferme de l'*azote organique*, de l'*azote ammoniacal* et de l'*azote nitrique*. On peut se faire une idée de l'importance de l'azote du sol par les nombres suivants qui représentent, d'après les analyses de Boussingault, la quantité d'azote qui se trouve dans un kilog. de terre, les échantillons ayant été pris dans trois localités très différentes :

Azote organique............	$2^{gr}101$	$1^{gr}432$	$1^{gr}223$
Azote ammonical............	0 019	0 004	0 004
Azote nitrique............	0 029	0 040	0 055

C'est l'azote organique, provenant en général de détritus animaux ou végétaux, qui est le plus abondant et qui peut d'ailleurs varier beaucoup suivant les circonstances; l'azote ammoniacal est toujours en très petite quantité, mais ne manque jamais; l'azote nitrique peut faire défaut dans les sols dépourvus de calcaire.

188. Transformation des composés azotés du sol. — Dans les conditions naturelles, la composition du sol, et par conséquent des composés azotés qu'il renferme, est soumise à diverses causes de variations dont la principale est l'eau de la pluie qui peut entraîner les composés solubles.

Pour se rendre compte des changements subis par les composés azotés du sol et éliminer les causes perturbatrices extérieures, Boussingault mit, dans de grands ballons de 100 litres de capacité, 100 grammes de terre dont la teneur en composés azotés était exactement connue ; il ajoutait à cette terre 300 grammes de sable quartzeux et l'humectait de 56 grammes d'eau.

Les ballons fermés en 1860 furent débouchés en 1871 et les composés azotés furent de nouveau dosés. Les résultats obtenus avec deux ballons ont été les suivants, les dosages ayant porté seulement sur l'azote total et l'azote nitrique :

	1er ballon		2e ballon	
	Azote total.	Azote nitrique	Azote total.	Azote nitrique.
1860........	0gr4722	0gr00075	0gr4722	0gr00075
1871........	0 4520	0 16000	0 4640	0 14570
Différence..	— 0 0202	+ 0 15925	— 0 0082	+ 0 14495

L'azote total a peu varié; il y a cependant une légère déperdition. Le phénomène le plus important est l'augmentation
de l'azote nitrique; il y a eu transformation de la matière
azotée. La quantité d'ammoniaque qui se trouvait dans la
terre au commencement de l'expérience étant seulement de
0gr02, il faut admettre que l'azote nitrique trouvé en 1871
provient directement ou indirectement de l'azote organique.
L'expérience de Boussingault démontre donc que les matières
organiques azotées du sol se transforment en acide nitrique
ou mieux en nitrates, car l'acide nitrique ne se trouve pas à
l'état libre. C'est ce qu'on exprime d'un mot en disant qu'il
y a *nitrification*. Nous allons étudier maintenant les causes
et le mécanisme de la nitrification.

189. Conditions de la nitrification. — Une expérience de
Schlœsing et Muntz indique que la nitrification est due à
l'action d'organismes vivants. Dans un tube long d'environ
1 mètre et rempli de sable calcaire, on fait filtrer lentement
de l'eau d'égout renfermant de l'azote organique et de l'azote
ammoniacal. À la sortie du tube, le liquide ne renferme plus
que de l'azote nitrique; il y a donc eu nitrification.

Si on chauffe le tube à 110°, la nitrification cesse, pour
recommencer ensuite quand on a laissé refroidir et qu'on a
ajouté un peu de terre non chauffée. Au-dessus de 55°, il n'y
a pas de nitrification, pas plus qu'au-dessous de 5°; dans le
voisinage de ces températures critiques, le phénomène est
très faible; l'intensité de la formation de nitrate augmente à
partir de 5°, passe par un maximum vers 37° et diminue
ensuite jusqu'à 55°. Ce rapport entre la température et la
nitrification laisse supposer qu'on a affaire à un phénomène
qui est sous la dépendance d'organismes vivants.

L'action du chloroforme vient encore confirmer cette sup-

position ; les vapeurs de cet anesthésique suspendent en effet la nitrification, qui reprend dès que les vapeurs ont disparu. D'autre part, dans un ballon où l'air est remplacé par de l'azote ou du gaz carbonique, la nitrification ne se fait pas. Il n'y a pas non plus production de nitrate en l'absence de carbonate de calcium ou de magnésium, ou dans un milieu ne renfermant pas une quantité d'eau suffisante.

Les conditions de la nitrification sont donc :

Une température convenable comprise entre 5° et 55° ;

La présence d'azote organique ou ammoniacal ;

La présence de l'oxygène ;

La présence de carbonate de calcium ou de magnésium ;

Une certaine humidité.

190. Bactéries de la nitrification. — Les observations qui précèdent font prévoir que la nitrification est l'œuvre d'organismes vivants, mais ne le démontrent pas. La démonstration complète de ce fait est due à Winogradsky (42, ch. II), qui a extrait du sol et isolé les Bactéries pouvant transformer l'ammoniaque en acide nitrique. Nous avons déjà vu (§ 101) dans quelles conditions ces Bactéries doivent être cultivées pour produire la nitrification. Le milieu nutritif ne doit pas contenir de matières organiques ; dans les expériences de Winogradsky, il renfermait, pour un litre d'eau :

$$
\begin{aligned}
&1 \text{ gramme de sulfate d'ammoniaque,}\\
&1 \quad\text{—}\quad\; \text{de phosphate de potassium,}\\
&6 \quad\text{—}\quad\; \text{de carbonate de magnésium.}
\end{aligned}
$$

Les Bactéries nitrifiantes, ensemencées dans une couche mince de ce liquide renfermé dans un cristallisoir, se développent et déterminent la formation des nitrates en fixant l'oxygène de l'air sur les éléments de l'ammoniaque. Nous avons vu que cette réaction, et spécialement la formation d'eau, est pour la plante une source d'énergie pouvant remplacer la combustion des matières organiques et permettre la synthèse de la matière vivante en l'absence de tout aliment carboné organique et à l'obscurité.

En faisant l'analyse d'une culture avant la transformation complète de l'ammoniaque en acide nitrique, on trouve non pas seulement des nitrates, mais un mélange de nitrites et de nitrates. Une étude plus complète a montré à Winogradsky que de pareilles cultures n'étaient pas pures, mais renfermaient toujours deux espèces de Bactéries qu'il a pu isoler. Les unes, cultivées seules, peuvent transformer l'ammoniaque en acide nitreux, mais ne peuvent donner d'acide nitrique ; c'est le *ferment nitreux*. Les autres, cultivées en présence de l'ammoniaque, ne peuvent en déterminer l'oxydation, mais sont capables de transformer l'acide nitreux en acide nitrique ; c'est le *ferment nitrique*.

En suivant les diverses phases d'une culture, on voit que les Bactéries nitreuses se développent d'abord et transforment tout l'ammoniaque en acide nitreux ; puis les Bactéries nitriques entrent en jeu et donnent de l'acide nitrique par oxydation de l'acide nitreux. Si on analyse la culture à la fin de la transformation, la phase nitreuse passe donc inaperçue. Le développement des deux Bactéries est successif parce que la Bactérie nitreuse est plus vigoureuse et empêche la Bactérie nitrique de se multiplier tant qu'il y a de l'ammoniaque. Mais dès que l'ammoniaque est complètement transformée en acide nitreux, les conditions deviennent défavorables au ferment nitreux et favorables au ferment nitrique qui seul se développe.

Lorsque la nitrification s'effectue dans les conditions naturelles, on ne trouve pas le produit nitreux intermédiaire. Cela tient à ce que, dans le sol, les deux ferments ne se gênent pas et peuvent se développer simultanément ; l'acide nitreux est ainsi transformé en acide nitrique au fur et à mesure de sa production et ne s'accumule pas.

Les ferments nitreux et nitrique ont été trouvés dans toutes les parties du monde ; mais, bien qu'ayant partout les mêmes propriétés physiologiques, ils peuvent n'avoir pas toujours les mêmes caractères morphologiques ; ainsi, les ferments du nouveau monde diffèrent nettement de ceux de l'ancien.

191. Évolution de l'azote dans le sol. — Nous pouvons maintenant nous rendre compte de la série des transforma-

tions que subissent les composés azotés du sol. Les matières organiques azotées provenant des animaux ou des végétaux subissent des modifications lentes, et d'ailleurs mal connues, qui les amènent à l'état de produits ammoniacaux ; parmi ces modifications, nous en avons cité une qui a été spécialement étudiée, c'est la fermentation de l'urée qui est transformée en carbonate d'ammoniaque sous l'action d'un microcoque. L'ammoniaque provenant ainsi des matières organiques est attaquée par les ferments de la nitrification, et c'est pour cette raison que les produits ammoniacaux ne s'accumulent pas dans le sol. La formation des nitrates est continue, pourvu toutefois que les conditions de température et d'humidité permettent le développement des ferments ; mais ils ne s'accumulent pas dans le sol, à cause de leur extrême solubilité ; les eaux de pluie les dissolvent et les entraînent.

2° ASSIMILATION DE L'ACIDE NITRIQUE

192. Absorption des nitrates. — De nombreuses observations de Boussingault ont mis en évidence l'utilité des nitrates pour les plantes ; nous citerons une expérience sur l'*Helianthus annuus*. Deux graines A, pesant ensemble 0gr 107, ont été cultivées pendant quatre-vingt-six jours dans du sable stérile ne contenant aucun engrais ; deux autres graines B, pesant également 0gr 107, ont été cultivées pendant le même temps, mais on avait ajouté au sable : du phosphate, de la cendre et du nitrate de potassium ; enfin, deux autres graines C, pesant aussi 0gr 107, ont été cultivées comme les graines B, mais avec le nitrate en moins. Le résultat a été le suivant :

	Matière organique élaborée	Carbone assimilé	Azote assimilé
A...............	0gr 285	0gr 114	0gr 0023
B...............	21 111	8 444	0 1666
C...............	0 391	0 156	0 0027

On voit l'influence énorme du nitrate sur l'assimilation non seulement de l'azote, mais encore du carbone ; on voit égale-

ment que les autres engrais minéraux, sans le nitrate, ont peu d'influence.

Une expérience de Hellriegel précise encore ce résultat en montrant l'influence de la quantité de nitrate. Des pieds d'Orge sont cultivés en pot dans du sable arrosé avec une solution nutritive dans laquelle la quantité de nitrate de chaux varie seule. Les pots étant semblables et le nombre de graines semées dans chaque pot étant le même, le tableau suivant montre comment varie le poids de la récolte desséchée, suivant la quantité de nitrate qui est le seul aliment azoté fourni :

Nitrate.	Récolte.
1gr 640	25gr 504
1 312	23 020
0 984	18 288
0 656	13 936
0 328	8 479
0 000	1 103

Ces expériences montrent non seulement que l'azote des nitrates est assimilé, mais encore que les nitrates peuvent suffire à la nutrition azotée des plantes.

193. Présence des nitrates dans les plantes. — Les nitrates absorbés par les racines ne sont pas immédiatement transformés en albuminoïdes et se retrouvent dans les diverses parties de la plante. Berthelot et André (1) ont fait une étude très complète de ce sujet. En général, la proportion de nitrate est très faible; certaines plantes cependant, telles que la Bourrache, en accumulent des quantités considérables. Le tableau suivant donne, pour les différentes périodes de la vie de cette plante, la proportion de nitrate rapportée à 100 parties de matière sèche, et la proportion d'azote nitrique rapportée à 100 parties d'azote albuminoïde :

		Nitrate % du poids sec.	Azote nitrique % de l'az. albuminoïde.
26 avril ...	Plantule.....................	0,5	2,5
29 mai ...	Plante développée.....	2,5	9,5
12 juin ...	Début de la floraison...	4,2	14,1
7 sept. ...	Fructification............	0,02	0,4
	Plante séchée sur pied.	0,7	12,8

On voit que la proportion de nitrate s'accroît jusqu'à la floraison, puis diminue beaucoup pendant la fructification par suite de la formation des albuminoïdes qui se trouvent en abondance dans la graine. Pendant la période de dépérissement, la proportion de nitrate augmente parce que l'absorption par les racines continue, sans qu'il y ait transformation de l'azote nitrique en azote albuminoïde.

Les nitrates ne sont d'ailleurs pas répartis uniformément dans toute la plante : c'est la tige qui en renferme le plus et les feuilles le moins. Absorbés par la racine, ces sels s'accumulent dans la tige, et de là passent peu à peu dans les feuilles où ils servent à la synthèse des albuminoïdes. C'est, en général, à l'état de sel de potassium que les nitrates se trouvent dans les plantes.

194. Décomposition des nitrates à l'intérieur de la plante. — Il est facile de montrer que les nitrates se transforment en albuminoïdes dans les feuilles vertes exposées à la lumière. Les feuilles de Betterave sont parmi celles qui renferment le plus de nitrates ; si on les détache de la tige et si on les expose à la lumière, les nitrates disparaissent et sont transformés en albuminoïdes ; à l'obscurité, les nitrates persistent.

Le mécanisme de la formation des albuminoïdes aux dépens des nitrates est mal connu ; on croit cependant que les amides peuvent être un état intermédiaire de la matière azotée. Ainsi, des plants de Blé cultivés à l'obscurité absorbent les nitrates et peuvent les transformer en amides et non en matières protéiques ; c'est seulement à la lumière que la matière protéique se forme. D'après cela, on peut admettre que la production des amides aux dépens des nitrates est continue, tandis que la production des albuminoïdes aux dépens des amides s'effectue seulement sous l'influence de la lumière.

La transformation des nitrates en amides, moins riches en oxygène, suppose une réduction. Laurent a montré que, dans certains cas au moins, les nitrites sont le premier terme de cette réaction. Des graines en germination, mises dans l'eau distillée, communiquent bientôt à cette eau la réaction des nitrites ; l'apparition des nitrites est d'autant plus rapide que

l'oxygène est plus rare; il semble que la plante utilise les nitrates comme source d'oxygène.

On peut admettre que, d'une façon générale, la lumière est nécessaire pour la transformation de l'azote nitrique en azote protéique. Dans certains cas cependant, les albuminoïdes peuvent se former à l'obscurité, si les hydrates de carbone sont en quantité suffisante pour fournir l'énergie nécessaire à la transformation.

195. Formation d'acide cyanhydrique. — Chez certaines plantes étudiées par Treub (9), l'acide cyanhydrique paraît être le premier produit de l'assimilation de l'azote des nitrates. Le *Pangium edule* est un arbre de la famille des Bixacées, commun à Java, et qui renferme dans toutes ses parties une proportion élevée d'acide cyanhydrique; la tige en contient 1 p. 100 de son poids sec, les feuilles environ 0,4 p. 100. Ce produit prend surtout naissance dans le parenchyme des feuilles et dans certaines cellules de l'écorce; il circule dans la plante par les tubes criblés du liber.

Treub a montré, par une série d'expériences, que la présence du sucre, produit de l'assimilation du carbone par les feuilles vertes, et des nitrates absorbés par la racine, était nécessaire et suffisante pour la formation d'acide cyanhydrique. Les branches, isolées des racines mais maintenues fraîches, ne renferment bientôt plus d'acide cyanhydrique. Cela tient à ce que, d'une part, l'acide déjà formé est assimilé et transformé en albuminoïdes, et que, d'autre part, la provision de nitrates de la branche n'étant plus renouvelée par les racines, l'acide ne peut plus se former.

Les sucres sont nécessaires à la transformation des nitrates en acide cyanhydrique, car, dans les arbres maintenus à l'obscurité, l'acide cesse de se former et disparaît bientôt.

L'action directe de la lumière n'est cependant pas nécessaire. Si, en effet, on maintient à l'obscurité seulement un lobe de feuille, l'acide cyanhydrique continue à s'y former. C'est que la partie de la feuille non éclairée reçoit, en même temps que les nitrates puisés dans le sol, le sucre élaboré par les parties vertes exposées à la lumière.

Les expériences faites sur le *Pangium edule* ont été confirmées par l'étude du *Phaseolus lunatus*, qui renferme également beaucoup d'acide cyanhydrique. Dans ces deux plantes, l'acide cyanhydrique exige, pour se former, la présence de nitrates et d'hydrates de carbone, et se transforme ensuite en albuminoïdes. C'est donc un produit intermédiaire de l'assimilation de l'azote nitrique.

Les choses se passent-elles de la même façon dans la généralité des plantes vertes, ou bien les exemples étudiés par Treub sont-ils des exceptions? Le *Pangium edule* et le *Phaseolus lunatus* sont incontestablement des plantes très spéciales par la proportion élevée d'acide cyanhydrique qu'elles renferment; mais on a retrouvé cet acide, en proportion bien moindre il est vrai, dans un assez grand nombre d'autres plantes. De plus, il est assez fréquent que des produits de transition normaux ne peuvent être vus facilement parce qu'ils sont repris par de nouvelles réactions et transformés aussitôt après leur production. C'est ainsi, par exemple, que les nitrites qui représentent un stade normal de la nitrification des matières azotées sont souvent difficiles à mettre en évidence. L'aldéhyde formique, que l'on croit être le premier produit de l'assimilation du carbone, est également difficile à déceler dans les feuilles vertes. Il est donc admissible que l'acide cyanhydrique soit un produit transitoire normal de l'assimilation de l'azote nitrique.

3° ASSIMILATION DE L'AZOTE AMMONIACAL.

196. Absorption de l'ammoniaque du sol. — Nous venons de voir que les nitrates peuvent suffire à l'alimentation azotée de la plante. Les sels d'ammoniaque ne sont donc pas nécessaires, mais peuvent-ils être utilisés? C'est un fait bien connu que le sulfate d'ammoniaque peut remplacer le nitrate de soude comme engrais. Mais on admet que, dans ce cas, l'ammoniaque est nitrifiée avant d'être absorbée par les racines. Pour reconnaître si l'ammoniaque peut être absorbée directement, Muntz a fait l'expérience suivante.

La terre employée aux cultures faites en pots est privée de nitrates par des lavages prolongés ; les ferments, capables de produire de nouveaux nitrates, sont détruits par une température de 100°. Les graines semées sont préalablement stérilisées ; les pots, arrosés avec de l'eau renfermant du sulfate d'ammoniaque, sont introduits dans des cages vitrées, de façon à éviter l'ensemencement par des germes venus du dehors. Dans ces conditions, des pieds de Fève, d'Orge, de Maïs ont prospéré. On s'assurait d'ailleurs qu'à aucun moment il n'y avait production de nitrate dans les pots ; tandis que des pots semblables, mais où on avait ajouté un peu de terre non stérilisée, renfermaient des nitrates provenant du sulfate d'ammoniaque.

L'ammoniaque du sol peut donc servir à la nutrition des plantes. Mais, en réalité, ce n'est qu'exceptionnellement que l'ammoniaque est absorbée ; presque toujours la nitrification a lieu dans le sol, et les racines absorbent les nitrates provenant de la transformation de l'ammoniaque.

197. Absorption de l'ammoniaque de l'air. — On sait depuis longtemps que l'air renferme de petites quantités d'ammoniaque à l'état de carbonate.
Par une expérience qui a duré plus d'une année, Schlœsing a montré que 100 mètres cubes d'air renfermaient 0^{gr}0023 d'ammoniaque, ce qui, on le voit, est une proportion minime. Les plantes sont-elles capables d'absorber et d'utiliser cette ammoniaque de l'atmosphère ? Une expérience de Schlœsing nous renseigne à ce sujet.

Deux plants de Tabac sont cultivés de façon à ce que les feuilles se développent sous une cloche fermée et les racines dans un pot extérieur à la cloche (*fig. 49*). Dans l'une des

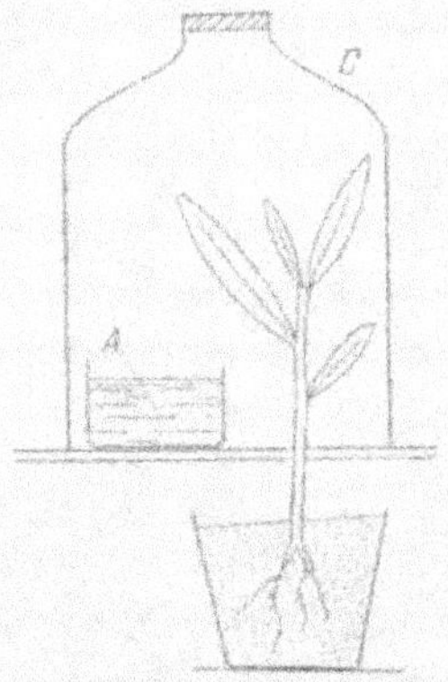

Fig. 49. — Schéma de l'appareil de Schlœsing ; C, cloche recouvrant les feuilles de la plante ; A, solution de carbonate d'ammoniaque.

cloches, on mettait une solution de carbonate d'ammoniaque

pouvant dégager des vapeurs; dans l'autre, il n'y avait pas d'ammoniaque. L'expérience dura quarante-cinq jours, après lesquels les deux plantes furent analysées. Le pied cultivé en présence de l'ammoniaque pesait 146 grammes et renfermait 2,22 p. 100 d'azote; le pied cultivé sans ammoniaque pesait seulement 139 grammes et ne renfermait que 1,77 p. 100 d'azote.

D'autres expériences sont venues confirmer les résultats obtenus per Schlœsing et permettent de dire que les plantes peuvent absorber et utiliser l'ammoniaque qui se trouve dans l'atmosphère. Mais il faut remarquer que, dans toutes les expériences faites, les vapeurs ammoniacales se trouvaient en proportions infiniment plus grandes que dans l'atmosphère normale. Etant donné la très faible quantité d'ammoniaque renfermée dans l'air, il est vraisemblable que l'ammoniaque de l'air ne joue qu'un rôle insignifiant dans la nutrition des plantes.

4° ASSIMILATION DE L'AZOTE ORGANIQUE.

498. Nutrition azotée des plantes sans chlorophylle. — Ce que nous avons dit jusqu'à présent de l'assimilation de l'azote s'applique plus spécialement aux plantes vertes, mais peut néanmoins convenir aux plantes sans chlorophylle. Nous verrons, en effet, que dans les milieux nutritifs où on cultive les Champignons ou les Bactéries, la partie azotée de l'aliment peut être représentée par des nitrates ou des sels d'ammoniaque. La synthèse des albuminoïdes peut se faire à partir de ces éléments minéraux, à condition bien entendu qu'il y ait en quantité suffisante des aliments tels que les hydrates de carbone pour fournir la quantité de chaleur nécessaire aux synthèses.

Dans les milieux nutritifs destinés aux végétaux sans chlorophylle, on peut remplacer les nitrates et les sels d'ammoniaque par des composés azotés organiques tels que des amides ou même des peptones. L'assimilation de l'azote organique paraît même se faire plus facilement que celle de l'azote miné-

ral; c'est là une différence importante entre les plantes sans chlorophylle et les plantes vertes. Pour ces dernières plantes, en effet, ce n'est, comme nous le verrons, que dans des cas exceptionnels que l'azote organique peut être assimilé.

199. Plantes à mycorhizes. — Dans certaines forêts où se trouvent en abondance des Chênes, des Hêtres, des Conifères, le sol est très pauvre en nitrates ou même n'en renferme pas du tout. On ne trouve pas non plus de nitrates dans les tissus des arbres. Comment donc s'effectue la nutrition azotée de ces plantes? Les parties jeunes de leurs racines, ou tout au moins de certaines d'entre elles, ne portent point de poils absorbants, mais sont entourées d'un feutrage épais de filaments mycéliens appartenant à des Champignons. Ces filaments sont en relation, d'une part, avec les parties du thalle qui se développent dans le sol, et, d'autre part, avec les tissus mêmes des racines. L'ensemble de la racine et du Champignon qui l'entoure constitue une symbiose spéciale à laquelle on a donné le nom de *mycorhize*.

Il est facile de s'expliquer le rôle que jouent les mycorhizes dans l'absorption des substances azotées. Le sol ne contient pas de nitrates, mais est riche en matières organiques azotées que les Champignons peuvent absorber et assimiler. Le Champignon et l'arbre vivant en symbiose, il se produit un échange de matières entre leurs cellules. L'arbre peut ainsi profiter de l'azote organique assimilé par le Champignon.

Un grand nombre d'arbres des forêts se nourrissent donc d'azote organique, mais ils ne l'absorbent qu'indirectement par l'intermédiaire du Champignon qui forme la mycorhize, et dont le mycélium remplace les poils absorbants de l'arbre. C'est du moins là une hypothèse plausible.

Le mycélium des mycorhizes peut influer d'une autre façon sur la nutrition azotée des plantes. On sait ce que sont les ronds de sorcières dans les prairies. Ce sont des bandes circulaires suivant lesquelles l'herbe est plus verte et plus drue. Chaque année, le rond s'agrandit par suite du déplacement de la zone plus verte. Ce fait est en rapport avec la présence d'un mycélium de Champignon dans le sol. Le

mycélium, en se développant, s'éloigne du centre et entraîne avec lui la zone de végétation plus verte.

Molliard a remarqué que, dans la zone où se trouve le mycélium, le sol renferme beaucoup plus d'ammoniaque qu'ailleurs. On doit admettre que le Champignon a la propriété d'amener à l'état ammoniacal une partie de l'azote organique du sol. Il en résulte, pour les herbes qui croissent sur cette zone, une nutrition azotée plus facile. De là leur aspect luxuriant qui rappelle celui des plantes croissant dans un milieu très riche en azote assimilable.

On conçoit que les mycorhizes puissent agir d'une façon analogue en transformant en ammoniaque une partie des matières organiques azotées du sol. Les arbres à mycorhizes pourraient donc profiter de la présence du mycélium sur leurs racines :

1° Parce que le Champignon leur céderait, après l'avoir assimilé, l'azote organique puisé dans le sol ;

2° Parce qu'une partie de l'azote organique du sol aurait été transformée en azote ammoniacal et rendue par là assimilable par les Phanérogames.

200. Assimilation des amides. — Nous avons vu (§ 186) que Lefèvre (5) avait réussi à cultiver des plantes vertes, telles que le Cresson alénois ou la Capucine, dans de l'air privé de gaz carbonique en leur fournissant le carbone sous forme d'amides, telles que la tyrosine, le glycocolle, l'alanine, l'oxamide, la leucine. La solution nutritive avec laquelle les plantes étaient arrosées renfermait tous les aliments minéraux nécessaires, y compris du nitrate de potasse qui assurait une nutrition azotée normale. Le but principal de ces expériences était de montrer que le carbone de l'air peut à la rigueur être remplacé par le carbone de certaines matières organiques azotées telles que les amides. L'assimilation des amides ayant été ainsi démontrée, on peut en conclure que la plante a assimilé par là même l'azote renfermé dans ces composés, concurremment d'ailleurs avec l'azote des nitrates.

On peut tirer de là des conclusions importantes au sujet de

l'alimentation azotée des plantes dans les conditions naturelles. On sait, en effet, que le sol renferme presque toujours une matière noirâtre appelée humus, de composition mal connue et résultant de la destruction de détritus animaux ou végétaux. L'azote existe dans l'humus sous une forme voisine des amides. Les plantes pourraient donc, dans une certaine mesure, assimiler cet azote. L'humus ne servirait donc pas seulement à modifier l'état physique du sol, mais serait encore un aliment, ce qui était généralement contesté par les physiologistes et les agronomes.

L'assimilation, par les plantes vertes, d'autres substances organiques azotées, telles que les amines, n'a pas été établie d'une façon définitive. En somme, l'azote organique, qui peut être un aliment normal pour les végétaux inférieurs tels que les Champignons ou les Bactéries, n'est assimilable, pour les Phanérogames vertes, que dans des cas exceptionnels et ne paraît, dans aucun cas, pouvoir suffire à l'alimentation azotée de ces plantes, au moins lorsqu'elles ne vivent pas en symbiose.

5° ASSIMILATION DE L'AZOTE ATMOSPHÉRIQUE.

201. Fixation de l'azote par le sol. — Dans l'étude de l'assimilation de l'azote atmosphérique, il y a lieu de mettre à part le cas des Légumineuses que nous étudierons plus tard. Nous ne nous occuperons donc d'abord que de la fixation de l'azote à l'état libre par les plantes autres que les Légumineuses.

Boussingault a montré que des Graminées, cultivées dans du sable calciné et arrosées avec de l'eau ne renfermant aucun composé azoté, se développaient mal et ne pouvaient assimiler l'azote de l'air. Ce résultat peut s'appliquer à toutes les plantes Phanérogames autres que les Légumineuses et à la plupart des Cryptogames.

Diverses observations, cependant, montrent que l'azote renfermé dans le sol à l'état de composé augmente. Citons seulement à ce sujet une expérience de Berthelot (2). Des vases

renfermant chacun 2 kilog. de terre sableuse pauvre en azote ont été laissés d'avril en octobre, soit à l'air libre et dans des situations différentes, soit dans des flacons clos. Le tableau suivant donne la quantité d'azote qui se trouvait dans chaque vase au début de l'expérience et celle qu'on y a trouvée à la fin :

	Azote en avril.	Azote en octobre.	Gain.
Dans un flacon clos.	0gr 1119	0gr 1503	0gr 0384
Sur une prairie....	0 1119	0 1293	0 0174
Sur une tour......	0 1119	0 1396	0 0277

Dans tous les cas, la terre abandonnée à elle-même a donc fixé de l'azote ; la surface libre de la terre dans chaque vase étant de 113^{cm2}, il en résulte que la fixation de l'azote peut être de 16 à 32 kilog. par hectare, ce qui, comme nous le verrons plus loin, est presque suffisant pour alimenter une récolte ordinaire.

C'est là un résultat très important, mais encore incomplet, car l'expérience de Berthelot ne nous dit rien sur le mécanisme de la fixation de l'azote. La terre qui a fixé l'azote ayant été laissée dans les conditions naturelles, c'est à-dire peuplée par une quantité de Cryptogames et notamment de Bactéries, il était naturel d'attribuer à ces végétaux un rôle actif dans la fixation de l'azote, mais la démonstration complète de ce fait exigeait l'isolement et la culture des organismes fixateurs d'azote.

202. Fixation de l'azote par le *Clostridium Pasteurianum*. — Winogradsky (10) a extrait du sol certaines Bactéries capables d'assimiler l'azote libre ; il a opéré de la façon suivante. Le milieu de culture, entièrement dépourvu d'azote combiné, comprend pour 1 litre d'eau :

1gr	de phosphate de potassium.
0 5	de sulfate de magnésium.
0 10	de chlorure de sodium.
0 10	de sulfate de fer.
0 10	de sulfate de manganèse.
40	de glucose.
	un peu de carbonate de calcium.

Cent grammes de ce liquide mis au fond d'un matras étaient ensemencés avec les Bactéries extraites du sol; l'air qui arrivait au contact de la culture était privé de toute trace d'ammoniaque par des tubes à acide sulfurique. Dans ces conditions, les Bactéries se développent en masses gélatineuses et déterminent la fermentation butyrique du sucre; il y a production d'acide butyrique et d'acide acétique, dégagement d'hydrogène et de gaz carbonique.

Dans toutes les cultures où la fermentation butyrique a eu lieu, il y a formation de matière organique azotée, et par conséquent fixation de l'azote atmosphérique, puisque l'atmosphère est la seule source où les Bactéries puissent puiser l'azote. Pour 20 grammes de glucose décomposé, il y a fixation de 28 milligrammes d'azote. La décomposition du glucose a fourni la quantité de chaleur nécessaire à la formation de substances organiques azotées à partir de l'azote libre.

En examinant les Bactéries qui ont déterminé la fixation de l'azote, Winogradsky a reconnu la présence constante d'un *Clostridium* qu'il a appelé le *C. Pasteurianum*. Mais il y avait en outre et d'une façon à peu près constante deux Bactéries ayant des caractères morphologiques différents. En isolant ces trois Bactéries, Winogradsky a reconnu que les deux espèces qui accompagnent le *Clostridium* sont aérobies et d'ailleurs incapables de déterminer la fermentation butyrique et la fixation de l'azote. Le *Clostridium*, au contraire, est anaérobie. Cultivé isolément, il ne peut décomposer le sucre et fixer l'azote qu'à l'abri de l'air. Comment alors expliquer que dans l'expérience précédente, où les trois Bactéries étaient mêlées, la fixation d'azote a eu lieu en présence de l'air?

C'est que les deux Bactéries accessoires aérobies ont absorbé l'oxygène tout autour du *Clostridium* et formé ainsi une atmosphère dépourvue d'oxygène autour de cette dernière Bactérie qui s'est trouvée alors dans des conditions favorables à son développement. Il y a donc une sorte de symbiose entre ces trois espèces. Le *Clostridium* anaérobie ne peut assimiler l'azote s'il est seul et en présence de l'oxygène; mais si les deux autres Bactéries l'entourent d'une sorte de membrane isolante, elles lui permettent d'assimiler l'azote de l'air et

peuvent à leur tour profiter de cette assimilation en se nourrissant des composés azotés élaborés par le *Clostridium*. D'ailleurs, ce ne sont pas toujours les mêmes Bactéries qui vivent en symbiose avec le *Clostridium* ; d'autres espèces de Bactéries et mêmes certains Champignons peuvent protéger le *Clostridium* du contact de l'air et lui permettre de fixer l'azote.

203. Autres organismes fixateurs d'azote. — Depuis les travaux de Winogradsky, on a signalé d'autres Bactéries pouvant faire entrer l'azote atmosphérique dans des composés organiques. Citons seulement l'*Azotobacter* étudié par Beyerinck et qui peut fixer l'azote, soit en vivant en symbiose avec d'autres Bactéries, soit seul.

Berthelot avait remarqué que le sol sur lequel végétaient des Algues était particulièrement apte à fixer l'azote. Il résulte des recherches de Kossowitsch qu'en culture pure les Algues sont incapables de fixer l'azote, mais si elles vivent en symbiose avec certaines Bactéries et en présence du sucre, la fixation d'azote devient possible ; il y a une partie d'azote assimilé par 200 parties de sucre consommé. Les Algues, pouvant ainsi fixer l'azote si elles vivent en symbiose avec des Bactéries, appartiennent aux genres *Nostoc, Stichococcus, Chlorella.*

Le sol renferme donc des organismes, peut-être en nombre considérable, qui sont capables de fixer l'azote atmosphérique et de le faire entrer dans des combinaisons azotées. Cette fixation est un phénomène très général et qui a une importance considérable dans l'ensemble des transformations chimiques qui ont lieu à la surface du globe.

204. Assimilation de l'azote par les Légumineuses. — Les agriculteurs ont remarqué depuis longtemps que la culture des Légumineuses, loin d'appauvrir le sol en azote, l'enrichit au contraire. Il est donc naturel de supposer que les Légumineuses assimilent directement l'azote de l'atmosphère. La démonstration de ce fait, tentée par Boussingault, n'a été faite définitivement que par Hellriegel et Wilfarth (4) au moyen des expériences suivantes.

Des graines de Pois sont semées dans du sable calciné complètement dépourvu de composés azotés. Toutes les précautions sont prises pour éviter l'envahissement de la culture par des Bactéries : les graines sont préalablement lavées au sublimé, l'eau d'arrosage est bouillie, la surface du sable est recouverte d'une couche de ouate stérilisée. Dans ces conditions, le développement des Pois est très faible et la plante obtenue ne renferme pas plus d'azote que la graine semée. Il n'y a donc pas assimilation d'azote.

Mais chaque fois qu'on ajoute au sable calciné quelques gouttes d'eau où on a laissé infuser de la terre cultivée, le résultat est très différent. La végétation des Pois est luxuriante et les plantes obtenues renferment beaucoup plus d'azote que les graines. Il y a donc eu fixation d'azote. D'autre part, les racines se sont couvertes, dans ce cas, de petites tubérosités qui font complètement défaut dans les cultures où il n'y a pas fixation d'azote.

205. Tubérosités des Légumineuses. — On sait que les racines de toutes les Légumineuses croissant dans les conditions naturelles présentent de petites tubérosités distribuées sans ordre et variables aussi bien par leur forme que par leurs dimensions ; en général, leur longueur n'excède pas 4 ou 5 millimètres. La figure 50 montre ces tubérosités sur une racine de Pois. En étudiant leur structure, on voit au centre un tissu parenchymateux dont le contenu, très épais, laisse voir

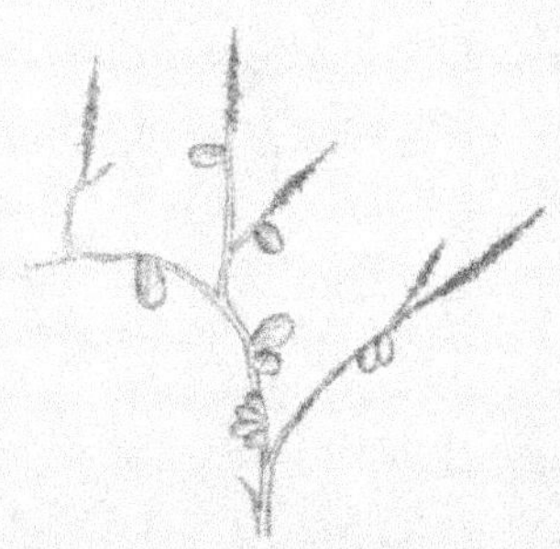

Fig. 50. — Tubérosités des racines du Pois.

un grand nombre de corpuscules albuminoïdes de forme irrégulière qu'on a comparés à des Bactéries et appelés *Bactéroïdes*.

Les Bactéroïdes ont des formes irrégulières, ne se multiplient pas et sont dépourvus de mouvements, ce qui les distingue des Bactéries. Si on examine des tubérosités très

jeunes, on y trouve, au lieu de Bactéroïdes, de véritables Bactéries mobiles, se multipliant et ayant toutes la même forme. L'étude de la formation des tubérosités va nous montrer comment les Bactéries se transforment en Bactéroïdes.

Des Bactéries qui se trouvent normalement dans le sol s'introduisent dans les jeunes racines en traversant la membrane d'un poil absorbant. Une fois entrées dans le poil, elles se multiplient rapidement, sécrètent une matière gélatineuse qui forme une sorte de tube à l'intérieur duquel elles se développent. Ce tube gélatineux s'allonge peu à peu, arrive à la base du poil et pénètre dans le parenchyme de la racine sans paraître être gêné par les parois cellulaires (*fig. 51*). C'est alors que la tubérosité se forme sous l'influence des Bactéries. Puis, le tube muqueux se dissout dans le suc cellulaire; les Bactéries se répandent dans la cellule et se tranforment en Bactéroïdes. Il semble que cette transformation soit produite par le contact du suc cellulaire.

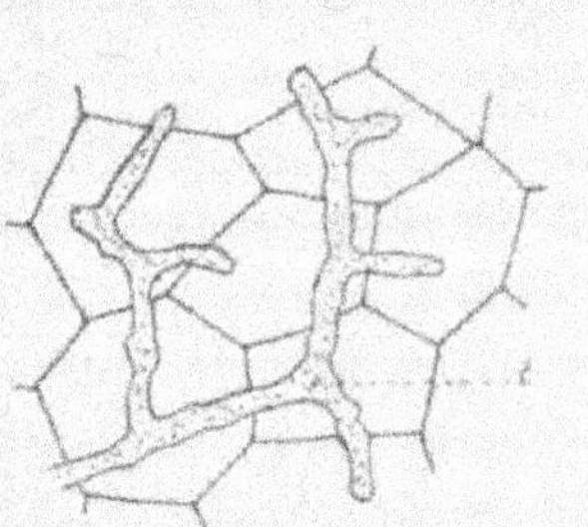
Fig. 51. — Cellules d'une tubérosité; *t*, tube gélatineux où sont les Bactéries.

Par conséquent, la production des tubérosités des Légumineuses est provoquée par l'invasion de certaines Bactéries qui existent normalement dans le sol et qui, après une période plus ou moins longue de multiplication, dégénèrent et se transforment en Bactéroïdes. Nous allons montrer maintenant que ces Bactéries ont la propriété de fixer l'azote de l'atmosphère, et que c'est grâce à elles que les Légumineuses peuvent assimiler cet azote.

206. Culture des Bactéries des tubérosités. — Les Bactéries extraites de jeunes tubérosités et semées dans un bouillon nutritif peuvent être cultivées; mais les premiers auteurs qui ont fait ces cultures n'ont pas constaté la fixation d'azote. Mazé (7) a déterminé les conditions où cette fixation a lieu. Comme milieu de culture, il emploie du bouillon de Haricot

renfermant environ deux dix-millièmes d'azote et auquel on avait ajouté 2 p. 100 de saccharose, 1 p. 100 de chlorure de sodium et de la gélose pour rendre le milieu solide; on met une mince couche de ce bouillon dans un matras à fond plat et on ensemence avec une culture pure de Bactéries des nodosités; on fait passer dans le matras un courant d'air continu dépourvu de composés azotés.

Dans ces conditions, les Bactéries se multiplient très rapidement; au bout de deux ou trois jours, on voit une épaisse couche de gelée se former au fond du matras; au bout de dix jours, on arrête l'expérience et on dose l'azote de l'ensemble de la culture. Dans une expérience déterminée, le matras renfermait 62 milligrammes d'azote au commencement et 102 milligrammes à la fin; il y avait donc eu un gain de 40 milligrammes d'azote.

La Bactérie des nodosités peut donc assimiler l'azote de l'atmosphère en dehors de la Légumineuse; il suffit de lui fournir une alimentation convenable. Pour faire la synthèse des composés azotés, la Bactérie a en effet besoin d'une quantité considérable de chaleur, qui, dans l'expérience de Mazé, est fournie par la décomposition du saccharose. Pour une partie d'azote fixé, il y a environ soixante-quinze parties de sucre décomposé. La fixation d'azote n'a pas lieu si le milieu nutritif ne renferme pas une quantité suffisante d'hydrates de carbone. Les composés azotés, d'ailleurs en faible proportion, sont aussi indispensables. A l'encontre de la Bactérie étudiée plus haut (§ 202), la Bactérie des tubérosités ne peut se développer dans un milieu dépourvu d'azote combiné.

La matière azotée formée par la Bactérie des tubérosités paraît être cette gelée qui se produit en abondance dans les cultures et qui, dans les tubérosités, donne les filaments muqueux. La présence d'azote a, en effet, été constatée dans cette gelée; on conçoit que la Légumineuse puisse l'utiliser comme aliment azoté.

207. Expérience de Schlœsing et Laurent. — Nous venons de voir que les Légumineuses fixent l'azote de l'atmosphère

grâce aux Bactéries de leurs nodosités. Schlœsing et Laurent (8) ont complété la démonstration que nous avons donnée, en mesurant en même temps le gain de la Légumineuse et la perte de l'atmosphère en azote. Pour cela, ils ont cultivé des Pois dans un récipient hermétiquement clos (*fig.* 52). Le sol où les graines sont semées est analysé avec soin, et, autant que possible, dépourvu d'azote. L'atmosphère de la cloche est composée d'azote, d'oxygène et de gaz carbonique préalablement préparés à l'état de pureté. Les Bactéries sont introduites avec quelques gouttes d'eau où on a broyé des tubérosités de Pois. Tous les matériaux employés sont stérilisés.

L'azote libre de la cloche est dosé : 1° au commencement de l'expérience; 2° après deux ou trois mois, lorsque les plantes se sont développées dans cette atmosphère confinée. On trouve que la quantité d'azote a diminué. Dans une expérience particulière, 39^{cm3} d'azote avaient disparu. Pendant ce temps, les Pois avaient gagné la même quantité d'azote. Le gain des Légumineuses en azote provient donc bien de la fixation de l'azote atmosphérique.

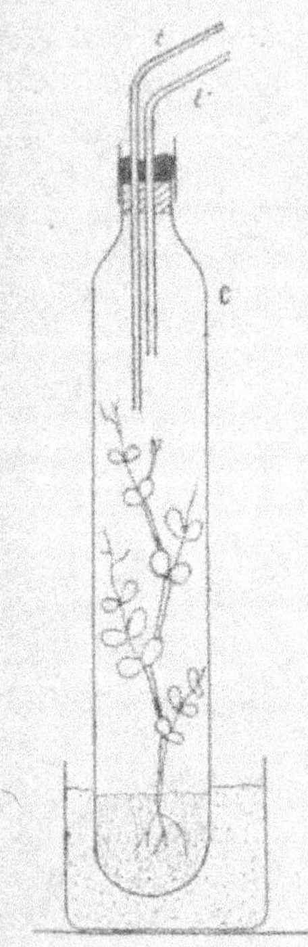

Fig. 52. — Schéma de l'appareil de Schlœsing; *c*, cloche où est cultivée la plante; *t*, *t*, tube par où on introduit l'oxygène, l'azote et le gaz carbonique.

208. Symbiose des Bactéries et des Légumineuses. — Les Bactéries des tubérosités se trouvent normalement dans le sol. On suppose qu'elles sont attirées par une excrétion d'hydrates de carbone qui se produit à la surface des poils radicaux des Légumineuses. Dans tous les cas, on a constaté que c'est par les poils que les Bactéries s'introduisaient dans les racines; elles y trouvent un milieu favorable et se multiplient très rapidement.

La présence des Bactéries provoque la formation des tubérosités qui sont pour elles un milieu très favorable; elles y trouvent notamment, en abondance, des hydrates de carbone formés par la Légumineuse. Sous l'influence de cette nutrition appropriée, les Bactéries produisent la matière gélatineuse azotée qui sert d'aliment à la Légumineuse. Il y a donc un échange de services réciproques entre la Bactérie et la Légumineuse. La Légumineuse fournit à la Bactérie un milieu convenable, et notamment des aliments hydrocarbonés; la Bactérie fournit à la Légumineuse un aliment azoté.

Mais pourquoi, dans les vieilles tubérosités, les Bactéries sont-elles arrêtées dans leur développement et transformées en Bactéroïdes? Il est probable que cette transformation est produite par l'action du suc cellulaire acide, lorsque la gaîne gélatineuse dont les Bactéries s'entourent est plus ou moins complétement dissoute. Mazé a, en effet, remarqué qu'en ajoutant un peu d'acide dans une culture, les Bactéries étaient transformées en Bactéroïdes.

Les Bactéries des diverses Légumineuses ont les mêmes caractères morphologiques. Nobbe a néanmoins recherché s'il n'y avait pas une adaptation de certaines races de Bactéries aux diverses espèces de Légumineuses. Pour cela, il a inoculé à des Pois cultivés dans du sable stérilisé des Bactéries extraites : 1° du Pois; 2° du Lupin; 3° du Robinier. Dans le premier cas, un pied de Pois a fixé 58 milligrammes d'azote; dans le second, seulement 24 milligrammes; dans le troisième, il n'y a pas eu fixation sensible d'azote. On doit en conclure que toutes les Bactéries ne sont pas équivalentes; celles du Lupin, tout en déterminant une certaine fixation d'azote sur le Pois, sont moins efficaces que celles du Pois lui-même; quant aux Bactéries du Robinier, elles ne paraissent pas pouvoir s'adapter au Pois.

En multipliant les expériences, Nobbe est arrivé à démontrer que, pour une Légumineuse donnée, les Bactéries les plus efficaces sont celles qui proviennent des tubérosités de la même Légumineuse; les Bactéries provenant d'autres espèces déterminent une fixation d'azote moindre, mais néanmoins presque toujours sensible. Il y a donc des sortes de

races de Bactéries plus ou moins adaptées aux diverses espèces de Légumineuses.

6° APPLICATIONS A LA CULTURE.

209. Circulation de l'azote dans la nature. — D'après ce qui précède, nous pouvons nous rendre compte des transformations que subissent dans la nature les composés azotés sous l'influence de la végétation. Le sol renferme en abondance des composés azotés organiques provenant de détritus animaux ou végétaux. Ces substances sont, sous l'action d'une fermentation lente, transformées en composés ammoniacaux, lesquels sont à leur tour amenés à l'état de nitrites, puis de nitrates par les Bactéries de la nitrification. Dans cette première phase, les composés azotés organiques sont donc attaqués par les microorganismes et arrivent à l'état de nitrates.

Les racines des plantes absorbent ensuite ces nitrates, qui passent dans la tige et les feuilles où ils sont réduits et transformés en composés organiques sous l'action de l'énergie solaire. A l'intérieur de la plante, les composés azotés organiques peuvent subir de nombreuses modifications, passer, par exemple, de l'état d'amide à l'état d'albuminoïde et inversement; finalement, ils retournent au sol, soit directement si le végétal se décompose, soit indirectement s'il est absorbé par un animal; là ils subiront de nouveau une série de décompositions qui les ramèneront à l'état de nitrates.

Nous venons de parcourir un des cycles possibles suivant lesquels les composés azotés se transforment continuellement dans la nature. Mais nous n'avons pas fait intervenir l'azote atmosphérique. Nous savons cependant que certaines Bactéries du sol réduisent les nitrates et dégagent de l'azote libre (§ 102). D'autre part, ces pertes en azote libre sont compensées par la fixation de l'azote atmosphérique, qui, nous le savons, s'effectue sous l'action des Bactéries des nodosités de Légumineuses et de certains micro-organismes vivant dans

le sol. Nous devons donc modifier, en le rendant plus complexe, le cycle de l'azote indiqué plus haut. Une partie de l'azote organique ou nitrique du sol peut se dégager à l'état libre dans l'atmosphère, et, d'autre part, sous l'influence de certaines Bactéries, une partie de l'azote atmosphérique peut rentrer dans les combinaisons organiques.

Dans cette circulation de l'azote, l'ammoniaque de l'atmosphère joue un rôle peu important; la plus grande partie provient des fermentations qui ont eu lieu dans le sol; d'ailleurs, le carbonate d'ammoniaque de l'air peut de nouveau être absorbé par la terre. L'ammoniaque qui se forme dans l'air, sous l'influence de la foudre, par combinaison directe de l'azote avec l'hydrogène de l'eau, est en quantité extrêmement faible. Ce mode de fixation de l'azote, indépendamment de la matière vivante, n'a qu'un intérêt chimique.

240. Utilité des engrais azotés. — Nous avons vu que les plantes ont besoin d'aliments azotés et notamment de nitrates. Le sol en renferme, en général, une certaine provision. Mais, surtout dans les terres cultivées, diverses circonstances peuvent rendre cette provision insuffisante. Dans les sols très perméables à l'eau, les nitrates sont entraînés par les pluies, presque au fur et à mesure de leur formation, et la réserve azotée s'épuise sans profit pour les plantes. De plus, les récoltes faites chaque année renferment une quantité souvent considérable d'azote combiné qui est ainsi enlevée au sol. Si cette soustraction d'azote a lieu pendant longtemps sans qu'il y ait restitution, on conçoit que le sol s'appauvrisse. La quantité d'azote ainsi enlevée à la terre est très variable; elle est en moyenne de 50 à 70 kilogrammes par hectare, mais peut, dans certains cas, tel que celui de la Luzerne, s'élever jusqu'à 300 kilogrammes.

Dans les sols riches en azote, qui renferment par exemple 2 grammes d'azote par kilogramme de terre, il est inutile d'ajouter des engrais azotés; la réserve azotée du sol est suffisante pour alimenter les récoltes pendant un nombre indéfini d'années. La fixation de l'azote atmosphérique et l'apport naturel des détritus organiques suffisent à réparer les pertes.

Mais, dans les terres moins riches en azote, les engrais azotés sont nécessaires.

211. Divers engrais azotés. — Les engrais employés sont le plus souvent des détritus organiques, tels que le fumier de ferme ou les tourteaux formés de graines oléagineuses dont on a extrait l'huile. D'une façon générale, on doit admettre que ces matières ne peuvent être utilisées par les plantes qu'après avoir été transformées en nitrates.

Mais à côté des engrais organiques, on emploie beaucoup les engrais dits chimiques qui sont des composés chimiques plus ou moins purs. Les principaux sont : le nitrate de soude, qui est directement assimilable, mais qui a l'inconvénient d'être facilement entraîné par l'eau de pluie ; et par conséquent ne convient pas aux terrains trop perméables ; le sulfate d'ammoniaque, qui, comme les engrais organiques, doit être nitrifié avant d'être absorbé. Un nouveau composé azoté, qui paraît devoir rendre de grands services à l'agriculture, est la cyanamide de calcium, obtenue par la fixation de l'azote atmosphérique à 1,000° sur le carbure de calcium. Dans le sol, la cyanamide se nitrifie comme les composés ammoniacaux.

Dans l'emploi des engrais, il y a lieu de tenir compte de la composition du sol. Les engrais organiques ou ammoniacaux, par exemple, ne produisent tout leur effet que dans les sols qui renferment assez de calcaire pour permettre la nitrification. Une expérience de Wagner met en évidence le rôle du calcaire dans l'utilisation des engrais azotés. Des navets sont cultivés dans des pots renfermant une terre très pauvre en azote et en chaux. Dans certains pots, on n'ajoute pas d'engrais azotés ; dans d'autres, 2 grammes d'azote nitrique ; dans d'autres, enfin, 2 grammes d'azote ammoniacal. Dans chacune de ces trois séries, certains pots seulement étaient additionnés de calcaire. Le tableau suivant donne le poids de la récolte pour chaque cas :

	Sans calcaire.	Avec calcaire.
Sans azote	6gr3	9gr6
Azote nitrique	94 4	92 0
Azote ammoniacal	29 4	86 7

On voit que la présence du calcaire est sans action sur l'assimilation de l'azote nitrique qui est par conséquent un bon engrais dans tous les sols; l'azote ammoniacal, au contraire, n'est bien assimilé et ne devient à peu près équivalent à l'azote nitrique que dans les sols qui renferment assez de calcaire pour permettre la nitrification.

La quantité d'engrais à employer dépend naturellement de la richesse de cet engrais en azote. Si l'on veut, par exemple, donner 70 kilogrammes d'azote par hectare, on devra employer, soit 14.000 kilogrammes de fumier de ferme dont la richesse ordinaire est de 0,5 p. 100 d'azote, soit 1,400 kilogrammes de tourteaux à 5 p. 100 d'azote, soit 500 kilogrammes de nitrate de soude à 14 p. 100. Et encore l'effet immédiat produit ne sera-t-il pas le même dans les trois cas, car tout l'azote nitrique sera immédiatement disponible et absorbable, tandis que l'azote organique devra être préalablement nitrifié.

212. Cas des Légumineuses. — D'après ce que nous avons vu, on comprend que les Légumineuses, non seulement peuvent se passer d'engrais azotés, mais encore enrichissent le sol en azote. La matière gélatineuse azotée, formée par la Bactérie aux dépens de l'azote atmosphérique, leur sert en effet d'aliment, et, lorsqu'une racine meurt, il reste encore dans les tubérosités une certaine quantité de matière azotée qui peut augmenter la teneur du sol en azote.

On s'explique aussi pourquoi certains sols, tels que ceux qui proviennent du défrichement des forêts, sont peu propres à la culture des Légumineuses. C'est que ces sols, n'ayant jamais porté de Légumineuses, ne renferment pas la Bactérie des tubérosités. L'expérience a montré qu'en ajoutant de la terre provenant d'un champ où les Légumineuses prospèrent, on rendait fertiles, au point de vue des Légumineuses, les sols d'abord stériles. C'est qu'en ajoutant cette terre, on a inoculé au sol la Bactérie des tubérosités. C'est pour une raison analogue que les Légumineuses exotiques mettent quelquefois longtemps à s'acclimater en France; les races de Bactéries adaptées à ces Légumineuses n'existent d'abord pas en France et ne se différencient qu'à la longue.

BIBLIOGRAPHIE.

1. Berthelot. *Chimie végétale et agricole.* 4 vol. Paris, 1899.

2. — *Expériences nouvelles sur la fixation d'azote* (Ann. de Ch. et de Phys., 6ᵉ série, t. XVI, 1889, et t. XXX, 1893).

3. Boussingault. *Agronomie, chimie agricole et physiologie.* Paris, 1886-91.

4. Hellriegel et Wilfarth. *Recherches sur la nutrition azotée des Légumineuses* (Traduit dans les Ann. de la sc. agron., 1888).

5. Lefèvre. *Sur le développement des plantes à chlorophylle à l'abri du gaz carbonique* (Rev. gén. de Bot., t. XVIII, 1896).

6. Lutz. *Les microorganismes fixateurs d'azote* (Thèse de pharmacie, Paris, 1904 ; renferme la bibliographie complète).

7. Mazé. *Les microbes des nodosités des Légumineuses* (Ann. Inst. Pasteur, t. XI, 1897 ; t. XII, 1898 ; t. XIII, 1899).

8. Schlœsing et Laurent. *Sur la fixation de l'azote libre par les plantes* (Ann. Inst. Pasteur, t. VI, 1892).

9. Treub. *Sur la localisation, le transport et le rôle de l'acide cyanhydrique dans le Pangium edule* (Ann. Jard. bot. de Buitenzorg, t. XIII, 1896).

10. Winogradsky. *Absorption par les microorganismes de l'azote libre de l'air* (Arch. des sc. biol. de l'Inst. imp. de méd. expér. de Saint-Pétersbourg, t. III, 1895).

CHAPITRE VI.

NUTRITION MINÉRALE.

1° OSMOSE.

213. Les végétaux absorbent des aliments minéraux. — Si on examine un végétal quelconque, il est facile de reconnaître qu'il renferme une proportion considérable d'eau. La perte de poids, subie par ce végétal maintenu pendant deux ou trois jours dans une étuve à 100°, donne approximativement le poids de l'eau qu'il renfermait. Si l'on calcine ensuite dans un four à haute température la matière ainsi desséchée, les

substances organiques seront brûlées, se dégageront à l'état de gaz, et il restera dans le creuset qui a servi à l'expérience un résidu minéral; ce sont les cendres de la plante. Il faut bien observer que les cendres ainsi obtenues ne représentent pas les éléments minéraux tels qu'ils se trouvaient dans les tissus vivants. Certaines transformations, difficiles d'ailleurs à préciser, se sont produites pendant la calcination; certains sels même, tels que les nitrates ou les sels d'ammoniaque, ont été décomposés.

Toutes les plantes donnent ainsi une proportion plus ou moins grande de cendres et renferment par conséquent toutes des éléments minéraux qu'elles empruntent au sol. Il est facile de montrer, et nous reviendrons plus tard sur ce point, que certains aliments minéraux sont indispensables aux plantes. Dans un milieu dépourvu de sels, tel que l'eau distillée, elles ne prospèrent pas et ne peuvent donner de graines.

Nous allons étudier la nutrition minérale de la plante; comme les aliments minéraux sont empruntés au sol et pénètrent dans la racine, nous commencerons par rechercher les lois et les conditions du phénomène de l'osmose (1).

214. Membranes perméables; pouvoir osmotique. — Le phénomène de l'osmose, découvert par Dutrochet, peut être mis en évidence par l'expérience suivante *(fig. 53)*. On a un tube en verre T, dont une extrémité élargie est fermée par une membrane *m* telle que du papier parcheminé ou un morceau de vessie. On remplit la partie élargie avec de l'eau sucrée S et on la plonge dans un vase renfermant de l'eau pure *e*, de façon que le niveau du liquide soit le même dans le tube et dans le vase.

Au bout de quelques minutes, on observe que le niveau de l'eau sucrée s'élève dans le tube. L'ascension devient de plus en plus lente, puis le niveau reste stationnaire, en *a*, et s'abaisse ensuite peu à peu jusqu'à revenir dans le même plan horizontal que le liquide du vase. Comment peut-on interpréter ces phénomènes?

On admet qu'il s'établit à travers la membrane *m* un double courant : l'eau pure passe du vase dans le tube, et l'eau sucrée

passe du tube dans le vase. Le premier courant étant plus rapide que le second, l'eau sucrée s'élèvera dans le tube. L'ascension se ralentira pour deux raisons :

1° La différence de composition des deux liquides s'atténue, et comme cette différence est la cause de l'ascension, il est naturel que l'ascension se ralentisse à mesure que la différence diminue ;

2° La pression exercée sur la membrane par le liquide sucré augmente à mesure que ce liquide s'élève, et comme cette pression tend à s'opposer au passage de l'eau du vase dans le tube, on conçoit que, lorsque cette pression augmentera, l'entrée du liquide dans le tube se ralentira. On comprend même que lorsque cette pression sera suffisante, elle s'opposera complètement à l'entrée du liquide ; c'est alors que le niveau dans le tube sera stationnaire.

D'autre part, ces deux causes qui ralentissent l'entrée de l'eau dans le tube accélèrent au contraire la sortie de l'eau sucrée du tube. C'est ainsi que

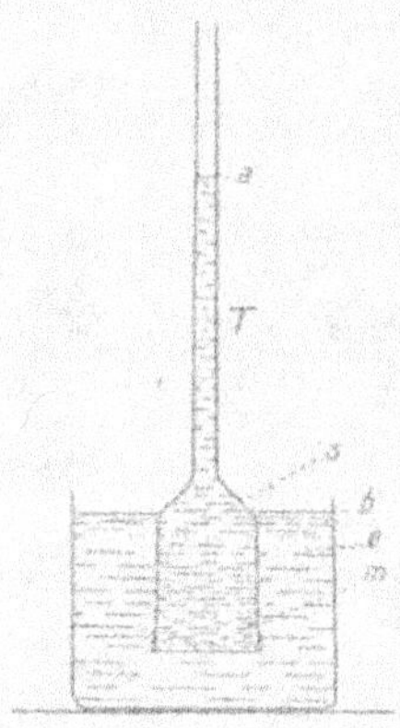

Fig. 53. — Osmomètre de Dutrochet; T, tube renfermant de l'eau sucrée s et fermé par une membrane perméable m; e, eau pure.

le courant de sortie, après avoir été moins rapide que le courant d'entrée pendant la première partie de l'expérience, devient égal à ce courant lorsque le niveau est stationnaire, puis arrive à être supérieur au moment où le niveau baisse. Lorsque, à la fin de l'expérience, les deux niveaux sont redevenus les mêmes, la composition du liquide est la même des deux côtés de la membrane et les courants n'ont plus de raison d'être.

Cette diffusion des liquides et des substances dissoutes, qui se produit ainsi à travers une membrane, constitue le phénomène de l'*osmose*; la membrane employée, se laissant traverser non seulement par l'eau mais par les substances dissoutes telles que le sucre, est dite *membrane perméable*. La hauteur maxima *ab*, à laquelle s'élève dans le tube le liquide étudié, donne la mesure de ce qu'on a appelé le *pouvoir osmotique*

du liquide ; enfin, l'appareil qui a servi à l'expérience a reçu le nom d'*osmomètre de Dutrochet*.

215. Cristalloïdes et Colloïdes. — L'expérience de Dutrochet peut être répétée avec un grand nombre de substances dissoutes telles que la très grande majorité des sels et beaucoup de matières organiques. Tous ces corps, en dissolution dans l'eau, traversent les membranes telles que le papier parcheminé et ont un pouvoir osmotique plus ou moins fort ; Graham leur a donné le nom de corps *cristalloïdes*, parce qu'en général ils se séparent de leur dissolution en cristallisant. Au contraire, la silice hydratée, l'alumine hydratée, l'albumine, la dextrine, l'amidon soluble, le tanin, la gomme, la gélatine, en solution aqueuse, ne traversent pas les membranes dites perméables ; Graham a appelé ces solutions *colloïdes*, par opposition aux cristalloïdes. Placées dans l'osmomètre de Dutrochet, les solutions colloïdes ne manifestent que des pouvoirs osmotiques très faibles. Il est à remarquer qu'un même corps peut donner une solution cristalloïde ou colloïde suivant la nature du dissolvant ; ainsi le tanin qui, dissous dans l'eau, est colloïde, devient cristalloïde si on le dissout dans l'acide acétique.

Les corps colloïdes ont une très grande importance en physiologie, la plupart des solutions renfermées dans le protoplasma étant colloïdes. Il convient donc de dire quelques mots de leurs propriétés. Les solutions colloïdes sont toujours plus ou moins troubles, louches. Cela tient à ce que ce ne sont pas de vraies solutions ; le corps supposé dissous y existe à l'état de très petites particules solides qui restent en suspension ; on admet que ce sont des agrégats formés d'un certain nombre de molécules ; même à un grossissement très fort, on ne peut les voir directement au microscope.

Ce sont des objets *ultra-microscopiques*. On a construit récemment des microscopes spéciaux, appelés *ultra-microscopes*, qui permettent de les voir. Le principe de ces instruments est le suivant : au lieu d'éclairer les objets par des rayons lumineux arrivant dans la direction de l'œil, on les éclaire par des rayons ayant une direction perpendiculaire.

Les phénomènes de diffraction qui se produisent alors sur les particules ultra-microscopiques les rendent lumineuses et permettent de les distinguer sur un fond obscur. C'est quelque chose d'analogue à ce qui se passe lorsqu'un faisceau de rayons solaires pénètre dans une chambre obscure. Les poussières en suspension dans l'atmosphère de la chambre étaient d'abord invisibles, mais, rendues lumineuses par la lumière qui les frappe, elles deviennent apparentes sur le fond noir de la chambre. On estime que les particules en suspension dans une solution colloïde sont du même ordre de grandeur que $0^{\text{mm}}0000\text{I}$.

Les colloïdes se distinguent encore des cristalloïdes parce que, sous l'action de certains sels en très petite quantité, les solutions colloïdes peuvent être coagulées. Le précipité gélatineux qui se produit ainsi se compose de la substance colloïde combinée à une très faible quantité du sel qui a déterminé la coagulation. Ces sortes de réactions, mal connues et difficiles à étudier, jouent probablement un rôle très important dans la cellule vivante. On utilise cette propriété dans la préparation des diastases, qui sont des colloïdes (§ 2).

216. Conditions et lois de l'osmose à travers les membranes perméables. — Pour que le phénomène de l'osmose, tel que nous venons de le décrire puisse se manifester, il faut que certaines conditions soient remplies :

1° Il faut que les deux liquides qui sont de part et d'autre de la membrane puissent se mêler ; si on met de l'huile dans l'osmomètre et de l'eau à l'extérieur, il n'y a pas d'osmose.

2° Il est nécessaire que l'un des deux liquides au moins mouille la membrane.

3° Il est nécessaire également que l'un des liquides au moins puisse faire avec la membrane certaines combinaisons, d'ailleurs assez mal définies ; c'est ce que Dutrochet exprimait en disant qu'il fallait qu'un des liquides au moins ait de l'affinité pour la membrane. Une membrane en porcelaine, par exemple, ne peut servir aux expériences d'osmose.

Lorsque ces conditions sont remplies, l'osmose se produit

suivant des lois étudiées par Dutrochet et qui peuvent être résumées ainsi :

1° Le pouvoir osmotique des solutions d'une même substance augmente avec la concentration de la solution. Ainsi, en 1 h. 3o, l'ascension du liquide dans l'osmomètre est de 3g^{mm} pour une dissolution d'une partie de sucre dans quatre parties d'eau; de 68^{mm} pour une dissolution d'une partie de sucre dans deux parties d'eau; de 1o6^{mm} pour une dissolution d'une partie de sucre dans une partie d'eau.

2° Le pouvoir osmotique d'une dissolution augmente avec la température, mais très faiblement.

3° A égalité de concentration, le pouvoir osmotique d'une solution varie suivant la substance dissoute. La nature de la variation n'a été connue que lorsqu'on a introduit la notion de concentration moléculaire, comme nous le verrons un peu plus tard.

217. Membranes semi-perméables. — Traube a fait une série d'expériences qui ont révélé l'existence d'une nouvelle catégorie de membranes ayant des propriétés différentes des membranes perméables. Pour répéter une de ces expériences, faisons une dissolution colorée en bleu de colle à bouche gélatinée et sucrée, puis laissons-en tomber une goutte dans une dissolution de tanin à 2 p. 1oo (*fig. 54*). Aussitôt il se formera à la surface de la goutte un précipité de tanate de gélatine *m* qui l'entourera comme d'une membrane continue. La goutte de colle ainsi limitée sera comme une cellule artificielle en suspension dans le tanin. Nous la verrons bientôt s'accroître, quelquefois même se ramifier d'une façon plus ou moins régulière. C'est que le liquide de la goutte a un pouvoir osmotique plus fort que la dissolution de tanin et que, d'autre part, la membrane de tanate de gélatine laisse passer l'eau et l'eau seule.

Fig. 54. — *t*, tanin; *g*, gélatine; *m*, membrane de tanate de gélatine.

Il s'établit donc un courant d'eau à travers la membrane de l'extérieur vers l'intérieur. L'eau, arrivant à l'intérieur de

la cellule, augmente la pression interne et distend les parois. Les particules de précipité sont ainsi écartées les unes des autres et permettent au tanin d'arriver au contact de la colle; d'où formation d'un nouveau précipité. La membrane s'accroît ainsi, sous l'influence de la pression interne, par le dépôt de nouvelles particules entre les anciennes. Cet accroissement continue aussi longtemps que la différence de pouvoir osmotique des deux liquides provoque le passage de l'eau à travers la membrane. L'équilibre est établi lorsque le pouvoir osmotique est le même des deux côtés de la membrane.

Cette membrane de tanate de gélatine, qu'on appelle quelquefois une membrane de précipité, se laisse donc traverser par l'eau; mais elle est imperméable non seulement pour les colloïdes, mais encore pour les cristalloïdes, tels que le sucre qui est à l'intérieur de la cellule artificielle. C'est ce qu'on a appelé une *membrane semi-perméable*. On pourrait répéter l'expérience précédente en laissant tomber une goutte d'une solution de sulfate de cuivre à 3 p. 100 dans une solution de ferrocyanure de potassium à 5 p. 100. Il se formerait un précipité de ferrocyanure de cuivre colloïdal, qui jouerait le même rôle que la membrane de tanate de gélatine.

218. Osmomètre de Pfeffer. — L'étude du pouvoir osmotique des solutions par rapport aux membranes semi-perméables présente un intérêt particulier; car, dans ce cas, si l'on suppose que d'un côté de la membrane il y a de l'eau pure et de l'autre une solution cristalloïde, il n'y a point passage de la substance dissoute. L'eau pure seule traverse. On conçoit donc que la pression osmotique mesurée ainsi ne soit pas la même qu'avec des membranes perméables. Mais l'extrême fragilité des membranes de précipité ne permet pas la construction d'osmomètres analogues à celui de Dutrochet.

Pfeffer a tourné la difficulté en faisant déposer la membrane de précipité sur une paroi solide qui lui communique sa résistance; pour cela, il se sert d'un vase en terre poreuse analogue à ceux qu'on emploie pour la construction des piles; à l'intérieur, il met une solution de sulfate de cuivre et plonge le tout dans une solution de ferrocyanure de potas-

sium. Les deux liquides se rencontrent à l'intérieur même de
la paroi poreuse et y donnent le précipité de ferrocyanure de
cuivre. On a ainsi une membrane de précipité semi-perméable
qui a la forme du vase poreux et qui présente une résistance
suffisante.

C'est avec une pareille membrane que Pfeffer a construit
son osmomètre. A la partie supérieure du vase poreux P (*fig. 55*), il adapte un tube en verre T à deux branches. La branche verticale est fermée par un bouchon traversé par un tube *t*, qui permet d'introduire le liquide à étudier. La branche horizontale porte un manomètre *a b* à air libre renfermant du mercure. Pour faire une expérience, on remplit l'appareil avec la solution dont on veut connaître le pouvoir osmotique, et cela de façon à ce que cette solution

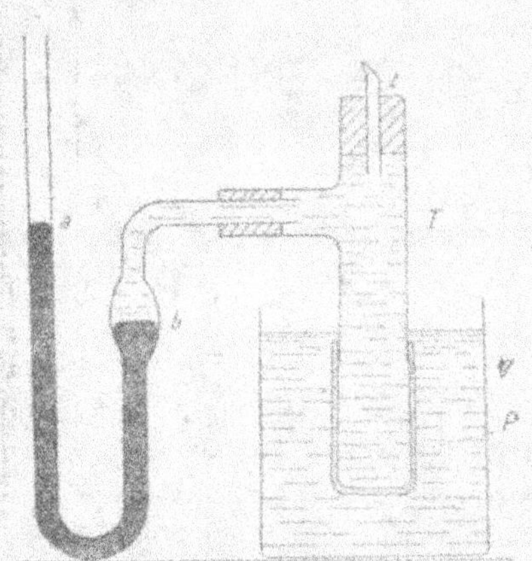

Fig. 55. — Osmomètre de Pfeffer; P, paroi poreuse
où se trouve la membrane imperméable de ferrocyanure de cuivre et qui sépare le liquide dont on veut
étudier le pouvoir osmotique, en T, de l'eau pure,
en V; ab, manomètre à mercure.

arrive au contact du mercure du manomètre; on ferme le
tube à la partie supérieure, en *t*, et on le plonge dans un
vase V contenant de l'eau.

Supposons qu'au commencement de l'expérience le niveau
du mercure soit le même dans les deux branches du manomètre. On verra bientôt le mercure s'élever dans la branche
libre, puis rester stationnaire. On n'observe pas d'abaissement
du niveau comme dans le cas des membranes perméables. Que
se passe-t-il, en effet, dans le cas de l'osmomètre de Pfeffer?
L'eau du vase, attirée par la solution qui est dans l'osmomètre, traverse la membrane semi-perméable, augmente ainsi
la pression à l'intérieur de l'osmomètre et par conséquent repousse le mercure qui s'élève dans la branche libre du ma-

nomètre. L'eau cessera d'entrer lorsque la pression exercée sur la face interne de la membrane sera suffisante pour équilibrer les forces d'attraction de la solution pour l'eau. C'est alors que le mercure cessera de monter dans le manomètre. La différence du niveau du mercure dans les deux branches donnera alors la mesure du *pouvoir osmotique* de la solution renfermée dans l'appareil.

Nous n'avons considéré que le cas où le vase V extérieur à l'osmomètre renferme de l'eau pure. Que se passera-t-il si, au lieu d'eau pure, nous mettons une solution ayant un pouvoir osmotique p', le liquide renfermé dans l'osmomètre ayant un pouvoir osmotique $p > p'$? Le manomètre indique alors une pression $p - p'$ correspondant à la différence des pouvoirs osmotiques des deux solutions séparées par la membrane. Les choses se passent comme si l'osmomètre renfermait une solution de pouvoir osmotique $p - p'$ et le vase de l'eau pure.

219. Comparaison des membranes perméables et semi-perméables. — Le pouvoir osmotique d'une solution cristalloïde donnée, mesuré à l'aide d'une membrane semi-perméable, est plus fort que si on l'avait mesuré avec une membrane perméable. Dans ce dernier cas, en effet, à cause du double courant qui s'établit, on a la mesure du pouvoir osmotique de la solution appauvrie, non point par rapport à l'eau pure, mais par rapport à l'eau contenant en dissolution toute la substance cristalloïde qui a traversé la membrane; on n'a donc qu'un pouvoir osmotique relatif. L'osmomètre de Pfeffer, au contraire, nous donne le pouvoir osmotique absolu du liquide renfermé dans l'osmomètre au moment où l'ascension du mercure dans le manomètre s'arrête. Les colloïdes se comportent à peu près de la même façon vis-à-vis des membranes semi-perméables et des membranes perméables.

Un exemple montrera l'importance de ces différences. Prenons des solutions de corps différents, à la même concentration, à 6 p. 100 par exemple, et recherchons leur pouvoir osmotique, d'une part avec un osmomètre à membrane semi-perméable, d'autre part avec un osmomètre à membrane perméable en papier parcheminé. Pfeffer donne pour cette

expérience les résultats suivants où les pressions sont évaluées en centimètres de mercure :

	Membrane semi-perméable.	Membrane perméable.
Gomme arabique.............	25cm	17cm
Colle liquide...............	23cm	217mm
Sucre de canne..............	287cm	29cm
Azotate de potassium........	700cm	20cm

Les colloïdes ont donc toujours un pouvoir osmotique très faible, à peine plus faible avec les membranes perméables. Si l'on trouve quelquefois des valeurs considérables pour le pouvoir osmotique des colloïdes, cela tient aux cristalloïdes qui s'y trouvent à l'état d'impureté; ainsi, l'albumine renferme toujours une certaine quantité de sels.

Les cristalloïdes ont un pouvoir osmotique beaucoup plus fort avec les membranes semi-perméables qu'avec les membranes perméables; cela tient, comme nous venons de le voir, à la diosmose qui se produit à travers ces dernières membranes. On remarquera de plus que le pouvoir osmotique de l'azotate de potassium à travers la membrane semi-perméable est beaucoup plus fort que celui du sucre de canne.

220. Lois de l'osmose à travers les membranes semi-perméables. — Les lois de l'osmose deviennent très claires quand on admet que, comme Van t'Hoff l'a établi, les substances dissoutes sont comparables à des gaz. Le pouvoir osmotique des solutions correspond alors à la force élastique du gaz et se trouve soumis aux mêmes lois qui sont les suivantes :

1° Le pouvoir osmotique d'une solution de volume fixe est, pour une même substance dissoute, proportionnelle à la concentration.

Cette loi correspond à la loi de Mariotte qui peut s'énoncer ainsi : la force élastique d'une masse gazeuse de volume fixe est pour un même gaz proportionnelle à la masse de ce gaz. Ces lois peuvent être énoncées d'une façon différente en disant que le volume d'une masse donnée d'un gaz est inversement proportionnel à la force élastique, et que le pouvoir osmo-

tique d'une masse donnée d'une substance dissoute est inversement proportionnel au volume.

Cette loi, dite *loi des concentrations*, résulte des mesures effectuées par Pfeffer et ne s'applique qu'aux solutions diluées, de moins de 6 p. 100 par exemple pour le sucre de canne. Pour les solutions plus concentrées, le pouvoir osmotique croît plus vite que la concentration. Il est d'ailleurs nécessaire de s'entendre sur la manière d'évaluer les concentrations. Lorsqu'on dit qu'une solution est à 6 p. 100, cela veut dire que 100^{cm3} de solution renferment 6 grammes de matière dissoute.

2° Le pouvoir osmotique d'une solution s'élève avec la température proportionnellement au binôme de dilatation des gaz, $1 + \dfrac{t}{273}$.

Cette loi, découverte par Van t'Hoff, est identique à la loi de Gay-Lussac sur la dilatation des gaz. L'influence de la température est donc assez faible ; une élévation de 6°, qui est rare dans le cours d'une expérience, n'augmente le pouvoir osmotique que de 2 p. 100 de sa valeur.

3° Le pouvoir osmotique d'une solution est le même, quelle que soit la substance dissoute, si le nombre de molécules dissoutes dans le même espace est le même.

Cette loi, dite des *concentrations moléculaires*, établie par Van t'Hoff, correspond à la loi d'Avogadro pour les gaz : la force élastique est la même, quel que soit ce gaz, si le nombre des molécules renfermées dans le même espace est le même.

La loi des concentrations moléculaires, telle qu'elle vient d'être énoncée, ne s'applique qu'aux solutions de matières organiques, qui sont, comme on sait, mauvaises conductrices de l'électricité, et, par exception, au sulfate et au malate de magnésium. Nous verrons tout à l'heure la modification qu'il faut lui faire subir pour la rendre applicable aux solutions conductrices de l'électricité.

La notion de concentration moléculaire éclaire d'une façon complète les résultats, en apparence confus, obtenus par les auteurs qui ne considéraient que la concentration en poids. Ce qui importe, ce n'est point la densité de la substance dis-

soute, mais son poids moléculaire. Des solutions renfermant sous le même volume des poids égaux de substances ayant des poids moléculaires différents auront des pouvoirs osmotiques différents. Au contraire, des solutions renfermant sous le même volume des poids très différents de substances dissoutes pourront avoir le même pouvoir osmotique.

4° Le pouvoir osmotique d'une solution est indépendant de la membrane et du dissolvant.

Le pouvoir osmotique est donc une propriété physique propre de la substance dissoute au même titre que son poids spécifique ou sa température de congélation.

221. Pouvoir osmotique des matières organiques. — On prend ordinairement comme point de comparaison le pouvoir osmotique d'une solution renfermant une molécule de corps dissous pour 10 litres de solution; c'est ce qu'on appelle une solution décinormale. La formule de sucre de canne étant $C^{12}H^{22}O^{11}$ et son poids moléculaire 342, pour avoir une solution décinormale, on fera 10 litres de solution renfermant 342 grammes de sucre. Le pouvoir osmotique, mesuré par la hauteur d'une colonne de mercure, sera de 179 centimètres. Les solutions décinormales de toutes les autres substances organiques auront le même pouvoir osmotique; elles seront *isotoniques*, si l'on appelle solutions isotoniques les solutions qui ont le même pouvoir osmotique. Le tableau suivant donne une idée du pouvoir osmotique de diverses substances :

	Formule.	Poids moléculaire.	Solution à 1 p. 100.	Solution décinormale.
Sucre de canne...	$C^{12}H^{22}O^{11}$	342	5cm,5	179cm
Glucose............	$C^{6}H^{12}O^{6}$	180	99cm	—
Glycérine..........	$C^{3}H^{8}O^{3}$	92	193cm	—
Acide citrique.....	$C^{6}H^{8}O^{7}$	192	93cm	—

La solution à 1 p. 100 a un pouvoir osmotique très variable, suivant la substance dissoute, et ce pouvoir est d'autant plus fort que le poids moléculaire est plus faible.

222. Pouvoir osmotique des électrolytes; coefficients isotoniques. — On désigne sous le nom d'électrolytes les solutions conductrices de l'électricité, c'est-à-dire, d'une façon générale, les solutions minérales, à l'exclusion des solutions organiques. De Vries a étudié le pouvoir osmotique de ces solutions à l'aide d'une nouvelle méthode, la plasmolyse, sur laquelle nous reviendrons tout à l'heure; il est arrivé à déterminer la modification qu'il faut apporter à la loi des concentrations moléculaires pour la rendre applicable aux électrolytes.

Si on mesure le pouvoir osmotique d'une dissolution saline, on trouve un nombre plus fort que celui qui serait indiqué par la loi. Si on fait, par exemple, une solution décinormale de chlorure de sodium (58^*5 de $NaCl$ dans 10 litres de solution), au lieu de trouver un pouvoir osmotique égal à 179^{cm} de mercure, on trouve 268^{cm}. Remarquons que $179 \times \dfrac{3}{2} = 268$.

On appelle *coefficient isotonique* d'un corps le nombre par lequel il faut multiplier 179^{cm} pour avoir le pouvoir osmotique de la solution décinormale de ce corps. Le coefficient isotonique du chlorure de sodium est donc $\dfrac{3}{2}$. L'azotate de potassium AzO^3K, le chlorure de potassium KCl, et d'une façon générale tous les sels dont la molécule renferme un seul atome de métal ont pour coefficient isotonique $\dfrac{3}{2}$. Leur solution décinormale a un pouvoir osmotique égal à $268^{cm} = 179^{cm} \times \dfrac{3}{2}$.

Si nous prenons maintenant des sels dont la molécule renferme deux atomes de métal, tels que l'oxalate de potassium $K^2C^2O^4$, le sulfate de potassium K^2SO^4, on trouve pour la solution décinormale un pouvoir osmotique de 358^{cm}. Or, $358 = 179 \times \dfrac{4}{2}$; donc, le coefficient isotonique des sels dont la molécule renferme deux atomes de métal est $\dfrac{4}{2}$. Enfin, les sels tels que le citrate de potassium $K^3C^6H^5O^7$, dont la molécule renferme trois atomes de métal, ont un coefficient égal à

268   NUTRITION MINÉRALE.

$\dfrac{5}{2}$; leur solution décinormale a un pouvoir osmotique égal à

$$447^{cm} = 179^{cm} \times \dfrac{5}{2}.$$

On s'explique la valeur de ces coefficients par des considérations relatives à l'état des corps dissous. On admet que la molécule d'un sel dissous ne reste pas entière, mais se dissocie plus ou moins complètement en éléments qu'on appelle *ions*: ainsi, le chlorure de sodium NaCl se dissociera en deux ions Na et Cl, ayant des propriétés électriques différentes. Il y a à la fois, dans la dissolution, des molécules complètes et des ions. On estime également que, dans ce cas, le pouvoir osmotique n'est plus en rapport avec le nombre des molécules dissoutes, mais avec le nombre des ions. On conçoit donc que le pouvoir osmotique du chlorure de sodium soit plus grand que celui de sucre. De même, la molécule des sels à deux atomes de métal se dissociant en trois ions, ces sels devront avoir un pouvoir osmotique plus grand que les sels à deux atomes de métal. Le tableau suivant donne le pouvoir osmotique pour un certain nombre de sels :

	Formule.	Poids moléculaire.	Pouvoir osmotique	
			de la solution à 1 %.	de la solution décinormale.
Azotate de potassium	KAzO³	101	266cm	268cm
Chlorure de potassium	KCl	74,5	363cm	268cm
Azotate de sodium	NaAzO³	85	316cm	268cm
Chlorure de sodium	NaCl	58,5	463cm	268cm
Oxalate de potassium	K²C²O⁴	166	316cm	358cm
Sulfate de potassium	K²SO⁴	174	206cm	358cm
Citrate de potassium	K³C⁶H⁵O⁷	366	146cm	436cm

223. Solutions isotoniques. — Dans l'étude de l'osmose, on a très souvent à résoudre la question suivante : étant donné une solution renfermant p p. 100 d'un corps ayant un poids moléculaire M et un coefficient isotonique C, faire une solution isotonique avec un corps ayant un poids moléculaire M' et un coefficient isotonique C'. Il s'agit de trouver la proportion p' p. 100 de matière que cette solution devra contenir.

Pour simplifier le problème, nous supposerons que la tem-

pérature est la même dans les deux cas. D'après les définitions du coefficient isotonique, une dissolution de 10 litres, renfermant M grammes du premier corps, aura un pouvoir osmotique égal à $179^{cm} \times C$; une règle de trois nous indique qu'une solution de 100^{cm^3}, renfermant p grammes du même corps, aura un pouvoir osmotique égal à

$$179^{cm} \times C \times p \times 100 \times \frac{1}{M}.$$

De même une solution à p' p. 100 du second corps aura un pouvoir osmotique égal à

$$179^{cm} \times C' \times p' \times 100 \, \frac{1}{M'}.$$

Comme les solutions doivent être isotoniques, on a :

$$179 \times C \times p \times 100 \times \frac{1}{M} = 179 \times C' \times p' \times 100 \times \frac{1}{M'},$$

où tout est connu, sauf p' ; on a donc

$$p' = p \, \frac{C}{C'} \times \frac{M'}{M}.$$

Remarquons que si dans cette équation on suppose connus p, p', C, C' et M, on peut en tirer M'. C'est le principe d'une méthode pour déterminer le poids moléculaire d'un corps.

2° TURGESCENCE DE LA CELLULE.

224. Membranes perméables et semi-perméables de la cellule. — Faisons maintenant à la cellule vivante l'application des notions que nous venons d'acquérir au sujet de l'osmose. L'organisation d'une cellule végétale adulte peut être schématisée de la façon suivante (*fig. 56*). A l'extérieur, existe une membrane de cellulose *mc*, appliquée contre le proto-

plasma *pr* qui entoure une vacuole contenant le suc cellulaire *s*. Nous savons de plus que le protoplasma *pr* est limité vers l'extérieur, du côté de la membrane de cellulose, en *mpe*, et vers l'intérieur, du côté de la vacuole, en *mpi*, par une couche homogène qu'on appelle la membrane protoplasmique. Ainsi donc, en allant de l'extérieur vers l'intérieur, on rencontre : la membrane rigide de cellulose *me*, une première membrane protoplasmique *mpe*, le protoplasma granuleux *pr*, une seconde membrane protoplasmique *mpi* et le suc cellulaire *s*.

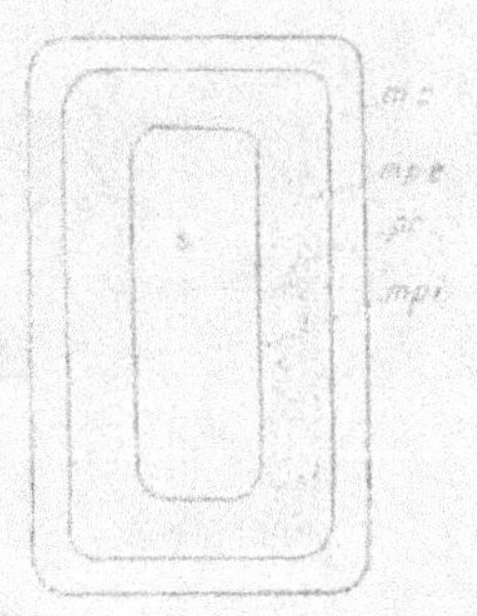

Fig. 56. — Cellule schématique. *s*, suc cellulaire; *pr*, protoplasma; *mpi* et *mpe*, membranes protoplasmiques interne et externe; *me*, membrane en cellulose.

Ceci posé, observons une cellule parenchymateuse de Betterave rouge (*fig. 57*). Il suffit pour cela de faire une coupe épaisse dans un tubercule et de l'examiner au microscope. Les membranes de cellulose et le protoplasma sont incolores, tandis que le suc cellulaire est coloré en rouge et renferme du sucre de canne en assez grande abondance. Si une pareille cellule est placée dans l'eau, la vacuole ne laissera sortir ni la matière rouge ni le sucre; nous en concluerons que la membrane protoplasmique intérieure est imperméable aux substances dissoutes. D'autre part, si nous plaçons la même cellule dans une dissolution colorée par l'éosine, nous verrons que l'éosine pénétrera dans la membrane de cellulose, mais sera arrêtée par la membrane protoplasmique extérieure. Donc la membrane protoplasmique extérieure est aussi imperméable aux substances dissoutes, tandis que la membrane de cellulose est perméable. Il serait d'ailleurs facile de montrer que les membranes protoplasmiques laissent passer l'eau; ce sont par conséquent des membranes semi-perméables comparables aux membranes de précipité étudiées plus haut.

225. Turgescence de la cellule. — Continuons à observer une cellule de Betterave placée dans l'eau pure; elle se gon-

lle, sa membrane se distend; puis, lorsqu'elle a atteint une certaine position d'équilibre, sa forme reste invariable (1, *fig. 57*). Que s'est-il passé? Le suc cellulaire qui est dans la vacuole a un pouvoir osmotique assez considérable et par conséquent attire l'eau qui est à l'extérieur. L'eau traverse la membrane de cellulose perméable, puis les deux membranes protoplasmiques semi-perméables, et vient augmenter la pression intérieure de la vacuole. D'où augmentation de volume de la vacuole et pression exercée par le suc cellulaire sur la membrane protoplasmique intérieure qui la transmet, par l'intermédiaire du protoplasma, à la membrane protoplasmique externe et ensuite à la membrane de cellulose qui est ainsi distendue.

On peut comparer une pareille cellule à un osmomètre de Pfeffer. Le suc cellulaire correspond au liquide intérieur de l'osmomètre; le protoplasma, limité par les deux membranes albuminoïdes, à la membrane semi-perméable; la membrane de cellulose à la paroi en terre de l'osmomètre qui donne de la solidité à la membrane semi-perméable. L'eau continuera donc à entrer dans la cellule jusqu'à ce que la pression exercée par la vacuole sur la membrane de la cellule soit égale au pouvoir osmotique du suc cellulaire. A ce moment, l'état d'équilibre sera atteint; on dit alors que la cellule est *turgescente*. Dans une cellule turgescente plongée dans l'eau pure, la pression exercée par le suc cellulaire sur les parois de la cellule est donc égale au pouvoir osmotique du suc cellulaire. D'ailleurs, comme les substances dissoutes dans le suc cellulaire ne peuvent sortir à travers la membrane protoplasmique, la cellule devra rester invariable, une fois la turgescence atteinte, et aussi longtemps que les conditions de l'expérience ne changeront pas.

226. Plasmolyse de la cellule. — Supposons maintenant qu'au lieu de mettre la cellule dans l'eau pure dont le pouvoir osmotique est nul, nous la mettions dans un liquide ayant un pouvoir osmotique p', inférieur au pouvoir osmotique p du suc cellulaire. Nous savons (§ 218) que les choses se passeront comme si le suc cellulaire avait un pouvoir osmoti-

que égal à $p - p'$ et comme si le liquide extérieur était de l'eau pure. Par conséquent, l'eau passera du milieu extérieur dans la vacuole, jusqu'à ce que la pression exercée par le suc cellulaire sur la paroi de la cellule soit égale à $p - p'$. C'est à ce moment qu'il y aura équilibre et que la cellule sera turgescente. Si p' augmente, $p - p'$ diminue, et par conséquent la pression supportée par la paroi d'une cellule donnée sera d'autant plus faible que ce pouvoir osmotique du liquide extérieur sera plus grand.

Supposons maintenant que $p = p'$. La pression supportée

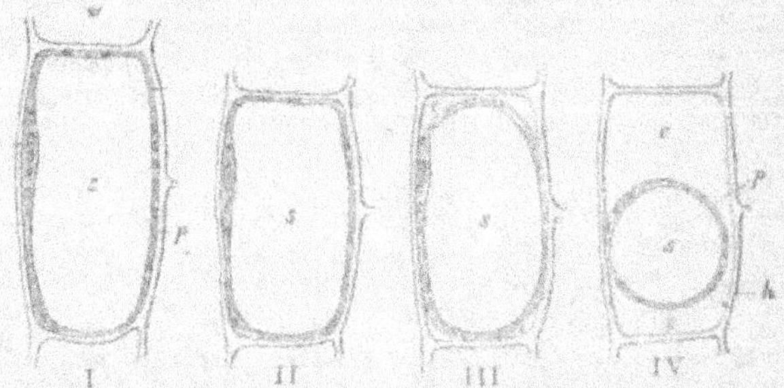

Fig. 57 bis. — États successifs d'une cellule plasmolysée; s, suc cellulaire; p, protoplasma qui se détache en e de la membrane h; I, les parois sont distendues; II, les parois ne sont plus distendues; III, la plasmolyse commence; IV, la plasmolyse est complète.

par la membrane de la cellule sera alors nulle. Si p' est plus grand que p, le courant d'eau à travers les membranes s'établira en sens inverse et ira de la vacuole vers l'extérieur. Il en résultera une diminution de volume de la vacuole; le protoplasma se contractera et se détachera de la membrane de cellulose qui est rigide et ne peut suivre la contraction de la vacuole et du protoplasma (III, *fig. 57*). Lorsque le protoplasma est ainsi détaché de la membrane de cellulose, on dit que la cellule est à l'état de *plasmolyse*. Le décollement de la membrane protoplasmique externe se produit d'abord dans les angles de la cellule, en *e*, puis s'étend de proche en proche sur toute la surface; de sorte que, dans la cellule complètement plasmolysée, la vacuole entourée du protoplasma présente à peu près la forme d'une sphère isolée au milieu de la cellule (IV, *fig. 57*).

227. Mesure du pouvoir osmotique du suc cellulaire. —
Tant que la cellule est turgescente, on peut admettre que le
pouvoir osmotique du suc cellulaire est supérieur à celui du
liquide extérieur; lorsque la cellule est plasmolysée, c'est que
le pouvoir osmotique du suc cellulaire est inférieur à celui du
liquide extérieur. Le moment où la plasmolyse est sur le point
de se produire, et où par conséquent la membrane protoplasmique est sur le point de se détacher de la membrane de cellulose vers les angles de la cellule, est précisément aussi le
moment où le pouvoir osmotique du suc cellulaire est égal à
celui du liquide extérieur. Il en résulte une méthode pour
mesurer le pouvoir osmotique du suc cellulaire.

Supposons que nous voulions évaluer le pouvoir osmotique
des cellules d'un organe; nous faisons un certain nombre de
coupes assez épaisses pour qu'il y ait plusieurs assises de cellules intactes et nous les portons dans des dissolutions d'azotate de potassium, par exemple, dont les concentrations sont
assez rapprochées : 2 p. 100, 2,25 p. 100, 2,50 p. 100, 2,75
p. 100, etc. Au bout de cinq à dix minutes, quelquefois plus
ou moins suivant le cas, nous examinons les cellules plongées
dans la dissolution à 2 p. 100; si ces cellules sont turgescentes, nous en concluons que le pouvoir osmotique de la cellule
est supérieur à celui de la dissolution d'azotate de potassium
à 2 p. 100. Nous continuons avec les cellules plongées dans la
dissolution à 2,25 p. 100; supposons qu'il y ait encore turgescence, c'est que le pouvoir osmotique de la cellule est
encore supérieur à celui de la dissolution à 2,25 p. 100. Nous
examinons alors les coupes plongées dans la dissolution à
2,50 p. 100; si nous observons un commencement de plasmolyse, cela nous apprend que le pouvoir osmotique de la cellule est inférieur à celui de la dissolution à 2,50 p. 100.

Donc, le pouvoir osmotique de la cellule est égal à celui
d'une dissolution d'azotate de potassium dont la concentration
est intermédiaire entre 2,25 et 2,50 p. 100. Connaissant le
poids moléculaire et le coefficient isotonique de l'azotate de
potassium, un calcul simple nous montrera que la pression
cherchée est comprise entre $7^{atm}.8$ et $8^{atm}.7$. En employant des
dissolutions dont les concentrations diffèrent moins les unes

des autres, on pourrait resserrer les limites entre lesquelles est compris le pouvoir osmotique cherché.

228. Valeur du pouvoir osmotique des cellules vivantes. — On a trouvé, pour le pouvoir osmotique des cellules, des valeurs très différentes suivant les plantes, mais rarement inférieures à 3 atmosphères ou supérieures à 20. Les plantes vivant dans l'eau douce sont celles qui ont le pouvoir osmotique le plus faible. Chez les plantes marines, le pouvoir osmotique est beaucoup plus fort et on en comprend facilement la raison ; pour que les cellules puissent s'accroître, il faut, en effet, qu'elles soient turgescentes, et cela n'est possible que si leur pouvoir osmotique est supérieur à celui de l'eau de mer, qui est d'environ 20 atmosphères. Les cellules renfermant des réserves sucrées, comme celles des racines de Betterave ou d'Asphodèle, ont un pouvoir osmotique très élevé.

Dans une même plante, le pouvoir osmotique peut varier suivant les conditions extérieures. Lorsqu'on cultive une plante dans un liquide nutritif convenable, les cellules qui plongent dans le liquide ont en général un pouvoir osmotique supérieur de quelques atmosphères à celui du milieu nutritif. Mais si on élève peu à peu le pouvoir osmotique du milieu nutritif, il se produit dans la plante certaines modifications à suite desquelles le pouvoir osmotique de ses cellules augmente, de façon à rester toujours supérieur à celui du liquide extérieur. On est arrivé ainsi progressivement à cultiver le *Penicillium glaucum* dans un liquide isotonique d'une solution d'azotate de potassium à 45 p. 100, c'est-à-dire ayant un pouvoir osmotique d'environ 160 atmosphères ; le pouvoir osmotique du suc cellulaire était donc supérieur à 160 atmosphères.

229. Valeur de la turgescence. — Nous avons vu que la turgescence de la cellule, c'est-à-dire la pression exercée par le suc cellulaire sur les parois, était égale au pouvoir osmotique du suc cellulaire diminué du pouvoir osmotique du liquide dans lequel baigne la cellule. Dans les plantes vivant dans l'eau douce, la turgescence est donc sensiblement égale

au pouvoir osmotique, et c'est ce qui nous explique que celui-ci est relativement faible. Pour les plantes marines, la turgescence est égale au pouvoir osmotique du suc cellulaire diminué du pouvoir osmotique de l'eau de mer.

Il faut donc bien se garder de croire que la turgescence est toujours égale au pouvoir osmotique de la cellule. Ainsi, par exemple, une cellule ayant un pouvoir osmotique égal à 161 atmosphères peut avoir une turgescence très faible si elle se trouve dans un milieu ayant un pouvoir osmotique égal à 160 atmosphères. Mais si on change cette cellule de milieu et si on la transporte dans l'eau pure, la turgescence augmente brusquement et peut faire éclater la membrane.

La turgescence des cellules est beaucoup plus difficile à évaluer dans les organes aériens. On peut, en effet, mesurer le pouvoir osmotique des cellules, mais il n'y a pas à proprement parler de milieu liquide extérieur. Les cellules vivantes sont en effet limitées, soit par d'autres cellules vivantes, soit par des éléments morts renfermant de l'air ou un liquide mal défini, soit par l'atmosphère. De plus, dans les organes aériens, les cellules ne sont pas toujours saturées d'eau, ce qui diminue leur turgescence.

Un exemple très net de ce dernier cas est fourni par les grains de pollen. Mis dans l'eau pure, un grain de pollen éclate. C'est que les parois du grain ne peuvent supporter une pression égale au pouvoir osmotique de leur contenu. Pour faire germer un grain de pollen, il faut le mettre dans l'eau sucrée. La turgescence, alors égale au pouvoir osmotique du grain moins le pouvoir osmotique de l'eau sucrée, n'est pas assez forte pour faire éclater les parois, mais suffit néanmoins pour permettre la germination. Le liquide des papilles stigmatiques joue dans la nature un rôle analogue à celui de l'eau sucrée dans l'expérience précédente.

L'évaporation à la surface des feuilles diminue forcément la turgescence des cellules; si l'évaporation est trop intense, la turgescence peut même devenir nulle; alors les feuilles se fanent, les phénomènes vitaux se ralentissent et la croissance cesse jusqu'à ce qu'un nouvel apport d'eau ait rendu leur turgescence aux cellules.

230. Restriction à la semi-perméabilité de la membrane protoplasmique. — Jusqu'à présent, nous avons considéré les membranes protoplasmiques de la cellule vivante comme complètement semi-perméables, c'est-à-dire complètement imperméables aux substances dissoutes. Mais il faut apporter de nombreuses restrictions à cette notion trop simple. De Vries avait remarqué que l'urée et la glycérine peuvent pénétrer dans le suc cellulaire. Les cellules des renflements moteurs des feuilles de Légumineuses laissent entrer la plupart des substances dissoutes, telles que l'azotate de potassium, le chlorure de sodium, etc. A l'état très jeune ou très âgé, les membranes protoplasmiques des cellules sont moins imperméables qu'à l'état adulte.

Un moyen commode de reconnaître la perméabilité des membranes protoplasmiques consiste à mettre la cellule dans un liquide coloré par une substance non nuisible, telle que l'éosine. Si la membrane protoplasmique est perméable, la cellule entière est colorée.

On peut encore reconnaître la perméabilité des membranes en observant la plasmolyse. Si la membrane protoplasmique est complètement imperméable pour les substances dissoutes, la plasmolyse, une fois obtenue, doit persister indéfiniment, si les conditions ne changent pas. Mais si l'on voit la plasmolyse diminuer, c'est-à-dire si la masse formée par la vacuole entourée du protoplasma augmente de volume, on peut en conclure que la membrane est plus ou moins perméable. En effet, la rentrée de l'eau dans la vacuole tient à ce que le pouvoir osmotique du suc cellulaire a augmenté, et cette augmentation ne peut s'expliquer que parce qu'une partie des substances dissoutes dans le milieu extérieur a pénétré dans le suc cellulaire.

Les conditions extérieures peuvent influer sur la perméabilité des membranes protoplasmiques. Une élévation de température augmente la perméabilité. Dans certains cas, comme l'a montré Lepeschkin, la perméabilité est plus grande à la lumière qu'à l'obscurité, et c'est même là une des causes des mouvements de veille et de sommeil des feuilles (voir § 339).

D'ailleurs, on peut trouver tous les intermédiaires entre

une membrane semi-perméable typique conservant parfaitement la plasmolyse et une membrane nettement perméable. Certaines membranes protoplasmiques peuvent être à peine perméables pour les substances dissoutes et ne les laisser entrer que très lentement; d'autres peuvent être imperméables pour certaines substances dissoutes et perméables pour d'autres. On voit donc que cette question de la perméabilité des membranes végétales est extrêmement complexe et ne comporte pas de solution simple, comme un problème de physique.

231. Turgescence des cellules extensibles. — Dans la mesure du pouvoir osmotique des cellules, nous avons sup-

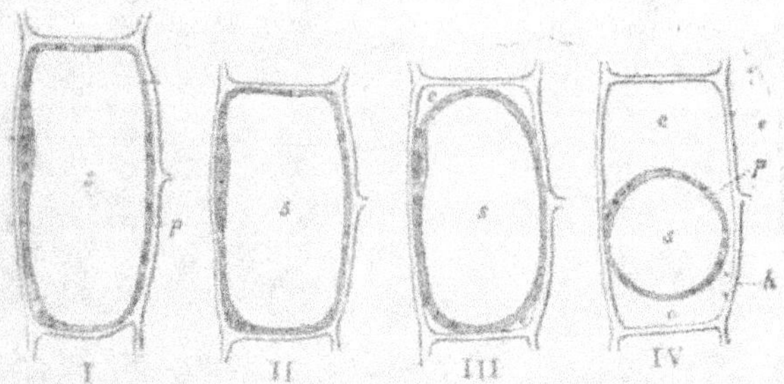

Fig. 59. — États successifs d'une cellule plasmolysée; s, suc cellulaire; p, protoplasma qui se détache en c de la membrane h; I, les parois sont distendues; II, les parois ne sont plus distendues; III, la plasmolyse commence; IV, la plasmolyse est complète.

posé implicitement que la membrane de cellulose n'était pas extensible. Mais il en est rarement ainsi, comme on peut s'en convaincre par l'expérience suivante : on plonge dans l'eau un morceau de feuille ou de tige herbacée, de façon à rendre toutes les cellules turgescentes, puis on mesure sa longueur totale; on plonge ensuite le même tissu dans une solution assez concentrée pour plasmolyser les cellules, on mesure de nouveau et on constate un raccourcissement.

Voyons ce qui se passe lorsqu'on mesure par la plasmolyse le pouvoir osmotique d'une cellule extensible. Supposons d'abord la cellule distendue au maximum (I, *fig. 59*). Lorsqu'on

la plonge dans des solutions de plus en plus concentrées, l'eau commence à sortir de la cellule, et le premier effet de cette sortie est de diminuer la tension de la paroi et, par conséquent, de diminuer le volume total de la cellule, sans que pour cela la plasmolyse commence à se manifester (II, *fig. 59*); c'est ce qu'on appelle quelquefois la déturgescence de la cellule. Ce n'est que plus tard, dans des solutions plus concentrées, que la plasmolyse commence.

La solution dans laquelle la plasmolyse commence est isotonique du suc cellulaire tel qu'il est à ce moment-là, c'est-à-dire lorsque la cellule a déjà diminué de volume. Mais le pouvoir osmotique n'est pas le même dans une cellule distendue et dans la même cellule ramenée à un volume moindre. En effet, dans les deux cas, la quantité de substances dissoutes dans le suc cellulaire est la même et le volume de la solution dans laquelle ces substances sont diluées n'est pas le même. Or, d'après la loi des concentrations (§ 220), nous savons que, pour une quantité de substance dissoute, le pouvoir osmotique est en raison inverse du volume de la solution. Donc, le pouvoir osmotique, mesuré au moment de la plasmolyse, est plus fort que celui qui existait dans la cellule distendue; il y a lieu de le diminuer. Pour cela, il faut mesurer le volume de la cellule avant et après la déturgescence et appliquer la loi des concentrations d'après laquelle les pouvoirs osmotiques sont inversement proportionnels aux volumes.

232. Tension des tissus. — Nous venons de voir qu'en général les cellules augmentent de volume sous l'influence de la turgescence, et cette augmentation s'étend à l'ensemble de l'organe. Mais dans un même organe, toutes les cellules ne sont pas également extensibles; il peut arriver par exemple que, dans une tige, la moelle soit plus extensible que l'écorce. Ces tissus étant invariablement liés entre eux, on comprend qu'ils réagissent les uns sur les autres. La moelle tendra à allonger l'écorce, mais sera retardée dans son propre allongement par la résistance de l'écorce. On dit dans ce cas que l'écorce est à l'état de *tension positive* et la moelle à l'état de *tension négative*.

L'existence de ces tensions peut être démontrée par une expérience simple. On fend longitudinalement, par deux incisions en croix, un entrenœud en voie de croissance d'une tige de Vigne et on plonge les morceaux dans l'eau. On les voit bientôt se recourber de façon à ce que l'écorce soit sur la face concave. La moelle, n'étant plus emprisonnée par l'écorce et le bois, a pu prendre tout l'allongement que lui permettait sa turgescence et l'extensibilité de ses parois, et a comprimé l'écorce.

Il faut bien remarquer que lorsque, comme dans l'expérience précédente, un organe plongé dans l'eau se recourbe sous l'influence de la tension de ses tissus, cela ne prouve nullement que les cellules de la face convexe ont un pouvoir osmotique plus grand que les cellules de la face concave. Supposons, en effet, que le pouvoir osmotique est le même dans la moelle et dans l'écorce, mais que les parois de la moelle sont extensibles tandis que celles de l'écorce ne le sont pas. Dans la tige intacte, la moelle sera gênée dans son allongement et sera à l'état de tension négative. Si on fend la tige et si on met les morceaux dans l'eau, les cellules de la moelle s'allongeront, tandis que celles de l'écorce resteront invariables ; il y aura par conséquent courbure. On peut même concevoir que les cellules de la face convexe aient un pouvoir osmotique plus faible que celles de la face concave.

3° ABSORPTION DE L'EAU ET DES SELS PAR LES RACINES.

233. Rôle des poils absorbants. — Si l'on arrache avec précaution une plante poussée dans le sable, on voit que sur chaque racine, et à une faible distance du sommet, se trouve une zone p tout le long de laquelle les grains de sable sont restés adhérents (*fig. 60*). C'est la zone pilifère, qui porte sur tout son pourtour un grand nombre de poils provenant de l'allongement des cellules périphériques (*fig. 61*) ; en dessous de la zone pilifère, en CD, du côté du sommet, les poils ne sont pas encore poussés ; en dessus, en AB, ils sont flétris.

En y regardant d'un peu plus près, on voit que les poils s'insinuent entre les grains de sable et se moulent plus ou moins étroitement sur eux ; il y a ainsi une surface de contact très grande entre la racine et le milieu où elle doit puiser sa nourriture.

Il est facile de démontrer que c'est par la région pilifère

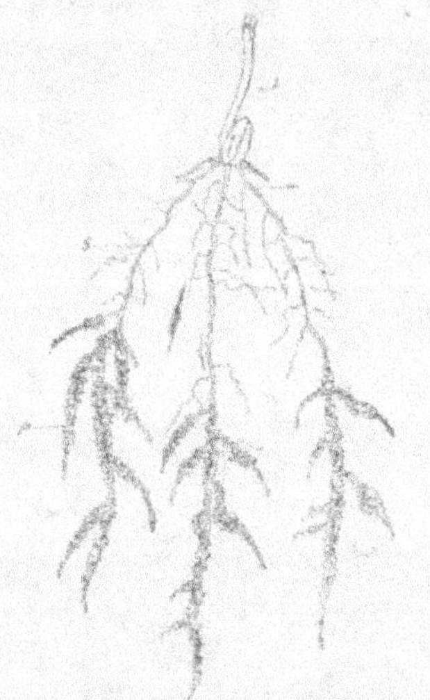

Fig. 60. — Racines de blé, sans poils absorbants en *s*, avec des poils retenant la terre en *p*.

Fig. 61. — Racine jeune ; *B D*, zone pilifère.

que se fait l'absorption de l'eau. Supposons, en effet, une jeune plante n'ayant encore qu'une seule racine et recourbons-la de façon à ce que la zone couverte de poils trempe seule dans l'eau ; la plante ne se flétrit pas ; donc l'absorption se fait normalement. Si, au contraire, nous plongeons dans l'eau, soit l'extrémité encore dépourvue de poils, soit la partie plus âgée d'où les poils ont disparu, les feuilles se flétrissent ; donc, l'absorption a été insuffisante. On en conclut que la racine absorbe l'eau essentiellement par la région pilifère.

234. Mécanisme de l'absorption de l'eau. — En étudiant la structure d'un poil absorbant (*fig. 62*), nous voyons qu'il

est limité par une membrane *m* en cellulose perméable et qui, par conséquent, laisse passer l'eau et les substances dissoutes. La face interne de cette membrane cellulosique est tapissée par une membrane protoplasmique semi-perméable qui ne laisse passer que l'eau. Le poil absorbant fonctionnera donc comme un osmomètre (§ 218), ou comme la cellule étudiée plus haut (§ 224).

Admettons, ce qui est le cas le plus ordinaire, que le pouvoir osmotique du suc cellulaire *s* du poil soit supérieur au pouvoir osmotique du liquide dans lequel baigne la racine, l'eau entrera dans le poil jusqu'à ce que la pression supportée par la face interne du poil soit égale à la différence des pouvoirs osmotiques. L'eau, une fois entrée

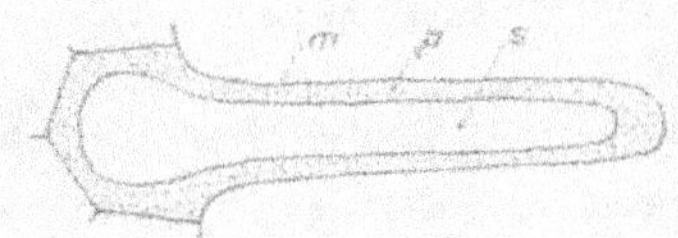

Fig. 62. — Schéma d'un poil absorbant ; *s*, suc cellulaire, *p*, protoplasma ; *m*, membrane

dans le poil, pourra passer dans la cellule parenchymateuse voisine par un mécanisme analogue. Si, ce qui existe ordinairement, le pouvoir osmotique de toutes les cellules de l'écorce est le même, l'eau passera d'une cellule à l'autre jusqu'à ce que la turgescence de ces cellules soit la même. L'eau arrivera ainsi au contact des vaisseaux du bois qui sont des éléments morts, passera dans leur cavité en traversant leur membrane qui est perméable et circulera tout le long du faisceau du bois sous l'action de forces que nous étudierons plus loin.

Tel est le mécanisme par lequel l'eau peut passer du milieu extérieur dans l'appareil conducteur de la plante. Mais nous avons supposé la membrane protoplasmique complètement semi-perméable ; l'eau seule peut donc entrer, et non les sels dissous. Nous savons cependant que ces sels entrent, puisque nous les trouvons à l'intérieur de la plante ; comment s'est effectuée leur pénétration ?

Nous avons vu (§ 236) qu'il fallait faire de nombreuses restrictions à l'imperméabilité des membranes protoplasmiques pour les substances dissoutes. Les cellules très jeunes et les cellules âgées se laissent en général pénétrer assez facilement par les sels ; les cellules adultes elles-mêmes ne sont pas toujours

d'une imperméabilité absolue. Un cas fréquent est celui où la membrane se laisse traverser par les sels, mais très lentement. Avec de pareilles cellules, la plasmolyse peut se produire, mais ne persiste pas longtemps, par suite de l'entrée des substances dissoutes.

On s'explique ainsi l'absorption des substances minérales par des cellules dont la membrane protoplasmique n'a qu'une semi-perméabilité relative. On peut également admettre que les sels pénètrent dans les racines en circulant dans l'épaisseur même des parois en cellulose perméable, et arrivent ainsi jusque dans la cavité des vaisseaux.

235. Différence entre le liquide extérieur à la racine et le liquide absorbé. — De Saussure avait déjà démontré, dès le commencement du dix-neuvième siècle, que le liquide absorbé par les racines n'a pas la même composition que le liquide extérieur. Ce savant faisait développer une Renouée (*Polygonum Persicaria*) dans de l'eau renfermant en dissolution un poids connu de divers sels. Lorsque la Renouée avait absorbé la moitié de la dissolution, il dosait les sels et constatait que leur concentration était plus grande qu'au commencement de l'expérience. La plante, au lieu d'avoir absorbé 5o p. 100 de chaque sel, n'avait absorbé qu'environ 14 p. 100 du chlorure de potassium et du sulfate de soude, 13 p. 100 du chlorhydrate d'ammoniaque, 4 p. 100 du nitrate de chaux, etc. Cette expérience montre qu'en général les sels sont absorbés en proportion moindre que l'eau et dans des proportions différentes les uns des autres.

Une autre expérience, plus précise peut-être, rapportée par Detmer, montre que les choses ne se passent pas toujours de la même façon. Un pied de Haricot cultivé dans une solution de nitrate de potassium à 0,25o p. 100 concentre cette solution et par conséquent absorbe relativement plus d'eau que de nitrate; au contraire, dans une solution à 0.075 p. 100, le même Haricot dilue la solution et par conséquent absorbe relativement moins d'eau que de nitrate.

Il faut retenir de ces expériences que les racines n'absorbent pas tel quel le liquide qui leur est fourni; elles semblent

faire un choix dont nous allons chercher à comprendre le mécanisme.

236. Accumulation de matière dans une cellule artificielle. — Supposons une cellule artificielle, formée par une membrane de vessie perméable pour les cristalloïdes, et renfermant une solution colloïde de tanin. Si nous plongeons cette cellule dans la solution d'un corps tel que le chlorure de sodium qui ne réagit pas sur le tanin, le chlorure pénétrera dans la cellule, et lorsque sa concentration sera la même à l'intérieur et à l'extérieur, l'équilibre sera établi et le sel n'entrera plus.

Supposons, au contraire, que la cellule soit plongée dans du chlorure de fer qui, au contact du tanin, donne de l'encre colloïde. Le chlorure de fer traversera la membrane, mais sera au fur et à mesure transformé en encre, de sorte que sa pression osmotique à l'intérieur de la cellule sera toujours nulle; le passage du chlorure à travers la membrane continuera donc jusqu'à ce que le milieu soit épuisé.

Dans cet exemple, la formation d'un colloïde a permis l'absorption totale d'un sel dissous dans le milieu extérieur et son accumulation sous une autre forme dans l'intérieur de la cellule. L'absorption aurait été au contraire limitée, si le sel était resté dans la cellule à l'état de solution.

237. Accumulation de matière dans la cellule vivante. — La cellule vivante peut être le siège de phénomènes analogues à celui que nous venons d'observer dans une cellule artificielle. Citons d'abord une expérience de Pfeffer. Des racines de Lentille d'eau (*Lemna minor*) sont plongées dans une solution de bleu de méthylène à 0,001 p. 100. La matière colorante traverse lentement aussi bien la membrane protoplasmique que la membrane en cellulose, arrive dans le suc cellulaire et là forme un précipité; l'absorption continue donc indéfiniment et bientôt Pfeffer constate que la cellule renferme le bleu de méthylène dans la proportion de 1 p. 100, c'est-à-dire à une concentration mille fois plus forte que dans le milieu extérieur.

Les *Fucus*, si abondants au bord de la mer, nous fourni-

rout, pour l'accumulation de certaines substances dans la cellule, un autre exemple plus en rapport avec les conditions normales de la végétation. On sait que l'eau de la mer renferme de l'iode, mais en très faible quantité ; si l'on fait bouillir un *Fucus* dans l'eau pour en extraire les matières solubles, on n'y trouve pas d'iode. Mais si on calcine un *Fucus*, on trouve dans les cendres une proportion d'iode bien supérieure à celle qui se trouvait dans l'eau de mer. C'est que l'iode s'était accumulé dans les cellules sous une forme insoluble, ce qui lui avait permis d'acquérir dans la plante une concentration bien supérieure à celle du milieu extérieur.

L'étude du *Fucus* peut, sur le même sujet, nous donner d'autres renseignements. L'eau de mer renferme beaucoup de chlorure de sodium et très peu de sulfates. En faisant bouillir un *Fucus*, on en extrait une quantité assez grande de chlorure de sodium et peu ou pas de sulfates. Les cendres, au contraire, contiennent plus de sulfates que de chlorure. On doit en conclure que le chlorure de sodium restait dans la plante à l'état dissous et que, par conséquent, son absorption était limitée ; les sulfates, au contraire, formaient dans la cellule une combinaison insoluble et, par conséquent, pouvaient s'y accumuler.

On peut tirer quelques enseignements de ces observations. Un sel utile à la plante passe en général, dès qu'il arrive dans la cellule qui doit l'utiliser, à l'état de combinaison insoluble ou tout au moins colloïde. Ce sel s'accumulera donc dans la cellule et pourra être absorbé tant qu'il sera utilisé, quelque faible que soit sa concentration dans le milieu extérieur. Au contraire, si un sel absorbé n'est pas utilisé et reste à l'état dissous, il acquerra bientôt à l'intérieur le même pouvoir osmotique qu'à l'extérieur et cessera d'être absorbé.

On s'explique ainsi que les plantes absorbent les sels qui leur sont utiles de préférence à ceux qui ne leur servent pas, et semblent en quelque sorte choisir parmi les substances qui leur sont offertes. Un troisième cas peut d'ailleurs se produire. Il n'est pas rare qu'une substance inutile absorbée soit précipitée à l'intérieur de la cellule et s'y accumule ainsi sans

profit pour la plante; c'est sans doute le cas de la chaux qui existe en abondance dans certaines plantes sous forme de cristaux d'oxalate de calcium, ou le cas de la silice qui imprègne certaines membranes.

4ⁿ COMPOSITION DES CENDRES (5).

238. Différence entre les cendres et la matière minérale de la plante vivante. — On sait que les cendres sont obtenues par la calcination à haute température de la matière préalablement desséchée dans une étuve. Pendant la calcination, les composés formés par les éléments minéraux dans la cellule vivante sont profondément modifiés. Les nitrates sont décomposés et ne se retrouvent plus dans les cendres. Le carbonate de potassium, dont la présence est normale dans les cendres, n'existe pas en général dans la plante vivante. Ce sel s'est donc formé pendant l'incinération; il en est de même des sulfates et des phosphates, qui existent toujours dans les cendres et qu'on ne rencontre pas au même état avant l'incinération.

Il y a donc une très grande différence entre la composition des cendres d'une plante et la composition de la matière minérale dans la plante vivante. L'étude des cendres nous indiquera donc quels sont les corps simples qui entrent dans la composition d'un végétal, et ne nous donnera que des renseignements incertains et incomplets sur la nature des composés où entrent ces corps simples pendant la vie de la plante.

239. Proportion des cendres par rapport à la matière sèche. — On évalue ordinairement le poids des cendres d'une plante par rapport à celui de la matière sèche. Ainsi lorsqu'on dit qu'une plante renferme 4 p. 100 de cendres, cela veut dire que, lorsque la plante a été desséchée à l'étuve, 100 grammes de matière sèche renferment 4 grammes de cendres. On constate que la proportion des cendres varie ordinairement entre 1,5 p. 100 et 5 p. 100, lorsque l'absorption des

matières minérales n'est pas supérieure aux besoins de la plante; mais, si les conditions de milieu sont favorables à l'absorption des sels par les racines, la proportion de 5 p. 100 est dépassée, et on a vu des plantes renfermer jusqu'à 20 p. 100 et même 30 p. 100 de cendres. Dans le tubercule de la Betterave, la proportion des cendres peut varier depuis 6 p. 100 jusqu'à 25 p. 100.

En général, les végétaux ligneux renferment moins de cendres que les herbes, et les plantes terrestres en contiennent moins que les plantes aquatiques. Ainsi la Renoncule aquatique, qui croît dans les eaux douces, a jusqu'à 28 p. 100 de cendres.

Les divers membres d'une même plante peuvent être inégalement riches en cendres. En général, la feuille est plus riche que la racine et que la tige. Dans l'Artichaut (*Cynara Scolymus*), par exemple, la racine renferme environ 9 p. 100 de cendres, la tige 3 p. 100 et la feuille 21 p. 100.

Dans un même membre, la proportion des cendres varie suivant l'âge; dans la feuille, elle est d'autant plus grande que la saison est plus avancée; les feuilles de Hêtre renferment :

Le 16 mai	4,16 % de cendres.	
Le 18 juillet	4,75	—
Le 15 octobre	7,20	—

On s'explique ce résultat par le fait que les matières minérales, arrivant constamment dans la feuille avec la sève brute, peuvent s'y accumuler. Dans les tiges et les racines, l'inverse se produit, la proportion des cendres est d'autant plus faible que le membre est plus âgé; ainsi, dans une racine de Noisetier, la proportion de cendre baisse à mesure que le diamètre s'accroît, d'après le tableau suivant :

$0^{mm}5$ de diamètre	4,3 % de cendres.		
1^{mm}	—	3,0	—
30^{mm}	—	2,0	—
105^{mm}	—	1,5	—

Le poids des cendres augmente d'une façon absolue à mesure que la racine vieillit; mais comme la matière organique

augmente plus vite que la matière minérale, la proportion de cette dernière diminue.

L'écorce renferme en général beaucoup plus de cendres que le bois, aussi bien dans la tige que dans la racine ; pour la tige de Hêtre, par exemple, on trouve :

Bois.......................... 0,35 % de cendres.
Écorce........................ 5,80 %   —

240. Eléments des cendres. — Parmi les composés qui se trouvent dans les cendres, les uns se rencontrent normalement à peu près dans toutes les plantes. Ce sont les acides sulfurique, phosphorique et chlorhydrique, toujours en combinaison avec une base ; la silice, en général libre ; puis la potasse, la soude, la chaux, la magnésie, l'oxyde de manganèse et l'oxyde de fer, ces deux derniers en très faible quantité. Les alcalis sont le plus souvent à l'état de carbonates. Les composés du brome, de l'iode, du fluor, de l'aluminium, du zinc, du lithium, etc., sont beaucoup moins abondants et ne se rencontrent d'ailleurs que dans certaines plantes ; ce ne sont point, comme les composés nommés en premier lieu, les éléments constants des cendres.

La proportion relative des divers composés dans les cendres varie énormément suivant l'espèce considérée, suivant les individus dans une même espèce, et suivant l'organe dans un même individu. On appelle quelquefois plantes potassiques celles, comme le Maïs et la Betterave, dont les cendres renferment surtout de la potasse et de la soude ; plantes calcaires, celles, comme le Pois et le Trèfle des prés, dont les cendres renferment surtout du calcaire ; plantes siliceuses, celles, comme l'Avoine ou l'Orge, dont les cendres renferment surtout de la silice ; le tableau suivant, emprunté à Palladine, donne des exemples de ces trois sortes de plantes (2) :

	Potasse et soude.	Calcaire.	Silice.
Avoine	34 %	4 %	62 %
Orge	19	25	55

	Potasse et soude.	Calcaire.	Silice.
Pois.............................	28	64	8
Trèfle............................	39	56	5
Maïs.............................	72	7	8
Betterave.........................	88	12	0

Le tableau suivant (Palladine) montre la répartition des divers éléments des cendres dans la racine, la tige et les feuilles de l'Artichaut :

	K	Na	Ca	Mg	Fe	PO⁴	SO⁴	SiO²	Cl
Racine......	66,89	»	3,78	1,48	0,51	19,78	4,28	1,72	2,64
Tige........	51,47	4,19	27,22	2,56	1,18	4,00	4,33	2,02	3,81
Feuille.....	9,00	6,19	53,07	2,57	1,51	0,81	2,02	22,85	1,46

Dans les organes jeunes, la composition des cendres est peu variable ; il semble qu'à ce moment-là les cellules ne renferment que les éléments minéraux qui leur sont vraiment utiles ; le phosphore, le magnésium et le potassium sont alors relativement abondants. Puis, à mesure que l'organe vieillit, la chaux et la silice s'y accumulent ; au contraire, le phosphore et le potassium augmentent peu ou pas, c'est pourquoi leur proportion relative diminue.

Le tableau suivant (Palladine) montre la variation des principaux éléments des cendres dans une feuille de Hêtre :

	KO⁴	PO⁴	MgO	CaO	SiO⁴
16 mai.............	42,11	32,43	4,36	13,83	1,62
18 juillet..........	17,15	8,29	5,63	42,34	21,39
15 octobre.........	7,15	5,13	4,12	50,90	30,50

La potasse et l'acide phosphorique jouent donc, dans la jeune feuille où il y a formation abondante de matières albuminoïdes, un rôle prépondérant ; la silice et la chaux s'accumulent dans les feuilles âgées.

241. Influence du milieu sur la composition des cendres. — Deux plantes d'espèces différentes poussant dans le même

sol peuvent avoir des cendres très différentes. La composition des cendres est donc dans une certaine mesure un caractère de la plante. Cependant, pour une même espèce, cette composition varie beaucoup suivant le milieu. Les plantes qui poussent au bord de la mer, par exemple, renferment beaucoup de chlorure de sodium; les mêmes espèces récoltées loin de la mer, dans un milieu non salé, en contiennent beaucoup moins.

Le rapport de la potasse à la soude dans les cendres dépend surtout du rapport de ces deux alcalis dans le sol. C'est ce qu'indique le tableau suivant relatif à l'Avoine :

$$\text{Si } \frac{K}{Na} = \frac{42}{7} \text{ dans le sol, on a } \frac{K}{N} = \frac{52}{7} \text{ dans les cendres.}$$

$$\text{Si } \frac{K}{Na} = \frac{11}{33} \text{ dans le sol, on a } \frac{K}{Na} = \frac{30}{22} \text{ dans les cendres.}$$

La culture du Maïs dans un milieu artificiel a fourni un excellent exemple de l'influence du milieu sur la composition des cendres (Sachs). En général, les cendres de cette plante renferment 18 p. 100 de silice; dans un milieu complètement dépourvu de silice, cette proportion peut descendre à 0,7 p. 100.

5° CORPS SIMPLES NÉCESSAIRES A LA PLANTE.

242. Corps simples nécessaires; méthode analytique. — Outre le carbone, l'hydrogène et l'azote, on a trouvé dans les végétaux trente et un corps simples : soufre, phosphore, silicium, bore, chlore, brome, iode, fluor, potassium, sodium, lithium, rubidium, calcium, magnésium, strontium, baryum, zinc, mercure, aluminium, thallium, titane, étain, plomb, arsenic, sélénium, manganèse, fer, cobalt, nickel, cuivre et argent. Parmi ces corps, lesquels sont indispensables et lesquels ne se trouvent dans les plantes que d'une façon accidentelle?

Pour résoudre cette question, une première méthode consiste à analyser les cendres d'un grand nombre de plantes et à

voir quels sont les éléments dont la présence est constante et quels sont ceux qui peuvent manquer. C'est la *méthode analytique* ; nous pourrons en conclure que les corps simples qui n'existent pas toujours dans les plantes ne sont pas indispensables. Mais les corps simples, qui se trouvent toujours dans les cendres, sont-ils absolument nécessaires ? Pas forcément ; car il peut très bien se faire qu'un corps, qui se trouve toujours dans le sol, soit absorbé par les racines d'une façon constante, sans pour cela jouer un rôle essentiel dans la végétation.

La méthode analytique nous indique donc les corps simples dont la présence est générale dans les cendres des végétaux ; ce sont : soufre, phosphore, silicium, chlore, potassium, sodium, calcium, magnésium et fer. C'est dans cette liste restreinte qu'il faut chercher les corps simples indispensables ; mais nous ne sommes pas sûrs que tous les corps de cette liste soient indispensables ; nous verrons en effet bientôt que la plante peut se passer du sodium, du silicium et très souvent du chlore. Nous pouvons de plus admettre dès à présent que les corps qui manquent à la liste ci-dessus ne sont point indispensables.

L'absence de l'aluminium est particulièrement remarquable ; on sait, en effet, le rôle très important que joue l'alumine dans la constitution du sol ; on pouvait s'attendre à en trouver dans les plantes, au même titre par exemple que la silice ; il n'en est rien. L'alumine n'est jamais abondante dans les cendres, et elle manque très souvent.

243. Méthode synthétique. — Supposons que nous cultivions une plante dans un milieu dont la composition est connue d'une façon complète. Cette condition ne peut être d'ailleurs réalisée que par un milieu artificiel ; la composition du sol est trop complexe pour qu'on puisse avoir la prétention de la connaître avec une approximation suffisante. Si le développement de la plante se fait normalement, nous serons sûrs que tous les corps simples indispensables se trouvent parmi ceux qui composent le milieu artificiel. Si nous supprimons l'un de ces corps et si le développement de la plante reste normal, nous en conclucrons que ce corps n'était pas indispen-

sable. Si, au contraire, le développement est arrêté, c'est que le corps supprimé était indispensable. Par une série de tâtonnements, on peut ainsi établir la liste des corps simples nécessaires à la plante.

C'est là le principe de la *méthode synthétique*, dont l'application présente certaines difficultés. Il faut d'abord être absolument certain que le milieu artificiel de culture ne renferme que les éléments qu'on a voulu y introduire. Il suffit, en effet, de traces extrêmement faibles d'un corps pour modifier dans une très large mesure la marche de la végétation, pour l'arrêter ou pour l'activer. Il faut donc faire l'analyse très exacte du milieu. Mais si l'on peut être certain de la composition d'un milieu artificiel, il n'en est pas de même de l'élément vivant qu'on est obligé d'introduire dans toute culture, sous forme de graine ou de germe quelconque. La graine que l'on sème renferme déjà tous les éléments des cendres, et peut-être renferme-t-elle quelque corps simple indispensable en quantité suffisante pour permettre le développement de la plante sans que le milieu renferme ce corps simple.

Cette objection, toujours possible, n'a qu'un intérêt théorique, et il est inutile d'en tenir compte au point de vue des applications; si tel élément indispensable se trouve dans la graine en quantité suffisante, il sera inutile de le faire entrer dans la composition du milieu de culture. On peut, d'ailleurs, réduire la cause d'erreur au minimum, en choisissant des graines aussi petites que possible. A ce point de vue, les Cryptogames sont supérieures aux Phanérogames, car la spore, point de départ de la plante, a un poids aussi faible qu'on peut le désirer, une fraction très faible de millième de milligramme.

Pour les Phanérogames, dont la graine a toujours un poids appréciable, on peut opérer de la façon suivante. Dans une première culture, on sème une graine d'origine quelconque et qui par conséquent renferme tous les éléments des cendres dans les proportions normales. Les corps simples qui existent dans la graine, et qui manquent dans le milieu de culture, se retrouveront donc dans la plante adulte et par conséquent dans ses graines, mais avec une proportion beaucoup plus fai-

ble que dans la graine primitive. En se servant, pour une seconde culture, des graines récoltées sur la première, la cause d'erreur sera bien amoindrie. Au bout de plusieurs générations, on pourra admettre qu'elle est éliminée.

244. Culture d'une Phanérogame ; solution de Knop. — Pour appliquer la méthode synthétique aux Phanérogames, on a d'abord dû rechercher à quel substratum il faut mêler les sels dont on veut rechercher le rôle. La difficulté consiste à trouver un milieu qui permette un développement normal de la plante et qui par conséquent se rapproche assez du milieu naturel, et cela tout en étant exactement connu dans sa composition. Il ne fallait donc pas penser à la terre végétale, dont la composition est trop complexe et trop mal connue. On a essayé le sable siliceux calciné et lavé avec un acide fort. Même dans ces conditions, on n'est pas sûr d'avoir affaire à de la silice absolument pure, et il a paru préférable de se servir d'eau distillée dans laquelle on dissout les substances dont on veut étudier le rôle.

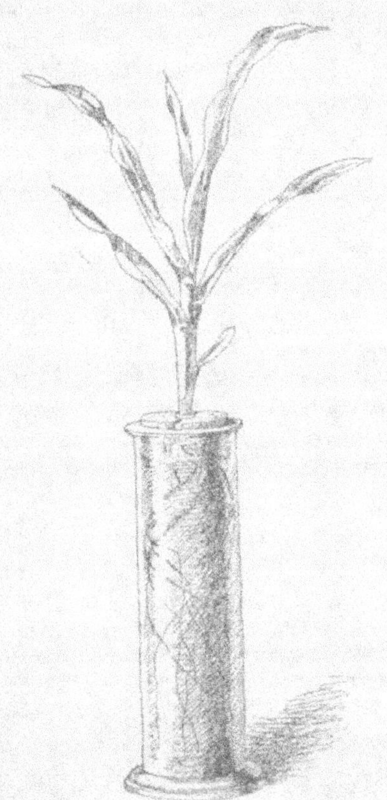

Fig. 63. — Éprouvette renfermant un liquide nutritif où est cultivé un pied de Maïs.

On se sert ordinairement, pour les cultures, d'éprouvettes cylindriques en verre (*fig. 63*) qui renferment le liquide nutri-

tif. Comme nous l'avons vu plus haut (§ 140), la partie supérieure est fermée par un bouchon percé en son milieu d'un trou qui laisse pénétrer la racine dans le liquide, tandis que les tiges et les feuilles sont dans l'air. On fait germer les graines à part sur du papier humide et on ne les met dans l'appareil que lorsque la radicule a déjà une certaine longueur. Pour empêcher les organismes inférieurs de se développer, il est bon de stériliser préalablement l'eau employée et l'appareil; on entoure de plus l'éprouvette d'une feuille de papier noir pour éviter l'envahissement du liquide par les Algues.

Après une série de tâtonnements, Knop est arrivé à déterminer la composition relativement simple d'un milieu nutritif qui convient à la plupart des Phanérogames et leur permet d'effectuer leur développement complet. C'est une solution aqueuse de quatre sels pris dans les proportions suivantes :

4 grammes de nitrate de calcium	....	$Ca(AzO^3)^2$
1 — de sulfate de magnésium	....	$MgSO^3$
1 — de phosphate de potassium	....	KH^2PO^4
1 — de chlorure de potassium	....	KCl

Il est indispensable d'ajouter quelques gouttes d'une solution de sel de fer, de phosphate ou de chlorure par exemple; sans cela, la chlorophylle ne peut se former et le développement est arrêté. La concentration la plus favorable du milieu nutritif est celle où 1 litre de solution renferme $0^{gr}5$ de sels; pour les jeunes plantes, on peut même employer une concentration moindre. Il faut veiller à ce que le liquide ne soit pas alcalin; on assure une acidité suffisante en ajoutant un peu d'acide phosphorique.

245. Dix corps simples indispensables. — Les plantes cultivées dans le liquide nutritif de Knop ont à leur disposition, en tenant compte du carbone qui est emprunté à l'atmosphère, des composés où entrent onze corps simples : C, O, H, Az, Cl, S, P, K, Ca, Mg et Fe. Dans ces conditions, le développement est complet; il y a production de fleurs et de graines.

Voyons maintenant si chacun de ces onze corps est indispensable. Commençons par le chlore. Si nous remplaçons

dans la solution le chlorure de potassium par du nitrate de potassium, de façon à laisser la concentration la même, nous constatons que la plupart des plantes prospèrent de la même façon que dans la liqueur type. Par conséquent, le chlore n'est pas indispensable. Dans quelques cas, néanmoins, avec le Sarrasin par exemple, le développement n'est complet que s'il y a du chlore. Cet élément n'est donc indispensable que dans quelques cas particuliers; la plupart des plantes peuvent s'en passer.

Si l'on supprime le soufre, en remplaçant les sulfates par des nitrates, le développement est arrêté; donc le soufre est indispensable; il en est de même du phosphore, du potassium, du calcium et du magnésium. Si l'on n'a pas soin d'ajouter un peu de fer, les feuilles renferment de moins en moins de chlorophylle, et la plante étiolée cesse bientôt de s'accroître. Le fer est donc aussi indispensable et paraît jouer un rôle spécial dans la production de la matière verte.

Il y a donc en somme dix corps simples indispensables à toutes les plantes, ce sont : carbone, oxygène, hydrogène, azote, soufre, phosphore, potassium, calcium, magnésium et fer.

Il est à remarquer que la méthode synthétique nous montre l'inutilité du sodium et du silicium, qui se trouvent cependant dans les cendres de toutes les plantes. Si, dans le liquide de Knop, on remplace les sels de potassium par les sels correspondants de sodium, le développement de la plante ne se fait pas; il n'y a donc pas, au point de vue physiologique, équivalence entre ces deux métaux, cependant si voisins. D'autre part, Jodin a obtenu quatre générations successives de Maïs dans un milieu dépourvu de silice; on peut admettre, dans ce cas, que l'influence des éléments renfermés dans la graine est éliminée, et en conclure que le silicium est inutile.

Il est bien entendu que les conclusions tirées des expériences faites avec une plante ne s'appliquent qu'aux plantes de la même espèce. Il peut se faire que certaines espèces, ayant des besoins différents, exigent un plus grand nombre de corps simples, ou même puissent se passer d'un des dix corps que nous venons d'énumérer. Néanmoins, les cultures dans le

liquide de Knop ont été faites avec un assez grand nombre
de plantes pour que les conclusions que nous en avons tirées
puissent s'appliquer à la généralité de Phanérogames.

Les conditions de nutrition des Cryptogames, surtout des
Cryptogames sans chlorophylle, étant très différentes de celles
des Phanérogames, on pouvait s'attendre à trouver ici des
variations plus grandes dans la liste des corps simples indispensables. Il n'en est rien cependant; tout au plus a-t-on
trouvé que le calcium était, dans certains cas, inutile. Nous
allons d'ailleurs, à propos des Cryptogames, citer une étude
très complète faite sur la nutrition d'un Champignon.

246. Nutrition du *Sterigmatocystis nigra*. — Raulin,
voulant étudier les conditions précises de la nutrition d'une
plante, a choisi le *Sterigmatocystis nigra* comme se prêtant
très facilement aux cultures dans les milieux nutritifs artificiels. De plus, la spore, étant d'une petitesse extrême, n'apporte des éléments inconnus qu'en quantité absolument négli-
geable.

Le *Sterigmatocystis nigra* étant, comme tous les Champignons, dépourvu de chlorophylle, ne peut extraire le carbone
de l'atmosphère pour réaliser la synthèse des hydrates de carbone; il faut donc lui fournir, outre les aliments minéraux,
des aliments organiques et en particulier hydrocarbonés. Le
sucre candi convient parfaitement et a de plus l'avantage
d'être très pur et de pouvoir être dosé exactement. Après
quelques tâtonnements, Raulin a trouvé que la composition
suivante du milieu nutritif était la plus favorable au *Sterigmatocystis* :

Eau	1.500 gr.	
Sucre candi	70	
Acide tartrique	4	
Nitrate d'ammoniaque	4	
Phosphate d'ammoniaque	0 gr.	6
Carbonate de potassium	0	6
Carbonate de magnésium	0	4
Sulfate d'ammoniaque	0	25
Sulfate de zinc	0	07
Sulfate de fer	0	07
Silicate de potassium	0	07

Les cultures étaient faites dans une cuvette en porcelaine, profonde seulement de 4 centimètres, et pouvant contenir 1.500 centimètres cubes de liquide ; les cuvettes elles-mêmes étaient placées dans une étuve chauffée à 35° et dont l'atmosphère humide était convenablement renouvelée. Dans ces conditions, le développement du Champignon se faisait très bien, beaucoup mieux que dans n'importe lequel des liquides naturels où on le trouve poussant spontanément. En dix jours, Raulin obtenait dans chaque cuvette une récolte de 25 grammes de matière sèche. Des expériences nombreuses ont montré que cette production était régulière et ne variait que de moins de $1/20^e$; on pouvait donc prendre cette récolte type comme point de comparaison pour apprécier le rôle de chacun des éléments du milieu nutritif.

Si, en effet, dans des cultures comparatives, on supprime l'un quelconque des éléments du milieu nutritif, la récolte subit une diminution, et l'étendue de cette diminution mesure l'importance de l'élément supprimé. Dans un liquide dépourvu d'acide tartrique, les cultures sont envahies par des Infusoires et le développement du Champignon est entravé ; mais l'acide tartrique agit par l'acidité qu'il communique au milieu, et non point en vertu de sa composition même. On peut, en effet, remplacer sans inconvénient l'acide tartrique par la plupart des autres acides organiques et non point par un composé neutre qui serait formé des mêmes éléments.

Supposons maintenant qu'on supprime l'ammoniaque ; la récolte alors obtenue sera avec la récolte type dans le rapport de 1 à 153. On voit l'importance énorme de l'ammoniaque ; si on supprime ce composé, le récolte devient 153 fois moindre. Il est facile, d'ailleurs, de montrer que l'ammoniaque n'est utile que par son azote. La récolte ne change pas, en effet, si on remplace les sels d'ammoniaque par des nitrates. La suppression de l'acide phosphorique entraîne une diminution encore plus grande de la récolte ; la récolte obtenue sans l'acide phosphorique est seulement $1/182^e$ de la récolte type. En supprimant ensuite successivement chacun des éléments, on peut apprécier leur importance par la diminution correspondante de la récolte. En désignant par 100 la récolte type,

la valeur de la récolte, réduite par la suppression successive de chaque élément, sera donnée par le tableau suivant :

Ammoniaque	0,6
Acide phosphorique	0,5
Magnésie	1,1
Potasse	4,0
Acide sulfurique	4,1
Oxyde de zinc	10
Oxyde de fer	37
Silice	71
Récolte type	100

L'importance relative de chaque élément est donc très différente; certains corps, tels que le silicium, le fer et aussi le zinc, peuvent même être considérés comme non indispensables, puisque, tout en réduisant la récolte, ils n'empêchent pas le développement complet. On a remarqué que le calcium ne figure pas dans le liquide nutritif; c'est donc un corps inutile au *Sterigmatocystis*.

Le travail de Raulin montre, en outre, qu'une quantité extrêmement faible d'un corps simple peut permettre la formation d'une quantité énormément plus grande de matière vivante. Ainsi, une partie de phosphore permet la formation de 157 parties de matière vivante, une partie de soufre donne 346 parties de récolte, etc.

247. Rôle spécial de chaque corps simple. — Revenons maintenant aux Phanérogames et voyons quel est le rôle spécial que chaque corps simple joue dans la cellule vivante. Nous ne parlerons pas du carbone, de l'oxygène, de l'hydrogène et de l'azote qui sont les éléments constitutifs des matières organiques.

Phosphore. — Le phosphore existe à l'état de combinaison avec les matières albuminoïdes et paraît indispensable partout où ces matières se forment, et notamment dans les parties vertes. On trouve du phosphore dans le noyau de la cellule, dans les globoïdes de l'aleurone, dans les lécithines, éthers azotés d'acides gras très répandus dans les plantes. Le phos-

phore des plantes vivantes ne présente pas en général les réactions des phosphates.

Soufre. — Le soufre existe aussi à l'état de combinaison avec les matières azotées et ne présente pas dans la plante vivante les réactions des sulfates. Les sulfates des cendres sont formés pendant l'incinération. On trouve dans certaines plantes des composés sulfurés bien définis ; l'essence d'ail, par exemple, est un sulfocyanure d'allyle.

Potassium. — On connaît mal le rôle que joue le potassium dans la formation de la matière vivante. On a remarqué cependant que dans une plante privée de potassium l'amidon ne se formait pas. C'est donc peut-être en rendant possible la formation de l'amidon que le potassium est nécessaire. Nous avons vu que le sodium ne pouvait pas suppléer complètement le potassium, mais cette suppléance peut être partielle. Avec une quantité très faible de potassium, une plante peut prospérer si on lui fournit en outre du sodium.

Magnésium. — Le magnésium est toujours relativement abondant partout où de nouveaux tissus sont en voie de formation ; son rôle semble donc être très important. Il est d'autant plus remarquable que le magnésium soit indispensable aux plantes que, à des doses un peu élevées, les sels de ce métal deviennent toxiques. Dassonville a montré que le sulfate de magnésium devient nuisible au Chanvre lorsque, dans la solution nutritive, il est à une dose supérieure à 0,5 p. 1000 ; lorsqu'il existe seul dans la solution, ce sel est toxique, même à plus faible dose.

Calcium. — Le calcium paraît jouer un rôle différent et d'ailleurs moins important que celui du magnésium. Tandis que le magnésium se trouve surtout dans les tissus jeunes, le calcium s'accumule dans les organes âgés. Les sels de calcium peuvent aussi être utiles à la plante en neutralisant les acides organiques produits en excès ; ce serait l'explication des cristaux d'oxalate de calcium si abondants dans certaines plantes. De plus, les sels de calcium, comme d'ailleurs ceux d'autres métaux, contribuent à augmenter le pouvoir osmotique du suc cellulaire et permettent à la cellule d'acquérir la turgescence nécessaire à son accroissement. Enfin, les sels de cal-

cium paraissent neutraliser l'action nocive des sels de magnésium lorsque ceux-ci sont trop abondants.

Fer. — Le fer est indispensable, mais il en faut très peu;
les cendres en renferment rarement plus de 0,2 p. 100. Nous
avons vu que le fer était nécessaire pour la formation de la
chlorophylle. Cependant, la chlorophylle ne renferme pas de
fer. Il semble que l'absence de fer crée dans la plante un état
pathologique qui rend impossible la formation de la matière
verte. D'ailleurs, les plantes sans chlorophylle ont aussi besoin
de fer. A une dose élevée, les sels de fer sont toxiques.

Parmi les corps simples qui ne sont pas indispensables, un
des plus importants est le silicium, car il se trouve dans toutes
les plantes. On a cru longtemps que son rôle était de donner
de la solidité aux organes dans lesquels la silice était abondante, et notamment aux tiges de Graminées. On admettait
que la verse des céréales était due à l'insuffisance de la silice.
Mais on peut constater que les tiges de Blé couchées par le
poids des épis renferment autant de silice que les tiges restées verticales. On sait, d'ailleurs, que la verse se produit
surtout à la suite d'une nutrition trop exclusivement azotée
ou lorsque les tiges sont trop serrées les unes contre les
autres.

Le chlore, quelquefois indispensable, est en général utile;
son rôle est mal connu. Nous savons que le sodium n'est pas
indispensable, bien qu'il se trouve dans toutes les plantes; il
est probable que, grâce à la solubilité de ses sels, ce métal
peut être très utile à certaines plantes en augmentant le pouvoir osmotique du suc cellulaire. Le chlorure de sodium, par
exemple, contribue à donner aux plantes marines le pouvoir
osmotique élevé qui leur est nécessaire pour maintenir leur
turgescence. Bien que le manganèse ne soit pas nécessaire
aux plantes, il semble cependant que son rôle soit très important dans la formation des diastases.

6° ENGRAIS MINÉRAUX.

248. Forme assimilable des aliments minéraux. — Nous venons de voir quels sont les corps simples qui entrent dans l'alimentation minérale de la plante. Recherchons maintenant sous quelle forme ces corps doivent être pour qu'ils puissent être absorbés et assimilés. La racine n'absorbe que des liquides; pour qu'un sel entre dans l'organisme, il faut donc qu'il soit à l'état de solution. Les sels insolubles pourront cependant être partiellement utilisés, car, sous l'influence de l'eau chargée de gaz carbonique, il s'en dissout presque toujours une petite partie.

On a reconnu que le potassium est facilement absorbé et assimilé sous forme de chlorure, de nitrate ou de carbonate; le sulfate et le phosphate, tout en étant solubles, sont moins facilement assimilés, au moins dans les milieux nutritifs liquides artificiels; le silicate insoluble est un très mauvais aliment. Les terrains schisteux renferment beaucoup de potassium à l'état de silicate, et cependant les plantes ne peuvent pas toujours y puiser la quantité de ce corps simple qui leur serait nécessaire. Certaines terres schisteuses qui contiennent 3 p. 1000 de potasse ont besoin d'engrais potassiques, alors que le limon du Nil, qui n'en renferme que 0,5 p. 1000, n'en a pas besoin.

C'est surtout pour le phosphore que la forme assimilable a de l'importance au point de vue agricole. Dans les champs, le phospore est toujours offert à la plante sous forme de phosphate de calcium. Or, il existe trois phosphates de calcium : le phosphate tricalcique $(PO^4)^2Ca^3$, soluble seulement dans les acides forts; le phosphate bicalcique $(PO^4H)^2Ca^2$, soluble non seulement dans les acides forts, mais encore dans le citrate d'ammoniaque, et enfin le phosphate monocalcique $(PO^4H^2)^2Ca$, soluble dans l'eau. Les phosphates qu'on trouve dans la nature sont tous tricalciques. Mais on prépare dans l'industrie, en faisant agir l'acide sulfurique sur le phosphate tricalcique, un

produit connu sous le nom de superphosphate qui renferme surtout du phosphate bicalcique soluble dans le citrate d'ammoniaque. Les superphosphates sont très employés comme engrais, ainsi qu'un autre produit industriel appelé scories de déphosphoration, résidu de la fabrication des fontes à l'aide de minerais phosphoreux. Ces scories renferment un mélange en proportion variable de phosphate tricalcique et de phosphate bicalcique.

Une expérience de Wagner montre la valeur différente de ces divers phosphates comme aliment de la plante. Cinq pots, qui ne diffèrent que par l'engrais phosphaté qu'on a ajouté à la terre, servent à la culture de l'Avoine. Les trois premiers pots ont 0gr5 d'acide phosphorique sous forme de scories; mais les scories employées pour le premier pot contiennent 65 p. 100 de phosphate soluble dans le citrate d'ammoniaque, celles du second pot 39 p. 100 et celles du troisième pot 36 p. 100 seulement. Le quatrième pot a reçu 1gr d'acide phosphorique sous forme de phosphorite, sorte de minerai qui renferme, en même temps que du phosphate tricalcique insoluble, du carbonate de calcium, du sable, de l'argile et de l'oxyde de fer; 2 p. 100 seulement du phosphate qui s'y trouve est soluble dans le citrate d'ammoniaque. Le tableau suivant donne le résultat de l'expérience :

Poids de Po^3	Solubilité au citrate.	Récolte.	Gain.
0gr5 scories.........	65 °/₀	416 gr.	272 gr.
0 5 —	39	306	162
0 5 —	36	281	137
1 0 phosphorite....	2	159	15
0 0	0	144	0

On voit que l'abondance de la récolte dépend, non de la quantité d'acide phosphorique fourni, mais de la forme sous laquelle se trouve ce composé. L'acide phosphorique des phosphates bicalciques est beaucoup plus assimilable que celui des phosphates tricalciques. D'ailleurs, l'aptitude à assimiler le phosphore des phosphates tricalciques est très variable suivant la plante. L'expérience que nous venons de citer montre que les Graminées assimilent difficilement le phosphore des

phosphorites ; les Légumineuses l'assimilent beaucoup mieux.
La Moutarde l'assimile très bien, tandis que le Lin l'assimile mal.

249 Digestion par les racines. — L'absorption partielle des
sels qui se trouvent dans le sol à l'état insoluble nous amène à
supposer que la racine pourrait bien avoir sur ces sels une
action dissolvante beaucoup plus efficace que celle de l'eau
plus ou moins chargée de gaz carbonique qui baigne le sol. Diverses expériences montrent d'ailleurs que la partie pilifère de la racine sécrète une matière acide. Un papier de tournesol bleu devient rouge au contact des poils de la racine. Une jeune racine, poussant au contact d'une plaque de marbre, la corrode d'une façon très apparente ; Sachs a montré que cette corrosion par les poils absorbants pouvait s'exercer même sur une plaque de verre.

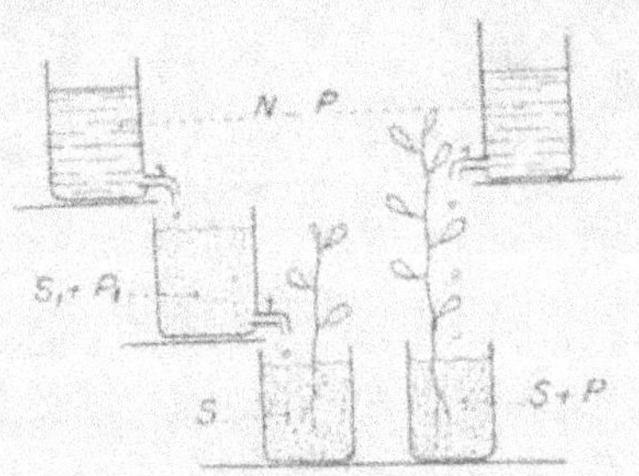

Fig. 64. — Schéma de l'expérience de Kossowitsch :
N — P, solution nutritive sans phosphore ; *S*, sable ;
S + P. *S, + P,*, sable et phosphorite.

Les poils de la racine produisent donc une sécrétion acide
ayant la propriété d'attaquer et de dissoudre divers sels insolubles dans l'eau. Le gaz carbonique que la racine rejette par
le fait de la respiration contribue aussi, indépendamment de
toute sécrétion liquide, a rendre soluble certains éléments
du sol.

Une expérience très intéressante de Kossowitsch relative à
l'assimilation du phosphate tricalcique des phosphorites montre que l'action dissolvante des racines est beaucoup plus importante que celle de l'eau qui circule dans le sol. Voici comment ce savant russe a opéré (*fig. 64*). Les plantes sont cultivées dans des vases en zinc allongés, percés d'un orifice à
leur partie inférieure et arrosés avec une solution nutritive
N — P qui renferme tous les éléments indispensables, sauf le

phosphore. Dans une première série d'expériences, les vases S + P où sont les plantes renferment du sable auquel on a mêlé 19 grammes de phosphorite finement pulvérisés. Les racines arrivent au contact des particules de phosphorite et peuvent donc absorber à la fois le phosphate dissous par le liquide qui baigne la terre et celui qui est rendu soluble par les poils absorbants. Dans une seconde série, la solution nutritive traverse d'abord les vases $S_1 + P_1$ renfermant un mélange de sable et de phosphorite, mais où aucune plante n'est cultivée, puis arrive dans un second vase S renfermant seulement du sable et où sont les plantes. Celles-ci n'ont donc à leur disposition que le phosphate qui a été dissous par la solution nutritive pendant son passage dans le mélange de sable et de phosphorite.

Les plantes choisies sont la Moutarde, connue pour son aptitude à assimiler les phosphates insolubles, le Pois qui a une aptitude moindre et le Lin dont l'aptitude est moindre encore. L'expérience a duré du 19 juin au 22 août et le développement des plantes a été complet ; mais leur aspect était bien différent dans les deux séries d'expériences : dans la première série, elles étaient plantureuses ; dans la seconde, petites et rabougries. Le tableau suivant donne le poids de la récolte pesée à l'état frais :

	Nombre des plantes.	1re série.	2e série.	3e série.
Moutarde.....	7	582 gr.	9 gr. 8	275 gr.
Pois..........	7	336	2 0	196
Lin..........	17	84	1 0	180

Ce résultat montre que les plantes de la deuxième série n'ont eu à leur disposition qu'une quantité absolument insuffisante de phosphore. Donc, la presque totalité du phosphate absorbé, dans la première série, a été préalablement dissous par les racines elles-mêmes ; la proportion dissoute par la solution nutritive est très faible.

Ces résultats, déjà très instructifs, sont complétés par une troisième série d'expériences où les plantes sont arrosées par une solution nutritive complète contenant à l'état dissous

tous les aliments utiles, y compris l'acide phosphorique sous
la forme de phosphate de potassium. Dans ce cas, bien
entendu, les phosphorites étaient supprimés. Le tableau précédent montre que la Moutarde et le Pois acquéraient un
développement inférieur et le Lin un développement supérieur à la première série. Donc, le Lin se nourrit mieux avec
le phosphate de potassium dissous qu'avec le phosphate tricalcique insoluble, ce qui est tout naturel; mais la Moutarde
et le Pois assimilent mieux le phosphore des phosphorites insolubles que celui du phosphate dissous, ce qu'il était difficile
de prévoir.

Cela prouve, non seulement que les racines ont une action
dissolvante sur les matières insolubles du sol, mais encore que
cette action est plus ou moins forte suivant les plantes. De
plus, l'assimilation d'un aliment par une plante ne dépend
pas seulement de la solubilité de cet aliment. L'aptitude à
assimiler tel sel mieux que tel autre peut être considérée, dans
une certaine mesure, comme une propriété spécifique de la
plante.

250. Nécessité des engrais. — Nous venons de voir que
tout végétal avait besoin de certains aliments minéraux et que
la forme sous laquelle ces aliments lui étaient offerts n'était
pas indifférente. Les plantes cultivées trouvent-elles toujours
dans le sol ces aliments en quantité suffisante et sous une
forme convenable? L'expérience a montré qu'outre l'azote
dont nous avons déjà parlé, les seuls éléments qu'il était quelquefois nécessaire d'ajouter au sol, pour assurer la prospérité
des cultures, étaient le phosphore, le potassium et le calcium.

Le phosphore existe toujours dans la terre végétale à l'état
de phosphate tricalcique, mais en proportion très variable. On
admet que la proportion de 1 gramme d'acide phosphorique
par kilogramme de terre correspond à une fertilité moyenne.
S'il y en a moins, il est nécessaire d'en ajouter. Des réactions
très complexes, qui s'accomplissent dans le sol même en l'absence de toute végétation, rendent soluble une partie de ce
phosphate. Schlœsing a constaté que la quantité de phosphate
soluble qui se trouvait ainsi dans le sol était constante et

d'ailleurs très faible. L'expérience de Kossowitsch nous a
montré que, au moins dans le cas des phosphorites, cette
partie soluble était insuffisante et que les plantes n'arrivaient
à un développement convenable qu'en dissolvant au moyen
de leurs racines une quantité plus grande de phosphates.

Même lorsque la quantité d'acide phosphorique du sol
est suffisante et dépasse 1 p. 100, les engrais phosphatés peuvent être très utiles, s'ils sont donnés sous une forme facilement assimilable. Les superphosphates, par exemple, plus
facilement solubles, augmentent la proportion de phosphate
disponible que les racines peuvent absorber sans avoir préalablement à la dissoudre et sont presque toujours d'une grande
utilité. Un engrais qui apporte à la terre 70 kilogrammes
d'acide phosphorique par hectare est considéré comme assez
abondant, au point de vue du phosphore.

Le potassium existe aussi dans tous les sols, ordinairement
à l'état de silicate provenant de la décomposition des roches
feldspathiques. Bien qu'insoluble, ce silicate est peu à peu
attaqué par les eaux de la pluie et transformé en carbonate
de potassium soluble qui est, soit entraîné par l'eau, soit fixé
par les particules d'argile ou d'humus. C'est le carbonate ainsi
produit qui est assimilable pour les plantes et détermine la
fertilité du sol au point de vue du potassium. La quantité de
silicate insoluble a peu d'importance, d'autant qu'on a constaté que la proportion de potasse soluble du sol n'était nullement proportionnelle à la potasse totale. La proportion de
potasse trouvée dans un sol dépend beaucoup du procédé
d'analyse employé. Dans la pratique, on dose la potasse soluble dans l'acide azotique chaud ; on obtient ainsi une quantité
supérieure à la potasse soluble dans l'eau, mais inférieure à
la potasse totale. On admet qu'un sol de fertilité moyenne
doit renfermer, par kilogramme de terre, un à deux grammes
de potasse dosée par ce procédé. Au-dessous de cette proportion, les engrais potassiques deviennent nécessaires. Les plus
employés sont le chlorure et le sulfate de potassium. Il suffit,
en général, d'ajouter à la terre une quantité d'engrais correspondant à 70 kilogrammes de potasse par hectare.

La plupart des terres renferment assez de calcium pour l'ali-

mentation des plantes ; on sait, en effet, que le calcaire est un des principaux éléments de la terre végétale. Certains sols, cependant, tels que ceux qui proviennent de la décomposition des roches granitiques, renferment très peu de calcium. Pour beaucoup de plantes, cela n'a pas d'importance; mais, pour d'autres, telles que les Légumineuses (Trèfle, Luzerne, Sainfoin, etc.), il n'en est pas de même. On ne peut les cultiver dans les sols dépourvus de calcaire que si on ajoute de la chaux à la terre, si on *chaule*. Ordinairement, on chaule avec de la craie, de la marne, quelquefois même avec de la chaux à bâtir. Nous avons vu que le calcaire est utile, non seulement pour fournir aux plantes le calcium qui leur est nécessaire, mais aussi pour rendre possible la nitrification des matières azotées.

254. Épuisement du sol. — Lorsqu'on cultive pendant plusieurs années consécutives la même plante dans un champ, les récoltes deviennent de plus en plus faibles et finissent même par être absolument insignifiantes. On dit que le sol est épuisé. Quelques terres d'une très grande fertilité font seules exception à cette règle. A quoi tient cet épuisement? Est-ce à l'insuffisance des aliments minéraux, tels que le phosphore ou le potassium? Voyons si, au point de vue du phosphore par exemple, il en peut être ainsi.

Nous savons qu'une terre de fertilité moyenne renferme un gramme d'acide phosphorique par litre de terre. En admettant une couche arable de 30 centimètres d'épaisseur, cela fait 6.000 kilogrammes d'acide phosphorique par hectare. Or, une récolte de Blé enlève au sol à peu près 20 kilogrammes d'acide phosphorique. On pourrait donc récolter du Blé pendant trois cents ans avant d'avoir épuisé complètement la terre en phosphore. L'expérience montre cependant qu'au bout de deux ou trois récoltes le besoin d'engrais se fait sentir. A quoi donc cela tient-il?

Le rôle des engrais ajoutés au sol est moins d'augmenter la quantité totale d'aliments minéraux du sol que d'augmenter la proportion de ces aliments qui est directement assimilable pour la plante. C'est, en effet, la proportion assimilable de

chaque aliment, plutôt que la quantité totale, qui est diminuée par plusieurs récoltes consécutives. C'est ce qui explique comment une quantité relativement très faible d'engrais suffit pour rendre au sol sa fertilité primitive.

Mais il y a une autre cause à l'épuisement du sol. Si, en effet, au lieu de cultiver du Blé sur la même terre pendant trois années, nous récoltons la première année du Blé, la seconde du Sainfoin, et la troisième de l'Avoine, nous aurons enlevé tout autant de phosphore et peut être plus, et cependant le sol ne sera pas épuisé. On admet que les racines laissent dans le sol certaines excrétions, certains détritus, d'ailleurs assez mal définis, qui sont nuisibles à une seconde récolte de la même plante, mais qui sont sans influence sur une autre plante. C'est pour cette raison qu'il est nécessaire de varier les cultures.

On donne le nom d'*assolement* à l'alternance régulière qui permet de ne ramener la même récolte sur le même sol qu'après une période suffisamment longue. Chaque région a des assolements spéciaux que l'expérience a démontrés être les plus avantageux.

252. Exigences variables des récoltes. — Nous venons de voir que la nature des engrais à ajouter dépendait, dans une certaine mesure, de la composition du sol. Mais l'expérience a montré que les engrais nécessaires à une récolte dépendaient aussi de la nature même de cette récolte. Toutes les plantes n'ont pas les mêmes exigences. La Betterave et la Pomme de terre, par exemple, demandent surtout de la potasse, et le Blé de l'acide phosphorique. Peut-on être renseigné sur ces besoins spéciaux des récoltes autrement que par la pratique ?

Il semble *a priori* qu'une plante doive avoir d'autant plus besoin d'un certain élément que cet élément se trouve en plus grande abondance dans ses cendres. Cela est vrai dans bien des cas. La Betterave et la Pomme de terre qui réclament de la potasse en renferment, en effet, beaucoup. Mais ce n'est pas là une règle générale ; ainsi les Graminées, qui enlèvent en général au sol moins de phosphore que les Légumineuses, ont cependant besoin de plus d'engrais phosphatés. Cela tient

sans doute à ce que les racines des Légumineuses sont plus aptes que celles des Graminées à extraire le phosphate du sol. D'autre part, les cendres du Blé renferment moins de calcaire que celles du Sarrasin, et cependant le Sarrasin végète bien dans les terres granitiques dépourvues de calcaire ; le Blé, au contraire, n'y prospère que si on chaule.

On voit, en somme, que l'application judicieuse des engrais est surtout une affaire d'expérience. On peut, grâce à une connaissance suffisante de la physiologie de la plante, se rendre compte du bien fondé des pratiques agricoles. Mais la question de la nutrition est tellement complexe et met en jeu un si grand nombre de propriétés, d'une part de la plante vivante, d'autre part des éléments du sol, qu'il est bien difficile de prévoir ce qui arrivera dans un cas donné, si on n'a pas au préalable fait l'expérience. Et encore faut-il, pour bien comprendre l'expérience, que toutes les conditions en soient exactement connues.

<hr>

BIBLIOGRAPHIE.

1. DASTRE. *Osmose* (Dans le t. I de la *Physique biologique* de d'Arsonval ; renferme l'historique et la bibliographie).

2. PALLADINE. *Physiologie des plantes* (traduction Karsakoff). Paris, 1902.

3. RAULIN. *Études chimiques sur la végétation* (Ann. sc. nat. Bot., 5ᵉ série, t. XI, 1869).

4. Van RISSELBERGHE. *Influence de la température sur la perméabilité du protoplasma vivant* (Ac. roy. de Belgique, 1901).

5. WOLF. *Aschenanalysen*, 1871-80.

CHAPITRE VII

CIRCULATION DE L'EAU.

1º LOCALISATION DU COURANT ASCENDANT.

253. Courant ascendant localisé dans l'aubier. — On sait que dans un arbre couvert de feuilles, l'eau est constamment absorbée par les racines et dégagée à l'état de vapeur à la surface des feuilles; il s'établit donc dans la tige un courant allant des racines vers les feuilles; c'est ce qu'on appelle le courant de la sève ascendante. Dans quelle région de la tige se trouve localisé ce courant?

Tout autour d'un tronc d'arbre, et sur une longueur de quelques centimètres, enlevons l'écorce et le liber jusqu'à la couche génératrice du bois. Nous constatons que, même après

plusieurs jours, et quelquefois plusieurs mois, les feuilles sont aussi fraîches que si le tronc était resté intact. Ce n'est donc pas par le liber, mais seulement par le bois que l'eau monte vers les feuilles.

Rendons maintenant l'incision annulaire un peu plus profonde en enlevant non seulement le liber, mais encore les couches les plus jeunes du bois qui constituent l'aubier. Les feuilles se flétriront alors rapidement. C'est qu'elles ne reçoivent plus une quantité suffisante d'eau; les parties âgées du bois ont donc perdu leur pouvoir conducteur. Le courant ascendant est ainsi localisé dans l'aubier, et quelquefois même dans les couches les plus extérieures de l'aubier seulement.

254. Éléments conducteurs du bois. — Examinons maintenant la structure du bois et voyons la part qui revient à chacun de ses éléments dans la conduction de la sève. Dans le cas le plus complexe, celui des Angiospermes, le bois jeune se compose de trois sortes d'éléments :

1° Les *cellules*, en général peu allongées et renfermant, à l'intérieur d'une membrane peu épaisse, du protoplasma vivant.

2° Les *fibres*, allongées, à parois très épaisses et à cavité très réduite ; ce sont des éléments morts.

3° Les *vaisseaux*, qui sont également morts et sans protoplasma. Leurs parois sont plus ou moins épaisses et présentent de place en place des plaques minces appelées ponctuations, qui facilitent le passage des liquides d'un vaisseau au vaisseau voisin. On distingue deux sortes de vaisseaux : 1° les *vaisseaux fermés*, dont la cavité allongée est limitée en haut et en bas par une paroi continue; les parois transversales ont des ponctuations aussi bien que les parois longitudinales; 2° les *vaisseaux ouverts*, qui ne sont autre chose que des files de vaisseaux fermés dont les parois transversales se seraient résorbées, de façon à constituer une cavité très allongée qui peut s'étendre tout le long d'une branche. Les vaisseaux ouverts sont en général les plus larges.

On sait que le bois des Gymnospermes a une structure plus simple. Les cellules sont plus rares et localisées en général

dans les rayons médullaires ; les fibres manquent et les vaisseaux sont tous fermés.

255. Rôle conducteur des vaisseaux. — Si l'on coupe une branche d'arbre couverte de feuilles et si on plonge la section dans l'eau, on constate que les feuilles restent fraîches ; elles reçoivent donc une quantité d'eau suffisante. Pour montrer que l'eau s'élève par la cavité des vaisseaux et non par l'épaisseur des parois des vaisseaux ou des fibres, on peut opérer de la façon suivante :

On met la base de la branche pendant une ou deux minutes dans de la paraffine fondue. On peut constater alors que la cavité des vaisseaux est complètement obturée par la paraffine sur une longueur de quelques millimètres. On rafraîchit ensuite la section à l'aide d'un couteau, de façon à enlever la paraffine qui recouvre la surface des parois, et l'on plonge de nouveau la base de la branche dans l'eau. Dans ces conditions, l'eau ne pourra plus passer par la cavité des vaisseaux, mais rien ne l'empêchera de circuler dans l'épaisseur des parois. Or, on constate que les feuilles se flétrissent rapidement. L'eau ne leur arrive donc pas en quantité suffisante. La cavité des vaisseaux est donc la voie principale de la circulation de l'eau.

Le même fait peut être démontré d'une autre façon. On coupe une branche et on plonge la base dans l'eau renfermant en dissolution une matière colorante qui n'est pas nuisible aux plantes, du carmin d'indigo ou de l'éosine. Au bout d'un certain temps, on fait des coupes transversales et on constate que la matière colorante est montée dans le bois. En faisant, au microscope, l'étude du bois ainsi injecté, on voit que c'est à l'intérieur des vaisseaux et non dans l'épaisseur des parois que se trouve le liquide coloré ; les parois qui sont restées intactes sont incolores, tandis que les vaisseaux non endommagés renferment la matière colorante dans leur cavité. Si on laisse se dessécher le bois injecté, on constate que le carmin ou l'éosine se déposent, non point dans l'épaisseur des parois, mais seulement dans la cavité des vaisseaux.

En prenant certaines précautions, on est même arrivé (Ves-

que, Capus) à observer directement au microscope les mouvements de l'eau dans certaines plantes à bois assez transparent, telles que le Dahlia. L'eau circule donc dans la tige, en
passant par la cavité des vaisseaux, et non par l'épaisseur des
parois.

256. Rôle des ponctuations. — On comprend facilement
comment l'eau peut suivre la cavité d'un vaisseau ouvert ; mais
comment passe-t-elle d'un vaisseau fermé dans un autre?
Elfving a montré que dans ce cas les ponctuations jouent un
rôle essentiel. Injectons en effet une solution d'éosine dans
une branche de Sapin, en maintenant, pendant un certain
temps, la base dans une solution. Si on étudie ensuite le bois
injecté, on voit que l'éosine a pénétré à l'intérieur des vaisseaux fermés, sans colorer la membrane, sauf toutefois aux
ponctuations. C'est donc par les ponctuations que le liquide
passe d'un vaisseau fermé à l'autre. La membrane mince de
la ponctuation perd d'ailleurs sa perméabilité quand elle se
dessèche ; Elfving fait remarquer à ce sujet que les deux petites cavités, qui sont de part et d'autre de la membrane des
ponctuations, restant pleines d'eau, même lorsque le vaisseau est envahi par l'air, contribuent à conserver la perméabilité de ces membranes.

Elfving a donné une autre démonstration du rôle des ponctuations. Il a constaté que, sous l'influence d'une pression,
l'eau filtrait facilement dans le sens longitudinal à travers un
cylindre découpé dans du bois de Sapin. Si on fait la même
expérience en découpant le cylindre dans le sens tangentiel
par rapport aux anneaux du bois, on constate que la filtration
se fait encore, mais beaucoup plus lentement. Dans le sens
radial, la filtration ne se fait plus du tout. Cette expérience
est facile à expliquer par la structure du bois. Dans le sens
longitudinal, le liquide rencontre peu de cloisons, et ces cloisons portent des ponctuations. Dans le sens tangentiel, les
cloisons sont beaucoup plus nombreuses, ce qui explique que
la filtration est plus lente ; mais elles portent encore des ponctuations, ce qui rend la filtration possible. Enfin, dans le sens
radial, les cloisons sont également très nombreuses, mais on

sait qu'elles sont dépourvues de ponctuations, et c'est ce qui arrête la filtration.

L'eau passe donc d'un vaisseau dans un autre en utilisant les ponctuations. Il nous reste à rechercher quelles sont les forces qui déterminent le mouvement de l'eau et son ascension jusqu'au sommet de l'arbre.

257. Nécessité des cellules vivantes. — La sève s'élève donc par la cavité des vaisseaux du bois jeune qui, on le sait, renferme encore des cellules vivantes. La présence des cellules vivantes est-elle indispensable? C'est un fait d'observation vulgaire que l'eau ne s'élève pas dans les branches mortes, qui se dessèchent même si elles tiennent à un tronc vivant. Mais peut-être, dans les cas de mort naturelle, des modifications de structure sont-elles venues augmenter les entraves à la circulation? Il n'en est certainement pas ainsi lorsque des tiges ont été tuées rapidement par une cause accidentelle comme le froid. Ewart a montré que des tiges de Haricot, de Houblon ou de Chèvrefeuille, tuées par une température de — 2°, cessaient d'être conductrices de l'eau (3).

Une expérience de Strasburger avait semblé montrer l'inutilité des cellules vivantes dans la circulation de l'eau. Un Chêne haut de 22 mètres était coupé à sa base, et la section était plongée dans l'acide picrique pendant trois jours; l'acide s'était alors élevé dans le bois à une hauteur de 3 mètres. La section était ensuite plongée dans la fuchsine, qui, au bout de huit jours, s'était élevée à une hauteur de 18 mètres. Si on admet que, dans toute la région injectée par l'acide picrique, les cellules étaient tuées, on doit en conclure que les cellules vivantes sont inutiles à la circulation de l'eau (6).

Ewart, recommençant cette expérience sur un Sycomore haut de 15 mètres, a montré que le poison ne tue pas toutes les cellules ligneuses et que le liquide coloré s'est élevé précisément par les régions où les cellules n'ont pas été tuées. L'expérience ne prouve donc pas que les cellules vivantes soient inutiles, bien au contraire.

On doit donc admettre que, bien que l'eau circule dans les tiges, surtout par les vaisseaux qui sont des éléments morts,

la présence des cellules vivantes à côté des vaisseaux est indispensable à la circulation.

2° PRESSION A L'INTÉRIEUR DU BOIS.

258. Difficultés de la circulation de l'eau. — Nous savons maintenant que l'eau circule dans les tiges par les cavités des vaisseaux, mais seulement dans la partie du bois possédant encore des cellules vivantes. Nous allons maintenant chercher à nous rendre compte des difficultés que rencontre la circulation de l'eau. L'étroitesse des vaisseaux et l'irrégularité de leurs parois, en augmentant le frottement, sont un premier obstacle. Dans les vaisseaux fermés, les cloisons transversales, bien que perméables, ralentissent certainement l'ascension de la sève. Enfin, les bulles d'air, qui sont souvent très nombreuses dans les cavités des vaisseaux, peuvent également avoir une influence.

259. Chapelets de bulles d'air. — Les expériences de Jamin vont nous montrer le rôle que jouent les bulles d'air au point de vue de la circulation de l'eau.

Supposons un tube capillaire d'environ un mètre de longueur, dans lequel nous faisons passer un courant d'eau en produisant une aspiration à l'une des extrémités; le courant passe sans difficulté. Si maintenant, avec le doigt recouvert d'un linge mouillé, nous fermons et nous ouvrons alternativement l'extrémité du tube opposée à celle où se fait l'aspiration, nous faisons entrer dans le tube, non plus un courant d'eau continu, mais une série d'index d'eau séparés par des bulles d'air. Bien que l'aspiration soit la même, le courant se ralentit dans le tube et s'arrête même complètement lorsque le nombre des bulles d'air est assez grand.

La présence d'un chapelet de bulles d'air est donc un obstacle à la circulation de l'eau dans un tube capillaire. Si à l'extrémité d'un pareil tube on exerce une pression, on voit la première bulle se déplacer, la seconde un peu moins et ainsi

de suite. Le mouvement s'arrête bientôt complètement ; il s'est propagé d'autant plus loin que la pression exercée était plus forte. Jamin a constaté qu'un chapelet suffisamment long pouvait résister à une pression de plusieurs atmosphères.

Si l'on opère, non plus avec un tube cylindrique, mais avec un tube présentant des renflements et des étranglements alternatifs, on obtient facilement un chapelet dont les bulles occupent les renflements du tube, tandis que les index sont localisés dans les étranglements. Dans un pareil chapelet, la résistance à la pression est encore plus forte ; huit bulles suffisent pour arrêter une pression de 2 atmosphères.

L'application de ces expériences à la circulation de l'eau dans le bois est évidente. Les vaisseaux du bois renferment normalement des bulles d'air ; le mouvement de l'eau y sera donc entravé, et cela d'autant plus que les bulles seront plus nombreuses. On conçoit même que le déplacement de la colonne liquide soit rendu tout à fait impossible. L'obstruction produite par les bulles d'air sera encore plus grande dans les vaisseaux à calibres irréguliers présentant de loin en loin des cloisons incomplètes ; ce cas est comparable à celui des tubes à renflements et étranglements alternatifs.

Les bulles d'air empêchent donc un courant de s'établir tout le long de la cavité d'un vaisseau ; mais elles ont un autre effet qui nous servira tout à l'heure à nous rendre compte de la circulation de la sève. Supposons un long vaisseau du bois vertical complètement rempli d'eau ; cette colonne de liquide exercera une pression sur sa base et tendra à descendre, entraînée par son poids. Si, au contraire, la colonne est entrecoupée d'un nombre suffisant de bulles d'air, le mouvement de descente de l'eau sera arrêté et la colonne restera comme suspendue dans le vaisseau sans excercer de pression sur sa base. Le poids de la colonne d'eau sera entièrement supporté par les parois du vaisseau.

Ceci s'applique aux vaisseaux fermés comme aux vaisseaux ouverts ; dans les premiers, la pression exercée par le poids de l'eau est de plus arrêtée par les parois transversales qui font partie du stéréome rigide de la tige. On peut donc admettre que dans une tige, où les vaisseaux sont remplis d'une colonne

d'eau entrecoupée de bulles d'air, il existe un état d'équilibre tel que les parties du liquide qui sont à la base de la tige ne supportent pas de pressions sensiblement différentes de celles qui sont au sommet. Tout le poids du liquide est supporté par le stéréome rigide.

260. Mesure des pressions à l'intérieur du bois. — Pour se rendre compte de la valeur des pressions qui existent dans le bois, on peut opérer de la façon suivante (*fig. 65*). Dans le tronc d'un arbre, on perce, perpendiculairement à la surface, un trou cylindrique qui arrive dans la région a du bois où circule la sève; on y enfonce l'extrémité horizontale d'un tube en verre qui se recourbe et forme un manomètre M à air libre. On mastique le tube pour que le trou fait dans le bois ne communique avec l'extérieur que par le manomètre. On met ensuite de l'eau et du mercure

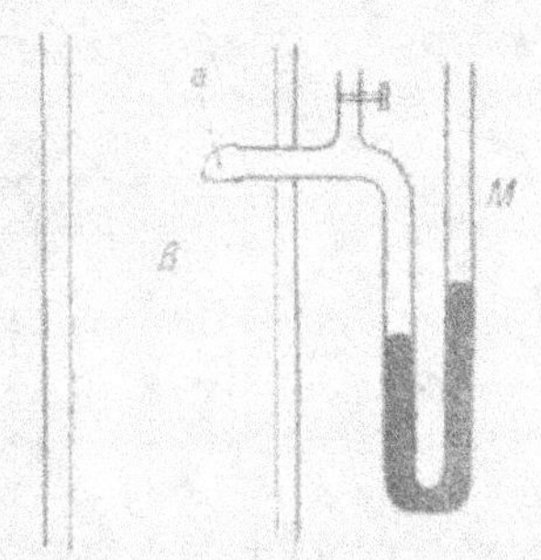

Fig. 65. — M, manomètre enfoncé en a dans le bois B d'un arbre.

dans le manomètre, de façon à ce que le mercure occupe la partie inférieure et à ce que l'eau remplisse l'espace qui sépare le mercure du fond de la cavité. Un dispositif spécial dans la partie horizontale du tube facilite cette opération.

Supposons qu'au commencement de l'expérience le mercure soit sur le même niveau dans les deux branches. Au bout de peu de temps, souvent au bout de moins d'une heure, on voit le niveau varier. Si c'est pendant une journée d'été, il y a en général aspiration, et le manomètre indique que la pression interne des vaisseaux est inférieure à la pression atmosphérique. En hiver, au contraire, avant l'éclosion des bourgeons, l'eau est en général refoulée par le bois et le manomètre indique une pression supérieure à la pression atmosphérique.

On peut ainsi suivre les variations de pression dans le bois jeune où circule la sève. Mais si on avait enfoncé le mano-

mètre plus profondément, de façon à ce que l'extrémité de la
branche horizontale soit dans le bois mort, on n'aurait observé
aucune variation de pression ; le mercure serait resté indéfiniment au même niveau dans les deux branches.

261. Transmission des pressions à l'intérieur du bois. —
Voyons maintenant comment se transmettent les pressions
dans le bois vivant. On s'en rend
compte à l'aide des expériences de
Bonnier (1) (*fig. 66*). On coupe une
branche d'Érable longue d'environ
70 centimètres ; à 30 centimètres au-
dessus de la section, on insère un
manomètre M qui indique la pression
à l'intérieur du bois. Puis on fixe la
branche dans un récipient fermé V
qui communique en P avec une machine pneumatique. On réduit la
pression dans le récipient à 60 millimètres, la pression atmosphérique
étant de 760 millimètres. On produit
donc une dépression de 690 millimètres.

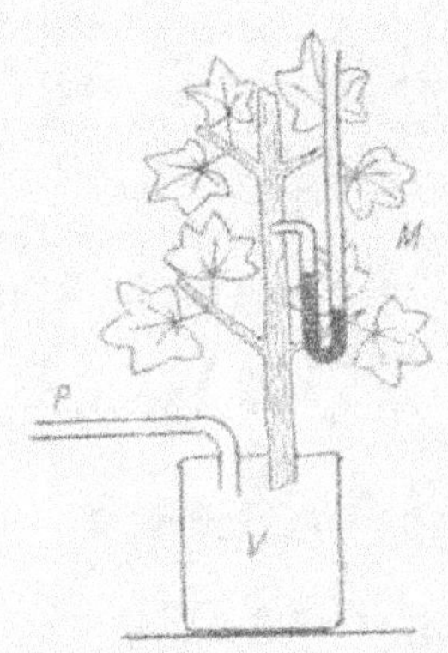

Fig. 66. — *M*, manomètre ; *V*, récipient où on fait le vide par le
tube *P*.

Quelle sera l'influence de cette dépression sur la pression
interne de la branche ? Au commencement de l'expérience, le
manomètre indiquait une pression interne inférieure de 10 millimètres à la pression atmosphérique ; au bout d'un quart
d'heure, la dépression était passée de 10 millimètres à 16 millimètres sous l'influence du vide partiel fait à la base de la
tige. Si le manomètre était placé non plus à 30 centimètres
au-dessus de la section, mais seulement à 18 centimètres, la
dépression produite au bout d'un quart d'heure, au lieu d'être
de 16 — 10^{mm} = 6 millimètres, était de 42 millimètres. Si le
manomètre était encore plus bas, à 4 centimètres au-dessus de
la section, la dépression, marquée par le manomètre au bout
d'un quart d'heure, était de 183 millimètres.

Ces expériences montrent que les changements de pression peuvent se transmettre dans le bois, mais lentement et

partiellement. On comprend, en effet, que les bulles d'air et les parois transversales des vaisseaux soient des écrans qui affaiblissent les transmissions. Les changements de pressions s'amortissent donc très rapidement dans le bois, et on conçoit que si une nouvelle cause ne vient pas les maintenir, ils ne se propagent qu'à de faibles distances.

262. Indépendance de la pression et de la hauteur. — On peut prévoir, d'après ce que nous venons de dire, que la pression interne du bois est peu influencée par le poids de la colonne d'eau qui s'y trouve. Les mesures effectuées par Ewart mettent ce point hors de doute. Deux manomètres sont enfoncés dans le tronc d'un Sycomore, l'un à 3^m au-dessus du sol, l'autre à 17^m. Les pressions indiquées par ces deux manomètres et observées aux diverses heures de la journée sont réunies dans le tableau suivant ; les pressions sont considérées comme positives $+$ si elles sont supérieures à la pression atmosphérique, comme négatives $-$ dans le cas contraire (3).

	À 3 mètres.	À 17 mètres.
2h35	$+ 2^{cm}1$	$+ 0^{cm}3$
3 30	$- 7\ 4$	$- 1\ 0$
4 30	$- 1\ 1$	$- 7\ 6$
5 30	0	$- 2\ 2$
6 30	0	0

Il n'y a donc aucune relation entre la pression intérieure du bois et le niveau au-dessus du sol ; la pression étant tantôt plutôt plus forte, tantôt plus faible à 17^m qu'à 3^m. Les variations de pression sont déterminées par des causes locales et n'ont pas de rapport avec la hauteur de la colonne d'eau renfermée dans le bois.

Dans les raisonnements qui nous permettront d'expliquer l'ascension de la sève, il n'y aura donc pas lieu de tenir compte de la pression hydrostatique exercée par la colonne liquide qui se trouve dans le bois. Le poids de cette colonne est supporté par le squelette solide de la plante. On doit considérer les masses liquides renfermées dans un vaisseau ou dans une portion de vaisseau, non point comme exerçant une pression

sur leur partie inférieure, mais comme accrochées à la tige rigide qui supporte tout leur poids.

263. Vitesse du courant d'eau. — Pour mesurer la vitesse du courant d'eau qui traverse la plante, on s'est surtout servi de la méthode des injections. On plonge la base d'une branche couverte de feuilles dans une dissolution d'éosine ou de carmin d'indigo. Le liquide coloré s'élève dans le bois ; au bout d'un certain temps, on recherche, en faisant des sections successives, la hauteur à laquelle il s'est élevé. On a ainsi la vitesse de la circulation.

Sachs a employé une méthode un peu différente : il faisait absorber à la plante une dissolution étendue à 2 p. 100 de nitrate de lithium et recherchait ensuite le lithium dans le bois en brûlant des rondelles de plus en plus éloignées de la base ; la présence du lithium était révélée par la coloration rouge de la flamme.

On a trouvé ainsi que, sur une branche couverte de feuilles qui transpirent, la vitesse du courant est en général comprise entre $0^m,5$ et 3^m par heure. Lorsque la transpiration cesse, la vitesse est bien moindre, 1^m par heure environ. Mais on conçoit que ces nombres varient énormément suivant les circonstances et surtout suivant la structure du bois.

On peut faire une objection à cette méthode de mesure : on obtient la vitesse de l'ascension de la matière dissoute dans l'eau, et non la vitesse d'ascension de l'eau, et rien ne prouve que ces deux vitesses sont les mêmes. Nous allons voir, en effet, qu'une partie au moins du liquide qui constitue le courant ascendant traverse des membranes semi-perméables ; l'eau peut donc circuler sans les matières dissoutes. La valeur trouvée pour la vitesse du courant est donc peut-être inférieure à la valeur réelle.

3° MÉCANISME DE LA CIRCULATION.

264. Causes de la circulation de la sève. — Maintenant que nous savons par où la sève circule et que nous avons

une idée des difficultés que rencontre la circulation, nous allons chercher à expliquer comment l'eau absorbée par les racines se répand si facilement jusqu'à l'extrémité des branches les plus élevées.

Nous décrirons d'abord les expériences qui montrent que les feuilles qui transpirent exercent sur la sève de la tige une certaine aspiration de nature à faciliter l'ascension ; nous rappellerons ensuite les expériences prouvant que les racines repoussent dans la tige, avec plus ou moins de force, l'eau qu'elles ont absorbée. Nous montrerons ensuite le mécanisme de l'aspiration par les feuilles et de la poussée par les racines, puis les raisons pour lesquelles l'eau chemine à travers le bois grâce au pouvoir osmotique des cellules vivantes.

265. Aspiration par les feuilles. — On coupe une branche couverte de feuilles et l'on mastique la base dans l'une des ouvertures d'un tube en U qui renferme du mercure et de l'eau (*fig. 67*), l'eau remplissant exactement tout l'espace compris entre la section de la branche et la surface du mercure. Supposons qu'au commencement de l'expérience le niveau du mercure en *ab* soit le même dans les deux branches. Les feuilles étant exposées à la lumière, on verra bientôt le niveau du mercure s'abaisser dans la branche libre. C'est qu'en effet la tige a absorbé une certaine quantité d'eau pour remplacer les pertes dues à la transpiration et a soulevé ainsi la colonne de mercure. La différence de niveau dans les deux branches du tube indique la force d'aspiration des feuilles qui transpirent. On a souvent constaté qu'une colonne de mercure était ainsi soulevée à une hauteur voisine de la hauteur barométrique.

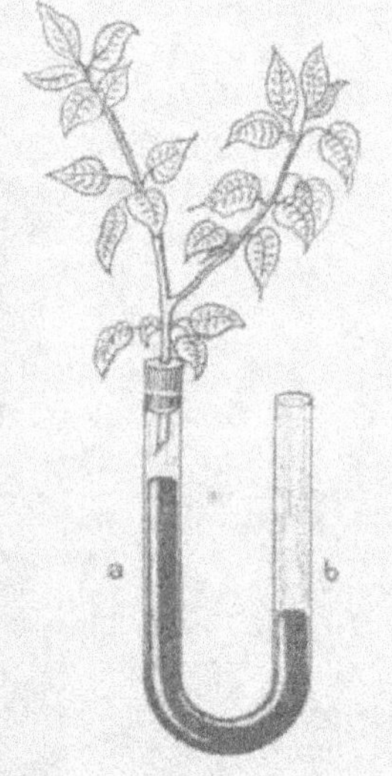

Fig. 67. — Branche dont la base plonge dans l'eau qui surmonte le mercure du tube *a b*.

En chassant complètement l'air qui se trouve dans la colonne d'eau comprise entre le mercure et la branche, il peut se faire que la dépression indiquée par le manomètre soit supérieure à la pression atmosphérique. Le vide ne se fait pas dans le tube, et l'eau reste en contact avec la tige, à cause de la résistance que la colonne liquide oppose à la rupture.

Certains auteurs, tels que Dixon et Joly (2), attribuent une grande importance à cette expérience et ont pensé pouvoir expliquer ainsi l'ascension de la sève dans les arbres les plus élevés, l'aspiration par les feuilles pouvant soulever, grâce à la résistance à la rupture, des colonnes d'eau bien supérieure à 10 mètres. Mais la présence constante des bulles d'air à l'intérieur des vaisseaux ne permet pas d'adopter cette explication ; il suffit, en effet, de la moindre bulle pour amener la rupture de la colonne.

La transpiration produit donc une certaine aspiration ; mais cet appel ne peut se propager qu'à une faible distance (§ 261) et n'est pas suffisant pour expliquer l'ascension de la sève.

266. Diminution de pression produite par la transpiration. — Voyons comment la transpiration amène une diminution de pression à l'intérieur des vaisseaux et comment cette diminution se transmet le long de la tige.

Supposons que les cellules du parenchyme de la feuille soient dans un état d'équilibre tel que le pouvoir osmotique p de leur suc cellulaire soit égal à leur turgescence t, c'est-à-dire à la pression que le suc cellulaire exerce sur les parois. Par suite de la transpiration qui se produit, le suc cellulaire se concentre et la turgescence diminue. On a alors $p > t$.

Pour rétablir sa turgescence égale à son pouvoir osmotique, la cellule absorbe de l'eau et la puise dans les réservoirs qui sont à sa disposition, c'est-à-dire dans les vaisseaux du bois ; la pression diminue donc dans les vaisseaux. En supposant que cette pression h' ait été primitivement égale à la pression atmosphérique h, elle devient inférieure. Il s'établit un état d'équilibre dans lequel la différence entre le pouvoir osmotique de la cellule et la turgescence est compensée

par la différence entre la pression interne des vaisseaux et la pression atmosphérique ; on aura $p - t = h - h'$.

La transpiration détermine donc une diminution de pression dans les vaisseaux ; mais, d'après ce que nous savons de la transmission des pressions dans les plantes (§ 261), nous pouvons admettre que cette diminution s'atténuera rapidement et disparaîtra à peu de distance de la feuille si aucune autre cause ne vient la maintenir.

267. Poussée des racines. — Si on coupe une tige de Vigne au printemps, avant l'éclosion des bourgeons, on voit s'échapper de la plaie un liquide abondant. Si on ajuste sur la tige coupée b un tube vertical a (*fig. 68*) fermé par le haut et communiquant latéralement avec un manomètre à air libre, le liquide sortant de la tige exercera une pression sur le mercure et déterminera une différence de niveau $o'o'$ dans les deux branches du manomètre. On aura ainsi la mesure de ce qu'on appelle la poussée des racines.

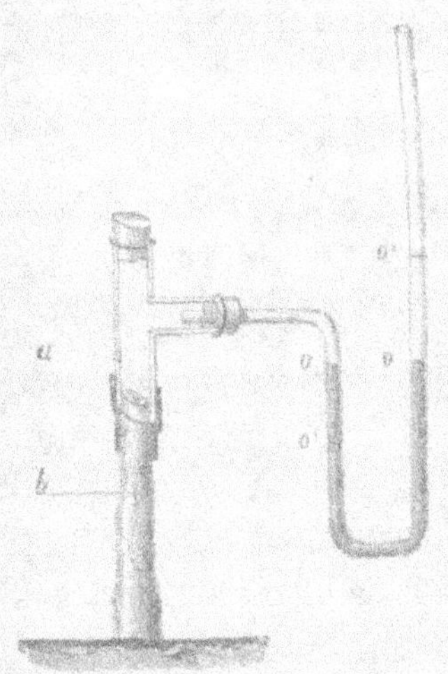

Fig. 68. — b, tige surmontée d'un tube a qui porte un manomètre; o, o, niveau du mercure au commencement de l'expérience; o' o', niveau à la fin de l'expérience.

La valeur de la poussée est très variable suivant les plantes et suivant les saisons. Les plantes qui donnent la poussée la plus forte sont la Vigne, l'Érable à sucre, le Bouleau; chez ce dernier, la poussée peut être équivalente à 139 centimètres de mercure, c'est-à-dire à presque deux atmosphères. La plupart des arbres donnent des poussées beaucoup plus faibles ou même nulles. D'ailleurs, c'est toujours au printemps, avant l'éclosion des bourgeons, que les fortes poussées sont observées. Plus tard, lorsque les feuilles sont développées et que la transpiration est devenue

active, la poussée disparaît et devient même négative. Si à ce moment on coupe une tige, non seulement il n'en sort pas de sève, mais il y a absorption de liquide si on a soin de faire la section sous l'eau. Cela tient à ce qu'alors la pression à l'intérieur des plantes est inférieure à la pression atmosphérique. D'ailleurs, au bout d'un certain temps, sous l'influence de l'absorption par les racines, la pression peut augmenter et la poussée des racines redevenir positive.

L'existence de la poussée des racines est facile à expliquer. Nous savons, en effet, que la partie absorbante d'une racine peut être schématiquement assimilée à un osmomètre (§ 218) dont la paroi semi-perméable serait formée par les poils absorbants et les cellules sous-jacentes. Cette paroi est en contact, vers l'extérieur avec le liquide du sol, de pouvoir osmotique p, et vers l'intérieur avec le liquide renfermé dans les vaisseaux du bois et dont le pouvoir osmotique P est supérieur à p. Le liquide devra donc s'élever dans les vaisseaux avec une force mesurée par la différence $P - p$ des pouvoirs osmotiques.

La poussée des racines sera d'autant plus forte que le liquide extérieur sera plus dilué et que la sève contenue dans les vaisseaux sera plus concentrée. C'est pour cette raison que la poussée est surtout forte au printemps, lorsque la sève est chargée de matières dissoutes.

La poussée par les racines, comme l'aspiration par les feuilles, contribuera donc à l'ascension de la sève; mais l'influence directe de cette poussée ne peut se transmettre bien loin, d'après ce que nous savons sur la transmission des pressions dans le bois (§ 261). Remarquons de plus que c'est en été, lorsque la circulation est la plus active, que la poussée est la moindre et peut même être négative.

La poussée des racines n'est d'ailleurs pas nécessaire; on constate en effet qu'une tige séparée des racines et plongée dans l'eau par sa base peut rester pendant longtemps le siège d'une circulation normale. Strasburger a même rendu cette expérience plus frappante en mettant la section de la tige en relation avec le récipient d'une machine pneumatique. La poussée étant ainsi remplacée par une aspiration, l'eau n'en continue pas moins à s'élever.

268. Rôle des cellules vivantes du bois. — Supposons une cellule du bois c dont le pouvoir osmotique est p, et la turgescence $t = p$; le pouvoir osmotique du liquide renfermé dans les vaisseaux étant supposé nul, il y aura équilibre si la pression intérieure h' du vaisseau est égale à la pression atmosphérique h.

Que se passera-t-il si cette cellule est assez près d'une feuille pour que la pression h' du vaisseau voisin v soit diminuée par suite de la transpiration (*fig. 69*)? Le vide partiel produit dans le vaisseau fera sortir une petite quantité d'eau de la cellule c dont la turgescence t sera ainsi diminuée. Un nouvel état d'équilibre sera réalisé lorsque $p - t = h - h'$.

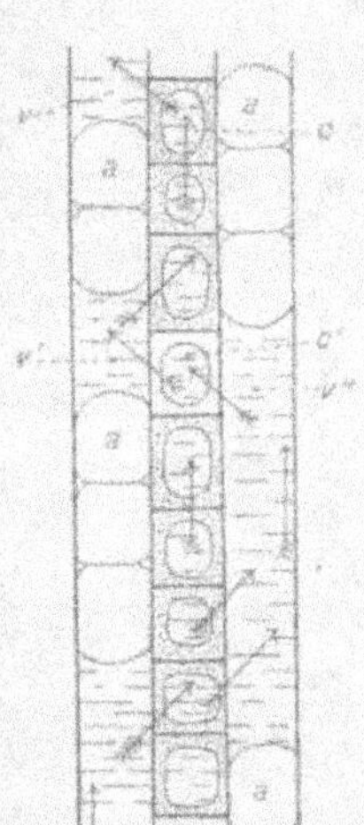

Fig. 69. — Schéma de la circulation de l'eau; v, v', v'', vaisseaux; c, c', cellules vivantes; a, bulles d'air.

Il y a aspiration aussi bien de la part de la cellule que de la part du vaisseau. La cellule tend à rétablir sa turgescence égale au pouvoir osmotique en empruntant de l'eau aux éléments voisins et notamment aux cellules qui sont situées au-dessous d'elle et qui ont une turgescence plus forte. La diminution de turgescence se propagera ainsi dans les cellules, au-dessous des bulles d'air a, jusqu'au niveau des vaisseaux v', v'' qui ont encore la pression intérieure $h' = h$. L'eau passera alors des vaisseaux dans les cellules et la diminution de pression dans les vaisseaux se propagera en même temps que la diminution de turgescence dans les cellules.

On voit que le mouvement ascensionnel de l'eau peut s'établir sans qu'il y ait de courant continu dans les vaisseaux. On peut même supposer que les vaisseaux sont complètement obstrués par les parois transversales ou les bulles d'air. Ces obstacles ont l'avantage d'empêcher la pression due au poids de l'eau de se transmettre à l'intérieur des vaisseaux et constituent des relais que le pouvoir osmotique des cellules vivantes permet de contourner.

Nous venons de voir comment les cellules du bois propagent la diminution de pression produite par la transpiration et déterminent ainsi l'ascension de l'eau. Nous allons voir maintenant comment, par un mécanisme analogue, ces cellules propagent de bas en haut l'augmentation de pression due à la poussée des racines.

Considérons une cellule à un état d'équilibre tel que $p = t$ et $h = h'$. Nous savons que, sous l'influence de la poussée des racines, h' est augmenté et devient supérieur à h. La pression $h' - h$ qui s'exerce ainsi sur les parois des cellules y fait entrer une petite quantité d'eau qui augmente t et diminue p. La turgescence étant supérieure au pouvoir osmotique, la cellule renvoie une partie de son eau dans les éléments voisins et en particulier dans les cellules supérieures dont la turgescence est plus faible. L'augmentation de turgescence se propage ainsi de bas en haut jusqu'au niveau où la pression interne h' des vaisseaux est encore égale à h. Une partie de l'eau des cellules passe alors dans les vaisseaux dont la pression est ainsi augmentée. L'eau s'élève donc sous l'influence de la poussée des racines, comme tout à l'heure sous l'action de la transpiration.

La transpiration par les feuilles et l'absorption par les racines déterminent ainsi, dans le voisinage de chacun de ces organes, un courant ascendant. Ces deux courants se rejoignent dans la tige grâce au pouvoir osmotique des cellules ligneuses qui s'exerce tout le long du bois vivant.

En été, lorsque la transpiration est forte, la dépression qui se produit dans la feuille peut se propager jusqu'aux racines. Les pressions internes sont alors négatives tout le long de la tige. Si la transpiration est faible ou même arrêtée, comme en hiver, l'augmentation de pression due à l'absorption se prolonge tout le long de la tige ; les pressions sont alors positives.

269. Mécanisme de l'ascension de la sève. — L'ascension de la sève dans les tiges est donc due au pouvoir osmotique des cellules vivantes. On peut s'en représenter le mécanisme de la façon suivante. La transpiration des feuilles produit

l'effet d'une pompe aspirante qui ne fait sentir son effet qu'à une faible distance dans la tige. L'absorption par les racines produit l'effet d'une pompe foulante qui ne lance l'eau qu'à une faible hauteur. Les zones d'action de ces deux forces initiales sont reliées par une série continue de cellules vivantes qui, grâce à leur pouvoir osmotique, jouent tantôt le rôle de pompe aspirante, tantôt le rôle de pompe foulante et tendent à égaliser les pressions en établissant un courant d'eau du point où la pression est la plus forte au point où elle est la plus faible.

La transpiration et la poussée n'interviennent que pour établir des différences de pressions et accélérer ainsi le courant. Si l'on suppose supprimées ces deux causes initiales, le courant s'arrêtera lorsque toutes les cellules auront une turgescence égale à leur pouvoir osmotique, c'est-à-dire quand $p = t$ et $h = h'$. On pourra alors considérer la plante comme saturée d'eau. Mais si une cause quelconque vient à diminuer la turgescence, il y aura de nouveau appel d'eau, qui sera empruntée au sol jusqu'à ce que l'équilibre soit rétabli. C'est ce qui a lieu en hiver.

L'eau peut donc monter dans les tiges, grâce aux cellules vivantes, sans qu'il y ait aspiration par les feuilles ou poussée par les racines; mais elle cesse de monter dès que la turgescence est égale au pouvoir osmotique et que l'équilibre est établi. Pour qu'il y ait courant continu, il faut qu'une cause comme la transpiration vienne rompre constamment l'équilibre qui tend à s'établir.

Il résulte de ce mécanisme que l'élévation d'eau suivant la verticale, qui paraît *à priori* être la principale difficulté, est en réalité une circonstance secondaire. La circulation est presque aussi difficile dans une tige horizontale que dans une tige verticale; le poids de la colonne d'eau renfermée dans le vaisseau est très peu de chose à côté de la pression qui serait nécessaire pour établir un courant d'eau continu dans une tige horizontale (5).

4° ÉMISSION D'EAU LIQUIDE.

270. Conditions de l'émission d'eau liquide. — Pendant le printemps ou l'été, on voit quelquefois, le matin, de petites gouttelettes d'eau sur le bord des feuilles de certaines plantes, telles que la Capucine ou la Renoncule. Chez la plupart des Graminées, on peut aussi voir, dans les mêmes conditions, une goutte à l'extrémité du limbe. Ce n'est pas de la rosée, comme on pourrait le croire, c'est de l'eau émise par la plante même; dans certains cas, l'émission est si abondante que la goutte d'eau se détache, tombe et bientôt est remplacée par une autre goutte qui tombe à son tour, et ainsi de suite. C'est de cette façon qu'à l'extrémité de la nervure médiane des grandes feuilles de Colocase, on voit quelquefois les gouttes se succéder à moins d'une minute d'intervalle; une seule feuille peut produire ainsi jusqu'à 20 grammes d'eau en une nuit.

L'émission d'eau, à l'état liquide, n'a lieu ordinairement que lorsque, le sol étant assez humide, des nuits calmes et relativement fraîches succèdent à des journées chaudes et sèches pendant lesquelles la transpiration a été abondante. Le soir, le changement des conditions atmosphériques arrête la transpiration, et l'émission d'eau liquide remplace bientôt la transpiration.

Les gouttelettes d'eau apparaissent toujours aux mêmes points de la feuille, au sommet ou sur les bords, toujours à l'extrémité d'une grosse nervure; nous allons voir la particularité de structure qui détermine cette localisation.

271. Stomates aquifères. — Faisons dans une feuille de Renoncule une coupe passant par l'un des points où se forment les gouttes et parallèlement à la nervure qui y aboutit (*fig. 70*). Nous voyons que la nervure se réduit d'abord à un faisceau de cellules spiralées V qui se prolonge jusqu'à l'épiderme par un tissu de petites cellules *a* pleines d'eau, sans

chlorophylle. L'épiderme même présente un certain nombre de stomates *st* ayant à peu près la structure normale. Mais la chambre sous-stomatique, au lieu de communiquer avec le système des lacunes de la feuille, est simplement au contact du tissu aquifère *a* qui prolonge la nervure. C'est par l'ouver-

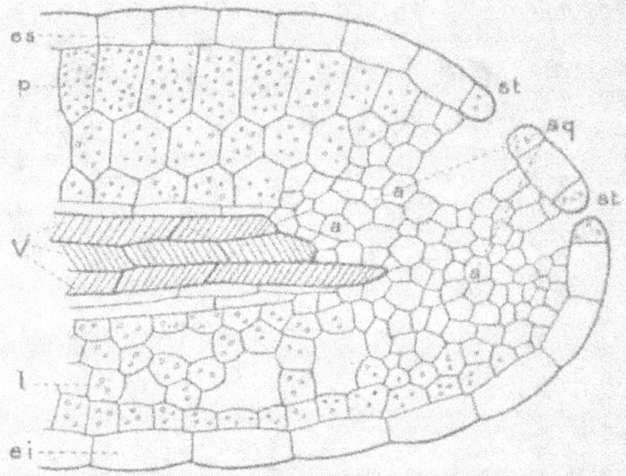

Fig. 70. — Coupe dans une feuille de Renoncule : *st*, stomates aquifères ; *a, a, aq*, tissu aquifère ; *es, ei*, épiderme ; *p*, cellules en palissade ; *l*, tissu lacuneux ; *v*, vaisseaux.

ture de ces stomates spéciaux appelés *stomates aquifères* que sort l'eau dont l'accumulation forme une gouttelette.

C'est en général par des stomates aquifères que sort l'eau émise par la plante à l'état liquide. Chez la Colocase, la sortie de l'eau s'effectue par une petite fente qui se forme dans l'épiderme vers l'extrémité de la nervure principale. Les feuilles jeunes de Graminées ont à leur extrémité des stomates aquifères par où s'écoule l'eau; mais, dans la feuille adulte, l'épiderme s'est fendu et laisse ainsi échapper l'eau sans le secours des stomates.

272. Mécanisme de l'émission d'eau liquide. — Cherchons maintenant à expliquer par quel mécanisme l'eau sort par les stomates aquifères. Pour cela, il faut se rappeler ce qui a été

dit pour expliquer la circulation de l'eau dans le bois (§ 268). Nous appellerons encore h la pression atmosphérique qui s'exerce à l'extérieur des cellules et des vaisseaux, h' la pression intérieure des vaisseaux, p le pouvoir osmotique du suc cellulaire des cellules vivantes et t la valeur de la turgescence de ces cellules.

Après une journée d'été, où la transpiration a été active, on a $h' < h$ et $t < p$. Pendant la nuit, la transpiration est arrêtée bien que l'absorption d'eau par les racines continue. Nous avons vu par quel mécanisme l'eau absorbée par les racines tend d'abord à rétablir un état d'équilibre où $h = h'$ et $p = t$; puis, sous l'influence de la poussée des racines, on a $h' > h$ et $t > p$.

Les cellules ligneuses auront alors une tendance à rejeter de l'eau dans les vaisseaux, et l'eau des vaisseaux tendra à s'échapper par les points de moindre résistance. Que se passera-t-il alors dans la feuille? On sait que certaines nervures se terminent sous des stomates aquifères, et que les derniers vaisseaux ne sont séparés de la chambre sous-stomatique que par quelques cellules aquifères à parois minces et perméables. On conçoit que l'eau, qui est sous pression dans les vaisseaux, sorte par les stomates en traversant les cellules aquifères a (*fig.* 70).

Pour que l'exsudation d'eau liquide puisse se produire en vertu de cette explication, il est nécessaire que l'absorption d'eau soit abondante et que la poussée des racines soit transmise jusqu'aux feuilles. Mais d'autres causes peuvent encore intervenir et amener plus rapidement une augmentation de la pression interne h'. Il suffit pour cela que le pouvoir osmotique p des cellules soit diminué. Supposons en effet que la position d'équilibre ou $p = t$ et $h = h'$ soit réalisée; p venant à diminuer, la turgescence trop forte rejetera de l'eau dans les vaisseaux dont la pression interne h' sera ainsi augmentée. Si cet apport d'eau se fait en même temps tout le long de la tige, l'augmentation de pression sera très rapide et fera succéder très vite l'exsudation d'eau liquide à la transpiration. Mais quelles sont les causes qui peuvent amener une diminution de la pression osmotique?

273. Influence de la température. — La principale cause pouvant amener une variation du pouvoir osmotique des cellules est la variation de la température. On sait que le pouvoir osmotique d'une solution devient moindre lorsque la température s'abaisse. Donc, lorsqu'une nuit fraîche succédera à une journée chaude, le pouvoir osmotique diminuera, et cela surtout dans les feuilles, qui sont plus directement exposées au refroidissement. C'est là une nouvelle raison, plus efficace peut-être que la poussée des racines, qui peut expliquer la production de gouttes d'eau à la surface des feuilles pendant les nuits d'été (5).

Un exemple numérique fera comprendre l'influence considérable que peuvent avoir les changements normaux de température sur le pouvoir osmotique des cellules et la pression interne des vaisseaux. On sait que le pouvoir osmotique d'une solution augmente avec la température proportionnellement au binome de dilatation des gaz. En appelant p_0 le pouvoir osmotique à o°, le pouvoir osmotique P à t° sera :

$$P = p_0 \left(1 + \frac{t}{273} \right) = p_0 \frac{273 + t}{273}.$$

Supposons que $p_0 = $ 10 atmosphères et que la température s'abaisse de 10°, passant de 25° pendant le jour à 15° pendant la nuit. En appliquant la formule, on trouve que la pression osmotique est de 10^{atm}91 pendant le jour et de 10^{atm}36 pendant la nuit, ce qui fait une diminution de 0^{atm}55. Les cellules rejetteront donc de l'eau dans les vaisseaux jusqu'à ce que leur turgescence soit abaissée de 0^{atm}55. L'augmentation de pression qui en résultera pour les vaisseaux dépendra surtout du volume relatif de l'ensemble des cellules et de l'ensemble des vaisseaux.

Admettons qu'une diminution de 0^{atm}55 dans les cellules corresponde à une augmentation quatre fois moindre dans les vaisseaux, soit 0^{atm}14 environ. Si, avant le changement de température, on a $h - h' = $ 0^{atm}07, on aura après : $h' - h = $ 0^{atm}07. Donc, si pendant le jour la dépression des vaisseaux était équivalente à une colonne d'eau d'envi-

ron 60 centimètres, pendant la nuit la pression des vaisseaux sera supérieure à la pression atmosphérique de la même valeur. On conçoit que cette pression soit suffisante pour faire sortir des gouttes d'eau par les stomates aquifères. Il est d'ailleurs probable que l'augmentation de pression due à l'abaissement de la température est souvent plus considérable.

274. Composition du liquide émis ; nectar, miellée. — Le liquide émis par les stomates aquifères est très dilué. Ce n'est pas, comme on l'a cru longtemps, de l'eau absolument pure : l'évaporation laisse toujours un résidu solide de 0,001 à 0,05 p. 100. Mais, dans quelques cas particuliers, les plantes émettent un liquide très sucré qui est le *nectar*. On sait que, dans un grand nombre de fleurs, le plus souvent à la base du pistil, quelquefois ailleurs, se trouve un tissu plus ou moins différencié extérieurement, et auquel on a donné le nom de *nectaire*. Ce tissu se compose de cellules parenchymateuses renfermant d'abondantes réserves sucrées ; au-dessus, l'épiderme présente le plus souvent des stomates aquifères. Ces stomates fonctionnent exactement comme ceux qui sont au bord d'une feuille ; mais le liquide qu'ils émettent sort chargé de sucre puisé dans les cellules des nectaires, c'est du nectar.

Dans quelques cas tels que celui des nectaires de la Vesce cultivée, qui sont sur les stipules, il n'y a pas de stomates ; le nectar sort alors en traversant les parois des cellules épidermiques.

La production du nectar est plus fréquente que le rejet d'eau à la surface des feuilles, et s'effectue souvent pendant toute la journée. Cependant Bonnier a montré que les conditions extérieures agissent de la même façon, sur les deux phénomènes. Il a mesuré dans la Lavande la production du nectar, à chaque heure de la journée, en même temps que la transpiration ; il a trouvé pour le rejet de la vapeur d'eau une courbe inverse de celle que représente l'émission du nectar. Un peu après midi, au moment le plus sec et le plus chaud de la journée, a lieu le maximum de la transpiration et le minimum

pour la sortie du nectar. Pendant la nuit, la transpiration s'arrête et la production du nectar est maxima.

On peut cependant assez souvent observer la sortie du nectar à un moment de la journée où la transpiration est abondante, et même lorsque la feuille a perdu sa turgescence. Le mécanisme est alors tout autre. Supposons, en effet, une goutte de nectar à la surface d'un nectaire; si l'air est sec, l'eau s'évapore et laisse se déposer le sucre. La membrane de l'épiderme sépare le dépôt de sucre, ou le sirop très concentré qui est à l'extérieur, du contenu des cellules qui est beaucoup moins sucré. Il se produit alors un phénomène d'osmose. L'eau des cellules est attirée par le sucre extérieur et vient former une nouvelle gouttelette à la surface du nectaire. L'eau peut ainsi sortir même par un temps très sec et favorable à la transpiration, mais seulement dans le cas où il existe déjà un dépôt de sucre au dessus de l'épiderme.

Un liquide sucré peut encore être produit et rejeté par les plantes, en l'absence de nectaires différenciés, à la surface des feuilles vertes ordinaires. Bonnier a observé de très petites gouttes sucrées à la surface des feuilles de Chêne et a vérifié que ce liquide était sorti par les stomates. On donne le nom de *miellée* à cette production d'eau sucrée à la surface des feuilles. Les circonstances qui favorisent la miellée sont les mêmes qui sont favorables à la sortie du nectar. C'est seulement lorsque la transpiration est arrêtée, le soir ou la nuit, qu'on peut observer la miellée.

Il ne faut pas confondre la miellée dont nous venons de parler, et qui est produite par la plante même, avec la miellée animale produite par des pucerons qui sont sur les feuilles. La miellée animale est en général formée pendant la journée et tombe sur le sol sous forme de très fines gouttelettes.

275. Hydatodes. — Certaines plantes, croissant pour la plupart dans les régions tropicales, peuvent émettre de l'eau à l'état liquide autrement que par des stomates aquifères. Ainsi par exemple, l'*Anamirta Cocculus*, Ménispermée de Java, a quelquefois, le matin, ses feuilles, couvertes de gouttelettes d'eau. En étudiant la structure de ces feuilles, on voit

que chaque gouttelette est superposée à une cellule épidermique de forme très spéciale (*fig. 71*); le contenu *h* est épais, les parois latérales et intérieures sont minces; la paroi externe, épaisse comme dans les autres cellules épidermiques, porte en son milieu un prolongement *a* qui s'enfonce dans l'intérieur de la cellule et qui est gélifié suivant son axe jusque vers l'extérieur. Au milieu de la paroi externe de la cellule, la cuticule *c* est ainsi interrompue et remplacée par une matière gélatineuse *g* qui se gonfle beaucoup sous l'influence de l'eau.

Ces cellules spéciales, appelées *hydatodes* par Haberlandt qui les a étudiées, peuvent, lorsque la transpiration est arrêtée et que la feuille est saturée d'eau, rejeter une gouttelette d'eau par leur canal gélatineux et jouent ainsi le même rôle que les stomates aquifères. Il faut remarquer que les

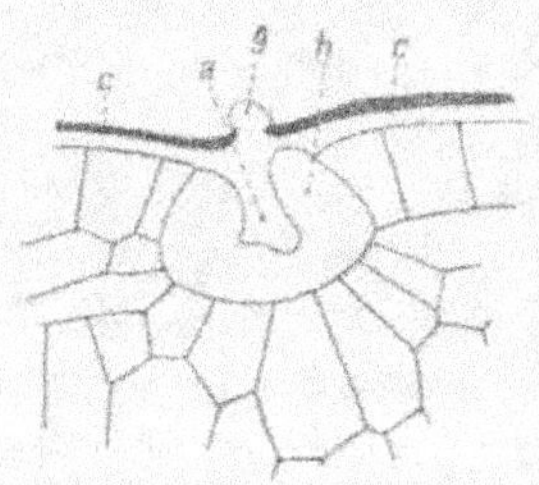

Fig. 71. — Hydatode *h* d'*Anamirta*; *c*, cuticule; *a*, prolongement cellulosique terminé par une masse gélatineuse *g* (d'après Haberlandt).

hydatodes ne sont jamais en rapport avec l'extrémité d'une nervure; il ne reçoivent donc pas directement, comme les stomates aquifères, l'eau qui se trouve dans les vaisseaux du bois.

D'ailleurs, il ne semble pas que les hydatodes soient exclusivement destinés à rejeter l'eau. Haberlandt a constaté, en effet, qu'une feuille fanée d'*Anamirta* redevient très vite turgescente si on la trempe dans l'eau. Le tampon gélatineux qui surmonte les hydatodes absorbe très facilement l'eau et la fait pénétrer à l'intérieur de la feuille. Les hydatodes pourront donc permettre aux feuilles d'absorber l'eau de la pluie; leur rôle serait donc essentiellement régulateur de la proportion d'eau.

Le mécanisme de la sortie de l'eau par les hydatodes est le même que dans le cas des stomates aquifères. L'arrêt de la transpiration suivi d'un abaissement de la température augmente la turgescence des cellules et détermine la sortie de l'eau par les points de moindre résistance. Un abaissement

de la température, en diminuant le pouvoir osmotique des cellules, peut aussi amener l'expulsion d'une certaine quantité d'eau.

Chez d'autres plantes, les hydatodes peuvent avoir une structure un peu différente ; leur caractère le plus important est que la cavité de la cellule communique avec l'extérieur par un canal gélatineux.

276. Émission d'eau par les blessures. — Tout le monde a observé les pleurs de la Vigne ; lorsqu'on taille un pied de Vigne, au printemps, un peu avant l'éclosion des bourgeons, il s'écoule de chaque plaie un liquide clair et assez abondant ; les gouttes se succèdent à quelque secondes d'intervalle. En coupant un cep *a*, un peu au-dessus du sol et en adaptant un tube recourbé *t* (*fig.* 72) au tronçon qui surmonte les racines, on peut recueillir le liquide

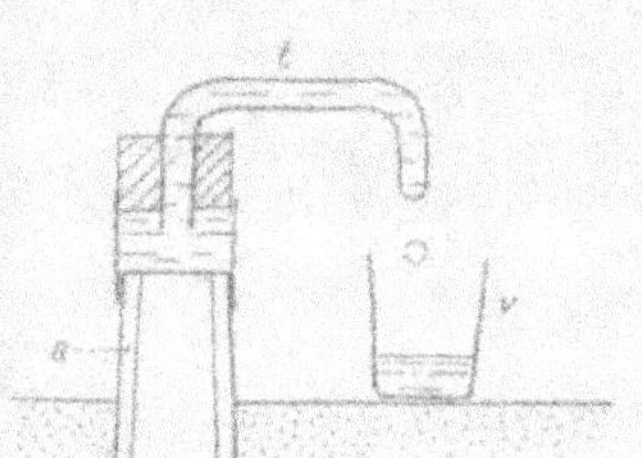

Fig. 72. — Une tige de Vigne *a*, coupée au-dessus du sol émet un liquide que l'on recueille en *V* par un tube *t*.

qui s'écoule ; un seul pied de Vigne peut en fournir ainsi près d'un litre par jour.

Beaucoup de plantes peuvent, comme la Vigne, laisser échapper, de leur tige sectionnée, un liquide abondant ; le Bouleau est particulièrement propre à cette expérience ; un pied de douze ans a pu fournir jusqu'à cinq litres par jour. Au Mexique, un pied d'Agave, dont on a coupé le bourgeon terminal, peut laisser écouler sept litres de sève par jour, pendant cinq mois.

En adaptant à la tige sectionnée un tube vertical portant latéralement un manomètre (voyez plus haut *fig.* 68) à mercure, on peut mesurer la pression du liquide venant des racines, ce que nous avons appelé la *poussée des racines*. Au commencement de l'expérience, le manomètre renferme du mercure qui a le même niveau dans les deux branches ; on remplit le tube vertical d'eau et on le ferme par en haut. La poussée du liquide venant des racines s'exercera donc sur le

mercure, et la différence de niveau dans les deux branches indiquera la force de la poussée. La différence de niveau s'accroît pendant un certain temps, puis devient constante ; c'est alors qu'on la mesure pour avoir la valeur de la poussée. On constate ainsi des valeurs très différentes suivant les plantes. Pour le Mûrier, la pression est de 1 centimètre de mercure ; pour le Frêne, 2 centimètres ; pour le Ricin, 33 centimètres ; pour la Digitale et l'Ortie dioïque, 46 centimètres ; pour la Vigne, 107 centimètres ; pour le Bouleau, 139 centimètres.

La poussée des racines est en relation avec le pouvoir osmotique des cellules (§ 267). La partie absorbante d'une racine peut, en effet, schématiquement être assimilée à un osmomètre dont la paroi semi-perméable est formée par le manchon des cellules vivantes qui entoure les jeunes racines ; à l'extérieur se trouve le liquide du sol, de pouvoir osmotique p très faible ; à l'intérieur, dans les vaisseaux du bois, se trouve la sève brute de pouvoir osmotique $P > p$. Le liquide devra donc s'élever dans le bois d'une hauteur correspondante à la différence $P - p$, en admettant bien entendu qu'il n'y ait pas d'obstacle. Cette hauteur représentera la poussée des racines.

On voit que la valeur de la poussée dépend à la fois de P et de p. La poussée augmente lorsque p diminue, c'est-à-dire quand le sol est saturé d'eau ; elle augmente également lorsque P augmente, c'est-à-dire lorsque la sève brute est plus concentrée. On constate, en effet, que la plupart des plantes qui ont une poussée des racines très forte émettent un liquide qui a un pouvoir osmotique considérable ; c'est le cas notamment de l'Érable à sucre dont la sève peut contenir 3 % de sucre. Mais le liquide écoulé par les blessures n'a pas été assez étudié à ce point de vue pour qu'on puisse établir un parallélisme net entre la poussée et le pouvoir osmotique.

277. Périodicité de la poussée. — La poussée des racines a des valeurs très différentes suivant la saison où l'on opère. Pour les arbres, c'est toujours au printemps, un peu avant l'épanouissement des bourgeons que la poussée est la plus forte. Lorsque les feuilles sont développées et que la transpi-

ration est devenue active, la poussée diminue rapidement et devient même négative. Si on coupe alors la tige, non seulement il n'en sort pas d'eau, mais l'eau que l'on met au contact de la section est absorbée ; la pression intérieure est devenue inférieure à la pression atmosphérique.

Cependant, si on supprime la transpiration en enlevant toutes les feuilles de l'arbre, la pression intérieure augmente peu à peu et la poussée redevient positive. Pour la Vigne, on peut ainsi obtenir une poussée plus ou moins forte pendant toute l'année, sauf au commencement de l'hiver, vers le mois de janvier. D'une façon générale, on peut dire que la poussée des racines des arbres est soumise à une périodicité annuelle, le maximum étant au commencement du printemps et le minimum en hiver.

Les conditions extérieures influent sur la valeur de la poussée. Dans un sol humide, la poussée est beaucoup plus forte que dans un sol sec ; la dilution du milieu nutritif augmente la poussée, et cela se comprend, car nous avons vu que cette poussée pouvait être considérée comme la différence entre le pouvoir osmotique de la sève et celui du milieu nutritif. La chaleur augmente aussi la poussée des racines, mais jusqu'à un certain point seulement ; il y a une température optima au-dessus de laquelle la poussée diminue ; pour la Courge, cette température est $26°$.

278. **Composition du liquide émis.** — Le liquide émis par une tige sectionnée représente la sève brute ou ascendante ; sa composition varie suivant les plantes et suivant l'époque. Le résidu laissé par l'évaporation renferme des matières organiques combustibles et des matières minérales, comme l'indique le tableau suivant relatif au Bouleau ; un litre de sève renferme en milligrammes :

	Matières organiques.	Matières minérales.
11 avril	13,500 milligr.	500 milligr.
15 —	13,500 —	570 —
24 —	10,600 —	900 —
2 mai	10,100 —	1,080 —

On voit que la sève renfermée dans le bois ne contient pas seulement les sels minéraux empruntés au sol, mais encore des matières organiques provenant de la digestion des réserves accumulées dans la tige ou dans la racine. Nous avons vu (§ 40) que le liber est la voie principale par où les réserves de la racine émigrent vers la tige. Le tableau précédent nous montre qu'une partie de ces réserves passe par le bois. La diminution des matières organiques dans la sève, du 11 avril au 2 mai, tient à l'épuisement progressif des réserves, et l'augmentation des matières minérales s'explique par le développement de l'appareil radiculaire qui favorise l'absorption des sels.

La sève de certaines plantes renferme assez de sucre pour pouvoir être utilisée. C'est ainsi que les entailles faites dans la tige de l'*Acer saccharinum*, commun au Canada, laissent échapper un liquide qui renferme jusqu'à 3,57 % de saccharose qui peut être extrait par évaporation. En coupant le bourgeon terminal de l'*Agave americana*, il s'écoule du sommet de la tige un liquide sucré qui, par fermentation, donne une liqueur alcoolique très recherchée par les indigènes du Mexique. Divers Palmiers, tels que le Cocotier, le Sagoutier et le Raphia, laissent aussi échapper de leur inflorescence sectionnée une sève sucrée, qui subit spontanément la fermentation alcoolique et donne le *vin de palme*.

BIBLIOGRAPHIE.

1. BONNIER. *Recherches sur la transmission de la pression à travers les plantes vivantes* (Rev. gén. de Bot., t. V, 1893).

2. DIXON. *Transpiration and the Ascent of Sap* (Progressus rei botanicæ, t. III, 1909, renferme l'historique).

3. EWART. *The Ascent of Water in Trees* (Phil. trans. of the roy. Soc. of London, série B, vol. CLXLVIII, 1906, et vol. CIC, 1908).

4. GODLEWSKI. *Zur Theorie der Wasserbewegung in den Pflanzen* (Jahrb. f. wiss. Bot., Bd 15, 1884).

5. LECLERC DU SABLON. *Sur le mécanisme de la circulation de l'eau dans les plantes* (Rev. gén. de Bot., t. XXII, 1910).

6. STRASBURGER. *Ueber das Saftsteigen*. Iéna, 1893.

CHAPITRE VIII.

TRANSPIRATION.

1º MESURE DE LA TRANSPIRATION.

279. Dégagement de vapeur d'eau. — C'est un fait d'observation banale que les plantes dégagent de la vapeur d'eau; Mariotte l'avait mis en évidence de la façon suivante. Il introduisait dans un ballon en verre l'extrémité d'un rameau couvert de feuilles et maintenu en continuité avec l'arbre; il fermait ensuite aussi exactement que possible le goulot du ballon, de façon à laisser seulement le passage de la branche. Au bout de peu de temps, surtout si les feuilles étaient éclairées par le soleil, des gouttelettes d'eau se condensaient sur la paroi interne du ballon et venaient se réunir au fond.

Cette expérience, en même temps qu'elle démontre l'existence de la transpiration, c'est-à-dire du dégagement d'eau par les plantes, permet de mesurer l'intensité de la transpi-

ration, c'est-à-dire la quantité de vapeur d'eau dégagée par une portion de plante donnée pendant un temps donné; il suffit pour cela de peser l'eau qui s'est accumulée au fond du ballon. Mais on n'obtient ainsi qu'une approximation assez grossière, une partie de la vapeur dégagée pouvant rester dans l'atmosphère.

280. Méthodes de mesure — Dans les recherches précises, on mesure d'ordinaire l'intensité de la transpiration par d'autres méthodes que nous allons maintenant examiner.

Méthode des pesées. — Cette méthode, d'abord employée par Hales, consiste à apprécier la quantité d'eau dégagée par une plante en mesurant la perte de poids de cette plante. Supposons, par exemple, que nous ayons une plante cultivée dans un pot; pour que la perte de poids de l'ensemble du pot et de la plante représente le poids de la vapeur d'eau dégagée, il est nécessaire d'empêcher l'évaporation de se produire à la surface du pot ou de la terre; pour cela, on passe une couche de vernis imperméable sur la surface du pot et on recouvre la terre d'une plaque de verre mastiquée aussi exactement que possible et qui ne laisse passer que la tige de la plante.

Après avoir pris ces précautions pour empêcher l'évaporation, on peut opérer de la façon suivante : on met le pot sur l'un des plateaux d'une balance et on fait l'équilibre. La transpiration rompt ensuite de plus en plus l'équilibre, et le plateau qui supporte la plante s'élève. Les poids marqués qu'il faut ajouter, au bout d'une heure par exemple, pour rétablir l'équilibre, indiquent le poids de l'eau dégagée pendant une heure.

Si l'on veut savoir le temps qui est nécessaire pour que la plante dégage un poids donné de vapeur d'eau, 10 grammes par exemple, on établit d'abord l'équilibre, puis on ajoute 10 grammes sur le plateau qui supporte la plante. L'équilibre est rompu; le temps nécessaire pour que l'équilibre se rétablisse, grâce à la transpiration, donne précisément le temps pendant lequel la plante dégage 10 grammes de vapeur d'eau.

Méthode du chlorure de calcium. — Lorsque les plantes

en expérience sont sous une cloche, on utilise la propriété qu'a le chlorure de calcium d'absorber la vapeur d'eau. On met donc sous la cloche un poids connu de chlorure de calcium bien sec contenu dans une capsule. Toute l'eau dégagée par la plante, pendant l'expérience, est absorbée par le chlorure de calcium qui augmente ainsi de poids. A la fin de l'expérience, on pèse de nouveau le chlorure, et l'augmentation du poids donne la quantité de vapeur d'eau dégagée. Pour éviter toute cause d'erreur, il faut employer du chlorure assez sec et en assez grande quantité pour être sûr que toute la vapeur dégagée sera absorbée.

Méthode de l'absorption. — Sachs a mesuré la transpiration par une méthode basée sur ce fait que, au moins dans

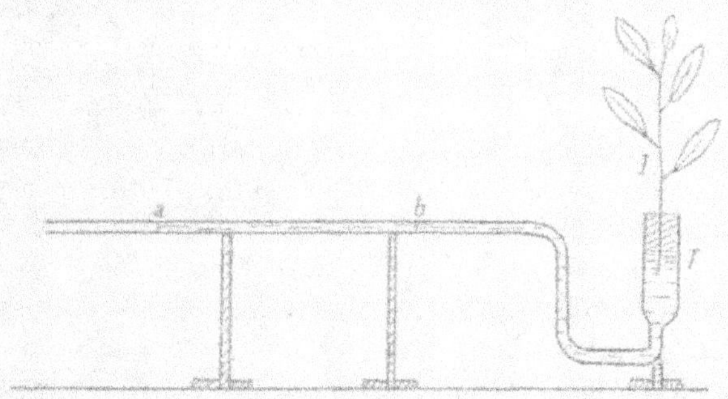

Fig. 73. — Appareil destiné à mesurer la transpiration d'un rameau *l* : *a b T*, tube renfermant de l'eau.

certaines circonstances, la quantité d'eau transpirée par une plante est égale à la quantité d'eau absorbée ; en mesurant l'eau absorbée, on a donc ainsi l'eau transpirée. On se sert pour cela d'un appareil (*fig. 73*) formé essentiellement d'un tube horizontal *a b*, mince, gradué, long d'environ 1 mètre ; l'une de ses extrémités se recourbe en une branche verticale descendante qui se relève ensuite et se termine au niveau de la partie horizontale par une partie élargie T ; en T, est un bouchon percé d'un trou dans lequel on peut mastiquer la base du rameau *l* que l'on veut étudier ; on remplit ensuite l'appareil d'eau, de préférence d'eau colorée par l'éosine plus

facile à voir, et on note le point *a* où s'arrête la colonne d'eau dans la branche horizontale du tube.

On abandonne ensuite l'appareil à lui-même. L'eau transpirée par les feuilles est remplacée dans la plante par l'eau puisée par la tige dans le tube; et le recul *a b* du niveau dans la branche horizontale indique la quantité d'eau absorbée. On obtient ainsi l'intensité de la transpiration, si l'on admet que la transpiration est égale à l'absorption. On s'en assure en vérifiant que la plante n'a pas changé de poids pendant l'expérience.

281. Intensité de la transpiration. — Pour apprécier l'intensité relative de la transpiration chez deux plantes différentes, on compare en général les quantités d'eau dégagée par des surfaces foliaires égales pendant des temps égaux, toutes les conditions extérieures, température, éclairement, état hygrométrique, etc., étant bien entendu les mêmes. Lorsque les feuilles étudiées sont plates, on obtient facilement leur surface en découpant un morceau de papier égal et en le pesant; connaissant le poids d'un carré de 10 centimètres de côté du même papier, on en déduit la surface de la feuille.

On a ainsi constaté que l'intensité de la transpiration était très variable suivant les plantes étudiées; en général, les plantes herbacées et les arbres à feuilles caduques transpirent plus que les arbres à feuilles persistantes, et ceux-ci transpirent plus que les plantes grasses à tiges ou feuilles charnues. D'après les nombres donnés par Boussingault (2), une feuille de Vigne exposée au soleil dégage, par heure et par décimètre carré de surface, une quantité d'eau qui peut varier de $0^{gr}200$ à $0^{gr}600$, suivant les conditions extérieures; dans les mêmes conditions, les feuilles de Topinambour dégagent $0^{gr}700$ d'eau; les feuilles de Châtaignier, $0^{gr}310$; les feuilles d'Avoine, $0^{gr}260$; les feuilles d'Oranger, $0^{gr}150$; les feuilles de Lierre, $0^{gr}050$.

On a pu ainsi se faire une idée approximative de la quantité d'eau que les plantes empruntaient au sol dans les conditions ordinaires de la végétation. Pendant les journées d'été, un champ de Betteraves dégage environ 20.000 kilogrammes

d'eau par jour et par hectare. La transpiration d'un champ d'Avoine d'un hectare pendant le printemps et l'été correspond à environ 2.277.000 kilogrammes d'eau, ce qui représente une couche d'eau épaisse de $22^{cm}77$, sur toute la surface du champ ; un Hêtre de cent cinquante ans couvert de feuilles rejette dans l'atmosphère à peu près 75 kilogrammes d'eau par jour, ce qui fait pour une année (du 1er juin au 1er septembre) 3.000.000 de kilogrammes d'eau.

282 Variations de la transpiration suivant l'âge. — Sur une même plante, toutes les feuilles ne transpirent pas avec la même intensité. Ainsi, tandis qu'une très jeune feuille de Betterave, qui ne pèse encore que $0^{gr}199$, dégage $0^{gr}123$ par décimètre carré et par heure, une feuille adulte, qui pèse $14^{gr}657$, ne dégage plus que $0^{gr}064$ dans les mêmes conditions. Ces variations tiennent à diverses circonstances dont la principale est l'épaisseur moindre de la cuticule chez les jeunes feuilles.

Lorsqu'on étudie la transpiration des feuilles, il est nécessaire, pour obtenir des résultats conformes au fonctionnement normal de la plante, d'opérer sur des feuilles tenant encore à la tige, et non sur des feuilles séparées. Les exemples suivants, cités par Palladine, montrent l'importance de cette précaution. Alors qu'une feuille de *Cissus* isolée dégage $10^{gr}6$ d'eau en vingt-quatre heures, un rameau de la même plante, qui porte six feuilles, ne dégage que $10^{gr}8$ dans le même temps ; la transpiration est donc environ six fois plus forte sur la feuille isolée. La transpiration d'une feuille de Chêne séparée de la tige est de $3^{gr}2$ d'eau en vingt-quatre heures, tandis que celle d'un rameau qui porte cent quatre-vingts feuilles est de $28^{gr}8$, c'est-à-dire vingt fois moindre à surface égale. Les choses se passent comme si la feuille, affaiblie par son isolement, laissait échapper plus facilement l'eau qu'elle renferme.

283. Variations diurnes. — En étudiant la transpiration aux divers moments d'une même journée, on constate que l'intensité est très variable suivant les heures. Le matin, elle

est très faible, puis augmente peu à peu, atteint sa valeur maxima, en général entre midi et deux heures, puis diminue ensuite et redevient très faible au coucher du soleil. Pendant la nuit, la transpiration est peu variable et souvent complètement nulle.

On conçoit d'ailleurs que les variations diurnes de la transpiration soient influencées par l'état de l'atmosphère. Lorsque la matinée est plus chaude et plus sèche que la soirée, le maximum a lieu avant midi. Pendant une journée fraîche et brumeuse, la transpiration reste faible du matin au soir. Il y a donc lieu d'étudier séparément l'influence de chacune des circonstances qui, dans les conditions naturelles, influent en même temps sur la transpiration. Pour cela, nous mettrons la plante étudiée dans des conditions telles qu'une seule des causes varie à la fois. Pour rechercher par exemple l'action de la température, nous exposerons successivement la même plante à des températures différentes en maintenant constants l'état hygrométrique, l'éclairement, etc.

284. Influence de la température. — En opérant ainsi, on constate que l'intensité de la transpiration augmente avec la température. Au-dessous de 0°, la quantité d'eau dégagée est très faible, mais elle n'est pas absolument nulle. Ainsi, à — 10°, les feuilles d'If transpirent encore ; ce résultat ne doit pas d'ailleurs beaucoup nous étonner, car on sait que, même à ces températures très basses, la vapeur d'eau a encore une certaine tension. Plus la température est élevée, plus la transpiration est intense ; il n'y a pas d'optimum. Aux hautes températures, le dégagement de vapeur d'eau ne diminue que si les feuilles commencent à se dessécher. Lorsque la feuille est suffisamment humide, l'émission de vapeur augmente, même et surtout, si le protoplasma est altéré par l'élévation de température ; mais alors, on n'a plus affaire à la transpiration proprement dite, mais à une simple évaporation.

285. Influence de l'état hygrométrique. — La transpiration s'affaiblit à mesure que l'état hygrométrique de l'air s'élève. A ce point de vue encore, la transpiration des plantes

ressemble à l'évaporation de l'eau telle qu'elle se produit en dehors des êtres vivants.

Si on expose une plante verte au soleil sous une cloche dont l'atmosphère est saturée de vapeur d'eau, on voit néanmoins des gouttelettes d'eau ruisseler sur les parois de la cloche. On en a conclu que la transpiration continue, même dans une atmosphère saturée. Mais il faut remarquer qu'en général la plante est à une température légèrement supérieure à celle de l'atmosphère qui l'entoure. L'atmosphère qui est saturée pour sa propre température n'est donc pas saturée pour la température de la plante, laquelle peut par conséquent être considérée comme n'étant pas dans une atmosphère saturée ; elle peut donc émettre de la vapeur d'eau, qui, en vertu du principe de Watt, va se condenser sur la paroi de la cloche qui est à la température de l'atmosphère. Il se fait donc comme une sorte de distillation, de la plante plus chaude vers la paroi froide de la cloche. Si on élève légèrement la température de la cloche, on constate d'ailleurs que la condensation de vapeur d'eau cesse. On peut donc dire que, dans une atmosphère saturée, la transpiration s'arrête comme la simple évaporation.

285. Influence de l'agitation de l'air. — On sait que le renouvellement rapide de l'air à la surface de l'eau active la formation de la vapeur. Une expérience de Boussingault montre qu'il en est de même pour la transpiration des plantes. Des feuilles de Topinambour dégageaient dans un air calme $0^{gr}74$ d'eau par heure et par décimètre carré. La même plante, dans les mêmes conditions d'éclairement et de température, était exposée au courant d'air produit par un tarare ; le dégagement de vapeur d'eau s'élevait alors à $0^{gr}95$ par heure et par décimètre carré. C'est là un caractère commun de plus à la transpiration et à l'évaporation.

Il est facile de vérifier dans la nature l'influence de l'agitation de l'air sur la transpiration. Pendant les périodes de vent, même si la température n'est pas très élevée, les plantes se fanent beaucoup plus vite que par un temps calme. On comprend dès lors comment les vents qui sont à la fois secs et chauds, comme le sirocco, sont désastreux pour la végétation.

287. Influence de la lumière. — Voyons d'abord quelle est l'influence de l'ensemble des radiations qui constituent la lumière blanche telle qu'elle est fournie par le soleil. Wiesner (7) s'est servi pour faire cette étude de jeunes plants de Maïs cultivés dans une éprouvette renfermant de l'eau. L'eau transpirée était mesurée par la perte de poids de l'éprouvette. Pour éviter les causes d'erreur dues à l'évaporation, la surface de l'eau était recouverte d'une couche d'huile. Les pieds de Maïs employés avaient en général trois feuilles développées et pesaient un peu moins de 1 gramme chacun.

Pour rendre les résultats plus comparables, Wiesner a calculé dans chaque cas l'eau dégagée par décimètre carré et par heure. Il a opéré d'abord avec des Maïs étiolés qui, développés à l'obscurité, n'avaient point de chlorophylle. Les expériences avec ces plantes, exposées à la lumière, duraient peu de temps ; la chlorophylle ne se formait donc pas en quantité suffisante pour être une cause d'erreur. D'autres Maïs servant à d'autres expériences, avaient verdi à la lumière d'une façon normale. La transpiration de ces Maïs verts ou étiolés était mesurée successivement à l'obscurité, à la lumière solaire diffuse telle qu'on l'a ordinairement dans un laboratoire, et à la lumière solaire directe. Les résultats obtenus ont été les suivants ; les nombres donnés expriment en milligrammes la quantité d'eau dégagée par décimètre carré et par heure :

	Obscurité.	Lum. diffuse.	Soleil.
Maïs étiolé..	100 milligr.	112 milligr.	299
— vert ...	97 —	114 —	755

Pour le Maïs étiolé, la transpiration est un peu plus forte à la lumière diffuse qu'à l'obscurité, et beaucoup plus forte à la lumière solaire qu'à la lumière diffuse. Sur les plantes vertes, l'influence de la lumière diffuse est un peu plus grande que sur les Maïs étiolés, et l'influence de la lumière solaire beaucoup plus grande.

Dans ce genre d'expériences, il faut tenir compte des perturbations produites par un changement brusque d'éclairement. Si, en effet, on porte une plante de l'obscurité à la lumière, on observe, pendant la première heure, par exemple,

une accélération considérable de la transpiration, puis la transpiration se ralentit et devient constante tout en demeurant supérieure à ce qu'elle était à l'obscurité. On doit considérer comme seuls valables les résultats obtenus lorsque ce régime constant est établi.

Les résultats obtenus avec le Maïs ont été étendus aux autres plantes vertes ou dépourvues de chlorophylle. L'influence accélératrice de la lumière solaire sur la transpiration se fait sentir chez les Champignons, qui sont complètement dépourvus de matière verte, de même que sur les fleurs, telles que celles de *Spartium* qui sont jaunes. Chez les plantes vertes, l'action de la lumière est toujours beaucoup plus forte. On doit donc admettre que la chlorophylle joue un rôle dans la transpiration comme dans l'assimilation du carbone ; nous reviendrons tout à l'heure sur le dégagement de vapeur d'eau considéré comme fonction chlorophyllienne.

288. Influence des radiations colorées. — Après avoir vu l'action de la lumière blanche, Wiesner a étudié l'action spéciale de chacune des radiations colorées qui composent cette lumière. Il a séparé les radiations les unes des autres au moyen d'un prisme, de façon à obtenir un spectre haut de 15 centimètres et assez large pour qu'il y ait un intervalle de 12 centimètres entre la raie B et la raie D. Le faisceau lumineux ainsi décomposé pénétrait dans une chambre obscure : les Maïs en expérience pouvaient donc être exposés dans telle ou telle radiation, sans être éclairés par aucune autre source lumineuse. Un groupe de trois jeunes plantes pesant ensemble 2ᵍʳ40 était ainsi exposé successivement dans les lumières rouge, orangée, bleue, ultra-violette et puis dans l'obscurité. Les quantités d'eau dégagées en une heure par les plantes en expérience ont été calculées d'après le temps nécessaire pour dégager 10 milligrammes d'eau, ce temps variant en général entre quatre et cinq minutes ; ces quantités sont :

Rouge	136	milligrammes
Orangé	122	—
Bleu	146	—
Ultra-violet	70	—
Obscurité	62	—

Toutes les radiations ont donc une influence, mais toutes n'ont pas la même influence; les plus actives sont les bleues et les rouges, c'est-à-dire celles qui sont absorbées par la chlorophylle. Il est intéressant de remarquer que la plante est encore sensible à la lumière ultra-violette invisible pour notre œil.

Dans ces expériences, Wiesner a opéré sur des plants de Maïs portant plusieurs feuilles et qui forcément occupent sur le spectre une place assez large correspondant à des radiations différentes; pour localiser d'une façon plus étroite l'action des radiations, il s'est servi, dans une seconde série d'expériences, d'un pied de Maïs ne portant qu'une feuille et pesant seulement 0ᵍʳ40. Cette feuille était placée successivement dans le rouge vis-à-vis de la bande I du spectre d'absorption de la chlorophylle, dans l'orangé entre la bande II et la bande III, dans le vert entre la bande IV et la bande V, dans le bleu, vis-à-vis de la bande VI et enfin dans l'obscurité; les quantités d'eau dégagées en une heure, calculées comme pour le tableau précédent, sont :

Rouge	34,9	milligrammes.
Orangé	32,6	—
Vert	30,4	—
Bleu	38,7	—
Obscurité	24,0	—

Ces résultats confirment donc ceux de la première expérience; les radiations les plus efficaces sont celles qui sont absorbées par la chlorophylle. Il faut remarquer aussi que, contrairement à ce qui se passe dans l'assimilation chlorophyllienne, la lumière bleue a plus d'action que la lumière rouge.

Dans une nouvelle série d'expériences, Wiesner a séparé les radiations, non plus à l'aide d'un prisme, mais avec des dissolutions diversement colorées qui absorbent certaines radiations et laissent passer les autres. Une dissolution de bichromate de potassium laisse passer les radiations comprises entre la raie B et la raie E𝑏, c'est-à-dire à peu près la moitié la plus réfrangible du spectre. Une dissolution bleue de sulfate

de cuivre ammoniacal laisse passer les radiations comprises entre la raie Eb et la raie H plus un peu de lumière rouge, c'est-à-dire surtout de la lumière bleue. Une dissolution alcoolique de chlorophylle ne retient que les radiations qui constituent le spectre d'absorption de la chlorophylle et donne une lumière verte. L'eau tenant en suspension un très fin précipité d'oxalate de calcium laisse passer la lumière blanche, atténuée à peu près dans les mêmes proportions que les lumières colorées obtenues à l'aide des écrans précédents.

On peut ainsi comparer, toutes choses égales, l'influence de la lumière blanche à celle des radiations colorées. Le moyen le plus commode de se servir des liquides colorés est d'employer des cloches C à double paroi (*fig. 74*): on met le liquide l entre les deux parois; la plante est à l'intérieur même de

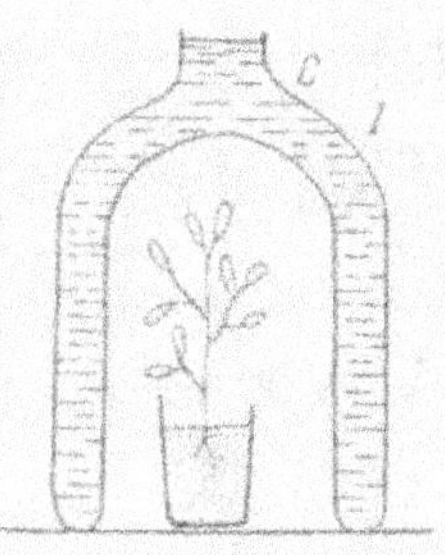

Fig. 74. — *C*, cloche à double paroi renfermant un liquide coloré *l*.

la cloche: de la sorte, la lumière n'arrive sur les feuilles en expérience qu'après avoir traversé l'écran coloré.

Ceci posé, on prend de jeunes plants de Maïs aussi comparables que possible et dont les organes aériens, pesant environ 1^{gr}8, ont une surface transpiratoire d'environ 40 centimètres. Pour chacun d'eux, on mesure d'abord la transpiration à l'obscurité. Puis la transpiration de chaque plante est mesurée sous l'une des cloches colorées. Pour rendre les résultats comparables, on calcule la quantité d'eau transpirée, en une heure et sous l'influence d'une lumière colorée, par une surface foliaire qui, en une heure et à l'obscurité, transpire 100 milligrammes. Pour le Maïs, les résultats obtenus sont :

Lumière blanche	187 milligrammes.
— bleue	134 —
— jaune	121 —
— verte	117 —
Obscurité	100 —

Pour des branches d'If, les résultats sont analogues :

Lumière blanche	666 milligrammes.
— bleue	535	—
— jaune	508	—
— verte	333	—
Obscurité	100	—

Les radiations les plus efficaces sont donc les bleues, puis les rouges. La lumière qui a traversé une solution de chlorophylle est très peu efficace; ce sont donc bien les radiations absorbées par cette substance qui activent la transpiration.

289. Rôle de la chlorophylle.

289. Rôle de la chlorophylle. — La conclusion la plus importante qu'on puisse tirer des expériences qui précèdent est que la chlorophylle joue un rôle dans la transpiration et qu'elle doit ce rôle à la propriété d'absorber certaines radiations. L'augmentation du dégagement de vapeur d'eau est donc une fonction de la chlorophylle, comme l'assimilation du carbone. Mais il y a entre ces deux fonctions chlorophylliennes une très grande différence ; l'assimilation du carbone de l'atmosphère est nulle chez les plantes sans chlorophylle ou chez les plantes vertes à l'obscurité, tandis que le dégagement d'eau subsiste, bien qu'affaibli, à l'obscurité ou chez la plante non verte. Tandis que l'assimilation du carbone est une fonction unique, le dégagement de vapeur d'eau peut, comme Van Tieghem (6) l'a proposé, être décomposé en deux fonctions : 1° la transpiration proprement dite qui existe seule chez les plantes sans chlorophylle et qui se manifeste seule chez les plantes vertes à l'obscurité ; 2° la chlorovaporisation qui correspond à l'eau dégagée sous l'influence de la chlorophylle et qui, chez les plantes vertes exposées à la lumière, vient s'ajouter à la transpiration proprement dite.

Il est facile de faire la part qui revient à chacune de ces deux fonctions dans la vapeur d'eau dégagée par une plante verte à la lumière. Dans l'expérience de Wiesner sur le Maïs (§ 287), par exemple, l'intensité de la transpiration proprement dite est représentée par 97 milligrammes qui est la quantité d'eau dégagée à l'obscurité; l'intensité de la chlorovapo-

risation est représentée par $785 - 97 = 688$ milligrammes, différence entre l'eau dégagée à la lumière et l'eau dégagée à l'obscurité.

290. Influence du gaz carbonique et des anesthésiques. — Puisque le dégagement de vapeur d'eau est dans une certaine mesure une fonction de la chlorophylle, on peut se demander si les circonstances qui agissent sur l'assimilation du carbone agissent aussi, et de la même façon, sur le dégagement de vapeur d'eau. On sait, par exemple, que l'assimilation du carbone est augmentée par une atmosphère renfermant environ 10 p. 100 de gaz carbonique, tandis qu'elle est arrêtée par la présence d'anesthésiques tels que l'éther ou le chloroforme. En est-il de même pour le dégagement de vapeur d'eau?

Les expériences de Jumelle (4) montrent qu'une plante verte exposée au soleil dégage beaucoup plus de vapeur d'eau dans une atmosphère privée de gaz carbonique. D'autre part, la présence des anesthésiques augmente le dégagement de vapeur d'eau par les plantes exposées au soleil. A l'obscurité, le résultat est inverse; le dégagement de vapeur d'eau est réduit par l'absence de gaz carbonique et augmenté par la présence d'un anesthésique.

En somme, sous l'action du gaz carbonique et des anesthésiques, la chlorovaporisation, qui est sous l'influence de la chlorophylle, varie d'une façon inverse de l'assimilation du carbone; il y a balancement entre ces deux fonctions; la transpiration à l'obscurité est modifiée d'une façon inverse de la chlorovaporisation.

291. Transpiration et évaporation. — La transpiration des plantes et l'évaporation sont deux phénomènes, l'un physiologique, l'autre physique, qui consistent, tous les deux, en formation de vapeur d'eau. De plus, ces deux phénomènes sont influencés de la même manière par la température, l'état hygrométrique et l'agitation de l'atmosphère; mais ils diffèrent profondément par l'influence de la lumière et des diverses circonstances qui modifient l'assimilation du carbone. Nulle sur l'évaporation, l'influence de la lumière est considérable sur la

transpiration et surtout sur la chlorovaporisation. De plus, diverses circonstances, telles que la présence du gaz carbonique ou d'anesthésiques dans l'atmosphère, qui agissent sur l'assimilation du carbone, ont une action inverse sur la transpiration des plantes vertes à la lumière, et restent sans influence sur l'évaporation.

Si, par un moyen quelconque on tue une feuille, l'eau qui imbibe cette feuille continue à se transformer en vapeur, mais ce n'est plus de la transpiration, c'est de l'évaporation; et l'on constate qu'alors le dégagement de vapeur d'eau est beaucoup plus considérable. L'évaporation est par conséquent plus intense que la transpiration. Il semble donc que le rôle de la matière vivante ne soit pas de former de la vapeur d'eau, mais de diminuer, au contraire, la quantité de vapeur d'eau qui tendrait à se former par simple évaporation. Le fait, cité plus haut, de l'augmentation de la transpiration dans les feuilles détachées de la tige, est conforme à cette manière de voir. Une feuille isolée se trouve dans des conditions défectueuses qui diminuent l'énergie avec laquelle elle retient l'eau.

Pour comparer l'intensité de l'évaporation à celle de la transpiration, Hartwig a mesuré la quantité de vapeur d'eau dégagée en 24 heures par un 1 mètre carré de feuilles de Hêtre et la quantité de vapeur formée dans les mêmes conditions à la surface de l'eau. Pendant que les feuilles dégagent 210 grammes de vapeur, la surface libre de l'eau en dégage 2.000 grammes; l'évaporation serait donc environ dix fois plus intense que la transpiration. Mais, il faut remarquer que les deux surfaces d'évaporation ne sont pas comparables; le dégagement de la vapeur d'eau à la surface de la plante étant retardé par certains particularités de structure que nous examinerons tout à l'heure. La comparaison des feuilles vivantes avec les feuilles mortes est plus probante.

Quoi qu'il en soit, la transpiration diffère de l'évaporation en ce que, toutes choses égales d'ailleurs, elle est moins énergique. L'activité du protoplasma vivant se manifeste donc par une rétention de vapeur d'eau; cette rétention est la plus grande possible à l'obscurité et chez les plantes dépourvues de chlorophylle; elle est beaucoup moins énergique à la

lumière, surtout chez les plantes vertes. Au point de vue du dégagement de vapeur d'eau, une plante verte exposée au soleil se rapproche plus d'une plante morte qu'une plante sans chlorophylle ou qu'une plante verte maintenue à l'obscurité. En se plaçant à ce point de vue, la chlorovaporisation n'est donc pas une nouvelle fonction qui vient s'ajouter à une autre; c'est, au contraire, l'atténuation d'une fonction générale qui est la rétention de vapeur d'eau.

2° MÉCANISME DE LA TRANSPIRATION.

292. Transpiration stomatique et transpiration cuticulaire. — Par où se dégage la vapeur d'eau produite par la plante? Nous savons que toutes les feuilles sont entourées d'une cuticule qui recouvre la paroi externe des cellules épidermiques. D'ailleurs toutes les parois des cellules sont plus ou moins imbibées d'eau : il est donc à prévoir que la surface externe de la feuille sera normalement le siège d'une évaporation d'eau. D'autre part, nous savons que l'épiderme des feuilles, surtout à la face inférieure, est percée de petits orifices appelés *stomates*, limités par deux cellules spéciales, dites cellules stomatiques; l'ouverture des stomates fait communiquer l'atmosphère extérieure avec le système complexe des lacunes aérifères qui se trouve dans le parenchyme de toutes les feuilles; c'est là une porte de sortie pour la vapeur d'eau formée à l'intérieur même des feuilles.

On peut donc distinguer la transpiration *cuticulaire*, qui correspond à la vapeur d'eau formée à la surface externe de la feuille, et la transpiration *stomatique* qui correspond à la vapeur d'eau formée à la surface des lacunes de la feuille et évacuée par les stomates. Les expériences de Garreau donnent une idée de l'importance relative de ces deux transpirations.

Garreau choisit des feuilles F assez larges pour qu'on puisse appliquer sur chacune des faces la base d'une petite cloche C, C' en verre, de façon à ce que les cloches des deux faces

se correspondent, comme l'indique la figure 75. Dans chacune des cloches on met un poids connu de chlorure de calcium a, a', destiné à absorber la vapeur d'eau dégagée.

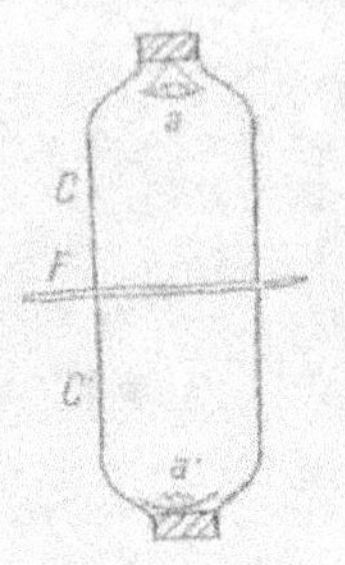

Fig. 75. — Schéma de l'expérience de Garreau; *F*, feuille; *C*, *C'*, cloches renfermant du chlorure de calcium en *a*, *a'*.

Après l'expérience, on pèse de nouveau le chlorure de calcium des deux cloches, et on peut ainsi comparer la transpiration sur les deux faces de la feuille. Or, les stomates sont moins nombreux, et manquent même quelquefois complètement, à la face supérieure. Pour se rendre compte de l'influence du nombre des stomates sur la transpiration, Garreau a calculé le rapport du nombre des stomates sur les deux faces d'une feuille, en comptant les stomates qui se trouvent sur des surfaces égales telles que le champ du microscope. Le tableau suivant montre, pour un certain nombre de plantes, le rapport du nombre des stomates et le rapport des intensités transpiratoires sur les deux faces de la feuille.

	Stomates.	Transpiration.
Atropa face supérieure...........	10	48
— face inférieure...........	55	60
Dahlia face supérieure...........	22	50
— face inférieure...........	30	60
Tilia face supérieure...........	0	20
— face inférieure...........	60	49
Canna face supérieure...........	0	5
— face inférieure...........	25	35

Ce tableau montre que la transpiration cuticulaire a encore une valeur notable à la face supérieure, lorsque les stomates manquent complètement. Lorsqu'il y a des stomates sur les deux faces, l'intensité de la transpiration n'est pas proportionnelle au nombre des stomates, mais est toujours plus forte sur la face où les stomates sont les plus nombreux. On ne peut en conclure exactement quelle est la part qui revient

à la transpiration stomatique et à la transpiration cuticulaire, parce que les deux faces diffèrent, non seulement par le nombre de stomates, mais encore par l'épaisseur et peut-être la composition de la cuticule, par la disposition des lacunes, par la répartition de la chlorophylle.

On peut montrer par une autre méthode que la vapeur d'eau s'échappe, à la fois, à la surface de la cuticule et par l'ouverture des stomates. On sait que le papier buvard imprégné de chlorure de cobalt est bleu quand il est sec et rouge quand il est humide. On applique un pareil papier bleu contre une feuille verte; pour cela, le meilleur moyen est de comprimer l'ensemble du papier et de la feuille entre deux lames de verre. On remarque qu'au bout de peu de temps, le papier rougit; la feuille a donc dégagé de la vapeur d'eau. On remarque de plus que le papier rougit d'autant plus vite que la face de la feuille, avec laquelle il est en contact, porte plus de stomates; lorsqu'il n'y a pas de stomates, le rougissement est d'autant plus lent que la cuticule est moins perméable à l'eau.

Cette expérience a été perfectionnée par Merget qui emploie un papier, imprégné d'un mélange de chlorure de palladium et de protochlorure de fer, ayant la propriété de noircir sous l'action de la vapeur d'eau. En appliquant ce papier contre la face d'une feuille portant des stomates, on constate, au bout de quelque temps, que chaque stomate a marqué sa place sur le papier par un point noir; le dégagement de vapeur d'eau, est donc plus abondant par les stomates que par la surface de la cuticule. Cette expérience est assez délicate, car si on laisse le papier trop longtemps au contact de la feuille, il noircit complètement sous l'influence de la transpiration cuticulaire.

La vapeur d'eau est donc dégagée par les feuilles, à la fois par l'ouverture des stomates et à la surface de la cuticule, mais surtout par les stomates.

293. Adaptation de la plante à un milieu sec. — Dans les régions où les pluies sont rares et où l'air est sec et chaud, l'absorption de l'eau par les racines est difficile, tandis que la transpiration à la surface des feuilles est aussi active que pos-

sible. Les plantes seraient donc menacées de périr par dessiccation si elles n'arrivaient, grâce à des dispositions spéciales,
à retenir avec une énergie suffisante l'eau qu'elles ont pu
absorber. Nous allons examiner successivement les principales
particularités anatomiques ou physiologiques qui permettent
aux plantes de se défendre contre une transpiration trop
active; c'est ce qu'on peut appeler les adaptations à un milieu
sec.

294. Reploiement des feuilles. — Dans les conditions normales, le limbe des feuilles des Graminées est à peu près

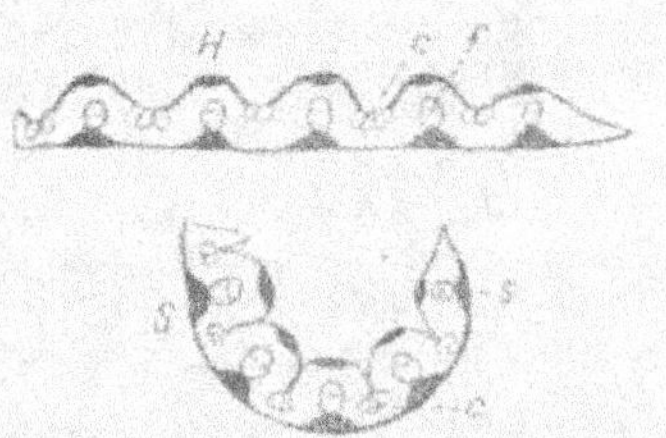

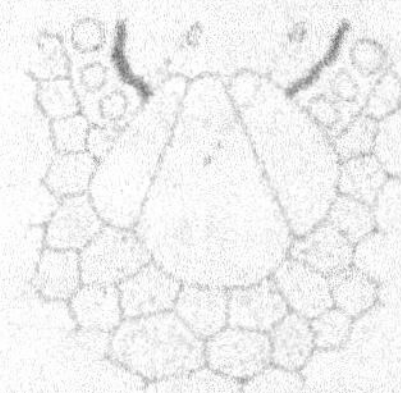

Fig. 76. — Section d'une feuille de Brachypode éta-
lée en *H*, repliée en *S*; *e*, cellules aquifères;
f, faisceaux; *c*, libres.

Fig. 77. — Cellules aquifères *a*, d'une
feuille de Brachypode; *e*, cuticule.

étalé dans un plan; la surface transpiratoire est alors
maxima (H, *fig. 76*). Mais, lorsque la plante, ayant perdu
beaucoup d'eau, est menacée de se dessécher, les feuilles s'enroulent sur elles-mêmes parallèlement à leur longueur, comme
en *S*, de façon à présenter une surface transpiratoire aussi
faible que possible; la transpiration est ainsi diminuée et la
plante peut résister plus longtemps à la sécheresse. Tout le
monde a remarqué l'aspect particulier que cet enroulement des
feuilles de Graminées donne aux prairies desséchées.

Le mécanisme de l'enroulement des feuilles de Graminées
est facile à expliquer. Examinons, par exemple, une coupe dans
une feuille de *Brachypodium pinnatum* (*fig. 77*); les cellules épidermiques de la face inférieure sont toutes à parois
épaissies et cutinisées; à la face supérieure, au contraire, certaines cellules *a*, disposées suivant des bandes longitudinales,
diffèrent nettement des autres; elles sont très grandes, pleines

d'eau et à parois minces et non cutinisées. Lorsque la feuille
ne manque pas d'eau, ces cellules sont turgescentes, les deux
faces de la feuille ont une égale longueur et le limbe est plan.
Si, au contraire, l'eau est moins abondante, ce sont les grandes cellules *aquifères* qui se dessèchent les premières à cause

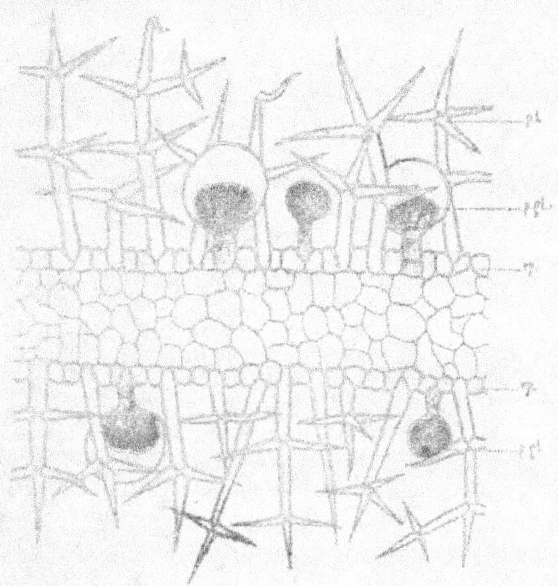

Fig. 78. — Section dans une feuille de Lavande; *pl*, poils; *ppl*, poils sécréteurs; *ep*, épiderme.

de l'absence de cuticule. Leur volume diminue; il en résulte
un raccourcissement de la face supérieure de la feuille et par
conséquent un enroulement longitudinal du limbe.

Il est à remarquer que ces cellules aquifères se trouvent
le plus souvent sur les feuilles qui croissent sous les climats
secs. On en trouve de très nettes dans les genres *Festuca*,
Arundo, etc.

295. Poils à la surface des feuilles. — Dans les régions
sèches, beaucoup de plantes ont une couleur grisâtre; tels
sont les Oliviers, les Romarins, les Thyms, les Cistes, les

Lavandes. En examinant au microscope la surface de ces feuilles (*fig*. 78), on y reconnaît un très grand nombre de poils épidermiques *pl* formant un épais feutrage qui masque partiellement la couleur verte du parenchyme et donne l'aspect gris caractéristique. La vapeur d'eau rejetée à la surface des feuilles, au lieu de se répandre librement dans l'at-

Fig. 79. — Coupe dans une feuille de Laurier-rose, montrant les cryptes *cr* à stomates *st*.

mosphère, est retenue quelque temps par cette couche de poils et forme à la surface de la feuille une mince couche d'air humide qui ralentit la transpiration.

Les poils épidermiques, si fréquents sur les feuilles des pays secs, permettent donc à la plante de résister à la dessication en ralentissant la transpiration. On remarquera d'ailleurs que les poils sont beaucoup plus abondants à la face inférieure des feuilles où la transpiration est plus énergique qu'à la face supérieure.

Cryptes à stomates. — Les feuilles de Laurier-rose n'ont pas de stomates à la face supérieure du limbe ; et si l'on enlève avec un scalpel l'épiderme de la face inférieure, on n'en voit pas non plus. Mais, sur des coupes perpendiculaires à la surface (*fig*. 79), on remarque, à la face inférieure, des sortes d'excavations *cr* tapissées par l'épiderme et communiquant

avec l'extérieur, seulement par un étroit orifice ; ce sont les cryptes. Leur épiderme est formé de petites cellules dont quelques-unes s'allongent en poils qui obstruent la cavité ; d'autres sont des cellules stomatiques *st*. Les stomates des Lauriers-roses sont donc localisés à l'intérieur des cryptes pilifères. La vapeur d'eau qui s'échappe s'accumule d'abord à l'intérieur de la crypte avant de se répandre au dehors. Cette atmosphère humide, ainsi formée au contact de la partie de la feuille qui transpire le plus activement, contribue à ralentir la transpiration. Nous avons donc là une nouvelle adaptation à un climat sec.

Beaucoup de plantes de la famille des Bruyères présentent des dispositions tendant vers le même but. Les feuilles sont plus ou moins repliées en gouttière, de manière à ce que la face inférieure qui porte les stomates soit aussi peu que possible en contact direct avec l'atmosphère extérieure. Chez les *Cassiope* même, sortes de Bruyères du Cap, les deux bords de la gouttière se sont soudés, et la face inférieure de la feuille tapisse un tube ouvert seulement à ses extrémités.

296. Epaisseur de la cuticule. — On conçoit que l'épaisseur de la cuticule ait une influence sur l'activité de la transpiration cuticulaire, la quantité d'eau dégagée étant d'autant moindre, toutes choses égales d'ailleurs, que la cuticule est plus épaisse. C'est ainsi qu'on cite les Cactées, qui ont une cuticule très épaisse, comme étant parmi les plantes qui transpirent le moins. Sur une plante quelconque, les feuilles très jeunes, qui ont une cuticule mince, sont aussi celles qui transpirent le plus.

Il ne faut cependant pas accorder à l'épaisseur de la cuticule une trop grande importance. Si l'on examine, en effet, les nombres donnés par Boussingault, par exemple, comme représentant pour diverses plantes la quantité d'eau dégagée par décimètre carré et par heure, on voit qu'il n'y a nullement proportionnalité entre l'intensité de la transpiration et l'épaisseur de la cuticule. Ainsi, par exemple, le Lierre qui a une cuticule mince dégage moins de vapeur d'eau que le Houx et l'Opuntia, qui ont une cuticule très épaisse.

C'est qu'en effet la transpiration cuticulaire peut être ralentie, comme nous allons le voir tout à l'heure, par d'autres causes que par la nature de la cuticule; ensuite, la cuticule elle-même peut agir sur la transpiration par d'autres particularités que son épaisseur. Une cuticule, très épaisse mais très riche en eau, permettra une évaporation plus forte qu'une cuticule beaucoup plus mince mais très pauvre en eau. Tout dépend de la tension de la vapeur d'eau à la surface de la cuticule et cette tension est plutôt en rapport avec le degré d'hydratation de la cuticule qu'avec son épaisseur.

297. Réserves d'eau. — Certaines plantes accumulent l'eau dans des cellules spéciales de leurs feuilles pendant les périodes humides et constituent ainsi des réserves qu'elles utilisent pendant les périodes sèches. On trouve ces tissus aquifères dans les plantes les plus diverses. Chez beaucoup de Broméliacées, les cellules sous-épidermiques de la face supérieure de la feuille n'ont pas de chlorophylle et servent de réservoir aquifère. Parmi les Chénopodées, certains *Atriplex* ont leurs feuilles recouvertes de poils terminés par une grosse cellule sphérique qui peut se remplir d'eau; chez les mêmes plantes, l'assise sous-épidermique sert aussi à emmagasiner l'eau. Enfin, les plantes grasses, qui ont encore d'autres moyens de résister à la sécheresse, accumulent normalement à l'intérieur de leurs organes charnus des quantités énormes d'eau. Certains Opuntia en renferment jusqu'à 96 p. 100 dans leurs tiges.

Une autre forme de réserve d'eau nous est présentée par quelques plantes tropicales telles que le *Serjania* parmi les Sapindacées. Les parois de quelques cellules épidermiques de la feuille sont gélifiées; lorsqu'il pleut, ces parois se gonflent en absorbant de l'eau qui sert ensuite à alimenter la feuille. Les hydatodes (§ 275) sont aussi des cellules épidermiques qui grâce à une partie gélifiée de leurs parois externes peuvent servir à retenir l'eau de la pluie.

298. Localisation de la chlorophylle. — Nous savons que, sous l'influence de la lumière, le dégagement de vapeur d'eau

augmente à la surface des cellules qui renferment de la chlorophylle. L'absence de chlorophylle dans presque toutes les cellules épidermiques est donc une disposition de nature à diminuer la transpiration cuticulaire. On remarque d'ailleurs que chaque fois qu'une transpiration trop active n'est plus à craindre, comme chez les plantes vivant normalement à l'ombre ou dans les endroits humides, la chlorophylle fait sa réapparition dans l'épiderme.

On comprend également la raison d'être de la chlorophylle dans les cellules stomatiques des plantes adaptées à un milieu sec. La vapeur d'eau émise par ces cellules autour de l'ouverture des stomates contribue à ralentir la sortie de la vapeur qui se trouve dans la chambre sous-stomatique.

Beaucoup de plantes adaptées à un milieu sec, telles que le Houx, le Laurier rose (*fig. 79*) etc., manquent de chlorophylle non seulement dans l'épiderme mais encore dans une ou plusieurs assises sous-épidermiques, vers la face supérieure de leurs feuilles. Chez certaines Chénopodées ou Graminées, la chlorophylle des feuilles est localisée dans des cellules situées à une certaine profondeur, aussi loin que possible de la surface transpiratoire et aussi près que possible des vaisseaux du bois qui apportent l'eau.

299. Composition du suc cellulaire. — On sait que les substances dissoutes dans l'eau diminuent la tension de vapeur d'eau à la surface de la solution, et cela d'autant plus que leur poids moléculaire est plus faible et la solution plus concentrée ; la tension de vapeur d'une solution est en raison inverse de son pouvoir osmotique. On peut donc prévoir que la nature des substances dissoutes dans le suc cellulaire influera sur la transpiration à la surface de la cellule. On constate, en effet, que, toutes choses égales d'ailleurs, les feuilles qui ont le pouvoir osmotique le plus élevé sont celles qui transpirent le moins. C'est le cas notamment des plantes grasses et des plantes qui croissent au bord de la mer.

Chez les plantes grasses, la transpiration est ralentie par les acides organiques, tels que l'acide malique chez les Cactées et les Crassulacées, et l'acide oxalique chez les Mésembryan-

thémées. Aubert a constaté que, chez ces plantes, l'intensité de la transpiration était en général en raison inverse de la proportion d'acides. La *réduction de la surface transpiratoire*, par rapport au volume, et l'épaisseur de la cuticule contribuent aussi à réduire la transpiration des plantes grasses. Chez les plantes du bord de la mer, la présence du sel marin dans les tissus contribue à augmenter le pouvoir osmotique et à ralentir la transpiration.

L'abondance des sels solubles dans le sol ou dans le milieu nutritif où on cultive les plantes ralentit la transpiration. On peut s'expliquer le mécanisme de cette action et son utilité pour les plantes. Nous savons, en effet (§ 228), que lorsque le pouvoir osmotique du milieu où plongent les racines augmente, la plante réagit en augmentant le pouvoir osmotique de ses cellules, de façon à le maintenir supérieur à celui du milieu extérieur et à conserver la turgescence de ses cellules. L'augmentation du pouvoir osmotique du suc cellulaire diminue la transpiration à la surface des feuilles et permet aux racines d'absorber plus facilement l'eau du sol. La même adaptation permet donc à la plante, d'une part, d'absorber l'eau plus facilement et d'autre part de la retenir plus énergiquement. Il est à remarquer que l'augmentation des substances dissoutes dans le milieu extérieur produit le même effet qu'une dessiccation partielle.

300. Plantes réviviscentes. — La plupart des plantes, à l'état de vie active, ne peuvent supporter sans mourir la dessiccation au delà d'un certain degré. Beaucoup de Mousses, au contraire, et un très petit nombre de plantes vasculaires, telles que le *Ceterach officinarum*, ont une curieuse propriété qui leur permet de subsister sans dommage pendant de longues périodes sèches.

Examinons, par exemple, une Mousse fixée à un rocher ou à l'écorce d'un arbre. Tant que l'eau est absorbée en abondance, les cellules sont turgescentes et toutes les fonctions s'accomplissent normalement. Pendant les périodes sèches, au contraire, l'appareil absorbant étant impuissant à emprunter l'eau nécessaire au milieu extérieur, les feuilles se replient, et

la plante entière, desséchée, semble complètement morte; elle
peut rester ainsi pendant plusieurs semaines, même pendant
plusieurs mois. Survienne une pluie, aussitôt les feuilles se
déploient, la plante reprend son aspect normal, l'assimilation,
la respiration, la transpiration, qui étaient très ralenties, reprennent leur activité ordinaire. La Mousse semble revivre.
On appelle *reviviscentes*, les plantes qui peuvent ainsi supporter une dessiccation très forte en passant à l'état de vie ralentie et reviennent à l'état de vie active dès qu'on leur rend l'eau
nécessaire. C'est un mode d'adaptation aux milieux qui présentent des alternatives de sécheresse et d'humidité.

3° INUTILITÉ DE LA TRANSPIRATION.

301. La transpiration est-elle une fonction? — Nous devons
nous demander maintenant quelle est la signification physiologique du dégagement de vapeur d'eau par les plantes. Poussée à l'excès, la transpiration est certainement un mal pour
la plante, et nous venons de voir les adaptations variées par
lesquelles les végétaux se défendent contre une perte trop
grande de vapeur d'eau. D'autre part, une végétation normale
peut parfaitement avoir lieu dans une atmosphère saturée où
la transpiration est nulle. Il semble donc, d'après ces simples
remarques, que la transpiration n'est pas une fonction nécessaire et peut même devenir un danger.

Cependant, la plupart des auteurs admettent que la transpiration joue un rôle essentiel dans la nutrition de la plante
en favorisant l'absorption des sels minéraux, la formation
de la matière sèche et la circulation de la sève. Nous allons
voir dans quelle mesure ces diverses opinions doivent être
adoptées ou rejetées.

**302. La transpiration n'est pas nécessaire au transport des
sels.** — Pendant l'hiver, la transpiration des arbres à feuilles
caduques est à peu près nulle, et cependant on sait qu'avant
l'éclosion des bourgeons les réserves accumulées dans les raci-

nes émigrent vers la tige; il peut donc s'établir un courant
ascendant tout le long de la tige sans que la transpiration ait
à intervenir. Les sels absorbés par les racines peuvent donc
se répandre dans toute la plante sans le secours de la transpiration; la circulation serait seulement beaucoup plus lente
si la transpiration était supprimée.

Il existe même dans la plante une circulation très importante, qui s'effectue sans l'aide de la transpiration, on pourrait presque dire malgré la transpiration. On sait, en effet, que
la sève élaborée par les feuilles se répand dans toute la plante
en suivant le liber. La circulation se fait ici indépendamment
de la transpiration, et même en sens inverse du courant pro-
voqué par la transpiration dans les tissus voisins.

D'ailleurs, on peut se rendre compte d'une façon plus précise du rôle de la transpiration dans le transport des sels en
considérant le mécanisme de ce transport. Les sels passent
d'une cellule dans une autre ou d'un vaisseau dans un autre
en suivant les lois de l'osmose. Or, nous avons vu que le
passage des sels dépend uniquement de la concentration des
liquides, qui sont de part et d'autre de la paroi perméable, et
n'est pas lié au passage de l'eau. Il peut donc y avoir passage
de sels sans qu'il ait passage d'eau. D'autre part, une fois
arrivé à la base d'un vaisseau ouvert, un sel se répand dans
toute l'étendue de ce vaisseau par simple diffusion.

La transpiration, qui établit un courant d'eau dans la tige,
n'est donc pas indispensable au transport des sels. On conçoit
néanmoins que ce transport soit plus rapide dans les plantes
qui transpirent.

**303. La transpiration n'est pas nécessaire à l'absorption
des sels.** — Les sels pourraient donc circuler dans la plante
sans le secours d'une transpiration active; mais pourraient-ils
également être absorbés en quantité suffisante? Nous avons
vu (§ 234) que l'absorption des sels n'était pas liée à celle de
l'eau. Une racine plongeant dans une dissolution saline
absorbe un liquide qui est, suivant les circonstances, plus ou
moins concentré que cette solution. Une plante peut épuiser
complètement le milieu ambiant de certaines substances tout

en ne prenant que des quantités infimes d'autres substances. Les matières qui, sitôt absorbées, entrent dans des combinaisons insolubles sont absorbées indéfiniment, car leur pouvoir osmotique dans la cellule est toujours nul. On conçoit donc que ces matières, qui sont celles que la plante utilise, puissent entrer dans la racine sans qu'il y ait absorption d'eau. Mais alors l'absorption des sels ne se fait que dans la limite où ils sont utiles.

Si, au contraire, un sel absorbé reste dans la cellule à l'état dissous, il cessera d'être absorbé dès qu'il aura atteint, dans l'intérieur de la plante, une concentration égale à celle du milieu extérieur. Une transpiration active déterminera alors le passage, dans la racine, de l'eau et non du sel. L'absorption d'eau est donc seule réglée par la transpiration; l'absorption des sels dépend uniquement du pouvoir osmotique des sels à l'intérieur et à l'extérieur de la racine.

304. Expérience de Schlœsing. — Une expérience très intéressante de Schlœsing montre clairement que la transpiration n'a pas d'influence sur l'absorption des substances utiles. Un pied de Tabac A est cultivé sous une cloche dont l'atmosphère est saturée de vapeur d'eau; la transpiration par les feuilles et l'absorption d'eau par les racines, sont donc très faibles : 7 litres seulement en 30 jours.

Un autre pied B est cultivé en plein air, dans les conditions ordinaires, sa transpiration pendant le même temps a été de 23 litres d'eau. Au commencement de l'expérience, les deux pieds étaient pareils; à la fin, les feuilles de A renfermaient 48 grammes de matières sèches; celle de B, 37 grammes seulement. Le ralentissement de la transpiration n'avait donc pas diminué l'assimilation, au contraire. Les cendres étaient, il est vrai, plus abondantes en B qu'en A, 21 p. 100 au lieu de 13 p. 100.

Mais, si on examine la composition des cendres, on constate que l'acide phosphorique, qui peut être considéré comme la matière minérale la plus utile à la plante, est plus abondante en A qu'en B, 0 gr. 239 au lieu de 0 gr. 154. La potasse et l'acide sulfurique, qui sont aussi les éléments indispensables,

se trouvent à peu près en même quantité dans les deux cas : en A, il y a 1 gr. 460 de potasse et 0 gr. 383 d'acide sulfurique ; en B, 1 gr. 548 de potasse et 0 gr. 436 d'acide sulfurique.

Au contraire, B est beaucoup plus riche que A en substances inutiles ; en B, il y a 0 gr. 876 de silice et 0 gr. 832 de chlore. En A, il y a seulement 0 gr. 286 de silice et 0 gr. 406 de chlore.

L'expérience de Schlœsing, faite d'ailleurs dans un tout autre but, montre donc qu'une transpiration active favorise surtout l'absorption de matières salines inutiles ; les sels utiles sont tout aussi bien absorbés lorsque la transpiration est ralentie.

305. Fonctions des stomates. — Il résulte de ce qui précède que la transpiration ou du moins une transpiration active est inutile à la plante ; nous avons vu, de plus, qu'un grand nombre d'adaptations ont pour but de rendre le dégagement de vapeur d'eau aussi faible que possible. D'autre part, on considère quelquefois les stomates comme les organes de la transpiration. On se demande alors par quelle contradiction se sont développés des organes correspondant à une fonction qui n'a pas d'utilité pour la plante.

Rappelons-nous que les stomates ne laissent pas seulement échapper la vapeur d'eau, mais encore servent de passage aux gaz absorbés et rejetés par l'assimilation du carbone et la respiration. Les stomates sont donc les organes au moins de deux fonctions : la respiration, et surtout l'assimilation qui donne lieu à des échanges gazeux beaucoup plus rapides. Un examen attentif va nous montrer que les stomates ont pour rôle essentiel de faciliter les échanges gazeux résultant de l'assimilation du carbone et qu'ils rendent simplement possible la sortie de la vapeur d'eau que la plante aurait intérêt à retenir. La cause de la confusion qui s'est établie au sujet de la fonction des stomates est que, dans les conditions ordinaires, l'assimilation du carbone et la transpiration sont ralenties ou activées par les mêmes causes ; on a été ainsi amené à considérer le développement des stomates comme lié à la transpiration, alors qu'en réalité ces organes sont liés à l'assimilation.

306. Plantes vivant dans l'eau ou dans l'air saturé. — Le cas des plantes aquatiques a encore contribué à donner une apparence de raison à cette interprétation. On sait, en effet, que les feuilles développées dans l'eau n'ont en général pas de stomates ; or, ces plantes n'ont pas de vapeur d'eau à rejeter et assimilent le carbone comme les plantes terrestres ; il semblerait donc que la disparition des stomates soit entraînée par la suspension de la transpiration. Mais il faut remarquer que le parenchyme chlorophyllien est bien moins développé chez les feuilles aquatiques que chez les feuilles aériennes, le dégagement d'oxygène y est donc moindre. De plus, et ceci est une considération beaucoup plus importante, les feuilles aquatiques sont dépourvues de cuticule ; et les expériences de Devaux (§ 180), ont montré que les parois des cellules épidermiques pouvaient se laisser traverser par l'oxygène dissous dans l'eau, alors que ce passage ne peut s'effectuer que d'une façon absolument insuffisante chez les feuilles aériennes pourvues de cuticule. Les plantes aquatiques n'ont donc pas de stomates parce qu'elles n'en ont pas besoin pour rejeter l'oxygène provenant de la décomposition du gaz carbonique.

L'exemple des feuilles développées dans l'air saturé est aussi instructif que celui des feuilles aquatiques. Dans une atmosphère saturée, l'assimilation du carbone s'effectue comme dans l'air sec, tandis que la transpiration est suspendue, ou tout au moins considérablement ralentie. Or, les expériences de Lhotelier ont montré que les plantes poussées dans une atmosphère saturée d'humidité ont encore des stomates, ce sont donc les organes de l'assimilation plutôt que ceux de la transpiration. Il est vrai que dans l'air humide les stomates sont un peu moins nombreux que dans l'air sec ; mais on constate aussi que le tissu chlorophyllien est également réduit, et dans une proportion au moins aussi forte que le nombre des stomates. De plus, les feuilles poussées dans l'air saturé gagnent en surface ce qu'elles ont perdu en épaisseur, le nombre des stomates peut donc être moindre à surface égale, tout en étant supérieur à un volume égal.

307. Rétention de la vapeur d'eau — L'examen des adaptations, par lesquelles les plantes résistent à un milieu sec, corrobore encore les considérations précédentes. Nous avons vu, en effet, que les dispositions spéciales observées concourent à empêcher, autant que possible, la vapeur d'eau de sortir par les stomates tout en laissant le passage libre à l'oxygène (§ 293).

Dans le Laurier-rose, par exemple, la localisation des stomates dans les cryptes n'empêche pas la production d'oxygène; la circulation de ce gaz s'effectuera, des lacunes dans la crypte, et de la crypte vers l'extérieur, tant que sa tension sera plus forte dans les lacunes que dans la crypte et dans la crypte qu'à l'extérieur. Pour la vapeur d'eau il en est autrement. La production de vapeur d'eau n'a lieu qu'autant que l'atmosphère qui entoure les cellules n'est pas saturée, et elle est d'autant moindre que cette atmosphère se rapproche plus de la saturation. La cavité de la crypte pilifère retenant quelque temps la vapeur d'eau avant de la rejeter à l'extérieur, la sortie de cette vapeur par les stomates et sa production dans les lacunes se trouvent ainsi ralenties.

En somme, le dégagement d'oxygène, à la suite de l'assimilation du carbone, rend nécessaire l'existence des stomates. Lorsque les conditions sont favorables à la production de vapeur d'eau à l'intérieur de la plante, cette vapeur s'échappe par les stomates, bien que ce ne soit d'aucune utilité à la plante. Si l'eau ainsi perdue peut être facilement remplacée par l'absorption, il n'en résulte aucun dommage, et la feuille laisse sortir la vapeur sans difficulté. Mais, chaque fois que la plante éprouve de la difficulté à remplacer l'eau perdue, elle cherche, par des adaptations variées, à empêcher la vapeur d'eau de se dégager en même temps que l'oxygène. Le rôle de la transpiration n'est pas de provoquer l'absorption par les racines; on doit plutôt dire que c'est le rôle de l'absorption de remplacer l'eau perdue par la transpiration.

Le besoin impérieux qu'a la plante de remplacer le plus vite possible l'eau transpirée, a entraîné une foule d'adaptations qui caractérisent le type normal des plantes terrestres. L'appareil conducteur, si développé chez la plupart

des plantes vasculaires, n'a d'autre raison d'être que la prompte réparation des pertes d'eau causées par la transpiration. Chaque fois que la transpiration est affaiblie, l'appareil conducteur subit une réduction corrélative.

La transpiration, ou tout au moins une transpiration active, ne doit pas être considérée comme une fonction essentielle. C'est plutôt un mal inévitable; l'organisation générale des plantes vasculaires concourt, non point à faciliter la transpiration, mais plutôt à la restreindre et à réparer le plus promptement possible les pertes qu'elle a entraînées.

308. Applications. — Lorsque l'eau perdue par la transpiration est facilement remplacée par l'absorption, il n'en résulte aucun dommage pour la plante; mais, lorsque l'absorption est trop faible pour compenser les pertes dues à la transpiration, la plante risque de périr. C'est ce qui arrive quelquefois lors de la transplantation des arbres. Par le fait de cette opération, l'appareil radiculaire est forcément réduit, les jeunes racines par lesquelles se fait surtout l'absorption sont presque toutes supprimées. Il en résulte, même si le sol est suffisamment humide, une diminution très grande de l'eau absorbée. Il est donc nécessaire que la transpiration soit rendue aussi faible que possible. C'est pour cette raison que l'on transplante les arbres pendant l'hiver, lorsqu'ils sont dépourvus de leurs feuilles. Il est même, en général, nécessaire de supprimer un certain nombre de branches. Sans cela, au printemps, les rameaux poussent trop nombreux avant que les radicelles aient pu se former en nombre suffisant; la transpiration l'emporte alors sur l'absorption, et l'arbre meurt.

Certains arbres à feuilles persistantes, tels que les Pins ou les Sapins, ne supportent pas qu'on leur enlève leurs rameaux feuillés; il est alors nécessaire que les arbres transplantés aient encore un grand nombre de racines afin de pouvoir, dès le commencement, absorber une quantité d'eau suffisante. Aussi voit-on que les arbres à feuilles persistantes et en particulier les Conifères, sont arrachés avec plus de soins que les arbres à feuilles caduques, et qu'on laisse une quantité aussi grande que possible de terre adhérente à leurs

racines. Lorsqu'on veut être sûr que la transplantation se fasse sans danger, on cultive les jeunes arbres en pots, de façon à ne pas être obligé de les priver d'une partie de leurs racines.

La plupart des plantes herbacées, telles que les Choux ou les Laitues, doivent forcément être transplantées à l'état de vie active et ne peuvent, d'ailleurs sans inconvénients, se passer de leurs feuilles. On doit donc prendre des mesures pour que les jeunes pieds, nouvellement plantés, soient dans des conditions qui ralentissent la transpiration et facilitent l'absorption; on les arrose, on les abrite contre les rayons du soleil et, autant que possible, on les plante le soir.

Il est bon de prendre des précautions analogues pour assurer la réussite des greffes en fente ou en couronne. Lorsque la soudure du greffon avec le sujet n'est pas encore faite, il peut arriver que le greffon se dessèche parce que les pertes dues à la transpiration ne sont pas compensées par l'absorption trop lente. Pour éviter cet inconvénient, on peut prendre diverses précautions : maintenir le greffon à l'ombre ou dans une atmosphère saturée d'humidité, sous une cloche; employer des greffons à l'état de vie ralentie, de façon à ce que la transpiration soit aussi faible que possible, et assez épais pour que la surface d'évaporation ne soit pas trop grande par rapport au volume.

BIBLIOGRAPHIE.

1. Aubert. *Recherches sur la turgescence et la transpiration des plantes grasses* (Ann. sc. nat. Bot., 7ᵉ série, t. XVI, 1892).

2. Boussingault. *Etude sur les fonctions physiques des feuilles* (Ann. de Ch. et de Phys., 5ᵉ série, t. XIII, 1873).

3. Burgestein. *Die Transpiration der Pflanzen*. Iéna, 1904 (renferme la bibliographie complète).

4. Jumelle. *Assimilation et transpiration chlorophylliennes* (Rev. gén. de Bot., t. I, 1889 ; t. II, 1890 ; t. III, 1891).

5. Leclerc du Sablon. *Sur la signification du dégagement de vapeur d'eau par les plantes* (Rev. gén. de Bot., t. XXI, 1909).

6. Van Tieghem. *Transpiration et chlorovaporisation* (Bull. soc. bot. de France, t. XXXIII, 1886).

7. Wiesner. *Recherches sur l'influence de la lumière et de la chaleur rayonnante sur la transpiration des plantes* (Ann. sc. nat. Bot., 6ᵉ série, t. IV, 1877).

CHAPITRE IX.

VIE LATENTE. — DÉVELOPPEMENT.

1° VIE LATENTE DE LA GRAINE.

309. Reproduction. — On apprend, en botanique, que toute plante Phanérogame provient plus ou moins directement de l'embryon qui se trouve dans une graine ; l'embryon lui-même a pour origine l'*œuf* formé par la fusion de deux cellules spéciales : 1° l'*oosphère* renfermée dans le sac embryonnaire et qui est le *gamète femelle* ; 2° l'un des *anthérozoïdes* formés par le pollen et qui est le *gamète mâle*.

C'est à la formation des œufs qu'on doit réserver le nom de reproduction. Tout ce qui provient du développement d'un œuf constitue un *être* nouveau. Cet être peut ensuite se diviser, de façons variables, en plusieurs *individus* séparés[1] ; ce

1. Cette distinction entre l'être et l'individu n'est pas toujours observée dans le langage courant, et on appelle souvent individu la plante provenant de l'œuf.

n'est plus alors de la reproduction, mais de la *multiplication*. Un pied de pomme de terre se *multiplie* lorsqu'il produit plusieurs tubercules qui peuvent se séparer et donner autant de nouvelles plantes; il se *reproduit* lorsqu'il donne des graines renfermant chacune un embryon provenant du développement d'un œuf.

310. Parthénogenèse; embryons adventifs. — Chez certaines plantes, d'ailleurs très peu nombreuses, telles que l'*Antennaria alpina* et quelques *Alchemilla*, il n'y a pas fécondation, c'est-à-dire qu'un anthérozoïde ne se fusionne pas avec l'oosphère pour donner un œuf. Néanmoins, l'oosphère se développe et donne un embryon comme s'il y avait eu fécondation. On dit alors qu'il y a eu *parthénogenèse*.

On peut à la rigueur assimiler la parthénogénèse à la reproduction proprement dite; mais il n'en est plus de même pour d'autres cas, tels que celui de l'Oranger. Dans une graine d'Oranger, on trouve fréquemment plusieurs embryons; en suivant leur développement, on voit que l'un d'eux a pour origine l'œuf et, par conséquent, est comparable aux embryons normaux des graines; les autres proviennent du bourgeonnement de certaines cellules du nucelle, sans relation avec les cellules reproductrices. Bien que ces embryons aient la même structure que les embryons normaux et puissent de la même façon donner une nouvelle plante, leur formation doit être rapportée à la multiplication plutôt qu'à la reproduction. Ces *embryons adventifs*, comme on les appelle, se rencontrent aussi chez d'autres plantes.

311. La graine. — Après la fécondation, l'ovule se développe immédiatement et donne la graine. On sait qu'une graine se compose (*fig. 80*) :

1° D'une enveloppe extérieure *tg*, *tg'* appelée *tégument*, formée de tissus morts provenant des téguments de l'ovule. Dans la pratique, on assimile à des graines certains fruits tels que les grains de Blé, dans lesquels le péricarpe joue le rôle de tégument.

2° De l'*amande*, qui est la partie essentielle et vivante de

la graine et se compose, soit de l'embryon seul provenant du développement de l'œuf, soit de l'embryon *r't'et* et de l'albumen *al* qui, on le sait, est une réserve nutritive juxtaposée à l'embryon.

Lorsque la graine a cessé de s'accroître, elle se dessèche, se sépare de la plante qui l'a produite et peut rester un temps plus ou moins long sans présenter de changements apparents ni donner des manifestations extérieures bien nettes de sa vitalité; on dit alors qu'elle est à l'état de *vie ralentie* ou de *vie latente*.

Fig. 80. — Graine de Gaillet; *tg*, *tg'*, téguments; *al*, albumen; *r'*, *t'*, *et*, embryon.

Nous savons qu'on trouve toujours dans les graines d'abondantes réserves azotées et non azotées. Les réserves azotées sont sous la forme de grains d'aleurone, qui apparaissent avec la dessiccation des tissus. Les réserves ternaires sont représentées, soit par des huiles et des hydrates de carbone, soit uniquement par des hydrates de carbone. Ces derniers composés sont sous une forme très condensée, principalement sous forme d'amidon. Le glucose, qui est la forme assimilable des réserves ternaires, fait toujours défaut (voir ch. 1).

Nous allons examiner maintenant les principaux caractères physiologiques de la graine pendant la période de vie latente, depuis la maturation jusqu'à la germination, en utilisant principalement les expériences de Paul Becquerel (1).

312. Imperméabilité des téguments. — Paul Becquerel a montré que les téguments des graines étaient complètement imperméables. Pour cela, il prend un tube de verre *t* (*fig. 81*) long de 85 centimètres, large de 5 millimètres, et ferme l'une des extrémités avec un fragment *a* de tégument bien sec d'une graine de Pois ou de Lupin; puis, le tube rempli de mercure est retourné de façon à constituer un baromètre dont l'extrémité est fermée par le tégument. Cette extrémité est ensuite engagée dans un ballon *B* rempli d'air sec ou d'air humide. On conçoit que, si la hauteur d'un pareil baromètre ne baisse pas, c'est que le tégument est imperméable pour le gaz qui se trouve à sa face supérieure.

La hauteur du mercure est restée complètement invariable pendant deux ans, lorsque le tégument qui servait de fermeture était maintenu au contact d'air desséché ou simplement de l'air du laboratoire. Dans ces conditions, le tégument est donc complètement imperméable. Si, au contraire, l'air est saturé de vapeur d'eau, le mercure baisse dans la plupart des cas, mais très lentement; l'air humide peut donc traverser les téguments.

Si, à l'extrémité du tube, on remplace le fragment de tégument par un cotylédon de la même graine, on constate que le mercure baisse rapidement. Les cotylédons sont donc des corps poreux.

Les téguments sont également imperméables pour l'alcool absolu, comme le montre l'expérience suivante. Des graines de Pois, de Haricot, de Blé, de Luzerne sont divisées en quatre lots. Les trois premiers lots sont maintenus pendant huit jours dans l'alcool absolu; les graines du premier lot étant sèches et intactes; celles du second, imprégnées d'eau et intactes; et celles du troisième, sèches et avec les téguments perforés, de façon à permettre à l'alcool d'arriver au contact de l'embryon; le quatrième lot, conservé à l'air libre, servait de témoin.

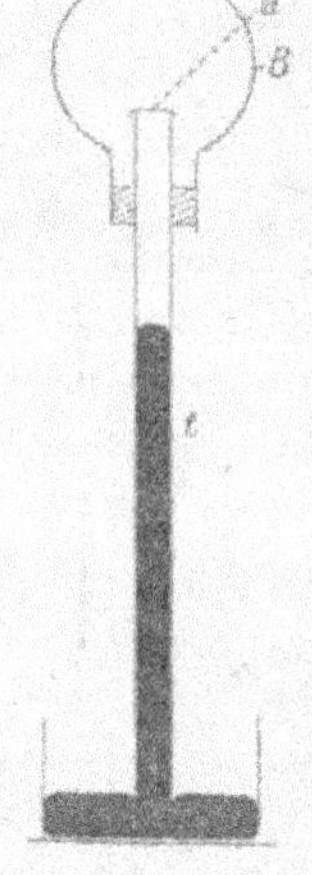

Fig. 81. — Schéma de l'expérience de Paul Becquerel; *a*, membrane; *t*, tube renfermant du mercure; *B*, ballon.

Toutes ces graines sont ensuite placées dans des conditions de température et d'humidité favorables à la germination. Celles du premier lot germent à peu près aussi bien que les graines témoin. Aucune graine du second et du troisième lot ne germe. On peut en conclure que l'alcool arrivant au contact de l'embryon (3e lot) le tue, que l'alcool peut traverser les téguments imprégnés d'eau (2e lot), mais que l'alcool ne traverse pas les téguments secs et intacts (1er lot).

On peut de la même façon montrer que les téguments secs et intacts sont imperméables pour l'éther et le chloroforme, soit à l'état liquide, soit à l'état de vapeur.

Cette grande imperméabilité des téguments secs, comparée à la perméabilité des cotylédons, montre bien le rôle protecteur très efficace que jouent les téguments par rapport à l'embryon.

313. Résistance aux températures extrêmes. — Les graines sèches peuvent supporter des températures très élevées. D'après les expériences de Just, les graines d'Orge et d'Avoine bien sèches peuvent supporter une température de 122° pendant une demi-heure. Mais il est nécessaire que la température ait été élevée graduellement, de façon à produire une dessiccation progressive. Des graines dans leur état d'hydratation normale, mises brusquement dans une étuve à 100°, meurent toutes ; tandis que celles qui sont préalablement desséchées à 50° peuvent, sans perdre leur pouvoir germinatif, rester trois jours dans cette étuve. Dans l'air saturé de vapeur d'eau, les mêmes graines d'Orge et d'Avoine sont tuées par un séjour de trois jours dans une étuve à 50° seulement.

Il résulte de ces expériences, qui ont été reprises par divers auteurs, que les graines peuvent résister à des températures très élevées, mais à la condition d'être bien desséchées. On peut s'expliquer ce fait par les propriétés des albuminoïdes qui sont l'élément essentiel du protoplasma vivant. Le protoplasma est tué par la chaleur lorsqu'il est coagulé ; or, on sait que la déshydratation recule la température de la coagulation. L'albumine de l'œuf se coagule à 56° dans son état d'hydratation ordinaire, à 74° si elle ne renferme que 25 p. 100 d'eau, à 80° si elle en renferme 18 p. 100 et à 160° si elle est complètement anhydre. On conçoit donc que la déshydratation des graines les rende plus résistantes aux températures élevées, en reculant la température de coagulation de leur protoplasma.

Relativement à l'action des basses températures, il nous suffira de rappeler l'expérience de Paul Becquerel qui reproduit en les complétant celles des autres expérimentateurs. Des graines de diverses plantes sont divisées en quatre lots et placées dans des tubes en verre fermés par un bouchon percé. Les graines du premier lot étaient intactes et dans un état de

dessiccation naturelle ; les graines du second lot étaient également dans leur état de dessiccation naturelle, mais leurs téguments étaient perforés ; les graines du troisième lot avaient été desséchées dans le vide en présence de la baryte caustique pendant un mois ; les graines du quatrième lot avaient été gonflées par l'eau pendant douze heures.

Les tubes renfermant ces différentes graines furent plongés pendant cent trente heures dans l'air liquide qui pouvait arriver au contact des graines grâce à la perforation du bouchon. La température oscillait entre —185° et —192°. Après l'expérience, les graines furent mises à germer ; le tableau suivant indique le nombre des germinations observées au bout de quinze jours. Il faut remarquer que le deuxième, le troisième et surtout le quatrième lot comprennent moins d'espèces que le premier. La première colonne indique le nombre de graines comprises dans chaque lot :

		1er lot. Graines à l'état naturel.	2e lot. Graines perforées.	3e lot. Graines desséchées.	4e lot. Graines humectées.
Ricin	4	1	0	4	—
Pin pignon	4	2	0	4	—
Courge	5	2	0	5	—
Févier	5	1	2	—	—
Sarrasin	5	4	3	5	—
Maïs	4	3	2	4	—
Blé	6	6	6	—	—
Avoine	6	6	—	—	—
Fève	4	4	4	3	0
Lupin	4	4	3	2	0
Pois	6	6	6	6	0
Vesce	6	6	6	—	—
Luzerne	10	10	—	—	0
Navet	10	8	—	—	—
Radis	10	10	9	—	—

On voit que les graines intactes ont résisté en très grand nombre (premier lot). La perforation de téguments (deuxième lot) n'a pas nui à certaines graines, telle que celle du Blé, de la Fève, du Pois, de la Vesce, du Radis, mais a amené la mort des graines du Ricin, du Pin pignon, de la Courge. Dans presque tous les cas, la dessiccation (troisième lot) a augmenté la

résistance des graines ; l'hydratation au contraire (quatrième lot) a amené leur mort.

On peut donc conclure de ces expériences que les graines peuvent résister à des températures très basses, mais à la condition d'être desséchées. Pour certaines graines, telles que celles du Ricin ou de la Courge, le tégument joue un rôle protecteur par rapport à l'embryon incomplètement desséché.

314. Echanges gazeux. — Les échanges gazeux des graines à l'état de vie latente sont si faibles que plusieurs auteurs en ont nié l'existence. Les expériences de Paul Becquerel ont définitivement démontré l'existence de ces échanges, et fait connaître de plus leur signification très particulière. Des graines dans leur état de dessiccation ordinaire, c'est-à-dire renfermant de 10 à 15 p. 100 d'eau sont pesées et introduites dans un tube en verre renfermant 10 centimètres cubes d'air. Les tubes renversés sur le mercure sont abandonnés pendant cinq mois à la lumière diffuse ; puis les gaz du tube sont analysés.

Le tableau suivant donne les résultats obtenus avec quelques-unes des graines expérimentées. La première colonne donne le poids des graines renfermées dans chaque tube; la seconde, la quantité de CO^2 trouvée dans le tube après l'expérience, et rapportée à 100 parties de l'atmosphère du tube ; la troisième, le rapport du gaz carbonique dégagé à l'oxygène absorbé.

	Poids.	CO^2 p./.	CO^2/O.
Blé...............	8 grammes.	3,00	0,37
Panais............	2 —	3,38	0,40
Pissenlit.........	2 —	1,40	0,31
Moutarde..........	5 —	1,42	0,33
Navet.............	5 —	2,91	0,24

Il y a donc dans tous les cas dégagement de gaz carbonique et absorption d'oxygène. On observe des échanges analogues, mais plus faibles avec des graines très âgées. Ainsi des graines de *Cassia bicapsularis* âgées de quatre-vingt-sept ans ont encore modifié d'une façon appréciable l'atmosphère du tube.

315. Influence des téguments. — Dans d'autres expériences, les graines d'une même espèce sont réparties dans trois tubes : dans l'un, les graines sont intactes ; dans le second, elles sont complètement décortiquées ; dans le troisième, on ne met que les téguments. Voici les résultats obtenus avec le Ricin :

	Poids.	CO_2 °/₀	CO_2 /O.
Ricin avec téguments	5gr.324	4,31	0,37
— décortiqué	4 555	1,17	0,20
Téguments de Ricin	1 395	4,36	0,39

Le résultat, absolument imprévu, de cette expérience est que les téguments qui ne sont composés que d'éléments morts donnent des échanges gazeux beaucoup plus intenses que les amandes formées de cellules vivantes. Le Pois et la Fève ont fourni des nombres comparables à ceux du Ricin ; chez le Lupin seul, les échanges sont beaucoup plus intenses pour l'amande que pour le tégument.

Les échanges gazeux observés ne doivent donc pas être rapportés à la respiration ; c'est une simple réaction chimique se produisant au contact de l'air et pour laquelle l'intervention du protoplasma vivant est inutile. C'est quelque chose de comparable au rancissement des huiles.

316. Influence de la lumière. — Les expériences précédentes ont été faites à la lumière ; en les répétant à l'obscurité, toutes les autres conditions étant égales d'ailleurs, les résultats sont tout différents comme le montre le tableau suivant :

	Poids.	CO_2 °/₀	CO_2 /O.
Ricin avec téguments	5gr.335	1,40	0,26
— décortiqué	4 280	0	0
Téguments de Ricin	1 390	1,16	0,33
Blé	8	0,53	0,33
Panais	2	0,96	0,57
Pissenlit	2	0,70	0,36

Les échanges gazeux sont donc beaucoup plus faibles à l'obscurité qu'à la lumière. Dans certains cas même, comme

pour le Ricin décortiqué et le Pois décortiqué ou non décortiqué, les échanges sont complètement suspendus à l'obscurité. Le rapport des gaz échangés n'est pas le même à la lumière et à l'obscurité.

Cette influence de la lumière sur les échanges gazeux des graines doit être rapprochée de certains faits antérieurement connus. On sait en effet que, sous l'influence de la lumière solaire, la cellulose, les sucres, l'acide oxalique, les résines et d'autres substances d'origine végétale peuvent fixer l'oxygène de l'air et dégager du gaz carbonique.

317. Influence de la déshydratation. — Paul Becquerel a fait des expériences analogues, en employant des graines préalablement déshydratées au maximum par un séjour de trois mois dans le vide, en présence de la baryte caustique, à la température de 45°. Les résultats sont donnés par le tableau suivant, où la première colonne indique le poids des graines mises dans les tubes, et la seconde, la perte d'eau subie par ces graines pendant la dessiccation, la perte étant rapportée à 100 parties de graines.

	Poids.	Perte d'eau °/₀	CO² °/₀
Pois avec téguments.	$2^{gr},070$	10	0
Pois décortiqué.	2 033	14	0,20
Fève décortiquée.	6 540	12	0
Courge décortiquée.	2 000	5,6	0
Ricin décortiqué.	2 065	6,1	0
Lupin décortiqué.	1 135	10	0,25

On voit que les échanges gazeux sont complètement suspendus pour la plupart des graines et considérablement réduits dans les autres cas. L'eau joue donc un rôle essentiel dans les réactions qui aboutissent à la fixation d'oxygène et au dégagement de CO^2.

Les échanges gazeux sont d'ailleurs inutiles à la conservation de la vie de la graine. En effet, des graines desséchées dans le vide et conservées pendant un an dans l'azote, n'ont, ni absorbé d'oxygène, ni dégagé de gaz carbonique, et ont néanmoins conservé leur pouvoir germinatif; il en est de

même des graines desséchées et conservées dans le gaz carbonique.

Des graines de Pois, de Courge, de Navet, de Luzerne, desséchées complètement à l'aide du vide et de la baryte caustique, ont été ensuite conservées dans le vide pendant cinq mois sans rien perdre de leur pouvoir germinatif. Bien plus, des graines de Panais desséchées complètement et conservées dans le vide pendant deux ans ont germé alors que des graines semblables conservées à l'air libre avaient perdu leur pouvoir germinatif.

Ceci doit d'autant moins nous surprendre, que nous savons que les échanges gazeux de la graine sont, moins une manifestation de la vie, qu'une simple oxydation accompagnée d'une décomposition de matière organique.

La conservation du pouvoir germinatif d'une graine complètement desséchée, et qui n'a plus aucun échange avec le milieu extérieur, nous montre que la vie peut subsister, bien que ses manifestations soient complètement suspendues. On peut alors dire que la vie est bien véritablement latente.

318. Durée du pouvoir germinatif. — C'est un fait d'observation vulgaire que toutes les graines ne conservent pas aussi longtemps les unes que les autres le pouvoir de germer. Certaines perdent ce pouvoir au bout de quelques mois après leur maturité, d'autres après un nombre variable d'années. D'après Vilmorin, la durée moyenne du pouvoir germinatif serait de 1 an pour l'Arachide, l'Angélique, le Cerfeuil musqué; de 2 ans pour le Maïs sucré, l'Ognon, le Panais, le Salsifis; de 3 ans pour le Pois, le Haricot; de 4 ans pour la Moutarde, l'Oseille, la Lentille; de 6 ans pour la Fève, la Courge, la Betterave; de 10 ans pour le Concombre et la Chicorée. D'une façon générale, les graines à réserves oléagineuses conservent leur pouvoir germinatif moins longtemps que les graines à réserves amylacées.

On s'est demandé quelle pouvait être la durée maxima du pouvoir germinatif, et à ce sujet on a cité des faits vraiment extraordinaires. Par exemple, des grains de Blé trouvés dans des tombeaux égyptiens et datant d'environ 4.000 ans, auraient

pu germer. Mais l'authenticité de ces grains a toujours été suspecte. D'ailleurs, toutes les fois que des graines réellement trouvées dans des tombeaux égyptiens ont été étudiées, il a été impossible de les faire germer; on a même reconnu que leurs tissus avaient complètement perdu l'apparence et la structure caractéristique des tissus vivants.

Il faut donc s'en tenir aux cas observés avec précision et qui, d'ailleurs, sont tous relatifs à des durées bien moindres.

En 1831, De Candolle recueillit les graines de 368 espèces, les conserva dans des sachets à l'abri de la lumière et de l'humidité, et 14 ans après essaya de les faire germer. Il obtint seulement la germination de 8 Légumineuses, 5 Malvacées, 1 Labiée, 1 Balsaminée et 1 Chénopodiacée; et encore, pour chacune de ces espèces, quelques graines seulement germèrent. Les autres graines, notamment celles des Graminées, des Composées, des Crucifères, des Rosacées avaient complètement perdu leur pouvoir germinatif.

Paul Becquerel a fait des expériences très complètes en utilisant la collection de graines du Jardin des plantes de Paris. Parmi les très nombreuses graines étudiées, et dont l'âge variait en général de 30 à 100 ans, et même au delà, quelques-unes seulement germèrent; 18 Légumineuses, 3 Nélombiées, 1 Malvacée et 1 Labiées avaient seules conservé leur pouvoir germinatif, d'ailleurs très affaibli. Pour deux espèces seulement, les graines demeurées vivantes avaient plus de 80 ans; c'étaient le *Cassia bicapsularis* (87 ans) et le *Cytisus biflorus* (84 ans). Ce sont les cas de longévité les plus remarquables qui aient été rigoureusement observés.

2° GERMINATION DE LA GRAINE.

319. Conditions de la germination. — Les conditions pour qu'une graine germe sont de deux sortes : les unes tiennent à la graine elle-même, ce sont les *conditions internes*; les autres tiennent aux circonstances extérieures, ce sont les *conditions externes*.

La plus importante des conditions internes est évidemment que la graine soit restée vivante, et nous savons que la vie des graines a une durée très variable suivant les espèces. Mais cette condition n'est pas toujours suffisante; des graines vivantes peuvent ne pas germer. Les graines de la plupart des Rosacées, par exemple, n'acquièrent leur pouvoir germinatif qu'un certain temps après que le fruit qui les renferme est arrivé à maturité. Les graines de Haricot, au contraire, et celles de beaucoup d'autres Légumineuses peuvent germer avant même d'avoir atteint leur complet développement morphologique.

Les conditions externes sont relatives à la présence de l'oxygène, à la température et à l'eau.

Les graines ne peuvent germer que si on leur fournit une certaine quantité d'oxygène. Nous avons vu, en effet, que les graines qui germent respirent très activement et, par conséquent, consomment beaucoup d'oxygène. D'ailleurs, si la pression de l'oxygène est trop forte, la germination devient difficile et même n'a plus lieu; il y a une pression optima.

Les graines ne peuvent germer que si leur température est comprise entre certaines limites. Pour chaque espèce, il y a une température *minima*, au-dessous de laquelle la germination n'a pas lieu, une température *maxima*, au-dessus de laquelle elle n'a plus lieu. Dans le voisinage de ces températures extrêmes, les graines germent très lentement, mais il existe une température intermédiaire pour laquelle le germination est la plus rapide, c'est la température *optima*. Ces températures ont été déterminées pour certaines graines, telles que celles qui figurent au tableau suivant :

	Minima.	Optima.	Maxima.
Moutarde	6°	21°	28°
Orge	5	28	37
Blé	5	28	42
Haricot	9	33	46
Maïs	9	33	46
Courge	18	33	40

Enfin, une graine ne peut sortir de l'état de vie latente que si on rend une certaine quantité d'eau à ses tissus desséchés.

Nous allons voir, en suivant principalement les observations de Coupin (2), comment s'effectue l'absorption d'eau par les graines.

320. Absorption de l'eau par les graines. — Les graines placées dans l'eau ou dans la terre humide, se gonflent en absorbant de l'eau. Quand elles cessent d'en absorber, on dit qu'elles sont saturées. Si 100 grammes de graines sèches absorbent ainsi 105 grammes d'eau de façon à ce que le poids des graines humides soit 205 grammes, on dit que le *pouvoir absorbant* est de 105.

Dans une espèce déterminée, le pouvoir absorbant n'est pas constant et varie d'une graine à l'autre. Le tableau suivant donne, pour certaines espèces, les limites extrêmes entre lesquelles le pouvoir absorbant peut osciller.

Pois	100	133
Lupin blanc	142	170
Maïs	50	65
Ricin	28	62
Fève	154	187

L'eau pénètre par toute la surface des téguments; ce n'est que dans des cas très rares, tels que la Fève, que la pénétration se fait plus rapidement par le hile. En général, le pouvoir absorbant des téguments est plus grand que celui de l'embryon et de l'albumen.

Le temps nécessaire pour qu'une graine se sature d'eau varie, non seulement suivant les espèces, mais encore d'une graine à l'autre; pour le Haricot et le Lupin, il faut environ 50 heures. Il existe, très souvent, dans un lot en apparence homogène, des graines qui n'absorbent pas d'eau du tout. Ainsi, dans une expérience de Coupin, 9 graines de *Cytisus Laburnum* sur 10 sont restées trois mois dans l'eau sans se gonfler. Si l'on perfore les téguments de ces graines, l'absorption se fait aussitôt et la germination peut se produire. Le défaut d'absorption, tient donc simplement à une certaine imperméabilité des téguments et non à la mort de l'embryon.

Dans les essais de graines de Trèfle ou de Luzerne, on

trouve presque toujours un certain nombre de graines qui
sont ainsi réfractaires à l'absorption de l'eau. Dans la pratique agricole, on les considère comme mauvaises. Mais, dans
la nature, on conçoit que ces graines soient utiles à la conservation des espèces; elles peuvent, en effet, rester dans le
sol à l'état de vie latente et germer après un temps très long,

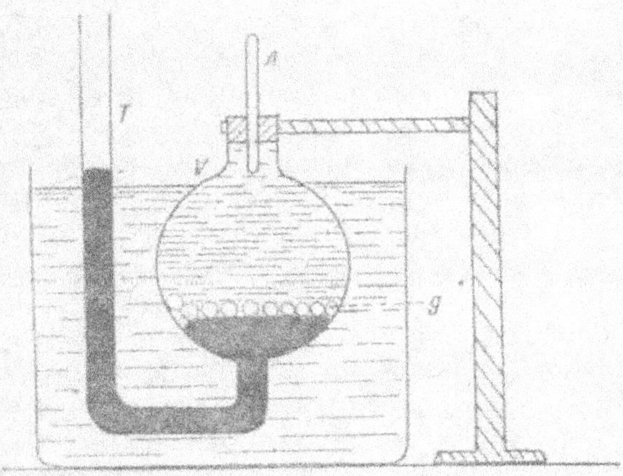

Fig. 82. — Schéma de l'appareil de Coupin; g, graines dans une ampoule V renfermant de l'eau
et du mercure.

lorsqu'une cause accidentelle a rendu leurs téguments perméables.

Lorsqu'une graine se gonfle en absorbant de l'eau, le
volume de la graine gonflée est-il supérieur, égal ou inférieur
à la somme des volumes de la graine sèche et de l'eau absorbée? On peut répondre à cette question par une expérience à
laquelle Coupin a donné la disposition suivante :

Une ampoule de verre V (*fig. 82*) se prolonge vers le haut
par une large tubulure fermée par un bouchon traversé par
une baguette A, et en bas par un mince tube recourbé T. On
met dans l'ampoule une certaine quantité de mercure, puis les
graines *g* que l'on veut étudier; on finit de remplir avec de
l'eau; en enfonçant plus ou moins la baguette A, on amène
le mercure à un niveau convenable dans le tube T. Puis on
observe les variations de niveau. Si le volume de la graine

humectée est supérieur à la somme des volumes de la graine sèche et de l'eau absorbée, le niveau s'élève; dans le cas contraire, il s'abaisse.

Avec les graines de Ricin, de Courge, de Lin, de Blé, il y a toujours, et dès le début, contraction. Ce résultat tient à ce que l'eau forme, avec la substance desséchée de la graine, une véritable combinaison chimique et non un simple mélange; il est donc naturel qu'il y ait contraction.

Les graines de Lupin, de Haricot, de Pois, de Fève, au contraire, accusent une dilatation au début du gonflement, puis une contraction qui persiste jusqu'à la saturation. Chez toutes ces graines, le tégument se plisse au commencement du gonflement, l'absorption d'eau et par conséquent l'augmentation de volume étant plus rapides dans le tégument que dans l'embryon. Tout le long des plis, le tégument se détache de l'embryon; il se forme ainsi des cavités qui se remplissent d'air et non pas d'eau. Il en résulte une augmentation de volume qui, en somme, n'est qu'apparente, puisqu'elle est due à la formation de cavités pleines d'air et non à la dilatation des substances qui absorbent l'eau. La dilatation persiste aussi longtemps que les plissements et disparaît pour faire place à une contraction, lorsque l'embryon arrive à remplir complètement les téguments. D'ailleurs, lorsque les téguments sont perforés, il n'y a jamais dilatation.

Lorsqu'une graine est saturée d'eau, le gonflement s'est effectué de telle sorte que l'embryon n'exerce pas de pression sur le tégument. On peut s'en convaincre en faisant une fente dans le tégument à l'aide d'un scalpel; on constate que la fente ne s'agrandit pas. Ce n'est donc pas sous l'influence du gonflement de l'embryon que le tégument s'ouvre au moment de la germination. Le tégument est déchiré sous la pression de la radicule qui s'allonge.

Pour qu'une graine germe, il est inutile qu'elle soit saturée d'eau. Les Fèves, par exemple, peuvent germer après avoir absorbé une quantité d'eau égale à seulement 74 p. 100 de leur poids.

En général, les graines ne germent pas dans l'eau; cela tient à l'insuffisance de l'oxygène; on facilite en effet la ger-

mination en maintenant l'eau aérée. Les graines de la plupart des plantes aquatiques, moins exigeantes en oxygène, peuvent germer dans l'eau.

321. Phénomènes chimiques de la germination. — Nous avons vu plus haut (§ 32, 33, 47, 48, 55) les transformations que subissent, pendant la germination, les matières de réserves renfermées dans une graine. La digestion s'effectue sous l'action de diastases sécrétées par la graine. Dans les graines sans albumen, les réserves des cotylédons sont rendues solubles par des diastases sécrétées par les cotylédons mêmes, et passent ensuite dans les autres parties de la plantule dont elles assurent la nutrition.

Les choses sont un peu plus compliquées dans les graines à albumen. On sait que, dans ce cas, la plantule est juxtaposée à l'albumen qui renferme les réserves. Pendant la germination, la plantule se développe en vivant en parasite aux dépens de l'albumen. Ordinairement, le ou les cotylédons appliqués contre l'albumen sécrètent les diastases qui envahissent l'albumen et digèrent les réserves, qui sont ainsi rendues solubles. Puis, les cotylédons jouent le rôle d'organes absorbants et puisent dans l'albumen les réserves digérées.

C'est ainsi que les choses se passent dans les Graminées et notamment chez l'Orge, qui a été particulièrement étudiée (§ 32). L'épiderme du cotylédon, appliqué contre l'albumen, sécrète deux diastases, qui passent dans l'albumen. Ce sont : la *cytase*, qui dissout la cellulose des parois cellulaires de l'albumen, et l'*amylase*, qui digère l'amidon. L'albumen est ainsi réduit à une sorte de bouillie liquide, qui est peu à peu absorbée par le cotylédon.

Dans le Ricin, il en est autrement, et nous savons (§ 47) que l'albumen sécrète les diastases qui digèrent les réserves oléagineuses qu'il renferme. Les cotylédons n'ont plus alors à jouer que le rôle d'organes d'absorption par rapport à l'albumen qui s'est digéré lui-même.

Il n'entre pas dans le programme de cet ouvrage de suivre les transformations de l'embryon, qui se développe pour donner une plante adulte.

322. Essai des graines. — On appelle ainsi l'ensemble des opérations, qui permettent de se renseigner sur la valeur des graines destinées à la culture. Un premier examen permet de séparer toutes les impuretés. S'il s'agit, par exemple, de graines de Trèfle, on considère comme impuretés toutes les graines autres que celles de Trèfle, ainsi que les objets autres que des graines, tels que des brindilles de bois ou de petites pierres. Si un échantillon de 100 grammes renferme 4 grammes d'impuretés, on dit que la *pureté* est de 96 p. 100.

Il y a de plus un grand intérêt à savoir si les graines vendues ont encore leur pouvoir germinatif. Aucun caractère morphologique ne permettant de le reconnaître, on doit recourir à un essai de germination. On prélève donc un nombre connu de graines, et on les met sur du papier buvard humide, dans une étuve réglée à 21°. Au bout de vingt-huit jours, ou d'un temps moindre suivant les cas, on compte les graines germées et on admet que les autres sont mauvaises. Si sur 100 graines, 91 seulement ont germé, on dit que la *faculté germinative* des graines est de 91 p. 100.

L'essai ne peut porter que sur une quantité très faible et qui d'ailleurs est perdue. Si l'on a à examiner un sac de 100 kilogrammes, par exemple, on fait l'essai sur quelques grammes ; on admet que le sac est homogène et que les graines non examinées ont les mêmes propriétés que celles qui ont servi à l'essai. Si on reconnaît ainsi que la pureté est 96 p. 100 et la faculté germinative 91 p. 100, on doit en conclure que le sac de 100 kilogrammes renferme seulement 96 kilogrammes de graines de Trèfle et que 91 p. 100 de ces 96 kilogrammes peuvent germer. Il y aura donc 91 × 96 : 100 = 87 kil. 37 de graines pouvant germer. C'est ce qu'on appelle la *valeur culturale* des graines. On l'obtient en multipliant la pureté par la faculté germinative et en divisant par 100.

La cause principale de la faible faculté germinative des graines est leur âge. Nous avons vu quelle était, pour certaines espèces, la durée moyenne du pouvoir germinatif. Mais, même dans un lot de graines très homogène au point de vue morphologique, les graines vivent plus ou moins longtemps. Le pouvoir germinatif commence à diminuer d'assez bonne heure,

s'affaiblit de plus en plus et finit par devenir nul; alors toutes
les graines sont mortes.

3° MULTIPLICATION; DÉVELOPPEMENT.

323. Bulbes et tubercules. — A côté de la reproduction
proprement dite, on trouve chez beaucoup de Phanérogames
divers modes de multiplication. Des portions plus ou moins
différenciées de l'appareil végétatif se séparent de la plante et
peuvent donner un nouvel individu. C'est ce qui a lieu pour
les plantes à bulbes ou à tubercules. Prenons seulement un
exemple.

Les parties aériennes de la Pomme de terre, tiges et feuilles,
sont annuelles et souvent ne produisent pas de graines. Mais
les tiges souterraines portent des renflements où s'accumulent
des réserves; ce sont les tubercules. Lorsque tout le reste de
la plante est mort, les tubercules, isolés les uns des autres,
persistent à l'état de vie ralentie. L'année suivante, les bourgeons qui sont à leur surface peuvent se développer et donner une plante entière qui se nourrit d'abord aux dépens des
réserves du tubercule.

Un tubercule est donc une portion de l'appareil végétatif,
tige ou racine, qui se renfle, s'emplit de réserves nutritives,
passe à l'état de vie ralentie et peut ensuite, en revenant à
l'état de vie active, donner une plante complète. Il n'y a donc
pas formation d'un nouvel être comme dans la reproduction
par graine, mais simplement division d'un même être en plusieurs individus.

La vie du tubercule est beaucoup moins ralentie que celle
de la graine. La quantité d'eau qui s'y trouve est beaucoup
plus grande; un tubercule de Pomme de terre en renferme
environ 75 p. 100. Les échanges gazeux, bien que moins
intenses que pendant la végétation active, y sont cependant
très appréciables. On sait qu'un tubercule est le siège de transformations chimiques continues que nous avons étudiées dans
un chapitre précédent (§§ 35, 36).

La germination d'un tubercule, comme celle d'une graine, dépend de conditions internes et de conditions externes. La principale condition interne est que les réserves aient été amenées à un état convenable par suite des réactions intérieures aux cellules. La production des diastases qui transforment les réserves et les rendent assimilables, joue un rôle essentiel. Parmi les conditions externes, la plus importante est relative à la température, la germination ne pouvant s'effectuer qu'entre certaines limites de température. Il est, en général, inutile de fournir de l'eau, celle qui se trouve à l'intérieur des tissus étant en général plus que suffisante pour assurer les débuts du développement.

Des observations faciles à faire sur la Pomme de terre montrent à la fois la nécessité des conditions externes et des conditions internes. Un tubercule, considéré au moment où on le récolte, en été, ne germe pas, même si on le met dans des conditions de température convenables. Plus tard, au contraire, lorsque les diastases nécessaires ont été produites et que les réserves ont été partiellement transformées, la germination se produit très facilement. On sait qu'au printemps les tubercules germent spontanément dans les caves. On ne pourrait alors arrêter leur développement qu'en les maintenant à une température très basse.

Les bulbes, tels que ceux des Tulipes ou des Jacinthes, diffèrent des tubercules en ce que les réserves sont renfermées dans des feuilles épaissies ; un bulbe n'est autre chose qu'un bourgeon dont les écailles sont renflées et qui se sépare de la plante mère. La germination des bulbes se fait dans les mêmes conditions que celle des tubercules.

324. Boutures. — Si on coupe un morceau de tige de Vigne pendant l'hiver et si on le met ensuite en terre, des racines apparaissent à la partie inférieure, les bourgeons de la partie supérieure poussent, et on a un nouveau plant de Vigne. C'est la multiplication par bouture.

On ne peut pas faire de boutures avec toutes les plantes ; il est nécessaire que les tiges employées puissent émettre des racines dans la partie enfoncée en terre. La Vigne, les Saules,

les Peupliers sont facilement multipliés par bouture; mais
c'est impossible, ou tout au moins très difficile pour la plupart
des arbres, tels que le Poirier, le Pommier, le Pin.

Si l'on suit le développement d'une bouture de Vigne mise
en terre, on voit que les bourgeons commencent d'abord à
donner des tiges feuillées, et ce n'est qu'ensuite que les racines
apparaissent dans la
partie enterrée. Il y a
donc une courte pé-
riode où la bouture a
des feuilles qui trans-
pirent, sans avoir des
racines qui puisent de
l'eau dans le sol. On
conçoit que ce soit là
une période critique
pendant laquelle le
jeune plant risque de

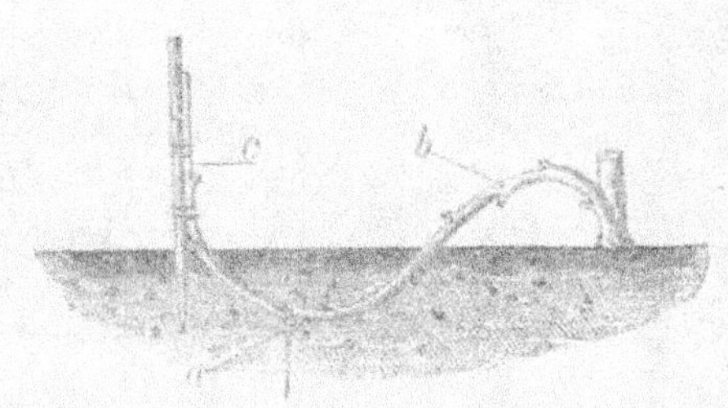

Fig. 83. — Marcotte; la tige c sera séparée de la plante
mère b quand des racines se seront formées en a.

se dessécher si les conditions extérieures sont défavorables.
Le mode de développement des boutures peut varier suivant
les espèces.

Pour diminuer les chances d'insuccès, on peut opérer de la
façon suivante. Au lieu de séparer tout d'abord la bouture de
la plante mère, on la recourbe dans le sol, de façon à ce que
son extrémité supérieure seule c sorte de terre (*fig. 83*). Les
bourgeons peuvent donc se développer sans risquer de se
dessécher, puisque la tige est toujours reliée à la plante mère.
Puis la partie enterrée émet des racines. La bouture munie de
tous ses organes se suffit alors à elle-même et on peut l'isoler
sans inconvénient. On donne le nom de *marcotte* à cette sorte
de bouture.

325. Greffe. — Pour multiplier les arbres dont les tiges ne
peuvent émettre des racines, on emploie le procédé de la
greffe. On coupe une portion de rameau de l'arbre A que
l'on veut multiplier et on l'insère sur la tige d'un arbre B
pourvu de racines et appartenant à la même espèce que A ou
à une espèce voisine. La soudure des deux tiges s'effectue et

le rameau A se développe en s'alimentant par l'intermédiaire des racines de B. Dans cette opération, A est le *greffon* et B le *sujet* ou *porte-greffe*.

On emploie surtout la greffe pour multiplier les arbres fruitiers que l'on ne peut bouturer et dont les caractères ne peuvent se transmettre par graine. La greffe, comme la bouture, conserve intégralement, ou à peu de chose près, les caractères, non seulement de l'espèce, mais de la variété. La greffe peut s'effectuer de plusieurs façons.

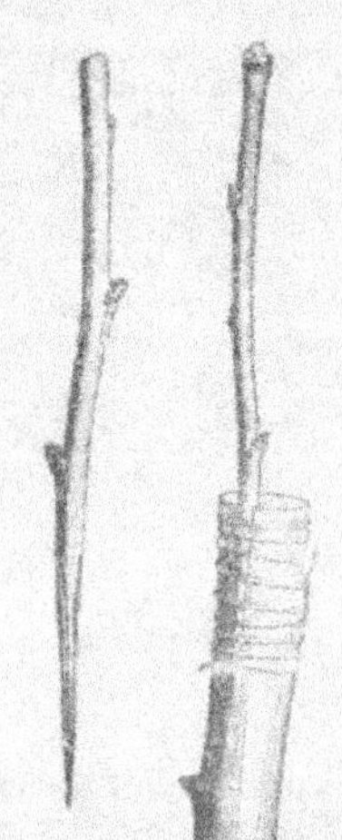

Fig. 84. — Greffe en fente; à gauche, le greffon isolé; à droite, le greffon inséré dans le sujet.

Un des procédés les plus usuels est la *greffe en fente*. On coupe la tige du sujet par une section horizontale faite à une certaine distance du sol et on la fend verticalement sur une longueur de quelques centimètres à partir de la section (*fig. 84*). Puis, on prélève sur l'arbre que l'on veut multiplier un rameau d'un an portant un, deux ou trois bourgeons; on taille en biseau l'extrémité inférieure de ce greffon et on l'enfonce dans la fente du sujet de façon à ce que l'assise génératrice du greffon soit en continuité avec celle du sujet. On assujettit ensuite le greffon avec un lien; on met du mastic sur les parties coupées pour éviter la dessiccation. La soudure s'effectue, et au bout de quelque temps les bourgeons poussent.

La greffe en fente se fait en général à la fin de l'hiver ou au commencement du printemps, quelquefois en automne. La principale cause d'insuccès est la dessiccation du greffon qui, pendant les premiers jours, alors que la soudure n'est pas encore faite, ne puise que difficilement dans la tige du sujet l'eau qui lui est nécessaire. Aussi doit-on, autant que possible, n'employer que des greffons à l'état de vie ralentie de façon à ce que la soudure ait le temps de se faire avant que les bourgeons ne poussent. Il est également indiqué de protéger les greffons contre la transpiration trop forte en les

maintenant à l'ombre. Le greffon peut être inséré sur le sujet de plusieurs manières dans le détail desquelles nous n'entrerons pas.

Dans la greffe *en écusson*, le greffon se compose d'un simple bourgeon adhérent à un morceau d'écorce et appelé écusson ; ce n'est plus un rameau comme dans la greffe en fente. Voici comment on opère (*fig. 85*) : on détache de la tige de l'arbre à multiplier un écusson d'environ 2 centimètres de long et 1 centimètre de large ; on fait ensuite sur le sujet deux incisions en forme de T ; on insinue l'écusson entre le bois et l'écorce, de façon à ce que son bord supérieur vienne au contact de l'incision horizontale, et on fait une ligature. L'écusson se soude au sujet ; au printemps, son bourgeon pousse ; on coupe alors la tige du sujet au-dessus du greffon. La greffe en écusson se pratique ordinairement à la fin de l'été, le bourgeon de l'écusson reste alors à l'état

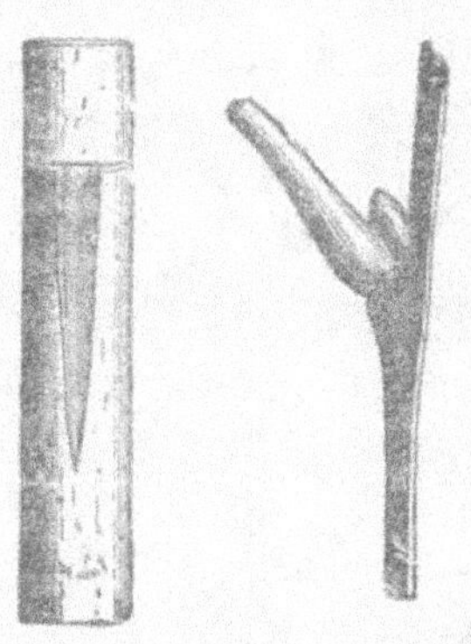

Fig. 85. — Greffe en écusson : à droite, le greffon ; à gauche, le sujet préparé pour recevoir le greffon.

de repos pendant tout l'hiver ; c'est la greffe à l'*œil dormant* ; si on greffe, au printemps, le bourgeon pousse tout de suite ; c'est la greffe à l'*œil poussant*.

Nous verrons plus loin dans quelle mesure les caractères du greffon sont conservés ou modifiés (§ 476) et le rôle que peut jouer la greffe dans la fixation des variétés (§ 474).

326. Marche ordinaire du développement. — Chaque espèce végétale est caractérisée par une certaine marche du développement, qui est toujours la même tant que les conditions extérieures ne changent pas. On considère comme développement normal d'une espèce, celui qui a lieu sous l'influence des conditions réalisées normalement dans la nature.

C'est ainsi qu'on appelle *plantes annuelles* celles qui vivent au plus pendant un an et végètent d'une façon continue depuis la germination jusqu'à la floraison, qui n'a lieu qu'une

fois. Les plantes bisannuelles ne fleurissent également qu'une seule fois, mais elles vivent pendant deux ans et présentent deux périodes de végétation active, séparées par une période de vie ralentie. Les plantes vivaces, qu'elles soient herbacées ou ligneuses, vivent un nombre indéterminé d'années et, au moins à partir d'un certain âge, fleurissent tous les ans.

Est-il possible, en changeant les conditions de milieu où vivent ordinairement ces plantes, de modifier la marche normale de leur développement, par exemple, de les empêcher de fleurir à l'époque ordinaire de leur floraison ou inversement ? On sait que l'influence du climat alpin (§ 402) peut rendre vivaces des plantes qui sont annuelles dans les plaines. Nous allons voir comment des changements dans les procédés de culture peuvent amener des modifications profondes dans le cours ordinaire du développement.

327. Influence du milieu sur le développement. — On sait que certaines plantes bisannuelles, telles que le Chou ou le Persil, cultivées sous un climat chaud comme celui du Brésil, peuvent végéter pendant plusieurs années sans fleurir. Klebs (3), dont nous allons exposer les expériences dans ce qui va suivre, a obtenu le même résultat en modifiant les conditions de milieu. Des Betteraves, cultivées dans une serre chaude et humide, restent pendant plusieurs années à l'état de végétation active sans produire aucune fleur ; il en est de même de la Digitale.

Lorsque ces plantes sont exposées à l'alternance normale des saisons, on comprend que le rôle de l'hiver est d'arrêter la croissance, c'est-à-dire la consommation des réserves, sans pour cela diminuer beaucoup l'assimilation. Au printemps, la plante se trouve donc riche en réserves ; une élévation de température en permet la consommation rapide, et rend par conséquent possible la formation des inflorescences, qui sont, pour les plantes, des organes de dépense et non d'assimilation.

D'autres expériences de Klebs vont nous donner la confirmation de cette manière de voir. Les rosettes de *Sempervivum Funkii*, exposées au froid de l'hiver, végètent modéré-

ment, puis fleurissent au printemps. Si, au contraire, on les met dans une serre chaude et humide, leur végétation est luxuriante, mais l'inflorescence ne se forme pas. Les produits de l'assimilation chlorophyllienne sont employés, au fur et à mesure de leur apparition, à la formation de nouveaux tissus, grâce aux conditions très favorables à la croissance. Il ne se forme donc pas une réserve abondante pouvant à un moment donné être consommée en un temps très court.

Le *Veronica Chamædrys* et le *Lysimachia ciliata*, ont donné lieu à des expériences analogues. On fait une bouture avec une tige fleurie, on supprime les fleurs et on constate que la tige s'accroît en donnant non pas des fleurs, mais une tige feuillée. Il faut bien remarquer que dans la nature, jamais une inflorescence de ces plantes ne se prolonge par une tige feuillée.

Cette déviation de la marche normale du développement peut s'expliquer comme dans le cas du *Sempervivum*. Au moment où la bouture est faite, elle ne renferme pas assez de réserves pour donner de nouvelles fleurs. Les conditions étant très favorables à la végétation, les produits de l'assimilation sont immédiatement employés à la formation de rameaux feuillés.

La relation qui existe entre la production de fleurs et la mise en réserve des produits de l'assimilation est rendue évidente par d'autres expériences. Un pied de *Veronica Chamædrys* cultivé dans la lumière bleue ne fleurit pas, même si par ailleurs les conditions sont favorables à la floraison. C'est parce que, dans la lumière bleue, l'assimilation est ralentie et que les réserves formées sont insuffisantes. Un pied de *Sempervivum* peut, au contraire, fleurir dans les mêmes conditions ; c'est parce que les réserves ont pu s'accumuler dans les feuilles de la rosette, pendant que la plante était encore exposée à la lumière solaire.

BIBLIOGRAPHIE.

1. Becquerel (Paul). *Recherches sur la vie latente des graines* (Ann. sc. nat. Bot., 9ᵉ série, t. V, 1907).

2. Coupin. *Recherches sur l'absorption et le rejet d'eau par les graines* (Ann. sc. nat. Bot., 8ᵉ série, t. II, 1895).

3. Klebs. *Travaux analysés par Seliber* (Rev. gén. de Bot., t. XVIII, XXI et XXII).

CHAPITRE X.

MOUVEMENTS.

328. Diverses sortes de mouvements. — Les mouvements des plantes peuvent être de nature très différente. Dans une première catégorie, nous rangerons les mouvements dus à la déformation des cellules mortes et réduites, en général, à leur membrane. Nous verrons que la cause doit en être cherchée dans les propriétés hygroscopiques des membranes, qui se contractent plus ou moins en se desséchant.

Puis viennent les mouvements d'ensemble de certains organes; on les attribue à des variations dans la turgescence des cellules vivantes. Les plus importants sont connus sous le nom de mouvements de veille et de sommeil.

Nous étudierons, en dernier lieu, certains mouvements qui se produisent sous l'influence du contact d'un corps étranger; leur cause est une sensibilité particulière du protoplasma, suffisante pour déterminer la déformation de certains organes.

L'étude des courants protoplasmiques qui se produisent dans les cellules, ainsi que des mouvements, tels que ceux des zoos-

pores et des Bactéries, dus à la contractilité de cellules généralement isolées, n'entre pas dans le cadre de cet ouvrage.

1° MOUVEMENTS DUS A L'HYGROSCOPICITÉ.

329. Déhiscence des fruits. — On sait que les fruits qui renferment plusieurs graines et dont le péricarpe se dessèche au moment de la maturité, s'ouvrent presque tous de façon à permettre aux graines de se disséminer. Prenons, par exemple, la capsule de la Primevère ; elle s'ouvre à son sommet par dix dents qui s'écartent les unes des autres en se recourbant vers l'extérieur. A ce moment, le protoplasma et le noyau des cellules du péricarpe ont disparu ; la déhiscence ne peut donc être attribuée qu'à une propriété physique des membranes.

Si on plonge dans l'eau une capsule ouverte, on la voit se refermer peu à peu, et reprendre exactement la forme qu'elle avait avant la déhiscence. Si on l'expose ensuite à l'air sec, elle s'ouvre de nouveau, et ainsi de suite. La dessiccation des parois est donc la cause de l'ouverture du fruit.

On peut faire des expériences semblables avec un grand nombre d'autres fruits déhiscents, le résultat est toujours le même. De plus, si on enlève la couche de parenchyme mou qui se trouve généralement à la face externe, de façon à ce que le péricarpe soit réduit aux parties lignifiées, on constate que la déhiscence s'effectue comme si le fruit était intact. C'est donc uniquement dans la structure des couches ligneuses qu'il faut chercher l'explication des mouvements des valves.

330. Contraction des fibres et des cellules ligneuses. — On sait que lorsque le bois se dessèche, il se contracte beaucoup moins dans le sens de la longueur des fibres que dans les directions perpendiculaires. Une expérience très simple met cette propriété en évidence (*fig. 86*). On colle l'un contre l'autre deux morceaux de copeaux de bois, A et B, imbibés d'eau, de façon à ce que les fibres de l'un soient perpen-

diculaires aux fibres de l'autre, en A_1, B_1. On les laisse ensuite se dessécher. La surface, qui est d'abord plane, se déforme rapidement par suite du mode de contraction des fibres. Suivant la direction verticale, le copeau A_1, dont les fibres sont verticales, se contractera, en effet, moins que le copeau B_1 dont

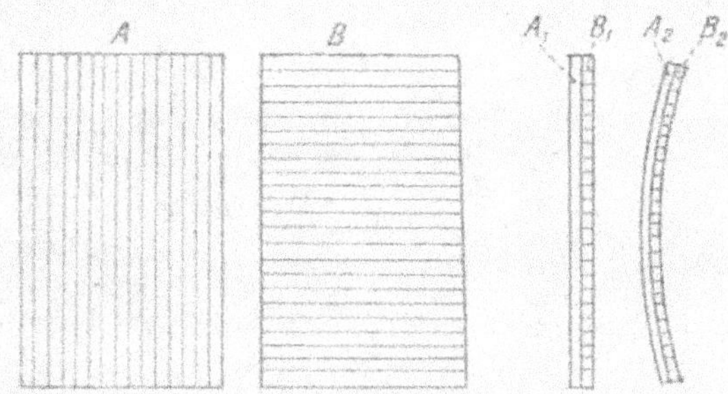

Fig. 86. — A, B, copeaux de bois; A_1, B_1, les mêmes collés l'un sur l'autre et humectés d'eau; A_2, B_2, les mêmes desséchés.

les fibres sont horizontales; il en résultera la courbure réprésentée par la figure en A_2 B_2.

De plus, on peut constater, soit par des mesures directes, soit par des expériences analogues à la précédente, qu'en général la contraction des tissus lignifiés est d'autant plus forte que les membranes sont plus épaisses.

L'étude anatomique des fruits secs déhiscents, montre que dans tous les cas, la forme et la disposition des valves peuvent être expliquées si l'on tient compte des propriétés que nous venons d'établir et qui peuvent être exprimées de la façon suivante :

1° Les fibres ligneuses se contractent, sous l'influence de la dessiccation, moins dans le sens de leur longueur que dans une direction perpendiculaire. La contraction des cellules isodiamétriques est comparable à celle des fibres dans le sens transversal.

2° Toutes choses égales d'ailleurs, les cellules ligneuses se contractent d'autant plus que leurs parois sont plus épaisses.

La formation de dents au sommet de la capsule de Primevère et de la plupart des Caryophyllées, s'explique par l'épais-

seur des parois cellulaires plus grande à la face externe qu'à
la face interne. Chez les Légumineuses, l'enroulement des valves est dû à l'inégale contraction des fibres allongées et des
cellules courtes. Chez les Euphorbiacées, le péricarpe se
déforme en se desséchant, grâce à la présence de deux assises
de fibres rectangulaires l'une par rapport à l'autre.

331. Fruits ruptiles. — En général, l'ouverture d'un fruit
s'effectue peu à peu; une fente apparaît d'abord, puis s'élargit,
et les deux valves s'écartent ensuite de plus en plus l'une de
l'autre. Dans ce cas, l'emplacement de la fente est toujours
indiqué par une ligne de moindre résistance, le plus souvent
par l'interruption de la couche ligneuse. On conçoit alors que
la fente se produise dès que la dessiccation commence, et s'élar-
gisse progressivement à mesure que les cellules se dessèchent
davantage.

Mais il en est quelquefois autrement. Examinons, par
exemple, un fruit d'Euphorbe mûr et commençant à se dessécher. Il est encore fermé. Mais si on hâte la dessiccation en
chauffant, on voit tout à coup le fruit *éclater* et les valves se
séparer brusquement. Il en est de même pour le fruit des
autres Euphorbiacées et les gousses de certaines Légumineuses, telles que le Genêt d'Espagne. On appelle fruits *ruptiles*
ces fruits qui éclatent ainsi brusquement, au lieu de s'ouvrir
progressivement.

Cette particularité s'explique par la structure du péricarpe.
La couche ligneuse n'est point interrompue le long des lignes
de déhiscence; elle y présente seulement une résistance un
peu moindre que dans les autres régions. Pour que la rupture
se produise, il faut donc une tension considérable qui n'existe
que lorsque le péricarpe est presque complètement sec. On
conçoit alors que la déchirure de la couche ligneuse donne
l'impression d'une petite explosion et que les valves prennent
du premier coup leur forme définitive.

332. Déhiscence des anthères. — On sait que la plupart
des anthères s'ouvrent par deux fentes longitudinales correspondant chacune à une loge. Ici encore, la déhiscence est la

conséquence de la dessiccation des tissus. Dans une atmosphère sèche, une anthère s'ouvre en effet rapidement; elle se referme si on la met dans l'eau.

En général, la dessiccation des parois de l'anthère se produit au contact de l'air, peu après l'épanouissement de la fleur. Mais, dans beaucoup de plantes, les anthères s'ouvrent bien avant l'épanouissement de la corolle. Le contact de l'air sec ne paraît donc pas toujours utile, comme le montre clairement l'expérience suivante faite par Burck (1).

On met dans de l'air saturé de vapeur d'eau des anthères mûres et non encore ouvertes de Digitale; les unes sont encore adhérentes à la corolle, les autres sont isolées. Les premières s'ouvrent même dans l'air humide, les secondes restent fermées. On constate, d'ailleurs, par des mesures directes, que les anthères adhérentes à la corolle ont perdu une partie de leur eau, tandis que les autres ont conservé le même degré d'hydratation. Burck explique ce fait par la présence de glucose dans les tissus de la corolle et de la base du filet. Les cellules riches en glucose ont un pouvoir osmotique suffisant pour attirer l'eau des cellules voisines et les dessécher assez pour déterminer l'ouverture des anthères.

Dans la Digitale et beaucoup d'autres plantes, le sucre, qui cause ainsi l'ouverture de l'anthère, est répandu dans les tissus de la corolle et du filet; dans la plupart des Crucifères et beaucoup de Caryophyllées, il est localisé dans des nectaires situés à la base des étamines. On voit donc là un rôle spécial des nectaires qui permettent aux anthères de s'ouvrir même dans une atmosphère saturée de vapeur d'eau.

Dans beaucoup de fleurs, telles que celles de Renoncule, de Clématite, de Chélidoine, cette réserve de sucre n'existe pas, ou du moins est insuffisante, et les anthères ne peuvent s'ouvrir que dans une atmosphère sèche.

333. Structure des anthères. — Voyons maintenant comment la structure des parois des anthères permet d'expliquer les mouvements des valves. L'épiderme est formé de cellules parenchymateuses qui ne jouent pas de rôle essentiel dans la déhiscence. L'assise sous-épidermique appellée *assise méca-*

nique a une structure spéciale. Dans le Lychnis (*fig. 87*), par exemple, on voit que les parois, minces et cellulosiques sur la plus grande partie de leur étendue, portent des bandes d'épaississement lignifiées L, en forme d'U et régulièrement disposées. Les parties lignifiées sont sur la face interne HGCD

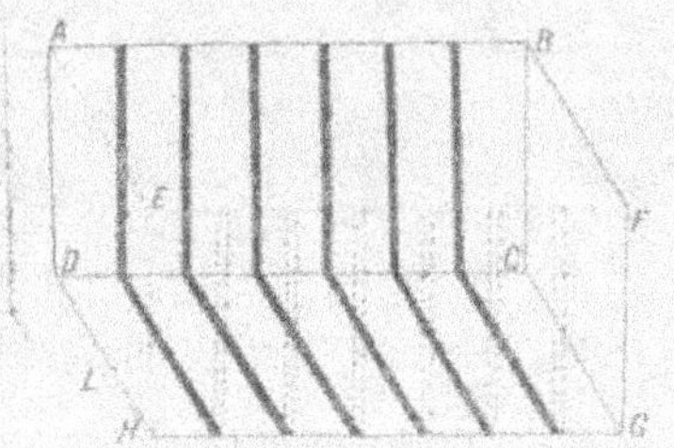

Fig. 87. — Schéma d'une cellule de l'assise mécanique du Lychnis ; A B E F, face externe ; D C G H, face interne ; L, bande épaissie et lignifiée.

et les faces radiales des cellules ; elles font complètement défaut sur la face externe E F A B, en contact avec l'épiderme.

Ceci posé, rappelons-nous que,' sous l'influence de la dessiccation, la cellulose se contracte plus que les parties lignifiées. Nous comprendrons alors pourquoi la face externe de l'assise mécanique, dépourvue de lignine, se contracte plus que la face interne partiellement lignifiée.

La structure de l'assise mécanique est très variable; quelquefois la face interne des cellules est moins lignifiée que la face externe, les valves de l'anthère se recourbent alors vers l'intérieur des loges, et non plus vers l'extérieur. Dans tous les cas, les particularités de la déhiscence s'expliquent par la disposition des bandes lignifiées de l'assise mécanique.

334. Sporange des Fougères. — La déhiscence du sporange des Fougères offre un curieux exemple des mouvements que peuvent exécuter certaines cellules sous l'influence de la dessiccation. On sait qu'un sporange de Fougère mâle, par exemple (1, *fig. 88*), a des parois formées d'une seule assise de cellules. Suivant un anneau qui n'est pas tout à fait complet, les cellules *p* ont leurs parois épaissies et lignifiées, mais seulement sur leurs faces interne et radiales; sur le reste de la surface les parois restent minces et flexibles.

Ceci posé, examinons au microscope un sporange mûr non encore ouvert et placé dans une atmosphère chaude et sèche.

Nous voyons d'abord la paroi externe des cellules *p* de

l'anneau se déprimer et devenir concave, en 2. Puis, le sporange s'ouvre dans la région où les cellules à parois épaissies font défaut, et l'anneau se redresse en sens inverse, en 3, puis, brusquement revient à sa position primitive, en 4.

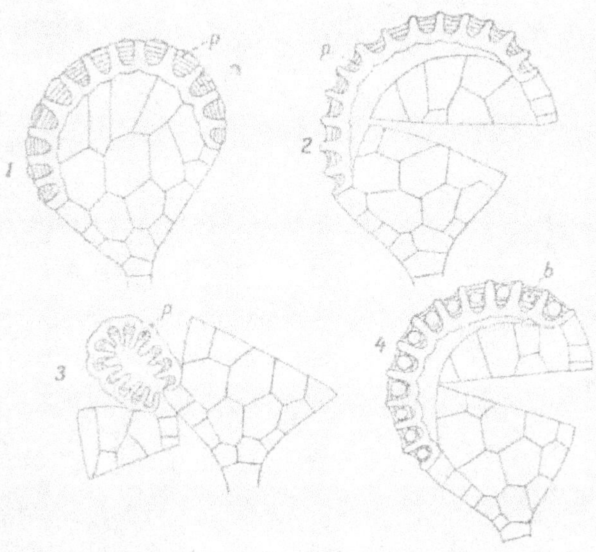

Fig. 48. — Déhiscence du sporange de la Fougère mâle ; p, cellules de l'assise mécanique ; b, boîte à air, les parties ombrées sont pleines d'eau.

Ces divers mouvements peuvent s'expliquer de la façon suivante : lorsque le sporange n'est pas encore ouvert, les cellules de l'anneau sont remplies de suc cellulaire. Sous l'influence de la sécheresse de l'atmosphère, l'eau s'évapore à travers la paroi mince. Il en résulte une diminution de pression à l'intérieur des cellules, qui tendent alors à se contracter. Mais les parois épaisses sont disposées de telle sorte que la cellule ne peut réduire son volume que par une dépression de la paroi mince et un rapprochement de la partie externe des parois latérales épaissies. De là cette dépression des parois externes que nous avons remarquée en 3 et le raccourcissement de la face extérieure de l'anneau ; la face intérieure formée de parois épaisses conserve toujours la même longueur. Tel est

la mécanisme de la rupture de l'anneau, de son redressement progressif, puis de sa courbure en sens inverse.

Mais à quoi est dû le brusque retour? C'est qu'alors, par suite de la diminution de pression dans les cellules, il se forme dans chacune d'elles une bulle de gaz *b* qui augmente la pression et fait revenir l'anneau à la position primitive. On peut admettre que cette bulle d'air est entrée par osmose à travers la paroi mince humide.

On voit que ces mouvements, effectués par des cellules mortes sous l'influence de la dessiccation, ont cependant un mécanisme plus complexe que ceux des anthères ou des péricarpes.

2° SOMMEIL DES PLANTES.

335. Position diurne et position nocturne des feuilles. — Pendant la journée, les folioles d'une feuille de Haricot ou de

Fig. 89. — Feuille de Cassia à l'état de veille.

Fig. 90. — Feuille de Cassia à l'état de sommeil.

Cassia sont en général étalées dans un plan à peu près horizontal (*fig.* 89); pendant la nuit, elles se replient vers le bas (*fig.* 90) de façon à ce que les faces inférieures des folioles latérales se rapprochent et que la foliole terminale se rabatte contre le bord des folioles latérales. C'est la position diurne et la

position nocturne de ces feuilles, ou bien encore la position de *veille* et la position de *sommeil*. Pour passer d'une position à l'autre, les folioles tournent autour de leur base, où se trouve un renflement spécial appelé renflement moteur qui, suivant les espèces, se recourbe, tantôt vers le haut, tantôt vers le bas.

Un grand nombre d'autres plantes, surtout dans la famille des Légumineuses, effectuent des mouvements analogues de veille et de sommeil. Les folioles du Trèfle, au lieu de s'abaisser pendant le sommeil, se relèvent au contraire, de façon à ce que les folioles latérales appliquent leur face supérieure l'une contre l'autre. Les folioles de l'Oxalis et du Robinier s'abaissent comme celles des Haricots. Chez la Sensitive (*fig. 92 et 93*), le pétiole primaire porte à sa base un renflement moteur qui permet à l'ensemble de la feuille de s'abaisser pendant la nuit et de se relever pendant le jour, en même temps que les folioles se meuvent de leur côté.

336. Influence de la lumière. — Dans les conditions naturelles, la position de sommeil correspond à la nuit et la position de veille au jour. Si, pendant la journée, on met un pied de Haricot à l'obscurité, on constate qu'au bout de quelques minutes les feuilles ont pris la position de sommeil; c'est donc bien aux variations d'éclairement que sont dus les mouvements des renflements moteurs.

Cependant, les feuilles mises dans l'obscurité artificielle pendant le jour reprennent, au bout d'un certain temps, leur position diurne. Si on les laisse à l'obscurité continue pendant plusieurs jours, on constate des changements analogues à ceux qui se produisent dans les conditions naturelles. Pendant la nuit, la position de sommeil est nette; mais pendant la journée, les folioles prennent une orientation plus ou moins voisine de la position de veille. Ces mouvements de veille s'atténuent d'ailleurs peu à peu; au bout de quelques jours, la position de sommeil reste invariable.

La périodicité des mouvements, qui est la conséquence de la périodicité de l'éclairement, persiste donc encore quelque temps lorsque l'éclairement est devenu constant. Cela laisse

supposer que la lumière n'agit pas d'une façon directe, mais détermine seulement un état des tissus qui, dans certaines circonstances, peut se produire indépendamment de la lumière. C'est ainsi que, par les journées humides et fraîches, on voit souvent les feuilles prendre en plein jour la position nocturne.

337. Structure des renflements moteurs. — Une section transversale, dans un renflement moteur de Haricot, diffère beaucoup de la section d'une partie quelconque du pétiole. L'écorce est relativement très épaisse et formée de petites cellules riches en chlorophylle et remplies d'un protoplasma épais avec des méats réduits ; les faisceaux, par contre, serrés les uns contre les autres, ne renferment que des vaisseaux de calibre relativement très petit.

En coupe longitudinale, on voit, à la surface de l'écorce, de nombreux plis qui sont de nature à faciliter les mouvements. Ces plis sont, en effet, également accusés en haut et en bas lorsque le renflement se trouve dans une position moyenne ; si le renflement se relève dans la position diurne, les plis de la face inférieure s'effacent et permettent l'allongement à cette face, pendant que les plis de la face supérieure se creusent davantage. L'inverse se produit lorsque, pour prendre la position du sommeil, la face inférieure du renflement se raccourcit et que la face supérieure s'allonge.

338. Mécanisme des mouvements. — Les mouvements des renflements moteurs ont donc pour cause immédiate l'allongement ou le raccourcissement de la face supérieure ou de la face inférieure. Or, on sait que l'allongement des cellules parenchymateuses est dû à une augmentation de leur turgescence, qui distend les parois ; la turgescence elle-même est en relation avec le pouvoir osmotique du suc cellulaire. On est donc conduit à étudier le pouvoir osmotique des cellules du renflement.

Il résulte d'un grand nombre de mesures faites sur les renflements du Haricot que, pendant le jour, le pouvoir osmotique est nettement plus fort à la face inférieure qu'à la face

supérieure. Pendant la nuit, le pouvoir osmotique augmente un peu à la face supérieure et diminue à la face inférieure, de façon à devenir plus faible qu'à la face supérieure. La cause immédiate des mouvements paraît donc résider dans les variations du pouvoir osmotique.

Ces variations du pouvoir osmotique sont facilitées par la perméabilité relativement grande de la membrane protoplasmique des cellules du renflement. La plasmolyse de ces cellules, obtenue très rapidement, ne se maintient en effet que pendant quelques minutes. Le pouvoir osmotique des renflements plongés dans l'eau pure diminue rapidement par suite de l'exosmose des substances dissoutes ; il augmente, au contraire, par suite de l'entrée des substances dissoutes, si on place les renflements dans une dissolution de nitrate de potassium ou de sucre.

339. Sommeil des fleurs. — Pendant le jour, le périanthe de la Tulipe est largement ouvert à la partie supérieure. Pendant la nuit, les sépales et les pétales se rapprochent de façon à fermer plus ou moins le périanthe. Ces mouvements, qui s'effectuent sous l'influence de la lumière et de l'obscurité, peuvent être comparés aux mouvements de veille et de sommeil des feuilles, et on peut admettre que leur mécanisme est le même. Dans le cas de la Tulipe, une élévation de température agit comme la lumière et tend à ouvrir le périanthe ; un refroidissement tend à le refermer.

Beaucoup d'autres fleurs ont également des mouvements d'ouverture et de fermeture qui sont en relation avec la périodicité diurne de l'éclairement. Ainsi, les fleurs du Liseron des haies s'ouvrent ordinairement à trois heures du matin, celles de Chicorée à cinq heures, celles de Laitue à sept heures. En indiquant les fleurs qui s'ouvrent à chacune des heures de la journée, on a composé ce qu'on a appelé l'horloge de Flore.

Bien que la relation de ces mouvements avec la périodicité diurne de l'éclairement soit évidente, on conçoit que d'autres causes que l'on ne connaît pas exactement doivent aussi intervenir. Les fleurs de Chicorée, par exemple, qui s'ouvrent au

commencement du jour, se ferment vers midi ; l'éclairement ne suffit donc pas pour les maintenir ouvertes.

340. Mouvements spontanés. — On peut rattacher aux mouvements de veille et de sommeil certains mouvements que l'on considère comme spontanés, parce qu'on ne voit pas leur relation avec les conditions extérieures.

Le *Desmodium gyrans* est une Légumineuse dont les feuilles sont trifoliolées (*fig. 91*).

Les deux folioles latérales *f'*, beaucoup plus petites que la terminale *f*, tournent d'une façon continue autour de leur renflement moteur, de façon à ce que leur nervure médiane décrive à peu près un cône en quatre ou cinq minutes. Ces mouvements, plus rapides lorsque la température s'élève, se continuent aussi bien pendant le jour que pendant la nuit. On a remarqué des mouvements analogues chez un certain nombre de plantes indigènes, mais leur amplitude est très faible, et il est difficile de les distinguer nettement des mouvements de veille et de sommeil.

Fig. 91. — Feuille de *Desmodium*: *f*, foliole terminale ; *f'* foliole latérale.

Ces mouvements, dits spontanés, paraissent dus à des variations dans le pouvoir osmotique dont la cause n'a pas été déterminée.

3° MOUVEMENTS PROVOQUÉS.

341. Mouvements de la Sensitive. — On appelle mouvements provoqués, ceux qui sont déterminés par une excitation extérieure telle que le contact d'un corps étranger. Les feuilles de la Sensitive (*Mimosa pudica*) nous en offrent un exemple très net. On sait que ces feuilles sont bipennées ; le pétiole principal porte quatre pétioles secondaires munis chacun de deux rangées de folioles ; à la base des folioles, des pétioles

secondaires et du pétiole principal, se trouvent des renflements moteurs.

Pendant la journée, le pétiole principal est redressé, et les pétioles secondaires, écartés les uns des autres, étalent leurs

Fig. 92. — Feuille du Sensitive dans la position diurne.

Fig. 93. — Feuille de Sensitive dans la position nocturne.

folioles dans un plan horizontal : c'est la position diurne (*fig. 92*). Pendant la nuit, le pétiole principal s'abaisse en tournant autour de son renflement moteur, les pétioles secondaires tendent à se placer sur le prolongement du pétiole principal, et les folioles s'appliquent deux à deux, l'une contre l'autre, par leur face supérieure : c'est la position nocturne (*fig. 93*). Les mouvements de veille et de sommeil s'effectuent sous les mêmes influences et par le même mécanisme chez la Sensitive que chez le Haricot.

Mais si, pendant le jour, on donne un petit coup sur une feuille de Sensitive, on voit, au bout de quelques secondes, la feuille prendre la position nocturne; si on ne la touche plus, elle revient peu à peu, et au bout de quelques minutes, à la position diurne. Si, au lieu de frapper une feuille, on frappe la tige, les feuilles voisines se replient d'abord ; l'excitation, se transmettant de proche en proche, peut atteindre ensuite toutes les feuilles de la plante.

Les mouvements sont d'autant moins rapides que la tempé-

rature est plus basse; ils cessent complètement au-dessous
de 18°. Les anesthésiques, tels que l'éther et le chloroforme,
suppriment la sensibilité; si l'atmosphère renferme une certaine dose de chloroforme, les feuilles ne réagissent plus et
restent immobiles. De plus, des excitations trop fréquentes
finissent par ne produire aucun effet, même si les autres conditions sont favorables. Ainsi, un pied de Sensitive placé sur
une voiture en marche replie d'abord ses feuilles, puis elle
s'habitue aux trépidations et les feuilles reviennent à la position diurne.

Les mouvements de la Sensitive sont dûs aux changements
de volume de la partie inférieure des renflements moteurs.
Si, en effet, on enlève avec un scalpel le parenchyme de la
face inférieure du renflement du pétiole principal, le pétiole
se recourbe vers le bas et reste immobile malgré les excitations. Si, au contraire, on a enlevé le parenchyme de la face
supérieure, la feuille garde toute sa sensibilité et les mouvements peuvent avoir lieu, grâce à l'allongement ou au raccourcissement de la face inférieure du renflement.

Les mouvements sont donc la conséquence des changements de volume de la partie inférieure des renflements; ces
changements de volume tiennent incontestablement à des
variations dans la turgescence. Mais, ici, la cause de ces changements paraît être une certaine excitabilité du protoplasma
dont la nature intime n'est pas très bien connue et qu'on
n'observe que dans un nombre restreint d'espèces. D'autres
plantes de la famille des Légumineuses et des Oxalidées ont
des feuilles animées de mouvements analogues, mais l'exemple
de la Sensitive est le plus net et le mieux connu.

342. Etamines des Berbéridées. — Les étamines des Berbéridées nous fournissent un autre cas de mouvements provoqués. Dans une fleur épanouie, les anthères sont normalement à une certaine distance du stigmate; mais si on vient à
toucher la face interne du filet qui est la partie sensible de
l'étamine, aussitôt le filet se recourbe et l'anthère vient s'appliquer sur le stigmate; au bout de quelques minutes, l'étamine revient à sa position normale.

Le mouvement des étamines du Mahonia a été étudié en détail par Dop (2). Grâce à un morceau d'écorce de Bambou fixé à l'anthère et dont l'extrémité libre s'appuyait sur un cylindre enregistreur, les circonstances du mouvement étaient fixées. L'excitation était produite par un courant électrique continu passant à travers le filet. L'établissement du courant détermine un mouvement, mais la continuation ne fait plus d'effet et n'empêche pas l'étamine de revenir à sa position de repos.

Dop a constaté ainsi que le mouvement commence un dixième de seconde après l'excitation et dure neuf dixièmes de seconde; puis vient une période d'immobilité de dix à douze secondes; enfin, le retour à la position de repos dure dix-sept minutes. Une étamine qui vient d'être excitée reste insensible pendant sept minutes, alors que le mouvement de retour est déjà commencé. Il est donc impossible de maintenir l'anthère au contact du stigmate par des excitations répétées. D'ailleurs, lorsqu'une étamine a exécuté trois ou quatre mouvements consécutifs, elle perd sa sensibilité, au moins pour un certain temps. Cette sorte de fatigue est comparable à ce que nous avons observé sur la Sensitive qui s'habitue aux chocs répétés.

343. Autres exemples de mouvements provoqués. — On connaît encore d'autres plantes pouvant exécuter certains mouvements sous l'influence d'une excitation extérieure. Citons les exemples les plus connus.

Les étamines des Centaurées et d'un certain nombre d'autres Composées Tubuliflores ont, comme les Berbéridées, leurs filets excitables. Dans leur position de repos, les filets sont recourbés de façon à ce que le tube des anthères qu'ils supportent soit au-dessous du stigmate. Si on les excite, ils se redressent, amènent les anthères au niveau du renflement de la partie inférieure du stigmate, puis reviennent à leur position première. Des poils qui sont portés par le filet semblent être la partie spécialement excitable. On sait que ces mouvements de va-et-vient du tube des anthères contribuent à la dissémination du pollen.

Les feuilles de quelques Droséracées, telles que le *Drosera*
ou le *Dionæa* nous montrent des mouvements très spéciaux.
Le *Drosera rotundifolia* (fig. 94), petite plante herbacée qui
croît dans les endroits humides
des montagnes, porte, sur la
face supérieure de son limbe
arrondi, de gros poils terminés
par un massif de cellules qui
sécrètent une matière visqueuse.
Si un petit Insecte vient à toucher ces poils, il est d'abord
retenu par la matière visqueuse,
puis les poils voisins se replient
sur lui et le tiennent empri-
sonné.

Le *Dionæa muscipula* (fig.
95), plante herbacée des marécages de l'Amérique du Nord,
a un limbe formé de deux lobes
symétriques par rapport à la
nervure médiane. Chaque lobe
porte à sa face supérieure un
petit nombre de poils sécréteurs
sensibles, et sur son pourtour
une rangée de denticulations
aiguës. Si un Insecte vient à
toucher un des poils sensibles,
aussitôt les deux lobes se rapprochent l'un de l'autre en tour-

Fig. 94. — *Drosera rotundifolia.*

nant autour de la nervure médiane qui joue le rôle de char-
nière. Les denticulations du bord arrivent ainsi à s'entre-
croiser et emprisonnent l'Insecte déjà retenu par la matière
mucilagineuse sécrétée par les poils. Les feuilles de Dionée
jouent donc le rôle de piège pour les Insectes ; de là le nom de
gobe-mouche qu'on a donné à la plante.

Les insectes capturés par les Droséras ou les Dionées ne
peuvent en général s'échapper ; ils meurent sur place et leur
cadavre se décompose. On a supposé que la feuille pouvait

absorber le produit de cette décomposition et s'en nourrir.
On a même admis que la matière sécrétée par les poils jouerait un rôle digestif et rendrait assimilable les tissus de l'insecte. Les Droseras et les Dionées seraient donc de véritables
plantes carnivores; mais l'absorption et l'assimilation des

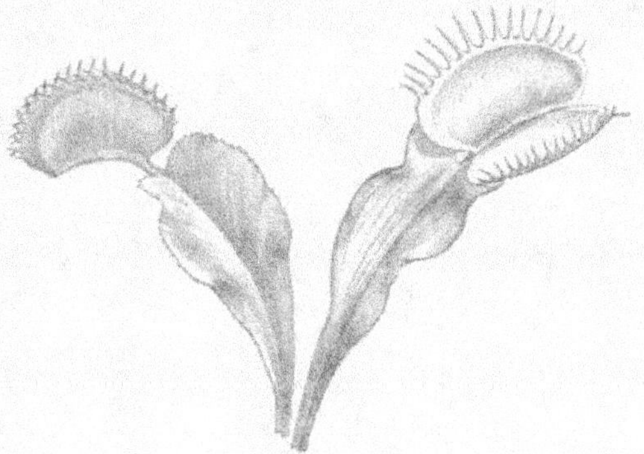

Fig. 95. — Feuilles de Dionée, à droite ouverte, à gauche fermée.

produits de décomposition des insectes n'ont pas été démon-
trées.

344. Vrilles. — On peut rattacher aux mouvements provoqués le mouvement d'enroulement des *vrilles*. On appelle
ainsi des organes minces et allongés qui ont la propriété de
s'enrouler solidement autour d'un corps étranger de façon à
permettre à la plante qui les porte de se soutenir plus facilement. Les vrilles des Cucurbitacées correspondent à des
feuilles, celles des Légumineuses à des folioles, celles de la
Vigne à des tiges.

Voyons comment s'effectue l'enroulement d'une vrille de
Bryone. Une vrille jeune A (*fig. 96*), encore en état de croissance, est légèrement recourbée et se termine à son extrémité
libre *s* par un petit crochet. Si l'on excite la face concave par
le contact d'un corps étranger quelconque T, en B, la vrille
réagit au bout d'un temps très court, une demi-minute à
peine, en se recourbant dans la région qui a été excitée. Si
l'excitation a été de courte durée, la vrille reprend bientôt sa

forme primitive. Si, au contraire, le corps qui a excité la face concave est resté en contact avec elle, la vrille, en se recourbant de proche en proche, depuis le point de contact jusqu'à son sommet, s'enroule autour du corps étranger et l'enroulement reste permanent.

Dans les conditions naturelles, l'enroulement des vrilles

Fig. 98. — Vrille de Bryone, jeune et non enroulée, en A ; commençant à s'enrouler autour d'un support T, en B ; complètement enroulée, en C ; vieille et non enroulée, en D ; t, changement de sens d'ns l'enroulement ; s, crochet du sommet.

autour d'un support est favorisé par les circonstances suivantes. Une vrille en voie de croissance est animée d'un mouvement de circumnutation très étendu ; son sommet décrit une hélice dans un sens tel que la face concave se trouve toujours en avant. Grâce à ce mouvement, la vrille peut atteindre un support qui n'est pas trop éloigné, et c'est toujours la face concave sensible qui arrive au contact du support. De plus, le crochet qui se trouve au sommet retient au contact du support la vrille qui, pour une cause quelconque, viendrait à glisser.

Une fois l'enroulement effectué, la partie basillaire de la vrille qui n'est pas au contact du support prend la forme d'un ressort à boudin, en C ; mais les deux extrémités étant fixées, l'une par son insertion sur la tige, l'autre par le support, il est nécessaire que les tours de spire du ressort soient dirigés

par moitié dans un sens et par moitié dans le sens contraire ; de là le changement de sens qu'on observe au milieu de la partie enroulée, en *f* ; il y a même quelquefois plusieurs changements de sens, mais toujours le nombre de tours dans un sens est égal au nombre de tours en sens inverse.

Dès qu'une vrille est ainsi fixée au support, les fibres du péricycle, qui jusque-là étaient à parois minces et cellulosiques, deviennent ligneuses et acquièrent une grande résistance. D'autre part, l'enroulement en hélice de la partie de la vrille, qui n'est pas au contact du support, augmente son élasticité et sa résistance à la rupture. Ces diverses circonstances augmentent la solidité de la fixation de la vrille à son support.

Nous avons vu que la vrille de Bryone n'est sensible que sur sa face concave et encore pas sur toute la longueur ; la partie basilaire est insensible. Une excitation sur la face convexe ne produit aucun enroulement. D'ailleurs, la sensibilité s'affaiblit à mesure que la vrille approche de l'état adulte et disparaît lorsque la vrille a cessé de s'accroître. Si à ce moment la vrille n'a atteint aucun support, elle s'enroule en hélice et n'est plus désormais qu'un organe inutile, en *D*.

345. Mécanisme de l'enroulement. — On admet que le commencement de courbure de la vrille, à la suite d'une excitation est due à une certaine sensibilité du protoplasma, qui entraîne une diminution de la turgescence sur la face excitée. Si l'excitation se prolonge, la courbure devient permanente par suite d'une diminution de croissance sur la face où la turgescence a été diminuée. Si, au contraire, l'excitation est de courte durée, la différence de turgescence disparaît bientôt, et la vrille se redresse avant qu'une différence de croissance n'ait eu le temps de fixer la courbure.

On trouve toujours, dans le voisinage de la face sensible d'une vrille, des fibres minces et allongées, qui se lignifient après l'enroulement. Ces fibres manquent ou sont moins nombreuses sur les faces non sensibles. D'autre part, la paroi externe des cellules épidermiques de la face sensible présente, par endroits, des parties amincies semblables à de très fines

ponctuations. Haberlandt admet que ce sont là des sortes
d'organes de la sensibilité, qui permettent à l'excitation extérieure de se transmettre au protoplasma.

346. **Tiges volubiles.** — Il ne faut pas confondre les vrilles,
qui, nous venons de le montrer, sont douées d'une véritable
sensibilité, avec les tiges volubiles,
telles que celles du Haricot, du Liseron ou du Houblon (*fig. 97*), qui
s'enroulent simplement autour d'un
support. Ces tiges n'ont aucune sensibilité spéciale, mais elles s'allongent très vite et leur région de croissance est douée de mouvements de
circumnutation très étendus. Le sommet s'élève donc en décrivant une
hélice assez large ; la tige peut ainsi
arriver au contact d'un support qui
arrêtera son mouvement. Mais le
sommet, continuant à s'accroître en
tournant toujours dans le même sens,
s'appliquera contre le support en le
contournant, à condition toutefois
que le support ne soit pas trop épais.

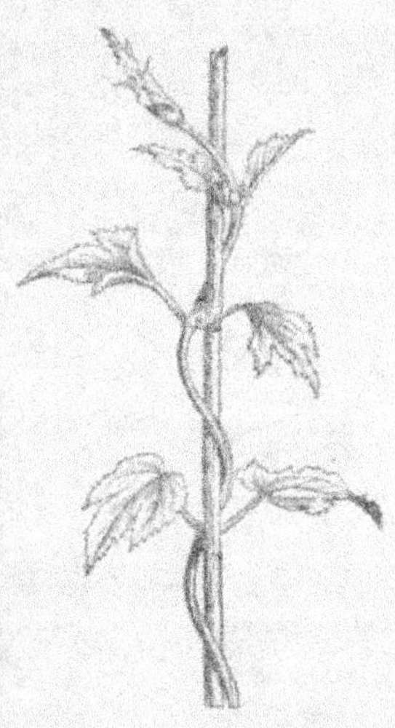

Fig. 97. — Tige de Houblon enroulée autour d'un support.

L'enroulement des tiges volubiles
est donc simplement la conséquence de la croissance alliée à
des mouvements de circumnutation très étendus. La sensibilité, qui d'ailleurs fait défaut, est inutile.

La plupart des tiges volubiles, telles que celles du Haricot
ou du Liseron s'enroulent de gauche à droite ; on entend par
là qu'un observateur qui regarde une tige enroulée, placée
devant lui, voit la partie de la tige située en avant du support s'élever de sa gauche à sa droite. Les tiges volubiles de
Houblon et de Chèvrefeuille, s'enroulent cependant de droite
à gauche.

BIBLIOGRAPHIE.

1. Burck. *De l'influence des nectaires et des autres tissus contenant du sucre sur la déhiscence des anthères* (Rev. gén. de Bot., t. XIX, 1907).

2. Dop. *Recherches physiologiques sur les mouvements des étamines des Berbéridées* (Bull. Soc. bot. de France, t. LIII, 1906).

3. Leclerc du Sablon. *Recherches sur la déhiscence des fruits à péricarpe sec* (Ann. sc. nat. Bot., 6e série, t. XVIII, 1884).

4. — *Recherches sur la structure et la déhiscence des anthères* (Ann. sc. nat. Bot., 7e série, t. I, 1885).

5. — *Recherches sur la dissémination des spores des cryptogames vasculaires* (Ann. sc. nat. Bot., 7e série, t. II, 1885).

6. Lepeschkin. *Zur Kenntniss des mechanismus der photonastischen Variationsbewegungen* (Bot. Centr. Beihefte, Bd 24, 1904).

7. Pfeffer. *Physiologie végétale* (traduction Friedel). Paris, 1905.

CHAPITRE XI.

INFLUENCE DU MILIEU.

Sommaire. — 1º PESANTEUR. — § 347-353. Croissance de la tige et de la racine. Géotropisme positif et géotropisme négatif. Racines, tiges, feuilles.

2º CHALEUR. — § 354-358. Influence de la température sur la croissance; température optima; températures extrêmes. Thermotropisme. Changements de température.

3º LUMIÈRE. — a) *Influence sur la forme extérieure.* — § 359-370. Influence de la lumière blanche et des radiations colorées sur la croissance des tiges. Phototropisme positif et phototropisme négatif. Orientation des feuilles. Formation des fleurs. Intensité lumineuse optima.

b) *Influence sur la structure.* — § 371-378. Disposition des grains de Chlorophylle; répartition du tissu en palissade. Plantes étiolées. Ombre et soleil. Lumière électrique. Éclairement continu. Radiations colorées.

4º EAU. — a) *Hydrotropisme.* — § 380. Hydrotropisme des tiges et des racines.

b) *Action de l'humidité de l'air.* — § 381-384. Influence de la sécheresse de l'air sur les caractères extérieurs et la structure.

c) *Action de l'humidité du sol.* — § 385-392. Plantes cultivées dans un sol sec ou un sol humide : humidité optima.

d) *Action du milieu aquatique.* — § 393-395. Caractères extérieurs et structure des plantes aquatiques.

5º MILIEU SOUTERRAIN. — § 396-399. Caractères des rhizomes; variations de structure de la tige et de la racine sous l'action du milieu souterrain.

6º CLIMATS. — § 400-407. Climat méditerranéen et climat alpin. Caractères des plantes déterminés par les climats. Plantes alpines et plantes arctiques. Influence du sel marin sur les plantes.

7º PARASITISME ET SYMBIOSE. — a) *Végétaux parasites ou symbiotiques.* — § 408-421. Parasitisme sans adaptation. Cécidies des tiges, des

feuilles et des fleurs. Mycorhizes. Endophyte des Orchidées. Prothalle des Lycopodes. Bactéries des Légumineuses. Lichens.

b) Animaux parasites des végétaux. — § 422-424. Parasites externes ou internes ; galles. Le Blastophage des Figuiers.

1° PESANTEUR.

347. Croissance de la racine. — Avant d'étudier l'influence de la pesanteur sur la croissance des plantes, il est bon de rappeler la façon dont se localise cette croissance. Examinons d'abord une racine, une racine de Pois par exemple, et traçons à partir du sommet, sur cette racine, une série de traits équidistants, délimitant des segments longs de 1 centimètre. Si après vingt-quatre heures nous revenons à cette racine qui s'est allongée, nous constatons que, seul, le premier segment s'est accru ; l'allongement de la racine est donc localisé dans le premier centimètre à partir du sommet.

Divisons maintenant le premier centimètre, par des traits équidistants, en segments de 1 millimètre. Au bout de dix-sept heures, les segments auront acquis la longueur suivante, par suite de la croissance de la racine :

		mm
1er segment		1
2 —		5 0
3 —		8 0
4 —		3 5
5 —		2 3
6 —		1 8
7 —		1 5
8 —		1 0

A partir du huitième segment, la longueur est restée constante ; l'allongement est donc localisé dans les sept premiers millimètres, à partir du sommet. De plus, l'accroissement, relativement faible dans le premier segment, devient plus rapide si l'on s'éloigne du sommet, passe par un maximum vers le troisième segment, et diminue ensuite jusqu'au hui-

tième. Des racines autres que celles du Pois auraient donné des résultats analogues.

L'allongement de la racine est donc localisé dans une zone très courte, voisine de l'extrémité ; le sommet même ne s'allonge pas, à cause de la coiffe qui le surmonte et conserve une épaisseur constante.

348. Croissance de la tige. — Faisons maintenant la même étude sur une tige en prenant comme exemple un rameau rampant de Liseron des haies (*Calystegia sepium*). Traçons à partir du sommet douze traits délimitant des segments longs de 1 centimètre, et mesurons après vingt-quatre heures la longueur de chacun de ces segments ; nous obtiendrons les nombres suivants :

1er segment	....	2cm 10
2	—	2 40
3	—	2 50
4	—	2 15
5	—	2 65
6	—	1 85
7	—	1 65
8	—	1 50
9	—	1 40
10	—	1 20
11	—	1 65
12	—	1 60

La zone d'accroissement est donc beaucoup plus longue que pour la racine et s'étend sur 11 centimètres à partir du sommet. En traçant des traits très rapprochés du sommet, on constaterait que l'allongement commence à l'extrémité même de la tige ; il augmente d'intensité jusqu'au troisième centimètre, passe par un maximum et décroît ensuite jusqu'à devenir nul dans le douzième segment. L'accroissement en longueur a donc lieu, en même temps, au sommet même et sur une zone assez grande à partir du sommet ; c'est ce qu'on exprime en disant que l'allongement est terminal et intercalaire. On peut représenter ce résultat par une courbe (*fig. 98*).

Au point de vue qui nous occupe, les autres tiges diffèrent de celles du Liseron, surtout par la longueur de la zone de croissance, qui peut être de quelques millimètres à peine ou de plusieurs décimètres. Dans les tiges où les nœuds sont nettement différenciés par rapport aux entrenœuds, comme chez la Cardère, l'allongement du nœud cesse beaucoup plus

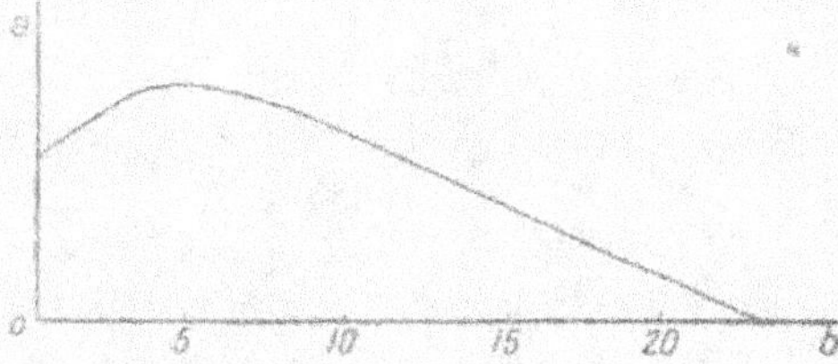

Fig. 98. — Courbe représentant la marche de l'accroissement d'une tige de Liseron. Les abscisses représentent la distance au sommet de la tige en prenant pour unité 0m5 ; les ordonnées sont proportionnelles à l'allongement des segments correspondants.

tôt que celui de l'entrenœud ; c'est pour cette raison que les feuilles sont très rapprochées les unes des autres vers le sommet de la tige. Dans un entrenœud même, l'allongement peut se localiser de différentes façons suivant les cas, dans les parties supérieures, moyennes ou inférieures. Au point de vue de de l'accroissement en longueur, la tige diffère donc essentiellement de la racine par la dimension plus grande de la zone de croissance.

349. Racine principale ; géotropisme positif. — Dans une graine qui germe, la racine principale r, qui provient du

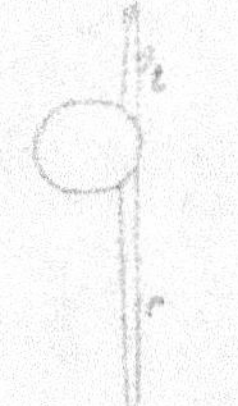

Fig. 99. — Graine de Pois germant ; r, racine ; t, tige.

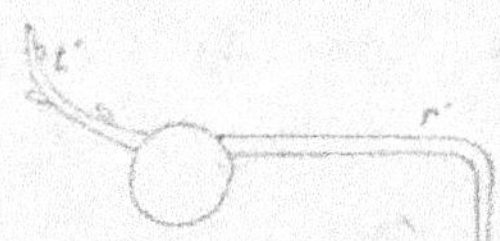

Fig. 100. — Même graine ; la tige t' et la racine r' ont été rendues horizontales.

développement de la radicule, se dirige toujours verticalement du haut en bas, dans le sens de la pesanteur (*fig. 99*). Si

l'on retourne la jeune plantule de façon à rendre la racine horizontale, on voit bientôt que la pointe se recourbe de façon à redevenir verticale (*fig. 100*).

Il est facile de vérifier que la courbure se produit dans la zone en voie de croissance. Cette zone étant très courte, il en résulte que la région recourbée est elle-même peu étendue. Des mesures précises ont montré que, pendant qu'une racine verticale s'allonge de 24 millimètres, une racine qui se recourbe s'allonge de 28 millimètres sur la face convexe et de 15 millimètres sur la face concave. La croissance a donc été, par le fait du retournement, légèrement augmentée sur une face et fortement ralentie sur la face opposée.

On peut varier cette expérience en plaçant la racine en voie de croissance dans des positions variées, voire même en la rendant verticale la pointe en haut; elle revient toujours à sa direction normale par suite de la courbure de la zone d'allongement.

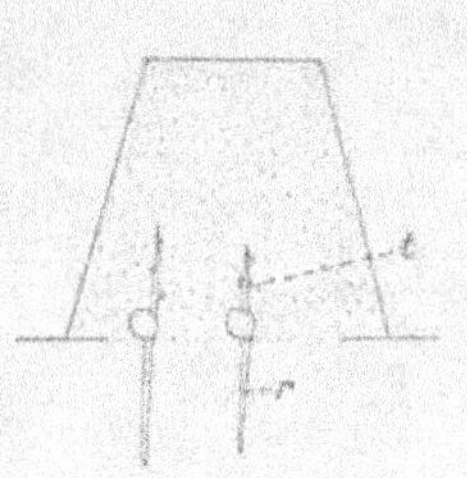

Fig. 101. — Graine germant dans un pot renversé; *t*, tige; *r*, racine.

La racine principale se dirige-t-elle ainsi du haut en bas sous l'influence de la pesanteur, ou simplement pour rechercher dans le sol le milieu qui lui est le plus favorable? Pour répondre à cette question, semons des graines de Fève, par exemple, dans la partie supérieure d'un pot plein de terre que nous retournons ensuite, en ayant soin de retenir la terre avec un grillage (*fig. 101*). Lorsque ces graines germent, la tige se dirige de bas en haut dans la terre, tandis que la racine, traversant le grillage, se développe dans l'air, la pointe en bas. C'est donc bien la direction de la pesanteur et non la nature du milieu qui détermine l'orientation de la racine principale.

On donne le nom de *géotropisme* à l'action de la pesanteur sur la direction des organes de la plante. Dans le cas de la racine, on dit que le géotropisme est *positif*, parce qu'il s'exerce dans le sens même de la pesanteur; il serait *négatif* s'il s'exerçait en sens inverse, comme pour la tige qui s'accroît la pointe en haut.

350. Roue de Knight; force centrifuge. — On peut rattacher à l'action de la pesanteur une expérience due à Knight (*fig. 102*). Supposons une roue qui tourne dans un plan vertical autour d'un axe horizontal An, passant par son centre, et fixons en un point A du pourtour une graine de Fève en germination; puis faisons tourner la roue d'un mouvement lent, de façon à éliminer la force centrifuge. Lorsque la graine est en A, l'action de la pesanteur sur le sommet de la racine, sera représentée en grandeur et en direction par la force F. Lorsque la graine sera arrivée à la position B, diamétralement opposée à A, l'action de la pesanteur F' sera toujours la même; mais, la racine ayant tourné de $180°$, F' sera, par rapport à la racine, directement opposée à F, qui serait en F'_1. Donc, pendant une révolution de la roue, les actions de la pesanteur sont, par

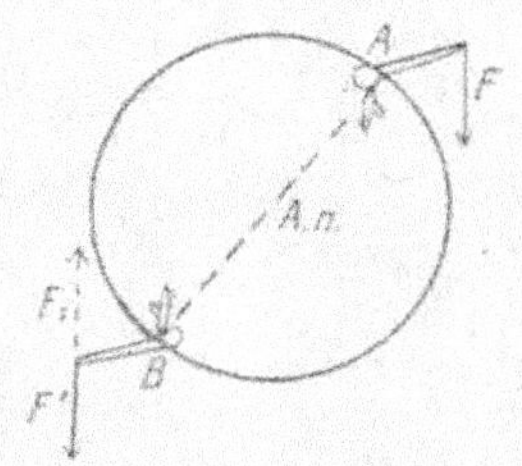

Fig. 102. — Schéma de la roue de Knight. A n, axe horizontal; F, F', forces représentant l'action de la pesanteur sur la racine en A et B; F_1, direction, par rapport à la racine, de l'action de la pesanteur sur la racine en A.

rapport à la racine, deux à deux égales et opposées. La résultante de toutes ces actions sera donc nulle. Les choses devront se passer comme si la pesanteur n'exerçait pas d'action sur la racine. On constate, d'ailleurs, que les racines fixées sur la roue continuent à s'accroître en ligne droite, quelle que soit la position où on les ait placées d'abord. On peut donc, pour ces racines, ne pas tenir compte de la pesanteur.

Supposons maintenant que la roue tourne vite. La force centrifuge se développe en raison de la vitesse; elle agit dans le sens du rayon, et sa direction, par rapport à la racine, est constante. On constate alors que, quelle que soit sa position primitive, la pointe de la radicule se dirige dans le sens du rayon et en s'éloignant du centre. Au point de vue de l'orientation de la racine, la force centrifuge a donc la même influence que la pesanteur.

On peut varier cette expérience en faisant tourner la roue dans un plan horizontal, autour d'un axe vertical Av (*fig. 103*). La racine est alors soumise à deux forces, la pesanteur F et

la force centrifuge f qui s'exercent dans une direction constante par rapport à elle. On constate que la racine se dirige suivant la résultante R de ces deux forces, en s'écartant d'autant plus de la verticale que le mouvement de la roue est plus rapide.

L'action de la pesanteur et de la force centrifuge sur la direction de la racine sont donc bien de même nature.

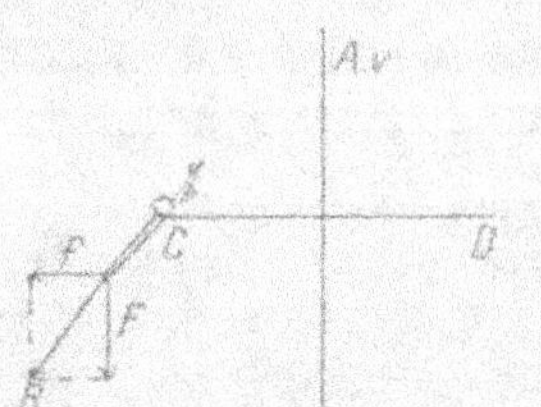

Fig. 104. — A v, axe vertical; C D, axe horizontale; F, pesanteur; f, force centrifuge; R, résultante.

351. Sensibilité du sommet; expériences de Czapek. — Sur une racine principale de Fève, développée dans des conditions normales, coupons la partie terminale à $1^{mm}5$ du sommet, de façon à laisser subsister la majeure partie de la zone de croissance. Puis rendons la racine horizontale; la zone de croissance continuera à s'allonger en ligne droite; il n'y aura pas de courbure géotropique. La région de croissance est donc insensible à l'action de la pesanteur, et le sommet joue un rôle prépondérant dans les courbures.

Les expériences de Czapek montrent nettement la sensibilité spéciale du sommet par rapport à la pesanteur. On place une jeune racine sur une roue de Knight, verticale et à mouvement lent, de façon à rendre nulle la résultante des actions de la pesanteur sur cette racine. En même temps, assujétissons près du sommet un petit tube t en verre, recourbé à angle droit, de telle sorte que la racine, en s'accroissant, s'engage dans le tube et en prenne la forme (1, $fig.$ 104). Lorsqu'il en est ainsi, on enlève le tube, et la racine est préparée pour une expérience. Disposons-la de telle sorte que la région en voie de croissance soit horizontale et la pointe verticale, le sommet dirigé vers le bas dans la situation normale, comme en 1. On constate alors que la partie horizontale a continue à s'allonger horizontalement, en 2, comme dans le cas où le sommet a été coupé.

La pesanteur n'a donc aucune influence directrice immédiate sur la région en voie de croissance; c'est par l'intermé-

diaire du sommet que s'exerce cette influence. Il faut donc admettre que le sommet, seul sensible à l'action de la pesanteur, transmet l'excitation reçue à la région en voie de croissance, laquelle se recourbe alors, et seulement alors ; de sorte que si le sommet a été supprimé ou se trouve dans sa situation normale, il n'y a pas d'excitation transmise et par conséquent pas de courbure.

On peut, d'ailleurs, varier les expériences avec les racines

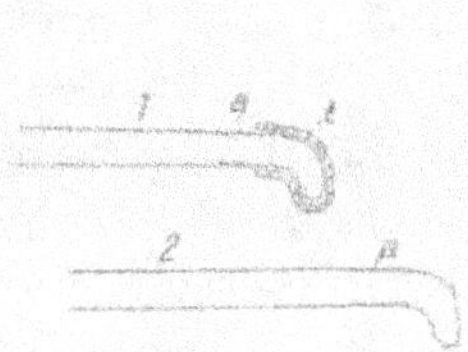
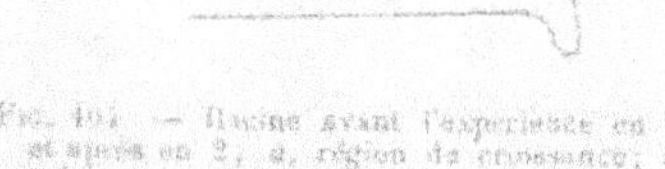
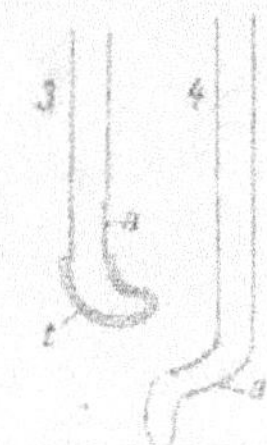

Fig. 104. — Racine avant l'expérience en 1 et après en 2 ; a, région de croissance ; t, tube.

Fig. 105. — Racine avant l'expérience en 3 et après en 4 ; a, région de croissance ; t, tube.

préparées sur la roue verticale. Plaçons une racine verticalement, en 3 (*fig. 105*), de façon à ce que le sommet seul, situé à la partie inférieure, soit horizontal. Dans ces conditions, le sommet n'étant pas dans la situation normale, sera influencé par la pesanteur, et transmettra l'excitation à la partie verticale de la racine ; on verra alors la région en voie de croissance *a* d'abord verticale, en 3, se recourber de façon à amener le sommet dans sa situation verticale normale, en 4. Quelle que soit la situation où l'on place la racine, le sommet est sensible à l'action directrice de la pesanteur qui tend à l'orienter de haut en bas ; mais cette orientation ne se produit que lorsque l'excitation reçue par le sommet a été transmise à la zone de croissance ; celle-ci est insensible à l'action directe de la pesanteur et ne se recourbe que si l'excitation reçue par le sommet lui a été transmise.

Radicelles. — Les diverses radicelles qui naissent sur une racine principale verticale font, avec la direction de la pesanteur, un certain angle, constant pour une même espèce, et sou-

vent voisin de 45°. Si l'on retourne une jeune plante munie de radicelles, de façon à ce que la racine principale ait son sommet tourné vers le haut, on verra les radicelles se recourber dans leur région de croissance, de façon à reprendre la direction inclinée qu'elles avaient avant le retournement. C'est donc bien à la pesanteur qu'est due leur orientation spéciale. Les radicelles de premier ordre ont donc un géotropisme partiel.

Si l'on coupe l'extrémité de la racine principale, on voit une ou plusieurs radicelles voisines du sommet qui changent de direction, deviennent verticales et suppléent la racine principale disparue.

Les radicelles de second ordre, qui naissent sur les radicelles de premier ordre, ne paraissent pas influencées par l'action de la pesanteur et se dirigent d'une façon quelconque par rapport à la verticale; il en est de même des radicelles d'ordre supérieur.

La plupart des racines adventives, notamment celles qui naissent sur les tiges rampantes, se dirigent verticalement du haut en bas et ont par conséquent, comme la racine principale, un géotropisme positif.

352. Tige principale; géotropisme négatif. — En observant la germination d'une graine de Fève, on voit que, pendant que la racine se dirige verticalement du haut en bas, la tige s'accroît verticalement aussi, mais de bas en haut. Si nous répétons les expériences de retournement citées plus haut (*fig.* 100), en portant notre attention sur la tige, nous démontrerons que c'est à l'influence de la pesanteur qu'est due l'orientation de la tige principale de bas en haut. La tige principale a donc un *géotropisme négatif*.

Nous remarquerons cependant une différence importante entre la tige et la racine. Dans la tige, la région suivant laquelle s'effectue la courbure est beaucoup plus étendue que dans la racine. Cela tient à ce que, dans la tige, la zone de croissance est beaucoup plus grande et que la courbure a lieu tout le long de la zone de croissance.

Les branches portées directement par la tige principale

font, avec la verticale, un angle qui est en général constant pour une même espèce. Chez les Pins et les Sapins, où la tige principale reste, comme on sait, rigoureusement verticale, les rameaux secondaires ont aussi une orientation très régulière et font, avec la verticale, un angle voisin de 90°. Si l'on coupe la tige principale, que chez ces arbres on appelle « la flèche », un ou plusieurs des rameaux secondaires les plus voisins du sommet, semblent hériter du géotropisme négatif de la tige principale, et se redressent verticalement. Chez la plupart des autres plantes, la direction des rameaux secondaires est beaucoup moins régulière que chez les arbres que nous venons de citer.

Les ramifications d'ordre supérieur au second échappent en général à l'action directrice de la pesanteur et sont orientées d'une façon quelconque par rapport à la verticale. Cependant, dans certains arbres tels que le Peuplier d'Italie, toutes les branches tendent à prendre une direction verticale, ce qui donne à l'ensemble de l'arbre une forme pyramidale caractéristique ; dans ce cas, tous les rameaux ont donc plus ou moins un géotropisme négatif.

Chez les arbres dits « pleureurs » au contraire, tels que certains Hêtres ou Saphoras, formant des variétés spéciales que l'on cultive dans les jardins, les rameaux ont une tendance à se diriger de haut en bas et se recourbent vers la terre ; le géotropisme est donc ici positif. Dans le Saule pleureur, les rameaux retombent vers le sol simplement à cause de leur flexibilité qui ne leur permet pas de supporter leur propre poids et non à cause du géotropisme positif.

Certaines plantes, telles que le *Glechoma hederacea*, l'*Ajuga reptans*, le *Trifolium repens*, ont, en même temps que des tiges plus ou moins verticales, des rameaux qui rampent horizontalement sur le sol ; ici l'action de la pesanteur tend à orienter les tiges perpendiculairement à la verticale. On dit alors que le géotropisme est *transversal*.

Beaucoup de rhizomes qui rampent au-dessous de la surface du sol ont aussi un géotropisme transversal. Quelques-uns, plus rares, se dirigent verticalement de haut en bas et ont un géotropisme positif ; citons le rhizome du *Tamus commu-*

nis et certaines branches souterraines du *Phragmites communis.*

353. Géotropisme de la feuille. — L'influence de la pesanteur sur la direction des feuilles est assez nette dans certains cas. Chez la plupart des Dicotylédones, par exemple, le pétiole se dirige de telle sorte que le limbe soit à peu près horizontal. Mais ici, comme nous le verrons un peu plus loin, l'action de la lumière est très importante, et il faut se garder d'attribuer à la pesanteur ce qui peut être dû au mode d'éclairement. Pour nous mettre à l'abri de cette cause d'erreur, examinons une plante, un pied de Ronce par exemple, placé à l'obscurité ; nous constatons que les pétioles des feuilles en voie de croissance s'orientent toujours de façon à rendre les limbes à peu près horizontaux.

Si l'on retourne une tige de Ronce de façon à ce que la face supérieure des limbes devienne inférieure et inversement, on voit que les feuilles complètement développées restent dans cette situation. Les feuilles en voie de croissance, au contraire, reviennent à leur position primitive ; pour cela, le pétiole primaire se relève en tournant autour de sa base, puis les pétioles secondaires se tordent, de façon à ramener vers le haut la face morphologiquement supérieure. Ces divers changements s'opèrent aussi bien à l'obscurité qu'à la lumière ; on ne peut les attribuer qu'à l'action de la pesanteur ; ils sont une manifestation du géotropisme de la feuille.

Il faut remarquer que l'action directrice de la pesanteur ne se fait sentir que sur les feuilles en voie de croissance. Il y a cependant quelques exceptions. Les feuilles de Haricot, par exemple, peuvent encore se retourner sous l'action de la pesanteur, même lorsque leur croissance est terminée. Cela tient à ce que, à la base du pétiole principal et de chacun des pétioles secondaires, se trouve un petit renflement, appelé *renflement moteur* qui conserve la propriété de se recourber sous l'action de la pesanteur, même après que l'accroissement de la feuille est terminé. Il en est de même pour la feuille de la plupart des Légumineuses.

Quelque chose d'analogue a lieu pour les Graminées ; la

base de la gaine d'une feuille de Blé, par exemple, présente aussi un léger renflement. Si une tige de Blé primitivement verticale est couchée accidentellement, la face inférieure du renflement de la gaine s'accroît, et relève la tige qui reprend ainsi la position verticale; le fait se produit même si la croissance de la feuille est terminée. C'est grâce à cette propriété des renflements de la base des feuilles que les tiges des céréales, couchées par le vent ou la pluie, peuvent se relever plus ou moins complètement.

2° CHALEUR.

354. Importance de la température. — Toutes les fonctions de la plante sont plus ou moins sous la dépendance de la température. Nous avons vu que la respiration, l'assimilation, l'absorption variaient d'intensité suivant le degré de chaleur; la vie même de la plante n'est possible que dans certaines conditions de température. L'étude de l'influence de la température sur les plantes pourrait donc à la rigueur comprendre toute la physiologie.

Nous nous bornerons, pour le moment, à examiner l'action de la chaleur sur l'allongement et la direction des racines et des tiges; l'influence sur chacune des fonctions de la plante a été étudiée en même temps que ces fonctions.

355. Influence de la chaleur sur la croissance. — C'est une notion vulgaire que la chaleur favorise dans une certaine mesure l'accroissement des plantes. Pour préciser cette influence, considérons des racines en voie de croissance, plaçons-les dans dans un milieu dont la température est connue et mesurons leur longueur. Au bout de vingt-quatre heures nous mesurons de nouveau la longueur, et nous avons ainsi l'allongement de la racine en vingt-quatre heures. En répétant la même opération pour des températures différentes, de plus en plus élevées par exemple, nous voyons comment l'allongement varie suivant les températures.

En faisant l'expérience avec des racines de Pois et de Blé on a obtenu les résultats suivants :

Température.	Pois.		Blé.	
14°4	5^{mm}0		4^{mm}5	
17 0	5	3	6	9
21 4	25	5	41	8
24 5	30	9	59	1
26 6	53	9	86	0
30 2	38	1	104	9
33 6	23	6	40	3
36 5	8	7	5	4

On voit qu'à 14°4 la racine de Pois s'accroît seulement de 5 millimètres en vingt-quatre heures, puis l'allongement devient de plus en plus rapide à mesure que la température s'élève, et cela jusqu'à la température de 26°6 qui correspond à un allongement de 53^{mm}9 en vingt-quatre heures. A partir de 26°6, l'allongement est de moins en moins rapide à mesure que la température s'élève. La température de 26°6 est donc celle qui correspond à l'allongement le plus rapide de la racine de Pois; c'est la température optima relative à cet accroissement.

Pour la racine de Blé, l'allongement augmente en même temps que la température s'élève, jusqu'à 30°2. La température optima, relative à l'allongement de la racine de Blé, est donc 30°2. Cette température optima est donc variable suivant la plante que l'on considère.

L'étude des tiges nous donnerait des résultats analogues; nous trouverions encore que la croissance, d'abord lente aux basses températures, devient de plus en plus rapide en même temps que la température s'élève, passe par un maximum pour un certain degré, puis se ralentit progressivement.

356. Températures extrêmes. — Si on expose une plante à des températures de plus en plus basses à partir de la température optima, on observe des accroissements de plus en plus lents, et cela jusqu'à une certaine température limite, pour laquelle l'accroissement est nul. C'est la température *minima* pour l'accroissement de la plante étudiée. De même, si on

s'éloigne de la température optima, en opérant à des températures de plus en plus élevées, on obtient encore des accroissements de plus en plus faibles, jusqu'à une certaine température limite, pour laquelle l'accroissement est nul ; c'est la température *maxima* pour l'accroissement de la plante considérée.

Il est difficile de déterminer avec précision les températures minima et maxima, car, dans le voisinage des degrés limites, l'accroissement devient très lent et peut être confondu avec un accroissement arrêté. La question devient plus facile si on étudie des graines qui commencent à germer ; dans ce cas, un accroissement de la radicule, même très faible, est facile à distinguer d'un accroissement nul qui correspond à l'état de la graine non germée. On a déterminé ainsi, pour un certain nombre de graines : 1° la température minima, au-dessous de laquelle la germination ne se produit plus ; 2° la température optima, pour laquelle la germination est la plus rapide ; 3° la température maxima, au-dessus de laquelle il n'y a plus de germination possible. Les résultats sont donnés dans le tableau suivant :

	Minima.	Optima.	Maxima.
Moutarde	6°	21°	28°
Orge	5	28	37
Blé	5	28	42
Maïs	9	33	46
Haricot	9	33	46
Courge	13	33	46

Ces températures critiques se rapportent au commencement de la germination des graines et n'auraient pas été tout à fait les mêmes si on s'était adressé à des plantes adultes, les propriétés des plantes variant avec l'état du développement.

En dehors des deux températures limites correspondant à l'arrêt de la croissance, il existe pour chaque plante deux autres limites correspondant à la cessation de la vie : une température minima, inférieure à la température minima de la croissance et au-dessous de laquelle la plante meurt ; une température maxima supérieure à la température maxima de la croissance et au-dessus de laquelle la vie n'est plus possible. Ces tempé-

ratures extrêmes sont très variables suivant les plantes considérées et suivant l'état de développement de ces plantes.

Beaucoup de plantes à l'état de vie active meurent si on les expose à 0°, d'autres, comme les Épicéas, supportent facilement — 40°. En général, les Phanérogames à l'état de vie active ne résistent pas à une température supérieure à 50°, à moins que ce ne soit pendant un temps très court. On cite, comme des exceptions, des Bactéries qui se multiplient dans des sources thermales à 75°. A l'état de vie ralentie, les températures très élevées ou très basses sont supportées plus facilement (§ 313).

357. Influence de la température sur la direction; thermotropisme. — Lorsqu'une racine se trouve exposée sur toutes les faces à la même température, l'accroissement s'effectue en ligne droite; pourvu, bien entendu, que les autres conditions : éclairement, humidité, etc., soient aussi égales de tous les côtés. Mais si une racine se trouve exposée, sur deux faces opposées, à des températures correspondant à des accroissements différents, l'accroissement sera différent sur les deux faces, et la face qui s'accroîtra le plus deviendra convexe.

Supposons, par exemple, qu'une racine de Pois soit exposée d'un côté à 17°, de l'autre à 21°; la face exposée à 21° s'accroîtra davantage et deviendra convexe; la racine se recourbera donc du côté où la température est 17°. Dans ce cas, la racine se recourbera donc du côté le moins chaud. Supposons maintenant que cette même racine soit exposée d'un côté à 30° et de l'autre à 33°; c'est le côté exposé à 30° qui s'accroîtra davantage et deviendra convexe; la racine se recourbera donc du côté où la température est 33°, c'est-à-dire, dans ce cas, du côté le plus chaud.

Lorsque les deux températures que l'on compare sont situées au-dessous de l'optimum, la racine se recourbe donc du côté le moins chaud; et lorsque ces deux températures sont au-dessus de l'optimum, la racine se recourbe du côté le plus chaud. Dans les deux cas, la racine tend à s'éloigner de la température la plus voisine de l'optimum.

On appelle *thermotropisme* cette action directrice de la température sur un membre de la plante; lorsque le membre se

dirige du côté le plus chaud, le thermotropisme est *positif*: dans le cas contraire, le thermotropisme est *négatif*. Aux températures inférieures à l'optimum, le thermotropisme est donc négatif; il devient positif pour les températures supérieures à l'optimum. On obtient avec la tige les mêmes résultats qu'avec la racine, le thermotropisme est négatif ou positif, suivant que l'on considère des températures inférieures ou supérieures à l'optimum.

Dans tous les cas, la plante se recourbe de façon à s'éloigner de la température qui favorise le plus son accroissement, et elle y trouve un avantage incontestable. Nous savons, en effet, que l'accroissement, lorsqu'il n'est accompagné par aucune augmentation dans l'assimilation, correspond à une dépense de réserves et par conséquent est préjudiciable à la plante.

Le thermotropisme n'a d'ailleurs pas, dans la nature, une très grande importance, car, en général, les tiges et surtout les racines sont soumises à la même température sur toutes leurs faces. Les tiges exposées au soleil sont, il est vrai, plus échauffées d'un côté; mais alors la question se complique des différences d'éclairement qui, comme nous le verrons, compensent dans une certaine mesure les différences de température (§ 362).

358. Alternance des températures. — Une expérience de Bonnier montre que l'alternance régulière d'une température basse avec une température relativement élevée peut avoir une influence spéciale sur les caractères des plantes. Quatre pieds, primitivement semblables, de *Teucrium Scorodonia* sont cultivés dans les conditions suivantes:

1° Dans une étuve ne recevant que la lumière diffuse et dont la température est maintenue par de la glace fondante entre 4° et 9°;

2° En plein air, à Fontainebleau, avec une température variant de 15° à 30°;

3° Pendant le jour, les plantes de ce lot sont en plein air comme celles du second lot, et pendant la nuit, dans l'étuve froide comme celles du premier lot;

4° Dans une étuve ne recevant que la lumière diffuse, mais dont la température moyenne est 15° au lieu de 7°, comme dans le premier lot.

Les plantes des lots 2 et 4 ont à peu près les mêmes caractères; ce qui montre que les différences d'éclairement et d'état hygrométrique, qui résultent pour une plante du fait d'être enfermée dans une étuve, n'ont pas ici une grande importance. Mais les plantes du lot 3 diffèrent beaucoup des autres, comme le montre le tableau suivant, qui donne la longueur des tiges et des entrenœuds :

	1	2	3	4
Hauteur totale......	24cm	42cm	10cm	38cm
Entrenœud.........	5 5	5 6	2 2	5 5

De plus, les plantes du lot 3 ont des feuilles d'un vert très intense et des corolles qui sont jaunes, au lieu d'être blanchâtres comme dans les autres lots. Enfin, les vaisseaux du bois sont moins nombreux et moins larges. Il est à remarquer que les plantes du lot 1, constamment exposées à une température basse, ont des tiges plus longues que celles du lot 3.

L'alternance des températures a donc une influence distincte de celle d'une température élevée ou d'une température basse, et détermine le nanisme des plantes ainsi qu'une coloration intense. Nous verrons plus loin (§ 404) que ce sont là les principaux caractères des plantes alpines, exposées à des nuits froides succédant à des journées relativement chaudes.

3° LUMIÈRE.

a) INFLUENCE SUR LA FORME EXTÉRIEURE.

359. Influence de la lumière sur l'accroissement. — Pour étudier l'influence de la lumière sur l'accroissement, il est indispensable de n'opérer que sur des plantes qui se trouvent par ailleurs dans des conditions invariables; il faut notamment que la température soit constante, afin que les différen-

ces observées ne puissent être attribuées qu'aux variations d'éclairement.

De plus, si l'on veut connaître l'action d'un certain éclairement sur la croissance d'une tige par exemple, il est indispensable que toutes les faces de la tige soient soumises au même éclairement ; cette condition est difficile à réaliser sur une plante qui demeure dans une position fixe, la lumière étant presque toujours plus intense dans une direction que dans les autres. On arrive à égaliser complètement l'éclairement sur toutes les faces d'une tige, en fixant la plante étudiée sur une roue qui se meut dans un plan vertical parallèle à la direction de l'éclairement le plus intense. Pendant un tour de la roue, chaque face de la tige est donc exposée, pendant le même temps, à l'éclairement le plus intense et à l'éclairement le plus faible ; l'éclairement est donc, en somme, égal sur toutes les faces.

Comparons d'abord l'influence d'un éclairement moyen à celle de l'obscurité complète. Pour cela, il suffira de placer deux plantes comparables, l'une à l'obscurité, l'autre à la lumière diffuse ; on constate ainsi très facilement que l'accroissement est plus rapide à l'obscurité. La lumière retarde donc l'allongement des tiges ; c'est là un résultat très général qu'il est facile de vérifier même sans faire des expériences précises ; tout le monde a remarqué, en effet, qu'une plante abandonnée à l'obscurité s'étiole et donne des rameaux grêles, beaucoup plus allongés qu'à la lumière.

Les expériences destinées à montrer que la croissance de la tige est plus rapide à l'obscurité qu'à la lumière réussissent avec les plantes renfermant les éléments nécessaires à leur développement normal ; par exemple, avec des plantes vertes maintenues momentanément à l'obscurité, ou bien avec des plantes renfermant une provision suffisante d'aliments de réserve. Mais si les réserves nutritives sont épuisées, le résultat de l'expérience peut être inverse.

Prenons un exemple : on sème des graines de Vesce et on fait développer les jeunes tiges, dans un cas à la lumière, et dans l'autre à l'obscurité. Pendant la première période du développement, lorsque la plante vit sur les réserves de la

graine, les tiges croissent plus vite à l'obscurité qu'à la lumière. Mais plus tard, lorsque les réserves de la graine sont épuisées, les tiges qui sont maintenues à l'obscurité s'accroissent moins que celles qui sont à la lumière. Cela tient à ce que les tiges à l'obscurité manquent des éléments nécessaires à leur croissance; à la lumière, au contraire, la chlorophylle s'est formée et a permis l'assimilation des substances indispensables au développement normal de la plante.

Il y a donc lieu de distinguer l'action directe de la lumière qui ralentit la croissance, et l'action indirecte qui, en rendant l'assimilation possible, permet à la tige de s'accroître normalement. L'obscurité, au contraire, par son action directe, accélère la croissance, mais, par son action indirecte, arrête l'assimilation et, comme conséquence, ralentit le développement de la plante.

360. Influence de l'intensité de la lumière sur la croissance des tiges. — Pour étudier avec précision l'influence de l'intensité de la lumière sur la croissance des tiges, Wiesner (19) a opéré de la façon suivante : il a pris un certain nombre de jeunes plantules de *Lepidium sativum*, aussi semblables que possible, et il les a exposées à des éclairements d'intensité différente, en ayant soin de les placer sur une roue verticale en mouvement, de façon que l'éclairement soit égal sur toutes les faces. La première, z, est exposée à la lumière solaire directe; la seconde, A, est à la lumière diffuse sur la fenêtre d'une salle; la troisième, B, est dans la même salle, à 1ᵐ,5 de la fenêtre; la quatrième, C, est à 3 mètres de la fenêtre, et enfin la cinquième, D, est à 4ᵐ,5 de la fenêtre; de telle sorte que, depuis z jusqu'à D, l'intensité de l'éclairement va en diminuant.

L'expérience étant ainsi disposée, on constate que, pour une durée de douze heures, l'allongement pour chacune des tiges a été le suivant :

z	A	B	C	D
4ᵐᵐ5	4ᵐᵐ8	4ᵐᵐ5	5ᵐᵐ1	7ᵐᵐ2

On voit d'abord que l'accroissement est moindre à la lumière solaire qu'à la lumière diffuse. De plus, lorsque la lumière diffuse diminue d'intensité, l'action retardatrice de la lumière ne diminue pas d'une façon continue, mais passe par un maximum pour l'intensité correspondant à B. A partir de l'intensité B jusqu'à l'obscurité complète, l'action retardatrice de la lumière va en diminuant constamment.

361. Influence des radiations colorées sur la croissance des tiges. — On peut se proposer de rechercher quelles sont, parmi les radiations colorées qui composent la lumière blanche, celles qui sont les plus actives au point de vue de l'influence sur la croissance. Nous savons que l'on peut séparer ces radiations les unes des autres au moyen d'écrans colorés qui ne laissent passer que certaines d'entre elles. On se sert de cloches renfermant, dans leurs doubles parois, le liquide coloré qui absorbe certaines radiations, et sous lesquelles on place les plantes à étudier (*fig. 74*).

Les écrans employés sont les suivants : une dissolution d'iode dans le sulfure de carbone arrête les radiations colorées et ne laisse passer que les rayons infra-rouges; une dissolution d'æscorcéine ne laisse passer que la lumière rouge; une dissolution de bichromate de potassium, que la lumière jaune; un mélange de bichromate de potassium et de sulfate de cuivre ammoniacal, que la lumière verte; une dissolution de sulfate de cuivre ammoniacal, que la lumière bleue; enfin une dissolution d'alun ammoniacal laisse passer la lumière blanche amoindrie par son passage à travers le verre et l'eau et, par conséquent, comparable à ce point de vue aux radiations colorées des autres cloches; une cloche renfermant du gypse pulvérisé donnait l'obscurité.

L'expérience était faite avec de jeunes plantes étiolées de Vesce; la source lumineuse était la flamme d'un bec de gaz placée à 35 centimètres de la cloche. L'allongement des tiges en vingt-quatre heures, pour chacune des cloches, est donné par le tableau suivant :

Obscurité. . . . .   32 millimètres.
Infra-rouge.   25   —
Rouge.   26   —
Jaune.   29   —
Vert.   25   —
Bleu.   17   —
Blanc.   16   —

On voit que toutes les radiations, même les infra-rouges, ralentissent la croissance, moins que la lumière blanche et plus que l'obscurité ; la lumière bleue agit presque autant que la lumière blanche, et la lumière jaune presque de la même façon que l'obscurité.

362. Croissance des tiges dans les conditions naturelles.
— Lorsque nous avons étudié l'influence de la lumière sur la croissance ou la direction des tiges, nous avons eu soin de rendre toutes les autres circonstances invariables. Mais, dans les conditions naturelles, les plantes sont soumises à un ensemble d'influences variables, et c'est seulement la résultante de ces actions qui apparaît. La croissance d'une tige, par exemple, dépend de l'éclairement et de la température, sans parler de l'humidité dont il sera question plus loin. Pendant le jour, la lumière tend à ralentir la croissance qui serait ainsi plus faible que pendant la nuit, si la température était constante. Mais pendant le jour, la température est plus élevée que pendant la nuit et, par ce fait, l'accroissement est plus intense.

Les mesures qui ont été faites montrent qu'en moyenne l'accroissement des tiges est un peu plus grand pendant le jour que pendant la nuit. La tige de Bryone, par exemple, effectue 59 p. 100 de l'accroissement total pendant le jour et 41 p. 100 pendant la nuit ; la tige de Vigne, 55 p. 100 pendant le jour et 45 p. 100 pendant la nuit. On conçoit que ces chiffres soient soumis à de grandes variations ; ainsi, une journée chaude et nuageuse favorisera l'accroissement, tandis qu'une journée froide et ensoleillée ralentira la croissance à la fois par le manque de chaleur et l'excès de lumière.

363. Influence de la lumière sur la direction des tiges. — Lorsque, toutes choses égales d'ailleurs, une tige est exposée sur deux faces opposées à des intensités lumineuses différentes, la croissance n'est pas la même sur les deux faces et la tige se recourbe du côté où la croissance a été moindre. On appelle *phototropisme* cette action de l'éclairement sur la direction des tiges ; le phototropisme est *positif* lorsque la tige se recourbe du côté le plus éclairé ; il est *négatif* dans le cas contraire.

Dans les conditions d'éclairement réalisées dans la nature, les tiges ont ordinairement un phototropisme positif et se dirigent du côté le plus éclairé. C'est ce qu'on remarque sur les plantes cultivées en pot et placées devant une fenêtre ; les tiges ont une tendance à se diriger vers l'extérieur. On peut faire des remarques analogues sur les arbres poussés le long d'un mur ou sur les bords d'un massif ; les tiges fuient l'ombre et recherchent la lumière du soleil.

Ce résultat pouvait être prévu d'après les mesures faites au paragraphe 360. Pour la plupart des tiges, la lumière solaire correspond à l'intensité optima, c'est-à-dire à l'intensité qui ralentit le plus l'accroissement. Lorsqu'une tige reçoit la lumière solaire d'un seul côté, le côté éclairé est exposé à l'intensité optima et le côté opposé à une intensité un peu moindre ; donc le côté éclairé s'accroîtra moins que l'autre et le phototropisme sera positif.

Mais si les tiges qui s'élèvent dans l'air sont en général positivement phototropiques, il n'en est pas de même des tiges rampantes ou grimpantes. Comparons à ce point de vue la tige rampante du *Lysimachia Nummularia* à celle du *Glechoma hederacea*. Si l'on dispose ces tiges de façon à ce qu'elles reçoivent la lumière solaire diffuse seulement sur une de leurs faces, on verra la tige de Lysimaque se recourber du côté de la source lumineuse, et la tige de Glechoma se recourber en sens inverse. Dans le premier cas, le phototropisme est positif, dans le second, il est négatif (14).

Il est facile de se rendre compte de ces résultats. Pour la tige de Lysimaque, c'est le côté éclairé qui s'accroît le moins ; on doit simplement en conclure que pour cette tige, comme

pour la plupart des autres, l'intensité optima correspond à la lumière solaire. Dans le Glechoma, au contraire, la face éclairée par la lumière solaire s'accroît plus que la face qui est moins éclairée; c'est que l'intensité lumineuse optima est, dans ce cas, inférieure à la lumière solaire. Pour cette tige, comme pour toutes les autres, l'accroissement est cependant plus rapide à l'obscurité complète qu'à la lumière solaire.

Ces divers faits ne sont nullement contradictoires et montrent seulement que l'intensité lumineuse optima n'est pas la même pour toutes les plantes. D'ailleurs, la tige de Glechoma, qui a un phototropisme négatif quand on l'expose à la lumière solaire, aurait un phototropisme positif si on l'exposait à une intensité lumineuse inférieure à l'optimum.

On connaît un certain nombre de tiges qui ont, comme les tiges rampantes de Glechoma, un phototropisme négatif par rapport à la lumière solaire. Ce sont les tiges rampantes de de *Mentha aquatica*, de *Hieracium Pilosella*, les tiges grimpantes de Lierre, les vrilles adhésives de Vigne vierge.

On comprend, pour ces différentes tiges, l'utilité d'un phototropisme négatif. Les tiges rampantes sont ainsi appliquées contre le sol, dans lequel elles doivent enfoncer leurs racines adventives; les tiges de Lierre sont rapprochées du support auquel elles doivent se fixer par leurs crampons; les vrilles de Vigne vierge atteignent plus facilement la surface à laquelle leur extrémité doit se fixer.

364. Plantes étiolées; expériences de Wiesner. — Les plantes étiolées sont beaucoup plus sensibles à l'influence de la lumière que celles qui se sont développées à la lumière dans des conditions normales. C'est pour cette raison que Wiesner a choisi les tiges étiolées de Vesce cultivée comme sujet de ses expériences sur le phototropisme. En prenant comme source lumineuse la flamme d'un bec de gaz d'une intensité équivalente à six bougies, et qui était placée à des distances variables des tiges, il a constaté que le phototropisme était toujours positif.

La courbure phototropique la plus forte et la plus rapide se produit dans le cas où la source lumineuse est à $1^m 5o$ de

la tige. A ce point de vue, on peut dire que l'intensité lumineuse est alors optima. Si la source lumineuse s'éloigne, les courbures deviennent de plus en plus lentes et de plus en plus faibles, et cessent de se produire quand le bec de gaz est à 11 mètres de la tige. De même, si la source se rapproche de la tige, les courbures deviennent encore plus lentes et plus faibles et cessent quand l'éloignement n'est plus que de $0^m 07$. Il y a donc, pour les tiges de Vesce étiolées, et au point de vue des courbures phototropiques, une intensité lumineuse minima, une intensité optima et une intensité maxima.

Les expériences de Wiesner ont été faites avec une grande précision, mais dans des conditions par trop différentes de celles qui sont réalisées dans la nature. Ce n'est donc que dans des cas exceptionnels qu'on pourrait en tirer des conclusions directement applicables au développement normal des plantes.

Dans une autre série d'expériences, Wiesner a soumis les tiges de Vesce étiolées à l'action unilatérale des diverses radiations du spectre solaire séparées à l'aide d'un prisme.

Les radiations jaunes sont sans action sur la direction de la tige. Nous comprendrons facilement ce fait, en nous rappelant que les radiations jaunes sont celles qui retardent le moins la croissance (§ 361). Une tige, éclairée par la lumière jaune, s'accroît presque autant qu'une tige à l'obscurité. On conçoit donc qu'il n'y ait pas de différence sensible entre l'allongement des deux faces d'une tige, dont l'une reçoit des radiations jaunes d'une certaine intensité, et l'autre des radiations jaunes un peu moins intenses.

En employant ensuite les radiations comprises entre le jaune et le violet, on constate que l'action fléchissante est de plus en plus forte, et atteint son maximum vers la limite du violet et de l'ultra-violet, et diminue ensuite. Les radiations ultra-violettes, qui ne sont pas perceptibles à l'œil, mais qui se révèlent par leurs propriétés chimiques, agissent encore fortement sur la direction des tiges de Vesce. Au delà des radiations ultra-violettes, dans une région où les radiations ne se manifestent par aucune propriété chimique, les tiges de Vesce subissent encore une flexion. Il y a donc là des radiations

qui ne révèlent leur présence que par leur action fléchissante sur les tiges, c'est ce qu'on a appelé les rayons végétaux.

En allant du jaune vers le rouge, on constate que l'action fléchissante des radiations augmente, passe par un maximum dans le rouge, puis décroît dans l'infra-rouge et cesse complètement avant qu'on ait atteint les dernières radiations colorifiques. D'ailleurs, le maximum que présente l'action fléchissante dans le rouge est bien inférieur au maximum observé dans le violet.

Les radiations qui agissent le plus fortement sur la flexion des tiges sont aussi celles qui agissent le plus sur leur croissance. Dans les deux cas, il y a un minimum d'action dans le jaune et deux maxima, le plus grand dans la partie violette du spectre et le plus faible dans la partie rouge.

365. Direction des tiges dans les conditions naturelles. — Les influences extérieures qui agissent le plus sur la direction des tiges sont la pesanteur et la lumière. Examinons, par exemple, une tige de *Tragopogon pratense* dont le géotropisme est négatif. Pendant la nuit, l'obscurité étant égale dans toutes les directions, l'orientation de la tige sera déterminée par le seul géotropisme, et demeurera verticale. Pendant le jour, au contraire, la face la plus éclairée s'accroîtra moins que les autres; la tige aura une tendance à se recourber du côté du soleil et prendra une position déterminée par la résultante du géotropisme négatif et du phototropisme positif. C'est pour cela que, le matin, les tiges de Tragopogon s'inclinent vers le levant, puis tournent peu à peu avec le soleil, et vers le soir sont orientées vers le couchant.

Cette disposition est frappante si on parcourt le matin une prairie où se trouvent des Tragopogons en abondance; si l'on va du levant vers le couchant on aperçoit des quantités de fleurs jaunes; si, au contraire, on se dirige en sens inverse, les fleurs, tournées du côté du levant, sont beaucoup moins visibles. Un grand nombre de plantes présentent ainsi, pendant la journée, des courbures phototropiques que le géotropisme négatif fait disparaître pendant la nuit.

L'influence de l'éclairement est beaucoup plus grande sur la

direction des tiges qui, par leur situation même, reçoivent un éclairement unilatéral venant toujours dans la même direction. Ainsi, les plantes qui croissent, soit près d'un mur, soit sur les bords d'un massif, ont en général des tiges fortement incurvées du côté qui est le plus éclairé; c'est simplement la manifestation d'un phototropisme positif. Dans ce cas, la courbure phototropique, se produisant toujours dans le même sens, persiste lorsque la tige à cessé de s'accroître, et devient permanente.

366. Influence de la lumière sur la croissance et la direction des racines. — L'influence de la lumière a beaucoup moins d'intérêt quand il s'agit de la racine que quand il s'agit de la tige. La plupart des racines se développent, en effet, dans le sol et sont, par conséquent, adaptées à un milieu obscur.

D'une façon générale, la lumière retarde la croissance de la racine. F. Darwin a fait germer des graines de Moutarde blanche sur l'eau, de façon à ce que les racines se développent dans l'eau, et la tige dans l'air; on pouvait ainsi mesurer facilement la croissance des racines, lesquelles étaient, soit exposées à la lumière, soit maintenues à l'obscurité. L'allongement moyen en 6 heures, était de $4^{mm}3$ pour les racines éclairées, et de $7^{mm}0$ pour les non éclairées. L'action est donc à peu près la même que pour la tige.

Dans cette expérience, on compare deux intensités lumineuses très différentes, l'obscurité complète et la lumière solaire diffuse, et l'on constate que la croissance est moindre pour la seconde. Mais, nous ne savons pas si, entre les deux, il n'y a pas une intensité optima qui ralentit la croissance plus que ne le fait la lumière solaire. Nous avons vu que cela se produisait pour les tiges à phototropisme négatif. L'étude du phototropisme de la racine va nous renseigner sur ce point.

La plupart des racines aériennes, telles que celles des Orchidées ou des Aroïdées, exposées d'un seul côté à la lumière solaire, s'infléchissent de façon à s'éloigner de la source lumineuse; leur phototropisme est négatif. L'intensité

lumineuse optima, c'est-à-dire celle qui retarde le plus l'accroissement, est donc inférieure à la lumière solaire.

Parmi les racines souterraines qui ont été étudiées à ce point de vue, certaines, comme celles de Moutarde, ont aussi un phototropisme négatif; d'autres, comme celles d'Ail, ont un phototropisme positif. Dans ce dernier cas, l'intensité lumineuse optima n'est donc pas inférieure à la lumière solaire.

Enfin, un certain nombre de racines, aussi bien parmi celles qui poussent dans l'air, que parmi celles qui poussent dans le sol, ne manifestent pas de courbures phototropiques; bien que l'éclairement soit unilatéral, l'allongement est le même sur toutes les faces.

367. Influence de la lumière sur l'accroissement des feuilles. — Si l'on compare deux tiges de Pomme de terre poussées l'une à la lumière, l'autre à l'obscurité, on constate que les feuilles sont beaucoup plus petites à l'obscurité qu'à la lumière. Il serait prématuré d'en conclure que l'obscurité ralentit la croissance des feuilles. Les conditions de nutrition ne sont, en effet, pas les mêmes dans les deux cas. Les feuilles développées à l'obscurité n'ont pas de chlorophylle et n'assimilent point le carbone; leur nutrition est donc insuffisante, et c'est pour cette raison qu'elles ne s'accroissent pas.

Une expérience de Jost montre bien l'influence de la nutrition sur la croissance. Une branche de Haricot est maintenue à l'obscurité, pendant que tout le reste de la plante reste à la lumière et peut assimiler. Si l'on n'intervient pas, les nouvelles feuilles qui se forment à l'obscurité resteront petites; mais si l'on supprime les bourgeons qui commencent à se développer à la lumière, les hydrates de carbone assimilés refluent dans la branche non éclairée dont les feuilles, mieux nourries, acquièrent alors des dimensions normales.

Pour se rendre compte de l'influence directe de la lumière sur la croissance des feuilles, il faut opérer, comme l'a fait Prantl (15), sur des feuilles dans des conditions de nutrition normale, et à une température peu variable. Des feuilles de Courge sont exposées à la lumière solaire pendant douze

heures, de trois heures du matin à trois heures du soir, puis maintenues à l'obscurité pendant douze heures, et cela pendant plusieurs jours consécutifs.

Toutes les deux heures environ, on mesure la longueur et la largeur des feuilles en voie de développement.

Si l'on commence à observer à cinq heures du matin, par exemple, on constate que la croissance est de plus en plus lente pendant toute la période d'éclairement, et continue même à décroître pendant deux heures environ, après que l'obscurité a été faite. Le minimum a lieu vers cinq heures du soir. Puis, l'accroissement est de plus en plus rapide pendant toute la période d'obscurité et continue à augmenter pendant deux heures environ, après que l'éclairement a commencé. Le maximum a lieu vers cinq heures du matin ; puis la croissance se ralentit de nouveau, et ainsi de suite.

On voit donc que la lumière retarde l'accroissement ; mais, comme pour la tige, l'effet de l'éclairement n'est pas immédiat. De trois heures à cinq heures du matin, par exemple, la feuille est encore sous l'influence de l'obscurité, et c'est pourquoi sa croissance augmente. L'influence de la lumière ne commence à produire son effet que deux heures après que l'éclairement a commencé et, par contre, se manifeste encore deux heures après que l'éclairement a cessé.

368. Influence de la lumière sur l'orientation des feuilles. — Cette influence est facile à constater sur les feuilles de la plupart des Dicotylédones soumises à un éclairement unilatéral. Dans ces conditions, le pétiole doué d'un phototropisme positif, comme une tige, se dirige vers la lumière, et le limbe tend à s'orienter perpendiculairement aux rayons lumineux. Les plantes cultivées sur une fenêtre permettent de vérifier facilement ce fait.

Nous avons vu (§ 353), qu'en vertu de leur géotropisme, les feuilles de la plupart des Dicotylédones tendent à orienter leur limbe horizontalement, la face qui est intérieure dans le bourgeon étant tournée vers le haut. Si les rayons lumineux étaient verticaux, la pesanteur et la lumière concourraient à rendre les limbes horizontaux. Mais, en réalité, la lumière

arrive ordinairement dans une direction plus ou moins inclinée. Les limbes prennent donc une orientation intermédiaire qui résulte des actions combinées de la pesanteur et de l'éclairement.

Les feuilles de certaines plantes, telles que la plupart des Eucalyptus et certains Acacias se conduisent tout autrement. Le limbe tend à s'orienter dans un plan vertical, de façon à être également éclairé sur ses deux faces. L'action de la lumière est, en général, moins nette sur les feuilles des Monocotylédones que sur celle des Dicotylédones.

Nous reviendrons plus loin sur ce sujet, et nous verrons la relation étroite qui existe entre la structure des feuilles et l'orientation qu'elles prennent sous l'influence de l'éclairement (§ 371).

369. Influence de la lumière sur la formation des fleurs. — Si l'on opère sur l'ensemble de la plante, il est facile de constater qu'une diminution dans l'éclairement amène une réduction dans la floraison. Tout le monde a remarqué que les plantes fleurissent moins à l'ombre qu'au soleil. Vœchting a cultivé un *Mimulus* pendant sept ans à un éclairement faible sans le voir fleurir une seule fois, alors que la floraison aurait eu lieu chaque année, dans des conditions normales d'éclairement.

Dans les cas que nous venons de citer, la réduction ou la suppression des fleurs n'est pas forcément la conséquence directe d'un éclairement faible. La nutrition de la plante a, en effet, été ralentie par la diminution de la lumière, et c'est vraisemblablement au ralentissement de la nutrition qu'il faut attribuer l'absence des fleurs.

Il existe, en effet, des cas assez nombreux où les fleurs se différencient normalement dans l'obscurité. C'est ce qui arrive notamment dans les Colchiques, les Tulipes et les Jacinthes où les fleurs sont complètement formées sous terre à l'intérieur du bulbe. En maintenant ces plantes à l'obscurité, on peut même avoir des fleurs complètement développées sans le secours de la lumière. Mais alors, la hampe florifère trouve dans le bulbe les réserves nutritives suffisantes pour son dé-

veloppement ; et l'on sait que ces réserves ont été élaborées l'année précédente, alors que les feuilles étaient exposées à la lumière.

Un autre exemple montrera encore mieux que, au moins dans certains cas, l'action directe de la lumière est inutile à la formation des fleurs. Sachs a cultivé un pied de Capucine, de façon à ce que les feuilles se développent normalement à la lumière. La partie supérieure de la tige, destinée à porter les fleurs, est enfermée dans une caisse complètement obscure. Les quelques feuilles formées à l'obscurité ont le caractère des feuilles étiolées, avec un pétiole très long et un limbe très petit ; mais les boutons de fleurs suivent une évolution normale, la corolle et les organes de la reproduction ont leurs dimensions et leur coloration ordinaires. Dans ce cas, le développement de la fleur a pu se produire grâce aux réserves élaborées par les feuilles vertes restées à la lumière. Cette expérience réussit également avec les fleurs de Courge.

Ces résultats ne doivent pas nous étonner et sont parfaitement concordants. La fleur est, en effet, un organe qui, au moins dans ses parties essentielles, n'assimile point, mais dépense au contraire les matériaux assimilés par le reste de la plante. La lumière étant nécessaire à l'assimilation et non à la dépense des réserves, on conçoit donc très bien que la formation de la fleur dépende, non pas de l'éclairement de la fleur elle-même, mais de l'éclairement des organes d'assimilation.

370. Intensité lumineuse optima pour le développement des plantes. — Nous venons de voir quelle est l'influence de la lumière sur la croissance des diverses parties de la plante ; nous allons rechercher maintenant, d'après un travail de Raoul Combes (1), quelle est l'intensité lumineuse qui est la plus favorable à l'ensemble du développement des plantes vertes. On sait que l'évolution d'une plante verte est impossible à l'obscurité et a lieu à la lumière solaire ordinaire. Mais n'y a-t-il pas, outre ces deux cas extrêmes, une intensité moyenne optima qui serait la plus favorable ?

Pour répondre à cette question, Raoul Combes cultive des

plantes, pendant toute la durée de leur évolution, à des intensités lumineuses différentes, obtenues en faisant passer la lumière solaire à travers des toiles à mailles plus ou moins serrées. Si on appelle b l'intensité de la lumière solaire et a la fraction de b absorbée par une lame de verre de 5 millimètres d'épaisseur, les cinq intensités lumineuses expérimentées sont :

$$1 = b - 56a \quad \text{correspondant à la toile la plus épaisse.}$$
$$2 = b - 22a \quad - \quad \text{à une seconde toile.}$$
$$3 = b - 16a \quad - \quad \text{à une troisième toile.}$$
$$4 = b - 2a \quad - \quad \text{à une quatrième toile.}$$
$$5 = b \quad - \quad \text{à la lumière solaire.}$$

Des mesures faites aux différentes heures de la journée ont montré que la température et l'état hygrométrique étaient à peu près les mêmes pour les plantes cultivées à ces cinq intensités lumineuses.

Les principales espèces cultivées sont : le Blé (*Triticum vulgare*), la Mercuriale (*Mercurialis annua*), le Radis (*Raphanus sativus*), le Pois (*Pisum sativum*), la Saponaire (*Saponaria officinalis*). Les graines sont semées en assez grand nombre pour que plusieurs pieds puissent être prélevés aux divers stades du développement, depuis la germination jusqu'à la maturité des fruits.

Les plantes de la même espèce et du même âge, mais cultivées à des intensités lumineuses différentes, peuvent être comparées, soit au point de vue du poids de la matière sèche des différents organes, soit au point de vue du poids de la matière fraîche, soit au point de vue de l'aspect général. Nous nous bornerons à faire les comparaisons relatives au poids de la matière sèche, qui sont les plus représentatives de l'influence de la lumière.

L'intensité lumineuse la plus favorable à la Saponaire est l'intensité 5 correspondant à la lumière solaire directe, et cela à tous les stades du développement. Pour le Blé, c'est à l'intensité 4 que le poids sec est le plus élevé. Dans le cas du Pois et du Radis, le résultat varie suivant l'état du développement ; lorsque la plante est jeune, c'est l'intensité 3 qui est la

plus favorable; plus tard, c'est l'intensité 4; enfin, au moment de la floraison et de la maturité des fruits, c'est l'intensité 5. L'étude du poids frais ou du développement général de la plante a donné des résultats analogues.

Il faut remarquer, en outre, qu'un éclairement intense est particulièrement favorable au développement des organes de réserve. Ainsi, pour le Blé, tandis que les tiges, les feuilles et les racines atteignent leur poids maximum à l'éclairement 4, les grains sont les plus lourds à l'éclairement 5; pour le Radis, à un état donné du développement, l'intensité lumineuse optima est toujours plus élevée pour les racines que pour les tiges et les feuilles.

Les résultats les plus importants à retenir sont donc :

1° L'intensité lumineuse optima n'est pas la même pour toutes les plantes et peut être inférieure à la lumière solaire normale; c'est ce qui explique comment certaines espèces se plaisent mieux à l'ombre et d'autres au soleil.

2° Pour une espèce donnée, l'intensité lumineuse optima peut varier suivant l'état du développement; dans ce cas, l'intensité lumineuse optima est d'autant plus élevée que le développement est plus avancé.

b) INFLUENCE DE LA LUMIÈRE SUR LA STRUCTURE.

371. — Influence de l'éclairement sur la répartition du tissu chlorophyllien. — Nous étudierons d'abord l'influence de la direction de l'éclairement par rapport à la feuille, sans tenir compte de l'intensité lumineuse. Nous savons que les feuilles de la plupart des Dicotylédones ont une tendance à disposer leur limbe perpendiculairement à la direction des rayons lumineux. Il y a donc une face plus éclairée que l'autre.

Voyons donc quelle est la structure du limbe en prenant comme exemple une feuille de Renoncule (*fig. 106*). A la face supérieure, on voit une assise épidermique *e s*, dépourvue de stomates; en dessous, des cellules, dites *en palissade, p,* allongées perpendiculairement à la surface et renfermant de

la chlorophylle en abondance. C'est le tissu chlorophyllien proprement dit. Vers la partie inférieure se trouve le *tissu lacuneux l*, formé de cellules irrégulières, pauvres en chlorophylle et laissant entre elles de très larges méats. Enfin, l'épiderme de la face inférieure, *e i*, présente de nombreux stomates *s t*, qui mettent en communication l'atmosphère extérieure avec les méats du tissu lacuneux.

On voit que cette structure constitue une adaptation de la feuille à la fonction chlorophyllienne. Le tissu en palissade, riche en chlorophylle, qui a pour fonction de décomposer le gaz carbonique sous l'action de la lumière, se trouve du côté le plus éclairé. Les lacunes et les stomates qui favorisent les échanges gazeux résultant de l'assimilation du carbone se trouvent à la face opposée. La présence de nombreux stomates sur la face supérieure, qui est en même temps la plus éclairée et la plus chaude, amènerait le dégagement de trop de vapeur d'eau. La disposition réalisée permet, au contraire, les échanges gazeux nécessaires, en laissant échapper le minimum de vapeur d'eau.

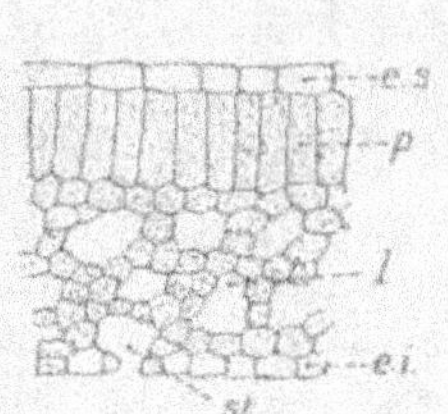

Fig. 106. — Feuille de Renoncule: *e s*, épiderme supérieur; *p*, tissu en palissade; *l*, tissu lacuneux; *e i*, épiderme inférieur; *s t*, stomates.

Voyons maintenant comment se modifie la disposition du tissu chlorophyllien avec l'orientation du limbe. Chez la plupart des Monocotylédones, le limbe des feuilles est disposé de façon à recevoir à peu près autant de lumière sur une face que sur l'autre. Aussi la structure du parenchyme est-elle la même des deux côtés. Dans la feuille de Lis, par exemple, les stomates sont également répartis sur les deux faces, et le parenchyme chlorophyllien, non différencié en tissu en palissade et en tissu lacuneux, est homogène dans toute l'étendue de la section.

L'exemple de l'*Eucalyptus globulus* est particulièrement instructif. L'arbre jeune a des feuilles opposées, sessiles et dont le limbe, à peu près horizontal, est beaucoup plus éclairé sur la face supérieure que sur la face inférieure. Aussi y

voit-on la même structure que dans la feuille de Renoncule :
tissu en palissade en haut et tissu lacuneux en bas. L'arbre
âgé, au contraire, a des feuilles alternes, pétiolées et dont le
limbe pendant est à peu près également éclairé sur les deux
faces. Comme dans les feuilles de Monocotylédones, la structure est la même des deux côtés. Les stomates sont régulièrement répartis sur les deux faces, et sous chaque épiderme se
trouve une couche de cellules en palissade.

On peut donc dire que la répartition du tissu chloro-

Fig. 107. — Coupe dans une Lentille d'eau montrant la disposition des grains de Chlorophylle;
J, pendant le jour; N, pendant la nuit.

phyllien dans les feuilles est déterminée par la direction de
l'éclairement. Lorsqu'une face est plus éclairée que l'autre,
c'est du côté le plus éclairé que se trouve le tissu en palissade. Les stomates sont plus nombreux sur la face la moins
éclairée, ou même se trouvent exclusivement sur cette face.
Lorsque les deux faces sont également éclairées, la structure
du tissu est la même des deux côtés et les stomates sont à
peu près en nombre égal sur les deux épidermes.

La lumière exerce également une influence sur la répartition
des grains de chlorophylle dans une cellule donnée. Un fragment de Lentille d'eau, formé seulement de quatre assises de
cellules, est particulièrement favorable à l'étude de la disposition des grains de chlorophylle (*fig. 107*). Pendant le jour,
en J, lorsque la feuille est soumise à l'action de la lumière,
les grains de chlorophylle sont disposés contre les faces supérieure et inférieure de la cellule; ils reçoivent ainsi la plus
grande quantité possible de lumière et la feuille paraît d'un
vert relativement foncé. Pendant la nuit, en N, au contraire,

sous l'action de l'obscurité, les grains de chlorophylle se disposent contre les parois latérales des cellules et la plante paraît d'un vert moins foncé.

Dans la feuille de beaucoup d'autres plantes, on observe des variations analogues dans la disposition des grains de chlorophylle. A la lumière, les grains se disposent contre les faces de la cellule perpendiculaires aux rayons lumineux, c'est-à-dire en général contre les parois parallèles à la surface de la feuille ; à l'obscurité, au contraire, les grains de chlorophylle se rangent contre les parois de la cellule perpendiculaires à la surface de la feuille. C'est ce qu'on appelle la position diurne et la position nocturne des grains de chlorophylle.

Lorsque l'intensité lumineuse dépasse un certain degré, les grains de chlorophylle prennent leur position nocturne ; il semble qu'alors la quantité de lumière qu'ils reçoivent dans la position diurne soit trop forte.

372. Expériences sur la production du tissu en palissade.

— La disposition du tissu en palissade des feuilles paraît le résultat d'une adaptation très lointaine, car dans les jeunes feuilles qui sont encore dans le bourgeon et n'ont pas encore subi l'action de la lumière, on voit déjà une conche de tissus en palissade à la face supérieure. On ne peut donc pas, dans ce cas, modifier la répartition des cellules en palissade en changeant les conditions de l'éclairement.

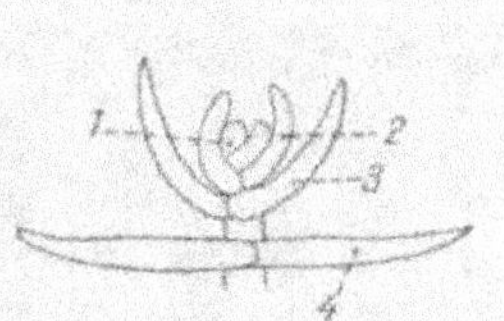

Fig. 108. — Schéma d'un bourgeon d'Eucalyptus ; 1, 2, 3, 4, feuilles successives.

Chez certaines plantes cependant, la différenciation du tissu en palissade est plus tardive et on a pu la modifier expérimentalement. Citons, à ce sujet, l'expérience de Grosglik sur les feuilles opposées d'*Eucalyptus globulus* qui, nous le savons, ont à l'état adulte du tissu en palissade seulement à la face supérieure. Lorsqu'une feuille, longue seulement de $0^{mm}5$, est dans le bourgeon et n'a pas encore subi l'action de la lumière, en 1 (*fig. 108*), il n'y a pas trace de tissu en palissade et le parenchyme est homogène sur les deux faces du

limbe. Un peu plus tard, quand le bourgeon s'ouvre, la jeune feuille, en 2, reçoit d'abord la lumière sur sa face dorsale, et c'est sous l'épiderme de cette face que se différencie une assise de tissu en palissade. Plus tard encore, la jeune feuille continuant à se redresser, en 3, reçoit la lumière sur ses deux faces; à ce moment les deux faces présentent du tissu en palissade. Enfin la feuille, continuant son évolution, devint horizontale, en 4, et reçoit la lumière surtout en haut; les cellules en palissade continuent à se différencier du côté de la face supérieure seulement; mais, la feuille s'accroissant, les cellules en palissade de la face inférieure s'organisent en tissu lacuneux et déterminent aussi la structure définitive de la feuille.

Ceci posé, fixons entre deux lamelles de verre horizontales une jeune feuille qui n'a pas encore de tissu en palissade; en l'examinant au bout d'un certain temps, on constate qu'elle a acquis directement la structure dissymétrique 4, avec cellules en palissade à la face supérieure, sans passer par la phase 3 où il y a du parenchyme en palissade sur les deux faces. D'autre part, fixons une jeune feuille entre deux lamelles de verre que cette fois nous maintiendrons verticales; cette feuille acquiert et conserve du parenchyme en palissade sur ses deux faces, comme en 3. Dans ce cas, on voit donc clairement que la formation du tissu en palissade est déterminée par l'éclairement.

373. Influence de l'intensité lumineuse sur la structure. — Nous venons de voir comment la direction des rayons lumineux agit sur la symétrie des plantes et notamment de la feuille. Nous allons voir maintenant comment l'éclairement, considéré indépendamment de sa direction, peut influer sur la structure générale. Pour cela, nous examinerons les diverses intensités lumineuses.

Nous comparerons d'abord une plante poussée à l'obscurité à une plante poussée à la lumière normale, puis, une plante poussée à l'ombre à une plante poussée au soleil; nous rechercherons ensuite si la lumière artificielle agit comme la lumière naturelle; l'usage de la lumière artificielle nous permettra de

faire varier les intensités avec plus de précision et d'étudier l'influence de la continuité de l'éclairement. En dernier lieu nous déterminerons l'influence des diverses radiations qui composent la lumière blanche.

374. Plantes poussées à l'obscurité. — Dans les conditions ordinaires de la végétation, les parties de plantes développées à l'obscurité sont en même temps souterraines. Si on les compare aux organes poussés à l'air et à la lumière, on se trouve en présence de deux causes de modification : l'obscurité et le milieu souterrain. Pour reconnaître ce qui revient à l'obscurité seule, il faut comparer une plante ou une partie de plante poussée dans l'air et à l'obscurité à une plante similaire exposée à la lumière.

Pour obtenir un développement assez considérable à l'obscurité, il faut s'adresser à une plante qui a des réserves suffisantes pour pouvoir se passer, pendant un temps assez long, de l'assimilation chlorophyllienne ; on peut, par exemple, faire germer une graine ou un tubercule de pomme de terre.

Un des caractères les plus frappants des plantes poussées à l'obscurité est la réduction de la surface des feuilles; si, dans une jeune plantule de Fève, la première feuille a 780^{mm^2} développée à la lumière, elle n'a que 60^{mm^2} développée à l'obscurité. Nous savons cependant que la lumière retarde la croissance de la feuille. Mais dans le cas des plantes étiolées, la croissance est arrêtée, non par l'influence directe de la lumière, mais par suite du défaut de nutrition de la feuille, l'assimilation chlorophyllienne n'ayant pas lieu (§ 368).

Au point de vue anatomique, les feuilles poussées à l'obscurité sont peu différenciées ; le tissu en palissade est à peine indiqué, le parenchyme de la feuille est à peu près homogène, de la face supérieure à la face inférieure. Le bois est très réduit.

Une tige de pomme de terre, poussée à l'obscurité, va nous montrer une structure très différente de celle que nous aurions observée à la lumière. A l'obscurité, l'écorce et la moelle sont beaucoup plus épaisses, mais en revanche le bois et le liber sont réduits, ainsi que l'appareil de soutien. Le tableau suivant

donne l'épaisseur des diverses régions de la tige dans une section transversale, en prenant comme unité une division du
micromètre oculaire :

	Obscurité.	Lumière.
Écorce	42	36
Liber	16	18
Bois	22	38
Moelle	280	200

Bien que l'épaisseur totale soit plus grande à l'obscurité
qu'à la lumière, la différenciation des divers tissus est bien
moindre à l'obscurité.

375. **Plantes à l'ombre et plantes au soleil.** — Pour se
rendre compte de l'influence de l'ombre et du soleil sur la
forme et la structure des plantes, on s'est d'abord contenté de
comparer des feuilles poussées en des stations naturellement
ensoleillées à d'autres feuilles poussées à l'ombre. Mais cette
méthode a un défaut grave. Entre deux stations dont l'une est
ensoleillée et l'autre ombreuse, il y a généralement d'autres
différences que celles qui résultent de l'éclairement : la composition du sol peut être différente, et surtout l'humidité est ordinairement plus grande à l'ombre qu'au soleil. On ne sait pas
alors si les différences observées sont dues à la différence de
lumière.

Pour être certain que les différences observées entre les
deux plantes, dont l'une est à l'ombre et l'autre au soleil, sont
dues à la quantité plus ou moins grande de lumière reçue, il
faut que toutes les autres conditions soient égales ; il faut
notamment que l'humidité, la température, la composition du
sol soient les mêmes. Toutes ces précautions ont été prises
par Dufour (g) dont nous allons rapporter les expériences.

Des plantes de même espèce sont cultivées côte à côte et
traitées de la même façon ; seulement, tandis que les unes
reçoivent directement la lumière du soleil, les autres sont
maintenues à l'ombre au moyen d'un écran. Nous porterons
surtout notre attention sur les feuilles. En comparant deux
pieds de fève, nous voyons clairement que celui qui est au

soleil a des feuilles plus grandes que l'autre ; en mesurant la
surface des feuilles, on obtient les résultats suivants :

		Au soleil.	À l'ombre.
1re feuille	....	548mm²	321mm²
2	—	714	205
3	—	769	207
4	—	866	296

Des plantes appartenant à d'autres espèces ont donné des
résultats analogues : toutes choses égales d'ailleurs, les feuilles sont plus larges au
soleil qu'à l'ombre. Si on
observe, parfois, des feuilles plus larges à l'ombre
qu'au soleil, c'est que l'on
compare des feuilles poussées à l'ombre dans un
endroit frais à des feuilles
poussées au soleil dans un
lieu sec ; la dimension
plus grande de la feuille
doit être attribuée à l'humidité et non à l'ombre.

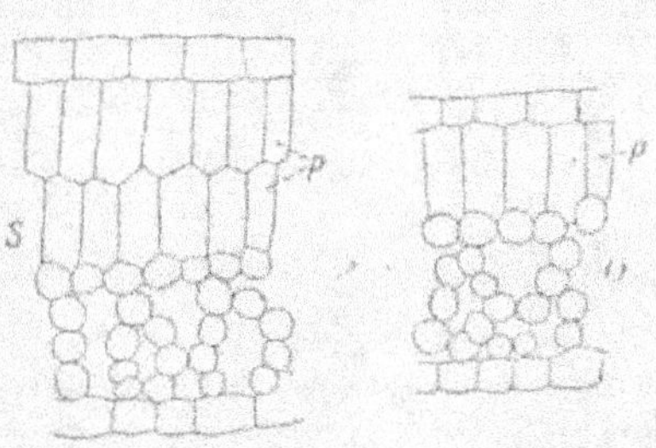

Fig. 109 et 110. — Coupe dans une feuille de Fraisier, S au soleil, O à l'ombre ; p, cellules en
palissade (d'après Dufour).

Passons maintenant à l'examen de la structure. Les figures
109 et 110, représentant les coupes transversales dans des
feuilles de Fraisier développées, l'une à l'ombre et l'autre au
soleil, donnent une idée très nette de l'influence de l'ombre,
en O, et du soleil, en S. Au soleil, la feuille S est plus épaisse·
le tissu en palissade est plus développé, les vaisseaux du bois,
et les fibres sont plus nombreux, la cuticule de l'épiderme est
plus épaisse, les stomates sont plus nombreux.

D'une façon générale, tous les tissus sont plus différenciés
au soleil qu'à l'ombre ; mais le trait caractéristique des feuilles
poussées au soleil est le grand développement de l'appareil
chlorophyllien destiné à l'assimilation du carbone.

**376. Emploi de la lumière électrique, influence de l'inten-
sité.** — Pour donner plus de précision aux recherches sur

l'influence de la lumière, Bonnier (3) a remplacé la lumière solaire par la lumière électrique. Les plantes étudiées étaient placées dans les caves des Halles de Paris, dont la température varie seulement de 13° à 15° et dont l'état hygrométrique est compris entre 66° et 72°. L'éclairage était obtenu au moyen de lampes à arc réglées à huit ampères et entourées d'un globe en verre dépoli. De plus, avant d'arriver sur les plantes, la lumière devait traverser une certaine épaisseur de verre destiné à absorber les rayons ultra-violets, beaucoup plus abondants dans la lumière électrique que dans la lumière solaire.

Ceci posé, pour étudier l'influence de l'intensité de la lumière électrique, on place des plantes comparables à des distances variables de la source lumineuse, à 0^m50, 1, 2, 4, 6 mètres; chaque plante reçoit ainsi une lumière dont l'intensité est inversement proportionnelle au carré des distances. De plus, pour se rapprocher des conditions naturelles, on laisse les lampes allumées seulement pendant 12 heures par jour, de façon à ce que les plantes subissent alternativement 12 heures de lumière et 12 heures d'obscurité.

Des plantes appartenant à diverses espèces ont été maintenues à ce régime pendant six à sept mois. On a alors constaté que la différenciation des tissus et le développement de la chlorophylle étaient d'autant plus grands que la lumière était plus intense; ce résultat confirme pleinement les expériences faites avec des plantes cultivées à l'ombre et au soleil.

377. Influence de la lumière continue. — La lumière électrique est surtout utile parce qu'on peut la rendre continue ou discontinue à volonté et rechercher ainsi l'influence de la continuité ou de la discontinuité de l'éclairement sur la structure. Pour cela, Bonnier prend des plantes appartenant à un certain nombre d'espèces, et pour chaque espèce il fait quatre lots : le premier est cultivé à la lumière électrique continue; le deuxième à la lumière électrique discontinue, avec 12 heures d'obscurité succédant à 12 heures d'éclairement; le troisième reste à la lumière solaire normale, et le quatrième est maintenu à l'obscurité.

Il est surtout intéresssant de comparer entre elles les plan-

tes du premier et du troisième lot qui, pendant toute une saison, sont restées les unes à la lumière électrique continue, les
autres dans les conditions normales. Prenons comme premier
exemple l'Hellébore (*Helleborus niger*). Au point de vue de
la morphologie externe, on constate déjà quelques différences :
à la lumière continue, les feuilles sont moins grandes, ont un
pétiole plus gros et un limbe un peu plus épais, légèrement
replié sur ses bords. Mais étudions la structure.

A la lumière naturelle, le pétiole a sa structure normale,

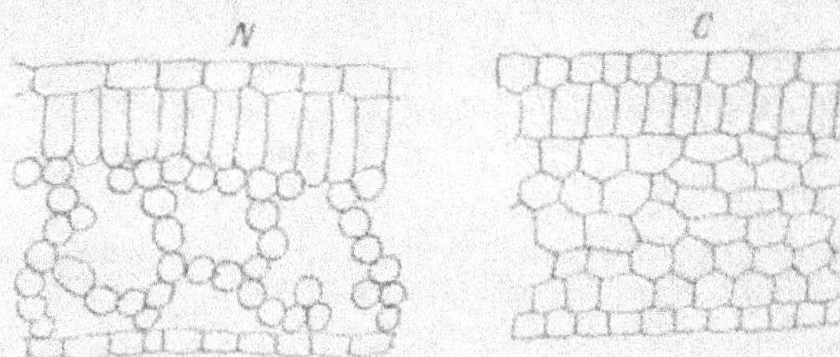

Fig. 114. — Coupe dans une feuille d'Hellébore, N à la lumière naturelle, C à la lumière continue.

les faisceaux fibéro-ligneux sont reliés par un péricycle lignifié continu ; le parenchyme cortical est ainsi nettement séparé
du parenchyme médullaire. A la lumière continue, l'aspect est
tout autre : le péricycle lignifié a complètement disparu, de
sorte qu'il y a continuité entre l'écorce et la moelle ; les cellules
du parenchyme cortical sont plus grandes, et laissent entre
elles des méats moins développés qu'à la lumière normale ;
enfin, le bois des faisceaux est beaucoup moins développé.

Dans le limbe, les différences ne sont pas moins grandes.
A la lumière naturelle N (*fig. 111*), nous voyons la structure
normale, avec du tissu en palissade en haut et du tissu lacuneux en bas. A la lumière continue C, il y a bien encore, à la
face supérieure, une assise de cellules en palissade, moins
développées cependant que dans le premier cas ; mais le tissu
lacuneux a disparu et se trouve remplacé par une sorte de
parenchyme homogène et compact ; de plus, la chlorophylle
est beaucoup plus abondante qu'à la lumière normale.

En somme, la lumière discontinue diminue la différenciation des tissus et augmente la chlorophylle.

Si maintenant nous examinons les plantes du deuxième lot, celles qui ont été soumises à la lumière électrique discontinue, nous y trouvons des caractères intermédiaires entre ceux des plantes du premier et du troisième lot. La différenciation des tissus est moins grande qu'à la lumière solaire, et cela tient, nous le savons, à ce que la lumière solaire est plus intense, mais elle est bien plus grande qu'à la lumière continue de même intensité. La continuité de la lumière, indépendamment de l'intensité, a donc pour effet de diminuer la différenciation.

Quant aux plantes du quatrième lot qui sont restées à l'obscurité et qui sont étiolées, leurs feuilles, bien moins grandes que dans les autres lots, ont néanmoins des caractères anatomiques qui les rapprochent des feuilles développées à la lumière continue. La différenciation des tissus est aussi faible dans un cas que dans l'autre; mais tandis que la chlorophylle manque dans le premier cas, elle est très abondante dans le second; c'est ce qui a fait dire que les plantes développées à la lumière continue présentaient une sorte d'étiolement vert.

378. Influence des radiations colorées. — Pour étudier l'action d'une radiation déterminée sur la structure, il faut pouvoir soumettre l'ensemble de la plante à cette radiation isolée, et cela pendant toute la durée du développement. Il est donc impossible de se servir des radiations isolées à l'aide d'un spectre; il faut employer la méthode des écrans, qui permet d'obtenir une lumière colorée d'une façon uniforme sur une étendue considérable.

Teodoresco (18) a obtenu des verres qui donnent des lumières rouge, verte et bleue n'ayant entre elles à peu près aucune radiation commune. La lumière rouge comprend les radiations comprises entre la raie B et la raie D du spectre; la lumière verte comprend les radiations qui commencent à la raie D et vont un peu au-delà de la raie E; enfin, la lumière bleue empiète un peu sur la lumière verte en commençant à la raie E, et s'étend jusqu'à la raie G. Des cloches faites avec

de pareils verres permettent d'obtenir des plantes qui, depuis leur germination jusqu'au moment où on les étudie, n'ont reçu que certaines radiations déterminées.

Examinons des pieds de Fève qui se sont développés dans ces conditions et qui ont déjà quatre feuilles; mesurons d'abord la surface des feuilles en la comparant à la surface de feuilles homologues prises sur des pieds poussés, soit à la lumière blanche, soit à l'obscurité :

	Lumière rouge.	Lumière verte.	Lumière bleue.	Lumière blanche.	obscurité.
1re feuille...	544	125	762	780	60
2 — ...	742	136	860	946	56
3 — ...	468	128	592	1001	50
4 — ...	420	122	405	1096	45

On remarque d'abord que les lumières colorées ont toutes une influence intermédiaire entre celle de la lumière blanche et celle de l'obscurité ; la lumière bleue est celle qui se rapproche le plus de la lumière blanche, puis vient la lumière rouge, qui agit presque autant que la bleue ; enfin, la lumière verte agit beaucoup moins que les deux premières.

D'autre part, tandis que, dans la lumière blanche, la dimension des feuilles va constamment en croissant, elle décroît au contraire dans la lumière colorée, à partir de la deuxième feuille. Ce fait s'explique de la même façon que la diminution constante des dimensions des feuilles à l'obscurité. Aux lumières colorées, en effet, l'assimilation, tout en ayant une certaine valeur, est notablement inférieure à ce qu'elle est à la lumière blanche: il est donc naturel que la plante insuffisamment nourrie ait des feuilles de plus en plus petites.

L'examen de la structure des feuilles concorde avec la mesure de la surface. Les feuilles les plus grandes sont en même temps les plus épaisses, les plus différenciées dans leur organisation et ont un appareil chlorophyllien plus développé.

Dans l'expérience que nous venons de citer, on n'a pas seulement constaté l'influence directe des radiations sur la structure, mais en même temps l'influence indirecte que peuvent avoir ces radiations en modifiant l'assimilation. On cons-

tate la résultante de ces deux actions. Voyons comment on peut se rendre compte des variations que peut subir l'assimilation suivant les radiations reçues.

On sait que les radiations rouges favorisent plus la formation de la chlorophylle et surtout activent plus l'assimilation du carbone que les radiations bleues ; et cependant on constate qu'à la lumière bleue la chlorophylle est plus abondante et le développement plus grand qu'à la lumière rouge. Cela tient à ce que, comme nous l'avons vu plus haut (§ 146), la lumière joue dans les plantes vertes deux rôles inverses : en même temps qu'elle forme la chlorophylle, elle la détruit. Lorsque l'éclairement est intense, comme dans les expériences de Teodoresco, la destruction de la chlorophylle par la lumière rouge est plus forte que dans la lumière bleue, car la destruction augmente plus vite que la formation. En somme la chlorophylle est donc plus abondante à la lumière bleue ; il en résulte que l'assimilation est plus active et le développement général de la plante plus grand.

Ce qu'on observe donc, en somme, c'est l'influence des radiations colorées intenses sur la nutrition de la plante. Ce résultat est surtout net pour la lumière verte. On sait, en effet, que les radiations vertes sont sans influence sur l'assimilation, et les expériences de Teodoresco montrent que les plantes poussées dans la lumière verte sont presque semblables à celles qui sont venues à l'obscurité.

4° EAU.

379. **Divers modes d'action de l'eau sur la plante.** — Dans les conditions les plus ordinaires de la végétation des plantes supérieures, les tiges et les feuilles se développent dans l'air qui renferme plus ou moins de vapeur d'eau, et les racines dans le sol qui contient plus ou moins d'eau à l'état liquide. Nous rechercherons d'abord de quelle façon la direction normale des racines et des tiges peut être influencée lorsque l'eau n'est pas répartie d'une façon uniforme dans le milieu où

poussent ces organes. Nous appellerons *hydrotropisme* cette influence de l'eau sur la direction des diverses parties de la plante ; l'hydrotropisme sera *positif* lorsque la plante se rapprochera de la région la plus humide, *négatif* dans le cas contraire.

Il y aura ensuite à examiner l'action de l'humidité de l'air, puis de l'eau du sol, sur l'ensemble du développement de la plante. Dans la nature, ces deux causes varient d'ordinaire en même temps. Pour se rendre compte de l'effet produit par chacune d'elle, il est nécessaire de les faire varier isolément. Nous étudierons donc, d'une part, des plantes dont les tiges et les feuilles sont venues, soit dans un air sec, soit dans un air humide ; le sol où plonge les racines étant, dans les deux cas, arrosé de la même façon. En second lieu, nous considérerons des plantes dont les racines poussent, soit dans un sol sec, soit dans un sol humide, l'air où sont les feuilles et les tiges ayant dans les deux cas le même degré d'humidité.

Il nous restera enfin à examiner l'effet produit, non plus par des degrés plus ou moins élevés d'humidité, mais par le milieu aquatique absolu comparé au milieu aérien. On sait, en effet, que certaines plantes vivent entièrement submergées. Nous verrons quels sont les caractères spéciaux qui sont liés à l'adaptation à la vie dans l'eau.

a) HYDROTROPISME.

380 Hydrotropisme des racines et des tiges. — Une expérience assez simple met en évidence l'hydrotropisme positif de la racine. A la partie inférieure d'un tamis rempli de sciure de bois très humide, on met des graines de Pois ou de Fèves sur le point de germer (*fig. 112*). Lorsque la racine principale apparaît, elle se dirige d'abord verticalement en vertu de son géotropisme positif ; elle sort ainsi du tamis. Mais la face tournée du côté du tamis est exposée à une humidité plus grande. La racine se recourbe alors du côté du tamis ; il y a donc hydrotropisme positif, et la face la plus exposée à l'humidité s'est accrue moins que l'autre. La racine

peut ainsi pénétrer de nouveau dans la sciure. A ce moment,
toutes les faces seront également humides, le géotropisme
reprendra ses droits, et la racine, s'accroissant suivant la verticale, sortira de la sciure. On verra ainsi se produire une
série plus ou moins régulière de
courbures, la direction générale de
la racine restant parallèle à la
surface du tamis.

Dans les limites où l'humidité
varie au voisinage du tamis, l'accroissement de la racine est donc
ralenti par l'humidité; de là l'hydrotropisme positif. Dans les conditions ordinaires où une racine
végète dans le sol, cet hydrotropisme se manifeste souvent. Supposons un arbre croissant dans le
voisinage d'un ruisseau. L'humidité du sol ira en décroissant régulièrement à mesure qu'on s'éloi-

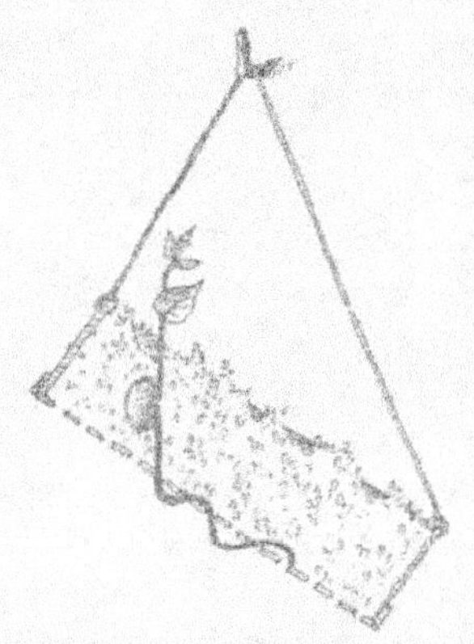

Fig. 112. — Expérience montrant l'hydrotropisme positif de la racine.

gnera de l'eau. Les racines s'accroîtront moins sur leur face
tournée du côté le plus humide et se recourberont par conséquent de façon à se rapprocher de la région la plus humide,
c'est-à-dire du ruisseau; de là ces touffes épaisses de racines
que l'on voit souvent affleurer sur les berges humides des
rivières.

Inversement, si une racine arrive dans le voisinage d'un
talus exposé à la sécheresse, la face tournée du côté du talus
s'accroîtra davantage et la racine se recourbera de façon à
s'éloigner de la région sèche. On voit que, dans les deux cas,
l'hydrotropisme positif de la racine est utile à la plante en
amenant l'appareil absorbant dans le milieu le plus humide et
par conséquent le plus favorable.

La tige se conduit tout autrement que la racine. Une
atmosphère très humide active l'allongement; par conséquent
l'hydrotropisme est négatif. Mais on conçoit que cette propriété de la tige n'ait pas une grande importance, car dans les
conditions ordinaires une tige, qui pousse dans l'air, se trouve

dans un milieu homogène par rapport à la répartition de l'humidité.

b) INFLUENCE DE L'HUMIDITÉ DE L'AIR.

381. Aspect des plantes des pays secs. — Dans les pays tels que la région méditerranéenne, où l'atmosphère est généralement sèche, beaucoup de plantes ont un aspect caractéristique. Les feuilles y sont moins larges et plus dures que dans les pays humides ; les tiges, souvent rabougries, paraissent plus lignifiées et plus résistantes ; l'ensemble a souvent un aspect grisâtre dû à un abondant revêtement de poils. Les épines sont plus nombreuses, plus dures et plus grandes ; la floraison et la fructification sont plus précoces.

Doit-on attribuer ces modifications à la sécheresse de l'atmosphère ? Pour pouvoir le faire avec certitude, il faudrait que, dans les pays à air sec et les pays à air humide, les plantes soient soumises par ailleurs aux mêmes conditions de milieu. Or, il n'en est rien. Lorsque l'air est sec, le sol renferme généralement peu d'eau et l'humidité de l'atmosphère est ordinairement en rapport avec celle du sol. Pour se rendre compte de l'action propre de chacune de ces circonstances, il est nécessaire de les isoler, ce qui n'est possible que par des expériences.

382. Plantes cultivées dans l'air sec et dans l'air humide. — Pour isoler l'influence du degré d'humidité de l'atmosphère, Eberhardt (10) a cultivé des plantes dans les conditions suivantes. Les racines pouvaient se développer en pleine terre, mais toute la partie aérienne était recouverte par une cloche dont l'atmosphère pouvait être, soit desséchée par de l'acide sulfurique, soit maintenue humide par de larges cristallisoirs pleins d'eau. Dans un troisième cas, les bords de la cloche étaient soulevés un peu en dessus du sol, de façon à laisser entrer l'air extérieur ; l'atmosphère de la cloche était au même degré d'humidité que dans les conditions ordinaires, et les plantes, toujours recouvertes par la même épaisseur de verre, étaient dans les mêmes conditions d'éclairement que dans les deux premiers cas.

Afin que l'humidité du sol n'influe pas sur l'état hygrométrique de l'air de la cloche, la terre était recouverte d'une plaque de verre sur laquelle s'appuyaient les bords de la cloche ; un trou percé dans le milieu laissait passer la base de la tige.

Une rigole tracée dans le sol tout autour de la cloche permettait d'arroser régulièrement, et d'une façon égale dans tous les cas. En opérant ainsi, on avait des plantes dont les racines poussaient dans les mêmes conditions d'humidité, tandis que les tiges et les feuilles étaient, soit dans une atmosphère très sèche, soit dans une atmosphère normale, soit dans une atmosphère très humide.

Le développement entier des plantes s'effectuait dans les conditions qui viennent d'êtres indiquées ; c'était nécessaire, car on sait que l'action du milieu ne s'exerce plus sur les organes une fois formés. Les principales espèces qui ont été ainsi cultivées sont : le Lupin, la Sensitive, le Haricot, la Fève, le Saule, le Peuplier, le Ricin, le Lilas.

383. Caractères extérieurs. — D'une façon générale, les plantes cultivées dans l'air sec avaient les feuilles moins larges, plus épaisses, plus poilues, les tiges plus courtes et plus dures que celles qui avaient été maintenues dans l'air humide. Sous les cloches, dont l'atmosphère communiquait avec l'air extérieur, les feuilles et les tiges avaient des caractères intermédiaires.

La floraison et la fructification sont plus hâtives dans l'air sec que dans l'air ordinaire et dans l'air ordinaire que dans l'air humide. C'est là un fait important et qui explique la précocité des fruits dans les régions sèches.

L'appareil radiculaire, bien que se trouvant toujours dans le même milieu, subit aussi des variations. Les plantes dont les tiges et les feuilles sont dans l'air sec ont des racines plus nombreuses et plus développées que les autres. Cette différence est en rapport avec la transpiration plus active des feuilles dans l'air sec. Une absorption d'eau plus abondante devient nécessaire et, comme cela arrive souvent, la fonction a développé l'organe.

Lothélier (13) a fait des expériences analogues en se bornant à cultiver les plantes à épines, telles que l'Epine-vinette, l'Ajonc, le Genêt d'Angleterre, le Chardon des champs. Dans une atmosphère normale, moyennement humide, ces plantes portent de nombreuses épines ; dans une atmosphère saturée d'humidité, au contraire, les épines ne se développent pas. Les rameaux du Genêt et de l'Ajonc, au lieu de se terminer par un piquant, portent des feuilles jusqu'à leur sommet ; les feuilles du Chardon portent sur leurs bords des épines plus courtes et moins dures que dans les conditions ordinaires. Enfin, sur les rameaux d'Epine-vinette, les épines ramifiées caractéristiques sont remplacées par des feuilles à limbe large. La formation des piquants est donc, dans une mesure plus ou moins complète, incompatible avec une atmosphère saturée d'humidité.

384. Caractères anatomiques. — Au point de vue de leur structure, les feuilles venues dans l'air sec sont surtout caractérisées par l'épaisseur de leur tissu en palissade. Chez le Lupin cultivé dans l'air sec, ce tissu occupe environ les deux tiers de l'épaisseur du limbe ; dans les feuilles poussées à l'air humide, et qui sont beaucoup plus minces, le tissu en palissade correspond seulement au cinquième de l'épaisseur totale. Il s'établit une sorte de compensation entre l'épaisseur du tissu assimilateur et son étendue en surface.

En réduisant sa surface, la feuille diminue sa transpiration, tout en maintenant l'intensité de l'assimilation du carbone, grâce à l'épaisseur du tissu en palissade. Les stomates, qui sont les organes des échanges gazeux de l'assimilation, sont plus nombreux, à surface égale, sur les feuilles poussées dans l'air sec.

Les tiges poussées dans l'air sec sont surtout caractérisées par la réduction de l'écorce et de la moelle, par le grand développement du bois et du sclérenchyme ; les tiges poussées dans l'air humide ont des caractères inverses ; celles qui sont venues dans l'air ordinaire sont intermédiaires. Le tableau suivant indique l'épaisseur des différentes régions de la section transversale d'une tige de *Cotoneaster* :

	Écorce.	Sclérenchyme.	Liber.	Bois.	Moelle.
Air sec.........	0,8	0,9	0,6	2,5	5,0
Air ordinaire..	1,0	0,5	0,5	1,7	6,6
Air humide.....	1,8	0,3	0,4	0,9	7,8

D'une façon générale, une atmosphère humide développe la partie parenchymateuse de la tige, et une atmosphère sèche la partie lignifiée et conductrice.

C) INFLUENCE DE L'HUMIDITÉ DU SOL.

385. Eau contenue dans le sol. — Les plantes ne peuvent prospérer que si le sol où plongent leurs racines contient une certaine quantité d'eau; c'est un fait d'observation vulgaire qu'une sécheresse très grande et un excès d'humidité sont également nuisibles à la végétation. Il y a donc, entre ces deux conditions extrêmes, une proportion d'eau optima qui est la plus favorable. Sans vouloir déterminer cet optimum avec précision, ce qui présenterait de grandes difficultés, nous rechercherons si les conditions d'humidité les plus favorables sont réalisées dans les sols relativement secs ou relativement humides. Dans cette étude, nous résumerons les résultats obtenus par Gain (11).

Il faut d'abord définir ce qu'on entend par humidité du sol. On sait que les diverses terres diffèrent beaucoup les unes des autres par leurs propriétés physiques et leur composition chimique; il en résulte qu'elles retiennent l'eau en quantités très variables et la cèdent plus ou moins facilement aux plantes. Un exemple donnera une idée de ces différences. Dans le tableau suivant relatif à quatre sortes de terre, la colonne A indique le poids d'eau nécessaire pour saturer 100 grammes de terre sèche, et la colonne B la quantité d'eau que renferment encore 100 grammes de terre sèche quand du Maïs commence à s'y flétrir, c'est-à-dire ne peut plus en tirer l'eau qui lui est nécessaire :

	A	B
Sable grossier........................	25gr,5	1gr,5
Terre fine sableuse.............	43 4	7 8
Terre fine calcaire..............	38 3	9 8
Terre tourbeuse.................	274 0	49 7

On voit que, lorsque la terre tourbeuse cesse de céder son eau en quantité suffisante au Maïs, elle en contient encore plus que les autres terres quand elles sont saturées.

Gain s'est servi, dans ses expériences, de la terre de Fontainebleau qui est un sable calcaire. Lorsque cette terre renferme de 3 % à 6 % d'eau, elle passe pour sèche, mais peut encore entretenir la végétation; lorsqu'elle en renferme de 12 % à 16 %, elle passe pour humide. On prendra donc la première terre comme type de la terre sèche S, et la seconde comme type de la terre humide H. Des plantes de même espèce seront cultivées comparativement dans les deux terres et on comparera ensuite leurs caractères.

Les cultures devront être faites dans une serre ou tout au moins sous cloche, de façon à éviter les perturbations qui résulteraient de la pluie. Il est impossible de maintenir rigoureusement constant le taux d'humidité du sol; on doit toujours admettre une certaine latitude dans son évaluation.

Il va sans dire que les résultats d'une expérience de ce genre ne peuvent être généralisés et ne s'appliquent qu'à la terre que a été employée et aux plantes qui ont été cultivées.

386. Dimensions des tiges, des feuilles et des racines. — Les plantes cultivées en sol sec S et en sol humide H peuvent d'abord être comparées au point de vue du développement de leurs tiges. En S, les tiges se ramifient plus tôt et plus près de la base; en H, les rameaux apparaissent plus tard et plus haut. La hauteur totale des tiges n'est pas la même dans les deux cas, comme le montre le tableau suivant :

	H	S
Fève	70cm	30cm
Lin	70	35
Orge	90	60
Pomme de terre	80	50
Chanvre	250	110
Courge	180	300
Stramoine	80	95
Ricin	110	140
Maïs	135	170
Sainfoin	20	30

Les plantes étudiées se divisent donc en deux catégories :
les tiges acquièrent une plus grande hauteur en sol humide
dans la première, et en sol sec dans la seconde. Il faut remarquer que les plantes qui deviennent plus grandes en sol sec
sont celles dont la culture réussit surtout dans les pays secs ;
c'est là un résultat conforme à ce qu'on pouvait attendre.

Les feuilles ont été comparées au point de vue de leur surface. Si on appelle 100 la surface des feuilles d'une espèce
donnée cultivée en sol sec, la surface des feuilles de la même
espèce cultivée en sol humide sera donnée par le tableau suivant :

Fève	260
Orge	240
Pomme de terre	155
Courge	58
Stramoine	65
Maïs	27

Les plantes qui avaient des tiges plus longues dans le sol
humide sont donc aussi celles qui ont les feuilles les plus
grandes dans les mêmes conditions.

Il est difficile de comparer la longueur des racines, à cause
de la difficulté de les avoir intactes. On peut cependant
remarquer des différences importantes dans l'aspect des appareils radiculaires. En sol sec, le pivot est plus long et moins
ramifié ; en sol humide, le pivot, plus court, porte des radicelles
plus longues qui ont une tendance à se rapprocher de la surface du sol. Cette disposition est en rapport avec l'hydrotropisme positif des racines qui les dirige vers la région la plus
humide ; or, dans les sols bien arrosés, l'eau est généralement
plus abondante à la surface, tandis que c'est l'inverse dans les
sols secs.

Que peut-on conclure de ces expériences, au point de vue
de l'optimum d'humidité qui convient au développement des
tiges et des feuilles ? Lorsque les tiges sont plus longues et les
feuilles plus larges dans le sol humide, c'est que l'optimum
d'humidité est plus voisin de H que de S ; mais on ne sait pas
s'il est compris entre H et S ou s'il se trouve au-delà de H,

dans un sol plus humide. De même, pour les plantes qui poussent mieux en sol sec, l'optimum est plus rapproché de S que de H, mais on ne sait pas s'il est entre S et H ou en deçà de S, dans un sol plus sec. Les expériences de Gain donnent une indication très importante, mais ne déterminent pas l'optimum d'une façon précise.

387. Variation de l'influence suivant l'âge de la plante. —

Le *Carthamus tinctorius* mérite une mention particulière. Lorsque la plante est jeune, les feuilles sont beaucoup plus grandes en sol sec; leur surface est 100 en S et 83 en H. Plus tard, au contraire, dans la plante âgée, les feuilles sont plus grandes en sol humide; leur surface est 100 en S et 345 en H. L'optimum d'humidité se déplace donc dans le cours du développement; il est d'abord, plus près de S, puis plus près de H. Ce qui est le plus favorable au Carthame, ce n'est donc, ni la sécheresse ni l'humidité, mais la sécheresse suivie d'humidité.

Une expérience sur le Sarrasin va nous donner un autre exemple, d'ailleurs complètement différent, des variations de l'influence de l'eau suivant l'âge des plantes. Le Sarrasin (*Polygonum Fagopyrum*) est cultivé en sol sec S, en sol humide H et en sol très humide HH, ce dernier renfermant plus d'eau que le sol H tel que nous l'avons défini. La hauteur de la tige est mesurée à diverses époques et non plus seulement à la fin de la croissance. Les résultats obtenus sont les suivants :

	30 juin.	2 juillet.	15 août.
HH.	18cm	70cm	120cm
H.	11	40	115
S.	6	30	100

On voit que, lorsque la plante est jeune, un sol humide active beaucoup la croissance, mais cette action accélératrice s'amoindrit peu à peu et les différences entre les plantes adultes sont beaucoup plus faibles qu'entre les plantes jeunes.

388. Époque de la floraison. — Le tableau suivant donne, pour diverses plantes, l'époque de la floraison en sol sec, humide et très humide :

	S	H	HH
Avoine	28 juillet.	27 juillet.	26 juillet.
Topinambour	26 septembre.	20 septembre.	21 septembre.
Lin	6 juillet.	21 juin.	
Pavot	7 août.	2 août.	

Dans tous les cas, la floraison est plus tardive en S que en H. L'humidité optima, c'est-à-dire celle qui détermine la floraison la plus hâtive, est donc plus rapprochée de H que de S. Pour l'Avoine, l'optimum est certainement au delà de H, plus rapproché de HH que de H, peut-être même au-delà de HH; pour le Topinambour, au contraire, on est sûr que l'optimum a été dépassé dans HH.

Nous avons vu plus haut (§ 383) que l'air sec hâtait la floraison. Gain a montré qu'il n'y avait pas contradiction entre ce fait et les expériences où le sol sec retarde, au contraire, l'épanouissement des fleurs. Il suffit pour cela de cultiver, en sol sec ou en sol humide, des plantes dont les parties aériennes sont, soit dans l'air sec, soit dans l'air ordinaire, soit dans l'air humide. L'expérience faite pour le Lupin a donné pour, les divers cas, les dates de floraisons suivantes :

Air sec	Sol sec	16 septembre.
Air ordinaire	Sol humide	17 —
Air humide	Sol humide	21 —
Air ordinaire	Sol sec	28 —

Ce tableau montre clairement que l'air sec hâte la floraison, que le sol sec la retarde, mais que l'action accélératrice de l'air sec est plus grande que l'action retardatrice du sol sec. La résultante sera donc déterminée par l'état d'humidité de l'air plutôt que par celui du sol. Ceci nous explique pourquoi les fruits sont plus hâtifs, dans les localités qui ont à la fois un sol sec et un air sec, que dans celles qui sont humides.

389. Poids des tiges, des feuilles et des racines. — Les dimensions des tiges, des feuilles et des racines sont un indice, facile à apprécier, de l'influence de l'humidité sur les plantes. Mais le poids des divers organes a peut-être plus d'importance. Pour étudier l'action de l'humidité sur les variations de poids, Gain sème en même temps un certain nombre de graines de la même espèce en S et en H. Puis, à une certaine date, des pieds comparables sont récoltés en S et en H et pesés. En répétant cette opération à des intervalles assez rapprochés, on peut obtenir la marche des variations de poids en S et en H.

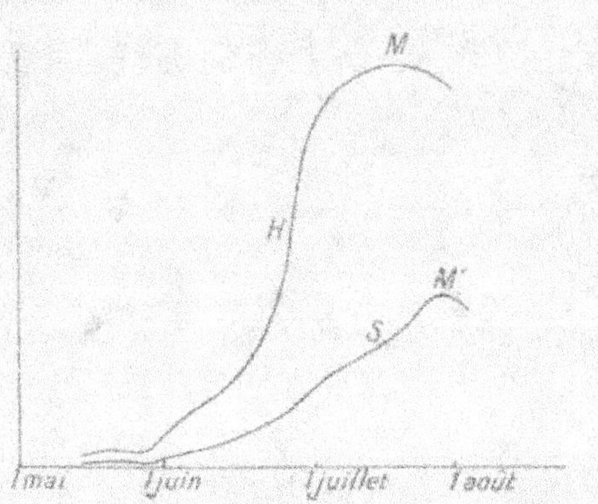

Fig. 113. — Courbes montrant les variations de poids d'un pied de Lin. *H* en sol humide, *S* en sol sec ; *M*, *M'*, maximum de poids.

Nous nous bornerons à étudier l'exemple du Lin, en suivant les variations du poids d'une plante entière depuis le quinzième jour de la végétation jusqu'au dépérissement ; nous considérerons seulement le poids sec, c'est-à-dire le poids de la plante desséchée à 100°.

Les résultats sont représentés par les courbes de la figure 113. Les dates où les récoltes ont été faites sont indiquées sur l'axe des abscisses, et les ordonnées correspondantes représentent les poids des plantes récoltées. La courbe H est relative à la plante cultivée en sol humide, et la courbe S à la plante cultivée en sol sec.

On voit que le poids est constamment plus grand en sol humide qu'en sol sec. L'optimum d'humidité est donc plus rapproché de H que de S. On aurait obtenu une courbe analogue en considérant le poids de la plante fraîche. Les parties aériennes ou les parties souterraines, considérées à part dans

le Lupin, l'Orge, le Sarrasin, la Fève, ont toujours donné des poids supérieurs dans les terrains humides.

Pour le Carthame, le résultat est différent. Pendant le premier mois environ, le poids de la plante entière est plus fort en terrain sec, puis il devient supérieur en terrain humide. Dans la première période du développement, l'optimum d'humidité est donc plus rapproché de S que de H. Il est possible que pour certaines plantes l'optimum soit toujours plus rapproché de S. C'est probablement ce qui arrive pour la Courge où le Maïs dont les tiges deviennent beaucoup plus longues en S qu'en H.

390. Conditions optima d'humidité. — Les expériences de Gain, tout en nous donnant des indications importantes sur l'influence de l'humidité, ne nous indiquent pas la valeur exacte de l'optimum. Hellriegel a cherché à le déterminer avec précision, pour l'Orge. Il a cultivé cette céréale dans des sols semblables, mais renfermant 10, 20, 30, 40, 50, 60 ou 80 p. 100 de l'eau nécessaire pour les saturer ; il a constaté que la récolte en grains, très faible dans les sols secs, augmentait avec le degré d'humidité, passait par un maximum pour le taux de 40 p. 100, et diminuait ensuite. Il en conclut que l'optimum d'humidité est réalisé pour le sol renfermant 40 p. 100 de l'eau nécessaire pour le saturer.

Dans cette expérience, le degré d'hydratation du sol avait été maintenu constant pendant toute la durée du développement de la plante. Mais nous venons de voir que les besoins en eau pouvaient varier suivant les périodes. Nous savons, d'ailleurs, que l'alternance du jour et de la nuit est plus favorable aux plantes que la lumière continue. Nous devons donc nous demander si une alternance convenable de la sécheresse et de l'humidité, n'est pas préférable à l'humidité optima constante. Une expérience de Gain va nous renseigner à ce sujet.

Des plantes sont cultivées comme plus haut, les unes en sol sec, les autres en sol humide ; celles qui sont en sol humide prospèrent davantage. Puis, à un moment donné, toutes reçoivent un arrosage abondant. Au bout de quelques jours,

on observe l'effet produit par cet arrosage sur les plantes des deux catégories. Le tableau suivant donne : 1° le poids des plantes avant l'arrosage ; 2° l'intervalle compris entre l'arrosage et la constatation de l'effet produit ; 3° le poids des plantes après cet intervalle ; 4° l'augmentation de poids :

Plantes cultivées en S.

	1. Poids avant.	2. Intervalle.	3. Poids après.	4. Augm.
Sarrasin..........	0gr,494	10 jours.	1gr,940	1gr,445
Lin..............	0 075	6 —	0 294	0 219
Lupin............	2 175	9 —	4 450	2 275
Hélianthe annuel	0 540	17 —	5 550	5 010

Plantes cultivées en H.

	1. Poids avant.	2. Intervalle.	3. Poids après.	4. Augm.
Sarrasin..........	0gr,755	10 jours.	1gr,435	0gr,680
Lin..............	0 160	6 —	0 380	0 120
Lupin............	4 140	9 —	4 910	0 770
Hélianthe annuel	1 355	17 —	4 405	3 050

L'arrosage survenant après une période de sécheresse a donc été tellement favorable que, dans trois cas sur quatre, les plantes qui l'ont reçu ont dépassé celles qui avaient toujours été abondamment arrosées. Cette expérience montre que les conditions optima d'humidité sont plutôt réalisées par une succession convenable de sécheresse et d'humidité que par un certain état constant. Et cela rend encore plus difficile la détermination précise des conditions optima qui conviennent à chaque plante.

L'expérience de Gain permet de comprendre certains faits d'observation courante. Dans les pays secs, comme la région méditerranéenne, les récoltes sont quelquefois plus belles que dans les pays où l'humidité se rapproche le plus de l'optimum. Il suffit pour cela qu'une pluie, survenue à propos, vienne provoquer le développement rapide des plantes qui commençaient à souffrir. On s'explique ainsi comment on trouve dans le Sahara certaines plantes beaucoup plus vigoureuses que leurs congénères cultivées ou poussant spontanément dans des conditions en apparence plus favorables.

391. Proportion d'eau et de matière sèche — Nous savons que la proportion d'eau renfermée dans les plantes dépend surtout de l'état du développement. Dans les expériences de Gain, les plantes cultivées en sol humide sont ordinairement un peu plus hydratées que celles qui sont cultivées en sol sec, mais la différence n'est pas très grande, comme on peut le voir dans le tableau suivant, relatif à la partie aérienne du Sarrasin :

	s	h
11 mai	83 %	87 %
17 —	88	88
24 —	87	88
1er juin	86	87
10 —	85	87
13 —	84	85
23 —	83	84

Il peut cependant arriver que les plantes cultivées en terrain sec soient plus riches en eau, comme cela a lieu à certaines périodes pour le Lin, ainsi que le montre le tableau suivant :

	s		h
16 mai	91 %	>	89 %
24 —	88	>	86
1er juin	82	=	82
10 —	80	<	82
16 —	78	<	81
30 —	75	>	74
10 juillet	74	>	69

L'eau est donc plus abondante, tantôt en sol sec, tantôt en sol humide. Ceci ne doit pas nous surprendre, car nous savons que la quantité d'eau absorbée par une plante vivante, dans son état normal, est surtout fonction du pouvoir osmotique de ses cellules. Le milieu modifie la proportion d'eau absorbée, non point directement comme s'il s'agissait d'une éponge ou d'un corps poreux quelconque, mais indirectement en modifiant le pouvoir osmotique des cellules. Si donc le pouvoir osmotique est plus élevé en milieu sec, la proportion

d'eau pourra être plus grande. Il va sans dire que ceci ne s'applique pas aux parties mortes des plantes.

392. Nombre et poids des graines. — Dans un sol humide, tel que nous l'avons défini plus haut, les fleurs sont plus abondantes que dans un sol sec ; les graines sont également beaucoup plus nombreuses, de sorte que la récolte est plus forte. Si on représente par 1 le poids de la récolte de graines dans une surface de terre donnée, en sol sec, le poids de la récolte en sol humide pour une même surface sera :

Pavot	2
Fève	3
Lupin	4
Avoine	6
Pois	12

Mais si les graines sont plus nombreuses en sol humide, elles sont en même temps moins grosses et moins lourdes. Le poids de 100 graines moyennes récoltées, soit en sol sec, soit en sol humide est :

	S	H
Fève	3gr.90	1gr.80
Lupin	25.08	21.96
Avoine	2.25	1.93

Comme les graines les plus lourdes donnent en général les plantes les plus vigoureuses, on aura intérêt à employer comme semence les graines récoltées en terrain sec. C'est la justification de cette habitude répandue parmi les cultivateurs d'employer comme semence les maigres récoltes de céréales obtenues dans les terrains secs.

393. Caractères des plantes aquatiques. — Les plantes Phanérogames qui vivent normalement dans l'eau, ont un aspect caractéristique qui les distingue de la plupart des plantes terrestres ; les tiges sont molles et peu lignifiées, les feuilles

minces, peu résistantes, généralement sessiles et en forme de ruban. Dans quelle mesure ces caractères sont-ils dus à l'influence du milieu aquatique?

La plupart des plantes qui vivent dans l'eau sont tellement adaptées à ce milieu qu'elles ne peuvent se développer ailleurs. Il est donc impossible de voir ce qu'elles deviendraient si elles poussaient dans l'air. De même, les plantes terrestres périraient si on les maintenait sous l'eau; on ne peut donc savoir les caractères qu'elles y acquerraient.

Mais il existe un certain nombre d'espèces qui peuvent s'adapter, soit à la vie dans l'eau, soit à la vie dans l'air. Il sera facile avec ces plantes de nous rendre compte de l'influence immédiate du milieu aquatique.

394. Influence du milieu aquatique sur la forme des feuilles. — La Renoncule aquatique croît généralement dans l'eau; ses feuilles sont alors réduites à de minces lanières ramifiées correspondant à des nervures. Dans l'air, au contraire, le limbe est simple, et les nervures sont reliées par un parenchyme continu. Il arrive souvent que, sur un même pied, les feuilles inférieures poussées dans l'eau sont réduites aux nervures; tandis que les feuilles supérieures, qui sont dans l'air, ont un limbe continu.

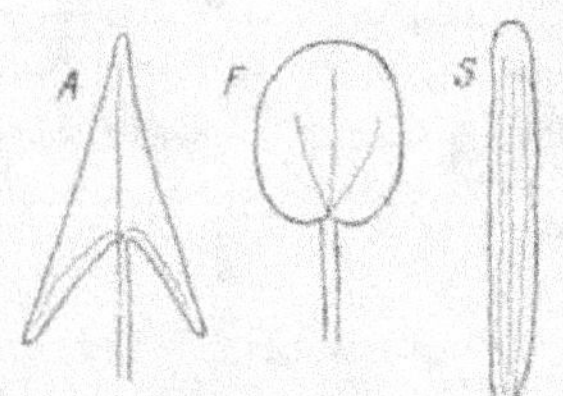

Fig. 114. — Feuilles de Sagittaire; A, aérienne; F, flottante; S, submergée.

La Sagittaire vit en général dans les étangs ou les fossés peu profonds, les racines et la tige sont recouvertes par la vase; les feuilles, formant une rosette au sommet du rhizome, peuvent être de trois formes différentes (*fig. 114*). Les plus âgées S ont un limbe sessile en forme de ruban; elles restent submergées. Celles qui viennent ensuite F sont formées d'un pétiole allongé, terminé par un limbe ovale qui flotte à la surface de l'eau; enfin, les plus jeunes A sont encore longuement pétiolées, mais leur limbe, en forme de fer de flèche, s'élève dans l'air au-dessus de la surface des eaux.

L'influence du milieu sur la forme des feuilles paraît ici

évidente. Suivons cependant leur développement : toutes ont
leur origine dans le bourgeon terminal de la tige qui est submergé ; et déjà, dans ce bourgeon, chacune a les caractères
qu'elle doit garder à l'état adulte. Les premières feuilles qui
apparaissent au printemps ont la forme propre aux feuilles
submergées et restent en effet dans l'eau ; mais celles qui apparaissent les dernières, et qui sont destinées à devenir aériennes,
montrent déjà, dans le bourgeon submergé, leur pétiole et leur
limbe en fer de flèche.

Les choses se passent ainsi quand la profondeur de l'eau
est faible ; mais dans les eaux profondes, toutes les feuilles
sont en forme de ruban et restent submergées ; il semble que
l'éloignement de l'air empêche la plante de produire des feuilles adaptées au milieu aérien.

L'influence du milieu aquatique, renforcée par la profondeur de l'eau, est donc plus complète dans les eaux profondes
que dans les eaux basses. Dans le cas des eaux basses, la saison peut au contraire atténuer l'action de l'eau, en permettant
à la plante, à la fin du printemps, de produire sous l'eau des
feuilles ayant les caractères des feuilles aériennes et destinées
à atteindre ou à dépasser la surface des eaux.

395. Structure des plantes aquatiques (6 et 7). — En
comparant une feuille aérienne de Sagittaire à une feuille sub-

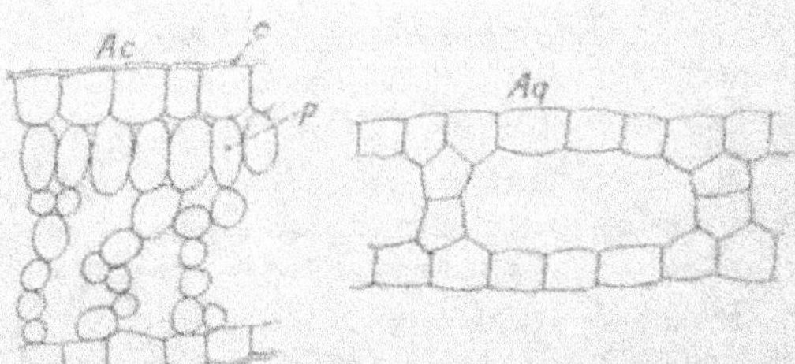

Fig. 115. — Coupes de feuilles de Sagittaire : Ac, aérienne ; Aq, aquatique (d'après Costantin).

mergée de la même plante, on peut se rendre compte des
modifications que le milieu aquatique apporte dans la structure (*fig. 115*).

La feuille aérienne Ar présente des stomates sur ses deux faces, les cellules épidermiques renferment peu de chlorophylle et ont une cuticule c; le parenchyme comprend du tissu en palissade p en haut et du tissu lacuneux en bas; c'est la structure ordinaire des feuilles.

Les feuilles submergées sont beaucoup plus minces; il n'y a pas de stomates, toutes les cellules renferment de la chlorophylle et sont dépourvues de cuticule; il n'y a plus de cellules en palissade, le parenchyme est réduit à un tissu très lâche dont les lacunes peuvent s'étendre d'un épiderme à l'autre. Les vaisseaux des nervures sont moins nombreux et moins lignifiés dans les feuilles submergées.

Les caractères anatomiques des feuilles submergées sont en rapport avec les changements apportés par le milieu aquatique dans l'accomplissement de leurs fonctions. La cuticule destinée à restreindre les pertes d'eau par la transpiration, devient inutile à une feuille submergée. La cuticule ayant disparu, la membrane des cellules épidermiques devient perméable pour les gaz; les stomates, dont le rôle est d'assurer les échanges gazeux avec l'extérieur, n'ont plus de raison d'être. On conçoit également que, dans une plante entourée d'eau, la circulation des liquides perd de son importance, et c'est ce qui explique la réduction du nombre des vaisseaux.

La tige des plantes aquatiques présente également certains caractères spéciaux. L'écorce est très épaisse et présente de très grandes lacunes pleines d'air. Cette atmosphère interne est une réserve où les cellules vivantes viennent puiser l'oxygène ou le gaz carbonique qui leur sont nécessaires. Dans le cylindre central relativement étroit, les vaisseaux sont peu nombreux, comme dans les nervures des feuilles; de plus, les fibres, et d'une façon très générale tous les éléments lignifiés, manquent ou sont très réduits. Cette réduction de l'appareil de soutien est en rapport avec la densité du milieu qui permet à la tige de se soutenir plus facilement.

Les racines aquatiques sont modifiées comme les tiges : les lacunes aérifères sont abondantes dans l'écorce, l'appareil conducteur et l'appareil de soutien sont peu développés.

Les caractères que nous venons d'indiquer s'observent avec

beaucoup de netteté sur les plantes normalement aquatiques. Lorsqu'il est possible de faire pousser dans l'air la tige d'une de ces plantes, comme Costantin l'a fait pour le *Callitriche stagnalis*, on constate que la structure se rapproche du cas ordinaire des tiges aériennes : l'écorce est moins épaisse, les lacunes moins larges, les vaisseaux et l'appareil de soutien moins réduits.

Inversement, si une tige normalement aérienne, comme une tige de Vesce, pousse dans l'eau, on voit apparaître, dans une mesure atténuée il est vrai, les caractères des tiges aquatiques : écorce plus épaisse, lacunes plus grandes, vaisseaux moins nombreux, lignification moindre.

L'étude des plantes aquatiques, corroborée par des expériences, montre donc que c'est bien à l'influence du milieu aquatique qu'est due l'existence de ces caractères.

5° MILIEU SOUTERRAIN.

396. Caractères des rhizomes. — Beaucoup de plantes, surtout parmi les espèces herbacées vivaces, ont une partie de leur tige sous terre. Ces tiges souterraines ou rhizomes diffèrent beaucoup de la partie aérienne de la tige; elles sont plus grosses, à entrenœuds ordinairement plus courts et portent des feuilles presque toujours réduites à l'état d'écailles.

Au point de vue de la structure, les rhizomes diffèrent encore des tiges aériennes. Dans la Sanicle par exemple (*fig. 116*), la tige aérienne possède, sous l'épiderme, des faisceaux de collenchyme c très développés; le péricycle est entièrement sclérifié, et les cellules des rayons médullaires sont entièrement lignifiées. Dans le rhizome, l'écorce est dix fois plus épaisse et dépourvue de collenchyme; le péricycle et les rayons médullaires ne sont pas lignifiés; les vaisseaux du bois sont moins nombreux; l'amidon est beaucoup plus abondant.

Des différences du même ordre existent entre les rhizomes et les tiges aériennes des autres plantes. Doit-on les attribuer

uniquement à l'influence du milieu souterrain? ou bien à d'autres circonstances telles que la direction, qui est généralement horizontale chez les rhizomes et verticale chez les tiges aériennes, ou le voisinage des fleurs, qui est plus immédiat chez les tiges aériennes? Pour isoler l'influence du milieu, il faut comparer des fragments de tiges parfaitement homologues et ne

Fig. 116. — Portions de coupe dans des tiges de Sanicle, *S* souterraine, *A* aérienne; *f*, faisceaux libéro-ligneux; *c*, collenchyme; *Sc*, sclérenchyme.

différant que par le milieu où elles ont poussé. C'est ce qu'à fait Costantin (5), dans des expériences dont nous allons indiquer les résultats.

397. Tiges rendues souterraines. — On fait germer une graine de Fève de façon à ce que la tige reste souterraine sur une certaine longueur, 10 centimètres par exemple, à partir des cotylédons; dans une autre germination, la tige est entièrement aérienne. On a ainsi deux segments de tige, formés chacun de plusieurs entrenœuds au-dessus des cotylédons et qui sont absolument homologues; en comparant leur structure, nous pourrons apprécier l'influence du milieu souterrain dégagée de toute autre circonstance perturbatrice.

Nous voyons d'abord que la tige souterraine est plus épaisse, et que son épiderme, partiellement subérifié, lui donne une coloration brune; l'écorce est neuf fois plus épaisse que dans la tige aérienne, les cellules y étant plus nombreuses et plus grandes. Le collenchyme de la région externe, très développé dans la tige aérienne, existe à peine dans la tige souterraine.

On voit également que l'influence du milieu souterrain a fait apparaître les plissements lignifiés de l'endoderme, a remplacé les fibres lignifiées du péricycle par des éléments à parois minces et non lignifiées, a diminué le nombre et le diamètre des vaisseaux du bois, a augmenté le nombre des grains d'amidon.

Nous retrouvons donc, dans la racine de Fève rendue souterraine, les caractères essentiels des rhizomes : épaisseur plus grande de l'écorce, réduction de l'appareil de soutien et de l'appareil conducteur, augmentation des réserves. D'autres exemples, étudiés également par Costantin, ont donné des résultats comparables et toujours dans le même sens. Nous sommes donc en droit d'attribuer l'existence de ces caractères à l'influence du milieu souterrain.

398. Milieu solide et obscur. — Mais le milieu souterrain diffère du milieu aérien ordinaire par deux circonstances : il est solide et obscur au lieu d'être gazeux et éclairé. Devrons-nous attribuer les caractères des rhizomes à l'obscurité ou à la solidité du milieu? Pour répondre à cette question, nous comparerons trois tiges de pomme de terre poussées directement sur un tubercule, l'une sous terre, l'autre dans l'air et à l'obscurité, la troisième dans l'air et à la lumière. L'épaisseur relative de l'écorce et de l'anneau de bois secondaire est donnée par le tableau suivant :

Tiges.	Souterraine.	Obscure.	Éclairée.
Écorce	42	42	26
Bois	22	22	38

L'épaisseur de l'écorce et la réduction du bois étant les mêmes dans la tige qui est dans l'air et à l'obscurité que dans la tige souterraine, nous devons attribuer ces modifications à l'obscurité plutôt qu'à la solidité du milieu souterrain. Mais le collenchyme, et d'une façon générale l'appareil de soutien qui disparaît ou tout au moins s'atténue sous terre, persiste dans la tige développée dans l'air et à l'obscurité. Dans ce cas, le milieu souterrain agit par sa résistance qui rend inutile l'appareil de soutien.

399. Influence du milieu souterrain sur la racine. — La racine est essentiellement adaptée au milieu souterrain; ce n'est que dans des cas assez rares que les racines poussent normalement dans l'air. On ne peut donc, pour une même plante, comparer une racine aérienne à une racine souterraine qu'en faisant des cultures expérimentales.

On fait germer des graines de Pois au fond d'un tamis, de façon à ce que les racines, sous l'action de leur géotropisme positif, sortent par un trou du tamis et poussent dans l'air. On a ainsi des racines aériennes qui diffèrent des racines souterraines par une écorce moins épaisse et des vaisseaux plus nombreux. Les différences sont dans le même sens que pour les tiges, mais moins grandes peut-être, car la racine, étroitement adaptée à un milieu souterrain uniforme, est moins accessible que la tige aux influences de milieu.

On peut faire l'expérience inverse et rendre souterraine une racine de Vanda (Orchidée) normalement aérienne. On voit que sous terre l'écorce devient plus épaisse, et surtout que l'appareil de soutien est moins important et la lignification moindre que dans la tige aérienne.

Dans la racine, comme dans la tige, l'influence du milieu souterrain tend donc à rendre l'écorce plus épaisse et à diminuer le nombre des vaisseaux et de tous les éléments lignifiés.

6ᵉ CLIMAT.

400. Des climats. — Jusqu'à présent, nous avons étudié isolément l'influence de chacune des conditions extérieures telles que la chaleur, la lumière, l'humidité. Mais dans la nature, ces diverses conditions varient en même temps, et c'est l'ensemble de leurs variations, pour une région donnée, qui constitue le climat de cette région. Nous avons donc maintenant les éléments nécessaires pour nous rendre compte de l'action que les divers climats peuvent exercer sur les plantes.

En se plaçant au point de vue spécial de la végétation, on

peut distinguer en France et dans l'Europe centrale et occidentale trois climats principaux :

1° Le *climat méditerranéen*, qui s'étend tout le long de la Méditerranée sur une région assez étroite, mais qui se prolonge assez loin dans les vallées, telles que celles du Rhône et de l'Aude. Ce climat est caractérisé par des étés chauds et secs, des pluies rares, un air sec et une lumière abondante.

2° Le *climat alpin*, qui est celui des hautes montagnes à partir de 1.200 ou 1.500 mètres d'altitude. Les hivers y sont très froids, avec une neige abondante et persistante. En été, les journées y sont assez chaudes, mais les nuits froides. Le sol est généralement humide, l'air sec et la lumière abondante.

3° Le *climat des plaines* s'étend sur tout ce qui n'est pas compris dans la région méditerranéenne ou la région alpine. C'est le climat moyen de la France et de l'Europe centrale ; il est caractérisé par un ensemble de conditions tempérées. Les pluies y sont assez abondantes pour rendre le sol et l'air suffisamment humide ; l'éclairement y est moyen et la température n'y subit pas d'écarts très grands. Il va sans dire que ce climat n'est pas absolument invariable. Au bord de l'Océan, par exemple, l'humidité est plus grande, les hivers sont relativement doux et les étés pas très chauds. A l'intérieur des terres, au contraire, la différence s'accentue entre la température de l'hiver et celle de l'été, les hivers devenant plus froids et les étés plus chauds.

Dans l'étude que nous allons faire, nous prendrons comme point de comparaison les caractères que les plantes acquièrent dans le climat des plaines et nous rechercherons les caractères spéciaux de la végétation alpine ou méditerranéenne.

401. Climat méditerranéen. — Nous savons que les traits principaux de ce climat sont la sécheresse de l'air et du sol, surtout en été, et une lumière abondante. Les hivers y sont assez froids pour y déterminer un arrêt de la végétation, comme dans les climats des plaines, mais cet arrêt y est plus court.

Aux environs de Toulon, par exemple, on peut admet-

tre que la végétation active commence le 15 mars et ne s'arrête que vers le 1er décembre, tandis qu'aux environs de Paris ces limites exrêmes se rapprochent, du 20 avril au 15 octobre.

D'autre part, l'extrême sécheresse de l'été dans la région méditerranéenne peut déterminer un second arrêt de la végétation, surtout sensible pour les plantes herbacées dont les racines ne s'enfoncent pas très profondément.

Dans le climat méditerranéen, on trouve en abondance des arbustes à feuilles persistantes et coriaces. Le Chêne vert, le Chêne kermès, le Romarin, le Thym, le Genêt épineux sont parmi les plus caractéristiques ; les tiges et les feuilles épineuses y sont beaucoup plus nombreuses qu'ailleurs. Les espèces qui croissent en même temps aux bords de la Méditerranée et dans le nord de la France présentent dans ces deux stations des caractères différents. Dans la région méditerranéenne, les feuilles sont plus épaisses, la cuticule plus développée, la lignification plus complète, les poils plus abondants, les piquants plus nombreux et plus durs.

Or, nous avons vu (§ 384) que c'étaient précisément là les caractères qui apparaissent sous l'influence de la sécheresse de l'air. D'ailleurs, au point de vue de l'épaisseur des feuilles et de la lignification, une lumière plus intense (§ 375) agit dans le même sens qu'un air plus sec. On est donc en droit d'attribuer à ces deux circonstances les caractères spéciaux de la végétation méditerranéenne.

Des expériences de Bonnier montrent que ces caractères sont sous la dépendance directe et immédiate du climat. Des plantes de même origine sont cultivées, les unes aux environs de Toulon, les autres à Fontainebleau. Au bout d'un an, les premières ont acquis les caractères méditerranéens, avec des feuilles plus épaisses, une cutinisation et une lignification plus complètes qu'à Fontainebleau.

Les caractères des plantes méditerranéennes sont donc la conséquence directe des conditions climatériques dont la principale est la sécheresse de l'air.

402. Climat alpin ; caractère des plantes alpines. — Dans les Alpes et les Pyrénées, la zone dite subalpine, caractérisée

par les forêts de sapins, s'étend de 900 à 1.500 mètres d'altitude. De 1.500 à 2.500 mètres, c'est la zone alpine proprement dite, où les forêts sont remplacées par des prairies ; au-dessus de 2.500 mètres, c'est la zone glaciale, où les plantes, même herbacées, deviennent de plus en plus rares.

Dans la zone alpine, dont nous nous occupons plus spécialement, les plantes vivaces sont relativement beaucoup plus nombreuses que dans les plaines. On voit même des espèces, telles que l'*Arenaria serpyllifolia*, le *Poa annua*, le *Ranunculus Philonotis*, qui, normalement annuelles, deviennent vivaces aux grandes altitudes. Chez les plantes des montagnes, les tiges sont généralement courtes, plutôt par suite du raccourcissement des entrenœuds que par la diminution de leur nombre ; elles ont une tendance à devenir rampantes ; les feuilles sont plus petites que dans la plaine, mais plus épaisses et d'un vert plus foncé, souvent plus poilues ; la couleur des fleurs est plus vive ; l'ensemble des parties souterraines est beaucoup plus développé.

A ces différences de forme correspondent des différences de structure. Les feuilles épaisses des plantes alpines ont un tissu en palissade très développé et qui peut occuper la plus grande partie de la section ; les grains de chlorophylle ont une coloration plus intense et les stomates sont plus nombreux.

403. Cultures expérimentales de plantes alpines. — On peut se demander si les particularités, qui donnent aux plantes alpines leur aspect spécial, sont dues à l'action immédiate du climat, ou si ce sont des caractères propres aux espèces ou aux variétés qui croissent sur les montagnes. On ne peut répondre à cette question qu'en recherchant si un changement de climat entraîne un changement dans les caractères des plantes. C'est ce qu'a fait Bonnier (1) en cultivant simultanément les mêmes espèces dans la plaine et sur la montagne.

Une première difficulté dans de pareilles expériences réside dans le choix des plantes à cultiver. Il faut, en effet, des espèces qui puissent s'accommoder aussi bien du climat alpin que du climat des plaines, de façon à ne faire porter les com-

paraisons que sur des plantes bien acclimatées et dans leur état normal. Or, on sait que beaucoup de plantes alpines ne se laissent cultiver que très difficilement dans la plaine, et que la plupart des plantes des plaines ne peuvent supporter le froid de la zone alpine. Néanmoins, Bonnier a pu trouver un nombre suffisant de plantes pouvant s'adapter aussi bien au climat alpin qu'au climat des plaines.

Les cultures ont été faites : sur les Pyrénées, au col d'Aspin (1500ᵐ), et au pic d'Arbizon (2400ᵐ); sur les Alpes, à Chamonix (1050ᵐ), et à l'aiguille de la Tour (2300ᵐ) dans le massif du Mont-Blanc; dans la plaine, près de Mirande dans le Gers, et à Fontainebleau. Les plantes annuelles étaient obtenues à l'aide de graines ayant la même origine, et les plantes vivaces provenaient d'un même

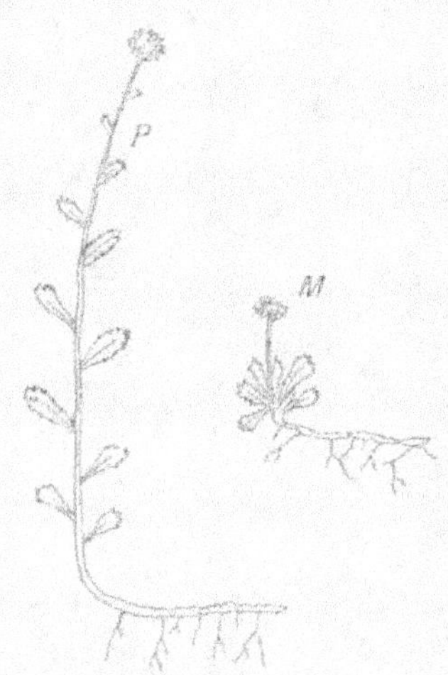

Fig. 117. — Pieds de grande Marguerite cultivés : *P* dans la plaine, *M* sur la montagne, et représentés à la même échelle (d'après Bonnier).

pied qui avait été divisé en plusieurs parties. On était sûr ainsi que les différences observées ne pouvaient être attribuées qu'aux différences de climat.

Dès la première année, ces différences ont été considérables. Les plantes cultivées sur la montagne ont pris le port et tous les caractères des plantes alpines, avec des tiges courtes couchées sur le sol, des feuilles rapprochées les unes des autres, épaisses et d'un vert foncé, et des fleurs aux couleurs vives.

Les figures 117 nous montrent les différences très nettes qui séparent deux pieds de grande Marguerite (*Leucanthemum vulgare*), poussés l'un sur la montagne, l'autre dans la plaine. La différence est encore plus sensible pour le Topinambour; en plaine, la tige atteint plusieurs mètres de hauteur avec des feuilles espacées; tandis que sur la montagne, toutes les feuil-

les sont rapprochées en une rosette appliquée contre le sol, la tige aérienne n'étant pas développée du tout.

On remarque des différences analogues dans la structure.

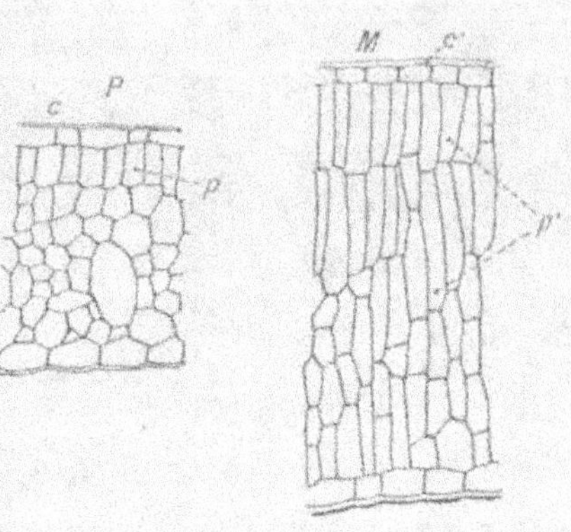

Fig. 118. — Coupe dans des feuilles de *Lotus* récoltées, *P* dans la plaine, *M* sur la montagne; *p*, *p'*, tissu en palissade; *c*, *c'*, cuticule (d'après Bonnier).

Pour le *Lotus corniculatus*, par exemple, les figures 118 montrent que, sur la montagne, le limbe de la feuille M, beaucoup plus épais que dans la plaine P, est occupé presque entièrement par du tissu palissadique; les stomates sont également plus nombreux et la cuticule plus nette.

La tige (*fig. 119*) de la même plante a une cuticule plus épaisse, des formations secondaires moins abondantes et des vaisseaux du bois *b* beaucoup moins nombreux et moins grands sur la montagne M que dans la plaine P.

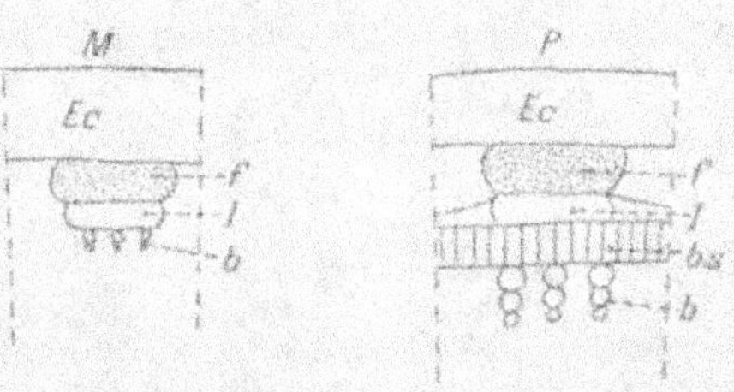

Fig. 119. — Portions de coupes de tiges de *Lotus* récoltées, *P* dans la plaine, *M* sur la montagne; *Ec*, écorce; *f*, fibres; *l*, liber; *b*, bois primaire; *bs*, bois secondaire.

On peut conclure de ces expériences que des plantes de plaine transportées sur la montagne y acquièrent les caractères des plantes alpines. Inversement, des plantes qui ont les caractères alpins, les perdent si on les ramène dans les plaines. L'influence du climat est donc manifeste.

Parmi les plantes ayant servi aux expériences de Bonnier, on peut citer : *Helianthemum vulgare, Ononis Natrix, Bublevrum falcatum, Scabiosa columbaria, Achillea Millefolium,*

Solidago Virga aurea, Taraxacum dens leonis, Leucanthemum vulgare.

404. Circonstances qui déterminent les caractères alpins. — Parmi les caractères des plantes alpines, quelques-uns sont précisément ceux qui sont déterminés par un éclairement plus intense, toutes les autres conditions étant égales d'ailleurs (§ 375). Tels sont l'épaisseur des feuilles, l'importance du tissu en palissade, l'abondance de la chlorophylle, l'épaisseur de la cuticule, le nombre des stomates, le développement des fibres.

La sécheresse de l'air agit dans le même sens que l'éclairement et contribue à l'épaississement de la feuille, du tissu en palissade, de la cuticule et à l'augmentation des fibres. C'est également à la sécheresse de l'air qu'il faut attribuer l'abondance des poils chez les plantes alpines.

L'éclairement intense et la sécheresse de l'air suffisent donc à expliquer tous les caractères des plantes alpines, sauf la faible longueur des tiges et des entrenœuds, et le faible développement du bois. Mais nous avons vu (§ 358) que ces derniers caractères sont ceux que déterminent des alternances d'une température élevée avec une température froide. Or nous savons que, sur les montagnes, les journées d'été, relativement chaudes, succèdent à des nuits très froides ; c'est donc là qu'il faut chercher la cause de la faible longueur des tiges et de la réduction du bois.

Une autre particularité des plantes alpines est la rapidité de l'évolution, qui doit s'accomplir en un temps très court, car la période de végétation active commence en mai et finit en septembre. Or, nous avons vu (§ 388) qu'un air sec et un sol humide, circonstances qui sont rarement réunies et qui sont parmi les éléments du climat alpin, contribuent à hâter la floraison des plantes. On s'explique ainsi comment, en trois ou quatre mois, les plantes alpines peuvent former leurs tiges et leurs fleurs, et mûrir leurs fruits.

On voit donc, en somme, que tous les caractères de la végétation alpine sont déterminés directement par les conditions extérieures dont l'ensemble constitue le climat alpin, et dont

les principales sont : l'éclairement intense, l'air sec, le sol humide et les alternances de température.

405. Plantes alpines et plantes arctiques. — On a souvent établi un parallèle entre la végétation des hautes montagnes et celle des régions arctiques. Dans les deux cas, on ne trouve guère que des plantes herbacées et naines, ayant à peu près le même port. En étudiant la structure des plantes récoltées à l'île Jan Mayen (71° lat. Nord) et au Spitzberg (78°), comparativement à celle des plantes alpines, Bonnier (2) a néanmoins trouvé des différences importantes.

Les feuilles provenant des régions polaires sont plus épaisses, leur cuticule est moins nette, les cellules en palissade n'existent plus et le tissu lacuneux occupe toute la section; dans les tiges, la lignification est faible et les tissus, peu différenciés, sont formés de cellules qui ont une tendance à se séparer les unes des autres.

Quelles sont les différences, entre le climat alpin et le climat arctique, qui nous rendront compte de ces structures si différentes? Dans les deux cas, la température moyenne est très basse et le sol humide. Mais sur les montagnes l'air est sec, tandis qu'il est très humide dans les régions arctiques, et c'est pour cela que les plantes arctiques ont une cuticule moins épaisse, un tissu en palissade moins abondant et une lignification moins avancée. Il reste à expliquer l'épaisseur des feuilles et la différenciation très faible des tissus.

Une autre différence importante entre les deux climats réside dans l'éclairement : sur les montagnes, la lumière très vive du jour alterne avec l'obscurité de la nuit, tandis que dans le voisinage du pôle la lumière est toujours faible et, au moins à l'époque des solstices, diminue à peine pendant la nuit.

Les plantes arctiques se trouvent donc à ce point de vue dans des conditions voisines de celles qui sont réalisées par une lumière artificielle continue. Or, nous avons vu (§ 377) qu'un éclairement continu rend les feuilles plus épaisses et diminue la différenciation des tissus. Ces caractères se retrouvent dans les plantes arctiques et s'expliquent facilement par la lumière presque continue qui règne dans les régions polaires.

406. Influence du sel marin. — On peut rattacher à l'étude des climats l'influence du sel marin qui se fait sentir sur le littoral, mais à une très faible distance seulement du bord de la mer. Les plantes Phanérogames qui croissent dans les terrains salés du bord de la mer ont en général un aspect caractéristique. Les Salicornes, par exemple, ont des rameaux mous et charnus. Chez les Suédas, les Salsalas, les feuilles sont étroites et épaisses; la plupart des plantes adaptées aux terrains salés tendent ainsi à ressembler à des plantes grasses.

L'influence du bord de la mer apparaît plus clairement dans les espèces qui peuvent croître indifféremment près de la mer ou dans l'intérieur des terres. Le *Salsala Kali* par exemple a, dans les sables maritimes, des feuilles épaisses avec une section à peu près circulaire. Dans les stations soustraites à l'influence de l'eau salée, les feuilles deviennent plus longues et plates, on dirait qu'on a affaire à une autre espèce.

Lesage (12) a examiné 85 espèces croissant à la fois près de la mer et à l'intérieur des terres; pour 54 d'entre elles, les feuilles sont plus épaisses près de la mer. Quelquefois la différence est très grande; pour l'*Aster Tripolium* par exemple, les feuilles du bord de la mer sont quatre fois plus épaisses et ne comprennent, entre les deux épidermes, que des cellules en palissade; le tissu lacuneux a disparu.

Pour isoler l'influence de l'eau salée, Lesage a cultivé comparativement certaines plantes arrosées, soit avec de l'eau ordinaire, soit avec de l'eau salée. Toutes les espèces ne se prêtent pas à ces expériences, car beaucoup de plantes ne peuvent supporter l'eau salée. Le *Lepidium sativum* est un exemple très favorable, et se développe très bien si on l'arrose avec de l'eau renfermant 25 grammes de chlorure de sodium par litre, c'est-à-dire presque la même quantité que l'eau de mer. On constate alors que, sous l'influence du sel, les feuilles sont devenues plus épaisses et ont des cellules en palissade beaucoup plus nombreuses. C'est donc bien l'influence du sel qui détermine les caractères spéciaux des plantes maritimes.

407. Adaptation au milieu salé. — L'influence de l'eau salée ne se fait sentir sur les plantes qu'à une très faible distance

du bord de la mer, assez près pour que des gouttelettes d'eau salée puissent être apportées par les vents. A 100 ou 200 mètres du bord, la végétation peut reprendre ses caractères ordinaires.

Dans les marécages d'eau salée ou saumâtre, l'influence du sel est beaucoup plus nette que sur les terrains relativement secs du bord de la mer. Mais les espèces qui peuvent s'adapter à ce milieu spécial sont très peu nombreuses, et ce sont toujours les mêmes que l'on rencontre. Quelques-unes, comme les Salicornes, ne se trouvent que là.

Ces plantes n'ont pas un besoin absolu du sel, mais elles le supportent. Comme peu d'espèces sont douées de la même tolérance, il s'ensuit que, dans les terrains salés, la concurrence vitale est moins forte qu'ailleurs. C'est pour cette raison qu'on y voit prospérer certaines espèces qui ailleurs ne peuvent supporter la lutte avec des espèces plus vigoureuses.

Les plantes des terrains salés, cultivées dans les jardins, poussent mieux si on les arrose avec de l'eau pure qu'avec de l'eau salée. C'est là un exemple remarquable qui montre que les conditions où une plante pousse dans la nature, ne sont pas toujours les conditions qui lui sont les plus avantageuses.

7ᵉ PARASITISME ET SYMBIOSE.

a) VÉGÉTAUX PARASITES OU SYMBIOTIQUES.

408. Associations de végétaux. — On trouve souvent dans la nature des végétaux associés de telle sorte que les fonctions de l'un, et notamment les fonctions de nutrition, dépendent étroitement de l'autre, et réciproquement. Tel est le cas, par exemple, de la Cuscute (*fig.* 120), qui vit fixée sur les tiges de la Luzerne ou du Trèfle et leur emprunte toute sa nourriture.

Dans cette association, tout le bénéfice est pour la Cuscute, qui se nourrit aux dépens de la Luzerne. On dit alors qu'il y a *parasitisme;* la Cuscute est parasite de la Luzerne. Nous

avons vu qu'il y a plusieurs degrés dans le parasitisme, suivant que le parasite emprunte à la plante nourricière tout ou partie de sa nourriture (§ 181).

Il y a aussi des degrés dans le préjudice que subit la plante nourricière par suite de la présence du parasite. La Luzerne, envahie par la Cuscute, ne peut supporter longtemps son parasite et ne tarde pas à mourir. Un Pommier qui porte une touffe de Gui, peut néanmoins vivre très longtemps sans paraître souffrir beaucoup. Cette *adaptation* de la plante nourricière à son parasite peut être complète, et nous verrons des cas où la plante nourricière ne souffre nullement du parasite qui se nourrit à ses dépens.

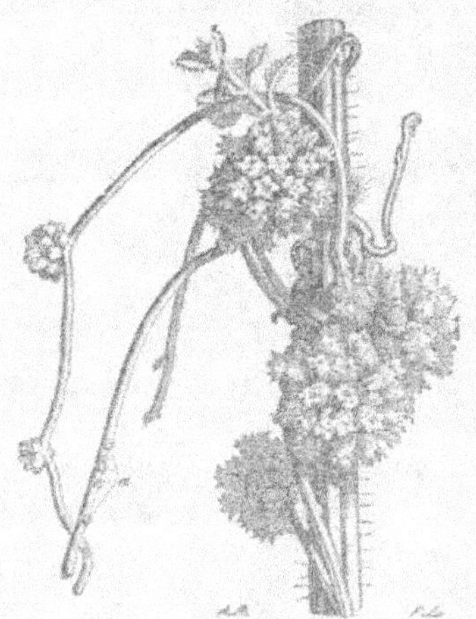

Fig. 120. — Cuscute parasite sur une tige.

Enfin, dans le cas des Bactéries qui vivent à l'intérieur des tubercules des Légumineuses, nous avons vu (§ 208) que les deux plantes tirent profit de l'association. La Bactérie emprunte à la Légumineuse ses aliments hydrocarbonés, et la Légumineuse profite de l'azote assimilé par la Bactérie. Le bénéfice de l'association étant réciproque, on dit alors qu'il y a *symbiose*.

Nous allons étudier, dans ce qui va suivre, les cas les plus caractéristiques de parasitisme et de symbiose des végétaux. Nous étudierons ensuite le parasistime d'un animal sur un végétal et le cas de symbiose d'un animal avec un végétal.

409 Parasitisme sans réaction ni adaptation. — Nous avons vu que, dans le cas de la Cuscute vivant sur la Luzerne, il n'y a pas adaptation de la plante nourricière qui, ne pouvant supporter son parasite, dépérit et meurt. De plus, la plante nourricière ne réagit pas sous l'action du parasite, il n'y a ni formation de nouveaux tissus, ni hypertrophie des

tissus normaux. Le dépérissement est, pour la Luzerne, la
seule conséquence de la présence de la Cuscute.

Il en est de même pour beaucoup de Champignons vivant
en parasites sur des plantes Phanérogames. Le *Plasmopara
viticola* ou mildew, qui s'attaque aux feuilles de la Vigne,
amène rapidement leur mort sans qu'elles aient subi d'autres
modifications anatomiques que celles qui résultent directement de la présence même du Champignon. Il en est de même
de l'*Uncinula spiralis* ou oïdium, parasite des grains de raisin, ou du *Phytophtora omnivora*, parasite de la pomme de
terre.

Ce sont là les exemples de parasitisme les plus simples, où
la plante envahie ne peut se défendre contre les attaques du
parasite qui se nourrit à ses dépens.

410 Cécidies des tiges et des feuilles. — Il n'en est pas
de même du *Gymnosporangium clavariiforme*, Uredinée
parasite sur l'Aubépine (26). Les
tiges envahies par le Champignon
sont beaucoup plus épaisses que
les tiges saines et s'en distinguent
facilement. Il en est de même des
feuilles. On donne le nom de *cécidies* aux parties des plantes qui
sont modifiées d'une façon apparente par la présence d'un parasite.

Voyons quelle est la structure
d'une cécidie de tige d'Aubépine
comparée à une tige normale.
Dans une tige normale N (*fig. 121*)
l'écorce comprend, en dessous de
l'épiderme : une couche de liège *l*
qui commence à se former, puis
du collenchyme, et dans la partie

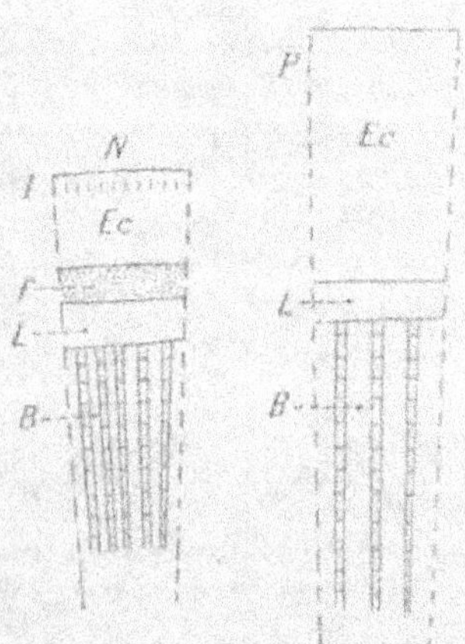

Fig. 121. — Portions de coupes dans
une tige d'Aubépine, *N* normale, *P* parasitée ; *l*, liège ; *Ec*, écorce ; *f*, fibres ;
L, liber ; *B*, bois.

interne un parenchyme renfermant de nombreux méats. Dans
le cylindre central, on voit d'abord des fibres péricycliques *f*,
puis le liber L et le bois B complètement lignifié.

Dans la cécidie, en P, l'écorce est bien plus épaisse et complètement homogène ; il n'y a, ni liège, ni collenchyme, mais seulement un parenchyme sans méats dont les cellules renferment des matières nutritives. Dans le cylindre central, les fibres péricycliques ont disparu, les formations secondaires sont peu abondantes et le bois est réduit à un petit nombre de vaisseaux entourés de cellules non lignifiées.

En somme, les cellules sont plus nombreuses, en général plus grandes et beaucoup moins différenciées dans la cécidie que dans la tige normale. Il y a donc eu réaction de la plante nourricière sous l'influence du parasite, et cette réaction a eu pour effet la production d'un abondant tissu parenchymateux dont le rôle semble être de nourrir le parasite. L'Aubépine paraît se défendre contre le Champignon en lui fournissant tous les aliments qui lui sont nécessaires.

Les feuilles attaquées présentent des modifications analogues ; les tissus sont hypertrophiés et ont une tendance à se transformer en un parenchyme nourricier homogène. D'ailleurs, les tiges et les feuilles attaquées ne résistent pas longtemps au parasite et meurent à la fin de l'été, lorsque les spores se sont formées.

On pourrait multiplier à l'infini les exemples de cécidies produites sur les feuilles et les tiges par les Champignons parasites. Les modifications produites sont très variées, mais leur caractère commun est une hypertrophie de l'organe attaqué, une diminution dans la différenciation des tissus, avec tendance à la production d'un parenchyme nourricier abondant.

411. Cécidies des fleurs. — Examinons maintenant (25) des fleurs de *Sinapis arvensis* dont les diverses parties sont envahies par le *Cystopus candidus* (*fig. 122*). Ces fleurs, d'une coloration verdâtre très claire, ont un aspect très spécial. Les sépales et les pétales, beaucoup plus grands que dans les fleurs ordinaires, sont aussi beaucoup plus épais. Dans les étamines P, on ne distingue plus ni filet ni anthère, mais seulement une lame épaisse, à l'intérieur de laquelle se trouvent plusieurs faisceaux libéro-ligneux f entourés d'un parenchyme homogène.

Les étamines normales N ne renferment qu'un seul faisceau libéro-ligneux f; on voit que la présence du parasite a eu pour effet la production de faisceaux supplémentaires. De plus, les cellules mères du pollen ne se sont pas formées; l'étamine a donc perdu son rôle essentiel qui est la production du pollen.

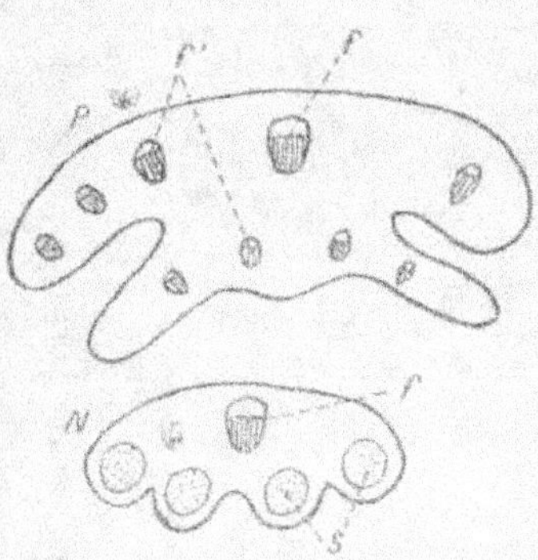

Fig. 122. — Coupes dans une anthère de *Sinapis. N* normale, *P* parasitée par le *Cystopus* (Peronosporée); *f*, faisceau du connectif; *f'*, faisceaux supplémentaires; *s*, sacs polliniques (d'après Malliard).

On désigne sous le nom de *castration parasitaire* cette perte de la fonction reproductrice sous l'action du Champignon parasite.

Le pistil est modifié d'une façon analogue; ses tissus sont hypertrophiés et peu différenciés; le sac embryonnaire s'est atrophié; la production de graines est supprimée; il y a encore castration parasitaire.

Un cas de cécidie florale particulièrement intéressant nous est fourni par l'*Ustilago antherarum*, parasite du *Lychnis dioïca*. Le mycélium du Champignon peut envahir tout le Lychnis, mais les spores ne se forment que dans l'anthère, qui conserve sa forme ordinaire bien que les grains de pollen y soient remplacés par des spores. Mais on sait que les pieds femelles de Lychnis sont dépourvus d'étamines. Néanmoins, sous l'influence du parasite, des étamines se développent et servent à loger les spores. Dans ce cas, la présence du Champignon parasite ne se traduit pas seulement par l'hypertrophie des tissus normaux, mais par la production d'un organe nouveau qui n'existe pas dans les fleurs non contaminées.

Dans les cécidies florales, comme dans les cécidies des tiges et des feuilles, les modifications apportées par la présence du parasite sont donc utiles au parasite.

412. Mycorhizes. — Les racines d'*Arum maculatum* (22) renferment presque toujours dans leur parenchyme cortical un mycélium de Champignon (*fig. 123*). Dans la partie

externe, le mycélium *a* se développe à l'intérieur même des
cellules ; puis, plus près du cylindre central, il passe dans les
méats *b*, et n'envoie plus dans les cellules que des suçoirs
ramifiés *s*. On donne le nom de *mycorhize* à cette association
d'une racine et d'un Champignon. Dans l'exemple que nous
avons pris, le Champignon est tout entier intérieur à la racine
et n'envoie pas de filaments à l'ex-
térieur. De plus, le Champignon ne
produit jamais de spores, il n'a donc
pas été possible de le déterminer.

L'aspect extérieur de la racine
n'est nullement modifié par la présence du mycélium ; l'ensemble de la
plante envahie conserve son apparence normale et ne paraît subir aucun préjudice. L'Arum est donc complètement adapté à la présence d'un
Champignon dans ses racines. Il pa-

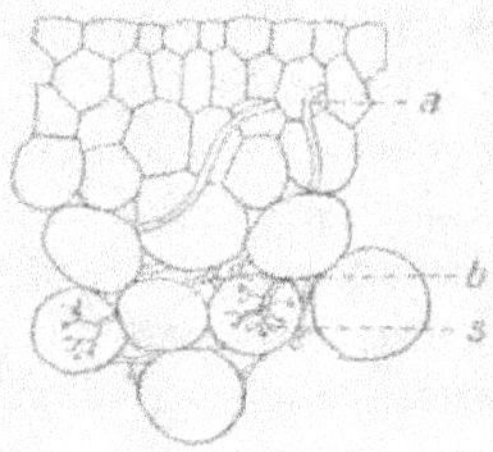

Fig. 123. — Coupe dans une racine
d'*Arum* renfermant un mycélium
de champignon *a b s* (d'après Gallaud).

raît cependant certain que le Champignon se nourrit exclusivement aux dépens de l'Arum, et rien ne permet de supposer
qu'il lui est utile d'une façon quelconque. C'est donc là un
nouveau cas de l'association de deux plantes. La plante envahie nourrit complètement son parasite, sans en retirer aucun
bénéfice, mais elle est adaptée à cet état de telle façon qu'elle
n'en subit aucun préjudice.

Les *mycorhizes internes*, comme celles de l'Arum, sont très
fréquentes. Plus souvent encore, on trouve des mycorhizes où
les filaments de mycélium sortent de la racine et l'entourent
d'un feutrage épais. Ces *mycorhizes externes* se rencontrent
toujours dans les racines de Cupulifères et souvent dans celles
de Conifères et d'autres Phanérogames. Par leur situation, en
partie à l'intérieur, en partie à l'extérieur des racines, elles
mettent les tissus de celles-ci en communication avec le milieu
extérieur. Comme, de plus, les racines à mycorhizes externes
sont normalement dépourvues de poils absorbants, on a supposé que les filaments du Champignon remplaçaient les poils
de la racine dans leur fonction absorbante.

Nous avons vu de plus (§ 199) que les mycorhizes externes

pouvaient encore être utiles à la plante qui les porte, au point de vue de l'assimilation de l'azote. Les nitrates sont, en effet, l'aliment azoté par excellence des Phanérogames, tandis que les Champignons assimilent facilement l'azote des matières organiques. Or, le sol où se développent les racines à mycorhyze est souvent dépourvu de nitrates. On suppose donc que les filaments du Champignon absorbent et assimilent l'azote organique du sol, et font ensuite profiter de cette assimilation la plante qui les porte. Certains Champignons ont aussi la propriété de transformer partiellement les matières organiques azotées en ammoniaque, ce qui favorise leur absorption par les Phanérogames.

Dans le cas des mycorhizes externes, il y a donc plutôt symbiose que parasitisme. Le Champignon se nourrit il est vrai, au moins en partie, aux dépens de la racine qui le porte; mais en retour il favorise l'assimilation, par la plante nourricière, de l'azote organique qui se trouve dans le sol.

413 Endophyte des Orchidées. — Les racines d'Orchidées renferment toujours, dans les cellules de leur parenchyme cortical, un Champignon endophyte dont le mycélium forme de petites pelotes. Cet endophyte se retrouve, et avec le même aspect, chez toutes les espèces aussi bien indigènes qu'exotiques (20 et 21) (*fig. 124 et 125*).

Mais si toutes les Orchidées sont contaminées par un endophyte, elles ne le sont pas forcément à toutes les périodes de leur développement. Un pied d'*Orchis montana*, par exemple, considéré au printemps, renferme l'endophyte dans ses racines, mais il est indemne par sa tige et ses tubercules. A partir du mois de juillet, les parties aériennes, les racines et le vieux tubercule étant flétris, la plante, réduite au jeune tubercule surmonté d'un bourgeon, est donc complètement indemne. Il en est ainsi jusqu'au mois d'octobre; c'est pendant cette période que l'inflorescence, qui doit s'épanouir au printemps suivant, se différencie dans le bourgeon.

A partir du mois d'octobre, les feuilles s'élèvent au-dessus du sol; des racines apparaissent à la base de la tige et sont envahies par l'endophyte qui se trouve dans le sol. C'est alors

seulement qu'un bourgeon, formé à l'aisselle d'une des feuilles inférieures, produit une grosse racine exogène qui se renfle et va donner le nouveau tubercule destiné à remplacer l'ancien.

La période de contamination, qui s'étend d'octobre en juin, est donc en même temps la période de tubérisation. Lorsque, par suite de circonstances particulières, la contamination ne se produit pas, il n'y a pas formation d'un nouveau tubercule. Bien que le tubercule lui-même ne soit pas contaminé, il semble qu'il y ait une relation entre la présence du Champignon dans les racines et la tubérisation.

Chez les autres Orchidées à racines annuelles, la contamination est également périodique. Pendant la période de vie ralentie, la plante, réduite à un rhizome ou à un tubercule, est indemne. Au contraire, dans un grand nombre d'Orchidées exotiques, tels que le Vanda où les racines persistent d'une année à l'autre, la contamination est permanente. Le *Neottia nidus-avis*, espèce saprophyte indigène, est également contaminé d'une façon permanente, à la fois dans son rhizome et dans ses racines.

Bernard (21) a pu cultiver dans un milieu nutritif l'endophyte des Orchidées; il a constaté que c'était un Champignon très voisin du *Rhizoctonia violacea*, Hyménomyèèle parasite de la Luzerne. Dans la plupart des cas, c'est le *Rhizoctonia repens*. Chez quelques Orchidées exotiques, c'est quelquefois une espèce voisine, soit le *Rh. mucoroides*, soit le *Rh. lanuginosa*.

414. Nécessité de l'endophyte.

— L'étude de la germination des Orchidées faite par Bernard va nous montrer jusqu'à quel point la présence de l'endophyte est nécessaire. Les graines des Orchidées, très nombreuses et très petites, sont réduites, à l'intérieur de leur mince tégument, à un embryon homogène, en 1 (*fig. 124*), où on ne reconnaît aucun organe différencié. On éprouve les plus grandes difficultés à les faire germer.

Dans un milieu stérilisé et par conséquent dépourvu des germes du Rhizoctone, le développement normal de la plan-

tule ne se produit jamais. Si, au contraire, on ajoute à un
semis des fragments de mycélium de Rhizoctone, un certain
nombre de graines se développent, en 2; et on constate que
ces graines sont toujours envahies par le Champignon *b*; la
contamination se fait par le suspenseur, ou, si cet organe fait
défaut, par l'extrémité de l'embryon qui est tourné vers le
micropyle, en *a*. L'embryon ainsi envahi se gonfle et se transforme en un tubercule embryonnaire qui porte un bourgeon à
l'extrémité opposée au suspen-
seur; puis le développement
continue de façons différentes
suivant les espèces.

En plaçant les graines d'Orchidées dans un milieu nutritif
renfermant du salep extrait des
tubercules d'Orchis, on peut
obtenir dans certains cas un
commencement de développement. Dans ces conditions, une

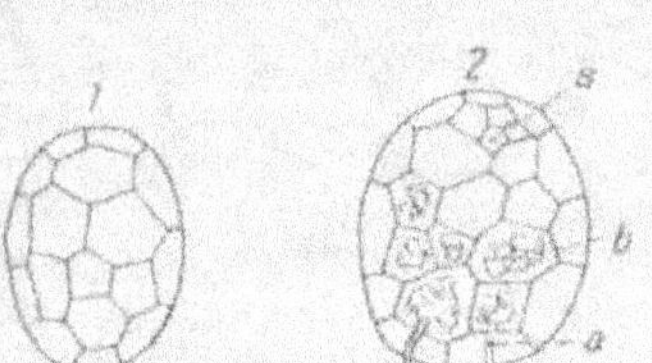

Fig. 124. — Embryons d'Orchidée; 1, avant
l'invasion de l'endophyte; 2, après l'invasion; *s*, point végétatif; *a*, *b*, endophyte
(d'après Bernard).

graine de *Bletilla hyacinthina*, espèce asiatique, au lieu de
se transformer en tubercule embryonnaire, donne une tige
mince et allongée qui porte quelques poils absorbants; mais
le développement est bientôt arrêté. Si on ajoute le Rhizoctone, la contamination se fait par la base des poils absorbants et l'extrémité de la tige devient tuberculeuse.

Ce cas particulier montre bien que si l'endophyte n'est pas
toujours nécessaire à la différenciation d'un bourgeon et même
d'une mince tige feuillée aux dépens de la graine, il est indispensable pour la tubérisation et le développement normal.

415 Phagocytose — L'endophyte s'introduit toujours en
perforant les parties de la surface de l'Orchidée qui ne sont
pas cutinisées; dans la graine, c'est l'emplacement du suspenseur; dans les jeunes plantules, c'est la base des poils absorbants; dans les racines des plantes adultes, c'est la région
voisine du sommet où l'accroissement en longueur commence
à se ralentir. Le mycélium se propage ensuite d'une cellule
à l'autre, en se dirigeant vers le point végétatif qui n'est jamais

atteint. Il y a donc une sorte de résistance de la part de l'Orchidée qui empêche l'endophyte d'envahir tous ses tissus. Certaines observations permettent de se rendre compte du mécanisme de cette résistance.

La figure 125 représente un tissu contaminé. Certaines cellules B, ayant un noyau de forme et de dimensions normales, renferment un mycélium intact et vivant. D'autres cellules p, au contraire, dont le noyau n est très gros et de forme irrégulière, contiennent un mycélium plus ou moins altéré et réduit à une masse amorphe d qui semble être le résidu de la digestion du mycélium par le noyau.

Il existe donc certaines cellules spéciales p, p_1, reconnaissables à leur noyau hypertrophié et qui ont la propriété de tuer et de digérer l'endophyte;

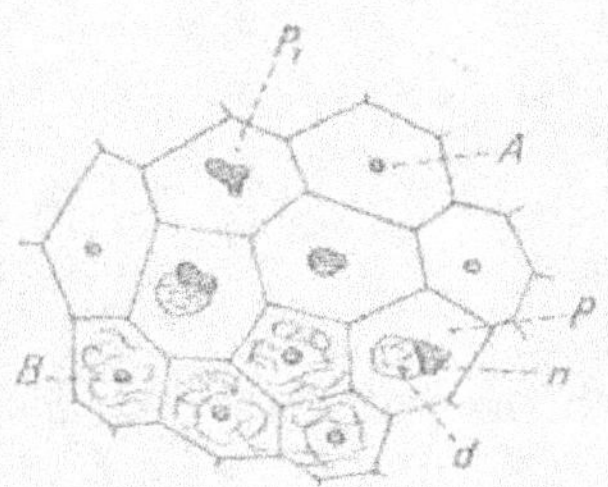

Fig. 125. — Cellules à noyau normal, B, avec endophyte, A, sans endophyte; cellules à noyau n hypertrophié, p, avec endophyte, p_1, sans endophyte (d'après Bernard).

Bernard compare le rôle de ces cellules à celui des *phagocytes* chez les animaux supérieurs. On sait que, dans certaines conditions, les globules blancs du sang ont la propriété de tuer et de digérer les Bactéries qui envahissent l'organisme; on appelle *phagocytose* cette digestion des Bactéries par les globules blancs jouant le rôle de phagocytes. Chez les Orchidées, les cellules à gros noyaux seraient donc des phagocytes destinés à s'opposer à une trop rapide extension de l'endophyte.

Entre l'attaque de l'endophyte qui tend à envahir tous les tissus, et la résistance de l'Orchidée par la phagocytose, il se produit un état d'équilibre qui localise l'endophyte dans certaines régions et permet le développement normal de l'Orchidée.

416. Activité et atténuation du Rhizoctone. — L'association ou symbiose dans laquelle l'Orchidée contaminée poursuit son développemement ne peut pas toujours s'établir. Nous avons vu que, lorsqu'on met de très nombreuses graines au

contact du mycélium du Rhizoctone, quelques-unes seulement
germent. Beaucoup ne sont point envahies du tout par le
Champignon; d'autres, bien que contaminées, s'arrêtent bientôt dans leur développement. Il faut donc une certaine conve-
nance réciproque entre le Champignon et l'Orchidée.

D'abord, les Orchidées qui sont normalement contaminées
par le *Rhizoctonia repens*, par exemple, ne peuvent vivre en
symbiose avec les autres espèces. Leurs graines ne sont point
envahies par les autres espèces de Rhizoctones ou, si elles
sont envahies, ne forment avec elles que des associations tem-
poraires, insuffisantes pour provoquer une germination complète. On dit, dans ce cas, que le *Rhizoctonia repens* est seul
actif.

L'activité d'une même espèce de Rhizoctone, par rapport à
une Orchidée donnée, est d'ailleurs variable. Fraîchement
extrait d'une racine ou d'un tubercule embryonnaire, l'endophyte peut facilement contaminer une graine et provoquer
son développement; il est *actif*. Mais si on le cultive dans un
milieu nutritif, en dehors de toute Orchidée, il entre de plus
en plus difficilement en symbiose avec les graines. Au bout de
deux ans de vie indépendante, il est devenu tout à fait incapable de provoquer une germination normale; il a perdu son
activité; on peut dire qu'il est *atténué*.

D'après ce qui précède, Bernard établit un certain parallélisme entre les Champignons endophytes et les Bactéries patho-
gènes. L'activité des endophytes, c'est-à-dire leur aptitude à
établir une symbiose durable, correspond à la virulence des Bactéries, c'est-à-dire à leur aptitude à se développer dans l'organisme en déterminant une maladie.

L'activité du Champignon est atténuée par la culture en
milieu artificiel, de même que, dans certains cas, la virulence
des Bactéries est atténuée dans les mêmes conditions.

De plus, comme cela a été observé, une graine d'Orchidée,
qui a été envahie d'une façon passagère par un Champignon
atténué, ne peut plus être contaminée par un Champignon
actif; de même qu'une Bactérie virulente n'envahit plus un
organisme qui a été vacciné par une Bactérie atténuée.

Enfin, dans les deux cas, l'organisme attaqué se défend

par la phagocytose : chez les animaux, les phagocytes sont les globules blancs ; chez les Orchidées, ce sont les noyaux hypertrophiés de certaines cellules.

417. Symbiose des Orchidées et des Rhizoctones. — Il résulte de ce que nous venons de dire, que l'association de l'Orchidée et du Rhizoctone est une symbiose, car il y a bénéfice de part et d'autre. Le Champignon trouve dans l'Orchidée tous les aliments qui lui sont nécessaires, et d'autre part le développement de l'Orchidée est impossible sans le Champignon.

S'il est incontestable que la présence du Rhizoctone est indispensable à l'Orchidée, on voit moins clairement le genre de services que rend le Champignon. Complètement enfermé dans les cellules de la plante qui le nourrit, il ne peut aider à l'absorption. Son rôle ne peut être que de communiquer aux tissus de l'Orchidée une certaine excitation qui rend possible l'assimilation des aliments empruntés au milieu extérieur.

Ce mode d'action du Rhizoctone sur l'Orchidée n'est d'ailleurs pas sans analogie avec ce qui se passe dans la formation des cécidies par les Champignons parasites. Nous avons vu en effet que dans ce cas, le Champignon, nettement nuisible à la plante qui le porte, provoque par sa présence la formation d'abondantes matières de réserve, qui d'ailleurs serviront à sa nourriture et ne seront d'aucune utilité à la plante nourricière.

Dans le cas des Orchidées, la présence de l'endophyte détermine encore une formation de réserves ; mais la plus grande partie est emmagasinée dans un tissu situé hors de la portée de l'endophyte, et protégée de ses atteintes par la phagocytose. L'Orchidée profite donc des aliments élaborés sous l'excitation du Champignon et n'abandonne à ce dernier que ce qui est nécessaire pour l'entretenir dans un état de végétation suffisant.

418 Les endophytes et la tubérisation. — L'étude des Orchidées nous a montré une certaine relation entre la présence d'un endophyte dans les racines et la formation des

tubercules. On retrouve dans d'autres plantes des faits analogues.

Le développement des Ficaires par exemple est tout à fait comparable à celui des Orchis. Pendant l'hiver et le printemps, les racines minces sont envahies par un endophyte, les racines tuberculeuses étant toujours indemnes. Pendant l'été, lorsque la plante est réduite aux racines tuberculeuses surmontées d'un bourgeon, l'endophyte manque. Il reparaît en automne dans les racines qui poussent; et c'est seulement quand la symbiose est ainsi rétablie, que les racines tuberculeuses commencent à se former.

Le cas de la pomme de terre est également intéressant; les racines renferment un endophyte, mais d'une façon moins constante et moins régulière que chez les Orchidées et les Ficaires. Néanmoins, Bernard a observé qu'au moment où les tubercules se formaient, un endophyte, qu'il a rapporté au genre *Fusarium*, existait toujours dans les racines. Les tubercules ne sont jamais infestés, mais les germes de l'endophyte se trouvent à la surface et sont ainsi transportés avec le tubercule qui sert à la multiplication de la plante. Le rôle probable de l'endophyte a été mis en évidence par l'expérience suivante.

Deux lots comparables de cinq tubercules chacun ont été semés dans des pots contenant du sable de Fontainebleau. L'un des lots a été contaminé avec une culture de *Fusarium*; l'autre ne pouvait être envahi que par les germes qui se trouvaient à la surface des tubercules. Le premier lot produisit vingt-trois rhizomes pourvus de tubercules et trois seulement sans tubercules; le second lot produisit quatre rhizomes à tubercules et vingt et un sans tubercules. Une contamination précoce et abondante a donc beaucoup augmenté le nombre des tubercules.

On peut faire aussi l'expérience inverse. Si on stérilise la surface d'un tubercule en la lavant avec du sublimé, on constate que la récolte est moins abondante. On peut expliquer également, par l'inégalité de la contamination, l'inégalité très grande des récoltes obtenues dans des sols comparables. On observe même quelquefois des pieds très vigoureux complète-

ment dépourvus de tubercules. Ce fait justifie l'opinion que le tubercule de la Pomme de terre n'est pas un organe essentiel, mais peut n'être dû qu'à une cause accidentelle.

Quoi qu'il en soit, la symbiose de la Pomme de terre avec son endophyte n'a pas les mêmes caractères que celle des Orchidées. L'endophyte de la Pomme de terre est peut-être nécessaire à la production des tubercules, mais il est inutile pour le développement normal de la plante. Au contraire, les Orchidées ne peuvent se passer de leur endophyte et disparaîtraient si la symbiose était supprimée.

419. Les endophytes des Lycopodes. — On sait que les spores des Lycopodes sont très petites et que leur germination, très difficile à obtenir, n'a été observée que depuis peu de temps. La difficulté provient de ce que le développement ne peut se produire que si la spore entre en symbiose avec un Champignon. La plupart des prothalles de Lycopodes sont dépourvus de chlorophylle et souterrains; tous renferment un endophyte.

Nous examinerons seulement un exemple, celui du *Lycopodium clavatum*. Le prothalle de cette espèce est un petit tubercule souterrain d'environ 1 centimètre de diamètre. Sur une coupe longitudinale, on voit que l'endophyte est localisé sur les faces latérales et inférieure, dans quelques assises de cellules situées à peu de distance de la surface. La face supérieure, qui porte les archégones et les anthéridies, est toujours indemne. Comme dans le tubercule embryonnaire des Orchidées, la partie centrale où s'accumulent les réserves ne renferme pas d'endophyte. Les relations réciproques du Champignon et de l'hôte paraissent être ici de même nature que chez les Orchidées. On retrouve encore l'endophyte dans les plantes feuillées issues de l'œuf.

La présence d'un endophyte est également constante chez d'autres Cryptogames vasculaires, notamment chez les *Psilotum* et dans le prothalle des Ophioglossées qui est souterrain comme celui des Lycopodes.

420. Symbiose des Légumineuses et des Bactéries. — Nous avons étudié (§ 2o4) à propos de l'assimilation de l'azote atmosphérique, la symbiose des Légumineuses avec une Bactérie, le *Bacterium radicicola*. Il nous suffira de rappeler ici les principaux caractères de cette association.

Toutes les Légumineuses portent ou peuvent porter, sur leurs racines, de petits tubercules qui ne sont autres que des cécidies provoquées par la présence d'une Bactérie. La Légumineuse fournit à la Bactérie tous les aliments dont elle a besoin et notamment les hydrates de carbone. La Bactérie, de son côté, utilise l'énergie rendue disponible par la décomposition de ces hydrates de carbone, en fixant l'azote atmosphérique dans des combinaisons organiques. La Légumineuse peut ensuite utiliser, comme aliment, les matières organiques azotées produites par la Bactérie. C'est ainsi que les Légumineuses peuvent se passer d'engrais azotés et même enrichissent le sol en azote.

Dans cette symbiose, chacun des associés rend service à l'autre, mais chacun aussi peut se passer de l'autre et vivre en dehors de la symbiose. Les Légumineuses, cultivées dans un sol assez riche en composés azotés, peuvent se passer de l'azote atmosphérique fixé par la Bactérie. La Bactérie, de son côté, peut vivre et se multiplier en dehors de la Légumineuse ; on la trouve d'ailleurs dans presque tous les sols.

421. Lichens. — Nous citerons les Lichens comme étant un des exemples de symbiose les plus nets et les plus anciennement connus. On sait qu'un Lichen se compose de deux éléments : des filaments incolores entièrement comparables à un mycélium de Champignon, et des cellules vertes qui ne sont autres que des Algues.

L'Algue peut se suffire à elle-même et n'éprouve aucune difficulté à vivre d'une vie indépendante. Le Champignon, au contraire, ne peut se développer seul que dans des conditions de milieu très particulières qui ne sont jamais réalisées dans la nature. On n'a pu obtenir le développement de spores de Lichen, sans le secours d'une Algue, que dans un milieu nutritif artificiel, et encore avec une extrême difficulté.

Dans l'association qui constitue le Lichen, l'Algue est donc indispensable au Champignon et lui fournit les aliments hydrocarbonés qui lui sont nécessaires. Le bénéfice de l'Algue est moins évident. On peut cependant admettre que le Champignon protège l'Algue contre la sécheresse et lui permet de vivre en dehors des lieux humides. D'ailleurs, les cellules d'Algues se multiplient plus rapidement dans le Lichen qu'à l'état de vie libre; on a le droit d'en conclure que les conditions de nutrition qu'elles trouvent dans le Lichen leur sont favorables.

b) ANIMAUX PARASITES DES VÉGÉTAUX.

422. Parasites externes. — Les animaux, qui vivent en parasites sur les végétaux, déterminent en général des déformations caractéristiques; ce sont des cécidies comparables à celles qui sont causées par les Champignons parasites; on leur donne quelquefois le nom de *galle*; nous allons en étudier quelques exemples.

Le bourgeon terminal du Serpolet (*Thymus Serpyllum*) (23) montre quelquefois l'aspect représenté par la figure 126. Les entrenœuds sont très courts et les feuilles *p* se recou-

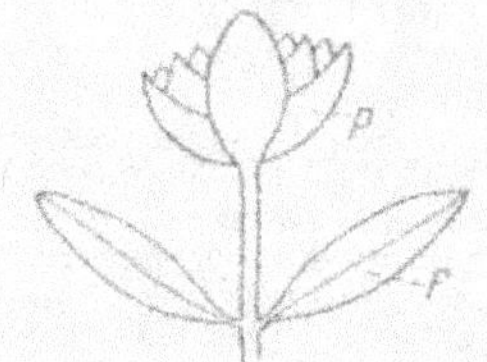

Fig. 126. — Bourgeon de Serpolet; *p*, feuille parasitée; *f*, feuille normale.

vrent étroitement comme dans une pomme de Chou. Cette déformation est produite par un Acarien, l'*Eriophyes Thomasi*, qui vit en parasite à la surface des feuilles.

Les feuilles attaquées diffèrent des feuilles ordinaires; elles sont moins larges, plus épaisses, moins vertes; les cellules en palissade sont à peine différenciées; les cellules du parenchyme, toutes à peu près semblables, renferment des réserves dont se nourrit le parasite.

Dans ce cas, le parasite, bien que restant extérieur à la plante nourricière, détermine néanmoins des modifications considérables dans les caractères de cette plante et provoque la formation d'une véritable galle. Les feuilles attaquées per-

dent plus ou moins leurs fonctions normales et semblent avoir
pour rôle principal d'abriter et de nourrir le parasite.

423. Parasites internes. — Les tiges d'*Eryngium campes-
tre* (23) montrent souvent des renflements, comme celui que
représente la figure 127, dus à la présence de la larve d'un

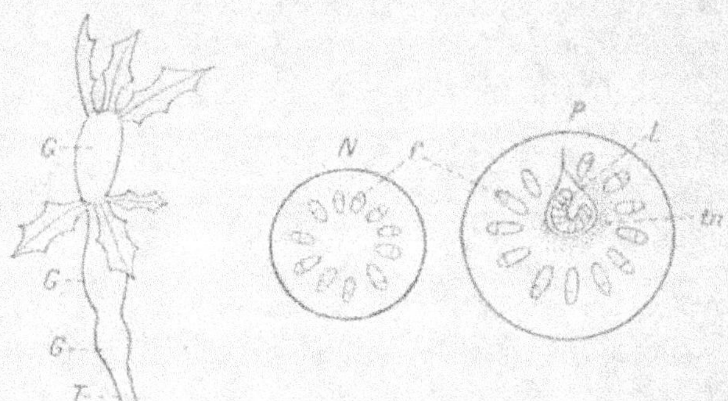

Fig. 127. — *T*, tige d'Eryngium renfermant en *G, G, G,* des larves de *Lasioptera ; N*, section
en *T ; P*, section en *G ; f*, faisceau ; *L*, larve ; *tn*, tissu nourricier (d'après Houard).

Diptère, le *Lasioptera Eryngii*. Si l'on compare une coupe P
faite dans la partie renflée G à une coupe N faite dans une
région normale T, on voit que dans la région renflée tous les
tissus sont hypertrophiés. La larve L du parasite est logée
dans la moelle. Tout autour de la jeune larve, les cellules
médullaires *tn* se cloisonnent activement, acquièrent un gros
noyau et se remplissent de réserves destinées à nourrir le
parasite; c'est un tissu nourricier.

La forme et la structure des galles varient beaucoup suivant les cas. Mais, d'une façon générale, la présence du parasite détermine une réaction qui se manifeste par une hypertrophie des tissus et la production de réserves nutritives destinées à être utilisées par le parasite et non par la plante.

Les cellules, où s'accumulent ces réserves, constituent en
général un parenchyme qui ne diffère du parenchyme ordinaire que par la grosseur du noyau, l'épaisseur du protoplasma et la présence des réserves nutritives. Dans certains

cas, la déformation est poussée plus loin, comme on va le voir dans un exemple étudié par Molliard.

Les racines de Melon sont quelquefois attaquées par une anguillule, l'*Heterodera radicicola*, qui détermine la formation de renflements faciles à distinguer. Les cellules les plus rapprochées de la région antérieure du parasite sont nettement différenciées des voisines; elles sont très grandes, de forme irrégulière renferment un protoplasma très épais et de nombreux noyaux. Ce sont des cellules nutritives très différenciées.

424. Le Blastophage et le Figuier. — Le Blastophage, petit Hyménoptère qui vit dans le pistil du Figuier déter-

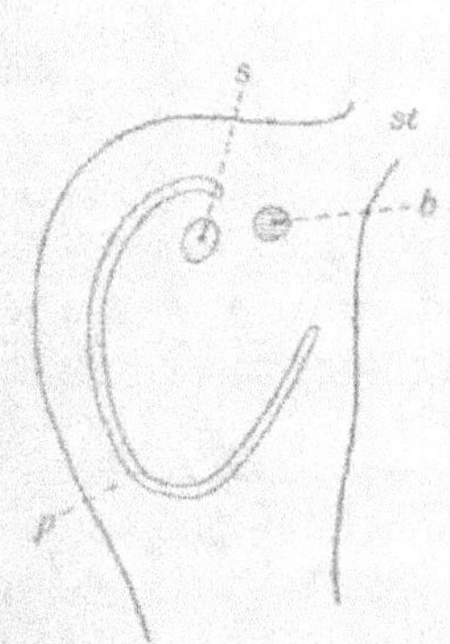

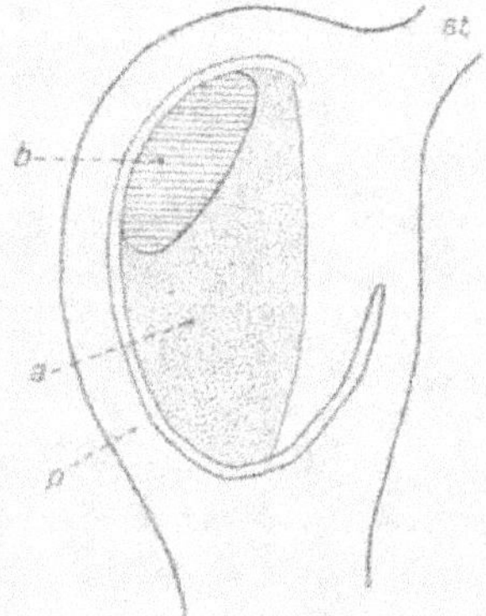

Fig. 128. — Coupe dans un pistil de Figuier; *st*, style; *p*, péricarpe; *s*, sac embryonnaire; *b*, larve de Blastophage.

Fig. 129. — Comme la figure 128, mais à un état plus avancé; *a*, albumen.

mine sur cet arbre une réaction d'une nature tout à fait spéciale. Si l'on examine une figue mûre de Figuier mâle ou Caprifiguier, on voit que, dans tous les péricarpes, la graine est remplacée par un Blastophage. Ces figues sont donc stériles et on est en présence d'un cas très net de ce qu'on a appelé la castration parasitaire. Mais suivons le développement du Blastophage (24).

Lorsqu'une figue de Caprifiguier est arrivée à peu près à la

moitié de sa grosseur définitive (*fig. 128*), les pistils ont atteint la maturité et les sacs embryonnaires *s* sont complètement développés. C'est alors qu'un Blastophage femelle pénètre dans la figue par l'œil qui est à la partie supérieure, et se met à pondre ses œufs à l'intérieur même des pistils. Dans une coupe longitudinale, on voit un œuf *b* de Blastophage logé à la partie supérieure du nucelle.

Les figues qui ont été ainsi visitées par le Blastophage continuent à s'accroître (*fig. 129*) et arrivent à maturité; les autres se dessèchent et tombent. Cependant, aucun des pistils contenus dans la figue visitée n'a été fécondé, d'abord parce que ces pistils sont normalement stériles et puis parce que, sauf pour le cas des figues d'automne, le Blastophage n'apporte pas de pollen.

Dans tous les ovules où un œuf a été pondu, le noyau secondaire du sac embryonnaire se divise et produit un albumen, comme si la fécondation avait eu lieu, et bien que l'oosphère ne se développe pas en embryon. Un peu plus tard, on voit donc, à l'intérieur de l'ovule, un albumen abondant *a* juxtaposé à une larve de Blastophage *b*. La larve s'accroît ensuite en se nourrissant de l'albumen; lorsqu'elle est arrivée à l'état adulte, la provision de nourriture est épuisée.

On voit donc que, dans ce cas, la présence de l'œuf du Blastophage a produit le même effet que la pollinisation. Le réceptacle de la figue s'est accru, les parois de l'ovaire se sont épaissies et se sont transformées en péricarpe; l'albumen s'est développé et a joué, par rapport à la larve, le même rôle que, dans les graines ordinaires, il joue par rapport à l'embryon provenant de l'oosphère fécondée.

L'albumen, dont la formation est provoquée par l'œuf du Blastophage, diffère par sa structure de l'albumen normal qu'on observe dans les graines non parasitées de Figuier femelle (*fig. 130*). Dans l'albumen normal N, les cellules ont un seul noyau et des parois en cellulose; dans l'albumen parasité P, les cellules, d'ailleurs beaucoup plus grandes et de forme irrégulière, renferment plusieurs noyaux et n'ont pas de membranes de cellulose; elles ressemblent donc aux cellules

nourricières qui entourent l'anguillule dans les cécidies de la
racine du Melon.

Le Blastophage se développe entièrement aux dépens du
Caprifiguier et ne peut se développer ailleurs. Néanmoins, le
Figuier n'en subit aucun préjudice, bien au contraire. On sait,

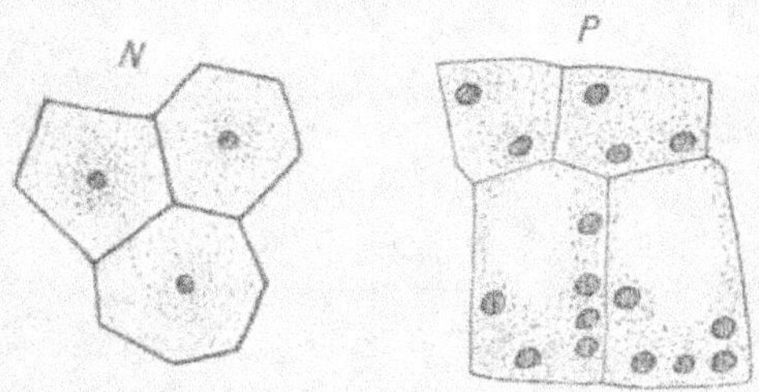

Fig. 130. — Cellules de l'albumen du Figuier, *N* normal, *P* parasité.

en effet, que les pistils des Figuiers femelles ne peuvent être
pollinisés que si les figues sont visitées par un Blastophage
sorti couvert de pollen d'une figue d'été d'un Figuier mâle.
On sait également qu'à cause de la conformation spéciale des
pistils, les Blastophages ne peuvent pondre leurs œufs dans
les figues femelles où ils sont entrés par erreur, croyant
entrer dans une figue mâle où ils auraient pu pondre leurs
œufs.

Il y a donc une véritable symbiose entre le Figuier et le
Blastophage. Le Blastophage se nourrit complètement, pendant sa vie larvaire, aux dépens du pistil des Figuiers mâles
et ne peut se nourrir autrement ; en revanche, il assure la
fécondation des Figuiers femelles qui, semble-t-il, ne pourraient être fécondés autrement.

BIBLIOGRAPHIE.

1. Bonnier. *Cultures expérimentales dans les Alpes et les Pyrénées* (Rev. gén. de Bot., t. II, 1890). — *Recherches expérimentales sur l'adaptation des plantes au climat alpin* (Ann. sc. nat. Bot., 7ᵉ série, t. XX, 1894).

2. — *Les plantes arctiques comparées aux plantes alpines* (Rev. gén. de Bot., t. VI, 1894).

3. — *Influence de la lumière électrique continue sur la forme et la structure des plantes* (Rev. gén. de Bot., t. VII, 1895).

4. Combes. *Détermination des intensités lumineuses optima pour les végétaux aux divers stades du développement* (Ann. sc. nat. Bot., 9ᵉ série, t. XI, 1910).

5. Costantin. *Étude comparée des tiges aériennes et souterraines des Dicotylédones* (Ann. sc. nat. Bot., 6ᵉ série, t. XVI, 1883).

6. — *Recherches sur la structure de la tige des plantes aquatiques* (Ann. sc. nat. Bot., 6ᵉ série, t. XIX, 1884).

7. — *Recherches sur l'influence du milieu sur la structure des racines* (Ann. sc. nat. Bot., 7ᵉ série, t. I, 1885).

8. — *Études sur les feuilles des plantes aquatiques* (Ann. sc. nat., 7ᵉ série, t. III, 1886).

9. Dufour. — *Influence de la lumière sur la forme et la structure des feuilles* (Ann. sc. nat. Bot., 7ᵉ série, t. V, 1887).

10. Eberhardt. *Influence de l'air sec et de l'air humide sur la forme et la structure des végétaux* (Ann. sc. nat. Bot., 8ᵉ série, t. XVIII, 1903).

11. Gain. *Rôle physiolohique de l'eau dans la végétation* (Ann. sc. nat., 7ᵉ série, t. XX, 1894).

12. Lesage. *Recherches expérimentales sur les modifications des feuilles chez les plantes maritimes* (Rev. gén. de Bot., t. II, 1890).

13. LOTHELIER. *Recherches sur les plantes à piquants* (Rev. gén. de Bot., t. V, 1893).

14. MALLE. *Recherches biologiques sur les plantes rampantes* (Ann. sc. nat. Bot., 8e série, t. II, 1900).

15. PRANTL. *Ueber den Einfluss der Lichtes auf dem Wachsthum der Blätter* (Art. Bot. Inst., Wurzburg, t. I).

16. SACHS. *Physiologische Untersuchungen über die Abhangigkeit der Keimung von der Temperatur* (Jahr. für wiss. Bot., t. II, 1860).

17. — *Ueber den Einflus der Lufttemperatur* (Art. bot. Inst. Wurzburg, t. I).

18. TEODORESCO. *Influence des différentes radiations lumineuses sur la forme et la structure des plantes* (Ann. sc. nat. Bot., 8e série, t. X, 1899).

19. WIESNER. *Die heliotropischen Erscheinungen in Pflanzenreiche* (Denks. der K. Akad. der Wiss., t. XXXIX, 1879, et XLIII, 1882, Wien).

20. BERNARD (Noël). — *Etudes sur la tubérisation* (Rev. gén. de Bot., t. XIV, 1902).

21. — *L'évolution dans la Symbiose* (Ann. sc. nat. Bot., 9e série, t. IX, 1909).

22. GALLAUD. *Sur les mycorhizes endotrophes* (Rev. gén. de Bot., t. XVII, 1905).

23. HOUARD. *Recherches anatomiques sur les galles des tiges. Pleurocécidies* (Thèse 1903). *Acrocécidies* (Ann. sc. nat. Bot., 8e série, t. XX, 1904).

24. LECLERC DU SABLON. *Sur l'albumen du Caprifiguier* (Rev. gén. de Bot., t. XX, 1908).

25. MOLLIARD. *Sur les cécidies florales* (Ann. sc. nat. Bot., 8e série, t. I, 1895).

26. J.-H. WAKKER. *Untersuchungen über den Einfluss parasitischer Pilze auf ihre Nahrpflanzen* (Jahrb. fur wiss. Botanik, t. XXIV, 1892).

CHAPITRE XII.

PHYSIOLOGIE DE L'ESPÈCE.

Sommaire. — 1° FLUCTUATIONS DES CARACTÈRES. — § 425-431. Longueur du pédicelle de *Bryum*. Loi de Quetelet. Nombre des stigmates du Coquelicot. Courbes de fréquence. Influence des conditions extérieures.

2° HYBRIDATION ; MENDÉLISME. — § 432-454. Cultures *pedigree*. Caractères dominants et caractères récessifs. Pavots. Pois. Lois de Mendel. Caractères mendéliens. Expériences de Bateson. Notion de race pure ; sélection ; atavisme. Hybrides d'espèces.

3° NOTION DE L'ESPÈCE ET DE LA VARIÉTÉ. — § 455-467. Définitions de l'espèce ; espèce linéenne ; espèce élémentaire ; variété. Caractère conventionnel des classifications. Variétés fixées ; vicibisme. Variétés non fixées, instables, doubles.

4° ORIGINE ET FORMATION DES VARIÉTÉS. — § 468-476. Apparition des variétés des plantes spontanées ou cultivées. Création de variétés. Sélection artificielle. Fixation des caractères fluctuants. Variétés créées par hybridation.

5° CAUSES DE LA VARIATION. — § 477-490. Influence du milieu ; Lamarck. Sélection naturelle ; Darwin. Mutations.

1° FLUCTUATION DES CARACTÈRES.

425. Caractères constants et caractères fluctuants. — On sait que les différents groupements usités dans les classifications sont définis par les caractères des individus qui les composent. Ainsi, la famille des Papilionacées est caractérisée par le mode de préfloraison des cinq pétales de la corolle, par

la présence de dix étamines dont neuf au moins sont soudées par leur filet, par un pistil formé d'un seul carpelle, etc. ; le genre Trèfle, par des feuilles composées de trois folioles, une corolle persistante, la présence d'un ovule unique dans le carpelle, etc. ; l'espèce Trèfle des près, par la couleur rose des pétales, le calice plus court que la corolle, etc.

Pour qu'un caractère soit considéré comme bon et puisse être utilisé dans la classification, il faut qu'il soit constant, c'est-à-dire se retrouve sans variation chez les individus qui descendent les uns des autres ou appartiennent d'une façon incontestable au même groupe.

Il est, au contraire, des caractères qui varient, non seulement dans une même espèce, mais encore sur un même individu. Ainsi, dans le Trèfle des près, la longueur des tiges, le nombre des feuilles portées par une même tige, le nombre des fleurs d'un même capitule, sont des caractères très variables et qui ne peuvent être utilisés dans la classification.

On a recherché les lois suivant lesquelles variaient ces *caractères fluctuants*, comme on les appelle quelquefois. On a employé pour cela la *méthode statistique* dont nous allons donner quelques exemples.

426. Longueur du pédicelle de *Bryum cirratum*. — La longueur du pédicelle de la capsule des Mousses est presque toujours variable et n'entre généralement pas dans la diagnose des genres ou des espèces ; c'est un caractère fluctuant. Pour voir suivant quelle loi varie cette longueur dans le *Bryum cirratum*, Amann (1) l'a mesurée sur 522 sporogones. Le tableau suivant indique le résultat de ces mesures ; la seconde ligne, donne le nombre ou la *fréquence* des pédicelles correspondant à chacune des longueurs mesurées en millimètres et portées à la première ligne :

Longueur.	8	9	10	11	12	13	14	15	16	17	**18**	19	20	21	22	23	24	25	26	27
Fréquence	1	0	2	1	3	2	9	38	67	91	**107**	89	56	34	16	4	2	1	1	1

On voit d'abord que les variations sont comprises entre 8 millimètres et 27 millimètres et que les pédicelles qui pré-

sentent les longueurs extrêmes sont très rares ; au contraire, ceux qui correspondent aux longueurs moyennes sont beaucoup plus nombreux.

L'interprétation de ce tableau devient bien plus claire si on le traduit par une courbe. Sur un axe horizontal, portons en abscisses des lignes proportionnelles aux longueurs des pédicelles, 8, 9, 10, etc. (*fig. 131*) ; en chacun des points ainsi

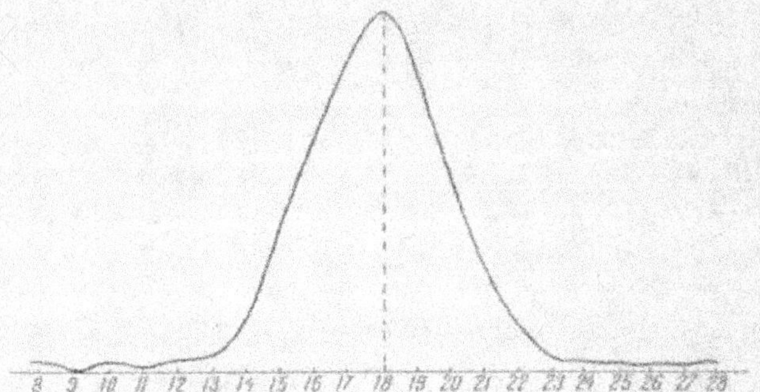

Fig. 131. — Courbe de fréquence de la longueur du pédicelle du *Bryum cirratum*.

obtenus, élevons en ordonnées des perpendiculaires dont la longueur est proportionnelle au nombre des pédicelles correspondants ; ainsi, au point 8, l'ordonnée sera égale à 1, au point 12 à 3, au point 16 à 67, etc. On peut relier les points obtenus, soit par une ligne brisée, soit par une ligne courbe ; on a alors ce qu'on appelle un *polygone de fréquence* ou une *courbe de fréquence*.

Dans le cas actuel, la courbe présente un maximum correspondant à la longueur de 18 millimètres, qui est la plus fréquente pour les pédicelles de *Bryum* ; de plus, elle est symétrique (ou à peu près) par rapport à ce maximum. La longueur *la plus fréquente* est en même temps la longueur *moyenne*. Il y a donc autant de pédicelles supérieurs à la moyenne qu'il y en a d'inférieurs.

Si on appelle *déviation*, pour un pédicelle donné, la différence entre la longueur de ce pédicelle et la longueur moyenne, on voit que les déviations sont d'autant moins nombreuses qu'elles sont plus grandes.

Le caractère de la longueur du pédicelle de *Bryum cirratum* est donc représenté, non point par un nombre comme s'il était constant, mais par une courbe. Celle-ci est surtout définie par son maximum, correspondant à la longueur la plus fréquente, et par les valeurs extrêmes des absisses qui indiquent les limites, d'ailleurs rarement atteintes, entre lesquelles oscille la longueur des pédicelles.

427. Loi de Quetelet. — Les lois de la fluctuation des caractères ont été découvertes par l'anthropologiste belge Quetelet, qui a étudié les dimensions du corps humain et notamment la taille.

La taille de l'homme est essentiellement un caractère fluctuant; si on la mesure sur un grand nombre d'individus, on peut, avec les nombres obtenus, tracer une courbe qui ressemble à celle des pédicelles de *Bryum*; il y a un maximum correspondant à la taille moyenne; la courbe est symétrique par rapport au maximum, et les déviations sont d'autant moins nombreuses qu'elles sont plus grandes.

La loi de Quetelet qui régit la forme des courbes de fréquence peut s'énoncer ainsi : les courbes de fréquence normales sont les mêmes que celles qu'on tracerait en prenant des abscisses croissant régulièrement comme la suite des nombres naturels, et pour ordonnées des longueurs proportionnelles aux coefficients du développement du binôme de Newton $(a + 1)^m$; de là le nom de *courbes binomiales* donné aux courbes ordinaires de fréquence. Ainsi, il est facile de vérifier que la courbe des pédicelles de *Bryum* est à peu près identique à la courbe construite avec les coefficients du binôme $(a + 1)^{14}$. Il va sans dire que toutes ces lois ne sont qu'approchées, et que dans les vérifications on doit se contenter d'un certain à peu près.

On sait d'ailleurs, que les courbes binomiales représentent également la probabilité de certaines erreurs. Ainsi, lorsqu'un tireur, d'habileté moyenne, vise un but avec un pistolet et tire un très grand nombre de coups, les écarts des balles, de part et d'autre du but, sont répartis de la même façon que les déviations de la taille de l'homme par rapport à la taille

moyenne. Beaucoup de balles atteignent le but et les écarts sont d'autant moins nombreux qu'ils sont plus grands.

Pour ce qui est des caractères fluctuants, les choses se passent donc comme si la valeur moyenne était la valeur normale et la déviation une sorte d'erreur soumise aux mêmes lois des probabilités que les erreurs ordinaires commises par les hommes.

428. Nombre des stigmates du Coquelicot. — La fluctuation telle que nous venons de l'étudier ne s'observe pas seulement sur les caractères qui peuvent varier par des transitions insensibles, comme une longueur, un volume, un poids, mais encore sur ceux qui s'expriment par des nombres entiers, comme le nombre des stigmates d'une fleur. On sait par exemple que, tandis que certaines Papavéracées, telles que la Chélidoine, ont toujours deux stigmates, d'autres, telle que le Coquelicot, en ont un nombre plus grand et variable (9).

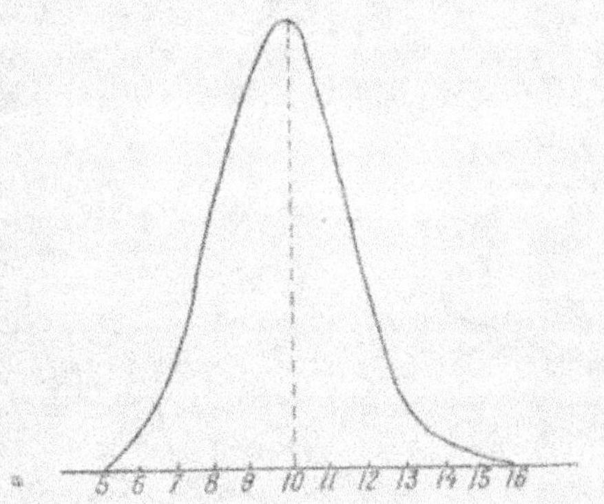

Fig. 132. — Courbe de fréquence du nombre des stigmates du Coquelicot.

Construisons la courbe de fréquence du nombre des stigmates du Coquelicot, comme nous avons construit celle de la longueur des pédicelles de *Bryum*. En comptant les stigmates sur 2.268 pistils, on obtient les résultats suivants :

Stigmates	5	6	7	8	9	10	11	12	13	14	15	16
Fréquence	1	12	91	295	550	**619**	418	195	54	25	5	3

Le nombre des stigmates varie entre 5 et 16 et le nombre moyen 10 est le plus fréquent. La courbe que l'on peut construire avec les nombres obtenus (*fig. 132*) est symétrique

par rapport au maximum, correspondant au nombre moyen, et a les caractères d'une courbe binomiale.

Si les pistils, qui ont servi à construire la courbe précédente, ont été pris d'une façon quelconque dans l'ensemble de l'espèce, on peut admettre que la courbe représente le caractère du nombre des stigmates pour l'espèce Coquelicot. Mais si tous les pistils ont été choisis dans une localité spéciale, on pourra avoir une courbe différente qui représentera le même caractère, non plus pour l'ensemble de l'espèce, mais pour la variété qui peuple la localité explorée.

On peut restreindre encore la signification de la courbe en n'employant que des pistils récoltés sur le même pied. On a alors des courbes très différentes, le maximum pouvant correspondre à 8, 9, 10, 11 ou 12 stigmates. Il y a donc des individus qui sont caractérisés par un nombre moyen de stigmates différent du nombre 10, qui peut être considéré comme une moyenne des moyennes.

429. Diverses formes de courbes de fréquence. — Nous venons de voir que les courbes de fréquence normales étaient

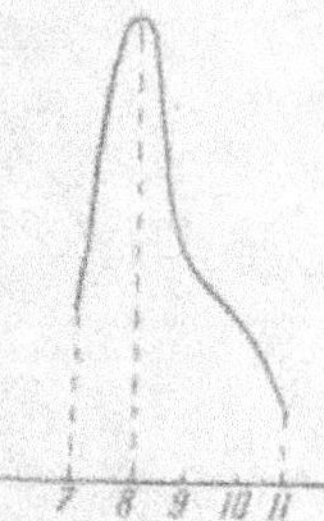

Fig. 133. — Courbe de fréquence du nombre des stigmates pour un pied de Coquelicot.

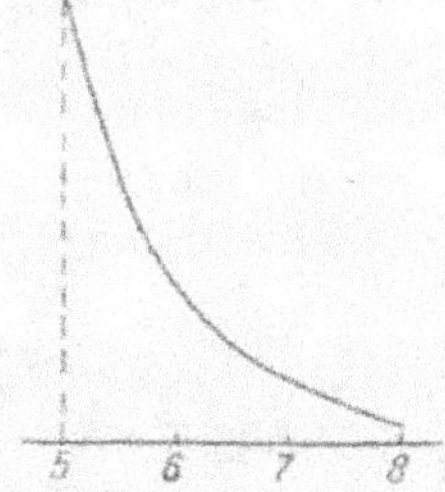

Fig. 134. — Demi-courbe de fréquence du nombre des pétales du *Caltha*.

symétriques par rapport à leur maximum. Mais on peut observer certaines déformations. Ainsi, en étudiant la variation du nombre des stigmates sur un pied déterminé de Coquelicot, on a trouvé les nombres suivants :

Stigmates.	7	8	9	10	11
Fréquence.	3	9	4	3	1

La fluctuation a lieu entre 7 et 11 stigmates et le nombre le plus fréquent est 8, plus rapproché de 7 que de 11. La courbe (*fig. 133*) n'est donc pas symétrique par rapport au maximum, lequel se trouve plus rapproché de l'une des extrémités. De plus, si l'on prend la moyenne du nombre des stigmates en divisant le nombre total des stigmates comptés, 170, par le nombre des pistils observés, 20, on trouve 8,5; le nombre moyen des stigmates est donc supérieur au nombre le plus répandu, ce qui est une conséquence de la dissymétrie de la courbe. Dans les courbes binomiales, le nombre moyen est toujours le nombre le plus fréquent correspondant au maximum.

Étudions maintenant la variation du nombre des pétales dans le *Caltha palustris*. Les 416 fleurs observées sont réparties comme il suit :

Pétales	5	6	7	8
Fréquence	300	87	24	4

La fluctuation a lieu entre 5 et 8 pétales et le nombre le plus fréquent est en même temps le plus faible. Le maximum coïncide donc avec l'une des extrémités de la courbe (*fig. 134*). C'est le cas limite du déplacement du maximum.

La courbe du nombre des pétales du *Caltha* correspond à la moitié d'une courbe binomiale normale; c'est pour cela qu'on appelle *demi-courbes* les courbes de fréquence dont le maximum est reporté à l'une des extrémités.

430. Courbes de fréquence à plusieurs maxima. — Le nombre des corolles ligulées dans un capitule d'une Composée Radiée est un caractère variable dont la fluctuation a été étudiée dans le *Chrysanthemum segetum*. Le nombre minimum est 8 et le nombre maximum 25. Dans un cas particulier observé par de Vries (9), la courbe présente un premier maximum correspondant à 13 fleurs ligulées, puis redescend et remonte pour passer par un second maximum inférieur au premier et correspondant à 21 fleurs ligulées (*fig. 135*).

La présence de ces deux maxima révèle un mélange de

deux races, caractérisées, l'une par un maximum à 13 fleurs ligulées, et l'autre par un maximum à 21 fleurs ligulées. On arrive facilement à séparer ces deux races, en semant à part les graines récoltées sur les capitules qui ont le plus de fleurs ligulées, et celles qui sont récoltées sur les capitules qui en ont le moins.

Dans ce cas, l'étude de la fréquence des fleurs ligulées a

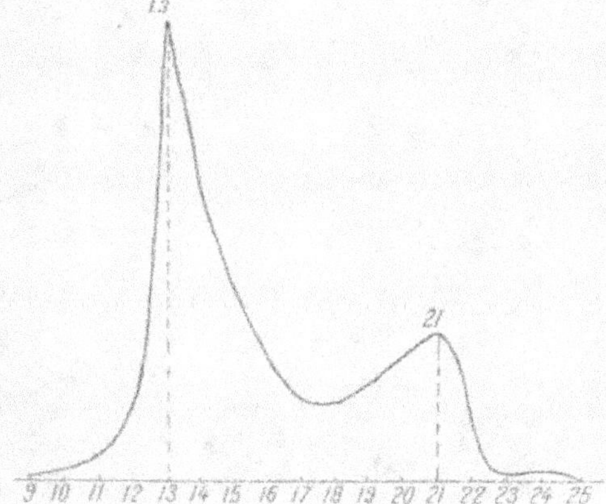

Fig. 135. — Courbe de fréquence à deux maxima, relative au nombre des corolles ligulées d'un capitule de Chrysanthème.

permis de découvrir un mélange de races qui sans cela aurait pu échapper même à un examen attentif; car la fluctuation peut s'élever au-delà de 21 fleurs ligulées dans la race caractérisée par 13 fleurs et descendre au-dessous de 13 fleurs dans la race caractérisée par 21 fleurs.

431. Influence des conditions de milieu sur la fluctuation des caractères. — Lorsque les conditions de milieu changent, le mode de fluctuation des caractères peut varier aussi; les caractères fixes peuvent même, dans certains cas, devenir fluctuants. L'étude de la variation du nombre des étamines du *Sedum spectabile*, faite par Klebs (3, IX), va nous en donner un exemple.

Dans les conditions ordinaires, le *Sedum spectabile* a dix étamines, rarement moins. Parmi les très nombreuses cul-

tures faites par Klebs, nous retiendrons seulement les trois cas suivants :

A. Les plantes sont cultivées en plein air et dans une terre bien fumée et bien arrosée.

B. Les plantes sont cultivées dans un sol également bien

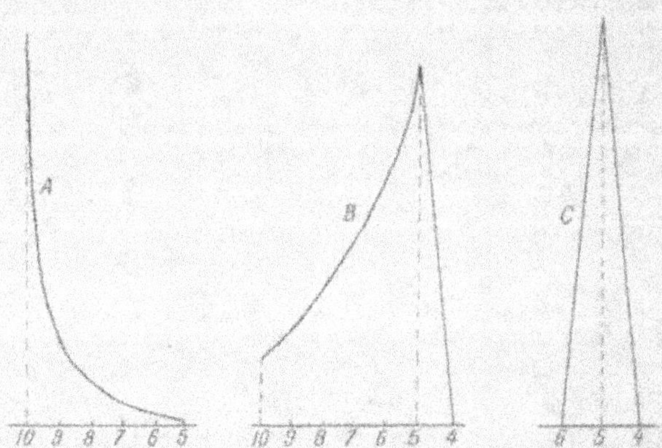

Fig. 136. — Courbes de fréquence du nombre d'étamines du *Sedum* : *A*, cultivé en plein air ; *B*, cultivé sous châssis ; *C*, cultivé à la lumière rouge.

fumé et humide, mais sous un châssis chauffé, de façon à déterminer une végétation luxuriante.

C. Les plantes sont cultivées dans la lumière rouge et donnent beaucoup moins de fleurs que dans les cas précédents.

Le tableau suivant donne, pour chacun des cas, le nombre des fleurs observées et le nombre des fleurs ayant un nombre donné d'étamines. La ligne horizontale supérieure indique le nombre des étamines ; les lignes qui sont au dessous donnent le nombre des fleurs possédant le nombre correspondant d'étamines ; la première colonne verticale donne le nombre total des fleurs observées pour chaque cas :

Étamines.		10	9	8	7	6	5	4
A	1400	1004	232	97	39	20	8	0
B	3490	320	362	503	664	861	1672	8
C	405	0	0	0	0	1	400	4

Ce tableau est traduit graphiquement par les courbes de la figure 136, où les ordonnées indiquent le nombre des fleurs ayant le nombre d'étamines indiqué par l'abscisse correspondante. On voit que la très grande majorité des plantes A ont 10 étamines. Pour les plantes B, cultivées à la chaleur, le sommet de la courbe correspond à 5 étamines, mais les plantes qui ont de 6 à 10 étamines sont encore nombreuses. Pour les plantes C, au contraire, qui sont cultivées à la lumière rouge, le nombre des étamines est presque toujours de 5, rarement de 4, plus rarement encore de 6 et jamais supérieur à 6.

2° HYBRIDATION. MENDÉLISME.

432. Race pure et hybrides. — Lorsqu'une série d'individus conservent les mêmes caractères fixes pendant un grand nombre de générations successives et ne diffèrent que par les caractères fluctuants, on admet qu'ils constituent une *race pure*. D'une façon générale, on appelle *hybrides* les individus issus du croisement de deux individus différant l'un de l'autre par un ou plusieurs caractères fixes.

Les hybrides peuvent être de plusieurs sortes, suivant que les parents appartiennent à deux espèces différentes ou seulement à deux variétés de la même espèce; dans ce dernier cas, les hybrides portent quelquefois le nom de *métis*.

433. Cultures *pedigree*. — Dans toutes les études relatives à la pureté de la race ou à l'hybridation, il est indispensable de connaître exactement la généalogie des individus que l'on considère. Il faut suivre les générations successives issues d'un ou deux individus donnés et qui constituent une *lignée*, en ayant bien soin de ne pas laisser plusieurs lignées se mélanger entre elles. Les cultures où chaque graine est semée à part et où on connaît l'arbre généalogique de chaque individu sont ce qu'on appelle des cultures *pedigree*[1].

1. Du mot anglais *pedigree* (arbre généalogique), employé surtout dans l'étude des races d'animaux.

Ce n'est que par l'emploi des cultures *pedigree* que l'on peut s'assurer de la constance d'un caractère, ou que l'on peut se rendre compte de l'étendue et de la nature de ses variations. Nous allons voir que c'est à l'usage de ces cultures que l'on doit la découverte des lois de l'hybridation.

434. Hybrides de variétés; mendélisme. — Nous commencerons par étudier les hybrides de variétés, c'est-à-dire les hybrides obtenus par le croisement de deux individus appartenant à deux variétés différentes de la même espèce. Les lois de cette hybridation ont été découvertes par Mendel, prêtre autrichien, qui a publié les résultats de ses recherches vers 1865 (8). Pendant longtemps son travail est resté inconnu ou méconnu et ce n'est que récemment qu'on en a vérifié l'exactitude et compris l'importance. On a donné le nom de mendélisme à l'ensemble des règles établies par Mendel et développées depuis par d'autres auteurs.

Par l'étude d'une série d'exemples, nous allons suivre les complications successives du mendélisme.

435. Un seul caractère différentiel; Pavots. — Le premier exemple que nous prendrons est celui des Pavots étudié par de Vries (9) comme vérification des travaux de Mendel. Le point de départ est formé par deux races pures de Pavot, ne différant entre elles que par un seul caractère : les pétales roses ont à leur base, dans l'une des variétés une tache noire, et dans l'autre une tache blanche.

On vérifie d'abord que les deux races sont pures, c'est-à-dire que leurs caractères demeurent invariables pendant plusieurs générations successives. On opère ensuite un croisement en fécondant le pistil d'un Pavot à tache blanche, par exemple, avec du pollen pris sur un Pavot à tache noire. On obtient ainsi des graines qui, semées à part, donneront une *première génération* d'hybrides.

On constate que tous les hybrides de la première génération sont semblables et présentent le caractère de la tache noire. Le caractère de l'un des parents disparaît donc à la première génération; c'est là un premier résultat très important et qui,

nous le verrons, est général. D'ailleurs, les choses se passent de même si les Pavots à tache noire ont joué le rôle de père ou bien celui de mère. Le croisement est *réciproque*.

Laissons maintenant ces hybrides de la première génération se reproduire par autofécondation; les graines qu'ils donneront proviendront donc de parents semblables et également hybrides. Ces graines semées donneront des hybrides de *seconde génération*.

Les hybrides de la seconde génération, bien qu'ayant tous la même origine, ne sont cependant pas semblables entre eux.

Les uns sont à tache blanche, les autres à tache noire. On constate que les individus à tache noire sont à peu près trois fois plus nombreux que ceux qui ont une tache blanche. Le caractère qui avait disparu pendant la première génération fait donc sa réapparition à la seconde, mais seulement dans le quart environ des individus.

Observons maintenant une *troisième génération* d'hybrides, obtenue en semant à part les graines produites par chaque individu de la seconde génération. Les graines provenant des individus à tache blanche ne donneront que des individus à tache blanche, et cela pendant une série indéfinie de générations. On a donc une race pure, semblable à celle qui a servi de point de départ à l'expérience.

Les graines provenant d'individus à tache noire se comportent dans leur descendance de deux façons différentes :

1° Le tiers de ces graines ne donnent que des Pavots à tache noire, et cela pendant un nombre indéfini de générations; on retombe donc sur la race pure à tache noire qui a servi de point de départ;

2° Les deux autres tiers donnent par autofécondation un mélange de Pavots à tache noire et de Pavots à tache blanche, les premiers étant environ trois fois plus nombreux que les seconds; ces graines se conduisent, par conséquent, comme les hybrides de la première génération.

Les Pavots à tache noire de la deuxième génération, en apparence tous semblables, diffèrent donc par leurs propriétés héréditaires : les uns (le tiers) sont de pure race, les autres (les deux tiers) sont de nature hybride, se conduisant de la

même façon que les hybrides de la première génération. Ce n'est que par l'étude de la descendance qu'on peut distinguer ces deux sortes d'individus à tache noire.

Si l'on continue pendant une série de générations successives les cultures *pedigree* des Pavots à tache noire de nature hybride, on voit qu'ils se conduisent tous comme ceux de la première génération, et produisent trois sortes d'individus : un quart de tache noire pure race, deux quarts de tache noire de nature hybride et un quart de tache blanche pure race.

On peut figurer ces résultats par un tableau ou N représente les Pavots à tache noire pure race, N' les Pavots à tache noire de nature hybride et B les Pavots à tache blanche pure race :

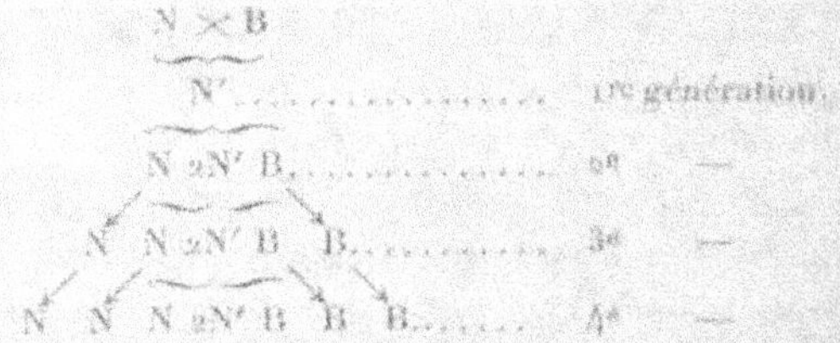

$$N \times B$$
$$N' \dots\dots\dots\dots\dots \text{1}^{\text{re}} \text{ génération.}$$
$$N\ 2N'\ B \dots\dots\dots\dots \text{2}^{\text{e}} \quad —$$
$$N\ N\ 2N'\ B\ B \dots\dots\dots \text{3}^{\text{e}} \quad —$$
$$N\ N\ N\ 2N'\ B\ B\ B \dots\dots \text{4}^{\text{e}} \quad —$$

436. Explication des résultats précédents. — Les faits qui viennent d'être exposés peuvent être expliqués au moyen de quelques hypothèses simples. Supposons d'abord que, dans un individu quelconque, chaque caractère (on verra plus loin ce qu'on peut entendre par ce mot) est représenté par un certain nombre de particules que nous appellerons des *déterminants*. Il va sans dire qu'on ne doit attribuer aucune réalité objective aux déterminants. L'hypothèse des déterminants correspond simplement à une propriété des individus, mais il nous est impossible de savoir si cette propriété est représentée par un objet accessible à nos moyens d'investigation. Il ne faut donc pas être dupe des hypothèses que l'on fait et des mots que l'on emploie pour faciliter les explications.

De plus, nous supposerons que les déterminants sont associés deux par deux, chaque paire correspondant à deux caractères qui s'excluent. Ainsi, le caractère de la tache noire des Pavots qui exclut le caractère de la tache blanche sera repré-

senté par le déterminant N, tandis que le caractère de la tache
blanche sera représenté par le déterminant B.

Enfin, il faut admettre qu'au moment de la fécondation
chacun des parents donne un déterminant correspondant à
chacun des caractères qu'il possède. Ainsi, un gamète produit
par un Pavot à tache noire pure race portera un déterminant N, un gamète produit par un Pavot à tache blanche
pure race portera le déterminant B.

Si donc les deux parents appartiennent à la même race pure,
la race à tache noire par exemple, les deux gamètes apporte-
ront le déterminant N, et l'œuf, ne contenant que des déterminants N, qui d'ailleurs pourront se multiplier, donnera un
individu à tache noire pure race.

Mais que se passera-t-il si les deux parents appartiennent à
des races différentes, si l'on croise, par exemple, un Pavot à
tache noire avec un Pavot à tache blanche? L'un des gamètes
apportera un déterminant N, l'autre un déterminant B; le
produit, hybride de première génération, aura donc à la fois
N et B. Néanmoins, nous avons vu que ces hybrides sont tous
à tache noire. Nous en concluons que, lorsqu'un hybride possède à la fois les deux déterminants correspondant à deux
caractères qui s'excluent, l'un de ces déterminants masque
l'autre. Dans le cas actuel, N masque B et les choses se passent comme si N existait seul. On dit alors que le caractère
représenté par N est *dominant* par rapport au caractère représenté par B, qui est *recessif*.

Voyons maintenant ce que deviendront les déterminants
lorsque les hybrides de première génération se reproduiront
par autofécondation. L'un des parents, le père par exemple,
possédant en égale quantité des déterminants N et B, donnera
indifféremment l'un ou l'autre au gamète correspondant; il y
aura donc de ce côté-là deux cas possibles. Mais la mère
donnera aussi indifféremment N ou B. Il y aura donc, en
somme, pour les déterminants que l'œuf aura reçus, quatre
combinaisons possibles : NN, NB, BN, BB. La combinaison
NN correspond aux hybrides de deuxième génération avec
tache noire et de pure race; NB et BN, qui sont équivalents,
se rapportent aux hybrides de seconde génération à tache

noire, mais de nature hybride; BB s'applique aux hybrides de deuxième génération à tache blanche et de pure race.

On pourrait continuer le même raisonnement pour les générations suivantes. On voit combien l'hypothèse des déterminants explique facilement des expériences en apparence obscures.

Remarquons que les quatre combinaisons possibles des déterminants, dans les hybrides de seconde génération, sont obtenues en élevant au carré la somme N + B des deux sortes de déterminants contenus dans chacun des parents $(N + B)^2 = N^2 + 2 NB + B^2$.

Les déterminants d'un caractère donné ont donc, dans chaque individu, deux provenances différentes; la moitié provient du père, l'autre moitié de la mère. Chez les individus de pure race, ces déterminants sont tous semblables; nous les représenterons par un carré, NN ou N^2 par exemple, pour exprimer leur origine double et leur similitude; dans le cas des hybrides, nous les représenterons par un produit, NB par exemple, pour exprimer leur origine double en même temps que leur diversité.

437. Hybrides de Pois. — Nous avons exposé le cas de l'hybridation des Pavots, d'une façon schématique, sans donner les nombres réels sur lesquels avait été établie la répartition des hybrides de seconde génération en trois catégories proportionnelles à 1, 2 et 1. On conçoit que des lois de ce genre doivent être fondées sur l'examen d'individus très nombreux, afin d'éviter les causes d'erreurs provenant de coïncidences fortuites. Si, par exemple, on n'obtenait que quatre hybrides de seconde génération, on risquerait fort de ne pas avoir deux produits de race pure ressemblant respectivement à chacun des grands-parents, et deux produits de nature hybride. Pour montrer la solidité des bases du mendélisme, nous allons prendre l'exemple étudié par Mendel lui-même en reproduisant les nombres qu'il a donnés (8).

Mendel prend deux races de Pois qui ne diffèrent que par un seul caractère : la forme de la graine; l'une a des graines rondes, l'autre des graines ridées. On sait d'ailleurs que les

rides de la graine sont dues à ce que l'amidon des cotylédons
est, partiellement au moins, remplacé par la dextrine. Soit A
le déterminant correspondant aux caractères des graines
rondes et a celui du caractère des graines ridées. On s'assure
d'abord que les deux races sont pures et se reproduisent sans
variation.

On opère ensuite le croisement des deux races par fécondation artificielle et on obtient des graines hybrides Aa qui sont
toutes rondes. D'après ce que nous savons déjà, nous pouvons en conclure que le caractère des graines rondes A est
dominant par rapport au caractère des graines ridées a qui est
récessif. Remarquons que, dans ce cas, le caractère étudié
appartenant à l'embryon et non point à la plante adulte
comme le caractère des pétales de Pavots, on peut l'observer
dès que la graine est formée ; les expériences sont ainsi rendues plus courtes.

Laissons maintenant les hybrides de première génération
Aa se reproduire par autofécondation. Nous savons que la
nature des hybrides de seconde génération nous sera indiquée
par la formule $(A + a)^2 = A^2 + 2 Aa + a^2$.

Or, Mendel avait semé 253 graines hybrides de première
génération qui lui ont fourni 7.324 graines hybrides de
seconde génération. D'après la formule précédente, les trois
quarts de ces graines, c'est-à-dire 5.493, correspondant aux
combinaisons A^2 et 2 Aa, doivent être rondes ; le dernier quart,
c'est-à-dire 1.831, doit correspondre à la combinaison a^2 et ne
comprendre que des graines ridées. Au lieu des deux nombres 5.493 et 1.831, Mendel a trouvé 5.474 graines rondes et
1.850 graines ridées. C'est là une vérification aussi complète
qu'on pouvait le désirer de la règle qui a été formulée.
L'écart entre les nombres prévus par la loi et les nombres
trouvés est insignifiant.

Il reste à étudier les hybrides de seconde génération, non
plus dans leurs caractères visibles, mais dans leurs propriétés
héréditaires ; en d'autres termes, il reste à voir s'ils sont de
pure race ou de nature hybride. Mendel a vérifié que toutes
les graines ridées a^2 étaient de pure race et ne produisaient
que des graines ridées.

Le groupe des graines rondes $A^2 + 2Aa$ est plus complexe. Pour l'étudier, Mendel sème 565 de ces graines rondes. Si nous nous en rapportons à la règle établie dans l'expérience des Pavots, que doit-on obtenir? Celles de ces graines qui se rapportent à la formule A^2 sont de pure race et donneront des plantes qui ne produiront que des graines rondes. Celles, au contraire, qui se rapportent à la formule Aa sont de nature hybride et donneront des plantes qui produiront un mélange de graines rondes et de graines ridées, dans le rapport de trois rondes pour une ridée.

Les 565 graines rondes semées ayant été prises au hasard, nous devons donc nous attendre à en retrouver le tiers, c'est-à-dire 188, qui seront de pure race, et les deux tiers, c'est-à-dire 377, qui seront de nature hybride. Mendel a trouvé 193 graines de pure race et 372 graines de nature hybride; c'est encore là une vérification très satisfaisante.

On peut résumer les résultats de cette expérience dans le tableau suivant :

	Prévu.	Trouvé.	
$A^2 + 2Aa$	5493	5474	rondes.
a^2	1831	1850	ridées.
	7324	7324	
A^2	188	193	race pure.
$2Aa$	377	372	hybrides.
	565	565	

438. Cas de deux caractères différentiels. — Passons au cas un peu plus complexe où le point de départ est le croisement de deux individus différant l'un de l'autre par deux caractères, et revenons à l'exemple du Pois étudié par Mendel. Les deux races pures choisies ont, l'une des graines rondes et jaunes, l'autre des graines ridées et vertes. Désignons par A et a les déterminants correspondant respectivement à la forme ronde et à la forme ridée, par B et b les déterminants correspondant respectivement à la couleur jaune et à la couleur verte. Nous savons que A est dominant par rapport à a; on verrait de même, en étudiant à part le caractère de la couleur, que B est dominant par rapport à b.

Mendel a montré que, dans les expériences d'hybridation, les deux caractères sont indépendants l'un de l'autre. La forme de la graine, par exemple, se comporte de la même façon, quelle que soit la couleur. On verra d'ailleurs, dans ce qui suit, la confirmation de cette indépendance mutuelle des caractères.

Ainsi donc, on prend comme point de départ deux individus : l'un à graines rondes et jaunes répondant à la formule A^2B^2, l'autre à graines ridées et vertes répondant à la formule a^2b^2. On effectue la fécondation artificielle de l'un par l'autre. (Pour avoir un plus grand nombre de graines on opère sur plusieurs pieds.) On obtient des graines hybrides de première génération correspondant à la formule $AaBb$ et toutes rondes et jaunes. Ce résultat était prévu puisque A et B sont dominants par rapport à a et b.

Semons maintenant ces graines $AaBb$, hybrides de première génération, et nous aurons des plants qui porteront des graines hybrides de deuxième génération. Cherchons d'abord comment doivent être ces graines, en appliquant *a priori* les règles établies précédemment ; nous verrons ensuite dans quelle mesure l'expérience confirme ces prévisions.

En ne considérant que le caractère de la forme, toutes les combinaisons possibles seront données par la formule $(A + a)^2 = A^2 + Aa + a^2$.

De même, les combinaisons relatives à la couleur seront données par la formule $(B + b)^2 = B^2 + 2Bb + b^2$

Or, les deux caractères étant indépendants l'un de l'autre, chaque combinaison relative à la forme pourra s'associer à chacune des combinaisons relatives à la couleur. Toutes les associations possibles de ces deux séries de combinaisons seront données par le produit $(A + a)^2 (B + b)^2$

		Prévu.	Trouvé.
$= A^2B^2 + 2A^2Bb + 2AaB^2 + 4AaBb\ldots$	rondes jaunes..	313	315
$+ A^2b^2 + 2Aab^2\ldots$	rondes vertes...	104	101
$+ a^2B^2 + 2a^2Bb\ldots$	ridées jaunes...	104	108
$+ a^2b^2\ldots$	ridées vertes...	35	32
		556	556

On conçoit que toutes les combinaisons de la première ligne horizontale se rapportent à des graines qui devront être rou-

des et jaunes, car toutes renferment les caractères dominants A et B, soit à l'état pur, soit à l'état de mélange. Les combinaisons de la seconde ligne se rapportent à des graines rondes et vertes, puisque toutes renferment le caractère dominant A, soit à l'état pur, soit à l'état de mélange, et le caractère récessif *b*, à l'état pur. De même, les combinaisons de la troisième ligne se rapportent à des graines ridées et jaunes, et celles de la quatrième ligne à des graines ridées et vertes.

On doit donc avoir quatre sortes de graines, et le nombre de graines de chaque sorte doit correspondre au nombre des combinaisons de chacune des lignes. Or, on voit que les combinaisons des quatre lignes sont proportionnelles respectivement aux nombres 9, 3, 3, 1. Si donc je partage le nombre total des graines, 556, en quatre nombres proportionnels à 9, 3, 3, 1, j'aurai les nombres 313, 104, 104, 35, qui seront les nombres théoriques de chacune des catégories de graines.

Telles sont les prévisions que les règles établies permettent de faire ; voyons dans quelle mesure l'expérience les a vérifiées. Mendel a trouvé que les 556 graines hybrides de seconde génération comprenaient 315 graines rondes jaunes, 101 rondes vertes, 108 ridées jaunes et 32 ridées vertes. Dans ce cas encore, l'expérience est en accord aussi satisfaisant que possible avec la théorie. On sait d'ailleurs que c'est sur cette expérience que la théorie a été établie en premier lieu.

439. Recherche des individus de nature hybride et de ceux de race pure. — Il reste maintenant à rechercher quelles sont, parmi les graines hybrides de seconde génération, celles qui sont de race pure et celles qui sont de nature hybride. Nous allons procéder comme dans le cas d'un seul caractère différentiel, et étudier à part la descendance de chacune de ces graines.

Examinons d'abord le premier groupe, celui des graines rondes jaunes qui correspondent aux combinaisons : $A^2B^2 +$ $2A^2Bb + 2AaB^2 + 4AaBb$.

Ces graines forment un ensemble de 301 unités, homogène en apparence. La théorie nous permet de prévoir qu'elles ne

se ressembleront pas par leur descendance, si nous les semons et les laissons se reproduire par autofécondation. Les plants correspondants aux graines A^2B^2 seront évidemment de pure race et ne produiront que des graines rondes jaunes.

Les plants provenant des graines A^2Bb ne pourront donner à leurs graines, au point de vue de la forme, que le déterminant A et en aucun cas a; ces plants ne porteront donc que des graines rondes. Au point de vue de la couleur, les plants sont hybrides et pourront donner à leurs graines toutes les combinaisons de B et de b, c'est-à-dire B^2, $2Bb$, b^2. Par conséquent, les graines rondes obtenues devront être les unes jaunes et les autres vertes.

On peut montrer de même que les graines AaB^2 sont hybrides au point de vue de la forme et de pure race par la couleur; elles donneront donc des plantes qui produiront des graines les unes rondes et les autres ridées, mais toutes jaunes.

Enfin, les graines $AaBb$ sont hybrides à la fois par la forme et par la couleur, comme les hybrides de première génération, et donneront des plants qui porteront des graines de quatre sortes : rondes jaunes, rondes vertes, ridées jaunes, ridées vertes.

Au point de vue de leur descendance, les graines rondes jaunes de seconde génération se décomposeront donc en quatre groupes, qui seront entre eux comme les nombres 1, 2, 2, 4. Le nombre total de ces graines semées étant 301, on devra donc avoir :

33 plants produisant seulement des graines rondes jaunes.
67 — — un mélange de rondes jaunes et de rondes vertes.
67 — — — de rondes jaunes et ridées jaunes.
134 — — — de quatre sortes de graines.

Au lieu des nombres 33, 67, 67, 134, Mendel a trouvé 38, 65, 60, 138. Il y a donc encore accord très satisfaisant entre la théorie et l'expérience. Ce résultat est résumé dans le tableau suivant :

	Prévu.	Trouvé.
A^2B^2	33	38
$2A^2Bb$	67	65
$2AaB^2$	67	66
$4AaBb$	134	138
	301	301

Passons au second groupe qui comprend 102 graines rondes vertes correspondant aux formules : $A^2 b^2 + 2Aab^2$. Au point de vue de la descendance, les graines A^2b^2 devront être de pure race tant pour la forme que pour la couleur ; les graines Aab^2 devront être hybrides pour la forme et de pure race pour la couleur, et donner des plants qui porteront un mélange de graines rondes vertes et ridées vertes. Ces deux catégories de graines devront être dans le rapport de 1 à 2 ou de 34 à 68. Mendel a trouvé 35 et 67, ce qui confirme encore la théorie :

	Prévu.	Trouvé.
A^2b^2	34	35
$2Aab^2$	68	67
	102	102

De même pour le troisième groupe qui comprend 96 graines ridées jaunes correspondant aux formules $a^2B^2 + 2a^2Bb$. La théorie indique qu'on doit trouver 32 graines de pure race et 64 pures par la forme, hybrides par la couleur, et donnant un mélange de graines ridées jaunes et ridées vertes. L'expérience a donné à Mendel 28 graines de la première catégorie et 68 de la seconde :

	Prévu.	Trouvé.
a^2B^2	32	28
$2a^2Bb$	64	68
	96	96

Enfin, les graines ridées vertes a^2b^2 du quatrième groupe sont toutes de pure race et donnent des plantes qui ne produisent que des graines ridées vertes.

Cette étude confirme donc ce que nous avons dit en com-

mençant, à savoir que les deux caractères sont indépendants l'un de l'autre.

Remarquons que la première génération d'hybrides donne des individus tous semblables et présentant les caractères dominants. C'est seulement à la seconde génération que l'on voit réapparaître, à côté l'une de l'autre et mélangées à des hybrides, les deux races pures qui ont servi de point de départ à l'hybridation.

Mais cette expérience, relative à deux caractères différentiels, nous donne un résultat très important que ne pouvait pas nous montrer le cas d'un seul caractère différentiel. Dans la seconde génération, on trouve, outre les races pures des grands parents A^2B^2 et a^2b^2, deux races pures nouvelles A^2b^2 et a^2B^2 provenant de nouvelles combinaisons des deux caractères mis en jeu. Nous reviendrons plus tard sur l'importance de ce résultat.

440. Cas de trois caractères différentiels. — Opérons maintenant le croisement entre deux races qui diffèrent l'une de l'autre par trois caractères, et choisissons encore l'exemple étudié par Mendel. Une des races de Pois a les graines rondes, les cotylédons jaunes et les téguments de la graine gris ; l'autre a les graines ridées, les cotylédons verts et les téguments blancs. Les déterminants correspondant à ces trois paires de caractères sont A et a, B et b, C et c ; A, B, C étant dominants respectivement par rapport à a, b, c. Les formules des deux parents seront donc $A^2B^2C^2$ et $a^2b^2c^2$.

En fécondant artificiellement l'une des races par l'autre, on obtient un hybride de première génération qui aura pour formule $AaBbCc$; les graines seront toutes rondes, à cotylédons jaunes et à téguments gris, puisque A, B, C sont dominants.

Les graines ainsi obtenues sont semées et donnent des plantes qui, après autofécondation, portent des graines hybrides de seconde génération. Dans l'expérience de Mendel, ces graines sont au nombre de 634 ; voyons quels caractères elles doivent présenter d'après les règles précédemment établies.

Relativement au caractère de la forme, chaque parent dont

la formule est $AaBbCc$ donnera indifféremment A ou a; les hybrides présenteront les quatre arrangements possibles de ces deux déterminants, arrangements qui sont donnés par la formule $(A + a)^2$; de même pour les caractères représentés par les déterminants Bb et Cc. Comme chacun des arrangements relatifs à chacun des caractères devra se combiner, de toutes les façons possibles, avec chacun des arrangements relatifs à chacun des autres caractères, l'ensemble des arrangements relatifs aux trois caractères sera donné par la formule $(A + a)^2 (C + b)^2 (C + c)^2$; en développant, on a :

					Prévu.	Trouvé.
I	$A^2B^2C^2$	$2A^2B^2Cc$ $2A^2BbC^2$ $2AaB^2C^2$	$4A^2BbCc$ $4AaBbC^2$ $4AaB^2Cc$	$8AaBbCc$	270	269
II	$A^2B^2c^2$	$2A^2Bbc^2$ $2AaB^2c^2$	$4AaBbc^2$		90	98
III	$A^2b^2C^2$	$2A^2b^2Cc$ $2Aab^2C^2$	$4Aab^2Cc$		90	86
IV	$a^2B^2C^2$	$2a^2B^2Cc$ $2a^2BbC^2$	$4a^2BbCc$		90	88
V	$A^2b^2c^2$	$2Aab^2c^2$			30	17
VI	$a^2b^2C^2$	$2a^2b^2Cc$			30	37
VII	$a^2B^2c^2$	$2a^2Bbc^2$			30	30
VIII	$a^2b^2c^2$				10	10

Les formules du groupe I, contenant chacune, au moins une fois, les déterminants dominants A, B, C, doivent correspondre à des graines rondes, à cotylédons jaunes et à téguments gris.

Les formules du groupe II, renfermant toutes A et B, correspondront à des graines rondes et à cotylédons jaunes; mais comme c s'y trouve à l'exclusion de C, les téguments seront blancs.

De même les formules du groupe III se rapportent à des graines rondes, à cotylédons verts et à téguments gris.

Les formules du groupe IV se rapportent à des graines ridées, à cotylédons jaunes et à téguments gris.

Dans le groupe V, les graines seront rondes, puisque le déterminant A existe partout au moins une fois, mais elles seront à cotylédons verts et à téguments blancs, puisque b et c y existent à l'exclusion de B et C.

De même, dans le groupe VI, les graines seront ridées, à cotylédons verts et à téguments gris.

Dans le groupe VII, elles seront ridées, à cotylédons jaunes et à téguments blancs.

Enfin, dans le groupe VIII, toutes les graines seront ridées, à cotylédons verts et à téguments blancs.

D'après ces prévisions, les 632 graines obtenues devront être distribuées entre les huit groupes, proportionnellement aux nombres des arrangements compris dans ces groupes, c'est-à-dire aux nombres 27, 9, 9, 9, 3, 3, 3, 1. En divisant 632 proportionnellement à ces nombres, on obtient pour chacun des groupes les nombres 270, 90, 90, 90, 30, 30, 30, 10 qui constituent les prévisions théoriques. Au lieu de ces nombres, Mendel a trouvé en réalité 269, 98, 86, 88, 17, 37, 30, 10. C'est une vérification satisfaisante et une nouvelle confirmation des règles établies.

441. Recherche des individus de nature hybride et de ceux de race pure — Laissons maintenant ces divers hybrides de la seconde génération germer et donner par autofécondation une nouvelle génération d'hybrides. L'étude de cette troisième génération nous apprendra quelles étaient les propriétés héréditaires des hybrides de la seconde. Recherchons d'abord comment les choses doivent se passer d'après les formules.

Dans le groupe I, qui est le plus complexe, les graines correspondant à la formule $A^2B^2C^2$ seront de pure race et présenteront toujours les mêmes caractères si on les laisse se reproduire par autofécondation.

La formule A^2B^2Cc comprend, à l'état pur, les déterminants relatifs à la forme des graines, A^2, et à la couleur des cotylédons, B^2; les graines correspondantes donneront donc toutes par autofécondation des graines rondes et à cotylédons jaunes; mais le caractère de la couleur des téguments est représenté par un déterminant hybride Cc; donc les graines de troisième génération seront, les unes à téguments gris, les autres à téguments blancs.

De même la formule $A aB^2C^2$ correspond à des graines qui

ont à l'état pur les caractères de la couleur des cotylédons
et de la couleur des téguments, mais qui ont le caractère de
la forme à l'état hydride; ces graines donneront donc une
troisième génération de graines à cotylédons jaunes, à téguments gris, mais la forme sera tantôt ronde, tantôt ridée.
Même raisonnement pour $A^2Bb C^2$.

On montrerait de même que les formules de la seconde
colonne verticale sont hybrides par deux caractères; $A^2BbC c$,
par exemple, correspond à des graines qui donneront par
autofécondation des graines toutes rondes, mais présentant,
pour la couleur des cotylédons et des téguments, les quatre
combinaisons possibles : jaune gris, jaune blanc, vert gris, vert
blanc. La formule $Aa Bb Cc$, hybride par les trois caractères,
correspond à des graines semblables aux hybrides de première
génération et qui par conséquent donneront par autofécondation toutes les combinaisons représentées dans l'ensemble du
tableau.

Pour vérifier ces prévisions, Mendel a semé isolément chacune des 269 graines du premier groupe et a examiné séparément leurs produits. Il a trouvé que le groupe I, homogène
en apparence, renferme en réalité huit sortes de graines, différant les unes des autres par leurs propriétés héréditaires, et
ces huit sortes de graines sont sensiblement entre elles comme
les nombres 1, 2, 2, 2, 4, 4, 4, 8 correspondant respectivement à l'importance numérique de chaque formule. Les autres
groupes peuvent être discutés de la même façon; l'étude de la
troisième génération faite par Mendel vérifie, dans tous les
cas, les prévisions de la théorie.

442. Cas de n caractères différentiels. — Si le nombre des
caractères différentiels augmente, le résultat est toujours le
même, puisque chaque caractère se conduit comme s'il était
seul, mais les formules deviennent plus nombreuses et plus
compliquées. Pour n caractères, Aa, Bb, Cc..., les hybrides de seconde génération seront donnés par la formule
$(A + a)^2 (B + b)^2 (C + c)^2$.....

Chacun des n facteurs, tels que $(A + a)^2$, comprend quatre
termes : $A^2 + Aa + aA + a^2$; le produit des n facteurs

comprendra donc 4^n termes qui correspondent au nombre total des combinaisons. D'autre part, chaque facteur comprend trois combinaisons différentes A^2, Aa, a^2; le produit aura donc donc 3^n termes différents correspondant à autant de types différents dans la seconde génération. Enfin, chaque facteur comprend deux termes $A^2 + a^2$ qui correspondent à des caractères purs; il y aura donc 2^n combinaisons se rapportant à des individus de pure race, et parmi celles-là 2 reproduiront les grands-parents et $2^n - 2$ seront nouvelles.

Le tableau suivant montre dans quelle mesure le nombre des combinaisons augmente si le nombre des caractères s'accroît :

Nombre des caractères différentiels	1	2	3	4	5
4^n combinaisons	4	16	64	256	1024
3^n — différentes	3	9	27	81	243
2^n — — constantes	2	4	8	16	32
$2^n - 2$ — — — nouvelles	0	2	6	14	30

443. Lois de Mendel. — D'après ce que nous venons de voir, les lois de l'hybridation, entre les plantes qui appartiennent à des variétés de la même espèce, peuvent être formulées de la façon suivante :

1° Il existe certains caractères, appelés *caractères mendéliens*, qui sont indivisibles, c'est-à-dire qui se transmettent intégralement ou ne se transmettent pas du tout;

2° Les caractères mendéliens sont indépendants les uns des autres;

3° Les caractères mendéliens sont associés par paire; la présence d'un caractère d'une paire chez un individu excluant la présence de l'autre caractère de la même paire.

On peut admettre que les caractères mendéliens sont représentés dans chaque individu par un certain nombre de particules hypothétiques appelées *déterminants*. Si dans un individu tous les déterminants, relatifs aux caractères d'une certaine paire, sont semblables, c'est-à-dire représentent le même caractère, ce caractère apparaît toujours. Si au contraire un individu possède un mélange des deux déterminants correspondant à une paire, l'un des caractères apparaît seul,

c'est le caractère *dominant*, l'autre est le caractère *récessif*. Chaque parent transmet à chaque descendant un déterminant correspondant à chaque paire de caractères, et un seul.

Ces lois, établies par Mendel, s'appliquent dans toute leur simplicité à un grand nombre de cas. Mais les nouvelles études entreprises ont montré certaines complications, parfois même quelques exceptions, dont nous allons maintenant examiner quelques-unes.

444. Caractères dominants masqués. — Dans les exemples étudiés jusqu'ici, un caractère dominant est toujours apparent, même s'il n'existe qu'à l'état hybride ; de plus, un caractère n'est représenté que par un seul déterminant. Nous allons étudier, d'après Bateson (3), un cas plus complexe.

Le point de départ de l'expérience sera deux pieds de Pois de senteur (*Lathyrus odoratus*) à fleurs blanches, mais différant l'un de l'autre par d'autres caractères, notamment par les grains de pollen qui sont allongés dans l'un et arrondis dans l'autre[1]. D'ailleurs, nous ne nous occuperons pas, pour le moment, des caractères du pollen, nous ne considérerons que le caractère de la couleur de la corolle.

La fécondation croisée, entre ces deux individus, produit des hybrides de première génération tous semblables et à corolle d'un rouge violacé, que nous appellerons violette pour simplifier. Les hybrides de seconde génération, obtenus comme toujours par autofécondation, se distribueront en trois groupes : sur 64 il y aura en moyenne 27 violets, 9 rouges (sans mélange de violet) et 28 blancs.

On explique ce résultat en faisant les hypothèses suivantes relatives aux déterminants. La couleur rouge correspond à deux paires de déterminants, R, r et R', r', et ne se manifeste que lorsque les deux déterminants dominants R et R' sont présents ensemble (à l'état pur ou à l'état hybride). De plus, la présence ou l'absence de la couleur violette correspond à une troisième paire de déterminants V, v ; V dominant entraîne la présence du violet et v récessif l'absence. Mais la couleur

---

[1]. Ces deux variétés sont : Emily Henderson et Blanche Burpee.

violette ne peut se manifester dans un individu que si les deux déterminants de la couleur rouge existent déjà. Par conséquent, pour qu'un individu ait la corolle violette il sera nécessaire qu'il possède, non seulement V, mais encore R et R'.

Ceci posé, nous attribuerons respectivement à chacun des parents les formules $R^2 r'^2 V^2$ et $r^2 R'^2 v^2$. Les deux déterminants R et R' ne se trouvant pas ensemble dans le même individu, la couleur rouge n'existera pas et la couleur violette sera impossible; ces formules conviennent donc bien à des corolles blanches.

Les hybrides de première génération, obtenus par fécondation croisée, auront pour formule $Rr\, R'r'\, Vv$; R et R' étant présents ensemble, la couleur rouge existera et se transformera en violet par l'influence du déterminant V. On s'explique ainsi la couleur violette de l'hybride.

Les combinaisons des déterminants relatives à la seconde génération seront données par la formule $(R + r)^2 (R' + r')^2 (V + v)^2$ que nous développons comme dans le cas des Pois étudiés précédemment :

I	27 violets	$R^2R'^2V^2$	$2R^2R'^2Vv$	$4R^2R'r'Vv$	$8RrR'r'Vv$
			$2R^2R'r'V^2$	$4RrR'r'V^2$	
			$2RrR'^2V^2$	$4RrR'^2Vv$	
II	9 rouges	$R^2R'^2v^2$	$2R^2R'r'v^2$	$4RrR'r'v^2$	
			$2RrR'^2v^2$		
III		$R^2r'^2V^2$	$2R^2r'^2Vv$	$4Rrr'^2Vv$	
			$2Rrr'^2V^2$		
IV		$r^2R'^2V^2$	$2r^2R'^2Vv$	$4r^2R'r'Vv$	
			$2r^2R'r'V^2$		
V	28 blancs	$R^2r'^2v^2$	$2Rrr'^2v^2$		
VI		$r^2r'^2V^2$	$2r^2r'^2Vv$		
VII		$r^2R'^2v^2$	$2r^2R'r'v^2$		
VIII		$r^2r'^2v^2$			

Le groupe I comprend 27 combinaisons contenant toutes, au moins une fois, les déterminants dominants R, R'; donc, la couleur rouge sera possible et sera transformée en violet par la présence du déterminant dominant V. De là les 27 hybrides violets de la seconde génération.

Les formules du groupe II, comprennent toutes à la fois R et R' et jamais V, donc la couleur sera rouge.

Dans aucune des formules des groupes III, IV, V, VI, VII, VIII, R et R' ne sont présents ensemble ; donc le rouge sera impossible et le déterminant V, dans les formules où il existe restera sans effet. La corolle sera donc blanche ; de là les 28 hybrides blancs de la seconde génération.

Cet exemple montre donc :

1° Qu'un caractère, en apparence simple, comme la couleur de la corolle, peut correspondre à deux paires de déterminants ;

2° Qu'il peut exister entre deux caractères dominants une sorte de hiérarchie en vertu de laquelle l'un d'eux ne peut se manifester, même si son déterminant est présent, que si l'autre existe.

445. Associations de caractères. — Bateson (3) a étudié à un autre point de vue les deux variétés de Pois de senteur à fleurs blanches qui diffèrent par les grains de pollen, allongés dans un cas, et arrondis dans l'autre. Considérons le caractère de la corolle rouge R, r et R', r', celui de la corolle violette V, v et celui de la forme du pollen dont les déterminants seront L, l ; L se rapportant au caractère dominant du pollen long et l au caractère récessif du pollen rond. Les formules des deux variétés seront : $R^2 r'^2 V^2 L^2$ et $r^2 R'^2 v^2 l^2$.

L'hybride de première génération obtenu par fécondation croisée sera Rr $R'r'$ Vv Ll et aura une corolle violette et un pollen long. Pour étudier les hybrides de seconde génération obtenus par autofécondation, ne considérons d'abord que les combinaisons relatives aux déterminants R, r et R', r'. Si on se rapporte au tableau du § 444, on voit que, pour 9 combinaisons qui donnent une corolle colorée, il y en aura 7 qui entraîneront une corolle blanche, par suite de l'absence de l'un des déterminants R ou R'. Laissons de côté les individus à corolle blanche, qui sont en tout conformes aux lois de Mendel, et voyons quelles seront, pour les 9 cas de corolles colorées, les combinaisons relatives aux déterminants V, v et L, l.

Ces combinaisons données par le produit $(V + v)^2 (L + l)^2$ seront :

I.	V^2L^2	$2V^2Ll$	$4VvLl$
		$2VvL^2$	
II.	V^2l^2	$2Vvl^2$	
III.	v^2L^2	$2v^2Ll$	
IV.	v^2l^2		

Les formules du groupe I correspondent à une corolle violette et à des grains de pollen longs; celles du groupe II, à une corolle violette et à des grains de pollen ronds; celles du groupe III, à une corolle rouge et à des grains de pollen longs, et celle du groupe IV, à une corolle rouge et à des grains de pollen ronds. Les individus appartenant à chacun de ces groupes devront être en nombres proportionnels à 9, 3, 3, 1 ou bien à 144, 48, 48, 16. Or, on trouve en réalité, pour chaque groupe d'individus, des nombres proportionnels à 177, 15, 15, 49. Cette anomalie, se répétant toujours pareille dans un grand nombre d'expériences, n'est point due au hasard. On lui donne l'interprétation suivante.

La formule $(V + v)^2 (L + l)^2$ qui donne les combinaisons possibles, peut être écrite $(VL + Vl + vL + vl)^2$, ce qui signifie que les deux déterminants donnés par chacun des parents peuvent être associés de quatre façons différentes. Si ces quatre associations, comme c'est la règle, sont en nombre égal, les individus des groupes I, II, III, IV sont entre eux comme 144, 48, 48, 16. Supposons maintenant que ces quatre associations, au lieu d'être en nombre égal, soient entre elles comme les nombres 7, 1, 1, 7; les combinaisons relatives aux hybrides de seconde génération seront alors données par la formule $(7 VL + Vl + vL + 7 vl)^2$ ou :

I.	$49V^2L^2$	$14V^2Ll$	$100VvLl$
		$14VvL^2$	
II.	V^2l^2	$14Vvl^2$	
III.	v^2L^2	$14v^2Ll$	
IV.	$49v^2l^2$		

Les individus des quatre groupes sont bien alors comme les nombres 177, 15, 15, 49. Pour expliquer l'anomalie obser-

vée, il suffit donc de supposer que, dans chacun des parents, les déterminants ne sont pas groupés d'une façon quelconque, mais que certaines associations sont plus fréquentes que d'autres. Dans le cas actuel, les associations des deux caractères dominants et des deux caractères récessifs sont 7 fois plus nombreuses que les associations d'un caractère dominant avec un caractère récessif. Dans d'autres expériences, Bateson a trouvé que les groupements possibles, au lieu d'être comme les nombres 7, 1, 1, 7 sont comme le nombre 15, 1, 1, 15.

On peut donner à cette dérogation aux lois de l'hybridation le nom d'*association de caractères* (*Gametic Coupling* de Bateson). On ne la constate que dans les hybrides de seconde génération.

446. Incompatibilité de caractères. — Une autre dérogation aux lois ordinaires de l'hybridation est encore fournie par les mêmes Pois de senteur. Opérons le croisement des deux mêmes variétés blanches, mais en portant notre attention sur le caractère différentiel tiré de la forme de l'étendard. Dans un cas, l'étendard est droit; dans l'autre, il est replié; le caractère D de l'étendard droit étant dominant par rapport au caractère *d* de l'étendard replié. Les formules des deux races seront donc $R^2 r'^2 V^2 d^2$ et $r^2 R'^2 v^2 D^2$.

Les hybrides de première génération seront tous violets et à étendard droit avec la formule $RrR'r'VvDd$. D'après ce que nous avons vu plus haut, les hybrides de seconde génération seront, les uns à corolle colorée, les autres à corolle blanche, dans la proportion de 144 colorés pour 112 blancs. Examinons seulement les hybrides colorés et voyons comment les colorations violette et rouge, ainsi que les deux formes de l'étendard, seront réparties. Pour cela, supposons d'abord que les règles ordinaires de l'hybridation soient applicables, et voyons quelles seraient alors les diverses combinaisons des déterminants V,*v* et D,*d* données par le produit $(V+v)^2(D+d)^2$.

81	I..............	V^2D^2	$2V^2Dd$	$4VvDd$
			$2VvD^2$	
27	II.............	V^2d^2	$2Vvd^2$	
27	III............	v^2D^2	$2v^2Dd$	
9	IV............	v^2d^2		

Les 144 hybrides colorés se répartiraient en quatre groupes proportionnels aux nombres 81, 27, 27, 9. Le groupe I devrait être violet à étendard droit, le groupe II violet à étendard replié, le groupe III rouge à étendard droit, et le groupe IV rouge à étendard replié. Ces prévisions ne sont point vérifiées.

Il y a bien 81 corolles violettes à étendard droit et 27 corolles violettes à étendard replié; mais au lieu de 27 corolles rouges à étendard droit et 9 corolles rouges à étendard replié, on trouve 36 corolles rouges à étendard droit; il n'y a pas de corolle rouge à étendard replié.

Dans cette expérience les choses se passent donc comme si le caractère de la corolle rouge était incompatible avec celui de l'étendard replié. De là le nom d'*incompatibilité des caractères* (*spurions Allelomorphism* de Bateson) que l'on peut donner à cette dérogation aux règles ordinaires. L'incompatibilité observée paraît bien, dans le cas actuel, être réelle, car, parmi les très nombreuses variétés de Pois de senteur, on n'en connaît aucune qui ait à la fois la corolle rouge et l'étendard replié.

447. Caractères mendéliens.

— La détermination des caractères mendéliens peut présenter certaines difficultés dont les exemples étudiés plus haut peuvent donner une idée. La plupart de ces caractères sont de peu d'importance; citons les principaux de ceux qui ont été étudiés.

La couleur de la corolle est souvent un caractère mendélien et peut correspondre à un seul déterminant ou à la réunion de plusieurs déterminants; dans le premier cas, le caractère est simple, c'est une unité de caractère; dans le second cas, il est composé.

La présence ou l'absence de poils sur les feuilles, la découpure plus ou moins profonde des feuilles ou des pétales peuvent être des caractères mendéliens.

Chez la Primevère, la présence d'un style court associé à des étamines longues produisant de gros grains de pollen est un caractère dominant par rapport au style long associé à des étamines courtes produisant des grains de pollen petits. On voit que, dans ce cas, le caractère mendélien, bien qu'indivisible, se rapporte à plusieurs organes.

La présence ou l'absence de fibres à la face interne des gousses de Haricot est un caractère mendélien. On voit l'importance de ce caractère au point de vue pratique, les gousses sans fibres étant seules comestibles.

Dans le Blé, le fait d'avoir l'entrenœud supérieur de la tige plein ou creux est un caractère mendélien; de même la résistance à certaines maladies, telle que la rouille causée par le *Puccinia glumarum*.

Dans l'association de ces caractères par paire, on admet souvent que la présence d'une certaine particularité et l'absence de la même particularité sont les deux caractères d'une même paire, le caractère de la présence étant en général dominant. Il semble que cette manière de voir puisse être généralisée, même dans les cas où le caractère récessif semble correspondre à la présence d'une particularité réelle; prenons un exemple.

Nous avons vu que la forme ronde de la graine de Pois est un caractère dominant, la forme ridée de la graine étant le caractère récessif. Les deux particularités semblent correspondre chacune à une propriété positive. Mais on sait que la forme ridée est due à ce que la dextrine ne se transforme que très incomplètement en amidon, de là une contraction plus grande de la graine qui se dessèche en mûrissant. On peut donc admettre que la forme ronde est due à la présence de la diastase, qui transforme la dextrine en amidon, tandis que la forme ridée est la conséquence de l'absence de cette même diastase.

En général, les caractères mendéliens sont qualitatifs, c'est-à-dire correspondent à l'absence ou la présence de quelque chose; ils ne sont presque jamais quantitatifs, c'est-à-dire liés au développement plus ou moins grand en longueur, en volume ou en poids d'un organe existant dans tous les cas.

Nous avons vu que ces caractères quantitatifs, qui ont une grande importance au point de vue des applications, sont presque toujours des caractères fluctuants.

448. Applications. — Les lois de Mendel peuvent servir de guide aux horticulteurs qui cherchent à créer de nouvelles variétés de plantes par hybridation. Les nouvelles combinaisons de caractères apparaissent seulement dans la seconde génération d'hybrides et elles y apparaissent toutes, si les individus obtenus sont assez nombreux; c'est donc là seulement qu'il faut chercher les types nouveaux.

Lorsqu'il s'agit de plantes qui se propagent par greffe ou par bouture, le but est atteint dès qu'on a trouvé un individu présentant les caractères recherchés. Mais pour les plantes annuelles qui ne se reproduisent que par graine, il faut encore que la nouvelle variété soit stable et se reproduise fidèlement par semis. Or nous avons vu que, parmi les hybrides de seconde génération qui présentent certains caractères, quelques-uns seulement sont de pure race, les autres, en général les plus nombreux, sont de nature hybride et donnent des produits qui ne sont pas tous semblables à eux.

La méthode des cultures *pedigree* nous permet de discerner, dès la troisième génération, quels sont les hybrides de seconde génération qui sont stables. On sème à part chacune des graines de la seconde génération. Toutes celles qui ne donnent que des produits semblables à la plante mère sont de pure race; on est sûr qu'elles ne varieront pas par la suite. Toutes celles qui ont une descendance mélangée sont à rejeter. Il suffit donc de trois années pour créer et isoler des variétés stables. C'est ainsi que de très nombreuses variétés de plantes d'ornement et de légumes ont été obtenues.

449. Sélection. — Il est facile de se rendre compte de la supériorité de la méthode sûre et rapide de Mendel sur la sélection qui a été longtemps seule employée. Supposons, par exemple, qu'en partant de deux races de Pois (§ 438) caractérisées l'une, A^2B^2, par des graines rondes et des cotylédons jaunes et l'autre, a^2b^2, par des graines ridées et des cotylé-

dons verts, nous voulons obtenir une race stable $A^2 b^2$ de Pois à graines rondes et à cotylédons verts. Nous savons qu'à la seconde génération, trois individus en moyenne sur seize présenteront le caractère cherché et répondront aux formules $A^2 b^2 + 2 A a b^2$. Par la méthode de Mendel, il nous suffit d'une seule culture pour isoler les individus $A^2 b^2$ de race pure; voyons comment on devra s'y prendre en employant la sélection.

On sèmera ensemble toutes les graines $A^2 b^2 + 2 A a b^2$. Supposons, pour simplifier, qu'il n'y en ait que trois et que chacune ne donne que deux produits par autofécondation. La troisième génération comprendra donc 6 graines répondant aux formules $3 A^2 b^2 + 2 A a b^2 + a^2 b^2$. Cinq présenteront les caractères cherchés et seront conservées, la sixième sera rejetée. Semons ces cinq graines pour obtenir une quatrième génération et supposons encore que chacune d'elles en produise deux. On obtiendra donc dix graines correspondant aux formules $7 A^2 b^2 + 2 A a b^2 + a^2 b^2$. Il y aura donc encore une graine $a^2 b^2$ à rejeter; il en sera de même à toutes les générations suivantes.

Le nombre relatif des individus à rejeter diminuera il est vrai à chaque culture, mais à moins d'un hasard heureux on ne sera jamais sûr d'arriver à une pureté absolue, à cause de la présence toujours possible des individus $A a b^2$.

450. Atavisme. — Cet exemple nous permet de comprendre des cas d'atavisme qui paraissent très obscurs. On observe souvent, soit parmi les animaux, soit parmi les végétaux, des individus nettement différents de leurs parents et ne pouvant tenir leurs caractères que d'ancêtres très éloignés.

Dans la sélection que nous venons de suivre, la dixième génération peut donner encore quelques graines vertes ridées qui tiendront le caractère de la graine ridée d'un ancêtre très éloigné, les ascendants des neuf générations précédentes ayant tous leurs graines rondes. Le caractère de la graine ridée peut donc se conserver indéfiniment à l'état latent, grâce à la présence de quelques individus présentant à l'état hybride, $A a$, le caractère de la forme de la graine.

451. Notion de race pure. — La connaissance que nous avons maintenant des règles de l'hybridation nous permet de modifier l'idée qu'on se faisait de la race pure, aussi bien pour les animaux que pour les végétaux. On admettait qu'un individu était de race pure lorsqu'il présentait le caractère de la race et descendait d'une suite assez longue d'ancêtres présentant tous les caractères de cette race.

Il est facile de se rendre compte que cette condition n'est, ni nécessaire, ni suffisante. Elle n'est pas nécessaire, car nous savons que parmi les hybrides normaux il y a un certain nombre d'individus qui ne ressemblent à aucun de leurs parents immédiats, ou même qui ne ressemblent à aucun de leurs parents ni de leurs ancêtres, et qui cependant peuvent être le point de départ d'une race pure absolument stable. C'est le cas, par exemple, pour les hybrides $A^2 B^2 c^2$, $A^2 b^2 C^2$, $a^2 B^2 C^2$, $a^2 b^2 C^2$, $a^2 B^2 c^2$, $A^2 b^2 c^2$ étudiés au paragraphe 440. D'autre part, cette condition n'est pas suffisante, puisque nous avons vu, dans l'étude de la sélection, qu'une série indéfinie de générations, en apparence de pure race, pouvait à un moment quelconque donner naissance à un produit impur (§ 449).

Pour reconnaître si un individu est de pure race, la connaissance des ascendants a donc relativement peu d'importance. La pureté de la race se reconnaît à la nature de la descendance. Un individu est de pure race s'il ne donne que des produits semblables à lui. Ce critérium est d'un emploi facile pour les végétaux qui produisent de nombreuses graines par autofécondation. Mais on conçoit que les choses se compliquent énormément s'il s'agit d'individus unisexués et ne donnant que des produits peu nombreux.

452 Hybrides d'espèces; stérilité ordinaire. — Examinons maintenant le cas où l'on croise deux individus appartenant à deux espèces différentes. Remarquons d'abord que le croisement n'est en général pas réciproque, c'est-à-dire que le pistil d'une espèce A, fécondé par le pollen d'une autre espèce B, ne donne pas le même résultat que le pistil de B fécondé par le pollen de A. De Vries a montré que les hybrides d'espèces ont une tendance à ressembler plus à leur père qu'à leur mère (9).

Un autre caractère ordinaire des hybrides d'espèces est leur stérilité. Les étamines et le pistil ont en apparence des caractères normaux, mais les éléments sexuels s'y développent incomplètement et la reproduction n'a pas lieu. C'est ainsi que les Bégonias hybrides ne donnent pas de graines ; on doit les multiplier par voie végétative. On conçoit qu'alors il ne peut être question de rechercher si ces hybrides sont constants ou se conforment aux lois de Mendel.

Les hybrides d'espèces ne sont pas toujours stériles ; dans certains cas, ils donnent quelques graines et on peut alors étudier leurs propriétés héréditaires. Bateson (3) cite à ce sujet une expérience intéressante faite par Ezra Brainerd sur des hybrides de Violettes Américaines. Des hybrides d'espèces voisines ayant été observés furent cultivés à part et gardés en observation. Leur stérilité était presque complète ; cependant quelques fleurs cléistogames donnèrent des graines qui permirent d'obtenir une seconde génération d'hybrides. On put alors constater que les caractères des parents, confondus dans la première génération, se dissociaient dans la seconde, en suivant les lois de Mendel.

453. Hybrides constants. — Cependant, les hybrides d'espèces, lorsqu'ils sont fertiles, ne suivent pas, en général, les lois de Mendel. Ainsi le *Medicago media*, obtenu par le croisement du *Medicago sativa* et du *Medicago falcata* et qui a des caractères intermédiaires entre ceux de ces deux espèces, est constant ; il se reproduit par graine sans se modifier, et cela depuis la première génération obtenue par le croisement.

Les hybrides d'Œnothères étudiés par de Vries sont également constants et intermédiaires entre les parents. Il en est de même d'un hybride d'*Anemone magellanica* et d'*Anemone silvestris* obtenu par Janczewski. Les hybrides de Fraisier, obtenus par Millardet, sont également constants, mais au lieu d'être intermédiaires entre les parents, ils reproduisent seulement les caractères de l'un d'eux.

Un cas assez curieux a été observé par de Vries en croisant l'*Œnothera biennis* avec l'*Œnothera Lamarckiana*. Les hybrides présentent, dès la première génération, un mélange à par-

ties égales de deux types intermédiaires entre les parents, mais différents l'un de l'autre et tous deux constants; c'est ce qu'on a appelé des *hybrides jumeaux*.

454. Comparaison des hybrides de variétés et des hybrides d'espèces. — En somme, les hybrides d'espèces sont en général stériles; s'ils sont fertiles, leur fertilité est toujours réduite, et ce n'est que dans des cas très rares qu'ils suivent alors les lois de Mendel; le plus souvent ils sont constants et présentent un mélange des caractères des parents. On peut essayer de rattacher les hybrides d'espèces aux hybrides de variétés en ayant recours à « l'association des caractères » et à « l'incompatibilité des caractères » étudiées plus haut (§§ 445 et 446).

Supposons un croisement entre deux espèces voisines, et admettons que dans la première génération les lois de Mendel s'appliquent. On aura ainsi un hybride qui possédera tous les déterminants à l'état hybride et montrera les caractères correspondants aux caractères dominants, les uns étant tirés du père et les autres de la mère. On s'explique ainsi que la première génération, composée d'un type unique, présente un mélange des caractères des parents.

Passons à la seconde génération; nous supposerons que, dans la production par reautofécondation du premier hybride, l'association des caractères s'applique d'une façon complète, de sorte que tous les caractères dominants soient liés entre eux. Les hybrides de seconde génération formeront alors trois groupes seulement, quel que soit le nombre des caractères différentiels des parents.

Pour fixer les idées, nous supposerons que les parents ne diffèrent entre eux que par trois caractères et ont respectivement les formules $A^2 B^2 c^2$ et $a^2 b^2 C^2$. L'hybride de première génération sera $Aa Bb Cc$, tenant les caractères A et B de l'un des parents et C de l'autre. L'association des caractères étant complète, les hybrides de seconde génération seront $A^2 B^2 C^2 + 2 Aa Bb Cc + a^2 b^2 c^2$, ce qui réduira les hybrides à deux types, puisque $Aa Bb Cc$ a les mêmes caractères apparents que $A^2 B^2 C^2$.

Supposons maintenant que l'incompatibilité des caractères fasse disparaître les combinaisons $a^2\ b^2\ c^3$, il ne restera plus alors dans la seconde génération qu'un seul type d'hybride ressemblant à la première génération et intermédiaire entre les parents. On conçoit d'ailleurs que, si tous les caractères dominants apparents appartiennent à un parent, l'hybride reproduira simplement les caractères de ce parent. L'existence des hybrides jumeaux pourrait s'expliquer d'une façon analogue, en supposant que deux combinaisons ont subsisté au lieu d'une seule.

Il resterait encore à expliquer pourquoi les croisements d'espèces, ne sont pas réciproques. Il faut admettre pour cela que dans un même individu les gamètes mâles n'ont pas, au point de vue des déterminants, la même composition que les gamètes femelles. Cette supposition est rendue vraisemblable par une expérience de T. B. Wood (3) sur les moutons. Des croisements opérés d'une façon méthodique, ont montré que chez ces animaux la présence des cornes était un caractère dominant chez les mâles et récessif chez les femelles; l'absence des cornes étant par conséquent un caractère dominant chez les femelles et récessif chez les mâles.

3° NOTION DE L'ESPÈCE ET DE LA VARIÉTÉ.

455. Divers exemples d'*espèces* et *variétés*. — Jusqu'à présent nous nous sommes servis des mots *espèce* et *variété* sans nous préoccuper de les définir d'une façon précise; nous leur avons donné le sens qu'on leur accorde généralement dans le langage ordinaire. Indépendamment de toute théorie scientifique, on range sans hésiter dans la même espèce tous les individus qui descendent les uns des autres; la parenté implique toujours la communauté d'espèce. On réunit aussi dans une même espèce les individus dont on ne connaît pas l'origine, mais qui se ressemblent beaucoup entre eux. On suppose implicitement qu'ils peuvent avoir un lien de parenté.

La notion d'espèce implique donc à la fois l'idée de ressem-

blance et l'idée de parenté. La parenté est un caractère très
net, lorsqu'on la connaît ; mais en général on l'ignore, et on
en est alors réduit à des conjectures. Quant à la ressemblance, nous allons voir dans quelle mesure il est facile d'apprécier le degré qui suffit pour réunir plusieurs individus
dans la même espèce.

Prenons un exemple. Tout le monde connaît la Légumineuse fourragère cultivée sous le nom de Trèfle incarnat ; c'est
une plante annuelle dont les feuilles sont stipulées et à trois
folioles, dont l'inflorescence en épi allongé comprend un très
grand nombre de fleurs, dont les sépales sont aigus, dont la
corolle est rouge et dont le fruit est réduit à un akène.

Tous les pieds de Trèfle incarnat, quelle que soit leur origine, présentent ces particularités ; si l'on suit plusieurs
générations successives obtenues par semis, on retrouve les
mêmes caractères sans variation. On est ainsi amené à l'idée
que cet ensemble de caractères peut servir de définition à
l'espèce Trèfle incarnat, et chaque fois qu'on les trouvera
réunis sur une même plante, dont on ignore d'ailleurs l'origine, on dira que cette plante est du Trèfle incarnat.

Si l'on compare un pied de Trèfle incarnat à un pied de
Trèfle des prés, on constate des différences : dans un cas, la
plante est annuelle, le capitule allongé, la corolle d'un rouge
écarlate ; dans l'autre cas, la plante est vivace, le capitule arrondi, la corolle d'un rouge violet. Cela suffit pour qu'on
range ces plantes dans deux espèces différentes. Mais les
ressemblances : feuilles à trois folioles, fruit à une seule
graine, etc., sont assez importantes pour qu'on considère
ces espèces comme voisines et qu'on les place dans un même
groupe d'ordre supérieur appelé *genre*. On sait que toutes
les plantes sont désignées par deux mots dont l'un est le nom
de genre et l'autre le nom d'espèce. Dans le cas du Trèfle
incarnat (*Trifolium incarnatum*), *Trèfle* est le nom de genre,
incarnat le nom d'espèce ; c'est le principe de la *nomencla-
ture binaire*, usitée depuis Linné.

Le *Draba verna*, petite plante de la famille des Crucifères,
très commune au printemps, va nous donner un exemple d'espèce un peu plus complexe. Le *Draba verna* se reconnaît à

sa tige annuelle portant toutes les feuilles à la base, aux fleurs petites et à pétales blancs échancrés au sommet, aux silicules à cloison large et aux graines nombreuses. Si on se borne à ces caractères, qui sont d'une grande fixité, il n'y a point de difficulté.

Mais les *Draba verna* présentent d'autres particularités qui ne se retrouvent pas pareilles dans tous les individus. Les pétales peuvent être étroits ou larges, les poils de la feuille simples ou ramifiés. Ces caractères sont-ils assez importants pour entraîner la division de l'espèce primitive en plusieurs espèces secondaires? ou bien les considérerons-nous comme des caractères de variétés qui ne portent pas atteinte à l'unité de l'espèce? C'est là une question qui se pose à chaque pas lorsqu'on cherche à préciser les limites d'une espèce. Quel est le critérium qui nous servira à décider si deux plantes appartiennent oui ou non à la même espèce? Nous allons voir les diverses réponses qui ont été faites à cette question.

456. Définitions de l'espèce. — Linné, qui a beaucoup contribué à mettre de la clarté dans les classifications, admettait que les espèces sont fixes et que chacune d'elles correspond à une création spéciale. On cite souvent de lui cette phrase : « Nous connaissons autant d'espèces que la nature en a créées à l'origine ; la nature est impuissante à créer de nouvelles espèces. » Pour délimiter les espèces, il s'agissait donc de reconnaître les individus correspondant à chaque création.

C'est là assurément une conception très simple, mais qui ne résout pas la difficulté, car Linné ne donne aucun critérium permettant de reconnaître si deux individus appartiennent ou non à la même espèce ; il s'en rapporte à un certain sens des affinités qui permet au naturaliste exercé de se faire une opinion dans chaque cas particulier. En fait, les très nombreuses espèces créées par Linné paraissent avoir été définies avec une grande sagacité, et, à ce point de vue, son œuvre a été peu modifiée. Mais cela ne donne pas la solution générale de ce qu'on pourrait appeler le problème de l'espèce.

Cuvier a donné la définition suivante de l'espèce, qu'il consi-

derait lui aussi comme fixe : « Une espèce comprend l'ensemble des individus qui descendent les uns des autres ou qui se ressemblent autant que s'ils descendaient les uns des autres. » Cette définition comprend donc les idées de ressemblance et de parenté qui sont généralement liées à la notion d'espèce, mais elle laisse une très grande part à l'arbitraire. Il faut en effet apprécier, dans chaque cas, le degré de ressemblance qui est nécessaire et suffisant pour que deux individus soient rangés dans la même espèce. La façon dont les individus d'origine connue ressemblent à leurs parents ne peut pas toujours servir de guide. Dans beaucoup de cas, il y a en effet presque identité. Dans les cas d'hybridation, au contraire, nous avons vu qu'une plante peut différer nettement de ses parents. D'ailleurs, la définition de Cuvier a l'inconvénient de s'appliquer à des groupes moins étendus que l'espèce, à la variété.

On a cherché à compléter la définition de Cuvier en disant que l'espèce comprend tous les individus qui, en se croisant, donnent des produits féconds. Cette définition a l'inconvénient de nécessiter des expériences qui sont souvent difficiles et quelquefois impossibles ; mais, même dans les cas qui se prêtent à l'expérimentation, les résultats sont loin d'être nets. Nous avons vu que les hybrides ont toujours une fécondité restreinte, et qui va en diminuant à mesure que les parents se ressemblent moins. A la limite, et avant d'arriver à la stérilité complète, on trouve des cas où les hybrides ne donnent des graines que très rarement. Doit-on dire alors que l'hybride est fécond ou stérile ? D'ailleurs, cette définition de l'espèce est généralement rejetée par les botanistes, qui considèrent, comme faisant partie d'espèces nettement distinctes, certaines plantes dont le croisement donne des produits féconds.

Un critérium adopté par beaucoup de botanistes, et notamment par Jordan, est celui de la fixité des caractères. Toutes les plantes, qui possèdent un ou plusieurs caractères propres restant fixes dans les générations successives obtenues par semis, constituent une espèce distincte. Appliquons ce critérium au cas du *Draba verna*, comme l'a fait Jordan, et semons dans les mêmes conditions les graines récoltées, d'une part sur un pied à pétales étroits, d'autre part sur un pied à pétales

larges. Nous verrons que ces caractères se conservent invariables dans les nouveaux individus obtenus, et cela pendant
un nombre de générations aussi grand qu'on voudra. On est
ainsi conduit à diviser l'espèce ancienne en deux nouvelles
espèces.

En considérant de nouveaux caractères, on sera amené à
opérer de nouvelles subdivisions. Les espèces augmenteront
en nombre presque indéfiniment, différant à peine les unes
des autres. On se sera ainsi éloigné de la notion vulgaire
d'espèce qui nous a servi de point de départ, sans avoir
jamais le droit de dire qu'on est arrivé à la dernière limite des
divisions possibles. Il en résulte donc une complication inutile.

457. Espèces élémentaires. — Les nouvelles espèces ainsi
créées ont cependant quelque intérêt, car elles correspondent
à une certaine réalité, à l'existence d'un caractère fixe; elles
montrent que les espèces plus vastes créées par Linné, les
espèces linnéennes comme on dit quelquefois, constituent un
ensemble souvent complexe. Linné admettait bien l'existence
de variétés dans une espèce donnée, mais il pensait que ces
variétés, dues à l'influence du milieu, étaient de simples déri-
vations variables de l'espèce type.

Les expériences de Jordan et d'autres botanistes ont montré, au contraire, que ces caractères secondaires sont aussi
stables et aussi indépendants du milieu que les caractères de
l'espèce linnéenne. Tous les caractères variables, sous l'influence des conditions extérieures, avaient été exclus par Jordan, et ne peuvent servir de base à la création d'une nouvelle
espèce.

Les espèces, ainsi établies sur des caractères peu importants
mais fixes, sont donc aussi légitimes que les espèces linnéennes; on les a admises en leur donnant le nom de *petites espèces* ou *espèces élémentaires*. Les espèces linnéennes peuvent
être ainsi divisées en un nombre plus ou moins grand d'espèces élémentaires; quelques unes ont montré une remarquable
homogénéité et n'ont pas été divisées, au moins jusqu'à présent; d'autres, au contraire, se sont émiettées d'une façon
presque indéfinie.

En soumettant à l'examen, pendant une série de générations, les caractères relatifs aux dimensions de la corolle, des feuilles ou des tiges, à la forme des poils, etc., Jordan a reconnu jusqu'à 200 espèces élémentaires dans le *Draba verna*.

Les espèces de plantes cultivées n'ont pas échappé à ce morcellement. L'Orge à six rangs, caractérisée par la disposition des épillets suivant six rangées équivalentes, paraît une espèce très homogène. Cependant, un examen attentif a révélé des différences entre les divers individus. Ainsi la rainure qui se trouve à la face ventrale des grains porte des poils très courts qui sont, tantôt droits et raides, tantôt mous et ondulés. En faisant des cultures séparées de ces deux sortes de grains, on constate que les caractères se transmettent avec une grande fixité. Ils peuvent donc servir à établir des espèces élémentaires dans l'espèce linnéenne primitive.

Au point de vue pratique, ces distinctions peuvent avoir un certain intérêt, car les caractères morphologiques sur lesquels elles sont fondées sont liés à des caractères physiologiques importants, mais impossibles à déceler sur la graine. Telle espèce élémentaire que l'on reconnaît à un caractère infime de la graine peut, en effet, se distinguer des autres par la vigueur des tiges, la précocité de la floraison, la composition chimique du grain. Le Blé et l'Avoine ont donné lieu, comme l'Orge, à la création de nombreuses espèces élémentaires.

458. Variétés. — Prenons un autre exemple. On sait que les grains de Maïs ont une surface lisse et un albumen renfermant presque exclusivement de l'amidon; mais, dans certains cas, la graine est ridée et l'albumen renferme beaucoup de sucre et de dextrine. Ces deux sortes de grains sont produits par des pieds semblables d'ailleurs. Si on sème des grains ridés on récoltera des grains semblables. Le caractère des grains ridés se transmet donc par semis. Devrons-nous pour cela diviser l'espèce primitive en deux autres, une pour les grains amylacés, l'autre pour les grains sucrés?

Le cas n'est pas tout à fait le même que pour les *Draba*. Le caractère unique qui distingue le Maïs sucré du Maïs amylacé est un caractère que l'on considère comme acquis depuis

une époque relativement récente; le grain sucré est une variation fixée du grain amylacé. Dans ce cas, on admet que le Maïs à grain ridé n'est pas une espèce distincte, mais une simple *variété* du Maïs à grain amylacé qui reste l'espèce type.

On pourrait citer de nombreux exemples de variétés qui se rattachent à des espèces dont elles ne diffèrent en général que par un seul caractère, acquis ordinairement depuis une époque récente. C'est ainsi que le Persil à feuilles frisées est une variété du Persil ordinaire, dont il ne diffère que par la forme de ses feuilles. Le Peuplier d'Italie est une variété du Peuplier noir, dont il ne diffère que par son port pyramidal. Le Hêtre à feuilles rouges est une variété du Hêtre ordinaire à feuilles vertes. Un très grand nombre d'espèces ornementales à fleurs colorées ont des variétés à fleurs blanches.

Les caractères qui distinguent les variétés des espèces types sont peu nombreux et se rapportent presque toujours à la couleur des fleurs, à la couleur ou à la découpure des feuilles, à la direction ou à la longueur des rameaux, au plus ou moins grand développement des poils ou des épines. Aussi, lorsqu'on rencontre une plante d'origine inconnue, qui ne diffère d'une espèce donnée que par un de ses caractères, on admet généralement qu'on a affaire à une variété et non à une espèce distincte.

459. Limite entre l'espèce élémentaire et la variété. —

La distinction entre les espèces élémentaires et les variétés est souvent arbitraire. Les espèces élémentaires provenant du démembrement d'une espèce linnéenne, sont ordinairement équivalentes entre elles, et l'on n'a pas de raison de croire que le caractère qui distingue certaines d'entre elles soit d'acquisition récente. Les variétés, au contraire, se groupent autour d'une espèce type dont elles ne sont en général séparées que par un seul caractère. Dans certains cas cependant, surtout fréquents chez les plantes cultivées, on peut être embarrassé pour reconnaître si une forme donnée est une espèce distincte ou une variété.

Prenons l'exemple des Choux. Tous les Choux cultivés se

rapportent à une même espèce linnéenne, le *Brassica oleracea*; mais ils peuvent présenter dans leur appareil végétatif
des caractères très différents. Le Chou vert a une tige courte
terminée par un énorme bourgeon comestible; le Chou de
Bruxelles a une tige plus longue portant de petits bourgeons
échelonnés sur toute sa longueur; le Chou-fleur a une inflorescence qui, avant le développement des fleurs, est charnue
et compacte; le Chou cavalier a une longue tige ligneuse, le
Chou rave a une racine charnue comme un Betterave.

Ces diverses formes de Choux se reproduisent fidèlement
par graines. On aurait donc le droit de les considérer comme
des espèces élémentaires distinctes, et cela d'autant plus qu'on
n'en connaît pas l'origine. On suppose, cependant, mais sans
en avoir la preuve absolue, que ce sont des variétés dérivées
du *Brassica oleracea*, Crucifère non utilisable comme lé-
gume et qui croît sur les bords de la Manche. Cette opinion
est surtout fondée sur ce fait que les caractères floraux des
Choux cultivés sont les mêmes que ceux du *Brassica* sauvage.

On éprouve le même embarras pour les Betteraves. Les
formes à racines rouges, jaunes ou blanches se reproduisent
fidèlement par graines et, d'autre part, leurs caractères floraux
les rattachent au *Beta vulgaris*, plante à racine mince des
bords de l'Océan. On n'en connaît d'ailleurs pas l'origine.
On les considère comme des variétés et non comme des espèces distinctes, car leurs caractères propres sont de ceux qui
en général distinguent les variétés, et l'on suppose que ces
caractères ont été acquis depuis que ces plantes sont cultivées.

460. Passages de la variété à l'individu. — Il n'y a donc
pas de critérium nous permettant de distinguer une espèce
élémentaire d'une variété nettement caractérisée et bien fixée.
Mais toutes les variétés n'ont pas ce caractère de fixité. Considérons, par exemple, les Pommiers cultivés, spécialement
étudiés par Van Mons. Si on sème un pépin de pomme on
obtient un arbre qui, par la plupart de ses caractères, ressemble à celui qui a produit le pépin; les tiges, les feuilles, les

fleurs se distinguent à peine, les fruits ont la même forme et le même parfum, mais presque toujours sont plus petits.

On dit que ce Pommier ne se reproduit pas fidèlement par graines, parce qu'on attache une grande importance à la grosseur du fruit. Pour conserver cette grosseur, on multiplie l'arbre par greffe. C'est, en somme, le même être que l'on morcelle. On dit bien encore, dans ce cas, qu'on a une variété de Pommier, mais c'est une variété qui ne conserve pas ses caractères par graines et qui est réduite à un seul être pouvant se diviser indéfiniment en plusieurs individus, mais provenant d'une graine unique.

D'ailleurs, entre une variété proprement dite, conservant ses caractères par graines, et un être unique présentant des caractères spéciaux non héréditaires, on peut trouver des intermédiaires : ce sont les variétés qui ne se reproduisent que partiellement par graines.

Ainsi, on connaît une variété de Robinier appelée monophylle; les feuilles, au lieu d'être composées d'un grand nombre de folioles, ont des folioles moins nombreuses, mais beaucoup plus grandes. Si on sème les graines produites par un pareil arbre, on obtient seulement quelques arbres de la variété monophylle, les autres ressemblent à l'espèce type.

De la variété fixée, on peut donc passer, par une série de transitions, à la variété réduite à un seul être et qui ne peut se propager que par voie végétative.

On pourrait même aller plus loin et montrer que deux individus d'une même espèce peuvent toujours être considérés comme faisant partie de deux variétés différentes. Nous avons vu en effet que, si certains caractères sont fixes ou relativement fixes, d'autres sont fluctuants et varient d'une plante à l'autre. Or, en considérant deux individus de la même variété, il est toujours possible de les distinguer par un caractère. Si donc l'un de ces individus est pris comme type de la variété, l'autre pourra être considéré comme type d'une autre variété, non fixée il est vrai, mais distincte de la première.

461 Groupes naturels et groupes conventionnels. — Nous venons de voir que l'espèce, telle que Linné l'avait établie,

a des limites très incertaines. Une espèce étant créée, on n'a pas de critérium net pour reconnaître les individus qui doivent y être rapportés. De plus, beaucoup d'espèces linnéennes peuvent et doivent être divisées en un certain nombre d'espèces élémentaires, et rien n'indique la limite où l'on doit s'arrêter dans ce morcellement des espèces. Dans beaucoup de cas, il est impossible d'établir une distinction entre l'espèce linnéenne et l'espèce élémentaire.

Nous avons vu d'ailleurs qu'il est souvent très difficile de savoir si on a affaire à une espèce élémentaire ou à une simple variété fixée. D'autre part, comme nous en verrons plus loin de nouveaux exemples, on trouve des intermédiaires entre une variété fixée et une variété qui ne se reproduit que partiellement par graines; la variété non fixée se réduit même à un être unique, si on suppose que son caractère distinctif ne se reproduit pas du tout par graines.

On voit donc qu'il n'existe aucune limite naturelle nette entre l'individu, la variété, l'espèce élémentaire, l'espèce linnéenne, et même le genre. Il ne paraît donc pas possible d'établir des groupements nets conformes à l'état réel des choses. En se rapprochant de la nature, les classifications perdent donc en simplicité et en précision ce qu'elles gagnent en vérité. Une classification vraiment naturelle, en admettant qu'elle puisse exister, serait d'un usage à peu près impossible.

Mais ce n'est pas une raison pour renoncer à toute classification, ni même pour ne pas essayer d'établir des groupements qui donnent une idée aussi exacte que possible des relations naturelles des êtres. Une bonne classification doit faciliter le langage et les recherches, tout en suivant la nature d'aussi près que possible. Par conséquent, après avoir reconnu notre impuissance à définir d'une façon précise l'espèce et la variété, nous n'en continuerons pas moins à nous servir de ces termes indispensables pour l'étude; mais nous ne leur attribuerons, dans tous les cas, qu'une signification conventionnelle et provisoire.

Pour les usages courants, *l'espèce linnéenne* est parfaitement suffisante. La connaissance des espèces élémentaires n'est utile que pour certaines études spéciales. La distinction

entre l'espèce élémentaire et la variété, souvent impossible,
n'est pas toujours utile. Nous appellerons *variétés* les groupes
qui paraissent détachés d'un type resté relativement fixe, en
réservant le nom d'*espèces élémentaires* pour le cas où les
subdivisions de l'espèce paraissent équivalentes entre elles.

Le mot *race* est souvent employé, surtout par les zoolo-
gistes, pour désigner une variété fixée, le mot variété étant
alors réservé au cas où le caractère propre ne se transmet pas
par reproduction sexuée; mais cet usage n'a pas prévalu parmi
les botanistes.

462. Variétés fixées. — On admet souvent que l'absence
de fixité est un des caractères qui distinguent les variétés des
espèces autonomes. Pour vérifier dans quelle mesure cette
opinion est fondée, prenons une variété nettement caractérisée comme telle. On sait que le *Senecio Jacobæa* est une
Composée Radiée dont tous les capitules présentent vers leur
périphérie une rangée de fleurs en languette; on en connaît
une variété où les fleurs en languette font défaut, et c'est là
le seul caractère qui la distingue de l'espèce type. Recueillons
des graines sur un individu de cette variété et cultivons-les à
part, de façon à éviter les hybridations. On constate que le
caractère de la variété se maintient sans modification pendant une longue série de générations successives. Le caractère de la variété est donc fixé au même titre que les caractères de l'espèce.

Soumises à cette épreuve de culture isolée, la plupart des
variétés des plantes sauvages montrent une grande fixité.
C'est le cas notamment de la variété sans fleurs ligulées de
Matricaria Chamomilla et des variétés à fleurs blanches du
Brunella vulgaris, du *Thymus vulgaris*, du *Digitalis pur-
purea*. Les variétés des plantes cultivées sont aussi fixées pour
la plupart; le Persil à feuilles frisées, les différentes variétés
de Laitue, de Chicorée, de Choux se reproduisent fidèlement
par graines. Mais, dans tous les cas, pour faire l'épreuve de
la fixité d'une variété, il faut la cultiver à part de façon à
éviter les croisements.

Une cause de la non fixité d'une variété peut être son ori-

gine hybride. Nous savons, en effet, que si certains hybrides sont fixés, d'autres sont sujets à varier dans leur descendance, parce qu'ils possèdent un caractère récessif à l'état latent (§ 436). On sait que, dans ce cas, la séparation des caractères et le retour aux parents s'effectue dès la génération suivante; il suffira donc d'une seule expérience pour reconnaître si on a affaire à un hybride de cette sorte.

463. Vicinisme. — Nous venons de voir que la plupart des variétés étaient fixées. On observe cependant, dans les variétés de plantes cultivées, des retours très fréquents de la variété à l'espèce type. Dans un carré de Brunelles à fleurs blanches, par exemple, on trouve chaque année quelques individus à fleurs rouges. Les horticulteurs pensent que la variété n'est pas fixée et fait retour à l'espèce type; on dit que c'est de l'*atavisme*.

En réalité, il en est autrement et la cause de ces retours est la présence dans le voisinage d'individus à fleurs rouges dont le pollen peut venir féconder les fleurs blanches. Voici comment les choses se passent. Le pollen d'une fleur rouge vient féconder une fleur blanche; il en résulte des graines hybrides que rien ne distinguera des autres et qui, semées l'année suivante, donneront un individu hybride.

Mais presque toujours le caractère de l'espèce est dominant par rapport à celui de la variété; dans le cas actuel, le caractère de la corolle rouge est dominant par rapport à celui de la corolle blanche. L'hybride aura donc une corolle rouge, et c'est ainsi que des individus à fleurs rouges apparaîtront au milieu des fleurs blanches. On les arrachera, mais en général après que leur pollen aura fécondé les fleurs blanches voisines; l'année suivante, il y aura donc encore des hybrides à fleurs rouges.

Ce ne sont donc pas là des cas de retour dus au manque de fixité de la variété, mais simplement des cas d'hybridation. De Vries a donné le nom de *vicinisme* à cette modification des variétés sous l'influence du pollen des plantes voisines.

Si, au lieu de considérer une variété où le caractère auquel on s'intéresse est récessif, on considère des plantes où ce

caractère est dominant, les choses se passent autrement. Supposons, en effet, un carré de Brunelles à fleurs rouges dont quelques fleurs seraient fécondées par du pollen de fleurs blanches. On aurait encore des graines hybrides donnant, l'année suivante, des individus hybrides, mais que rien ne distinguerait de leurs voisins, car ils présenteraient le caractère dominant de la corolle rouge. C'est seulement à la génération suivante que les corolles blanches apparaîtraient.

Il existe encore une autre différence entre les deux cas. Si dans un carré de Brunelles blanches on enlève tous les pieds rouges, avant l'ouverture des fleurs, on aura enlevé tous les hybrides et le carré sera complètement épuré, à moins que la contamination ne se produise par des carrés voisins. Au contraire, lorsqu'on a arraché toutes les Brunelles blanches d'un carré de Brunelles rouges, on laisse forcément tous les individus hybrides qu'on ne peut reconnaître et qui, l'année suivante, redonneront des produits à corolles blanches. Nous avons vu que le seul moyen rapide pour isoler une variété ayant un caractère dominant est l'emploi des cultures *pedigree* (§ 448).

Le vicinisme peut donner l'explication de certains faits qui avaient été interprétés autrement. On observe quelquefois que des variétés nouvelles de Blé, par exemple, introduites dans une région, disparaissent au bout de quelques années, bien qu'on sème toujours les graines produites par la variété en question. C'est que le pollen des champs voisins vient produire des hybrides chez lesquels le caractère de la mère est masqué par le caractère du père. C'est ainsi qu'une variété de Maïs dite « Maïs Tuscarora », importée des États-Unis dans le duché de Bade, a complètement disparu au bout de trois ans. Les variétés doivent donc être isolées si on veut les conserver dans toute leur pureté.

464. Variétés non fixées. — La variété *monophylla* du *Robinia pseudo-Acacia* diffère de l'espèce type par ses feuilles dont les folioles sont plus grandes et moins nombreuses; souvent même, il n'y a qu'une seule foliole par feuille (de là le nom de la variété). Les graines récoltées sur la variété don-

nent des individus qui, pour la plupart (70 p. 100 environ), reproduisent les caractères de l'espèce; 30 p. 100 seulement conservent le caractère de la variété. Nous n'avons donc pas ici une variété fixée; c'est pour cette raison que les pépiniéristes multiplient le Robinier monophylle, non par graines mais par greffe.

Il en est de même d'un grand nombre d'autres variétés d'arbres. Il existe, par exemple, une variété de Hêtre dont les feuilles sont laciniées au lieu d'être entières; 10 p. 100 seulement en moyenne des graines produites par ces arbres conservent le caractère de la variété, les autres font retour à l'espèce type. Nous verrons plus loin (§ 466), quand nous étudierons les variétés doubles, l'interprétation que l'on peut donner de ce retour partiel.

On sait que la plupart des variétés d'arbres fruitiers sont multipliées par greffe. C'est qu'en effet le caractère de la variété ne se conserve pas fidèlement par semis. Les variétés ne sont pas fixées. Mais dans le cas des arbres fruitiers, les choses sont compliquées par ce fait que les caractères intéressants, la grosseur du fruit par exemple, sont des caractères fluctuants. Nous verrons (§ 474) comment la fixation de pareilles variétés n'est possible que si on les multiplie par une voie végétative, greffe ou bouture, et non par graine.

465. Variétés instables. — Les Mufliers (*Antirrhinum majus*) à fleurs striées vont nous fournir un exemple de ce qu'on a appelé des *variétés instables* (9). Dans la variété de Mufliers à fleurs striées, on trouve des individus très différents; les uns ont une corolle entièrement rouge; chez les autres, la corolle présente des stries alternativement rouges et jaunes, la largeur relative des deux sortes de stries variant suivant les individus. On trouve tous les intermédiaires entre une corolle où les stries jaunes sont très étroites et qui paraît presque rouge, et une corolle où les stries rouges sont très étroites et qui paraît presque jaune.

Depuis que cette variété est connue, il a été impossible d'éliminer complètement les individus à fleurs complètement rouges. Si on ne sème que des graines provenant de fleurs

striées, on obtient en moyenne 90 p. 100 d'individus à fleurs striées et 10 p. 100 d'individus à fleurs rouges. La sélection, même opérée pendant une longue série de générations, ne peut abaisser au-dessous de cette limite la proportion des individus à fleurs rouges. D'autre part, si on sème des graines produites par des fleurs rouges, on obtient en moyenne 76 p. 100 d'individus à fleurs rouges et 24 p. 100 à fleurs striées.

Le caractère de la variété n'est donc pas invariable ; il oscille entre certaines limites qui sont : d'une part, la corolle complètement rouge, d'autre part la corolle presque jaune par suite de la grande réduction des stries rouges. La variété n'est donc pas fixée, si on la définit par une couleur déterminée de la corolle ; elle est fixée, au contraire, si on la définit par les limites entre lesquelles oscille la couleur de la corolle. On dit que cette variété est *instable* pour exprimer la variabilité continuelle, mais définie, de son caractère essentiel.

Un autre exemple de variété instable, étudié comme le précédent par de Vries, nous est fourni par les Pavots présentant le caractère de la *pistillodie* : un certain nombre d'étamines sont transformées en carpelles et constituent autour de la capsule centrale une couronne plus ou moins incomplète de petites capsules généralement dépourvues de graines. Dans certains individus, les étamines transformées sont nombreuses et forment une couronne complète, mais il reste toujours quelques étamines fertiles. Dans d'autres individus, quelques rares étamines seulement sont transformées, et encore incomplètement, leur filet est simplement plus épais et leur anthère stérile. Entre ces deux cas extrêmes, on trouve une série d'intermédiaires. Quel que soit le choix des porte-graines, la variété oscille toujours entre ces deux limites. Le nombre des étamines transformées en carpelles peut être considéré comme un caractère fluctuant.

Dans le cas des Pavots, les conditions extérieures ont une influence sur le degré où se manifeste le caractère de la variété. Dans les sols fertiles, les étamines transformées sont beaucoup plus nombreuses que dans les sols maigres. Mais il est impossible d'obtenir la transformation de toutes les étami-

directement au-dessus de la mine et dans la ligne de son action la plus puissante. Mais, en ce moment, je ne songeais qu'à sauver ma vie. D'abord, le ballon s'affaissa, puis il se dilata furieusement, puis il se mit à pirouetter avec une vélocité vertigineuse, et finalement, vacillant et roulant comme un homme ivre, il me jeta par-dessus le bord de la nacelle, et me laissa accroché à une épouvantable hauteur, la tête en bas par un bout de corde fort mince, haut de trois pieds de long environ, qui pendait par hasard à travers une crevasse, près du fond du panier d'osier, et dans lequel, au milieu de ma chute, mon pied gauche s'engagea providentiellement. Il est impossible, absolument impossible, de se faire une idée juste de l'horreur de ma situation. J'ouvrais convulsivement la bouche pour respirer, un frisson ressemblant à un accès de fièvre secouait tous les nerfs et tous les muscles de mon être, – je sentais mes yeux jaillir de leurs orbites, une horrible nausée m'envahit, – enfin je m'évanouis et perdis toute conscience.

Combien de temps restai-je dans cet état, il m'est impossible de le dire. Il s'écoula toutefois un assez long temps, car, lorsque je recouvrai en partie l'usage de mes sens, je vis le jour qui se levait ; – le ballon se trouvait à une prodigieuse hauteur au-dessus de l'immensité de l'Océan, et dans les limites de ce vaste horizon, aussi loin que pouvait s'étendre ma vue, je n'apercevais pas trace de terre. Cependant, mes sensations, quand je revins à moi, n'étaient pas aussi étrangement douloureuses que j'aurais dû m'y attendre. En réalité, il y avait beaucoup de folie dans la contemplation placide avec laquelle j'examinai d'abord ma situation. Je portai mes deux mains devant mes yeux, l'une après l'autre, et me demandai avec étonnement quel accident pouvait avoir gonflé mes veines et noirci si horriblement mes ongles. Puis j'examinai soigneusement ma tête, je la secouai à plusieurs reprises, et la tâtai avec une attention minutieuse, jusqu'à ce que je me fusse heureusement assuré qu'elle n'était pas, ainsi que j'en avais eu l'horrible idée, plus grosse que mon ballon. Puis, avec l'habitude d'un homme qui sait où sont ses poches, je tâtai les deux poches de ma culotte, et, m'apercevant que j'avais perdu mon calepin et mon étui à cure-dent, je m'efforçai de me rendre compte de leur

endeavored to account for their disappearance, and, not being able to do so, felt inexpressibly chained. It now occurred to me that I suffered great uneasiness in the joint of my left ankle, and a dim consciousness of my situation began to glimmer through my mind. But, strange to say! I was neither astonished nor horror-stricken. If I felt any emotion at all, it was a kind of chuckling satisfaction at the cleverness I was about to display in extricating myself from this dilemma; and never, for a moment, did I look upon my ultimate safety as a question susceptible of doubt. For a few minutes I remained wrapped in the profoundest meditation. I have a distinct recollection of frequently compressing my lips, putting my fore-finger to the side of my nose, and making use of other gesticulations and grimaces common to men who, at ease in their arm-chairs, meditate upon matters of intricacy or importance. Having, as I thought, sufficiently collected my ideas, I now, with great caution and deliberation, put my hands behind my back, and unfastened the large iron buckle which belonged to the waistband of my pantaloons. This buckle had three teeth, which, being somewhat rusty, turned with great difficulty on their axis. I brought them, however, after some trouble, at right angles to the body of the buckle, and was glad to find them remain firm in that position. Holding within my teeth the instrument thus obtained, I now proceeded to untie the knot of my cravat. I had to rest several times before I could accomplish this manœuvre; but it was at length accomplished. To one end of the cravat I then made fast the buckle, and the other end I tied, for greater security, tightly around my wrist. Drawing now my body upwards, with a prodigious exertion of muscular force, I succeeded, at the very first trial, in throwing the buckle over the car, and entangling it, as I had anticipated, in the circular rim of the wicker-work.

My body was now inclined towards the side of the car, at aft angle of about forty-five degrees; but it must not be understood that I was therefore only forty-five degrees below the perpendicular. So far from it, I still lay nearly level with the plane of the horizon; for the change

disparition, et, ne pouvant y réussir, j'en ressentis un inexprimable chagrin. Il me sembla alors que j'éprouvais une vive douleur à la cheville de mon pied gauche, et une obscure conscience de ma situation commença à poindre dans mon esprit. Mais – chose étrange ! – je n'éprouvai ni étonnement ni horreur. Si je ressentis une émotion quelconque, ce fut une espèce de satisfaction ou d'épanouissement en pensant à l'adresse qu'il me faudrait déployer pour me tirer de cette singulière alternative ; et je ne fis pas de mon salut définitif l'objet d'un doute d'une seconde. Pendant quelques minutes, je restai plongé dans la plus profonde méditation. Je me rappelle distinctement que j'ai souvent serré les lèvres, que j'ai appliqué mon index sur le côté de mon nez, et j'ai pratiqué les gesticulations et grimaces habituelles aux gens qui, installés tout à leur aise dans leur fauteuil, méditent sur des matières embrouillées ou importantes. Quand je crus avoir suffisamment rassemblé mes idées, je portai avec la plus grande précaution, la plus parfaite délibération, mes mains derrière mon dos, et je détachai la grosse boucle de fer qui terminait la ceinture de mon pantalon. Cette boucle avait trois dents qui, étant un peu rouillées, tournaient difficilement sur leur axe. Cependant, avec beaucoup de patience, je les amenai à angle droit avec le corps de la boucle et m'aperçus avec joie qu'elles restaient fermes dans cette position. Tenant entre mes dents cette espèce d'instrument, je m'appliquai à dénouer le nœud de ma cravate. Je fus obligé de me reposer plus d'une fois avant d'avoir accompli cette manœuvre ; mais, à la longue, j'y réussis. À l'un des bouts de la cravate, j'assujettis la boucle, et, pour plus de sécurité, je nouai étroitement l'autre bout autour de mon poing. Soulevant alors mon corps par un déploiement prodigieux de force musculaire, je réussis du premier coup à jeter la boucle par-dessus la nacelle et à l'accrocher, comme je l'avais espéré, dans le rebord circulaire de l'osier.

Mon corps faisait alors avec la paroi de la nacelle un angle de quarante-cinq degrés environ ; mais il ne faut pas entendre que je fusse à quarante-cinq degrés au-dessous de la perpendiculaire ; bien loin de là, j'étais toujours placé dans un plan presque parallèle au

of situation which I had acquired, had forced the bottom of the car considerably outward from my position, which was accordingly one of the most imminent peril. It should be remembered, however, that when I fell, in the first instance, from the car, if I had fallen with my face turned toward the balloon, instead of turned outwardly from it as it actually was—or if, in the second place, the cord by which I was suspended had chanced to hang over the upper edge, instead of through a crevice near the bottom of the car—I say it may readily be conceived that, in either of these supposed eases, I should have been unable to accomplish even as much as I had now accomplished, and the disclosures now made would have been utterly lost to posterity. I had therefore every reason to be grateful; although, in point of fact, I was still too stupid to be any thing at all, and hung for, perhaps, a quarter of an hour, in that extraordinary manner, without making the slightest farther exertion, and in a singularly tranquil state of idiotic enjoyment. But this feeling did not fail to die rapidly away, and thereunto succeeded horror, and dismay, and a sense of utter helplessness and ruin. In fact, the blood so long accumulating in the vessels of my head and throat, and which had hitherto buoyed up my spirits with delirium, had now begun to retire within their proper channels, and the distinctness which was thus added to my perception of the danger, merely served to deprive me of the self-possession and courage to encounter it. But this weakness was, luckily for me, of no very long duration. In good time came to my rescue the spirit of despair, and, with frantic cries and struggles, I jerked my way bodily upwards, till, at length, clutching with a vice-like grip the long-desired rim, I writhed my person over it, and fell headlong and shuddering within the car.

It was not until some time afterward that I recovered myself sufficiently to attend to the ordinary cares of the balloon. I then, however, examined it with attention, and found it, to my great relief, uninjured. My implements were all safe, and, fortunately, I had lost neither ballast nor provisions. Indeed, I had so well secured them in

niveau de l'horizon ; car la nouvelle position que j'avais conquise avait eu pour effet de chasser d'autant le fond de la nacelle, et conséquemment ma position était des plus périlleuses. Mais qu'on suppose que, dans le principe, lorsque je tombai de la nacelle, je fusse tombé la face tournée vers le ballon au lieu de l'avoir tournée du côté opposé, comme elle était maintenant, – ou, en second lieu, que la corde par laquelle j'étais accroché eût pendu par hasard du rebord supérieur, au lieu de passer par une crevasse du fond, – on concevra facilement que, dans ces deux hypothèses, il m'eût été impossible d'accomplir un pareil miracle, – et les présentes révélations eussent été entièrement perdues pour la postérité. J'avais donc toutes les raisons de bénir le hasard ; mais, en somme, j'étais tellement stupéfié que je me sentais incapable de rien faire, et que je restai suspendu, pendant un quart d'heure peut-être, dans cette extraordinaire situation, sans tenter de nouveau le plus léger effort, perdu dans un singulier calme et dans une béatitude idiote. Mais cette disposition de mon être s'évanouit bien vite et fit place à un sentiment d'horreur, d'effroi, d'absolue désespérance et de destruction. En réalité, le sang si longtemps accumulé dans les vaisseaux de la tête et de la gorge, et qui avait jusque-là créé en moi un délire salutaire dont l'action suppléait à l'énergie, commençait maintenant à refluer et à reprendre son niveau ; et la clairvoyance qui me revenait, augmentant la perception du danger, ne servait qu'à me priver du sang-froid et du courage nécessaires pour l'affronter. Mais, par bonheur pour moi, cette faiblesse ne fut pas de longue durée. L'énergie du désespoir me revint à propos, et, avec des cris et des efforts frénétiques, je m'élançai convulsivement et à plusieurs reprises par une secousse générale, jusqu'à ce qu'enfin, m'accrochant au bord si désiré avec des griffes plus serrées qu'un étau, je tortillai mon corps par-dessus et tombai la tête la première et tout pantelant dans le fond de la nacelle.

Ce ne fut qu'après un certain laps de temps que je fus assez maître de moi pour m'occuper de mon ballon. Mais alors je l'examinai avec attention et découvris, à ma grande joie, qu'il n'avait subi aucune avarie. Tous mes instruments étaient sains et saufs, et, très-heureusement, je n'avais perdu ni lest ni provisions. À la vérité, je les

their places, that such an accident was entirely out of the question. Looking at my watch, I found it six o'clock. I was still rapidly-ascending, and the barometer gave a present altitude of three and three-quarter miles. Immediately beneath me in the ocean, lay a small black object, slightly oblong in shape, seemingly about the size of a domino, and in every respect bearing a great resemblance to one of those toys. Bringing my telescope to bear upon it, I plainly discerned it to be a British ninety-four gun ship, close-hauled, and pitching heavily in the sea with her head to the W. S. W. Besides this ship, I saw nothing but the ocean and the sky, and the sun, which had long arisen.

It is now high time that I should explain to your Excellencies the object of my voyage. Your Excellencies will bear in mind that distressed circumstances in Rotterdam had at length driven me to the resolution of committing suicide. It was not, however, that to life itself I had any positive disgust, but that I was harassed beyond endurance by the adventitious miseries attending my situation. In this state of mind, wishing to live, yet wearied with life, the treatise at the stall of the bookseller, backed by the opportune discovery of my cousin of Nantz, opened a resource to my imagination. I then finally made up my mind. I determined to depart, yet live—to leave the world, yet continue to exist—in short, to drop enigmas, I resolved, let what would ensue, to force a passage, if I could, to the moon. Now, lest I should be supposed more of a madman than I actually am, I will detail, as well as I am able, the considerations which led me to believe that an achievement of this nature, although without doubt difficult, and full of danger, was not absolutely, to a bold spirit, beyond the confines of the possible.

The moon's actual distance from the earth was the first thing to be attended to. Now, the mean or average interval between the centres of the two planets is 59.9643 of the earth's equatorial radii, or only about 237,000 miles. I say the mean or average interval;—but it must

avais si bien assujettis à leur place qu'un pareil accident était chose tout à fait improbable. Je regardai à ma montre, elle marquait six heures. Je continuais à monter rapidement, et le baromètre me donnait alors une hauteur de trois milles trois quarts. Juste au-dessous de moi apparaissait dans l'Océan un petit objet noir, d'une forme légèrement allongée, à peu près de la dimension d'un domino, et ressemblant fortement, à tous égards, à l'un de ces petits joujoux. Je dirigeai mon télescope sur lui, et je vis distinctement que c'était un vaisseau anglais de quatre-vingt-quatorze canons tanguant lourdement dans la mer, au plus près du vent, et le cap à l'ouest-sud-ouest. À l'exception de ce navire, je ne vis rien que l'Océan et le ciel, et le soleil qui était levé depuis longtemps.

Il est grandement temps que j'explique à Vos Excellences l'objet de mon voyage. Vos Excellences se souviennent que ma situation déplorable à Rotterdam m'avait à la longue poussé à la résolution du suicide. Ce n'était pas cependant que j'eusse un dégoût positif de la vie elle-même, mais j'étais harassé, à n'en pouvoir plus, par les misères accidentelles de ma position. Dans cette disposition d'esprit, désirant vivre encore, et cependant fatigué de la vie, le traité que je lus à l'échoppe du bouquiniste, appuyé par l'opportune découverte de mon cousin de Nantes, ouvrit une ressource à mon imagination. Je pris enfin un parti décisif. Je résolus de partir, mais de vivre, – de quitter le monde, mais de continuer mon existence ; – bref, et pour couper court aux énigmes, je résolus, sans m'inquiéter du reste, de me frayer, si je pouvais, un passage *jusqu'à la lune*. Maintenant, pour qu'on ne me croie pas plus fou que je ne le suis, je vais exposer en détail, et le mieux que je pourrai, les considérations qui m'induisirent à croire qu'une entreprise de cette nature, quoique difficile sans doute et pleine de dangers, n'était pas absolument, pour un esprit audacieux, située au delà des limites du possible.

La première chose à considérer était la distance positive de la lune à la terre. Or, la distance moyenne ou approximative entre les centres de ces deux planètes est de cinquante-neuf fois, plus une fraction, le rayon équatorial de la terre, ou environ 237 000 milles. Je dis la

be borne in mind, that the form of the moon's orbit being an ellipse of eccentricity amounting to no less than 0.05484 of the major semi-axis of the ellipse itself, and the earth's centre being situated in its focus, if I could, in any manner, contrive to meet the moon in its perigee, the above-mentioned distance would be materially diminished. But to say nothing, at present, of this possibility, it was very certain that, at all events, from the 237,000 miles I would have to deduct the radius of the earth, say 4000, and the radius of the moon, say 1080, in all 5080, leaving an actual interval to be traversed, under average circumstances, of 231,920 miles. Now this, I reflected, was no very extraordinary distance. Travelling on the land has been repeatedly accomplished at the rate of sixty miles per hour; and indeed a much greater speed may be anticipated. But even at this velocity, it would take me no more than 161 days to reach the surface of the moon. There were, however, many particulars inducing me to believe that my average rate of travelling might possibly very much exceed that of sixty miles per hour, and, as these considerations did not fail to make a deep impression upon my mind, I will mention them more fully hereafter.

The next point to be regarded was one of far greater importance. From indications afforded by the barometer, we find that, in ascensions from the surface of the earth we have, at the height of a 1000 feet, left below us about one-thirtieth of the entire mass of atmospheric air; that at 10,600, we have ascended through nearly one-third; and that at 18,000, which is not far from the elevation of Cotopaxi, we have surmounted one-half the material, or, at all events, one-half the ponderable body of air incumbent upon our globe. It is also calculated, that at an altitude not exceeding the hundredth part of the earth's diameter—that is, not exceeding eighty miles—the rarefaction would be so excessive that animal life could in no manner be sustained, and, moreover, that the most delicate means we possess of ascertaining the presence of the atmosphere, would be inadequate to assure us of its existence. But I did not fail to perceive that these

distance moyenne ou approximative, mais il est facile de concevoir que, la forme de l'orbite lunaire étant une ellipse d'une excentricité qui n'est pas de moins de 0,05484 de son demi-grand axe, et le centre de la terre occupant le foyer de cette ellipse, si je pouvais réussir d'une manière quelconque à rencontrer la lune à son périgée, la distance ci-dessus évaluée se trouverait sensiblement diminuée. Mais, pour laisser de côté cette hypothèse, il était positif qu'en tout cas j'avais à déduire des 237 000 milles le rayon de la terre, c'est-à-dire 4 000, et le rayon de la lune, c'est-à-dire 1 080, en tout 5 080, et qu'il ne me resterait ainsi à franchir qu'une distance approximative de 231 920 milles. Cet espace, pensais-je, n'était pas vraiment extraordinaire. On a fait nombre de fois sur cette terre des voyages d'une vitesse de 60 milles par heure, et, en réalité, il y a tout lieu de croire qu'on arrivera à une plus grande vélocité ; mais, même en me contentant de la vitesse dont je parlais, il ne me faudrait pas plus de cent soixante et un jours pour atteindre la surface de la lune. Il y avait toutefois de nombreuses circonstances qui m'induisaient à croire que la vitesse approximative de mon voyage dépasserait de beaucoup celle de soixante milles à l'heure ; et, comme ces considérations produisirent sur moi une impression profonde, je les expliquerai plus amplement par la suite.

Le second point à examiner était d'une bien autre importance. D'après les indications fournies par le baromètre, nous savons que, lorsqu'on s'élève, au-dessus de la surface de la terre, à une hauteur de 1 000 pieds, on laisse au-dessous de soi environ un trentième de la masse atmosphérique ; qu'à 10 000 pieds, nous arrivons à peu près à un tiers ; et qu'à 18 000 pieds, ce qui est presque la hauteur du Cotopaxi, nous avons dépassé la moitié de la masse fluide, ou, en tout cas, la moitié de la partie pondérable de l'air qui enveloppe notre globe. On a aussi calculé qu'à une hauteur qui n'excède pas la centième partie du diamètre terrestre, – c'est-à-dire 80 milles, – la raréfaction devait être telle que la vie animale ne pouvait en aucune façon s'y maintenir ; et, de plus, que les moyens les plus subtils que nous ayons de constater la présence de l'atmosphère devenaient alors totalement insuffisants. Mais je ne manquai pas d'observer que ces

latter calculations are founded altogether on our experimental knowledge of the properties of air, and the mechanical laws regulating its dilation and compression, in what may be called, comparatively speaking, the immediate vicinity *of the earth itself; and, at the same time, it is taken for granted that animal life is and must be essentially* incapable of modification *at any given unattainable distance from the surface. Now, all such reasoning and from such* data, *must of course be simply analogical. The greatest height ever-reached by man was that of 25,000 feet, attained in the æronautic expedition of Messieurs Gay-Lussac and Biot. This is a moderate altitude, even when compared with the eighty miles in question; and I could not help thinking that the subject admitted room for doubt, and great latitude for speculation.*

But, in point of fact, an ascension being made to any given altitude, the ponderable quantity of air surmounted in any farther *ascension, is by no means in proportion to the additional height ascended, (as may be plainly seen from what has been stated before,) but in a* ratio *constantly decreasing. It is therefore evident that, ascend as high as we may, we cannot, literally speaking, arrive at a limit beyond which* no *atmosphere is to be found. It* must *exist, I argued; although it* may *exist in a state of infinite rarefaction.*

On the other hand, I was aware that arguments have not been wanting to prove the existence of a real and definite limit to the atmosphere, beyond which there is absolutely no air whatsoever. But a circumstance which has been left out of view by those who contend for such a limit, seemed to me, although no positive refutation of their creed, still a point worthy very serious investigation. On comparing the intervals between the successive arrivals of Encke's comet at its perihelion, after giving credit, in the most exact manner, for all the disturbances due to the attractions of the planets, it appears that the periods are gradually diminishing; that is to say, the major axis of the

derniers calculs étaient uniquement basés sur notre connaissance expérimentale des propriétés de l'air et des lois mécaniques qui régissent sa dilatation et sa compression dans ce qu'on peut appeler, comparativement parlant, la proximité immédiate de la terre. Et, en même temps, on regarde comme chose positive qu'à une distance quelconque donnée, mais inaccessible, de sa surface, la vie animale est et doit être essentiellement incapable de modification. Maintenant, tout raisonnement de ce genre, et d'après de pareilles données, doit évidemment être purement analogique. La plus grande hauteur où l'homme soit jamais parvenu est de 25 000 pieds ; je parle de l'expédition aéronautique de MM. Gay-Lussac et Biot. C'est une hauteur assez médiocre, même quand on la compare aux 80 milles en question ; et je ne pouvais m'empêcher de penser que la question laissait une place au doute et une grande latitude aux conjectures.

Mais, en fait, en supposant une ascension opérée à une hauteur donnée quelconque, la quantité d'air pondérable traversée dans toute période ultérieure de l'ascension n'est nullement en proportion avec la hauteur additionnelle acquise, comme on peut le voir d'après ce qui a été énoncé précédemment, mais dans une raison constamment décroissante. Il est donc évident que, nous élevant aussi haut que possible, nous ne pouvons pas, littéralement parlant, arriver à une limite au delà de laquelle l'atmosphère cesse absolument d'exister. Elle *doit exister*, concluais-je, quoiqu'elle *puisse*, il est vrai, exister à un état de raréfaction infinie.

D'un autre côté, je savais que les arguments ne manquent pas pour prouver qu'il existe une limite réelle et déterminée de l'atmosphère, au delà de laquelle il n'y a absolument plus d'air respirable. Mais une circonstance a été omise par ceux qui opinent pour cette limite, qui semblait, non pas une réfutation péremptoire de leur doctrine, mais un point digne d'une sérieuse investigation. Comparons les intervalles entre les retours successifs de la comète d'Encke à son périhélie, en tenant compte de toutes les perturbations dues à l'attraction planétaire, et nous verrons que les périodes diminuent graduellement, c'est-à-dire que le grand axe de l'ellipse de la comète va toujours se

comet's ellipse is growing shorter, in a low but perfectly regular decrease. Now, this is precisely what ought to be the case, if we suppose a resistance experienced from the comet from an extremely rare ethereal medium *pervading the regions of its orbit. For it is evident that such a medium must, in retarding the comet's velocity, increase its centripetal, by weakening its centrifugal force. In other words, the sun's attraction would be constantly attaining greater power, and the comet would. be drawn nearer at every revolution. Indeed, there is no other way of accounting for the variation in question. But again:—The real diameter of the same comet's nebulosity, is observed to contract rapidly as it approaches the sun, and dilate with equal rapidity in its departure toward its aphelion. Was I not justifiable in supposing, with M. Valz, that this apparent condensation of volume has its origin in the compression of the same ethereal medium I have spoken of before, and which is dense in proportion to its vicinity to the sun? The lenticular-shaped phenomenon, also, called the zodiacal light, was a matter worthy of attention. This radiance, so apparent in the tropics, and which cannot be mistaken for any meteoric lustre, extends from the horizon obliquely upwards, and follows generally the direction of the sun's equator. It appeared to me evidently in the nature of a rare atmosphere extending from the sun outwards, beyond the orbit of Venus at least, and I believed indefinitely farther[1]. Indeed, this medium I could not suppose confined to the path of the comet's ellipse, or to the immediate neighborhood of the sun. It was easy, on the contrary, to imagine it pervading the entire regions of our planetary system, condensed into what we call atmosphere at the planets themselves, and perhaps at some of them modified by considerations purely geological; that is to say, modified, or varied in its proportions (or absolute nature) by matters volatilized from the respective orbs.*

Having adopted this view of the subject, I had little farther hesitation. Granting that on my passage I should meet with atmosphere

raccourcissant dans une proportion lente, mais parfaitement régulière. Or, c'est précisément le cas qui doit avoir lieu, si nous supposons que la comète subisse une résistance par le fait d'*un milieu éthéré excessivement rare* qui pénètre les régions de son orbite. Car il est évident qu'un pareil milieu doit, en retardant la vitesse de la comète, accroître sa force centripète et affaiblir sa force centrifuge. En d'autres termes, l'attraction du soleil deviendrait de plus en plus puissante, et la comète s'en rapprocherait davantage à chaque révolution. Véritablement, il n'y a pas d'autre moyen de se rendre compte de la variation en question. Mais voici un autre fait : on observe que le diamètre réel de la partie nébuleuse de cette comète se contracte rapidement à mesure qu'elle approche du soleil, et se dilate avec la même rapidité quand elle repart vers son aphélie. N'avais-je pas quelque raison de supposer avec M. Valz que cette apparente condensation de volume prenait son origine dans la compression de ce milieu éthéré dont je parlais tout à l'heure, et dont la densité est en proportion de la proximité du soleil ? Le phénomène qui affecte la forme lenticulaire et qu'on appelle la lumière zodiacale était aussi un point digne d'attention. Cette lumière si visible sous les tropiques, et qu'il est impossible de prendre pour une lumière météorique quelconque, s'élève obliquement de l'horizon et suit généralement la ligne de l'équateur du soleil. Elle me semblait évidemment provenir d'une atmosphère rare qui s'étendrait depuis le soleil jusque par delà l'orbite de Vénus au moins, et même, selon moi, indéfiniment plus loin. Je ne pouvais pas supposer que ce milieu fût limité par la ligne du parcours de la comète, ou fût confiné dans le voisinage immédiat du soleil. Il était si simple d'imaginer au contraire qu'il envahissait toutes les régions de notre système planétaire, condensé autour des planètes en ce que nous appelons atmosphère, et peut-être modifié chez quelques-unes par des circonstances purement géologiques, c'est-à-dire modifié ou varié dans ses proportions ou dans sa nature essentielle par les matières volatilisées émanant de leurs globes respectifs.

Ayant pris la question sous ce point de vue, je n'avais plus guère à hésiter. En supposant que dans mon passage je trouvasse une

essentially *the same as at the surface of the earth, conceived that, by means of the very ingenious apparatus of M. Grimm, I should readily be enabled to condense it in sufficient quantity for the purposes of respiration. This would remove the chief obstacle in a journey to the moon. I had indeed spent some money and great labor in adapting the apparatus to the object intended, and confidently looked forward to its successful application, if I could manage to complete the voyage within any reasonable period.—This brings me back to the* rate *at which it would be possible to travel.*

It is true that balloons, in the first stage of their ascensions from the earth, are known to rise with a velocity comparatively moderate. Now, the power of elevation lies altogether in the superior gravity of the atmospheric air compared with the gas in the balloon; and, at first sight, it does not appear probable that, as the balloon acquires altitude, and consequently arrives successively in atmospheric strata *of densities rapidly diminishing—I say, it does not appear at all reasonable that, in this its progress upward, the original velocity should be accelerated. On the other hand, I was not aware that, in any recorded ascension, a* diminution *had been proved to be apparent in the absolute rate of ascent; although such should have been the case, if on account of nothing else, on account of the escape of gas through balloons ill-constructed, and varnished with no better material than the ordinary varnish. It seemed, therefore, that the effect of such escape was only sufficient to counterbalance the effect of the acceleration attained in the diminishing of the balloon's distance from the gravitating centre. I now considered that, provided in my passage I found the medium I had imagined, and provided it should prove to be essentially what we denominate atmospheric air, it could make comparatively little difference at what extreme state of rarefaction I should discover it—that is to say, in regard to my power of ascending—for the gas in the balloon would not only be itself subject to similar rarefaction, (in proportion to the occurrence of which, I could suffer an escape of so much as would be requisite to prevent explosion,) but, being what it was, would, at all events, continue specitically lighter than any compound whatever of mere*

atmosphère *essentiellement* semblable à celle qui enveloppe la surface de la terre, je réfléchis qu'au moyen du très-ingénieux appareil de M. Grimm je pourrais facilement la condenser en suffisante quantité pour les besoins de la respiration. Voilà qui écartait le principal obstacle à un voyage à la lune. J'avais donc dépensé quelque argent et beaucoup de peine pour adapter l'appareil au but que je me proposais, et j'avais pleine confiance dans son application, pourvu que je pusse accomplir le voyage dans un espace de temps suffisamment court. Ceci me ramène à la question de la vitesse possible.

Tout le monde sait que les ballons, dans la première période de leur ascension, s'élèvent avec une vélocité comparativement modérée. Or la force d'ascension consiste uniquement dans la pesanteur de l'air ambiant relativement au gaz du ballon ; et, à première vue, il ne paraît pas du tout probable ni vraisemblable que le ballon, à mesure qu'il gagne en élévation et arrive successivement dans des couches atmosphériques d'une densité décroissante, puisse gagner en vitesse et accélérer sa vélocité primitive. D'un autre côté, je n'avais pas souvenir que, dans un compte rendu quelconque d'une expérience antérieure, l'on eût jamais constaté une diminution apparente dans la vitesse absolue de l'ascension, quoique tel eût pu être le cas, en raison de la fuite du gaz à travers un aérostat mal confectionné et généralement revêtu d'un vernis insuffisant, ou pour toute autre cause. Il me semblait donc que l'effet de cette déperdition pouvait seulement contrebalancer l'accélération acquise par le ballon à mesure qu'il s'éloignait du centre de gravitation. Or, je considérai que, pourvu que dans ma traversée je trouvasse *le milieu* que j'avais imaginé, et pourvu qu'il fût de même essence que ce que nous appelons l'air atmosphérique, il importait relativement assez peu que je le trouvasse à tel ou tel degré de raréfaction, c'est-à-dire relativement à ma force ascensionnelle ; car non seulement le gaz du ballon serait soumis à la même raréfaction (et, dans cette occurrence, je n'avais qu'à lâcher une quantité proportionnelle de gaz, suffisante pour prévenir une explosion), mais, par la nature de ses parties intégrantes, il devait, en tout cas, être toujours spécifiquement plus

nitrogen and oxygen. Thus there was a chance—in fact, there was a strong probability—that, at no epoch of my ascent, I should reach a point where the united weights of my immense balloon, the inconceivably rare gas within it, the ear, and its contents, should equal the weight of the mass of the surrounding atmosphere displaced; *and this will be readily understood as the sole condition upon which my upward flight would be arrested. But, if this point were even attained, I could dispense with ballast and other weight to the amount of nearly 300 pounds. In the meantime, the force of gravitation would be constantly diminishing, in proportion to the squares of the distances, and so, with a velocity prodigiously accelerating, I should at length arrive in those distant regions where the force of the earth's attraction would be superseded by that of the moon.*

There was another difficulty however, which occasioned me some little disquietude. It has been observed, that, in balloon ascensions to any considerable height, besides the pain attending respiration, great uneasiness is experienced about the head and body, often accompanied with bleeding at the nose, and other symptoms of an alarming kind, and growing more and more inconvenient in proportion to the altitude attained[2]. This was a reflection of a nature somewhat startling. Was it not probable that these symptoms would increase until terminated by death itself. I finally thought not. Their origin was to be looked for in the progressive removal of the customary *atmospheric pressure upon the surface of the body, and consequent distention of the superficial blood-vessels—not in any positive disorganization of the animal system, as in the case of difficulty in breathing, where the atmospheric density is* chemically insufficient *for the due renovation of blood in a ventricle of the heart. Unless for default of this renovation, I could see no reason, therefore, why life could not be sustained even in a vacuum; for the expansion and compression of chest, commonly called breathing, is action*

léger qu'un composé quelconque de pur azote et d'oxygène. Il y avait donc une chance, – et même, en somme, une forte probabilité, *pour qu'à aucune période de mon ascension je n'arrivasse à un point où les différentes pesanteurs réunies de mon immense ballon, du gaz inconcevablement rare qu'il renfermait, de sa nacelle et de son contenu pussent égaler la pesanteur de la masse d'atmosphère ambiante déplacée* ; et l'on conçoit facilement que c'était là l'unique condition qui pût arrêter ma fuite ascensionnelle. Mais encore, si jamais j'atteignais ce point imaginaire, il me restait la faculté d'user de mon lest et d'autres poids montant à peu près à un total de 300 livres. En même temps, la force centripète devait toujours décroître en raison du carré des distances, et ainsi je devais, avec une vélocité prodigieusement accélérée, arriver à la longue dans ces lointaines régions où la force d'attraction de la lune serait substituée à celle de la terre.

Il y avait une autre difficulté qui ne laissait pas de me causer quelque inquiétude. On a observé que dans les ascensions poussées à une hauteur considérable, outre la gêne de la respiration, on éprouvait dans la tête et dans tout le corps un immense malaise, souvent accompagné de saignements de nez et d'autres symptômes passablement alarmants, et qui devenait de plus en plus insupportable à mesure qu'on s'élevait[1]. C'était là une considération passablement effrayante. N'était-il pas probable que ces symptômes augmenteraient jusqu'à ce qu'ils se terminassent par la mort elle-même ? Après mûre réflexion, je conclus que non. Il fallait en chercher l'origine dans la disparition progressive de la pression atmosphérique, à laquelle est accoutumée la surface de notre corps, et dans la distension inévitable des vaisseaux sanguins superficiels, – et non dans une désorganisation positive du système animal, comme dans le cas de difficulté de respiration, où la densité atmosphérique est chimiquement insuffisante pour la rénovation régulière du sang dans un ventricule du cœur. Excepté dans le cas où cette rénovation ferait défaut, je ne voyais pas de raison pour que la vie ne se maintînt pas, même dans le vide ; car l'expansion et la compression de la poitrine, qu'on appelle communément respiration, est une action

purely muscular, and the cause, not the effect, of respiration. In a word, I conceived that, as the body should become habituated to the want of atmospheric pressure, these sensations of pain would gradually diminish—and to endure them while they continued, I relied with confidence upon the iron hardihood of my constitution.

Thus, may it please your Excellencies, I have detailed some, though by no means all, the considerations which led me to form the project of a lunar voyage. I shall now proceed to lay before you the result of an attempt so apparently audacious in conception, and, at all events, so utterly unparalleled in the annals of mankind.

Having attained the altitude before mentioned—that is to say, three miles and three quarters—I threw out from the car a quantity of feathers, and found that I still ascended with sufficient rapidity; there was, therefore, no necessity for discharging any ballast. I was glad of this, for I wished to retain with me as much weight as I could carry, for the obvious reason that I could not be positive either about the gravitation or the atmospheric density of the moon. I as yet suffered no bodily inconvenience, breathing with great freedom, and feeling no pain whatever in the head. The cat was lying very demurely upon my coat, which I had taken off, and eyeing the pigeons with an air of nonchalance. These latter being tied by the leg, to prevent their escape, were busily employed in picking up some grains of rice scattered for them in the bottom of the car.

At twenty minutes past six o'clock, the barometer showed an elevation of 26,400 feet, or five miles to a fraction. The prospect seemed unbounded. Indeed, it is very easily calculated by means of spherical geometry, how great an extent of the earth's area I beheld. The convex surface of any segment of a sphere is, to the entire surface of the sphere itself, as the versed sine of the segment to the diameter of the sphere. Now, in my case, the versed sine—that is to say, the thickness of the segment beneath me—was about equal to my elevation, or the

purement musculaire ; elle est la cause et non l'effet de la respiration. En un mot, je concevais que, le corps s'habituant à l'absence de pression atmosphérique, ces sensations douloureuses devaient diminuer graduellement ; et, pour les supporter tant qu'elles dureraient, j'avais toute confiance dans la solidité de fer de ma constitution.

J'ai donc exposé quelques-unes des considérations – non pas toutes certainement – qui m'induisirent à former le projet d'un voyage à la lune. Je vais maintenant, s'il plaît à Vos Excellences, vous exposer le résultat d'une tentative dont la conception paraît si audacieuse, et qui, dans tous les cas, n'a pas sa pareille dans les annales de l'humanité.

Ayant atteint la hauteur dont il a été parlé ci-dessus, c'est-à-dire trois milles trois quarts, je jetai hors de la nacelle une quantité de plumes, et je vis que je montais toujours avec une rapidité suffisante ; il n'y avait donc pas nécessité de jeter du lest. J'en fus très-aise, car je désirais garder avec moi autant de lest que j'en pourrais porter, par la raison bien simple que je n'avais aucune donnée positive sur la puissance d'attraction et sur la densité atmosphérique. Je ne souffrais jusqu'à présent d'aucun malaise physique, je respirais avec une parfaite liberté et n'éprouvais aucune douleur dans la tête. La chatte était couchée fort solennellement sur mon habit, que j'avais ôté, et regardait les pigeons avec un air de nonchaloir. Ces derniers, que j'avais attachés par la patte, pour les empêcher de s'envoler, étaient fort occupés à piquer quelques grains de riz éparpillés pour eux au fond de la nacelle.

À six heures vingt minutes, le baromètre donnait une élévation de 26 400 pieds, ou cinq milles, à une fraction près. La perspective semblait sans bornes. Rien de plus facile d'ailleurs que de calculer à l'aide de la trigonométrie sphérique l'étendue de surface terrestre qu'embrassait mon regard. La surface convexe d'un segment de sphère est à la surface entière de la sphère comme le sinus verse du segment est au diamètre de la sphère. Or, dans mon cas, le sinus verse – c'est-à-dire l'épaisseur du segment situé au-dessous de moi était à

elevation of the point of eight above the surface. "As five miles, then, to eight thousand," would express the proportion of the earth's area seen by me. In other words, I beheld as much sixteen-hundredth part of the whole surface of the globe. the sea appeared unruffled part as a mirror, although, by means of the telescope, I could perceive it to be in a state of violent agitation. The ship was no longer visible, having drifted away, apparently, to the eastward. I now began to experience, at intervals, severe pain in the head, especially about the ears—still, however, breathing with tolerable freedom. The cat and pigeons seemed to suffer no inconvenience whatsoever.

At twenty minutes before seven, the balloon entered a long series of dense cloud, which put me to great trouble, by damaging my condensing apparatus, and wetting me to the skin. This was, to be sure, a singular rencontre, *for I had not believed it possible that a cloud of this nature could be sustained at so great an elevation. I thought it best, however, to throw out five-pound pieces of ballast, reserving still a weight of one hundred and sixty-five pounds. Upon so doing, I soon rose above the difficulty and perceived immediately, that I had obtained a great increase in my rate of ascent. In a few seconds after my leaving the cloud, a flash of vivid lightning shot from one end of it to the other, and caused it to kindle up, throughout its vast extent, like a man of ignited charcoal. This, it must be remembered, was in the broad light of day. No fancy may picture the sublimity which might have been exhibited by a similar phenomenon taking place amid the darkness of the night. Hell itself might then have found a fitting image. Even as it was, my hair stood on end, while I gazed afar down within the yawning abysses, letting imagination descend, and stalk about in the strange vaulted halls, and ruddy gulfs, and red ghastly chasm: of the hideous and unfathomable fire. I had indeed made a narrow escape. Had the balloon remained a very short while longer within the cloud—that is to say, had not the inconvenience of getting wet, determined me to discharge the ballast—my destruction might, and probably would, have been the consequence. Such perils, although little considered, are perhaps the greatest which must be encountered in balloons. I*

peu près égal à mon élévation, ou à l'élévation du point de vue au-dessus de la surface. La proportion de cinq milles à huit milles exprimerait donc l'étendue de la surface que j'embrassais, c'est-à-dire que j'apercevais la seize centième partie de la surface totale du globe. La mer apparaissait polie comme un miroir, bien qu'à l'aide du télescope je découvrisse qu'elle était dans un état de violente agitation. Le navire n'était plus visible, il avait sans doute dérivé vers l'est. Je commençai dès lors à ressentir par intervalles une forte douleur à la tête, bien que je continuasse à respirer à peu près librement. La chatte et les pigeons semblaient n'éprouver aucune incommodité.

À sept heures moins vingt, le ballon entra dans la région d'un grand et épais nuage qui me causa beaucoup d'ennui ; mon appareil condensateur en fut endommagé, et je fus trempé jusqu'aux os. C'est, à coup sûr, une singulière rencontre, car je n'aurais pas supposé qu'un nuage de cette nature pût se soutenir à une si grande élévation. Je pensai faire pour le mieux en jetant deux morceaux de lest de cinq livres chaque, ce qui me laissait encore cent soixante-cinq livres de lest. Grâce à cette opération, je traversai bien vite l'obstacle, et je m'aperçus immédiatement que j'avais gagné prodigieusement en vitesse. Quelques secondes après que j'eus quitté le nuage, un éclair éblouissant le traversa d'un bout à l'autre et l'incendia dans toute son étendue, lui donnant l'aspect d'une masse de charbon en ignition. Qu'on se rappelle que ceci se passait en plein jour. Aucune pensée ne pourrait rendre la sublimité d'un pareil phénomène se déployant dans les ténèbres de la nuit. L'enfer lui-même aurait trouvé son image exacte. Tel que je le vis, ce spectacle me fit dresser les cheveux. Cependant, je dardais au loin mon regard dans les abîmes béants ; je laissais mon imagination plonger et se promener sous d'étranges et immenses voûtes dans des gouffres empourprés, dans les abîmes rouges et sinistres d'un feu effrayant et insondable. Je l'avais échappé belle. Si le ballon était resté une minute de plus dans le nuage, — c'est-à-dire si l'incommodité dont je souffrais ne m'avait pas déterminé à jeter du lest, – ma destruction pouvait en être et en eût très-probablement été la conséquence. De pareils dangers, quoiqu'on y fasse peu d'attention, sont les plus grands peut-être qu'on puisse

had by this time, however, attained too great an elevation to be any longer uneasy on this head.

I was now rising rapidly, and by seven o'clock the barometer indicated an altitude of no less than nine miles and a half. I began to find great difficulty in drawing my breath. My head, too, was excessively painful; and, having felt for some time a moisture about my cheeks, I at length discovered it to be blood, which was oozing quite fast from the drums of my ears. My eyes, also, gave me great uneasiness. Upon passing the hand over them they seemed to have protruded from their sockets in no inconsiderable degree; and all objects in the car, and even the balloon itself appeared distorted to my vision. These symptoms were more than I had expected, and occasioned me some alarm. At this juncture, very imprudently, and without consideration, I threw out from the car three five-pound pieces of ballast. The accelerated rate of ascent thus obtained, carried me too rapidly, and without sufficient gradation, into a highly rarefied stratum of the atmosphere, and the result had nearly proved fatal to my expedition and to myself. I was suddenly seized with a spasm which lasted for more than five minutes, and even when this, in a measure, ceased, I could catch my breath only at long intervals, and in a gasping manner,—bleeding all the while copiously at the nose and ears, and even slightly at the eyes. The pigeons appeared distressed in the extreme, and struggled to escape; while the cat mewed piteously, and, with her tongue hanging out of her mouth, staggered to and fro in the car as if under the influence of poison. I now too late discovered the great rashness of which I had been guilty in discharging the ballast, and my agitation was excessive. I anticipated nothing less than death, and death in a few minutes. The physical suffering I underwent contributed also to render me nearly incapable of making any exertion for the preservation of my life. I had, indeed, little power of reflection left, and the violence of the pain in my head seemed to be greatly on the increase. Thus I found that my senses would shortly give way altogether, and I had already clutched

courir en ballon. J'avais pendant ce temps atteint une hauteur assez grande pour n'avoir aucune inquiétude à ce sujet.

Je m'élevais alors très-rapidement, et à sept heures le baromètre donnait une hauteur qui n'était pas moindre de neuf milles et demi. Je commençais à éprouver une grande difficulté de respiration. Ma tête aussi me faisait excessivement souffrir ; et, ayant senti depuis quelque temps de l'humidité sur mes joues, je découvris à la fin que c'était du sang qui suintait continuellement du tympan de mes oreilles. Mes yeux me donnaient aussi beaucoup d'inquiétude. En passant ma main dessus, il me sembla qu'ils étaient poussés hors de leurs orbites, et à un degré assez considérable ; et tous les objets contenus dans la nacelle et le ballon lui-même se présentaient à ma vision sous une forme monstrueuse et faussée. Ces symptômes dépassaient ceux auxquels je m'attendais, et me causaient quelque alarme. Dans cette conjoncture, très-imprudemment et sans réflexion, je jetai hors de la nacelle trois morceaux de lest de cinq livres chaque. La vitesse dès lors accélérée de mon ascension m'emporta, trop rapidement et sans gradation suffisante, dans une couche d'atmosphère singulièrement raréfiée, ce qui faillit amener un résultat fatal pour mon expédition et pour moi-même. Je fus soudainement pris par un spasme qui dura plus de cinq minutes, et, même quand il eut en partie cessé, il se trouva que je ne pouvais plus aspirer qu'à de longs intervalles et d'une manière convulsive, saignant copieusement pendant tout ce temps par le nez, par les oreilles, et même légèrement par les yeux. Les pigeons semblaient en proie à une excessive angoisse et se débattaient pour s'échapper, pendant que la chatte miaulait lamentablement, chancelant çà et là à travers la nacelle comme sous l'influence d'un poison. Je découvris alors trop tard l'immense imprudence que j'avais commise en jetant du lest, et mon trouble devint extrême. Je n'attendais pas moins que la mort, et la mort dans quelques minutes. La souffrance physique que j'éprouvais contribuait aussi à me rendre presque incapable d'un effort quelconque pour sauver ma vie. Il me restait à peine la faculté de réfléchir, et la violence de mon mal de tête semblait augmenter de minute en minute. Je m'aperçus alors que mes sens allaient bientôt m'abandonner tout à

one of the valve ropes with the view of attempting a descent, when the recollection of the trick I had played the three creditors, and the possible consequences to myself, should I return, operated to deter me for the moment. I lay down in the bottom of the car, and endeavored to collect my faculties. In this I so far succeeded as to determine upon the experiment of losing blood. Having no lancet, however, I was constrained to perform the operation in the best manner I was able, and finally succeeded in opening a vein in my left arm, with the blade of my penknife. The blood had hardly commenced flowing when I experienced a sensible relief, and by the time I had lost about half a moderate basin-full, most of the worst symptoms had abandoned me entirely. I nevertheless did not think it expedient to attempt getting on my feet immediately; but, having tied up my arm as well as I could, I lay still for about a quarter of an hour. At the end of this time I arose, and found myself freer from absolute pain of any kind than I had been during the last hour and a quarter of my ascension. The difficulty of breathing, however, was diminished in a very slight degree, and I found that it would soon be positively necessary to make use of my condenser. In the meantime, looking towards the cat, who was again snugly stowed away upon my coat, I discovered, to my infinite surprise, that she had taken the opportunity of my indisposition to bring into light a litter of three little kittens. This was an addition to the number of passengers on my part altogether unexpected; but I was pleased at the occurrence. It would afford me a chance of bringing to a kind of test the truth of a surmise, which, more than any thing else, had influenced me in attempting this ascension. I had imagined that the habitual endurance of the atmospheric pressure at the surface of the earth was the cause, or nearly so, of the pain attending animal existence at a distance above the surface. Should the kittens be found to suffer uneasiness in an equal degree with their mother, I must consider my theory in fault, but a failure to do so I should look upon as a strong confirmation of my idea.

By eight o'clock I had actually attained an elevation of seventeen miles above the surface of the earth. Thus it seemed to me evident

fait, et j'avais déjà empoigné une des cordes de la soupape, quand le souvenir du mauvais tour que j'avais joué aux trois créanciers et la crainte des conséquences qui pouvaient m'accueillir à mon retour m'effrayèrent et m'arrêtèrent pour le moment. Je me couchai au fond de la nacelle et m'efforçai de rassembler mes facultés. J'y réussis un peu, et je résolus de tenter l'expérience d'une saignée. Mais, comme je n'avais pas de lancette, je fus obligé de procéder à cette opération tant bien que mal, et finalement j'y réussis en m'ouvrant une veine au bras gauche avec la lame de mon canif. Le sang avait à peine commencé à couler que j'éprouvais un soulagement notable, et, lorsque j'en eus perdu à peu près la valeur d'une demi-cuvette de dimension ordinaire, les plus dangereux symptômes avaient pour la plupart entièrement disparu. Cependant, je ne jugeai pas prudent d'essayer de me remettre immédiatement sur mes pieds ; mais, ayant bandé mon bras du mieux que je pus, je restai immobile pendant un quart d'heure environ. Au bout de ce temps je me levai et me sentis plus libre, plus dégagé de toute espèce de malaise que je ne l'avais été depuis une heure un quart. Cependant la difficulté de respiration n'avait que fort peu diminué, et je pensai qu'il y aurait bientôt nécessité urgente à faire usage du condensateur. En même temps, je jetai les yeux sur ma chatte qui s'était commodément réinstallée sur mon habit, et, à ma grande surprise, je découvris qu'elle avait jugé à propos, pendant mon indisposition, de mettre au jour une ventrée de cinq petits chats. Certes, je ne m'attendais pas le moins du monde à ce supplément de passagers, mais, en somme, l'aventure me fit plaisir. Elle me fournissait l'occasion de vérifier une conjecture qui, plus qu'aucune autre, m'avait décidé à tenter cette ascension. J'avais imaginé que l'*habitude* de la pression atmosphérique à la surface de la terre était en grande partie la cause des douleurs qui attaquaient la vie animale à une certaine distance au-dessus de cette surface. Si les petits chats éprouvaient du malaise *au même degré que leur mère*, je devais considérer ma théorie comme fausse, mais je pouvais regarder le cas contraire comme une excellente confirmation de mon idée.

À huit heures, j'avais atteint une élévation de dix-sept milles. Ainsi il me parut évident que ma vitesse ascensionnelle non seulement

that my rate of ascent was not only on the increase, but that the progression would have been apparent in a slight degree even had I not discharged the ballast which I did. The pains in my head and ears returned, at intervals, with violence, and I still continued to bleed occasionally at the nose: but, upon the whole, I suffered much less than might have been expected. I breathed, however, at every moment, with more and more difficulty, and each inhalation was attended with a troublesome spasmodic action of the chest. I now unpacked the condensing apparatus, and got it ready for immediate use.

The view of the earth, at this period of my ascension, was beautiful indeed. To the westward, the northward, and the southward, as far as I could see, lay a boundless sheet of apparently unruffled ocean, which every moment gained a deeper and deeper tint of blue. At a vast distance to the eastward, although perfectly discernible, extended the islands of Great Britain, the entire Atlantic coasts of France and Spain, with a small portion of the northern part of the continent of Africa. Of individual edifices not a trace could be discovered, and the proudest cities of mankind had utterly faded away from the face of the earth.

What mainly astonished me, in the appearance of things below, was the seeming concavity of the surface of the globe. I had, thoughtlessly enough, expected to see its real convexity become evident as I ascended; but a very little reflection sufficed to explain the discrepancy. A line, dropped from my position perpendicularly to the earth, would have formed the perpendicular of a right-angled triangle, of which the base would have extended from the right-angle to the horizon, and the hypothenuse from the horizon to my position. But my height was little or nothing in comparison with my prospect. In other words, the base and hypothenuse of the supposed triangle would, in my case, have been so long, when compared to the perpendicular, that the two former might have been regarded as nearly parallel. In this manner the horizon of the æronaut appears

augmentait, mais que cette augmentation eût été légèrement sensible, même dans le cas où je n'aurais pas jeté de lest, comme je l'avais fait. Les douleurs de tête et d'oreilles revenaient par intervalles avec violence, et, de temps à autre, j'étais repris par mes saignements de nez ; mais, en somme, je souffrais beaucoup moins que je ne m'y étais attendu. Cependant, de minute en minute, ma respiration devenait plus difficile, et chaque inhalation était suivie d'un mouvement spasmodique de la poitrine des plus fatigants. Je déployai alors l'appareil condensateur, de manière à le faire fonctionner immédiatement.

L'aspect de la terre, à cette période de mon ascension, était vraiment magnifique. À l'ouest, au nord et au sud, aussi loin que pénétrait mon regard, s'étendait une nappe illimitée de mer en apparence immobile, qui, de seconde en seconde, prenait une teinte bleue plus profonde. À une vaste distance vers l'est, s'allongeaient très-distinctement les îles Britanniques, les côtes occidentales de la France et de l'Espagne, ainsi qu'une petite portion de la partie nord du continent africain. Il était impossible de découvrir une trace des édifices particuliers, et les plus orgueilleuses cités de l'humanité avaient absolument disparu de la surface de la terre.

Ce qui m'étonna particulièrement dans l'aspect des choses situées au-dessous de moi, ce fut la concavité apparente de la surface du globe. Je m'attendais, assez sottement, à voir sa convexité réelle se manifester plus distinctement à proportion que je m'élèverais ; mais quelques secondes de réflexion me suffirent pour expliquer cette contradiction. Une ligne abaissée perpendiculairement sur la terre du point où je me trouvais aurait formé la perpendiculaire d'un triangle rectangle dont la base se serait étendue de l'angle droit à l'horizon, et l'hypoténuse de l'horizon au point occupé par mon ballon. Mais l'élévation où j'étais placé n'était rien ou presque rien comparativement à l'étendue embrassée par mon regard ; en d'autres termes, la base et l'hypoténuse du triangle supposé étaient si longues, comparées à la perpendiculaire, qu'elles pouvaient être considérées comme deux lignes presque parallèles. De cette façon l'horizon de

always to be upon a level with the car. But as the point immediately beneath him seems, and is, at a great distance below him, it seems, of course, also at a great listance below the horizon. Hence the impression of concavity; and this impression must remain, until the elevation shall bear so great a proportion to, the prospect, that the apparent parallelism of the base and hypothenuse, disappears.

The pigeons about this time seeming to undergo much suffering, I determined upon giving them their liberty. I first untied one of them, a beautiful gray-mottled pigeon, and placed him upon the rim of the wicker-work. He appeared extremely uneasy, looking anxiously around him, fluttering his wings, and making a loud cooing noise, but could not be persuaded to trust himself from the car. I took him up at last, and threw him to about half-a-dozen yards from the balloon. He made, however, no attempt to descend as I had expected, but struggled with great vehemence to get back, uttering at the same time very shrill and piercing cries. He at length succeeded in regaining his former station on the rim, but had hardly done so when his head dropped upon his breast, and he fell dead within the car. The other one did not prove so unfortunate. To prevent his following the example of his companion, and accomplishing a return, I threw him downwards with all my force, and was pleased to find him continue his descent, with great velocity, making use of his wings with ease, and in a perfectly natural manner. In a very short time he was out of sight, and I have no doubt he reached home in safety. Puss, who seemed in a great measure recovered from her illness, now made a hearty meal of the dead bird, and then went to sleep with much apparent satisfaction. Her kittens were quite lively, and so far evinced not the slightest sign of any uneasiness.

At a quarter-past eight, being able no longer to draw breath without the most intolerable paint, I proceeded, forthwith, to adjust around the car the apparatus belonging to the condenser. This apparatus will

l'aéronaute lui apparaît toujours au niveau de sa nacelle. Mais, comme le point situé immédiatement au-dessous de lui lui apparaît et est, en effet, à une immense distance, naturellement il lui paraît aussi à une immense distance au-dessous de l'horizon. De là, l'impression de concavité ; et cette impression durera jusqu'à ce que l'élévation se trouve relativement à l'étendue de la perspective dans une proportion telle que le parallélisme apparent de la base et de l'hypoténuse disparaisse.

Cependant, comme les pigeons semblaient souffrir horriblement, je résolus de leur donner la liberté. Je déliai d'abord l'un d'eux, un superbe pigeon gris saumoné, et le plaçai sur le bord de la nacelle. Il semblait excessivement mal à son aise, regardait anxieusement autour de lui, battait des ailes, faisait entendre un roucoulement très-accentué, mais ne pouvait pas se décider à s'élancer hors de la nacelle. À la fin, je le pris et le jetai à six yards environ du ballon. Cependant, bien loin de descendre, comme je m'y attendais, il fit des efforts véhéments pour rejoindre le ballon, poussant en même temps des cris très-aigus et très-perçants. Enfin, il réussit à rattraper sa première position sur le bord du panier ; mais à peine s'y était-il posé qu'il pencha sa tête sur sa gorge et tomba mort au fond de la nacelle. L'autre n'eut pas un sort aussi déplorable. Pour l'empêcher de suivre l'exemple de son camarade et d'effectuer un retour vers le ballon, je le précipitai vers la terre de toute ma force, et vis avec plaisir qu'il continuait à descendre avec une grande vélocité, faisant usage de ses ailes très-facilement et d'une manière parfaitement naturelle. En très-peu de temps, il fut hors de vue, et je ne doute pas qu'il ne soit arrivé à bon port. Quant à la minette, qui semblait en grande partie remise de sa crise, elle se faisait maintenant un joyeux régal de l'oiseau mort, et finit par s'endormir avec toutes les apparences du contentement. Les petits chats étaient parfaitement vivants et ne manifestaient pas le plus léger symptôme de malaise.

À huit heures un quart, ne pouvant pas respirer plus longtemps sans une douleur intolérable, je commençai immédiatement à ajuster autour de la nacelle l'appareil attenant au condensateur. Cet appareil

require some little explanation, and your Excellencies will please to bear in mind that my object, in the first place, was to surround myself and car entirely with a barricade against the highly rarefied atmosphere in which I was existing, with the intention of introducing within this barricade, by means of my condenser, a quantity of this same atmosphere sufficiently condensed for the purposes of respiration. With this object in view I had prepared a very strong, perfectly air-tight, but flexible gum-elastic bag. In this bag, which was of sufficient dimensions, the entire car was in a manner placed. That is to say, it (the bag) was drawn over the whole bottom of the car, up its sides, and so on, along the outside of the ropes, to the upper rim or hoop where the net-work is attached. Having pulled the bag up in this way, and formed a complete enclosure on all sides, and at bottom, it was now necessary to fasten up its top or mouth, by passing its material over the hoop of the net-work,—in other words, between the net-work and the hoop. But if the net-work were separated from the hoop to admit this passage, what was to sustain the car in the meantime? Now the net-work was not permanently fastened to the hoop, but attached by a series of running loops or nooses. I therefore undid only a few of these loops at one time, leaving the car suspended by the remainder. Having thus inserted a portion of the cloth forming the upper part of the bag, I refastened the loops—not to the hoop, for that would have been impossible, since the cloth now intervened,—but to a series of large buttons, affixed to the cloth itself, about three feet below the mouth of the bag; the intervals between the buttons having been made to correspond to the intervals between the loops. This done, a few more of the loops were unfastened from the rim, a farther portion of the cloth introduced, and the disengaged loops then connected with their proper buttons. In this way it was possible to insert the whole upper part of the bag between the net-work and the hoop. It is evident that the hoop would now drop down within the car, while the whole weight of the car itself, with all its contents, would be held up merely by the strength of the buttons. This, at first sight, would seem an inadequate dependence; but it was by no means so, for the buttons were not only very strong in themselves, but so close together that a very slight portion of the

demande quelques explications, et Vos Excellences voudront bien se rappeler que mon but, en premier lieu, était de m'enfermer entièrement, moi et ma nacelle, et de me barricader contre l'atmosphère singulièrement raréfiée au sein de laquelle j'existais, et enfin d'introduire à l'intérieur, à l'aide de mon condensateur, une quantité de cette même atmosphère suffisamment condensée pour les besoins de la respiration. Dans ce but, j'avais préparé un vaste sac de caoutchouc très-flexible, très-solide, absolument imperméable. La nacelle tout entière se trouvait en quelque sorte placée dans ce sac dont les dimensions avaient été calculées pour cet objet, c'est-à-dire qu'il passait sous le fond de la nacelle, s'étendait sur ses bords, et montait extérieurement le long des cordes jusqu'au cerceau où le filet était attaché. Ayant ainsi déployé le sac et fait hermétiquement la clôture de tous les côtés, il fallait maintenant assujettir le haut ou l'ouverture du sac en faisant passer le tissu de caoutchouc au-dessus du cerceau, en d'autres termes, entre le filet et le cerceau. Mais, si je détachais le filet du cerceau pour opérer ce passage, comment la nacelle pourrait-elle se soutenir ? Or le filet n'était pas ajusté au cerceau d'une manière permanente, mais attaché par une série de brides mobiles ou de nœuds coulants. Je ne défis donc qu'un petit nombre de ces brides à la fois, laissant la nacelle suspendue par les autres. Ayant fait passer ce que je pus de la partie supérieure du sac, je rattachai les brides, – non pas au cerceau, car l'interposition de l'enveloppe de caoutchouc rendait cela impossible, – mais à une série de gros boutons fixés à l'enveloppe elle-même, à trois pieds environ au-dessous de l'ouverture du sac, les intervalles des boutons correspondant aux intervalles des brides. Cela fait, je détachai du cerceau quelques autres brides, j'introduisis une nouvelle portion de l'enveloppe, et les brides dénouées furent à leur tour assujetties à leurs boutons respectifs. Par ce procédé, je pouvais faire passer toute la partie supérieure du sac entre le filet et le cerceau. Il est évident que le cerceau devait dès lors tomber dans la nacelle, tout le poids de la nacelle et de son contenu n'étant plus supporté que par la force des boutons. À première vue, ce système pouvait ne pas offrir une garantie suffisante ; mais il n'y avait aucune raison de s'en défier, car non seulement les boutons étaient solides par eux-mêmes, mais, de

whole weight was supported by any one of them. Indeed, had the car and contents been three times heavier than they were, I should not have been at all uneasy. I now raised up the hoop again within the covering of gum-elastic, and propped it at nearly its former height by means of three light poles prepared for the occasion. This was done, of course, to keep the bag distended at the top, and to preserve the lower part of the net-work in its proper situation. All that now remained was to fasten up the mouth of the enclosure; and this was readily accomplished by gathering the folds of the material together, and twisting them up very tightly on the inside by means of a kind of stationary tourniquet.

In the sides of the covering thus adjusted round the car, had been inserted three circular panes of thick but clear glass, through which I could see without difficulty around me in every horizontal direction. In that portion of the cloth forming the bottom, was likewise a fourth window, of the same kind, and corresponding with a small aperture in the floor of the car itself. This enabled me to see perpendicularly down, but having found it impossible to place any similar contrivance overhead, on account of the peculiar manner of closing up the opening there, and the consequent wrinkles in the cloth, I could expect to see no objects situated directly in my zenith. This, of course, was a matter of little consequence; for, had I even been able to place a window at top, the balloon itself would have prevented my making any use of it.

About a foot below one of the side windows was a circular opening, three inches in diameter, and fitted with a brass rim adapted in its inner edge to the winding of a screw. In this rim was screwed the large tube of the condenser, the body of the machine being, of course, within the chamber of gum-elastic. Through this tube a quantity of the rare atmosphere circumjacent being drawn by means of a vacuum created in the body of the machine, was thence discharged, in a state of condensation, to mingle with the thin air already in the chamber. This operation, being repeated several times, at length filled the

plus, ils étaient si rapprochés que chacun ne supportait en réalité qu'une très-légère partie du poids total. La nacelle et son contenu auraient pesé trois fois plus que je n'en aurais pas été inquiet le moins du monde. Je relevai alors le cerceau le long de l'enveloppe de caoutchouc et je l'étayai sur trois perches légères préparées pour cet objet. Cela avait pour but de tenir le sac convenablement distendu par le haut, et de maintenir la partie inférieure du filet dans la position voulue. Tout ce qui me restait à faire maintenant était de nouer l'ouverture du sac, – ce que j'opérai facilement en rassemblant les plis du caoutchouc, et en les tordant étroitement ensemble au moyen d'une espèce de tourniquet à demeure.

Sur les côtés de l'enveloppe ainsi déployée autour de la nacelle, j'avais fait adapter trois carreaux de verre ronds, très-épais, mais très-clairs, au travers desquels je pouvais voir facilement autour de moi dans toutes les directions horizontales. Dans la partie du sac qui formait le fond était une quatrième fenêtre analogue, correspondant à une petite ouverture pratiquée dans le fond de la nacelle elle-même. Celle-ci me permettait de regarder perpendiculairement au-dessous de moi. Mais il m'avait été impossible d'ajuster une invention du même genre au-dessus de ma tête, en raison de la manière particulière dont j'étais obligé de fermer l'ouverture et des plis nombreux qui en résultaient ; j'avais donc renoncé à voir les objets situés dans mon zénith. Mais c'était là une chose de peu d'importance ; car, lors même que j'aurais pu placer une fenêtre au-dessus de moi, le ballon aurait fait obstacle à ma vue et m'aurait empêché d'en faire usage.

À un pied environ au-dessous d'une des fenêtres latérales était une ouverture circulaire de trois pouces de diamètre, avec un rebord de cuivre façonné intérieurement pour s'adapter à la spirale d'une vis. Dans ce rebord se vissait le large tube du condensateur, le corps de la machine étant naturellement placé dans la chambre de caoutchouc. En faisant le vide dans le corps de la machine, on attirait dans ce tube une masse d'atmosphère ambiante raréfiée, qui de là était déversée à l'état condensé et mêlée à l'air subtil déjà contenu dans la chambre. Cette opération, répétée plusieurs fois, remplissait à la longue la

chamber with atmosphere proper for all the purposes of respiration. But in so confined a space it would, in a short time, necessarily become foul, and unfit for use from frequent contact with the lungs. It was then ejected by a small valve at the bottom of the car;—the dense air readily sinking into the thinner atmosphere below. To avoid the inconvenience of making a total vacuum at any moment within the chamber, this purification was never accomplished all at one, but in a gradual manner,—the valve being opened only for a few seconds, then closed again, until one or two strokes from the pump of the condenser had supplied the place of the atmosphere ejected. For the sake of experiment I had put the cat and kittens in a small basket, and suspended it outside the car to a Sutton at the bottom, close by the valve, through which I could feed them at any moment when necessary. I did this at some little risk, and before closing the mouth of the chamber, by reaching under the car with one of the poles before mentioned to which a hook had been attached. As soon as dense air was admitted in the chamber, the hoop and poles became unnecessary; the expansion of the enclosed atmosphere powerfully distending the gum-elastic.

By the time I had fully completed these arrangements and filled the chamber as explained, it wanted only ten minutes of nine o'clock. During the whole period of my being thus employed, I endured the most terrible distress from difficulty of respiration; and bitterly did I repent the negligence, or rather fool-hardiness, of which I had been guilty, of putting off to the last moment a matter of so much importance. But having at length accomplished it, I soon began to reap the benefit of my invention. Once again I breathed with perfect freedom and ease—and indeed why should I not? I was also agreeably surprised to find myself, in a great measure, relieved from the violent pains which had hitherto tormented me. A slight headache, accompanied with a sensation of fulness or distention about the

chambre d'une atmosphère suffisant aux besoins de la respiration. Mais, dans un espace aussi étroit que celui-ci, elle devait nécessairement, au bout d'un temps très-court, se vicier et devenir impropre à la vie par son contact répété avec les poumons. Elle était alors rejetée par une petite soupape placée au fond de la nacelle, l'air dense se précipitant promptement dans l'atmosphère raréfiée. Pour éviter à un certain moment l'inconvénient d'un vide total dans la chambre, cette purification ne devait jamais être effectuée en une seule fois, mais graduellement, la soupape n'étant ouverte que pour quelques secondes, puis refermée, jusqu'à ce qu'un ou deux coups de pompe du condensateur eussent fourni de quoi remplacer l'atmosphère expulsée. Par amour des expériences, j'avais placé la chatte et ses petits dans un petit panier, et les avais suspendus en dehors de la nacelle par un bouton placé près du fond, tout auprès de la soupape, à travers laquelle je pouvais leur faire passer de la nourriture quand besoin était. J'accomplis cette manœuvre avant de fermer l'ouverture de la chambre, et non sans quelque difficulté, car il me fallut, pour atteindre le dessous de la nacelle, me servir d'une des perches dont j'ai parlé, à laquelle était fixé un crochet. Aussitôt que l'air condensé eut pénétré dans la chambre, le cerceau et les perches devinrent inutiles : l'expansion de l'atmosphère incluse distendit puissamment le caoutchouc.

Quand j'eus fini tous ces arrangements et rempli la chambre d'air condensé, il était neuf heures moins dix. Pendant tout le temps qu'avaient duré ces opérations, j'avais horriblement souffert de la difficulté de respiration, et je me repentais amèrement de la négligence ou plutôt de l'incroyable imprudence dont je m'étais rendu coupable en remettant au dernier moment une affaire d'une si haute importance. Mais enfin, lorsque j'eus fini, je commençai à recueillir, et promptement, les bénéfices de mon invention. Je respirai de nouveau avec une aisance et une liberté parfaites ; et vraiment, pourquoi n'en eût-il pas été ainsi ? Je fus aussi très-agréablement surpris de me trouver en grande partie soulagé des vives douleurs qui m'avaient affligé jusqu'alors. Un léger mal de tête accompagné d'une sensation de plénitude ou de distension dans les poignets, les

wrists, the ankles, and the throat, was nearly all of which I had now to complain. Thus it seemed evident that a greater part of the uneasiness attending the removal of atmospheric pressure had actually worn off, as I had expected, and that much of the pain endured for the last two hours should have been attributed altogether to the effects of a deficient respiration.

At twenty minutes before nine o'clock—that is to say, a short time prior to my closing up the mouth of the chamber, the mercury attained its limit, or ran down, in the barometer, which, as I mentioned before, was one of an extended construction. It then indicated an altitude on my part of 132,000 feet, or five-and-twenty miles, and I consequently surveyed at that time an extent of the earth's area amounting to no less than the three-hundred-and-twentieth part of its entire superficies. At nine o'clock I had again lost sight of land to the eastward, but not before I became aware that the balloon was drifting rapidly to the N. N. W. The ocean beneath me still retained its apparent concavity, although my view was often interrupted by the masses of cloud which floated to and fro.

At half past nine I tried the experiment of throwing out a handful of feathers through the valve. They did not float as I had expected; but dropped down perpendicularly, like a bullet, en massse, and with the greatest velocity,—being out of sight in a very few seconds. I did not at first know what to make of this extraordinary phenomenon; not being able to believe that my rate of ascent had, of a sudden, met with so prodigious an acceleration. But it soon occurred to me that the atmosphere was now far too rare to sustain even the feathers; that they actually fell, as they appeared to do, with great rapidity; and that I had been surprised by the united velocities of their descent and my own elevation.

By ten o'clock I found that I had very little to occupy my immediate attention. Affairs went on swimmingly, and I believed the balloon to be going upwards with a speed increasing momently, although I had

chevilles et la gorge était à peu près tout ce dont j'avais à me plaindre maintenant. Ainsi, il était positif qu'une grande partie du malaise provenant de la disparition de la pression atmosphérique s'était absolument évanouie, et que presque toutes les douleurs que j'avais endurées pendant les deux dernières heures devaient être attribuées uniquement aux effets d'une respiration insuffisante.

À neuf heures moins vingt – c'est-à-dire peu de temps après avoir fermé l'ouverture de ma chambre – le mercure avait atteint son extrême limite et était retombé dans la cuvette du baromètre, qui, comme je l'ai dit, était d'une vaste dimension. Il me donnait alors une hauteur de 132 000 pieds ou de 25 milles, et conséquemment mon regard en ce moment n'embrassait pas moins de la 320e partie de la superficie totale de la terre. À neuf heures, j'avais de nouveau perdu de vue la terre dans l'est, mais pas avant de m'être aperçu que le ballon dérivait rapidement vers le nord-nord-ouest. L'Océan, au-dessous de moi, gardait toujours son apparence de concavité ; mais sa vue était souvent interceptée par des masses de nuées qui flottaient çà et là.

À neuf heures et demie, je recommençai l'expérience des plumes, j'en jetai une poignée à travers la soupape. Elles ne voltigèrent pas, comme je m'y attendais, mais tombèrent perpendiculairement, en masse, comme un boulet et avec une telle vélocité que je les perdis de vue en quelques secondes. Je ne savais d'abord que penser de cet extraordinaire phénomène ; je ne pouvais croire que ma vitesse ascensionnelle se fût si soudainement et si prodigieusement accélérée. Mais je réfléchis bientôt que l'atmosphère était maintenant trop raréfiée pour soutenir même des plumes, – qu'elles tombaient réellement, ainsi qu'il m'avait semblé, avec une excessive rapidité, – et que j'avais été simplement surpris par les vitesses combinées de leur chute et de mon ascension.

À dix heures, il se trouva que je n'avais plus grand-chose à faire et que rien ne réclamait mon attention immédiate. Mes affaires allaient donc comme sur des roulettes, et j'étais persuadé que le ballon

no longer any means of ascertaining the progression of the increase. I suffered no pain or uneasiness of any kind, and enjoyed better spirits than I had at any period since my departure from Rotterdam; busying myself now in examining the state of my various apparatus, and now in regenerating the atmosphere within the chamber. This latter point I determined to attend to at regular interval of forty minutes, more on account of the preservation of my health, than from so frequent a renovation being absolutely necessary. In the meanwhile I could not help making anticipations. Fancy revelled in the wild and dreamy regions of the moon. Imagination, feeling herself for once unshackled, roamed at will among the ever-changing wonders of a shadowy and unstable land. Now there were hoary and time-honored forests, and craggy precipices, and waterfalls tumbling with a loud noise into abysses without a bottom. Then I came suddenly into still noonday solitudes, where no wind of heaven ever intruded, and where vast meadows of poppies, and slender, lily-looking flowers spread themselves out a weary distance, all silent and motionless for ever. Then again I journeyed far down away into another country where it was all one dim and vague lake, with a boundary-line of clouds. But fancies such as these were not the sole possessors of my brain. Horrors of a nature most stern and most appalling would too frequently obtrude themselves upon my mind, and shake the innermost depths of my soul with the bare supposition of their possibility. Yet I would not suffer my thoughts for any length of time to dwell upon these latter speculations, rightly judging the real and palpable dangers of the voyage sufficient for my undivided attention.

At five o'clock, p. m., being engaged in regenerating the atmosphere within the chamber, I took that opportunity of observing the cat and kittens through the valve. The cat herself appeared to suffer again very much, and I had no hesitation in attributing her uneasiness chiefly to a difficulty in breathing; but my experiment with the kittens

montait avec une vitesse incessamment croissante, quoique je n'eusse plus aucun moyen d'apprécier cette progression de vitesse. Je n'éprouvais de peine ni de malaise d'aucune espèce ; je jouissais même d'un bien-être que je n'avais pas encore connu depuis mon départ de Rotterdam. Je m'occupais tantôt à vérifier l'état de tous mes instruments, tantôt à renouveler l'atmosphère de la chambre. Quant à ce dernier point, je résolus de m'en occuper à des intervalles réguliers de quarante minutes, plutôt pour garantir complètement ma santé que par une absolue nécessité. Cependant, je ne pouvais pas m'empêcher de faire des rêves et des conjectures. Ma pensée s'ébattait dans les étranges et chimériques régions de la lune. Mon imagination, se sentant une bonne fois délivrée de toute entrave, errait à son gré parmi les merveilles multiformes d'une planète ténébreuse et changeante. Tantôt c'étaient des forêts chenues et vénérables, des précipices rocailleux et des cascades retentissantes s'écroulant dans des gouffres sans fond. Tantôt j'arrivais tout à coup dans de calmes solitudes inondées d'un soleil de midi, où ne s'introduisait jamais aucun vent du ciel, et où s'étalaient à perte de vue de vastes prairies de pavots et de longues fleurs élancées semblables à des lis, toutes silencieuses et immobiles pour l'éternité. Puis je voyageais longtemps, et je pénétrais dans une contrée qui n'était tout entière qu'un lac ténébreux et vague, avec une frontière de nuages. Mais ces images n'étaient pas les seules qui prissent possession de mon cerveau. Parfois des horreurs d'une nature plus noire, plus effrayante s'introduisaient dans mon esprit, et ébranlaient les dernières profondeurs de mon âme par la simple hypothèse de leur possibilité. Cependant, je ne pouvais permettre à ma pensée de s'appesantir trop longtemps sur ces dernières contemplations ; je pensais judicieusement que les dangers réels et palpables de mon voyage suffisaient largement pour absorber toute mon attention.

À cinq heures de l'après-midi, comme j'étais occupé à renouveler l'atmosphère de la chambre, je pris cette occasion pour observer la chatte et ses petits à travers la soupape. La chatte semblait de nouveau souffrir beaucoup, et je ne doutai pas qu'il ne fallût attribuer particulièrement son malaise à la difficulté de respirer ; mais mon

had resulted very strangely. I had expected, of course, to see them betray a sense of pain, although in a less degree than their mother; and this would have been sufficient to confirm my opinion concerning the habitual endurance of atmospheric pressure. But I was not prepared to find them, upon close examination, evidently enjoying a high degree of health, breathing with the greatest ease and perfect regularity, and evincing not the slightest sign of any uneasiness. I could only account for all this by extending my theory, and supposing that the highly rarefied atmosphere around, might perhaps not be, as I had taken for granted, chemically insufficient for the purposes of life, and that a person born in such a medium might, possibly, be unaware of any inconvenience attending its inhalation, while, upon removal to the denser strata near the earth, he might endure tortures of a similar nature to those I had so lately experienced. It has since been to me a matter of deep regret that an awkward accident, at this time, occasioned me the loss of my little family of cats, and deprived me of the insight into this matter which a continued experiment might have afforded. In passing my hand through the valve, with a cup of water for the old puss, the sleeve of my shirt became entangled in the loop which sustained the basket, and thus, in a moment, loosened it from the button. Had the whole actually vanished into air, it could not have shot from my sight in a more abrupt and instantaneous manner. Positively, there could not have intervened the tenth part of a second between the disengagement of the basket and its absolute disappearance with all that it contained. My good wishes followed it to the earth, but, of course, I had no hope that either cat or kittens would ever live to tell the tale of their misfortune.

At six o'clock, I perceived a great portion of the earth's visible area to the eastward involved in thick shadow, which continued to advance with great rapidity, until, at five minutes before seven, the whole surface in view was enveloped in the darkness of night. It was not, however, until long after this time that the rays of the setting sun ceased to illumine the balloon; and this circumstance, although of

expérience relativement aux petits avait eu un résultat des plus étranges. Naturellement je m'attendais à les voir manifester une sensation de peine, quoique à un degré moindre que leur mère, et cela eût été suffisant pour confirmer mon opinion touchant l'habitude de la pression atmosphérique. Mais je n'espérais pas les trouver, après un examen scrupuleux, jouissant d'une parfaite santé et ne laissant pas voir le plus léger signe de malaise. Je ne pouvais me rendre compte de cela qu'en élargissant ma théorie, et en supposant que l'atmosphère ambiante hautement raréfiée pouvait bien, contrairement à l'opinion que j'avais d'abord adoptée comme positive, n'être pas chimiquement insuffisante pour les fonctions vitales, et qu'une personne née dans un pareil milieu pourrait peut-être ne s'apercevoir d'aucune incommodité de respiration, tandis que, ramenée vers les couches plus denses avoisinant la terre, elle souffrirait vraisemblablement des douleurs analogues à celles que j'avais endurées tout à l'heure. Ç'a été pour moi, depuis lors, l'occasion d'un profond regret qu'un accident malheureux m'ait privé de ma petite famille de chats et m'ait enlevé le moyen d'approfondir cette question par une expérience continue. En passant ma main à travers la soupape avec une tasse pleine d'eau pour la vieille minette, la manche de ma chemise s'accrocha à la boucle qui supportait le panier, et du coup la détacha du bouton. Quand même tout le panier se fût absolument évaporé dans l'air, il n'aurait pas été escamoté à ma vue d'une manière plus abrupte et plus instantanée. Positivement, il ne s'écoula pas la dixième partie d'une seconde entre le moment où le panier se décrocha et celui où il disparut complètement avec tout ce qu'il contenait. Mes souhaits les plus heureux l'accompagnèrent vers la terre, mais, naturellement, je n'espérais guère que la chatte et ses petits survécussent pour raconter leur odyssée.

À six heures, je m'aperçus qu'une grande partie de la surface visible de la terre, vers l'est, était plongée dans une ombre épaisse, qui s'avançait incessamment avec une grande rapidité ; enfin, à sept heures moins cinq, toute la surface visible fut enveloppée dans les ténèbres de la nuit. Ce ne fut toutefois que quelques instants plus tard que les rayons du soleil couchant cessèrent d'illuminer le ballon ; et

course fully anticipated, did not fail to give me an infinite deal of pleasure. It was evident that, in the morning, I should behold the rising luminary many hours at least before the citizens of Rotterdam, in spite of their situation so much farther to the eastward, and thus; day after day, in proportion to the height ascended, would I enjoy the light of the sun for a longer and a longer period. I now determined to keep a journal of my passage, reckoning the days from one to twenty-four hours continuously, without taking into consideration the intervals of darkness.

At ten o'clock, feeling sleepy, I determined to lie down for the rest of the night but here a difficulty presented itself, which, obvious as it may appear, had escaped my attention up to the very moment of which I am now speaking. If I went to sleep as I proposed, how could the atmosphere in the chamber be regenerated in the interim? *To breathe it for more than an hour, at the farthest, would be a matter of impossibility; or, if even this term could be extended to an hour and a quarter, the most ruinous consequences might ensue. The consideration of this dilemma gave me no little disquietude; and it will hardly be believed, that, after the dangers I had undergone, I should look upon this business in so serious a light, as to give up all hope of accomplishing my ultimate design, and finally make up my mind to the necessity of a descent. But this hesitation was only momentary. I reflected that man is the veriest slave of custom, and that many points in the routine of his existence are deemed* essentially *important, which are only so* at all *by his having rendered them habitual. It was very certain that I could not do without sleep; but I might easily bring myself to feel no inconvenience from being awakened at intervals of an hour during the whole period of my repose. It would require but five minutes at most, to regenerate the atmosphere in the fullest manner—and the only real difficulty was, to contrive a method of arousing myself at the proper moment for so doing. But this was a question which, I am willing to confess, occasioned me no little trouble in its solution. To be sure, I had heard of the student who, to prevent his falling asleep over his books, held*

cette circonstance, à laquelle je m'attendais parfaitement, ne manqua pas, de me causer un immense plaisir. Il était évident qu'au matin je contemplerais le corps lumineux à son lever plusieurs heures au moins avant les citoyens de Rotterdam, bien qu'ils fussent situés beaucoup plus loin que moi dans l'est, et qu'ainsi, de jour en jour, à mesure que je serais placé plus haut dans l'atmosphère, je jouirais de la lumière solaire pendant une période de plus en plus longue. Je résolus alors de rédiger un journal de mon voyage en comptant les jours de vingt-quatre heures consécutives, sans avoir égard aux intervalles de ténèbres.

À dix heures, sentant venir le sommeil, je résolus de me coucher pour le reste de la nuit ; mais ici se présenta une difficulté qui, quoique de nature à sauter aux yeux, avait échappé à mon attention jusqu'au dernier moment. Si je me mettais à dormir, comme j'en avais l'intention, comment renouveler l'air de la chambre pendant cet intervalle ? Respirer cette atmosphère plus d'une heure, au maximum, était une chose absolument impossible ; et, en supposant ce terme poussé jusqu'à une heure un quart, les plus déplorables conséquences pouvaient en résulter. Cette cruelle alternative ne me causa pas d'inquiétude ; et l'on croira à peine qu'après les dangers que j'avais essuyés je pris la chose tellement au sérieux que je désespérais d'accomplir mon dessein, et que finalement je me résignai à la nécessité d'une descente. Mais cette hésitation ne fut que momentanée. Je réfléchis que l'homme est le plus parfait esclave de l'habitude, et que mille cas de la routine de son existence sont considérés comme essentiellement importants, qui ne sont tels que parce qu'il en fait des nécessités de routine. Il était positif que je ne pouvais pas ne pas dormir ; mais je pouvais facilement m'accoutumer à me réveiller sans inconvénient d'heure en heure durant tout le temps consacré à mon repos. Il ne me fallait pas plus de cinq minutes au plus pour renouveler complètement l'atmosphère ; et la seule difficulté réelle était d'inventer un procédé pour m'éveiller au moment nécessaire. Mais c'était là un problème dont la solution, je le confesse, ne me causait pas peu d'embarras. J'avais certainement entendu parler de l'étudiant qui, pour s'empêcher de tomber de

in one hand a ball of copper, the din of whose descent into a basin of the same metal on the floor beside his chair, served effectually to startle him up, if, at any moment, he should be overcome with drowsiness. My own case, however, was very different indeed, and left me no room for any similar idea; for I did not wish to keep awake, but to be aroused from slumber at regular intervals of time. I at length hit upon the following expedient, which, simple as it may seem, was hailed by me, at the moment of discovery, as an invention fully equal to that of the telescope, the steam-engine, or the art of printing itself.

It is necessary to premise, that the balloon, at the elevation now attained, continued its course upwards with an even and undeviating ascent, and the car consequently followed with a steadiness so perfect that it would have been impossible to detect in it the slightest vacillation. This circumstance favored me greatly in the project I now determined to adopt. My supply of water had been put on board in kegs containing five gallons each, and ranged very securely around the interior of the car. I unfastened one of these, and taking two ropes, tied them tightly across the rim of the wicker-work from one side to the other; placing them about a foot apart and parallel, so as to form a kind of shelf, upon which I placed the keg, and steadied it in a horizontal position. About eight inches immediately below these ropes, and four feet from the bottom of the car, I fastened another shelf—but made of thin plank, being the only similar piece of wood I had. Upon this latter shelf, and exactly beneath one of the rims of the keg, a small earthen pitcher was deposited. I now bored a hole in the end of the keg over the pitcher, and fitted in a plug of soft wood, cut in a tapering or conical shape. This plug I pushed in or pulled out, as might happen, until, after a few experiments, It arrived at that exact degree of tightness, at which the water, oozing from the hole, and falling into the pitcher below, would fill the latter to the brim in the period of sixty minutes. This, of course, was a matter briefly and easily ascertained, by noticing the proportion of the pitcher filled in any given time. Having arranged all this, the rest of the plan is obvious. My bed was so contrived upon the floor of the ear, as to

sommeil sur ses livres, tenait dans une main une boule de cuivre, dont la chute retentissante dans un bassin de même métal placé par terre, à côté de sa chaise, servait à le réveiller en sursaut si quelquefois il se laissait aller à l'engourdissement. Mon cas, toutefois, était fort différent du sien et ne livrait pas de place à une pareille idée ; car je ne désirais pas rester éveillé, mais me réveiller à des intervalles réguliers. Enfin, j'imaginai l'expédient suivant qui, quelque simple qu'il paraisse, fut salué par moi, au moment de ma découverte, comme une invention absolument comparable à celle du télescope, des machines à vapeur, et même de l'imprimerie.

Il est nécessaire de remarquer d'abord que le ballon, à la hauteur où j'étais parvenu, continuait à monter en ligne droite avec une régularité parfaite, et que la nacelle le suivait conséquemment sans éprouver la plus légère oscillation. Cette circonstance me favorisa grandement dans l'exécution du plan que j'avais adopté. Ma provision d'eau avait été embarquée dans des barils qui contenaient chacun cinq gallons et étaient solidement arrimés dans l'intérieur de la nacelle. Je détachai l'un de ces barils et, prenant deux cordes, je les attachai étroitement au rebord d'osier, de manière qu'elles traversaient la nacelle, parallèlement, et à une distance d'un pied l'une de l'autre ; elles formaient ainsi une sorte de tablette, sur laquelle je plaçai le baril et l'assujettis dans une position horizontale. À huit pouces environ au-dessous de ces cordes et à quatre pieds du fond de la nacelle, je fixai une autre tablette, mais faite d'une planche mince, la seule de cette nature qui fût à ma disposition. Sur cette dernière, et juste au-dessous d'un des bords du baril, je déposai une petite cruche de terre. Je perçai alors un trou dans le fond du baril, au-dessus de la cruche, et j'y fichai une cheville de bois taillée en cône, ou en forme de bougie. J'enfonçai et je retirai cette cheville, plus ou moins, jusqu'à ce qu'elle s'adaptât, après plusieurs tâtonnements, juste assez pour que l'eau filtrant par le trou et tombant dans la cruche la remplît jusqu'au bord dans un intervalle de soixante minutes. Quant à ceci, il me fut facile de m'en assurer en peu de temps ; je n'eus qu'à observer jusqu'à quel point la cruche se remplissait dans un temps donné. Tout cela dûment arrangé, le reste se devine. Mon lit était disposé sur le fond de la

bring my head, in lying down, immediately below the mouth of the pitcher. It was evident, that, at the expiration of an hour, the pitcher, getting full, would be forced to run over, and to run over at the mouth which was somewhat lower than the rim. It was also evident, that the water, thus falling from a height of more than four feet, could not do otherwise than fall upon my face, and that the sure consequence would be, to waken me up instantaneously, even from the soundest slumber in the world.

It was fully eleven by the time I had completed these arrangements, and I immediately betook myself to bed, with full confidence in the efficiency of my invention. Nor in this matter was I disappointed. Punctually every sixty minutes was I aroused by my trusty chronometer, when, having emptied the pitcher into the bung-hole of the keg, and performed the duties of the condenser, I retired again to bed. These regular interruptions to my slumber caused me even less discomfort than I had anticipated; and when I finally arose for the day, it was seven o'clock, and the sun had attained many degrees above the line of my horizon.

April 3d. *I found the balloon at an immense height indeed, and the earth's convexity had now become strikingly manifest. Below me in the ocean lay a cluster of black specks, which undoubtedly were islands. Overhead, the sky was of a jetty black, and the stars were brilliantly visible; indeed they had been so constantly since the first day of ascent. Far away to the northward I perceived a thin, white, and exceedingly brilliant line, or streak, on the edge of the horizon, and I had no hesitation in supposing it to be the southern disc of the ices of the Polar sea. My curiosity was greatly excited, for I had hopes of passing on much farther to the north, and might possibly, at some period, find myself placed directly above the Pole itself. I now lamented that my great elevation would, in this case, prevent my taking accurate a survey as I could wish. Much, however, might be ascertained.*

nacelle de manière que ma tête, quand j'étais couché, se trouvait immédiatement au-dessous de la gueule de la cruche. Il était évident qu'au bout d'une heure la cruche remplie devait déborder, et le trop-plein s'écouler par la gueule qui était un peu au-dessous du niveau du bord. Il était également certain que l'eau tombant ainsi d'une hauteur de plus de quatre pieds ne pouvait pas ne pas tomber sur ma face, et que le résultat devait être un réveil instantané, quand même j'aurais dormi du plus profond sommeil.

Il était au moins onze heures quand j'eus fini toute cette installation, et je me mis immédiatement au lit, plein de confiance dans l'efficacité de mon invention. Et je ne fus pas désappointé dans mes espérances. De soixante en soixante minutes, je fus ponctuellement éveillé par mon fidèle chronomètre ; je vidais le contenu de la cruche par le trou de bonde du baril, je faisais fonctionner le condensateur, et je me remettais au lit. Ces interruptions régulières dans mon sommeil me causèrent même moins de fatigue que je ne m'y étais attendu ; et, quand enfin je me levai pour tout de bon, il était sept heures, et le soleil avait atteint déjà quelques degrés au-dessus de la ligne de mon horizon.

3 avril. – Je trouvai que mon ballon était arrivé à une immense hauteur, et que la convexité de la terre se manifestait enfin d'une manière frappante. Au-dessous de moi, dans l'Océan, se montrait un semis de points noirs qui devaient être indubitablement des îles. Au-dessus de ma tête, le ciel était d'un noir de jais, et les étoiles visibles et scintillantes ; en réalité, elles m'avaient toujours apparu ainsi depuis le premier jour de mon ascension. Bien loin vers le nord, j'apercevais au bord de l'horizon une ligne ou une bande mince, blanche et excessivement brillante, et je supposai immédiatement que ce devait être la limite sud de la mer de glaces polaires. Ma curiosité fut grandement excitée, car j'avais l'espoir de m'avancer beaucoup plus vers le nord, et peut-être, à un certain moment, de me trouver directement au-dessus du pôle lui-même. Je déplorai alors que l'énorme hauteur où j'étais placé m'empêchât d'en faire un examen aussi positif que je l'aurais désiré. Toutefois, il y avait encore quelques bonnes observations à faire.

Nothing else of an extraordinary nature occurred during the day. My apparatus all continued in good order, and the balloon still ascended without any perceptible vacillation. The cold was intense, and obliged me to wrap up closely in an overcoat. When darkness came over the earth, I betook myself to bed, although it was for many hour afterwards broad daylight all around my immediate situation. The water-clock was punctual in its duty, and I slept until next morning soundly, with the exception of the periodical interruption.

April 4th. *Arose in good health and spirits, and was astonished at the singular change which had taken place in the appearance of the sea. It had lost, in a great measure, the deep tint of blue it had hitherto worn, being now of a grayish-white, and of a lustre dazzling to the eye. The convexity of the ocean had become so evident, that the entire mass of the distant water seemed to be tumbling headlong over the abyss of the horizon, and I found myself listening on tiptoe for the echoes of the mighty cataract. The islands were no longer visible; whether they had passed down the horizon to the south-east, or whether my increasing elevation had left them out of sight, it is impossible to say. I was inclined, however, to the latter opinion. The rim of ice to the northward was growing more and more apparent. Cold by no means so intense. Nothing of importance occurred, and I passed the day in reading, having taken care to supply myself with books.*

April 5th. *Beheld the singular phenomenon of the sun rising while nearly the whole visible surface of the earth continued to be involved in darkness. In time, however, the light spread itself over all, and I again saw the line of ice to the northward. It was now very distinct, and appeared of a much darker hue than the waters of the ocean. I was evidently approaching it, and with great rapidity. Fancied I could again distinguish a strip of land to the eastward, and one also to-the westward, but could not be certain. Weather moderate. Nothing of any consequence happened during the day. Went early to bed.*

Il ne m'arriva d'ailleurs rien d'extraordinaire durant cette journée. Mon appareil fonctionnait toujours très-régulièrement, et le ballon montait toujours sans aucune vacillation apparente. Le froid était intense et m'obligeait de m'envelopper soigneusement d'un paletot. Quand les ténèbres couvrirent la terre, je me mis au lit, quoique je dusse être pour plusieurs heures encore enveloppé de la lumière du plein jour. Mon horloge hydraulique accomplit ponctuellement son devoir, et je dormis profondément jusqu'au matin suivant, sauf les interruptions périodiques.

4 avril. – Je me suis levé en bonne santé et en joyeuse humeur, et j'ai été fort étonné du singulier changement survenu dans l'aspect de la mer. Elle avait perdu, en grande partie, la teinte de bleu profond qu'elle avait revêtue jusqu'à présent ; elle était d'un blanc grisâtre et d'un éclat qui éblouissait l'œil. La convexité de l'Océan était devenue si évidente que la masse entière de ses eaux lointaines semblait s'écrouler précipitamment dans l'abîme de l'horizon, et je me surpris prêtant l'oreille et cherchant les échos de la puissante cataracte. Les îles n'étaient plus visibles, soit qu'elles eussent passé derrière l'horizon vers le sud-est, soit que mon élévation croissante les eût chassées au delà de la portée de ma vue ; c'est ce qu'il m'est impossible de dire. Toutefois j'inclinais vers cette dernière opinion. La bande de glace, au nord, devenait de plus en plus apparente. Le froid avait beaucoup perdu de son intensité. Il ne m'arriva rien d'important, et je passai tout le jour à lire, car je n'avais pas oublié de faire une provision de livres.

5 avril. – J'ai contemplé le singulier phénomène du soleil levant pendant que presque toute la surface visible de la terre restait enveloppée dans les ténèbres. Toutefois, la lumière commença à se répandre sur toutes choses, et je revis la ligne de glaces au nord. Elle était maintenant très-distincte, et paraissait d'un ton plus foncé que les eaux de l'Océan. Évidemment, je m'en rapprochais, et avec une grande rapidité. Je m'imaginai que je distinguais encore une bande de terre vers l'est, et une autre vers l'ouest, mais il me fut impossible de m'en assurer. Température modérée. Rien d'important ne m'arriva ce jour-là. Je me mis au lit de fort bonne heure.

Apri 6th. *Was surprised at finding the rim of ice at a very moderate distance, and an immense field of the same material stretching away off to the horizon in the north. It was evident that if the balloon held its present course, it would soon arrive above the Frozen Ocean, and I had now little doubt of ultimately seeing the Pole. During the whole of the day I continued to near the ice. Towards night the limits of my horizon very suddenly and materially increased, owing undoubtedly to the earth's form being that of an oblate spheroid, and my arriving above the flattened regions in the vicinity of the Arctic circle. When darkness at length overtook me, I went to bed in great anxiety, fearing to pass over the object of so much curiosity when I should have no opportunity of observing it.*

April 7th. *Arose early, and, to my great joy, at length beheld what there could be no hesitation in supposing the northern Pole itself. It was there, beyond a doubt, and immediately beneath my feet; but, alas! I had now ascended to so vast a distance, that nothing could with accuracy be discerned. Indeed, to judge from the progression of the numbers indicating my various altitudes, respectively, at different periods, between six, a. m., on the second of April, and twenty minutes before nine, a. m., of the same day, (at which time the barometer ran down,) it might be fairly inferred that the balloon had now, at four o'clock in the morning of April the seventh, reached a height of not less, certainly, than 7254 miles above the surface of the sea. This elevation may appear immense, but the estimate upon which it is calculated gave a result in probability far inferior to the truth. At all events I undoubtedly beheld the whole of the earth's major diameter; the entire northern hemisphere lay beneath me like a chart orthographically projected; and the great circle of the equator itself formed the boundary line of my horizon. Your Excellencies may, however, readily imagine that the confined regions hitherto unexplored within the limits of the Arctic circle, although situated directly beneath me, and therefore seen without any appearance of being foreshortened, were still, in themselves, comparatively too*

6 avril. – J'ai été fort surpris de trouver la bande de glace à une distance assez modérée, et un immense champ de glaces s'étendant à l'horizon vers le nord. Il était évident que, si le ballon gardait sa direction actuelle, il devait arriver bientôt au-dessus de l'Océan boréal, et maintenant j'avais une forte espérance de voir le pôle. Durant tout le jour, je continuai à me rapprocher des glaces. Vers la nuit, les limites de mon horizon s'agrandirent très-soudainement et très-sensiblement, ce que je devais sans aucun doute à la forme de notre planète qui est celle d'un sphéroïde écrasé, et parce que j'arrivais au-dessus des régions aplaties qui avoisinent le cercle arctique. À la longue, quand les ténèbres m'envahirent, je me mis au lit dans une grande anxiété, tremblant de passer au-dessus de l'objet d'une si grande curiosité sans pouvoir l'observer à loisir.

7 avril. – Je me levai de bonne heure et, à ma grande joie, je contemplai ce que je n'hésitai pas à considérer comme le pôle lui-même. Il était là, sans aucun doute, et directement sous mes pieds ; mais, hélas ! j'étais maintenant placé à une si grande hauteur que je ne pouvais rien distinguer avec netteté. En réalité, à en juger d'après la progression des chiffres indiquant mes diverses hauteurs à différents moments, depuis le 2 avril à six heures du matin jusqu'à neuf heures moins vingt de la même matinée (moment où le mercure retomba dans la cuvette du baromètre), il y avait vraisemblablement lieu de supposer que le ballon devait maintenant – 7 avril, quatre heures du matin – avoir atteint une hauteur qui était au moins de 7 254 milles au-dessus du niveau de la mer. Cette élévation peut paraître énorme ; mais l'estime sur laquelle elle était basée donnait très-probablement un résultat bien inférieur à la réalité. En tout cas, j'avais indubitablement sous les yeux la totalité du plus grand diamètre terrestre ; tout l'hémisphère nord s'étendait au-dessous de moi comme une carte en projection orthographique ; et le grand cercle même de l'équateur formait la ligne frontière de mon horizon. Vos Excellences, toutefois, concevront facilement que les régions inexplorées jusqu'à présent et confinées dans les limites du cercle arctique, quoique situées directement au-dessous de moi, et conséquemment aperçues sans aucune apparence de raccourci, étaient

diminutive, and at too great a distance from the point of sight, to admit of any very accurate examination. Nevertheless, what could be seen was of a nature singular and exciting. Northwardly from that huge rim before mentioned, and which, with slight qualification, may be called the limit of human discovery in these regions, one unbroken, or nearly unbroken sheet of ice continues to extend. In the first few degrees of this it progress, its surface is very sensibly flattened, farther on depressed into a plane, and finally, becoming not a little concave, *it terminates, at the Pole itself, in a circular centre, sharply defined, whose apparent diameter subtended at the balloon an angle of about sixty-five seconds, and whose dusky hue, varying in intensity, was, at all times darker than any other spot upon the visible hemisphere, and occasionally deepened into the most absolute blackness. Farther than this, little could be ascertained. By twelve o'clock the circular centre had materially decreased in circumference, and by seven, p. m., I lost sight of it entirely; the balloon passing over the western limb of the ice, and floating away rapidly in the direction of the equator.*

April 8th. *Found a sensible diminution in the earth's apparent diameter, besides a material alteration in its general color and appearance. The whole visible area partook in different degrees of a tint of pale yellow, and in some portions had acquired a brilliancy even painful to the eye. My view downwards was also considerably impeded by the dense atmosphere in the vicinity of the surface being loaded with clouds, between whose masses I could only now and then obtain a glimpse of the earth itself. This difficulty of direct vision had troubled me more or less for the last forty-eight hours; but my present enormous elevation brought closer together, as it were, the floating bodies of vapor, and the inconvenience became, of course, more and more palpable in proportion to my ascent. Nevertheless, I could easily perceive that the balloon now hovered above the range of great lakes in the continent of North America, and was holding a course,*

trop rapetissées et placées à une trop grande distance du point d'observation pour admettre un examen quelque peu minutieux. Néanmoins, ce que j'en voyais était d'une nature singulière et intéressante. Au nord de cette immense bordure dont j'ai parlé, et que l'on peut définir, sauf une légère restriction, la limite de l'exploration humaine dans ces régions, continue de s'étendre sans interruption ou presque sans interruption une nappe de glace. Dès son commencement, la surface de cette mer de glace s'affaisse sensiblement ; plus loin, elle est déprimée jusqu'à paraître plane, et finalement elle devient singulièrement concave, et se termine au pôle lui-même en une cavité centrale circulaire dont les bords sont nettement définis, et dont le diamètre apparent sous-tendait alors, relativement à mon ballon, un angle de soixante-cinq secondes environ ; quant à la couleur, elle était obscure, variant d'intensité, toujours plus sombre qu'aucun point de l'hémisphère visible, et s'approfondissant quelquefois jusqu'au noir parfait. Au delà, il était difficile de distinguer quelque chose. À midi, la circonférence de ce trou central avait sensiblement décru, et, à sept heures de l'après-midi, je l'avais entièrement perdu de vue ; le ballon passait vers le bord ouest des glaces et filait rapidement dans la direction de l'équateur.

8 avril. – J'ai remarqué une sensible diminution dans le diamètre apparent de la terre, sans parler d'une altération positive dans sa couleur et son aspect général. Toute la surface visible participait alors, à différents degrés, de la teinte jaune pâle, et dans certaines parties elle avait revêtu un éclat presque douloureux pour l'œil. Ma vue était singulièrement gênée par la densité de l'atmosphère et les amas de nuages qui avoisinaient cette surface ; c'est à peine si entre ces masses je pouvais de temps à autre apercevoir la planète. Depuis les dernières quarante-huit heures, ma vue avait été plus ou moins empêchée par ces obstacles ; mais mon élévation actuelle, qui était excessive, rapprochait et confondait ces masses flottantes de vapeur, et l'inconvénient devenait de plus en plus sensible à mesure que je montais. Néanmoins, je percevais facilement que le ballon planait maintenant au-dessus du groupe des grands lacs du Nord-Amérique et

due south, which would soon bring me to the tropics. This circumstance did not fail to give me the most heartfelt satisfaction, and I hailed it as a happy omen of ultimate success. Indeed, the direction I had hitherto taken, had filled me with uneasiness; for it was evident that. had I continu6d it much longer, there would have been no possibility of my arriving at the moon at all, whose orbit is inclined to the ecliptic at only the small angle of 5° 8' 48". Strange as it may seem, it was only at this late period that I began to understand the great error I had committed, in not taking my departure from earth at some point in the plane of the lunar ellipse.

April 9th. *To-day, the earth's diameter was greatly diminished, and the color of the surface assumed hourly a deeper tint of yellow. The balloon kept steadily on her course to the southward, and arrived, at nine, p. m., over the northern edge of the Mexican Gulf.*

April 10th. *I was suddenly aroused from slumber, about five o'clock this morning, by a loud, crackling, and terrific sound, for which I could in no manner account. It was of very brief duration, but, while it lasted, resembled nothing in the world of which I had any previous experience. It is needless to say that I became excessively alarmed, having, in the first instance, attributed the noise to the bursting of the balloon. I examined all my apparatus, however, with great attention, and could discover nothing out of order. Spent a great part of the day in meditating upon an occurrence so extraordinary, but could find no means whatever of accounting for it. Went to bed dissatisfied, and in a state of great anxiety and agitation.*

April 11th. *Found a startling diminution in the apparent diameter of the earth, and a considerable increase, now observable for the first time, in that of the moon itself, which wanted only a few days of being full. It now required long and excessive labor to condense within the chamber sufficient atmospheric air for the sustenance of life.*

courait droit vers le sud, ce qui devait m'amener bientôt vers les tropiques. Cette circonstance ne manqua pas de me causer la plus sensible satisfaction, et je la saluai comme un heureux présage de mon succès final. En réalité, la direction que j'avais prise jusqu'alors m'avait rempli d'inquiétude ; car il était évident que, si je l'avais suivie longtemps encore, je n'aurais jamais pu arriver à la lune, dont l'orbite n'est inclinée sur l'écliptique que d'un petit angle de 5 degrés 8 minutes 48 secondes. Quelque étrange que cela puisse paraître, ce ne fut qu'à cette période tardive que je commençai à comprendre la grande faute que j'avais commise en n'effectuant pas mon départ de quelque point terrestre situé dans le plan de l'ellipse lunaire.

9 avril. – Aujourd'hui, le diamètre de la terre est grandement diminué, et la surface prend d'heure en heure une teinte jaune plus prononcée. Le ballon a toujours filé droit vers le sud, et est arrivé à neuf heures de l'après-midi au-dessus de la côte nord du golfe du Mexique.

10 avril. – J'ai été soudainement tiré de mon sommeil vers cinq heures du matin par un grand bruit, un craquement terrible, dont je n'ai pu en aucune façon me rendre compte. Il a été de courte durée ; mais, tant qu'il a duré, il ne ressemblait à aucun bruit terrestre dont j'eusse gardé la sensation. Il est inutile de dire que je fus excessivement alarmé, car j'attribuai d'abord ce bruit à une déchirure du ballon. Cependant, j'examinai tout mon appareil avec une grande attention et je n'y pus découvrir aucune avarie. J'ai passé la plus grande partie du jour à méditer sur un accident aussi extraordinaire, mais je n'ai absolument rien trouvé de satisfaisant. Je me suis mis au lit fort mécontent et dans un état d'agitation et d'anxiété excessives.

11 avril. – J'ai trouvé une diminution sensible dans le diamètre apparent de la terre et un accroissement considérable, observable pour la première fois, dans celui de la lune, qui n'était qu'à quelques jours de son plein. Ce fut alors pour moi un très-long et très-pénible labeur de condenser dans la chambre une quantité d'air atmosphérique suffisante pour l'entretien de la vie.

April 12th. A singular alteration took place in regard to the direction of the balloon, and although fully anticipated, afforded me the most unequivocal delight. Having reached, in its former course, about the twentieth parallel of southern latitude, it turned off suddenly, at an acute angle, to the eastward, and thus proceeded throughout the day, keeping nearly, if not altogether, in the exact plane of the lunar ellipse. *What was worthy of remark, a very perceptible vacillation in the car was a consequence of this change of route,—a vacillation which prevailed, in a more or less degree, for a period of many hours.*

April 13th. Was again very much alarmed by a repetition of the loud crackling noise which terrified me on the tenth. Thought long upon the subject, but was unable to form any satisfactory conclusion. Great decrease in the earth's apparent diameter, which now subtended from the balloon an angle of very little more than twenty-five degrees. The moon could not be seen at all, being nearly in my zenith. I still continued in the plane of the ellipse, but made little progress to the eastward.

April 14th. Extremely rapid decrease in the diameter of the earth. To-day I became strongly impressed with the idea, that the balloon was now actually running up the line of apsides to the point of perigee,—in other words, holding the direct course which would bring it immediately to the moon in that part of its orbit the nearest to the earth. The moon. itself was directly overhead, and consequently hidden from my view. Great and long continued labor necessary for the condensation of the atmosphere.

April 15th. Not even the outlines of continents and seas could now be traced upon the earth with distinctness. About twelve o'clock I became aware, for the third time, of that appalling sound which had so astonished me before. It now, however, continued for some moments, and gathered intensity as it continued. At length, while, stupified and terror-stricken, I stood in expectation of I knew not what hideous destruction, the car vibrated with excessive violence, and a

12 avril. – Un singulier changement a eu lieu dans la direction du ballon, qui, bien que je m'y attendisse parfaitement, m'a causé le plus sensible plaisir. Il était parvenu dans sa direction première au vingtième parallèle de latitude sud, et il a tourné brusquement vers l'est, à angle aigu, et a suivi cette route tout le jour, en se tenant à peu près, sinon absolument, dans le plan exact de l'ellipse lunaire. Ce qui était digne de remarque, c'est que ce changement de direction occasionnait une oscillation très-sensible de la nacelle, – oscillation qui a duré plusieurs heures à un degré plus ou moins vif.

13 avril. – J'ai été de nouveau très-alarmé par la répétition de ce grand bruit de craquement qui m'avait terrifié le 10. J'ai longtemps médité sur ce sujet, mais il m'a été impossible d'arriver à une conclusion satisfaisante. Grand décroissement dans le diamètre apparent de la terre. Il ne sous-tendait plus, relativement au ballon, qu'un angle d'un peu plus de 25 degrés. Quant à la lune, il m'était impossible de la voir, elle était presque dans mon zénith. Je marchais toujours dans le plan de l'ellipse, mais je faisais peu de progrès vers l'est.

14 avril. – Diminution excessivement rapide dans le diamètre de la terre. Aujourd'hui, j'ai été fortement impressionné de l'idée que le ballon courait maintenant sur la ligne des apsides en remontant vers le périgée, – en d'autres termes, qu'il suivait directement la route qui devait le conduire à la lune dans cette partie de son orbite qui est la plus rapprochée de la terre. La lune était juste au-dessus de ma tête, et conséquemment cachée à ma vue. Toujours ce grand et long travail indispensable pour la condensation de l'atmosphère.

15 avril. – Je ne pouvais même plus distinguer nettement sur la planète les contours des continents et des mers. Vers midi, je fus frappé pour la troisième fois de ce bruit effrayant qui m'avait déjà si fort étonné. Cette fois-ci, cependant, il dura quelques moments et prit de l'intensité. À la longue, stupéfié, frappé de terreur, j'attendais anxieusement je ne sais quelle épouvantable destruction, lorsque la nacelle oscilla avec une violence excessive, et une masse de matière

gigantic and flaming mass of some material which I could not distinguish, came with a voice of a thousand thunders, roaring and booming by the balloon. When my fears and astonishment had in some degree subsided, I had little difficulty in supposing it to be some mighty volcanic fragment ejected from that world to which I was so rapidly approaching, and, in all probability, one of that singular class of substances occasionally picked up on the earth, and termed meteoric stones for want of a better appellation.

April 16th. *To-day, looking upwards as well as I could, through each of the side windows alternately, I beheld, to my great delight, a very small portion of the moon's disk protruding, as it were, on all sides beyond the huge circumference of the balloon. My agitation was extreme; for I had now little doubt of soon reaching the end of my perilous voyage. Indeed, the labor now required by the condenser, had increased to a most oppressive degree, and allowed me scarcely any respite from exertion. Sleep was a matter nearly out of the question. I became quite ill, and my frame trembled with exhaustion. It was impossible that human nature could endure this state of intense suffering much longer. During the now brief interval of darkness a meteoric stone again passed in my vicinity, and the frequency of these phenomena began to occasion me much apprehension.*

April 17th. *This morning proved an epoch in my voyage. It will be remembered, that, on the thirteenth, the earth subtended an angular breadth of twenty-five degrees. On the fourteenth, this had greatly diminished; on the fifteenth, a still more rapid decrease was observable; and, on retiring for the night of the sixteenth, I had noticed an angle of no more than about seven degrees and fifteen minutes. What, therefore, must have been my amazement, on awakening from a brief and disturbed slumber, on the morning of this day, the seventeenth, at finding the surface beneath me so suddenly and wonderfully* in the exact plane of the lunar ellipse *in volume, as*

que je n'eus pas le temps de distinguer passa à côté du ballon, gigantesque et enflammée, retentissante et rugissante comme la voix de mille tonnerres. Quand mes terreurs et mon étonnement furent un peu diminués, je supposai naturellement que ce devait être quelque énorme fragment volcanique vomi par ce monde dont j'approchais si rapidement, et, selon toute probabilité, un morceau de ces substances singulières qu'on ramasse quelquefois sur la terre, et qu'on nomme aérolithes, faute d'une appellation plus précise.

16 avril. – Aujourd'hui, en regardant au-dessous de moi, aussi bien que je pouvais, par chacune des deux fenêtres latérales alternativement, j'aperçus, à ma grande satisfaction, une très-petite portion du disque lunaire qui s'avançait, pour ainsi dire de tous les côtés, au delà de la vaste circonférence de mon ballon. Mon agitation devint extrême, car maintenant je ne doutais guère que je n'atteignisse bientôt le but de mon périlleux voyage. En vérité, le labeur qu'exigeait alors le condensateur s'était accru jusqu'à devenir obsédant, et ne laissait presque pas de répit à mes efforts. De sommeil, il n'en était, pour ainsi dire, plus question. Je devenais réellement malade, et tout mon être tremblait d'épuisement. La nature humaine ne pouvait pas supporter plus longtemps une pareille intensité dans la souffrance. Durant l'intervalle des ténèbres, bien court maintenant, une pierre météorique passa de nouveau dans mon voisinage, et la fréquence de ces phénomènes commença à me donner de fortes inquiétudes.

17 avril. – Cette matinée a fait époque dans mon voyage. On se rappellera que, le 13, la terre sous-tendait relativement à moi un angle de 25 degrés. Le 14, cet angle avait fortement diminué ; le 15, j'observai une diminution encore plus rapide ; et, le 16, avant de me coucher, j'avais estimé que l'angle n'était plus que de 7 degrés et 15 minutes. Qu'on se figure donc quelle dut être ma stupéfaction, quand, en m'éveillant ce matin, 17, et sortant d'un sommeil court et troublé, je m'aperçus que la surface planétaire placée au-dessous de moi avait si inopinément et si effroyablement *augmenté* de volume que son diamètre apparent sous-tendait un angle qui ne mesurait pas moins de

to subtend no less than thirty-nine degrees in apparent angular diameter! I was thunderstruck! No words can give any adequate idea of the extreme, the absolute horror and astonishment, with which I was seized, possessed, and altogether overwhelmed. My knees tottered beneath me—my teeth chattered—my hair started up on end. "The balloon, then, had actually burst!" These were the first tumultuous ideas which hurried through my mind: "The balloon had positively burst!—I was failing—falling with the most impetuous, the most unparalleled velocity! To judge from the immense distance already so quickly passed over, it could not be more than ten minutes, at the farthest, before I should meet the surface of the earth, and be hurled into annihilation!" But at length reflection came to my relief. I paused; I considered; and I began to doubt. The matter was impossible. I could not in any reason have so rapidly come down. Besides, although I was evidently approaching the surface below me, it was with a speed by no means commensurate with the velocity I had at first conceived. This consideration served to calm the perturbation of my mind, and I finally succeeded in regarding the phenomenon in its proper point of view. In fact, amazement must have fairly deprived me of my senses, when I could not see the vast difference, in appearance, between the surface below me, and the surface of my mother earth. The latter was indeed over my head, and completely hidden by the balloon, while the moon—the moon itself in all its glory—lay beneath me, and at my feet.

The stupor and surprise produced in my mind by this extraordinary change in the posture of affairs, was perhaps, after all, that part of the adventure least susceptible of explanation. For the bouleversement *in itself was not only natural and inevitable, but had been long actually anticipated, as a circumstance to be expected whenever I should arrive at that exact point of my voyage where the attraction of the planet should be superseded by the attraction of the satellite—or, more precisely, where the gravitation of the balloon towards the earth should be less powerful than its gravitation towards*

39 degrés ! J'étais foudroyé ! Aucune parole ne peut donner une idée exacte de l'horreur extrême, absolue, et de la stupeur dont je fus saisi, possédé, écrasé. Mes genoux vacillèrent sous moi, – mes dents claquèrent, – mon poil se dressa sur ma tête. – Le ballon a donc fait explosion ? Telles furent les premières idées qui se précipitèrent tumultueusement dans mon esprit. Positivement, le ballon a crevé ! – Je tombe, – je tombe avec la plus impétueuse, la plus incomparable vitesse ! À en juger par l'immense espace déjà si rapidement parcouru, je dois rencontrer la surface de la terre dans dix minutes au plus ; – dans dix minutes, je serai précipité, anéanti ! Mais, à la longue, la réflexion vint à mon secours. Je fis une pause, je méditai et je commençai à douter. La chose était impossible. Je ne pouvais en aucune façon être descendu aussi rapidement. En outre, bien que je me rapprochasse évidemment de la surface située au-dessous de moi, ma vitesse réelle n'était nullement en rapport avec l'épouvantable vélocité que j'avais d'abord imaginée. Cette considération calma efficacement la perturbation de mes idées, et je réussis finalement à envisager le phénomène sous son vrai point de vue. Il fallait que ma stupéfaction m'eût privé de l'exercice de mes sens pour que je n'eusse pas vu quelle immense différence il y avait entre l'aspect de cette surface placée au-dessous de moi et celui de ma planète natale. Cette dernière était donc au-dessus de ma tête et complètement cachée par le ballon, tandis que la lune, – la lune elle-même dans toute sa gloire, – s'étendait au-dessous de moi ; – je l'avais sous mes pieds !

L'étonnement et la stupeur produits dans mon esprit par cet extraordinaire changement dans la situation des choses étaient peut-être, après tout, ce qu'il y avait de plus étonnant et de moins explicable dans mon aventure. Car ce *bouleversement* en lui-même était non seulement naturel et inévitable, mais depuis longtemps même je l'avais positivement prévu comme une circonstance toute simple, comme une conséquence qui devait se produire quand j'arriverais au point exact de mon parcours où l'attraction de la planète serait remplacée par l'attraction du satellite, – ou, en termes plus précis, quand la gravitation du ballon vers la terre serait moins

the moon. To be sure I arose from a sound slumber, with all my senses in confusion, to the contemplation of a very startling phenomenon, and one which, although expected, was not expected at the moment. The revolution itself must, of course, have taken place in an easy and gradual manner, and it is by no means clear that, had I even been awake at the time of the occurrence, I should have been made aware of it by any internal *evidence of an inversion—that is to say, by any inconvenience or disarrangement, either about my person or about my apparatus.*

It is almost needless to say, that, upon coming to a due sense of my situation, and emerging from the terror which had absorbed every faculty of my soul, my attention was, in the first place, wholly directed to the contemplation of the general physical appearance of the moon. It lay beneath me like a chart—and although I judged it to be still at no inconsiderable distance, the indentures of its surface were defined to my vision with a most striking and altogether unaccountable distinctness. The entire absence of ocean or sea, and indeed of any lake or river, or body of water whatsoever, struck me, at the first glance, as the most extraordinary feature in its geological condition. Yet, strange to say, I beheld vast level regions of a character decidedly alluvial, although by far the greater portion of the hemisphere in sight was covered with innumerable volcanic mountains, conical in shape, and having more the appearance of artificial than of natural protuberances. The highest among them does not exceed three and three-quarter miles in perpendicular elevation; but a map of the volcanic districts of the Campi Phlegrœi would afford to your Excellencies a better idea of their general surface than any unworthy description I might think proper to attempt. The greater part of them were in a state of evident eruption, and gave me fearfully to understand their fury and their power, by the repeated thunders of the mis-called meteoric stones, which now

puissante que sa gravitation vers la lune. Il est vrai que je sortais d'un profond sommeil, que tous mes sens étaient encore brouillés, quand je me trouvai soudainement en face d'un phénomène des plus surprenants, – d'un phénomène que j'attendais, mais que je n'attendais pas en ce moment. La révolution elle-même devait avoir eu lieu naturellement, de la façon la plus douce et la plus graduée, et il n'est pas le moins du monde certain que, lors même que j'eusse été éveillé au moment où elle s'opéra, j'eusse eu la conscience du sens dessus dessous, – que j'eusse perçu un symptôme *intérieur* quelconque de l'inversion, – c'est-à-dire une incommodité, un dérangement quelconque, soit dans ma personne, soit dans mon appareil.

Il est presque inutile de dire qu'en revenant au sentiment juste de ma situation, et émergeant de la terreur qui avait absorbé toutes les facultés de mon âme, mon attention s'appliqua d'abord uniquement à la contemplation de l'aspect général de la lune. Elle se développait au-dessous de moi comme une carte, – et, quoique je jugeasse qu'elle était encore à une distance assez considérable, les aspérités de sa surface se dessinaient à mes yeux avec une netteté très-singulière dont je ne pouvais absolument pas me rendre compte. L'absence complète d'océan, de mer, et même de tout lac et de toute rivière, me frappa, au premier coup d'œil, comme le signe le plus extraordinaire de sa condition géologique. Cependant, chose étrange à dire, je voyais de vastes régions planes, d'un caractère positivement alluvial, quoique la plus grande partie de l'hémisphère visible fût couverte d'innombrables montagnes volcaniques en forme de cônes, et qui avaient plutôt l'aspect d'éminences façonnées par l'art que de saillies naturelles. La plus haute d'entre elles n'excédait pas trois milles trois quarts en élévation perpendiculaire ; – d'ailleurs, une carte des régions volcaniques des *Campi Phlegræi* donnerait à Vos Excellences une meilleure idée de leur surface générale que toute description, toujours insuffisante, que j'essayerais d'en faire. – La plupart de ces montagnes étaient évidemment en état d'éruption, et me donnaient une idée terrible de leur furie et de leur puissance par les fulminations multipliées des pierres improprement dites météoriques qui

rushed upwards by the balloon with a frequency more and more appalling.

April 18th. To-day I found an enormous increase in the moon's apparent bulk—and the evidently accelerated velocity of my descent, began to fill me with alarm. It will be remembered, that, in the earliest stage of my speculations upon the possibility of a passage to the moon, the existence, in its vicinity, of an atmosphere dense in proportion to the bulk of the planet, had entered largely into my calculations; this too in spite of many theories to the contrary, and, it may added, in spite of a general disbelief in the existence of any lunar atmosphere at all. But, in addition to what I have already urged in regard to Encke's comet and the zodiacal light, I had been strengthened in my opinion by certain observations of Mr. Schroeter, of Lilienthal. He observed the moon, when two days and a half old, in the evening soon after sunset, before the dark part was visible, and continued to watch it until it became visible. The two cusps appeared tapering in a very sharp faint prolongation, each exhibiting its farthest extremity faintly illuminated by the solar rays, before any part of the dark hemisphere was visible. Soon afterwards, the whole dark limb became illuminated. This prolongation of the cusps beyond the semicircle, I thought, must have arisen from the refraction of the sun's rays by the moon's atmosphere. I computed, also, the height of the atmosphere (which could refract light enough into its dark hemisphere, to produce a twilight more luminous than the light reflected from the earth when the moon is about 32° from the new,) to be 1356 Paris feet; in this view, I supposed the greatest height capable of refracting the solar ray, to be 5376 feet. My ideas upon this topic had also received confirmation by a passage in the eighty-second volume of the Philosophical Transactions, in which it is stated, that, at an occultation of Jupiter's satellites, the third disappeared after having been about 1" or 2" of time indistinct, and the fourth became indiscernible near the limb[3]. Upon the

maintenant partaient d'en bas et filaient à côté du ballon avec une fréquence de plus en plus effrayante.

18 avril. – Aujourd'hui, j'ai trouvé un accroissement énorme dans le volume apparent de la lune, et la vitesse évidemment accélérée de ma descente a commencé à me remplir d'alarmes. On se rappellera que dans le principe, quand je commençai à appliquer mes rêveries à la possibilité d'un passage vers la lune, l'hypothèse d'une atmosphère ambiante dont la densité devait être proportionnée au volume de la planète avait pris une large part dans mes calculs ; et cela, en dépit de mainte théorie adverse, et même, je l'avoue, en dépit du préjugé universel contraire à l'existence d'une atmosphère lunaire quelconque. Mais outre les idées que j'ai déjà émises relativement à la comète d'Encke et à la lumière zodiacale, ce qui me fortifiait dans mon opinion, c'étaient certaines observations de M. Schroeter, de Lilienthal. Il a observé la lune, âgée de deux jours et demi, le soir, peu de temps après le coucher du soleil, avant que la partie obscure fût visible, et il continua à la surveiller jusqu'à ce que cette partie fût devenue visible. Les deux cornes semblaient s'affiler en une sorte de prolongement très-aigu, dont l'extrémité était faiblement éclairée par les rayons solaires, alors qu'aucune partie de l'hémisphère obscur n'était visible. Peu de temps après, tout le bord sombre s'éclaira. Je pensai que ce prolongement des cornes au delà du demi-cercle prenait sa cause dans la réfraction des rayons du soleil par l'atmosphère de la lune. Je calculai aussi que la hauteur de cette atmosphère (qui pouvait réfracter assez de lumière dans son hémisphère obscur pour produire un crépuscule plus lumineux que la lumière réfléchie par la terre quand la lune est environ à 32 degrés de sa conjonction) devait être de 1 356 pieds de roi ; d'après cela, je supposai que la plus grande hauteur capable de réfracter le rayon solaire était de 5 376 pieds. Mes idées sur ce sujet se trouvaient également confirmées par un passage du quatre-vingt-deuxième volume des *Transactions philosophiques*, dans lequel il est dit que, lors d'une occultation des satellites de Jupiter, le troisième disparut après avoir été indistinct pendant une ou deux secondes, et que le quatrième devint indiscernable en approchant du limbe[2]. C'était sur la résistance, ou, plus exactement,

resistance, or more properly, upon the support of an atmosphere, existing in the state of density imagined, I had, of course, entirely depended for the safety of my ultimate descent. Should I then, after all, prove to have been mistaken, I had in consequence nothing better to expect, as a finale *to my adventure, than being dashed into atoms against the rugged surface of the satellite. And, indeed, I had now every reason to be terrified. My distance from the moon was comparatively trifling, while the labor required by the condenser was diminished not at all, and I could discover no indication whatever of a decreasing rarity in the air.*

April 19th. *This morning, to my great joy, about nine o'clock, the surface of the moon being frightfully near, and my apprehensions excited to the utmost, the pump of my condenser at length gave evident tokens of an alteration in the atmosphere. By ten, I had reason to believe its density considerably increased. By eleven, very little labor was necessary at the apparatus; and at twelve o'clock, with some hesitation, I ventured to unscrew the tournquuet, when, finding no inconvenience from having done so, I finally threw open the gum-elastic chamber, and unrigged it from around the car. As might have been expected, spasms and violent headache were the immediate consequences of, an experiment so precipitate and full of danger. But these and other difficulties attending respiration, as they were by no means so great as to put me in peril of my life, I determined to endure as I best could, in consideration of my leaving them behind me momently in my approach to the denser* strata *near the moon. This approach, however, was still impetuous in the extreme; and it soon became alarmingly certain that, although I had probably not been deceived in the expectation of an atmosphere dense in proportion to the mas of the satellite, still I had been wrong in supposing this density, even at the surface, at all adequate to the support of the great weight contained in the car of my balloon. Yet this* should *have been the case, and in an equal degree as at the*

sur le support d'une atmosphère existant à un état de densité hypothétique, que j'avais absolument fondé mon espérance de descendre sain et sauf. Après tout, si j'avais fait une conjecture absurde, je n'avais rien de mieux à attendre, comme dénoûment de mon aventure, que d'être pulvérisé contre la surface raboteuse du satellite. Et, en somme, j'avais toutes les raisons possibles d'avoir peur. La distance où j'étais de la lune était comparativement insignifiante, tandis que le labeur exigé par le condensateur n'était pas du tout diminué et que je ne découvrais aucun indice d'une intensité croissante dans l'atmosphère.

19 avril. – Ce matin, à ma grande joie, vers neuf heures, – me trouvant effroyablement près de la surface lunaire, et mes appréhensions étant excitées au dernier degré, – le piston du condensateur a donné des symptômes évidents d'une altération de l'atmosphère. À dix heures, j'avais des raisons de croire sa densité considérablement augmentée. À onze heures, l'appareil ne réclamait plus qu'un travail très-minime ; et, à midi, je me hasardai, non sans quelque hésitation, à desserrer le tourniquet, et, voyant qu'il n'y avait à cela aucun inconvénient, j'ouvris décidément la chambre de caoutchouc, et je déshabillai la nacelle. Ainsi que j'aurais dû m'y attendre, une violente migraine accompagnée de spasmes fut la conséquence immédiate d'une expérience si précipitée et si pleine de dangers. Mais, comme ces inconvénients et d'autres encore relatifs à la respiration n'étaient pas assez grands pour mettre ma vie en péril, je me résignai à les endurer de mon mieux, d'autant plus que j'avais tout lieu d'espérer qu'ils disparaîtraient progressivement, chaque minute me rapprochant des couches plus denses de l'atmosphère lunaire. Toutefois, ce rapprochement s'opérait avec une impétuosité excessive, et bientôt il me fut démontré certitude fort alarmante – que, bien que très-probablement je ne me fusse pas trompé en comptant sur une atmosphère dont la densité devait être proportionnelle au volume du satellite, cependant j'avais eu bien tort de supposer que cette densité, même à la surface, serait suffisante pour supporter l'immense poids contenu dans la nacelle de mon ballon. Tel cependant *eût dû* être le cas, exactement comme à la surface de la

surface of the earth, the actual gravity of bodies at either planet supposed in the ratio of the atmospheric condensation. That it was not the case, however, my precipitous downfall gave testimony enough; why it was not so, can only be explained by a reference to those possible geological disturbances to which I have formerly alluded. At all events I was now close upon the planet, and coming down with the most terrible impetuosity. I lost not a moment, accordingly, in throwing overboard first my ballast, then my water-kegs, then my condensing apparatus and gum-elastic chamber, and finally every article within the car. But it was all to no purpose. I still fell with horrible rapidity, and was now not more than half a mile from the surface. As a last resource, therefore, having got rid of my coat, hat, and boots, I cut loose from the balloon the car itself, which *was of no inconsiderable weight, and thus, clinging with both hands to the net-work, I had barely time to observe that the whole country, as far as the eye could reach, was thickly interspersed with diminutive habitations, ere I tumbled headlong into the very heart of a fantastical-looking city, and into the middle of a vast crowd of ugly little people, who none of them uttered a single syllable, or gave themselves the least trouble to render me assistance, but stood, like a parcel of idiots, grinning in a ludicrous manner, and eyeing me and my balloon askant, with their arms set a-kimbo. I turned from them in contempt, and, gazing upwards at the earth so lately left, and left perhaps for ever, beheld it like a huge, dull, copper shield, about two degrees in diameter, fixed immovably in the heavens overhead, and tipped on one of its edges with a crescent border of the most brilliant gold. No traces of land or water could be discovered, and the whole was clouded with variable spots, and belted with tropical and equatorial zones.*

Thus, may it please your Excellencies, after a series of great anxieties, unheard-of dangers, and unparalleled escapes, I had, at length, on the nineteenth day of my departure from Rotterdam,

terre, si vous supposez, sur l'une et sur l'autre planète, la pesanteur réelle des corps en raison de la densité atmosphérique ; mais tel *n'était pas* le cas ; ma chute précipitée le démontrait suffisamment. Mais pourquoi ? C'est ce qui ne pouvait s'expliquer qu'en tenant compte de ces perturbations géologiques dont j'ai déjà posé l'hypothèse. En tout cas, je touchais presque à la planète, et je tombais avec la plus terrible impétuosité. Aussi je ne perdis pas une minute ; je jetai par-dessus bord tout mon lest, puis mes barriques d'eau, puis mon appareil condensateur et mon sac de caoutchouc, et enfin tous les articles contenus dans la nacelle. Mais tout cela ne servit à rien. Je tombais toujours avec une horrible rapidité, et je n'étais pas à plus d'un demi-mille de la surface. Comme expédient suprême, je me débarrassai de mon paletot, de mon chapeau et de mes bottes ; je détachai du ballon la nacelle elle-même, qui n'était pas un poids médiocre ; et, m'accrochant alors au filet avec mes deux mains, j'eus à peine le temps d'observer que tout le pays, aussi loin que mon œil pouvait atteindre, était criblé d'habitations lilliputiennes, – avant de tomber, comme une balle, au cœur même d'une cité d'un aspect fantastique et au beau milieu d'une multitude de vilain petit peuple, dont pas un individu ne prononça une syllabe ni ne se donna le moindre mal pour me prêter assistance. Ils se tenaient tous, les poings sur les hanches, comme un tas d'idiots, grimaçant d'une manière ridicule, et me regardant de travers, moi et mon ballon. Je me détournai d'eux avec un superbe mépris ; et, levant mes regards vers la terre que je venais de quitter, et dont je m'étais exilé pour toujours peut-être, je l'aperçus sous la forme d'un vaste et sombre bouclier de cuivre d'un diamètre de 2 degrés environ, fixe et immobile dans les cieux, et garni à l'un de ses bords d'un croissant d'or étincelant. On n'y pouvait découvrir aucune trace de mer ni de continent, et le tout était moucheté de taches variables et traversé par les zones tropicales et équatoriales, comme par des ceintures.

Ainsi, avec la permission de Vos Excellences, après une longue série d'angoisses, de dangers inouïs et de délivrances incomparables, j'étais enfin, dix-neuf jours après mon départ de Rotterdam, arrivé sain et sauf au terme de mon voyage, le plus extraordinaire, le plus

arrived in safety at the conclusion of a voyage undoubtedly the most extraordinary, and the most momentous, ever accomplished, undertaken, or conceived by any denizen of earth. But my adventures yet remain to be related. And indeed your Excellencies may well imagine that, after a residence of five years upon planet not only deeply interesting in its own peculiar character, but rendered doubly so by its intimate connection, in capacity of satellite, with the world inhabited by man, I may have intelligence for the private ear of the States' College of Astronomers of far more importance than the details, however wonderful, of the mere voyage which so happily concluded. This is, in fact, the case. I have much—very much which it would give me the greatest pleasure to communicate. I have much to say of the climate of the planet; of its wonderful alternations of heat and cold; of unmitigated and burning sunshine for one fortnight, and more than polar frigidity for the next; of a constant transfer of moisture, by distillation like that in vacuo, from the point beneath the sun to the point the farthest from it; of a variable zone of running water; of the people themselves; of their manners, customs, and political institutions; of their peculiar physical construction; of their ugliness; of their want of ears, those useless appendages in an atmosphere so peculiarly modified; of their consequent ignorance of the use and properties of speech; of their substitute for speech in a singular method of inter-communication; of the incomprehensible connection between each particular individual in the moon, with some particular individual on the earth—a connection analogous with, and depending upon that of the orbs of the planet and the satellite, and by means of which the lives and destines of the inhabitants of the one are interwoven with the lives and destinies of the inhabitants of the other; and above all, if it so please your Excellencies—above all of those dark and hideous mysteries which lie in the outer regions of the moon,—regions which, owing to the almost miraculous accordance of the satellite's rotation on its own axis with its sidereal revolution about the earth, have never yet been turned, and, by God's mercy, never shall be turned, to the scrutiny of the telescopes of man. All this, and more—much more—would I most willingly detail. But, to be brief, I must have my reward. I am pining

important qui ait jamais été accompli, entrepris, ou même conçu par un citoyen quelconque de votre planète. Mais il me reste à raconter mes aventures. Car, en vérité, Vos Excellences concevront facilement qu'après une résidence de cinq ans sur une planète qui, déjà profondément intéressante par elle-même, l'est doublement encore par son intime parenté, en qualité de satellite, avec le monde habité par l'homme, je puisse entretenir avec le Collège national astronomique des correspondances secrètes d'une bien autre importance que les simples détails, si surprenants qu'ils soient, du voyage que j'ai effectué si heureusement. Telle est, en somme, la question réelle. J'ai beaucoup, beaucoup de choses à dire, et ce serait pour moi un véritable plaisir de vous les communiquer. J'ai beaucoup à dire sur le climat de cette planète ; – sur ses étonnantes alternatives de froid et de chaud ; – sur cette clarté solaire qui dure quinze jours, implacable et brûlante, et sur cette température glaciale, plus que polaire, qui remplit l'autre quinzaine ; – sur une translation constante d'humidité qui s'opère par distillation, comme dans le vide, du point situé au-dessous du soleil jusqu'à celui qui en est le plus éloigné ; – sur la race même des habitants, sur leurs mœurs, leurs coutumes, leurs institutions politiques ; sur leur organisme particulier, leur laideur, leur privation d'oreilles, appendices superflus dans une atmosphère si étrangement modifiée ; conséquemment, sur leur ignorance de l'usage et des propriétés du langage ; sur la singulière méthode de communication qui remplace la parole ; – sur l'incompréhensible rapport qui unit chaque citoyen de la lune à un citoyen du globe terrestre, – rapport analogue et soumis à celui qui régit également les mouvements de la planète et du satellite, et par suite duquel les existences et les destinées des habitants de l'une sont enlacées aux existences et aux destinées des habitants de l'autre ; – et par-dessus tout, s'il plaît à Vos Excellences, par-dessus tout, sur les sombres et horribles mystères relégués dans les régions de l'autre hémisphère lunaire, régions qui, grâce à la concordance presque miraculeuse de la rotation du satellite sur son axe avec sa révolution sidérale autour de la terre, n'ont jamais tourné vers nous, et, Dieu merci, ne s'exposeront jamais à la curiosité des télescopes humains. Voici tout ce que je voudrais raconter, – tout cela, et beaucoup plus

for a return to my family and to my home: and as the price of any farther communications on my part—in consideration of the light which I have it in my power to throw upon many very important branches of physical and metaphysical science—I must solicit, through the influence of your honorable body, a pardon for the crime of which I have been guilty in the death of the creditors upon my departure from Rotterdam. This, then, is the object the present paper. Its bearer, an inhabitant of the moon, whom I have prevailed upon, and properly instructed, to be my messenger to the earth, will await your Excellencies' pleasure, and return to me with the pardon in question, if it can, in any manner, be obtained.

I have the honor to be, &c., your Excellencies' very humble servant,

Hans Pfall.

Upon finishing the perusal of this very extraordinary document, Professor Rubadub, it is said, dropped his pipe upon the ground in the extremity of his surprise, and Mynheer Superbus Von Underduk having taken off his spectacles, wiped them, and deposited them in his pocket, so far forgot both himself and his dignity, as to turn round three times upon his heel in the quintessence of astonishment and admiration. There was no doubt about the matter—the pardon should be obtained. So at least swore, with a round oath, Professor Rubadub, and so finally thought the illustrious Von Underduk, as he took the arm of his brother in science, and without saying a word, began to make the best of his way home to deliberate upon the measures to be adopted. Having reached the door, however, of the burgomaster's dwelling, the professor ventured to suggest that as the messenger had thought proper to disappear—no doubt frightened to death by the savage appearance of the burghers of Rotterdam—the pardon would be of little use, as no one but a man of the moon would undertake a voyage to so vast a distance. To the truth of this observation the burgomaster assented, and the matter was therefore at an end. Not so,

encore. Mais, pour trancher la question, je réclame ma récompense. J'aspire à rentrer dans ma famille et mon chez moi ; et, comme prix de toute communication ultérieure de ma part, en considération de la lumière que je puis, s'il me plaît, jeter sur plusieurs branches importantes des sciences physiques et métaphysiques, je sollicite, par l'entremise de votre honorable corps, le pardon du crime dont je me suis rendu coupable en mettant à mort mes créanciers lorsque je quittai Rotterdam. Tel est donc l'objet de la présente lettre. Le porteur, qui est un habitant de la lune, que j'ai décidé à me servir de messager sur la terre, et à qui j'ai donné des instructions suffisantes, attendra le bon plaisir de Vos Excellences, et me rapportera le pardon demandé, s'il y a moyen de l'obtenir.

J'ai l'honneur d'être de Vos Excellences le très-humble serviteur,

HANS PFAALL.

En finissant la lecture de ce très-étrange document, le professeur Rudabub, dans l'excès de sa surprise, laissa, dit-on, tomber sa pipe par terre, et Mynheer Superbus Von Underduk, ayant ôté, essuyé et serré dans sa poche ses besicles, s'oublia, lui et sa dignité, au point de pirouetter trois fois sur son talon, dans la quintessence de l'étonnement et de l'admiration. On obtiendrait la grâce ; – cela ne pouvait pas faire l'ombre d'un doute. Du moins, il en fit le serment, le bon professeur Rudabub, il en fit le serment avec un parfait juron, et telle fut décidément l'opinion de l'illustre Von Underduk, qui prit le bras de son collègue et fit, sans prononcer une parole, la plus grande partie de la route vers son domicile pour délibérer sur les mesures urgentes. Cependant, arrivé à la porte de la maison du bourgmestre, le professeur s'avisa de suggérer que, le messager ayant jugé à propos de disparaître (terrifié sans doute jusqu'à la mort par la physionomie sauvage des habitants de Rotterdam), le pardon ne servirait pas à grand-chose, puisqu'il n'y avait qu'un homme de la lune qui pût entreprendre un voyage aussi lointain. En face d'une observation aussi sensée, le bourgmestre se rendit, et l'affaire n'eut pas d'autres

however, rumors and speculations. The letter, having been published, gave rise to a variety of gossip and opinion. Some of the over-wise even made themselves ridiculous by decrying the whole business as nothing better than a hoax. But hoax, with these sort of people, is, I believe, a general term for all matters above their comprehension. For my part, I cannot conceive upon what data they have founded such an accusation. Let us see what they say:

Imprimis. That certain wags in Rotterdam have certain especial antipathies to certain' burgomasters and astronomers.

Secondly. That an odd little dwarf and bottle conjurer, both of whose ears, for some misdemeanor, have been cut off close to his head, has been missing for several days from the neighboring city of Bruges.

Thirdly. That the newspapers which were stuck all over the little balloon, were newspapers of Holland, and therefore could not have been made in the moon. They were dirty papers—very dirty—and Gluck, the printer, would take his bible oath to their having been printed in Rotterdam.

Fourthly. That Hans Pfall himself, the drunken villain, and the three very idle gentlemen styled his creditors, were all seen, no longer than two or three days ago, in a tippling house in the suburbs, having just returned, with money in their pockets, from a trip beyond the sea.

Lastly. That it is an opinion very generally received, or which ought to be generally received, that the College of Astronomers in the city of Rotterdam, as well as all other colleges in all other parts of the world,—not to mention colleges and astronomers in general,—are, to say the least of the matter, not a whit better, nor greater, nor wiser than they ought to be.

suites. Cependant, il n'en fut pas de même des rumeurs et des conjectures. La lettre, ayant été publiée, donna naissance à une foule d'opinions et de cancans. Quelques-uns – des esprits par trop sages – poussèrent le ridicule jusqu'à discréditer l'affaire et à la présenter comme un pur *canard*. Mais je crois que le mot *canard* est, pour cette espèce de gens, un terme général qu'ils appliquent à toutes les matières qui passent leur intelligence. Je ne puis, quant à moi, comprendre sur quelle base ils ont fondé une pareille accusation. Voyons ce qu'ils disent :

Avant tout, – que certains farceurs de Rotterdam ont de certaines antipathies spéciales contre certains bourgmestres et astronomes.

Secundo, – qu'un petit nain bizarre, escamoteur de son métier, dont les deux oreilles avaient été, pour quelque méfait, coupées au ras de la tête, avait depuis quelques jours disparu de la ville de Bruges, qui est toute voisine.

Tertio, – que les gazettes collées tout autour du petit ballon étaient des gazettes de Hollande, et conséquemment n'avaient pas pu être fabriquées dans la lune. C'étaient des papiers sales, crasseux, – très-crasseux ; et Gluck, l'imprimeur, pouvait jurer sur sa Bible qu'ils avaient été imprimés à Rotterdam.

Quarto, – que Hans Pfaall lui-même, le vilain ivrogne, et les trois fainéants personnages qu'il appelle ses créanciers, avaient été vus ensemble, deux ou trois jours auparavant tout au plus, dans un cabaret mal famé des faubourgs, juste comme ils revenaient, avec de l'argent plein leurs poches, d'une expédition d'outre-mer.

Et, en dernier lieu, – que c'est une opinion généralement reçue, ou qui doit l'être, que le Collège des Astronomes de la ville de Rotterdam, – aussi bien que tous autres collèges astronomiques de toutes autres parties de l'univers, sans parler des collèges et des astronomes en général, – n'est, pour n'en pas dire plus, ni meilleur, ni plus fort, ni plus éclairé qu'il n'est nécessaire.

Note.

1. The zodiacal light is probably what the ancients called Trabes. Emicant Trabes quos docos vocant.—Pliny lib. 2, p. 26.

2. Since the original publication of Hans Pfaall, I find that Mr. Green, of Nassau balloon notoriety, and other late æronauts, deny the assertions of Humboldt, in this respect, and speak of a decreasing inconvenience, —precisely in accordance with the theory here urged.

3. Hevelius writes that he has several times found, in skies perfectly clear, when even stars of the sixth and seventh magnitude were conspicuous, that, at the same altitude of the moon, at the same elongation from the earth, and with one and the same excellent telescope, the moon and its maculæ did not appear equally lucid at all times. From the circumstances of the observation, it is evident that the cause of this phenomenon is not either in our air, in the tube, in the moon, or in the eye of the spectator, but must be looked for in something (an atmosphere?) existing about the moon. Cassini frequently observed Saturn, Jupiter, and the fixed stars, when approaching the moon to occultation, to have their circular figure changed into an oval one; and, in other occultations, he found no alteration of figure at all. Hence it might be supposed, that at some times, and not at others, there is a dense matter encompassing the moon wherein the rays of the stars are refracted.

Note:

1. Depuis la première publication de Hans Pfaall, j'apprends que M. Green, le célèbre aéronaute du ballon le Nassau, et d'autres expérimentateurs contestent à cet égard les assertions de M. de Humboldt, et parlent au contraire d'une incommodité toujours décroissante, ce qui s'accorde précisément avec la théorie présentée ici. — E.A.P.

2. Hévélius écrit qu'il a quelquefois observé dans des cieux parfaitement clairs, où des étoiles même de sixième et de septième grandeur brillaient visiblement, que — supposés la même hauteur de la lune, la même élongation de la terre, le même télescope, excellent, bien entendu, — la lune et ses taches ne nous apparaissent pas toujours aussi lumineuses. Ces circonstances données, il est évident que la cause du phénomène n'est ni dans notre atmosphère, ni dans le télescope, ni dans la lune, ni dans l'œil de l'observateur, mais qu'elle doit être cherchée dans quelque chose (une atmosphère ?) existant autour de la lune.

Cassini a constamment observé que Saturne, Jupiter et les étoiles fixes, au moment d'être occultés par la lune, changeaient leur forme circulaire en une forme ovale ; et dans d'autres occultations il n'a saisi aucun changement de forme. On pourrait donc en inférer que, dans quelques cas, mais pas toujours, la lune est enveloppée d'une matière dense où sont réfractés les rayons des étoiles. — E.A.P.

MS. Found in a Bottle

1833

Manuscrit trouvé dans une bouteillel

Edgar Allan Poe

*Qui n'a plus qu'un moment a vivre
N'a plus rien a dissimuler.*

Quinault—Atys.

Of my country and of my family I have little to say. Ill usage and length of years have driven me from the one, and estranged me from the other. Hereditary wealth afforded me an education of no common order, and a contemplative turn of mind enabled me to methodise the stores which early study very diligently garnered up. Beyond all things, the works of the German moralists gave me great delight; not from any ill-advised admiration of their eloquent madness, but from the ease with which my habits of rigid thought enabled me to detect their falsities. I have often been reproached with the aridity of my genius; a deficiency of imagination has been imputed to me as a crime; and the Pyrrhonism of my opinions has at all times rendered me notorious. Indeed, a strong relish for physical philosophy has, I fear, tinctured my mind with a very common error of this age—I mean the habit of referring occurrences, even the least susceptible of such reference, to the principles of that science. Upon the whole, no person could be less liable than myself to be led away from the severe precincts of truth by the ignes fatui *of superstition. I have thought proper to premise thus much, lest the incredible tale I have to tell should be considered rather the raving of a crude imagination, than the positive experience of a mind to which the reveries of fancy have been a dead letter and a nullity.*

*After many years spent in foreign travel, I sailed in the year 18...,
from the port of Batavia, in the rich and populous island of Java, on a
voyage to the Archipelago of the Sunda islands. I went as
passenger—having no other inducement than a kind of nervous*

Charles Baudelaire

Qui n'a plus qu'un moment à vivre
N'a plus rien à dissimuler.

Quinault. — Alys.

De mon pays et de ma famille, je n'ai pas grand'chose à dire. De mauvais procédés et l'accumulation des années m'ont rendu étranger à l'un et à l'autre. Mon patrimoine me fit bénéficier d'une éducation peu commune, et un tour contemplatif d'esprit me rendit apte à classer méthodiquement tout ce matériel d'instruction diligemment amassé par une étude précoce. Par-dessus tout, les ouvrages des philosophes allemands me procuraient de grandes délices ; cela ne venait pas d'une admiration malavisée pour leur éloquente folie, mais du plaisir que, grâce à mes habitudes d'analyse rigoureuse, j'avais à surprendre leurs erreurs. On m'a souvent reproché l'aridité de mon génie ; un manque d'imagination m'a été imputé comme un crime, et le pyrrhonisme de mes opinions a fait de moi, en tout temps, un homme fameux. En réalité, une forte appétence pour la philosophie physique a, je le crains, imprégné mon esprit d'un des défauts les plus communs de ce siècle, — je veux dire de l'habitude de rapporter aux principes de cette science les circonstances même les moins susceptibles d'un pareil rapport. Par-dessus tout, personne n'était moins exposé que moi à se laisser entraîner hors de la sévère juridiction de la vérité par les feux follets de la superstition. J'ai jugé à propos de donner ce préambule, dans la crainte que l'incroyable récit que j'ai à faire ne soit considéré plutôt comme la frénésie d'une imagination indigeste que comme l'expérience positive d'un esprit pour lequel les rêveries de l'imagination ont été lettre morte et nullité.

Après plusieurs années dépensées dans un lointain voyage, je m'embarquai, en 18..., à Batavia, dans la riche et populeuse île de Java, pour une promenade dans l'archipel des îles de la Sonde. Je me mis en route comme passager, — n'ayant pas d'autre mobile qu'une

restlessness which haunted me as a fiend.

Our vessel was a beautiful ship of about four hundred tons, copper-fastened, and built at Bombay of Malabar teak. She was freighted with cotton-wool and oil, from the Lachadive islands. We had also on board coir, jaggeree, ghee, cocoa-nuts, and a few cases of opium. The stowage was clumsily done, and the vessel consequently crank.

We got under way with a mere breath of wind, and for many days stood along the eastern coast of Java, without any other incident to beguile the monotony of our course than the occasional meeting with some of the small grabs of the Archipelago to which we were bound.

One evening, leaning over the taffrail, I observed a very singular, isolated cloud, to the N. W. It was remarkable, as well for its color, as from its being the first we had seen since our departure from Batavia. I watched it attentively until sunset, when it spread all at once to the eastward and westward, girting in the horizon with a narrow strip of vapor, and looking like a long line of low beach. My notice was soon afterwards attracted by the dusky-red appearance of the moon, and the peculiar character of the sea. The latter was undergoing a rapid change, and the water seemed more than usually transparent. Although I could distinctly see the bottom, yet, heaving the lead, I found the ship in fifteen fathoms. The air now became intolerably hot, and was loaded with spiral exhalations similar to those arising from heated iron. As night came on, every breath of wind died away, and a more entire calm it is impossible to conceive. The flame of a candle burned upon the poop without the least perceptible motion, and a long hair, held between the finger and thumb, hung without the possibility of detecting a vibration. However, as the captain said he could perceive no indication of danger, and as we were drifting in bodily to shore, he ordered the sails to be furled, and the anchor let

nerveuse instabilité qui me *hantait* comme un mauvais esprit.

Notre bâtiment était un bateau d'environ quatre cents tonneaux, doublé en cuivre et construit à Bombay, en teck de Malabar. Il était chargé de coton, de laine et d'huile des Laquedives. Nous avions aussi à bord du filin de cocotier, du sucre de palmier, de l'huile de beurre bouilli, des noix de coco, et quelques caisses d'opium. L'arrimage avait été mal fait, et le navire conséquemment donnait de la bande.

Nous mîmes sous voiles avec un souffle de vent, et, pendant plusieurs jours, nous restâmes le long de la côte orientale de Java, sans autre incident pour tromper la monotonie de notre route que la rencontre de quelques-uns des petits grabs de l'archipel où nous étions confinés.

Un soir, comme j'étais appuyé sur le bastingage de la dunette, j'observai un très-singulier nuage, isolé, vers le nord-ouest. Il était remarquable autant par sa couleur que parce qu'il était le premier que nous eussions vu depuis notre départ de Batavia. Je le surveillai attentivement jusqu'au coucher du soleil ; alors, il se répandit tout d'un coup de l'est à l'ouest, cernant l'horizon d'une ceinture précise de vapeur, et apparaissant comme une longue ligne de côte très-basse. Mon attention fut bientôt après attirée par l'aspect rouge brun de la lune et le caractère particulier de la mer. Cette dernière subissait un changement rapide, et l'eau semblait plus transparente que d'habitude. Je pouvais distinctement voir le fond, et cependant, en jetant la sonde, je trouvai que nous étions sur quinze brasses. L'air était devenu intolérablement chaud et se chargeait d'exhalaisons spirales semblables à celles qui s'élèvent du fer chauffé. Avec la nuit, toute brise tomba, et nous fûmes pris par un calme plus complet qu'il n'est possible de le concevoir. La flamme d'une bougie brûlait à l'arrière sans le mouvement le moins sensible, et un long cheveu tenu entre l'index et le pouce tombait droit et sans la moindre oscillation. Néanmoins, comme le capitaine disait qu'il n'apercevait aucun symptôme de danger, et comme nous dérivions vers la terre par le travers, il commanda de carguer les voiles et de filer l'ancre. On ne

go. No watch was set, and the crew, consisting principally of Malays, stretched themselves deliberately upon deck. I went below—not without a full presentiment of evil. Indeed, every appearance warranted me in apprehending a Simoon. I told the captain my fears; but he paid no attention to what I said, and left me without deigning to give a reply. My uneasiness, however, prevented me from sleeping, and about midnight I went upon deck. As I placed my foot upon the upper step of the companion-ladder, I was startled by a loud, humming noise, like that occasioned by the rapid revolution of a mill-wheel, and before I could ascertain its meaning, I found the ship quivering to its centre. In the next instant, a wilderness of foam hurled us upon our beam-ends, and, rushing over us fore and aft, swept the entire decks from stem to stern.

The extreme fury of the blast proved, in a great measure, the salvation of the ship. Although completely water-logged, yet, as her masts had gone by the board, she rose, after a minute, heavily from the sea, and, staggering awhile beneath the immense pressure of the tempest, finally righted.

By what miracle I escaped destruction, it is impossible to say. Stunned by the shock of the water, I found myself, upon recovery, jammed in between the stern-post and rudder. With great difficulty I gained my feet, and looking dizzily around, was at first struck with the idea of our being among breakers; so terrific, beyond the wildest imagination, was the whirlpool of mountainous and foaming ocean within which we were ingulfed. After a while, I heard the voice of an old Swede, who had shipped with us at the moment of our leaving port. I hallooed to him with all my strength, and presently he came reeling aft. We soon discovered that we were the sole survivors of the accident. All on deck, with the exception of ourselves, had been swept overboard; the captain and mates must have perished as they slept, for the cabins were deluged with water. Without assistance, we could expect to do little for the security of the ship, and our exertions were

mit point de vigie de quart, et l'équipage, qui se composait principalement de Malais, se coucha délibérément sur le pont. Je descendis dans la chambre, — non sans le parfait pressentiment d'un malheur. En réalité, tous ces symptômes me donnaient à craindre un simoun. Je parlai de mes craintes au capitaine ; mais il ne fit pas attention à ce que je lui disais, et me quitta sans daigner me faire une réponse. Mon malaise, toutefois, m'empêcha de dormir, et, vers minuit, je montai sur le pont. Comme je mettais le pied sur la dernière marche du capot d'échelle, je fus effrayé par un profond bourdonnement semblable à celui que produit l'évolution rapide d'une roue de moulin, et, avant que j'eusse pu en vérifier la cause, je sentis que le navire tremblait dans son centre. Presque aussitôt, un coup de mer nous jeta sur le côté, et, courant par-dessus nous, balaya tout le pont de l'avant à l'arrière.

L'extrême furie du coup de vent fit, en grande partie, le salut du navire. Quoiqu'il fût absolument engagé dans l'eau, comme ses mâts s'en étaient allés par-dessus bord, il se releva lentement une minute après, et, vacillant quelques instants sous l'immense pression de la tempête, finalement il se redressa.

Par quel miracle échappai-je à la mort, il m'est impossible de le dire. Étourdi par le choc de l'eau, je me trouvai pris, quand je revins à moi, entre l'étambot et le gouvernail. Ce fut à grand'peine que je me remis sur mes pieds, et, regardant vertigineusement autour de moi, je fus d'abord frappé de l'idée que nous étions sur des brisants, tant était effrayant, au delà de toute imagination, le tourbillon de cette mer énorme et écumante dans laquelle nous étions engouffrés. Au bout de quelques instants, j'entendis la voix d'un vieux Suédois qui s'était embarqué avec nous au moment où nous quittions le port. Je le hélai de toute ma force, et il vint en chancelant me rejoindre à l'arrière. Nous reconnûmes bientôt que nous étions les seuls survivants du sinistre. Tout ce qui était sur le pont, nous exceptés, avait été balayé par-dessus bord ; le capitaine et les matelots avaient péri pendant leur sommeil, car les cabines avaient été inondées par la mer. Sans auxiliaires, nous ne pouvions pas espérer de faire grand'chose pour la sécurité du navire, et nos tentatives furent d'abord paralysées par la

at first paralyzed by the momentary expectation of going down. Our cable had, of course, parted like pack-thread, at the first breath of the hurricane, or we should have been instantaneously overwhelmed. We scudded with frightful velocity before the sea, and the water made clear breaches over us. The frame-work of our stern was shattered excessively, and, in almost every respect, we had received considerable injury; but to our extreme joy we found the pumps unchoked, and that we had made no great shifting of our ballast. The main fury of the blast had already blown over, and we apprehended little danger from the violence of the wind; but we looked forward to its total cessation with dismay; well believing, that in our shattered condition, we should inevitably perish in the tremendous swell which would ensue. But this very just apprehension seemed by no means likely to be soon verified. For five entire days and nights—during which our only subsistence was a small quantity of jaggeree, procured with great difficulty from the forecastle—the hulk flew at a rate defying computation, before rapidly succeeding flaws of wind, which, without equalling the first violence of the Simoon, were still more terrific than any tempest I had before encountered. Our course for the first four days was, with trifling variations, S. E. and by S.; and we must have run down the coast of New Holland. On the fifth day the cold became extreme, although the wind had hauled round a point more to the northward. The sun arose with a sickly yellow lustre, and clambered a very few degrees above the horizon—emitting no decisive light. There were no clouds apparent, yet the wind was upon the increase, and blew with a fitful and unsteady fury. About noon, as nearly as we could guess, our attention was again arrested by the appearance of the sun. It gave out no light, properly so called, but a dull and sullen glow without reflection, as if all its rays were polarized. Just before sinking within the turgid sea, its central fires suddenly went out, as if hurriedly extinguished by some unaccountable power. It was a dim, silver-like rim, alone, as it rushed down the unfathomable ocean.

croyance où nous étions que nous allions sombrer d'un moment à l'autre. Notre câble avait cassé comme un fil d'emballage au premier souffle de l'ouragan ; sans cela, nous eussions été engloutis instantanément. Nous fuyions devant la mer avec une vélocité effrayante, et l'eau nous faisait des brèches visibles. La charpente de notre arrière était excessivement endommagée, et, presque sous tous les rapports, nous avions essuyé de cruelles avaries ; mais, à notre grande joie, nous trouvâmes que les pompes n'étaient pas engorgées, et que notre chargement n'avait pas été très-dérangé. La plus grande furie de la tempête était passée, et nous n'avions plus à craindre la violence du vent ; mais nous pensions avec terreur au cas de sa totale cessation, bien persuadés que, dans notre état d'avarie, nous ne pourrions pas résister à l'épouvantable houle qui s'ensuivrait ; mais cette très-juste appréhension ne semblait pas si près de se vérifier. Pendant cinq nuits et cinq jours entiers, durant lesquels nous vécûmes de quelques morceaux de sucre de palmier tirés à grand'peine du gaillard d'avant, notre coque fila avec une vitesse incalculable devant des reprises de vent qui se succédaient rapidement, et qui, sans égaler la première violence du simoun, étaient cependant plus terribles qu'aucune tempête que j'eusse essuyée jusqu'alors. Pendant les quatre premiers jours, notre route, sauf de très-légères variations, fut au sud-est quart de sud, et ainsi nous serions allés nous jeter sur la côte de la Nouvelle-Hollande. Le cinquième jour, le froid devint extrême, quoique le vent eût tourné d'un point vers le nord. Le soleil se leva avec un éclat jaune et maladif, et se hissa à quelques degrés à peine au-dessus de l'horizon, sans projeter une lumière franche. Il n'y avait aucun nuage apparent, et cependant le vent fraîchissait, fraîchissait, et soufflait avec des accès de furie. Vers midi, ou à peu près, autant que nous en pûmes juger, notre attention fut attirée de nouveau par la physionomie du soleil. Il n'émettait pas de lumière, à proprement parler, mais une espèce de feu sombre et triste, sans réflexion, comme si tous les rayons étaient polarisés. Juste avant de se plonger dans la mer grossissante, son feu central disparut soudainement, comme s'il était brusquement éteint par une puissance inexplicable. Ce n'était plus qu'une roue pâle et couleur d'argent, quand il se précipita dans l'insondable Océan.

We waited in vain for the arrival of the sixth day—that day to me has not arrived—to the Swede, never did arrive. Thenceforward we were enshrouded in pitchy darkness, so that we could not have seen an object at twenty paces from the ship. Eternal night continued to envelop us, all unrelieved by the phosphoric sea-brilliancy to which we had been accustomed in the tropics. We observed too, that, although the tempest continued to rage with unabated violence, there was no longer to be discovered the usual appearance of surf, or foam, which had hitherto attended us. All around were horror, and thick gloom, and a black sweltering desert of ebony. Superstitious terror crept by degrees into the spirit of the old Swede, and my own soul was wrapped up in silent wonder. We neglected all care of the ship, as worse than useless, and securing ourselves, as well as possible, to the stump of the mizen-mast, looked out bitterly into the world of ocean. We had no means of calculating time, nor could we form any guess of our situation. We were, however, well aware of having made farther to the southward than any previous navigators, and felt great amazement at not meeting with the usual impediments of ice. In the meantime every moment threatened to be our last—every mountainous billow hurried to overwhelm us. The swell surpassed anything I had imagined possible, and that we were not instantly buried is a miracle. My companion spoke of the lightness of our cargo, and reminded me of the excellent qualities of our ship; but I could not help feeling the utter hopelessness of hope itelf, and prepared myself gloomily for that death which I thought nothing could defer beyond an hour, as, with every knot of way the ship made, the swelling of the black stupendous seas became more dismally appalling. At times we gasped for breath at an elevation beyond the albatross—at times became dizzy with the velocity of our descent into some watery hell, where the air grew stagnant, and no sound disturbed the slumbers of the kraken.

Nous attendîmes en vain l'arrivée du sixième jour ; — ce jour n'est pas encore arrivé pour moi, — pour le Suédois il n'est jamais arrivé. Nous fûmes dès lors ensevelis dans des ténèbres de poix, si bien que nous n'aurions pas vu un objet à vingt pas du navire. Nous fûmes enveloppés d'une nuit éternelle que ne tempérait même pas l'éclat phosphorique de la mer auquel nous étions accoutumés sous les tropiques. Nous observâmes aussi que, quoique la tempête continuât à faire rage sans accalmie, nous ne découvrions plus aucune apparence de ce ressac et de ces moutons qui nous avaient accompagnés jusque-là. Autour de nous, tout n'était qu'horreur, épaisse obscurité, un noir désert d'ébène liquide. Une terreur superstitieuse s'infiltrait par degrés dans l'esprit du vieux Suédois, et mon âme, quant à moi, était plongée dans une muette stupéfaction. Nous avions abandonné tout soin du navire, comme chose plus qu'inutile, et nous attachant de notre mieux au tronçon du mât de misaine, nous promenions nos regards avec amertume sur l'immensité de l'Océan. Nous n'avions aucun moyen de calculer le temps, et nous ne pouvions former aucune conjecture sur notre situation. Nous étions néanmoins bien sûrs d'avoir été plus loin dans le sud qu'aucun des navigateurs précédents, et nous éprouvions un grand étonnement de ne pas rencontrer les obstacles ordinaires de glaces. Cependant, chaque minute menaçait d'être la dernière, — chaque énorme vague se précipitait pour nous écraser. La houle surpassait tout ce que j'avais imaginé comme possible, et c'était un miracle de chaque instant que nous ne fussions pas engloutis. Mon camarade parlait de la légèreté de notre chargement, et me rappelait les excellentes qualités de notre bateau ; mais je ne pouvais m'empêcher d'éprouver l'absolu renoncement du désespoir, et je me préparais mélancoliquement à cette mort que rien, selon moi, ne pouvait différer au delà d'une heure, puisque, à chaque nœud que filait le navire, la houle de cette mer noire et prodigieuse devenait plus lugubrement effrayante. Parfois, à une hauteur plus grande que celle de l'albatros, la respiration nous manquait, et d'autres fois nous étions pris de vertige en descendant avec une horrible vélocité dans un enfer liquide où l'air devenait stagnant, et où aucun son ne pouvait troubler les sommeils du kraken.

We were at the bottom of one of these abysses, when a quick scream from my companion broke fearfully upon the night. "See! see!" cried he, shrieking in my ears, "Almighty God! see! see!" As he spoke, I became aware of a dull, sullen glare of red light which streamed down the sides of the vast chasm where we lay, and threw a fitful brilliancy upon our deck. Casting my eyes upwards, I beheld a spectacle which froze the current of my blood. At a terrific height directly above us, and upon the very verge of the precipitous descent, hovered a gigantic ship, of perhaps four thousand tons. Although upreared upon the summit of a wave more than a hundred times her own altitude, her apparent size still exceeded that of any ship of the line or East Indiaman in existence. Her huge hull was of a deep dingy black, unrelieved by any of the customary carvings of a ship. A single row of brass cannon protruded from her open ports, and dashed from their polished surfaces the fires of innumerable battle-lanterns, which swung to and fro about her rigging. But what mainly inspired us with horror and astonishment, was that she bore up under a press of sail in the very teeth of that supernatural sea, and of that ungovernable hurricane. When we first discovered her, her bows were alone to be seen, as she rose slowly from the dim and horrible gulf beyond her. For a moment of intense terror she paused upon the giddy pinnacle, as if in contemplation of her own sublimity, then trembled and tottered, and—came down.

At this instant, I know not what sudden self-possession came over my spirit. Staggering as far aft as I could, I awaited fearlessly the ruin that was to overwhelm. Our own vessel was at length ceasing from her struggles, and sinking with her head to the sea. The shock of the descending mass struck her, consequently, in that portion of her frame which was already under water, and the inevitable result was to hurl me, with irresistible violence, upon the rigging of the stranger.

As I fell, the ship hove in stays, and went about; and to the confusion

Nous étions au fond d'un de ces abîmes, quand un cri soudain de mon compagnon éclata sinistrement dans la nuit. "Voyez ! voyez !" me criait-il dans les oreilles ; "Dieu tout-puissant ! Voyez ! voyez !" Comme il parlait, j'aperçus une lumière rouge, d'un éclat sombre et triste, qui flottait sur le versant du gouffre immense où nous étions ensevelis, et jetait à notre bord un reflet vacillant. En levant les yeux, je vis un spectacle qui glaça mon sang. À une hauteur terrifiante, juste au-dessus de nous et sur la crête même du précipice, planait un navire gigantesque, de quatre mille tonneaux peut-être. Quoique juché au sommet d'une vague qui avait bien cent fois sa hauteur, il paraissait d'une dimension beaucoup plus grande que celle d'aucun vaisseau de ligne ou de la Compagnie des Indes. Son énorme coque était d'un noir profond que ne tempérait aucun des ornements ordinaires d'un navire. Une simple rangée de canons s'allongeait de ses sabords ouverts et renvoyait, réfléchis par leurs surfaces polies, les feux d'innombrables fanaux de combat qui se balançaient dans le gréement. Mais ce qui nous inspira le plus d'horreur et d'étonnement, c'est qu'il marchait toutes voiles dehors, en dépit de cette mer surnaturelle et de cette tempête effrénée. D'abord, quand nous l'aperçûmes, nous ne pouvions voir que son avant, parce qu'il ne s'élevait que lentement du noir et horrible gouffre qu'il laissait derrière lui. Pendant un moment, — moment d'intense terreur, — il fit une pause sur ce sommet vertigineux, comme dans l'enivrement de sa propre élévation, — puis trembla, — s'inclina, — et enfin — glissa sur la pente.

En ce moment, je ne sais quel sang-froid soudain maîtrisa mon esprit. Me rejetant autant que possible vers l'arrière, j'attendis sans trembler la catastrophe qui devait nous écraser. Notre propre navire, à la longue, ne luttait plus contre la mer et plongeait de l'avant. Le choc de la masse précipitée le frappa conséquemment dans cette partie de la charpente qui était déjà sous l'eau, et eut pour résultat inévitable de me lancer dans le gréement de l'étranger.

Comme je tombais, ce navire se souleva dans un temps d'arrêt, puis vira de bord ; et c'est, je présume, à la confusion qui s'ensuivit que je

ensuing I attributed my escape from the notice of the crew. With little difficulty I made my way, unperceived, to the main hatchway, which was partially open, and soon found an opportunity of secreting myself in the hold. Why I did so I can hardly tell. An indefinite sense of awe, which at first sight of the navigators of the ship had taken hold of my mind, was perhaps the principle of my concealment. I was unwilling to trust myself with a race of people who had offered, to the cursory glance I had taken, so many points of vague novelty, doubt, and apprehension. I therefore thought proper to contrive a hiding-place in the hold. This I did by removing a small portion of the shifting-boards, in such a manner as to afford me a convenient retreat between the huge timbers of the ship.

I had scarcely completed my work, when a footstep in the hold forced me to make use of it. A man passed by my place of concealment with a feeble and unsteady gait. I could not see his face, but had an opportunity of observing his general appearance. There was about it an evidence of great age and infirmity. His knees tottered beneath a load of years, and his entire frame quivered under the burthen. He muttered to himself, in a low broken tone, some words of a language which I could not understand, and groped in a corner among a pile of singular-looking instruments, and decayed charts of navigation. His manner was a wild mixture of the peevishness of second childhood and the solemn dignity of a God. He at length went on deck, and I saw him no more.

* * * * *

A feeling, for which I have no name, has taken possession of my soul—a sensation which will admit of no analysis, to which the lessons of by-gone time are inadequate, and for which I fear futurity itself will offer me no key. To a mind constituted like my own, the latter consideration is an evil. I shall never—I know that I shall never—be satisfied with regard to the nature of my conceptions. Yet it is not wonderful that these conceptions are indefinite, since they have their origin in sources so utterly novel. A new sense—a new entity is added to my soul.

dus d'échapper à l'attention de l'équipage. Je n'eus pas grand'peine à me frayer un chemin, sans être vu, jusqu'à la principale écoutille, qui était en partie ouverte, et je trouvai bientôt une occasion propice pour me cacher dans la cale. Pourquoi fis-je ainsi ? je ne saurais trop le dire. Ce qui m'induisit à me cacher fut peut-être un sentiment vague de terreur qui s'était emparé tout d'abord de mon esprit à l'aspect des nouveaux navigateurs. Je ne me souciais pas de me confier à une race de gens qui, d'après le coup d'œil sommaire que j'avais jeté sur eux, m'avaient offert le caractère d'une indéfinissable étrangeté, et tant de motifs de doute et d'appréhension. C'est pourquoi je jugeai à propos de m'arranger une cachette dans la cale. J'enlevai une partie du faux bordage, de manière à me ménager une retraite commode entre les énormes membrures du navire.

J'avais à peine achevé ma besogne, qu'un bruit de pas dans la cale me contraignit d'en faire usage. Un homme passa à côté de ma cachette d'un pas faible et mal assuré. Je ne pus pas voir son visage, mais j'eus le loisir d'observer son aspect général. Il y avait en lui tout le caractère de la faiblesse et de la caducité. Ses genoux vacillaient sous la charge des années, et tout son être en tremblait. Il se parlait à lui-même, marmottait d'une voix basse et cassée quelques mots d'une langue que je ne pus pas comprendre, et farfouillait dans un coin où l'on avait empilé des instruments d'un aspect étrange et des cartes marines délabrées. Ses manières étaient un singulier mélange de la maussaderie d'une seconde enfance et de la dignité solennelle d'un dieu. À la longue, il remonta sur le pont, et je ne le vis plus.

* * * * *

Un sentiment pour lequel je ne trouve pas de mot a pris possession de mon âme, — une sensation qui n'admet pas d'analyse, qui n'a pas sa traduction dans les lexiques du passé, et pour laquelle je crains que l'avenir lui-même ne trouve pas de clef. — Pour un esprit constitué comme le mien, cette dernière considération est un vrai supplice. Jamais je ne pourrai, — je sens que je ne pourrai jamais être édifié relativement à la nature de mes idées. Toutefois, il n'est pas étonnant que ces idées soient indéfinissables, puisqu'elles sont puisées à des sources si entièrement neuves. Un nouveau sentiment — une nouvelle entité — est ajouté à mon âme.

* * * * *

It is long since I first trod the deck of this terrible ship, and the rays of my destiny are, I think, gathering to a focus. Incomprehensible men! Wrapped up in meditations of a kind which I cannot divine, they pass me by unnoticed. Concealment is utter folly on my part, for the people will not see. It was but just now that I passed directly before the eyes of the mate; it was no long while ago that I ventured into the captain's own private cabin, and took thence the materials with which I write, and have written. I shall from time to time continue this journal. It is true that I may not find an opportunity of transmitting it to the world, but I will not fail to make the endeavor. At the last moment I will enclose the MS. in a bottle, and cast it within the sea.

* * * * *

An incident has occurred which has given me new room for meditation. Are such things the operation of ungoverned chance? I had ventured upon deck and thrown myself down, without attracting any notice, among a pile of ratlin-stuff and old sails, in the bottom of the yawl. While musing upon th singularity of my fate, I unwittingly daubed with a tar-brush the edges of a neatly-folded studding-sail which lay near me on a barrel. The studding-sail is now bent upon the ship, and the thoughtless touches of the brush are spread out into the word DISCOVERY.

I have made many observations lately upon the structure of the vessel. Although well armed, she is not, I think, a ship of war. Her rigging, build, and general equipment, all negative a supposition of this kind. What she is not, I can easily perceive; what she is, I fear it is impossible to say. I know not how it is, but in scrutinizing her strange model and singular cast of spars, her huge size and overgrown suits of canvass, her severely simple bow and antiquated stern, there will occasionally flash across my mind a sensation of familiar things, and there is always mixed up with such indistinct shadows of recollection,

Charles Baudelaire

* * * * *

Il y a bien longtemps que j'ai touché pour la première fois le pont de ce terrible navire, et les rayons de ma destinée vont, je crois, se concentrant et s'engloutissant dans un foyer. Incompréhensibles gens ! Enveloppés dans des méditations dont je ne puis deviner la nature, ils passent à côté de moi sans me remarquer. Me cacher est pure folie de ma part, car ce monde-là *ne veut pas voir.* Il n'y a qu'un instant, je passais juste sous les yeux du second ; peu de temps auparavant, je m'étais aventuré jusque dans la cabine du capitaine lui-même, et c'est là que je me suis procuré les moyens d'écrire ceci et tout ce qui précède. Je continuerai ce journal de temps en temps. Il est vrai que je ne puis trouver aucune occasion de le transmettre au monde ; pourtant, j'en veux faire l'essai. Au dernier moment j'enfermerai le manuscrit dans une bouteille, et je jetterai le tout à la mer.

* * * * *

Un incident est survenu qui m'a de nouveau donné lieu à réfléchir. De pareilles choses sont-elles l'opération d'un hasard indiscipliné ? Je m'étais faufilé sur le pont et m'étais étendu, sans attirer l'attention de personne, sur un amas d'enfléchures et de vieilles voiles, dans le fond de la yole. Tout en rêvant à la singularité de ma destinée, je barbouillais, sans y penser, avec une brosse à goudron, les bords d'une bonnette soigneusement pliée et posée à côté de moi sur un baril. La bonnette est maintenant tendue sur ses bouts-dehors, et les touches irréfléchies de la brosse figurent le mot DÉCOUVERTE.

J'ai fait récemment plusieurs observations sur la structure du vaisseau. Quoique bien armé, ce n'est pas, je crois, un vaisseau de guerre. Son gréement, sa structure, tout son équipement, repoussent une supposition de cette nature. Ce qu'il n'est pas, je le perçois facilement ; mais ce qu'il est, je crains qu'il ne me soit impossible de le dire. Je ne sais comment cela se fait, mais, en examinant son étrange modèle et la singulière forme de ses espars, ses proportions colossales, cette prodigieuse collection de voiles, son avant sévèrement simple et son arrière d'un style suranné, il me semble parfois que la sensation d'objets qui ne me sont pas inconnus traverse mon esprit comme un éclair, et toujours à ces ombres flottantes de la

an unaccountable memory of old foreign chronicles and ages long ago.

** * * * **

I have been looking at the timbers of the ship. She is built of a material to which I am a stranger. There is a peculiar character about the wood which strikes me as rendering it unfit for the purpose to which it has been applied. I mean its extreme porousness, *considered independently of the worm-eatean condition which is a consequence of navigation in these seas, and apart from the rottenness attendant upon age. It will appear perhaps an observation somewhat over-curious, but this wood would have every characteristic of Spanish oak, if Spanish oak were distended by any unnatural means.*

In reading the above sentence, a curious apothegm of an old weather-beaten Dutch navigator comes full upon my recollection. "It is as sure," he was wont to say, when any doubt was entertained of his veracity, "as sure as there is a sea where the ship itself will grow in bulk like the living body of the seaman."

** * * * **

About an hour ago, I made bold to thrust myself among a group of the crew. They paid me no manner of attention, and, although I stood in the very midst of them all, seemed utterly unconscious of my presence. Like the one I had at first seen in the hold, they all bore about them the marks of a hoary old age. Their knees trembled with infirmity; their shoulders were bent double with decrepitude; their shrivelled skins rattled in the wind; their voices were low, tremulous, and broken; their eyes glistened with the rheum of years; and their gray hairs streamed terribly in the tempest. Around them, on every part of the deck, lay scattered mathematical instruments of the most quaint and obsolete contruction.

** * * * **

I mentioned, some time ago, the bending of a studding-sail. From that period, the ship, being thrown dead off the wind, has continued her terrific course due south, with every rag of canvass packed upon her,

mémoire est mêlé un inexplicable souvenir de vieilles légendes étrangères et de siècles très-anciens.

* * * * *

J'ai bien regardé la charpente du navire. Elle est faite de matériaux qui me sont inconnus. Il y a dans le bois un caractère qui me frappe, comme le rendant, ce me semble, impropre à l'usage auquel il a été destiné. Je veux parler de son extrême porosité, considérée indépendamment des dégâts faits par les vers, qui sont une conséquence de la navigation dans ces mers, et de la pourriture résultant de la vieillesse. Peut-être trouvera-t-on mon observation quelque peu subtile, mais il me semble que ce bois aurait tout le caractère du chêne espagnol, si le chêne espagnol pouvait être dilaté par des moyens artificiels.

En relisant la phrase précédente, il me revient à l'esprit un curieux apophtegme d'un vieux loup de mer hollandais. "Cela est positif, disait-il toujours quand on exprimait quelque doute sur sa véracité, comme il est positif qu'il y a une mer où le navire lui-même grossit comme le corps vivant d'un marin."

* * * * *

Il y a environ une heure, je me suis senti la hardiesse de me glisser dans un groupe d'hommes de l'équipage. Ils n'ont pas eu l'air de faire attention à moi, et, quoique je me tinsse juste au milieu d'eux, ils paraissaient n'avoir aucune conscience de ma présence. Comme celui que j'avais vu le premier dans la cale, ils portaient tous les signes d'une vieillesse chenue. Leurs genoux tremblaient de faiblesse ; leurs épaules étaient arquées par la décrépitude ; leur peau ratatinée frissonnait au vent ; leur voix était basse, chevrotante et cassée ; leurs yeux distillaient les larmes brillantes de la vieillesse, et leurs cheveux gris fuyaient terriblement dans la tempête. Autour d'eux, de chaque côté du pont, gisaient éparpillés des instruments mathématiques d'une structure très-ancienne et tout à fait tombée en désuétude.

* * * * *

J'ai parlé un peu plus haut d'une bonnette qu'on avait installée. Depuis ce moment, le navire, chassé par le vent, n'a pas discontinué sa terrible course droit au sud, chargé de toute sa toile disponible,

from her trucks to her lower studding-sail booms, and rolling every moment her top-gallant yard-arms into the most appalling hell of water which it can enter into the mind of man to imagine. I have just left the deck, where I find it impossible to maintain a footing, although the crew seem to eperience little inconvenience. It appears to me a miracle of miracles that our enormous bulk is not swallowed up at once and for ever. We are surely doomed to hover continually upon the brink of eternity, without taking a final plunge into the abyss. From billows a thousand times more stupendous than any I have ever seen, we glide away with the facility of the arrowy sea-gull; and the colossal waters rear their heads above us like demons of the deep, but like demons confined to simple threats, and forbidden to destroy. I am led to attribute these frequent escapes to the only natural cause which can account for such effect. I must suppose the ship to be within the influence of some strong current, or impetuous under-tow.

* * * * *

I have seen the captain face to face, and in his own cabin—but, as I expected, he paid me no attention. Although in his appearance there is, to a casual observer, nothing which might bespeak him more or less than man, still, a feeling of irrepressible reverence and awe mingled with the sensation of wonder with which I regarded him. In stature, he is nearly my own height; that is, about five feet eight inches. He is of a well-knit and compact frame of body, neither robust nor remarkable otherwise. But it is the singularity of the expression which reigns upon the face—it is the intense, the wonderful, the thrilling evidence of old age, so utter, so extreme, which excites within my spirit a sense—a sentiment ineffable. His forehead, although little wrinkled, seems to bear upon it the stamp of a myriad of years. His gray hairs are records of the past, and his grayer eyes are sybils of the future. The cabin floor was thickly strewn with strange, iron-clasped folios, and mouldering instruments of science, and obsolete long-forgotten charts. His head was bowed down upon his hands, and

385

depuis ses pommes de mâts jusqu'à ses bouts-dehors inférieurs, et plongeant ses bouts de vergues de perroquet dans le plus effrayant enfer liquide que jamais cervelle humaine ait pu concevoir. Je viens de quitter le pont, ne trouvant plus la place tenable ; cependant, l'équipage ne semble pas souffrir beaucoup. C'est pour moi le miracle des miracles qu'une si énorme masse ne soit pas engloutie tout de suite et pour toujours. Nous sommes condamnés, sans doute, à côtoyer éternellement le bord de l'éternité, sans jamais faire notre plongeon définitif dans le gouffre. Nous glissons avec la prestesse de l'hirondelle de mer sur des vagues mille fois plus effrayantes qu'aucune de celles que j'ai jamais vues ; et des ondes colossales élèvent leurs têtes au-dessus de nous comme des démons de l'abîme, mais comme des démons restreints aux simples menaces et auxquels il est défendu de détruire. Je suis porté à attribuer cette bonne chance perpétuelle à la seule cause naturelle qui puisse légitimer un pareil effet. Je suppose que le navire est soutenu par quelque fort courant ou remous sous-marin.

* * * * *

J'ai vu le capitaine face à face, et dans sa propre cabine ; mais, comme je m'y attendais, il n'a fait aucune attention à moi. Bien qu'il n'y ait rien dans sa physionomie générale qui révèle, pour l'œil du premier venu, quelque chose de supérieur ou d'inférieur à l'homme, toutefois l'étonnement que j'éprouvai à son aspect se mêlait d'un sentiment de respect et de terreur irrésistible. Il est à peu près de ma taille, c'est-à-dire de cinq pieds huit pouces environ. Il est bien proportionné, bien pris dans son ensemble ; mais cette constitution n'annonce ni vigueur particulière, ni quoi que ce soit de remarquable. Mais c'est la singularité de l'expression qui règne sur sa face, — c'est l'intense, terrible, saisissante évidence de la vieillesse, si entière, si absolue, qui crée dans mon esprit un sentiment, — une sensation ineffable. Son front, quoique peu ridé, semble porter le sceau d'une myriade d'années. Ses cheveux gris sont des archives du passé, et ses yeux, plus gris encore, sont des sibylles de l'avenir. Le plancher de sa cabine était encombré d'étranges in-folio à fermoirs de fer, d'instruments de science usés et d'anciennes cartes d'un style complètement oublié. Sa tête était appuyée sur ses mains, et d'un œil

he pored, with a fiery, unquiet eye, over a paper which I took to be a commission, and which, at all events, bore the signature of a monarch. He muttered to himself—as did the first seaman whom I saw in the hold—some low peevish syllables of a foreign tongue; and although the speaker was close at my elbow, his voice seemed to reach my ears from the distance of a mile.

* * * * *

The ship and all in it are imbued with the spirit of Eld. The crew glide to and fro like he ghosts of buried centuries; their eyes have an eager and uneasy meaning; and when their fingers fall athwart my path in the wild glare of the battle-lanterns, I feel as I have never felt before, although I have been all my life a dealer in antiquities, and have imbibed the shadows of fallen columns at Balbec, and Tadmor, and Persepolis, until my very soul has become a ruin.

* * * * *

When I look around me, I feel ashamed of my former apprehensions. If I trembled at the blast which has hitherto attended us, shall I not stand aghast at a warring of wind and ocean, to convey any idea of which, the words tornado and simoon are trivial and ineffective? All in the immediate vicinity of the ship, is the blackness of eternal night, and a chaos of foamless water; but, about a league on either side of us, may be seen, indistinctly and at intervals, stupendous ramparts of ice, towering away into the desolate sky, and looking like the walls of the universe.

* * * * *

As I imagined, the ship proves to be in a current—if that appellation can properly be given to a tide which, howling and shrieking by the white ice, thunders on to the southward with a velocity like the headlong dashing of a cataract.

* * * * *

ardent et inquiet il dévorait un papier que je pris pour une commission, et qui, en tout cas, portait une signature royale. Il se parlait à lui-même, — comme le premier matelot que j'avais aperçu dans la cale, — et marmottait d'une voix basse et chagrine quelques syllabes d'une langue étrangère ; et, bien que je fusse tout à côté de lui, il me semblait que sa voix arrivait à mon oreille de la distance d'un mille.

* * * * *

Le navire avec tout ce qu'il contient est imprégné de l'esprit des anciens âges. Les hommes de l'équipage glissent çà et là comme les ombres des siècles enterrés ; dans leurs yeux vit une pensée ardente et inquiète ; et, quand, sur mon chemin, leurs mains tombent dans la lumière effarée des fanaux, j'éprouve quelque chose que je n'ai jamais éprouvé jusqu'à présent, quoique toute ma vie j'aie eu la folie des antiquités, et que je me sois baigné dans l'ombre des colonnes ruinées de Balbek, de Tadmor et de Persépolis, tant qu'à la fin mon âme elle-même est devenue une ruine.

* * * * *

Quand je regarde autour de moi, je suis honteux de mes premières terreurs. Si la tempête qui nous a poursuivis jusqu'à présent me fait trembler, ne devrais-je pas être frappé d'horreur devant cette bataille du vent et de l'Océan, dont les mots vulgaires : tourbillon et simoun, ne peuvent pas donner la moindre idée ? Le navire est littéralement enfermé dans les ténèbres d'une éternelle nuit et dans un chaos d'eau qui n'écume plus ; mais à une distance d'une lieue environ de chaque côté, nous pouvons apercevoir, indistinctement et par intervalles, de prodigieux remparts de glace qui montent vers le ciel désolé et ressemblent aux murailles de l'univers !

* * * * *

Comme je l'avais pensé, le navire est évidemment dans un courant, — si l'on peut proprement appeler ainsi une marée qui va mugissant et hurlant à travers les blancheurs de la glace, et fait entendre du côté du sud un tonnerre plus précipité que celui d'une cataracte tombant à pic.

* * * * *

To conceive the horror of my sensations is, I presume, utterly impossible; yet a curiosity to penetrate the mysteries of these awful regions, predominates even over my despair, and will reconcile me to the most hideous aspect of death. It it evident that we are hurrying onwards to some exciting knowledge—some never-to-be-imparted secret, whose attainment is destruction. Perhaps this current leads us to the southern pole itself. It must be confessed that a supposition apparently so wild has every probability in its favor.

* * * * *

The crew pace the deck with unquiet and tremulous step; but there is upon their countenances an expression more of the eagerness of hope than of the apathy of despair.

In the meantime the wind is still in our poop, and, as we carry a crowd of canvass, the ship is at times lifted bodily from out the sea! Oh, horror upon horror!—the ice opens suddenly to the right, and to the left, and we are whirling dizzily, in immense concentric circles, round and round the borders of a gigantic amphitheatre, the summit of whose walls is lost in the darkness and the distance. But little time will be left me to ponder upon my destiny! The circles rapidly grow small—we are plunging madly within the grasp of the whirlpool—and amid a roaring, and bellowing, and thundering of ocean and of tempest, the ship is quivering—oh God! and ——going down!

Concevoir l'horreur de mes sensations est, je crois, chose absolument impossible ; cependant, la curiosité de pénétrer les mystères de ces effroyables régions surplombe encore mon désespoir et suffit à me réconcilier avec le plus hideux aspect de la mort. Il est évident que nous nous précipitons vers quelque entraînante découverte, — quelque incommunicable secret dont la connaissance implique la mort. Peut-être ce courant nous conduit-il au pôle sud lui-même. Il faut avouer que cette supposition, si étrange en apparence, a toute probabilité pour elle.

* * * * *

L'équipage se promène sur le pont d'un pas tremblant et inquiet ; mais il y a dans toutes les physionomies une expression qui ressemble plutôt à l'ardeur de l'espérance qu'à l'apathie du désespoir.

Cependant nous avons toujours le vent arrière, et, comme nous portons une masse de toile, le navire s'enlève quelquefois en grand hors de la mer. Oh ! horreur sur horreur ! — la glace s'ouvre soudainement à droite et à gauche, et nous tournons vertigineusement dans d'immenses cercles concentriques, tout autour des bords d'un gigantesque amphithéâtre, dont les murs perdent leur sommet dans les ténèbres et l'espace. Mais il ne me reste que peu de temps pour rêver à ma destinée ! Les cercles se rétrécissent rapidement, — nous plongeons follement dans l'étreinte du tourbillon, — et, à travers le mugissement, le beuglement et le détonnement de l'Océan et de la tempête, le navire tremble, — oh ! Dieu ! — il se dérobe, — il sombre !

Note :

The "MS. Found in a Bottle," was originally published in 1831; and it was not until many years afterwards that I became acquainted with the maps of Mercator, in which the ocean is represented as rushing, by four mouths, into the (northern) Polar Gulf, to be absorbed into the bowels of the earth; the Pole itself being represented by a black rock, towering to a prodigious height.

Note :

Le Manuscrit trouvé dans une bouteille fut publié pour la première fois en 1831, et ce ne fut que bien des années plus tard que j'eus connaissance des cartes de Mercator, dans lesquelles on voit l'Océan se précipiter par quatre embouchures dans le gouffre polaire (au nord) et s'absorber dans les entrailles de la terre ; le pôle lui-même y est figuré par un rocher noir, s'élevant à une prodigieuse hauteur. — E.A.P.

A Descent into the Maelström

1841

Une descente dans le Maelstrom

Edgar Allan Poe

The ways of God in Nature, as in Providence, are not as our *ways; nor are the models that we frame any way commensurate to the vastness, profundity, and unsearchableness of His works,* which have a depth in them greater than the well of Democritus.

Joseph Glanville.

We had now reached the summit of the loftiest crag. For some minutes the old man seemed too much exhausted to speak.

"Not long ago," said he at length, "and I could have guided you on this route as well as the youngest of my sons; but, about three years past, there happened to me an event such as never happened to mortal man—or at least such as no man ever survived to tell of—and the six hours of deadly terror which I then endured have broken me up body and soul. You suppose me a very old man—but I am not. It took less than a single day to change these hairs from a jetty black to white, to weaken my limbs, and to unstring my nerves, so that I tremble at the least exertion, and am frightened at a shadow. Do you know I can scarcely look over this little cliff without getting giddy?"

The "little cliff," upon whose edge he had so carelessly thrown himself down to rest that the weightier portion of his body hung over it, while he was only kept from falling by the tenure of his elbow on its extreme and slippery edge—this "little cliff" arose, a sheer unobstructed precipice of black shining rock, some fifteen or sixteen hundred feet from the world of crags beneath us. Nothing would have tempted me to within half a dozen yards of its brink. In truth so deeply

Charles Baudelaire

> Les voies de Dieu, dans la nature comme dans l'ordre de la Providence, ne sont point nos voies ; et les types que nous concevons n'ont aucune mesure commune avec la vastitude, la profondeur et l'incompréhensibilité de ses œuvres, qui contiennent en elles un *abîme plus profond que le puits de Démocrite.*
>
> Joseph Glanvill.

Nous avions atteint le sommet du rocher le plus élevé. Le vieux homme, pendant quelques minutes, sembla trop épuisé pour parler.

— Il n'y a pas encore bien longtemps, — dit-il à la fin, — je vous aurais guidé par ici aussi bien que le plus jeune de mes fils. Mais, il y a trois ans, il m'est arrivé une aventure plus extraordinaire que n'en essuya jamais un être mortel, ou du moins telle que jamais homme n'y a survécu pour la raconter, et les six mortelles heures que j'ai endurées m'ont brisé le corps et l'âme. Vous me croyez très-vieux, mais je ne le suis pas. Il a suffi du quart d'une journée pour blanchir ces cheveux noirs comme du jais, affaiblir mes membres et détendre mes nerfs au point de trembler après le moindre effort et d'être effrayé par une ombre. Savez-vous bien que je puis à peine, sans attraper le vertige, regarder par-dessus ce petit promontoire.

Le petit promontoire sur le bord duquel il s'était si négligemment jeté pour se reposer, de façon que la partie la plus pesante de son corps surplombait, et qu'il n'était garanti d'une chute que par le point d'appui que prenait son coude sur l'arête extrême et glissante, — le petit promontoire s'élevait à quinze ou seize cents pieds environ d'un chaos de rochers situés au-dessous de nous, — immense précipice de granit luisant et noir. Pour rien au monde je n'aurais voulu me hasarder à six pieds du bord. Véritablement, j'étais si profondément

was I excited by the perilous position of my companion, that I fell at full length upon the ground, clung to the shrubs around me, and dared not even glance upward at the sky—while I struggled in vain to divest myself of the idea that the very foundations of the mountain were in danger from the fury of the winds. It was long before I could reason myself into sufficient courage to sit up and look out into the distance.

"You must get over these fancies," said the guide, "for I have brought you here that you might have the best possible view of the scene of that event I mentioned—and to tell you the whole story with the spot just under your eye."

"We are now," he continued, in that particularizing manner which distinguished him—"we are now close upon the Norwegian coast—in the sixty-eighth degree of latitude—in the great province of Nordland—and in the dreary district of Lofoden. The mountain upon whose top we sit is Helseggen, the Cloudy. Now raise yourself up a little higher—hold on to the grass if you feel giddy—so—and look out, beyond the belt of vapor beneath us, into the sea."

I looked dizzily, and beheld a wide expanse of ocean, whose waters wore so inky a hue as to bring at once to my mind the Nubian geographer's account of the Mare Tenebrarum. *A panorama more deplorably desolate no human imagination can conceive. To the right and left, as far as the eye could reach, there lay outstretched, like ramparts of the world, lines of horridly black and beetling cliff, whose character of gloom was but the more forcibly illustrated by the surf which reared high up against its white and ghastly crest, howling and shrieking forever. Just opposite the promontory upon whose apex we were placed, and at a distance of some five or six miles out at sea, there was visible a small, bleak-looking island; or, more properly, its position was discernible through the wilderness of surge in which it was enveloped. About two miles nearer the land, arose another of smaller size, hideously craggy and barren, and encompassed at*

agité par la situation périlleuse de mon compagnon, que je me laissai tomber tout de mon long sur le sol, m'accrochant à quelques arbustes voisins, n'osant pas même lever les yeux vers le ciel. Je m'efforçais en vain de me débarrasser de l'idée que la fureur du vent mettait en danger la base même de la montagne. Il me fallut du temps pour me raisonner et trouver le courage de me mettre sur mon séant et de regarder au loin dans l'espace.

— Il vous faut prendre le dessus sur ces lubies-là, me dit le guide, car je vous ai amené ici pour vous faire voir à loisir le théâtre de l'événement dont je parlais tout à l'heure, et pour vous raconter toute l'histoire avec la scène même sous vos yeux.

"Nous sommes maintenant, reprit-il avec cette manière minutieuse qui le caractérisait, nous sommes maintenant sur la côte même de Norvège, au 68e degré de latitude, dans la grande province de Nortland et dans le lugubre district de Lofoden. La montagne dont nous occupons le sommet est Helseggen, la Nuageuse. Maintenant, levez-vous un peu ; accrochez-vous au gazon, si vous sentez venir le vertige, — c'est cela, — et regardez au delà de cette ceinture de vapeurs qui nous cache la mer à nos pieds.

Je regardai vertigineusement, et je vis une vaste étendue de mer, dont la couleur d'encre me rappela tout d'abord le tableau du géographe Nubien et sa *Mer des Ténèbres*. C'était un panorama plus effroyablement désolé qu'il n'est donné à une imagination humaine de le concevoir. À droite et à gauche, aussi loin que l'œil pouvait atteindre, s'allongeaient, comme les remparts du monde, les lignes d'une falaise horriblement noire et surplombante, dont le caractère sombre était puissamment renforcé par le ressac qui montait jusque sur sa crête blanche et lugubre, hurlant et mugissant éternellement. Juste en face du promontoire sur le sommet duquel nous étions placés, à une distance de cinq ou six milles en mer, on apercevait une île qui avait l'air désert, ou plutôt on la devinait au moutonnement énorme des brisants dont elle était enveloppée. À deux milles environ plus près de la terre, se dressait un autre îlot plus petit, horriblement

various intervals by a cluster of dark rocks.

The appearance of the ocean, in the space between the more distant island and the shore, had something very unusual about it. Although, at the time, so strong a gale was blowing landward that a brig in the remote offing lay to under a double-reefed trysail, and constantly plunged her whole hull out of sight, still there was here nothing like a regular swell, but only a short, quick, angry cross dashing of water in every direction—as well in the teeth of the wind as otherwise. Of foam there was little except in the immediate vicinity of the rocks.

"The island in the distance," resumed the old man, "is called by the Norwegians Vurrgh. The one midway is Moskoe. That a mile to the northward is Ambaaren. Yonder are Islesen, Hotholm, Keildhelm, Suarven, and Buckholm. Farther off—between Moskoe and Vurrgh—are Otterholm, Flimen, Sandflesen, and Stockholm. These are the true names of the places—but why it has been thought necessary to name them at all, is more than either you or I can understand. Do you hear anything? Do you see any change in the water?"

We had now been about ten minutes upon the top of Helseggen, to which we had ascended from the interior of Lofoden, so that we had caught no glimpse of the sea until it had burst upon us from the summit. As the old man spoke, I became aware of a loud and gradually increasing sound, like the moaning of a vast herd of buffaloes upon an American prairie; and at the same moment I perceived that what seamen term the chopping character of the ocean beneath us, was rapidly changing into a current which set to the eastward. Even while I gazed, this current acquired a monstrous velocity. Each moment added to its speed—to its headlong impetuosity. In five minutes the whole sea, as far as Vurrgh, was lashed into ungovernable fury; but it was between Moskoe and the coast that the main uproar held its sway. Here the vast bed of the waters, seamed and scarred into a thousand conflicting channels,

pierreux et stérile, et entouré de groupes interrompus de roches noires.

L'aspect de l'Océan, dans l'étendue comprise entre le rivage et l'île la plus éloignée, avait quelque chose d'extraordinaire. En ce moment même, il soufflait du côté de la terre une si forte brise, qu'un brick, tout au large, était à la cape avec deux ris dans sa toile et que sa coque disparaissait quelquefois tout entière ; et pourtant il n'y avait rien qui ressemblât à une houle faite, mais seulement, et en dépit du vent, un clapotement d'eau, bref, vif et tracassé dans tous les sens ; — très-peu d'écume, excepté dans le voisinage immédiat des rochers.

— L'île que vous voyez là-bas, reprit le vieux homme, est appelée par les Norvégiens Vurrgh. Celle qui est à moitié chemin est Moskoe. Celle qui est à un mille au nord est Ambaaren. Là-bas sont Islesen, Hotholm, Keildhelm, Suarven et Buckholm. Plus loin, — entre Moskoe et Vurrgh, — Otterholm, Flimen, Sandflesen et Stockholm. Tels sont les vrais noms de ces endroits ; — mais pourquoi ai-je jugé nécessaire de vous les nommer, je n'en sais rien, je n'y puis rien comprendre, — pas plus que vous. — Entendez-vous quelque chose ? Voyez-vous quelque changement sur l'eau ?

Nous étions depuis dix minutes environ au haut de Helseggen, où nous étions montés en partant de l'intérieur de Lofoden, de sorte que nous n'avions pu apercevoir la mer que lorsqu'elle nous avait apparu tout d'un coup du sommet le plus élevé. Pendant que le vieux homme parlait, j'eus la perception d'un bruit très-fort et qui allait croissant, comme le mugissement d'un immense troupeau de buffles dans une prairie d'Amérique ; et, au moment même, je vis ce que les marins appellent le caractère *clapoteux* de la mer se changer rapidement en un courant qui se faisait vers l'est. Pendant que je regardais, ce courant prit une prodigieuse rapidité. Chaque instant ajoutait à sa vitesse, — à son impétuosité déréglée. En cinq minutes, toute la mer, jusqu'à Vurrgh, fut fouettée par une indomptable furie ; mais c'était entre Moskoe et la côte que dominait principalement le vacarme. Là, le vaste lit des eaux, sillonné et couturé par mille courants contraires,

burst suddenly into phrensied convulsion—heaving, boiling, hissing—gyrating in gigantic and innumerable vortices, and all whirling and plunging on to the eastward with a rapidity which water never elsewhere assumes except in precipitous descents.

In a few minutes more, there came over the scene another radical alteration. The general surface grew somewhat more smooth, and the whirlpools, one by one, disappeared, while prodigious streaks of foam became apparent where none had been seen before. These streaks, at length, spreading out to a great distance, and entering into combination, took unto themselves the gyratory motion of the subsided vortices, and seemed to form the germ of another more vast. Suddenly—very suddenly—this assumed a distinct and definite existence, in a circle of more than a mile in diameter. The edge of the whirl was represented by a broad belt of gleaming spray; but no particle of this slipped into the mouth of the terrific funnel, whose interior, as far as the eye could fathom it, was a smooth, shining, and jet-black wall of water, inclined to the horizon at an angle of some forty-five degrees, speeding dizzily round and round with a swaying and sweltering motion, and sending forth to the winds an appalling voice, half shriek, half roar, such as not even the mighty cataract of Niagara ever lifts up in its agony to Heaven.

The mountain trembled to its very base, and the rock rocked. I threw myself upon my face, and clung to the scant herbage in an excess of nervous agitation.

"This," said I at length, to the old man—"this can be nothing else than the great whirlpool of the Maelström."

"So it is sometimes termed," said he. "We Norwegians call it the Moskoe-ström, from the island of Moskoe in the midway."

éclatait soudainement en convulsions frénétiques, — haletant, bouillonnant, sifflant, pirouettant en gigantesques et innombrables tourbillons, et tournoyant et se ruant tout entier vers l'est avec une rapidité qui ne se manifeste que dans des chutes d'eau précipitées.

Au bout de quelques minutes, le tableau subit un autre changement radical. La surface générale devint un peu plus unie, et les tourbillons disparurent un à un, pendant que de prodigieuses bandes d'écume apparurent là où je n'en avais vu aucune jusqu'alors. Ces bandes, à la longue, s'étendirent à une grande distance, et, se combinant entre elles, elles adoptèrent le mouvement giratoire des tourbillons apaisés et semblèrent former le germe d'un vortex plus vaste. Soudainement, très-soudainement, celui-ci apparut et prit une existence distincte et définie, dans un cercle de plus d'un mille de diamètre. Le bord du tourbillon était marqué par une large ceinture d'écume lumineuse ; mais pas une parcelle ne glissait dans la gueule du terrible entonnoir, dont l'intérieur, aussi loin que l'œil pouvait y plonger, était fait d'un mur liquide, poli, brillant et d'un noir de jais, faisant avec l'horizon un angle de 45 degrés environ, tournant sur lui-même sous l'influence d'un mouvement étourdissant, et projetant dans les airs une voix effrayante, moitié cri, moitié rugissement, telle que la puissante cataracte du Niagara elle-même, dans ses convulsions, n'en a jamais envoyé de pareille vers le ciel.

La montagne tremblait dans sa base même, et le roc remuait. Je me jetai à plat ventre, et, dans un excès d'agitation nerveuse, je m'accrochai au maigre gazon.

— Ceci, dis-je enfin au vieillard, ne peut pas être autre chose que le grand tourbillon du Maelstrom.

— On l'appelle quelquefois ainsi, dit-il ; mais nous autres Norvégiens, nous le nommons le Moskoe-Strom, de l'île de Moskoe, qui est située à moitié chemin.

The ordinary accounts of this vortex had by no means prepared me for what I saw. That of Jonas Ramus, which is perhaps the most circumstantial of any, cannot impart the faintest conception either of the magnificence, or of the horror of the scene—or of the wild bewildering sense of the novel *which confounds the beholder. I am not sure from what point of view the writer in question surveyed it, nor at what time; but it could neither have been from the summit of Helseggen, nor during a storm. There are some passages of his description, nevertheless, which may be quoted for their details, although their effect is exceedingly feeble in conveying an impression of the spectacle.*

"Between Lofoden and Moskoe," he says, "the depth of the water is between thirty-six and forty fathoms; but on the other side, toward Ver (Vurrgh) this depth decreases so as not to afford a convenient passage for a vessel, without the risk of splitting on the rocks, which happens even in the calmest weather. When it is flood, the stream runs up the country between Lofoden and Moskoe with a boisterous rapidity; but the roar of its impetuous ebb to the sea is scarce equalled by the loudest and most dreadful cataracts; the noise being heard several leagues off, and the vortices or pits are of such an extent and depth, that if a ship comes within its attraction, it is inevitably absorbed and carried down to the bottom, and there beat to pieces against the rocks; and when the water relaxes, the fragments thereof are thrown up again. But these intervals of tranquility are only at the turn of the ebb and flood, and in calm weather, and last but a quarter of an hour, its violence gradually returning. When the stream is most boisterous, and its fury heightened by a storm, it is dangerous to come within a Norway mile of it. Boats, yachts, and ships have been carried away by not guarding against it before they were within its reach. It likewise happens frequently, that whales come too near the stream, and are overpowered by its violence; and then it is impossible to describe their howlings and bellowings in their fruitless struggles to disengage themselves. A bear once,

Les descriptions ordinaires de ce tourbillon ne m'avaient nullement préparé à ce que je voyais. Celle de Jonas Ramus, qui est peut-être plus détaillée qu'aucune, ne donne pas la plus légère idée de la magnificence et de l'horreur du tableau, — ni de l'étrange et ravissante sensation de nouveauté qui confond le spectateur. Je ne sais pas précisément de quel point de vue ni à quelle heure l'a vu l'écrivain en question ; mais ce ne peut être ni du sommet de Helseggen, ni pendant une tempête. Il y a néanmoins quelques passages de sa description qui peuvent être cités pour les détails, quoiqu'ils soient très-insuffisants pour donner une impression du spectacle.

— Entre Lofoden et Moskoe, dit-il, la profondeur de l'eau est de trente-six à quarante brasses ; mais, de l'autre côté, du côté de Ver (il veut dire Vurrgh), cette profondeur diminue au point qu'un navire ne pourrait y chercher un passage sans courir le danger de se déchirer sur les roches, ce qui peut arriver par le temps le plus calme. Quand vient la marée, le courant se jette dans l'espace compris entre Lofoden et Moskoe avec une tumultueuse rapidité ; mais le rugissement de son terrible reflux est à peine égalé par celui des plus hautes et des plus terribles cataractes ; le bruit se fait entendre à plusieurs lieues, et les tourbillons ou tournants creux sont d'une telle étendue et d'une telle profondeur, que, si un navire entre dans la région de son attraction, il est inévitablement absorbé et entraîné au fond, et, là, déchiré en morceaux contre les rochers ; et, quand le courant se relâche, les débris sont rejetés à la surface. Mais ces intervalles de tranquillité n'ont lieu qu'entre le reflux et le flux, par un temps calme, et ne durent qu'un quart d'heure ; puis la violence du courant revient graduellement. Quand il bouillonne le plus et quand sa force est accrue par une tempête, il est dangereux d'en approcher, même d'un mille norvégien. Des barques, des yachts, des navires ont été entraînés pour n'y avoir pas pris garde avant de se trouver à portée de son attraction. Il arrive assez fréquemment que des baleines viennent trop près du courant et sont maîtrisées par sa violence ; et il est impossible de décrire leurs mugissements et leurs beuglements dans leur inutile effort pour se dégager. Une fois, un ours, essayant de

attempting to swim from Lofoden to Moskoe, was caught by the stream and borne down, while he roared terribly, so as to be heard on shore. Large stocks of firs and pine trees, after being absorbed by the current, rise again broken and torn to such a degree as if bristles grew upon them. This plainly shows the bottom to consist of craggy rocks, among which they are whirled to and fro. This stream is regulated by the flux and reflux of the sea—it being constantly high and low water every six hours. In the year 1645, early in the morning of Sexagesima Sunday, it raged with such noise and impetuosity that the very stones of the houses on the coast fell to the ground."

In regard to the depth of the water, I could not see how this could have been ascertained at all in the immediate vicinity of the vortex. The "forty fathoms" must have reference only to portions of the channel close upon the shore either of Moskoe or Lofoden. The depth in the centre of the Moskoe-ström must be immeasurably greater; and no better proof of this fact is necessary than can be obtained from even the sidelong glance into the abyss of the whirl which may be had from the highest crag of Helseggen. Looking down from this pinnacle upon the howling Phlegethon below, I could not help smiling at the simplicity with which the honest Jonas Ramus records, as a matter difficult of belief, the anecdotes of the whales and the bears; for it appeared to me, in fact, a self-evident thing, that the largest ship of the line in existence, coming within the influence of that deadly attraction, could resist it as little as a feather the hurricane, and must disappear bodily and at once.

The attempts to account for the phenomenon—some of which, I remember, seemed to me sufficiently plausible in perusal—now wore a very different and unsatisfactory aspect. The idea generally received is that this, as well as three smaller vortices among the Ferroe islands, "have no other cause than the collision of waves rising and falling, at flux and reflux, against a ridge of rocks and shelves, which confines the water so that it precipitates itself like a cataract; and thus the higher the flood rises, the deeper must the fall

passer à la nage le détroit entre Lofoden et Moskoe, fut saisi par le courant et emporté au fond ; il rugissait si effroyablement qu'on l'entendait du rivage. De vastes troncs de pins et de sapins, engloutis par le courant, reparaissent brisés et déchirés, au point qu'on dirait qu'il leur a poussé des poils. Cela démontre clairement que le fond est fait de roches pointues sur lesquelles ils ont été roulés çà et là. Ce courant est réglé par le flux et le reflux de la mer, qui a constamment lieu de six en six heures. Dans l'année 1645, le dimanche de la Sexagésime, de fort grand matin, il se précipita avec un tel fracas et une telle impétuosité, que des pierres se détachaient des maisons de la côte...

En ce qui concerne la profondeur de l'eau, je ne comprends pas comment on a pu s'en assurer dans la proximité immédiate du tourbillon. Les *quarante brasses* doivent avoir trait seulement aux parties du canal qui sont tout près du rivage, soit de Moskoe, soit de Lofoden. La profondeur au centre du Moskoe-Strom doit être incommensurablement plus grande, et il suffit, pour en acquérir la certitude, de jeter un coup d'œil oblique dans l'abîme du tourbillon, quand on est sur le sommet le plus élevé de Helseggen. En plongeant mon regard du haut de ce pic dans le Phlégéthon hurlant, je ne pouvais m'empêcher de sourire de la simplicité avec laquelle le bon Jonas Ramus raconte, comme choses difficiles à croire, ses anecdotes d'ours et de baleines ; car il me semblait que c'était chose évidente de soi que le plus grand vaisseau de ligne possible arrivant dans le rayon de cette mortelle attraction, devait y résister aussi peu qu'une plume à un coup de vent et disparaître tout en grand et tout d'un coup.

Les explications qu'on a données du phénomène, — dont quelques-unes, je me le rappelle, me paraissaient suffisamment plausibles à la lecture, — avaient maintenant un aspect très-différent et très-peu satisfaisant. L'explication généralement reçue est que, comme les trois petits tourbillons des îles Féroë, celui-ci « n'a pas d'autre cause que le choc des vagues montant et retombant, au flux et au reflux, le long d'un banc de roches qui endigue les eaux et les rejette en cataracte ; et qu'ainsi, plus la marée s'élève, plus la chute est

be, and the natural result of all is a whirlpool or vortex, the prodigious suction of which is sufficiently known by lesser experiments."—These are the words of the Encyclopædia Britannica. Kircher and others imagine that in the centre of the channel of the Maelström is an abyss penetrating the globe, and issuing in some very remote part—the Gulf of Bothnia being somewhat decidedly named in one instance. This opinion, idle in itself, was the one to which, as I gazed, my imagination most readily assented; and, mentioning it to the guide, I was rather surprised to hear him say that, although it was the view almost universally entertained of the subject by the Norwegians, it nevertheless was not his own. As to the former notion he confessed his inability to comprehend it; and here I agreed with him—for, however conclusive on paper, it becomes altogether unintelligible, and even absurd, amid the thunder of the abyss.

"You have had a good look at the whirl now," said the old man, "and if you will creep round this crag, so as to get in its lee, and deaden the roar of the water, I will tell you a story that will convince you I ought to know something of the Moskoe-ström."

I placed myself as desired, and he proceeded.

"Myself and my two brothers once owned a schooner-rigged smack of about seventy tons burthen, with which we were in the habit of fishing among the islands beyond Moskoe, nearly to Vurrgh. In all violent eddies at sea there is good fishing, at proper opportunities, if one has only the courage to attempt it; but among the whole of the Lofoden coastmen, we three were the only ones who made a regular business of going out to the islands, as I tell you. The usual grounds are a great way lower down to the southward. There fish can be got at all hours, without much risk, and therefore these places are preferred. The choice spots over here among the rocks, however, not only yield

profonde, et que le résultat naturel est un tourbillon ou vortex, dont la prodigieuse puissance de succion est suffisamment démontrée par de moindres exemples. » Tels sont les termes de l'*Encyclopédie britannique*. Kircher et d'autres imaginent qu'au milieu du canal du Maelstrom est un abîme qui traverse le globe et aboutit dans quelque région très-éloignée ; — le golfe de Bothnie a même été désigné une fois un peu légèrement. Cette opinion assez puérile était celle à laquelle, pendant que je contemplais le lieu, mon imagination donnait le plus volontiers son assentiment ; et, comme j'en faisais part au guide, je fus assez surpris de l'entendre me dire que, bien que telle fût l'opinion presque générale des Norvégiens à ce sujet, ce n'était néanmoins pas la sienne. Quant à cette idée, il confessa qu'il était incapable de la comprendre, et je finis par être d'accord avec lui ; car, pour concluante qu'elle soit sur le papier, elle devient absolument inintelligible et absurde à côté du tonnerre de l'abîme.

— Maintenant que vous avez bien vu le tourbillon, me dit le vieil homme, si vous voulez que nous nous glissions derrière cette roche, sous le vent, de manière qu'elle amortisse le vacarme de l'eau, je vous conterai une histoire qui vous convaincra que je dois en savoir quelque chose, du Moskoe-Strom !

Je me plaçai comme il le désirait, et il commença :

— Moi et mes deux frères, nous possédions autrefois un semaque gréé en goëlette, de soixante et dix tonneaux à peu près, avec lequel nous pêchions habituellement parmi les îles au delà de Moskoe, près de Vurrgh. Tous les violents remous de mer donnent une bonne pêche, pourvu qu'on s'y prenne en temps opportun et qu'on ait le courage de tenter l'aventure ; mais, parmi tous les hommes de la côte de Lofoden, nous trois seuls, nous faisions notre métier ordinaire d'aller aux îles, comme je vous dis. Les pêcheries ordinaires sont beaucoup plus bas vers le sud. On y peut prendre du poisson à toute heure, sans courir grand risque, et naturellement ces endroits-là sont préférés ; mais les places de choix, par ici, entre les rochers, donnent non-seulement le poisson de la plus belle qualité, mais aussi en bien plus

the finest variety, but in far greater abundance; so that we often got in a single day, what the more timid of the craft could not scrape together in a week. In fact, we made it a matter of desperate speculation—the risk of life standing instead of labor, and courage answering for capital.

"We kept the smack in a cove about five miles higher up the coast than this; and it was our practice, in fine weather, to take advantage of the fifteen minutes' slack to push across the main channel of the Moskoe-ström, far above the pool, and then drop down upon anchorage somewhere near Otterholm, or Sandflesen, where the eddies are not so violent as elsewhere. Here we used to remain until nearly time for slack-water again, when we weighed and made for home. We never set out upon this expedition without a steady side wind for going and coming—one that we felt sure would not fail us before our return—and we seldom made a mis-calculation upon this point. Twice, during six years, we were forced to stay all night at anchor on account of a dead calm, which is a rare thing indeed just about here; and once we had to remain on the grounds nearly a week, starving to death, owing to a gale which blew up shortly after our arrival, and made the channel too boisterous to be thought of. Upon this occasion we should have been driven out to sea in spite of everything, (for the whirlpools threw us round and round so violently, that, at length, we fouled our anchor and dragged it) if it had not been that we drifted into one of the innumerable cross currents—here to-day and gone to-morrow—which drove us under the lee of Flimen, where, by good luck, we brought up.

"I could not tell you the twentieth part of the difficulties we encountered 'on the grounds'—it is a bad spot to be in, even in good weather—but we made shift always to run the gauntlet of the Moskoe-ström itself without accident; although at times my heart has been in my mouth when we happened to be a minute or so behind or before the slack. The wind sometimes was not as strong as we thought it at

grande abondance ; si bien que nous prenions souvent en un seul jour ce que les timides dans le métier n'auraient pas pu attraper tous ensemble en une semaine. En somme, nous faisions de cela une espèce de spéculation désespérée, — le risque de la vie remplaçait le travail, et le courage tenait lieu de capital.

"Nous abritions notre semaque dans une anse à cinq milles sur la côte au-dessus de celle-ci ; et c'était notre habitude, par le beau temps, de profiter du répit de quinze minutes pour nous lancer à travers le canal principal du Moskoe-Strom, bien au-dessus du trou, et d'aller jeter l'ancre quelque part dans la proximité d'Otterholm ou de Sandflesen, où les remous ne sont pas aussi violents qu'ailleurs. Là, nous attendions ordinairement, pour lever l'ancre et retourner chez nous, à peu près jusqu'à l'heure de l'apaisement des eaux. Nous ne nous aventurions jamais dans cette expédition sans un bon vent largue pour aller et revenir, — un vent dont nous pouvions être sûrs pour notre retour, — et nous nous sommes rarement trompés sur ce point. Deux fois, en six ans, nous avons été forcés de passer la nuit à l'ancre par suite d'un calme plat, ce qui est un cas bien rare dans ces parages ; et, une autre fois, nous sommes restés à terre près d'une semaine, affamés jusqu'à la mort, grâce à un coup de vent qui se mit à souffler peu de temps après notre arrivée et rendit le canal trop orageux pour songer à le traverser. Dans cette occasion, nous aurions été entraînés au large en dépit de tout (car les tourbillons nous ballottaient çà et là avec une telle violence, qu'à la fin nous avions chassé sur notre ancre faussée), si nous n'avions dérivé dans un de ces innombrables courants qui se forment, ici aujourd'hui, et demain ailleurs, et qui nous conduisit sous le vent de Flimen, où, par bonheur, nous pûmes mouiller.

"Je ne vous dirai pas la vingtième partie des dangers que nous essuyâmes dans les pêcheries, — c'est un mauvais parage, même par le beau temps, — mais nous trouvions toujours moyen de défier le Moskoe-Strom sans accident ; parfois pourtant le cœur me montait aux lèvres quand nous étions d'une minute en avance ou en retard sur l'accalmie. Quelquefois, le vent n'était pas aussi vif que nous

starting, and then we made rather less way than we could wish, while the current rendered the smack unmanageable. My eldest brother had a son eighteen years old, and I had two stout boys of my own. These would have been of great assistance at such times, in using the sweeps, as well as afterward in fishing—but, somehow, although we ran the risk ourselves, we had not the heart to let the young ones get into the danger—for, after all is said and done, it was a horrible danger, and that is the truth.

"It is now within a few days of three years since what I am going to tell you occurred. It was on the tenth day of July, 18—, a day which the people of this part of the world will never forget—for it was one in which blew the most terrible hurricane that ever came out of the heavens. And yet all the morning, and indeed until late in the afternoon, there was a gentle and steady breeze from the south-west, while the sun shone brightly, so that the oldest seaman among us could not have foreseen what was to follow.

"The three of us—my two brothers and myself—had crossed over to the islands about two o'clock P. M., and had soon nearly loaded the smack with fine fish, which, we all remarked, were more plenty that day than we had ever known them. It was just seven, by my watch, when we weighed and started for home, so as to make the worst of the Ström at slack water, which we knew would be at eight.

"We set out with a fresh wind on our starboard quarter, and for some time spanked along at a great rate, never dreaming of danger, for indeed we saw not the slightest reason to apprehend it. All at once we were taken aback by a breeze from over Helseggen. This was most unusual—something that had never happened to us before—and I began to feel a little uneasy, without exactly knowing why. We put the boat on the wind, but could make no headway at all for the eddies,

l'espérions en mettant à la voile, et alors nous allions moins vite que nous ne l'aurions voulu, pendant que le courant rendait le semaque plus difficile à gouverner. Mon frère aîné avait un fils âgé de dix-huit ans, et j'avais pour mon compte deux grands garçons. Ils nous eussent été d'un grand secours dans de pareils cas, soit qu'ils eussent pris les avirons, soit qu'ils eussent pêché à l'arrière ; — mais, vraiment, bien que nous consentissions à risquer notre vie, nous n'avions pas le cœur de laisser ces jeunesses affronter le danger ; — car, tout bien considéré, c'était un horrible danger, c'est la pure vérité.

"Il y a maintenant trois ans moins quelques jours qu'arriva ce que je vais vous raconter. C'était le 10 juillet 18…, un jour que les gens de ce pays n'oublieront jamais, — car ce fut un jour où souffla la plus horrible tempête qui soit jamais tombée de la calotte des cieux. Cependant, toute la matinée et même fort avant dans l'après-midi, nous avions eu une jolie brise bien faite du sud-ouest, le soleil était superbe, si bien que le plus vieux loup de mer n'aurait pas pu prévoir ce qui allait arriver.

"Nous étions passés tous les trois, mes deux frères et moi, à travers les îles à deux heures de l'après-midi environ, et nous eûmes bientôt chargé le semaque de fort beau poisson, qui — nous l'avions remarqué tous trois — était plus abondant ce jour-là que nous ne l'avions jamais vu. Il était juste sept heures *à ma montre* quand nous levâmes l'ancre pour retourner chez nous, de manière à faire le plus dangereux du Strom dans l'intervalle des eaux tranquilles, que nous savions avoir lieu à huit heures.

"Nous partîmes avec une bonne brise à tribord, et, pendant quelque temps, nous filâmes très-rondement, sans songer le moins du monde au danger ; car, en réalité, nous ne voyions pas la moindre cause d'appréhension. Tout à coup nous fûmes masqués par une saute de vent qui venait de Helseggen. Cela était tout à fait extraordinaire, — c'était une chose qui ne nous était jamais arrivée, — et je commençais à être un peu inquiet, sans savoir exactement pourquoi. Nous fîmes arriver au vent, mais nous ne pûmes jamais fendre les

and I was upon the point of proposing to return to the anchorage, when, looking astern, we saw the whole horizon covered with a singular copper-colored cloud that rose with the most amazing velocity.

"In the meantime the breeze that had headed us off fell away, and we were dead becalmed, drifting about in every direction. This state of things, however, did not last long enough to give us time to think about it. In less than a minute the storm was upon us—in less than two the sky was entirely overcast—and what with this and the driving spray, it became suddenly so dark that we could not see each other in the smack.

"Such a hurricane as then blew it is folly to attempt describing. The oldest seaman in Norway never experienced any thing like it. We had let our sails go by the run before it cleverly took us; but, at the first puff, both our masts went by the board as if they had been sawed off—the mainmast taking with it my youngest brother, who had lashed himself to it for safety.

"Our boat was the lightest feather of a thing that ever sat upon water. It had a complete flush deck, with only a small hatch near the bow, and this hatch it had always been our custom to batten down when about to cross the Ström, by way of precaution against the chopping seas. But for this circumstance we should have foundered at once—for we lay entirely buried for some moments. How my elder brother escaped destruction I cannot say, for I never had an opportunity of ascertaining. For my part, as soon as I had let the foresail run, I threw myself flat on deck, with my feet against the narrow gunwale of the bow, and with my hands grasping a ring-bolt near the foot of the fore-mast. It was mere instinct that prompted me to do this—which was undoubtedly the very best thing I could have done—for I was too much flurried to think.

remous, et j'étais sur le point de proposer de retourner au mouillage, quand, regardant à l'arrière, nous vîmes tout l'horizon enveloppé d'un nuage singulier, couleur de cuivre, qui montait avec la plus étonnante vélocité.

"En même temps, la brise qui nous avait pris en tête tomba, et, surpris alors par un calme plat, nous dérivâmes à la merci de tous les courants. Mais cet état de choses ne dura pas assez longtemps pour nous donner le temps d'y réfléchir. En moins d'une minute, la tempête était sur nous, — une minute après, le ciel était entièrement chargé, — et il devint soudainement si noir, qu'avec les embruns qui nous sautaient aux yeux nous ne pouvions plus nous voir l'un l'autre à bord.

"Vouloir décrire un pareil coup de vent, ce serait folie. Le plus vieux marin de Norvège n'en a jamais essuyé de pareil. Nous avions amené toute la toile avant que le coup de vent nous surprît ; mais, dès la première rafale, nos deux mâts vinrent par-dessus bord, comme s'ils avaient été sciés par le pied, — le grand mât emportant avec lui mon plus jeune frère qui s'y était accroché par prudence.

"Notre bateau était bien le plus léger joujou qui eût jamais glissé sur la mer. Il avait un pont effleuré avec une seule petite écoutille à l'avant, et nous avions toujours eu pour habitude de la fermer solidement en traversant le Strom, bonne précaution dans une mer clapoteuse. Mais, dans cette circonstance présente, nous aurions sombré du premier coup, — car, pendant quelques instants, nous fûmes littéralement ensevelis sous l'eau. Comment mon frère aîné échappa-t-il à la mort ? je ne puis le dire, je n'ai jamais pu me l'expliquer. Pour ma part, à peine avais-je lâché la misaine, que je m'étais jeté sur le pont à plat ventre, les pieds contre l'étroit plat-bord de l'avant, et les mains accrochées à un boulon, auprès du pied du mât de misaine. Le pur instinct m'avait fait agir ainsi, — c'était indubitablement ce que j'avais de mieux à faire, — car j'étais trop ahuri pour penser.

"For some moments we were completely deluged, as I say, and all this time I held my breath, and clung to the bolt. When I could stand it no longer I raised myself upon my knees, still keeping hold with my hands, and thus got my head clear. Presently our little boat gave herself a shake, just as a dog does in coming out of the water, and thus rid herself, in some measure, of the seas. I was now trying to get the better of the stupor that had come over me, and to collect my senses so as to see what was to be done, when I felt somebody grasp my arm. It was my elder brother, and my heart leaped for joy, for I had made sure that he was overboard—but the next moment all this joy was turned into horror—for he put his mouth close to my ear, and screamed out the word 'Moskoe-ström!'

"No one ever will know what my feelings were at that moment. I shook from head to foot as if I had had the most violent fit of the ague. I knew what he meant by that one word well enough—I knew what he wished to make me understand. With the wind that now drove us on, we were bound for the whirl of the Ström, and nothing could save us!

"You perceive that in crossing the Ström channel, we always went a long way up above the whirl, even in the calmest weather, and then had to wait and watch carefully for the slack—but now we were driving right upon the pool itself, and in such a hurricane as this! 'To be sure,' I thought, 'we shall get there just about the slack—there is some little hope in that'—but in the next moment I cursed myself for being so great a fool as to dream of hope at all. I knew very well that we were doomed, had we been ten times a ninety-gun ship.

"By this time the first fury of the tempest had spent itself, or perhaps we did not feel it so much, as we scudded before it, but at all events the seas, which at first had been kept down by the wind, and lay flat

"Pendant quelques minutes, nous fûmes complètement inondés, comme je vous le disais, et, pendant tout ce temps, je retins ma respiration et me cramponnai à l'anneau. Quand je sentis que je ne pouvais pas rester ainsi plus longtemps sans être suffoqué, je me dressai sur mes genoux, tenant toujours bon avec mes mains, et je dégageai ma tête. Alors, notre petit bateau donna de lui-même une secousse, juste comme un chien qui sort de l'eau, et se leva en partie au-dessus de la mer. Je m'efforçais alors de secouer de mon mieux la stupeur qui m'avait envahi et de recouvrer suffisamment mes esprits pour voir ce qu'il y avait à faire, quand je sentis quelqu'un qui me saisissait le bras. C'était mon frère aîné, et mon cœur en sauta de joie, car je le croyais parti par-dessus bord ; — mais, un moment après, toute cette joie se changea en horreur, quand, appliquant sa bouche à mon oreille, il vociféra ce simple mot : *Le Moskoe-Strom !*

"Personne ne saura jamais ce que furent en ce moment mes pensées. Je frissonnai de la tête aux pieds, comme pris du plus violent accès de fièvre. Je comprenais suffisamment ce qu'il entendait par ce seul mot, — je savais bien ce qu'il voulait me faire entendre ! Avec le vent qui nous poussait maintenant, nous étions destinés au tourbillon du Strom, et rien ne pouvait nous sauver !

"Vous avez bien compris qu'en traversant le canal de Strom, nous faisions toujours notre route bien au-dessus du tourbillon, même par le temps le plus calme, et encore avions-nous bien soin d'attendre et d'épier le répit de la marée ; mais, maintenant, nous courions droit sur le gouffre lui-même, et avec une pareille tempête ! « À coup sûr, pensai-je, nous y serons juste au moment de l'accalmie, il y a là encore un petit espoir. » Mais, une minute après, je me maudissais d'avoir été assez fou pour rêver d'une espérance quelconque. Je voyais parfaitement que nous étions condamnés, eussions-nous été un vaisseau de je ne sais combien de canons !

"En ce moment, la première fureur de la tempête était passée, ou peut-être ne la sentions-nous pas autant parce que nous fuyions devant ; mais, en tout cas, la mer, que le vent avait d'abord maîtrisée,

and frothing, now got up into absolute mountains. A singular change, too, had come over the heavens. Around in every direction it was still as black as pitch, but nearly overhead there burst out, all at once, a circular rift of clear sky—as clear as I ever saw—and of a deep bright blue—and through it there blazed forth the full moon with a lustre that I never before knew her to wear. She lit up every thing about us with the greatest distinctness—but, oh God, what a scene it was to light up!

"I now made one or two attempts to speak to my brother—but, in some manner which I could not understand, the din had so increased that I could not make him hear a single word, although I screamed at the top of my voice in his ear. Presently he shook his head, looking as pale as death, and held up one of his finger, as if to say 'listen!'

"At first I could not make out what he meant—but soon a hideous thought flashed upon me. I dragged my watch from its fob. It was not going. I glanced at its face by the moonlight, and then burst into tears as I flung it far away into the ocean. It had run down at seven o'clock! We were behind the time of the slack, and the whirl of the Ström was in full fury!

"When a boat is well built, properly trimmed, and not deep laden, the waves in a strong gale, when she is going large, seem always to slip from beneath her—which appears very strange to a landsman—and this is what is called riding, *in sea phrase. Well, so far we had ridden the swells very cleverly; but presently a gigantic sea happened to take us right under the counter, and bore us with it as it rose—up—up—as if into the sky. I would not have believed that any wave could rise so high. And then down we came with a sweep, a slide, and a plunge, that made me feel sick and dizzy, as if I was falling from some lofty mountain-top in a dream. But while we were up I had thrown a quick*

plane et écumeuse, se dressait maintenant en véritables montagnes. Un changement singulier avait eu lieu aussi dans le ciel. Autour de nous, dans toutes les directions, il était toujours noir comme de la poix, mais presque au-dessus de nous il s'était fait une ouverture circulaire, — un ciel clair, — clair comme je ne l'ai jamais vu, — d'un bleu brillant et foncé, — et à travers ce trou resplendissait la pleine lune avec un éclat que je ne lui avais jamais connu. Elle éclairait toutes choses autour de nous avec la plus grande netteté, — mais, grand Dieu ! quelle scène à éclairer !

"Je fis un ou deux efforts pour parler à mon frère ; mais le vacarme, sans que je pusse m'expliquer comment, était accru à un tel point, que je ne pus lui faire entendre un seul mot, bien que je criasse dans son oreille de toute la force de mes poumons. Tout à coup il secoua la tête, devint pâle comme la mort, et leva un de ses doigts comme pour me dire : *Écoute !*

"D'abord, je ne compris pas ce qu'il voulait dire, — mais bientôt une épouvantable pensée se fit jour en moi. Je tirai ma montre de mon gousset. Elle ne marchait pas. Je regardai le cadran au clair de la lune, et je fondis en larmes en la jetant au loin dans l'Océan. *Elle s'était arrêtée à sept heures ! Nous avions laissé passer le répit de la marée, et le tourbillon du Strom était dans sa pleine furie !*

"Quand un navire est bien construit, proprement équipé et pas trop chargé, les lames, par une grande brise, et quand il est au large, semblent toujours s'échapper de dessous sa quille, — ce qui paraît très-étrange à un homme de terre, — et ce qu'on appelle, en langage de bord, chevaucher (*riding*). Cela allait bien, tant que nous grimpions lestement sur la houle ; mais, actuellement, une mer gigantesque venait nous prendre par notre arrière et nous enlevait avec elle, — haut, haut, — comme pour nous pousser jusqu'au ciel. Je n'aurais jamais cru qu'une lame pût monter si haut. Puis nous descendions en faisant une courbe, une glissade, un plongeon, qui me donnait la nausée et le vertige, comme si je tombais en rêve du haut d'une immense montagne. Mais, du haut de la lame, j'avais jeté un

glance around—and that one glance was all sufficient. I saw our exact position in an instant. The Moskoe-Ström whirlpool was about a quarter of a mile dead ahead—but no more like the every-day Moskoe-Ström, than the whirl as you now see it is like a mill-race. If I had not known where we were, and what we had to expect, I should not have recognised the place at all. As it was, I involuntarily closed my eyes in horror. The lids clenched themselves together as if in a spasm.

"It could not have been more than two minutes afterward until we suddenly felt the waves subside, and were enveloped in foam. The boat made a sharp half turn to larboard, and then shot off in its new direction like a thunderbolt. At the same moment the roaring noise of the water was completely drowned in a kind of shrill shriek—such a sound as you might imagine given out by the waste-pipes of many thousand steam-vessels, letting off their steam all together. We were now in the belt of surf that always surrounds the whirl; and I thought, of course, that another moment would plunge us into the abyss—down which we could only see indistinctly on account of the amazing velocity with which we wore borne along. The boat did not seem to sink into the water at all, but to skim like an air-bubble upon the surface of the surge. Her starboard side was next the whirl, and on the larboard arose the world of ocean we had left. It stood like a huge writhing wall between us and the horizon.

"It may appear strange, but now, when we were in the very jaws of the gulf, I felt more composed than when we were only approaching it. Having made up my mind to hope no more, I got rid of a great deal of that terror which unmanned me at first. I suppose it was despair that strung my nerves.

"It may look like boasting—but what I tell you is truth—I began to reflect how magnificent a thing it was to die in such a manner, and

rapide coup d'œil autour de moi, — et ce seul coup d'œil avait suffi. Je vis exactement notre position en une seconde. Le tourbillon de Moskoe-Strom était à un quart de mille environ, droit devant nous, mais il ressemblait aussi peu au Moskoe-Strom de tous les jours que ce tourbillon que vous voyez maintenant ressemble à un remous de moulin. Si je n'avais pas su où nous étions et ce que nous avions à attendre, je n'aurais pas reconnu l'endroit. Tel que je le vis, je fermai involontairement les yeux d'horreur ; mes paupières se collèrent comme dans un spasme.

"Moins de deux minutes après, nous sentîmes tout à coup la vague s'apaiser, et nous fûmes enveloppés d'écume. Le bateau fit un brusque demi-tour par bâbord, et partit dans cette nouvelle direction comme la foudre. Au même instant, le rugissement de l'eau se perdit dans une espèce de clameur aiguë, — un son tel que vous pouvez le concevoir en imaginant les soupapes de plusieurs milliers de steamers lâchant à la fois leur vapeur. Nous étions alors dans la ceinture moutonneuse qui cercle toujours le tourbillon ; et je croyais naturellement qu'en une seconde nous allions plonger dans le gouffre, au fond duquel nous ne pouvions pas voir distinctement, en raison de la prodigieuse vélocité avec laquelle nous y étions entraînés. Le bateau ne semblait pas plonger dans l'eau, mais la raser, comme une bulle d'air qui voltige sur la surface de la lame. Nous avions le tourbillon à tribord, et à bâbord se dressait le vaste Océan que nous venions de quitter. Il s'élevait comme un mur gigantesque se tordant entre nous et l'horizon.

"Cela peut paraître étrange ; mais alors, quand nous fûmes dans la gueule même de l'abîme, je me sentis plus de sang-froid que quand nous en approchions. Ayant fait mon deuil de toute espérance, je fus délivré d'une grande partie de cette terreur qui m'avait d'abord écrasé. Je suppose que c'était le désespoir qui raidissait mes nerfs.

"Vous prendrez peut-être cela pour une fanfaronnade, mais ce que je vous dis est la vérité : je commençai à songer quelle magnifique chose c'était de mourir d'une pareille manière, et combien il était sot

how foolish it was in me to think of so paltry a consideration as my own individual life, in view of so wonderful a manifestation of God's power. I do believe that I blushed with shame when this idea crossed my mind. After a little while I became possessed with the keenest curiosity about the whirl itself. I positively felt a wish to explore its depths, even at the sacrifice I was going to make; and my principal grief was that I should never be able to tell my old companions on shore about the mysteries I should see. These, no doubt, were singular fancies to occupy a man's mind in such extremity—and I have often thought since, that the revolutions of the boat around the pool might have rendered me a little light-headed.

"There was another circumstance which tended to restore my self-possession; and this was the cessation of the wind, which could not reach us in our present situation—for, as you saw yourself, the belt of surf is considerably lower than the general bed of the ocean, and this latter now towered above us, a high, black, mountainous ridge. If you have never been at sea in a heavy gale, you can form no idea of the confusion of mind occasioned by the wind and spray together. They blind, deafen, and strangle you, and take away all power of action or reflection. But we were now, in a great measure, rid of these annoyances—just us death-condemned felons in prison are allowed petty indulgences, forbidden them while their doom is yet uncertain.

"How often we made the circuit of the belt it is impossible to say. We careered round and round for perhaps an hour, flying rather than floating, getting gradually more and more into the middle of the surge, and then nearer and nearer to its horrible inner edge. All this time I had never let go of the ring-bolt. My brother was at the stern, holding on to a small empty water-cask which had been securely lashed under the coop of the counter, and was the only thing on deck

à moi de m'occuper d'un aussi vulgaire intérêt que ma conservation individuelle, en face d'une si prodigieuse manifestation de la puissance de Dieu. Je crois que je rougis de honte quand cette idée traversa mon esprit. Peu d'instants après, je fus possédé de la plus ardente curiosité relativement au tourbillon lui-même. Je sentis positivement le *désir* d'explorer ses profondeurs, même au prix du sacrifice que j'allais faire ; mon principal chagrin était de penser que je ne pourrais jamais raconter à mes vieux camarades les mystères que j'allais connaître. C'étaient là, sans doute, de singulières pensées pour occuper l'esprit d'un homme dans une pareille extrémité, — et j'ai souvent eu l'idée depuis lors que les évolutions du bateau autour du gouffre m'avaient un peu étourdi la tête.

"Il y eut une autre circonstance qui contribua à me rendre maître de moi-même ; ce fut la complète cessation du vent, qui ne pouvait plus nous atteindre dans notre situation actuelle : — car, comme vous pouvez en juger par vous-même, la ceinture d'écume est considérablement au-dessous du niveau général de l'Océan, et ce dernier nous dominait maintenant comme la crête d'une haute et noire montagne. Si vous ne vous êtes jamais trouvé en mer par une grosse tempête, vous ne pouvez vous faire une idée du trouble d'esprit occasionné par l'action simultanée du vent et des embruns. Cela vous aveugle, vous étourdit, vous étrangle et vous ôte toute faculté d'action ou de réflexion. Mais nous étions maintenant grandement soulagés de tous ces embarras, — comme ces misérables condamnés à mort, à qui on accorde dans leur prison quelques petites faveurs qu'on leur refusait tant que l'arrêt n'était pas prononcé.

"Combien de fois fîmes-nous le tour de cette ceinture, il m'est impossible de le dire. Nous courûmes tout autour, pendant une heure à peu près ; nous volions plutôt que nous ne flottions, et nous nous rapprochions toujours de plus en plus du centre du tourbillon, et toujours plus près, toujours plus près de son épouvantable arête intérieure. Pendant tout ce temps, je n'avais pas lâché le boulon. Mon frère était à l'arrière, se tenant à une petite barrique vide, solidement attachée sous l'échauguette, derrière l'habitacle ; c'était le seul objet

that had not been swept overboard when the gale first took us. As we approached the brink of the pit he let go his hold upon this, and made for the ring, from which, in the agony of his terror, he endeavored to force my hands, as it was not large enough to afford us both a secure grasp. I never felt deeper grief than when I saw him attempt this act—although I knew he was a madman when he did it—a raving maniac through sheer fright. I did not care, however, to contest the point with him. I knew it could make no difference whether either of us held on at all; so I let him have the bolt, and went astern to the cask. This there was no great difficulty in doing; for the smack flew round steadily enough, and upon an even keel—only swaying to and fro, with the immense sweeps and swelters of the whirl. Scarcely had I secured myself in my new position, when we gave a wild lurch to starboard, and rushed headlong into the abyss. I muttered a hurried prayer to God, and thought all was over.

"As I felt the sickening sweep of the descent, I had instinctively tightened my hold upon the barrel, and closed my eyes. For some seconds I dared not open them—while I expected instant destruction, and wondered that I was not already in my death-struggles with the water. But moment after moment elapsed. I still lived. The sense of falling had ceased; and the motion of the vessel seemed much as it had been before, while in the belt of foam, with the exception that she now lay more along. I took courage, and looked once again upon the scene.

"Never shall I forget the sensations of awe, horror, and admiration with which I gazed about me. The boat appeared to be hanging, as if by magic, midway down, upon the interior surface of a funnel vast in circumference, prodigious in depth, and whose perfectly smooth sides might have been mistaken for ebony, but for the bewildering rapidity

du bord qui n'eût pas été balayé quand le coup de temps nous avait surpris. Comme nous approchions de la margelle de ce puits mouvant, il lâcha le baril et tâcha de saisir l'anneau, que, dans l'agonie de sa terreur, il s'efforçait d'arracher de mes mains, et qui n'était pas assez large pour nous donner sûrement prise à tous deux. Je n'ai jamais éprouvé de douleur plus profonde que quand je le vis tenter une pareille action, — quoique je visse bien qu'alors il était insensé et que la pure frayeur en avait fait un fou furieux. Néanmoins, je ne cherchai pas à lui disputer la place. Je savais bien qu'il importait fort peu à qui appartiendrait l'anneau ; je lui laissai le boulon, et m'en allai au baril de l'arrière. Il n'y avait pas grande difficulté à opérer cette manœuvre ; car le semaque filait en rond avec assez d'aplomb et assez droit sur sa quille, poussé quelquefois çà et là par les immenses houles et les bouillonnements du tourbillon. À peine m'étais-je arrangé dans ma nouvelle position, que nous donnâmes une violente embardée à tribord, et que nous piquâmes la tête la première dans l'abîme. Je murmurai une rapide prière à Dieu, et je pensai que tout était fini.

"Comme je subissais l'effet douloureusement nauséabond de la descente, je m'étais instinctivement cramponné au baril avec plus d'énergie, et j'avais fermé les yeux. Pendant quelque secondes, je n'osai pas les ouvrir, — m'attendant à une destruction instantanée et m'étonnant de ne pas déjà en être aux angoisses suprêmes de l'immersion. Mais les secondes s'écoulaient ; je vivais encore. La sensation de chute avait cessé, et le mouvement du navire ressemblait beaucoup à ce qu'il était déjà, quand nous étions pris dans la ceinture d'écume, à l'exception que maintenant nous donnions davantage de la bande. Je repris courage et regardai une fois encore le tableau.

"Jamais je n'oublierai les sensations d'effroi, d'horreur et d'admiration que j'éprouvai en jetant les yeux autour de moi. Le bateau semblait suspendu comme par magie, à mi-chemin de sa chute, sur la surface intérieure d'un entonnoir d'une vaste circonférence, d'une profondeur prodigieuse, et dont les parois, admirablement polies, auraient pu être prises pour de l'ébène, sans

with which they spun around, and for the gleaming and ghastly radiance they shot forth, as the rays of the full moon, from that circular rift amid the clouds which I have already described, streamed in a flood of golden glory along the black walls, and far away down into the inmost recesses of the abyss.

"At first I was too much confused to observe anything accurately. The general burst of terrific grandeur was all that I beheld. When I recovered myself a little, however, my gaze fell instinctively downward. In this direction I was able to obtain an unobstructed view, from the manner in which the smack hung on the inclined surface of the pool. She was quite upon an even keel—that is to say, her deck lay in a plane parallel with that of the water—but this latter sloped at an angle of more than forty-five degrees, so that we seemed to be lying upon our beam-ends. I could not help observing, nevertheless, that I had scarcely more difficulty in maintaining my hold and footing in this situation, than if we had been upon a dead level; and this, I suppose, was owing to the speed at which we revolved.

"The rays of the moon seemed to search the very bottom of the profound gulf; but still I could make out nothing distinctly, on account of a thick mist in which everything there was enveloped, and over which there hung a magnificent rainbow, like that narrow and tottering bridge which Mussulmen say is the only pathway between Time and Eternity. This mist, or spray, was no doubt occasioned by the clashing of the great walls of the funnel, as they all met together at the bottom—but the yell that went up to the Heavens from out of that mist, I dare not attempt to describe.

"Our first slide into the abyss itself, from the belt of foam above, had carried us a great distance down the slope; but our farther descent was by no means proportionate. Round and round we swept—not with any uniform movement—but in dizzying swings and jerks, that sent us

l'éblouissante vélocité avec laquelle elles pirouettaient et l'étincelante et horrible clarté qu'elles répercutaient sous les rayons de la pleine lune, qui, de ce trou circulaire que j'ai déjà décrit, ruisselaient en un fleuve d'or et de splendeur le long des murs noirs et pénétraient jusque dans les plus intimes profondeurs de l'abîme.

"D'abord, j'étais trop troublé pour observer n'importe quoi avec quelque exactitude. L'explosion générale de cette magnificence terrifique était tout ce que je pouvais voir. Néanmoins, quand je revins un peu à moi, mon regard se dirigea instinctivement vers le fond. Dans cette direction, je pouvais plonger ma vue sans obstacle à cause de la situation de notre semaque qui était suspendu sur la surface inclinée du gouffre ; il courait toujours sur sa quille, c'est-à-dire que son pont formait un plan parallèle à celui de l'eau, qui faisait comme un talus incliné à plus de 45 degrés, de sorte que nous avions l'air de nous soutenir sur notre côté. Je ne pouvais m'empêcher de remarquer, toutefois, que je n'avais guère plus de peine à me retenir des mains et des pieds, dans cette situation, que si nous avions été sur un plan horizontal ; et cela tenait, je suppose, à la vélocité avec laquelle nous tournions.

"Les rayons de la lune semblaient chercher le fin fond de l'immense gouffre ; cependant, je ne pouvais rien distinguer nettement, à cause d'un épais brouillard qui enveloppait toutes choses, et sur lequel planait un magnifique arc-en-ciel, semblable à ce pont étroit et vacillant que les musulmans affirment être le seul passage entre le Temps et l'Éternité. Ce brouillard ou cette écume était sans doute occasionné par le conflit des grands murs de l'entonnoir, quand ils se rencontraient et se brisaient au fond ; — quant au hurlement qui montait de ce brouillard vers le ciel, je n'essayerai pas de le décrire.

"Notre première glissade dans l'abîme, à partir de la ceinture d'écume, nous avait portés à une grande distance sur la pente ; mais postérieurement notre descente ne s'effectua pas aussi rapidement, à beaucoup près. Nous filions toujours, toujours circulairement, non plus avec un mouvement uniforme, mais avec des élans qui parfois ne

sometimes only a few hundred yards—sometimes nearly the complete circuit of the whirl. Our progress downward, at each revolution, was slow, but very perceptible.

"Looking about me upon the wide waste of liquid ebony on which we were thus borne, I perceived that our boat was not the only object in the embrace of the whirl. Both above and below us were visible fragments of vessels, large masses of building timber and trunks of trees, with many smaller articles, such as pieces of house furniture, broken boxes, barrels and staves. I have already described the unnatural curiosity which had taken the place of my original terrors. It appeared to grow upon me as I drew nearer and nearer to my dreadful doom. I now began to watch, with a strange interest, the numerous things that floated in our company. I must have been delirious—for I even sought amusement in speculating upon the relative velocities of their several descents toward the foam below. 'This fir tree,' I found myself at one time saying, 'will certainly be the next thing that takes the awful plunge and disappears,'—and then I was disappointed to find that the wreck of a Dutch merchant ship overtook it and went down before. At length, after making several guesses of this nature, and being deceived in all—this fact—the fact of my invariable miscalculation—set me upon a train of reflection that made my limbs again tremble, and my heart beat heavily once more.

"It was not a new terror that thus affected me, but the dawn of a more exciting hope. *This hope arose partly from memory, and partly from present observation. I called to mind the great variety of buoyant matter that strewed the coast of Lofoden, having been absorbed and then thrown forth by the Moskoe-ström. By far the greater number of the articles were shattered in the most extraordinary way—so chafed and roughened as to have the appearance of being stuck full of splinters—but then I distinctly recollected that there were some of*

nous projetaient qu'à une centaine de yards, et d'autres fois nous faisaient accomplir une évolution complète autour du tourbillon. À chaque tour, nous nous rapprochions du gouffre, lentement, il est vrai, mais d'une manière très-sensible.

"Je regardai au large sur le vaste désert d'ébène qui nous portait, et je m'aperçus que notre barque n'était pas le seul objet qui fût tombé dans l'étreinte du tourbillon. Au-dessus et au-dessous de nous, on voyait des débris de navires, de gros morceaux de charpente, des troncs d'arbres, ainsi que bon nombre d'articles plus petits, tels que des pièces de mobilier, des malles brisées, des barils et des douves. J'ai déjà décrit la curiosité surnaturelle qui s'était substituée à mes primitives terreurs. Il me sembla qu'elle augmentait à mesure que je me rapprochais de mon épouvantable destinée. Je commençai alors à épier avec un étrange intérêt les nombreux objets qui flottaient en notre compagnie. Il *fallait* que j'eusse le délire, — car je trouvais même une sorte d'*amusement* à calculer les vitesses relatives de leur descente vers le tourbillon d'écume. — Ce sapin, me surpris-je une fois à dire, sera certainement la première chose qui fera le terrible plongeon et qui disparaîtra ; — et je fus fort désappointé de voir qu'un bâtiment de commerce hollandais avait pris les devants et s'était engouffré le premier. À la longue, après avoir fait quelques conjectures de cette nature, et m'être toujours trompé, — ce fait, — le fait de mon invariable mécompte, — me jeta dans un ordre de réflexions qui firent de nouveau trembler mes membres et battre mon cœur encore plus lourdement.

"Ce n'était pas une nouvelle terreur qui m'affectait ainsi, mais l'aube d'une espérance bien plus émouvante. Cette espérance surgissait en partie de la mémoire, en partie de l'observation présente. Je me rappelai l'immense variété d'épaves qui jonchaient la côte de Lofoden, et qui avaient toutes été absorbées et revomies par le Moskoe-Strom. Ces articles, pour la plus grande partie, étaient déchirés de la manière la plus extraordinaire, — éraillés, écorchés, au point qu'ils avaient l'air d'être tout garnis de pointes et d'esquilles. — Mais je me rappelais distinctement alors qu'il y en avait quelques-

them which were not disfigured at all. Now I could not account for this difference except by supposing that the roughened fragments were the only ones which had been completely absorbed—that the others had entered the whirl at so late a period of the tide, or, for some reason, had descended so slowly after entering, that they did not reach the bottom before the turn of the flood came, or of the ebb, as the case might be. I conceived it possible, in either instance, that they might thus be whirled up again to the level of the ocean, without undergoing the fate of those which had been drawn in more early, or absorbed more rapidly. I made, also, three important observations. The first was, that, as a general rule, the larger the bodies were, the more rapid their descent—the second, that, between two masses of equal extent, the one spherical, and the other of any other shape, the superiority in speed of descent was with the sphere—the third, that, between two masses of equal size, the one cylindrical, and the other of any other shape, the cylinder was absorbed the more slowly. Since my escape, I have had several conversations on this subject with an old school-master of the district; and it was from him that I learned the use of the words 'cylinder' and 'sphere.' He explained to me—although I have forgotten the explanation—how what I observed was, in fact, the natural consequence of the forms of the floating fragments—and showed me how it happened that a cylinder, swimming in a vortex, offered more resistance to its suction, and was drawn in with greater difficulty than an equally bulky body, of any form whatever.[1]

"There was one startling circumstance which went a great way in enforcing these observations, and rendering me anxious to turn them to account, and this was that, at every revolution, we passed something like a barrel, or else the yard or the mast of a vessel, while many of these things, which had been on our level when I first opened my eyes upon the wonders of the whirlpool, were now high up above us, and seemed to have moved but little from their original station.

uns qui n'étaient pas défigurés du tout. Je ne pouvais maintenant me rendre compte de cette différence qu'en supposant que les fragments écorchés fussent les seuls qui eussent été complètement absorbés, — les autres étant entrés dans le tourbillon à une période assez avancée de la marée, ou, après y être entrés, étant, pour une raison ou pour une autre, descendus assez lentement pour ne pas atteindre le fond avant le retour du flux ou du reflux, — suivant le cas. Je concevais qu'il était possible, dans les deux cas, qu'ils eussent remonté, en tourbillonnant de nouveau jusqu'au niveau de l'Océan, sans subir le sort de ceux qui avaient été entraînés de meilleure heure ou absorbés plus rapidement. Je fis aussi trois observations importantes : la première, que, — règle générale, — plus les corps étaient gros, plus leur descente était rapide ; — la seconde, que, deux masses étant données, d'une égale étendue, l'une sphérique et l'autre de *n'importe quelle autre forme*, la supériorité de vitesse dans la descente était pour la sphère ; — la troisième, — que, de deux masses d'un volume égal, l'une cylindrique et l'autre de n'importe quelle autre forme, le cylindre était absorbé le plus lentement. Depuis ma délivrance, j'ai eu à ce sujet quelques conversations avec un vieux maître d'école du district ; et c'est de lui que j'ai appris l'usage des mots cylindre et sphère. Il m'a expliqué — mais j'ai oublié l'explication — que ce que j'avais observé était la conséquence naturelle de la forme des débris flottants, et il m'a démontré comment un cylindre, tournant dans un tourbillon, présentait plus de résistance à sa succion et était attiré avec plus de difficulté qu'un corps d'une autre forme quelconque et d'un volume égal[1].

"Il y avait une circonstance saisissante qui donnait une grande force à ces observations, et me rendait anxieux de les vérifier : c'était qu'à chaque révolution nous passions devant un baril ou devant une vergue ou un mât de navire, et que la plupart de ces objets, nageant à notre niveau quand j'avais ouvert les yeux pour la première fois sur les merveilles du tourbillon, étaient maintenant situés bien au-dessus de nous et semblaient n'avoir guère bougé de leur position première.

"I no longer hesitated what to do. I resolved to lash myself securely to the water cask upon which I now held, to cut it loose from the counter, and to throw myself with it into the water. I attracted my brother's attention by signs, pointed to the floating barrels that came near us, and did everything in my power to make him understand what I was about to do. I thought at length that he comprehended my design—but, whether this was the case or not, he shook his head despairingly, and refused to move from his station by the ring-bolt. It was impossible to reach him; the emergency admitted of no delay; and so, with a bitter struggle, I resigned him to his fate, fastened myself to the cask by means of the lashings which secured it to the counter, and precipitated myself with it into the sea, without another moment's hesitation.

"The result was precisely what I had hoped it might be. As it is myself who now tell you this tale—as you see that I did escape—and as you are already in possession of the mode in which this escape was effected, and must therefore anticipate all that I have farther to say—I will bring my story quickly to conclusion. It might have been an hour, or thereabout, after my quitting the smack, when, having descended to a vast distance beneath me, it made three or four wild gyrations in rapid succession, and, bearing my loved brother with it, plunged headlong, at once and forever, into the chaos of foam below. The barrel to which I was attached sunk very little farther than half the distance between the bottom of the gulf and the spot at which I leaped overboard, before a great change took place in the character of the whirlpool. The slope of the sides of the vast funnel became momently less and less steep. The gyrations of the whirl grew, gradually, less and less violent. By degrees, the froth and the rainbow disappeared, and the bottom of the gulf seemed slowly to uprise. The sky was clear, the winds had gone down, and the full moon was setting radiantly in the west, when I found myself on the surface of the ocean, in full view of the shores of Lofoden, and above the spot where the pool of the Moskoe-ström had been. It was the hour of the slack—but the sea still heaved in mountainous waves from the effects of the hurricane. I was

"Je n'hésitai pas plus longtemps sur ce que j'avais à faire. Je résolus de m'attacher avec confiance à la barrique que je tenais toujours embrassée, de larguer le câble qui la retenait à la cage, et de me jeter avec elle à la mer. Je m'efforçai d'attirer par signes l'attention de mon frère sur les barils flottants auprès desquels nous passions, et je fis tout ce qui était en mon pouvoir pour lui faire comprendre ce que j'allais tenter. Je crus à la longue qu'il avait deviné mon dessein ; — mais, qu'il l'eût ou ne l'eût pas saisi, il secoua la tête avec désespoir et refusa de quitter sa place près du boulon. Il m'était impossible de m'emparer de lui ; la conjoncture ne permettait pas de délai. Ainsi, avec une amère angoisse, je l'abandonnai à sa destinée ; je m'attachai moi-même à la barrique avec le câble qui l'amarrait à l'échauguette, et, sans hésiter un moment de plus, je me précipitai avec dans la mer.

"Le résultat fut précisément ce que j'espérais. Comme c'est moi-même qui vous raconte cette histoire, — comme vous voyez que j'ai échappé, — et comme vous connaissez déjà le mode de salut que j'employai et pouvez dès lors prévoir tout ce que j'aurais de plus à vous dire, — j'abrégerai mon récit et j'irai droit à la conclusion. Il s'était écoulé une heure environ depuis que j'avais quitté le bord du semaque, quand, étant descendu à une vaste distance au-dessous de moi, il fit coup sur coup trois ou quatre tours précipités, et, emportant mon frère bien-aimé, piqua de l'avant décidément et pour toujours, dans le chaos d'écume. Le baril auquel j'étais attaché nageait presque à moitié chemin de la distance qui séparait le fond du gouffre de l'endroit où je m'étais précipité par-dessus bord, quand un grand changement eut lieu dans le caractère du tourbillon. La pente des parois du vaste entonnoir se fit de moins en moins escarpée. Les évolutions du tourbillon devinrent graduellement de moins en moins rapides. Peu à peu l'écume et l'arc-en-ciel disparurent, et le fond du gouffre sembla s'élever lentement. Le ciel était clair, le vent était tombé, et la pleine lune se couchait radieusement à l'ouest, quand je me retrouvai à la surface de l'Océan, juste en vue de la côte de Lofoden, et au-dessus de l'endroit où *était* naguère le tourbillon du Moskoe-Strom. C'était l'heure de l'accalmie, — mais la mer se soulevait toujours en vagues énormes par suite de la tempête. Je fus

borne violently into the channel of the Ström, and in a few minutes was hurried down the coast into the 'grounds' of the fishermen. A boat picked me up—exhausted from fatigue—and (now that the danger was removed) speechless from the memory of its horror. Those who drew me on board were my old mates and daily companions—but they knew me no more than they would have known a traveller from the spirit-land. My hair which had been raven-black the day before, was as white as you see it now. They say too that the whole expression of my countenance had changed. I told them my story—they did not believe it. I now tell it to you—and I can scarcely expect you to put more faith in it than did the merry fishermen of Lofoden."

Note :

1. See Archimedes, "De Incidentibus in Fluido."—lib. 2.

porté violemment dans le canal du Strom et jeté en quelques minutes à la côte, parmi les pêcheries. Un bateau me repêcha, — épuisé de fatigue ; — et, maintenant que le danger avait disparu, le souvenir de ces horreurs m'avait rendu muet. Ceux qui me tirèrent à bord étaient mes vieux camarades de mer et mes compagnons de chaque jour, — mais ils ne me reconnaissaient pas plus qu'ils n'auraient reconnu un voyageur revenu du monde des esprits. Mes cheveux, qui la veille étaient d'un noir de corbeau, étaient aussi blancs que vous les voyez maintenant. Ils dirent aussi que toute l'expression de ma physionomie était changée. Je leur contai mon histoire, — ils ne voulurent pas y croire. — Je vous la raconte, à vous, maintenant, et j'ose à peine espérer que vous y ajouterez plus de foi que les plaisants pêcheurs de Lofoden.

Note :

1. Archimède, *De occidentibus in fluido.* — E. A. P.

The Facts in the Case of M. Valdemar

1845

La Vérité sur le cas de M. Valdemar

*O*f course I shall not pretend to consider it any matter for wonder, that the extraordinary case of M. Valdemar has excited discussion. It would have been a miracle had it not—especially under the circumstances. Through the desire of all parties concerned, to keep the affair from the public, at least for the present, or until we had farther opportunities for investigation—through our endeavors to effect this—a garbled or exaggerated account made its way into society, and became the source of many unpleasant misrepresentations; and, very naturally, of a great deal of disbelief.

It is now rendered necessary that I give the facts—*as far as I comprehend them myself. They are, succinctly, these:*

My attention, for the last three years, had been repeatedly drawn to the subject of Mesmerism; and about nine months ago, it occurred to me, quite suddenly, that in the series of experiments made hitherto, there had been a very remarkable and most unaccountable omission: no person had as yet been mesmerized in articulo mortis. *It remained to be seen, first, whether, in such condition, there existed in the patient any susceptibility to the magnetic influence; secondly, whether, if any existed, it was impaired or increased by the condition; thirdly, to what extent, or for how long a period, the encroachments of Death might be arrested by the process. There were other points to be ascertained, but these most excited my curiosity—the last in especial, from the immensely important character of its consequences.*

In looking around me for some subject by whose means I might test these particulars, I was brought to think of my friend, M. Ernest Valdemar, the well-known compiler of the "Bibliotheca Forensica," and author (under the nom de plume *of Issachar Marz) of the Polish*

Que le cas extraordinaire de M. Valdemar ait excité une discussion, il n'y a certes pas lieu de s'en étonner. C'eût été un miracle qu'il n'en fût pas ainsi, — particulièrement dans de telles circonstances. Le désir de toutes les parties intéressées à tenir l'affaire secrète, au moins pour le présent ou en attendant l'opportunité d'une nouvelle investigation, et nos efforts pour y réussir ont laissé place à un récit tronqué ou exagéré qui s'est propagé dans le public, et qui, présentant l'affaire sous les couleurs les plus désagréablement fausses, est naturellement devenu la source d'un grand discrédit.

Il est maintenant devenu nécessaire que je donne *les faits*, autant du moins que je les comprends moi-même. Succinctement les voici :

Mon attention, dans ces trois dernières années, avait été à plusieurs reprises attirée vers le magnétisme ; et, il y a environ neuf mois, cette pensée frappa presque soudainement mon esprit, que, dans la série des expériences faites jusqu'à présent, il y avait une très-remarquable et très-inexplicable lacune : — personne n'avait encore été magnétisé *in articulo mortis*. Restait à savoir, d'abord, si dans un pareil état existait chez le patient une réceptibilité quelconque de l'influx magnétique ; en second lieu, si, dans le cas de l'affirmative, elle était atténuée ou augmentée par la circonstance ; troisièmement, jusqu'à quel point et pour combien de temps les empiétements de la mort pouvaient être arrêtés par l'opération. Il y avait d'autres points à vérifier, mais ceux-ci excitaient le plus ma curiosité, — particulièrement le dernier, à cause du caractère immensément grave de ses conséquences.

En cherchant autour de moi un sujet au moyen duquel je pusse éclaircir ces points, je fus amené à jeter les yeux sur mon ami, M. Ernest Valdemar, le compilateur bien connu de la *Bibliotheca forensica*, et auteur (sous le pseudonyme d'Issachar Marx) des

versions of "Wallenstein" and "Gargantua." M. Valdemar, who has resided principally at Harlem, N. Y., since the year 1839, is (or was) particularly noticeable for the extreme spareness of his person—his lower limbs much resembling those of John Randolph; and, also, for the whiteness of his whiskers, in violent contrast to the blackness of his hair—the latter, in consequence, being very generally mistaken for a wig. His temperament was markedly nervous, and rendered him a good subject for mesmeric experiment. On two or three occasions I had put him to sleep with little difficulty, but was disappointed in other results which his peculiar constitution had naturally led me to anticipate. His will was at no period positively, or thoroughly, under my control, and in regard to clairvoyance, *I could accomplish with him nothing to be relied upon. I always attributed my failure at these points to the disordered state of his health. For some months previous to my becoming acquainted with him, his physicians had declared him in a confirmed phthisis. It was his custom, indeed, to speak calmly of his approaching dissolution, as of a matter neither to be avoided nor regretted.*

When the ideas to which I have alluded first occurred to me, it was of course very natural that I should think of M. Valdemar. I knew the steady philosophy of the man too well to apprehend any scruples from him; and he had no relatives in America who would be likely to interfere. I spoke to him frankly upon the subject; and to my surprise, his interest seemed vividly excited. I say to my surprise; for, although he had always yielded his person freely to my experiments, he had never before given me any tokens of sympathy with what I did. His disease was of that character which would admit of exact calculation in respect to the epoch of its termination in death; and it was finally arranged between us that he would send for me about twenty-four hours before the period announced by his physicians as that of his decease.

traductions polonaises de *Wallenstein* et de *Gargantua*. M. Valdemar, qui résidait généralement à Harlem (New-York) depuis l'année 1839, est ou était particulièrement remarquable par l'excessive maigreur de sa personne, — ses membres inférieurs ressemblant beaucoup à ceux de John Randolph, — et aussi par la blancheur de ses favoris qui faisait contraste avec sa chevelure noire, que chacun prenait conséquemment pour une perruque. Son tempérament était singulièrement nerveux et en faisait un excellent sujet pour les expériences magnétiques. Dans deux ou trois occasions, je l'avais amené à dormir sans grande difficulté ; mais je fus désappointé quant aux autres résultats que sa constitution particulière m'avait naturellement fait espérer. Sa volonté n'était jamais positivement ni entièrement soumise à mon influence, et relativement à la *clairvoyance* je ne réussis à faire avec lui rien sur quoi l'on pût faire fond. J'avais toujours attribué mon insuccès sur ces points au dérangement de sa santé. Quelques mois avant l'époque où je fis sa connaissance, les médecins l'avaient déclaré atteint d'une phtisie bien caractérisée. C'était à vrai dire sa coutume de parler de sa fin prochaine avec beaucoup de sang-froid, comme d'une chose qui ne pouvait être ni évitée ni regrettée.

Quand ces idées, que j'exprimais tout à l'heure, me vinrent pour la première fois, il était très-naturel que je pensasse à M. Valdemar. Je connaissais trop bien la solide philosophie de l'homme pour redouter quelques scrupules de sa part, et il n'avait point de parents en Amérique qui pussent plausiblement intervenir. Je lui parlai franchement de la chose ; et, à ma grande surprise, il parut y prendre un intérêt très-vif. Je dis à ma grande surprise, car, quoiqu'il eût toujours gracieusement livré sa personne à mes expériences, il n'avait jamais témoigné de sympathie pour mes études. Sa maladie était de celles qui admettent un calcul exact relativement à l'époque de leur *dénoûment* ; et il fut finalement convenu entre nous qu'il m'enverrait chercher vingt-quatre heures avant le terme marqué par les médecins pour sa mort.

It is now rather more than seven months since I received, from Valdemar himself, the subjoined note:

"My dear P...,

"You may as well come now. D... and F... are agreed that I cannot hold out beyond to-morrow midnight; and I think they have hit the time very nearly.

"Valdemar."

I received this note within half an hour after it was written, and in fifteen minutes more I was in the dying man's chamber. I had not seen him for ten days, and was appalled by the fearful alteration which the brief interval had wrought in him. His face wore a leaden hue; the eyes were utterly lustreless; and the emaciation was so extreme, that the skin had been broken through by the cheek-bones. His expectoration was excessive. The pulse was barely perceptible. He retained, nevertheless, in a very remarkable manner, both his mental power and a certain degree of physical strength. He spoke with distinctness, took some palliative medicines without aid—and, when I entered the room, was occupied in penciling memoranda in a pocketbook. He was propped up in the bed by pillows. Doctors D... and F... were in attendance.

After pressing Valdemar's hand, I took these gentlemen aside, and obtained from them a minute account of the patient's condition. The left lung had been for eighteen months in a semi osseous or cartilaginous state, and was, of course, entirely useless for all purposes of vitality. The right, in its upper portion, was also partially, if not thoroughly, ossified, while the lower region was merely a mass of purulent tubercles, running one into another. Several extensive perforations existed; and, at one point, permanent adhesion to the ribs had taken place. These appearances in the right lobe were of comparatively recent date. The ossification had proceeded with very unusual rapidity; no sign of it had been discovered a month before,

Il y a maintenant sept mois passés que je reçus de M. Valdemar le billet suivant :

"Mon cher P...,

"Vous pouvez aussi bien venir *maintenant*. D... et F... s'accordent à dire que je n'irai pas, demain, au delà de minuit ; et je crois qu'ils ont calculé juste, ou bien peu s'en faut.

"Valdemar."

Je recevais ce billet une demi-heure après qu'il m'était écrit, et, en quinze minutes au plus, j'étais dans la chambre du mourant. Je ne l'avais pas vu depuis dix jours, et je fus effrayé de la terrible altération que ce court intervalle avait produite en lui. Sa face était d'une couleur de plomb ; ses yeux étaient entièrement éteints, et l'amaigrissement était si remarquable, que les pommettes avaient crevé la peau. L'expectoration était excessive ; le pouls à peine sensible. Il conservait néanmoins d'une manière fort singulière toutes ses facultés spirituelles et une certaine quantité de force physique. Il parlait distinctement, — prenait sans aide quelques drogues palliatives, — et, quand j'entrai dans la chambre, il était occupé à écrire quelques notes sur un agenda. Il était soutenu dans son lit par des oreillers. Les docteurs D... et F... lui donnaient leurs soins.

Après avoir serré la main de Valdemar, je pris ces messieurs à part et j'obtins un compte rendu minutieux de l'état du malade. Le poumon gauche était depuis dix-huit mois dans un état semi-osseux ou cartilagineux, et conséquemment tout à fait impropre à toute fonction vitale. Le droit, dans sa partie supérieure, s'était aussi ossifié, sinon en totalité, du moins partiellement, pendant que la partie inférieure n'était plus qu'une masse de tubercules purulents, se pénétrant les uns les autres. Il existait plusieurs perforations profondes, et en un certain point il y avait adhérence permanente des côtes. Ces phénomènes du lobe droit étaient de date comparativement récente. L'ossification avait marché avec une rapidité très-insolite, — un mois auparavant on

and the adhesion had only been observed during the three previous days. Independently of the phthisis, the patient was suspected of aneurism of the aorta; but on this point the osseous symptoms rendered an exact diagnosis impossible. It was the opinion of both physicians that M. Valdemar would die about midnight on the morrow (Sunday). It was then seven o'clock on Saturday evening.

On quitting the invalid's bedside to hold conversation with myself, Doctors D... and F... had bidden him a final farewell. It had not been their intention to return; but at my request, they agreed to look in upon the patient about ten the next night.

When they had gone, I spoke freely with M. Valdemar on the subject of his approaching dissolution, as well as, more particularly, of the experiment proposed. He still professed himself quite willing and even anxious to have it made, and urged me to commence it at once. A male and a female nurse were in attendance; but I did not feel myself altogether at liberty to engage in a task of this character with no more reliable witnesses than these people, in case of sudden accident, might prove. I therefore postponed operations until about eight the next night, when the arrival of a medical student with whom I had some acquaintance (Mr. Theodore L...), relieved me from further embarrassment. It had been my design, originally, to wait for the physicians; but I was induced to proceed, first, by the urgent entreaties of M. Valdemar, and secondly, by my conviction that I had not a moment to lose, as he was evidently sinking fast.

Mr. L... was so kind as to accede to my desire that he would take notes of all that occurred; and it is from his memoranda that what I now have to relate is, for the most part, either condensed or copied verbatim.

It wanted about five minutes of eight when, taking the patient's hand, I begged him to state, as distinctly as he could, to Mr. L..., whether he

n'en découvrait encore aucun symptôme, — et l'adhérence n'avait été remarquée que dans ces trois derniers jours. Indépendamment de la phtisie, on soupçonnait un anévrisme de l'aorte, mais sur ce point les symptômes d'ossification rendaient impossible tout diagnostic exact. L'opinion des deux médecins était que M. Valdemar mourrait le lendemain dimanche vers minuit. Nous étions au samedi, et il était sept heures du soir.

En quittant le chevet du moribond pour causer avec moi, les docteurs D... et F... lui avaient dit un suprême adieu. Ils n'avaient pas l'intention de revenir ; mais, à ma requête, ils consentirent à venir voir le patient vers dix heures de la nuit.

Quand ils furent partis, je causai librement avec M. Valdemar de sa mort prochaine, et plus particulièrement de l'expérience que nous nous étions proposée. Il se montra toujours plein de bon vouloir ; il témoigna même un vif désir de cette expérience et me pressa de commencer tout de suite. Deux domestiques, un homme et une femme, étaient là pour donner leurs soins ; mais je ne me sentis pas tout à fait libre de m'engager dans une tâche d'une telle gravité sans autres témoignages plus rassurants que ceux que pourraient produire ces gens-là en cas d'accident soudain. Je renvoyais donc l'opération à huit heures, quand l'arrivée d'un étudiant en médecine, avec lequel j'étais un peu lié, M. Théodore L..., me tira définitivement d'embarras. Primitivement j'avais résolu d'attendre les médecins ; mais je fus induit à commencer tout de suite, d'abord par les sollicitations de M. Valdemar, en second lieu par la conviction que je n'avais pas un instant à perdre, car il s'en allait évidemment.

M. L... fut assez bon pour accéder au désir que j'exprimai qu'il prît des notes de tout ce qui surviendrait ; et c'est d'après son procès-verbal que je décalque pour ainsi dire mon récit. Quand je n'ai pas condensé, j'ai copié mot pour mot.

Il était environ huit heures moins cinq, quand, prenant la main du patient, je le priai de confirmer à M. L..., aussi distinctement qu'il le

(M. Valdemar) was entirely willing that I should make the experiment of mesmerizing him in his then condition.

He replied feebly, yet quite audibly, "Yes, I wish to be mesmerized"—adding immediately afterward, "I fear you have deferred it too long."

While he spoke thus, I commenced the passes which I had already found most effectual in subduing him. He was evidently influenced with the first lateral stroke of my hand across his forehead; but although I exerted all my powers, no further perceptibie effect was induced until some minutes after ten o'clock when Doctors D... and F... called, according to appointment. I explained to them, in a few words, what I designed, and as they opposed no objection, saying that the patient was already in the death agony, I proceeded without hesitation—exchanging, however, the lateral passes for downward ones, and directing my gaze entirely into the right eye of the sufferer.

By this time his pulse was imperceptible and his breathing was stertorous, and at intervals of half a minute.

This condition was nearly unaltered for a quarter of an hour. At the expiration of this period, however, a natural although a very deep sigh escaped the bosom of the dying man, and the stertorous breathing ceased—that is to say, its stertorousness was no longer apparent; the intervals were undiminished. The patient's extremities were of an icy coldness.

At five minutes before eleven, I perceived unequivocal signs of the mesmeric influence. The glassy roll of the eye was changed for that expression of uneasy inward examination which is never seen except in cases of sleep-waking, and which it is quite impossible to mistake. With a few rapid lateral passes I made the lids quiver, as in incipient sleep, and with a few more I closed them altogether. I was not

pourrait, que c'était son formel désir, à lui Valdemar, que je fisse une expérience magnétique sur lui, dans de telles conditions.

Il répliqua faiblement, mais très-distinctement : "Oui, je désire être magnétisé ;" ajoutant immédiatement après : "Je crains bien que vous n'ayez différé trop longtemps."

Pendant qu'il parlait, j'avais commencé les passes que j'avais déjà reconnues les plus efficaces pour l'endormir. Il fut évidemment influencé par le premier mouvement de ma main qui traversa son front ; mais, quoique je déployasse toute ma puissance, aucun autre effet sensible ne se manifesta jusqu'à dix heures dix minutes, quand les médecins D… et F… arrivèrent au rendez-vous. Je leur expliquai en peu de mots mon dessein ; et, comme ils n'y faisaient aucune objection, disant que le patient était déjà dans sa période d'agonie, je continuai sans hésitation, changeant toutefois les passes latérales en passes longitudinales, et concentrant tout mon regard juste dans l'œil du moribond.

Pendant ce temps, son pouls devint imperceptible, et sa respiration obstruée et marquant un intervalle d'une demi-minute.

Cet état dura un quart d'heure, presque sans changement. À l'expiration de cette période, néanmoins, un soupir naturel, quoique horriblement profond, s'échappa du sein du moribond, et la respiration ronflante cessa, c'est-à-dire que son ronflement ne fut plus sensible ; les intervalles n'étaient pas diminués. Les extrémités du patient étaient d'un froid de glace.

À onze heures moins cinq minutes, j'aperçus des symptômes non équivoques de l'influence magnétique. Le vacillement vitreux de l'œil s'était changé en cette expression pénible de regard *en dedans* qui ne se voit jamais que dans les cas de somnambulisme, et à laquelle il est impossible de se méprendre ; avec quelques passes latérales rapides, je fis palpiter les paupières, comme quand le sommeil nous prend, et, en insistant un peu, je les fermai tout à fait.

satisfied, however, with this, but continued the manipulations vigorously, and with the fullest exertion of the will, until I had completely stiffened the limbs of the slumberer, after placing them in a seemingly easy position. The legs were at full length; the arms were nearly so, and reposed on the bed at a moderate distance from the loins. The head was very slightly elevated.

When I had accomplished this, it was fully midnight, and I requested the gentlemen present to examine M. Valdemar's condition. After a few experiments, they admitted him to be in an unusually perfect state of mesmeric trance. The curiosity of both the physicians was greatly excited. Dr. D... resolved at once to remain with the patient all night, while Dr. F... took leave with a promise to return at daybreak. Mr. L... and the nurses remained.

We left M. Valdemar entirely undisturbed until about three o'clock in the morning, when I approached him and found him in precisely the same condition as when Dr. F... went away—that is to say, he lay in the same position; the pulse was imperceptible; the breathing was gentle (scarcely noticeable, unless through the application of a mirror to the lips); the eyes were closed naturally; and the limbs were as rigid and as cold as marble. Still, the general appearance was certainly not that of death.

As I approached M. Valdemar I made a kind of half effort to influence his right arm into pursuit of my own. as I passed the latter gently to and fro above his person. In such experiments with this patient, I had never perfectly succeeded before, and assuredly I had little thought of succeeding now; but to my astonishmnt, his arm very readily, although feebly, followed every direction I assigned it with mine. I determined to hazard a few words of conversation.

Ce n'était pas assez pour moi, et continuai mes exercices vigoureusement et avec la plus intense projection de volonté, jusqu'à ce que j'eusse complètement paralysé les membres du dormeur, après les avoir placés dans une position en apparence commode. Les jambes étaient tout à fait allongées ; les bras à peu près étendus, et reposant sur le lit à une distance médiocre des reins. La tête était très-légèrement élevée.

Quand j'eus fait tout cela, il était minuit sonné, et je priai ces messieurs d'examiner la situation de M. Valdemar. Après quelques expériences, ils reconnurent qu'il était dans un état de catalepsie magnétique extraordinairement parfaite. La curiosité des deux médecins était grandement excitée. Le docteur D... résolut tout à coup de passer toute la nuit auprès du patient, pendant que le docteur F... prit congé de nous en promettant de revenir au petit jour ; M. L... et les gardes-malades restèrent.

Nous laissâmes M. Valdemar absolument tranquille jusqu'à trois heures du matin ; alors, je m'approchai de lui et le trouvai exactement dans le même état que quand le docteur F... était parti, — c'est-à-dire qu'il était étendu dans la même position ; que le pouls était imperceptible, la respiration douce, à peine sensible, — excepté par l'application d'un miroir aux lèvres ; les yeux fermés naturellement, et les membres aussi rigides et aussi froids que du marbre. Toutefois, l'apparence générale n'était certainement pas celle de la mort.

En approchant de M. Valdemar, je fis une espèce de demi-effort pour déterminer son bras droit à suivre le mien dans les mouvements que je décrivais doucement çà et là au-dessus de sa personne. Autrefois, quand j'avais tenté ces expériences avec le patient, elles n'avaient jamais pleinement réussi, et assurément je n'espérais guère mieux réussir cette fois ; mais, à mon grand étonnement, son bras suivit très-doucement, quoique les indiquant faiblement, toutes les directions que le mien lui assigna. Je me déterminai à essayer quelques mots de conversation.

"M. Valdemar," I said, "are you asleep?" He made no answer, but I perceived a tremor about the lips, and was thus induced to repeat the question, again and again. At its third repetition, his whole frame was agitated by a very slight shivering; the eyelids unclosed themselves so far as to display a white line of a ball; the lips moved sluggishly, and from between them, in a barely audible whisper, issued the words:

"Yes;—asleep now. Do not wake me!—let me die so!"

I here felt the limbs and found them as rigid as ever. The right arm, as before, obeyed the direction of my hand. I questioned the sleep-waker again:

"Do you still feel pain in the breast, M. Valdemar?"

The answer now was immediate, but even less audible than before:

"No pain—I am dying."

I did not think it advisable to disturb him further just then, and nothing more was said or done until the arrival of Dr. F..., who came a little before sunrise, and expressed unbounded astonishment at finding the patient still alive. After feeling the pulse and applying a mirror to the lips, he requested me to speak to the sleep-waker again. I did so, saying:

"M, Valdemar, do you still sleep?"

As before, some minutes elapsed ere a reply was made; and during the interval the dying man seemed to be collecting his energies to speak. At my fourth repetition of the question, he said very faintly, almost inaudibiy:

— Monsieur Valdemar, dis-je, dormez-vous ? il ne répondit pas, mais j'aperçus un tremblement sur ses lèvres, et je fus obligé de répéter ma question une seconde et une troisième fois. À la troisième, tout son être fut agité d'un léger frémissement ; les paupières se soulevèrent d'elles-mêmes comme pour dévoiler une ligne blanche du globe ; les lèvres remuèrent paresseusement et laissèrent échapper ces mots dans un murmure à peine intelligible :

— Oui ; je dors maintenant. Ne m'éveillez pas ! — Laissez-moi mourir ainsi !

Je tâtai les membres et les trouvai toujours aussi rigides. Le bras droit, comme tout à l'heure, obéissait à la direction de ma main. Je questionnai de nouveau le somnambule.

— Vous sentez-vous toujours mal à la poitrine, monsieur Valdemar ?

La réponse ne fut pas immédiate ; elle fut encore moins accentuée que le première :

— Mal ? — non, — je meurs.

Je ne jugeai pas convenable de le tourmenter davantage pour le moment, et il ne se dit, il ne se fit rien de nouveau jusqu'à l'arrivée du docteur F…, qui précéda un peu le lever du soleil, et éprouva un étonnement sans bornes en trouvant le patient encore vivant. Après avoir tâté le pouls du somnambule et lui avoir appliqué un miroir sur les lèvres, il me pria de lui parler encore.

— Monsieur Valdemar, dormez-vous toujours ?

Comme précédemment, quelques minutes s'écoulèrent avant la réponse ; et, durant l'intervalle, le moribond sembla rallier toute son énergie pour parler. À ma question répétée pour la quatrième fois, il répondit très-faiblement, presque inintelligiblement :

"Yes; still asleep—dying."

It was now the opinion, or rather the wish, of the physicians, that M. Valdemar should be suffered to remain undisturbed in his present apparently tranquil condition, until death should supervene—and this, it was generally agreed, must now take place within a few minutes. I concluded, however, to speak to him once more, and merely repeated my previous question.

While I spoke, there came a marked change over the countenance of the sleep-waker. The eyes rolled themselves slowly open, the pupils disappearing upwardly; the skin generally assumed a cadaverous hue, resembling not so much parchment as white paper; and the circular hectic spots which, hitherto, had been strongly defined in the centre of each cheek, went out at once. I use this expression, because the suddenness of their departure put me in mind of nothing so much as the extinguishment of a candle by a puff of the breath. The upper lip, at the same time, writhed itself away from the teeth, which it had previously covered completely; while the lower jaw fell with an audible jerk, leaving the mouth widely extended, and disclosing in full view the swollen and blackened tongue. I presume that no member of the party then present had been unaccustomed to death-bed horrors; but so hideous beyond conception was the appearance of M. Valdemar at this moment, that there was a general shrinking back from the region of the bed.

I now feel that I have reached a point of this narrative at which every reader will be startled into positive disbelief. It is my business, however, simply to proceed.

There was no longer the faintest sign of vitality in M. Valdemar; and concluding him to be dead, we were consigning him to the charge of the nurses, when a strong vibratory motion was observable in the tongue. This continued for perhaps a minute. At the expiration of this period, there issued from the distended and motionless jaws a

— Oui, toujours ; — je dors, — je meurs.

C'était alors l'opinion, ou plutôt le désir des médecins, qu'on permit à M. Valdemar de rester sans être troublé dans cet état actuel de calme apparent, jusqu'à ce que la mort survînt ; et cela devait avoir lieu, — on fut unanime là-dessus, — dans un délai de cinq minutes. Je résolus cependant de lui parler encore une fois, et je répétai simplement ma question précédente.

Pendant que je parlais, il se fit un changement marqué dans la physionomie du somnambule. Les yeux roulèrent dans leurs orbites, lentement découverts par les paupières qui remontaient ; la peau prit un ton général cadavéreux, ressemblant moins à du parchemin qu'à du papier blanc ; et les deux taches hectiques circulaires, qui jusque-là étaient vigoureusement fixées dans le centre de chaque joue, *s'éteignirent* tout d'un coup. Je me sers de cette expression, parce que la soudaineté de leur disparition me fait penser à une bougie soufflée plutôt qu'à toute autre chose. La lèvre supérieure, en même temps, se tordit en remontant au dessus des dents que tout à l'heure elle couvrait entièrement, pendant que la mâchoire inférieure tombait avec une saccade qui put être entendue, laissant la bouche toute grande ouverte, et découvrant en plein la langue noire et boursouflée. Je présume que tous les témoins étaient familiarisés avec les horreurs d'un lit de mort ; mais l'aspect de M. Valdemar en ce moment était tellement hideux, hideux au delà de toute conception, que ce fut une reculade générale loin de la région du lit.

Je sens maintenant que je suis arrivé à un point de mon récit où le lecteur révolté me refusera toute croyance. Cependant, mon devoir est de continuer.

Il n'y avait plus dans M. Valdemar le plus faible symptôme de vitalité ; et, concluant qu'il était mort, nous le laissions aux soins des gardes-malades, quand un fort mouvement de vibration se manifesta dans la langue. Cela dura pendant une minute peut-être. À l'expiration de cette période, des mâchoires distendues et immobiles jaillit une voix,

voice—such as it would be madness in me to attempt describing. There are, indeed, two or three epithets which might be considered as applicable to it in part; I might say, for example, that the sound was harsh, and broken, and hollow; but the hideous whole is indescribable, for the simple reason that no similar sounds have ever jarred upon the ear of humanity. There were two particulars, nevertheless, which I thought then, and still think, might fairly be stated as characteristic of the intonation—as well adapted to convey some idea of its unearthly peculiarity. In the first place, the voice seemed to reach our ears—at least mine—from a vast distance, or from some deep cavern within the earth. In the second place it impressed me (I fear, indeed, that it will be impossible to make myself comprehended) as gelatinous or glutinous matters impress the sense of touch.

I have spoke both of "sound" and of "voice." I mean to say that the sound was one of distinct—of even wonderfully, thrillingly distinct—syllabification. M. Valdemar spoke—obviously in reply to the question I had propounded to him a few minutes before. I had asked him, it will be remembered, if he still slept. He now said:

"Yes;—no;—I have been sleeping—and now—now—I am dead!"

No person present even affected to deny, or attempted to repress, the unutterable, shuddering horror which these few words, thus uttered, were so well calculated to convey. Mr. L... (the student) swooned. The nurses immediately left the chamber, and could not be induced to return. My own impressions I would not pretend to render intelligible to the reader. For nearly an hour we busied ourselves, silently—without the utterance of a word—in endeavors to revive Mr. L... . When he came to himself we addressed ourselves again to an investigation of M. Valdemar's condition. It remained in all respects as I have at last described it, with the exception that the mirror no

— une voix telle que ce serait folie d'essayer de la décrire. Il y a cependant deux ou trois épithètes qui pourraient lui être appliquées comme des à-peu-près : ainsi, je puis dire que le son était âpre, déchiré, caverneux ; mais le hideux total n'est pas définissable, par la raison que de pareils sons n'ont jamais hurlé dans l'oreille de l'humanité. Il y avait cependant deux particularités qui — je le pensai alors, et je le pense encore, — peuvent être justement prises comme caractéristiques de l'intonation, et qui sont propres à donner quelque idée de son étrangeté extra-terrestre. En premier lieu, la voix semblait parvenir à nos oreilles, — aux miennes du moins, — comme d'une très-lointaine distance ou de quelque abîme souterrain. En second lieu, elle m'impressionna (je crains, en vérité, qu'il ne me soit impossible de me faire comprendre), de la même manière que les matières glutineuses ou gélatineuses affectent le sens du toucher.

J'ai parlé à la fois de son et de voix. Je veux dire que le son était d'une syllabisation distincte, et même terriblement, effroyablement distincte. M. Valdemar *parlait*, évidemment pour répondre à la question que je lui avais adressée quelques minutes auparavant. Je lui avais demandé, on s'en souvient, s'il dormait toujours. Il disait maintenant :

— Oui, — non, — *j'ai dormi*, — et maintenant, — maintenant, *je suis mort*.

Aucune des personnes présentes n'essaya de nier ni même de réprimer l'indescriptible, la frissonnante horreur que ces quelques mots ainsi prononcés étaient si bien faits pour créer. M. L…, l'étudiant, s'évanouit. Les gardes-malades s'enfuirent immédiatement de la chambre, et il fut impossible de les y ramener. Quant à mes propres impressions, je ne prétends pas les rendre intelligibles pour le lecteur. Pendant près d'une heure, nous nous occupâmes en silence (pas un mot ne fut prononcé) à rappeler M. L… à la vie. Quand il fut revenu à lui, nous reprîmes nos investigations sur l'état de M. Valdemar. Il était resté à tous égards tel que je l'ai décrit en dernier lieu, à l'exception que le miroir ne donnait plus aucun vestige de

longer afforded evidence of respiration. An attempt to draw blood from the arm failed. I should mention, too, that this limb was no farther subject to my will. I endeavored in vain to make it follow the direction of my hand. The only real indication, indeed, of the mesmeric influence, was now found in the vibratory movement of the tongue, whenever I addressed M. Valdemar a question. He seemed to be making an effort to reply, but had no longer sufficient volition. To queries put to him by any other person than myself he seemed utterly insensible—although I endeavored to place each member of the company in mesmeric rapport with him. I believe that I have now related all that is necessary to an understanding of the sleep-waker's state at this epoch. Other nurses were procured; and at ten o'clock I left the house in company with the two physicians and Mr. L... .

In the afternoon we all called again to see the patient. His condition remained precisely the same. We had now some discussion as to the propriety and feasibility of awakening him; but we had little difficulty in agreeing that no good purpose would be served by so doing. It was evident that, so far, death (or what is usually termed death) had been arrested by the mesmeric process. It seemed clear to us all that to awaken M. Valdemar would be merely to insure his instant, or at least his speedy dissolution.

From this period until the close of last week—an interval of nearly seven months—we continued to make daily calls at M. Valdemar's house accompanied, now and then, by medical and other friends. All this time the sleep-waker remained exactly as I have at last described him. The nurses' attentions were continual.

It was on Friday last that we finally resolved to make the experiment of awakening, or attempting to awaken him; and it is the (perhaps) unfortunate result of this latter experiment which has given rise to so much discussion in private circles—to so much of what I cannot help thinking unwarranted popular feeling.

respiration. Une tentative de saignée au bras resta sans succès. Je dois mentionner aussi que ce membre n'était plus soumis à ma volonté. Je m'efforçai en vain de lui faire suivre la direction de ma main. La seule indication réelle de l'influence magnétique se manifestait maintenant dans le mouvement vibratoire de la langue. Chaque fois que j'adressais une question à M. Valdemar, il semblait qu'il fît un effort pour répondre, mais que sa volition ne fût pas suffisamment durable. Aux questions faites par une autre personne que moi il paraissait absolument insensible, — quoique j'eusse tenté de mettre chaque membre de la société en rapport magnétique avec lui. Je crois que j'ai maintenant relaté tout ce qui est nécessaire pour faire comprendre l'état du somnambule dans cette période. Nous nous procurâmes d'autres infirmiers, et, à dix heures, je sortis de la maison, en compagnie des deux médecins et de M. L…

Dans l'après midi, nous revînmes tous voir le patient. Son état état absolument le même. Nous eûmes alors une discussion sur l'opportunité et la possibilité de l'éveiller ; mais nous fûmes bientôt d'accord en ceci qu'il n'en pouvait résulter aucune utilité. Il était évident que jusque-là, la mort, ou ce que l'on définit habituellement par le mot *mort*, avait été arrêtée par l'opération magnétique. Il nous semblait clair à tous qu'éveiller M. Valdemar, c'eût été simplement assurer sa minute suprême, ou au moins accélérer sa désorganisation.

Depuis lors jusqu'à la fin de la semaine dernière, — *un intervalle de sept mois à peu près*, — nous nous réunîmes journellement dans la maison de M. Valdemar, accompagnés de médecins et d'autres amis. Pendant tout ce temps, le somnambule resta *exactement* tel que je l'ai décrit. La surveillance des infirmiers était continuelle.

Ce fut vendredi dernier que nous résolûmes finalement de faire l'expérience du réveil, ou du moins d'essayer de l'éveiller ; et c'est le résultat, déplorable peut-être, de cette dernière tentative, qui a donné naissance à tant de discussions dans les cercles privés, à tant de bruits dans lesquels je ne puis m'empêcher de voir le résultat d'une crédulité populaire injustifiable.

For the purpose of relieving M. Valdemar from the mesmeric trance, I made use of the customary passes. These, for a time, were unsuccessful. The first indication of revival was afforded by a partial descent of the iris. It was observed, as especially remarkable, that this lowering of the pupil was accompanied by the profuse out-flowing of a yellowish ichor (from beneath the lids) of a pungent and highly offensive odor.

It was now suggested that I should attempt to influence the patient's arm, as heretofore. I made the attempt and failed. Dr. F... then intimated a desire to have me put a question. I did so as follows:

"M. Valdemar, can you explain to us what are your feelings or wishes now?"

There was an instant return of the hectic circles on the cheeks; the tongue quivered, or rather rolled violently in the mouth (although the jaws and lips remained rigid as before); and at length the same hideous voice which I have already described, broke forth:

"For God's sake!—quick!—quick!—put me to sleep—or, quick!—waken me!—quick!—I say to you that I am dead!"

I was thoroughly unnerved, and for an instant remained undecided what to do. At first I made an endeavor to recompose the patient; but failing in this through total abeyance of the will, I retraced my steps and as earnestly struggled to awaken him. In this attempt I soon saw that I should be successful—or at least I soon fancied that my success would be complete—and I am sure that all in the room were prepared to see the patient awaken.

For what really occurred, however, it is quite impossible that any human being could have been prepared.

Pour arracher M. Valdemar à la catalepsie magnétique, je fis usage des passes accoutumées. Pendant quelque temps, elles furent sans résultat. Le premier symptôme de retour à la vie fut un abaissement partiel de l'iris. Nous observâmes comme un fait très-remarquable que cette descente de l'iris était accompagnée du flux très-abondant d'une liqueur jaunâtre (de dessous les paupières) d'une odeur âcre et fortement désagréable.

On me suggéra alors d'essayer d'influencer le bras du patient, comme par le passé. J'essayai, je ne pus. Le docteur F… exprima le désir que je lui adressasse une question. Je le fis de la manière suivante :

— Monsieur Valdemar, pouvez-vous nous expliquer quels sont maintenant vos sensations ou vos désirs ?

Il y eut un retour immédiat des cercles hectiques sur les joues ; la langue trembla ou plutôt roula violemment dans la bouche (quoique les mâchoires et les lèvres demeurassent toujours immobiles), et à la longue la même horrible voix que j'ai décrite fit éruption :

— Pour l'amour de Dieu ! — vite ! — vite ! — faites-moi dormir, — ou bien, vite ! éveillez-moi ! — vite ! *Je vous dis que je suis mort !*

J'étais totalement énervé, et pendant une minute je restai indécis sur ce que j'avais à faire. Je fis d'abord un effort pour calmer le patient ; mais, cette totale vacance de ma volonté ne me permettant pas d'y réussir, je fis l'inverse et m'efforçai aussi vivement que possible de le réveiller. Je vis bientôt que cette tentative aurait un plein succès, — ou du moins je me figurai bientôt que mon succès serait complet, — et je suis sûr que chacun dans la chambre s'attendait au réveil du somnambule.

Quant à ce qui arriva en réalité, aucun être humain n'aurait jamais pu s'y attendre ; c'est au delà de toute possibilité.

As I rapidly made the mesmeric passes, amid ejaculations of "dead! dead!" absolutely bursting *from the tongue and not from the lips of the sufferer, his whole frame at once—within the space of a single minute, or even less, shrunk—crumbled—absolutely* rotted *away beneath my hands. Upon the bed, before that whole company, there lay a nearly liquid mass of loathsome—of detestable putrescence.*

Comme je faisais rapidement les passes magnétiques à travers les cris de « Mort ! mort ! » qui faisaient littéralement explosion sur la langue et non sur les lèvres du sujet, — tout son corps, — d'un seul coup, — dans l'espace d'une minute, et même moins, — se déroba, — s'émietta, — se *pourrit* absolument sous mes mains. Sur le lit, devant tous les témoins, gisait une masse dégoûtante et quasi liquide, — une abominable putréfaction.

Mesmeric Revelation

1844

Révélation magnétique

*W*hatever doubt may still envelop the rationale of mesmerism, its startling facts are now almost universally admitted. Of these latter, those who doubt, are your mere doubters by profession—an unprofitable and disreputable tribe. There can be no more absolute waste of time than the attempt to prove, at the present day, that man, by mere exercise of will, can so impress his fellow, as to cast him into an abnormal condition, of which the phenomena resemble very closely those of death, or at least resemble them more nearly than they do the phenomena of any other normal condition within our cognizance; that, while in this state, the person so impressed employs only with effort, and then feebly, the external organs of sense, yet perceives, with keenly refined perception, and through channels supposed unknown, matters beyond the scope of the physical organs; that, moreover, his intellectual faculties are wonderfully exalted and invigorated; that his sympathies with the person so impressing him are profound; and, finally, that his susceptibility to the impression increases with its frequency, while, in the same proportion, the peculiar phenomena elicited are more extended and more pronounced.

I say that these—which are the laws of mesmerism in its general features—it would be supererogation to demonstrate; nor shall I inflict upon my readers so needless a demonstration; to-day. My purpose at present is a very different one indeed. I am impelled, even in the teeth of a world of prejudice, to detail without comment the very remarkable substance of a colloquy, occurring between a sleep-waker and myself.

Charles Baudelaire

Bien que les ténèbres du doute enveloppent encore toute la théorie positive du magnétisme, ses foudroyants effets sont maintenant presque universellement admis. Ceux qui doutent de ces effets sont de purs douteurs de profession, une impuissante et peu honorable caste. Ce serait absolument perdre son temps aujourd'hui que de s'amuser à prouver que l'homme, par un pur exercice de sa volonté, peut impressionner suffisamment son semblable pour le jeter dans une condition anomale, dont les phénomènes ressemblent littéralement à ceux de la mort, ou du moins leur ressemblent plus qu'aucun des phénomènes produits dans une condition anomale connue ; que, tout le temps que dure cet état, la personne ainsi influencée n'emploie qu'avec effort, et conséquemment avec peu d'aptitude, les organes extérieurs des sens, et que néanmoins elle perçoit, avec une perspicacité singulièrement subtile et par un canal mystérieux, des objets situés au delà de la portée des organes physiques ; que, de plus, ses facultés intellectuelles s'exaltent et se fortifient d'une manière prodigieuse ; que ses sympathies avec la personne qui agit sur elle sont profondes ; et que finalement sa *susceptibilité* des impressions magnétiques croit en proportion de leur fréquence, en même temps que les phénomènes particuliers obtenus s'étendent et se prononcent davantage et dans la même proportion.

Je dis qu'il serait superflu de démontrer ces faits divers, où est contenue la loi générale du magnétisme, et qui en sont les traits principaux. Je n'infligerai donc pas aujourd'hui à mes lecteurs une démonstration aussi parfaitement oiseuse. Mon dessein, quant à présent, est en vérité d'une tout autre nature. Je sens le besoin, en dépit de tout un monde de préjugés, de raconter, sans commentaires, mais dans tous ses détails, un très-remarquable dialogue qui eut lieu entre un somnambule et moi.

I had been long in the habit of mesmerizing the person in question, (Mr. Vankirk,) and the usual acute susceptibility and exaltation of the mesmeric perception had supervened. For many months he had been laboring under confirmed phthisis, the more distressing effects of which had been relieved by my manipulations; and on the night of Wednesday, the fifteenth instant, I was summoned to his bedside.

The invalid was suffering with acute pain in the region of the heart, and breathed with great difficulty, having all the ordinary symptoms of asthma. In spasms such as these he had usually found relief from the application of mustard to the nervous centres, but to-night this had been attempted in vain.

As I entered his room he greeted me with a cheerful smile, and although evidently in much bodily pain, appeared to be, mentally, quite at ease.

"I sent for you to-night," he said, "not so much to administer to my bodily ailment, as to satisfy me concerning certain psychal impressions which, of late, have occasioned me much anxiety and surprise. I need not tell you how sceptical I have hitherto been on the topic of the soul's immortality. I cannot deny that there has always existed, as if in that very soul which I have been denying, a vague half-sentiment of its own existence. But this half-sentiment at no time amounted to conviction. With it my reason had nothing to do. All attempts at logical inquiry resulted, indeed, in leaving me more sceptical than before. I had been advised to study Cousin. I studied him in his own works as well as in those of his European and American echoes. The 'Charles Elwood' of Mr. Brownson, for example, was placed in my hands. I read it with profound attention. Throughout I found it logical, but the portions which were not merely logical were unhappily the initial arguments of the disbelieving hero of the book. In his summing up it seemed evident to me that the

J'avais depuis longtemps l'habitude de magnétiser la personne en question, M. Vankirk, et la *susceptibilité* vive, l'exaltation du sens magnétique, s'étaient déjà manifestées. Pendant plusieurs mois, M. Vankirk avait beaucoup souffert d'une phtisie avancée, dont les effets les plus cruels avaient été diminués par mes passes, et, dans la nuit du mercredi, 15 courant, je fus appelé à son chevet.

Le malade souffrait des douleurs vives dans la région du cœur et respirait avec une grande difficulté, ayant tous les symptômes ordinaires d'un asthme. Dans des spasmes semblables, il avait généralement trouvé du soulagement dans des applications de moutarde aux centres nerveux ; mais, ce soir-là, il y avait eu recours en vain.

Quand j'entrai dans sa chambre, il me salua d'un gracieux sourire, et, quoiqu'il fût en proie à des douleurs physiques aiguës, il me parut absolument calme quant au moral.

— Je vous ai envoyé chercher cette nuit, dit-il, non pas tant pour m'administrer un soulagement physique que pour me satisfaire relativement à de certaines impressions psychiques qui m'ont récemment causé beaucoup d'anxiété et de surprise. Je n'ai pas besoin de vous dire combien j'ai été sceptique jusqu'à présent sur le sujet de l'immortalité de l'âme. Je ne puis pas vous nier que, dans cette âme que j'allais niant, a toujours existé comme un demi-sentiment assez vague de sa propre existence. Mais ce demi-sentiment ne s'est jamais élevé à l'état de conviction. De tout cela ma raison n'avait rien à faire. Tous mes efforts pour établir là-dessus une enquête logique n'ont abouti qu'à me laisser plus sceptique qu'auparavant. Je me suis avisé d'étudier Cousin ; je l'ai étudié dans ses propres ouvrages aussi bien que dans ses échos européens et américains. J'ai eu entre les mains, par exemple, le *Charles Elwood* de M. Brownson. Je l'ai lu avec une profonde attention. Je l'ai trouvé logique d'un bout à l'autre ; mais les portions qui ne sont pas de la pure logique sont malheureusement les arguments primordiaux du héros incrédule du livre. Dans son résumé, il me parut évident que le

reasoner had not even succeeded in convincing himself. His end had plainly forgotten his beginning, like the government of Trinculo. In short, I was not long in perceiving that if man is to be intellectually convinced of his own immortality, he will never be so convinced by the mere abstractions which have been so long the fashion of the moralists of England, of France, and of Germany. Abstractions may amuse and exercise, but take no hold on the mind. Here upon earth, at least, philosophy, I am persuaded, will always in vain call upon us to look upon qualities as things. The will may assent—the soul—the intellect, never.

"I repeat, then, that I only half felt, and never intellectually believed. But latterly there has been a certain deepening of the feeling, until it has come so nearly to resemble the acquiescence of reason, that I find it difficult to distinguish between the two. I am enabled, too, plainly to trace this effect to the mesmeric influence. I cannot better explain my meaning than by the hypothesis that the mesmeric exaltation enables me to perceive a train of ratiocination which, in my abnormal existence, convinces, but which, in full accordance with the mesmeric phenomena, does not extend, except through its effect, into my normal condition. In sleep-waking, the reasoning and its conclusion—the cause and its effect—are present together. In my natural state, the cause vanishing, the effect only, and perhaps only partially, remains.

"These considerations have led me to think that some good results might ensue from a series of well-directed questions propounded to me while mesmerized. You have often observed the profound self-cognizance evinced by the sleep-waker—the extensive knowledge he displays upon all points relating to the mesmeric condition itself; and from this self-cognizance may be deduced hints for the proper conduct of a catechism."

raisonneur n'avait pas même réussi à se convaincre lui-même. La fin du livre a visiblement oublié le commencement, comme Trinculo son gouvernement. Bref je ne fus pas longtemps à m'apercevoir que, si l'homme doit être intellectuellement convaincu de sa propre immortalité, il ne le sera jamais par les pures abstractions qui ont été si longtemps la manie des moralistes anglais, français et allemands. Les abstractions peuvent être un amusement et une gymnastique, mais elles ne prennent pas possession de l'esprit. Tant que nous serons sur cette terre, la philosophie, j'en suis persuadé, nous sommera toujours en vain de considérer les qualités comme des êtres. La volonté peut consentir, — mais l'âme, — mais l'intellect, jamais.

Je répète donc que j'ai seulement senti à moitié, et que je n'ai jamais cru intellectuellement. Mais, dernièrement, il y eut en moi un certain renforcement de sentiment, qui prit une intensité assez grande pour ressembler à un acquiescement de la raison, au point que je trouve fort difficile de distinguer entre les deux. Je crois avoir le droit d'attribuer simplement cet effet à l'influence magnétique. Je ne saurais expliquer ma pensée que par une hypothèse, à savoir que l'exaltation magnétique me rend apte à concevoir un système de raisonnement qui dans mon existence anormale me convainc, mais qui, par une complète analogie avec le phénomène magnétique, ne s'étend pas, excepté par son *effet*, jusqu'à mon existence normale. Dans l'état somnambulique, il y a simultanéité et contemporanéité entre le raisonnement et la conclusion, entre la cause et son effet. Dans mon état naturel, la cause s'évanouissant, l'effet seul subsiste, et encore peut-être fort affaibli.

Ces considérations m'ont induit à penser que l'on pourrait tirer quelques bons résultats d'une série de questions bien dirigées, proposées à mon intelligence dans l'état magnétique. Vous avez souvent observé la profonde connaissance de soi-même manifestée par le somnambule et la vaste science qu'il déploie sur tous les points relatifs à l'état magnétique. De cette connaissance de soi-même on pourrait tirer des instructions suffisantes pour la rédaction rationnelle d'un catéchisme.

I consented of course to make this experiment. A few passes threw Mr. Vankirk into the mesmeric sleep. His breathing became immediately more easy, and he seemed to suffer no physical uneasiness. The following conversation then ensued:—V. in the dialogue representing the patient, and P. myself.

P. Are you asleep?

V. Yes—no I would rather sleep more soundly.

P. [After a few more passes.] Do you sleep now?

V. Yes.

P. How do you think your present illness will result?

V. [After a long hesitation and speaking as if with effort.] I must die.

P. Does the idea of death afflict you?

V. [Very quickly.] No—no!

P. Are you pleased with the prospect?

V. If I were awake I should like to die, but now it is no matter. The mesmeric condition is so near death as to content me.

P. I wish you would explain yourself, Mr. Vankirk.

V. I am willing to do so, but it requires more effort than I feel able to make. You do not question me properly.

Naturellement, je consentis à faire cette expérience. Quelques passes plongèrent M. Vankirk dans le sommeil magnétique. Sa respiration devint immédiatement plus aisée, et il ne parut plus souffrir aucun malaise physique. La conversation suivante s'engagea. — V dans le dialogue représentera le somnambule, et P, ce sera moi.

P. Êtes-vous endormi ?

V. Oui, — non. Je voudrais bien dormir plus profondément.

P. (*après quelques nouvelles passes*). Dormez-vous bien, maintenant ?

V. Oui.

P. Comment supposez-vous que finira votre maladie actuelle ?

V (*après une longue hésitation et parlant comme avec effort*). J'en mourrai.

P. Cette idée de mort vous afflige-t-elle ?

V (*avec vivacité*). Non, non !

P. Cette perspective vous réjouit-elle ?

V. Si j'étais éveillé, j'aimerais mourir. Mais maintenant il n'y a pas lieu de le désirer. L'état magnétique est assez près de la mort pour me contenter.

P. Je voudrais bien une explication un peu plus nette, monsieur Vankirk.

V. Je le voudrais bien aussi ; mais cela demande plus d'effort que je ne me sens capable d'en faire. Vous ne me questionnez pas convenablement.

P. What then shall I ask?

V. You must begin at the beginning.

P. The beginning! but where is the beginning?

V. You know that the beginning is God. [This was said in a low, fluctuating tone, and with every sign of the most profound veneration.*]*

P. What then is God?

V. [Hesitating for many minutes.*] I cannot tell.*

P. Is not God spirit?

V. While I was awake I knew what you meant by "spirit," but now it seems only a word—such for instance as truth, beauty—a quality, I mean.

P. Is not God immaterial?

V. There is no immateriality—it is a mere word. That which is not matter, is not at all—unless qualities are things.

P. Is God, then, material?

V. No. [This reply startled me very much.*]*

P. What then is he?

V. [After a long pause, and mutteringly.*] I see—but it is a thing difficult to tell.* [Another long pause.*] He is not spirit, for he exists. Nor is he matter, as you understand it. But there are gradations of matter of which man knows nothing; the grosser impelling the finer,*

P. Alors, que faut-il vous demander ?

V. Il faut que vous commenciez par le commencement.

P. Le commencement ! Mais où est-il, le commencement ?

V. Vous savez bien que le commencement est Dieu. (*Ceci fut dit sur un ton bas, ondoyant, et avec tous les signes de la plus profonde vénération.*)

P. Qu'est-ce donc que Dieu ?

V (*hésitant quelques minutes*). Je ne puis pas le dire.

P. Dieu n'est-il pas un esprit ?

V. Quand j'étais éveillé, je savais ce que vous entendiez par esprit. Mais maintenant, cela ne me semble plus qu'un mot, — tel, par exemple, que vérité, beauté, — une qualité enfin.

P. Dieu n'est-il pas immatériel ?

V. Il n'y a pas d'immatérialité ; — c'est un simple mot. Ce qui n'est pas matière n'est pas, — à moins que les qualités ne soient des êtres.

P. Dieu est-il donc matériel ?

V. Non. (*Cette réponse m'abasourdit.*)

P. Alors qu'est-il ?

V. (*après une longue pause, et en marmottant*). Je le vois, — je le vois, — mais c'est une chose très-difficile à dire. (*Autre pause également longue.*) Il n'est pas esprit, car il existe. Il n'est pas non plus matière, *comme vous l'entendez*. Mais il y a des *gradations* de matière dont l'homme n'a aucune connaissance, la plus dense

the finer pervading the grosser. The atmosphere, for example, impels the electric principle, while the electric principle permeates the atmosphere. These gradations of matter increase in rarity or fineness, until we arrive at a matter unparticled—without particles—indivisible—one; and here the law of impulsion and permeation is modified. The ultimate, or unparticled matter, not only permeates all things but impels all things—and thus is all things within itself. This matter is God. What men attempt to embody in the word "thought," is this matter in motion.

P. The metaphysicians maintain that all action is reducible to motion and thinking, and that the latter is the origin of the former.

V. Yes; and I now see the confusion of idea. Motion is the action of mind—not of thinking. *The unparticled matter, or God, in quiescence, is (as nearly as we can conceive it) what men call mind. And the power of self-movement (equivalent in effect to human volition) is, in the unparticled matter, the result of its unity and omniprevalence; how* I *know not, and now clearly see that I shall never know. But the unparticled matter, set in motion by a law, or quality, existing within itself, is thinking.*

P. Can you give me no more precise idea of what you term the unparticled matter?

V. The matters of which man is cognizant, escape the senses in gradation. We have, for example, a metal, a piece of wood, a drop of water, the atmosphere, a gas, caloric, electricity, the luminiferous ether. Now we call all these things matter, and embrace all matter in one general definition; but in spite of this, there can be no two ideas more essentially distinct than that which we attach to a metal, and that which we attach to the luminiferous ether. When we reach the

entraînant la plus subtile, la plus subtile pénétrant la plus dense. L'atmosphère, par exemple, met en mouvement le principe électrique, pendant que le principe électrique pénètre l'atmosphère. Ces *gradations* de matière augmentent en raréfaction et en subtilité jusqu'à ce que nous arrivions à une matière *imparticulée*, — sans molécules, — indivisible, — *une* ; et ici la loi d'impulsion et de pénétration est modifiée. La matière suprême ou *imparticulée* non-seulement pénètre les êtres, mais met tous les êtres en mouvement, — et ainsi elle est tous les êtres en un, qui est elle-même. Cette matière est Dieu. Ce que les hommes cherchent à personnifier dans le mot *pensée*, c'est la matière en mouvement.

P. Les métaphysiciens maintiennent que toute action se réduit à mouvement et pensée, et que celle-ci est l'origine de celui-là.

V. Oui ; je vois maintenant la confusion d'idées. Le mouvement est l'action de l'esprit, non de la pensée. La matière imparticulée, ou Dieu à l'état de repos, est, autant que nous pouvons le concevoir, ce que les hommes appellent esprit. Et cette faculté d'automouvement — équivalente en effet à la volonté humaine — est dans la matière imparticulée le résultat de son unité et de son omnipotence ; comment, je ne le sais pas, et maintenant je vois clairement que je ne le saurai jamais ; mais la matière imparticulée, mise en mouvement par une loi ou une qualité contenue en elle, est pensante.

P. Ne pouvez-vous pas me donner une idée plus précise de ce que vous entendez par matière imparticulée ?

V. Les matières dont l'homme a connaissance échappent aux sens, à mesure que l'on monte l'échelle. Nous avons, par exemple, un métal, un morceau de bois, une goutte d'eau, l'atmosphère, un gaz, le calorique, l'électricité, l'éther lumineux. Maintenant, nous appelons toutes ces choses matière, et nous embrassons toute matière dans une définition générale ; mais, en dépit de tout ceci, il n'y a pas deux idées plus essentiellement distinctes que celle que nous attachons au métal, et celle que nous attachons à l'éther lumineux. Si nous prenons

latter, we feel an almost irresistible inclination to class it with spirit, or with nihility. The only consideration which restrains us is our conception of its atomic constitution; and here, even, we have to seek aid from our notion of an atom, as something possessing in infinite minuteness, solidity, palpability, weight. Destroy the idea of the atomic constitution and we should no longer be able to regard the ether as an entity, or at least as matter. For want of a better word we might term it spirit. Take, now, a step beyond the luminiferous ether—conceive a matter as much more rare than the ether, as this ether is more rare than the metal, and we arrive at once (in spite of all the school dogmas) at a unique mass—an unparticled matter. For although we may admit infinite littleness in the atoms themselves, the infinitude of littleness in the spaces between them is an absurdity. There will be a point—there will be a degree of rarity, at which, if the atoms are sufficiently numerous, the interspaces must vanish, and the mass absolutely coalesce. But the consideration of the atomic constitution being now taken away, the nature of the mass inevitably glides into what we conceive of spirit. It is clear, however, that it is as fully matter as before. The truth is, it is impossible to conceive spirit, since it is impossible to imagine what is not. When we flatter ourselves that we have formed its conception, we have merely deceived our understanding by the consideration of infinitely rarified matter.

P. There seems to me an insurmountable objection to the idea of absolute coalescence;—and that is the very slight resistance experienced by the heavenly bodies in their revolutions through space—a resistance now ascertained, it is true, to exist in some degree, but which is, nevertheless, so slight as to have been quite overlooked by the sagacity even of Newton. We know that the resistance of bodies is, chiefly, in proportion to their density. Absolute coalescence is absolute density. Where there are no interspaces, there can be no yielding. An ether, absolutely dense, would put an infinitely more effectual stop to the progress of a star than would an ether of

ce dernier, nous sentons une presque irrésistible tentation de le classer avec l'esprit ou avec le néant. La seule considération qui nous retient est notre conception de sa constitution atomique. Et encore, ici même, avons-nous besoin d'appeler à notre aide et de nous remémorer notre notion primitive de l'atome, c'est-à-dire de quelque chose possédant dans une infinie exiguïté la solidité, la tangibilité, la pesanteur. Supprimons l'idée de la constitution atomique, et il nous sera impossible de considérer l'éther comme une entité, ou au moins comme une matière. Faute d'un meilleur mot, nous pourrions l'appeler esprit. Maintenant, montons d'un degré au delà de l'éther lumineux, concevons une matière qui soit à l'éther, quant à la raréfaction, ce que l'éther est au métal, et nous arrivons enfin, en dépit de tous les dogmes de l'école, à une masse unique, — à une matière imparticulée. Car, bien que nous puissions admettre une infinie petitesse dans les atomes eux-mêmes, supposer une infinie petitesse dans les espaces qui les séparent est une absurdité. Il y aura un point, — il y aura un degré de raréfaction, où, si les atomes sont en nombre suffisant, les espaces s'évanouiront, et où la masse sera absolument une. Mais la considération de la constitution atomique étant maintenant mise de côté, la nature de cette masse glisse inévitablement dans notre conception de l'esprit. Il est clair, toutefois, qu'elle est tout aussi *matière* qu'auparavant. Le vrai est qu'il est aussi impossible de concevoir l'esprit que d'imaginer ce qui n'est pas. Quand nous nous flattons d'avoir enfin trouvé cette conception, nous avons simplement donné le change à notre intelligence par la considération de la matière infiniment raréfiée.

P. Il me semble qu'il y a une insurmontable objection à cette idée de cohésion absolue, — et c'est la très-faible résistance subie par les corps célestes dans leurs révolutions à travers l'espace, — résistance qui existe à un degré quelconque, cela est aujourd'hui démontré, — mais à un degré si faible, qu'elle a échappé à la sagacité de Newton lui-même. Nous savons que la résistance des corps est surtout en raison de leur densité. L'absolue cohésion est l'absolue densité ; là où il n'y a pas d'intervalles, il ne peut pas y avoir de passage. Un éther absolument dense constituerait un obstacle plus efficace à la marche

adamant or of iron.

V. Your objection is answered with an ease which is nearly in the ratio of its apparent unanswerability.—As regards the progress of the star, it can make no difference whether the star passes through the ether or the ether through it. There is no astronomical error more unaccountable than that which reconciles the known retardation of the comets with the idea of their passage through an ether: for, however rare this ether be supposed, it would put a stop to all sidereal revolution in a very far briefer period than has been admitted by those astronomers who have endeavored to slur over a point which they found it impossible to comprehend. The retardation actually experienced is, on the other hand, about that which might be expected from the friction *of the ether in the instantaneous passage through the orb. In the one case, the retarding force is momentary and complete within itself—in the other it is endlessly accumulative.*

P. But in all this—in this identification of mere matter with God—is there nothing of irreverence? [I was forced to repeat this question before the sleep-waker fully comprehended my meaning.*]*

V. Can you say why matter *should be less reverenced than mind? But you forget that the matter of which I speak is, in all respects, the very "mind" or "spirit" of the schools, so far as regards its high capacities, and is, moreover, the "matter" of these schools at the same time. God, with all the powers attributed to spirit, is but the perfection of matter.*

P. You assert, then, that the unparticled matter, in motion, is thought?

V. In general, this motion is the universal thought of the universal mind. This thought creates. All created things are but the thoughts of God.

P. You say, "in general."

d'une planète qu'un éther de diamant ou de fer.

V. Vous m'avez fait cette objection avec une aisance qui est à peu près en raison de son apparente irréfutabilité. — Une étoile marche ; qu'importe que l'étoile passe à travers l'éther ou l'éther à travers elle ? Il n'y a pas d'erreur astronomique plus inexplicable que celle qui concilie le retard connu des comètes avec l'idée de leur passage à travers l'éther ; car, quelque raréfié qu'on suppose l'éther, il fera toujours obstacle à toute révolution sidérale, dans une période singulièrement plus courte que ne l'ont admis tous ces astronomes qui se sont appliqués à glisser sournoisement sur un point qu'ils jugeaient insoluble. Le retard réel est d'ailleurs à peu près égal à celui qui peut résulter du frottement de l'éther dans son passage incessant à travers l'astre. La force de retard est donc double, d'abord momentanée et complète en elle-même, et en second lieu infiniment croissante.

P. Mais dans tout cela, — dans cette identification de la pure matière avec Dieu, n'a-t-il rien d'irrespectueux ? (*Je fus forcé de répéter cette question pour que le somnambule pût complètement saisir ma pensée.*)

V. Pouvez-vous dire pourquoi la matière est moins respectée que l'esprit ? Mais vous oubliez que la matière dont je parle est, à tous égards et surtout relativement à ses hautes propriétés, la véritable *intelligence* ou *esprit* des écoles et en même temps la *matière* de ces mêmes écoles. Dieu, avec tous les pouvoirs attribués à l'esprit, n'est que la perfection de la matière.

P. Vous affirmez donc que la matière imparticulée en mouvement est pensée ?

V. En général, ce mouvement est la pensée universelle de l'esprit universel ; cette pensée crée ; toutes les choses créées ne sont que les pensées de Dieu.

P. Vous dites : en général.

V. Yes. The universal mind is God. For new individualities, matter is necessary.

P. But you now speak of "mind" and "matter" as do the metaphysicians.

V. Yes—to avoid confusion. When I say "mind," I mean the unparticled or ultimate matter; by "matter," I intend all else.

P. You were saying that "for new individualities matter is necessary."

V. Yes; for mind, existing unincorporate, is merely God. To create individual, thinking beings, it was necessary to incarnate portions of the divine mind. Thus man is individualized. Divested of corporate investiture, he were God. Now, the particular motion of the incarnated portions of the unparticled matter is the thought of man; as the motion of the whole is that of God.

P. You say that divested of the body man will be God?

V. [After much hesitation.] I could not have said this; it is an absurdity.

P. [Referring to my notes.] You did say that "divested of corporate investiture man were God."

V. And this is true. Man thus divested would be God—would be unindividualized. But he can never be thus divested—at least never will be—else we must imagine an action of God returning upon itself—a purposeless and futile action. Man is a creature. Creatures are thoughts of God. It is the nature of thought to be irrevocable.

V. Oui, l'esprit universel est Dieu ; pour les nouvelles individualités, la *matière* est nécessaire.

P. Mais vous parlez maintenant d'esprit et de matière comme les métaphysiciens.

V. Oui, pour éviter la confusion. Quand je dis esprit, j'entends la matière imparticulée ou suprême ; sous le nom de matière, je comprends toutes les autres espèces.

P. Vous disiez : pour les nouvelles individualités la matière est nécessaire.

V. Oui, car l'esprit existant incorporellement, c'est Dieu. Pour créer des êtres individuels pensants, il était nécessaire d'incarner des portions de l'esprit divin. C'est ainsi que l'homme est individualisé ; dépouillé du vêtement corporel, il serait Dieu. Maintenant, le mouvement spécial des portions incarnées de la matière imparticulée, c'est la pensée de l'homme, comme le mouvement de l'ensemble est celle de Dieu.

P. Vous dites que, dépouillé de son corps, l'homme sera Dieu ?

V. (*Après quelque hésitation*). Je n'ai pas pu dire cela, c'est une absurdité.

P. (*Consultant mes notes*). Vous avez affirmé que, dépouillé du vêtement corporel, l'homme serait Dieu.

V. Et cela est vrai. L'homme ainsi dégagé serait Dieu, il serait désindividualisé ; mais il ne peut être ainsi dépouillé, — du moins il ne le sera jamais ; — autrement, il nous faudrait concevoir une action de Dieu revenant sur elle-même, une action futile et sans but. L'homme est une créature ; les créatures sont les pensées de Dieu, et c'est la nature d'une pensée d'être irrévocable.

P. I do not comprehend. You say that man will never put off the body?

V. I say that he will never be bodiless.

P. Explain.

V. There are two bodies—the rudimental and the complete; corresponding with the two conditions of the worm and the butterfly. What we call "death," is but the painful metamorphosis. Our present incarnation is progressive, preparatory, temporary. Our future is perfected, ultimate, immortal. The ultimate life is the full design.

P. But of the worm's metamorphosis we are palpably cognizant.

V. We , certainly—but not the worm. The matter of which our rudimental body is composed, is within the ken of the organs of that body; or, more distinctly, our rudimental organs are adapted to the matter of which is formed the rudimental body; but not to that of which the ultimate is composed. The ultimate body thus escapes our rudimental senses, and we perceive only the shell which falls, in decaying, from the inner form; not that inner form itself; but this inner form, as well as the shell, is appreciable by those who have already acquired the ultimate life.

P. You have often said that the mesmeric state very nearly resembles death. How is this?

V. When I say that it resembles death, I mean that it resembles the ultimate life; for when I am entranced the senses of my rudimental life are in abeyance, and I perceive external things directly, without organs, through a medium which I shall employ in the ultimate, unorganized life.

P. Je ne comprends pas. Vous dites que l'homme ne pourra jamais rejeter son corps.

V. Je dis qu'il ne sera jamais sans corps.

P. Expliquez-vous.

V. Il y a deux corps : le rudimentaire et le complet, correspondant aux deux conditions de la chenille et du papillon. Ce que nous appelons mort n'est que la métamorphose douloureuse ; notre incarnation actuelle est progressive, préparatoire, temporaire ; notre incarnation future est parfaite, finale, immortelle. La vie finale est le but suprême.

P. Mais nous avons une notion palpable de la métamorphose de la chenille.

V. Nous, certainement, mais non la chenille. La matière dont notre corps rudimentaire est composé est à la portée des organes de ce même corps, ou, plus distinctement, nos organes rudimentaires sont appropriés à la matière dont est fait le corps rudimentaire, mais non à celle dont le corps suprême est composé. Le corps ultérieur on suprême échappe donc à nos sens rudimentaires, et nous percevons seulement la coquille qui tombe en dépérissant et se détache de la forme intérieure, et non la forme intime elle-même ; mais cette forme intérieure, aussi bien que la coquille, est appréciable pour ceux qui ont déjà opéré la conquête de la vie ultérieure.

P. Vous avez dit souvent que l'état magnétique ressemblait singulièrement à la mort. Comment cela ?

V. Quand je dis qu'il ressemble à la mort, j'entends qu'il ressemble à la vie ultérieure, car, lorsque je suis magnétisé, les sens de ma vie rudimentaire sont en vacance, et je perçois les choses extérieures directement, sans organes, par un agent qui sera à mon service dans la vie ultérieure ou inorganique.

P. Unorganized?

V. Yes; organs are contrivances by which the individual is brought into sensible relation with particular classes and forms of matter, to the exclusion of other classes and forms. The organs of man are adapted to his rudimental condition, and to that only; his ultimate condition, being unorganized, is of unlimited comprehension in all points but one—the nature of the volition of God—that is to say, the motion of the unparticled matter. You will have a distinct idea of the ultimate body by conceiving it to be entire brain. This it is not; but a conception of this nature will bring you near a comprehension of what it is. A luminous body imparts vibration to the luminiferous ether. The vibrations generate similar ones within the retina; these again communicate similar ones to the optic nerve. The nerve conveys similar ones to the brain; the brain, also, similar ones to the unparticled matter which permeates it. The motion of this latter is thought, of which perception is the first undulation. This is the mode by which the mind of the rudimental life communicates with the external world; and this external world is, to the rudimental life, limited, through the idiosyncrasy of its organs. But in the ultimate, unorganized life, the external world reaches the whole body, (which is of a substance having affinity to brain, as I have said,) with no other intervention than that of an infinitely rarer ether than even the luminiferous; and to this ether—in unison with it—the whole body vibrates, setting in motion the unparticled matter which permeates it. It is to the absence of idiosyncratic organs, therefore, that we must attribute the nearly unlimited perception of the ultimate life. To rudimental beings, organs are the cages necessary to confine them until fledged.

P. You speak of rudimental "beings." Are there other rudimental thinking beings than man?

V. The multitudinous conglomeration of rare matter into nebulæ, planets, suns, and other bodies which are neither nebulæ, suns, nor

P. Inorganique ?

V. Oui. Les organes sont des mécanismes par lesquels l'individu est mis en rapport sensible avec certaines catégories et formes de la matière, à l'exclusion des autres catégories et des autres formes. Les organes de l'homme sont appropriés à sa condition rudimentaire, et à elle seule. Sa condition ultérieure, étant inorganique, est propre à une compréhension infinie de toutes choses, une seule exceptée, — qui est la nature de la volonté de Dieu, c'est-à-dire le mouvement de la matière imparticulée. Vous aurez une idée distincte du corps définitif en le concevant tout cervelle ; il n'est pas cela, mais une conception de cette nature vous rapprochera de l'idée de sa constitution réelle. Un corps lumineux communique une vibration à l'éther chargé de transmettre la lumière ; cette vibration en engendre de semblables dans la rétine, lesquelles en communiquent de semblables au nerf optique ; le nerf les traduit au cerveau, et le cerveau à la matière imparticulée qui le pénètre ; le mouvement de cette dernière est la pensée, et sa première vibration, c'était la perception. Tel est le mode par lequel l'esprit de la vie rudimentaire communique avec le monde extérieur, et ce monde extérieur est, dans la vie rudimentaire, limité par l'idiosyncrasie des organes. Mais, dans la vie ultérieure, inorganique, le monde extérieur communique avec le corps entier, — qui est d'une substance ayant quelque affinité avec le cerveau, comme je vous l'ai dit, — sans autre intervention que celle d'un éther infiniment plus subtil que l'éther lumineux ; et le corps tout entier vibre à l'unisson avec cet éther et met en mouvement la matière imparticulée dont il est pénétré. C'est donc à l'absence d'organes idiosyncrasiques qu'il faut attribuer la perception quasi illimitée de la vie ultérieure. Les organes sont des cages nécessaires où sont enfermés les êtres rudimentaires jusqu'à ce qu'ils soient garnis de toutes leurs plumes.

P. Vous parlez d'êtres rudimentaires, y a-t-il d'autres êtres rudimentaires pensants que l'homme ?

V. L'incalculable agglomération de matière subtile dans les nébuleuses, les planètes, les soleils, et autres corps qui ne sont ni

planets, is for the sole purpose of supplying pabulum *for the idiosyncrasy of the organs of an infinity of rudimental beings. But for the necessity of the rudimental, prior to the ultimate life, there would have been no bodies such as these. Each of these is tenanted by a distinct variety of organic, rudimental, thinking creatures. In all, the organs vary with the features of the place tenanted. At death, or metamorphosis, these creatures, enjoying the ultimate life—immortality—and cognizant of all secrets but* the one, *act all things and pass everywhere by mere volition:—indwelling, not the stars, which to us seem the sole palpabilities, and for the accommodation of which we blindly deem space created—but that* SPACE *itself—that infinity of which the truly substantive vastness swallows up the star-shadows—blotting them out as non-entities from the perception of the angels.*

P. You say that "but for the necessity *of the rudimental life" there would have been no stars. But why this necessity?*

V. In the inorganic life, as well as in the inorganic matter generally, there is nothing to impede the action of one simple unique *law—the Divine Volition. With the view of producing impediment, the organic life and matter, (complex, substantial, and law-encumbered,) were contrived.*

P. But again—why need this impediment have been produced?

V. The result of law inviolate is perfection—right—negative happiness. The result of law violate is imperfection, wrong, positive pain. Through the impediments afforded by the number, complexity, and substantiality of the laws of organic life and matter, the violation of law is rendered, to a certain extent, practicable. Thus pain, which in the inorganic life is impossible, is possible in the organic.

nébuleuses, ni soleils, ni planètes, a pour unique destination de servir d'aliment aux organes idiosyncrasiques d'une infinité d'êtres rudimentaires ; mais, sans cette nécessité de la vie rudimentaire, acheminement à la vie définitive, de pareils mondes n'auraient pas existé ; chacun de ces mondes est occupé par une variété distincte de créatures organiques, rudimentaires, pensantes ; dans toutes, les organes varient avec les caractères généraux de l'habitacle. À la mort ou métamorphose, ces créatures, jouissant de la vie ultérieure, de l'immortalité, et connaissant tous les secrets, excepté l'*unique*, opèrent tous leurs actes et se meuvent dans tous les sens par un pur effet de leur volonté ; elles habitent, — non plus les étoiles qui nous paraissent les seuls mondes palpables, et pour la commodité desquelles nous croyons stupidement que l'espace a été créé, mais l'espace lui-même, cet infini dont l'immensité véritablement substantielle absorbe les étoiles comme des ombres et pour l'œil des anges les efface comme des non-entités.

P. Vous dites que, sans la *nécessité* de la vie rudimentaire, les astres n'auraient pas été créés. Mais pourquoi cette nécessité ?

V. Dans la vie inorganique, aussi bien que généralement dans la matière inorganique, il n'y a rien qui puisse contredire l'action d'une loi simple, unique, qui est la Volition divine. La vie et la matière organiques, — complexes, substantielles et gouvernées par une loi multiple, — ont été constituées dans le but de créer un empêchement.

P. Mais encore, — où était la nécessité de créer cet empêchement ?

V. Le résultat de la loi inviolée est perfection, justice, bonheur négatif. Le résultat de la loi violée est imperfection, injustice, douleur positive. Grâce aux empêchements apportés par le nombre, la complexité ou la substantialité des lois de la vie et de la matière organiques, la violation de la loi devient jusqu'à un certain point praticable. Ainsi la douleur, qui est impossible dans la vie inorganique, est possible dans l'organique.

P. But to what good end is pain thus rendered possible?

V. All things are either good or bad by comparison. A sufficient analysis will show that pleasure, in all cases, is but the contrast of pain. Positive pleasure is a mere idea. To be happy at any one point we must have suffered at the same. Never to suffer would have been never to have been blessed. But it has been shown that, in the inorganic life, pain cannot be thus the necessity for the organic. The pain of the primitive life of Earth, is the sole basis of the bliss of the ultimate life in Heaven.

P. Still, there is one of your expressions which I find it impossible to comprehend—"the truly substantive vastness of infinity."

V. This, probably, is because you have no sufficiently generic conception of the term "substance" itself. We must not regard it as a quality, but as a sentiment:—it is the perception, in thinking beings, of the adaptation of matter to their organization. There are many things on the Earth, which would be nihility to the inhabitants of Venus—many things visible and tangible in Venus, which we could not be brought to appreciate as existing at all. But to the inorganic beings—to the angels—the whole of the unparticled matter is substance, that is to say, the whole of what we term "space" is to them the truest substantiality;—the stars, meantime, through what we consider their materiality, escaping the angelic sense, just in proportion as the unparticled matter, through what we consider its immateriality, eludes the organic.

As the sleep-waker pronounced these latter words, in a feeble tone, I observed on his countenance a singular expression, which somewhat alarmed me, and induced me to awake him at once. No sooner had I

P. Mais en vue de quel résultat satisfaisant la possibilité de la douleur a-t-elle été créée ?

V. Toutes choses sont bonnes ou mauvaises par comparaison. Une suffisante analyse démontrera que le plaisir, dans tous les cas, n'est que le contraste de la peine. Le plaisir positif est une pure idée. Pour être heureux jusqu'à un certain point, il faut que nous ayons souffert jusqu'au même point. Ne jamais souffrir serait équivalent à n'avoir jamais été heureux. Mais il est démontré que dans la vie inorganique la peine ne peut pas exister ; de là la nécessité de la peine dans la vie organique. La douleur de la vie primitive sur la terre est la seule base, la seule garantie du bonheur dans la vie ultérieure, dans le ciel.

P. Mais encore il y a une de vos expressions que je ne puis absolument pas comprendre : l'immensité véritablement *substantielle* de l'infini.

V. C'est probablement parce que vous n'avez pas une notion suffisamment générique de l'expression *substance* elle-même. Nous ne devons pas la considérer comme une qualité, mais comme un sentiment ; c'est la perception, dans les êtres pensants, de l'appropriation de la matière à leur organisation. Il y a bien des choses sur la terre qui seraient néant pour les habitants de Vénus, bien des choses visibles et tangibles dans Vénus, dont nous sommes incompétents à apprécier l'existence. Mais, pour les êtres inorganiques, — pour les anges, — la totalité de la matière imparticulée est substance, c'est-à-dire que, pour eux, la totalité de ce que nous appelons espace est la plus véritable substantialité. Cependant, les astres, pris au point de vue matériel, échappent au sens angélique dans la même proportion que la matière imparticulée, prise au point de vue immatériel, échappé aux sens organiques.

Comme le somnambule, d'une voix faible, prononçait ces derniers mots, j'observai dans sa physionomie une singulière expression qui m'alarma un peu et me décida à le réveiller immédiatement. Je ne

done this, than, with a bright smile irradiating all his features, he fell back upon his pillow and expired. I noticed that in less than a minute afterward his corpse had all the stern rigidity of stone. His brow was of the coldness of ice. Thus, ordinarily, should it have appeared, only after long pressure from Azrael's hand. Had the sleep-waker, indeed, during the latter portion of his discourse, been addressing me from out the region of the shadows?

l'eus pas plus tôt fait, qu'il tomba en arrière sur son oreiller et expira, avec un brillant sourire qui illuminait tous ses traits. Je remarquai que moins d'une minute après son corps avait l'immuable rigidité de la pierre ; son front était d'un froid de glace, tel sans doute je l'eusse trouvé après une longue pression de la main d'Azraël. Le somnambule, pendant la dernière partie de son discours, m'avait-il donc parlé du fond de la région des ombres ?

A Tale of the Ragged Mountains

1844

Souvenirs de M. Auguste Bedloe

D uring the fall of the year 1827, while residing near Charlottesville, Virginia, I casually made the acquaintance of Mr. Augustus Bedloe. This young gentleman was remarkable in every respect, and excited in me a profound interest and curiosity. I found it impossible to comprehend him either in his moral or his physical relations. Of his family I could obtain no satisfactory account. Whence he came, I never ascertained. Even about his age—although I call him a young gentleman—there was something which perplexed me in no little degree. He certainly seemed *young*—and he made a point of speaking about his youth—yet there were moments when I should have had little trouble in imagining him a hundred years of age. But in no regard was he more peculiar than in his personal appearance. He was singularly tall and thin. He stooped much. His limbs were exceedingly long and emaciated. His forehead was broad and low. His complexion was absolutely bloodless. His mouth was large and flexible, and his teeth were more widely uneven, although sound, than I had ever before seen teeth in a human head. The expression of his smile, however, was by no means unpleasing, as might be supposed; but it had no variation whatever. It was one of profound melancholy—of a phaseless and unceasing gloom. His eyes were abnormally large, and round like those of a cat. The pupils, too, upon any accession or dimunition of light, underwent contraction or dilation, just such as is observed in the feline tribe. In moments of excitement the orbs grew bright to a degree almost inconceivable; seeming to emit luminous rays, not of a reflected, but of an intrinsic lustre, as does a candle or the sun; yet their ordinary condition was so totally vapid, filmy, and dull, as to convey the idea of the eyes of a long-interred corpse.

Charles Baudelaire

Vers la fin de l'année 1827, pendant que je demeurais près de Charlottesville, dans la Virginie, je fis par hasard la connaissance de M. Auguste Bedloe. Ce jeune gentleman était remarquable à tous égards et excitait en moi une curiosité et un intérêt profonds. Je jugeai impossible de me rendre compte de son être tant physique que moral. Je ne pus obtenir sur sa famille aucun renseignement positif. D'où venait-il ? je ne le sus jamais bien. Même relativement à son âge, quoique je l'aie appelé un jeune gentleman, il y avait quelque chose qui m'intriguait au suprême degré. Certainement il semblait jeune, et même il affectait de parler de sa jeunesse ; cependant, il y avait des moments où je n'aurais guère hésité à le supposer âgé d'une centaine d'années. Mais c'était surtout son extérieur qui avait un aspect tout à fait particulier. Il était singulièrement grand et mince ; — se voûtant beaucoup ; — les membres excessivement longs et émaciés ; — le front large et bas ; — une complexion absolument exsangue ; — sa bouche, large et flexible, et ses dents, quoique saines, plus irrégulières que je n'en vis jamais dans aucune bouche humaine. L'expression de son sourire, toutefois, n'était nullement désagréable, comme on pourrait le supposer ; mais elle n'avait aucune espèce de nuance. C'était une profonde mélancolie, une tristesse sans phases et sans intermittences. Ses yeux étaient d'une largeur anormale et ronds comme ceux d'un chat. Les pupilles elles-mêmes subissaient une contraction et une dilatation proportionnelles à l'accroissement et à la diminution de la lumière, exactement comme on l'a observé dans les races félines. Dans les moments d'excitation, les prunelles devenaient brillantes à un degré presque inconcevable et semblaient émettre des rayons lumineux d'un éclat non réfléchi, mais intérieur, comme fait un flambeau ou le soleil ; toutefois, dans leur condition habituelle, elles étaient tellement ternes, inertes et nuageuses, qu'elles faisaient penser aux yeux d'un corps enterré depuis longtemps.

These peculiarities of person appeared to cause him much annoyance, and he was continually alluding to them in a sort of half explanatory, half apologetic strain, which, when I first heard it, impressed me very painfully. I soon, however, grew accustomed to it, and my uneasiness wore off. It seemed to be his design rather to insinuate, than directly to assert that, physically, he had not always been what he was—that a long series of neuralgic attacks had reduced him from a condition of more than usual personal beauty, to that which I saw. For many years past he had been attended by a physician, named Templeton—an old gentleman, perhaps seventy years of age—whom he had first encountered at Saratoga, and from whose attention, while there, he either received, or fancied that he received, great benefit. The result was that Bedloe, who was wealthy, had made an arrangement with Doctor Templeton, by which the latter, in consideration of a liberal annual allowance, had consented to devote his time and medical experience exclusively to the care of the invalid.

Doctor Templeton had been a traveller in his younger days, and, at Paris, had become a convert, in great measure, to the doctrines of Mesmer. It was altogether by means of magnetic remedies that he had succeeded in alleviating the acute pains of his patient; and this success had very naturally inspired the latter with a certain degree of confidence in the opinions from which the remedies had been educed. The Doctor, however, like all enthusiasts, had struggled hard to make a thorough convert of his pupil, and finally so far gained his point as to induce the sufferer to submit to numerous experiments.—By a frequent repetition of these, a result had arisen, which of late days has become so common as to attract little or no attention, but which, at the period of which I write, had very rarely been known in America. I mean to say, that between Doctor Templeton and Bedloe there had grown up, little by little, a very distinct and strongly-marked rapport, *or magnetic relation. I am not prepared to assert, however, that this* rapport *extended beyond the limits of the simple sleep-producing power; but this power itself had attained great intensity. At the first attempt to induce the magnetic somnolency, the*

Ces particularités personnelles semblaient lui causer beaucoup d'ennui, et il y faisait continuellement allusion dans un style semi-explicatif, semi-justificatif, qui, la première fois que je l'entendis, m'impressionna très-péniblement. Toutefois, je m'y accoutumai bientôt, et mon déplaisir se dissipa. Il semblait avoir l'intention d'insinuer, plutôt que d'affirmer positivement, que physiquement il n'avait pas toujours été ce qu'il était ; qu'une longue série d'attaques névralgiques l'avait réduit d'une condition de beauté personnelle non commune à celle que je voyais. Depuis plusieurs années, il recevait les soins d'un médecin nommé Templeton, — un vieux gentleman âgé de soixante et dix ans, peut-être, — qu'il avait pour la première fois rencontré à Saratoga, et des soins duquel il tira dans ce temps, ou crut tirer un grand secours. Le résultat fut que Bedloe, qui était riche, fit un arrangement avec le docteur Templeton, par lequel ce dernier, en échange d'une généreuse rémunération annuelle, consentit à consacrer exclusivement son temps et son expérience médicale à soulager le malade.

Le docteur Templeton avait voyagé dans les jours de sa jeunesse, et était devenu à Paris un des sectaires les plus ardents des doctrines de Mesmer. C'était uniquement par le moyen des remèdes magnétiques qu'il avait réussi à soulager les douleurs aiguës de son malade ; et ce succès avait très-naturellement inspiré à ce dernier une certaine confiance dans les opinions qui servaient de base à ces remèdes. D'ailleurs, le docteur, comme tous les enthousiastes, avait travaillé de son mieux à faire de son pupille un parfait prosélyte, et finalement il réussit si bien qu'il décida le patient à se soumettre à de nombreuses expériences. Fréquemment répétées, elles amenèrent un résultat qui, depuis longtemps, est devenu assez commun pour n'attirer que peu ou point l'attention, mais qui, à l'époque dont je parle, s'était très-rarement manifesté en Amérique. Je veux dire qu'entre le docteur Templeton et Bedloe s'était établi peu à peu un rapport magnétique très-distinct et très-fortement accentué. Je n'ai pas toutefois l'intention d'affirmer que ce rapport s'étendît au delà des limites de la puissance somnifère ; mais cette puissance elle-même avait atteint une grande intensité. À la première tentative faite pour produire le

mesmerist entirely failed. In the fift or sixth he succeeded very partially, and after long continued effort. Only at the twelfth was the triumph complete. After this the will of the patient succumbed rapidly to that of the physician, so that, when I first became acquainted with the two, sleep was brought about almost instantaneously, by the mere volition of the operator, even when the invalid was unaware of his presence. It is only now in the year 1845, when similar miracles are witnessed daily by thousands, that I dare venture to record this apparent impossibility as a matter of serious fact.

The temperament of Bedloe was, in the highest degree, sensitive, excitable, enthusiastic. His imagination was singularly vigorous and creative; and no doubt it derived additional force from the habitual use of morphine, which he swallowed in great quantity, and without which he would have found it impossible to exist. It was his practice to take a very large dose of it immediately after breakfast, each morning—or rather immediately after a cup of strong coffee, for he ate nothing in the forenoon—and then set forth alone, or attended only by a dog, upon a long ramble among the chain of wild and dreary hills that lie westward and southward of Charlottesville, and are there dignified by the title of the Ragged Mountains.

Upon a dim, warm, misty day, towards the close of November, and during the strange interregnum of the seasons which in America is termed the Indian Summer, Mr. Bedloe departed as usual for the hills. The day passed, and still he did not return.

About eight o'clock at night, having become seriously alarmed at his protracted absence, we were about setting out in search of him, when he unexpectedly made his appearance, in health no worse than usual, and in rather more than ordinary spirits. The account which he gave of his expedition, and of the events which had detained him, was a singular one indeed.

sommeil magnétique, le disciple de Mesmer échoua complètement. À la cinquième ou sixième, il ne réussit que très-imparfaitement, et après des efforts opiniâtres. Ce fut seulement à la douzième que le triomphe fut complet. Après celle-là, la volonté du patient succomba rapidement sous celle du médecin, si bien que, lorsque je fis pour la première fois leur connaissance, le sommeil arrivait presque instantanément par un pur acte de volition de l'opérateur, même quand le malade n'avait pas conscience de sa présence. C'est seulement maintenant, en l'an 1845, quand de semblables miracles ont été journellement attestés par des milliers d'hommes, que je me hasarde à citer cette apparente impossibilité comme un fait positif.

Le tempérament de Bedloe était au plus haut degré sensitif, excitable, enthousiaste. Son imagination, singulièrement vigoureuse et créatrice, tirait sans doute une force additionnelle de l'usage habituel de l'opium, qu'il consommait en grande quantité, et sans lequel l'existence lui eût été impossible. C'était son habitude d'en prendre une bonne dose immédiatement après son déjeuner, chaque matin, — ou plutôt immédiatement après une tasse de fort café, car il ne mangeait rien dans l'avant-midi, — et alors il partait seul, ou seulement accompagné d'un chien, pour une longue promenade à travers la chaîne de sauvages et lugubres hauteurs qui courent à l'ouest et au sud de Charlottesville, et qui sont décorées ici du nom de *Ragged Mountains*[1].

Par un jour sombre, chaud et brumeux, vers la fin de novembre, et durant l'étrange interrègne de saisons que nous appelons en Amérique l'été indien, M. Bedloe partit, suivant son habitude, pour les montagnes. Le jour s'écoula, et il ne revint pas.

Vers huit heures du soir, étant sérieusement alarmés par cette absence prolongée, nous allions nous mettre à sa recherche, quand il reparut inopinément, ni mieux ni plus mal portant, et plus animé que de coutume. Le récit qu'il fit de son expédition et des événements qui l'avaient retenu fut en vérité des plus singuliers :

"You will remember," said he, "that it was about nine in the morning when I left Charlottesville. I bent my steps immediately to the mountains, and, about ten, entered a gorge which was entirely new to me. I followed the windings of this pass with much interest. The scenery which presented itself on all sides, although scarcely entitled to be called grand, had about it an indescribable, and to me, a delicious aspect of dreary desolation. The solitude seemed absolutely virgin. I could not help believing that the green sods and the grey rocks upon which I trod, had never before been trodden by the foot of a human being. So entirely secluded, and in fact inaccessible, except through a series of accidents, is the entrance of the ravine, that it is by no means impossible that I was indeed the first adventurer—the very first and sole adventurer—who had ever penetrated its recesses.

"The thick and peculiar mist or smoke which distinguishes the Indian Summer, and which now hung heavily over all objects, served no doubt to deepen the vague impressions which these objects created. So dense was this pleasant fog that I could at no time see more than a dozen yards of the path before me. This path was excessively sinuous, and as the sun could not be seen, I soon lost all idea of the direction in which I journeyed. In the meantime the morphine had its customary effect—that of enduing all the external world with an intensity of interest. In the quivering of a leaf—in the hue of a blade of grass—in the shape of a trefoil—in the humming of a bee—in the gleaming of a dew-drop—in the breathing of the wind—in the faint odours that came from the forest—there came a whole universe of suggestion—a gay and motley train of rhapsodical and immethodical thought.

"Busied in this, I walked on for several hours, during which the mist deepened around me to so great an extent that at length I was reduced to an absolute groping of the way. And now an indescribable uneasiness possessed me—a species of nervous hesitation and tremor,—I feared to tread, lest I should be precipitated into some

— Vous vous rappelez, dit-il, qu'il était environ neuf heures du matin quand je quittai Charlottesville. Je dirigeai immédiatement mes pas vers la montagne et, vers dix heures, j'entrai dans une gorge qui était entièrement nouvelle pour moi. Je suivis toutes les sinuosités de cette passe avec beaucoup d'intérêt. — Le théâtre qui se présentait de tous côtés, quoique ne méritant peut-être pas l'appellation de sublime, portait en soi un caractère indescriptible, et pour moi délicieux, de lugubre désolation. La solitude semblait absolument vierge. Je ne pouvais m'empêcher de croire que les gazons verts et les roches grises que je foulais n'avaient jamais été foulés par un pied humain. L'entrée du ravin est si complètement cachée, et de fait inaccessible, excepté à travers une série d'accidents, qu'il n'était pas du tout impossible que je fusse en vérité le premier aventurier, — le premier et le seul qui eût jamais pénétré ces solitudes.

"L'épais et singulier brouillard ou fumée qui distingue l'été indien, et qui s'étendait alors pesamment sur tous les objets, approfondissait sans doute les impressions vagues que ces objets créaient en moi. Cette brume poétique était si dense, que je ne pouvais jamais voir au delà d'une douzaine de yards de ma route. Ce chemin était excessivement sinueux, et, comme il était impossible de voir le soleil, j'avais perdu toute idée de la direction dans laquelle je marchais. Cependant, l'opium avait produit son effet accoutumé, qui est de revêtir tout le monde extérieur d'une intensité d'intérêt. Dans le tremblement d'une feuille, — dans la couleur d'un brin d'herbe, — dans la forme d'un trèfle, — dans le bourdonnement d'une abeille, — dans l'éclat d'une goutte de rosée, — dans le soupir du vent, — dans les vagues odeurs qui venaient de la forêt, — se produisait tout un monde d'inspirations, — une procession magnifique et bigarrée de pensées désordonnées et rapsodiques.

"Tout occupé par ces rêveries, je marchai plusieurs heures, durant lesquelles le brouillard s'épaissit autour de moi à un degré tel que je fus réduit à chercher mon chemin à tâtons. Et alors un indéfinissable malaise s'empara de moi, — une espèce d'irritation nerveuse et de tremblement. Je craignais d'avancer, de peur d'être précipité dans

abyss. I remembered, too, strange stories told about these Ragged Hills, and of the uncouth and fierce races of men who tenanted their groves and caverns. A thousand vague fancies oppressed and disconcerted me—fancies the more distressing because vague. Very suddenly my attention was arrested by the loud beating of a drum.

"My amazement was, of course, extreme. A drum in these hills was a thing unknown. I could not have been more surprised at the sound of the trump of the Archangel. But a new and still more astounding source of interest and perplexity arose. There came a wild rattling or jingling sound, as if of a bunch of large keys—and upon the instant a dusky-visaged and half-naked man rushed past me with a shriek. He came so close to my person that I felt his hot breath upon my face. He bore in one hand an instrument composed of an assemblage of steel rings, and shook them vigorously as he ran. Scarcely had he disappeared in the mist, before, panting after him, with open mouth and glaring eyes, there darted a huge beast. I could not be mistaken in its character. It was a hyena.

"The sight of this monster rather relieved than heightened my terrors—for I now made sure that I dreamed, and endeavored to arouse myself to waking consciousness. I stepped boldly and briskly forward. I rubbed my eyes. I called aloud. I pinched my limbs. A small spring of water presented itself to my view, and here stooping, I bathed my hands and my head and neck. This seemed to dissipate the equivocal sensations which had hitherto annoyed me. I arose, as I thought, a new man, and proceeded steadily and complacently on my unknown way.

"At length, quite overcome by exertion, and by a certain oppressive closeness of the atmosphere, I seated myself beneath a tree. Presently there came a feeble gleam of sunshine, and the shadow of the leaves

quelque abîme. Je me souvins aussi d'étranges histoires sur ces *Ragged Mountains*, et de races d'hommes bizarres et sauvages qui habitaient leurs bois et leurs cavernes. Mille pensées vagues me pressaient et me déconcertaient, — pensées que leur vague rendait encore plus douloureuses. Tout à coup mon attention fut arrêtée par un fort battement de tambour.

"Ma stupéfaction, naturellement, fut extrême. Un tambour, dans ces montagnes, était chose inconnue. Je n'aurais pas été plus surpris par le son de la trompette de l'Archange. Mais une nouvelle et bien plus extraordinaire cause d'intérêt et de perplexité se manifesta. J'entendais s'approcher un bruissement sauvage, un cliquetis, comme d'un trousseau de grosses clefs, — et à l'instant même un homme à moitié nu, au visage basané, passa devant moi en poussant un cri aigu. Il passa si près de ma personne que je sentis le chaud de son haleine sur ma figure. Il tenait dans sa main un instrument composé d'une série d'anneaux de fer et les secouait vigoureusement en courant. À peine avait-il disparu dans le brouillard, que, haletante derrière lui, la gueule ouverte et les yeux étincelants, s'élança une énorme bête. Je ne pouvais pas me méprendre sur son espèce : c'était une hyène.

"La vue de ce monstre soulagea plutôt qu'elle n'augmenta mes terreurs ; — car j'étais bien sûr maintenant que je rêvais, et je m'efforçai, je m'excitai moi-même à réveiller ma conscience. Je marchai délibérément et lestement en avant. Je me frottai les yeux. Je criai très-haut. Je me pinçai les membres. Une petite source s'étant présentée à ma vue, je m'y arrêtai, et je m'y lavai les mains, la tête et le cou. Je crus sentir se dissiper les sensations équivoques qui m'avaient tourmenté jusque-là. Il me parut, quand je me relevai, que j'étais un nouvel homme, et je poursuivis fermement et complaisamment ma route inconnue.

"À la longue, tout à fait épuisé par l'exercice et par la lourdeur oppressive de l'atmosphère, je m'assis sous un arbre. En ce moment parut un faible rayon de soleil, et l'ombre des feuilles de l'arbre

of the tree fell faintly but definitely upon the grass. At this shadow I gazed wonderingly for many minutes. Its character stupefied me with astonishment. I looked upward. The tree was a palm.

"I now arose hurriedly, and in a state of fearful agitation—for the fancy that I dreamed would serve me no longer. I saw—I felt that I had perfect command of my senses—and these senses now brought to my soul a world of novel and singular sensation. The heat became all at once intolerable. A strange odour loaded the breeze.—A low continuous murmur, like that arising from a full, but gently flowing river, came to my ears, intermingled with the peculiar hum of multitudinous human voices.

"While I listened in an extremity of astonishment which I need not attempt to describe, a strong and brief gust of wind bore off the incumbent fog as if by the wand of an enchanter.

"I found myself at the foot of a high mountain, and looking down into a vast plain, through which wound a majestic river. On the margin of this river stood an Eastern-looking city, such as we read of in the Arabian Tales, but of a character even more singular than any there described. From my position, which was far above the level of the town, I could perceive its every nook and corner, as if delineated on a map. The streets seemed innumerable, and crossed each other irregularly in all directions, but were rather long winding alleys than streets, and absolutely swarmed with inhabitants. The houses were wildly picturesque. On every hand was a wilderness of balconies, of verandahs, of minarets, of shrines, and fantastically carved oriels. Bazaars abounded; and in these were displayed rich wares in infinite variety and profusion—silks, muslins, the most dazzling cutlery, the most magnificent jewels and gems. Besides these things, were seen on all sides, banners and palanquins, litters with stately dames close

tomba sur le gazon, légèrement mais suffisamment définie. Pendant quelques minutes, je fixai cette ombre avec étonnement. Sa forme me comblait de stupeur. Je levai les yeux. L'arbre était un palmier.

"Je me levai précipitamment et dans un état d'agitation terrible, — car l'idée que je rêvais n'était plus désormais suffisante. Je vis, — je sentis que j'avais le parfait gouvernement de mes sens, — et ces sens apportaient maintenant à mon âme un monde de sensations nouvelles et singulières. La chaleur devint tout d'un coup intolérable. Une étrange odeur chargeait la brise. — Un murmure profond et continuel, comme celui qui s'élève d'une rivière abondante, mais coulant régulièrement, vint à mes oreilles, entremêlé du bourdonnement particulier d'une multitude de voix humaines.

"Pendant que j'écoutais, avec un étonnement qu'il est bien inutile de vous décrire, un fort et bref coup de vent enleva, comme une baguette de magicien, le brouillard qui chargeait la terre.

"Je me trouvai au pied d'une haute montagne dominant une vaste plaine, à travers laquelle coulait une majestueuse rivière. Au bord de cette rivière s'élevait une ville d'un aspect oriental, telle que nous en voyons dans *Les Mille et une Nuits*, mais d'un caractère encore plus singulier qu'aucune de celles qui y sont décrites. De ma position, qui était bien au-dessus du niveau de la ville, je pouvais apercevoir tous ses recoins et tous ses angles, comme s'ils eussent été dessinés sur une carte. Les rues paraissaient innombrables et se croisaient irrégulièrement dans toutes les directions, mais ressemblaient moins à des rues qu'à de longues allées contournées, et fourmillaient littéralement d'habitants. Les maisons étaient étrangement pittoresques. De chaque côté, c'était une véritable débauche de balcons, de vérandas, de minarets, de niches et de tourelles fantastiquement découpées. Les bazars abondaient ; les plus riches marchandises s'y déployaient avec une variété et une profusion infinie : soies, mousselines, la plus éblouissante coutellerie, diamants et bijoux des plus magnifiques. À côté de ces choses, on voyait de tous côtés des pavillons, des palanquins, des litières où se trouvaient

veiled, elephants gorgeously caparisoned, idols grotesquely hewn, drums, banners and gongs, spears, silver and gilded maces. And amid the crowd, and the clamour, and the general intricacy and confusion—amid the million of black and yellow men, turbaned and robed, and of flowing beard, there roamed a countless multitude of holy filleted bulls, while vast legions of the filthy but sacred ape clambered, chattering and shrieking, about the cornices of the mosques, or clung to the minarets and oriels. From the swarming streets to the banks of the river there descended innumerable flights of steps leading to bathing places, while the river itself seemed to force a passage with difficulty through the vast fleets of deeply-burthened ships that far and wide encumbered its surface. Beyond the limits of the city arose, in frequent majestic groups, the palm and the cocoa, with other gigantic and weird trees, of vast age; and here and there might be seen a field of rice, the thatched hut of a peasant, a tank, a stray temple, a gipsy camp, or a solitary graceful maiden taking her way, with a pitcher upon her head, to the banks of the magnificent river.

"You will say now, of course, that I dreamed; but not so. What I saw—what I heard—what I felt—what I thought—had about it nothing of the unmistakeable idiosyncrasy of the dream. All was rigorously self-consistent. At first doubting that I was really awake, I entered into a series of tests which soon convinced me that I really was. Now, when one dreams, and in the dream suspects that he dreams, the suspicion never fails to confirm itself, *and the sleeper is almost immediately aroused. Thus Novalis errs not in saying that 'we are near waking when we dream that we dream.' Had the vision occurred to me as I describe it, without my suspecting it as a dream, then a dream it might absolutely have been, but occurring as it did, and suspected and tested as it was, I am forced to class it among other phenomena."*

de magnifiques dames sévèrement voilées, des éléphants fastueusement caparaçonnés, des idoles grotesquement taillées, des tambours, des bannières et des gongs, des lances, des casse-tête dorés et argentés. Et parmi la foule, la clameur, la mêlée et la confusion générales, parmi un million d'hommes noirs et jaunes, en turban et en robe, avec la barbe flottante, circulait une multitude innombrable de bœufs saintement enrubannés, pendant que des légions de singes malpropres et sacrés grimpaient, jacassant et piaillant, après les corniches des mosquées, ou se suspendaient aux minarets et aux tourelles. Des rues fourmillantes aux quais de la rivière descendaient d'innombrables escaliers qui conduisaient à des bains, pendant que la rivière elle-même semblait avec peine se frayer un passage à travers les vastes flottes de bâtiments surchargés qui tourmentaient sa surface en tous sens. Au delà des murs de la ville s'élevaient fréquemment en groupes majestueux, le palmier et le cocotier, avec d'autres arbres d'un grand âge, gigantesques et solennels ; et çà et là on pouvait apercevoir un champ de riz, la hutte de chaume d'un paysan, une citerne, un temple isolé, un camp de gypsies, ou une gracieuse fille solitaire prenant sa route, avec une cruche sur sa tête, vers les bords de la magnifique rivière.

"Maintenant, sans doute, vous direz que je rêvais ; mais nullement. Ce que je voyais, — ce que j'entendais, — ce que je sentais, — ce que je pensais n'avait rien en soi de l'idiosyncrasie non méconnaissable du rêve. Tout se tenait logiquement et faisait corps. D'abord, doutant si j'étais réellement éveillé, je me soumis à une série d'épreuves qui me convainquirent bien vite que je l'étais réellement. Or, quand quelqu'un rêve, et que dans son rêve il soupçonne qu'il rêve, le soupçon ne manque jamais de se confirmer et le dormeur est presque immédiatement réveillé. Ainsi, Novalis ne se trompe pas en disant que *nous sommes près de nous réveiller quand nous rêvons que nous rêvons*. Si la vision s'était offerte à moi telle que je l'eusse soupçonnée d'être un rêve, alors elle eût pu être purement un rêve ; mais, se présentant comme je l'ai dit, et suspectée et vérifiée comme elle le fut, je suis forcé de la classer parmi d'autres phénomènes.

"In this I am not sure that you are wrong," observed Dr. Templeton, "but proceed. You arose and descended into the city."

"I arose," continued Bedloe, regarding the Doctor with an air of profound astonishment, "I arose, as you say, and descended into the city. On my way, I fell in with an immense populace, crowding through every avenue, all in the same direction, and exhibiting in every action the wildest excitement. Very suddenly, and by some inconceivable impulse, I became intensely imbued with personal interest in what was going on. I seemed to feel that I had an important part to play, without exactly understanding what it was. Against the crowd which environed me, however, I experienced a deep sentiment of animosity. I shrank from amid them, and, swiftly, by a circuitous path, reached and entered the city. Here all was the wildest tumult and contention. A small party of men, clad in garments half Indian, half European, and officered by a gentleman in a uniform partly British, were engaged, at great odds, with the swarming rabble of the alleys. I joined the weaker party, arming myself with the weapons of a fallen officer, and fighting I knew not whom with the nervous ferocity of despair. We were soon overpowered by numbers, and driven to seek refuge in a species of kiosk. Here we barricaded ourselves, and, for the present, were secure. From a loop-hole near the summit of the kiosk, I perceived a vast crowd, in furious agitation, surrounding and assaulting a gay palace that overhung the river. Presently from an upper window of this palace, there descended an effeminate-looking person, by means of a string made of the turbans of his attendants. A boat was at hand, in which he escaped to the opposite bank of the river.

"And now a new object took possession of my soul. I spoke a few hurried but energetic words to my companions, and, having succeeded in gaining over a few of them to my purpose, made a frantic sally from the kiosk. We rushed amid the crowd that

— En cela, je n'affirme pas que vous ayez tort, remarqua le docteur Templeton. Mais poursuivez. Vous vous levâtes, et vous descendîtes dans la cité.

— Je me levai, continua Bedloe regardant le docteur avec un air de profond étonnement ; je me levai, comme vous dîtes, et descendis dans la cité. Sur ma route, je tombai au milieu d'une immense populace qui encombrait chaque avenue, se dirigeant toute dans le même sens, et montrant dans son action la plus violente animation. Très-soudainement, et sous je ne sais quelle pression inconcevable, je me sentis profondément pénétré d'un intérêt personnel dans ce qui allait arriver. Je croyais sentir que j'avais un rôle important à jouer, sans comprendre exactement quel il était. Contre la foule qui m'environnait j'éprouvai toutefois un profond sentiment d'animosité. Je m'arrachai du milieu de cette cohue, et rapidement, par un chemin circulaire, j'arrivai à la ville, et j'y entrai. Elle était en proie au tumulte et à la plus violente discorde. Un petit détachement d'hommes ajustés moitié à l'indienne, moitié à l'européenne, et commandés par des gentlemen qui portaient un uniforme en partie anglais, soutenait un combat très-inégal contre la populace fourmillante des avenues. Je rejoignis cette faible troupe, je me saisis des armes d'un officier tué, et je frappai au hasard avec la férocité nerveuse du désespoir. Nous fûmes bientôt écrasés par le nombre et contraints de chercher un refuge dans une espèce de kiosque. Nous nous y barricadâmes, et nous fûmes pour le moment en sûreté. Par une meurtrière, près du sommet du kiosque, j'aperçus une vaste foule dans une agitation furieuse, entourant et assaillant un beau palais qui dominait la rivière. Alors, par une fenêtre supérieure du palais, descendit un personnage d'une apparence efféminée, au moyen d'une corde faite avec les turbans de ses domestiques. Un bateau était tout près, dans lequel il s'échappa vers le bord opposé de la rivière.

"Et alors un nouvel objet prit possession de mon âme. J'adressai à mes compagnons quelques paroles précipitées, mais énergiques, et, ayant réussi à en rallier quelques-uns à mon dessein, je fis une sortie furieuse hors du kiosque. Nous nous précipitâmes sur la foule qui

surrounded it. They retreated at first before us. They rallied, fought madly, and retreated again. In the meantime we were borne far from the kiosk, and became bewildered and entangled among the narrow streets of tall overhanging houses, into the recesses of which the sun had never been able to shine. The rabble pressed impetuously upon us, harassing us with their spears, and overwhelming us with flights of arrows. These latter were very remarkable, and resembled in some respects the writhing creese of the Malay. They were made to imitate the body of the creeping serpent, and were long and black, with a poisoned barb. One of them struck me upon the right temple. I reeled and fell. An instantaneous and dreadful sickness seized me. I struggled—I gasped—I died."

"You will hardly persist now," said I, smiling, "that the whole of your adventure was not a dream. You are not prepared to maintain that you are dead?"

When I said these words, I of course expected some lively sally from Bedloe in reply; but, to my astonishment, he hesitated, trembled, became fearfully pallid, and remained silent. I looked towards Templeton. He sat erect and rigid in his chair—his teeth chattered, and his eyes were starting from their sockets. "Proceed!" he at length said hoarsely to Bedloe.

"For many minutes," continued the latter, "my sole sentiment—my sole feeling—was that of darkness and nonentity, with the consciousness of death. At length, there seemed to pass a violent and sudden shock through my soul, as if of electricity. With it came the sense of elasticity and of light. This latter I felt—not saw. In an instant I seemed to rise from the ground. But I had no bodily, no visible, audible, or palpable presence. The crowd had departed. The tumult had ceased. The city was in comparative repose. Beneath me lay my corpse, with the arrow in my temple, the whole head greatly

l'assiégeait. Ils s'enfuirent d'abord devant nous. Ils se rallièrent, combattirent comme des enragés, et firent une nouvelle retraite. Cependant, nous avions été emportés loin du kiosque, et nous étions perdus et embarrassés dans des rues étroites, étouffées par de hautes maisons, dans le fond desquelles le soleil n'avait jamais envoyé sa lumière. La populace se pressait impétueusement sur nous, nous harcelait avec ses lances, et nous accablait de ses volées de flèches. Ces dernières étaient remarquables et ressemblaient en quelque sorte au kriss tortillé des Malais ; — imitant le mouvement d'un serpent qui rampe, — longues et noires, avec une pointe empoisonnée. L'une d'elles me frappa à la tempe droite. Je pirouettai, je tombai. Un mal instantané et terrible s'empara de moi. Je m'agitai, — je m'efforçai de respirer, — je mourus.

— Vous ne vous obstinerez plus sans doute, dis-je en souriant, à croire que toute votre aventure n'est pas un rêve ? Êtes-vous décidé à soutenir que vous êtes mort ?

Quand j'eus prononcé ces mots, je m'attendais à quelque heureuse saillie de Bedloe, en manière de réplique ; mais, à mon grand étonnement, il hésita, trembla, devint terriblement pâle, et garda le silence. Je levai les yeux sur Templeton. Il se tenait droit et roide sur sa chaise ; — ses dents claquaient, et ses yeux s'élançaient de leurs orbites.

— Continuez, dit-il enfin à Bedloe d'une voix rauque. Pendant quelques minutes, poursuivit ce dernier, ma seule impression, — ma seule sensation, — fut celle de la nuit et du non-être, avec la conscience de la mort. À la longue, il me sembla qu'une secousse violente et soudaine comme l'électricité traversait mon âme. Avec cette secousse vint le sens de l'élasticité et de la lumière. Quant à cette dernière, je la sentis, je ne la vis pas. En un instant, il me sembla que je m'élevais de terre ; mais je ne possédais pas ma présence corporelle, visible, audible ou palpable. La foule s'était retirée. Le tumulte avait cessé. La ville était comparativement calme. Au-dessous de moi gisait mon corps, avec la flèche dans ma tempe, toute

swollen and disfigured. But all these things I felt—not saw. I took interest in nothing. Even the corpse seemed a matter in which I had no concern. Volition I had none, but appeared to be impelled into motion, and flitted buoyantly out of the city, retracing the circuitous path by which I had entered it. When I had attained that point of the ravine in the mountains at which I had encountered the hyena, I again experienced a shock as of a galvanic battery; the sense of weight, of volition, of substance, returned. I became my original self, and bent my steps eagerly homewards—but the past had not lost the vividness of the real—and not now, even for an instant, can I compel my understanding to regard it as a dream."

"Nor was it," said Templeton, with an air of deep solemnity, "yet it would be difficult to say how otherwise it should be termed. Let us suppose only, that the soul of the man of to-day is upon the verge of some stupendous psychal discoveries. Let us content ourselves with this supposition. For the rest I have some explanation to make. Here is a water-colour drawing, which I should have shown you before, but which an unaccountable sentiment of horror has hitherto prevented me from showing."

We looked at the picture which he presented. I saw nothing in it of an extraordinary character; but its effect upon Bedloe was prodigious. He nearly fainted as he gazed. And yet it was but a miniature portrait—a miraculously accurate one, to be sure—of his own very remarkable features. At least this was my thought as I regarded it.

"You will perceive," said Templeton, "the date of this picture—it is here, scarcely visible, in this corner—1780. In this year was the portrait taken. It is the likeness of a dead friend—a Mr. Oldeb—to whom I became much attached at Calcutta, during the administration of Warren Hastings. I was then only twenty years old. When I first

la tête grandement enflée et défigurée. Mais toutes ces choses, je les sentis, — je ne les vis pas. Je ne pris d'intérêt à rien. Et même le cadavre me semblait un objet avec lequel je n'avais rien de commun. Je n'avais aucune volonté, mais il me sembla que j'étais mis en mouvement et que je m'envolais légèrement hors de l'enceinte de la ville par le même circuit que j'avais pris pour y entrer. Quand j'eus atteint, dans la montagne, l'endroit du ravin où j'avais rencontré l'hyène, j'éprouvai de nouveau un choc comme celui d'une pile galvanique ; le sentiment de la pesanteur, celui de substance, rentrèrent en moi. Je redevins moi-même, mon propre individu, et je dirigeai vivement mes pas vers mon logis ; — mais le passé n'avait pas perdu l'énergie vivante de la réalité, — et maintenant encore je ne puis contraindre mon intelligence, même pour une minute, à considérer tout cela comme un songe.

— Ce n'en était pas un, dit Templeton, avec un air de profonde solennité ; mais il serait difficile de dire quel autre terme définirait le mieux le cas en question. Supposons que l'âme de l'homme moderne est sur le bord de quelques prodigieuses découvertes psychiques. Contentons-nous de cette hypothèse. Quant au reste, j'ai quelques éclaircissements à donner. Voici une peinture à l'aquarelle que je vous aurais déjà montrée si un indéfinissable sentiment d'horreur ne m'en avait pas empêché jusqu'à présent.

Nous regardâmes la peinture qu'il nous présentait. Je n'y vis aucun caractère bien extraordinaire ; mais son effet sur Bedloe fut prodigieux. À peine l'eut-il regardée, qu'il faillit s'évanouir. Et cependant, ce n'était qu'un portrait à la miniature, un portrait merveilleusement fini, à vrai dire, de sa propre physionomie si originale. Du moins, telle fut ma pensée en la regardant.

— Vous apercevez la date de la peinture, dit Templeton ; elle est là, à peine visible, dans ce coin, — 1780. C'est dans cette année que cette peinture fut faite. C'est le portrait d'un ami défunt, — un M. Oldeb, — à qui je m'attachai très-vivement à Calcutta, durant l'administration de Warren Hastings. Je n'avais alors que vingt ans.

saw you, Mr. Bedloe, at Saratoga, it was the miraculous similarity which existed between yourself and the painting which induced me to accost you, to seek your friendship, and to bring about those arrangements which resulted in my becoming your constant companion. In accomplishing this point I was urged partly, and perhaps principally, by a regretful memory of the deceased, but also, in part, by an uneasy and not altogether horrorless curiosity respecting yourself.

"In your detail of the vision which presented itself to you amid the hills, you have described with the minutest accuracy, the Indian city of Benares upon the holy river. The riots, the combats, the massacre, were the actual events of the insurrection of Cheyte Sing, which took place in 1780, when Hastings was put in imminent peril of his life. The man escaping by the string of turbans was Cheyte Sing himself. The party in the kiosk were sepoys and British officers headed by Hastings. Of this party I was one, and did all I could to prevent the rash and fatal sally of the officer who fell, in the crowded alleys, by the poisoned arrow of a Bengalee. That officer was my dearest friend. It was Oldeb. You will perceive by these manuscripts" (here the speaker produced a notebook in which several pages appeared to have been, freshly written) "that at the very period in which you fancied these things amid the hills, I was engaged in detailing them upon paper here at home."

In about a week after this conversation, the following paragraphs appeared in a Charlottesville paper:

"We have the painful duty of announcing the death of MR. AUGUSTUS BEDLO, *a gentleman whose amiable manners and many virtues have long endeared him to the citizens of Charlottesville.*

"Mr. B., for some years past, has been subject to neuralgia, which has often threatened to terminate fatally; but this can be regarded only as

Quand je vous vis pour la première fois, monsieur Bedloe, à Saratoga, ce fut la miraculeuse similitude qui existait entre vous et le portrait qui me détermina à vous aborder, à rechercher votre amitié et à amener ces arrangements qui firent de moi votre compagnon perpétuel. En agissant ainsi, j'étais poussé en partie, et peut-être principalement, par les souvenirs pleins de regrets du défunt, mais d'une autre part aussi par une curiosité inquiète à votre endroit, et qui n'était pas dénuée d'une certaine terreur.

"Dans votre récit de la vision qui s'est présentée à vous dans les montagnes, vous avez décrit, avec le plus minutieux détail, la ville indienne de Bénarès, sur la Rivière-Sainte. Les rassemblements, les combats, le massacre, c'étaient les épisodes réels de l'insurrection de Cheyte-Sing, qui eut lieu en 1780, alors que Hastings courut les plus grands dangers pour sa vie. L'homme qui s'est échappé par la corde faite de turbans, c'était Cheyte-Sing lui-même. La troupe du kiosque était composée de cipayes et d'officiers anglais, Hastings à leur tête. Je faisais partie de cette troupe, et je fis tous mes efforts pour empêcher cette imprudente et fatale sortie de l'officier qui tomba dans la bagarre sous la flèche empoisonnée d'un Bengali. Cet officier était mon plus cher ami. C'était Oldeb. Vous verrez par ce manuscrit, — ici le narrateur produisit un livre de notes, dans lequel quelques pages paraissaient d'une date toute fraîche, — que, pendant que vous *pensiez* ces choses au milieu de la montagne, j'étais occupé ici, à la maison, à les *décrire* sur le papier.

Une semaine environ après cette conversation, l'article suivant parut dans un journal de Charlottesville :

"C'est pour nous un devoir douloureux d'annoncer la mort de M. Auguste Bedlo, un gentleman que ses manières charmantes et ses nombreuses vertus avaient depuis longtemps rendu cher aux citoyens de Charlottesville.

"M. B., depuis quelques années, souffrait d'une névralgie qui avait souvent menacé d'aboutir fatalement ; mais elle ne peut être regardée

the mediate cause of his decease. The approximate cause was one of especial singularity. In an excursion to the Ragged Mountains, a few days since, a slight cold and fever were contracted, attended with great determination of blood to the head. To relieve this, Dr. Tempieton resorted to topical bleeding. Leeches were applied to the temples. In a fearfully brief period the patient died, when it appeared that, in the jar containing the leeches, had been introduced, by accident, one of the venomous vermicular sangsues which are now and then found in the neighbouring ponds. This creature fastened itself upon a small artery in the right temple. Its close resemblance to the medicinal leech caused the mistake to be overlooked until too late.

"N. B.—The poisonous sangsue of Charlottesville may always be distinguished from the medicinal leech by its blackness, and especially by its writhing or vermicular motions which very nearly resembles those of a snake."

I was speaking with the editor of the paper in question, upon the topic of this remarkable accident, when it occurred to me to ask how it happened that the name of the deceased had been given as Bedlo.

"I presume," said I, "you have authority for this spelling, but I have always supposed the name to be written with an e at the end."

"Authority?—no," he replied. "It is a mere typographical error. The name is Bedlo with an e, all the world over, and I never knew it to be spelt otherwise in my life."

"Then," said I mutteringly, as I turned upon my heel, "then indeed has it come to pass that one truth is stranger than any fiction—for Bedlo without the e, what is it but Oldeb conversed? And this man tells me it is a typographical error."

que comme la cause indirecte de sa mort. La cause immédiate fut d'un caractère singulier et spécial. Dans une excursion qu'il fit dans les *Ragged Mountains*, il y a quelques jours, il contracta un léger rhume avec de la fièvre, qui fut suivi d'un grand mouvement du sang à la tête. Pour le soulager, le docteur Templeton eut recours à la saignée locale. Des sangsues furent appliquées aux tempes. Dans un délai effroyablement court, le malade mourut, et l'on s'aperçut que, dans le bocal qui contenait les sangsues, avait été introduite par hasard une de ces sangsues vermiculaires venimeuses qui se rencontrent çà et là dans les étangs circonvoisins. Cette bête se fixa d'elle-même sur une petite artère de la tempe droite. Son extrême ressemblance avec la sangsue médicinale fit que la méprise fut découverte trop tard.

"*N.-B.* — La sangsue venimeuse de Charlottesville peut toujours se distinguer de la sangsue médicinale par sa noirceur, et spécialement par ses tortillements, ou mouvements vermiculaires, qui ressemblent beaucoup à ceux d'un serpent."

Je me trouvais avec l'éditeur du journal en question, et nous causions de ce singulier accident, quand il me vint à l'idée de lui demander pourquoi l'on avait imprimé le nom du défunt avec l'orthographe : *Bedlo*.

— Je présume, dis-je, que vous avez quelque autorité pour l'orthographier ainsi ; j'ai toujours cru que le nom devait s'écrire avec un e à la fin.

— Autorité ? non, répliqua-t-il. C'est une simple erreur du typographe. Le nom est Bedloe avec un e ; c'est connu de tout le monde, et je ne l'ai jamais vu écrit autrement.

— Il peut donc se faire, murmurai-je en moi-même, comme je tournai sur mes talons, qu'une vérité soit plus étrange que toutes les fictions ; — car qu'est-ce que Bedlo sans e, si ce n'est Oldeb retourné ? Et cet homme me dit que c'est une faute typographique !

Note:

1. *Montagnes déchirées* ; une branche des Montagnes bleues, Blue Ridge, partie orientale des Alleghanys. — C. B.

Morella

1835

Morella

Edgar Allan Poe

Auto kath' auto meth' autou, mono eides aei on.
Itself—alone by itself—eternally one and single.

Plato. Sympos.

With a feeling of deep but most singular affection I regarded my friend Morella. Thrown by accident into her society many years ago, my soul, from our first meeting, burned with fires it had never known—but the fires were not of Eros—and bitter and tormenting to my eager spirit was the gradual conviction that I could in no manner define their unusual meaning, or regulate their vague intensity. Yet we met: and Fate bound us together at the altar: and I never spoke of love, or thought of passion. She, however, shunned society, and, attaching herself to me alone, rendered me happy. It is a happiness to wonder. It is a happiness to dream.

Morella's erudition was profound. As I hope to live, her talents were of no common order—her powers of mind were gigantic. I felt this, and in many matters became her pupil. I soon, however, found that Morella, perhaps on account of her Presburg education, laid before me a number of those mystical writings which are usually considered the mere dross of the early German literature. These, for what reasons I could not imagine, were her favorite and constant study: and that in process of time they became my own, should be attributed to the simple but effectual influence of habit and example.

In all this, if I err not, my reason had little to do. My convictions, or I forget myself, were in no manner acted upon by my imagination, nor was any tincture of the mysticism which I read, to be discovered,

Charles Baudelaire

> Lui-même, par lui-même, avec lui-même,
> homogène éternel.
>
> Platon.

Ce que j'éprouvais relativement à mon amie Morella était une profonde mais très-singulière affection. Ayant fait sa connaissance par hasard, il y a nombre d'années, mon âme, dès notre première rencontre, brûla de feux qu'elle n'avait jamais connus ; — mais ces feux n'étaient point ceux d'Éros, et ce fut pour mon esprit un amer tourment que la conviction croissante que je ne pourrais jamais définir leur caractère insolite, ni régulariser leur intensité errante. Cependant, nous nous convînmes, et la destinée nous fit nous unir à l'autel. Jamais je ne parlai de passion, jamais je ne songeai à l'amour. Néanmoins, elle fuyait la société, et, s'attachant à moi seul, elle me rendit heureux. Être étonné, c'est un bonheur ; — et rêver, n'est-ce pas un bonheur aussi ?

L'érudition de Morella était profonde. Comme, j'espère le montrer, ses talents n'étaient pas d'un ordre secondaire ; la puissance de son esprit était gigantesque. Je le sentis, et, dans mainte occasion, je devins son écolier. Toutefois, je m'aperçus bientôt que Morella, en raison de son éducation faite à Presbourg, étalait devant moi bon nombre de ces écrits mystiques qui sont généralement considérés comme l'écume de la première littérature allemande. Ces livres, pour des raisons que je ne pouvais concevoir, faisaient son étude constante et favorite ; — et, si avec le temps ils devinrent aussi la mienne, il ne faut attribuer cela qu'à la simple mais très-efficace influence de l'habitude et de l'exemple.

En toutes ces choses, si je ne me trompe, ma raison n'avait presque rien à faire. Mes convictions, ou je ne me connais plus moi-même, n'étaient en aucune façon basées sur l'idéal, et on n'aurait pu

unless I am greatly mistaken, either in my deeds or in my thoughts. Feeling deeply persuaded of this I abandoned myself more implicitly to the guidance of my wife, and entered with a bolder spirit into the intricacy of her studies. And then—then, when poring over forbidden pages I felt the spirit kindle within me, would Morella place her cold hand upon my own, and rake up from the ashes of a dead philosophy some low singular words, whose strange meaning burnt themselves in upon my memory: and then hour after hour would I linger by her side, and dwell upon the music of her thrilling voice, until at length its melody was tinged with terror and fell like a shadow upon my soul, and I grew pale, and shuddered inwardly at those too unearthly tones—and thus Joy suddenly faded into Horror, and the most beautiful became the most hideous, as Hinnon became Ge-Henna.

It is unnecessary to state the exact character of these disquisitions, which, growing out of the volumes I have mentioned, formed, for so long a time, almost the sole conversation of Morella and myself. By the learned in what might be termed theological morality they will be readily conceived, and by the unlearned they would, at all events, be little understood. The will Pantheism of Fitche—the modified Παλιγγεννεσια of the Pythagoreans—and, above all, the doctrines of Identity as urged by Schelling were generally the points of discussion presenting the most of beauty to the imaginative Morella. That Identity which is not improperly called Personal, I think Mr. Locke truly defines to consist in the sameness of a rational being. And since by person we understand an intelligent essence having reason, and since there is a consciousness which always accompanies thinking, it is this which makes us all to be that which we call ourselves—thereby distinguishing us from other beings that think, and giving us our personal identity. But the Principium Individuationis—the notion of that Identity which at death is, or is not lost forever, was to me, at all times, a consideration of intense interest, not more from the mystical

découvrir, à moins que je ne m'abuse grandement, aucune teinture du mysticisme de mes lectures, soit dans mes actions, soit dans mes pensées. Persuadé de cela, je m'abandonnai aveuglément à la direction de ma femme, et j'entrai avec un cœur imperturbé dans le labyrinthe de ses études. Et alors, — quand, me plongeant dans des pages maudites, je sentais un esprit maudit qui s'allumait en moi, — Morella venait, posant sa main froide sur la mienne et ramassant dans les cendres d'une philosophie morte quelques graves et singulières paroles qui, par leur sens bizarre, s'incrustaient dans ma mémoire. Et alors, pendant des heures, je m'étendais rêveur à son côté, et je me plongeais dans la musique de sa voix, — jusqu'à ce que cette mélodie à la longue s'infectât de terreur ; — et une ombre tombait sur mon âme, et je devenais pâle, et je frissonnais intérieurement à ces sons trop extra-terrestres. Et ainsi, la jouissance s'évanouissait soudainement dans l'horreur, et l'idéal du beau devenait l'idéal de la hideur, comme la vallée de Hinnom est devenue la Géhenne.

Il est inutile d'établir le caractère exact des problèmes qui, jaillissant des volumes dont j'ai parlé, furent pendant longtemps presque le seul objet de conversation entre Morella et moi. Les gens instruits dans ce que l'on peut appeler la morale théologique les concevront facilement, et ceux qui sont illettrés n'y comprendraient que peu de chose en tout cas. L'étrange panthéisme de Fichte, la Palingénésie modifiée des Pythagoriciens, et, par-dessus tout, la doctrine de l'*identité* telle qu'elle est présentée par Schelling, étaient généralement les points de discussion qui offraient le plus de charmes à l'imaginative Morella. Cette identité, dite personnelle, M. Locke, je crois, la fait judicieusement consister dans la permanence de l'être rationnel. En tant que par personne nous entendons une essence pensante, douée de raison, et en tant qu'il existe une conscience qui accompagne toujours la pensée, c'est elle, — cette conscience, — qui nous fait tous être ce que nous appelons *nous-même*, — nous distinguant ainsi des autres êtres pensants, et nous donnant notre identité personnelle. Mais le *principium individuationis*, — la notion de cette identité *qui, à la mort, est, ou n'est pas perdue à jamais*, fut pour moi, en tout temps, un problème du plus intense intérêt, non-

and exciting nature of its consequences, than from the marked and agitated manner in which Morella mentioned them.

But, indeed, the time had now arrived when the mystery of my wife's manner oppressed me like a spell. I could no longer bear the touch of her wan fingers, nor the low tone of her musical language, nor the lustre of her melancholy eyes. And she knew all this but did not upbraid. She seemed conscious of my weakness, or my folly—and, smiling, called it Fate. She seemed also conscious of a cause, to me unknown, for the gradual alienation of my regard; but she gave me no hint or token of its nature. Yet was she woman, and pined away daily. In time the crimson spot settled steadily upon the cheek, and the blue veins upon the pale forehead became prominent: and one instant my nature melted into pity, but in the next I met the glance of her meaning eyes, and my soul sickened and became giddy with the giddiness of one who gazes downward into some dreary and fathomless abyss.

Shall I then say that I longed with an earnest and consuming desire for the moment of Morella's decease? I did. But the fragile spirit clung to its tenement of clay for many days—for many weeks and irksome months—until my tortured nerves obtained the mastery over my mind, and I grew furious with delay, and with the heart of a fiend I cursed the days, and the hours, and the bitter moments which seemed to lengthen, and lengthen as her gentle life declined—like shadows in the dying of the day.

But one autumnal evening, when the winds lay still in Heaven, Morella called me to her side. There was a dim mist over all the earth, and a warm glow upon the waters, and amid the rich October leaves of the forest a rainbow from the firmament had surely fallen.

seulement à cause de la nature inquiétante et embarrassante de ses conséquences, mais aussi à cause de la façon singulière et agitée dont en parlait Morella.

Mais, en vérité, le temps était maintenant arrivé où le mystère de la nature de ma femme m'oppressait comme un charme. Je ne pouvais plus supporter l'attouchement de ses doigts pâles, ni le timbre profond de sa parole musicale, ni l'éclat de ses yeux mélancoliques. Et elle savait tout cela, mais ne m'en faisait aucun reproche ; elle semblait avoir conscience de ma faiblesse ou de ma folie, et, tout en souriant, elle appelait cela la Destinée. Elle semblait aussi avoir conscience de la cause, à moi inconnue, de l'altération graduelle de mon amitié ; mais elle ne me donnait aucune explication et ne faisait aucune allusion à la nature de cette cause. Morella toutefois n'était qu'une femme, et elle dépérissait journellement. À la longue, une tache pourpre se fixa immuablement sur sa joue, et les veines bleues de son front pâle devinrent proéminentes. Et ma nature se fondait parfois en pitié ; mais, un moment après, je rencontrais l'éclair de ses yeux chargés de pensées, et alors mon âme se trouvait mal et éprouvait le vertige de celui dont le regard a plongé dans quelque lugubre et insondable abîme.

Dirai-je que, j'aspirais, avec un désir intense et dévorant, au moment de la mort de Morella ? Cela fut ainsi ; mais le fragile esprit se cramponna à son habitacle d'argile pendant bien des jours, bien des semaines et bien des mois fastidieux, si bien qu'à la fin mes nerfs torturés remportèrent la victoire sur ma raison ; et je devins furieux de tous ces retards, et avec un cœur de démon je maudis les jours, et les heures, et les minutes amères qui semblaient s'allonger et s'allonger sans cesse, à mesure que sa noble vie déclinait, comme les ombres dans l'agonie du jour.

Mais, un soir d'automne, comme l'air dormait immobile dans le ciel, Morella m'appela à son chevet. Il y avait un voile de brume sur toute la terre, et un chaud embrasement sur les eaux, et, à voir les splendeurs d'octobre dans le feuillage de la forêt, on eût dit qu'un bel

As I came, she was murmuring in a low under-tone, which trembled with fervor, the words of a Catholic hymn:

Sancta Maria! turn thine eyes
Upon the sinner's sacrifice
Of fervent prayer, and humble love,
From thy holy throne above.

At morn, at noon, at twilight dim,
Maria! thou hast heard my hymn.
In joy and wo, in good and ill,
Mother of God! be with me still.

When my hours flew gently by.
And no storms were in the sky,
My soul, lest it should truant be,
Thy love did guide to thine and thee.

Now, when clouds of Fate o'ercast
All my Present, and my Past,
Let my Future radiant shine
With sweet hopes of thee and thine.

'It is a day of days'—said Morella—'a day of all days either to live or die. It is a fair day for the sons of Earth and Life—ah! more fair for the daughters of Heaven and Death.'

I turned towards her, and she continued.

'I am dying—yet shall I live. Therefore for me, Morella, thy wife, hath the charnel house no terrors—mark me!—not even the terrors of the worm. The days have never been when thou couldst love me; but her whom in life thou didst abhor, in death thou shalt adore.'

'Morella!'

arc-en-ciel s'était laissé choir du firmament.

— Voici le jour des jours, dit-elle quand j'approchai, le plus beau des jours pour vivre ou pour mourir. C'est un beau jour pour les fils de la terre et de la vie, — ah ! plus beau encore pour les filles du ciel et de la mort !

Je baisai son front, et elle continua :

— Je vais mourir, cependant je vivrai. Morella ! Ils n'ont jamais été, ces jours où il t'aurait été permis de m'aimer ; — mais celle que, dans la vie, tu abhorras, dans la mort tu l'adoreras.

— Morella !

'I repeat that I am dying. But within me is a pledge of that affection—ah, how little! which you felt for me, Morella. And when my spirit departs shall the child live—thy child and mine, Morella's. But thy days shall be days of sorrow—that sorrow which is the most lasting of impressions, as the cypress is the most enduring of trees. For the hours of thy happiness are over, and Joy is not gathered twice in a life, as the roses of Pæstum twice in a year. Thou shall not, then, play the Teian with Time, but, being ignorant of the myrtle and the vine, thou shalt bear about with thee thy shroud on earth, like the Moslemin at Mecca.'

'Morella!'—I cried—'Morella! how knowest thou this?' but she turned away her face upon the pillow, and, a slight tremor coming over her limbs, she thus died, and I heard her voice no more.

Yet, as she had foreseen, her child—to which in dying she had given birth, and which breathed not till the mother breathed no more—her child, a daughter, lived. And she grew strangely in size and intellect, and was the perfect resemblance of her who had departed, and I loved her with a love more fervent and more intense than I believed it possible to feel on earth.

But ere long the Heaven of this pure affection became overcast; and Gloom, and Horror, and Grief came over it in clouds. I said the child grew strangely in stature and intelligence. Strange indeed was her rapid increase in bodily size—but terrible, oh! terrible were the tumultuous thoughts which crowded upon me while watching the development of her mental being. Could it be otherwise, when I daily discovered in the conceptions of the child the adult powers and faculties of the woman?—when the lessons of experience fell from the lips of infancy? and when the wisdom or the passions of maturity I found hourly gleaming from its full and speculative eye? When, I say,

— Je répète que je vais mourir. Mais en moi est un gage de cette affection — ah ! quelle mince affection ! — que vous avez éprouvée pour moi, Morella. Et, quand mon esprit partira, l'enfant vivra, — ton enfant, mon enfant à moi, Morella. Mais tes jours seront des jours pleins de chagrin, — de ce chagrin qui est la plus durable des impressions, comme le cyprès est le plus vivace des arbres ; car les heures de ton bonheur sont passées, et la joie ne se cueille pas deux fois dans une vie, comme les roses de Pæstum deux fois dans une année. Tu ne joueras plus avec le temps le jeu de l'homme de Téos ; le myrte et la vigne te seront choses inconnues, et partout sur la terre tu porteras avec toi ton suaire, comme le musulman de la Mecque.

— Morella ! m'écriai-je, Morella ! comment sais-tu cela ? mais elle retourna son visage sur l'oreiller ; un léger tremblement courut sur ses membres, elle mourut, et je n'entendis plus sa voix.

Cependant, comme elle l'avait prédit, son enfant, — auquel en mourant elle avait donné naissance, et qui ne respira qu'après que la mère eut cessé de respirer, — son enfant, une fille, vécut. Et elle grandit étrangement en taille et en intelligence, et devint la parfaite ressemblance de celle qui était partie, et je l'aimai d'un plus fervent amour que je ne me serais cru capable d'en éprouver pour aucune habitante de la terre.

Mais, avant qu'il fût longtemps, le ciel de cette pure affection s'assombrit, et la mélancolie, et l'horreur, et l'angoisse, y défilèrent en nuages. J'ai dit que l'enfant grandit étrangement en taille et en intelligence. Étrange, en vérité, fut le rapide accroissement de sa nature corporelle, — mais terribles, oh ! terribles furent les tumultueuses pensées qui s'amoncelèrent sur moi, pendant que je surveillais le développement de son être intellectuel. Pouvait-il en être autrement, quand je découvrais chaque jour dans les conceptions de l'enfant la puissance adulte et les facultés de la femme ? — quand les leçons de l'expérience tombaient des lèvres de l'enfance ? — quand je voyais à chaque instant la sagesse et les passions de la maturité jaillir de cet œil noir et méditatif ? Quand, dis-je, tout cela

all this became evident to my appalled senses—when I could no longer hide it from my soul, nor throw it off from those perceptions which trembled to receive it, is it to be wondered at that suspicions of a nature fearful, and exciting, crept in upon my spirit, or that my thoughts fell back aghast upon the wild tales and thrilling theories of the entombed Morella? I snatched from the scrutiny of the world a being whom Destiny compelled me to adore, and in the rigid seclusion of my ancestral home, I watched with an agonizing anxiety over all which concerned my daughter.

And as years rolled away. and daily I gazed upon her eloquent and mild and holy face, and pored orer her maturing form, did I discover new points of resemblance in the child to her mother—the melancholy, and the dead. And hourly grew darker these shadows, as it were, of similitude, and became more full, and more definite, and more perplexing, and to me more terrible in their aspect. For that her smile was like her mother's I could bear—but then I shuddered at its too perfect identity: that her eyes were Morella's own I could endure—but then they looked down too often into the depths of my soul with Morella's intense and bewildering meaning. And in the contour of the high forehead, and in the ringlets of the silken hair, and in the wan fingers which buried themselves therein, and in the musical tones of her speech, and above all—oh! above all, in the phrases and expressions of the dead on the lips of the loved and the living, I found food for consuming thought and horror—for a worm that would not die.

Thus passed away two lustrums of her life, yet my daughter remained nameless upon the earth. 'My child' and 'my love' were the designations usually prompted by a father's affection, and the rigid seclusion of her days precluded all other intercourse. Morella's name died with her at her death. Of the mother I had never spoken to the

frappa mes sens épouvantés, — quand il fut impossible à mon âme de se le dissimuler plus longtemps, — à mes facultés frissonnantes de repousser cette certitude, — y a-t-il lieu de s'étonner que des soupçons d'une nature terrible et inquiétante se soient glissés dans mon esprit, ou que mes pensées se soient reportées avec horreur vers les contes étranges et les pénétrantes théories de la défunte Morella ? J'arrachai à la curiosité du monde un être que la destinée me commandait d'adorer, et, dans la rigoureuse retraite de mon intérieur, je veillai avec une anxiété mortelle sur tout ce qui concernait la créature aimée.

Et comme les années se déroulaient, et comme chaque jour je contemplais son saint, son doux, son éloquent visage, et comme j'étudiais ses formes mûrissantes, chaque jour je découvrais de nouveaux points de ressemblance entre l'enfant et sa mère, la mélancolique et la morte. Et, d'instant en instant, ces ombres de ressemblance s'épaississaient, toujours plus pleines, plus définies, plus inquiétantes et plus affreusement terribles dans leur aspect. Car, que son sourire ressemblât au sourire de sa mère, je pouvais l'admettre ; mais cette ressemblance était une *identité* qui me donnait le frisson ; — que ses yeux ressemblassent à ceux de Morella, je devais le supporter ; mais aussi ils pénétraient trop souvent dans les profondeurs de mon âme avec l'étrange et intense pensée de Morella elle-même. Et dans le contour de son front élevé, et dans les boucles de sa chevelure soyeuse, et dans ses doigts pâles qui s'y plongeaient *d'habitude*, et dans le timbre grave et musical de sa parole, et par-dessus tout, — oh ! par-dessus tout, — dans les phrases et les expressions de la morte sur les lèvres de l'aimée, de la vivante, je trouvais un aliment pour une horrible pensée dévorante, — pour un ver qui ne voulait pas mourir.

Ainsi passèrent deux lustres de sa vie, et toujours ma fille restait sans nom sur la terre. *Mon enfant* et *mon amour* étaient les appellations habituellement dictées par l'affection paternelle, et la sévère reclusion de son existence s'opposait à toute autre relation. Le nom de Morella était mort avec elle. De la mère, je n'avais jamais parlé à la fille ;

daughter—it was impossible to speak. Indeed during the brief period of her existence the latter had received no impressions from the outward world but such as might have been afforded by the narrow limits of her privacy. But at length the ceremony of baptism presented to my mind in its unnerved and agitated condition, a present deliverance from the horrors of my destiny. And at the baptismal font I hesitated for a name. And many titles of the wise and beautiful, of antique and modern times, of my own and foreign lands, came thronging to my lips—and many, many fair titles of the gentle, and the happy and the good. What prompted me then to disturb the memory of the buried dead? What demon urged me to breathe that sound, which, in its very recollection, was wont to make ebb and flow the purple blood in tides from the temples to the heart? What fiend spoke from the recesses of my soul, when amid those dim aisles, and in the silence of the night, I shrieked within the ears of the holy man the syllables, Morella? What more than fiend convulsed the features of my child and overspread them with the hues of death, as, starting at that sound, she turned her glassy eyes from the Earth to Heaven, and falling prostrate upon the black slabs of her ancestral vault, responded 'I am here!'

Distinct, coldly, calmly distinct—like a knell of death—horrible, horrible death, sank the eternal sounds within my soul. Years—years may roll away, but the memory of that epoch—never! Now was I indeed ignorant of the flowers and the vine—but the hemlock and the cypress overshadowed me night and day. And I kept no reckoning of time or place, and the stars of my Fate faded from Heaven, and, therefore, my spirit grew dark, and the figures of the earth passed by me like flitting shadows, and among them all I beheld only—Morella. The winds of the firmament breathed but one sound within my ears, and the ripples upon the sea murmured evermore—Morella. But she died, and with my own hands I bore her to the tomb, and I laughed, with a long and bitter laugh as I found no traces of the firat in the charnel where I laid the second—Morella.

— il m'était impossible d'en parler. En réalité, durant la brève période de son existence, cette dernière n'avait reçu aucune impression du monde extérieur, excepté celles qui avaient pu lui être fournies dans les étroites limites de sa retraite. À la longue, cependant, la cérémonie du baptême s'offrit à mon esprit, dans cet état d'énervation et d'agitation, comme l'heureuse délivrance des terreurs de ma destinée. Et, aux fonts baptismaux, j'hésitai sur le choix d'un nom. Et une foule d'épithètes de sagesse et de beauté, de noms tirés des temps anciens et modernes, de mon pays et des pays étrangers, vint se presser sur mes lèvres, et une multitude d'appellations charmantes de noblesse, de bonheur et de bonté. Qui m'inspira donc alors d'agiter le souvenir de la morte enterrée ? Quel démon me poussa à soupirer un son dont le simple souvenir faisait toujours refluer mon sang par torrents des tempes au cœur ? Quel méchant esprit parla du fond des abîmes de mon âme, quand, sous ces voûtes obscures et dans le silence de la nuit, je chuchotai dans l'oreille du saint homme les syllabes « Morella » ? Quel être, plus que démon, convulsa les traits de mon enfant et les couvrit des teintes de la mort, quand, tressaillant à ce nom à peine perceptible, elle tourna ses yeux limpides du sol vers le ciel, et, tombant prosternée sur les dalles noires de notre caveau de famille, répondit : *Me voilà !*

Ces simples mots tombèrent distincts, froidement, tranquillement distincts, dans mon oreille, et, de là, comme du plomb fondu, roulèrent en sifflant dans ma cervelle. Les années, les années peuvent passer, mais le souvenir de cet instant, — jamais ! Ah ! les fleurs et la vigne n'étaient pas choses inconnues pour moi ; — mais l'aconit et le cyprès m'ombragèrent nuit et jour. Et je perdis tout sentiment du temps et des lieux, et les étoiles de ma destinée disparurent du ciel, et dès lors la terre devint ténébreuse, et toutes les figures terrestres passèrent près de moi comme des ombres voltigeantes, et parmi elles je n'en voyais qu'une, — Morella ! Les vents du firmament ne soupiraient qu'un son à mes oreilles, et le clapotement de la mer murmurait incessamment : « Morella ! » Mais elle mourut, et, de mes propres mains je la portai à sa tombe, et je ris d'un amer et long rire, quand, dans le caveau où je déposai la seconde, je ne découvris aucune trace de la première — Morella.

Ligeia

1838

Ligeia

And the will therein lieth, which dieth not. Who knoweth the mysteries of the will, with its vigor? For God is but a great will pervading all things by nature of its intentness. Man doth not yield himself to the angels, nor unto death utterly, save only through the weakness of his feeble will.

Joseph Glanvill.

I CANNOT, *for my soul, remember how, when, or even precisely where, I first became acquainted with the lady Ligeia. Long years have since elapsed, and my memory is feeble through much suffering. Or, perhaps, I cannot now bring these points to mind, because, in truth, the character of my beloved, her rare learning, her singular yet placid caste of beauty, and the thrilling and enthralling eloquence of her low musical language, made their way into my heart by paces so steadily and stealthily progressive, that they have been unnoticed and unknown. Yet I believe that I met her first and most frequently in some large, old, decaying city near the Rhine. Of her family—I have surely heard her speak. That it is of a remotely ancient date cannot be doubted. Ligeia! Ligeia! Buried in studies of a nature more than all else adapted to deaden impressions of the outward world, it is by that sweet word alone—by Ligeia—that I bring before mine eyes in fancy the image of her who is no more. And now, while I write, a recollection flashes upon me that I have never known the paternal name of her who was my friend and my betrothed, and who became the partner of my studies, and finally the wife of my bosom. Was it a playful charge on the part of my Ligeia? or was it a test of my strength of affection, that I should institute no inquiries upon this point? or was it rather a caprice of my own—a wildly romantic offering on the shrine of the most passionate devotion? I but*

> Et il y a là-dedans la volonté, qui ne meurt pas.
> Qui donc connaît les mystères de la volonté, ainsi
> que sa vigueur ? Car Dieu n'est qu'une grande
> volonté pénétrant toutes choses par l'intensité qui
> lui est propre. L'homme ne cède aux anges et ne
> se rend entièrement à la mort que par l'infirmité
> de sa pauvre volonté.
>
> Joseph Glanvill.

Je ne puis pas me rappeler, sur mon âme, comment, quand, ni même où je fis pour la première fois connaissance avec lady Ligeia. De longues années se sont écoulées depuis lors, et une grande souffrance a affaibli ma mémoire. Ou peut-être ne puis-je plus *maintenant* me rappeler ces points, parce qu'en vérité le caractère de ma bien-aimée, sa rare instruction, son genre de beauté, si singulier et si placide, et la pénétrante et subjuguante éloquence de sa profonde parole musicale, ont fait leur chemin dans mon cœur d'une manière si patiente, si constante, si furtive, que je n'y ai pas pris garde et n'en ai pas eu conscience. Cependant, je crois que je la rencontrai pour la première fois, et plusieurs fois depuis lors, dans une vaste et antique ville délabrée sur les bords du Rhin. Quant à sa famille, — très-certainement elle m'en a parlé. Qu'elle fût d'une date excessivement ancienne, je n'en fais aucun doute. — Ligeia ! Ligeia ! — Plongé dans des études qui par leur nature sont plus propres que toute autre à amortir les impressions du monde extérieur, — il me suffit de ce mot si doux, — Ligeia ! — pour ramener devant les yeux de ma pensée l'image de celle qui n'est plus. Et maintenant, pendant que j'écris, il me revient, comme une lueur, que je n'ai *jamais su* le nom de famille de celle qui fut mon amie et ma fiancée, qui devint mon compagnon d'études, et enfin l'épouse de mon cœur. Était-ce par suite de quelque injonction folâtre de ma Ligeia, — était-ce une preuve de la force de mon affection, que je ne pris aucun renseignement sur ce point ? Ou plutôt était-ce un caprice à moi, — une offrande bizarre et romantique sur l'autel du culte le plus passionné ? Je ne me rappelle le fait que

indistinctly recall the fact itself—what wonder that I have utterly forgotten the circumstances which originated or attended it? And, indeed, if ever that spirit which is entitled Romance—if ever she, the wan and the misty-winged Ashtophet of idolatrous Egypt, presided, as they tell, over marriages ill-omened, then most surely she presided over mine.

There is one dear topic, however, on which my memory fails me not. It is the person *of Ligeia. In stature she was tall, somewhat slender, and, in her latter days, even emaciated. I would in vain attempt to portray the majesty, the quiet ease, of her demeanor, or the incomprehensible lightness and elasticity of her footfall. She came and departed as a shadow. I was never made aware of her entrance into my closed study, save by the dear music of her low sweet voice, as she placed her marble hand upon my shoulder. In beauty of face no maiden ever equalled her. It was the radiance of an opium-dream—an airy and spirit-lifting vision more wildly divine than the phantasies which hovered about the slumbering souls of the daughters of Delos. Yet her features were not of that regular mould which we have been falsely taught to worship in the classical labors of the heathen. "There is no exquisite beauty," says Bacon, Lord Verulam, speaking truly of all the forms and* genera *of beauty, "without some* strangeness *in the proportion." Yet, although I saw that the features of Ligeia were not of a classic regularity—although I perceived that her loveliness was indeed "exquisite," and felt that there was much of "strangeness" pervading it, yet I have tried in vain to detect the irregularity and to trace home my own perception of "the strange." I examined the contour of the lofty and pale forehead—it was faultless—how cold indeed that word when applied to a majesty so divine!—the skin rivalling the purest ivory, the commanding extent and repose, the gentle prominence of the regions above the temples; and then the raven-black, the glossy, the luxuriant and naturally-curling tresses, setting forth the full force of the Homeric epithet, "hyacinthine!" I looked at the delicate outlines of the nose—and nowhere but in the*

confusément ; — faut-il donc s'étonner si j'ai entièrement oublié les circonstances qui lui donnèrent naissance ou qui l'accompagnèrent ? Et, en vérité, si jamais l'esprit de roman, — si jamais la pâle *Ashtophet* de l'idolâtre Égypte, aux ailes ténébreuses, ont présidé, comme on dit, aux mariages de sinistre augure, — très-sûrement ils ont présidé au mien.

Il est néanmoins un sujet très-cher sur lequel ma mémoire n'est pas en défaut. C'est la *personne* de Ligeia. Elle était d'une grande taille, un peu mince, et même dans les derniers jours très-amaigrie. J'essayerais en vain de dépeindre la majesté, l'aisance tranquille de sa démarche, et l'incompréhensible légèreté, l'élasticité de son pas ; elle venait et s'en allait comme une ombre. Je ne m'apercevais jamais de son entrée dans mon cabinet de travail que par la chère musique de sa voix douce et profonde, quand elle posait sa main de marbre sur mon épaule. Quant à la beauté de la figure, aucune femme ne l'a jamais égalée. C'était l'éclat d'un rêve d'opium, une vision aérienne et ravissante, plus étrangement céleste que les rêveries qui voltigent dans les âmes assoupies des filles de Délos. Cependant, ses traits n'étaient pas jetés dans ce moule régulier qu'on nous a faussement enseigné à révérer dans les ouvrages classiques du paganisme. « Il n'y a pas de beauté exquise, dit lord Verulam, parlant avec justesse de toutes les formes et de tous les genres de beauté, sans une certaine *étrangeté* dans les proportions. » Toutefois, bien que je visse que les traits de Ligeia n'étaient pas d'une régularité classique, quoique je sentisse que sa beauté était véritablement *exquise* et fortement pénétrée de cette *étrangeté*, je me suis efforcé en vain de découvrir cette irrégularité et de poursuivre jusqu'en son gîte ma perception de l'étrange. J'examinais le contour du front haut et pâle, — un front irréprochable, — combien ce mot est froid appliqué à une majesté aussi divine ! — la peau rivalisant avec le plus pur ivoire, la largeur imposante, le calme, la gracieuse proéminence des régions au-dessus des tempes, et puis cette chevelure d'un noir de corbeau, lustrée, luxuriante, naturellement bouclée et démontrant toute la force de l'expression homérique : *chevelure d'hyacinthe.* Je considérais les lignes délicates du nez, et nulle autre part que dans les gracieux

graceful medallions of the Hebrews had I beheld a similar perfection. There were the same luxurious smoothness of surface, the same scarcely perceptible tendency to the aquiline, the same harmoniously curved nostrils speaking the free spirit. I regarded the sweet mouth. Here was indeed the triumph of all things heavenly—the magnificent turn of the short upper lip—the soft, voluptuous slumber of the under—the dimples which sported, and the color which spoke—the teeth glancing back, with a brilliancy almost startling, every ray of the holy light which fell upon them in her serene and placid, yet most exultingly radiant of all smiles. I scrutinized the formation of the chin—and here, too, I found the gentleness of breadth, the softness and the majesty, the fulness and the spirituality, of the Greek—the contour which the god Apollo revealed but in a dream, to Cleomenes, the son of the Athenian. And then I peered into the large eyes of Ligeia.

For eyes we have no models in the remotely antique. It might have been, too, that in these eyes of my beloved lay the secret to which Lord Verulam alludes. They were, I must believe, far larger than the ordinary eyes of our own race. They were even fuller than the fullest of the gazelle eyes of the tribe of the valley of Nourjahad. Yet it was only at intervals—in moments of intense excitement—that this peculiarity became more than slightly noticeable in Ligeia. And at such moments was her beauty—in my heated fancy thus it appeared perhaps—the beauty of beings either above or apart from the earth—the beauty of the fabulous Houri of the Turk. The hue of the orbs was the most brilliant of black, and, far over them, hung jetty lashes of great length. The brows, slightly irregular in outline, had the same tint. The "strangeness," however, which I found in the eyes, was of a nature distinct from the formation, or the color, or the brilliancy of the features, and must, after all, be referred to the expression. Ah, word of no meaning! behind whose vast latitude of mere sound we intrench our ignorance of so much of the spiritual. The expression of the eyes of Ligeia! How for long hours have I pondered upon it! How have I, through the whole of a midsummer night, struggled to fathom it! What was it—that something more profound than the well of Democritus—which lay far within the pupils

médaillons hébraïques je n'avais contemplé une semblable perfection ; c'était ce même jet, cette même surface unie et superbe, cette même tendance presque imperceptible à l'aquilin, ces mêmes narines harmonieusement arrondies et révélant un esprit libre. Je regardais la charmante bouche : c'était là qu'était le triomphe de toutes les choses célestes ; le tour glorieux de la lèvre supérieure, un peu courte, l'air doucement, voluptueusement reposé de l'inférieure, les fossettes qui se jouaient et la couleur qui parlait, les dents, réfléchissant comme une espèce d'éclair chaque rayon de la lumière bénie qui tombait sur elles dans ses sourires sereins et placides, mais toujours radieux et triomphants. J'analysais la forme du menton, et, là aussi, je trouvais la grâce dans la largeur, la douceur et la majesté, la plénitude et la spiritualité grecques, ce contour que le dieu Apollon ne révéla qu'en rêve à Cléomènes, fils de Cléomènes d'Athènes ; et puis je regardais dans les grands yeux de Ligeia.

Pour les yeux, je ne trouve pas de modèles dans la plus lointaine antiquité. Peut-être bien était-ce dans les yeux de ma bien-aimée que sa cachait le mystère dont parle lord Verulam : ils étaient, je crois, plus grands que les yeux ordinaires de l'humanité ; mieux fendus que les plus beaux yeux de gazelle de la tribu de la vallée de Nourjahad ; mais ce n'était que par intervalles des moments d'excessive animation, que cette particularité devenait singulièrement frappante. Dans ces moments-là, sa beauté était — du moins, elle apparaissait telle à ma pensée enflammée, — la beauté de la fabuleuse houri des Turcs. Les prunelles étaient du noir le plus brillant et surplombées par des cils de jais très-longs ; ses sourcils, d'un dessin légèrement irrégulier, avaient la même couleur ; toutefois, l'*étrangeté* que je trouvais dans les yeux était indépendante de leur forme, de leur couleur et de leur éclat, et devait décidément être attribuée à l'*expression*. Ah ! mot qui n'a pas de sens ! un pur son ! vaste latitude où se retranche toute notre ignorance du spirituel ! L'expression des yeux de Ligeia !... Combien de longues heures ai-je médité dessus ! combien de fois, durant toute une nuit d'été, me suis-je efforcé de les sonder ! Qu'était donc ce je ne sais quoi, ce quelque chose plus profond que le puits de Démocrite, qui gisait au fond des pupilles de

of my beloved? What was it? I was possessed with a passion to discover. Those eyes! those large, those shining, those divine orbs! they became to me twin stars of Leda, and I to them devoutest of astrologers.

There is no point, among the many incomprehensible anomalies of the science of mind, more thrillingly exciting than the fact—never, I believe, noticed in the schools—that, in our endeavors to recall to memory something long forgotten, we often find ourselves upon the very verge of remembrance, without being able, in the end, to remember. And thus how frequently, in my intense scrutiny of Ligeia's eyes, have I felt approaching the full knowledge of their expression—felt it approaching—yet not quite be mine—and so at length entirely depart! And (strange, oh strangest mystery of all!) I found, in the commonest objects of the universe, a circle of analogies to that expression. I mean to say that, subsequently to the period when Ligeia's beauty passed into my spirit, there dwelling as in a shrine, I derived, from many existences in the material world, a sentiment such as I felt always around, within me, by her large and luminous orbs. Yet not the more could I define that sentiment, or analyze, or even steadily view it. I recognised it, let me repeat, sometimes in the survey of a rapidly-growing vine—in the contemplation of a moth, a butterfly, a chrysalis, a stream of running water. I have felt it in the ocean; in the falling of a meteor. I have felt it in the glances of unusually aged people. And there are one or two stars in heaven—(one especially, a star of the sixth magnitude, double and changeable, to be found near the large star in Lyra,) in a telescopic scrutiny of which I have been made aware of the feeling. I have been filled with it by certain sounds from stringed instruments, and not unfrequently by passages from books. Among innumerable other instances, I well remember something in a volume of Joseph Glanvill, which (perhaps merely from its quaintness—who shall say?) never failed to inspire me with the sentiment: "And the will therein

ma bien-aimée ? Qu'était cela ?… J'étais possédé de la passion de le découvrir. Ces yeux ! ces larges, ces brillantes, ces divines prunelles ! elles étaient devenues pour moi les étoiles jumelles de Léda, et moi, j'étais pour elles le plus fervent des astrologues.

Il n'y a pas de cas parmi les nombreuses et incompréhensibles anomalies de la science psychologique, qui soit plus excitant que celui, — négligé, je crois, dans les écoles, — où, dans nos efforts pour ramener dans notre mémoire une chose oubliée depuis longtemps, nous nous trouvons *sur le bord même* du souvenir, sans pouvoir toutefois nous souvenir. Et ainsi que de fois, dans mon ardente analyse des yeux de Ligeia, ai-je senti s'approcher la complète connaissance de leur expression ! — Je l'ai sentie s'approcher, mais elle n'est pas devenue tout à fait mienne, et à la longue elle a disparu entièrement ! Et étrange, oh ! le plus étrange des mystères ! j'ai trouvé dans les objets les plus communs du monde une série d'analogies pour cette expression. Je veux dire qu'après l'époque où la beauté de Ligeia passa dans mon esprit et s'y installa comme dans un reliquaire, je puisai dans plusieurs êtres du monde matériel une sensation analogue à celle qui se répandait sur moi, en moi, sous l'influence de ses larges et lumineuses prunelles. Cependant, je n'en suis pas moins incapable de définir ce sentiment, de l'analyser, ou même d'en avoir une perception nette. Je l'ai reconnu quelquefois, je le répète, à l'aspect d'une vigne rapidement grandie, dans la contemplation d'une phalène, d'un papillon, d'une chrysalide, d'un courant d'eau précipité. Je l'ai trouvé dans l'Océan, dans la chute d'un météore ; je l'ai senti dans les regards de quelques personnes extraordinairement âgées. Il y a dans le ciel une ou deux étoiles, plus particulièrement une étoile de sixième grandeur, double et changeante, qu'on trouvera près de la grande étoile de la Lyre, qui, vues au télescope, m'ont donné un sentiment analogue. Je m'en suis senti rempli par certains sons d'instruments à cordes, et quelquefois aussi par des passages de mes lectures. Parmi d'innombrables exemples, je me rappelle fort bien quelque chose dans un volume de Joseph Glanvill, qui, peut-être simplement à cause de sa bizarrerie, — qui sait ? — m'a toujours inspiré le même sentiment : "Et il y a là

lieth, which dieth not. Who knoweth the mysteries of the will, with its vigor? For God is but a great will pervading all things by nature of its intentness. Man doth not yield him to the angels, nor unto death utterly, save only through the weakness of his feeble will."

Length of years, and subsequent reflection, have enabled me to trace, indeed, some remote connection between this passage in the English moralist and a portion of the character of Ligeia. An intensity in thought, action, or speech, was possibly, in her, a result, or at least an index, of that gigantic volition which, during our long intercourse, failed to give other and more immediate evidence of its existence. Of all the women whom I have ever known, she, the outwardly calm, the ever-placid Ligeia, was the most violently a prey to the tumultuous vultures of stern passion. And of such passion I could form no estimate, save by the miraculous expansion of those eyes which at once so delighted and appalled me—by the almost magical melody, modulation, distinctness, and placidity of her very low voice—and by the fierce energy (rendered doubly effective by contrast with her manner of utterance,) of the wild words which she habitually uttered.

I have spoken of the learning of Ligeia: it was immense—such as I have never known in woman. In the classical tongues was she deeply proficient, and as far as my own acquaintance extended in regard to the modern dialects of Europe, I have never known her at fault. Indeed upon any theme of the most admired, because simply the most abstruse of the boasted erudition of the academy, have I ever found Ligeia at fault? How singularly—how thrillingly, this one point in the nature of my wife has forced itself, at this late period only, upon my attention! I said her knowledge was such as I have never known in woman—but where breathes the man who has traversed, and successfully, all the wide areas of moral, physical, and mathematical science? I saw not then what I now clearly perceive, that the acquisitions of Ligeia were gigantic, were astounding; yet I was

dedans la volonté qui ne meurt pas. Qui donc connaît les mystères de la volonté, ainsi que sa vigueur ? car Dieu n'est qu'une grande volonté pénétrant toutes choses par l'intensité qui lui est propre ; l'homme ne cède aux anges et ne se rend *entièrement à la mort* que par l'infirmité de sa pauvre volonté."

Par la suite des temps et par des réflexions subséquentes, je suis parvenu à déterminer un certain rapport éloigné entre ce passage du philosophe anglais et une partie du caractère de Ligeia. Une *intensité* singulière dans la pensée, dans l'action, dans la parole, était peut-être en elle le résultat ou au moins l'indice de cette gigantesque puissance de volition qui, durant nos longues relations, eût pu donner d'autres et plus positives preuves de son existence. De toutes les femmes que j'ai connues, elle, la toujours placide Ligeia, à l'extérieur si calme, était la proie la plus déchirée par les tumultueux vautours de la cruelle passion. Et je ne pouvais évaluer cette passion que par la miraculeuse expansion de ces yeux qui me ravissaient et m'effrayaient en même temps, par la mélodie presque magique, la modulation, la netteté et la placidité de sa voix profonde, et par la sauvage énergie des étranges paroles qu'elle prononçait habituellement, et dont l'effet était doublé par le contraste de son débit.

J'ai parlé de l'instruction de Ligeia ; elle était immense, telle que jamais je n'en vis de pareille dans une femme. Elle connaissait à fond les langues classiques, et, aussi loin que s'étendaient mes propres connaissances dans les langues modernes de l'Europe, je ne l'ai jamais prise en faute. Véritablement, sur n'importe quel thème de l'érudition académique si vantée, si admirée, uniquement à cause qu'elle est plus abstruse, ai-je jamais trouvé Ligeia en faute ? Combien ce trait unique de la nature de ma femme, seulement dans cette dernière période, avait frappé, subjugué mon attention ! J'ai dit que son instruction dépassait celle d'aucune femme que j'eusse connue, — mais où est l'homme qui a traversé avec succès tout le vaste champ des sciences morales, physiques et mathématiques ? Je ne vis pas alors ce que maintenant je perçois clairement, que les connaissances de Ligeia étaient gigantesques, étourdissantes ;

sufficiently aware of her infinite supremacy to resign myself, with a child-like confidence, to her guidance through the chaotic world of metaphysical investigation at which I was most busily occupied during the earlier years of our marriage. With how vast a triumph—with how vivid a delight—with how much of all that is ethereal in hope—did I feel, as she bent over me in studies but little sought—but less known—that delicious vista by slow degrees expanding before me, down whose long, gorgeous, and all untrodden path, I might at length pass onward to the goal of a wisdom too divinely precious not to be forbidden!

How poignant, then, must have been the grief with which, after some years, I beheld my well-grounded expectations take wings to themselves and fly away! Without Ligeia I was but as a child groping benighted. Her presence, her readings alone, rendered vividly luminous the many mysteries of the transcendentalism in which we were immersed. Wanting the radiant lustre of her eyes, letters, lambent and golden, grew duller than Saturnian lead. And now those eyes shone less and less frequently upon the pages over which I pored. Ligeia grew ill. The wild eyes blazed with a too—too glorious effulgence; the pale fingers became of the transparent waxen hue of the grave; and the blue veins upon the lofty forehead swelled and sank impetuously with the tides of the most gentle emotion. I saw that she must die—and I struggled desperately in spirit with the grim Azrael. And the struggles of the passionate wife were, to my astonishment, even more energetic than my own. There had been much in her stern nature to impress me with the belief that, to her, death would have come without its terrors; but not so. Words are impotent to convey any just idea of the fierceness of resistance with which she wrestled with the Shadow. I groaned in anguish at the pitiable spectacle. I would have soothed—I would have reasoned; but, in the intensity of her wild desire for life—for life—but for life—solace and reason were alike the uttermost of folly. Yet not until the last instance, amid the most convulsive writhings of her fierce

cependant, j'avais une conscience suffisante de son infinie supériorité pour me résigner, avec la confiance d'un écolier, à me laisser guider par elle à travers le monde chaotique des investigations métaphysiques dont je m'occupais avec ardeur dans les premières années de notre mariage. Avec quel vaste triomphe, avec quelles vives délices, avec quelle espérance éthéréenne sentais-je, — ma Ligiea penchée sur moi au milieu d'études si peu frayées, si peu connues, — s'élargir par degrés cette admirable perspective, cette longue avenue, splendide et vierge, par laquelle je devais enfin arriver au terme d'une sagesse trop précieuse et trop divine pour n'être pas interdite !

Aussi, avec quelle poignante douleur ne vis-je pas, au bout de quelques années, mes espérances si bien fondées prendre leur vol et s'enfuir ! Sans Ligeia, je n'étais qu'un enfant tâtonnant dans la nuit. Sa présence, ses leçons, pouvaient seules éclairer d'une lumière vivante les mystères du transcendantalisme dans lesquels nous nous étions plongés. Privée du lustre rayonnant de ses yeux, toute cette littérature, ailée et dorée naguère, devenait maussade, saturnienne et lourde comme le plomb. Et maintenant, ces beaux yeux éclairaient de plus en plus rarement les pages que je déchiffrais. Ligeia tomba malade. Les étranges yeux flamboyèrent avec un éclat trop splendide ; les pâles doigts prirent la couleur de la mort, la couleur de la cire transparente ; les veines bleues de son grand front palpitèrent impétueusement au courant de la plus douce émotion : je vis qu'il lui fallait mourir, et je luttai désespérément en esprit avec l'affreux Azraël. Et les efforts de cette femme passionnée furent, à mon grand étonnement, encore plus énergiques que les miens. Il y avait certes dans sa sérieuse nature de quoi me faire croire que pour elle la mort viendrait sans son monde de terreurs. Mais il n'en fut pas ainsi ; les mots sont impuissants pour donner une idée de la férocité de résistance qu'elle déploya dans sa lutte avec l'Ombre. Je gémissais d'angoisse à ce lamentable spectacle. J'aurais voulu la calmer, j'aurais voulu la raisonner ; mais dans l'intensité de son sauvage désir de vivre, — de vivre, — de *rien* que vivre, — toute consolation et toutes raisons eussent été le comble de la folie. Cependant, jusqu'au dernier moment, au milieu des tortures et des convulsions de son

spirit, was shaken the external placidity of her demeanor. Her voice grew more gentle—grew more low—yet I would not wish to dwell upon the wild meaning of the quietly uttered words. My brain reeled as I hearkened, entranced, to a melody more than mortal—to assumptions and aspirations which mortality had never before known.

That she loved me I should not have doubted; and I might have been easily aware that, in a bosom such as her's, love would have reigned no ordinary passion. But in death only, was I fully impressed with the strength of her affection. For long hours, detaining my hand, would she pour out before me the overflowing of a heart whose more than passionate devotion amounted to idolatry. How had I deserved to be so blessed by such confessions?—how had I deserved to be so cursed with the removal of my beloved in the hour of her making them? But upon this subject I cannot bear to dilate. Let me say only, that in Ligeia's more than womanly abandonment to a love, alas! all unmerited, all unworthily bestowed, I at length recognised the principle of her longing, with so wildly earnest a desire, for the life which was now fleeing so rapidly away. It is this wild longing—it is this eager vehemence of desire for life—but for life—that I have no power to portray—no utterance capable of expressing.

At high noon of the night in which she departed, beckoning me, peremptorily, to her side, she bade me repeat certain verses composed by herself not many days before. I obeyed her. They were these:

Lo! 'tis a gala night
Within the lonesome latter years!
An angel throng, bewinged, bedight
In veils, and drowned in tears,
Sit in a theatre, to see
A play of hopes and fears,

sauvage esprit, l'apparente placidité de sa conduite ne se démentit pas. Sa voix devenait plus douce, — devenait plus profonde, — mais je ne voulais pas m'appesantir sur le sens bizarre de ces mots prononcés avec tant de calme. Ma cervelle tournait quand je prêtais l'oreille en extase à cette mélodie surhumaine, à ces ambitions et à ces aspirations que l'humanité n'avait jamais connues jusqu'alors.

Qu'elle m'aimât, je n'en pouvais douter, et il m'était aisé de deviner que, dans une poitrine telle que la sienne, l'amour ne devait pas régner comme une passion ordinaire. Mais, dans la mort seulement, je compris toute la force et toute l'étendue de son affection. Pendant de longues heures, ma main dans la sienne, elle épanchait devant moi le trop-plein d'un cœur dont le dévouement plus que passionné montait jusqu'à l'idolâtrie. Comment avais-je mérité la béatitude d'entendre de pareils aveux ? Comment avais-je mérité d'être damné à ce point que ma bien-aimée me fût enlevée à l'heure où elle m'en octroyait la jouissance ? Mais il ne m'est pas permis de m'étendre sur ce sujet. Je dirai seulement que dans l'abandonnement plus que féminin de Ligeia à un amour, hélas ! non mérité, accordé tout à fait gratuitement, je reconnus enfin le principe de son ardent, de son sauvage regret de cette vie qui fuyait maintenant si rapidement. C'est cette ardeur désordonnée, cette véhémence dans son désir de vie, — et de *rien* que la vie, — que je n'ai pas la puissance de décrire ; les mots me manqueraient pour l'exprimer.

Juste au milieu de la nuit pendant laquelle elle mourut, elle m'appela avec autorité auprès d'elle, et me fit répéter certains vers composés par elle peu de jours auparavant. Je lui obéis. Ces vers, les voici :

Voyez ! C'est nuit de gala
   Depuis ces dernières années désolées !
Une multitude d'anges, ailés, ornés
   De voiles, et noyés dans les larmes,
Est assise dans un théâtre, pour voir
   Un drame d'espérance et de craintes,

While the orchestra breathes fitfully
The music of the spheres.

Mimes, in the form of God on high,
Mutter and mumble low,
And hither and thither fly;
Mere puppets they, who come and go
At bidding of vast formless things
That shift the scenery to and fro,
Flapping from out their condor wings
Invisible Wo!

That motley drama!—oh, be sure
It shall not be forgot!
With its Phantom chased for evermore,
By a crowd that seize it not,
Through a circle that ever returneth in
To the self-same spot;
And much of Madness, and more of Sin
And horror, the soul of the plot!

But see, amid the mimic rout
A crawling shape intrude!
A blood-red thing that writhes from out
The scenic solitude!
It writhes!—it writhes!—with mortal pangs
The mimes become its food,
And the seraphs sob at vermin fangs
In human gore imbued.

Out—out are the lights—out all!
And over each quivering form,
The curtain, a funeral pall,
Comes down with the rush of a storm—
And the angels, all pallid and wan,
Uprising, unveiling, affirm

Charles Baudelaire

Pendant que l'orchestre soupire par intervalles
    La musique des sphères.

Des mimes, faits à l'image du Dieu très-haut,
    Marmottent et marmonnent tout bas
Et voltigent de côté et d'autre ;
    Pauvres poupées qui vont et viennent
Au commandement de vastes êtres sans forme
    Qui transportent la scène çà et là,
Secouant de leurs ailes de condor
    L'invisible Malheur !

Ce drame bigarré ! oh ! à coup sûr,
    Il ne sera pas oublié,
Avec son Fantôme éternellement pourchassé
    Par une foule qui ne peut pas le saisir,
À travers un cercle qui toujours retourne
    Sur lui-même, exactement au même point !
Et beaucoup de Folie, et encore plus de Péché
    Et d'Horreur font l'âme de l'intrigue !

Mais voyez à travers la cohue des mimes,
    Une forme rampante fait sont entrée !
Une chose rouge de sang qui vient en se tordant
    De la partie solitaire de la scène !
Elle se tord ! elle se tord ! — Avec des angoisses mortelles
    Les mimes deviennent sa pâture,
Et les séraphins sanglotent en voyant les dents du ver
    Mâcher des caillots de sang humain.

Toutes les lumières s'éteignent, — toutes, toutes !
    Et sur chaque forme frissonnante,
Le rideau, vaste drap mortuaire,
    Descend avec la violence d'une tempête,
— Et les anges, tous pâles et blêmes,
    Se levant et se dévoilant, affirment

That the play is the tragedy, "Man,"
And its hero, the conqueror Worm.

"O God!" half shrieked Ligeia, leaping to her feet and extending her arms aloft with a spasmodic movement, as I made an end of these lines—"O God! O Divine Father!—shall these things be undeviatingly so?—shall this conqueror be not once conquered? Are we not part and parcel in Thee? Who—who knoweth the mysteries of the will with its vigor? Man doth not yield him to the angels, nor unto death utterly, save only through the weakness of his feeble will."

And now, as if exhausted with emotion, she suffered her white arms to fall, and returned solemnly to her bed of death. And as she breathed her last sighs, there came mingled with them a low murmur from her lips. I bent to them my ear, and distinguished, again, the concluding words of the passage in Glanvill:—"Man doth not yield him to the angels, or unto death utterly, save only through the weakness of his feeble will."

She died: and I, crushed into the very dust with sorrow, could no longer endure the lonely desolation of my dwelling in the dim and decaying city by the Rhine. I had no lack of what the world calls wealth. Ligeia had brought me far more, very far more, than ordinarily falls to the lot of mortals. After a few months, therefore, of weary and aimless wandering, I purchased, and put in some repair, an abbey, which I shall not name, in one of the wildest and least frequented portions of fair England. The gloomy and dreary grandeur of the building, the almost savage aspect of the domain, the many melancholy and time-honored memories connected with both, had much in unison with the feelings of utter abandonment which had driven me into that remote and unsocial region of the country. Yet although the external abbey, with its verdant decay hanging about it, suffered but little alteration, I gave way, with a child-like perversity,

Que ce drame est une tragédie qui s'appelle l'Homme,
    Et dont le héros est le ver conquérant.

— Ô Dieu ! cria presque Ligeia, se dressant sur ses pieds et étendant ses bras vers le ciel dans un mouvement spasmodique, comme je finissais de réciter ces vers, ô Dieu ! ô Père céleste ! — ces choses s'accompliront-elles irrémissiblement ? — Ce conquérant ne sera-t-il jamais vaincu ? — Ne sommes-nous pas une partie et une parcelle de Toi ! Qui donc connaît les mystères de la volonté ainsi que sa vigueur ? L'homme ne cède aux anges et ne se rend entièrement à la mort que par l'infirmité de sa pauvre volonté.

Et alors, comme épuisée par l'émotion, elle laissa retomber ses bras blancs, et retourna solennellement à son lit de mort. Et, comme elle soupirait ses derniers soupirs, il s'y mêla sur ses lèvres comme un murmure indistinct. Je tendis l'oreille, et je reconnus de nouveau la conclusion du passage de Glanvill : *L'homme ne cède aux anges et ne se rend entièrement à la mort que par l'infirmité de sa pauvre volonté.*

Elle mourut ; et moi, anéanti, pulvérisé par la douleur, je ne pus pas supporter plus longtemps l'affreuse désolation de ma demeure dans cette sombre cité délabrée au bord du Rhin. Je ne manquais pas de ce que le monde appelle la fortune. Ligeia m'en avait apporté plus, beaucoup plus que n'en comporte la destinée ordinaire des mortels. Aussi, après quelques mois perdus dans un vagabondage fastidieux et sans but, je me jetai dans une espèce de retraite dont je fis l'acquisition, — une abbaye dont je ne veux pas dire le nom, — dans une des parties les plus incultes et les moins fréquentées de la belle Angleterre. La sombre et triste grandeur du bâtiment, l'aspect presque sauvage du domaine, les mélancoliques et vénérables souvenirs qui s'y rattachaient, étaient à l'unisson du sentiment de complet abandon qui m'avait exilé dans cette lointaine et solitaire région. Cependant, tout en laissant à l'extérieur de l'abbaye son caractère primitif presque intact et le verdoyant délabrement qui tapissait ses murs, je me mis avec une perversité enfantine, et peut-être avec une faible

and perchance with a faint hope of alleviating my sorrows, to a display of more than regal magnificence within. For such follies, even in childhood, I had imbibed a taste, and now they came back to me as if in the dotage of grief. Alas, I feel how much even of incipient madness might have been discovered in the gorgeous and fantastic draperies, in the solemn carvings of Egypt, in the wild cornices and furniture, in the Bedlam patterns of the carpets of tufted gold! I had become a bounden slave in the trammels of opium, and my labors and my orders had taken a coloring from my dreams. But these absurdities I must not pause to detail. Let me speak only of that one chamber, ever accursed, whither in a moment of mental alienation, I led from the altar as my bride—as the successor of the unforgotten Ligeia—the fair-haired and blue-eyed Lady Rowena Trevanion, of Tremaine.

There is no individual portion of the architecture and decoration of that bridal chamber which is not now visibly before me. Where were the souls of the haughty family of the bride, when, through thirst of gold, they permitted to pass the threshold of an apartment so bedecked, a maiden and a daughter so beloved? I have said, that I minutely remember the details of the chamber—yet I am sadly forgetful on topics of deep moment; and here there was no system, no keeping, in the fantastic display, to take hold upon the memory. The room lay in a high turret of the castellated abbey, was pentagonal in shape, and of capacious size. Occupying the whole southern face of the pentagon was the sole window—an immense sheet of unbroken glass from Venice—a single pane, and tinted of a leaden hue, so that the rays of either the sun or moon passing through it, fell with a ghastly lustre on the objects within. Over the upper portion of this huge window, extended the trellice-work of an aged vine, which clambered up the massy walls of the turret. The ceiling, of gloomy-looking oak, was excessively lofty, vaulted, and elaborately fretted with the wildest and most grotesque specimens of a semi-Gothic, semi-Druidical device. From out the most central recess of this

espérance de distraire mes chagrins, à déployer au dedans des magnificences plus que royales. Je m'étais, depuis l'enfance, pénétré d'un grand goût pour ces folies, et maintenant elles me revenaient comme un radotage de la douleur. Hélas ! je sens qu'on aurait pu découvrir un commencement de folie dans ces splendides et fantastiques draperies, dans ces solennelles sculptures égyptiennes, dans ces corniches et ces ameublements bizarres, dans les extravagantes arabesques de ces tapis tout fleuris d'or ! J'étais devenu un esclave de l'opium, il me tenait dans ses liens, — et tous mes travaux et mes plans avaient pris la couleur de mes rêves. Mais je ne m'arrêterai pas au détail de ces absurdités. Je parlerai seulement de cette chambre, maudite à jamais, où dans un moment d'aliénation mentale je conduisis à l'autel et pris pour épouse, — après l'inoubliable Ligeia ! — lady Rowena Trevanion de Tremaine, à la blonde chevelure et aux yeux bleus.

Il n'est pas un détail d'architecture ou de la décoration de cette chambre nuptiale qui ne soit maintenant présent à mes yeux. Où donc la hautaine famille de la fiancée avait-elle l'esprit, quand, mue par la soif de l'or, elle permit à une fille si tendrement chérie de passer le seuil d'un appartement décoré de cette étrange façon ? J'ai dit que je me rappelais minutieusement les détails de cette chambre, bien que ma triste mémoire perde souvent des choses d'une rare importance ; et pourtant il n'y avait pas dans ce luxe fantastique de système ou d'harmonie qui pût s'imposer au souvenir. La chambre faisait partie d'une haute tour de cette abbaye, fortifiée comme un château ; elle était d'une forme pentagone et d'une grande dimension. Tout le côté sud du pentagone était occupé par une fenêtre unique, faite d'une immense glace de Venise, d'un seul morceau et d'une couleur sombre, de sorte que les rayons du soleil ou de la lune qui la traversaient jetaient sur les objets intérieurs une lumière sinistre. Au-dessus de cette énorme fenêtre se prolongeait le treillis d'une vieille vigne qui grimpait sur les murs massifs de la tour. Le plafond, de chêne presque noir, était excessivement élevé, façonné en voûte et curieusement sillonné d'ornements des plus bizarres et des plus fantastiques, d'un style semi-gothique, semi-druidique. Au fond de

melancholy vaulting, depended, by a single chain of gold with long links, a huge censer of the same metal, Saracenic in pattern, and with many perforations so contrived that there writhed in and out of them, as if endued with a serpent vitality, a continual succession of parti-colored fires.

Some few ottomans and golden candelabra, of Eastern figure, were in various stations about; and there was the couch, too—the bridal couch—of an Indian model, and low, and sculptured of solid ebony, with a pall-like canopy above. In each of the angles of the chamber stood on end a gigantic sarcophagus of black granite, from the tombs of the kings over against Luxor, with their aged lids full of immemorial sculpture. But in the draping of the apartment lay, alas! the chief phantasy of all. The lofty walls, gigantic in height—even unproportionably so—were hung from summit to foot, in vast folds, with a heavy and massive-looking tapestry—tapestry of a material which was found alike as a carpet on the floor, as a covering for the ottomans and the ebony bed, as a canopy for the bed, and as the gorgeous volutes of the curtains which partially shaded the window. The material was the richest cloth of gold. It was spotted all over, at irregular intervals, with arabesque figures, about a foot in diameter, and wrought upon the cloth in patterns of the most jetty black. But these figures partook of the true character of the arabesque only when regarded from a single point of view. By a contrivance now common, and indeed traceable to a very remote period of antiquity, they were made changeable in aspect. To one entering the room, they bore the appearance of simple monstrosities; but upon a farther advance, this appearance gradually departed; and, step by step, as the visiter moved his station in the chamber, he saw himself surrounded by an endless succession of the ghastly forms which belong to the superstition of the Norman, or arise in the guilty slumbers of the monk. The phantasmagoric effect was vastly heightened by the artificial introduction of a strong continual current of wind behind the draperies—giving a hideous and uneasy animation to the whole.

cette voûte mélancolique, au centre même, était suspendue, par une seule chaîne d'or faite de longs anneaux, une vaste lampe de même métal en forme d'encensoir, conçue dans le goût sarrasin et brodée de perforations capricieuses, à travers lesquelles on voyait courir et se tortiller avec la vitalité d'un serpent les lueurs continues d'un feu versicolore.

Quelques rares ottomanes et des candélabres d'une forme orientale occupaient différents endroits, et le lit aussi, — le lit nuptial, — était dans le style indien, — bas, sculpté en bois d'ébène massif, et surmonté d'un baldaquin qui avait l'air d'un drap mortuaire. À chacun des angles de la chambre se dressait un gigantesque sarcophage de granit noir, tiré des tombes des rois en face de Louqsor, avec son antique couvercle chargé de sculptures immémoriales. Mais c'était dans la tenture de l'appartement, hélas ! qu'éclatait la fantaisie capitale. Les murs, prodigieusement hauts, — au delà même de toute proportion, — étaient tendus du haut jusqu'en bas d'une tapisserie lourde et d'apparence massive qui tombait par vastes nappes, — tapisserie faite avec la même matière qui avait été employée pour le tapis du parquet, les ottomanes, le lit d'ébène, le baldaquin du lit et les somptueux rideaux qui cachaient en partie la fenêtre. Cette matière était un tissu d'or des plus riches, tacheté, par intervalles irréguliers, de figures arabesques, d'un pied de diamètre environ, qui enlevaient sur le fond leurs dessins d'un noir de jais. Mais ces figures ne participaient du caractère arabesque que quand on les examinait à un seul point de vue. Par un procédé aujourd'hui fort commun, et dont on retrouve la trace dans la plus lointaine antiquité, elles étaient faites de manière à changer d'aspect. Pour une personne qui entrait dans la chambre, elles avaient l'air de simples monstruosités ; mais, à mesure qu'on avançait, ce caractère disparaissait graduellement, et, pas à pas, le visiteur changeant de place se voyait entouré d'une procession continue de formes affreuses, comme celles qui sont nées de la superstition du Nord, ou celles qui se dressent dans les sommeils coupables des moines. L'effet fantasmagorique était grandement accru par l'introduction artificielle d'un fort courant d'air continu derrière la tenture, — qui donnait au tout une hideuse et inquiétante animation.

In halls such as these—in a bridal chamber such as this—I passed, with the Lady of Tremaine, the unhallowed hours of the first month of our marriage—passed them with but little disquietude. That my wife dreaded the fierce moodiness of my temper—that she shunned me, and loved me but little—I could not help perceiving; but it gave me rather pleasure than otherwise. I loathed her with a hatred belonging more to demon than to man. My memory flew back, (oh, with what intensity of regret!) to Ligeia, the beloved, the august, the beautiful, the entombed. I revelled in recollections of her purity, of her wisdom, of her lofty, her ethereal nature, of her passionate, her idolatrous love. Now, then, did my spirit fully and freely burn with more than all the fires of her own. In the excitement of my opium dreams, (for I was habitually fettered in the shackles of the drug,) I would call aloud upon her name, during the silence of the night, or among the sheltered recesses of the glens by day, as if, through the wild eagerness, the solemn passion, the consuming ardor of my longing for the departed, I could restore her to the pathway she had abandoned—ah, could it be for ever?—upon the earth.

About the commencement of the second month of the marriage, the Lady Rowena was attacked with sudden illness, from which her recovery was slow. The fever which consumed her, rendered her nights uneasy; and in her perturbed state of half-slumber, she spoke of sounds, and of motions, in and about the chamber of the turret, which I concluded had no origin save in the distemper of her fancy, or perhaps in the phantasmagoric influences of the chamber itself. She became at length convalescent—finally, well. Yet but a brief period elapsed, ere a second more violent disorder again threw her upon a bed of suffering; and from this attack her frame, at all times feeble, never altogether recovered. Her illnesses were, after this epoch, of alarming character, and of more alarming recurrence, defying alike the knowledge and the great exertions of her physicians. With the increase of the chronic disease, which had thus, apparently, taken too sure hold upon her constitution to be eradicated by human

Telle était la demeure, telle était la chambre nuptiale où je passai avec la dame de Tremaine les heures impies du premier mois de notre mariage, — et je les passai sans trop d'inquiétude. Que ma femme redoutât mon humeur farouche, qu'elle m'évitât, qu'elle ne m'aimât que très-médiocrement, — je ne pouvais pas me le dissimuler ; mais cela me faisait presque plaisir. Je la haïssais d'une haine qui appartient moins à l'homme qu'au démon. Ma mémoire se retournait, — oh ! avec quelle intensité de regret ! — vers Ligeia, l'aimée, l'auguste, la belle, la morte. Je faisais des orgies de souvenirs ; je me délectais dans sa pureté, dans sa sagesse, dans sa haute nature éthéréenne, dans son amour passionné, idolâtrique. Maintenant, mon esprit brûlait pleinement et largement d'une flamme plus ardente que n'avait été la sienne. Dans l'enthousiasme de mes rêves opiacés, — car j'étais habituellement sous l'empire du poison, — je criais son nom à haute voix durant le silence de la nuit, et, le jour, dans les retraites ombreuses des vallées, comme si, par l'énergie sauvage, la passion solennelle, l'ardeur dévorante de ma passion pour la défunte je pouvais la ressusciter dans les sentiers de cette vie qu'elle avait abandonnés ; pour *toujours ?* était-ce vraiment *possible ?*

Au commencement du second mois de notre mariage, lady Rowena fut attaquée d'un mal soudain dont elle ne se releva que lentement. La fièvre qui la consumait rendait ses nuits pénibles, et, dans l'inquiétude d'un demi-sommeil, elle parlait de sons et de mouvements qui se produisaient çà et là dans la chambre de la tour, et que je ne pouvais vraiment attribuer qu'au dérangement de ses idées ou peut-être aux influences fantasmagoriques de la chambre. À la longue, elle entra en convalescence, et finalement elle se rétablit. Toutefois, il ne s'était écoulé qu'un laps de temps fort court quand une nouvelle attaque plus violente la rejeta sur son lit de douleur, et, depuis cet accès, sa constitution, qui avait toujours été faible, ne put jamais se relever complètement. Sa maladie montra, dès cette époque, un caractère alarmant et des rechutes plus alarmantes encore, qui défiaient toute la science et tous les efforts de ses médecins. À mesure qu'augmentait ce mal chronique qui, dès lors sans doute, s'était trop bien emparé de sa constitution pour en être arraché par des mains

means, I could not fail to observe a similar increase in the nervous irritation of her temperament, and in her excitability by trivial causes of fear. She spoke again, and now more frequently and pertinaciously, of the sounds—of the slight sounds—and of the unusual motions among the tapestries, to which she had formerly alluded.

One night, near the closing in of September, she pressed this distressing subject with more than usual emphasis upon my attention. She had just awakened from an unquiet slumber, and I had been watching, with feelings half of anxiety, half of vague terror, the workings of her emaciated countenance. I sat by the side of her ebony bed, upon one of the ottomans of India. She partly arose, and spoke, in an earnest low whisper, of sounds which she then heard, but which I could not hear—of motions which she then saw, but which I could not perceive. The wind was rushing hurriedly behind the tapestries, and I wished to show her (what, let me confess it, I could not all believe) that those almost inarticulate breathings, and those very gentle variations of the figures upon the wall, were but the natural effects of that customary rushing of the wind. But a deadly pallor, overspreading her face, had proved to me that my exertions to reassure her would be fruitless. She appeared to be fainting, and no attendants were within call. I remembered where was deposited a decanter of light wine which had been ordered by her physicians, and hastened across the chamber to procure it. But, as I stepped beneath the light of the censer, two circumstances of a startling nature attracted my attention. I had felt that some palpable although invisible object had passed lightly by my person; and I saw that there lay upon the golden carpet, in the very middle of the rich lustre thrown from the censer, a shadow—a faint, indefinite shadow of angelic aspect—such as might be fancied for the shadow of a shade. But I was wild with the excitement of an immoderate dose of opium, and heeded these things but little, nor spoke of them to Rowena. Having found the wine, I recrossed the chamber, and poured out a goblet-ful, which I held to the lips of the fainting lady. She had now

humaines, je ne pouvais m'empêcher de remarquer une irritation nerveuse croissante dans son tempérament et une excitabilité telle, que les causes les plus vulgaires lui étaient des sujets de peur. Elle parla encore, et plus souvent alors, avec plus d'opiniâtreté, des bruits, — des légers bruits, — et des mouvements insolites dans les rideaux, dont elle avait, disait-elle, déjà souffert.

Une nuit, — vers la fin de septembre, — elle attira mon attention sur ce sujet désolant avec une énergie plus vive que de coutume. Elle venait justement de se réveiller d'un sommeil agité, et j'avais épié, avec un sentiment moitié d'anxiété, moitié de vague terreur, le jeu de sa physionomie amaigrie. J'étais assis au chevet du lit d'ébène, sur un des divans indiens. Elle se dressa à moitié, et me parla à voix basse, dans un chuchotement anxieux, de sons qu'elle venait d'entendre, mais que je ne pouvais pas entendre, — de mouvements qu'elle venait d'apercevoir, mais que je ne pouvais apercevoir. Le vent courait activement derrière les tapisseries, et je m'appliquai à lui démontrer — ce que, je le confesse, je ne pouvais pas croire entièrement, — que ces soupirs à peine articulés et ces changements presque insensibles dans les figures du mur n'étaient que les effets naturels du courant d'air habituel. Mais une pâleur mortelle qui inonda sa face me prouva que mes efforts pour la rassurer seraient inutiles. Elle semblait s'évanouir, et je n'avais pas de domestiques à ma portée. Je me souvins de l'endroit où avait été déposé un flacon de vin léger ordonné par les médecins, et je traversai vivement la chambre pour me le procurer. Mais, comme je passais sous la lumière de la lampe, deux circonstances d'une nature saisissante attirèrent mon attention. J'avais senti que quelque chose de palpable, quoique invisible, avait frôlé légèrement ma personne, et je vis sur le tapis d'or, au centre même du riche rayonnement projeté par l'encensoir, une ombre, — une ombre faible, indéfinie, d'un aspect angélique, — telle qu'on peut se figurer l'ombre d'une Ombre. Mais, comme j'étais en proie à une dose exagérée d'opium, je ne fis que peu d'attention à ces choses, et je n'en parlai point à Rowena. Je trouvai le vin, je traversai de nouveau la chambre, et je remplis un verre que je portai aux lèvres de ma femme défaillante. Cependant, elle était un peu

partially recovered, however, and took the vessel herself, while I sank upon an ottoman near me, with my eyes fastened upon her person. It was then that I became distinctly aware of a gentle foot-fall upon the carpet, and near the couch; and in a second thereafter, as Rowena was in the act of raising the wine to her lips, I saw, or may have dreamed that I saw, fall within the goblet, as if from some invisible spring in the atmosphere of the room, three or four large drops of a brilliant and ruby colored fluid. If this I saw—not so Rowena. She swallowed the wine unhesitatingly, and I forbore to speak to her of a circumstance which must, after all, I considered, have been but the suggestion of a vivid imagination, rendered morbidly active by the terror of the lady, by the opium, and by the hour.

Yet I cannot conceal it from my own perception that, immediately subsequent to the fall of the ruby-drops, a rapid change for the worse took place in the disorder of my wife; so that, on the third subsequent night, the hands of her menials prepared her for the tomb, and on the fourth, I sat alone, with her shrouded body, in that fantastic chamber which had received her as my bride.—Wild visions, opium-engendered, flitted, shadow-like, before me. I gazed with unquiet eye upon the sarcophagi in the angles of the room, upon the varying figures of the drapery, and upon the writhing of the parti-colored fires in the censer overhead. My eyes then fell, as I called to mind the circumstances of a former night, to the spot beneath the glare of the censer where I had seen the faint traces of the shadow. It was there, however, no longer; and breathing with greater freedom, I turned my glances to the pallid and rigid figure upon the bed. Then rushed upon me a thousand memories of Ligeia—and then came back upon my heart, with the turbulent violence of a flood, the whole of that unutterable wo with which I had regarded her thus enshrouded. The night waned; and still, with a bosom full of bitter thoughts of the one only and supremely beloved, I remained gazing upon the body of Rowena.

remise, et elle prit le verre elle-même, pendant que je me laissais tomber sur l'ottomane, les yeux fixés sur sa personne. Ce fut alors que j'entendis distinctement un léger bruit de pas sur le tapis et près du lit ; et, une seconde après, comme Rowena allait porter le vin à ses lèvres, je vis, — je puis l'avoir rêvé, — je vis tomber dans le verre, comme de quelque source invisible suspendue dans l'atmosphère de la chambre, trois ou quatre grosses gouttes d'un fluide brillant et couleur de rubis. Si je le vis, — Rowena ne le vit pas. Elle avala le vin sans hésitation, et je me gardai bien de lui parler d'une circonstance que je devais, après tout, regarder comme la suggestion d'une imagination surexcitée, et dont tout, — les terreurs de ma femme, l'opium et l'heure, augmentait l'activité morbide.

Cependant, je ne puis pas me dissimuler qu'immédiatement après la chute des gouttes rouges, un rapide changement — en mal — s'opéra dans la maladie de ma femme ; si bien que, la troisième nuit, les mains de ses serviteurs la préparaient pour la tombe, et que j'étais assis seul, son corps enveloppé dans le suaire, dans cette chambre fantastique qui avait reçu la jeune épouse. — D'étranges visions, engendrées par l'opium, voltigeaient autour de moi comme des ombres. Je promenais un œil inquiet sur les sarcophages, dans les coins de la chambre, sur les figures mobiles de la tenture et sur les lueurs vermiculaires et changeantes de la lampe du plafond. Mes yeux tombèrent alors, — comme je cherchais à me rappeler les circonstances d'une nuit précédente, — sur le même point du cercle lumineux, là où j'avais vu les traces légères d'une ombre. Mais elle n'y était plus ; et, respirant avec plus de liberté, je tournai mes regards vers la pâle et rigide figure allongée sur le lit. Alors, je sentis fondre sur moi mille souvenirs de Ligeia, — je sentis refluer vers mon cœur, avec la tumultueuse violence d'une marée, toute cette ineffable douleur que j'avais sentie quand je l'avais vue, elle aussi, dans son suaire. La nuit avançait, et toujours, — le cœur plein des pensées les plus amères dont *elle* était l'objet, *elle,* mon unique, mon suprême amour, — je restais les yeux fixés sur le corps de Rowena.

It might have been midnight, or perhaps earlier, or later, for I had taken no note of time, when a sob, low, gentle, but very distinct, startled me from my revery. I felt that it came from the bed of ebony—the bed of death. I listened in an agony of superstitious terror—but there was no repetition of the sound. I strained my vision to detect any motion in the corpse—but there was not the slightest perceptible. Yet I could not have been deceived. I had heard the noise, however faint, and my soul was awakened within me. I resolutely and perseveringly kept my attention riveted upon the body. Many minutes elapsed before any circumstance occurred tending to throw light upon the mystery. At length it became evident that a slight, a very feeble, and barely noticeable tinge of color had flushed up within the cheeks, and along the sunken small veins of the eyelids. Through a species of unutterable horror and awe, for which the language of mortality has no sufficiently energetic expression, I felt my heart cease to beat, my limbs grow rigid where I sat. Yet a sense of duty finally operated to restore my self-possession. I could no longer doubt that we had been precipitate in our preparations—that Rowena still lived. It was necessary that some immediate exertion be made; yet the turret was altogether apart from the portion of the abbey tenanted by the servants—there were none within call—I had no means of summoning them to my aid without leaving the room for many minutes—and this I could not venture to do. I therefore struggled alone in my endeavors to call back the spirit still hovering. In a short period it was certain, however, that a relapse had taken place; the color disappeared from both eyelid and cheek, leaving a wanness even more than that of marble; the lips became doubly shrivelled and pinched up in the ghastly expression of death; a repulsive clamminess and coldness overspread rapidly the surface of the body; and all the usual rigorous stiffness immediately supervened. I fell back with a shudder upon the couch from which I had been so startlingly aroused, and again gave myself up to passionate waking visions of Ligeia.

Il pouvait bien être minuit, peut-être plus tôt, peut-être plus tard, car je n'avais pas pris garde au temps, quand un sanglot, très-bas, très-léger, mais très-distinct, me tira en sursaut de ma rêverie. Je *sentis* qu'il venait du lit d'ébène, — du lit de mort. Je tendis l'oreille, dans une angoisse de terreur superstitieuse, mais le bruit ne se répéta pas. Je forçai mes yeux à découvrir un mouvement quelconque dans le corps, mais je n'en aperçus pas le moindre. Cependant, il était impossible que je me fusse trompé. J'avais entendu le bruit, faible à la vérité, et mon esprit était bien éveillé en moi. Je maintins résolûment et opiniâtrement mon attention clouée au cadavre. Quelques minutes s'écoulèrent sans aucun incident qui pût jeter un peu de jour sur ce mystère. À la longue, il devint évident qu'une coloration légère, très-faible, à peine sensible, était montée aux joues et avait filtré le long des petites veines déprimées des paupières. Sous la pression d'une horreur et d'une terreur inexplicables, pour lesquelles le langage de l'humanité n'a pas d'expression suffisamment énergique, je sentis les pulsations de mon cœur s'arrêter et mes membres se roidir sur place. Cependant, le sentiment du devoir me rendit finalement mon sang-froid. Je ne pouvais pas douter plus longtemps que nous n'eussions fait prématurément nos apprêts funèbres ; — Rowena vivait encore. Il était nécessaire de pratiquer immédiatement quelques tentatives ; mais la tour était tout à fait séparée de la partie de l'abbaye habitée par les domestiques, — il n'y en avait aucun à portée de la voix, — je n'avais aucun moyen de les appeler à mon aide, à moins de quitter la chambre pendant quelques minutes, — et, quant à cela, je ne pouvais m'y hasarder. Je m'efforçai donc de rappeler à moi seul et de fixer l'âme voltigeante. Mais, au bout d'un laps de temps très-court, il y eut une rechute évidente ; la couleur disparut de la joue et de la paupière, laissant une pâleur plus que marmoréenne ; les lèvres se serrèrent doublement et se recroquevillèrent dans l'expression spectrale de la mort ; une froideur et une viscosité répulsives se répandirent rapidement sur toute la surface du corps, et la complète rigidité cadavérique survint immédiatement. Je retombai en frissonnant sur le lit de repos d'où j'avais été arraché si soudainement, et je m'abandonnai de nouveau à mes rêves, à mes contemplations passionnées de Ligeia.

An hour thus elapsed, when (could it be possible?) I was a second time aware of some vague sound issuing from the region of the bed. I listened—in extremity of horror. The sound came again—it was a sigh. Rushing to the corpse, I saw—distinctly saw—a tremor upon the lips. In a minute afterward they relaxed, disclosing a bright line of the pearly teeth. Amazement now struggled in my bosom with the profound awe which had hitherto reigned there alone. I felt that my vision grew dim, that my reason wandered; and it was only by a violent effort that I at length succeeded in nerving myself to the task which duty thus once more had pointed out. There was now a partial glow upon the forehead and upon the cheek and throat; a perceptible warmth pervaded the whole frame; there was even a slight pulsation at the heart. The lady lived; *and with redoubled ardor I betook myself to the task of restoration. I chafed and bathed the temples and the hands, and used every exertion which experience, and no little medical reading, could suggest. But in vain. Suddenly, the color fled, the pulsation ceased, the lips resumed the expression of the dead, and, in an instant afterward, the whole body took upon itself the icy chilliness, the livid hue, the intense rigidity, the sunken outline, and all the loathsome peculiarities of that which has been, for many days, a tenant of the tomb.*

And again I sunk into visions of Ligeia—and again, (what marvel that I shudder while I write?) again there reached my ears a low sob from the region of the ebony bed. But why shall I minutely detail the unspeakable horrors of that night? Why shall I pause to relate how, time after time, until near the period of the gray dawn, this hideous drama of revivication was repeated; how each terrific relapse was only into a sterner and apparently more irredeemable death; how each agony wore the aspect of a struggle with some invisible foe; and how each struggle was succeeded by I know not what of wild change in the personal appearance of the corpse? Let me hurry to a conclusion.

Une heure s'écoula ainsi, quand — était-ce, grand Dieu ! possible ? — j'eus de nouveau la perception d'un bruit vague qui partait de la région du lit. J'écoutai, au comble de l'horreur. Le son se fit entendre de nouveau, c'était un soupir. Je me précipitai vers le corps, je vis, — je vis distinctement un tremblement sur les lèvres. Une minute après, elles se relâchaient, découvrant une ligne brillante de dents de nacre. La stupéfaction lutta alors dans mon esprit avec la profonde terreur qui jusque-là l'avait dominé. Je sentis que ma vue s'obscurcissait, que ma raison s'enfuyait ; et ce ne fut que par un violent effort que je trouvai à la longue le courage de me roidir à la tâche que le devoir m'imposait de nouveau. Il y avait maintenant une carnation imparfaite sur le front, la joue et la gorge ; une chaleur sensible pénétrait tout le corps ; et même une légère pulsation remuait imperceptiblement la région du cœur. *Ma* femme *vivait* ; et, avec un redoublement d'ardeur, je me mis en devoir de la ressusciter. Je frictionnai et je bassinai les tempes et les mains, et j'usai de tous les procédés que l'expérience et de nombreuses lectures médicales pouvaient me suggérer. Mais ce fut en vain. Soudainement, la couleur disparut, la pulsation cessa, l'expression de mort revint aux lèvres, et, un instant après, tout le corps reprenait sa froideur de glace, son ton livide, sa rigidité complète, son contour amorti, et toute la hideuse caractéristique de ce qui a habité la tombe pendant plusieurs jours.

Et puis je retombai dans mes rêves de Ligeia, — et de nouveau — s'étonnera-t-on que je frissonne en écrivant ces lignes ? — *de nouveau* un sanglot étouffé vint à mon oreille de la région du lit d'ébène. Mais à quoi bon détailler minutieusement les ineffables horreurs de cette nuit ? Raconterai-je combien de fois, coup sur coup, presque jusqu'au petit jour, se répéta ce hideux drame de ressuscitation ; que chaque effrayante rechute se changeait en une mort plus rigide et plus irrémédiable ; que chaque nouvelle agonie ressemblait à une lutte contre quelque invisible adversaire, et que chaque lutte était suivie de je ne sais quelle étrange altération dans la physionomie du corps ? Je me hâte d'en finir.

The greater part of the fearful night had worn away, and she who had been dead, one again stirred—and now more vigorously than hitherto, although arousing from a dissolution more appalling in its utter hopelessness than any. I had long ceased to struggle or to move, and remained sitting rigidly upon the ottoman, a helpless prey to a whirl of violent emotions, of which extreme awe was perhaps the least terrible, the least consuming. The corpse, I repeat, stirred, and now more vigorously than before. The hues of life flushed up with unwonted energy into the countenance—the limbs relaxed—and, save that the eyelids were yet pressed heavily together, and that the bandages and draperies of the grave still imparted their charnel character to the figure, I might have dreamed that Rowena had indeed shaken off, utterly, the fetters of Death. But if this idea was not, even then, altogether adopted, I could at least doubt no longer, when, arising from the bed, tottering, with feeble steps, with closed eyes, and with the manner of one bewildered in a dream, the thing that was enshrouded advanced boldly and palpably into the middle of the apartment.

I trembled not—I stirred not—for a crowd of unutterable fancies connected with the air, the stature, the demeanor of the figure, rushing hurriedly through my brain, had paralyzed—had chilled me into stone. I stirred not—but gazed upon the apparition. There was a mad disorder in my thoughts—a tumult unappeasable. Could it, indeed, be the living *Rowena who confronted me? Could it indeed be Rowena at all—the fair-haired, the blue-eyed Lady Rowena Trevanion of Tremaine? Why, why should I doubt it? The bandage lay heavily about the mouth—but then might it not be the mouth of the breathing Lady of Tremaine? And the cheeks—there were the roses as in her noon of life—yes, these might indeed be the fair cheeks of the living Lady of Tremaine. And the chin, with its dimples, as in health, might it not be hers?—but* had *she then grown taller since her malady? What inexpressible madness seized me with that thought? One bound, and I*

La plus grande partie de la terrible nuit était passée, et celle qui était morte remua de nouveau, — et, cette fois-ci, plus énergiquement que jamais quoique se réveillant d'une mort plus effrayante et plus irréparable. J'avais depuis longtemps cessé tout effort et tout mouvement, et je restais cloué sur l'ottomane, désespérément englouti dans un tourbillon d'émotions violentes, dont la moins terrible peut-être, la moins dévorante, était un suprême effroi. Le corps, je le répète, remuait, et maintenant plus activement qu'il n'avait fait jusque-là. Les couleurs de la vie montaient à la face avec une énergie singulière, — les membres se relâchaient, — et, sauf que les paupières restaient toujours lourdement fermées, et que les bandeaux et les draperies funèbres communiquaient encore à la figure leur caractère sépulcral, j'aurais rêvé que Rowena avait entièrement secoué les chaînes de la Mort. Mais si, dès lors, je n'acceptai pas entièrement cette idée, je ne pus pas douter plus longtemps, quand, — se levant du lit, — et vacillant, — d'un pas faible, — les yeux fermés, — à la manière d'une personne égarée dans un rêve, — l'être qui était enveloppé du suaire s'avança audacieusement et palpablement dans le milieu de la chambre.

Je ne tremblai pas, — je ne bougeai pas, — car une foule de pensées inexprimables, causées par l'air, la stature, l'allure du fantôme, se ruèrent à l'improviste dans mon cerveau, et me paralysèrent, — me pétrifièrent. Je ne bougeais pas, je contemplais l'apparition. C'était dans mes pensées un désordre fou, un tumulte inapaisable. Était-ce bien la *vivante* Rowena que j'avais en face de moi ? *cela* pouvait-il être vraiment Rowena, — lady Rowena Trevanion de Tremaine, à la chevelure blonde, aux yeux bleus ? Pourquoi, oui, *pourquoi* en doutais-je ? — Le lourd bandeau oppressait la bouche ; — pourquoi donc cela n'eût-il pas été la bouche respirante de la dame de Tremaine ? — Et les joues ? — oui, c'étaient bien là les roses du midi de sa vie ; — oui, ce pouvaient être les belles joues de la vivante lady de Tremaine. — Et le menton, avec les fossettes de la santé, ne pouvait-il pas être le sien ? Mais *avait-elle donc grandi depuis sa maladie ?* Quel inexprimable délire s'empara de moi à cette idée ! D'un bond, j'étais à ses pieds ! Elle se retira à mon contact, et elle

had reached her feet! Shrinking from my touch, she let fall from her head, unloosened, the ghastly cerements which had confined it, and there streamed forth, into the rushing atmosphere of the chamber, huge masses of long and dishevelled hair; it was blacker than the raven wings of midnight! *And now slowly opened* the eyes *of the figure which stood before me.* "Here then, at least," *I shrieked aloud,* "can I never—can I never be mistaken—these are the full, and the black, and the wild eyes—of my lost love—of the Lady—of the* LADY LIGEIA."

dégagea sa tête de l'horrible suaire qui l'enveloppait ; et alors déborda dans l'atmosphère fouettée de la chambre une masse énorme de longs cheveux désordonnés ; *ils étaient plus noirs que les ailes de minuit, l'heure au plumage de corbeau !* Et alors je vis la figure qui se tenait devant moi ouvrir lentement, lentement *les yeux*. "Enfin, les voilà donc !" criai-je d'une voix retentissante ;" pourrais-je jamais m'y tromper ? — Voilà bien les yeux adorablement fendus, les yeux noirs, les yeux étranges de mon amour perdu, — de lady — de lady Ligeia !"

Metzengerstein

1832

Metzengerstein

Edgar Allan Poe

Pestis eram vivus—moriens tua mors ero.

Martin Luther.

ORROR and fatality have been stalking abroad in all ages. Why then give a date to the story I have to tell? Let it suffice to say, that at the period of which I speak, there existed, in the interior of Hungary, a settled although hidden belief in the doctrines of the Metempsychosis. Of the doctrines themselves—that is, of their falsity, or of their probability—I say nothing. I assert, however, that much of our incredulity (as La Bruyere says of all our unhappiness) "vient de ne pouvoir etre seuls."[1]

But there were some points in the Hungarian superstition which were fast verging to absurdity. They—the Hungarians—differed very essentially from their Eastern authorities. For example. "The soul," said the former—I give the words of an acute and intelligent Parisian—"ne demure qu'un seul fois dans un corps sensible: au reste—un cheval, un chien, un homme meme, n'est que la ressemblance peu tangible de ces animaux."

The families of Berlifitzing and Metzengerstein had been at variance for centuries. Never before were two houses so illustrious, mutually embittered by hostility so deadly. The origin of this enmity seems to be found in the words of an ancient prophecy—"A lofty name shall have a fearful fall when, as the rider over his horse, the mortality of Metzengerstein shall triumph over the immortality of Berlifitzing."

To be sure the words themselves had little or no meaning. But more trivial causes have given rise—and that no long while ago—to consequences equally eventful. Besides, the estates, which were

575

Charles Baudelaire

Pestis eram vivus, — moriens tua mors ero.

Martin Luther.

L’horreur et la fatalité se sont donné carrière dans tous les siècles. À quoi bon mettre une date à l’histoire que j’ai à raconter ? Qu’il me suffise de dire qu’à l’époque dont je parle existait dans le centre de la Hongrie une croyance secrète, mais bien établie, aux doctrines de la métempsycose. De ces doctrines elles-mêmes, de leur fausseté ou de leur probabilité, — je ne dirai rien. J’affirme, toutefois, qu’une bonne partie de notre crédulité *vient*, comme dit la Bruyère, qui attribue tout notre malheur à cette cause unique, *de ne pouvoir être seuls*[1].

Mais il y avait quelques points dans la superstition hongroise qui tendaient fortement à l’absurde. Les Hongrois différaient très-essentiellement de leurs autorités d’Orient. Par exemple, — l’*âme*, à ce qu’ils croyaient, — je cite les termes d’un subtil et intelligent Parisien, — *ne demeure qu’une seule fois dans un corps sensible. Ainsi, un cheval, un chien, un homme même, ne sont que la ressemblance illusoire de ces êtres*[2].

Les familles Berlifitzing et Metzengerstein avaient été en discorde pendant des siècles. Jamais on ne vit deux maisons aussi illustres réciproquement aigries par une inimitié aussi mortelle. Cette haine pouvait tirer son origine des paroles d’une ancienne prophétie : — *Un grand nom tombera d’une chute terrible, quand, comme le cavalier sur son cheval, la mortalité de Metzengerstein triomphera de l’immortalité de Berlifitzing.*

Certes, les termes n’avaient que peu ou point de sens. Mais des causes plus vulgaires ont donné naissance — et cela, sans remonter bien haut, — à des conséquences également grosses d’événements. En outre, les deux maisons, qui étaient voisines, avaient longtemps

contiguous, had long exercised a rival influence in the affairs of a busy government. Moreover, near neighbors are seldom friends; and the inhabitants of the Castle Berlifitzing might look, from their lofty buttresses, into the very windows of the Palace Metzengerstein. Least of all had the more than feudal magnificence thus discovered, a tendency to allay the irritable feelings of the less ancient and less wealthy Berlifitzings. What wonder, then, that the words, however silly, of that prediction, should have succeeded in setting and keeping at variance two families already predisposed to quarrel by every instigation of hereditary jealousy? The prophecy seemed to imply—if it implied anything—a final triumph on the part of the already more powerful house; and was of course remembered with the more bitter animosity by the weaker and less influential.

Wilhelm, Count Berlifitzing, although loftily descended, was, at the epoch of this narrative, an infirm and doting old man, remarkable for nothing but an inordinate and inveterate personal antipathy to the family of his rival, and so passionate a love of horses, and of hunting, that neither bodily infirmity, great age, nor mental incapacity, prevented his daily participation in the dangers of the chase.

Frederick, Baron Metzengerstein, was, on the other hand, not yet of age. His father, the Minister G..., died young. His mother, the Lady Mary, followed him quickly. Frederick was, at that time, in his eighteenth year. In a city, eighteen years are no long period: but in a wilderness—in so magnificent a wilderness as that old principality, the pendulum vibrates with a deeper meaning.

From some peculiar circumstances attending the administration of his father, the young Baron, at the decease of the former, entered immediately upon his vast possessions. Such estates were seldom held before by a nobleman of Hungary. His castles were without number. The chief in point of splendor and extent was the "Palace Metzengerstein." The boundary line of his dominions was never

exercé une influence rivale dans les affaires d'un gouvernement tumultueux. De plus, des voisins aussi rapprochés sont rarement amis ; et, du haut de leurs terrasses massives, les habitants du château Berlifitzing pouvaient plonger leurs regards dans les fenêtres mêmes du palais Metzengerstein. Enfin, le déploiement d'une magnificence plus que féodale était peu fait pour calmer les sentiments irritables des Berlifitzing, moins anciens et moins riches. Y a-t-il donc lieu de s'étonner que les termes de cette prédiction, bien que tout à fait saugrenus, aient si bien créé et entretenu la discorde entre deux familles déjà prédisposées aux querelles par toutes les instigations d'une jalousie héréditaire ? La prophétie semblait impliquer, — si elle impliquait quelque chose, — un triomphe final du côté de la maison déjà plus puissante, et naturellement vivait dans la mémoire de la plus faible et de la moins influente, et la remplissait d'une aigre animosité.

Wilhelm, comte Berlifitzing, bien qu'il fût d'une haute origine, n'était, à l'époque de ce récit, qu'un vieux radoteur infirme, et n'avait rien de remarquable, si ce n'est une antipathie invétérée et folle contre la famille de son rival, et une passion si vive pour les chevaux et la chasse, que rien, ni ses infirmités physiques, ni son grand âge, ni l'affaiblissement de son esprit, ne pouvait l'empêcher de prendre journellement sa part des dangers de cet exercice. De l'autre côté, Frédérick, baron Metzengerstein, n'était pas encore majeur. Son père, le ministre G..., était mort jeune. Sa mère, madame Marie, le suivit bientôt. Frédérick était à cette époque dans sa dix-huitième année. Dans une ville, dix-huit ans ne sont pas une longue période de temps ; mais dans une solitude, dans une aussi magnifique solitude que cette vieille seigneurie, le pendule vibre avec une plus profonde et plus significative solennité.

Par suite de certaines circonstances résultant de l'administration de son père, le jeune baron, aussitôt après la mort de celui-ci, entra en possession de ses vastes domaines. Rarement on avait vu un noble de Hongrie posséder un tel patrimoine. Ses châteaux étaient innombrables. Le plus splendide et le plus vaste était le palais Metzengerstein. La ligne frontière de ses domaines n'avait jamais été

clearly defined; but his principal park embraced a circuit of fifty miles.

Upon the succession of a proprietor so young, with a character so well known, to a fortune so unparalleled, little speculation was afloat in regard to his probable course of conduct. And, indeed, for the space of three days, the behaviour of the heir out-heroded Herod, and fairly surpassed the expectations of his most enthusiastic admirers. Shameful debaucheries—flagrant treacheries—unheard-of atrocities—gave his trembling vassals quickly to understand that no servile submission on their part—no punctilios of conscience on his own—were thenceforward to prove any security against the remorseless fangs of a petty Caligula. On the night of the fourth day, the stables of the Castle Berlifitzing were discovered to be on fire; and the unanimous opinion of the neighborhood added the crime of the incendiary to the already hideous list of the Baron's misdemeanors and enormities.

But during the tumult occasioned by this occurrence, the young nobleman himself, sat apparently buried in meditation, in a vast and desolate upper apartment of the family palace of Metzengerstein. The rich although faded tapestry hangings which swung gloomily upon the walls, represented the shadowy and majestic forms of a thousand illustrious ancestors. Here, rich-ermined priests, and pontifical dignitaries, familiarly seated with the autocrat and the sovereign, put a veto on the wishes of a temporal king, or restrained with the fiat of papal supremacy the rebellious sceptre of the Arch-enemy. There, the dark, tall statures of the Princes Metzengerstein—their muscular war-coursers plunging over the carcasses of fallen foes—startled the steadiest nerves with their vigorous expression: and here, *again, the voluptuous and swan-like figures of the dames of days gone by, floated away in the mazes of an unreal dance to the strains of imaginary melody.*

clairement définie ; mais son parc principal embrassait un circuit de cinquante milles.

L'avénement d'un propriétaire si jeune, et d'un caractère si bien connu, à une fortune si incomparable laissait peu de place aux conjectures relativement à sa ligne probable de conduite. Et, en vérité, dans l'espace de trois jours, la conduite de l'héritier fit pâlir le renom d'Hérode et dépassa magnifiquement les espérances de ses plus enthousiastes admirateurs. De honteuses débauches, de flagrantes perfidies, des atrocités inouïes, firent bientôt comprendre à ses vassaux tremblants que rien, — ni soumission servile de leur part, ni scrupules de conscience de la sienne, — ne leur garantirait désormais de sécurité contre les griffes sans remords de ce petit Caligula. Vers la nuit du quatrième jour, on s'aperçut que le feu avait pris aux écuries du château Berlifitzing, et l'opinion unanime du voisinage ajouta le crime d'incendie à la liste déjà horrible des délits et des atrocités du baron.

Quant au jeune gentilhomme, pendant le tumulte occasionné par cet accident, il se tenait, en apparence plongé dans une méditation, au haut du palais de famille des Metzengerstein, dans un vaste appartement solitaire. La tenture de tapisserie, riche, quoique fanée, qui pendait mélancoliquement aux murs, représentait les figures fantastiques et majestueuses de mille ancêtres illustres. Ici des prêtres richement vêtus d'hermine, des dignitaires pontificaux, siégeaient familièrement avec l'autocrate et le souverain, opposaient leur veto aux caprices d'un roi temporel, ou contenaient avec le *fiat* de la toute-puissance papale le sceptre rebelle du Grand Ennemi, prince des ténèbres. Là, les sombres et grandes figures des princes Metzengerstein — leurs musculeux chevaux de guerre piétinant sur les cadavres des ennemis tombés — ébranlaient les nerfs les plus fermes par leur forte expression ; et ici, à leur tour, voluptueuses et blanches comme des cygnes, les images des dames des anciens jours flottaient au loin dans les méandres d'une danse fantastique aux accents d'une mélodie imaginaire.

But as the Baron listened, or affected to listen, to the gradually increasing uproar in the stables of Berlifitzing—or perhaps pondered upon some more novel, some more decided act of audacity—his eyes were turned unwittingly to the figure of an enormous, and unnaturally colored horse, represented in the tapestry as belonging to a Saracen ancestor of the family of his rival. The horse itself, in the fore-ground of the design, stood motionless and statue-like—while, farther back, its discomfited rider perished by the dagger of a Metzengerstein.

On Frederick's lip arose a fiendish expression, as he became aware of the direction which his glance had, without his consciousness, assumed. Yet he did not remove it. On the contrary, he could by no means account for the overwhelming anxiety which appeared falling like a pall upon his senses. It was with difficulty that he reconciled his dreamy and incoherent feelings with the certainty of being awake. The longer he gazed, the more absorbing became the spell—the more impossible did it appear that he could ever withdraw his glance from the fascination of that tapestry. But the tumult without becoming suddenly more violent, with a compulsory exertion he diverted his attention to the glare of ruddy light thrown full by the flaming stables upon the windows of the apartment.

The action, however, was but momentary; his gaze returned mechanically to the wall. To his extreme horror and astonishment, the head of the gigantic steed had, in the meantime, altered its position. The neck of the animal, before arched, as if in compassion, over the prostrate body of its lord, was now extended, at full length, in the direction of the Baron. The eyes, before invisible, now wore an energetic and human expression, while they gleamed with a fiery and unusual red; and the distended lips of the apparently enraged horse left in full view his sepulchral and disgusting teeth.

Mais, pendant que le baron prêtait l'oreille ou affectait de prêter l'oreille au vacarme toujours croissant des écuries de Berlifitzing, — et peut-être méditait quelque trait nouveau, quelque trait décidé d'audace, — ses yeux se tournèrent machinalement vers l'image d'un cheval énorme, d'une couleur hors nature, et représenté dans la tapisserie comme appartenant à un ancêtre sarrasin de la famille de son rival. Le cheval se tenait sur le premier plan du tableau, — immobile comme une statue, — pendant qu'un peu plus loin, derrière lui, son cavalier déconfit mourait sous le poignard d'un Metzengerstein.

Sur la lèvre de Frédérick surgit une expression diabolique, comme s'il s'apercevait de la direction que son regard avait pris involontairement. Cependant, il ne détourna pas les yeux. Bien loin de là, il ne pouvait d'aucune façon avoir raison de l'anxiété accablante qui semblait tomber sur ses sens comme un drap mortuaire. Il conciliait difficilement ses sensations incohérentes comme celles des rêves avec la certitude d'être éveillé. Plus il contemplait, plus absorbant devenait le charme, — plus il lui paraissait impossible d'arracher son regard à la fascination de cette tapisserie. Mais le tumulte du dehors devenant soudainement plus violent, il fit enfin un effort, comme à regret, et tourna son attention vers une explosion de lumière rouge, projetée en plein des écuries enflammées sur les fenêtres de l'appartement.

L'action toutefois ne fut que momentanée ; son regard retourna machinalement au mur. À son grand étonnement, la tête du gigantesque coursier — chose horrible ! — avait pendant ce temps changé de position. Le cou de l'animal, d'abord incliné comme par la compassion vers le corps terrassé de son seigneur, était maintenant étendu, roide et dans toute sa longueur, dans la direction du baron. Les yeux, tout à l'heure invisibles, contenaient maintenant une expression énergique et humaine, et ils brillaient d'un rouge ardent et extraordinaire ; et les lèvres distendues de ce cheval à la physionomie enragée laissaient pleinement apercevoir ses dents sépulcrales et dégoûtantes.

Stupified with terror, the young nobleman tottered to the door. As he threw it open, a flash of red light, streaming far into the chamber, flung his shadow with a clear outline against the quivering tapestry; and he shuddered to perceive that shadow—as he staggered awhile upon the threshold—assuming the exact position, and precisely filling up the contour, of the relentless and triumphant murderer of the Saracen Berlifitzing.

To lighten the depression of his spirits, the Baron hurried into the open air. At the principal gate of the palace he encountered three equerries. With much difficulty, and at the imminent peril of their lives, they were restraining the convulsive plunges of a gigantic and fiery-colored horse.

"Whose horse? Where did you get him?" demanded the youth, in a querulous and husky tone, as he became instantly aware that the mysterious steed in the tapestried chamber was the very counterpart of the furious animal before his eyes.

"He is your own property, sire," replied one of the equerries, "at least he is claimed by no other owner. We caught him flying, all smoking and foaming with rage, from the burning stables of the Castle Berlifitzing. Supposing him to have belonged to the old Count's stud of foreign horses, we led him back as an estray. But the grooms there disclaim any title to the creature; which is strange, since he bears evident marks of having made a narrow escape from the flames."

"The letters W. V. B. are also branded very distinctly on his forehead," interrupted a second equerry; "I supposed them, of course, to be the initials of Wilhelm Von Berlifitzing—but all at the castle are positive in denying any knowledge of the horse."

"Extremely singular!" said the young Baron, with a musing air, and apparently unconscious of the meaning of his words. "He is, as you

Stupéfié par la terreur, le jeune seigneur gagna la porte en chancelant. Comme il l'ouvrait, un éclat de lumière rouge jaillit au loin dans la salle, qui dessina nettement son reflet sur la tapisserie frissonnante ; et, comme le baron hésitait un instant sur le seuil, il tressaillit en voyant que ce reflet prenait la position exacte et remplissait précisément le contour de l'implacable et triomphant meurtrier du Berlifitzing sarrasin.

Pour alléger ses esprits affaissés, le baron Frédérick chercha précipitamment le plein air. À la porte principale du palais, il rencontra trois écuyers. Ceux-ci, avec beaucoup de difficulté et au péril de leur vie, comprimaient les bonds convulsifs d'un cheval gigantesque couleur de feu.

— À qui est ce cheval ? Où l'avez-vous trouvé ? demanda le jeune homme d'une voix querelleuse et rauque, reconnaissant immédiatement que le mystérieux coursier de la tapisserie était le parfait pendant du furieux animal qu'il avait devant lui.

— C'est votre propriété, monseigneur, répliqua l'un des écuyers, du moins il n'est réclamé par aucun autre propriétaire. Nous l'avons pris comme il s'échappait, tout fumant et écumant de rage, des écuries brûlantes du château Berlifitzing. Supposant qu'il appartenait au haras des chevaux étrangers du vieux comte, nous l'avons ramené comme épave. Mais les domestiques désavouent tout droit sur la bête ; ce qui est étrange, puisqu'il porte des traces évidentes du feu, qui prouvent qu'il l'a échappé belle.

— Les lettres W. V. B. sont également marquées au fer très-distinctement sur son front, interrompit un second écuyer ; je supposais donc qu'elles étaient les initiales de Wilhelm von Berlifitzing, mais tout le monde au château affirme positivement n'avoir aucune connaissance du cheval.

— Extrêmement singulier ! dit le jeune baron, avec un air rêveur et comme n'ayant aucune conscience du sens de ses paroles. C'est,

say, a remarkable horse—a prodigious horse! although, as you very justly observe, of a suspicious and untractable character; let him be mine, however," he added, after a pause, "perhaps a rider like Frederick of Metzengerstein, may tame even the devil from the stables of Berlifitzing."

"You are mistaken, my lord; the horse, as I think we mentioned, is not from the stables of the Count. If such had been the case, we know our duty better than to bring him into the presence of a noble of your family."

"True!" observed the Baron, drily; and at that instant a page of the bed-chamber came from the palace with a heightened color, and a precipitate step. He whispered into his master's ear an account of the sudden disappearance of a small portion of the tapestry, in an apartment which he designated; entering, at the same time, into particulars of a minute and circumstantial character; but from the low tone of voice in which these latter were communicated, nothing escaped to gratify the excited curiosity of the equerries.

The young Frederick, during the conference, seemed agitated by a variety of emotions. He soon, however, recovered his composure, and an expression of determined malignancy settled upon his countenance, as he gave peremptory orders that the apartment in question should be immediately locked up, and the key placed in his own possession.

"Have you heard of the unhappy death of the old hunter Berlifitzing?" said one of his vassals to the Baron, as, after the departure of the page, the huge steed which that nobleman had adopted as his own, plunged and curveted, with redoubled fury, down the long avenue which extended from the palace to the stables of Metzengerstein.

comme vous dites, un remarquable cheval, — un prodigieux cheval ! bien qu'il soit, comme vous le remarquez avec justesse, d'un caractère ombrageux et intraitable ; allons ! qu'il soit à moi, je le veux bien, ajouta-t-il après une pause ; peut-être un cavalier tel que Frédérick de Metzengerstein pourra-t-il dompter le diable même des écuries de Berlifitzing.

— Vous vous trompez, monseigneur ; le cheval, comme nous vous l'avons dit, je crois, n'appartient pas aux écuries du comte. Si tel eût été le cas, nous connaissons trop bien notre devoir pour l'amener en présence d'une noble personne de votre famille.

— C'est vrai ! observa le baron sèchement. Et, à ce moment, un jeune valet de chambre arriva du palais, le teint échauffé et à pas précipités. Il chuchota à l'oreille de son maître l'histoire de la disparition soudaine d'un morceau de la tapisserie, dans une chambre qu'il désigna, entrant alors dans des détails d'un caractère minutieux et circonstancié ; mais, comme tout cela fut communiqué d'une voix très-basse, pas un mot ne transpira qui pût satisfaire la curiosité excitée des écuyers.

Le jeune Frédérick, pendant l'entretien, semblait agité d'émotions variées. Néanmoins, il recouvra bientôt son calme, et une expression de méchanceté décidée était déjà fixée sur sa physionomie, quand il donna des ordres péremptoires pour que l'appartement en question fût immédiatement condamné et la clef remise entre ses mains propres.

— Avez-vous appris la mort déplorable de Berlifitzing, le vieux chasseur ? dit au baron un de ses vassaux, après le départ du page, pendant que l'énorme coursier que le gentilhomme venait d'adopter comme sien s'élançait et bondissait avec une furie redoublée à travers la longue avenue qui s'étendait du palais aux écuries de Metzengerstein.

"No!" said the Baron, turning abruptly towards the speaker; "dead! say you?"

"It is indeed true, my lord; and, to the noble of your name, will be, I imagine, no unwelcome intelligence."

A rapid smile shot over the countenance of the listener. "How died he?"

"In his rash exertions to rescue a favorite portion of his hunting stud, he has himself perished miserably in the flames."

"I—n—d—e—e—d—!" ejaculated the Baron, as if slowly and deliberately impressed with the truth of some exciting idea.

"Indeed;" repeated the vassal.

"Shocking!" said the youth, calmly, and turned quietly into the palace.

From this date a marked alteration took place in the outward demeanor of the dissolute young Baron Frederick Von Metzengerstein. Indeed, his behaviour disappointed every expectation, and proved little in accordance with the views of many a manœuvring mamma; while his habits and manners, still less than formerly, offered anything congenial with those of the neighboring aristocracy. He was never to be seen beyond the limits of his own domain, and, in this wide and social world, was utterly companionless—unless, indeed, that unnatural, impetuous, and fiery-colored horse, which he henceforward continually bestrode, had any mysterious right to the title of his friend.

Numerous invitations on the part of the neighborhood for a long time, however, periodically came in. "Will the Baron honor our festivals

— Non, dit le baron se tournant brusquement vers celui qui parlait ; mort ! dis-tu ?

— C'est la pure vérité, monseigneur ; et je présume que, pour un seigneur de votre nom, ce n'est pas un renseignement trop désagréable.

Un rapide sourire jaillit sur la physionomie du baron.— Comment est-il mort ?

— Dans ses efforts imprudents pour sauver la partie préférée de son haras de chasse, il a péri misérablement dans les flammes.

— En… vé… ri… té… ! exclama le baron, comme impressionné lentement et graduellement par quelque évidence mystérieuse.

— En vérité, répéta le vassal.

— Horrible ! dit le jeune homme avec beaucoup de calme. Et il rentra tranquillement dans le palais.

À partir de cette époque, une altération marquée eut lieu dans la conduite extérieure du jeune débauché, baron Frédérick von Metzengerstein. Véritablement, sa conduite désappointait toutes les espérances et déroutait les intrigues de plus d'une mère. Ses habitudes et ses manières tranchèrent de plus en plus et, moins que jamais, n'offrirent d'analogie sympathique quelconque avec celle de l'aristocratie du voisinage. On ne le voyait jamais au delà des limites de son propre domaine, et, dans le vaste monde social, il était absolument sans compagnon, — à moins que ce grand cheval impétueux, hors nature, couleur de feu, qu'il monta continuellement à partir de cette époque, n'eût en réalité quelque droit mystérieux au titre d'ami.

Néanmoins, de nombreuses invitations de la part du voisinage lui arrivaient périodiquement. — "Le baron honorera-t-il notre fête de sa

with his presence? "Will the Baron join us in a hunting of the boar?"—"Metzengerstein does not hunt;" " Metzengerstein will not attend," were the haughty and laconic answers.

These repeated insults were not to be endured by an imperious nobility. Such invitations became less cordial—less frequent—in time they ceased altogether. The widow of the unfortunate Count Berlifitzing was even heard to express a hope "that the Baron might be at home when he did not wish to be at home, since he disdained the company of his equals; and ride when he did not wish to ride, since he preferred the society of a horse." This to be sure was a very silly explosion of hereditary pique; and merely proved how singularly unmeaning our sayings are apt to become, when we desire to be unusually energetic.

The charitable, nevertheless, attributed the alteration in the conduct of the young nobleman to the natural sorrow of a son for the untimely loss of his parents;—forgetting, however, his atrocious and reckless behaviour during the short period immediately succeeding that bereavement. Some there were, indeed, who suggested a too haughty idea of self-consequence and dignity. Others again (among whom may be mentioned the family physician) did not hesitate in speaking of morbid melancholy, and hereditary ill-health; while dark hints, of a more equivocal nature, were current among the multitude.

Indeed, the Baron's perverse attachment to his lately-acquired charger—an attachment which seemed to attain new strength from every fresh example of the animal's ferocious and demon-like propensities—at length became, in the eyes of all reasonable men, a hideous and unnatural fervor. In the glare of noon—at the dead hour of night—in sickness or in health—in calm or in tempest—the young Metzengerstein seemed riveted to the saddle of that colossal horse, whose intractable audacities so well accorded with his own spirit.

présence ?" — "Le baron se joindra-t-il à nous pour une chasse au sanglier ?" — "Metzengerstein ne chasse pas ;" — "Metzengerstein n'ira pas," — telles étaient ses hautaines et laconiques réponses.

Ces insultes répétées ne pouvaient pas être endurées par une noblesse impérieuse. De telles invitations devinrent moins cordiales, — moins fréquentes ; — avec le temps elles cessèrent tout à fait. On entendit la veuve de l'infortuné comte Berlifitzing exprimer le vœu « que le baron fût au logis quand il désirerait n'y pas être, puisqu'il dédaignait la compagnie de ses égaux ; et qu'il fût à cheval quand il voudrait n'y pas être, puisqu'il leur préférait la société d'un cheval. » Ceci à coup sûr n'était que l'explosion niaise d'une pique héréditaire et prouvait que nos paroles deviennent singulièrement absurdes quand nous voulons leur donner une forme extraordinairement énergique.

Les gens charitables, néanmoins, attribuaient le changement de manières du jeune gentilhomme au chagrin naturel d'un fils privé prématurément de ses parents, — oubliant toutefois son atroce et insouciante conduite durant les jours qui suivirent immédiatement cette perte. Il y en eut quelques-uns qui accusèrent simplement en lui une idée exagérée de son importance et de sa dignité. D'autres, à leur tour (et parmi ceux-là peut être cité le médecin de la famille), parlèrent sans hésiter d'une mélancolie morbide et d'un mal héréditaire ; cependant, des insinuations plus ténébreuses, d'une nature plus équivoque, couraient parmi la multitude.

En réalité, l'attachement pervers du baron pour sa monture de récente acquisition, — attachement qui semblait prendre une nouvelle force dans chaque nouvel exemple que l'animal donnait de ses féroces et démoniaques inclinations, — devint à la longue, aux yeux de tous les gens raisonnables, une tendresse horrible et contre nature. Dans l'éblouissement du midi, — aux heures profondes de la nuit, — malade ou bien portant, — dans le calme ou dans la tempête, — le jeune Metzengerstein semblait cloué à la selle du cheval colossal dont les intraitables audaces s'accordaient si bien avec son propre caractère.

There were circumstances, moreover, which, coupled with late events, gave an unearthly and portentous character to the mania of the rider, and to the capabilities of the steed. The space passed over in a single leap had been accurately measured, and was found to exceed by an astounding difference, the wildest expectations of the most imaginative. The Baron, besides, had no particular name for the animal, although all the rest in his collection were distinguished by characteristic appellations. His stable, too, was appointed at a distance from the rest; and with regard to grooming and other necessary offices, none but the owner in person had ventured to officiate, or even to enter the enclosure of that horse's particular stall. It was also to be observed, that although the three grooms, who had caught the steed as he fled from the conflagration at Berlifitzing, had succeeded in arresting his course, by means of a chain-bridle and noose—yet no one of the three could with any certainty affirm that he had, during that dangerous struggle, or at any period thereafter, actually placed his hand upon the body of the beast. Instances of peculiar intelligence in the demeanor of a noble and high-spirited horse are not to be supposed capable of exciting unreasonable attention, but there were certain circumstances which intruded themselves per force upon the most skeptical and phlegmatic; and it is said there were times when the animal caused the gaping crowd who stood around to recoil in horror from the deep and impressive meaning of his terrible stamp—times when the young Metzengerstein turned pale and shrunk away from the rapid and searching expression of his earnest and human-looking eye.

Among all the retinue of the Baron, however, none were found to doubt the ardor of that extraordinary affection which existed on the part of the young nobleman for the fiery qualities of his horse; at least, none but an insignificant and misshapen little page, whose deformities were in every body's way, and whose opinions were of the least possible importance. He (if his ideas are worth mentioning at all,) had the effrontery to assert that his master never vaulted into the saddle, without an unaccountable and almost imperceptible shudder; and that, upon his return from every long-continued and habitual

Il y avait, de plus, des circonstances qui, rapprochées des événements récents, donnaient un caractère surnaturel et monstrueux à la manie du cavalier et aux capacités de la bête. L'espace qu'elle franchissait d'un seul saut avait été soigneusement mesuré, et se trouva dépasser d'une différence stupéfiante les conjectures les plus larges et les plus exagérées. Le baron, en outre, ne se servait pour l'animal d'aucun *nom* particulier, quoique tous les chevaux de son haras fussent distingués par des appellations caractéristiques. Ce cheval-ci avait son écurie à une certaine distance des autres ; et, quant au pansement et à tout le service nécessaire, nul, excepté le propriétaire en personne, ne s'était risqué à remplir ces fonctions, ni même à entrer dans l'enclos où s'élevait son écurie particulière. On observa aussi que, quoique les trois palefreniers qui s'étaient emparés du coursier, quand il fuyait l'incendie de Berlifitzing, eussent réussi à arrêter sa course à l'aide d'une chaîne à nœud coulant, cependant aucun des trois ne pouvait affirmer avec certitude que, durant cette dangereuse lutte, ou à aucun moment depuis lors, il eût jamais posé la main sur le corps de la bête. Des preuves d'intelligence particulière dans la conduite d'un noble cheval plein d'ardeur ne suffiraient certainement pas à exciter une attention déraisonnable ; mais il y avait ici certaines circonstances qui eussent violenté les esprits les plus sceptiques et les plus flegmatiques ; et l'on disait que parfois l'animal avait fait reculer d'horreur la foule curieuse devant la profonde et frappante signification de sa marque, — que parfois le jeune Metzengerstein était devenu pâle et s'était dérobé devant l'expression soudaine de son œil sérieux et quasi humain.

Parmi toute la domesticité du baron, il ne se trouva néanmoins personne pour douter de la ferveur extraordinaire d'affection qu'excitaient dans le jeune gentilhomme les qualités brillantes de son cheval ; personne, excepté du moins un insignifiant petit page malvenu, dont on rencontrait partout l'offusquante laideur, et dont les opinions avaient aussi peu d'importance qu'il est possible. Il avait l'effronterie d'affirmer — si toutefois ses idées valent la peine d'être mentionnées, — que son maître ne s'était jamais mis en selle sans un inexplicable et presque imperceptible frisson, et qu'au retour de

ride, an expression of triumphant malignity distorted every muscle in his countenance.

One tempestuous night, Metzengerstein, awaking from heavy slumber, descended like a maniac from his chamber, and, mounting in hot haste, bounded away into the mazes of the forest. An occurrence so common attracted no particular attention, but his return was looked for with intense anxiety on the part of his domestics, when, after some hours' absence, the stupendous and magnificent battlements of the Palace Metzengerstein, were discovered crackling and rocking to their very foundation, under the influence of a dense and livid mass of ungovernable fire.

As the flames, when first seen, had already made so terrible a progress that all efforts to save any portion of the building were evidently futile, the astonished neighborhood stood idly around in silent, if not apathetic wonder. But a new and fearful object soon riveted the attention of the multitude, and proved how much more intense is the excitement wrought in the feelings of a crowd by the contemplation of human agony, than that brought about by the most appalling spectacles of inanimate matter.

Up the long avenue of aged oaks which led from the forest to the main entrance of the Palace Metzengerstein, a steed, bearing an unbonneted and disordered rider, was seen leaping with an impetuosity which outstripped the very Demon of the Tempest.

The career of the horseman was indisputably, on his own part, uncontrollable. The agony of his countenance, the convulsive struggle of his frame, gave evidence of superhuman exertion: but no sound, save a solitary shriek, escaped from his lacerated lips, which were bitten through and through in the intensity of terror. One instant, and the clattering of hoofs resounded sharply and shrilly above the roaring of the flames and the shrieking of the winds—another, and,

chacune de ses longues et habituelles promenades une expression de triomphante méchanceté faussait tous les muscles de sa face.

Pendant une nuit de tempête, Metzengerstein, sortant d'un lourd sommeil, descendit comme un maniaque de sa chambre, et, montant à cheval en toute hâte, s'élança en bondissant à travers le labyrinthe de la forêt. Un événement aussi commun ne pouvait pas attirer particulièrement l'attention ; mais son retour fut attendu avec une intense anxiété par tous ses domestiques, quand, après quelques heures d'absence, les prodigieux et magnifiques bâtiments du palais Metzengerstein se mirent à craqueter et à trembler jusque dans leurs fondements, sous l'action d'un feu immense et immaîtrisable, — une masse épaisse et livide.

Comme les flammes, quand on les aperçut pour la première fois, avaient déjà fait un si terrible progrès que tous les efforts pour sauver une portion quelconque des bâtiments eussent été évidemment inutiles, toute la population du voisinage se tenait paresseusement à l'entour, dans une stupéfaction silencieuse, sinon apathique. Mais un objet terrible et nouveau fixa bientôt l'attention de la multitude, et démontra combien est plus intense l'intérêt excité dans les sentiments d'une foule par la contemplation d'une agonie humaine que celui qui est créé par les plus effrayants spectacles de la matière inanimée.

Sur la longue avenue de vieux chênes qui commençait à la forêt et aboutissait à l'entrée principale du palais Metzengerstein, un coursier, portant un cavalier décoiffé et en désordre, se faisait voir bondissant avec une impétuosité qui défiait le démon de la tempête lui-même.

Le cavalier n'était évidemment pas le maître de cette course effrénée. L'angoisse de sa physionomie, les efforts convulsifs de tout son être, rendaient témoignage d'une lutte surhumaine ; mais aucun son, excepté un cri unique, ne s'échappa de ses lèvres lacérées, qu'il mordait d'outre en outre dans l'intensité de sa terreur. En un instant, le choc des sabots retentit avec un bruit aigu et perçant, plus haut que le mugissement des flammes et le glapissement du vent ; — un

clearing at a single plunge the gate-way and the moat, the steed bounded far up the tottering staircases of the palace, and, with its rider, disappeared amid the whirlwind of chaotic fire.

The fury of the tempest immediately died away, and a dead calm sullenly succeeded. A white flame still enveloped the building like a shroud, and, streaming far away into the quiet atmosphere, shot forth a glare of preternatural light; while a cloud of smoke settled heavily over the battlements in the distinct colossal figure of—a horse.

Note :

1. Mercier, in L'an deux mille quatre cents quarante," *seriously maintains the doctrines of the Metempsychosis, and J. D'Israeli says that "no system is so simple and so little repugnant to the understanding." Colonel Ethan Allen, the "Green Mountain Boy," is also said to have been a serious metempsychosist.*

instant encore, et, franchissant d'un seul bond la grande porte et le fossé, le coursier s'élança sur les escaliers branlants du palais et disparut avec son cavalier dans le tourbillon de ce feu chaotique.

La furie de la tempête s'apaisa tout à coup et un calme absolu prit solennellement sa place. Une flamme blanche enveloppait toujours le bâtiment comme un suaire, et, ruisselant au loin dans l'atmosphère tranquille, dardait une lumière d'un éclat surnaturel, pendant qu'un nuage de fumée s'abattait pesamment sur les bâtiments sous la forme distincte d'un gigantesque *cheval*.

Note :

1. Mercier, dans *l'An deux mil quatre cent quarante*, soutient sérieusement les doctrines de la métempsycose, et J. d'Israeli dit qu'*il n'y a pas de système aussi simple et qui répugne moins à l'intelligence*. Le colonel Ethan Allen, le *Green Mountain Boa*, passe aussi pour avoir été un sérieux métempsycosiste. — E. A. P.

2. J'ignore quel est l'auteur de ce texte bizarre et obscur ; cependant, je me suis permis de le rectifier légèrement, en l'adaptant au sens moral du récit. Poe cite quelquefois de mémoire et incorrectement. Le sens, après tout, me semble se rapprocher de l'opinion attribuée au père Kircher, — que les animaux sont des Esprits enfermés. — C. B.

EDGAR POE
SA VIE ET SES ŒUVRES

...... Quelque maître malheureux à qui l'inexorable Fatalité a donné une chasse acharnée, toujours plus acharnée, jusqu'à ce que ses chants n'aient plus qu'un unique refrain, jusqu'à ce que les chants funèbres de son Espérance aient adopté ce mélancolique refrain : « Jamais ! Jamais plus ! »

Edgar Poe. — *Le Corbeau.*

Sur son trône d'airain le Destin, qui s'en raille,
Imbibe leur éponge avec du fiel amer,
Et la nécessité les tord dans sa tenaille.

Théophile Gautier. — *Ténèbres.*

I

Dans ces derniers temps, un malheureux fut amené devant nos tribunaux, dont le front était illustré d'un rare et singulier tatouage : *Pas de chance !* Il portait ainsi au-dessus de ses yeux l'étiquette de sa vie, comme un livre son titre, et l'interrogatoire prouva que ce bizarre écriteau était cruellement véridique. Il y a, dans l'histoire littéraire, des destinées analogues, de vraies damnations, — des hommes qui portent le mot *guignon* écrit en caractères mystérieux dans les plis sinueux de leur front. L'Ange

aveugle de l'expiation s'est emparé d'eux et les fouette à tour de bras pour l'édification des autres. En vain leur vie montre-t-elle des talents, des vertus, de la grâce ; la Société a pour eux un anathème spécial, et accuse en eux les infirmités que sa persécution leur a données. — Que ne fit pas Hoffmann pour désarmer la destinée, et que n'entreprit pas Balzac pour conjurer la fortune ? — Existe-t-il donc une Providence diabolique qui prépare le malheur dès le berceau, — qui jette avec *préméditation* des natures spirituelles et angéliques dans des milieux hostiles, comme des martyrs dans les cirques ? Y a-t-il donc des âmes *sacrées*, vouées à l'autel, condamnées à marcher à la mort et à la gloire à travers leurs propres ruines ? Le cauchemar des *Ténèbres* assiégera-t-il éternellement ces âmes de choix ? Vainement elles se débattent, vainement elles se forment au monde, à ses prévoyances, à ses ruses ; elles perfectionneront la prudence, boucheront toutes les issues, matelasseront les fenêtres contre les projectiles du hasard ; mais le Diable entrera par une serrure ; une perfection sera le défaut de leur cuirasse, et une qualité superlative le germe de leur damnation.

L'aigle, pour le briser, du haut du firmament,
Sur leur front découvert lâchera la tortue,
Car *ils* doivent périr inévitablement.

Leur destinée est écrite dans toute leur constitution, elle brille d'un éclat sinistre dans leurs regards et dans leurs gestes, elle circule dans leurs artères avec chacun de leurs globules sanguins.

Un écrivain célèbre de notre temps a écrit un livre pour démontrer que le poëte ne pouvait trouver une bonne place ni dans une société démocratique ni dans une aristocratique, pas plus dans une république que dans une monarchie absolue ou tempérée. Qui donc a su lui répondre péremptoirement ? J'apporte aujourd'hui une nouvelle légende à l'appui de sa thèse, j'ajoute un saint nouveau au martyrologe ; j'ai à écrire l'histoire d'un de ces illustres malheureux, trop riche de poésie et de passion, qui est venu, après tant d'autres,

faire en ce bas monde le rude apprentissage du génie chez les âmes inférieures.

Lamentable tragédie que la vie d'Edgar Poe ! Sa mort, dénûment horrible dont l'horreur est accrue par la trivialité ! — De tous les documents que j'ai lus est résultée pour moi la conviction que les États-Unis ne furent pour Poe qu'une vaste prison qu'il parcourait avec l'agitation fiévreuse d'un être fait pour respirer dans un monde plus aromal, — qu'une grande barbarie éclairée au gaz, — et que sa vie intérieure, spirituelle de poëte ou même d'ivrogne, n'était qu'un effort perpétuel pour échapper à l'influence de cette atmosphère antipathique. Impitoyable dictature que celle de l'opinion dans les sociétés démocratiques ; n'implorez d'elle ni charité ni indulgence, ni élasticité quelconque dans l'application de ses lois aux cas multiples et complexes de la vie morale. On dirait que de l'amour impie de la liberté est née une tyrannie nouvelle, la tyrannie des bêtes, ou zoocratie, qui par son insensibilité féroce ressemble à l'idole de Jaggernaut. — Un biographe nous dira gravement — il est bien intentionné, le brave homme — que Poe, s'il avait voulu régulariser son génie et appliquer ses facultés créatrices d'une manière plus appropriée au sol américain, aurait pu devenir un auteur à argent, *a money making author* ; — un autre, — un naïf cynique, celui-là, — que, quelque beau que soit le génie de Poe, il eût mieux valu pour lui n'avoir que du talent, le talent s'escomptant toujours plus facilement que le génie. Un autre, qui a dirigé des journaux et des revues, un ami du poëte, avoue qu'il était difficile de l'employer et qu'on était obligé de le payer moins que d'autres, parce qu'il écrivait dans un style trop au-dessus de vulgaire. *Quelle odeur de magasin !* comme disait Joseph de Maistre.

Quelques-uns ont osé davantage, et, unissant l'inintelligence la plus lourde de son génie à la férocité de l'hypocrisie bourgeoise, l'ont insulté à l'envi ; et, après sa soudaine disparition, ils ont rudement morigéné ce cadavre, — particulièrement M. Rufus Griswold, qui, pour rappeler ici l'expression vengeresse de M. George Graham, a commis alors une immortelle infamie. Poe, éprouvant peut-être le sinistre pressentiment d'une fin subite, avait désigné MM. Griswold

et Willis pour mettre ses œuvres en ordre, écrire sa vie et restaurer sa mémoire. Ce pédagogue-vampire a diffamé longuement son ami dans un énorme article, plat et haineux, juste en tête de l'édition posthume de ses œuvres. — Il n'existe donc pas en Amérique d'ordonnance qui interdise aux chiens l'entrée des cimetières ? — Quant à M. Willis, il a prouvé, au contraire, que la bienveillance et la décence marchaient toujours avec le véritable esprit, et que la charité envers nos confrères, qui est un devoir moral, était aussi un des commandements du goût.

Causez de Poe avec un Américain, il avouera peut-être son génie, peut-être même s'en montrera-t-il fier ; mais, avec un ton sardonique supérieur qui sent son homme positif, il vous parlera de la vie débraillée du poëte, de son haleine alcoolisée qui aurait pris feu à la flamme d'une chandelle, de ses habitudes vagabondes ; il vous dira que c'était un être erratique et hétéroclite, une planète désorbitée, qu'il roulait sans cesse de Baltimore à New-York, de New-York à Philadelphie, de Philadelphie à Boston, de Boston à Baltimore, de Baltimore à Richmond. Et si, le cœur ému par ces préludes d'une histoire navrante, vous donnez à entendre que l'individu n'est peut-être pas seul coupable et qu'il doit être difficile de penser et d'écrire commodément dans un pays où il y a des millions de souverains, un pays sans capitale à proprement parler, et sans aristocratie, — alors vous verrez ses yeux s'agrandir et jeter des éclairs, la bave du patriotisme souffrant lui monter aux lèvres, et l'Amérique, par sa bouche, lancer des injures à l'Europe, sa vieille mère, et à la philosophie des anciens jours.

Je répète que pour moi la persuasion s'est faite qu'Edgar Poe et sa patrie n'étaient pas de niveau. Les États-Unis sont un pays gigantesque et enfant, naturellement jaloux du vieux continent. Fier de son développement matériel, anormal et presque monstrueux, ce nouveau venu dans l'histoire a une foi naïve dans la toute-puissance de l'industrie ; il est convaincu, comme quelques malheureux parmi nous, qu'elle finira par manger le Diable. Le temps et l'argent ont là-bas une valeur si grande ! L'activité matérielle, exagérée jusqu'aux proportions d'une manie nationale, laisse dans les esprits bien peu de

place pour les choses qui ne sont pas de la terre. Poe, qui était de bonne souche, et qui d'ailleurs professait que le grand malheur de son pays était de n'avoir pas d'aristocratie de race, attendu, disait-il, que chez un peuple sans aristocratie le culte du Beau ne peut que se corrompre, s'amoindrir et disparaître, — qui accusait chez ses concitoyens, jusque dans leur luxe emphatique et coûteux, tous les symptômes du mauvais goût caractéristique des parvenus, — qui considérait le Progrès, la grande idée moderne, comme une extase de gobe-mouches, et qui appelait les *perfectionnements* de l'habitacle humain des cicatrices et des abominations rectangulaires, — Poe était là-bas un cerveau singulièrement solitaire. Il ne croyait qu'à l'immuable, à l'éternel au *self-same*, et il jouissait — cruel privilége dans une société amoureuse d'elle-même ! — de ce grand bon sens à la Machiavel qui marche devant le sage, comme une colonne lumineuse, à travers le désert de l'histoire. — Qu'eût-il pensé, qu'eût-il écrit, l'infortuné, s'il avait entendu la théologienne du sentiment supprimer l'Enfer par amitié pour le genre humain, le philosophe du chiffre proposer un système d'assurances, une souscription à un sou par tête pour la suppression de la guerre, — et l'abolition de la peine de mort et de l'orthographe, ces deux folies corrélatives ! — et tant d'autres malades qui écrivent, *l'oreille inclinée au vent*, des fantaisies giratoires aussi flatueuses que l'élément qui les leur dicte ? — Si vous ajoutez à cette vision impeccable du vrai, véritable infirmité dans de certaines circonstances, une délicatesse exquise de sens qu'une note fausse torturait, une finesse de goût que tout, excepté l'exacte proportion, révoltait, un amour insatiable du Beau, qui avait pris la puissance d'une passion morbide, vous ne vous étonnerez pas que pour un pareil homme la vie soit devenue un enfer, et qu'il ait mal fini ; vous admirerez qu'il ait pu *durer* aussi longtemps.

II

La famille de Poe était une des plus respectables de Baltimore. Son grand-père maternel avait servi comme *quarter-master-general* dans la guerre de l'indépendance, et la Fayette l'avait en haute estime et

amitié. Celui-ci, lors de son dernier voyage aux États-Unis, voulut voir la veuve du général et lui témoigner sa gratitude pour les services que lui avait rendus son mari. Le bisaïeul avait épousé une fille de l'amiral anglais Mac Bride, qui était allié avec les plus nobles maisons d'Angleterre. David Poe, père d'Edgar et fils du général, s'éprit violemment d'une actrice anglaise, Élisabeth Arnold, célèbre par sa beauté ; il s'enfuit avec elle et l'épousa. Pour mêler plus intimement sa destinée à la sienne, il se fit comédien et parut avec sa femme sur différents théâtres, dans les principales villes de l'Union. Les deux époux moururent à Richmond, presque en même temps, laissant dans l'abandon et le dénûment le plus complet trois enfants en bas âge, dont Edgar.

Edgar Poe était né à Baltimore, en 1813. — C'est d'après son propre dire que je donne cette date, car il a réclamé contre l'affirmation de Griswold, qui place sa naissance en 1811. — Si jamais l'esprit de roman, pour me servir d'une expression de notre poëte, a présidé à une naissance, — esprit sinistre et orageux ! — certes il présida à la sienne. Poe fut véritablement l'enfant de la passion et de l'aventure. Un riche négociant de la ville, M. Allan, s'éprit de ce joli malheureux que la nature avait doté d'une manière charmante, et, comme il n'avait pas d'enfants, il l'adopta. Celui-ci s'appela donc désormais Edgar Allan Poe. Il fut ainsi élevé dans une belle aisance et dans l'espérance légitime d'une de ces fortunes qui donnent au caractère une superbe certitude. Ses parents adoptifs l'emmenèrent dans un voyage qu'ils firent en Angleterre, en Écosse et en Irlande, et, avant de retourner dans leur pays, ils le laissèrent chez le docteur Bransby, qui tenait une importante maison d'éducation à Stoke-Newington, près de Londres. — Poe a lui-même, dans *William Wilson*, décrit cette étrange maison bâtie dans le vieux style d'Élisabeth, et les impressions de sa vie d'écolier.

Il revint à Richmond en 1822, et continua ses études en Amérique, sous la direction des meilleurs maîtres de l'endroit. À l'université de Charlottesville, où il entra en 1825, il se distingua non-seulement par une intelligence quasi miraculeuse, mais aussi par une abondance presque sinistre de passions, — une précocité vraiment américaine,

— qui, finalement, fut la cause de son expulsion. Il est bon de noter en passant que Poe avait déjà, à Charlottesville, manifesté une aptitude des plus remarquables pour les sciences physiques et mathématiques. Plus tard, il en fera un usage fréquent dans ses étranges contes, et en tirera des moyens très-inattendus. Mais j'ai des raisons de croire que ce n'est pas à cet ordre de compositions qu'il attachait le plus d'importance, et que — peut-être même à cause de cette précoce aptitude — il n'était pas loin de les considérer comme de *faciles* jongleries, comparativement aux ouvrages de pure imagination. — Quelques malheureuses dettes de jeu amenèrent une brouille momentanée entre lui et son père adoptif, et Edgar — fait des plus curieux et qui prouve, quoi qu'on ait dit, une dose de chevalerie assez forte dans son impressionnable cerveau, — conçut le projet de se mêler à la guerre des Hellènes et d'aller combattre les Turcs. Il partit donc pour la Grèce. — Que devint-il en Orient ? qu'y fit-il ? Étudia-t-il les rivages classiques de la Méditerranée ? — pourquoi le trouvons-nous à Saint-Pétersbourg, sans passe-port, compromis, et dans quelle sorte d'affaire, obligé d'en appeler au ministre américain, Henry Middleton, pour échapper à la pénalité russe et retourner chez lui ? — on l'ignore ; il y a là une lacune que lui seul aurait pu combler. La vie d'Edgar Poe, sa jeunesse, ses aventures en Russie et sa correspondance ont été longtemps annoncées par les journaux américains et n'ont jamais paru.

Revenu en Amérique en 1829, il manifesta le désir d'entrer à l'école militaire de West-Point ; il y fut admis en effet, et, là comme ailleurs, il donna les signes d'une intelligence admirablement douée, mais indisciplinable, et, au bout de quelques mois, il fut rayé. — En même temps se passait dans sa famille adoptive un événement qui devait avoir les conséquences les plus graves sur toute sa vie. Mme Allan, pour laquelle il semble avoir éprouvé une affection réellement filiale, mourait, et M. Allan épousait une femme toute jeune. Une querelle domestique prend ici place, — une histoire bizarre et ténébreuse que je ne peux pas raconter, parce qu'elle n'est clairement expliquée par aucun biographe. Il n'y a donc pas lieu de s'étonner qu'il se soit définitivement séparé de M. Allan, et que celui-ci, qui eut des enfants de son second mariage, l'ait complètement frustré de sa succession.

Peu de temps après avoir quitté Richmond, Poe publia un petit volume de poésies ; c'était en vérité une aurore éclatante. Pour qui sait sentir la poésie anglaise, il y a là déjà l'accent extraterrestre, le calme dans la mélancolie, la solennité délicieuse, l'expérience précoce, — j'allais, je crois, dire *expérience innée*, — qui caractérisent les grands poëtes.

La misère le fit quelque temps soldat, et il est présumable qu'il se servit des lourds loisirs de la vie de garnison pour préparer les matériaux de ses futures compositions, — compositions étranges, qui semblent avoir été créées pour nous démontrer que l'étrangeté est une des parties intégrantes du beau. Rentré dans la vie littéraire, le seul élément où puissent respirer certains êtres déclassés, Poe se mourait dans une misère extrême, quand un hasard heureux le releva. Le propriétaire d'une revue venait de fonder deux prix, l'un pour le meilleur conte, l'autre pour le meilleur poëme. Une écriture singulièrement belle attira les yeux de M. Kennedy, qui présidait le comité, et lui donna l'envie d'examiner lui-même les manuscrits. Il se trouva que Poe avait gagné les deux prix ; mais un seul lui fut donné. Le président de la commission fut curieux de voir l'inconnu. L'éditeur du journal lui amena un jeune homme d'une beauté frappante, en guenilles, boutonné jusqu'au menton, et qui avait l'air d'un gentilhomme aussi fier qu'affamé. Kennedy se conduisit bien. Il fit faire à Poe la connaissance d'un M. Thomas White, qui fondait à Richmond le *Southern Literary Messenger.* M. White était un homme d'audace, mais sans aucun talent littéraire ; il lui fallait un aide. Poe se trouva donc tout jeune, — à vingt-deux ans, — directeur d'une revue dont la destinée reposait tout entière sur lui. Cette prospérité, il la créa. Le *Southern Literary Messenger* a reconnu depuis lors que c'était à cet excentrique maudit, à cet ivrogne incorrigible qu'il devait sa clientèle et sa fructueuse notoriété. C'est dans ce magasin que parut pour la première fois l'*Aventure sans pareille d'un certain Hans Pfaall*, et plusieurs autres contes que nos lecteurs verront défiler sous leurs yeux. Pendant près de deux ans, Edgar Poe, avec une ardeur merveilleuse, étonna son public par une série de compositions d'un genre nouveau et par des articles critiques dont la vivacité, la nettcté,

la sévérité raisonnées étaient bien faites pour attirer les yeux. Ces articles portaient sur des livres de tout genre, et la forte éducation que le jeune homme s'était faite ne le servit pas médiocrement. Il est bon qu'on sache que cette besogne considérable se faisait pour cinq cents dollars, c'est-à-dire deux mille sept cents francs par an. — *Immédiatement,* — dit Griswold, ce qui veut dire : « Il se croyait donc assez riche, l'imbécile ! » — il épousa une jeune fille, belle, charmante, d'une nature aimable et héroïque, mais *ne possédant pas un sou,* — ajoute le même Griswold avec une nuance de dédain. C'était une demoiselle Virginia Clemm, sa cousine.

Malgré les services rendus à son journal, M. White se brouilla avec Poe au bout de deux ans, à peu près. La raison de cette séparation se trouve évidemment dans les accès d'hypocondrie et les crises d'ivrognerie du poëte, — accidents caractéristiques qui assombrissaient son ciel spirituel, comme ces nuages lugubres qui donnent soudainement au plus romantique paysage un air de mélancolie en apparence irréparable. — Dès lors, nous verrons l'infortuné déplacer sa tente, comme un homme du désert, et transporter ses légers pénates dans les principales villes de l'Union. Partout, il dirigera des revues ou y collaborera d'une manière éclatante. Il répandra avec une éblouissante rapidité des articles critiques, philosophiques, et des contes pleins de magie qui paraissent réunis sous le titre de *Tales of the Grotesque and the Arabesque,* — titre remarquable et intentionnel, car les ornements grotesques et arabesques repoussent la figure humaine, et l'on verra qu'à beaucoup d'égards la littérature de Poe est extra ou suprahumaine. Nous apprendrons par des notes blessantes et scandaleuses insérées dans les journaux, que M. Poe et sa femme se trouvent dangereusement malades à Fordham et dans une absolue misère. Peu de temps après la mort de madame Poe, le poëte subit les premières attaques du *delirium tremens.* Une note nouvelle paraît soudainement dans un journal, — celle-là, plus que cruelle, — qui accuse son mépris et son dégoût du monde, et lui fait un de ces procès de tendance, véritables réquisitoires de l'opinion, contre lesquels il eut toujours à se défendre, — une des luttes les plus stérilement fatigantes que je connaisse.

Sans doute il gagnait de l'argent, et ses travaux littéraires pouvaient à peu près le faire vivre. Mais j'ai les preuves qu'il avait sans cesse de dégoûtantes difficultés à surmonter. Il rêva, comme tant d'autres écrivains, une *Revue* à lui, il voulut être *chez lui*, et le fait est qu'il avait suffisamment souffert pour désirer ardemment cet abri définitif pour sa pensée. Pour arriver à ce résultat, pour se procurer une somme d'argent suffisante, il eut recours aux *lectures*. On sait ce que sont ces lectures, — une espèce de spéculation, le Collège de France mis à la disposition de tous les littérateurs, l'auteur ne publiant sa *lecture* qu'après qu'il en a tiré toutes les recettes qu'elle peut rendre. Poe avait déjà donné à New-York une *lecture* d'*Eureka*, son poëme cosmogonique, qui avait même soulevé de grosses discussions. Il imagina cette fois de donner des *lectures* dans son pays, dans la Virginie. Il comptait, comme il l'écrivait à Willis, faire une tournée dans l'Ouest et le Sud, et il espérait le concours de ses amis littéraires et de ses anciennes connaissances de collège et de West-Point. Il visita donc les principales villes de la Virginie, et Richmond revit celui qu'on y avait connu si jeune, si pauvre, si délabré. Tous ceux qui n'avaient pas vu Poe depuis les jours de son obscurité accoururent en foule pour contempler leur illustre compatriote. Il apparut, beau, élégant, correct comme le génie. Je crois même que, depuis quelque temps, il avait poussé la condescendance jusqu'à se faire admettre dans une société de tempérance. Il choisit un thème aussi large qu'élevé : *le Principe de la Poésie*, et il le développa avec cette lucidité qui est un de ses priviléges. Il croyait, en vrai poëte qu'il était, que le but de la poésie est de même nature que son principe, et qu'elle ne doit pas avoir en vue autre chose qu'elle-même.

Le bel accueil qu'on lui fit inonda son pauvre cœur d'orgueil et de joie ; il se montrait tellement enchanté qu'il parlait de s'établir définitivement à Richmond et de finir sa vie dans les lieux que son enfance lui avait rendus chers. Cependant, il avait affaire à New-York, et il partit le 4 octobre, se plaignant de frissons et de faiblesses. Se sentant toujours assez mal en arrivant à Baltimore, le 6, au soir, il fit porter ses bagages à l'embarcadère d'où il devait se diriger sur Philadelphie, et entra dans une taverne pour y prendre un excitant

quelconque. Là, malheureusement, il rencontra de vieilles connaissances et s'attarda. Le lendemain matin, dans les pâles ténèbres du petit jour, un cadavre fut trouvé sur la voie, — est-ce ainsi qu'il faut dire ? — non, un corps vivant encore, mais que la Mort avait déjà marqué de sa royale estampille. Sur ce corps, dont on ignorait le nom, on ne trouva ni papiers ni argent, et on le porta dans un hôpital. C'est là que Poe mourut, le soir même du dimanche 7 octobre 1849, à l'âge de trente-sept ans, vaincu par le *delirium tremens*, ce terrible visiteur qui avait déjà hanté son cerveau une ou deux fois. Ainsi disparut de ce monde un des plus grands héros littéraires, l'homme de génie qui avait écrit dans *le Chat noir* ces mots fatidiques : *Quelle maladie est comparable à l'alcool !*

Cette mort est presque un suicide, — un suicide préparé depuis longtemps. Du moins, elle en causa le scandale. La clameur fut grande, et la *vertu* donna carrière à son *cant* emphatique, librement et voluptueusement. Les oraisons funèbres les plus indulgentes ne purent pas ne pas donner place à l'inévitable morale bourgeoise qui n'eut garde de manquer une si admirable occasion. M. Griswold diffama ; M. Willis, sincèrement affligé, fut mieux que convenable. — Hélas ! celui qui avait franchi les hauteurs les plus ardues de l'esthétique et plongé dans les abîmes les moins explorés de l'intellect humain, celui qui, à travers une vie qui ressemble à une tempête sans accalmie, avait trouvé des moyens nouveaux, des procédés inconnus pour étonner l'imagination, pour séduire les esprits assoiffés de Beau, venait de mourir en quelques heures dans un lit d'hôpital, — quelle destinée ! Et tant de grandeur et tant de malheur, pour soulever un tourbillon de phraséologie bourgeoise pour devenir la pâture et le thème des journalistes vertueux !

Ut declamatio fias !

Ces spectacles ne sont pas nouveaux ; il est rare qu'une sépulture fraîche et illustre ne soit pas un rendez-vous de scandales. D'ailleurs, la société n'aime pas ces enragés malheureux, et, soit qu'ils troublent

ses fêtes, soit qu'elle les considère naïvement comme des remords, elle a incontestablement raison. Qui ne se rappelle les déclamations parisiennes lors de la mort de Balzac, qui cependant mourut correctement ? — Et plus récemment encore, — il y a aujourd'hui, 26 janvier, juste un an, — quand un écrivain d'une honnêteté admirable, d'une haute intelligence, et *qui fut toujours lucide*, alla discrètement, sans déranger personne, — si discrètement que sa discrétion ressemblait à du mépris, — délier son âme dans la rue la plus noire qu'il put trouver, — quelles dégoûtantes homélies ! — quel assassinat raffiné ! Un journaliste célèbre, à qui Jésus n'enseignera jamais les manières généreuses, trouva l'aventure assez joviale pour la célébrer en un gros calembour. — Parmi l'énumération nombreuse des *droits de l'homme* que la sagesse du xixe siècle recommence si souvent et si complaisamment, deux assez importants ont été oubliés, qui sont le droit de se contredire et le droit de *s'en aller.* Mais la *société* regarde celui qui s'en va comme un insolent ; elle châtierait volontiers certaines dépouilles funèbres, comme ce malheureux soldat, atteint de vampirisme, que la vue d'un cadavre exaspérait jusqu'à la fureur. — Et cependant, on peut dire que, sous la pression de certaines circonstances, après un sérieux examen de certaines incompatibilités, avec de fermes croyances à de certains dogmes et métempsycoses, — on peut dire, sans emphase et sans jeu de mots, que le suicide est parfois l'action la plus raisonnable de la vie. — Et ainsi se forme une compagnie de fantômes déjà nombreuse, qui nous hante familièrement, et dont chaque membre vient nous vanter son repos actuel et nous verser ses persuasions.

Avouons toutefois que la lugubre fin de l'auteur d'*Eureka* suscita quelques consolantes exceptions, sans quoi il faudrait désespérer, et la place ne serait plus tenable. M. Willis, comme je l'ai dit, parla honnêtement, et même avec émotion, des bons rapports qu'il avait toujours eus avec Poe. MM. John Neal et George Graham rappelèrent M. Griswold à la pudeur. M. Longfellow — et celui-ci est d'autant plus méritant que Poe l'avait cruellement maltraité — sut louer d'une manière digne d'un poëte sa haute puissance comme poëte et comme prosateur. Un inconnu écrivit que l'Amérique littéraire avait perdu sa plus forte tête.

Mais le cœur brisé, le cœur déchiré, le cœur percé des sept glaives fut celui de madame Clemm. Egdar était à la fois son fils et sa fille. Rude destinée, dit Willis, à qui j'emprunte ces détails, presque mot pour mot, rude destinée que celle qu'elle surveillait et protégeait. Car Edgar Poe était un homme embarrassant ; outre qu'il écrivait avec une fastidieuse difficulté et *dans un style trop au-dessus du niveau intellectuel commun pour qu'on pût le payer cher*, il était toujours plongé dans des embarras d'argent, et souvent lui et sa femme malade manquaient des choses les plus nécessaires à la vie. Un jour, Willis vit entrer dans son bureau une femme, vieille, douce, grave. C'était madame Clemm. Elle *cherchait de l'ouvrage* pour son cher Edgar. Le biographe dit qu'il fut sincèrement frappé, non pas seulement de l'éloge parfait, de l'appréciation exacte qu'elle faisait des talents de son fils, mais aussi de tout son être extérieur, — de sa voix douce et triste, de ses manières un peu surannées, mais belles et grandes. Et pendant plusieurs années, ajoute-t-il, nous avons vu cet infatigable serviteur du génie, pauvrement et insuffisamment vêtu, allant de journal en journal pour vendre tantôt un poëme, tantôt un article, disant quelquefois qu'*il* était malade, — unique explication, unique raison, invariable excuse qu'elle donnait quand son fils se trouvait frappé momentanément d'une de ces stérilités que connaissent les écrivains nerveux, — et ne permettant jamais à ses lèvres de lâcher une syllabe qui pût être interprétée comme un doute, comme un amoindrissement de confiance dans le génie et la volonté de son bien-aimé. Quand sa fille mourut, elle s'attacha au survivant de la désastreuse bataille avec une ardeur maternelle renforcée, elle vécut avec lui, prit soin de lui, le surveillant, le défendant contre la vie et contre lui-même. Certes, — conclut Willis avec une haute et impartiale raison, — si le dévouement de la femme, né avec un premier amour et entretenu par la passion humaine, glorifie et consacre son objet, que ne dit pas en faveur de celui qui l'inspira un dévouement comme celui-ci, pur, désintéressé et saint comme une sentinelle divine ? Les détracteurs de Poe auraient dû en effet remarquer qu'il est des séductions si puissantes qu'elles ne peuvent être que des vertus.

On devine combien terrible fut la nouvelle pour la malheureuse femme. Elle écrivit à Willis une lettre dont voici quelques lignes :

« J'ai appris ce matin la mort de mon bien-aimé Eddie… Pouvez-vous me transmettre quelques détails, quelques circonstances ?… Oh ! n'abandonnez pas votre pauvre amie dans cette amère affliction… Dites à M. … de venir me voir ; j'ai à m'acquitter envers lui d'une commission de la part de mon pauvre Eddie… Je n'ai pas besoin de vous prier d'annoncer sa mort, et de parler bien de lui. Je sais que vous le ferez. *Mais dites bien quel fils affectueux il était pour moi*, sa pauvre mère désolée… »

Cette femme m'apparaît grande et plus qu'antique. Frappée d'un coup irréparable, elle ne pense qu'à la réputation de celui qui était tout pour elle, et il ne suffit pas, pour la contenter, qu'on dise qu'il était un génie, il faut qu'on sache qu'il était un homme de devoir et d'affection. Il est évident que cette mère — flambeau et foyer allumé par un rayon du plus haut ciel — a été donnée en exemple à nos races trop peu soigneuses du dévouement, de l'héroïsme, et de tout ce qui est plus que le devoir. N'était-ce pas justice d'inscrire au-dessus des ouvrages du poëte le nom de celle qui fut le soleil moral de sa vie ? Il embaumera dans sa gloire le nom de la femme dont la tendresse savait panser ses plaies, et dont l'image voltigera incessamment au-dessus du martyrologe de la littérature.

III

La vie de Poe, ses mœurs, ses manières, son être physique, tout ce qui constitue l'ensemble de son personnage, nous apparaissent comme quelque chose de ténébreux et de brillant à la fois. Sa personne était singulière, séduisante et, comme ses ouvrages, marquée d'un indéfinissable cachet de mélancolie. Du reste, il était remarquablement bien doué de toutes façons. Jeune, il avait montré une rare aptitude pour tous les exercices physiques, et, bien qu'il fût petit, avec des pieds et des mains de femme, tout son être portant

d'ailleurs ce caractère de délicatesse féminine, il était plus que robuste et capable de merveilleux traits de force. Il a, dans sa jeunesse, gagné un pari de nageur qui dépasse la mesure ordinaire du possible. On dirait que la Nature fait à ceux dont elle veut tirer de grandes choses un tempérament énergique, comme elle donne une puissante vitalité aux arbres qui sont chargés de symboliser le deuil et la douleur. Ces hommes-là, avec des apparences quelquefois chétives, sont taillés en athlètes, bons pour l'orgie et pour le travail, prompts aux excès et capables d'étonnantes sobriétés.

Il est quelques points relatifs à Edgar Poe, sur lesquels il y a accord unanime, par exemple sa haute distinction naturelle, son éloquence et sa beauté, dont, à ce qu'on dit, il tirait un peu vanité. Ses manières, mélange singulier de hauteur avec une douceur exquise, étaient pleines de certitude. Physionomie, démarche, gestes, airs de tête, tout le désignait, surtout dans ses bons jours, comme une créature d'élection. Tout son être respirait une solennité pénétrante. Il était réellement marqué par la nature, comme ces figures de passants qui tirent l'œil de l'observateur et préoccupent sa mémoire. Le pédant et aigre Griswold lui-même avoue que, lorsqu'il alla rendre visite à Poe, et qu'il le trouva pâle et malade encore de la mort et de la maladie de sa femme, il fut frappé outre mesure, non-seulement de la perfection de ses manières, mais encore de la physionomie aristocratique, de l'atmosphère parfumée de son appartement, d'ailleurs assez modestement meublé. Griswold ignore que le poëte a plus que tous les hommes ce merveilleux privilége attribué à la femme parisienne et à l'Espagnole, de savoir se parer avec un rien, et que Poe, amoureux du beau en toutes choses, aurait trouvé l'art de transformer une chaumière en un palais d'une espèce nouvelle. N'a-t-il pas écrit, avec l'esprit le plus original et le plus curieux, des projets de mobiliers, des plans de maisons de campagne, de jardins et de réformes de paysages ?

Il existe une lettre charmante de madame Frances Osgood, qui fut une des amies de Poe, et qui nous donne sur ses mœurs, sur sa personne et sur sa vie de ménage, les plus curieux détails. Cette femme, qui était elle-même un littérateur distingué, nie courageusement tous les vices

et toutes les fautes reprochés au poëte.

« Avec les hommes, dit-elle à Griswold, peut-être était-il tel que vous le dépeignez, et comme homme vous pouvez avoir raison. Mais je pose en fait qu'avec les femmes il était tout autre, et que jamais femme n'a pu connaître M. Poe sans éprouver pour lui un profond intérêt. Il ne m'a jamais apparu que comme un modèle d'élégance, de distinction et de générosité...

» La première fois que nous nous vîmes, ce fut à *Astor-House*. Willis m'avait fait passer à table d'hôte *le Corbeau*, sur lequel l'auteur, me dit-il, désirait connaître mon opinion. La musique mystérieuse et surnaturelle de ce poëme étrange me pénétra si intimement, que, lorsque j'appris que Poe désirait m'être présenté, j'éprouvai un sentiment singulier et qui ressemblait à de l'effroi. Il parut avec sa belle et orgueilleuse tête, ses yeux sombres qui dardaient une lumière d'élection, une lumière de sentiment et de pensée, avec ses manières qui étaient un mélange intraduisible de hauteur et de suavité, — il me salua, calme, grave, presque froid ; mais sous cette froideur vibrait une sympathie si marquée, que je ne pus m'empêcher d'en être profondément impressionnée. À partir de ce moment jusqu'à sa mort, nous fûmes amis..., et je sais que, dans ses dernières paroles, j'ai eu ma part de souvenir, et qu'il m'a donné, avant que sa raison ne fût culbutée de son trône de souveraine, une preuve suprême de sa fidélité en amitié.

» C'était surtout dans son intérieur, à la fois simple et poétique, que le caractère d'Edgar Poe apparaissait pour moi dans sa plus belle lumière. Folâtre, affectueux, spirituel, tantôt docile et tantôt méchant comme un enfant gâté, il avait toujours pour sa jeune, douce et adorée femme, et pour tous ceux qui venaient, même au milieu de ses plus fatigantes besognes littéraires, un mot aimable, un sourire bienveillant, des attentions gracieuses et courtoises. Il passait d'interminables heures à son pupitre, sous le portrait de sa *Lenore*, l'aimée et la morte, toujours assidu, toujours résigné et fixant avec son admirable écriture les brillantes fantaisies qui traversaient son étonnant cerveau incessamment en éveil. — Je me rappelle l'avoir vu

un matin plus joyeux et plus allègre que de coutume. Virginia, sa douce femme, m'avait priée d'aller les voir et il m'était impossible de résister à ses sollicitations... Je le trouvai travaillant à la série d'articles qu'il a publiés sous le titre : *the Literati of New-York*. « Voyez, » me dit-il, en déployant avec un rire de triomphe plusieurs petits rouleaux de papier (il écrivait sur des bandes étroites, sans doute pour conformer sa copie à la *justification* des journaux), « je vais vous montrer par la différence des longueurs les divers degrés d'estime que j'ai pour chaque membre de votre gent littéraire. Dans chacun de ces papiers, l'un de vous est peloté et proprement discuté. — Venez ici, Virginia, et aidez-moi ! » Et ils les déroulèrent tous un à un. À la fin, il y en avait un qui semblait interminable. Virginia, tout en riant, reculait jusqu'à un coin de la chambre le tenant par un bout, et son mari vers un autre coin avec l'autre bout. « Et quel est l'heureux, dis-je, que vous avez jugé digne de cette incommensurable douceur ? — L'entendez-vous, s'écriait-il, comme si son vaniteux petit cœur ne lui avait pas déjà dit que c'est elle-même ! »

» Quand je fus obligée de voyager pour ma santé, j'entretins une correspondance régulière avec Poe, obéissant en cela aux vives sollicitations de sa femme, qui croyait que je pouvais obtenir sur lui une influence et un ascendant salutaires... Quant à l'amour et à la confiance qui existaient entre sa femme et lui, et qui étaient pour moi un spectacle délicieux, je n'en saurais parler avec trop de conviction, avec trop de chaleur. Je néglige quelques petits épisodes poétiques dans lesquels le jeta son tempérament romanesque. Je pense qu'elle était la seule femme qu'il ait toujours véritablement aimée... »

Dans les Nouvelles de Poe, il n'y a jamais d'amour. Du moins *Ligeia*, *Eleonora*, ne sont pas, à proprement parler, des histoires d'amour, l'idée principale sur laquelle pivote l'œuvre étant tout autre. Peut-être croyait-il que la prose n'est pas une langue à la hauteur de ce bizarre et presque intraduisible sentiment ; car ses poésies, en revanche, en sont fortement saturées. La divine passion y apparaît magnifique, étoilée, et toujours voilée d'une irrémédiable mélancolie. Dans ses articles, il parle quelquefois de l'amour, et même comme d'une chose dont le nom fait frémir la plume. Dans *the Domain of Arnhaim*, il

affirmera que les quatre conditions élémentaires du bonheur sont : la vie en plein air, l'*amour d'une femme*, le détachement de toute ambition et la création d'un Beau nouveau. — Ce qui corrobore l'idée de Mme Frances Osgood relativement au respect chevaleresque de Poe pour les femmes, c'est que, malgré son prodigieux talent pour le grotesque et l'horrible, il n'y a pas dans toute son œuvre un seul passage qui ait trait à la lubricité ou même aux jouissances sensuelles. Ses portraits de femmes sont, pour ainsi dire, auréolés ; ils brillent au sein d'une vapeur surnaturelle et sont peints à la manière emphatique d'un adorateur. — Quant aux *petits épisodes romanesques*, y a-t-il lieu de s'étonner qu'un être aussi nerveux, dont la soif du Beau était peut-être le trait principal, ait parfois, avec une ardeur passionnée, cultivé la galanterie, cette fleur volcanique et musquée pour qui le cerveau bouillonnant des poëtes est un terrain de prédilection ?

De sa beauté personnelle singulière dont parlent plusieurs biographes, l'esprit peut, je crois, se faire une idée approximative en appelant à son secours toutes les notions vagues, mais cependant caractéristiques, contenues dans le mot *romantique*, mot qui sert généralement à rendre les genres de beauté consistant surtout dans l'expression. Poe avait un front vaste, dominateur, où certaines protubérances trahissaient les facultés débordantes qu'elles sont chargées de représenter, — construction, comparaison, causalité, — et où trônait dans un orgueil calme le sens de l'idéalité, le sens esthétique par excellence. Cependant, malgré ces dons, ou même à cause de ces priviléges exorbitants, cette tête vue de profil n'offrait peut-être pas un aspect agréable. Comme dans toutes les choses excessives par un sens, un déficit pouvait résulter de l'abondance, une pauvreté de l'usurpation. Il avait de grands yeux à la fois sombres et pleins de lumière, d'une couleur indécise et ténébreuse, poussée au violet, le nez noble et solide, la bouche fine et triste, quoique légèrement souriante, le teint brun clair, la face généralement pâle, la physionomie un peu distraite et imperceptiblement grimée par une mélancolie habituelle.

Sa conversation était des plus remarquables et essentiellement nourrissante. Il n'était pas ce qu'on appelle un beau parleur, — une

chose horrible, — et d'ailleurs sa parole comme sa plume avaient horreur du convenu ; mais un vaste savoir, une linguistique puissante, de fortes études, des impressions ramassées dans plusieurs pays faisaient de cette parole un enseignement. Son éloquence, essentiellement poétique, pleine de méthode, et se mouvant toutefois hors de toute méthode connue, un arsenal d'images tirées d'un monde peu fréquenté par la foule des esprits, un art prodigieux à déduire d'une proposition évidente et absolument acceptable des aperçus secrets et nouveaux, à ouvrir d'étonnantes perspectives, et, en un mot, l'art de ravir, de faire penser, de faire rêver, d'arracher les âmes des bourbes de la routine, telles étaient les éblouissantes facultés dont beaucoup de gens ont gardé le souvenir. Mais il arrivait parfois — on le dit, du moins, — que le poëte, se complaisant dans un caprice destructeur, rappelait brusquement ses amis à la terre par un cynisme affligeant et démolissait brutalement son œuvre de spiritualité. C'est d'ailleurs une chose à noter, qu'il était fort peu difficile dans le choix de ses auditeurs, et je crois que le lecteur trouvera sans peine dans l'histoire d'autres intelligences grandes et originales, pour qui toute compagnie était bonne. Certains esprits, solitaires au milieu de la foule, et qui se repaissent dans le monologue, n'ont que faire de la délicatesse en matière de public. C'est, en somme, une espèce de fraternité basée sur le mépris.

De cette ivrognerie, — célébrée et reprochée avec une insistance qui pourrait donner à croire que tous les écrivains des États-Unis, excepté Poe, sont des anges de sobriété, — il faut cependant en parler. Plusieurs versions sont plausibles, et aucune n'exclut les autres. Avant tout, je suis obligé de remarquer que Willis et madame Osgood affirment qu'une quantité fort minime de vin ou de liqueur suffisait pour perturber complètement son organisation. Il est d'ailleurs facile de supposer qu'un homme aussi réellement solitaire, aussi profondément malheureux, et qui a pu souvent envisager tout le système social comme un paradoxe et une imposture, un homme qui, harcelé par une destinée sans pitié, répétait souvent que la société n'est qu'une cohue de misérables (c'est Griswold qui rapporte cela, aussi scandalisé qu'un homme qui peut penser la même chose, mais qui ne la dira jamais), — il est naturel, dis-je, de supposer que ce

poëte jeté tout enfant dans les hasards de la vie libre, le cerveau cerclé par un travail âpre et continu, ait cherché parfois une volupté d'oubli dans les bouteilles. Rancunes littéraires, vertiges de l'infini, douleurs de ménage, insultes de la misère, Poe fuyait tout dans le noir de l'ivresse comme dans une tombe préparatoire. Mais, quelque bonne que paraisse cette explication, je ne la trouve pas suffisamment large, et je m'en défie à cause de sa déplorable simplicité.

J'apprends qu'il ne buvait pas en gourmand, mais en barbare, avec une activité et une économie de temps tout à fait américaines, comme accomplissant une fonction homicide, comme ayant en lui *quelque chose* à tuer, *a worm that would not die*. On raconte d'ailleurs qu'un jour, au moment de se remarier (les bans étaient publiés, et, comme on le félicitait sur une union qui mettait dans ses mains les plus hautes conditions de bonheur et de bien-être, il avait dit : « Il est possible que vous ayez vu des bans, mais notez bien ceci : je ne me marierai pas ! »), il alla, épouvantablement ivre, scandaliser le voisinage de celle qui devait être sa femme, ayant ainsi recours à son vice pour se débarrasser d'un parjure envers la pauvre morte dont l'image vivait toujours en lui et qu'il avait admirablement chantée dans son *Annabel Lee*. Je considère donc, dans un grand nombre de cas, le fait infiniment précieux de préméditation comme acquis et constaté.

Je lis d'autre part, dans un long article du *Southern Literary Messenger*, — cette même revue dont il avait commencé la fortune, — que jamais la pureté, le fini de son style, jamais la netteté de sa pensée, jamais son ardeur au travail, ne furent altérés par cette terrible habitude ; que la confection de la plupart de ses excellents morceaux a précédé ou suivi une de ses crises ; qu'après la publication d'*Eureka*, il sacrifia déplorablement à son penchant, et qu'à New-York, le matin même où paraissait *le Corbeau*, pendant que le nom du poëte était dans toutes les bouches, il traversait Broadway en trébuchant outrageusement. Remarquez que les mots : *précédé* ou *suivi*, impliquent que l'ivresse pouvait servir d'excitant aussi bien que de repos.

Or, il est incontestable que — semblables à ces impressions fugitives

et frappantes, d'autant plus frappantes dans leurs retours qu'elles sont plus fugitives, qui suivent quelquefois un symptôme extérieur, une espèce d'avertissement comme un son de cloche, une note musicale ou un parfum oublié, et qui sont elles-mêmes suivies d'un événement semblable à un événement déjà connu et qui occupait la même place dans une chaîne antérieurement révélée, — semblables à ces singuliers rêves périodiques qui fréquentent nos sommeils, — il existe dans l'ivresse non-seulement des enchaînements de rêves, mais des séries de raisonnements, qui ont besoin, pour se reproduire, du milieu qui leur a donné naissance. Si le lecteur m'a suivi sans répugnance, il a déjà deviné ma conclusion : je crois que, dans beaucoup de cas, non pas certainement dans tous, l'ivrognerie de Poe était un moyen mnémonique, une méthode de travail, méthode énergique et mortelle, mais appropriée à sa nature passionnée. Le poëte avait appris à boire, comme un littérateur soigneux s'exerce à faire des cahiers de notes. Il ne pouvait résister au désir de retrouver les visions merveilleuses ou effrayantes, les conceptions subtiles qu'il avait rencontrées dans une tempête précédente ; c'étaient de vieilles connaissances qui l'attiraient impérativement, et, pour renouer avec elles, il prenait le chemin le plus dangereux, mais le plus direct. Une partie de ce qui fait aujourd'hui notre jouissance est ce qui l'a tué.

IV

Des ouvrages de ce singulier génie, j'ai peu de chose à dire ; le public fera voir ce qu'il en pense. Il me serait difficile, peut-être, mais non pas impossible de débrouiller sa méthode, d'expliquer son procédé, surtout dans la partie de ses œuvres dont le principal effet gît dans une analyse bien ménagée. Je pourrais introduire le lecteur dans les mystères de sa fabrication, m'étendre longuement sur cette portion de génie américain qui le fait se réjouir d'une difficulté vaincue, d'une énigme expliquée, d'un tour de force réussi, — qui le pousse à se jouer avec une volupté enfantine et presque perverse dans le monde des probabilité et des conjectures, et à créer des *canards* auxquels son art subtil a donné une vie vraisemblable. Personne ne niera que Poe

ne soit un jongleur merveilleux, et je sais qu'il donnait surtout son estime à une autre partie de ses œuvres. J'ai quelques remarques plus importantes à faire, d'ailleurs très-brèves.

Ce n'est pas par ses miracles matériels, qui pourtant ont fait sa renommée, qu'il lui sera donné de conquérir l'admiration des gens qui pensent, c'est par son amour du Beau, par sa connaissance des conditions harmoniques de la beauté, par sa poésie profonde et plaintive, ouvragée néanmoins, transparente et correcte comme un bijou de cristal, — par son admirable style, pur et bizarre, — serré comme les mailles d'une armure, — complaisant et minutieux, — et dont la plus légère intention sert à pousser doucement le lecteur vers un but voulu, — et enfin surtout par ce génie tout spécial, par ce tempérament unique qui lui a permis de peindre et d'expliquer, d'une manière impeccable, saisissante, terrible, l'*exception dans l'ordre moral*. — Diderot, pour prendre un exemple entre cent, est un auteur sanguin ; Poe est l'écrivain des nerfs, et même de quelque chose de plus, — et le meilleur que je connaisse.

Chez lui, toute entrée en matière est attirante sans violence, comme un tourbillon. Sa solennité surprend et tient l'esprit en éveil. On sent tout d'abord qu'il s'agit de quelque chose de grave. Et lentement, peu à peu, se déroule une histoire dont tout l'intérêt repose sur une imperceptible déviation de l'intellect, sur une hypothèse audacieuse, sur un dosage imprudent de la Nature dans l'amalgame des facultés. Le lecteur, lié par le vertige, est contraint de suivre l'auteur dans ses entraînantes déductions.

Aucun homme, je le répète, n'a raconté avec plus de magie les *exceptions* de la vie humaine et de la nature ; — les ardeurs de curiosité de la convalescence ; — les fins de saisons chargées de splendeurs énervantes, les temps chauds, humides et brumeux, où le vent du sud amollit et détend les nerfs comme les cordes d'un instrument, où les yeux se remplissent de larmes qui ne viennent pas du cœur ; — l'hallucination laissant d'abord place au doute, bientôt convaincue et raisonneuse comme un livre ; — l'absurde s'installant dans l'intelligence et la gouvernant avec une épouvantable logique ;

— l'hystérie usurpant la place de la volonté, la contradiction établie entre les nerfs et l'esprit, et l'homme désaccordé au point d'exprimer la douleur par le rire. Il analyse ce qu'il y a de plus fugitif, il soupèse l'impondérable et décrit, avec cette manière minutieuse et scientifique dont les effets sont terribles, tout cet imaginaire qui flotte autour de l'homme nerveux et le conduit à mal.

L'ardeur même avec laquelle il se jette dans le grotesque pour l'amour du grotesque et dans l'horrible pour l'amour de l'horrible, me sert à vérifier la sincérité de son œuvre et l'accord de l'homme avec le poëte. — J'ai déjà remarqué que, chez plusieurs hommes, cette ardeur était souvent le résultat d'une vaste énergie vitale inoccupée, quelquefois d'une opiniâtre chasteté, et aussi d'une profonde sensibilité refoulée. La volupté surnaturelle que l'homme peut éprouver à voir couler son propre sang, les mouvements soudains, violents, inutiles, les grands cris jetés en l'air, sans que l'esprit ait commandé au gosier, sont des phénomènes à ranger dans le même ordre.

Au sein de cette littérature où l'air est raréfié, l'esprit peut éprouver cette vague angoisse, cette peur prompte aux larmes et ce malaise du cœur qui habitent les lieux immenses et singuliers. Mais l'admiration est la plus forte, et d'ailleurs l'art est si grand ! Les fonds et les accessoires y sont appropriés aux sentiments des personnages. Solitude de la nature ou agitation des villes, tout y est décrit nerveusement et fantastiquement. Comme notre Eugène Delacroix, qui a élevé son art à la hauteur de la grande poésie, Edgar Poe aime à agiter ses figures sur des fonds violâtres et verdâtres où se révèlent la phosphorescence de la pourriture et la senteur de l'orage. La nature dite inanimée participe de la nature des êtres vivants, et, comme eux, frissonne d'un frisson surnaturel et galvanique. L'espace est approfondi par l'opium ; l'opium y donne un sens magique à toutes les teintes, et fait vibrer tous les bruits avec une plus significative sonorité. Quelquefois, des échappées magnifiques, gorgées de lumière et de couleur, s'ouvrent soudainement dans ses paysages, et l'on voit apparaître au fond de leurs horizons des villes orientales et des architectures, vaporisées par la distance, où le soleil jette des

pluies d'or.

Les personnages de Poe, ou plutôt le personnage de Poe, l'homme aux facultés suraiguës, l'homme aux nerfs relâchés, l'homme dont la volonté ardente et patiente jette un défi aux difficultés, celui dont le regard est tendu avec la roideur d'une épée sur des objets qui grandissent à mesure qu'il les regarde, — c'est Poe lui-même. — Et ses femmes, toutes lumineuses et malades, mourant de maux bizarres et parlant avec une voix qui ressemble à une musique, c'est encore lui ; ou du moins, par leurs aspirations étranges, par leur savoir, par leur mélancolie inguérissable, elles participent fortement de la nature de leur créateur. Quant à sa femme idéale, à sa Titanide, elle se révèle sous différents portraits éparpillés dans ses poésies trop peu nombreuses, portraits, ou plutôt manières de sentir la beauté, que le tempérament de l'auteur rapproche et confond dans une unité vague mais sensible, et où vit plus délicatement peut-être qu'ailleurs cet amour insatiable du Beau, qui est son grand titre, c'est-à-dire le résumé de ses titres à l'affection et au respect des poëtes.

Nous rassemblons sous le titre : *Histoires extraordinaires*, divers contes choisis dans l'œuvre général de Poe. Cet œuvre se compose d'un nombre considérable de Nouvelles, d'une quantité non moins forte d'articles critiques et d'articles divers, d'un poème philosophique (*Eureka*), de poésies et d'un roman purement humain (*la Relation d'Arthur Gordon Pym*). Si je trouve encore, comme je l'espère, l'occasion de parler de ce poëte, je donnerai l'analyse de ses opinions philosophiques et littéraires, ainsi que généralement des œuvres dont la traduction complète aurait peu de chances de succès auprès d'un public qui préfère de beaucoup l'amusement et l'émotion à la plus importante vérité philosophique.
C. B.

Cette traduction est dédiée à Maria Clemm

À LA MÈRE ENTHOUSIASTE ET DÉVOUÉE
À CELLE POUR QUI LE POËTE A ÉCRIT CES VERS

Parce que je sens que, là-haut dans les Cieux,

Les Anges, quand ils se parlent doucement à l'oreille,

Ne trouvent pas, parmi leurs termes brûlants d'amour,

D'expression plus fervente que celle de mère,

Je vous ai dès longtemps justement appelée de ce grand nom,

Vous qui êtes plus qu'une mère pour moi

Et remplissez le sanctuaire de mon cœur où la Mort vous a installée

En affranchissant l'âme de ma Virginia.

Ma mère, ma propre mère, qui mourut de bonne heure,

N'était que ma mère, à moi ; mais vous,

Vous êtes la mère de celle que j'aimais si tendrement,

Et ainsi vous m'êtes plus chère que la mère que j'ai connue

De tout un infini, – juste comme ma femme

Était plus chère à mon âme que celle-ci à sa propre essence.

C. B.